능률

'22개정 교육과정

백인대장 수학연구소

세로 가로

학습으로 수학의 **"각"**을 잡다

수학을
능률
하라!

필요충분한 수학유형서

개념

공통수학2

지 은 이 백인대장 수학연구소
개발책임 차은실
개　　발 최진경, 김은빛, 김수정, 김화은, 정푸름
디 자 인 오영숙, 한새미, 황유진, 디자인마인드
영　　업 한기영, 이경구, 박인규, 정철교, 김남준, 이우현
마 케 팅 박혜선, 남경진, 이지원, 김여진
펴 낸 이 주민홍
펴 낸 곳 서울시 마포구 월드컵북로 396(상암동) 누리꿈스퀘어 비즈니스타워 10층
㈜NE능률 (우편번호 03925)
펴 낸 날 2023년 11월 15일 초판 제1쇄
전　　화 02 2014 7114
팩　　스 02 3142 0357
홈페이지 www.neungyule.com
등록번호 제1-68호

고객센터
교재 내용 문의: contact.nebooks.co.kr (별도의 가입 절차 없이 작성 가능)
제품 구매, 교환, 불량, 반품 문의: 02 2014 7114
☎ 전화 문의는 본사 업무 시간 중에만 가능합니다.

거인의 어깨가 필요할 때

만약 내가 멀리 보았다면, 그것은 거인들의 어깨 위에 서 있었기 때문입니다.

If I have seen farther, it is by standing on the shoulders of giants.

오래전부터 인용되어 온 이 경구는, 성취는 혼자서 이룬 것이 아니라
많은 앞선 노력을 바탕으로 한 결과물이라는 의미를 담고 있습니다.
과학적으로 큰 성취를 이룬 뉴턴(Newton, I.; 1642~1727)도
과학적 공로에 관해 언쟁을 벌이며 경쟁자에게 보낸 편지에
이 문장을 인용하여 자신보다 앞서 과학적 발견을 이룬 과학자들의
도움을 많이 받았음을 고백하였다고 합니다.

수학은 어렵고, 잘하기까지 오랜 시간이 걸립니다.
그렇기에 수학을 공부할 때도 거인의 어깨가 필요합니다.

<각 GAK>은 여러분이 오를 수 있는 거인의 어깨가 되어
여러분의 수학 공부 여정을 함께 하겠습니다.
<각 GAK>의 어깨 위에서 여러분이 원하는
수학적 성취를 이루길 진심으로 기원합니다.

Structure

구성과 특장

개념 익히고,

❶ 교과서에서 다루는 기본 개념을 충실히 반영하여 반드시 알아야 할 개념들을 빠짐없이 수록하였습니다.

❷ 개념마다 기본적인 문제를 제시하여 개념을 바르게 이해하였는지 점검할 수 있도록 하였습니다.

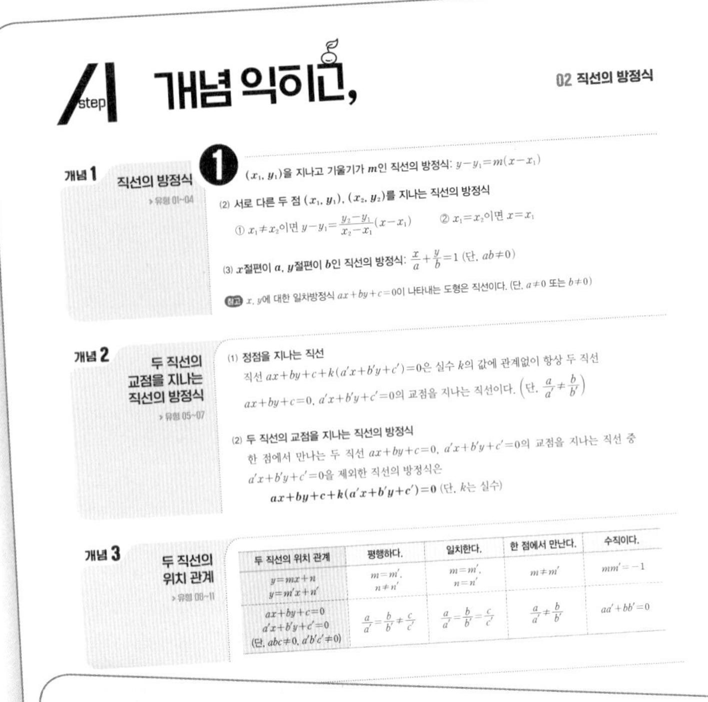

기출 & 변형하면 ···

수학 시험지를 철저하게 분석하여 빼어난 문제를 선별하고 적확한 유형으로 구성하였습니다. 왼쪽에는 기출 문제를 난이도 순으로 배치하고 오른쪽에는 왼쪽 문제의 변형 유사 문제를 배치하여 ❸ 가로로 익히고 ❹ 세로로 반복하는 학습을 할 수 있습니다.

유형마다 시험에서 자주 다뤄지는 문제는 ═══로 표시해 두었습니다. 또한 서술형으로 자주 출제되는 문제는 서술형으로 표시해 두었습니다.

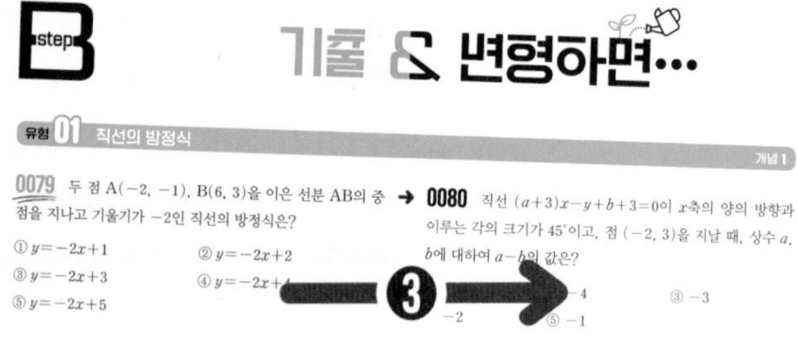

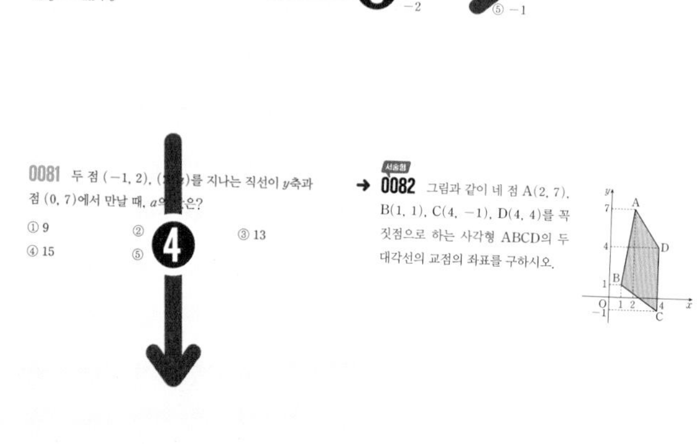

실력 완성!

총정리 학습!

Bstep에서 공부했던 유형에 대하여 점검할 수 있도록 구성하였으며, Bstep에서 제시한 문항보다 다소 어려운 문항을 단원별로 2~3문항씩 수록하였습니다.

실력 완성!

0139 두 직선 $y=-x+5$, $2x-ay+1=0$이 서로 수직일 때, 상수 a의 값은?

① -1 ② 0 ③ 1 ④ 2 ⑤ 3

0142 직선 $(a+1)x+by-3=0$이 x축의 양의 방향과 이루는 각의 크기가 $60°$이고 x절편이 3일 때, 상수 a, b에 대하여 $a-b$의 값은?

① $-\sqrt{3}$ ② -1 ③ $\frac{\sqrt{3}}{3}$ ④ 1 ⑤ $\sqrt{3}$

0140 두 직선 $2x+3y-6=0$, $3x-2y+5=0$의 교점과 점 $(-1, 0)$을 지나는 직선의 방정식을 구하시오.

0143 세 점 $O(0, 0)$, $A(4, 8)$, $B(0, 8)$을 꼭짓점으로 하는 삼각형 OAB의 넓이를 직선 $y=a$가 이등분할 때, 상수 a에 대하여 a^2의 값을 구하시오.

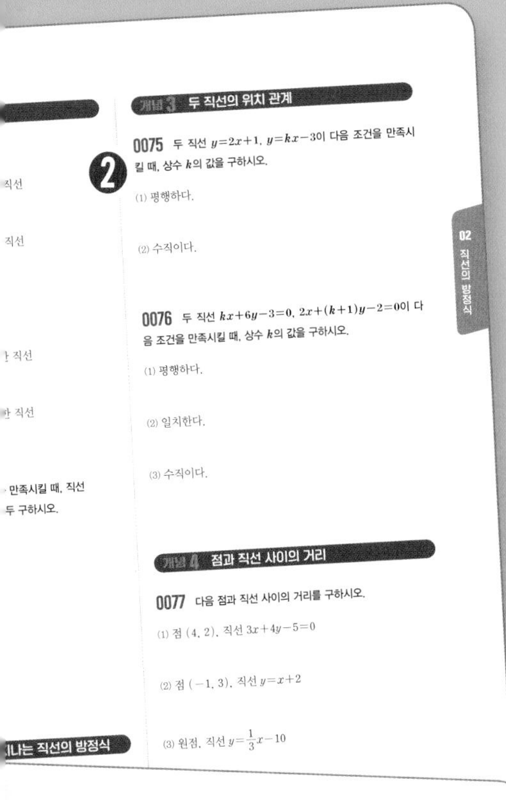

위에 있을 조건 개념 1

k, 2), C(5, $k+1$)이 한 직선 … 값의 합은?

③ 1

→ **0086** 서로 다른 세 점 A($-3k+1$, 5), B(-1, $k-1$), C($k-1$, $k+1$)이 삼각형을 이루지 않을 때, 모든 실수 k의 값의 합은?

① 11 ② 12 ③ 13
④ 14 ⑤ 15

등분하는 직선 개념 1

3), C(3, -1)을 꼭짓점으 … A를 지나는 직선이 삼각형 … 직선의 방정식은?

③ $y=2x-2$

→ **0088** 직선 $\frac{x}{8}+\frac{y}{6}=1$과 x축, y축으로 둘러싸인 부분의 넓이를 직선 $y=mx$가 이등분할 때, 상수 m의 값은?

① $\frac{1}{4}$ ② $\frac{1}{2}$ ③ $\frac{3}{4}$
④ 1 ⑤ $\frac{5}{4}$

→ 0090

$4=0$이 이루는 각을 … k)로부터 두 직선 l, … 실수 k의 값의 합은?

③ -3

서술형

0155 세 점 A(-2, 3), B(1, 9), C(a, $a+4$)가 삼각형을 이루지 않도록 하는 실수 a의 값을 구하시오.

02 직선의 방정식

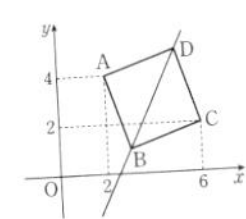

0156 세 직선 $x+y-2=0$, $4x-y-13=0$, $ax-y=0$이 좌표평면을 6개의 영역으로 나눌 때, 모든 상수 a의 값의 합을 구하시오.

정답과 해설

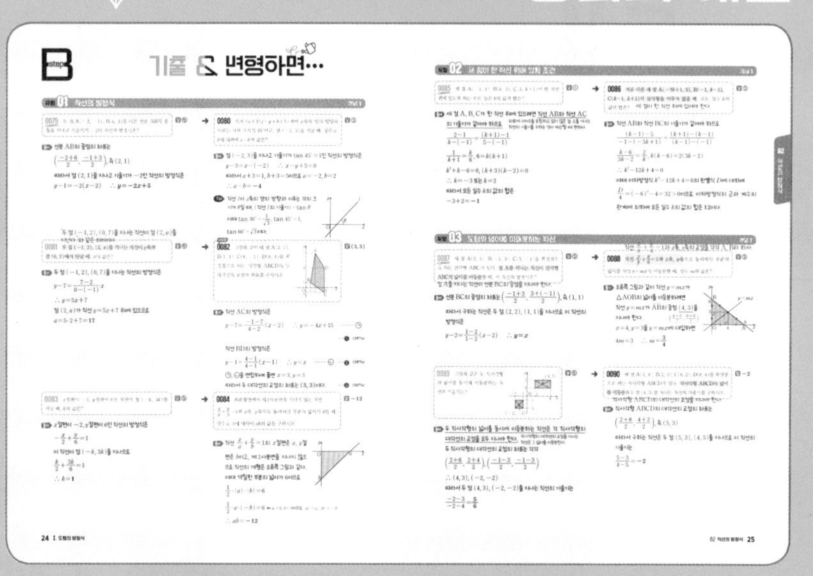

핵심을 짚어 주는 선생님의 강의 노트 같은 깔끔한 해설입니다. 문제를 보면 떠올라야 하는 해결 실마리를 첨삭과 Key로 제공하여 해당 문제의 풀이뿐만 아니라 이후에 비슷하거나 발전된 문제를 풀 때 도움이 될 수 있게 하였습니다.

또한 Tip에는 문제에서 따로 정리해 두면 도움이 되는 풀이 비법과 개념을 담았으며 서술형 문제에서는 풀이 과정에서 누락하지 말아야 할 부분을 짚어 주었습니다.

디지털 해설

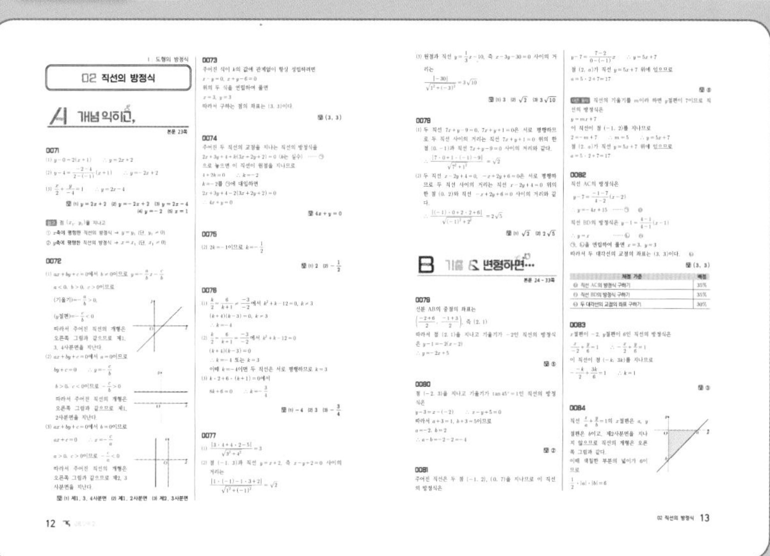

출제 의도에 충실하고 꼼꼼한 해설입니다. 논리적으로 쉽게 설명하였으며, 다각적 사고력 향상을 위하여 다른 풀이를 제시하였습니다. 문제 해결에 필요한 보충 내용을 참고로 제시하여 해설의 이해를 도왔습니다.

차례 Contents

도형의 방정식

집합과 명제

함수와 그래프

백인대장의 수학 학습 필수 원칙

수학은 개념 수업을 듣고 이해하고 공식을 암기한 후,
유형별로 문제를 풀어 가며 이해의 폭을
넓히는 과정으로 공부하게 됩니다.
이 과정에서 학생마다 학습 방법에
약간의 차이가 있을 수는 있으나
반드시 지켜야 하는 것이 있습니다.

제1원칙 수학은 꾸준함만으로 잘할 수는 있지만 **뛰어날 수는 없다!**

수학은 익숙해지고 실력이 올라갈수록 빠른 속도로 문제를 이해해서 풀이할 수 있는 능력이 키워집니다. 시간이 지남에 따라 같은 시간 동안 풀이한 문제의 오답 수를 줄여나가는 것이 중요합니다. 매일 더 많은 양을 제대로 소화할 수 있도록 공부 계획을 세우세요.

제2원칙 난이도가 높은 문제를 **대충 넘어가지 말자!**

수학에 자신감이 부족한 학생들의 경우 문제가 길거나 문제에 도형이 포함되면 제대로 읽지도 않고 별표 치고 넘어가곤 합니다. 그리고 선생님께 풀어달라고 하거나 그냥 방치합니다. 문제가 본인에게 어려워서 접근조차 못하는 경우라면 고민을 통해 그 문제를 통째로 암기할 정도로 많은 시간을 투자해야 합니다. 그래야 선생님께 질문을 하더라도 그 풀이를 이해할 수 있습니다.

제3원칙 문제를 풀었으면 **바로 직접 채점하자!**

한 단원의 문제를 풀고 하루 이틀 뒤 채점하면 내가 어떤 생각으로 문제를 풀었는지 기억하지 못하는 것은 너무 당연합니다. 또한 바로 채점을 하면 문제를 풀었을 당시 무조건 맞았다고 생각한 문제가 틀린 경우 좀 더 확실히 오개념을 바로 잡을 기회가 생깁니다.
기억하세요. 문제 풀이 후 바로 직접 채점해야 한다는 것을!

제4원칙 채점을 완료하면 **바로 오답 정리하자!**

문제 풀이 후 바로 채점을 하면 계산 과정이 틀린 문제는 오답 정리가 수월할 것입니다.
개념이나 문제 풀이의 아이디어가 생각나지 않아서 틀린 경우는 다시 한번 문제를 꼼꼼하게 읽어 보고 학교, 학원에서 배운 가장 기본적인 개념과 공식을 적용해 보는 게 좋습니다. 10분 정도 집중해서 고민해 봐도 해결되지 않는다면 해설지를 살짝 확인해서 어떤 아이디어가 쓰였는지 고민하는 과정을 반복해서 답을 얻어내는 연습을 합니다.

제5원칙 맞힌 문제, **해설도 꼭 보자!**

일반적으로 학생들은 정답을 맞힌 문제는 해설지를 보지 않습니다. 그러나 정답이 맞더라도 풀이 과정에서 오류가 있는 경우도 있고, 풀이가 불필요하게 너무 긴 경우도 있습니다. 처음 유형서로 공부할 때만큼은 정답을 맞힌 문제도 꼭 해설지를 확인해서 어떠한 차이가 있는지 확인하세요. 엄청난 실력 향상이 있을 것입니다.

도형의 방정식

01 평면좌표

02 직선의 방정식

03 원의 방정식

04 도형의 이동

개념 1 두 점 사이의 거리

› 유형 01~07, 12, 13

(1) 수직선 위의 두 점 사이의 거리

수직선 위의 두 점 $A(x_1)$, $B(x_2)$ 사이의 거리는

$\overline{AB}=|x_2-x_1|$

(2) 좌표평면 위의 두 점 사이의 거리

좌표평면 위의 두 점 $A(x_1, y_1)$, $B(x_2, y_2)$ 사이의 거리는

$\overline{AB}=\sqrt{(x_2-x_1)^2+(y_2-y_1)^2}$

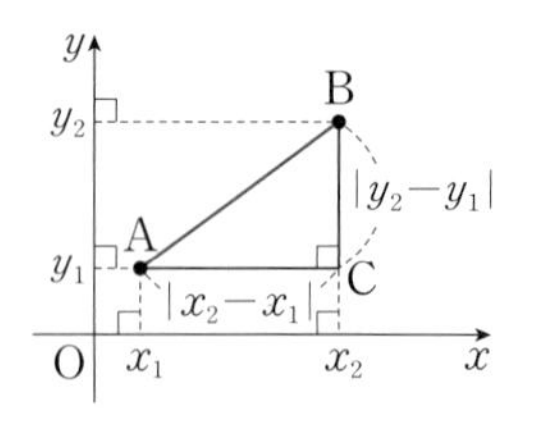

참고 원점 $O(0, 0)$과 점 $A(x_1, y_1)$ 사이의 거리는
$\overline{OA}=\sqrt{x_1^2+y_1^2}$

개념 2 선분의 내분

› 유형 08, 09, 12, 13

(1) 내분

점 P가 선분 AB 위에 있고

$\overline{AP} : \overline{PB}=m : n\ (m>0,\ n>0)$

일 때, 점 P는 선분 AB를 $m : n$으로 **내분**한다고 한다.

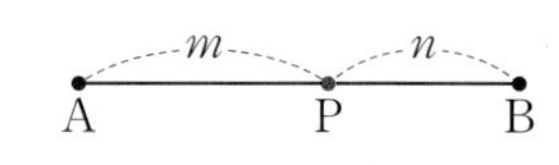

(2) 수직선 위의 선분을 내분하는 점

수직선 위의 두 점 $A(x_1)$, $B(x_2)$를 이은 선분 AB를 $m : n\ (m>0,\ n>0)$으로 내분하는 점 P의 좌표는 $\dfrac{mx_2+nx_1}{m+n}$

(3) 좌표평면 위의 선분을 내분하는 점

좌표평면 위의 두 점 $A(x_1, y_1)$, $B(x_2, y_2)$를 이은 선분 AB를 $m : n\ (m>0,\ n>0)$으로 내분하는 점 P의 좌표는

$$\left(\frac{mx_2+nx_1}{m+n},\ \frac{my_2+ny_1}{m+n}\right)$$

참고 선분의 중점
(1) 중점은 선분을 $1 : 1$로 내분하는 점이다.
(2) 수직선 위의 두 점 $A(x_1)$, $B(x_2)$를 이은 선분 AB의 중점 M의 좌표는 $\dfrac{x_1+x_2}{2}$
(3) 좌표평면 위의 두 점 $A(x_1, y_1)$, $B(x_2, y_2)$를 이은 선분 AB의 중점 M의 좌표는 $\left(\dfrac{x_1+x_2}{2},\ \dfrac{y_1+y_2}{2}\right)$

개념 3 삼각형의 무게중심

› 유형 10, 11

좌표평면 위의 세 점 $A(x_1, y_1)$, $B(x_2, y_2)$, $C(x_3, y_3)$을 꼭짓점으로 하는 삼각형 ABC의 무게중심 G의 좌표는

$$\left(\frac{x_1+x_2+x_3}{3},\ \frac{y_1+y_2+y_3}{3}\right)$$

삼각형의 무게중심은 세 중선을 꼭짓점으로부터 각각 $2 : 1$로 내분한다.

개념 1 두 점 사이의 거리

0001 수직선 위의 다음 두 점 사이의 거리를 구하시오.

(1) $A(1)$, $B(8)$

(2) $A(-2)$, $B(3)$

(3) $A(-8)$, $B(-5)$

0002 수직선 위에서 다음 조건을 만족시키는 점 Q의 좌표를 모두 구하시오.

(1) 점 $P(2)$에서 거리가 4인 점 Q

(2) 점 $P(-3)$에서 거리가 7인 점 Q

0003 좌표평면 위의 다음 두 점 사이의 거리를 구하시오.

(1) $A(0, 0)$, $B(3, 4)$

(2) $A(1, 2)$, $B(3, 5)$

(3) $A(-1, 2)$, $B(2, -1)$

(4) $A(-3, -7)$, $B(1, -5)$

0004 좌표평면 위의 두 점 $(1, 2)$, $(a, 5)$ 사이의 거리가 5일 때, 양수 a의 값을 구하시오.

개념 2 선분의 내분

0005 다음 수직선 위의 두 점 A, B에 대하여 선분 AB의 중점 M과 선분 AB를 $1:2$로 내분하는 점 P를 수직선 위에 나타내시오.

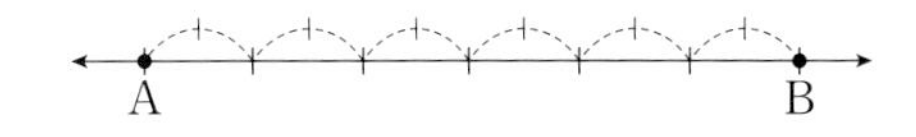

0006 수직선 위의 두 점 $A(3)$, $B(11)$에 대하여 다음을 구하시오.

(1) 선분 AB의 중점 M의 좌표

(2) 선분 AB를 $3:1$로 내분하는 점 P의 좌표

0007 좌표평면 위의 두 점 $A(-2, 2)$, $B(4, 14)$에 대하여 다음을 구하시오.

(1) 선분 AB의 중점 M의 좌표

(2) 선분 AB를 $2:1$로 내분하는 점 P의 좌표

개념 3 삼각형의 무게중심

0008 다음 세 점 A, B, C를 꼭짓점으로 하는 삼각형 ABC의 무게중심 G의 좌표를 구하시오.

(1) $A(1, 2)$, $B(-4, -1)$, $C(-6, 5)$

(2) $A(4, 1)$, $B(3, -6)$, $C(-1, -1)$

기출 & 변형하면…

유형 01 두 점 사이의 거리 개념 1

0009 수직선 위의 두 점 A(3), B(x)에 대하여 $\overline{AB}=6$일 때, 음수 x의 값은?

① -6 ② -5 ③ -4
④ -3 ⑤ -2

→ 서술형 **0010** 수직선 위의 세 점 A(5), B(6), C(a)에 대하여 $\overline{AC}+\overline{BC}=5$일 때, 모든 a의 값의 합을 구하시오.

0011 두 점 A(1, $-a$), B($a+2$, -3) 사이의 거리가 4가 되도록 하는 모든 a의 값의 합은?

① 1 ② 2 ③ 3
④ 4 ⑤ 5

→ **0012** 네 점 A(2, -1), B(0, 0), C(1, $-a$), D(a, -3)에 대하여 $2\overline{AB}=\overline{CD}$일 때, 양수 a의 값을 구하시오.

0013 두 점 A(1, x), B($x+4$, 1)에 대하여 선분 AB의 길이가 최소가 되도록 하는 실수 x의 값은?

① -2 ② -1 ③ 0
④ 1 ⑤ 2

→ **0014** 그림과 같이 A, B 두 사람이 각각 O지점으로부터 서쪽으로 10 m, 북쪽으로 5 m 떨어진 지점에서 동시에 출발하여 O지점을 향하여 A는 초속 1 m, B는 초속 2 m의 속력으로 걸어가고 있다. 이 두 사람 사이의 거리가 가장 가까워지는 것은 출발한 지 몇 초 후인지 구하시오. (단, 두 사람은 O지점에 도착해도 운동 방향을 바꾸지 않고 계속 걸어간다.)

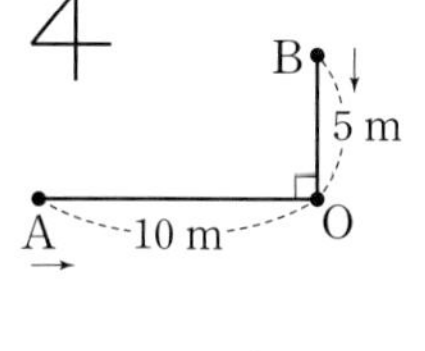

유형 02 같은 거리에 있는 점

개념 1

0015 두 점 $A(3,\ 4)$, $B(1,\ 2)$에서 같은 거리에 있는 점 $P(a,\ b)$가 직선 $y=2x-1$ 위의 점일 때, $b-a$의 값은?

① 1 ② 2 ③ 3
④ 4 ⑤ 5

→ 서술형 **0016** 두 점 $A(1,\ 1)$, $B(-4,\ 4)$로부터 같은 거리에 있는 x축 위의 점을 P, y축 위의 점을 Q라 할 때, 선분 PQ의 길이를 구하시오.

0017 세 점 $A(1,\ 0)$, $B(1,\ 3)$, $C(3,\ -1)$을 꼭짓점으로 하는 삼각형 ABC의 외심의 좌표를 $P(a,\ b)$라 할 때, $a+b$의 값은?

① 3 ② $\frac{7}{2}$ ③ 4
④ $\frac{9}{2}$ ⑤ 5

→ **0018** 좌표평면 위의 한 점 $A(2,\ 1)$을 꼭짓점으로 하는 삼각형 ABC의 외심은 변 BC 위에 있고 외심의 좌표는 $P(0,\ -2)$일 때, $\overline{BC}$의 길이는?

① $\sqrt{13}$ ② $\sqrt{26}$ ③ $2\sqrt{13}$
④ $2\sqrt{26}$ ⑤ 13

유형 03 거리의 합의 최솟값

개념 1

0019 두 점 $A(2,\ 3)$, $B(-1,\ 5)$와 임의의 점 P에 대하여 $\overline{AP}+\overline{BP}$의 최솟값을 구하시오.

→ **0020** 네 점 $A(0,\ 0)$, $B(2,\ 1)$, $C(3,\ 4)$, $D(-5,\ 1)$과 임의의 점 P에 대하여 $\overline{AP}+\overline{BP}+\overline{CP}+\overline{DP}$의 최솟값은?

① 5 ② 7 ③ 9
④ 12 ⑤ 15

유형 04 두 점 사이의 거리를 활용한 식의 값 개념 1

0021 좌표평면 위의 세 점 O(0, 0), A(−1, 3), B(a, b)에 대하여 $\sqrt{a^2+b^2}+\sqrt{(a+1)^2+(b-3)^2}$의 최솟값은?

① $\sqrt{11}$ ② $\sqrt{10}$ ③ 3
④ $2\sqrt{2}$ ⑤ $\sqrt{7}$

→ 서술형 **0022** 두 실수 x, y에 대하여

$$\sqrt{(x+3)^2+(y+3)^2}+\sqrt{(x-5)^2+(y-3)^2}$$

의 최솟값을 구하시오.

유형 05 삼각형의 세 변의 길이와 모양 개념 1

0023 세 점 A($2a$, 5), B(0, a), C(4, 3)을 꼭짓점으로 하는 삼각형 ABC가 $\overline{AB}=\overline{BC}$인 이등변삼각형일 때, 모든 실수 a의 값의 합은?

① −1 ② 0 ③ 1
④ 2 ⑤ 3

→ 서술형 **0024** 세 점 A(2, −2), B(a, b), C(−2, 2)를 꼭짓점으로 하는 삼각형 ABC가 정삼각형일 때, ab의 값을 구하시오.
(단, $a>0$, $b>0$)

0025 세 점 A(−3, 6), B(3, −2), C(5, 2)를 꼭짓점으로 하는 삼각형 ABC는 어떤 삼각형인가?

① 정삼각형
② ∠A=90°인 직각삼각형
③ ∠C=90°인 직각삼각형
④ $\overline{AB}=\overline{BC}$인 이등변삼각형
⑤ $\overline{AB}=\overline{AC}$인 이등변삼각형

→ **0026** 세 점 A(1, −1), B(5, 1), C(−1, 3)을 꼭짓점으로 하는 삼각형 ABC는 어떤 삼각형인가?

① 정삼각형
② 둔각삼각형
③ $\overline{AB}=\overline{BC}$인 이등변삼각형
④ ∠C=90°인 직각삼각형
⑤ ∠A=90°인 직각이등변삼각형

0027 다음은 삼각형 ABC에서 변 BC의 중점을 M이라 할 때,

$$\overline{AB}^2+\overline{AC}^2=2(\overline{AM}^2+\overline{BM}^2)$$

이 성립함을 보이는 과정이다. □ 안에 알맞은 것은?

> 그림과 같이 삼각형 ABC의 세 꼭짓점의 좌표를 각각 $A(a,\ b)$, $B(-c,\ 0)$, $C(c,\ 0)$이라 하면
>
> $\overline{AB}^2+\overline{AC}^2=2(\boxed{})$
>
> $=2(\overline{AM}^2+\overline{BM}^2)$

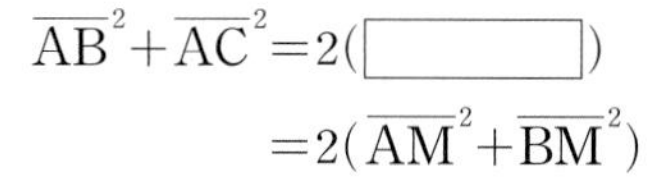

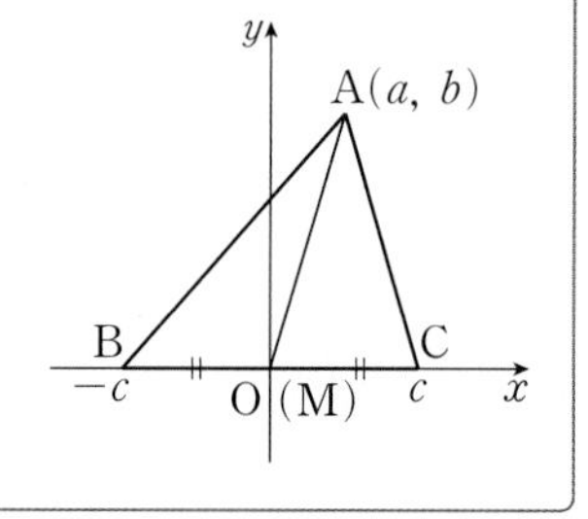

① $\sqrt{a^2+b^2}$　② $\sqrt{a^2+b^2+c^2}$
③ $a^2+b^2+c^2$　④ $a^2-b^2-c^2$
⑤ $-a^2+b^2-c^2$

→ **0028** 다음은 삼각형 ABC에서 변 BC를 1 : 2로 내분하는 점을 O라 할 때,

$$2\overline{AB}^2+\overline{AC}^2=3(2\overline{BO}^2+\overline{AO}^2)$$

이 성립함을 보이는 과정이다. (가)~(마)에 알맞지 않은 것은?

> 그림과 같이 삼각형 ABC의 세 꼭짓점의 좌표를 각각 $A(a,\ b)$, $B(-c,\ 0)$, $C(2c,\ 0)$ $(c>0)$이라 하면
>
> $\overline{AB}^2=$ (가) $+b^2$,
>
> $\overline{AC}^2=$ (나) $+b^2$이고,
>
> $\overline{AO}^2=$ (다), $\overline{BO}^2=$ (라) 이므로
>
> $2\overline{AB}^2+\overline{AC}^2=$ (마) $=3(2\overline{BO}^2+\overline{AO}^2)$이 성립한다.

① (가) $(a-c)^2$　② (나) $(a-2c)^2$
③ (다) a^2+b^2　④ (라) c^2
⑤ (마) $3a^2+3b^2+6c^2$

0029 그림과 같은 삼각형 ABC에서 $\overline{AB}=\sqrt{10}$, $\overline{BC}=4$, $\overline{CA}=3\sqrt{2}$이고, 변 BC의 중점이 M일 때, $\overline{AM}^2$의 값은?

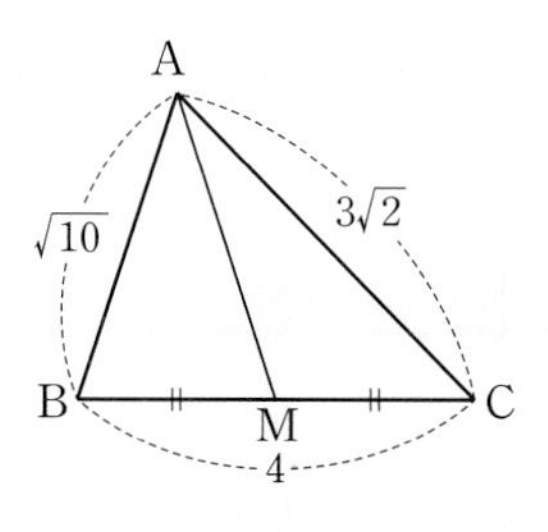

① 9　② 10
③ 11　④ 12
⑤ 13

서술형
→ **0030** 그림과 같은 삼각형 ABC에서 $\overline{AB}=10$, $\overline{BC}=8$, $\overline{AC}=2\sqrt{10}$이다. 변 BC의 중점이 M이고 삼각형 ABC의 무게중심이 G일 때, 선분 GM의 길이를 구하시오.

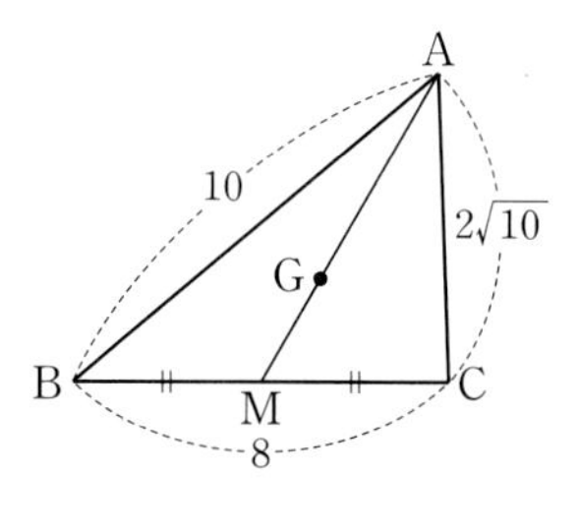

유형 07 거리의 제곱의 합의 최솟값 개념 1

0031 두 점 $A(1, 1)$, $B(5, -3)$과 y축 위의 점 P에 대하여 $\overline{AP}^2+\overline{BP}^2$의 값이 최소일 때, 점 P의 y좌표는?

① -2 ② -1 ③ 0
④ 1 ⑤ 2

0032 두 점 $A(2, -1)$, $B(4, 5)$와 임의의 점 P에 대하여 $\overline{AP}^2+\overline{BP}^2$의 값이 최소가 되도록 하는 점 P의 좌표를 구하시오.

유형 08 선분을 내분하는 점 개념 2

0033 그림과 같이 수직선 위의 8개의 점에 대하여 선분 AB를 2 : 5로 내분하는 점과 선분 AB를 4 : 3으로 내분하는 점을 차례대로 나열한 것은?

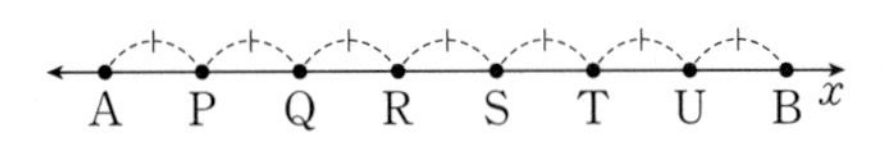

① P, S ② Q, P ③ Q, S
④ Q, T ⑤ S, T

0034 그림과 같이 수직선 위에 두 점 $A(a)$, $B(b)$를 포함하여 7개의 점이 있을 때, 좌표가 각각 $\frac{2a+b}{3}$, $\frac{a+5b}{6}$인 두 점을 차례대로 나열한 것은?

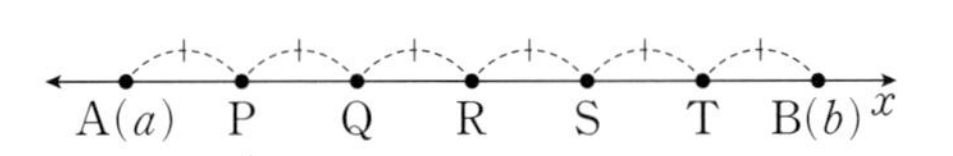

① Q, P ② Q, T ③ S, P
④ S, Q ⑤ S, T

0035 수직선 위의 두 점 $A(-4)$, $B(a)$에 대하여 선분 AB를 1 : 2로 내분하는 점의 좌표가 -5일 때, 실수 a의 값은?

① $-\frac{15}{2}$ ② -7 ③ $-\frac{13}{2}$
④ -6 ⑤ $-\frac{11}{2}$

0036 두 점 $A(-1, 15)$, $B(9, -5)$에 대하여 선분 AB의 중점을 P, 선분 AB를 3 : 2로 내분하는 점을 Q라 할 때, 선분 PQ의 길이는?

① $\sqrt{2}$ ② $\sqrt{3}$ ③ 2
④ $\sqrt{5}$ ⑤ $\sqrt{6}$

유형 09 선분을 내분하는 점의 활용 개념 2

0037 두 점 A$(4, -3)$, B$(a, 2)$에 대하여 선분 AB를 $1:3$으로 내분하는 점이 직선 $y=-x+3$ 위에 있을 때, 상수 a의 값을 구하시오.

➜ 서술형 **0038** 두 점 A$(-1, 2)$, B$(4, -4)$에 대하여 선분 AB를 $4:m$으로 내분하는 점이 직선 $y=x-1$ 위에 있을 때, 자연수 m의 값을 구하시오.

0039 두 점 A$(3, -2)$, B$(-2, 6)$에 대하여 선분 AB를 $t:(1-t)$로 내분하는 점이 제2사분면 위에 있을 때, 실수 t의 값의 범위를 구하시오.

➜ **0040** 두 점 A$(6, 2)$, B(a, b)에 대하여 선분 AB가 y축에 의하여 $3:1$로 내분되고, x축에 의하여 $1:3$으로 내분될 때, ab의 값은?

① -8 ② -4 ③ 4
④ 8 ⑤ 12

0041 두 점 A$(3, 2)$, B$(6, -1)$을 이은 선분 AB 위의 점 C(a, b)에 대하여 $\overline{AB}=3\overline{BC}$일 때, $a+b$의 값을 구하시오.

➜ **0042** 좌표평면 위의 세 점 A$(-1, 4)$, B$(-3, -2)$, C$(3, 1)$을 꼭짓점으로 하는 삼각형 ABC의 변 BC 위의 점 P(a, b)에 대하여 삼각형 ABP의 넓이가 삼각형 ACP의 넓이의 2배일 때, $a-b$의 값을 구하시오.

유형 10 삼각형의 무게중심

개념 3

0043 세 점 A(2, 5), B(a, 3), C(−3, −2)를 꼭짓점으로 하는 삼각형 ABC의 무게중심을 G(a, b)라 할 때, $a+b$의 값은?

① $\frac{3}{2}$　② 2　③ $\frac{5}{2}$　④ 3　⑤ $\frac{7}{2}$

➜ **0044** 세 점 O(0, 0), A(8, 3), B(4, 12)를 꼭짓점으로 하는 삼각형 OAB의 내부에 점 P(a, b)가 있다. 세 삼각형 PAO, PAB, PBO의 넓이가 모두 같을 때, ab의 값을 구하시오.

0045 삼각형 ABC에서 변 AB의 중점이 M(5, 3), 삼각형 ABC의 무게중심이 G(4, 1)일 때, 점 C의 좌표를 구하시오.

➜ 서술형 **0046** 점 A(1, 5)를 한 꼭짓점으로 하는 삼각형 ABC의 두 변 AB, AC의 중점을 각각 M(x_1, y_1), N(x_2, y_2)라 할 때, $x_1+x_2=5$, $y_1+y_2=4$이다. 삼각형 ABC의 무게중심을 G(a, b)라 할 때, $a-b$의 값을 구하시오.

유형 11 삼각형의 무게중심의 활용 개념 3

0047 세 점 $A(-2, 6)$, $B(2, 4)$, $C(6, 8)$에 대하여 세 선분 AB, BC, CA를 $2:1$로 내분하는 점을 각각 D, E, F라 하자. 삼각형 DEF의 무게중심을 $G(a, b)$라 할 때, ab의 값은?

① 6 ② 8 ③ 10
④ 12 ⑤ 14

➜ **0048** 세 점 $A(2, 3)$, $B(-2, 2)$, $C(3, -2)$에 대하여 $\overline{AP}^2+\overline{BP}^2+\overline{CP}^2$의 값이 최소일 때, 점 P의 좌표가 (a, b)이다. $a+b$의 값을 구하시오.

유형 12 평행사변형과 마름모의 성질 개념 1, 2

0049 평행사변형 ABCD에서 세 꼭짓점이 $A(-2, 3)$, $B(3, -1)$, $C(7, 4)$일 때, 꼭짓점 D의 좌표를 구하시오.

➜ **0050** 평행사변형 ABCD의 두 꼭짓점 A, B의 좌표가 각각 $(4, 7)$, $(-1, 2)$이고, 두 대각선 AC, BD의 교점의 좌표가 $(6, 4)$일 때, 두 꼭짓점 C, D의 좌표를 각각 구하시오.

0051 네 점 $A(a, 1)$, $B(3, 5)$, $C(7, 3)$, $D(b, -1)$을 꼭짓점으로 하는 사각형 ABCD가 마름모일 때, $a+b$의 값을 구하시오. (단, $a>1$)

➜ 서술형 **0052** 마름모 ABCD에서 네 꼭짓점이 $A(3, 5)$, $B(7, 3)$, $C(a, 1)$, $D(b, c)$일 때, $c-b$의 값을 구하시오. (단, $a<7$)

0053 그림과 같이 세 점 A$(-1,\ 5)$, B$(-4,\ 1)$, C$(4,\ -7)$을 꼭짓점으로 하는 삼각형 ABC에 대하여 $\angle$A의 이등분선이 변 BC와 만나는 점 D의 좌표를 구하시오.

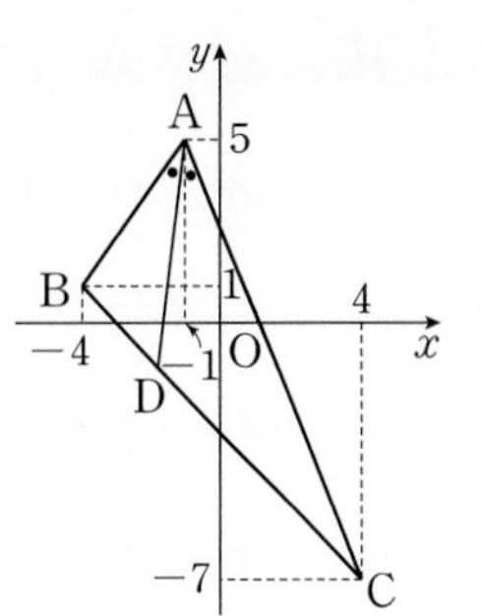

서술형

0054 그림과 같이 세 점 A$(1,\ 4)$, B$(-5,\ 1)$, C$(4,\ -2)$를 꼭짓점으로 하는 삼각형 ABC에서 $\angle$A의 이등분선이 변 BC와 만나는 점 D의 좌표를 $(a,\ b)$라 할 때, $a+b$의 값을 구하시오.

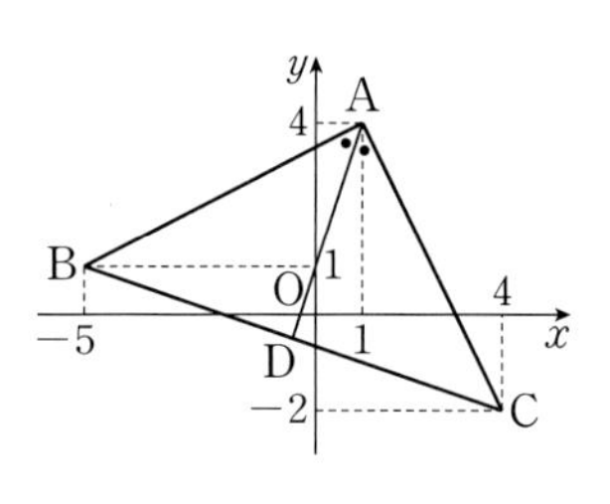

0055 세 점 A$(2,\ 3)$, B$(-2,\ 1)$, C$(-1,\ -3)$에 대하여 $\angle$BAC의 이등분선과 선분 BC의 교점을 D라 하자. 삼각형 ABD와 삼각형 ACD의 넓이를 각각 S_1, S_2라 할 때, $\frac{S_2}{S_1}$의 값은?

① $\frac{1}{2}$ ② 1 ③ $\frac{3}{2}$
④ 2 ⑤ $\frac{5}{2}$

0056 그림과 같이 세 점 O$(0,\ 0)$, A$(4,\ 3)$, B$(16,\ -2)$를 꼭짓점으로 하는 삼각형 OBA가 있다. 선분 OA의 중점을 P, $\angle$A의 이등분선과 선분 OB가 만나는 점을 Q라 하자. 삼각형 OBA의 넓이를 S라 할 때, 삼각형 BPQ의 넓이는 kS이다. 상수 k의 값은?

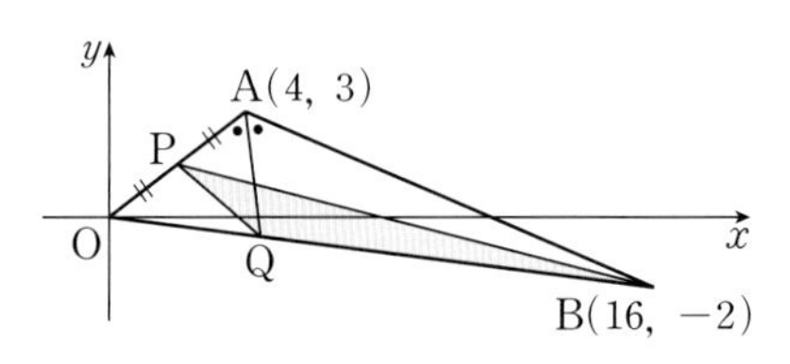

① $\frac{5}{18}$ ② $\frac{11}{36}$ ③ $\frac{1}{3}$
④ $\frac{13}{36}$ ⑤ $\frac{7}{18}$

실력 완성!

0057 다음 중 세 점 A$(-2, 1)$, B$(1, 1)$, C$(4, 10)$에 대하여 옳지 않은 것은?

① 선분 BC의 길이는 $3\sqrt{10}$이다.
② 선분 AC의 중점의 좌표는 $(1, 6)$이다.
③ 선분 AC를 $2:1$로 내분하는 점의 좌표는 $(2, 7)$이다.
④ 선분 BC를 $1:2$로 내분하는 점의 좌표는 $(2, 4)$이다.
⑤ 삼각형 ABC의 무게중심의 좌표는 $(1, 4)$이다.

0058 두 점 A$(2, 4)$, B$(7, 1)$에서 같은 거리에 있는 x축 위의 점 P의 좌표를 (a, b)라 할 때, $a+b$의 값은?

① 3 ② 4 ③ 5
④ 6 ⑤ 7

0059 그림과 같이 좌표평면 위에 세 개의 정사각형이 있다. A$(-2, 2)$, D$(11, 7)$일 때, $\overline{BC}^2$의 값을 구하시오.

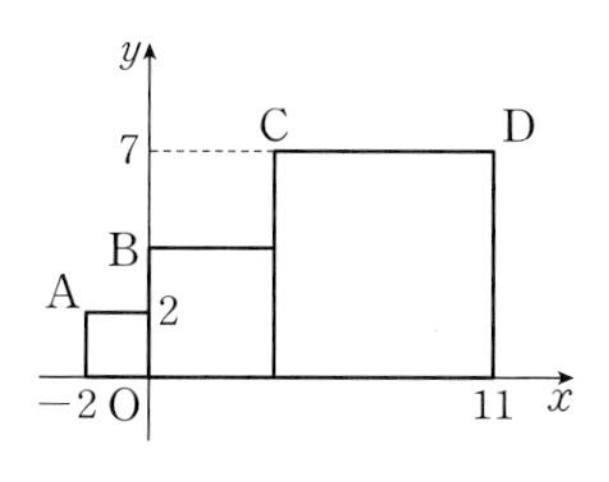

0060 a, b가 실수일 때, $\sqrt{(a-3)^2+b^2}+\sqrt{a^2+b^2-8b+16}$의 최솟값을 구하시오.

0061 세 점 A$(-2, 0)$, B$(0, 1)$, C$(-4, 4)$를 꼭짓점으로 하는 삼각형 ABC는 어떤 삼각형인가?

① 정삼각형
② $\overline{AB}=\overline{AC}$인 이등변삼각형
③ $\overline{AB}=\overline{BC}$인 이등변삼각형
④ $\angle A=90°$인 직각삼각형
⑤ $\angle B=90°$인 직각삼각형

0062 선분 AB를 $1:3$으로 내분하는 점을 P, 선분 AB의 중점을 Q라 할 때, 보기에서 옳은 것만을 있는 대로 고르시오.

보기
ㄱ. 점 P는 선분 AQ의 중점이다.
ㄴ. 점 Q는 선분 PB를 $1:2$로 내분하는 점이다.
ㄷ. 선분 AB의 길이가 16이면 선분 PQ의 길이는 2이다.

0063 두 점 A$(-1, 4)$, B$(7, 1)$에 대하여 선분 AB를 $(1+k):(1-k)$로 내분하는 점이 제1사분면 위에 있을 때, 실수 k의 값의 범위는?

① $-\frac{5}{3}<k<-\frac{3}{4}$　② $-\frac{3}{5}<k<\frac{3}{4}$

③ $k>-\frac{3}{4}$　④ $-\frac{3}{4}<k<1$

⑤ $1<k<\frac{5}{3}$

0064 삼각형 ABC의 세 변 AB, BC, CA의 중점이 각각 P$(4, 5)$, Q$(-2, 3)$, R$(1, -2)$일 때, 삼각형 ABC의 무게중심의 좌표는?

① $\left(\frac{2}{3}, 1\right)$　② $\left(1, \frac{2}{3}\right)$　③ $(1, 2)$

④ $\left(1, \frac{4}{3}\right)$　⑤ $\left(\frac{4}{3}, 1\right)$

0065 네 점 A$(-6, -4)$, B$(-3, -5)$, C(a, b), D$(4, 1)$을 꼭짓점으로 하는 사각형 ABCD가 평행사변형일 때, $a+b$의 값은?

① -1　② 1　③ 3

④ 5　⑤ 7

0066 세 점 A$(6, 2)$, B$(3, 6)$, C$(-3, -2)$를 꼭짓점으로 하는 삼각형 ABC에 대하여 $\angle$B의 이등분선이 변 AC와 만나는 점을 P라 할 때, 삼각형 PAB의 무게중심의 x좌표는?

① 2　② 3　③ 4

④ 5　⑤ 6

0067 그림과 같이 $\overline{AB}=6$, $\overline{AD}=8$, $\overline{BD}=12$인 평행사변형 ABCD의 두 대각선의 교점을 M이라 할 때, 선분 AM의 길이는?

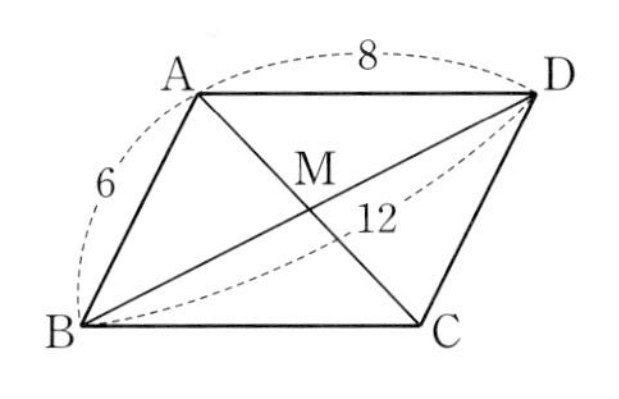

① $\sqrt{13}$ ② $\sqrt{14}$ ③ $\sqrt{15}$
④ 4 ⑤ $\sqrt{17}$

0068 세 꼭짓점의 좌표가 A(0, 3), B(−5, −9), C(3, −1)인 삼각형 ABC가 있다. 그림과 같이 $\overline{AC}=\overline{AD}$가 되도록 점 D를 선분 AB 위에 잡는다. 점 D를 지나면서 선분 AC와 평행한 직선이 선분 BC와 만나는 점을 $P(m, n)$이라 할 때, $m-n$의 값은?

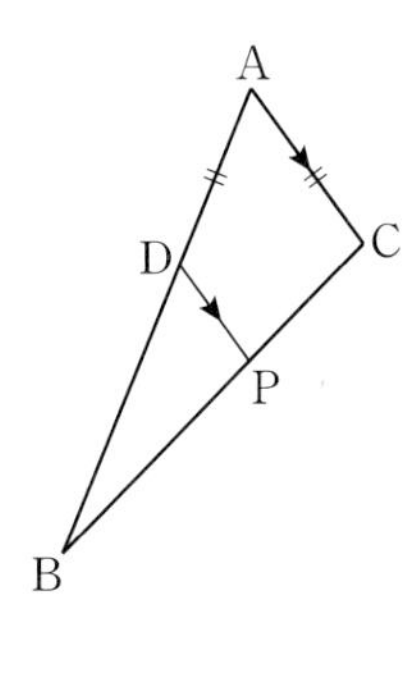

① 2 ② 4 ③ 6
④ 8 ⑤ 10

서술형

0069 두 점 A(1, 4), B(6, 6)과 x축 위의 점 P에 대하여 $\overline{AP}^2+\overline{BP}^2$의 값이 최소가 되도록 하는 점 P가 직선 $y=-2x+k$ 위의 점일 때, 상수 k의 값을 구하시오.

0070 좌표평면 위에 세 점 A(1, 0), B(3, 2), C(4, 0)이 있다. 선분 AC 위의 점 D와 선분 BD 위의 점 E에 대하여 4개의 삼각형 ABE, ADE, BCE, CDE의 넓이가 모두 같을 때, 점 E의 좌표를 구하시오.

개념 1 직선의 방정식

> 유형 01~04

(1) 점 (x_1, y_1)을 지나고 기울기가 m인 직선의 방정식: $y-y_1=m(x-x_1)$

(2) 서로 다른 두 점 (x_1, y_1), (x_2, y_2)를 지나는 직선의 방정식

① $x_1 \neq x_2$이면 $y-y_1=\frac{y_2-y_1}{x_2-x_1}(x-x_1)$　　② $x_1=x_2$이면 $x=x_1$

(3) x절편이 a, y절편이 b인 직선의 방정식: $\frac{x}{a}+\frac{y}{b}=1$ (단, $ab \neq 0$)

참고 x, y에 대한 일차방정식 $ax+by+c=0$이 나타내는 도형은 직선이다. (단, $a \neq 0$ 또는 $b \neq 0$)

개념 2 두 직선의 교점을 지나는 직선의 방정식

> 유형 05~07

(1) 정점을 지나는 직선

직선 $ax+by+c+k(a'x+b'y+c')=0$은 실수 k의 값에 관계없이 항상 두 직선 $ax+by+c=0$, $a'x+b'y+c'=0$의 교점을 지나는 직선이다. $\left(\text{단, } \frac{a}{a'} \neq \frac{b}{b'}\right)$

(2) 두 직선의 교점을 지나는 직선의 방정식

한 점에서 만나는 두 직선 $ax+by+c=0$, $a'x+b'y+c'=0$의 교점을 지나는 직선 중 $a'x+b'y+c'=0$을 제외한 직선의 방정식은

$$\boldsymbol{ax+by+c+k(a'x+b'y+c')=0} \text{ (단, } k\text{는 실수)}$$

개념 3 두 직선의 위치 관계

> 유형 08~11

두 직선의 위치 관계	평행하다.	일치한다.	한 점에서 만난다.	수직이다.
$y=mx+n$ $y=m'x+n'$	$m=m'$, $n \neq n'$	$m=m'$, $n=n'$	$m \neq m'$	$mm'=-1$
$ax+by+c=0$ $a'x+b'y+c'=0$ (단, $abc \neq 0$, $a'b'c' \neq 0$)	$\frac{a}{a'}=\frac{b}{b'} \neq \frac{c}{c'}$	$\frac{a}{a'}=\frac{b}{b'}=\frac{c}{c'}$	$\frac{a}{a'} \neq \frac{b}{b'}$	$aa'+bb'=0$

개념 4 점과 직선 사이의 거리

> 유형 12~15

(1) 점과 직선 사이의 거리

점 (x_1, y_1)과 직선 $ax+by+c=0$ ($a \neq 0$ 또는 $b \neq 0$) 사이의 거리는

$$\frac{|ax_1+by_1+c|}{\sqrt{a^2+b^2}}$$

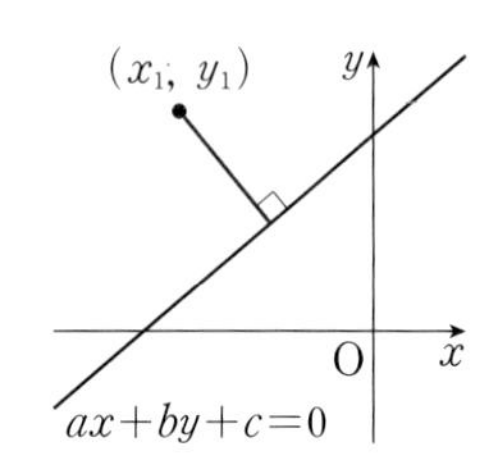

참고 원점과 직선 $ax+by+c=0$ 사이의 거리는 $\frac{|c|}{\sqrt{a^2+b^2}}$

(2) 평행한 두 직선 l, l' 사이의 거리

[1단계] 직선 l 위의 한 점의 좌표 (x_1, y_1)을 택한다.

[2단계] 점 (x_1, y_1)과 직선 l' 사이의 거리를 구한다.

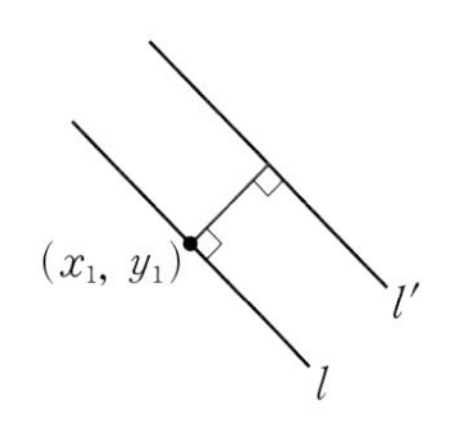

개념 1 직선의 방정식

0071 다음 직선의 방정식을 구하시오.

(1) 점 $(-1,\ 0)$을 지나고 기울기가 2인 직선

(2) 두 점 $(-1,\ 4)$, $(2,\ -2)$를 지나는 직선

(3) x절편이 2, y절편이 -4인 직선

(4) 점 $(3,\ -2)$를 지나고 x축에 평행한 직선

(5) 점 $(1,\ -7)$을 지나고 y축에 평행한 직선

0072 세 실수 a, b, c가 다음 조건을 만족시킬 때, 직선 $ax+by+c=0$이 지나는 사분면을 모두 구하시오.

(1) $a<0$, $b>0$, $c>0$

(2) $a=0$, $b>0$, $c<0$

(3) $a>0$, $b=0$, $c>0$

개념 2 두 직선의 교점을 지나는 직선의 방정식

0073 직선 $(x-y)+k(x+y-6)=0$이 실수 k의 값에 관계없이 항상 지나는 점의 좌표를 구하시오.

0074 두 직선 $2x+3y+4=0$, $3x+2y+2=0$의 교점과 원점을 지나는 직선의 방정식을 구하시오.

개념 3 두 직선의 위치 관계

0075 두 직선 $y=2x+1$, $y=kx-3$이 다음 조건을 만족시킬 때, 상수 k의 값을 구하시오.

(1) 평행하다.

(2) 수직이다.

0076 두 직선 $kx+6y-3=0$, $2x+(k+1)y-2=0$이 다음 조건을 만족시킬 때, 상수 k의 값을 구하시오.

(1) 평행하다.

(2) 일치한다.

(3) 수직이다.

개념 4 점과 직선 사이의 거리

0077 다음 점과 직선 사이의 거리를 구하시오.

(1) 점 $(4,\ 2)$, 직선 $3x+4y-5=0$

(2) 점 $(-1,\ 3)$, 직선 $y=x+2$

(3) 원점, 직선 $y=\frac{1}{3}x-10$

0078 다음 평행한 두 직선 사이의 거리를 구하시오.

(1) $7x+y-9=0$, $7x+y+1=0$

(2) $x-2y+4=0$, $-x+2y+6=0$

B step 기출 & 변형하면…

유형 01 직선의 방정식 (개념 1)

0079 두 점 A$(-2, -1)$, B$(6, 3)$을 이은 선분 AB의 중점을 지나고 기울기가 -2인 직선의 방정식은?

① $y=-2x+1$ ② $y=-2x+2$
③ $y=-2x+3$ ④ $y=-2x+4$
⑤ $y=-2x+5$

→ **0080** 직선 $(a+3)x-y+b+3=0$이 x축의 양의 방향과 이루는 각의 크기가 $45°$이고, 점 $(-2, 3)$을 지날 때, 상수 a, b에 대하여 $a-b$의 값은?

① -5 ② -4 ③ -3
④ -2 ⑤ -1

0081 두 점 $(-1, 2)$, $(2, a)$를 지나는 직선이 y축과 점 $(0, 7)$에서 만날 때, a의 값은?

① 9 ② 11 ③ 13
④ 15 ⑤ 17

→ 서술형 **0082** 그림과 같이 네 점 A$(2, 7)$, B$(1, 1)$, C$(4, -1)$, D$(4, 4)$를 꼭짓점으로 하는 사각형 ABCD의 두 대각선의 교점의 좌표를 구하시오.

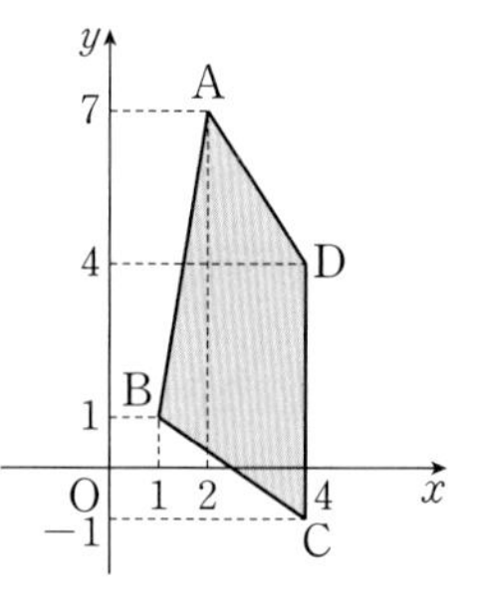

0083 x절편이 -2, y절편이 6인 직선이 점 $(-k, 3k)$를 지날 때, k의 값은?

① -1 ② 0 ③ 1
④ 2 ⑤ 3

→ **0084** 좌표평면에서 제2사분면을 지나지 않는 직선 $\frac{x}{a}+\frac{y}{b}=1$과 x축, y축으로 둘러싸인 부분의 넓이가 6일 때, 상수 a, b에 대하여 ab의 값을 구하시오.

유형 02 세 점이 한 직선 위에 있을 조건 개념 1

0085 세 점 $A(-1, 1)$, $B(k, 2)$, $C(5, k+1)$이 한 직선 위에 있도록 하는 모든 실수 k의 값의 합은?

① -1　② 0　③ 1
④ 2　⑤ 3

0086 서로 다른 세 점 $A(-3k+1, 5)$, $B(-1, k-1)$, $C(k-1, k+1)$이 삼각형을 이루지 않을 때, 모든 실수 k의 값의 합은?

① 11　② 12　③ 13
④ 14　⑤ 15

유형 03 도형의 넓이를 이등분하는 직선 개념 1

0087 세 점 $A(2, 2)$, $B(-1, 3)$, $C(3, -1)$을 꼭짓점으로 하는 삼각형 ABC가 있다. 점 A를 지나는 직선이 삼각형 ABC의 넓이를 이등분할 때, 이 직선의 방정식은?

① $y=-x+4$　② $y=x$　③ $y=2x-2$
④ $x=2$　⑤ $y=2$

0088 직선 $\frac{x}{8}+\frac{y}{6}=1$과 x축, y축으로 둘러싸인 부분의 넓이를 직선 $y=mx$가 이등분할 때, 상수 m의 값은?

① $\frac{1}{4}$　② $\frac{1}{2}$　③ $\frac{3}{4}$
④ 1　⑤ $\frac{5}{4}$

0089 그림과 같은 두 직사각형의 넓이를 동시에 이등분하는 직선의 기울기는?

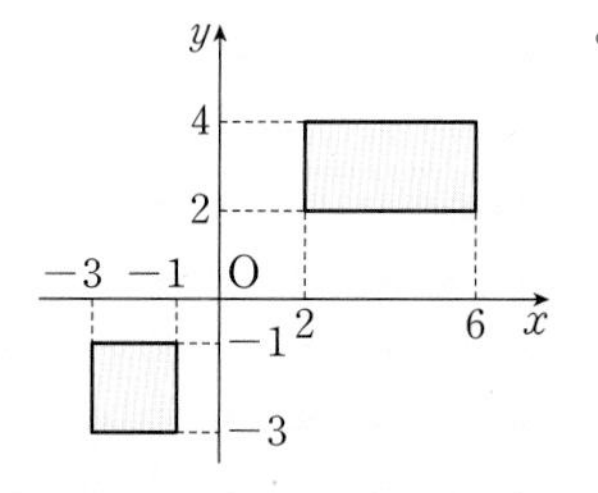

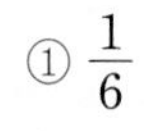

① $\frac{1}{6}$　② $\frac{1}{3}$
③ $\frac{1}{2}$　④ $\frac{2}{3}$
⑤ $\frac{5}{6}$

0090 네 점 $A(2, 4)$, $B(2, 2)$, $C(8, 2)$, $D(8, 4)$를 꼭짓점으로 하는 직사각형 ABCD가 있다. 직사각형 ABCD의 넓이를 이등분하고 점 $(4, 5)$를 지나는 직선의 기울기를 구하시오.

유형 04 직선의 개형 개념 1

0091 직선 $2x+ay+b=0$이 제1, 3, 4사분면을 지날 때, 직선 $ax-by-5=0$이 지나는 사분면을 모두 구하시오. (단, a, b는 상수이다.)

→ 서술형 **0092** 직선 $ax+by+c=0$이 그림과 같을 때, 직선 $bx-cy-a=0$이 지나지 않는 사분면을 구하시오. (단, a, b, c는 상수이다.)

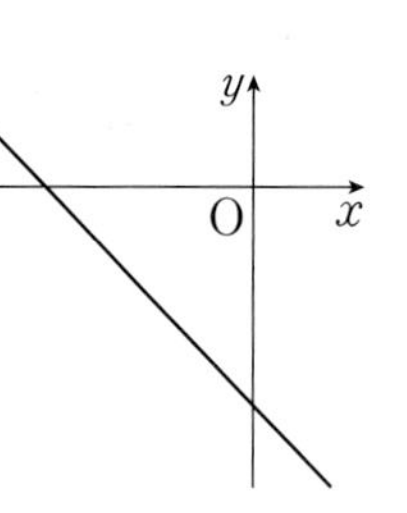

0093 $ac<0$, $bc>0$일 때, 직선 $ax-by-c=0$이 지나지 않는 사분면은? (단, a, b, c는 상수이다.)

① 제1사분면 ② 제2사분면 ③ 제3사분면
④ 제4사분면 ⑤ 제1, 3사분면

→ **0094** 0이 아닌 세 실수 a, b, c에 대하여

$$\sqrt{a}\sqrt{b}=-\sqrt{ab},\ \frac{\sqrt{c}}{\sqrt{b}}=-\sqrt{\frac{c}{b}}$$

일 때, 직선 $ax+by+c=0$이 지나지 않는 사분면을 구하시오.

유형 05 정점을 지나는 직선 개념 2

0095 직선 $x+my-8m+6=0$이 실수 m의 값에 관계없이 항상 점 P를 지날 때, 점 P와 원점 사이의 거리는?

① $\sqrt{10}$ ② $2\sqrt{5}$ ③ 5
④ 8 ⑤ 10

→ **0096** 직선 $(4+3k)x-(3-k)y+7+2k=0$이 실수 k의 값에 관계없이 항상 점 (a, b)를 지날 때, a^2+b^2의 값은?

① 2 ② 5 ③ 8
④ 9 ⑤ 13

0097 점 $\mathrm{P}(a, b)$가 직선 $2x-y=3$ 위에 있을 때, 직선 $ax+by-6=0$은 항상 점 (p, q)를 지난다. $2p-q$의 값을 구하시오.

➜ **0098** 직선 l: $(k+2)x+(2-k)y-8-2k=0$에 대하여 보기에서 옳은 것만을 있는 대로 고르시오. (단, k는 실수이다.)

보기
ㄱ. $k=2$이면 직선 l은 x축에 평행하다. ㄴ. 직선 l은 k의 값에 관계없이 항상 점 $(3, 1)$을 지난다. ㄷ. 직선 l은 두 직선 $x-y-2=0$, $x+y-4=0$의 교점을 지나는 모든 직선을 나타낸다.

유형 06 정점을 지나는 직선의 활용

개념 2

0099 직선 $x+ky-2+k=0$이 두 점 $\mathrm{A}(-2, 1)$, $\mathrm{B}(1, 3)$을 이은 선분 AB와 한 점에서 만나도록 하는 실수 k의 값의 범위가 $a\le k\le b$일 때, ab의 값은?

① 0 ② $\frac{1}{4}$ ③ $\frac{1}{2}$
④ 1 ⑤ 2

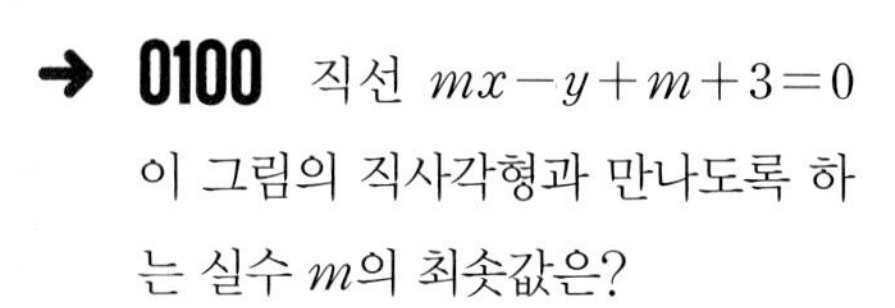

➜ **0100** 직선 $mx-y+m+3=0$이 그림의 직사각형과 만나도록 하는 실수 m의 최솟값은?

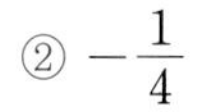

① $-\frac{1}{3}$ ② $-\frac{1}{4}$
③ $-\frac{1}{7}$ ④ $\frac{1}{7}$

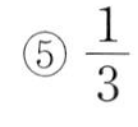

⑤ $\frac{1}{3}$

0101 두 직선 $x-y+4=0$, $mx-y-2m+1=0$이 제2사분면에서 만나도록 하는 실수 m의 값의 범위가 $\alpha<m<\beta$일 때, $\alpha\beta$의 값은?

① $-\frac{1}{2}$ ② $-\frac{1}{4}$ ③ 0
④ $\frac{1}{6}$ ⑤ $\frac{1}{3}$

➜ **0102** 직선 $x+(m+1)y-(4m+1)=0$이 제1사분면을 지나지 않도록 하는 실수 m의 최댓값을 α, 최솟값을 β라 할 때, $\frac{\beta}{\alpha}$의 값을 구하시오.

유형 07 두 직선의 교점을 지나는 직선의 방정식 개념 2

0103 두 직선 $2x-3y=1$, $2x-4y=-1$의 교점과 점 $(1, 0)$을 지나는 직선의 방정식을 구하시오.

→ **0104** 두 직선 $x-2y-1=0$, $2x-y-5=0$의 교점과 점 $(6, 4)$를 지나는 직선이 x축과 만나는 점을 A, y축과 만나는 점을 B라 할 때, 선분 AB의 길이는?

① $\sqrt{2}$ ② $2\sqrt{2}$ ③ $3\sqrt{2}$
④ $2\sqrt{5}$ ⑤ $3\sqrt{5}$

서술형
0105 방정식 $(3x-2y-7)(x-2y-1)=0$이 나타내는 두 직선의 교점을 지나는 직선 l의 기울기가 1일 때, 직선 l의 x절편을 구하시오.

→ **0106** 두 직선 $x-2y+5=0$, $x-y+1=0$의 교점을 지나고, 두 직선과 x축으로 둘러싸인 삼각형의 넓이를 이등분하는 직선의 방정식이 $2x+ay+b=0$일 때, a^2+b^2의 값은? (단, a, b는 상수이다.)

① 33 ② 36 ③ 39
④ 42 ⑤ 45

유형 08 두 직선의 위치 관계 개념 3

0107 점 $(4, 6)$을 지나는 직선 $y=ax+b$가 직선 $y=-2x+5$에 수직일 때, 상수 a, b에 대하여 ab의 값은?

① -2 ② -1 ③ 0
④ 1 ⑤ 2

→ **0108** 두 직선 $mx-4y-2=0$, $(m+3)x+2y+1=0$이 일치하거나 수직이 되도록 하는 모든 실수 m의 값의 합은?

① -8 ② -5 ③ -3
④ -2 ⑤ 3

0109 직선 $2x+ay-4=0$이 직선 $ax-(a-1)y+1=0$과 수직이고, 직선 $(a+1)x+6y+2=0$과 평행할 때, 상수 a의 값은?

① -4　② -2　③ 0　④ 2　⑤ 3

→ **0110** 서로 다른 두 직선 $ax-y-1=0$, $4x-ay+2=0$에 의하여 좌표평면이 3개의 영역으로 나뉠 때, 실수 a의 값은?

① -4　② -2　③ 1　④ 2　⑤ 4

유형 09 직선의 방정식: 평행 또는 수직 조건

개념 3

0111 점 $(1, 3)$을 지나고 직선 $7x-2y+6=0$에 평행한 직선이 점 $(a, -4)$를 지날 때, a의 값은?

① -1　② $-\frac{1}{2}$　③ 0　④ $\frac{1}{4}$　⑤ 1

→ **0112** 두 점 $(3, 4)$, $(5, 2)$를 지나는 직선에 평행하고, x절편이 -6인 직선의 방정식이 $x+ay+b=0$일 때, 상수 a, b에 대하여 $a+b$의 값을 구하시오.

0113 직선 $(2k+1)x-y+2=0$과 점 $(4, 0)$을 지나는 직선이 y축에서 수직으로 만날 때, 상수 k의 값은?

① $\frac{1}{4}$　② $\frac{1}{2}$　③ $\frac{3}{4}$　④ 1　⑤ $\frac{5}{4}$

→ 서술형 **0114** 그림과 같이 점 A$(3, 2)$에서 직선 $y=2x+1$에 내린 수선의 발을 H(a, b)라 할 때, $a+b$의 값을 구하시오.

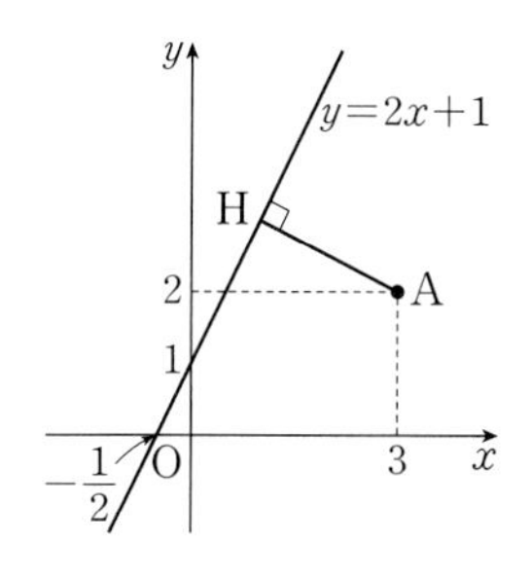

유형 10 세 직선의 위치 관계 개념 3

0115 세 직선 $x+2y=5$, $3x-4y=-5$, $ax-y=5$가 한 점에서 만날 때, 상수 a의 값은?

① 1　② 3　③ 5
④ 7　⑤ 9

➔ **0116** 세 직선 $2x+y-3=0$, $3x-2y-1=0$, $ax-y=0$으로 둘러싸인 부분이 직각삼각형이 되도록 하는 모든 상수 a의 값의 곱은?

① $-\frac{5}{6}$　② $-\frac{2}{3}$　③ $-\frac{1}{2}$
④ $-\frac{1}{3}$　⑤ $-\frac{1}{6}$

0117 세 직선 $x-2y=-2$, $2x+y=6$, $kx-y=2$가 삼각형을 이루지 않도록 하는 모든 상수 k의 값의 곱은?

① -5　② -4　③ -3
④ -2　⑤ -1

➔ 서술형 **0118** 서로 다른 세 직선 $4x+2y+5=0$, $ax-y-1=0$, $2x+by-4=0$에 의하여 좌표평면이 4개의 영역으로 나뉠 때, $a+b$의 값을 구하시오. (단, a, b는 상수이다.)

유형 11 수직이등분선의 방정식 개념 3

0119 두 점 A$(-3, 1)$, B$(5, 7)$에 대하여 선분 AB의 수직이등분선의 방정식이 $4x+ay+b=0$일 때, $a+b$의 값은? (단, a, b는 상수이다.)

① -13　② -11　③ -9
④ -7　⑤ -5

➔ **0120** 두 점 A(a, b), B$(3, 5)$를 이은 선분 AB의 수직이등분선의 방정식이 $x+4y-6=0$일 때, $a+b$의 값은?

① -10　② -8　③ -6
④ -4　⑤ -2

0121 두 점 A(3, 1), B(−1, 3)으로부터 같은 거리에 있는 점 P의 자취의 방정식은?

① $x-2y=0$　② $x-2y+1=0$
③ $2x-y-1=0$　④ $2x-y=0$
⑤ $2x-y+1=0$

→ **0122** 세 점 A(3, 0), B(1, 4), C(1, −2)를 꼭짓점으로 하는 삼각형 ABC의 세 변의 수직이등분선의 교점을 D(a, b)라 할 때, $a+b$의 값을 구하시오.

유형 12 점과 직선 사이의 거리

개념 4

0123 점 P(5, 3)에서 직선 $2x-y-2=0$에 내린 수선의 발을 H라 할 때, 선분 PH의 길이는?

① $\sqrt{2}$　② $\sqrt{3}$　③ $\sqrt{5}$
④ $\sqrt{6}$　⑤ $\sqrt{7}$

→ **0124** 직선 $y=2x$ 위의 점 중에서 직선 $y=x+2$와의 거리가 $3\sqrt{2}$인 모든 점들의 x좌표의 합은?

① −4　② −2　③ 2
④ 4　⑤ 6

0125 점 $(k, 0)$에서 두 직선 $3x+4y+1=0$, $4x-3y+6=0$에 이르는 거리가 같도록 하는 모든 실수 k의 값의 곱은?

① $\frac{9}{2}$　② 5　③ $\frac{11}{2}$
④ 6　⑤ $\frac{13}{2}$

→ 서술형 **0126** 원점과 직선 $x+y-2+k(x-y)=0$ 사이의 거리를 $f(k)$라 하자. $f(k)$의 최댓값을 M이라 할 때, M^2의 값을 구하시오. (단, k는 실수이다.)

유형 13 평행한 두 직선 사이의 거리 개념 4

0127 두 직선 $4x+3y-4=0$과 $(a+1)x+3y+a+3=0$이 평행할 때, 두 직선 사이의 거리는? (단, a는 상수이다.)

① $\frac{1}{2}$ ② 2 ③ $\sqrt{5}$

④ $\frac{3\sqrt{5}}{2}$ ⑤ 4

→ **0128** 평행한 두 직선 $ax+2y-1=0$, $x-2y+b=0$ 사이의 거리가 $2\sqrt{5}$일 때, 상수 a, b에 대하여 ab의 값을 구하시오. (단, $b<0$)

0129 실수 k에 대하여 평행한 두 직선 $x-\sqrt{3}y-5=0$, $x-\sqrt{3}y+k^2-2k=0$ 사이의 거리의 최솟값을 구하시오.

→ **0130** 그림과 같이 두 직선 $3x+4y-2=0$, $3x+4y+8=0$과 수직인 선분 AB를 한 변으로 하는 삼각형 ABO의 넓이가 6일 때, 두 점 A, B를 지나는 직선의 y절편을 구하시오.

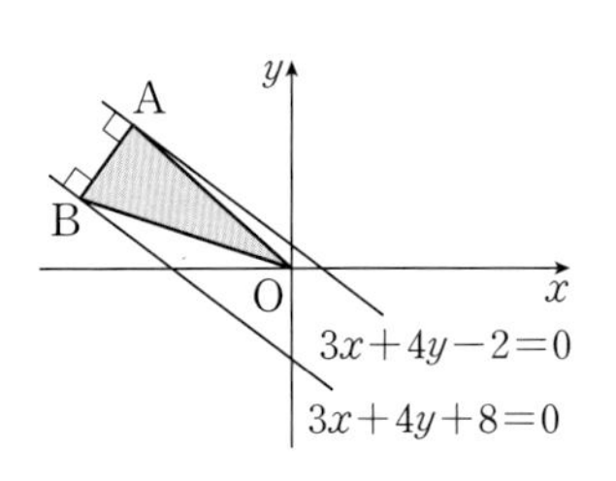

(단, O는 원점이고, 두 점 A, B는 제2사분면 위의 점이다.)

유형 14 삼각형의 넓이 개념 4

0131 세 점 A(0, 5), B(−1, 1), C(3, 3)을 꼭짓점으로 하는 삼각형 ABC에 대하여 다음 물음에 답하시오.

(1) 선분 AB의 길이를 구하시오.

(2) 직선 AB의 방정식을 구하시오.

(3) 점 C와 직선 AB 사이의 거리를 구하시오.

(4) 삼각형 ABC의 넓이를 구하시오.

→ 서술형 **0132** 세 점 O(0, 0), A(2, 4), B(−1, k)를 꼭짓점으로 하는 삼각형 OAB의 넓이가 6일 때, 양수 k의 값을 구하시오.

0133 한 직선 위에 있지 않은 세 점 $O(0,\ 0)$, $A(x_1,\ y_1)$, $B(x_2,\ y_2)$를 꼭짓점으로 하는 삼각형 OAB에 대하여 다음 물음에 답하시오. (단, $x_1 \neq x_2$)

(1) 두 점 A, B를 지나는 직선의 방정식을 구하시오.

(2) 점 O와 직선 AB 사이의 거리를 구하시오.

(3) 삼각형 OAB의 넓이가 $\frac{1}{2}|x_1y_2-x_2y_1|$임을 증명하시오.

➜ **0134** 그림과 같이 세 직선

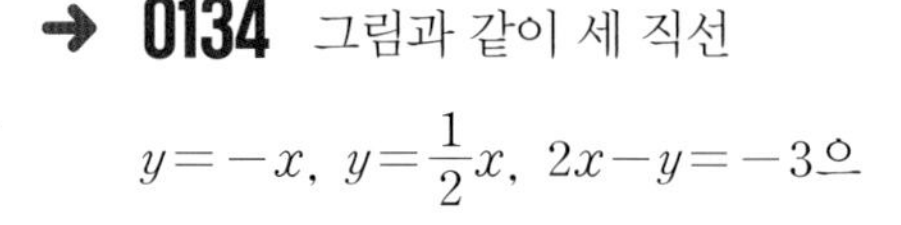

$y=-x$, $y=\frac{1}{2}x$, $2x-y=-3$으로 둘러싸인 부분의 넓이가 $\frac{q}{p}$일 때, $p+q$의 값을 구하시오.

(단, p와 q는 서로소인 자연수이다.)

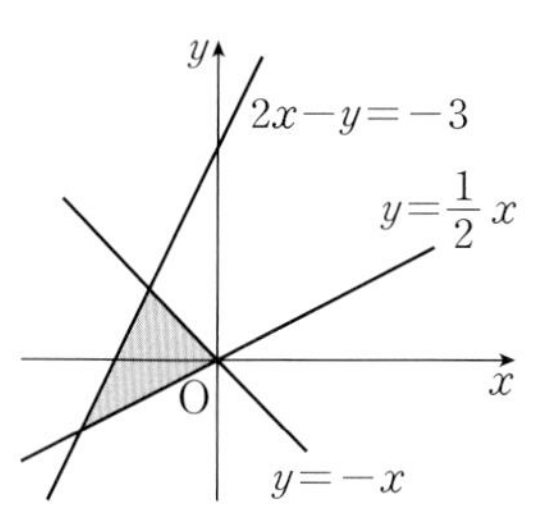

유형 15 자취의 방정식; 점과 직선 사이의 거리

개념 4

0135 직선 $x+y-5=0$과의 거리가 $5\sqrt{2}$인 점 P의 자취의 방정식을 모두 구하시오.

➜ **0136** 두 점 $A(-3,\ 0)$, $B(0,\ 4)$와 직선 AB 위에 있지 않은 점 P에 대하여 삼각형 ABP의 넓이가 20일 때, 점 P의 자취의 방정식을 모두 구하시오.

0137 두 직선 $2x-y-1=0$, $x+2y-1=0$으로부터 같은 거리에 있는 점 P의 자취의 방정식 중 그 그래프의 기울기가 음수인 것을 $ax+y+b=0$이라 하자. $a+b$의 값은?

(단, a, b는 상수이다.)

① 0 ② 1 ③ 2
④ 3 ⑤ 4

➜ **0138** 두 직선 $3x+2y-9=0$, $2x-3y+1=0$이 이루는 각을 이등분하는 직선의 방정식이 $ax+by-10=0$ 또는 $cx+dy-8=0$일 때, $a+b+c+d$의 값을 구하시오.

(단, a, b, c, d는 정수이다.)

실력 완성!

0139 두 직선 $y=-x+5$, $2x-ay+1=0$이 서로 수직일 때, 상수 a의 값은?

① -1　② 0　③ 1
④ 2　⑤ 3

0140 두 직선 $2x+3y-6=0$, $3x-2y+5=0$의 교점과 점 $(-1, 0)$을 지나는 직선의 방정식을 구하시오.

0141 점 $(1, 2)$와 직선 $ax-y+9=0$ 사이의 거리가 $\sqrt{10}$일 때, 정수 a의 값은?

① 1　② 2　③ 3
④ 4　⑤ 5

0142 직선 $(a+1)x+by-3=0$이 x축의 양의 방향과 이루는 각의 크기가 $60°$이고 x절편이 3일 때, 상수 a, b에 대하여 $a-b$의 값은?

① $-\sqrt{3}$　② -1　③ $\frac{\sqrt{3}}{3}$
④ 1　⑤ $\sqrt{3}$

0143 세 점 $O(0, 0)$, $A(4, 8)$, $B(0, 8)$을 꼭짓점으로 하는 삼각형 OAB의 넓이를 직선 $y=a$가 이등분할 때, 상수 a에 대하여 a^2의 값을 구하시오.

0144 직선 $ax+by+c=0$이 제1, 3, 4사분면을 지날 때, 직선 $cx-ay-b=0$이 지나지 않는 사분면을 구하시오.

(단, a, b, c는 상수이다.)

0145 두 직선 $2x+y-4=0$, $mx-y+2m+3=0$이 제1 사분면에서 만나도록 하는 실수 m의 값의 범위가 $\alpha<m<\beta$일 때, $\alpha+\beta$의 값은?

① $-\frac{1}{4}$ ② 0 ③ $\frac{1}{3}$
④ $\frac{1}{2}$ ⑤ 1

0146 세 직선 l_1: $x+ay+1=0$, l_2: $2x-by+1=0$, l_3: $x-(b-3)y-1=0$에 대하여 l_1, l_2는 서로 수직이고, l_1, l_3은 서로 평행하다. 실수 a, b에 대하여 a^2+b^2의 값은?

① 0 ② 1 ③ 5
④ 6 ⑤ 8

0147 두 점 A$(1, 5)$, B$(4, 2)$에 대하여 선분 AB를 $1:2$로 내분하는 점을 지나고 직선 AB에 수직인 직선이 점 $(k, 10)$을 지날 때, k의 값을 구하시오.

0148 두 점 A$(-1, 1)$, B$(-5, a)$를 이은 선분 AB의 수직이등분선이 점 $(-2, 4)$를 지나도록 하는 모든 실수 a의 값의 합은?

① 4 ② 5 ③ 6
④ 7 ⑤ 8

0149 두 점 A(3, 4), B(−2, −6)을 지나는 직선 위를 움직이는 점 P에 대하여 $\overline{OP}$의 최솟값은? (단, O는 원점이다.)

① $\frac{\sqrt{5}}{5}$ ② $\frac{2\sqrt{5}}{5}$ ③ $\sqrt{5}$
④ $2\sqrt{5}$ ⑤ $3\sqrt{5}$

0150 직선 $x+2y-4=0$과 x축, y축으로 둘러싸인 부분의 넓이를 직선 $(k-2)x+(2k+1)y+2-k=0$이 이등분할 때, 실수 k의 값은?

① $-\frac{1}{3}$ ② $-\frac{2}{9}$ ③ $-\frac{1}{9}$
④ $\frac{1}{9}$ ⑤ $\frac{2}{9}$

0151 그림과 같이 한 변의 길이가 5인 정사각형 AOCB에서 제1사분면 위에 있는 점 A의 y좌표가 4일 때, 다른 두 꼭짓점 B, C를 지나는 직선의 방정식을 $4x+py+q=0$이라 하자. 상수 p, q에 대하여 $p+q$의 값을 구하시오. (단, O는 원점이다.)

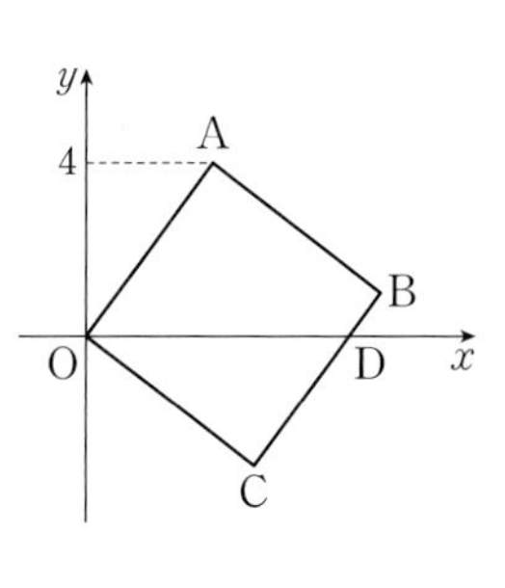

0152 x, y에 대한 방정식 $xy-2x-2y=0$을 만족시키는 자연수 x, y를 좌표평면 위에 점 (x, y)로 나타낼 때, 이 점들을 꼭짓점으로 하는 도형의 넓이는?

① $\frac{1}{2}$ ② 1 ③ $\frac{3}{2}$
④ 2 ⑤ $\frac{5}{2}$

0153 두 직선 $x+2y-2=0$, $2x-y-4=0$이 이루는 각을 이등분하는 두 직선 l, m이 있다. 점 $(0,\ k)$로부터 두 직선 l, m까지의 거리가 서로 같도록 하는 모든 실수 k의 값의 합은?

① -5　　② -4　　③ -3
④ 1　　⑤ 2

0154 그림과 같은 정사각형 ABCD의 두 꼭짓점 A, C의 좌표가 각각 $(2,\ 4)$, $(6,\ 2)$일 때, 원점 O와 직선 BD 사이의 거리는?

① 1　　② $\sqrt{2}$
③ $\sqrt{3}$　　④ 2
⑤ $\sqrt{5}$

서술형

0155 세 점 $\mathrm{A}(-2,\ 3)$, $\mathrm{B}(1,\ 9)$, $\mathrm{C}(a,\ a+4)$가 삼각형을 이루지 않도록 하는 실수 a의 값을 구하시오.

0156 세 직선 $x+y-2=0$, $4x-y-13=0$, $ax-y=0$이 좌표평면을 6개의 영역으로 나눌 때, 모든 상수 a의 값의 합을 구하시오.

개념 1 원의 방정식

> 유형 01~07

(1) 원의 방정식

중심이 점 $(a,\ b)$이고 반지름의 길이가 r인 원의 방정식은

$$(x-a)^2+(y-b)^2=r^2$$

참고 중심이 원점이고 반지름의 길이가 r인 원의 방정식은

$$x^2+y^2=r^2$$

(2) 축에 접하는 원의 방정식

① 중심이 점 $(a,\ b)$이고 x축에 접하는 원의 방정식

$$(x-a)^2+(y-b)^2=b^2$$

② 중심이 점 $(a,\ b)$이고 y축에 접하는 원의 방정식

$$(x-a)^2+(y-b)^2=a^2$$

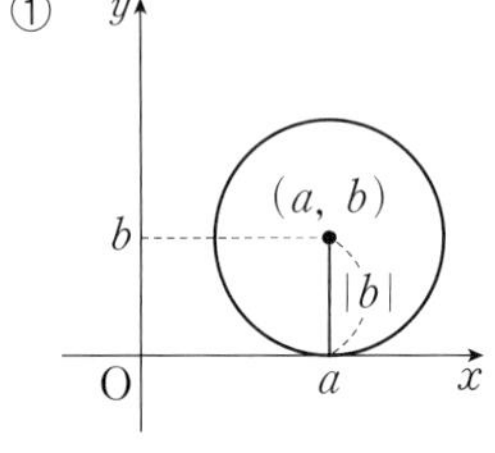

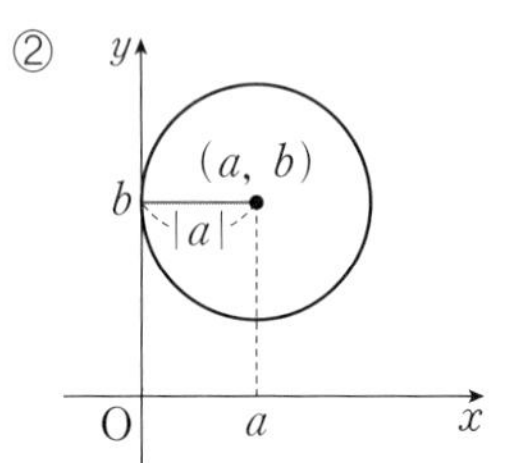

③ 반지름의 길이가 r이고 x축, y축에 동시에 접하는 원의 방정식

$$(x\pm r)^2+(y\pm r)^2=r^2$$

참고 x축, y축에 동시에 접하는 원의 중심은 직선 $y=x$ 또는 $y=-x$ 위에 있다.

(3) 이차방정식 $x^2+y^2+Ax+By+C=0$이 나타내는 도형

x, y에 대한 이차방정식 $x^2+y^2+Ax+By+C=0$ $(A^2+B^2-4C>0)$을 정리하면

$$\left(x+\frac{A}{2}\right)^2+\left(y+\frac{B}{2}\right)^2=\frac{A^2+B^2-4C}{4}$$

➡ 중심이 점 $\left(-\frac{A}{2},\ -\frac{B}{2}\right)$, 반지름의 길이가 $\frac{\sqrt{A^2+B^2-4C}}{2}$인 원을 나타낸다.

참고 원의 방정식이 될 조건은 $A^2+B^2-4C>0$이다.

개념 2 두 원의 교점을 지나는 도형의 방정식

> 유형 08~10

(1) 두 원의 교점을 지나는 직선의 방정식 (공통인 현의 방정식)

두 점에서 만나는 두 원

$$O:\ x^2+y^2+ax+by+c=0,\ O':\ x^2+y^2+a'x+b'y+c'=0$$

의 교점을 지나는 직선의 방정식은

$$x^2+y^2+ax+by+c-(x^2+y^2+a'x+b'y+c')=0$$

(2) 두 원의 교점을 지나는 원의 방정식

두 점에서 만나는 두 원

$$O:\ x^2+y^2+ax+by+c=0,\ O':\ x^2+y^2+a'x+b'y+c'=0$$

의 교점을 지나는 원 중에서 원 O'을 제외한 원의 방정식은

$$x^2+y^2+ax+by+c+k(x^2+y^2+a'x+b'y+c')=0$$ (단, k는 $k\neq-1$인 실수)

참고 $k=-1$이면 $(a-a')x+(b-b')y+c-c'=0$으로 공통인 현의 방정식이다.

개념 1 원의 방정식

0157 다음 방정식이 나타내는 원의 중심의 좌표와 반지름의 길이를 차례대로 구하시오.

(1) $(x-1)^2+(y+2)^2=4$

(2) $x^2+y^2-2x-4y+4=0$

(3) $2x^2+2y^2-4x+1=0$

0158 다음 원의 방정식을 구하시오.

(1) 중심이 원점이고 반지름의 길이가 $\sqrt{3}$인 원

(2) 중심이 점 $(-2, 3)$이고 반지름의 길이가 4인 원

(3) 중심이 점 $(1, -1)$이고 점 $(4, 3)$을 지나는 원

(4) 두 점 $A(1, -3)$, $B(7, 1)$을 지름의 양 끝 점으로 하는 원

(5) 세 점 $O(0, 0)$, $A(6, 0)$, $B(0, 8)$을 지나는 원

0159 다음 원의 방정식을 구하시오.

(1) 중심이 점 $(2, 4)$이고 x축에 접하는 원

(2) 중심이 점 $(-3, -5)$이고 y축에 접하는 원

0160 다음 원의 방정식을 구하시오.

(1) 반지름의 길이가 3이고, x축과 y축에 동시에 접하며 중심의 x좌표와 y좌표가 모두 양수인 원

(2) 중심이 점 $(4, -4)$이고 x축, y축에 동시에 접하는 원

0161 다음 방정식이 원을 나타낼 때, 실수 k의 값의 범위를 구하시오.

(1) $(x-1)^2+y^2=4-k^2$

(2) $x^2+y^2+2x-2y+k=0$

(3) $x^2+y^2-4kx+4y+20=0$

개념 2 두 원의 교점을 지나는 도형의 방정식

0162 두 원 $x^2+y^2=4$, $x^2+y^2+2x-y-4=0$의 교점을 지나는 직선의 방정식을 구하시오.

0163 두 원 $x^2+y^2-5=0$, $x^2+y^2+3x+y-4=0$의 교점과 점 $(0, 1)$을 지나는 원의 방정식을 구하시오.

개념 3 원과 직선의 위치 관계

› 유형 11~14, 18

(1) 반지름의 길이가 r인 원의 중심과 직선 사이의 거리를 d라 하면 원과 직선의 위치 관계는

① $d<r$ ➡ 서로 다른 두 점에서 만난다.

② $d=r$ ➡ 한 점에서 만난다. (접한다.)

③ $d>r$ ➡ 만나지 않는다.

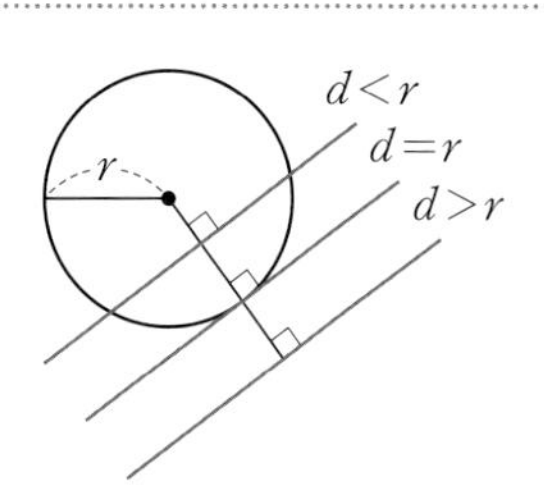

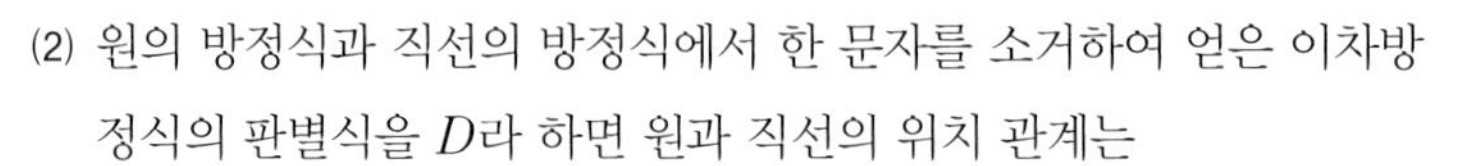

(2) 원의 방정식과 직선의 방정식에서 한 문자를 소거하여 얻은 이차방정식의 판별식을 D라 하면 원과 직선의 위치 관계는

① $D>0$ ➡ 서로 다른 두 점에서 만난다.

② $D=0$ ➡ 한 점에서 만난다. (접한다.)

③ $D<0$ ➡ 만나지 않는다.

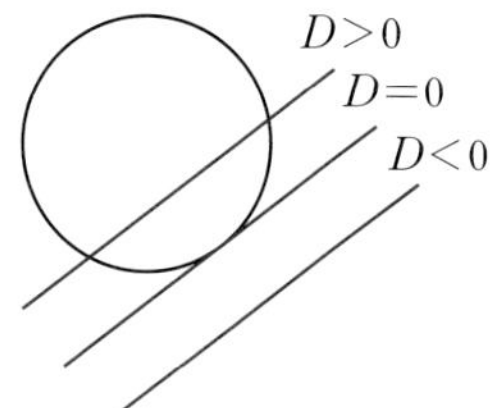

개념 4 원의 접선의 방정식

› 유형 15~17

(1) **기울기가 주어진 원의 접선의 방정식**

원 $x^2+y^2=r^2\ (r>0)$에 접하고 기울기가 m인 직선의 방정식은

$$\boldsymbol{y=mx\pm r\sqrt{m^2+1}}$$

(2) **원 위의 점에서의 접선의 방정식**

원 $x^2+y^2=r^2$ 위의 점 $(x_1,\ y_1)$에서의 접선의 방정식은

$$\boldsymbol{x_1x+y_1y=r^2}$$

참고 원 $(x-a)^2+(y-b)^2=r^2$ 위의 점 $(x_1,\ y_1)$에서의 접선의 방정식은
$(x_1-a)(x-a)+(y_1-b)(y-b)=r^2$

(3) **원 밖의 한 점에서 원에 그은 접선의 방정식**

[방법 1] 원 위의 점에서의 접선의 방정식 이용

➡ 접점의 좌표를 $(x_1,\ y_1)$로 놓고 원 위의 점에서의 접선의 방정식을 구한다.

[방법 2] 원의 중심과 접선 사이의 거리 이용

➡ 접선의 기울기를 m이라 하고 원의 중심과 접선 사이의 거리가 반지름의 길이와 같음을 이용한다.

개념 5 두 원에 동시에 접하는 접선의 길이

› 유형 19

두 원의 반지름의 길이가 각각 $r,\ r'\ (r>r')$이고 중심 사이의 거리가 d일 때

①

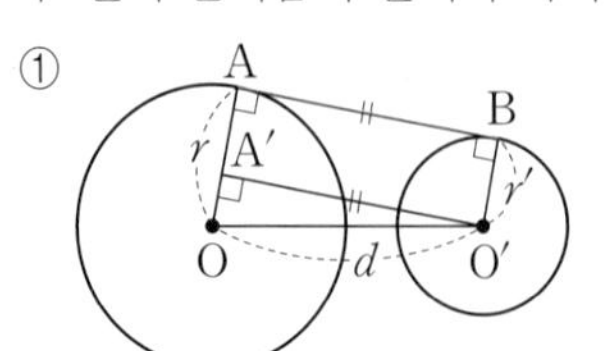

➡ $\overline{\mathrm{AB}}=\overline{\mathrm{A'O'}}=\sqrt{d^2-(r-r')^2}$

②

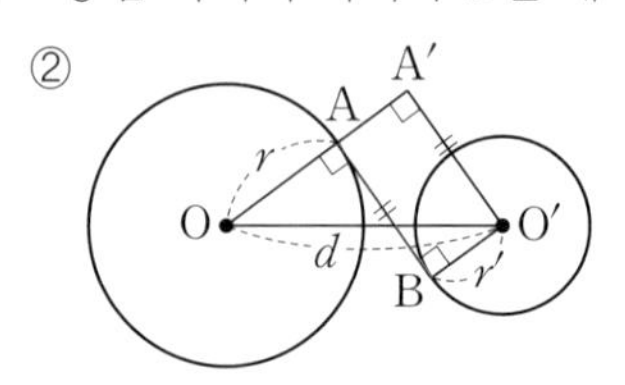

➡ $\overline{\mathrm{AB}}=\overline{\mathrm{A'O'}}=\sqrt{d^2-(r+r')^2}$

개념 3 원과 직선의 위치 관계

0164 원 O와 직선 l의 방정식이 다음과 같을 때, 점과 직선 사이의 거리를 이용하여 원 O와 직선 l의 위치 관계를 조사하시오.

(1) O: $x^2+y^2=25$
l: $-4x+3y+25=0$

(2) O: $(x-2)^2+(y+1)^2=1$
l: $3x+4y=0$

(3) O: $x^2+y^2+2x=0$
l: $x+\sqrt{3}y+4=0$

0165 원 O와 직선 l의 방정식이 다음과 같을 때, 이차방정식의 판별식을 이용하여 원 O와 직선 l의 교점의 개수를 구하시오.

(1) O: $x^2+y^2=9$
l: $y=-x+5$

(2) O: $x^2+y^2+4x-5=0$
l: $x-y+3=0$

0166 원 $x^2+y^2=4$와 직선 $\sqrt{3}x+y+k=0$의 위치 관계가 다음과 같을 때, 실수 k의 값 또는 k의 값의 범위를 구하시오.

(1) 서로 다른 두 점에서 만난다.

(2) 한 점에서 만난다. (접한다.)

(3) 만나지 않는다.

개념 4 원의 접선의 방정식

0167 다음 원에 접하고 기울기가 m인 접선의 방정식을 구하시오.

(1) $x^2+y^2=4$, $m=1$

(2) $x^2+y^2=9$, $m=-2$

0168 다음 원 위의 점 P에서의 접선의 방정식을 구하시오.

(1) $x^2+y^2=4$, $\mathrm{P}(\sqrt{3}, 1)$

(2) $x^2+y^2=13$, $\mathrm{P}(-2, 3)$

0169 점 $(5, 0)$에서 원 $x^2+y^2=5$에 그은 접선의 방정식을 구하려고 한다. 다음 물음에 답하시오.

(1) 접점의 좌표가 (x_1, y_1)인 직선의 방정식을 구하시오.

(2) (1)의 직선이 점 $(5, 0)$을 지남을 이용하여 x_1, y_1의 값을 각각 구하시오.

(3) 접선의 방정식을 구하시오.

개념 5 두 원에 동시에 접하는 접선의 길이

0170 다음 그림에서 두 원 O, O'의 공통인 접선 AB의 길이를 구하시오.

(1)

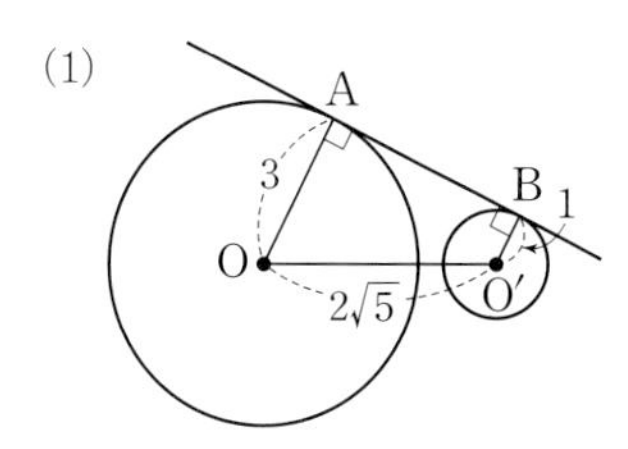

(2)

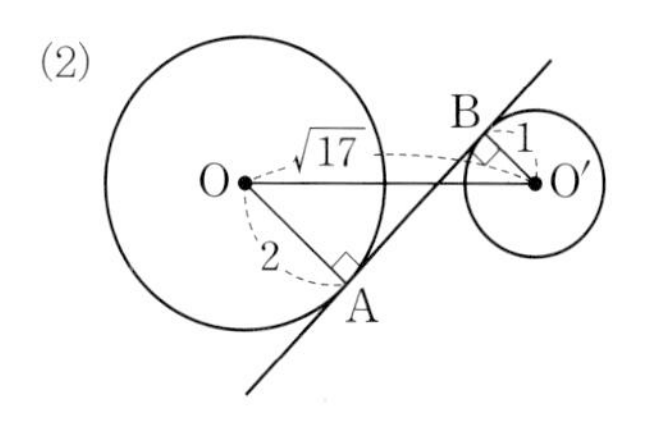

step B 기출 & 변형하면…

유형 01 원의 방정식

개념 1

0171 원 $(x-3)^2+(y+2)^2=6$과 중심이 같고 원 $(x+1)^2+(y-3)^2=4$와 반지름의 길이가 같은 원이 점 $(5,\ k)$를 지날 때, k의 값은?

① -3 ② -2 ③ -1
④ 0 ⑤ 1

➜ **0172** 두 점 $A(-4,\ 1)$, $B(4,\ -5)$를 지름의 양 끝 점으로 하는 원의 방정식이 $(x-a)^2+(y-b)^2=r^2$일 때, $a+b+r^2$의 값은? (단, a, b, r는 상수이다.)

① 22 ② 23 ③ 24
④ 25 ⑤ 26

0173 중심이 직선 $y=x-2$ 위에 있고 두 점 $(0,\ -3)$, $(3,\ 0)$을 지나는 원의 방정식이 $(x-a)^2+(y-b)^2=r^2$일 때, $a+b+r^2$의 값은? (단, a, b, r는 상수이다.)

① 2 ② $\sqrt{5}$ ③ 3
④ $\sqrt{10}$ ⑤ 5

➜ **0174** 중심이 x축 위에 있고 두 점 $(3,\ 1)$, $(1,\ -1)$을 지나는 원의 반지름의 길이는?

① $\sqrt{2}$ ② 2 ③ $\sqrt{5}$
④ 3 ⑤ $\sqrt{10}$

유형 02 $x^2+y^2+Ax+By+C=0$ 꼴로 주어진 원의 방정식 개념 1

0175 원 $x^2+y^2+(3-k)x+6y-2k-1=0$의 중심이 y축 위에 있을 때, 이 원의 반지름의 길이는? (단, k는 상수이다.)

① 1 ② 2 ③ 3
④ 4 ⑤ 5

➜ 서술형 **0176** 직선 $ax-y+4=0$이 원 $x^2+y^2-6x+2ay-6=0$의 넓이를 이등분할 때, 이 원의 둘레의 길이를 l이라 하자. $a+\frac{l}{\pi}$의 값을 구하시오. (단, a는 상수이다.)

0177 원 $x^2+y^2-2x-6y-k=0$이 x축과 만나지 않고, y축과 만나도록 하는 정수 k의 개수를 구하시오.

➜ **0178** 원 $x^2+y^2-4x-2y+a=0$이 x축과 만나고, y축과 만나지 않도록 하는 실수 a의 값의 범위는?

① $-4\le a\le -1$ ② $-1\le a\le 2$
③ $1<a\le 2$ ④ $1<a<4$
⑤ $1<a\le 4$

유형 03 세 점을 지나는 원의 방정식 개념 1

0179 세 점 A(3, 0), B(−1, 2), C(−3, −2)를 지나는 원의 넓이는?

① 8π ② 9π ③ 10π
④ 11π ⑤ 12π

➜ **0180** 세 점 A(−2, 5), B(4, 3), C(0, 1)을 꼭짓점으로 하는 삼각형 ABC와 외접하는 원의 방정식을 구하시오.

유형 04 원의 방정식이 되기 위한 조건 개념 1

0181 방정식 $x^2+y^2+2x+3y+k=0$이 원을 나타내도록 하는 정수 k의 최댓값은?

① -3 ② -1 ③ 1
④ 3 ⑤ 5

➜ 서술형 **0182** 방정식 $x^2+y^2+4x-2ay+8=0$이 원을 나타낼 때, 그중 넓이가 최소인 원의 넓이가 $k\pi$이다. 이때 상수 k의 값을 구하시오. (단, a는 자연수이다.)

0183 방정식 $x^2+y^2-2x+8y+k^2-k-3=0$이 원을 나타내도록 하는 정수 k의 개수를 구하시오.

➜ **0184** 방정식 $(x-2)^2+(y-k)^2=k^2+2k-8$이 원을 나타내고, 이 원의 외부에 원점이 있도록 하는 모든 자연수 k의 값의 합을 구하시오.

유형 05 좌표축에 접하는 원의 방정식 개념 1

0185 원 $x^2+y^2-6x+8ky+4=0$이 y축에 접하고, 중심이 제4사분면 위에 있을 때, 상수 k의 값은?

① $-\frac{1}{2}$ ② $-\frac{1}{4}$ ③ $\frac{1}{4}$
④ $\frac{1}{2}$ ⑤ 1

➜ **0186** 원 $x^2+y^2+10x+4y+k+2=0$이 x축 또는 y축에 접하도록 하는 모든 상수 k의 값의 합을 구하시오.

0187 두 점 (0, 1), (1, 2)를 지나고 x축에 접하는 두 원의 반지름의 길이의 합은?

① 4 ② 5 ③ 6
④ 7 ⑤ 8

➜ **0188** 그림과 같이 점 (3, 6)을 지나고 x축과 y축에 동시에 접하는 원은 두 개가 있다. 이 두 원의 중심 사이의 거리는?

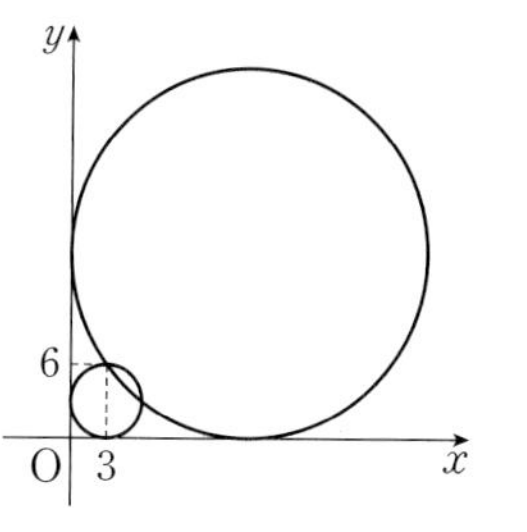

① $10\sqrt{2}$ ② $11\sqrt{2}$
③ $12\sqrt{2}$ ④ $13\sqrt{2}$
⑤ $14\sqrt{2}$

0189 중심이 직선 $y=2x+3$ 위에 있고, x축과 y축에 동시에 접하는 원의 방정식을 구하시오.

(단, 원의 중심은 제3사분면 위에 있다.)

➜ **0190** 중심이 곡선 $y=x^2-2$ 위에 있고, x축과 y축에 동시에 접하는 원의 개수는 m이다. 이때 m개의 원의 중심을 선분으로 연결한 도형의 넓이가 k일 때, $m+k$의 값은?

① 11 ② $\frac{23}{2}$ ③ 12
④ $\frac{25}{2}$ ⑤ 13

유형 06 원 밖의 한 점과 원 위의 점 사이의 거리

개념 1

0191 원 $x^2+y^2-2x-4y-5=0$ 위의 점 P와 원점 O에 대하여 선분 OP의 길이의 최댓값과 최솟값을 각각 M, m이라 할 때, Mm의 값을 구하시오.

➜ **0192** 원 $x^2+y^2=9$ 위의 점 A와 원 $x^2+y^2-6x+8y+21=0$ 위의 점 B에 대하여 선분 AB의 길이의 최댓값을 구하시오.

0193 그림과 같이 두 점 A(4, 3), B(2, −3)과 원 $x^2+y^2=4$ 위의 점 P에 대하여 $\overline{AP}^2+\overline{BP}^2$의 최댓값은?

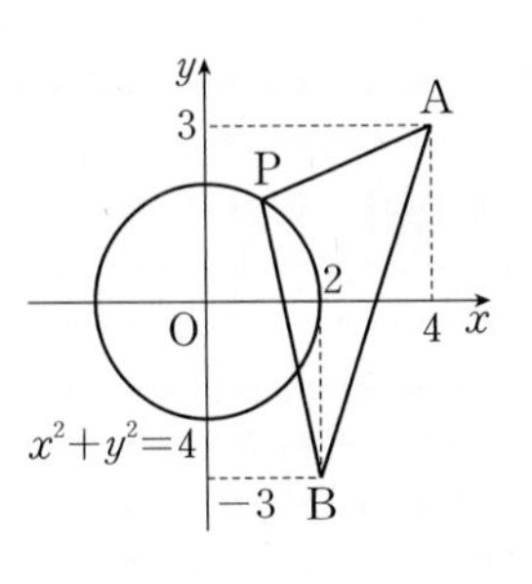

① 38 ② 46
③ 54 ④ 62
⑤ 70

서술형

➜ **0194** 점 P(a, b)는 원 $(x-3)^2+(y-4)^2=1$ 위의 점이고, $a\le3$일 때, a^2+b^2의 최댓값과 최솟값의 합을 구하시오.

유형 07 자취의 방정식 개념 1

0195 두 점 A(2, 4), B(5, −2)에 대하여 $\overline{AP} : \overline{BP} = 2 : 1$을 만족시키는 점 P가 나타내는 도형의 넓이는?

① 10π ② 15π ③ 20π
④ 25π ⑤ 30π

→ **0196** 두 점 A(−2, 0), B(3, 0)에 대하여 점 P가 $2\overline{AP} = 3\overline{BP}$를 만족시킬 때, 삼각형 ABP의 넓이의 최댓값을 구하시오.

0197 점 A(2, −1)과 원 $x^2+y^2+4x-2y+1=0$ 위를 움직이는 점 P에 대하여 선분 AP의 중점이 나타내는 도형의 길이는?

① $\frac{2}{3}\pi$ ② π ③ $\frac{3}{2}\pi$
④ 2π ⑤ 3π

→ **0198** 점 C가 원 $x^2+y^2=36$ 위를 움직일 때, 두 점 A(3, −7), B(6, 4)에 대하여 삼각형 ABC의 무게중심 G가 나타내는 도형의 넓이는?

① 4π ② 5π ③ 6π
④ 7π ⑤ 8π

서술형
0199 두 점 A(−3, 0), B(3, 0)에 대하여 점 P(a, b)가 $\overline{AP}^2+\overline{BP}^2=50$을 만족시킬 때, $\sqrt{(a-12)^2+(b-5)^2}$의 최댓값을 구하시오.

→ **0200** 세 점 A(0, 0), B(−4, 3), C(−2, 6)에 대하여 점 P(x, y)가 $\overline{AP}^2+\overline{BP}^2+\overline{CP}^2=29$를 만족시킬 때, 점 P가 나타내는 도형의 방정식은 $(x-a)^2+(y-b)^2=r^2$이다. 상수 a, b, r에 대하여 $a^2+b^2+r^2$의 값을 구하시오.

유형 08 두 원의 교점을 지나는 직선의 방정식

개념 2

0201 두 원 $x^2+y^2+2x-3=0$, $x^2+y^2-4x-2y=0$의 교점을 지나는 직선에 평행하고 점 $(-1, 1)$을 지나는 직선의 방정식을 구하시오.

➜ **0202** 두 원 $x^2+y^2+y-5=0$, $x^2+y^2-x-2y=0$의 교점을 지나는 직선이 직선 $y=ax+7$과 수직일 때, 상수 a의 값을 구하시오.

0203 원 $x^2+y^2+ax+3y-5=0$이 원 $x^2+y^2-4x+2ay+3=0$의 둘레의 길이를 이등분할 때, 양수 a의 값은?

① $\frac{1}{2}$ ② 1 ③ $\frac{3}{2}$

④ 2 ⑤ $\frac{5}{2}$

서술형

➜ **0204** 그림과 같이 원 $x^2+y^2=9$를 선분 PQ를 접는 선으로 하여 접었더니 점 $(-1, 0)$에서 x축에 접하였다. 직선 PQ의 방정식이 $x+ay+b=0$일 때, 상수 a, b에 대하여 a^2+b^2의 값을 구하시오.

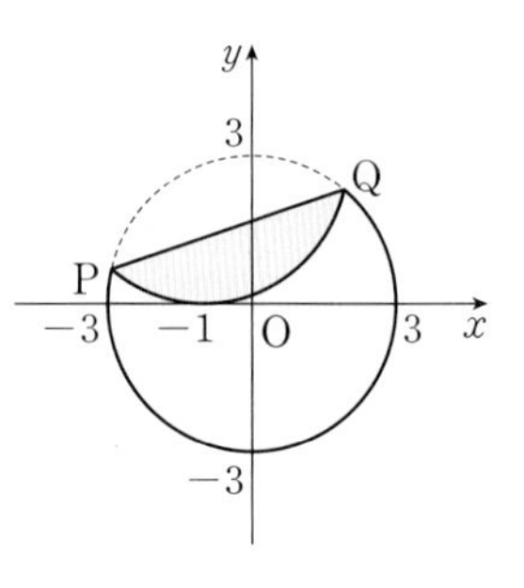

유형 09 공통인 현의 길이 개념 2

0205 두 원 $x^2+y^2=9$, $x^2+y^2-6x+8y+9=0$이 두 점 A, B에서 만날 때, 선분 AB의 길이는?

① $\frac{12}{5}$ ② $\frac{8}{3}$ ③ $\frac{18}{5}$
④ $\frac{24}{5}$ ⑤ $\frac{16}{3}$

→ **0206** 두 원 $x^2+y^2=16$, $(x-3)^2+(y-3)^2=4$의 두 교점을 지나는 원의 넓이의 최솟값이 $\frac{q}{p}\pi$일 때, $p+q$의 값은?

(단, p와 q는 서로소인 자연수이다.)

① 6 ② 9 ③ 12
④ 15 ⑤ 18

유형 10 두 원의 교점을 지나는 원의 방정식 개념 2

0207 두 원 $x^2+y^2+2x-2y-5=0$, $x^2+y^2-4x-5y+7=0$의 교점과 점 $(0, 1)$을 지나는 원의 넓이를 구하시오.

→ **0208** 두 원 $x^2+y^2-9x+12ay+2=0$, $x^2+y^2-3x-2=0$의 교점과 원점을 지나는 원의 넓이가 18π일 때, 양수 a의 값은?

① 1 ② $\frac{3}{2}$ ③ 2
④ $\frac{5}{2}$ ⑤ 3

유형 11 원과 직선의 위치 관계 개념 3

0209 원 $(x-2)^2+(y+1)^2=10$과 직선 $kx-y+2k-3=0$이 서로 다른 두 점에서 만나도록 하는 실수 k의 값의 범위가 $a<k<b$일 때, $a+b$의 값은?

① $\frac{8}{3}$ ② $\frac{5}{3}$ ③ $\frac{1}{3}$
④ $-\frac{1}{3}$ ⑤ -1

→ **0210** 원 $(x+1)^2+(y-2)^2=13$과 직선 $3x-2y+k=0$이 만날 때, 실수 k의 값의 범위가 $a\le k\le b$이다. 이때 $a+b$의 값을 구하시오.

0211 원 $x^2+y^2=1$과 직선 $y=2x+k$가 한 점에서 만나도록 하는 모든 실수 k의 값의 곱은?

① -5 ② -4 ③ -3
④ -2 ⑤ -1

→ **0212** 원 $(x+1)^2+(y-3)^2=r^2$과 직선 $x-y+6=0$이 접할 때, 양수 r의 값은?

① $\sqrt{2}$ ② $\sqrt{3}$ ③ 2
④ $\sqrt{5}$ ⑤ 3

0213 원 $(x+1)^2+(y-2)^2=5$와 직선 $y=x+m$이 만나지 않도록 하는 자연수 m의 최솟값은?

① 5 ② 6 ③ 7
④ 8 ⑤ 9

→ **0214** 두 점 A(1, 2), B(3, 6)에 대하여 선분 AB의 수직이등분선이 원 $(x-k)^2+(y+2)^2=3$과 만나지 않도록 하는 실수 k의 값의 범위가 $k<a$ 또는 $k>b$일 때, $b-a$의 값을 구하시오.

0215 중심의 좌표가 $(a, 0)$이고 넓이가 32π인 원이 직선 $x-y+1=0$과 만나지 않도록 하는 양의 정수 a의 최솟값을 구하시오.

➜ **0216** 중심의 좌표가 $(0, 0)$이고 직선 $x+y+k=0$에 접하는 원의 넓이가 2π일 때, 모든 실수 k의 값의 곱을 구하시오.

서술형

0217 직선 $y=-x+k$가 다음 조건을 만족시키도록 하는 양의 정수 k의 값을 구하시오.

> (가) 원 $x^2+y^2=16$과 서로 다른 두 점에서 만난다.
> (나) 원 $(x-4)^2+y^2=k^2$과 만나지 않는다.

➜ **0218** 두 원 $x^2+y^2=1$, $x^2+y^2=9$와 직선 $mx+y-3m+2=0$이 서로 다른 세 점에서 만나도록 하는 모든 실수 m의 값의 합은?

① $-\frac{3}{2}$ ② $-\frac{1}{2}$ ③ 0
④ $\frac{1}{2}$ ⑤ $\frac{3}{2}$

0219 그림과 같이 원 $x^2+(y-a)^2=9$와 함수 $y=\sqrt{3}|x|$의 그래프가 서로 다른 두 점에서 만날 때, 상수 a의 값을 구하시오. (단, $a>3$)

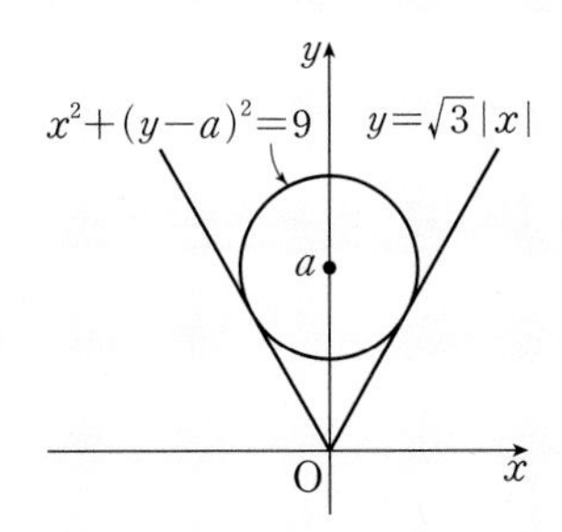

➜ **0220** 원 $(x-1)^2+(y-3)^2=2$와 함수 $y=m|x|$의 그래프가 서로 다른 두 점에서 만날 때, 정수 m의 개수는?

① 2 ② 3 ③ 4
④ 5 ⑤ 6

03 원의 방정식

유형 12 현의 길이

개념 3

0221 원 $(x-2)^2+(y-3)^2=9$와 직선 $ax-y+4=0$이 만나서 생기는 현의 길이가 4일 때, 상수 a의 값은?

① 1 ② 2 ③ 3
④ 4 ⑤ 5

➜ **0222** 두 점 A(1, 1), B(5, −3)을 지름의 양 끝 점으로 하는 원이 직선 $x+y-4=0$과 서로 다른 두 점 P, Q에서 만날 때, 선분 PQ의 길이는?

① $2\sqrt{2}$ ② $2\sqrt{3}$ ③ 4
④ $2\sqrt{5}$ ⑤ $2\sqrt{6}$

0223 원 $x^2+y^2=16$의 현 중에서 점 P(1, 3)을 지나고 그 길이가 $4\sqrt{2}$인 것은 두 개이다. 이때 두 직선의 기울기의 곱은?

① $-\frac{8}{7}$ ② -1 ③ $-\frac{6}{7}$
④ $-\frac{1}{7}$ ⑤ 1

➜ **0224** 원 $x^2+y^2=36$과 직선 $\sqrt{2}x+y-a=0$의 두 교점 P, Q에 대하여 삼각형 OPQ가 정삼각형이 되도록 하는 양수 a의 값을 구하시오. (단, O는 원점이다.)

0225 원 $x^2+y^2-10x=0$의 현 중에서 점 A(1, 0)을 지나는 현의 길이의 최댓값을 M, 최솟값을 m이라 할 때, $M+m$의 값은?

① 13 ② 14 ③ 15
④ 16 ⑤ 17

➜ **0226** 원 $x^2+y^2-6x-2y-15=0$의 현 중에서 점 A(−1, 1)을 지나고 그 길이가 자연수인 현의 개수는?

① 5 ② 6 ③ 7
④ 8 ⑤ 10

유형 13 접선의 길이 개념 3

0227 점 $P(-1, 4)$에서 원 $x^2+y^2-4x=0$에 그은 접선의 접점을 Q라 할 때, $\overline{PQ}$의 길이를 구하시오.

→ **0228** 점 $P(3, a)$에서 원 $(x-1)^2+(y-2)^2=16$에 그은 접선의 접점을 Q라 할 때, $\overline{PQ}=\sqrt{13}$이다. 양수 a의 값은?

① 6 ② 7 ③ 8
④ 9 ⑤ 10

0229 점 $P(2, 3)$에서 원 $x^2+y^2=4$에 그은 두 접선의 접점을 각각 A, B라 할 때, 사각형 AOBP의 넓이를 구하시오.

(단, O는 원점이다.)

→ **0230** 점 $P(2, 0)$에서 원 $x^2+y^2+4x-6y+4=0$에 그은 두 접선의 접점을 각각 A, B라 할 때, $\overline{AB}$의 길이는?

① $\frac{21}{5}$ ② $\frac{22}{5}$ ③ $\frac{23}{5}$
④ $\frac{24}{5}$ ⑤ 5

유형 14 원 위의 점과 직선 사이의 거리의 최대·최소 개념 3

0231 원 $x^2+y^2-2x+4y-3=0$ 위의 점 P와 직선 $x-y+3=0$ 사이의 거리의 최댓값을 M, 최솟값을 m이라 할 때, $M+m$의 값은?

① $2\sqrt{2}$ ② $4\sqrt{2}$ ③ $6\sqrt{2}$
④ $8\sqrt{2}$ ⑤ $10\sqrt{2}$

서술형
→ **0232** 원 $x^2+y^2-6x-2y+9=0$ 위의 점 P와 두 점 $A(-3, -1)$, $B(1, 2)$를 꼭짓점으로 하는 삼각형 ABP의 넓이의 최댓값을 M, 최솟값을 m이라 할 때, $\frac{M}{m}$의 값을 구하시오.

03 원의 방정식

유형 15 원의 접선의 방정식: 기울기가 주어진 경우 개념 4

0233 직선 $y=2x+1$에 수직이고, 원 $x^2+y^2=4$에 접하는 직선의 y절편을 k라 할 때, k^2의 값은?

① 1 ② 2 ③ 3
④ 4 ⑤ 5

→ **0234** 원 $x^2+y^2=9$에 접하고 직선 $3x-4y-3=0$에 평행한 두 직선이 x축과 만나는 점을 각각 A, B라 할 때, 두 점 A, B 사이의 거리를 구하시오.

0235 다음 중 원 $x^2+y^2-2x-4=0$에 접하고 기울기가 -2인 직선 위의 점이 아닌 것은?

① $(-1, -1)$ ② $(0, 3)$ ③ $(1, -5)$
④ $(1, 5)$ ⑤ $(2, 3)$

→ **0236** 원 $(x-2)^2+(y-3)^2=4$에 접하고 기울기가 -3인 직선의 y절편을 k라 할 때, 모든 k의 값의 합은?

① 16 ② 17 ③ 18
④ 19 ⑤ 20

0237 원 $x^2+y^2=20$에 접하고 직선 $2x-y+1=0$에 평행한 접선 중 y절편이 양수인 직선을 l이라 하자. 직선 l이 원 $x^2-6x+y^2-2ay=0$의 넓이를 이등분할 때, 상수 a의 값은?

① 10 ② 12 ③ 14
④ 16 ⑤ 18

→ **0238** 그림과 같이 평행한 두 직선 l, l'이 원 $(x-6)^2+(y-2)^2=10$과 두 점 P, Q에서 접하고 $\overline{OP}=\overline{OQ}$이다. 직선 l이 y축과 만나는 점을 R라 할 때, 삼각형 OPR의 넓이는?
(단, O는 원점이고, 점 P의 y좌표는 점 Q의 y좌표보다 크다.)

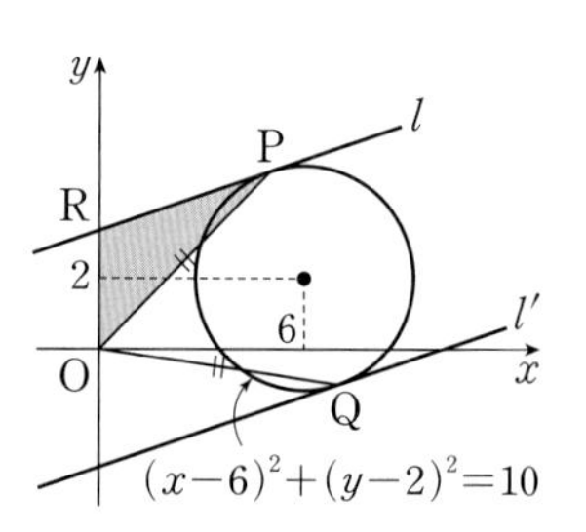

① 8 ② $\frac{25}{3}$ ③ $\frac{26}{3}$
④ 9 ⑤ $\frac{28}{3}$

유형 16 원의 접선의 방정식; 원 위의 한 점이 주어진 경우 (개념 4)

0239 원 $x^2+y^2=25$ 위의 점 $(-4, 3)$에서의 접선이 원 $x^2+y^2-4x-2y-k=0$에 접할 때, 상수 k의 값은?

① 23 ② 25 ③ 27 ④ 29 ⑤ 31

➜ **0240** 원 $x^2+y^2=20$ 위의 점 $(4, -2)$에서의 접선을 l이라 할 때, l과 평행하고 원 $x^2+y^2=9$에 접하는 직선의 방정식을 모두 구하시오.

서술형

0241 원 $x^2+y^2=5$ 위의 두 점 $(2, 1)$, $(2, -1)$에서의 두 접선과 y축으로 둘러싸인 삼각형의 넓이를 구하시오.

➜ **0242** 원 $x^2+y^2=16$ 위의 점 $(-2\sqrt{2}, 2\sqrt{2})$에서의 접선이 x축, y축과 만나는 점을 각각 A, B라 할 때, 삼각형 OAB의 넓이는? (단, O는 원점이다.)

① 8 ② 10 ③ 12 ④ 14 ⑤ 16

0243 원 $(x-1)^2+(y+3)^2=10$ 위의 점 $(2, 0)$에서의 접선의 방정식을 $x+ay+b=0$이라 할 때, 상수 a, b에 대하여 $a+b$의 값은?

① 0 ② 1 ③ 2 ④ 3 ⑤ 4

➜ **0244** 원 $x^2+y^2-4x+2y-5=0$ 위의 점 $(-1, 0)$에서의 접선이 점 $(2, a)$를 지날 때, a의 값은?

① 1 ② 3 ③ 6 ④ 9 ⑤ 12

유형 17 원의 접선의 방정식; 원 밖의 한 점이 주어진 경우 개념 4

0245 점 $(5, 4)$에서 원 $(x-2)^2+(y-1)^2=1$에 그은 두 접선의 기울기를 각각 m_1, m_2라 할 때, m_1m_2의 값을 구하시오.

서술형
0246 원 $x^2+y^2-6y+4=0$의 넓이를 이등분하는 두 직선이 원 $x^2+y^2=4$에 접할 때, 두 직선과 x축으로 둘러싸인 삼각형의 넓이는 $\frac{a\sqrt{5}}{b}$이다. 이때 $a+b$의 값을 구하시오.

(단, a, b는 서로소인 자연수이다.)

0247 그림과 같이 점 $(k, 2)$에서 원 $x^2+y^2=1$에 그은 두 접선의 기울기의 곱이 $\frac{1}{4}$일 때, k^2의 값을 구하시오.

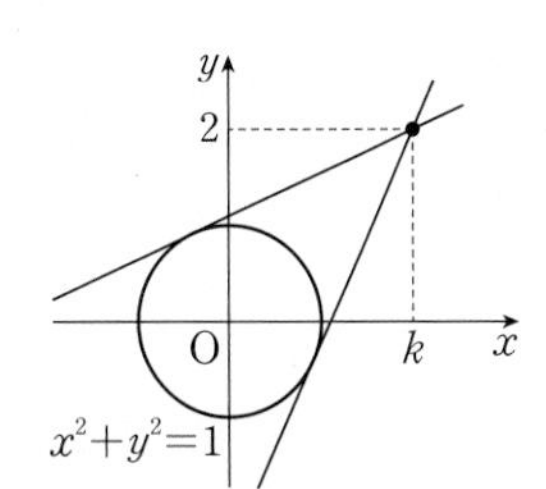

0248 점 $(0, a)$에서 원 $(x-4)^2+(y-1)^2=9$에 그은 두 접선이 서로 수직이 되도록 하는 모든 실수 a의 값의 합을 구하시오.

0249 점 $(4, -3)$에서 원 $x^2+y^2=10$에 그은 두 접선의 접점을 각각 A, B라 할 때, 두 점 A, B를 지나는 직선과 원점 사이의 거리를 구하시오.

0250 점 $(3, a)$에서 원 $x^2+y^2=5$에 그은 두 접선의 접점을 각각 A, B라 할 때, 직선 AB는 원 $x^2+y^2=1$에 접한다. 양수 a의 값을 구하시오.

유형 18 두 도형에 동시에 접하는 접선의 방정식 개념 3

0251 그림과 같이 직선 $y=mx+n$이 두 원 $x^2+y^2=9$, $(x+3)^2+y^2=1$에 동시에 접할 때, 양수 m, n에 대하여 $5mn$의 값은?

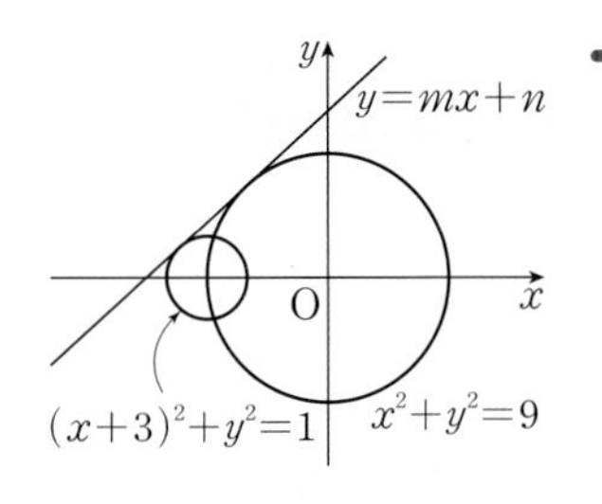

① 14 ② 18 ③ 22
④ 26 ⑤ 30

서술형
0252 이차함수 $y=-x^2$의 그래프와 원 $x^2+(y-2)^2=4$에 동시에 접하는 직선의 y절편을 구하시오.
(단, 직선의 기울기는 0이 아닌 실수이다.)

유형 19 두 원에 동시에 접하는 접선의 길이 개념 5

0253 그림과 같이 중심이 C인 원 $(x-1)^2+(y-2)^2=16$과 중심이 C′인 원 $(x-5)^2+(y-6)^2=4$에 동시에 접하는 접선 l을 긋고, 접점을 각각 A, B라 할 때, 사각형 CABC′의 넓이는 S이다. 이때 S^2의 값을 구하시오.

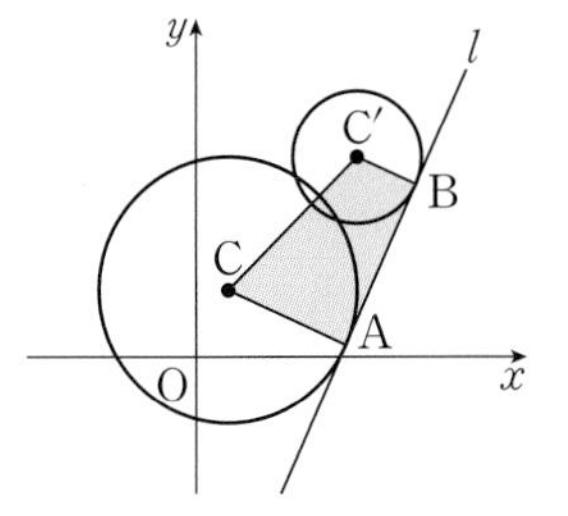

0254 그림과 같이 두 원

O: $x^2+y^2=4$,

O': $(x-a)^2+(y-6)^2=16$

에 동시에 접하는 두 접선을 긋고 접점을 각각 A, B, C, D라 할 때, 선분 AB의 길이는 $4\sqrt{3}$이다. 선분 CD의 길이를 l이라 할 때, $a+l$의 값을 구하시오. (단, a는 양수이다.)

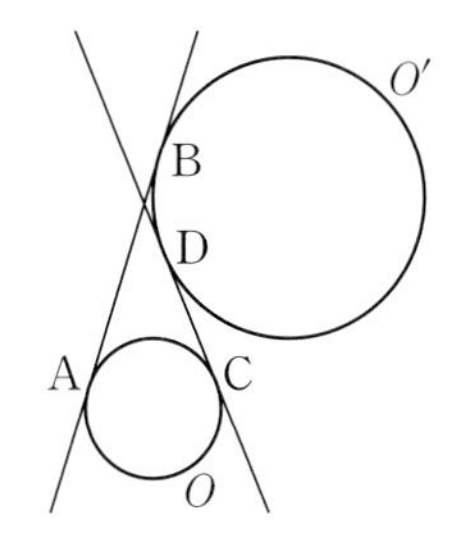

03 원의 방정식

실력 완성!

0255 두 점 A$(3,\ -2)$, B$(-1,\ 2)$를 지름의 양 끝 점으로 하는 원이 x축과 만나는 두 점 사이의 거리는?

① 2　② $2\sqrt{2}$　③ 4
④ $4\sqrt{2}$　⑤ 8

0256 실수 a에 대하여 원 $x^2+y^2+8x-2ay+4a-1=0$의 넓이의 최솟값은?

① 12π　② 13π　③ 14π
④ 15π　⑤ 16π

0257 상수 a에 대하여 방정식 $x^2+ay^2+4x-2y+k=0$이 원을 나타낼 때, 자연수 k의 최댓값을 M이라 하자. $M+a$의 값은?

① 4　② 5　③ 6
④ 7　⑤ 8

0258 중심이 직선 $y=x+1$ 위에 있고 x축에 접하며 점 $(1,\ 1)$을 지나는 두 원의 중심 사이의 거리는?

① $\sqrt{30}$　② $4\sqrt{2}$　③ $\sqrt{35}$
④ $4\sqrt{3}$　⑤ $5\sqrt{2}$

0259 점 A$(1,\ -2)$와 원 $x^2+y^2+4x-2y-4=0$ 위를 움직이는 점 B에 대하여 선분 AB를 $1:2$로 내분하는 점을 C라 할 때, 점 C가 나타내는 도형의 넓이는?

① π　② 2π　③ 3π
④ 4π　⑤ 5π

0260 직선 $ax+by-2=0$이 원 $x^2+y^2=2$에 접하도록 하는 정수 a, b의 순서쌍 $(a,\ b)$의 개수는?

① 1　② 2　③ 3
④ 4　⑤ 5

0261 두 원 $x^2+y^2=9$, $x^2+y^2+4x+8y+k=0$이 서로 다른 두 점 A, B에서 만난다. $\overline{AB}=4$가 되도록 하는 모든 실수 k의 값의 합을 구하시오.

0262 두 행렬 $A=\begin{pmatrix} x & 2 \\ 1 & 2 \end{pmatrix}$, $B=\begin{pmatrix} 3 & 2x \\ x & y^2 \end{pmatrix}$에 대하여 $(A+B)^2=A^2+2AB+B^2$이 성립할 때, 점 (x, y)와 점 $(4, -4)$ 사이의 거리의 최댓값을 M, 최솟값을 m이라 하자. $M+m$의 값을 구하시오.

0263 원 $(x+1)^2+(y-3)^2=4$와 직선 $y=mx+2$가 서로 다른 두 점 A, B에서 만난다. 선분 AB의 길이가 $2\sqrt{2}$일 때, 상수 m의 값은?

① 1 ② 2 ③ 3
④ 4 ⑤ 5

0264 그림과 같이 점 P(6, 8)에서 원 $x^2+y^2=k$에 그은 두 접선의 접점을 각각 A, B라 하자. 삼각형 ABP가 정삼각형일 때, 양수 k의 값을 구하시오.

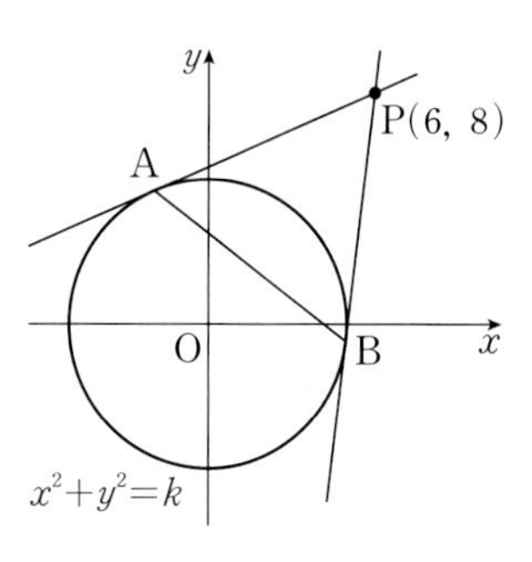

0265 원 $x^2+y^2=25$ 위의 점 $(4, 3)$에서의 접선과 수직이면서 점 $(-1, 2)$를 지나는 직선의 방정식이 $3x+ay+b=0$일 때, $b-a$의 값은? (단, a, b는 상수이다.)

① 7 ② 9 ③ 11 ④ 13 ⑤ 15

0267 그림과 같이 두 원 $(x-5)^2+(y+1)^2=1$, $(x+1)^2+(y-5)^2=9$에 동시에 접하는 접선을 그을 때, 두 접점 A, B 사이의 거리는?

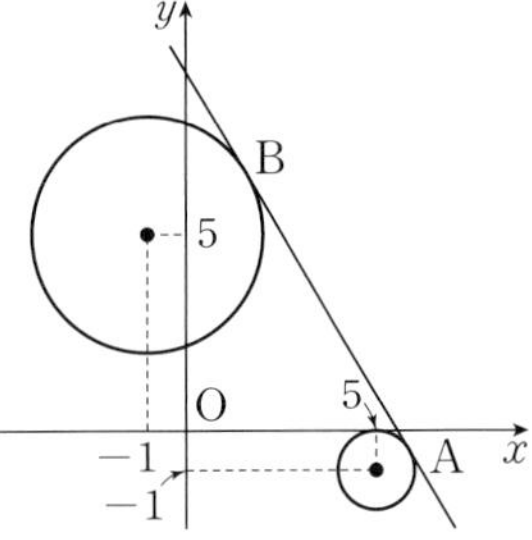

① $2\sqrt{11}$ ② $2\sqrt{13}$ ③ $2\sqrt{15}$ ④ $2\sqrt{17}$ ⑤ $2\sqrt{19}$

0266 중심이 제2사분면 위에 있고, x축과 y축에 동시에 접하는 원 중에서 반지름의 길이가 2인 원을 C라 하자. 원 C 밖의 한 점 $A(-4, 8)$에서 원 C에 그은 두 접선과 x축으로 둘러싸인 삼각형의 넓이를 구하시오.

0268 그림과 같이 원점 O와 원 $x^2+y^2=9$ 위의 점 $A(-3, 0)$, 직선 $y=x+6$ 위의 점 B를 꼭짓점으로 하는 삼각형 AOB가 있다. 삼각형 AOB의 무게중심이 원 $x^2+y^2=9$ 위에 있을 때, 점 B의 x좌표를 구하시오.

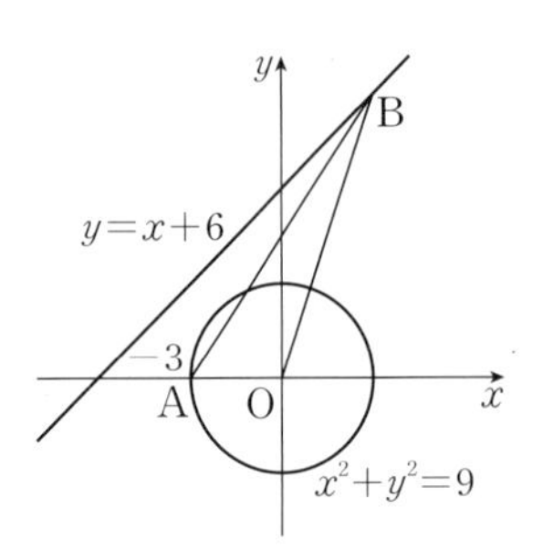

0269 그림과 같이 두 점 A$(-4, 0)$, B$(0, -3)$과 원 $(x-4)^2+(y-4)^2=9$ 위를 움직이는 점 P에 대하여 삼각형 ABP의 넓이가 자연수가 되도록 하는 점 P의 개수는?

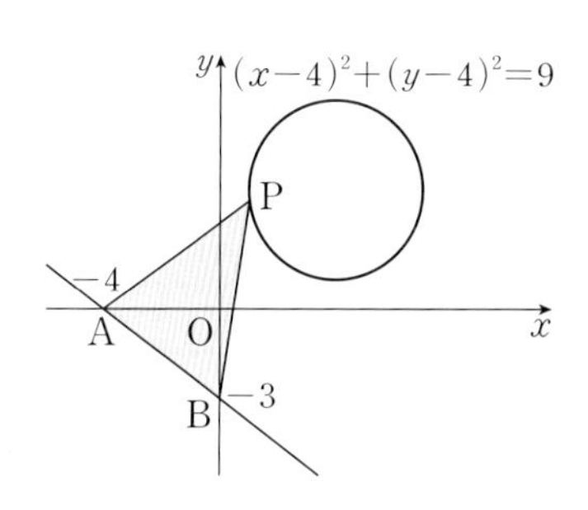

① 26　② 27　③ 28　④ 29　⑤ 30

0270 중심이 원 $(x-4)^2+(y-a)^2=8$ 위에 있고, x축과 y축에 동시에 접하는 모든 원의 넓이의 합은 32π이다. 이때 실수 a의 값을 구하시오. (단, $0<a<8$)

서술형

0271 그림과 같이 점 $(-8, 0)$을 지나고 기울기가 $\frac{3}{4}$인 직선 l과 x축에 동시에 접하는 두 원 C_1, C_2가 있다. 원 C_1의 넓이가 원 C_2의 넓이의 9배이고, 원 C_1의 중심의 x좌표가 2일 때, 원 C_2의 중심의 좌표를 (a, b)라 하자. 이때 $9(b-a)$의 값을 구하시오. (단, $b>0$)

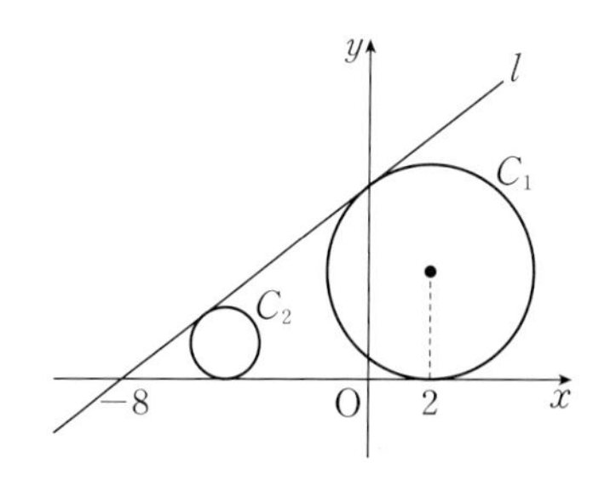

0272 원 C: $(x-3)^2+(y-7)^2=5$와 직선 $y=2x-2$의 서로 다른 두 교점을 각각 A, B라 하고, $\overline{AB}=\overline{MN}$을 만족시키는 직선 $y=2x+k$ 위의 두 점을 M, N이라 하자. 삼각형 ABP의 넓이가 최대가 되도록 하는 원 C 위의 점 P와 삼각형 MNQ의 넓이가 최소가 되도록 하는 원 C 위의 점 Q가 서로 일치하고, 두 삼각형 ABP, MNQ의 넓이가 서로 같을 때, 상수 k의 값을 구하시오.

개념 1 점의 평행이동

> 유형 01, 07

(1) 평행이동

도형을 일정한 방향으로 일정한 거리만큼 이동하는 것

(2) 점의 평행이동

점 $\mathrm{P}(x, y)$를 x축의 방향으로 a만큼, y축의 방향으로 b만큼 평행이동한 점 P'의 좌표는

$$(x+a,\ y+b)$$

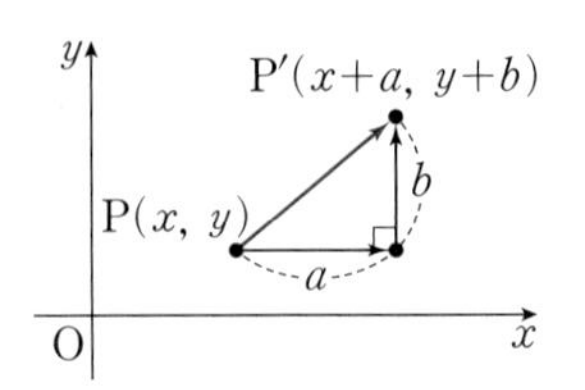

참고 x축의 방향으로 a만큼 평행이동한다는 것은 $a>0$일 때에는 양의 방향으로, $a<0$일 때에는 음의 방향으로 $|a|$만큼 평행이동함을 뜻한다.

개념 2 도형의 평행이동

> 유형 02, 03, 07, 08

(1) 도형의 방정식

x, y에 대한 식을 $f(x, y)$로 나타내면 일반적으로 모든 좌표평면 위의 도형의 방정식은 $\boldsymbol{f(x, y)=0}$ 꼴로 나타낼 수 있다.

(2) 도형의 평행이동

방정식 $f(x, y)=0$이 나타내는 도형을 x축의 방향으로 a만큼, y축의 방향으로 b만큼 평행이동한 도형의 방정식은

$$f(x-a,\ y-b)=0$$

└ x 대신 $x-a$, y 대신 $y-b$ 대입

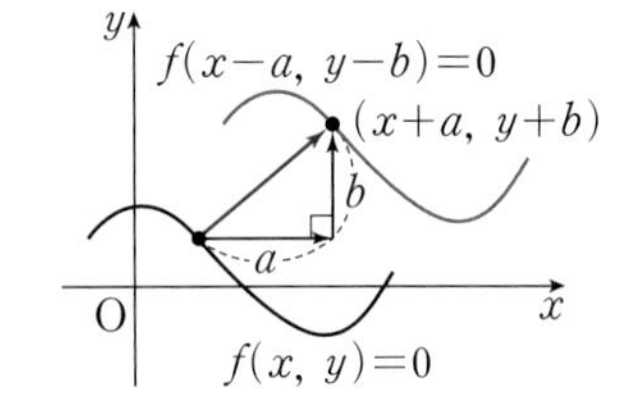

개념 3 점의 대칭이동

> 유형 04, 07, 11

(1) 대칭이동

도형을 주어진 점 또는 직선에 대하여 대칭인 도형으로 옮기는 것

(2) 점의 대칭이동

점 (x, y)를 x축, y축, 원점, 직선 $y=x$에 대하여 대칭이동한 점의 좌표는 다음과 같다.

(x축에 대하여 대칭이동한 후 y축에 대하여 대칭이동한 것 → 원점에 대한 대칭이동)

x축에 대한 대칭이동	y축에 대한 대칭이동	원점에 대한 대칭이동	직선 $y=x$에 대한 대칭이동
(x, y), $(x, -y)$, O	$(-x, y)$, (x, y), O	(x, y), $(-x, -y)$, O	(y, x), (x, y), $y=x$, O
$(x, y) \longrightarrow (x, -y)$ ➡ y좌표 부호 반대	$(x, y) \longrightarrow (-x, y)$ ➡ x좌표 부호 반대	$(x, y) \longrightarrow (-x, -y)$ ➡ x좌표, y좌표 부호 반대	$(x, y) \longrightarrow (y, x)$ ➡ x좌표와 y좌표 서로 바꿈

참고 점 (x, y)를 직선 $y=-x$에 대하여 대칭이동한 점의 좌표는

$$(-y,\ -x)$$

개념 1 점의 평행이동

0273 다음 점의 좌표를 구하시오.

(1) 점 $(2, 5)$를 x축의 방향으로 -3만큼, y축의 방향으로 3만큼 평행이동한 점

(2) 점 $(-1, 3)$을 x축의 방향으로 4만큼, y축의 방향으로 -1만큼 평행이동한 점

0274 평행이동 $(x, y) \longrightarrow (x+3, y-2)$에 의하여 다음 점이 옮겨지는 점의 좌표를 구하시오.

(1) $(4, 3)$

(2) $(-3, 1)$

(3) $(0, -2)$

(4) $(-5, -3)$

0275 평행이동 $(x, y) \longrightarrow (x+a, y+b)$에 의하여 점 $(-1, 2)$가 점 $(3, 5)$로 옮겨질 때, a, b의 값을 구하시오.

개념 2 도형의 평행이동

0276 다음 도형의 방정식을 구하시오.

(1) 직선 $x+3y=0$을 x축의 방향으로 1만큼, y축의 방향으로 -2만큼 평행이동한 도형

(2) 포물선 $y=2x^2+1$을 x축의 방향으로 -1만큼, y축의 방향으로 3만큼 평행이동한 도형

(3) 원 $(x-2)^2+(y+3)^2=4$를 x축의 방향으로 2만큼, y축의 방향으로 -1만큼 평행이동한 도형

0277 평행이동 $(x, y) \longrightarrow (x+1, y-4)$에 의하여 포물선 $y=x^2$이 포물선 $y=x^2+ax+b$로 옮겨질 때, 상수 a, b의 값을 구하시오.

0278 도형 $f(x, y)=0$을 도형 $f(x-5, y+2)=0$으로 옮기는 평행이동에 의하여 원 $(x+1)^2+(y-3)^2=1$로 옮겨지는 원의 방정식을 구하시오.

개념 3 점의 대칭이동

0279 점 $(7, -2)$를 다음에 대하여 대칭이동한 점의 좌표를 구하시오.

(1) x축

(2) y축

(3) 원점

(4) 직선 $y=x$

(5) 직선 $y=-x$

0280 점 $(-3, 4)$를 x축에 대하여 대칭이동한 점을 A, y축에 대하여 대칭이동한 점을 B라 할 때, 선분 AB의 길이를 구하시오.

개념 4 도형의 대칭이동

> 유형 05~08

방정식 $f(x, y)=0$이 나타내는 도형을 x축, y축, 원점, 직선 $y=x$에 대하여 대칭이동한 도형의 방정식은 다음과 같다.

x축에 대한 대칭이동	y축에 대한 대칭이동
$f(x, y)=0$, (x, y), $(x, -y)$, $f(x, -y)=0$	$f(-x, y)=0$, $f(x, y)=0$, $(-x, y)$, (x, y)
$f(x, y)=0 \longrightarrow f(x, -y)=0$ ➡ y 대신 $-y$ 대입	$f(x, y)=0 \longrightarrow f(-x, y)=0$ ➡ x 대신 $-x$ 대입
원점에 대한 대칭이동	**직선 $y=x$에 대한 대칭이동**
$f(x, y)=0$, (x, y), $(-x, -y)$, $f(-x, -y)=0$	(y, x), $y=x$, $f(y, x)=0$, (x, y), $f(x, y)=0$
$f(x, y)=0 \longrightarrow f(-x, -y)=0$ ➡ x 대신 $-x$, y 대신 $-y$ 대입	$f(x, y)=0 \longrightarrow f(y, x)=0$ ➡ x 대신 y, y 대신 x 대입

참고 방정식 $f(x, y)=0$이 나타내는 도형을 직선 $y=-x$에 대하여 대칭이동한 도형의 방정식은

$f(-y, -x)=0$

개념 5 점에 대한 대칭이동

> 유형 09

(1) 점 $P(x, y)$를 점 $A(a, b)$에 대하여 대칭이동한 점을 P'이라 하면

$P'(2a-x, 2b-y)$ ⬅ x 대신 $2a-x$, y 대신 $2b-y$ 대입

$P'(x', y')$, $A(a, b)$, $P(x, y)$

증명 점 P'의 좌표를 (x', y')이라 하면 점 A는 선분 PP'의 중점이므로

$a=\frac{x+x'}{2}$, $b=\frac{y+y'}{2}$ $\quad\therefore x'=2a-x, y'=2b-y \quad \therefore P'(2a-x, 2b-y)$

(2) 방정식 $f(x, y)=0$이 나타내는 도형을 점 $A(a, b)$에 대하여 대칭이동한 도형의 방정식은

$f(2a-x, 2b-y)=0$

개념 6 직선에 대한 대칭이동

> 유형 10

점 $P(x, y)$를 직선 $l: y=mx+n$에 대하여 대칭이동한 점을 $P'(x', y')$이라 하면

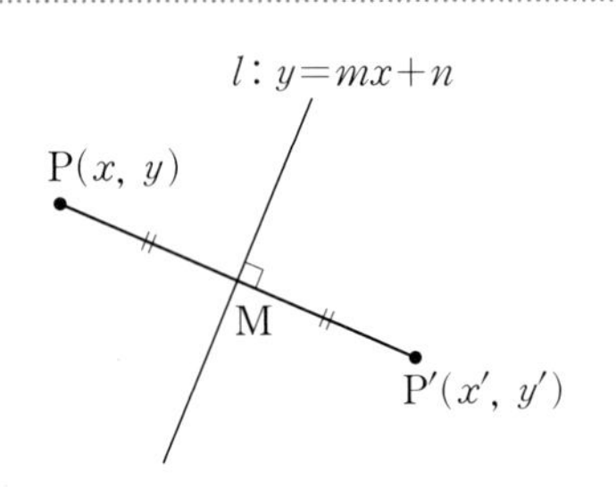

(1) **중점 조건:** $\overline{PP'}$의 중점 M이 직선 l 위에 있다.

➡ $\frac{y+y'}{2}=m\cdot\frac{x+x'}{2}+n$

(2) **수직 조건:** $\overline{PP'}$은 직선 l과 수직이다. ➡ $\frac{y'-y}{x'-x}\cdot m=-1$ ⬅ (수직인 두 직선의 기울기의 곱)$=-1$

개념 4 도형의 대칭이동

0281 직선 $5x+2y-1=0$을 다음 점 또는 직선에 대하여 대칭이동한 도형의 방정식을 구하시오.

(1) x축

(2) y축

(3) 원점

(4) 직선 $y=x$

(5) 직선 $y=-x$

0282 포물선 $y=x^2-x+1$을 다음 점 또는 직선에 대하여 대칭이동한 도형의 방정식을 구하시오.

(1) x축

(2) y축

(3) 원점

(4) 직선 $y=x$

(5) 직선 $y=-x$

0283 원 $(x+1)^2+y^2=9$를 다음 점 또는 직선에 대하여 대칭이동한 도형의 방정식을 구하시오.

(1) x축

(2) y축

(3) 원점

(4) 직선 $y=x$

(5) 직선 $y=-x$

개념 5 점에 대한 대칭이동

0284 두 점 $(3, -4)$, $(-7, -2)$가 점 P에 대하여 대칭일 때, 점 P의 좌표를 구하시오.

0285 점 $(3, 5)$를 점 $(-1, 3)$에 대하여 대칭이동한 점의 좌표를 구하시오.

0286 직선 $2x+3y+1=0$ 위의 점 (a, b)를 점 $(1, 2)$에 대하여 대칭이동한 점의 좌표를 (p, q)라 할 때, 다음에 답하시오.

(1) a, b를 p, q에 대한 식으로 나타내시오.

(2) 직선 $2x+3y+1=0$을 점 $(1, 2)$에 대하여 대칭이동한 도형의 방정식을 구하시오.

개념 6 직선에 대한 대칭이동

0287 점 $A(-4, 1)$을 직선 $x-2y+1=0$에 대하여 대칭이동한 점을 $B(p, q)$라 할 때, 다음에 답하시오.

(1) 선분 AB의 중점의 좌표를 p, q를 이용하여 나타내시오.

(2) 직선 AB의 기울기를 구하시오.

(3) 점 B의 좌표를 구하시오.

B step 기출 & 변형하면…

유형 01 점의 평행이동 개념 1

0288 점 $(2, 3)$을 점 $(5, 1)$로 옮기는 평행이동에 의하여 점 $(7, -3)$으로 옮겨지는 점의 좌표가 (p, q)일 때, $p+q$의 값을 구하시오.

➜ **0289** 평행이동 $(x, y) \longrightarrow (x+2, y-3)$에 의하여 점 (p, q)가 점 $(q-5, 2p+3)$으로 옮겨질 때, pq의 값은?

① -6 ② -4 ③ 2
④ 8 ⑤ 18

0290 점 $(3, 4)$를 x축의 방향으로 a만큼, y축의 방향으로 $-2a$만큼 평행이동한 점이 직선 $y=x+3$ 위에 있을 때, a의 값은?

① -1 ② $-\frac{2}{3}$ ③ $-\frac{1}{3}$
④ $\frac{1}{3}$ ⑤ $\frac{2}{3}$

➜ **0291** 평행이동 $(x, y) \longrightarrow (x-1, y+2)$에 의하여 점 $(4, -1)$이 원 $(x-1)^2+(y+2)^2=r^2$ 위의 점으로 옮겨질 때, 양수 r의 값은?

① $2\sqrt{2}$ ② $\sqrt{13}$ ③ 4
④ 5 ⑤ $4\sqrt{3}$

0292 평행이동 $(x, y) \longrightarrow (x+1, y-2)$에 의하여 점 A$(5, 2)$가 점 B로 옮겨질 때, 삼각형 OAB의 넓이는? (단, O는 원점이다.)

① $\frac{9}{2}$ ② 5 ③ $\frac{11}{2}$
④ 6 ⑤ $\frac{13}{2}$

서술형
➜ **0293** 점 A$(1, 3)$을 x축의 방향으로 1만큼, y축의 방향으로 3만큼 평행이동한 점을 B, 점 A를 x축의 방향으로 -1만큼, y축의 방향으로 -1만큼 평행이동한 점을 C라 하자. 세 점 A, B, C와 점 D(a, b)가 다음 조건을 만족시킨다.

> (가) 두 직선 AB, CD는 서로 평행하다.
> (나) 두 직선 AC, BD는 서로 수직이다.

$4ab$의 값을 구하시오.

0294 점 $(4, 1)$을 점 $(2, 5)$로 옮기는 평행이동 $(x, y) \longrightarrow (x+m, y+n)$에 의하여 직선 $3x+4y+6=0$이 옮겨지는 직선의 x절편을 k라 할 때, $m+n+k$의 값은?

① $\frac{10}{3}$　② 3　③ $\frac{8}{3}$
④ $\frac{7}{3}$　⑤ 2

→ **0295** 직선 $y=3x-7$을 x축의 방향으로 a만큼, y축의 방향으로 b만큼 평행이동한 직선이 처음의 직선과 일치할 때, $\frac{b}{a}$의 값을 구하시오. (단, $a\neq0$)

0296 원 $x^2+y^2=1$을 x축의 방향으로 a만큼, y축의 방향으로 a만큼 평행이동한 원 위의 점 P와 직선 $3x+4y+7=0$ 사이의 거리의 최솟값이 6일 때, a의 값은? (단, $a>0$)

① 3　② 4　③ 5
④ 6　⑤ 7

→ **0297** 원 $x^2+y^2+8x+6y=0$을 원 $x^2+y^2=25$로 옮기는 평행이동에 의하여 원 $x^2+y^2+2x+4y-20=0$이 옮겨지는 원의 중심과 원점 사이의 거리는?

① $2\sqrt{2}$　② 3　③ $\sqrt{10}$
④ $\sqrt{11}$　⑤ $2\sqrt{3}$

서술형
0298 포물선 $y=x^2+2x$를 포물선 $y=x^2-12x+40$으로 옮기는 평행이동에 의하여 직선 $l: x-2y=0$이 직선 l'으로 옮겨진다. 두 직선 l, l' 사이의 거리를 d라 할 때, $25d^2$의 값을 구하시오.

→ **0299** 포물선 $y=x^2+ax+b$를 x축의 방향으로 b만큼, y축의 방향으로 2만큼 평행이동하면 포물선 $y=x^2$과 일치한다. 상수 a, b에 대하여 $a+b$의 값은? (단, $a>0$)

① 3　② 4　③ 5
④ 6　⑤ 7

유형 03 도형의 평행이동의 활용

개념 2

0300 직선 $x+3y-5=0$을 x축의 방향으로 k만큼 평행이동한 직선이 원 $(x+4)^2+(y-1)^2=10$에 접할 때, 모든 k의 값의 합은?

① -11 ② -12 ③ -13
④ -14 ⑤ -15

→ **0301** 포물선 $y=x^2+x+1$을 x축의 방향으로 a만큼, y축의 방향으로 b만큼 평행이동한 포물선이 직선 $y=x-1$에 접할 때, $a-b$의 값은?

① -2 ② -1 ③ 1
④ 2 ⑤ 3

0302 원 C: $(x-1)^2+(y-3)^2=5$는 직선 l: $y=2x+a$에 접하고, 원 C를 x축의 방향으로 3만큼, y축의 방향으로 b만큼 평행이동한 원 C'도 직선 l과 접할 때, a^2+b^2의 값을 구하시오. (단, $a<0$, $b>0$이고, a는 상수이다.)

→ **0303** 원 $(x+1)^2+(y-2)^2=4$를 x축의 방향으로 $-k$만큼, y축의 방향으로 3만큼 평행이동한 원이 y축에 접하도록 하는 모든 k의 값의 합은?

① -4 ② -3 ③ -2
④ -1 ⑤ 0

0304 직선 $2x+3y+2=0$을 x축의 방향으로 -1만큼, y축의 방향으로 k만큼 평행이동한 직선과 두 직선 $x+y-2=0$, $2x-y-1=0$이 삼각형을 이루지 않도록 하는 k의 값은?

① 3　② 2　③ 1　④ 0　⑤ -1

0305 점 (1, 2)를 점 (4, 0)으로 옮기는 평행이동에 의하여 직선 $3x+4y=5$를 평행이동한 직선이 원 $(x-a)^2+(y+6)^2=10$의 넓이를 이등분할 때, 상수 a의 값은?

① 2　② 4　③ 6　④ 8　⑤ 10

0306 그림과 같이 세 점 A(9, 5), B(14, 5), C(9, 17)을 꼭짓점으로 하는 삼각형 ABC를 평행이동한 삼각형 A′B′C′에 대하여 점 A′의 좌표가 (0, 0)일 때, 삼각형 ABC의 내접원의 방정식은 $x^2+y^2+ax+by+c=0$이다. 세 상수 a, b, c에 대하여 $a+b+c$의 값은?

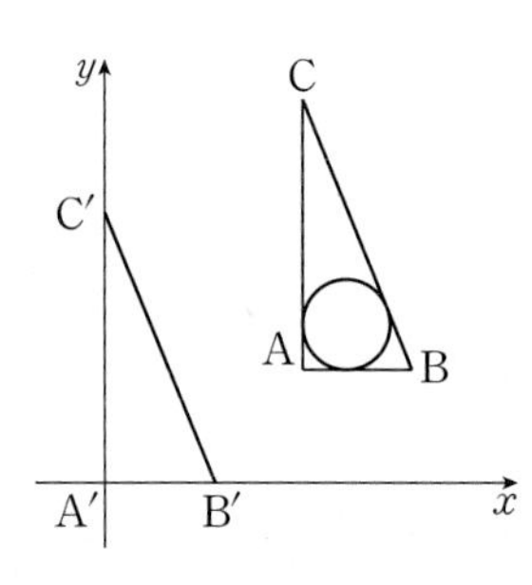

① 70　② 85　③ 100　④ 115　⑤ 130

서술형

0307 원 C_1: $(x-2)^2+(y+2)^2=1$을 x축의 방향으로 -3만큼, y축의 방향으로 4만큼 평행이동한 원을 C_2, 원 C_2를 x축의 방향으로 3만큼, y축의 방향으로 -1만큼 평행이동한 원을 C_3이라 하자. 두 원 C_1, C_2의 중심을 각각 O_1, O_2라 할 때, 원 C_3 위의 임의의 점 P에 대하여 삼각형 O_1O_2P의 넓이의 최댓값을 구하시오.

유형 04 점의 대칭이동

개념 3

0308 점 $(2a+1,\ b-2)$를 다음과 같이 (가) → (나) → (다)의 순서대로 대칭이동한 점의 좌표가 $(-4,\ -1)$일 때, $a+b$의 값을 구하시오.

> (가) y축에 대하여 대칭이동
> (나) 원점에 대하여 대칭이동
> (다) 직선 $y=x$에 대하여 대칭이동

➜ **0309** 점 $P_1(2,\ 3)$을 원점에 대하여 대칭이동한 점을 P_2, 점 P_2를 y축에 대하여 대칭이동한 점을 P_3이라 하자. 이와 같이 원점에 대한 대칭이동, y축에 대한 대칭이동을 순서대로 반복하여 점 P_4, P_5, …를 정할 때, 점 P_{2027}의 좌표는?

① $(-2,\ -3)$ ② $(-2,\ 3)$ ③ $(2,\ -3)$
④ $(2,\ 3)$ ⑤ $(3,\ 2)$

0310 직선 $y=x+1$ 위의 한 점 $P(a,\ b)$를 x축, y축에 대하여 대칭이동한 점을 각각 P_1, P_2라 하자. 삼각형 PP_1P_2의 넓이가 24일 때, 양수 a, b에 대하여 $a+b$의 값은?

① 4 ② 5 ③ 6
④ 7 ⑤ 8

서술형

➜ **0311** 직선 $2x+y-k=0$이 x축, y축과 만나는 점을 각각 A, B라 하고, 선분 AB의 중점을 P라 하자. 이때 점 P를 y축에 대하여 대칭이동한 점을 Q, 점 P를 직선 $y=-x$에 대하여 대칭이동한 점을 R라 하자. 삼각형 PQR의 무게중심의 좌표가 $(a,\ b)$일 때, $a+b=12$이다. 상수 k의 값을 구하시오.

0312 두 직선 $y=ax+b$, $x+y+9=0$이 y축에 대하여 서로 대칭일 때, 상수 a, b에 대하여 $a-b$의 값은?

① 6 ② 7 ③ 8
④ 9 ⑤ 10

→ **0313** 직선 $3x+2y-1=0$을 x축에 대하여 대칭이동한 후, 직선 $y=x$에 대하여 대칭이동한 직선이 점 $(4, a)$를 지날 때, a의 값을 구하시오.

0314 원 $x^2+y^2-2ax+6y-4=0$을 x축에 대하여 대칭이동한 원의 중심이 직선 $2x-3y-15=0$ 위에 있을 때, 상수 a의 값을 구하시오.

→ **0315** 원 $x^2+y^2-4ax+2y+4a^2-9=0$을 직선 $y=x$에 대하여 대칭이동한 원은 직선 $ax+3y+5=0$에 대하여 대칭이다. 이때 상수 a의 값은?

① -3 ② -1 ③ 0
④ 3 ⑤ 5

0316 포물선 $y=2x^2-(6-2a)x+b-a$를 원점에 대하여 대칭이동한 후, x축에 대하여 대칭이동한 포물선이 처음 포물선과 일치한다. 이 포물선의 꼭짓점의 y좌표가 6일 때, 상수 a, b에 대하여 ab의 값을 구하시오.

→ **0317** 포물선 $y=x^2-2ax+4$를 원점에 대하여 대칭이동한 포물선의 꼭짓점이 직선 $y=x+2$ 위에 있을 때, 음수 a의 값은?

① -5 ② -4 ③ -3
④ -2 ⑤ -1

04 도형의 이동

유형 06 도형의 대칭이동의 활용 개념 4

0318 직선 $y=kx-1$을 x축에 대하여 대칭이동한 직선이 원 $x^2+y^2-6x+4y+9=0$의 넓이를 이등분할 때, 상수 k의 값은?

① -2 ② -1 ③ 0
④ 1 ⑤ 2

➜ **0319** 직선 $\frac{x}{4}-\frac{y}{3}=1$과 이 직선을 각각 x축, y축, 원점에 대하여 대칭이동하여 생기는 모든 직선으로 둘러싸인 부분의 넓이는?

① 3 ② 6 ③ 12
④ 18 ⑤ 24

0320 직선 $x-2y+2=0$을 직선 $y=x$에 대하여 대칭이동한 직선이 원 $(x-3)^2+(y-a)^2=4+a^2$에 접할 때, 상수 a의 값은?

① -3 ② -2 ③ -1
④ 0 ⑤ 1

➜ **0321** 원 $x^2+y^2-4x-5=0$을 원점에 대하여 대칭이동하면 직선 $y=mx-3$에 접한다. 이때 상수 m의 값은? (단, $m\neq0$)

① $\frac{9}{5}$ ② $\frac{12}{5}$ ③ 3
④ $\frac{18}{5}$ ⑤ $\frac{21}{5}$

0322 원 C: $(x-2)^2+(y-1)^2=1$을 직선 $y=x$에 대하여 대칭이동한 원을 C'이라 하자. 원 C의 내부와 원 C'의 내부의 공통인 부분의 넓이가 $\frac{\pi}{p}-q$일 때, $p+q$의 값을 구하시오. (단, p, q는 자연수이다.)

➜ 서술형 **0323** 원 C: $x^2+y^2+6x+4y+9=0$을 원점에 대하여 대칭이동한 원을 C_1이라 하고, 원 C를 직선 $y=x$에 대하여 대칭이동한 원을 C_2라 하자. 원 C_1 위의 점 P와 원 C_2 위의 점 Q에 대하여 선분 PQ의 길이의 최댓값이 $p+q\sqrt{2}$일 때, $p+q$의 값을 구하시오. (단, p, q는 유리수이다.)

0324 점 A$(-1, 3)$을 x축의 방향으로 a만큼, y축의 방향으로 b만큼 평행이동한 후, 직선 $y=x$에 대하여 대칭이동한 점의 좌표가 점 A와 일치할 때, a^2+b^2의 값은?

① 10 ② 13 ③ 18
④ 25 ⑤ 32

0325 점 $(4, 1)$을 x축의 방향으로 a만큼, y축의 방향으로 b만큼 평행이동한 후, 원점에 대하여 대칭이동한 점의 좌표가 $(1, 4)$일 때, ab의 값을 구하시오.

0326 직선 $x-2y-5=0$을 x축의 방향으로 -2만큼, y축의 방향으로 3만큼 평행이동한 후, 직선 $y=x$에 대하여 대칭이동한 직선이 점 $(k, -5)$를 지날 때, k의 값은?

① -3 ② -1 ③ 1
④ 3 ⑤ 5

0327 직선 $3x-2y+6=0$을 x축의 방향으로 1만큼, y축의 방향으로 -2만큼 평행이동한 후, y축에 대하여 대칭이동한 직선의 기울기를 α라 할 때, 4α의 값은?

① -6 ② -3 ③ 3
④ 6 ⑤ 12

0328 원 C: $x^2+y^2+2x-4y=0$을 직선 $y=x$에 대하여 대칭이동한 후, x축의 방향으로 -2만큼, y축의 방향으로 1만큼 평행이동한 원의 중심과 원 C의 중심 사이의 거리는?

① $\sqrt{5}$ ② 2 ③ $\sqrt{3}$
④ $\sqrt{2}$ ⑤ 1

0329 포물선 $y=2x^2-12x+19$를 x축에 대하여 대칭이동한 후, x축의 방향으로 m만큼, y축의 방향으로 n만큼 평행이동하면 포물선 $y=-2x^2-4x+7$과 일치한다. 이 평행이동에 의하여 원 $x^2+y^2-10x+8y+16=0$이 옮겨지는 원의 중심을 (a, b)라 할 때, a^2+b^2의 값은?

① 29 ② 34 ③ 37
④ 40 ⑤ 45

유형 08 도형 $f(x, y)=0$의 평행이동과 대칭이동

개념 2, 4

0330 방정식 $f(x, y)=0$이 나타내는 도형이 그림과 같을 때, 다음 중 방정식 $f(y-1, x)=0$이 나타내는 도형은?

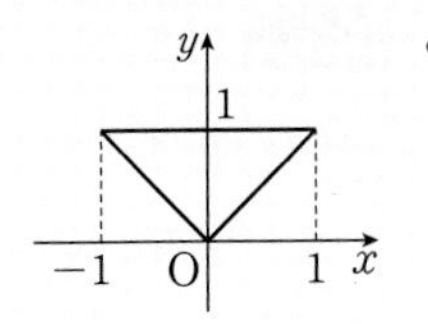

①

② 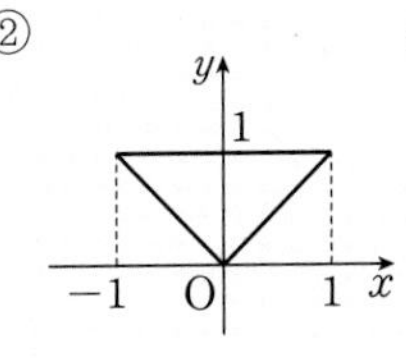

③ 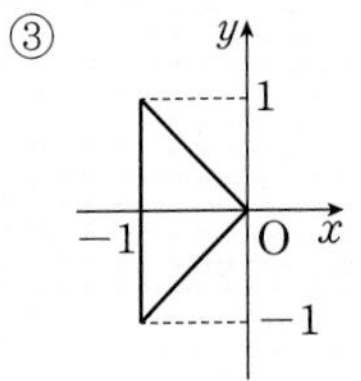

④ 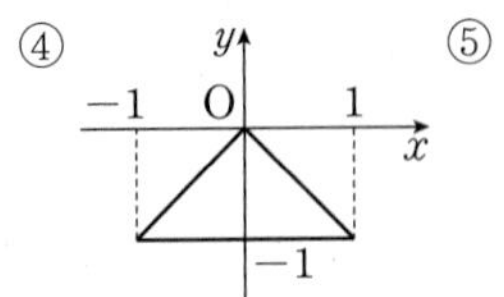

⑤ 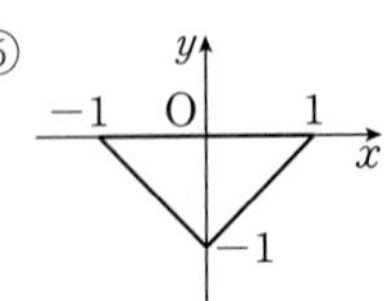

➜ **0331** 방정식 $f(x, y)=0$이 나타내는 도형이 그림과 같을 때, 다음 중 방정식 $f(1-x, -y)=0$이 나타내는 도형은?

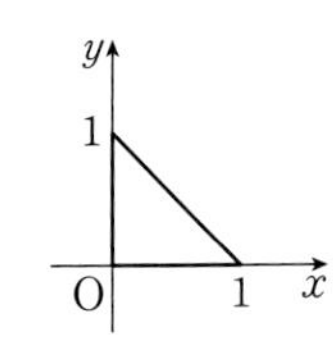

①

② 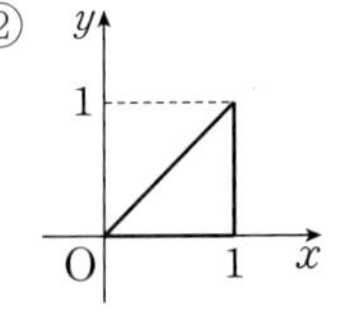

③ 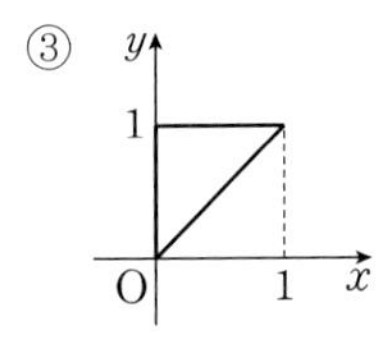

④

⑤ 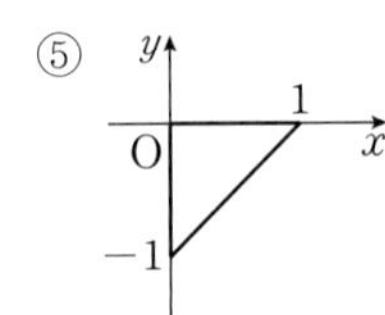

0332 그림에서 방정식 $f(x, y)=0$이 나타내는 도형이 A일 때, **보기**에서 도형 B를 나타내는 방정식인 것만을 있는 대로 고른 것은?

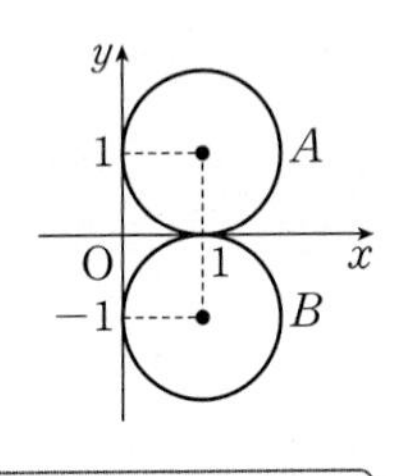

보기

ㄱ. $f(x, -y)=0$

ㄴ. $f(-y, x)=0$

ㄷ. $f(-x+2, -y)=0$

① ㄱ ② ㄷ ③ ㄱ, ㄴ

④ ㄴ, ㄷ ⑤ ㄱ, ㄴ, ㄷ

서술형

➜ **0333** 그림과 같이 세 점 A$(1, -2)$, B$(5, -2)$, C$(3, 10)$을 꼭짓점으로 하는 삼각형 ABC의 도형의 방정식을 $f(x, y)=0$이라 하자. 방정식 $f(-y+2, x+3)=0$이 나타내는 도형의 무게중심의 좌표가 (a, b)일 때, a^2+b^2의 값을 구하시오.

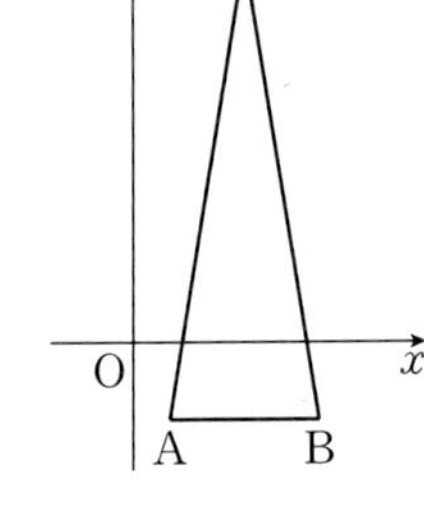

유형 09 점에 대한 대칭이동 개념 5

0334 점 $(2, a)$를 점 $(3, -2)$에 대하여 대칭이동한 점의 좌표가 $(b, 1)$일 때, $b-a$의 값을 구하시오.

➜ **0335** 직선 $x-y=3$을 점 $(1, 3)$에 대하여 대칭이동한 직선이 점 $(6, k)$를 지날 때, k의 값은?

① 4 ② 7 ③ 10
④ 13 ⑤ 16

0336 두 포물선 $y=x^2+4x+5$, $y=-(x-4)^2+3$이 점 (a, b)에 대하여 대칭일 때, $a+b$의 값은?

① 1 ② 2 ③ 3
④ 4 ⑤ 5

➜ **0337** 원 C_1: $x^2+y^2=4$를 점 $(2, -1)$에 대하여 대칭이동한 원을 C_2라 할 때, 원 C_2 위의 점 P와 점 A$(0, 1)$ 사이의 거리의 최댓값을 M, 최솟값을 m이라 하자. 이때 Mm의 값을 구하시오.

유형 10 직선에 대한 대칭이동 개념 6

0338 점 $(a, 2)$를 직선 $y=x+b$에 대하여 대칭이동한 점의 좌표가 $(1, 4)$일 때, $a+b$의 값은? (단, b는 상수이다.)

① 1 ② 2 ③ 3
④ 4 ⑤ 5

➜ **0339** 두 원 $(x-3)^2+y^2=1$, $(x+5)^2+(y-2)^2=1$이 직선 $y=mx+n$에 대하여 대칭일 때, 상수 m, n에 대하여 $m+n$의 값은?

① 8 ② 9 ③ 10
④ 11 ⑤ 12

0340 원 $x^2+y^2=4$를 직선 $2x-y+10=0$에 대하여 대칭이동한 원이 직선 $3x-4y+a=0$에 접할 때, 모든 상수 a의 값의 합은?

① 72 ② 74 ③ 76
④ 78 ⑤ 80

➜ 서술형 **0341** 포물선 $y=x^2$ 위의 서로 다른 두 점 P, Q가 직선 $y=-x+2$에 대하여 대칭일 때, $\overline{PQ}^2$의 값을 구하시오.

유형 11 대칭이동을 이용한 거리의 최솟값 개념 3

0342 두 점 A(2, 1), B(6, 7)과 y축 위를 움직이는 점 P에 대하여 $\overline{AP}+\overline{BP}$가 최소가 되도록 하는 점 P의 좌표를 구하시오.

➜ **0343** 두 점 A(4, 1), B(1, 4)와 x축 위를 움직이는 점 P, y축 위를 움직이는 점 Q에 대하여 $\overline{AP}+\overline{PQ}+\overline{QB}$의 최솟값을 k라 할 때, k^2의 값은?

① 48 ② 50 ③ 52
④ 54 ⑤ 56

0344 그림과 같이 점 A(5, 2)와 직선 $y=x$ 위를 움직이는 점 B, x축 위를 움직이는 점 C에 대하여 세 점 A, B, C를 꼭짓점으로 하는 삼각형 ABC의 둘레의 길이의 최솟값을 구하시오.

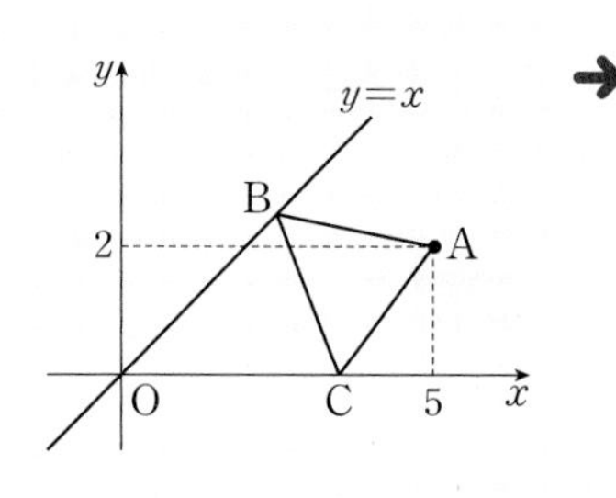

서술형

→ **0345** 그림과 같이 점 P(5, 5)와 직선 $y=x+3$ 위를 움직이는 점 Q, x축 위를 움직이는 점 R에 대하여 세 점 P, Q, R를 꼭짓점으로 하는 삼각형 PQR의 둘레의 길이의 최솟값을 k라 할 때, k^2의 값을 구하시오.

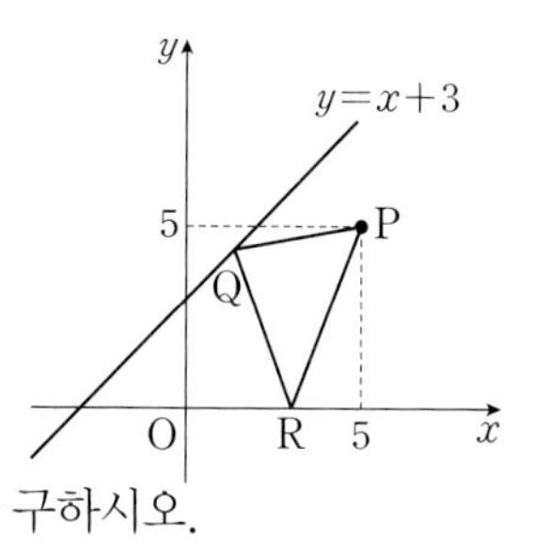

0346 그림과 같이 좌표평면 위의 점 A(3, 1)과 x축 위를 움직이는 점 P, 원 $x^2+(y-3)^2=1$ 위를 움직이는 점 Q에 대하여 $\overline{AP}+\overline{PQ}$의 최솟값을 구하시오.

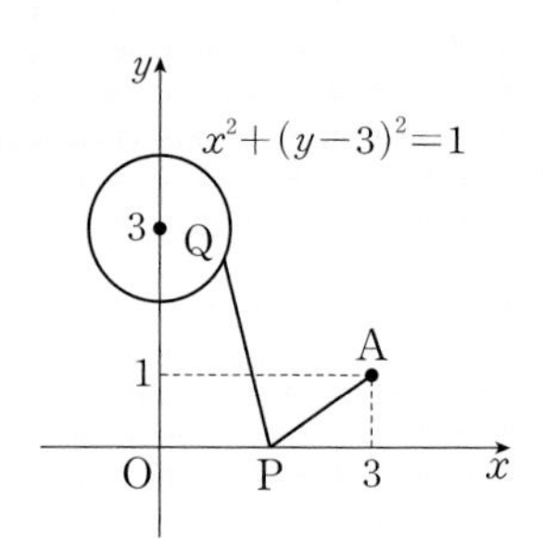

→ **0347** 그림과 같이 두 원

$(x-5)^2+(y-1)^2=1$,
$(x-3)^2+(y-5)^2=4$

와 x축 위를 움직이는 점 A, y축 위를 움직이는 점 B가 있다. 두 원 위의 점 P, Q에 대하여 $\overline{PA}+\overline{AB}+\overline{BQ}$의 최솟값을 구하시오.

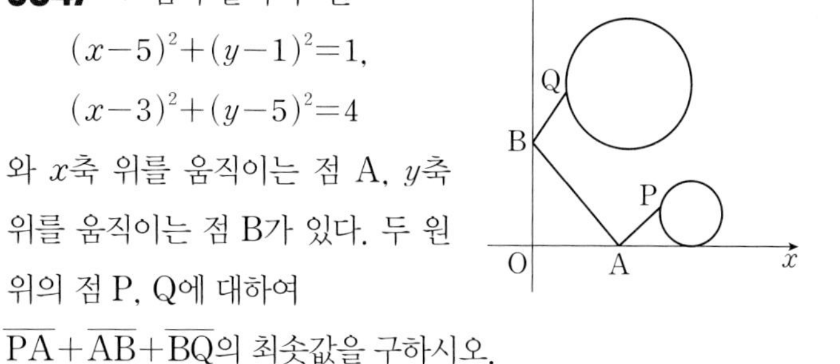

실력 완성!

0348 점 $(-1,\ 2)$를 x축의 방향으로 3만큼, y축의 방향으로 -1만큼 평행이동한 점이 직선 $ax+y+3=0$ 위에 있을 때, 상수 a의 값은?

① -2　② -1　③ 0　④ 1　⑤ 2

0349 직선 $3x+2y-5=0$을 y축에 대하여 대칭이동한 후, x축에 대하여 대칭이동한 직선을 l이라 할 때, 직선 l의 x절편은?

① -2　② $-\frac{5}{3}$　③ $-\frac{4}{3}$　④ -1　⑤ $-\frac{2}{3}$

0350 두 점 $A(-1,\ 3)$, $B(-5,\ 1)$과 x축 위를 움직이는 점 P에 대하여 $\overline{AP}+\overline{BP}$의 최솟값은?

① $\sqrt{2}$　② $2\sqrt{2}$　③ $3\sqrt{2}$　④ $4\sqrt{2}$　⑤ $5\sqrt{2}$

0351 다음 조건을 만족시키는 직선의 방정식은? (단, a는 상수이다.)

> (가) 직선 $y=ax+1$을 x축의 방향으로 1만큼, y축의 방향으로 -2만큼 평행이동한 직선과 일치한다.
> (나) 점 $(-1,\ 1)$을 지난다.

① $y=-2x-1$　② $y=-x$　③ $y=-x+1$　④ $y=x+2$　⑤ $y=2x+3$

0352 직선 $y=ax+b$를 x축의 방향으로 -2만큼, y축의 방향으로 1만큼 평행이동하였더니 직선 $y=\frac{1}{3}x-2$와 y축 위의 점에서 수직으로 만난다. 상수 a, b에 대하여 a^2+b^2의 값을 구하시오.

0353 포물선 $y=(x-1)^2-1$을 포물선 $y=(x-5)^2-2$로 옮기는 평행이동에 의하여 직선 l : $x-3y=0$이 직선 l'으로 옮겨진다. 두 직선 l, l' 사이의 거리를 d라 할 때, $10d^2$의 값을 구하시오.

0354 직선 $y=4x-1$을 x축의 방향으로 k만큼, y축의 방향으로 k만큼 평행이동한 직선이 이차함수 $y=x^2-2x$의 그래프와 접할 때, $12k$의 값을 구하시오.

0355 원 $x^2+y^2-4x-2y-11=0$을 x축의 방향으로 a만큼, y축의 방향으로 b만큼 평행이동한 원이 x축과 y축에 동시에 접할 때, $a+b$의 최댓값은?

① 1 ② 3 ③ 5 ④ 7 ⑤ 9

0356 점 $(3, -4)$를 x축에 대하여 대칭이동한 점을 P, y축에 대하여 대칭이동한 점을 Q, 원점에 대하여 대칭이동한 점을 R라 할 때, 삼각형 PQR의 넓이는?

① 24 ② 30 ③ 32 ④ 36 ⑤ 48

0357 직선 $x+y=2$를 y축에 대하여 대칭이동한 직선을 l, 원 $(x-1)^2+(y+k)^2=1$을 원점에 대하여 대칭이동한 원을 C라 하자. 직선 l이 원 C의 넓이를 이등분할 때, 상수 k의 값은?

① 1 ② $\frac{5}{4}$ ③ $\frac{3}{2}$ ④ $\frac{7}{4}$ ⑤ 2

0358 직선 $(k-1)x-(k+1)y-2k+4=0$을 y축의 방향으로 -3만큼 평행이동한 후, 직선 $y=x$에 대하여 대칭이동한 직선이 실수 k의 값에 관계없이 항상 지나는 점의 좌표는?

① $(-2, 1)$ ② $(-2, 2)$ ③ $(-2, 3)$ ④ $(1, 2)$ ⑤ $(1, 3)$

0359 두 방정식 $f(x, y)=0$, $g(x, y)=0$이 나타내는 도형이 각각 그림과 같을 때, 방정식의 표현 중 옳은 것은?

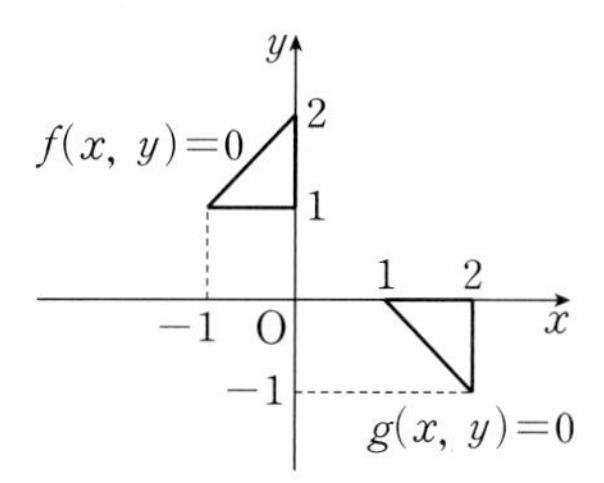

① $g(x, y)=f(-x-2, y+1)$
② $g(x, y)=f(-x+2, y+1)$
③ $g(x, y)=f(x-2, -y-1)$
④ $g(x, y)=f(x-2, -y+1)$
⑤ $g(x, y)=f(x+2, -y+1)$

0360 방정식 $f(x, y)=0$이 나타내는 도형이 중심이 $(-2, 1)$이고 반지름의 길이가 2인 원일 때, **보기**에서 원 $(x-2)^2+(y-2)^2=4$를 나타내는 방정식인 것만을 있는 대로 고른 것은?

보기
ㄱ. $f(x-4, y-1)=0$
ㄴ. $f(-x, -y-3)=0$
ㄷ. $f(x-4, -y+3)=0$
ㄹ. $f(-y+3, -x)=0$
ㅁ. $f(-x, y-1)=0$

① ㄱ, ㄷ, ㄹ ② ㄱ, ㄷ, ㅁ ③ ㄱ, ㄹ, ㅁ
④ ㄴ, ㄷ, ㅁ ⑤ ㄴ, ㄹ, ㅁ

0361 원 $(x+3)^2+(y-4)^2=5$를 원 위의 점 $(-2, 6)$에서의 접선에 대하여 대칭이동한 원의 중심의 좌표를 (a, b)라 할 때, $a+b$의 값은?

① 3 ② 5 ③ 7
④ 9 ⑤ 10

0362 그림과 같이 좌표평면 위의 점 $A(0, 1)$과 x축 위를 움직이는 점 P, 원 $(x-3)^2+(y-3)^2=4$ 위를 움직이는 점 Q에 대하여 $\overline{AP}+\overline{PQ}$의 최솟값은?

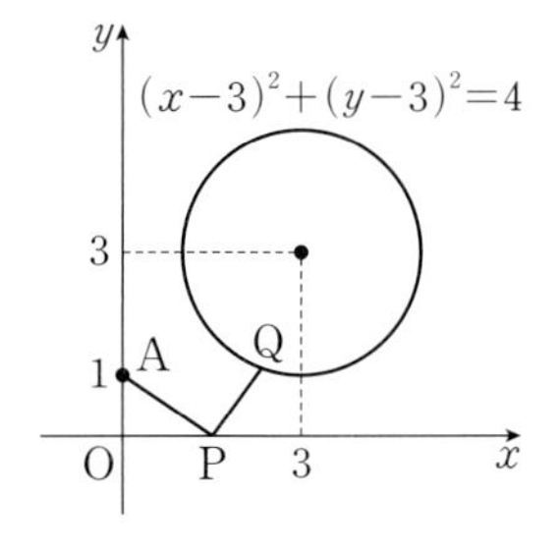

① 1 ② 2
③ 3 ④ 4
⑤ 5

0363 방정식 $|x-2|+y+4=0$이 나타내는 도형과 이 도형을 x축에 대하여 대칭이동한 후, x축의 방향으로 -4만큼, y축의 방향으로 -16만큼 평행이동한 도형으로 둘러싸인 부분은 사각형이다. 이 사각형의 넓이를 구하시오.

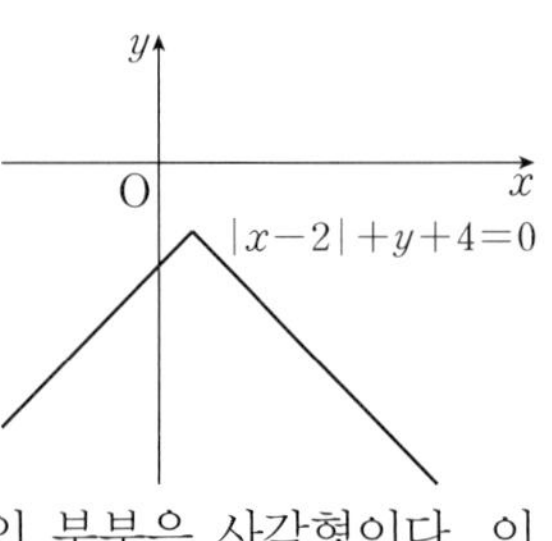

0364 원 $x^2+y^2-4x-2y-k=0$과 이 원을 직선 $y=-2x+10$에 대하여 대칭이동한 원이 만나는 두 점을 A, B라 하자. $\overline{AB}=4$일 때, 상수 k의 값을 구하시오.

0365 점 (a, b)를 다음과 같은 규칙에 따라 이동한다.

> (가) $a>b$이면 직선 $y=x$에 대하여 대칭이동한다.
> (나) $a<b$이면 x축의 방향으로 3만큼, y축의 방향으로 -1만큼 평행이동한다.
> (다) $a=b$이면 더 이상 이동하지 않는다.

점 A가 위의 규칙에 따라 세 번 이동한 뒤 점 B(6, 6)에서 멈췄을 때, 선분 AB의 길이는? (단, 점 A의 x좌표는 양수이다.)

① $\sqrt{10}$ ② $2\sqrt{10}$ ③ $3\sqrt{10}$
④ $4\sqrt{10}$ ⑤ $5\sqrt{10}$

서술형

0366 두 자연수 m, n에 대하여
원 C: $(x-2)^2+(y-1)^2=9$를 x축의 방향으로 m만큼 평행이동한 원을 C_1, y축의 방향으로 n만큼 평행이동한 원을 C_2라 하자. 두 원 C_1, C_2에 대하여 직선 l: $3x-4y-6=0$은 다음 조건을 만족시킨다.

> (가) 원 C_1은 직선 l과 서로 다른 두 점에서 만난다.
> (나) 원 C_2는 직선 l과 만나지 않는다.

m의 최댓값을 a, n의 최솟값을 b라 할 때, ab의 값을 구하시오.

0367 포물선 $y=-x^2+6x-3$을 점 (1, 2)에 대하여 대칭이동한 포물선과 포물선 $y=-x^2+ax+b$의 두 교점이 원점에 대하여 대칭일 때, 상수 a, b에 대하여 a^2+b^2의 값을 구하시오.

집합과 명제

05 집합의 뜻과 표현

06 집합의 연산

07 명제

개념 1 집합과 원소

> 유형 01, 05

(1) **집합**: 어떤 조건에 따라 대상을 분명하게 정할 수 있을 때, 그 대상들의 모임

예 • 우리 반에서 생일이 1월인 학생의 모임 ➡ 집합이다.
• 우리 반에서 생일이 이른 학생의 모임 ➡ 집합이 아니다.

(2) **원소**: 집합을 이루는 대상 하나하나

① a가 집합 A의 원소일 때, 기호 $\boldsymbol{a \in A}$로 나타낸다. (a는 집합 A에 속한다.)

② a가 집합 A의 원소가 아닐 때, 기호 $\boldsymbol{a \notin A}$로 나타낸다. (a는 집합 A에 속하지 않는다.)

예 5 이하의 짝수인 자연수의 집합을 A라 할 때
① 2, 4는 집합 A의 원소이므로 $2 \in A$, $4 \in A$
② 1, 3, 5는 집합 A의 원소가 아니므로 $1 \notin A$, $3 \notin A$, $5 \notin A$

개념 2 집합의 표현 방법

> 유형 02

(1) **원소나열법**: 집합에 속하는 모든 원소를 { } 안에 나열하여 집합을 나타내는 방법

(2) **조건제시법**: 집합의 원소들이 갖는 공통된 성질을 조건으로 제시하여 집합을 나타내는 방법

(3) **벤다이어그램**: 집합을 나타낸 그림

예 **5 이하의 짝수인 자연수의 집합 A를 나타내는 방법**
① 원소나열법: $A=\{2, 4\}$
② 조건제시법: $A=\{x \mid x$는 5 이하의 짝수인 자연수$\}$ (x: 원소를 대표하는 문자, x는 5 이하의 짝수인 자연수: 원소들이 갖는 공통된 성질)
③ 벤다이어그램:

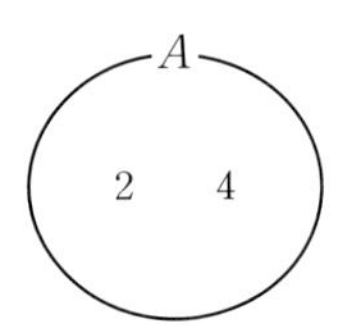

개념 3 집합의 원소의 개수

> 유형 03

(1) **원소의 개수에 따른 집합의 분류**

① **유한집합**: 원소가 유한개인 집합

예 $\{x \mid x$는 5 이하의 자연수$\}$ ➡ $\{1, 2, 3, 4, 5\}$

② **무한집합**: 원소가 무수히 많은 집합

예 $\{x \mid x$는 자연수$\}$ ➡ $\{1, 2, 3, \cdots\}$

③ **공집합**: 원소가 하나도 없는 집합을 **공집합**이라 하고, 기호 $\varnothing$으로 나타낸다.

참고 공집합은 유한집합으로 생각한다.

(2) **유한집합의 원소의 개수**

유한집합 A의 원소의 개수를 기호 $\boldsymbol{n(A)}$로 나타낸다.

참고 ① $n(\varnothing)=0$ ➡ 원소가 하나도 없다.
② $n(\{\varnothing\})=1$ ➡ 원소는 $\varnothing$의 1개이다.
③ $n(\{0\})=1$ ➡ 원소는 0의 1개이다.

개념 1 집합과 원소

0368 다음 중 집합인 것은 '○'표, 집합이 아닌 것은 '×'표를 (　) 안에 써넣으시오.

(1) 재미있는 사람의 모임 (　　)

(2) 8의 양의 약수의 모임 (　　)

(3) 수학을 잘하는 사람의 모임 (　　)

(4) 키가 155 cm 이상인 사람의 모임 (　　)

(5) 등산을 좋아하는 사람의 모임 (　　)

0369 13보다 작은 3의 양의 배수의 집합을 A라 할 때, 다음 □ 안에 기호 $\in$, $\notin$ 중 알맞은 것을 써넣으시오.

(1) 7 □ A　　(2) 6 □ A

(3) 5 □ A　　(4) 12 □ A

개념 2 집합의 표현 방법

0370 다음 집합을 원소나열법으로 나타내시오.

(1) $\{x|x$는 4 이하의 자연수$\}$

(2) $\{x|x$는 6의 양의 약수$\}$

(3) $\{x|x$는 17 이하의 5의 양의 배수$\}$

0371 그림과 같이 벤다이어그램으로 나타낸 집합 A를 다음 방법으로 나타내시오.

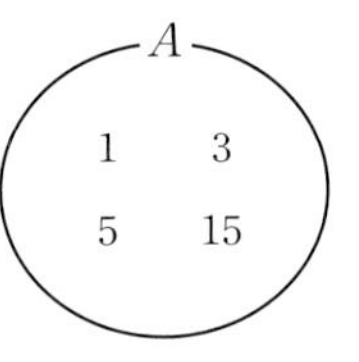

(1) 원소나열법

(2) 조건제시법

개념 3 집합의 원소의 개수

0372 다음 집합이 유한집합이면 '유'를, 무한집합이면 '무'를 (　) 안에 써넣으시오. 또, 공집합이면 '공'을 함께 적으시오.

(1) $\{-1, 0, 1, 2, 3\}$ (　　)

(2) $\{3, 4, 5, \cdots, 99, 100\}$ (　　)

(3) $\{x|x^2=-4, x$는 실수$\}$ (　　)

(4) $\{x|x$는 2의 양의 배수$\}$ (　　)

(5) $\{x|(x+3)(x-1)=0\}$ (　　)

0373 다음 집합 A에 대하여 $n(A)$를 구하시오.

(1) $A=\{a, b, c\}$

(2) $A=\varnothing$

(3) $A=\{x|x^2-5<0, x$는 정수$\}$

(4) $A=\{\varnothing, 1, \{1, 2\}\}$

개념 4 부분집합

> 유형 04~06, 13

(1) **부분집합**

두 집합 A, B에 대하여 A의 모든 원소가 B에 속할 때,

A를 B의 **부분집합**이라 한다.

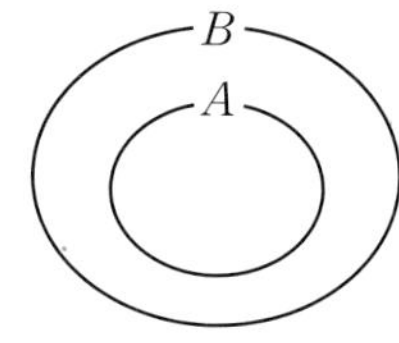

① A가 B의 부분집합일 때, 기호 $\boldsymbol{A \subset B}$로 나타낸다. (집합 A는 집합 B에 포함된다.)

② A가 B의 부분집합이 아닐 때, 기호 $\boldsymbol{A \not\subset B}$로 나타낸다. (집합 A는 집합 B에 포함되지 않는다.)

참고 $A \not\subset B$이면 A의 원소 중 B에 속하지 않는 것이 있다.

(2) **부분집합의 성질**

세 집합 A, B, C에 대하여

① $A \subset A$ ➡ 모든 집합은 자기 자신의 부분집합이다.

② $\varnothing \subset A$ ➡ 공집합은 모든 집합의 부분집합이다.

③ $A \subset B$이고 $B \subset C$이면 $A \subset C$이다.

참고 $A \subset B$이면 $n(A) \le n(B)$이지만 $n(A) \le n(B)$라 해서 항상 $A \subset B$인 것은 아니다.

개념 5 서로 같은 집합

> 유형 07

(1) **서로 같은 집합**

두 집합 A, B에 대하여 $A \subset B$이고 $B \subset A$일 때, A와 B는 서로 같다고 한다.

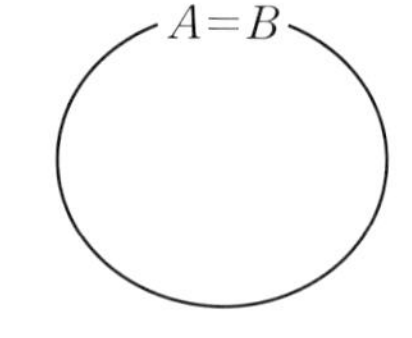

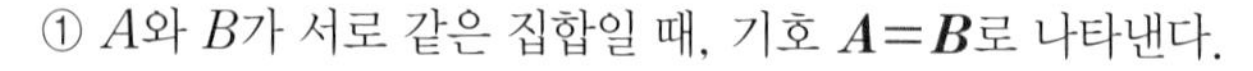

① A와 B가 서로 같은 집합일 때, 기호 $\boldsymbol{A=B}$로 나타낸다.

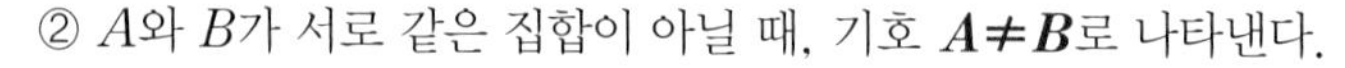

② A와 B가 서로 같은 집합이 아닐 때, 기호 $\boldsymbol{A \neq B}$로 나타낸다.

예 $A=\{2, 4\}$, $B=\{x \mid (x-2)(x-4)=0\}$이면 $A=B$이다.

(2) **진부분집합**

두 집합 A, B에 대하여 $A \subset B$이고 $A \neq B$일 때, A를 B의 **진부분집합**이라 한다.

참고 $A \subset B$는 A가 B의 진부분집합이거나 $A=B$임을 뜻한다.

예 집합 $\{1, 2\}$의 진부분집합은 $\varnothing$, $\{1\}$, $\{2\}$

개념 6 부분집합의 개수

> 유형 08~13

집합 $A=\{a_1, a_2, a_3, \cdots, a_n\}$에 대하여

(1) 집합 A의 부분집합의 개수 ➡ 2^n

(2) 집합 A의 진부분집합의 개수 ➡ 2^n-1

(3) 집합 A의 특정한 원소 k개를 반드시 원소로 갖는 부분집합의 개수 (단, $k<n$)
➡ 2^{n-k}

(4) 집합 A의 특정한 원소 l개를 원소로 갖지 않는 부분집합의 개수 (단, $l<n$)
➡ 2^{n-l}

개념 4 부분집합

0374 다음 두 집합 A, B의 포함 관계를 기호 $\subset$를 사용하여 나타내시오.

(1) $A=\{-1, 2\}$, $B=\{-1, 0, 1, 2, 3\}$

(2) $A=\{x|x^2-3x=0\}$, $B=\{0\}$

(3) $A=\{x|x$는 4의 양의 배수$\}$,
$B=\{y|y$는 8의 양의 배수$\}$

0375 집합 $\{0, 1, 2\}$의 부분집합 중 다음을 모두 구하시오.

(1) 원소가 0개인 것

(2) 원소가 1개인 것

(3) 원소가 2개인 것

(4) 원소가 3개인 것

0376 다음 집합의 부분집합을 모두 구하시오.

(1) $\{a, b\}$

(2) $\{\varnothing\}$

(3) $\{x|x$는 1 이상 6 이하의 짝수$\}$

개념 5 서로 같은 집합

0377 다음 두 집합 A, B 사이의 관계를 기호 $=$ 또는 $\neq$를 사용하여 나타내시오.

(1) $A=\{-3, 1, 3\}$, $B=\{3, 1, -3\}$

(2) $A=\{x|x^2=4\}$, $B=\{2\}$

(3) $A=\{x|x$는 9의 양의 배수$\}$, $B=\{9, 18, 27, \cdots\}$

(4) $A=\{2, 4, 6, 8\}$, $B=\{x|x$는 10보다 작은 2의 양의 배수$\}$

개념 6 부분집합의 개수

0378 집합 $A=\{1, 2, 3, 4\}$에 대하여 다음을 구하시오.

(1) 집합 A의 부분집합의 개수

(2) 집합 A의 진부분집합의 개수

(3) 집합 A의 부분집합 중 1을 반드시 원소로 갖는 부분집합의 개수

(4) 집합 A의 부분집합 중 3, 4를 원소로 갖지 않는 부분집합의 개수

기출 & 변형하면…

유형 01 집합과 원소 개념 1

0379 다음 중 집합이 아닌 것은?

① 20의 양의 약수의 모임
② 5보다 큰 자연수의 모임
③ 1보다 작은 자연수의 모임
④ 100에 가까운 실수의 모임
⑤ 제곱하여 9가 되는 유리수의 모임

➜ **0380** **보기**에서 집합인 것의 개수를 구하시오.

보기
ㄱ. 10의 양의 약수의 모임
ㄴ. 무서운 동물의 모임
ㄷ. 유명한 축구 선수의 모임
ㄹ. 인구가 100만 명 이상인 도시의 모임
ㅁ. 우리 반에서 혈액형이 AB형인 사람의 모임

0381 18의 양의 약수의 집합을 A라 할 때, **보기**에서 옳은 것만을 있는 대로 고른 것은?

보기
ㄱ. $1 \in A$　　ㄴ. $3 \notin A$
ㄷ. $4 \in A$　　ㄹ. $12 \notin A$

① ㄱ　② ㄷ　③ ㄱ, ㄴ
④ ㄱ, ㄹ　⑤ ㄱ, ㄷ, ㄹ

➜ **0382** 자연수 전체의 집합을 N, 정수 전체의 집합을 Z, 유리수 전체의 집합을 Q, 실수 전체의 집합을 R, 복소수 전체의 집합을 C라 할 때, 다음 중 옳은 것은? (단, $i=\sqrt{-1}$)

① $0 \in N$　② $\sqrt{5} \notin Z$　③ $\pi \in Q$
④ $i^2 \notin R$　⑤ $2i \notin C$

유형 02 집합의 표현 방법 개념 2

0383 다음 중 집합 $A=\{x \mid x=2^a+3^b,\ a,\ b$는 자연수$\}$의 원소가 아닌 것은?

① 5　② 7　③ 10
④ 19　⑤ 31

➜ **0384** 집합

$A=\{x \mid x$는 양의 약수의 개수가 3인 30 이하의 자연수$\}$

를 벤다이어그램으로 나타내시오.

0385 집합 $A=\{a|a=n+2,\ n$은 2 이하의 자연수$\}$에 대하여 집합 $B=\{2b-4|b=a^2+1,\ a\in A\}$의 모든 원소의 합을 구하시오.

→ **0386** 두 집합

$A=\{x|x$는 3의 배수가 아닌 26 미만의 자연수$\}$,

$B=\{a+b|a+b$는 3의 배수, $a\in A,\ b\in A\}$

에 대하여 집합 B의 가장 작은 원소와 가장 큰 원소의 합을 구하시오.

유형 03 유한집합의 원소의 개수

개념 3

0387 세 집합

$A=\{11,\ 22,\ 33,\ 44\}$,

$B=\{x|x$는 짝수인 소수$\}$,

$C=\{x|x$는 $x^2+4=0$인 실수$\}$

에 대하여 $n(A)+n(B)+n(C)$의 값은?

① 3 ② 4 ③ 5
④ 6 ⑤ 7

→ 서술형 **0388** 집합 $A=\{-2,\ -1,\ 1\}$에 대하여 두 집합 $X,\ Y$가

$X=\{ab|a\in A,\ b\in A\}$,

$Y=\{a+b|a\in A,\ b\in A\}$

일 때, $n(X)\times n(Y)$의 값을 구하시오.

0389 집합 $A=\{x|x^2-6x+k<0,\ x$는 실수$\}$에 대하여 $n(A)=0$일 때, 실수 k의 최솟값을 구하시오.

→ **0390** 두 집합

$A=\{(x,\ y)|xy+x+y-3=0,\ x,\ y$는 정수$\}$,

$B=\{x|x$는 양의 약수의 개수가 2인 k 이하의 자연수$\}$

에 대하여 $n(A)\times n(B)=24$를 만족시키는 모든 자연수 k의 값의 합을 구하시오.

유형 04 집합 사이의 포함 관계

개념 4

0391 세 집합

$A=\{1, 3\}$,

$B=\{x \mid |x| \le 3, x$는 정수$\}$,

$C=\{x \mid x^3-x=0, x$는 자연수$\}$

사이의 포함 관계를 바르게 나타낸 것은?

① $A \subset B \subset C$ ② $A \subset C \subset B$ ③ $B \subset A \subset C$

④ $B \subset C \subset A$ ⑤ $C \subset A \subset B$

➜ **0392** 세 집합

$A=\{0, 1, 2\}$,

$B=\{x-y \mid x \in A, y \in A\}$,

$C=\{2x-y \mid x \in A, y \in A\}$

사이의 포함 관계를 바르게 나타낸 것은?

① $A \subset B \subset C$ ② $A \subset C \subset B$ ③ $B \subset A \subset C$

④ $C \subset A \subset B$ ⑤ $C \subset B \subset A$

0393 두 집합 $A=\{2, a^2-1\}$, $B=\{8, a, a^2-7\}$에 대하여 $A \subset B$가 성립할 때, 양수 a의 값은?

① 1 ② 2 ③ 3

④ 4 ⑤ 5

➜ **0394** 두 집합 $A=\{x \mid x^2+x-6=0\}$, $B=\{x \mid |x|<a\}$에 대하여 $A \subset B$가 성립하도록 하는 자연수 a의 최솟값은?

① 1 ② 2 ③ 3

④ 4 ⑤ 5

0395 두 집합

$A=\{x \mid x^2-3x+2=0\}$,

$B=\{x \mid (a-3)x+2=0\}$

에 대하여 $B \subset A$를 만족시키는 모든 실수 a의 값의 합은?

① 2 ② 3 ③ 4

④ 5 ⑤ 6

서술형

➜ **0396** 두 집합

$A=\{-2, 2, 4, 8\}$,

$B=\{x \mid x^2+2(1-m)x+16=0, x$는 실수$\}$

에 대하여 $B \subset A$를 만족시키는 정수 m의 개수를 구하시오.

유형 05 기호 ∈, ⊂의 사용

개념 1, 4

0397 집합 $A=\{\varnothing, 1, \{1\}, \{3, 4\}\}$에 대하여 다음 중 옳지 않은 것은?

① $\varnothing \subset A$　② $\{\varnothing\} \subset A$　③ $\{1\} \in A$
④ $\{3, 4\} \subset A$　⑤ $0 \notin A$

→ **0398** 두 집합 A, B가 벤다이어그램과 같을 때, 다음 중 옳지 않은 것은?

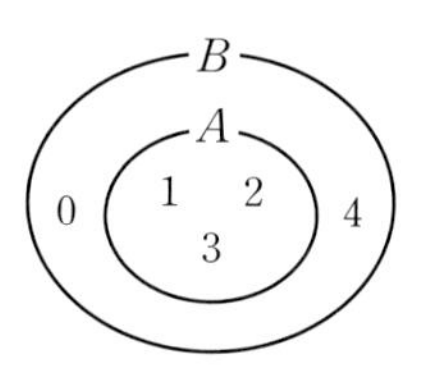

① $1 \in B$　② $4 \notin A$
③ $\{0\} \not\subset A$　④ $\{0, 1\} \subset B$
⑤ $\{1, 2, 3\} \not\subset B$

유형 06 부분집합 구하기

개념 4

0399 집합 $A=\{0, 1, 2, 3\}$에 대하여 다음 중 옳지 않은 것은?

① $\varnothing$은 집합 A의 부분집합이다.
② $\{1, 2\} \subset A$
③ 원소가 1개인 집합 A의 부분집합은 4개이다.
④ 원소가 2개인 집합 A의 부분집합은 4개이다.
⑤ 원소가 3개인 집합 A의 부분집합은 4개이다.

→ **0400** 보기에서 집합 $A=\{1, 2, 4, \{1, 2\}\}$의 부분집합인 것만을 있는 대로 고르시오.

보기
ㄱ. $\{\varnothing\}$　ㄴ. $\{1, 2\}$
ㄷ. $\{2, 4\}$　ㄹ. $\{4, \{1, 2\}\}$
ㅁ. $\{1, \{2\}\}$　ㅂ. $\{1, 2, 4, \{1, 2\}\}$

유형 07 서로 같은 집합 개념 5

0401 두 집합 $A=\{4, a^2\}$, $B=\{1, b^2+3b\}$가 서로 같을 때, 자연수 a, b에 대하여 $a+b$의 값은?

① 2 ② 3 ③ 4
④ 5 ⑤ 6

→ 서술형 **0402** 두 집합 $A=\{-3, a+1, 2\}$, $B=\{2, 3, b^2+2b-2\}$에 대하여 $A\subset B$이고 $B\subset A$이다. $a+b$의 값을 구하시오.
(단, a, b는 상수이다.)

0403 두 집합 $A=\{4, a, 2b\}$, $B=\{c, 2c+3, 6\}$에 대하여 $A\subset B$이고 $B\subset A$일 때, $a+b+c$의 값은?
(단, a, b, c는 자연수이다.)

① 15 ② 16 ③ 17
④ 18 ⑤ 19

→ **0404** 두 집합
$A=\{4, 4+a, 4+2a\}$,
$B=\{4, 4b, 4b^2\}$
에 대하여 $A=B$이다. 상수 a, b에 대하여 $12ab$의 값을 구하시오. (단, $a\neq 0$, $b\neq 1$)

유형 08 부분집합의 개수 개념 6

0405 집합 $A=\{x|x$는 15 이하의 자연수$\}$의 부분집합 중에서 모든 원소가 소수인 집합의 개수를 구하시오.

→ **0406** 다음 중 부분집합의 개수가 64인 집합은?

① $\{1, 2, 3, 4\}$
② $\{x|x$는 18의 양의 약수$\}$
③ $\{x|x$는 $x^2-4x-5\leq 0$인 정수$\}$
④ $\{x|x$는 5 이하의 자연수$\}$
⑤ $\{x|x$는 $|x|<6$인 정수$\}$

0407 집합 A의 부분집합의 개수가 128이고 집합 B의 진부분집합의 개수가 511일 때, $n(A)+n(B)$의 값은?

① 12 ② 13 ③ 14
④ 15 ⑤ 16

서술형

➜ **0408** 집합 A의 부분집합의 개수와 집합 B의 부분집합의 개수의 합이 80이고 $n(A)>n(B)$일 때, 집합 B의 진부분집합의 개수를 구하시오.

유형 09 특정한 원소를 갖거나 갖지 않는 부분집합의 개수 개념 6

0409 집합 $A=\{1, 2, 3, 4, 5, 6\}$에 대하여 $2\in X$, $4\in X$, $X\neq A$를 모두 만족시키는 집합 A의 부분집합 X의 개수를 구하시오.

➜ **0410** 집합 $A=\{1, 2, 3, 4\}$의 부분집합 중에서 1 또는 2를 원소로 갖는 부분집합의 개수는?

① 4 ② 8 ③ 12
④ 14 ⑤ 16

0411 집합 $A=\{1, 2, 3, 4, 5, 6, 7\}$의 부분집합 중에서 4, 6은 반드시 원소로 갖고 7은 원소로 갖지 않는 부분집합의 개수를 구하시오.

➜ **0412** 집합 $A=\{1, 2, 3, \cdots, k\}$의 부분집합 중에서 3, 5는 반드시 원소로 갖고 2, 4는 원소로 갖지 않는 부분집합의 개수가 64일 때, 자연수 k의 값은?

① 7 ② 10 ③ 12
④ 15 ⑤ 18

유형 10 $A \subset X \subset B$를 만족시키는 집합 X의 개수 개념 6

0413 두 집합

$A=\{x \mid x$는 8 이하의 자연수$\}$,

$B=\{x \mid x$는 6의 양의 약수$\}$

에 대하여 $B \subset X \subset A$를 만족시키는 집합 X의 개수를 구하시오.

→ **0414** 두 집합

$A=\{x \mid x^2-7x+10=0\}$,

$B=\{x \mid x$는 11 이하의 소수$\}$

에 대하여 $A \subset X \subset B$를 만족시키는 집합 X의 개수는?

① 2 ② 4 ③ 8
④ 16 ⑤ 32

유형 11 여러 가지 부분집합의 개수 개념 6

0415 집합 $A=\{x \mid x$는 18의 양의 약수$\}$에 대하여 다음 조건을 만족시키는 집합 X의 개수는?

(가) $X \subset A$, $X \neq \varnothing$
(나) 집합 X의 모든 원소의 곱은 짝수이다.

① 8 ② 16 ③ 24
④ 32 ⑤ 56

→ **0416** 집합 $X=\{2, 2^2, 2^3, 2^4, 2^5, 2^6\}$의 부분집합 Y의 모든 원소의 합이 64보다 작을 때, 공집합이 아닌 집합 Y의 개수를 구하시오.

0417 집합 $A=\{a-2, a, a+2\}$에 대하여 집합 $B=\{x+y \mid x \in A, y \in A\}$라 할 때, 집합 B의 원소 중 가장 작은 원소는 2이다. 이때 집합 B의 부분집합 중에서 모든 원소의 곱이 12의 배수인 부분집합의 개수는?

(단, a는 실수이다.)

① 3 ② 7 ③ 15
④ 31 ⑤ 63

서술형

→ **0418** 집합 $A=\{1, 2, 3, 4, 5, 6\}$의 부분집합 X 중에서 가장 큰 원소와 가장 작은 원소의 합이 7이 되는 집합 X의 개수를 구하시오.

유형 12 부분집합의 원소의 합과 곱 개념 6

0419 집합 $A=\{1, 2, 3, 4, 5\}$의 부분집합 X의 모든 원소의 합을 $S(X)$라 하자. $2\in X$, $3\notin X$인 모든 집합 X에 대하여 $S(X)$의 합은?

① 48 ② 50 ③ 52
④ 54 ⑤ 56

서술형
0420 실수 전체의 집합의 부분집합 $A=\{a, b, c, d, e, f\}$에 대하여 $a+b+c+d+e+f=20$이고, 집합 A의 부분집합 중에서 원소가 4개인 부분집합은 n개이다. 이 집합을 B_k $(k=1, 2, 3, \cdots, n)$라 하고, 집합 B_k의 모든 원소의 합을 S_k라 할 때, $S_1+S_2+S_3+\cdots+S_n$의 값을 구하시오.

0421 집합 $A=\{2, 4, 5\}$의 공집합이 아닌 부분집합을 각각 A_n $(n=1, 2, \cdots, 7)$이라 하자. 집합 A_n의 원소 중 가장 큰 원소를 a_n이라 할 때, $a_1+a_2+a_3+\cdots+a_7$의 값을 구하시오.

0422 집합 $X=\{3, 4, 5, 6\}$의 공집합이 아닌 부분집합 A_1, A_2, A_3, $\cdots$, A_n에 대하여 집합 A_k $(1\le k\le n)$의 원소 중 가장 작은 원소를 $m(A_k)$라 하자.
$m(A_1)+m(A_2)+m(A_3)+\cdots+m(A_n)=S$라 할 때, $n+S$의 값은?

① 59 ② 62 ③ 65
④ 68 ⑤ 71

유형 13 원소를 쌍으로 갖는 집합 개념 4, 6

0423 자연수를 원소로 갖는 집합 S가 조건

'$x\in S$이면 $8-x\in S$이다.'

를 만족시킬 때, 집합 S의 개수는? (단, $S\neq\varnothing$)

① 3 ② 7 ③ 8
④ 15 ⑤ 16

→ **0424** 다음 조건을 만족시키는 집합 A의 개수는?

(가) $A\neq\varnothing$
(나) 집합 A는 자연수 전체의 집합의 부분집합이다.
(다) $x\in A$이면 $\frac{12}{x}\in A$이다.

① 6 ② 7 ③ 8
④ 9 ⑤ 10

0425 자연수 전체의 집합의 부분집합 $S=\{x\mid x\in S$이면 $6-x\in S\}$의 진부분집합의 개수가 7일 때, 집합 S의 모든 원소의 합은?

① 7 ② 9 ③ 12
④ 15 ⑤ 21

서술형
→ **0426** 집합 $A=\{x\mid x$는 36의 양의 약수$\}$에 대하여 다음 조건을 만족시키는 집합 B의 개수를 구하시오.

(가) $B\subset A$
(나) $3\in B$
(다) $x\in B$이면 $\frac{36}{x}\in B$이다.

실력 완성!

0427 다음 중 집합이 아닌 것은?

① 10 이하의 소수의 모임
② 태양계 행성의 모임
③ 우리 학교에서 봉사활동 시간이 100시간 이상인 학생의 모임
④ 수학적 이해도가 높은 학생의 모임
⑤ 1월에 개봉하는 영화의 모임

0428 집합 $A=\{\varnothing, 1, 2, 3, \{1, 2\}, \{4\}\}$에 대하여 **보기**에서 옳은 것의 개수는?

보기

ㄱ. $\varnothing \in A$　　ㄴ. $\varnothing \subset A$
ㄷ. $\{\varnothing\} \in A$　　ㄹ. $\{\varnothing\} \subset A$
ㅁ. $\{1, 2\} \in A$　　ㅂ. $\{1, 2\} \subset A$
ㅅ. $\{\{1, 2\}\} \subset A$　　ㅇ. $\{1, 2, 4\} \in A$
ㅈ. $\{1, 2, 4\} \subset A$

① 4　② 5　③ 6
④ 7　⑤ 8

0429 집합 $A=\{a, b, \{a, b\}, \{d, e\}\}$에 대하여 $n(A)$의 값을 α, 집합 A의 부분집합의 개수를 β라 할 때, $\alpha+\beta$의 값은?

① 16　② 17　③ 18
④ 19　⑤ 20

0430 집합 $X=\{-2, -1, 0, 1\}$에 대하여 세 집합 A, B, C를

$A=\{x+y \mid x\in X, y\in X\}$,
$B=\{|x-y| \mid x\in X, y\in X\}$,
$C=\{xy \mid x\in X, y\in X\}$

라 할 때, $n(A)+n(B)-n(C)$의 값은?

① 1　② 2　③ 3
④ 4　⑤ 5

0431 두 집합 $A=\{4, -2a-3\}$, $B=\{a^2+3, a+6, 1\}$에 대하여 $A\subset B$가 성립할 때, 실수 a의 값은?

① -3　② -2　③ -1
④ 1　⑤ 2

0432 공집합이 아닌 세 집합 A, B, C가 다음과 같을 때, 집합 사이의 포함 관계를 바르게 나타낸 것은?
(단, x, y는 실수이다.)

$A=\{(x, y) \mid y=x+1\}$
$B=\left\{(x, y) \,\middle|\, y=\dfrac{x^2-1}{x-1}\right\}$
$C=\{(x, y) \mid (x-1)y=x^2-1\}$

① $A\subset B\subset C$　② $B\subset A\subset C$　③ $B\subset C\subset A$
④ $C\subset A\subset B$　⑤ $C\subset B\subset A$

0433 공집합이 아닌 두 집합

$A=\{x\mid a\le 2x-1\le 15\}$,

$B=\{x\mid -2\le x+2\le b\}$

에 대하여 $A=B$일 때, $a+b$의 값은? (단, a, b는 상수이다.)

① -3 ② -1 ③ 1

④ 3 ⑤ 5

0434 집합 $A=\{a,\ b,\ c\}$에 대하여 두 집합 P, Q가

$P=\{x+y\mid x\in A,\ y\in A,\ x\ne y\}$, $Q=\{11,\ 13,\ 16\}$

일 때, $P=Q$이다. 집합 A의 원소 중 가장 작은 원소는?

(단, a, b, c는 서로 다른 실수이다.)

① 2 ② 4 ③ 5

④ 7 ⑤ 9

0435 집합 $X=\{\varnothing,\ a,\ \{a\}\}$에 대하여

$P(X)=\{A\mid A\subset X\}$라 할 때, 보기에서 옳은 것만을 있는 대로 고른 것은?

보기

ㄱ. $\varnothing\in P(X)$ ㄴ. $\{\varnothing\}\subset P(X)$

ㄷ. $\{\{a\}\}\subset P(X)$ ㄹ. $\{\{a\}\}\in P(X)$

① ㄱ, ㄴ ② ㄴ, ㄷ ③ ㄷ, ㄹ

④ ㄱ, ㄴ, ㄷ ⑤ ㄱ, ㄴ, ㄷ, ㄹ

0436 집합 $P=\{1,\ 2,\ 3,\ 4,\ 5,\ 6\}$의 부분집합 중에서 원소가 4개인 부분집합의 개수를 m, 원소가 2개 이상인 부분집합의 개수를 n이라 할 때, $m+n$의 값을 구하시오.

0437 두 집합 $A=\{x\mid x$는 4의 양의 약수$\}$,

$B=\left\{x\,\middle|\,x=\dfrac{16}{n},\ x\text{와 } n\text{은 자연수}\right\}$에 대하여 $A\subset X\subset B$,

$X\ne B$를 만족시키는 집합 X의 개수는?

① 3 ② 4 ③ 7

④ 8 ⑤ 16

0438 세 자연수 a, b, c $(a<b<c)$에 대하여 두 집합 A, B가 $A=\{a,\ b,\ c\}$, $B=\{x+y\mid x\in A,\ y\in A\}$이다. 집합 B의 가장 작은 원소는 6, 가장 큰 원소는 18이고, $n(B)=5$일 때, 집합 B의 모든 원소의 합은?

① 44 ② 48 ③ 52

④ 56 ⑤ 60

0439 집합 $A=\{1, 2, 3\}$에 대하여 $P(A)=\{X \mid X \subset A\}$라 하자. 집합 Y가

$Y \subset P(A)$, $Y \neq P(A)$

를 만족시킬 때, $n(Y)$의 최댓값을 구하시오.

0440 다음 조건을 만족시키는 집합 S의 개수를 구하시오.

> (가) $S \neq \varnothing$
> (나) $2 \notin S$
> (다) 집합 S는 정수 전체의 집합의 부분집합이다.
> (라) $k \in S$이면 $\frac{64}{k} \in S$이다.

0441 집합 A의 모든 원소의 곱을 $f(X)$라 하자. 집합 $A=\{2, 2^2, 2^3, 2^4\}$의 공집합이 아닌 부분집합을 각각 A_1, A_2, A_3, $\cdots$, A_n이라 할 때, $f(A_1) \times f(A_2) \times f(A_3) \times \cdots \times f(A_n)=2^k$이다. 자연수 n, k에 대하여 $n+k$의 값을 구하시오.

서술형

0442 집합 $X=\{1, 2, 3, \cdots, 15\}$의 원소 n에 대하여 집합 X의 부분집합 중에서 n을 가장 작은 원소로 갖는 모든 집합의 개수를 $f(n)$, n을 가장 큰 원소로 갖는 모든 집합의 개수를 $g(n)$이라 하자. $f(a)=g(b)$일 때, $a+b$의 값을 구하시오. (단, $a \in X$, $b \in X$이고 $2^0=1$로 계산한다.)

0443 두 집합

$A=\{x \mid x$는 4의 양의 약수$\}$,

$B=\{x \mid x$는 32의 양의 약수$\}$

에 대하여 $A \subset X \subset B$를 만족시키는 집합 X의 개수는 n이다. 이 집합을 차례대로 X_1, X_2, $\cdots$, X_n이라 하고, 집합 X_k $(1 \leq k \leq n)$의 모든 원소의 합을 $S(X_k)$라 할 때, $n+S(X_1)+S(X_2)+ \cdots +S(X_n)$의 값을 구하시오.

개념 1 합집합과 교집합

> 유형 01, 02, 04, 07, 12

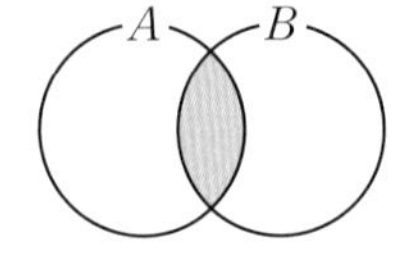

(1) **합집합**: 두 집합 A, B에 대하여 A에 속하거나 B에 속하는 모든 원소로 이루어진 집합을 A와 B의 **합집합**이라 하고, 기호 $\boldsymbol{A \cup B}$로 나타낸다.

➡ $A \cup B = \{x \mid x \in A$ 또는 $x \in B\}$

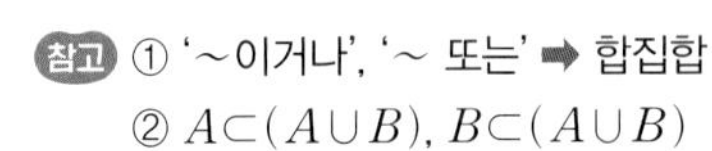

참고 ① ‘~이거나’, ‘~ 또는’ ➡ 합집합
② $A \subset (A \cup B)$, $B \subset (A \cup B)$

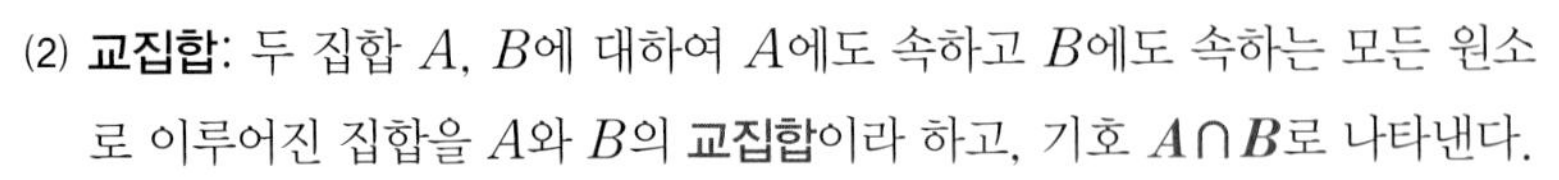

(2) **교집합**: 두 집합 A, B에 대하여 A에도 속하고 B에도 속하는 모든 원소로 이루어진 집합을 A와 B의 **교집합**이라 하고, 기호 $\boldsymbol{A \cap B}$로 나타낸다.

➡ $A \cap B = \{x \mid x \in A$ 그리고 $x \in B\}$

참고 ① ‘~이고’, ‘~와’ ➡ 교집합
② $(A \cap B) \subset A$, $(A \cap B) \subset B$

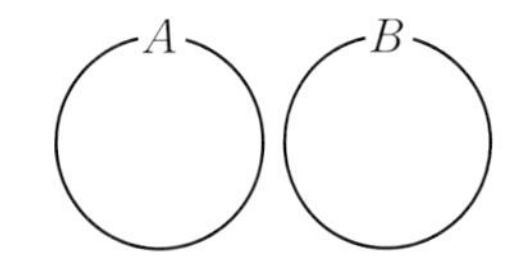

(3) **서로소**: 두 집합 A, B에서 공통된 원소가 하나도 없을 때, 즉 $A \cap B = \varnothing$일 때, A와 B는 **서로소**라 한다.

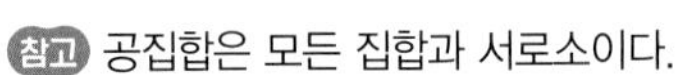

참고 공집합은 모든 집합과 서로소이다.

개념 2 집합의 연산 법칙

> 유형 05, 06, 09~11, 13

세 집합 A, B, C에 대하여

① **교환법칙**: $A \cup B = B \cup A$, $A \cap B = B \cap A$

② **결합법칙**: $(A \cup B) \cup C = A \cup (B \cup C)$
$(A \cap B) \cap C = A \cap (B \cap C)$

③ **분배법칙**: $A \cap (B \cup C) = (A \cap B) \cup (A \cap C)$
$A \cup (B \cap C) = (A \cup B) \cap (A \cup C)$

개념 3 여집합과 차집합

> 유형 03, 04, 07, 12

(1) **전체집합**: 어떤 집합에 대하여 그 부분집합을 생각할 때, 처음에 주어진 집합을 **전체집합**이라 하고, 기호 $\boldsymbol{U}$로 나타낸다.

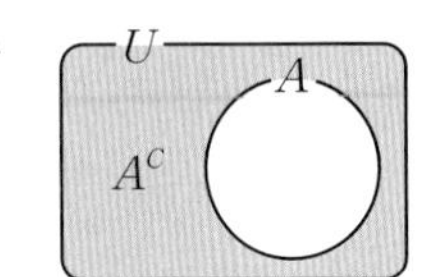

(2) **여집합**: 전체집합 U의 부분집합 A에 대하여 U의 원소 중에서 A에 속하지 않는 모든 원소로 이루어진 집합을 U에 대한 A의 **여집합**이라 하고, 기호 $\boldsymbol{A^C}$로 나타낸다.

➡ $A^C = \{x \mid x \in U$ 그리고 $x \notin A\}$

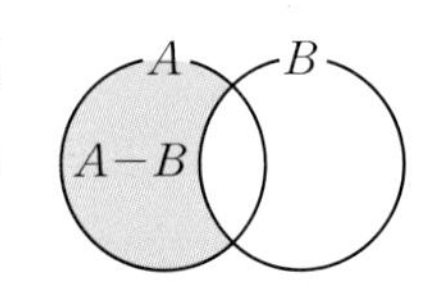

(3) **차집합**: 두 집합 A, B에 대하여 A에는 속하지만 B에는 속하지 않는 원소로 이루어진 집합을 A에 대한 B의 **차집합**이라 하고, 기호 $\boldsymbol{A-B}$로 나타낸다.

➡ $A - B = \{x \mid x \in A$ 그리고 $x \notin B\}$

참고 집합 A의 여집합 A^C는 전체집합 U에 대한 집합 A의 차집합으로 생각할 수 있다. ➡ $A^C = U - A$

개념 1 합집합과 교집합

0444 다음 두 집합 A, B에 대하여 $A\cup B$를 구하시오.

(1) $A=\{1, 2, 3, 4, 5\}$, $B=\{4, 5, 6, 7\}$

(2) $A=\{x|x$는 12의 양의 약수$\}$,
$B=\{x|x$는 10의 양의 약수$\}$

(3) $A=\{x|x$는 9 이하의 홀수인 자연수$\}$, $B=\varnothing$

0445 다음 두 집합 A, B에 대하여 $A\cap B$를 구하시오.

(1) $A=\{a, b, c, d, e\}$, $B=\{e, f, g\}$

(2) $A=\{3, 6, 9, 12, 15\}$, $B=\{x|x$는 15의 양의 약수$\}$

(3) $A=\{x|1\le x<7\}$, $B=\{x|x\ge 3\}$

0446 보기에서 두 집합 A, B가 서로소인 것만을 있는 대로 고르시오.

보기
ㄱ. $A=\{x|x$는 4 이하의 자연수$\}$,
$B=\{x|x$는 6 이상의 자연수$\}$
ㄴ. $A=\{x|x$는 8의 양의 약수$\}$,
$B=\{3, 4, 5\}$
ㄷ. $A=\{x|x$는 10 이하의 소수$\}$,
$B=\{x|x$는 짝수인 자연수$\}$

개념 2 집합의 연산 법칙

0447 세 집합 A, B, C에 대하여

$A\cap B=\{1, 3, 5\}$, $C=\{1, 2, 5, 10\}$

일 때, $A\cap(B\cap C)$를 구하시오.

0448 세 집합 A, B, C에 대하여

$A=\{2, 4, 6, 8, 10\}$, $B\cup C=\{4, 8, 12, 16, 20\}$

일 때, $(A\cap B)\cup(A\cap C)$를 구하시오.

0449 세 집합 A, B, C에 대하여

$A\cap C=\{2, 3, 7, 9, 12\}$, $B\cap C=\{3, 6, 9, 12\}$

일 때, $(A\cup B)\cap C$를 구하시오.

개념 3 여집합과 차집합

0450 전체집합 $U=\{x|x$는 10 이하의 자연수$\}$의 두 부분집합 A, B가 다음과 같을 때, 각 집합의 여집합을 구하시오.

(1) $A=\{5, 7, 9\}$ (2) $B=\{x|x$는 소수$\}$

0451 다음 두 집합 A, B에 대하여 $A-B$를 구하시오.

(1) $A=\{a, c, d, e\}$, $B=\{c, e\}$

(2) $A=\{x|x$는 16의 양의 약수$\}$,
$B=\{x|x$는 4의 양의 약수$\}$

0452 전체집합 U의 두 부분집합 A, B에 대하여 오른쪽 벤다이어그램에서 다음 집합을 구하시오.

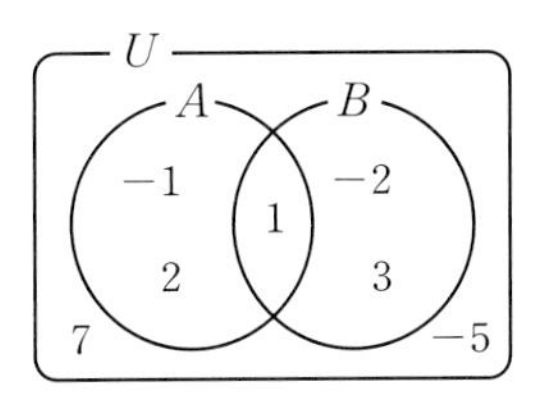

(1) $A\cup B$ (2) $A\cap B$

(3) A^C (4) B^C

(5) $A-B$ (6) $B-A$

(7) $(A\cup B)^C$ (8) $(A\cap B)^C$

06 집합의 연산

개념 4 집합의 연산의 성질

› 유형 05~13

전체집합 U의 두 부분집합 A, B에 대하여

(1) $A\cup A=A$, $A\cap A=A$

(2) $A\cup\varnothing=A$, $A\cap\varnothing=\varnothing$

(3) $A\cup U=U$, $A\cap U=A$

(4) $U^C=\varnothing$, $\varnothing^C=U$

(5) $(A^C)^C=A$

(6) $A\cup A^C=U$, $A\cap A^C=\varnothing$

(7) $A-B=A\cap B^C$

참고 전체집합 U의 두 부분집합 A, B에 대하여 다음은 모두 서로 같은 뜻이다.

① $A\subset B$ ➡ $A\cap B=A$ ➡ $A\cup B=B$
➡ $A-B=\varnothing$ ➡ $A\cap B^C=\varnothing$
➡ $B^C\subset A^C$ ➡ $B^C-A^C=\varnothing$

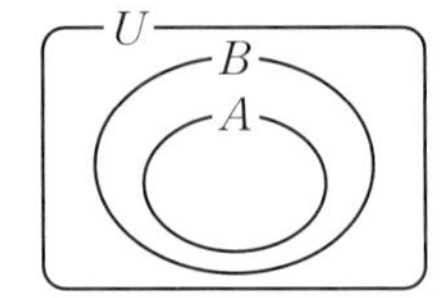

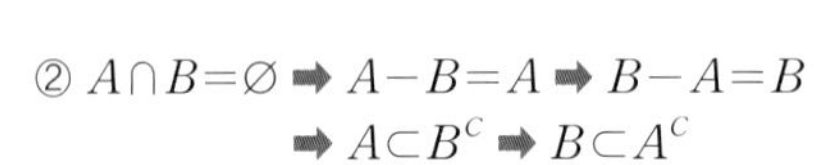

② $A\cap B=\varnothing$ ➡ $A-B=A$ ➡ $B-A=B$
➡ $A\subset B^C$ ➡ $B\subset A^C$

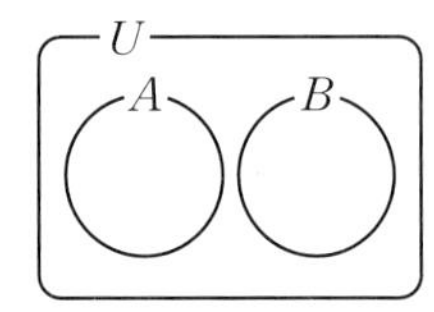

개념 5 드모르간의 법칙

› 유형 10~13

드모르간의 법칙: 전체집합 U의 두 부분집합 A, B에 대하여

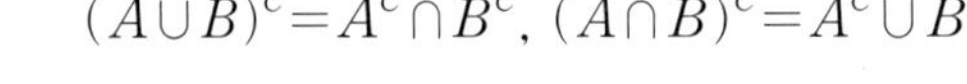

$(A\cup B)^C=A^C\cap B^C$, $(A\cap B)^C=A^C\cup B^C$

참고

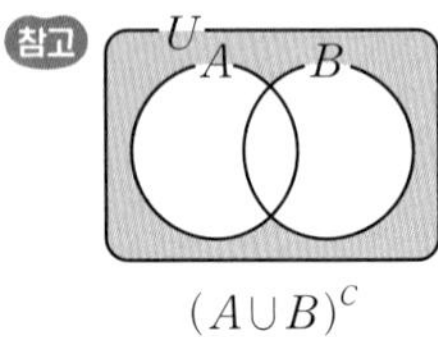

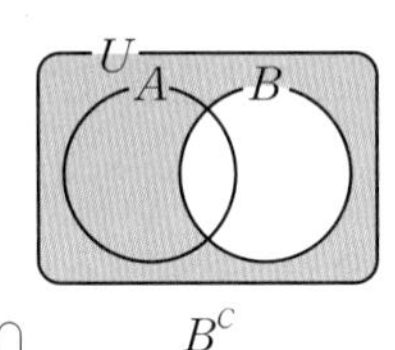

$(A\cup B)^C \quad = \quad A^C \quad \cap \quad B^C$

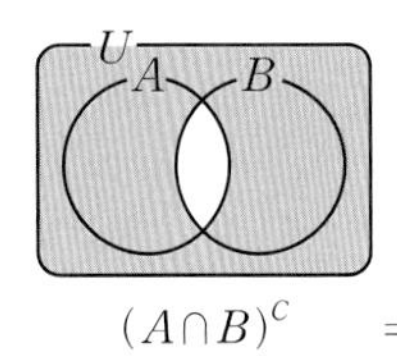

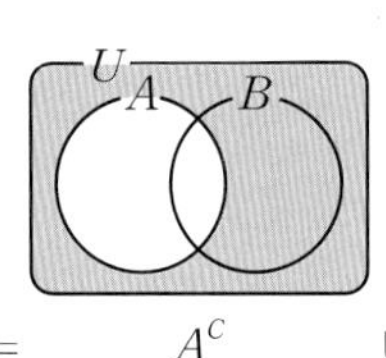

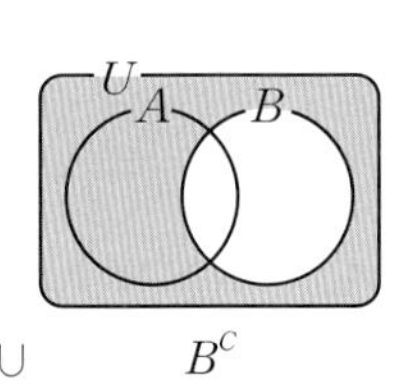

$(A\cap B)^C \quad = \quad A^C \quad \cup \quad B^C$

개념 6 유한집합의 원소의 개수

› 유형 13~15

전체집합 U의 세 부분집합 A, B, C에 대하여

(1) $n(A\cup B)=n(A)+n(B)-n(A\cap B)$

참고 두 집합 A, B가 서로소이면 $A\cap B=\varnothing$, 즉 $n(A\cap B)=0$이므로
$n(A\cup B)=n(A)+n(B)$

(2) $n(A\cup B\cup C)$
$=n(A)+n(B)+n(C)-n(A\cap B)-n(B\cap C)-n(C\cap A)+n(A\cap B\cap C)$

(3) $n(A^C)=n(U)-n(A)$

(4) $n(A-B)=n(A)-n(A\cap B)=n(A\cup B)-n(B)$

개념 4 집합의 연산의 성질

0453 전체집합 U의 두 부분집합 A, B에 대하여 □ 안에 알맞은 집합을 써넣으시오.

(1) $A \cup A = \square$　　(2) $A \cap \varnothing = \square$

(3) $A \cap U = \square$　　(4) $\varnothing^{C} = \square$

(5) $(A^{C})^{C} = \square$　　(6) $A \cup A^{C} = \square$

(7) $A \cap A^{C} = \square$　　(8) $A \cap B^{C} = A - \square$

0454 전체집합 $U=\{x \mid x$는 12 이하의 자연수$\}$의 두 부분집합 $A=\{2, 3, 7, 11\}$, $B=\{3, 4, 7, 9\}$에 대하여 다음을 구하시오.

(1) $A \cap B^{C}$

(2) $A^{C} \cap B$

(3) $A - B^{C}$

(4) $B - A^{C}$

0455 전체집합 U의 공집합이 아닌 서로 다른 두 부분집합 A, B에 대하여 $A \subset B$일 때, 다음 중 옳은 것은 'O'표, 옳지 않은 것은 '×'표를 (　　) 안에 써넣으시오.

(1) $A \cap B = A$　(　　)

(2) $A \cup B = B$　(　　)

(3) $A^{C} \subset B^{C}$　(　　)

(4) $A - B = \varnothing$　(　　)

(5) $A^{C} \cap B = B$　(　　)

(6) $A \subset (A \cap B)$　(　　)

개념 5 드모르간의 법칙

0456 전체집합 $U=\{1, 2, 3, 4, 5\}$의 두 부분집합 $A=\{1, 3, 5\}$, $B=\{2, 3\}$에 대하여 다음을 구하시오.

(1) $(A \cup B)^{C}$

(2) $A^{C} \cap B^{C}$

(3) $(A \cap B)^{C}$

(4) $A^{C} \cup B^{C}$

0457 전체집합 U의 두 부분집합 A, B에 대하여 □ 안에 ∪ 또는 ∩를 써넣으시오.

(1) $A^{C} \cup B^{C} = (A \square B)^{C}$

(2) $(A \cap B^{C})^{C} = A^{C} \square B$

개념 6 유한집합의 원소의 개수

0458 전체집합 U의 두 부분집합 A, B에 대하여 $n(U)=50$, $n(A)=30$, $n(B)=25$, $n(A \cap B)=10$일 때, 다음을 구하시오.

(1) $n(A^{C})$

(2) $n(A-B)$

(3) $n(A^{C} \cap B)$

(4) $n(A \cup B)$

(5) $n(A^{C} \cap B^{C})$

(6) $n(A^{C} \cup B^{C})$

step B 기출 & 변형하면…

유형 01 합집합과 교집합

개념 1

0459 세 집합

$A=\{x|x$는 18의 양의 약수$\}$,

$B=\{x|x$는 10 이하의 소수$\}$,

$C=\{x|x$는 6의 양의 약수$\}$

에 대하여 집합 $(A\cap B)\cup C$의 모든 원소의 합을 구하시오.

→ **0460** 세 집합 $A=\{1, 2, 3\}$, $B=\{x|x$는 5 이하의 홀수$\}$, $C=\{x|x$는 15의 양의 약수$\}$에 대하여 다음 중 옳지 않은 것은?

① $A\cap B=\{1, 3\}$
② $A\cup B=\{1, 2, 3, 5\}$
③ $B\cap C=\{1, 3, 5\}$
④ $A\cup C=\{1, 2, 3, 5, 15\}$
⑤ $A\cap B\cap C=\{1\}$

0461 두 집합 $A=\{1, 3, a^2+2a\}$, $B=\{2, a+1, b-1\}$에 대하여 $A\cap B=\{3, 8\}$일 때, ab의 값은? (단, a, b는 상수이다.)

① 15
② 18
③ 21
④ 24
⑤ 27

→ **0462** 두 집합 $A=\{1, 7, x^2-3\}$, $B=\{x+2, x+3, x+4\}$에 대하여 $A\cap B=\{6, 7\}$일 때, 상수 x의 값을 구하시오.

0463 두 집합

$A=\{x|x^2-4x+3\le 0\}$, $B=\{x|x^2+ax+b<0\}$

에 대하여 $A\cap B=\varnothing$, $A\cup B=\{x|1\le x<5\}$일 때, $a+b$의 값은? (단, a, b는 상수이다.)

① 3
② 4
③ 5
④ 6
⑤ 7

서술형

→ **0464** 실수 전체의 집합 R의 두 부분집합

$A=\{x|x^2+2x-8>0\}$, $B=\{x|x^2+ax+b\le 0\}$

이 다음 조건을 만족시킬 때, 상수 a, b에 대하여 $a-b$의 값을 구하시오.

> (가) $A\cup B=R$
> (나) $A\cap B=\{x|-7\le x<-4\}$

유형 02 서로소인 집합 개념 1

0465 집합 $A=\{x|x$는 8 이하의 자연수$\}$의 부분집합 중에서 집합 $B=\{2, 3, 5, 7\}$과 서로소인 집합의 개수는?

① 2 ② 4 ③ 8
④ 16 ⑤ 32

0466 다음 조건을 만족시키는 공집합이 아닌 두 집합 A, B의 순서쌍 (A, B)의 개수는?

(가) $A\cup B=\{1, 2, 3, 4\}$
(나) A, B는 서로소이다.

① 10 ② 11 ③ 12
④ 13 ⑤ 14

0467 두 집합

$A=\{x|-k\le x<k+5\}$, $B=\{x|2k<x\le 2k+5\}$

가 서로소일 때, 자연수 k의 최솟값은?

① 1 ② 2 ③ 3
④ 4 ⑤ 5

서술형

0468 실수 전체의 집합의 두 부분집합

$A=\{x|x^2-(2a+3)x+a(a+3)\le 0\}$,

$B=\{x|x^2-16>0\}$

에 대하여 A, B가 서로소일 때, 정수 a의 개수를 구하시오.

06 집합의 연산

유형 03 여집합과 차집합 개념 3

0469 두 집합

$A=\{x|x$는 18의 양의 약수$\}$, $B=\{3, 6, 9, 12, 15, 18\}$

에 대하여 집합 $(A-B)\cup(B-A)$의 모든 원소의 합은?

① 16 ② 17 ③ 27
④ 28 ⑤ 30

0470 세 집합

$A=\{1, 2, 3, 4, 8\}$, $B=\{1, 3, 5, 7\}$, $C=\{1, 2, 3, 6\}$

에 대하여 집합 $A-(B\cup C)$의 부분집합의 개수는?

① 1 ② 2 ③ 4
④ 8 ⑤ 16

0471 전체집합 $U=\{x|x$는 12 이하의 자연수$\}$의 두 부분집합 $A=\{x|x$는 3의 배수$\}$, $B=\{x|x$는 12의 약수$\}$에 대하여 집합 A^C-B^C의 모든 원소의 합은?

① 7 ② 8 ③ 9
④ 10 ⑤ 11

0472 전체집합 $U=\{x|-4\le x<6\}$의 두 부분집합 $A=\{x|-3<x<2\}$, $B=\{x|1\le x\le 5\}$에 대하여 집합 $(A-B)^C$는?

① $\varnothing$
② $\{x|-3<x<1\}$
③ $\{x|2\le x\le 5\}$
④ $\{x|-4\le x<-3$ 또는 $1<x<6\}$
⑤ $\{x|-4\le x\le -3$ 또는 $1\le x<6\}$

유형 04 조건을 만족시키는 집합 구하기

개념 1, 3

0473 전체집합 $U=\{1, 3, 5, 7, 9\}$의 두 부분집합 A, B에 대하여 $A \cup B=U$, $A \cap B=\{1, 5\}$이다. 집합 X의 모든 원소의 합을 $S(X)$라 할 때, 두 집합 A, B에 대하여 $S(A) \times S(B)$의 최댓값은?

① 150 ② 198 ③ 234
④ 240 ⑤ 255

➜ 서술형 **0474** 전체집합 $U=\{1, 2, 3, 4, 5, 6, 7\}$의 부분집합 A가 다음 조건을 만족시킨다.

> (가) $A \cap \{1, 2\}=\{1\}$
> (나) $A \cup \{1, 2, 3, 4\}=\{1, 2, 3, 4, 5, 6\}$

집합 A의 모든 원소의 합의 최솟값과 최댓값의 합을 구하시오.

유형 05 집합의 연산의 성질

개념 2, 4

0475 전체집합 U의 두 부분집합 A, B에 대하여 다음 중 항상 옳은 것은?

① $A^C \cap B=A-B$ ② $(A^C)^C=U-A$
③ $A \cup A^C=U$ ④ $A \cap \varnothing=A$
⑤ $A-B^C=A \cup B$

➜ **0476** 전체집합 U의 공집합이 아닌 서로 다른 두 부분집합 A, B에 대하여 다음 중 나머지 넷과 다른 하나는?

① $A \cap B^C$ ② $B-A^C$
③ $A-(A \cap B)$ ④ $A \cap (U-B)$
⑤ $A-(U-B^C)$

06 집합의 연산

유형 06 집합의 연산의 성질과 포함 관계

개념 2, 4

0477 전체집합 U의 두 부분집합 A, B에 대하여 $B \subset A$일 때, 다음 중 항상 옳은 것은?

① $A \cup B = B$ ② $A \cap B = A$ ③ $B^C \subset A^C$
④ $A \cup B^C = U$ ⑤ $A - B = \varnothing$

→ **0478** 전체집합 U의 서로 다른 두 부분집합 A, B에 대하여 $A - B = \varnothing$일 때, 다음 중 옳지 않은 것은?

① $A \cup B = B$ ② $A \cap B = A$ ③ $B - A = \varnothing$
④ $A \subset B$ ⑤ $B^C \subset A^C$

0479 전체집합 U의 공집합이 아닌 서로 다른 두 부분집합 A와 B가 서로소일 때, 다음 중 집합 $(A \cup B) \cap (B - A)$와 항상 같은 집합은?

① A ② B ③ $A \cup B$
④ $A \cap B$ ⑤ A^C

→ **0480** 전체집합 U의 공집합이 아닌 서로 다른 두 부분집합 A, B에 대하여 A^C와 B가 서로소일 때, 다음 중 옳지 않은 것은?

① $A \cup B^C = U$ ② $A^C \cap B = \varnothing$
③ $A^C \cap B^C = A^C$ ④ $B - A = \varnothing$
⑤ $B^C \subset A^C$

0481 전체집합 U의 두 부분집합 A, B에 대하여 $(A \cap B^C) \cup (B \cap A^C) = \varnothing$일 때, 보기에서 항상 옳은 것만을 있는 대로 고른 것은?

보기
ㄱ. $A \cup B = U$
ㄴ. $A^C \cup B^C = \varnothing$
ㄷ. $A = B$

① ㄱ ② ㄴ ③ ㄷ
④ ㄱ, ㄷ ⑤ ㄴ, ㄷ

→ **0482** 전체집합 U의 공집합이 아닌 서로 다른 두 부분집합 A, B에 대하여 $\{(A \cap B) \cup (A - B)\} \cap B = A$일 때, 다음 중 나머지 넷과 다른 하나는?

① $A \cup B$ ② $A \cap (A \cup B)$
③ $(A \cap B) \cup B$ ④ $B \cup (A - B)$
⑤ $(A \cup B) \cup (A \cap B)$

0483 전체집합 U의 세 부분집합 A, B, C에 대하여 $C \subset A$, $C \subset B$일 때, 다음 중 집합 $\{A \cap (A^C \cup C)\} \cup \{B \cap (B^C \cup C)\}$와 항상 같은 집합은?

① $\varnothing$ ② A ③ B
④ C ⑤ U

→ **0484** 전체집합 U의 두 부분집합 A, B에 대하여 A와 B^C가 서로소일 때, **보기**에서 항상 옳은 것만을 있는 대로 고른 것은?

보기
ㄱ. $A \cup (A \cap B)^C = B$
ㄴ. $A \cap (A - B)^C = A$
ㄷ. $(A^C \cup B) \cap A = A$

① ㄱ ② ㄴ ③ ㄱ, ㄷ
④ ㄴ, ㄷ ⑤ ㄱ, ㄴ, ㄷ

유형 07 집합의 포함 관계를 이용하여 미지수 구하기

개념 1, 3, 4

0485 두 집합 $A = \{x^2 + x, 3\}$, $B = \{x^2 + 2x, 2, 6\}$에 대하여 $A \cap B = A$를 만족시키는 모든 실수 x의 값의 합은?

① -3 ② -2 ③ 1
④ 3 ⑤ 5

→ **0486** $x > y > 0$을 만족시키는 실수 x, y에 대하여 두 집합 A, B가 $A = \{10, xy\}$, $B = \{-3, 3, x^2 + y^2\}$이다. $A - B = \varnothing$일 때, $x + 2y$의 값은?

① 1 ② 2 ③ 3
④ 4 ⑤ 5

0487 두 집합 A_n, B가

$A_n = \{x \mid |x+1| \le 10 - n, x\text{는 정수}\}$,
$B = \{-3, -1, 2, 4\}$

일 때, $A_n \cap B = B$를 만족시키는 자연수 n의 최댓값은?

① 4 ② 5 ③ 6
④ 7 ⑤ 8

서술형
→ **0488** 두 집합

$A = \{-2, 2, 4, 8\}$,
$B = \{x \mid x^2 + (2-m)x + 7 = mx - 9, x\text{는 실수}\}$

에 대하여 $B - A = \varnothing$일 때, 정수 m의 개수를 구하시오.

유형 08 집합의 연산과 집합의 개수 개념 4

0489 전체집합 $U=\{1, 2, 3, 4, 5, 6\}$의 부분집합 X에 대하여 $\{2, 5\} \cap X \neq \varnothing$을 만족시키는 집합 X의 개수는?

① 30 ② 36 ③ 42
④ 48 ⑤ 54

➜ **0490** 전체집합 $U=\{1, 2, 3, 4, 5, 6\}$의 두 부분집합 A, B에 대하여 $A=\{1, 2, 3, 4\}$일 때, $n(A \cap B)=3$을 만족시키는 집합 B의 개수는?

① 4 ② 8 ③ 12
④ 16 ⑤ 20

서술형
0491 두 집합 $A=\{1, 3, 5\}$, $B=\{1, 2, 3, 4, 5\}$에 대하여

$$B \cap X=X,\ (B-A) \cup X=X$$

를 만족시키는 집합 X의 개수를 구하시오.

➜ **0492** 두 집합 $A=\{a, b, c, g\}$, $B=\{a, b, c, d, e, f\}$에 대하여 $(B-A) \subset X \subset (A \cup B)$를 만족시키는 집합 X의 개수를 구하시오.

0493 전체집합 $U=\{x \mid x$는 20 이하의 자연수$\}$의 두 부분집합 $A=\{3, 5, 7\}$, $B=\{x \mid x$는 소수$\}$에 대하여
$A \cup X=B \cap X$를 만족시키는 집합 X의 개수는?

① 16 ② 32 ③ 64
④ 128 ⑤ 256

➜ **0494** 전체집합 $U=\{x \mid x$는 12 이하의 자연수$\}$의 두 부분집합 $A=\{x \mid x$는 홀수$\}$, $B=\{x \mid x$는 3의 배수$\}$에 대하여
$A \cup X=B \cup X$를 만족시키는 U의 부분집합 X의 개수를 구하시오.

유형 09 배수와 약수의 집합의 연산 개념 2, 4

0495 전체집합 $U=\{x|x$는 100 이하의 자연수$\}$의 부분집합 A_k를

$A_k=\{x|x$는 k의 배수, k는 자연수$\}$

라 할 때, 집합 $(A_4 \cup A_8) \cap A_5$의 원소의 개수를 구하시오.

➜ **0496** 자연수 n의 양의 배수의 집합을 A_n이라 할 때, 다음 중 집합 $(A_6 \cup A_{18}) \cap (A_4 \cup A_{24})$와 같은 집합은?

① A_{12} ② A_{18} ③ A_{24}
④ A_{30} ⑤ A_{36}

0497 집합 A_n을

$A_n=\{x|x$는 n의 양의 배수, n은 자연수$\}$

라 할 때, $(A_4 \cap A_6) \cup (A_8 \cap A_{10}) \subset A_k$를 만족시키는 자연수 k의 최댓값은?

① 2 ② 4 ③ 6
④ 8 ⑤ 10

서술형
➜ **0498** 자연수 k에 대하여 집합 A_k를

$A_k=\{x|x$는 k의 양의 배수$\}$

라 할 때, $(A_8 \cap A_{12}) \subset A_n$을 만족시키는 자연수 n의 개수를 구하시오. (단, $n \geq 2$)

0499 전체집합 $U=\{x|x$는 자연수$\}$의 부분집합 A_k를 $A_k=\{x|x$는 k의 약수$\}$라 할 때,

$X \cap A_{12}=X$, $(A_{12} \cap A_{30}) \cup X=X$

를 만족시키는 집합 X의 개수를 구하시오.

➜ **0500** 자연수 n에 대하여 집합 A_n을

$A_n=\{x|x$는 n의 양의 약수$\}$

라 할 때, **보기**에서 옳은 것만을 있는 대로 고른 것은?

보기
ㄱ. $8 \in (A_{24} \cap A_{32})$
ㄴ. $n(A_{12} \cap A_{18} \cap A_{24})=6$
ㄷ. $A_k \subset (A_{36} \cap A_{48})$을 만족시키는 자연수 k의 최댓값은 12이다.

① ㄱ ② ㄷ ③ ㄱ, ㄴ
④ ㄱ, ㄷ ⑤ ㄱ, ㄴ, ㄷ

유형 10 집합의 연산을 간단히 하기

개념 2, 4, 5

0501 전체집합 U의 두 부분집합 A, B에 대하여 다음 중 집합 $(A\cup B)\cap(A^C\cup B^C)$와 항상 같은 집합은?

① U ② $A\cap B$ ③ $A\cup B$
④ $A-B$ ⑤ $(A-B)\cup(B-A)$

→ **0502** 전체집합 U의 두 부분집합 A, B에 대하여 다음 중 집합 $(A-B)\cup(A\cup B)^C$와 항상 같은 집합은?

① A ② B^C ③ U
④ $A\cap B$ ⑤ $\varnothing$

0503 전체집합 U의 두 부분집합 A, B에 대하여 $\{A\cup(B\cap B^C)\}\cap\{A\cap(A\cap B)^C\}=\varnothing$일 때, 다음 중 항상 옳은 것은?

① $A\subset B$ ② $B\subset A$ ③ $A^C=B$
④ $A\cap B=\varnothing$ ⑤ $A^C\cap B=\varnothing$

→ **0504** 전체집합 U의 두 부분집합 A, B에 대하여 집합 $\{U-(A^C\cup B)\}\cap(B-A)$와 항상 같은 집합은?

① $\varnothing$ ② A ③ B
④ $A\cap B$ ⑤ $A\cup B$

0505 전체집합 U의 두 부분집합 A, B에 대하여 다음 중 항상 옳은 것은?

① $(A^C\cap B^C)^C=A\cap B$
② $A\cup(A-B^C)=B$
③ $(B-A^C)\cup(A-B)=A$
④ $\{A\cap(B-A)^C\}\cap\{(B-A)\cap A\}=B$
⑤ $\{(A\cap B)\cup(A-B)\}\cup(A^C\cap B)=A\cap B$

→ **0506** 전체집합 U의 세 부분집합 A, B, C에 대하여 **보기**에서 항상 옳은 것만을 있는 대로 고른 것은?

보기
ㄱ. $A-B-C=A-(B\cup C)$
ㄴ. $A-(B\cap C)=(A-B)\cap(A-C)$
ㄷ. $(A-B)\cup(A-C)=A-(C-B)$

① ㄱ ② ㄴ ③ ㄱ, ㄴ
④ ㄱ, ㄷ ⑤ ㄱ, ㄴ, ㄷ

유형 11 벤다이어그램과 집합 개념 2, 4, 5

0507 전체집합 U의 세 부분집합 A, B, C를 벤다이어그램으로 나타내면 그림과 같을 때, 집합

$(A-B)\cup(B\cap C^{C})$

를 벤다이어그램으로 나타내시오.

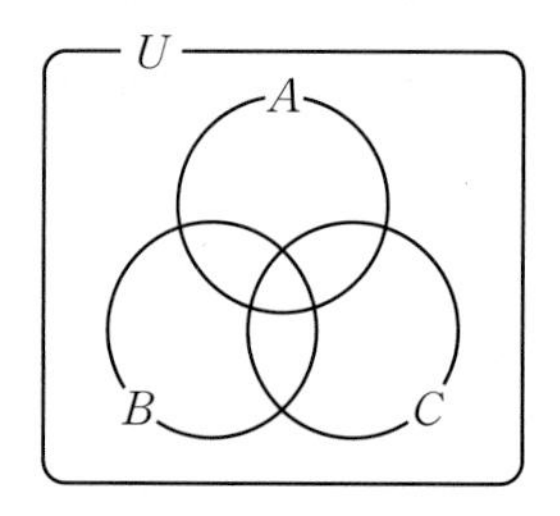

0508 전체집합 U의 세 부분집합 A, B, C에 대하여 다음 중 집합

$(A^{C}\cup B)-(A\cap C)$

를 벤다이어그램으로 바르게 나타낸 것은?

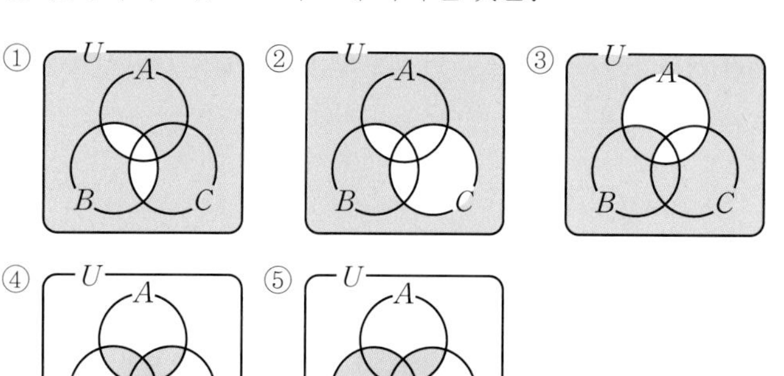

0509 벤다이어그램에서 빗금 친 부분을 나타내는 집합만을 **보기**에서 있는 대로 고른 것은?

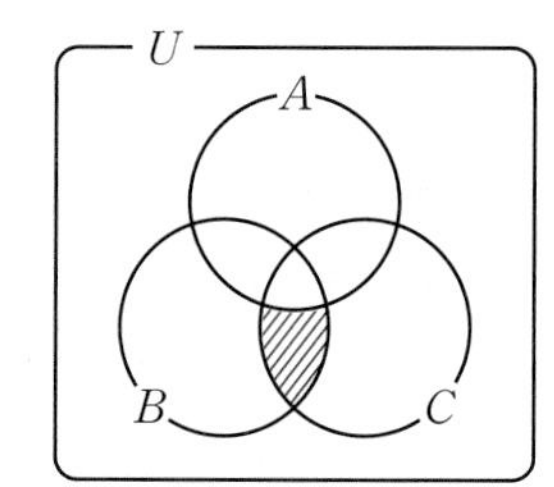

보기

ㄱ. $(B\cap C)-A$　　ㄴ. $(B\cup C)-A$

ㄷ. $(A^{C}\cap C)\cap B$　　ㄹ. $B-(A\cap C)$

ㅁ. $(C-A)-(C-B)$

① ㄱ　② ㄴ, ㄷ　③ ㄷ, ㄹ

④ ㄱ, ㄷ, ㄹ　⑤ ㄱ, ㄷ, ㅁ

0510 다음 중 벤다이어그램의 색칠한 부분을 나타내는 집합과 항상 같은 집합은?

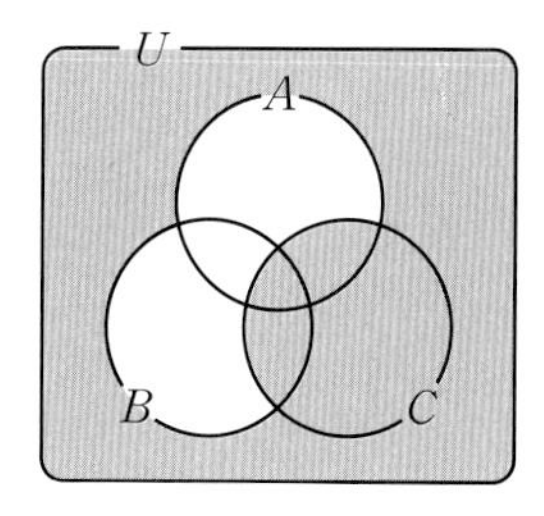

① $A\cap(B\cup C)^{C}$　② $A\cup(B\cup C)^{C}$

③ $C-(A\cup B)$　④ $C\cap(A^{C}\cap B^{C})$

⑤ $C\cup(A\cup B)^{C}$

유형 12 새로운 집합의 연산

개념 1, 3~5

0511 전체집합 U의 두 부분집합 A, B에 대하여 연산 ◇를

$$A\diamond B=(A\cap B)\cup(A\cup B)^C$$

라 할 때, 다음 중 항상 옳은 것은?

① $A\diamond A=\varnothing$ ② $A\diamond U=U$
③ $A\diamond A^C=U$ ④ $\varnothing\diamond U=U$
⑤ $A\diamond\varnothing=A^C$

➜ **0512** 전체집합 U의 두 부분집합 A, B에 대하여 연산 $*$를

$$A*B=A^C\cap B^C$$

라 하자. $A*(A*B)=\varnothing$일 때, 다음 중 항상 옳은 것은?

① $A\subset B$ ② $B\subset A$ ③ $A\cap B=\varnothing$
④ $A\cup B=U$ ⑤ $A=B^C$

0513 전체집합 $U=\{x|x$는 자연수$\}$의 두 부분집합 X, Y에 대하여 연산 △를 $X\triangle Y=(X-Y)\cup(Y-X)$라 하자. 세 집합

$A=\{1, 2, 3, 4\}$,
$B=\{x|x$는 8의 약수$\}$,
$C=\{x|x$는 10 이하의 소수$\}$

에 대하여 집합 $(A\triangle B)\triangle C$의 모든 원소의 합은?

① 18 ② 20 ③ 22
④ 24 ⑤ 26

➜ **0514** 전체집합 U의 두 부분집합 A, B에 대하여 연산 ▷를

$$A\triangleright B=(A-B)\cup(B-A)$$

라 하자. 자연수 n에 대하여 집합 A_n을
$A_n=\{x|x$는 n의 양의 약수$\}$라 할 때,
집합 $(A_{15}\triangleright A_{20})\triangleright A_{15}$의 모든 원소의 합을 구하시오.

서술형
0515 전체집합 $U=\{x|x$는 자연수$\}$의 두 부분집합 A, B에 대하여 연산 ▣를

$$A\blacksquare B=(A\cup B)\cap(A\cap B)^C$$

라 하자. $X=\{1, 2, 3, 5, 6, 7\}$, $Y=\{3, 4, 5, 6, 8\}$일 때, $X\blacksquare A=Y$를 만족시키는 집합 A의 모든 원소의 합을 구하시오.

➜ **0516** 전체집합 $U=\{x|x$는 실수$\}$의 두 부분집합 A, B에 대하여 연산 △를

$$A\triangle B=(A-B)\cup(B-A)$$

라 하자. $A=\{x|-7<x\le5\}$, $B=\{x||x-1|<k\}$일 때, $(A\triangle B)\triangle A=A\cup B$를 만족시키는 자연수 k의 최솟값은?

① 5 ② 6 ③ 7
④ 8 ⑤ 9

유형 13 유한집합의 원소의 개수

개념 2, 4~6

0517 전체집합 U의 두 부분집합 A, B가 서로소이고, $n(U)=30$, $n(A)=12$, $n(B)=15$일 때, $n(A^C \cap B^C)$는?

① 1 ② 2 ③ 3 ④ 4 ⑤ 5

→ **0518** 전체집합 U의 두 부분집합 A, B에 대하여

$$n(U)=35,\ n(A\cap B)=11,\ n(A^C \cap B^C)=7$$

일 때, $n((A-B)\cup(B-A))$는?

① 15 ② 16 ③ 17 ④ 18 ⑤ 19

0519 세 집합 A, B, C에 대하여 $A\cap B=\varnothing$이고 $n(A)=5$, $n(B)=5$, $n(C)=10$, $n(A\cup C)=13$, $n(B\cap C)=1$일 때, $n(A\cup B\cup C)$는?

① 13 ② 14 ③ 15 ④ 16 ⑤ 17

→ **0520** 두 집합 X, Y에 대하여 연산 △를

$$X\triangle Y=(X-Y)\cup(Y-X)$$

라 하자. 세 집합 A, B, C가 $n(A\cup B\cup C)=60$, $n(A\triangle B)=32$, $n(B\triangle C)=36$, $n(C\triangle A)=38$을 만족시킬 때, $n(A\cap B\cap C)$를 구하시오.

유형 14 유한집합의 원소의 개수의 최댓값과 최솟값

개념 6

0521 전체집합 U의 두 부분집합 A, B에 대하여 $n(U)=70$, $n(A)=38$, $n(B)=45$일 때, $n(A\cap B)$의 최댓값을 M, 최솟값을 m이라 하자. $M+m$의 값은?

① 51 ② 52 ③ 53 ④ 54 ⑤ 55

→ **0522** 두 집합 A, B에 대하여 $n(A)=7$, $n(B)=11$, $n(A\cap B)\geq 4$일 때, $n(A\cup B)$의 최댓값을 a, 최솟값을 b라 하자. $a-b$의 값은?

① 1 ② 3 ③ 5 ④ 7 ⑤ 9

유형 15 유한집합의 원소의 개수의 활용 (개념 6)

0523 어느 고등학교 1학년 학생 100명을 대상으로 내년 수학여행 장소로 제주도와 부산의 선호도를 조사하였다. 그 결과 제주도만 좋아하는 학생이 35명, 부산만 좋아하는 학생이 25명, 제주도와 부산 중 어느 곳도 좋아하지 않는 학생이 8명이었다. 이때 제주도와 부산을 모두 좋아하는 학생 수를 구하시오.

→ 서술형 **0524** 어느 반 학생 30명은 댄스 동아리, 수학 동아리, 컴퓨터 동아리 중 적어도 한 개의 동아리에 가입하였다. 댄스 동아리에 가입한 학생이 15명, 수학 동아리에 가입한 학생이 16명, 컴퓨터 동아리에 가입한 학생이 17명이고, 세 개의 동아리에 모두 가입한 학생은 5명이다. 세 개의 동아리 중 어느 한 개의 동아리에만 가입한 학생 수를 구하시오.

0525 어느 놀이동산의 하루 입장객 80명을 대상으로 롤러코스터와 바이킹의 이용 여부를 조사하였더니 롤러코스터를 이용한 입장객이 57명, 바이킹을 이용한 입장객이 36명이었다. 롤러코스터와 바이킹을 모두 이용한 입장객 수의 최댓값을 M, 최솟값을 m이라 할 때, $M+m$의 값은?

① 43 ② 45 ③ 47
④ 49 ⑤ 51

→ **0526** 어느 학교 학생 100명을 대상으로 두 체험 활동 A, B를 신청한 학생 수를 조사하였다. 체험 활동 A를 신청한 학생 수는 체험 활동 B를 신청한 학생 수의 2배였고, 어느 체험 활동도 신청하지 않은 학생 수는 두 체험 활동을 모두 신청한 학생 수의 3배였다. 체험 활동 B만 신청한 학생 수의 최댓값을 구하시오.

실력 완성!

0527 자연수 전체의 집합 U의 두 부분집합

$A=\{x|x$는 3의 배수$\}$,

$B=\{x|x^2-10x+9<0\}$

에 대하여 $n(A^C\cap B)$를 구하시오.

0528 전체집합 U의 두 부분집합 A, B에 대하여 $B^C\subset A^C$일 때, 다음 중 집합 A와 항상 같은 집합은?

① $A\cup B$ ② $A\cap B$ ③ $A^C\cup B$
④ $A\cap B^C$ ⑤ $(A\cup B)^C$

0529 전체집합 U의 두 부분집합 A, B에 대하여 보기에서 항상 옳은 것의 개수는?

보기
ㄱ. $U-B^C=A$
ㄴ. $(A-B)^C=A^C\cup B$
ㄷ. $(A\cup B)^C\cup(A^C\cap B)=A$
ㄹ. $A\cap(A^C\cup B)=A\cup B$
ㅁ. $A\cap(A\cap B)^C=A-B$

① 1 ② 2 ③ 3
④ 4 ⑤ 5

0530 두 집합 $A=\{1, 2, 2a, 2a-1\}$, $B=\{2, 3a, b, c\}$에 대하여 $A\cap B=\{2, 3, 4\}$일 때, $a+b+c$의 값은?
(단, a, b, c는 자연수이다.)

① 6 ② 7 ③ 8
④ 9 ⑤ 10

0531 두 집합 $A=\{1, 2, 3, 4\}$, $B=\{2, 4, 6, 8\}$에 대하여 다음 조건을 만족시키는 집합 X의 개수는?

(가) $A\cap X=X$
(나) $(A-B)\cup X=X$

① 1 ② 2 ③ 4
④ 8 ⑤ 16

0532 전체집합 $U=\{x|x$는 9 이하의 자연수$\}$의 두 부분집합 $A=\{2, 8, a\}$, $B=\{b+2, 4, 6\}$에 대하여 $A^C\cap B^C=\{3, 5, 7\}$일 때, $a+2b$의 값을 구하시오.
(단, a, b는 자연수이다.)

0533 전체집합 $U=\{1, 2, 3, \cdots, 100\}$의 부분집합 A_k를 $A_k=\{x|x$는 k의 배수, k는 100 이하의 자연수$\}$라 할 때, $A_k \subset (A_{12} \cap A_{18})$을 만족시키는 모든 k의 값의 합은?

① 6 ② 18 ③ 36
④ 72 ⑤ 108

0534 전체집합 U의 두 부분집합 A, B에 대하여 $n(U)=20$, $n(A)=10$, $n(A^C \cup B^C)=16$일 때, $n(A-B)$는?

① 4 ② 5 ③ 6
④ 7 ⑤ 8

0535 전체집합 $U=\{x|x$는 100 이하의 자연수$\}$의 두 부분집합

$A=\{x|x$를 3으로 나눈 나머지가 1인 수$\}$,
$B=\{x|x$를 5로 나눈 나머지가 1인 수$\}$

에 대하여 $n(A \cup B)$는?

① 45 ② 47 ③ 49
④ 51 ⑤ 53

0536 두 집합 $A=\{x|x^2+(4-n)x-4n<0, x$는 정수$\}$, $B=\{-2, 0, 2, 4\}$에 대하여 $A \cap X = B \cup X$를 만족시키는 집합 X의 개수가 128일 때, 자연수 n의 값은?

① 5 ② 6 ③ 7
④ 8 ⑤ 9

0537 전체집합 $U=\{1, 2, 3, 4, 5, 6\}$의 두 부분집합 A, B가

$n(A \cup B)=5$, $n(A \cap B^C)=2$, $A \cap B \neq \varnothing$

을 만족시킨다. 집합 $B-A$의 모든 원소의 합의 최댓값은?

① 10 ② 11 ③ 12
④ 13 ⑤ 14

0538 다음은 어느 고등학교 학생들을 대상으로 세 종류의 수학 문제집 A, B, C의 구매 여부에 대하여 조사한 결과이다.

> (가) A와 B를 모두 구매한 학생은 12명, B와 C를 모두 구매한 학생은 16명, C와 A를 모두 구매한 학생은 13명이다.
> (나) A와 B 중 하나만 구매한 학생은 30명, B와 C 중 하나만 구매한 학생은 28명, C와 A 중 하나만 구매한 학생은 24명이다.

수학 문제집 A를 구매한 학생 수를 구하시오.

0539 전체집합 $U=\{(x, y)\,|\,x, y$는 실수$\}$의 세 부분집합

$A=\{(x, y)\,|\,2x+y-6=0\}$,

$B=\{(x, y)\,|\,x+3y-1=0\}$,

$C=\{(x, y)\,|\,x+ay+2=0\}$

에 대하여 집합 $A\cap(B\cup C)$의 원소의 개수가 1이 되도록 하는 모든 실수 a의 값의 합은?

① $\frac{1}{2}$　② 2　③ $\frac{15}{4}$

④ $\frac{29}{4}$　⑤ $\frac{17}{2}$

0540 정수 전체의 집합 U의 두 부분집합

$A=\{1, 2, 4, 7, 11\}$, $B=\{x\,|\,x^2<a^2\}$

에 대하여

$n(X)=2$, $X-(A\cap B)=\varnothing$

을 만족시키는 U의 부분집합 X의 개수가 6이 되도록 하는 모든 자연수 a의 값의 합은?

① 32　② 34　③ 36

④ 38　⑤ 40

서술형

0541 실수 전체의 집합 R의 두 부분집합

$A=\{x\,|\,x^2+3x-18\geq 0\}$, $B=\{x\,|\,|x|<a\}$

가 $A\cup B=R$를 만족시킬 때,

$B-A=\{x\,|\,b<x<c\}$

이다. $a(c-b)$의 최솟값을 구하시오.

(단, a, b, c는 상수이다.)

0542 전체집합 $U=\{x\,|\,x$는 10 이하의 자연수$\}$의 두 부분집합 A, B가 다음 조건을 만족시킨다. 집합 X의 모든 원소의 합을 $S(X)$라 할 때, $S(A)-S(B)$의 최댓값을 구하시오.

(가) $A\cap B=\{2, 3\}$
(나) $A^C\cap B^C=\{10\}$
(다) $n(A)=6$

개념 1 명제

> 유형 01

(1) **명제**: 참 또는 거짓을 명확하게 판별할 수 있는 문장이나 식

(2) **정의**: 용어의 뜻을 명확하게 정한 문장

(3) **증명**: 정의 또는 이미 옳다고 밝혀진 성질을 이용하여 어떤 명제가 참임을 설명하는 것

(4) **정리**: 참인 것으로 증명된 명제 중에서 기본이 되거나 다른 명제를 증명할 때 이용할 수 있는 것

예 이등변삼각형은 두 변의 길이가 같은 삼각형이다. ➡ 정의
이등변삼각형의 두 밑각의 크기는 같다. ➡ 정리

개념 2 조건과 진리집합

> 유형 01, 02

(1) **조건**: 변수를 포함하는 문장이나 식 중에서 그 변수의 값에 따라 참, 거짓을 판별할 수 있는 것

(2) **진리집합**: 전체집합 U의 원소 중에서 어떤 조건이 참이 되게 하는 모든 원소의 집합

예 자연수 전체의 집합에서 조건 'x는 8의 약수이다.'의 진리집합은 $\{1, 2, 4, 8\}$이다.

(3) **부정**: 조건 또는 명제 p에 대하여 'p가 아니다.'를 p의 **부정**이라 하고, 기호 $\sim p$로 나타낸다.

① 명제 $\sim p$의 부정은 p이다. 즉, $\sim(\sim p)=p$

② 명제 p가 참이면 $\sim p$는 거짓이고, 명제 p가 거짓이면 $\sim p$는 참이다.

③ 전체집합 U에 대하여 조건 p의 진리집합을 P라 할 때, $\sim p$의 진리집합은 P^C이다.

(4) **조건 'p 또는 q'와 'p 그리고 q'**

전체집합 U에 대하여 두 조건 p, q의 진리집합을 각각 P, Q라 할 때

① 조건 'p 또는 q' ➡ 진리집합: $P\cup Q$
➡ 부정: '$\sim p$ 그리고 $\sim q$'

② 조건 'p 그리고 q' ➡ 진리집합: $P\cap Q$
➡ 부정: '$\sim p$ 또는 $\sim q$'

개념 3 명제 $p \longrightarrow q$의 참, 거짓

> 유형 03~07

(1) **가정과 결론**

두 조건 p, q로 이루어진 명제 'p이면 q이다.'를 기호 $p \longrightarrow q$로 나타내고, p를 이 명제의 **가정**, q를 이 명제의 **결론**이라 한다.

(2) **명제 $p \longrightarrow q$의 참, 거짓**

두 조건 p, q의 진리집합을 각각 P, Q라 할 때

① $P\subset Q$이면 명제 $p \longrightarrow q$는 참이다. ⬅ 명제 $p \longrightarrow q$가 참이면 $P\subset Q$이다.

② $P\not\subset Q$이면 명제 $p \longrightarrow q$는 거짓이다. ⬅ 명제 $p \longrightarrow q$가 거짓이면 $P\not\subset Q$이다.

참고 명제 $p \longrightarrow q$가 거짓임을 보일 때, 가정 p는 만족시키지만 결론 q는 만족시키지 않는 예가 하나라도 있음을 보이면 된다. 이와 같은 예를 반례라 한다.

개념 1 명제

0543 다음 중 명제인 것은 'O'표, 명제가 아닌 것은 '×'표를 (　) 안에 써넣으시오.

(1) $x>-1$ (　)

(2) 2는 소수이다. (　)

(3) 두 변의 길이가 같은 삼각형은 정삼각형이다. (　)

(4) 12는 3의 배수이다. (　)

(5) 0.0001은 0에 가까운 수이다. (　)

개념 2 조건과 진리집합

0544 전체집합 $U=\{x|x$는 15 이하의 자연수$\}$에 대하여 다음 조건의 진리집합을 구하시오.

(1) p: x는 3의 배수이다.

(2) q: x는 10보다 큰 자연수이다.

(3) r: x는 소수이다.

(4) s: $x^2-4x+3\le 0$

0545 실수 전체의 집합에서 다음 조건의 부정을 말하시오.

(1) $x>1$

(2) $x\ne 3$이고 $x\ne 7$

(3) $x(x-2)=0$

(4) $x<-1$ 또는 $x>4$

0546 다음 명제의 부정을 말하고, 그것의 참, 거짓을 판별하시오.

(1) $3i$는 허수이다. (단, $i=\sqrt{-1}$)

(2) 8은 12의 약수도 아니고, 4의 배수도 아니다.

개념 3 명제 $p \longrightarrow q$의 참, 거짓

0547 다음 명제의 가정과 결론을 말하시오.

(1) $\sqrt{2}$는 무리수이다.

(2) $a=2$이면 $a^2=2a$이다.

0548 다음 명제가 참이면 'O'표, 거짓이면 '×'표를 (　) 안에 써넣으시오. (단, x, y는 실수이다.)

(1) $x<0$이면 $x<1$이다. (　)

(2) $x^2=4$이면 $x=-2$이다. (　)

(3) x, y가 정수이면 $x+y$는 정수이다. (　)

(4) x가 3의 배수이면 x는 9의 배수이다. (　)

(5) $xy=0$이면 $x^2+y^2=0$이다. (　)

개념 4 '모든' 또는 '어떤'을 포함한 명제

> 유형 08

(1) **'모든' 또는 '어떤'을 포함한 명제의 참, 거짓**

전체집합 U에 대하여 조건 p의 진리집합을 P라 할 때

① '모든 x에 대하여 p이다.'는 $P=U$이면 참이고, $P\neq U$이면 거짓이다.

② '어떤 x에 대하여 p이다.'는 $P\neq\varnothing$이면 참이고, $P=\varnothing$이면 거짓이다.

참고 '모든'을 포함한 명제는 성립하지 않는 예가 하나만 있어도 거짓인 명제이고, '어떤'을 포함한 명제는 성립하는 예가 하나만 있어도 참인 명제이다.

(2) **'모든' 또는 '어떤'을 포함한 명제의 부정**

① '모든 x에 대하여 p이다.'의 부정

➡ '어떤 x에 대하여 $\sim p$이다.'

② '어떤 x에 대하여 p이다.'의 부정

➡ '모든 x에 대하여 $\sim p$이다.'

개념 5 명제의 역과 대우

> 유형 06, 09~12

(1) **명제의 역과 대우**

명제 $p \longrightarrow q$에 대하여

① 역: $q \longrightarrow p$ ⬅ 가정과 결론을 서로 바꾼 명제

② 대우: $\sim q \longrightarrow \sim p$ ⬅ 가정과 결론을 각각 부정하여 서로 바꾼 명제

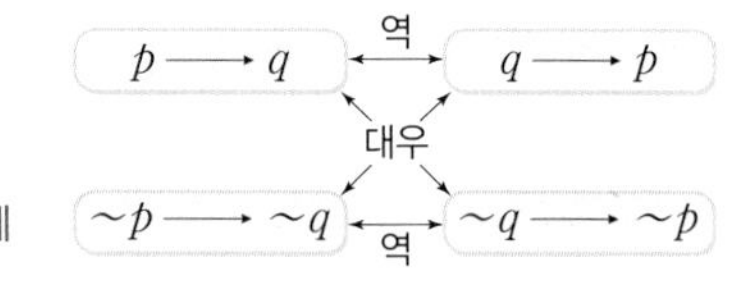

(2) **명제와 그 대우의 참, 거짓**

① 명제 $p \longrightarrow q$가 참이면 그 대우 $\sim q \longrightarrow \sim p$도 참이다.

② 명제 $p \longrightarrow q$가 거짓이면 그 대우 $\sim q \longrightarrow \sim p$도 거짓이다.

명제와 그 대우의 참, 거짓은 항상 일치한다.

참고 **삼단논법**

세 조건 p, q, r에 대하여

'두 명제 $p \longrightarrow q$, $q \longrightarrow r$가 모두 참이면 명제 $p \longrightarrow r$가 참이다.'

와 같이 두 사실로부터 새로운 사실을 끌어내는 추론 방법을 삼단논법이라 한다.

개념 6 충분조건과 필요조건

> 유형 13~16

(1) 명제 $p \longrightarrow q$가 참일 때, 기호 $\boldsymbol{p \Longrightarrow q}$로 나타내고

p는 q이기 위한 **충분조건**, q는 p이기 위한 **필요조건**

이라 한다.

(2) 명제 $p \longrightarrow q$에 대하여 $p \Longrightarrow q$이고 $q \Longrightarrow p$일 때, 기호 $\boldsymbol{p \Longleftrightarrow q}$로 나타내고

p는 q이기 위한 **필요충분조건** ⬅ q도 p이기 위한 필요충분조건이다.

이라 한다.

(3) **진리집합과 충분조건, 필요조건, 필요충분조건**

두 조건 p, q의 진리집합을 각각 P, Q라 할 때

① $P\subset Q$이면 p는 q이기 위한 충분조건, q는 p이기 위한 필요조건이다.

② $P=Q$이면 p는 q이기 위한 필요충분조건이다.

개념 4 '모든' 또는 '어떤'을 포함한 명제

0549 다음 명제의 참, 거짓을 판별하시오.

(1) 어떤 양수 x에 대하여 $x>1$이다.

(2) 모든 실수 x에 대하여 $x^2>0$이다.

0550 다음 명제의 부정을 말하고, 그것의 참, 거짓을 판별하시오.

(1) 어떤 양수 x에 대하여 $\sqrt{x}<0$이다.

(2) 모든 마름모는 평행사변형이다.

(3) 어떤 소수는 홀수가 아니다.

(4) 모든 실수 x에 대하여 $x^2+1>0$이다.

개념 5 명제의 역과 대우

0551 다음 명제의 역과 대우를 말하시오.

(1) 18의 약수이면 9의 약수이다.

(2) $x>9$이면 $\sqrt{x}>3$이다.

(3) $a+b>0$이면 $a>0$ 또는 $b>0$이다.

0552 x, y가 실수일 때, 명제 '$x^2+y^2=0$이면 $x=0$ 또는 $y=0$이다.'에 대하여 다음 물음에 답하시오.

(1) 명제의 역을 말하시오.

(2) 명제의 역의 참, 거짓을 판별하시오.

(3) 명제의 대우를 말하시오.

(4) 명제의 대우의 참, 거짓을 판별하시오.

(5) 명제의 참, 거짓을 판별하시오.

개념 6 충분조건과 필요조건

0553 두 조건 p, q가 다음과 같을 때, p는 q이기 위한 어떤 조건인지 말하시오.

(1) p: $x=5$
q: $x^2=25$

(2) p: $-3\leq x\leq 3$
q: $|x|<3$

(3) p: x는 8의 양의 약수
q: x는 24의 양의 약수

(4) p: $|x|=1$
q: $x^2=1$

0554 x, y가 실수일 때, 다음 조건은 $x=0$, $y=0$이기 위한 어떤 조건인지 말하시오.

(1) $x+y=0$

(2) $xy=0$

(3) $x^2+y^2=0$

(4) $|x|+|y|=0$

개념 7 여러 가지 증명법

> 유형 17

(1) **대우를 이용한 명제의 증명**

명제 $p \longrightarrow q$가 참이면 그 대우 $\sim q \longrightarrow \sim p$도 참이므로 어떤 명제가 참임을 증명할 때, 그 명제의 대우가 참임을 보여 증명하는 방법

(2) **귀류법**

어떤 명제가 참임을 증명할 때, 명제 또는 명제의 결론을 부정한 다음 모순이 생기는 것을 보여 증명하는 방법

예 $\sqrt{2}$가 무리수임을 귀류법으로 증명하기

$\sqrt{2}$가 유리수라 가정하면 $\sqrt{2}=\frac{n}{m}$ (m, n은 서로소인 자연수)이라 할 수 있다.

이 식의 양변을 제곱하면 $2=\frac{n^2}{m^2}$이므로 $n^2=2m^2$

이때 n^2이 짝수이므로 n은 짝수이다.

n이 짝수이므로 $n=2k$ (k는 자연수)라 하고 $n^2=2m^2$에 대입하면

$(2k)^2=2m^2$, $m^2=2k^2$

이때 m^2이 짝수이므로 m은 짝수이고, m, n이 모두 짝수가 되어 m, n이 서로소라는 가정에 모순이다.

따라서 $\sqrt{2}$는 무리수이다.

개념 8 절대부등식

> 유형 18

(1) **절대부등식**: 주어진 집합의 모든 원소에 대하여 항상 성립하는 부등식

(2) **부등식의 증명에 이용되는 실수의 성질**

a, b가 실수일 때

① $a>b \Longleftrightarrow a-b>0$

② $a^2\geq 0$, $a^2+b^2\geq 0$

③ $a^2+b^2=0 \Longleftrightarrow a=b=0$

④ $|a|\geq a$, $|a|^2=a^2$, $|ab|=|a||b|$

⑤ $a>0$, $b>0$일 때, $a>b \Longleftrightarrow a^2>b^2 \Longleftrightarrow \sqrt{a}>\sqrt{b}$

개념 9 여러 가지 절대부등식

> 유형 18~20

(1) a, b, c가 실수일 때

① $a^2\pm ab+b^2\geq 0$ (단, 등호는 $a=b=0$일 때 성립)

② $a^2+b^2+c^2-ab-bc-ca\geq 0$ (단, 등호는 $a=b=c$일 때 성립)

$a^2+b^2+c^2-ab-bc-ca=\frac{1}{2}\{(a-b)^2+(b-c)^2+(c-a)^2\}$

③ $|a|+|b|\geq|a+b|$ (단, 등호는 $ab\geq 0$일 때 성립)

(2) **산술평균과 기하평균의 관계**

$a>0$, $b>0$일 때, $\frac{a+b}{2}\geq\sqrt{ab}$ (단, 등호는 $a=b$일 때 성립)

산술평균: $\frac{a+b}{2}$, 기하평균: $\sqrt{ab}$

(3) **코시-슈바르츠 부등식**

a, b, x, y가 실수일 때

$$(a^2+b^2)(x^2+y^2)\geq(ax+by)^2 \left(\text{단, 등호는 } \frac{x}{a}=\frac{y}{b}\text{일 때 성립}\right)$$

참고 a, b, c, x, y, z가 실수일 때

$$(a^2+b^2+c^2)(x^2+y^2+z^2)\geq(ax+by+cz)^2 \left(\text{단, 등호는 } \frac{x}{a}=\frac{y}{b}=\frac{z}{c}\text{일 때 성립}\right)$$

개념 7 여러 가지 증명법

0555 다음은 명제 '자연수 n에 대하여 n^2이 짝수이면 n도 짝수이다.'가 참임을 그 대우를 이용하여 증명하는 과정이다. □ 안에 알맞은 것을 써넣으시오.

| 증명 |

주어진 명제의 대우는

'자연수 n에 대하여 n이 홀수이면 n^2도 홀수이다.'

이다. 자연수 n이 홀수이면 $n=$□ (k는 0 또는 자연수)로 나타낼 수 있으므로

$n^2=(□)^2=4k^2+4k+1=2(□)+1$

에서 n^2도 홀수이다.

따라서 주어진 명제의 대우가 참이므로 주어진 명제도 참이다.

0556 다음은 명제 '두 실수 a, b에 대하여 $a+b<0$이면 a, b 중 적어도 하나는 음수이다.'가 참임을 증명하는 과정이다. □ 안에 알맞은 것을 써넣으시오.

| 증명 |

a, b 모두 음이 아닌 실수라고 가정하면

a□0, b□0

이때 $a+b$□0이므로 $a+b<0$이라는 가정에 모순이다.

따라서 두 실수 a, b에 대하여 $a+b<0$이면 a, b 중 적어도 하나는 음수이다.

개념 8 절대부등식

0557 절대부등식인 것만을 보기에서 있는 대로 고르시오. (단, x는 실수이다.)

| 보기 |

ㄱ. $|x+1|\geq 0$　　ㄴ. $x^2+1>0$

ㄷ. $\frac{1}{2}(4x-1)<2x+3$　　ㄹ. $x^2-4x+4>0$

0558 다음은 a, b가 실수일 때, 부등식 $a^2+b^2\geq ab$가 성립함을 증명하는 과정이다. □ 안에 알맞은 것을 써넣으시오.

| 증명 |

$a^2-ab+b^2=a^2-ab+\frac{b^2}{4}+□=\left(a-\frac{b}{2}\right)^2+□$

이때 $\left(a-\frac{b}{2}\right)^2\geq 0$, $b^2\geq 0$이므로 $\left(a-\frac{b}{2}\right)^2+□\geq 0$

$\therefore a^2+b^2$□ab

(단, 등호는 $a-\frac{b}{2}=0$이고 $b=0$, 즉 □일 때 성립)

개념 9 여러 가지 절대부등식

0559 다음은 $a>0$, $b>0$일 때, 부등식 $\frac{a+b}{2}\geq\sqrt{ab}$가 성립함을 증명하는 과정이다. □ 안에 알맞은 것을 써넣으시오.

| 증명 |

$\frac{a+b}{2}-\sqrt{ab}=\frac{(\sqrt{a})^2-□+(\sqrt{b})^2}{2}=\frac{(□)^2}{2}\geq 0$

$\therefore \frac{a+b}{2}\geq\sqrt{ab}$ (단, 등호는 □일 때 성립)

0560 다음을 구하시오.

(1) $a>0$, $b>0$이고 $ab=4$일 때, $a+b$의 최솟값

(2) $a>0$일 때, $a+\frac{9}{a}$의 최솟값

0561 다음은 a, b, x, y가 실수일 때, 부등식 $(a^2+b^2)(x^2+y^2)\geq(ax+by)^2$이 성립함을 증명하는 과정이다. □ 안에 알맞은 것을 써넣으시오.

| 증명 |

$(a^2+b^2)(x^2+y^2)-(ax+by)^2$

$=a^2x^2+a^2y^2+b^2x^2+b^2y^2-(□)$

$=b^2x^2-2abxy+a^2y^2=(□)^2\geq 0$

$\therefore (a^2+b^2)(x^2+y^2)\geq(ax+by)^2$

(단, 등호는 □일 때 성립)

07 명제

기출 & 변형하면…

유형 01 명제와 조건의 부정 개념 1, 2

0562 다음 중 명제가 아닌 것은?

① $\frac{2}{3}$는 유리수이다.

② 평행사변형은 사다리꼴이다.

③ 2의 배수이면 4의 배수이다.

④ $x^2-4=0$

⑤ $x>y$이면 $\frac{1}{x}>\frac{1}{y}$이다. (단, $x\neq0$, $y\neq0$)

→ **0563** 보기에서 명제인 것만을 있는 대로 고르시오.

보기
ㄱ. 19는 소수이다.
ㄴ. x는 5의 약수이다.
ㄷ. $x-1=x+7$

0564 다음 중 세 실수 a, b, c에 대하여 조건

$$(a-b)(b-c)(c-a)=0$$

의 부정과 서로 같은 것은?

① $a=b=c$

② $a=b$ 또는 $b=c$ 또는 $c=a$

③ $a\neq b$ 또는 $b\neq c$ 또는 $c\neq a$

④ $a\neq b$이고 $b\neq c$이고 $c\neq a$

⑤ $a+b+c\neq0$

→ **0565** 조건 '두 자연수 x, y 중 적어도 하나는 짝수이다.'의 부정은?

① 두 자연수 x, y 중 적어도 하나는 홀수이다.

② 두 자연수 x, y 중 적어도 하나는 홀수가 아니다.

③ 두 자연수 x, y는 모두 홀수이다.

④ 두 자연수 x, y는 모두 짝수이다.

⑤ 두 자연수 x, y 중 하나는 홀수이다.

0566 보기에서 그 부정이 참인 명제만을 있는 대로 고르시오.

보기
ㄱ. 3은 12의 약수이다.
ㄴ. $\sqrt{5}$는 유리수이다.
ㄷ. 사각형의 네 내각의 크기의 합은 180°이다.

→ **0567** 다음 명제 중 그 부정이 참인 것은?

① 4는 8의 약수이다.

② π는 무리수이다.

③ 정삼각형은 이등변삼각형이다.

④ 소수는 모두 홀수이다.

⑤ 두 자연수 a, b가 홀수이면 $a+b$는 짝수이다.

유형 02 진리집합

개념 2

0568 전체집합 $U=\{x|x$는 25 이하의 자연수$\}$에 대하여 조건 p가

p: x는 4의 배수이고 24의 약수이다.

일 때, 조건 p의 진리집합을 구하시오.

➜ **0569** 실수 전체의 집합에서 조건 p가

p: $x^3-kx^2-2x=0$

일 때, 조건 p의 진리집합 S의 모든 원소의 합이 1이다. 이때 집합 S의 원소 중에서 최솟값은? (단, k는 실수이다.)

① -2　② $-\frac{3}{2}$　③ -1　④ $-\frac{1}{2}$　⑤ 1

서술형

0570 실수 전체의 집합에서 조건 p가

p: $x^2-4x+k-12\neq0$

일 때, 조건 $\sim p$의 진리집합이 공집합이다. 이때 자연수 k의 최솟값을 구하시오.

➜ **0571** 전체집합 $U=\{1, 2, 3, 4, 5, 6\}$에 대하여 조건 p가

p: 6은 x로 나누어떨어진다.

일 때, 조건 $\sim p$의 진리집합의 모든 원소의 합은?

① 8　② 9　③ 10　④ 11　⑤ 12

0572 전체집합 $U=\{x|x$는 10 이하의 자연수$\}$에 대하여 두 조건 p: $1\leq x\leq3$, q: $3x-22\leq0$의 진리집합을 각각 P, Q라 할 때, $P\subset X\subset Q$를 만족시키는 집합 X의 개수를 구하시오.

➜ **0573** 전체집합 $U=\{x|x$는 10 이하의 자연수$\}$에 대하여 두 조건 p, q가

p: x는 10의 약수이다., q: $x^2-8x+15\leq0$

일 때, 조건 '$\sim p$ 그리고 q'의 진리집합의 모든 원소의 합은?

① 5　② 7　③ 9　④ 11　⑤ 13

07 명제

유형 03 명제의 참, 거짓 개념 3

0574 다음 중 거짓인 명제를 모두 고르면? (정답 2개)

① $x^2>0$이면 $x>0$이다.
② 두 직선 $y=2x-1$, $x+2y+3=0$은 서로 수직이다.
③ 9의 배수이면 3의 배수이다.
④ x, y가 모두 정수이면 $x+y$, xy는 모두 정수이다.
⑤ a, b가 무리수이면 ab도 무리수이다.

0575 x, y, z가 실수일 때, 보기에서 참인 명제만을 있는 대로 고른 것은?

보기
ㄱ. $(x-y)(y-z)=0$이면 $x=y=z$이다.
ㄴ. $x^2+y^2=0$이면 $|x+y|=|x-y|$이다.
ㄷ. $x>y$이고 $y>z$이면 $x>z$이다.

① ㄱ ② ㄴ ③ ㄱ, ㄷ
④ ㄴ, ㄷ ⑤ ㄱ, ㄴ, ㄷ

유형 04 거짓인 명제의 반례 개념 3

0576 전체집합 U에 대하여 두 조건 p, q의 진리집합을 각각 P, Q라 하자. 두 집합 P, Q가 그림과 같을 때, 명제 'q이면 $\sim p$이다.'가 거짓임을 보이는 원소를 구하시오.

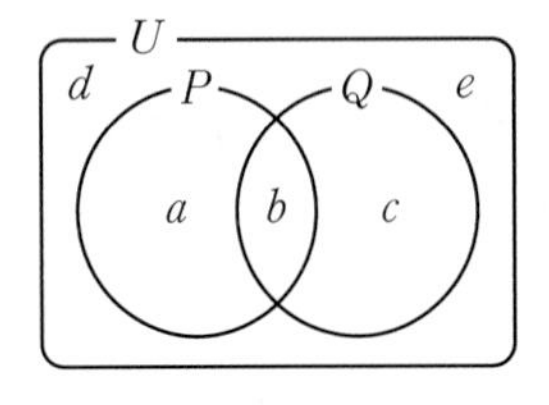

0577 100 이하의 자연수 n에 대하여 명제

'n이 3의 배수이면 n은 홀수이다.'

가 거짓임을 보이는 반례의 개수를 구하시오.

0578 명제 '$x^2-4\le0$이면 $x^2-2x-3>0$이다.'가 거짓임을 보이기 위한 반례의 최댓값을 a, 최솟값을 b라 할 때, $a+b$의 값은?

① 1 ② 2 ③ 3
④ 4 ⑤ 5

서술형
0579 두 조건 p: $-3\le x\le4$, q: $(x+4)(x-k)>0$에 대하여 명제 $p \longrightarrow \sim q$가 거짓임을 보이는 반례 중 정수가 2개일 때, 자연수 k의 값을 구하시오.

유형 05 명제의 참, 거짓과 진리집합 (1) 개념 3

0580 전체집합 U에 대하여 두 조건 p, q의 진리집합을 각각 P, Q라 하자. 명제 $\sim q \longrightarrow p$가 참일 때, 다음 중 항상 옳은 것은?

① $P\cap Q^C=P$ ② $P^C\cup Q=U$
③ $Q-P=P^C$ ④ $P-Q=\varnothing$
⑤ $P^C\cap Q^C=P$

➔ **0581** 전체집합 U에 대하여 세 조건 p, q, r의 진리집합을 각각 P, Q, R라 하자. 두 명제 $p \longrightarrow \sim q$와 $r \longrightarrow q$가 모두 참일 때, **보기**에서 항상 옳은 것만을 있는 대로 고른 것은?

보기
ㄱ. $P\cap R=\varnothing$
ㄴ. $P\cup Q=U$
ㄷ. $Q-P=Q$

① ㄱ ② ㄱ, ㄴ ③ ㄱ, ㄷ
④ ㄴ, ㄷ ⑤ ㄱ, ㄴ, ㄷ

0582 전체집합 U에 대하여 세 조건 p, q, r의 진리집합을 각각 P, Q, R라 할 때, 세 집합 P, Q, R 사이의 포함 관계는 그림과 같다. 다음 중 거짓인 명제는?

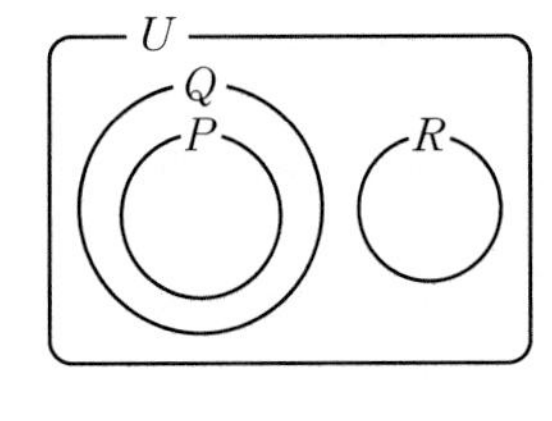

① $p \longrightarrow q$ ② $r \longrightarrow \sim q$ ③ $q \longrightarrow \sim r$
④ $\sim p \longrightarrow \sim r$ ⑤ $\sim q \longrightarrow \sim p$

➔ **0583** 전체집합 U에 대하여 세 조건 p, q, r의 진리집합을 각각 P, Q, R라 할 때, $P\cup Q=P$, $Q\cap R=R$인 관계가 성립한다. 다음 중 거짓인 명제는?

① $r \longrightarrow p$ ② $r \longrightarrow q$ ③ $q \longrightarrow p$
④ $\sim r \longrightarrow \sim p$ ⑤ $\sim q \longrightarrow \sim r$

07 명제

유형 06 명제의 참, 거짓과 진리집합 (2)

개념 3, 5

0584 세 조건 p, q, r가

p: $(x+1)(x-1)\ge 0$,

q: $x>3$,

r: $|x|\ge 2$

일 때, **보기**에서 참인 명제만을 있는 대로 고른 것은?

보기

ㄱ. $p \longrightarrow q$

ㄴ. $r \longrightarrow p$

ㄷ. $\sim p \longrightarrow \sim q$

① ㄱ ② ㄴ ③ ㄷ

④ ㄴ, ㄷ ⑤ ㄱ, ㄴ, ㄷ

➜ **0585** 세 조건 p, q, r가

p: $x^2-2x-15<0$,

q: $0<x<2$,

r: $|x-1|\le 5$

일 때, **보기**에서 참인 명제만을 있는 대로 고른 것은?

보기

ㄱ. $q \longrightarrow p$

ㄴ. $p \longrightarrow r$

ㄷ. $\sim q \longrightarrow \sim r$

① ㄱ ② ㄷ ③ ㄱ, ㄴ

④ ㄱ, ㄷ ⑤ ㄱ, ㄴ, ㄷ

0586 두 실수 a, b에 대하여 세 조건 p, q, r는

p: $a^2+b^2=0$,

q: $|a-b|=0$,

r: $ab=0$

이다. **보기**에서 참인 명제만을 있는 대로 고른 것은?

보기

ㄱ. $p \longrightarrow q$

ㄴ. $r \longrightarrow q$

ㄷ. $\sim r \longrightarrow \sim p$

① ㄱ ② ㄱ, ㄴ ③ ㄱ, ㄷ

④ ㄴ, ㄷ ⑤ ㄱ, ㄴ, ㄷ

➜ **0587** 두 실수 x, y에 대하여 세 조건 p, q, r가

p: $|x-2|+|y^2-4|=0$,

q: $(x-2)(y-2)=0$,

r: $(x-2)^2+(y-2)^2\le 0$

일 때, **보기**에서 참인 명제만을 있는 대로 고른 것은?

보기

ㄱ. $p \longrightarrow q$

ㄴ. $p \longrightarrow r$

ㄷ. $\sim r \longrightarrow \sim q$

① ㄱ ② ㄴ ③ ㄱ, ㄷ

④ ㄴ, ㄷ ⑤ ㄱ, ㄴ, ㄷ

유형 07 명제가 참이 되도록 하는 상수 구하기 개념 3

0588 명제 '$4 \le x \le 8$이면 $a-1 < x \le a+4$이다.'가 참이 되도록 하는 실수 a의 최솟값을 구하시오.

→ **0589** 명제 '$k-1 \le x < k+2$이면 $x^2-x-6>0$이다.'가 참이 되도록 하는 실수 k의 값의 범위를 구하시오.

0590 두 조건

p: $|x-2| \le a$, q: $-2-3a \le x < 7$

에 대하여 명제 'p이면 q이다.'가 참이 되도록 하는 자연수 a의 개수는?

① 1 ② 2 ③ 3
④ 4 ⑤ 5

→ **0591** 두 조건

p: $x \le -1$ 또는 $x \ge k$, q: $-\frac{k}{3} \le x < 5$

에 대하여 명제 $\sim p \longrightarrow q$가 참이 되도록 하는 모든 자연수 k의 값의 합은?

① 8 ② 10 ③ 12
④ 14 ⑤ 16

서술형

0592 세 조건 p, q, r가

p: $-3 \le x < 1$ 또는 $x \ge 4$, q: $x \ge a$, r: $x > b-2$

일 때, 두 명제 $p \longrightarrow q$, $r \longrightarrow p$가 모두 참이 되도록 하는 a의 최댓값과 b의 최솟값의 합을 구하시오.

(단, a, b는 실수이다.)

→ **0593** 세 조건

p: $a-7 \le x \le a$, q: $-4 \le x < 1$, r: $|x-b| \ge 1$

에 대하여 두 명제 $q \longrightarrow p$, $\sim r \longrightarrow q$가 모두 참이 되도록 하는 정수 a, b 각각의 개수의 합은?

① 6 ② 7 ③ 8
④ 9 ⑤ 10

유형 08 '모든' 또는 '어떤'을 포함한 명제 개념 4

0594 전체집합 $U=\{1, 2, 3, 4, 5, 6\}$에 대하여 $x\in U$, $y\in U$일 때, **보기**에서 참인 명제만을 있는 대로 고른 것은?

보기
ㄱ. 어떤 x에 대하여 $x^2=16$이다.
ㄴ. 모든 x에 대하여 $x-1>0$이다.
ㄷ. 모든 x, y에 대하여 $x^2+y^2\geq 2$이다.

① ㄱ ② ㄴ ③ ㄷ
④ ㄱ, ㄷ ⑤ ㄱ, ㄴ, ㄷ

0595 **보기**에서 그 부정이 참인 명제만을 있는 대로 고른 것은?

보기
ㄱ. 어떤 실수 x에 대하여 $x-9=0$이다.
ㄴ. 모든 실수 x에 대하여 $x^2+x+1\neq 0$이다.
ㄷ. 모든 실수 x에 대하여 $x^2>0$이다.
ㄹ. 어떤 실수 x에 대하여 $x^2+1=0$이다.

① ㄷ ② ㄱ, ㄴ ③ ㄷ, ㄹ
④ ㄱ, ㄴ, ㄷ ⑤ ㄴ, ㄷ, ㄹ

0596 전체집합 $U=\{x|x$는 6 이하의 자연수$\}$의 공집합이 아닌 부분집합 A에 대하여 두 명제

'집합 A의 모든 원소 x에 대하여 $x^2-8x+12\leq 0$이다.',

'집합 A의 어떤 원소 x에 대하여 $x^3-4x^2+x+6=0$이다.'

가 모두 참이 되도록 하는 집합 A의 개수를 구하시오.

서술형
0597 명제

'모든 실수 x에 대하여 $ax^2+bx+4>0$이다.'

의 부정이 참이 되도록 하는 6 이하의 자연수 a, b의 순서쌍 (a, b)의 개수를 구하시오.

유형 09 명제의 역과 대우의 참, 거짓 개념 5

0598 보기에서 그 역이 거짓이고 대우가 참인 명제만을 있는 대로 고른 것은?

보기
ㄱ. 5의 양의 약수이면 10의 양의 약수이다.
ㄴ. 실수 x에 대하여 $x-2=0$이면 $x^2-x-2=0$이다.
ㄷ. 두 집합 A, B에 대하여 $A\cap B^C=\varnothing$이면 $A=B$이다.

① ㄱ ② ㄴ ③ ㄷ
④ ㄱ, ㄴ ⑤ ㄱ, ㄴ, ㄷ

0599 보기에서 그 역과 대우가 모두 참인 명제만을 있는 대로 고른 것은? (단, x, y는 실수이다.)

보기
ㄱ. $x=y$이면 $x^2=y^2$이다.
ㄴ. $x^2<25$이면 $-5<x<5$이다.
ㄷ. $x=0$ 또는 $y=0$이면 $x^2+y^2=0$이다.
ㄹ. $xy=0$이면 $x=0$ 또는 $y=0$이다.

① ㄴ ② ㄱ, ㄴ ③ ㄴ, ㄷ
④ ㄴ, ㄹ ⑤ ㄷ, ㄹ

0600 두 조건 p: $|x|\geq a$, q: $x^2-4x-12\leq 0$에 대하여 명제 $\sim q \longrightarrow p$의 역이 참이 되도록 하는 자연수 a의 최솟값은?

① 6 ② 7 ③ 8
④ 9 ⑤ 10

서술형
0601 두 조건 p: $(x-a)(x-5)\leq 0$, q: $(x-2)(x-b)\leq 0$에 대하여 명제 $p \longrightarrow q$의 역과 대우가 모두 거짓이 되도록 하는 자연수 a, b의 순서쌍 (a, b)의 개수를 구하시오.
(단, $1\leq a\leq 4$, $2\leq b\leq 10$)

유형 10 명제의 대우를 이용하여 상수 구하기 개념 5

0602 명제 '$x^2-6x+5\neq 0$이면 $x-a\neq 0$이다.'가 참일 때, 모든 상수 a의 값의 합은?

① 3 ② 4 ③ 5
④ 6 ⑤ 7

0603 두 조건 p: $|x-3|\geq 4$, q: $|x-a|\geq 2$에 대하여 명제 $p \longrightarrow q$가 참이 되도록 하는 정수 a의 개수를 구하시오.

유형 11 삼단논법 개념 5

0604 세 조건 p, q, r에 대하여 두 명제 $p \longrightarrow q$, $r \longrightarrow \sim q$가 모두 참일 때, 다음 명제 중 반드시 참이라고 할 수 없는 것은?

① $\sim q \longrightarrow \sim p$ ② $q \longrightarrow \sim r$ ③ $p \longrightarrow \sim r$
④ $r \longrightarrow p$ ⑤ $r \longrightarrow \sim p$

➜ **0605** 세 조건 p, q, r에 대하여 두 명제 $\sim p \longrightarrow \sim q$, $p \longrightarrow r$가 모두 참일 때, 다음 명제 중 항상 참인 것은?

① $p \longrightarrow q$ ② $r \longrightarrow \sim q$ ③ $q \longrightarrow r$
④ $\sim q \longrightarrow r$ ⑤ $\sim q \longrightarrow \sim r$

0606 네 조건 p, q, r, s에 대하여 세 명제 $p \longrightarrow \sim q$, $\sim r \longrightarrow q$, $r \longrightarrow s$가 모두 참일 때, **보기**에서 항상 참인 명제만을 있는 대로 고른 것은?

보기
ㄱ. $p \longrightarrow r$ ㄴ. $s \longrightarrow \sim q$
ㄷ. $\sim r \longrightarrow \sim p$ ㄹ. $p \longrightarrow s$

① ㄱ, ㄴ ② ㄱ, ㄷ ③ ㄱ, ㄹ
④ ㄴ, ㄹ ⑤ ㄱ, ㄷ, ㄹ

➜ **0607** 네 조건 p, q, r, s에 대하여 두 명제 $q \longrightarrow p$, $r \longrightarrow \sim s$가 모두 참일 때, 다음 중 명제 $q \rightarrow \sim r$가 참임을 보이기 위해 필요한 참인 명제는?

① $q \longrightarrow \sim s$ ② $\sim s \longrightarrow \sim p$ ③ $s \longrightarrow \sim p$
④ $\sim p \longrightarrow s$ ⑤ $\sim r \longrightarrow s$

유형 12 삼단논법과 명제의 추론 개념 5

0608 다음 두 명제가 모두 참일 때, 항상 참인 명제는?

(가) 수학을 좋아하는 학생은 음악을 좋아하지 않는다.
(나) 미술을 좋아하는 학생은 음악을 좋아한다.

① 수학을 좋아하는 학생은 미술을 좋아하지 않는다.
② 음악을 좋아하는 학생은 미술을 좋아한다.
③ 미술을 좋아하는 학생은 수학을 좋아한다.
④ 미술을 좋아하지 않는 학생은 수학을 좋아하지 않는다.
⑤ 음악을 좋아하지 않는 학생은 수학을 좋아한다.

서술형
➜ **0609** 숫자 1, 2, 3, 4가 하나씩 적혀 있는 4장의 카드에서 다음 조건을 만족시키는 2장의 카드를 선택하려고 한다. 선택한 2장의 카드에 적힌 숫자들의 합의 최댓값을 M, 최솟값을 m이라 할 때, $M+m$의 값을 구하시오.

(가) 2가 적힌 카드를 선택하면 3이 적힌 카드도 선택한다.
(나) 4가 적힌 카드를 선택하지 않으면 3이 적힌 카드도 선택하지 않는다.

0610 교내 축구 시합에서 어느 한 반의 네 학생 A, B, C, D 중 한 학생이 골을 넣어 1 : 0으로 승리하였을 때, 네 학생은 다음과 같이 말하였다. 네 학생 중 한 학생만 진실을 말하였다고 할 때, 골을 넣은 학생을 고르시오.

A: C가 골을 넣었다.
B: A가 골을 넣었다.
C: A는 거짓말을 했다.
D: 나는 골을 넣지 못했다.

➜ **0611** 어떤 사건의 범인 한 사람을 찾기 위해 다섯 명의 용의자 A, B, C, D, E의 진술을 확보하였다. 다음은 다섯 명의 용의자들의 진술이다. 다섯 명의 용의자 중 두 사람의 진술만이 거짓일 때, 범인을 고르시오.

A: D가 범인입니다. 제 눈으로 똑똑히 보았어요!
B: 제가 범인입니다. 미안합니다.
C: B는 범인이 절대 아닙니다.
D: 억울합니다! A는 거짓을 얘기하고 있어요!
E: C의 눈빛이 의심스럽습니다. C가 범인입니다!

유형 13 충분조건, 필요조건, 필요충분조건

개념 6

0612 두 조건 p, q에 대하여 다음 중 p가 q이기 위한 필요조건이지만 충분조건이 아닌 것은?
(단, x, y는 실수이고 A, B, C는 공집합이 아닌 집합이다.)

① p: $x>1$이고 $y>1$　　q: $x+y>2$
② p: $xy<1$　　q: $|x+y|=|x-y|$
③ p: $xy\geq 0$　　q: $|x+y|=|x|+|y|$
④ p: $A\subset B$ 또는 $A\subset C$　　q: $A\subset(B\cup C)$
⑤ p: □ABCD는 마름모　　q: □ABCD는 평행사변형

➜ **0613** 두 조건 p, q에 대하여 보기에서 p가 q이기 위한 충분조건이지만 필요조건이 아닌 것만을 있는 대로 고르시오.
(단, x, y는 실수이고 A, B, C는 공집합이 아닌 집합이다.)

보기
ㄱ. p: $x^2=1$　　q: $x=1$
ㄴ. p: $x=y$　　q: $x^2=y^2$
ㄷ. p: $(A\cap B)\subset C$　　q: $(A\cup B)\subset C$
ㄹ. p: 9의 배수　　q: 3의 배수

0614 보기에서 $a=0$, $b=0$이기 위한 필요충분조건인 것의 개수를 구하시오. (단, a, b는 실수이다.)

보기
ㄱ. $a^2+b^2=0$　　ㄴ. $a+bi=0$
ㄷ. $\sqrt{a}+\sqrt{b}=0$　　ㄹ. $a+b\sqrt{2}=0$
ㅁ. $|a|+|b|=0$　　ㅂ. $a^2-2ab+2b^2=0$

➜ **0615** 두 조건 p, q에 대하여 다음 중 p가 q이기 위한 필요충분조건인 것은? (단, x, y, z는 실수이다.)

① p: $x^2>0$　　q: $x>0$
② p: $xy>0$　　q: $xy=|xy|$
③ p: $x-z>y-z$　　q: $x>y$
④ p: $x+y\geq 4$　　q: $x\geq 2$이고 $y\geq 2$
⑤ p: $xy>x+y>4$　　q: $x>2$이고 $y>2$

유형 14 충분조건, 필요조건과 명제의 참, 거짓 개념 6

0616 네 조건 p, q, r, s에 대하여 q는 p이기 위한 필요조건, q는 r이기 위한 충분조건, s는 r이기 위한 필요조건, s는 q이기 위한 충분조건일 때, 다음 중 옳은 것은?

① r는 p이기 위한 충분조건이다.
② p는 s이기 위한 필요조건이다.
③ p는 r이기 위한 필요충분조건이다.
④ s는 p이기 위한 필요충분조건이다.
⑤ r는 s이기 위한 필요충분조건이다.

0617 세 조건 p, q, r에 대하여 두 명제 $p \longrightarrow q$, $\sim p \longrightarrow \sim r$가 모두 참일 때, **보기**에서 옳은 것만을 있는 대로 고른 것은?

보기
ㄱ. q는 p이기 위한 필요조건이다.
ㄴ. r는 p이기 위한 필요조건이다.
ㄷ. q는 r이기 위한 충분조건이다.

① ㄱ ② ㄴ ③ ㄷ
④ ㄱ, ㄴ ⑤ ㄱ, ㄷ

유형 15 충분조건, 필요조건, 필요충분조건과 진리집합 개념 6

0618 전체집합 U에 대하여 세 조건 p, q, r의 진리집합을 각각 P, Q, R라 하자. 세 집합 사이의 포함 관계가 그림과 같을 때, 다음 중 옳은 것은?

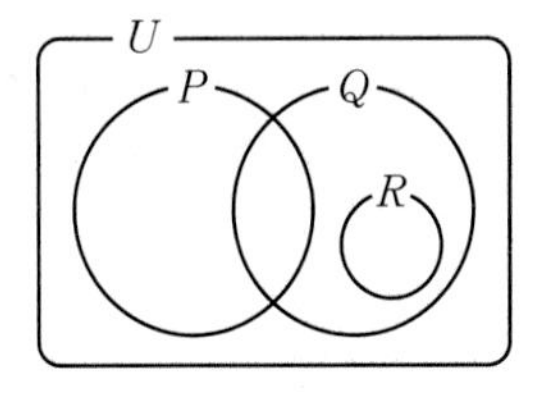

① r는 p이기 위한 충분조건이다.
② r는 $\sim p$이기 위한 필요조건이다.
③ p는 $\sim r$이기 위한 필요조건이다.
④ $\sim q$는 r이기 위한 충분조건이다.
⑤ $\sim r$는 $\sim q$이기 위한 필요조건이다.

0619 전체집합 U에 대하여 세 조건 p, q, r의 진리집합을 각각 P, Q, R라 하자. p는 q이기 위한 충분조건이고, $\sim r$는 q이기 위한 필요조건일 때, **보기**에서 옳은 것만을 있는 대로 고른 것은? (단, P, Q, R는 공집합이 아닌 집합이다.)

보기
ㄱ. $P \subset Q$ ㄴ. $P \subset R$ ㄷ. $R \subset P^C$

① ㄱ ② ㄷ ③ ㄱ, ㄴ
④ ㄱ, ㄷ ⑤ ㄴ, ㄷ

유형 16 충분조건, 필요조건, 필요충분조건이 되도록 하는 상수 구하기 개념 6

0620 두 조건 p: $(x+6)(x-4)<0$, q: $|x|\le|a|$에 대하여 p가 q이기 위한 필요조건이 되도록 하는 정수 a의 개수는?

① 3 ② 5 ③ 7
④ 9 ⑤ 11

서술형
0621 두 조건 p: $(x+2)(x-4)\ne0$, q: $|x-3|\le a$에 대하여 $\sim p$가 q이기 위한 충분조건이 되도록 하는 양수 a의 최솟값을 구하시오.

0622 다음 네 조건 p, q, r, s에 대하여 p는 q이기 위한 충분조건이고, r는 s이기 위한 필요조건이다. 실수 a의 최댓값을 M, 최솟값을 m이라 할 때, $M+m$의 값을 구하시오.

p: $3\le x\le7$	q: $x\le a$
r: $x>a$	s: $11<x\le20$

0623 네 조건

p: $a\le x\le3$, q: $x\ge-2a-6$,

r: $11<2x-5<15$, s: $x\le b$

에 대하여 q는 p이기 위한 필요조건이고, r는 $\sim s$이기 위한 충분조건일 때, a의 최솟값과 b의 최댓값의 합을 구하시오.

(단, $a<3$이고, a, b는 실수이다.)

0624 두 조건

p: $|x-2|+|x-4|\le8$,

q: $x^2+ax+b\le0$

에 대하여 p는 q이기 위한 필요충분조건일 때, $a+b$의 값은?

(단, a, b는 실수이다.)

① -7 ② -9 ③ -11
④ -13 ⑤ -15

0625 두 조건 p, q의 진리집합이 각각

$P=\{x\,|\,|x-4|\ge a\}$, $Q=\{x\,|\,x^2-bx-20<0\}$

일 때, $\sim q$가 p이기 위한 필요충분조건이 되도록 하는 실수 a, b에 대하여 $a+b$의 값을 구하시오. (단, $a>0$)

유형 17 대우를 이용한 명제의 증명과 귀류법 개념 7

0626 다음은 명제 '자연수 a, b, c에 대하여 $a^2+b^2=c^2$이면 a, b, c 중 적어도 하나는 짝수이다.'가 참임을 그 대우를 이용하여 증명하는 과정이다.

> 증명
>
> 주어진 명제의 대우는 '자연수 a, b, c에 대하여 a, b, c가 모두 홀수이면 $a^2+b^2\neq c^2$이다.'이다.
>
> $a=2k-1$ (k는 자연수)이라 하면 $a^2=2($ (가) $)-1$
>
> 이때 (가) 는(은) 자연수이므로 a^2은 홀수이고, 같은 방법으로 b^2, c^2도 모두 홀수이다.
>
> 즉, a^2+b^2은 짝수이고, c^2은 홀수이므로 $a^2+b^2\neq c^2$이다.
>
> 따라서 주어진 명제의 대우가 참이므로 주어진 명제도 참이다.

위의 과정에서 (가)에 알맞은 식을 $f(k)$라 할 때, $f(3)$의 값을 구하시오.

0627 다음은 명제 '자연수 n에 대하여 n^2이 3의 배수이면 n도 3의 배수이다.'가 참임을 그 대우를 이용하여 증명하는 과정이다.

> 증명
>
> 주어진 명제의 대우는 '자연수 n에 대하여 n이 3의 배수가 아니면 n^2도 3의 배수가 아니다.'이다.
>
> $n=3k-2$ 또는 $n=$ (가) (k는 자연수)(이)라 하면
>
> (i) $n=3k-2$일 때, $n^2=3(3k^2-4k+1)+$ (나)
>
> (ii) $n=$ (가) 일 때, $n^2=3($ (다) $)+$ (나)
>
> 즉, n^2은 3으로 나누면 나머지가 (나) 인 자연수이므로 n이 3의 배수가 아니면 n^2도 3의 배수가 아니다.
>
> 따라서 주어진 명제의 대우가 참이므로 주어진 명제도 참이다.

위의 과정에서 (가), (나), (다)에 알맞은 것을 써넣으시오.

0628 다음은 $n\geq 2$인 자연수 n에 대하여 $\sqrt{n^2-1}$이 무리수임을 증명하는 과정이다.

> 증명
>
> $\sqrt{n^2-1}$이 유리수라고 가정하면
>
> $\sqrt{n^2-1}=\frac{q}{p}$ (p, q는 서로소인 자연수)라 할 수 있다.
>
> 이 식의 양변을 제곱하면 $n^2-1=\frac{q^2}{p^2}$ ...... ㉠
>
> ㉠의 좌변은 자연수이고, p, q는 서로소이므로
>
> $p^2=$ (가) ...... ㉡
>
> ㉡을 ㉠에 대입하여 정리하면
>
> $n^2-q^2=$ (나), $(n+q)(n-q)=$ (나)
>
> 따라서 $n+q$, $n-q$의 값은 모두 (다) 이다.
>
> 이때 n은 $n\geq 2$인 자연수, q는 자연수라는 가정에 모순이므로 $\sqrt{n^2-1}$은 무리수이다.

위의 과정에서 (가), (나), (다)에 알맞은 것을 써넣으시오.

0629 다음은 n이 자연수일 때, $\sqrt{3n(3n+2)}$가 무리수임을 증명하는 과정이다.

> 증명
>
> $\sqrt{3n(3n+2)}$가 유리수라고 가정하면
>
> $\sqrt{3n(3n+2)}=\frac{b}{a}$ (a, b는 서로소인 자연수)라 할 수 있다.
>
> 이 식의 양변을 제곱하면
>
> $3n(3n+2)=\frac{b^2}{a^2}$ ...... ㉠
>
> ㉠의 좌변이 자연수이고 a, b는 서로소이므로
>
> $a^2=$ (가) ...... ㉡
>
> ㉡을 ㉠에 대입하여 정리하면
>
> $($ (나) $+b)($ (나) $-b)=1$
>
> 따라서 (나) $+b$, (나) $-b$의 값은 모두 -1 또는 1이다.
>
> 이때 n, b가 모두 자연수라는 가정에 모순이므로 $\sqrt{3n(3n+2)}$는 무리수이다.

위의 과정에서 (가)에 알맞은 값을 m, (나)에 알맞은 식을 $f(n)$이라 할 때, $m+f(3)$의 값을 구하시오.

유형 18 여러 가지 절대부등식

개념 8, 9

0630 x, y가 실수일 때, **보기**에서 절대부등식인 것만을 있는 대로 고른 것은?

보기
ㄱ. $x^2+y^2 \geq xy$
ㄴ. $x^2-x+1>0$
ㄷ. $(2x+y)^2 \geq 4xy$

① ㄱ ② ㄴ ③ ㄱ, ㄴ
④ ㄴ, ㄷ ⑤ ㄱ, ㄴ, ㄷ

서술형
0631 두 실수 a, b에 대하여 부등식 $a^2+b^2+9 \geq ab+3a+3b$가 성립함을 증명하고, 등호가 성립하는 경우를 구하시오.

0632 a, b가 실수일 때, **보기**에서 옳은 것만을 있는 대로 고른 것은?

보기
ㄱ. $|a|+|b| \geq |a+b|$
ㄴ. $|a-b| \leq |a|-|b|$
ㄷ. $\sqrt{\dfrac{a^2+b^2}{2}} \geq \dfrac{a+b}{2}$
ㄹ. $\sqrt{a+b} > \sqrt{a}+\sqrt{b}$ (단, $a>0$, $b>0$)

① ㄱ, ㄷ ② ㄱ, ㄹ ③ ㄴ, ㄹ
④ ㄱ, ㄴ, ㄷ ⑤ ㄱ, ㄷ, ㄹ

0633 a, b가 실수일 때, **보기**에서 옳은 것만을 있는 대로 고른 것은?

보기
ㄱ. $|a+b| \geq |a-b|$
ㄴ. $\sqrt{a^2+b^2} \geq |a|+|b|$
ㄷ. $\sqrt{|a|}+\sqrt{|b|} \geq \sqrt{|a|+|b|}$

① ㄱ ② ㄷ ③ ㄱ, ㄷ
④ ㄴ, ㄷ ⑤ ㄱ, ㄴ, ㄷ

유형 19 산술평균과 기하평균의 관계 개념 9

0634 두 양수 x, y에 대하여 $\left(x+\frac{4}{y}\right)\left(y+\frac{9}{x}\right)$는 $xy=a$일 때, 최솟값 b를 갖는다. 이때 상수 a에 대하여 $a+b$의 값을 구하시오.

➜ **0635** $a>0$, $b>0$, $c>0$일 때,

$$(a+b+c)\left(\frac{1}{4a+b}+\frac{1}{3b+4c}\right)$$

의 최솟값은?

① 1 ② 2 ③ 3
④ 4 ⑤ 5

서술형

0636 $x>2$일 때, $3x+2+\frac{3}{x-2}$은 $x=a$에서 최솟값 m을 갖는다. 이때 상수 a에 대하여 $a+m$의 값을 구하시오.

➜ **0637** $x>3$일 때, $\frac{x^4-9x^2+49}{x^2-9}$의 최솟값을 α, 그때의 x의 값을 β라 하자. 이때 $\alpha+\beta$의 값을 구하시오.

0638 x에 대한 이차방정식 $ax^2+8x+b=0$이 중근을 갖도록 하는 실수 a, b에 대하여 a^2+b^2의 최솟값을 구하시오.

➜ **0639** $a>0$, $b>0$일 때, 직선 $\frac{x}{a}+\frac{y}{b}=1$이 점 $(2, 1)$을 지난다. 이때 상수 a, b에 대하여 ab의 최솟값을 구하시오.

0640 그림과 같이 밑면의 가로의 길이가 4이고, 대각선의 길이가 9인 직육면체의 부피의 최댓값을 구하시오.

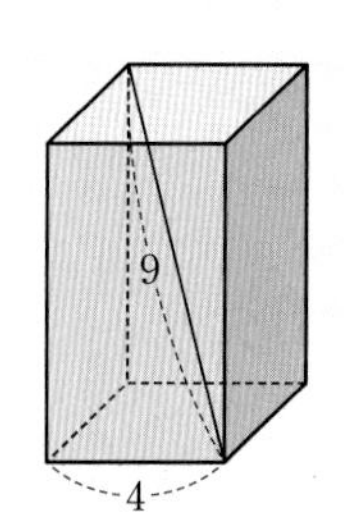

➜ **0641** 그림과 같이 반지름의 길이가 4인 원에 내접하는 사각형 ABCD가 있다. $\angle BAD=\angle BCD=90°$, $\overline{AB}=\overline{BC}$일 때, 사각형 ABCD의 넓이의 최댓값을 구하시오.

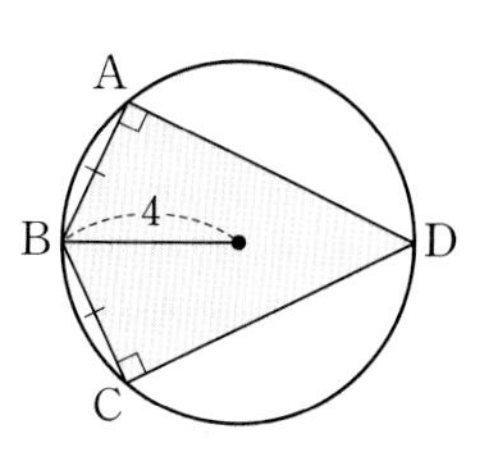

유형 20 코시-슈바르츠 부등식 개념 9

0642 두 실수 x, y에 대하여 $x^2+y^2=3$일 때, $2x+y$의 최댓값을 M, 최솟값을 m이라 하자. 이때 $(M-m)^2$의 값을 구하시오.

➜ **0643** $x^2+y^2=a$를 만족시키는 실수 x, y에 대하여 $3x+4y$의 최댓값과 최솟값의 차가 60일 때, 양수 a의 값은?

① 25 ② 36 ③ 49
④ 64 ⑤ 81

0644 두 실수 x, y에 대하여 $x+3y=2\sqrt{10}$일 때, x^2+y^2의 최솟값을 k, 그때의 x, y의 값을 각각 α, β라 하자. 이때 $k+\frac{\beta}{\alpha}$의 값은?

① 4 ② 5 ③ 6
④ 7 ⑤ 8

➜ **0645** 세 실수 a, b, c에 대하여 $a+b+c=9$, $a^2+b^2+c^2=33$을 만족시키는 c의 값의 범위가 $\alpha\le c\le\beta$일 때, $\alpha^2+\beta^2$의 값을 구하시오.

실력 완성!

0646 다음 중 명제가 아닌 것은?

① 어떤 소수는 홀수가 아니다.

② $x=0$ 또는 $y=0$이면 $x^2+y^2=0$이다.

③ 모든 실수 x에 대하여 $x^2>0$이다.

④ 자연수 n에 대하여 n^2이 짝수이면 n도 짝수이다.

⑤ x는 6과 9의 최대공약수이다.

0647 전체집합 $U=\{x|x$는 10 이하의 자연수$\}$에 대하여 조건 p가

p: x는 짝수이고 12의 약수이다.

이고, 이 조건 p의 진리집합을 P라 할 때, 다음 중 옳은 것을 모두 고르면? (정답 2개)

① $4\in P$ ② $1\not\in P^C$ ③ $3\in P$

④ $6\not\in P^C$ ⑤ $8\not\in P^C$

0648 두 조건

p: $|x|\geq a$, q: $x<2$ 또는 $x\geq 3$

에 대하여 명제 $p \longrightarrow q$가 참이 되도록 하는 양수 a의 최솟값을 구하시오.

0649 다음 중 참인 명제는? (단, x, y는 실수이다.)

① $x\neq 1$이면 $x^2\neq 1$이다.

② $x>y$이면 $x^2>y^2$이다.

③ $|x|<1$이면 $x<1$이다.

④ $x+y$가 무리수이면 x, y는 무리수이다.

⑤ $x\neq 0$ 또는 $y\neq 0$이면 $xy\neq 0$이다.

0650 전체집합 U에 대하여 두 조건 p, q의 진리집합을 각각 P, Q라 할 때, 명제 'p이면 $\sim q$이다.'가 거짓임을 보이는 원소가 반드시 속하는 집합은?

① $P^C\cap Q^C$ ② $P\cap Q$ ③ $P-Q$

④ $P^C\cup Q^C$ ⑤ $Q-P$

0651 전체집합 U에 대하여 두 조건 p, q의 진리집합을 각각 P, Q라 할 때, $P\cap Q=\varnothing$, $P\cup Q=U$인 관계가 성립한다. 이때 보기에서 항상 참인 명제만을 있는 대로 고른 것은?

보기

ㄱ. $p \longrightarrow q$ ㄴ. $p \longrightarrow \sim q$ ㄷ. $\sim p \longrightarrow \sim q$

① ㄱ ② ㄴ ③ ㄷ

④ ㄴ, ㄷ ⑤ ㄱ, ㄴ, ㄷ

0652 실수 x에 대하여 세 조건 p, q, r가

p: $x \le 4$,

q: $|x|>3$,

r: $x^2-1<0$

일 때, **보기**에서 참인 명제만을 있는 대로 고른 것은?

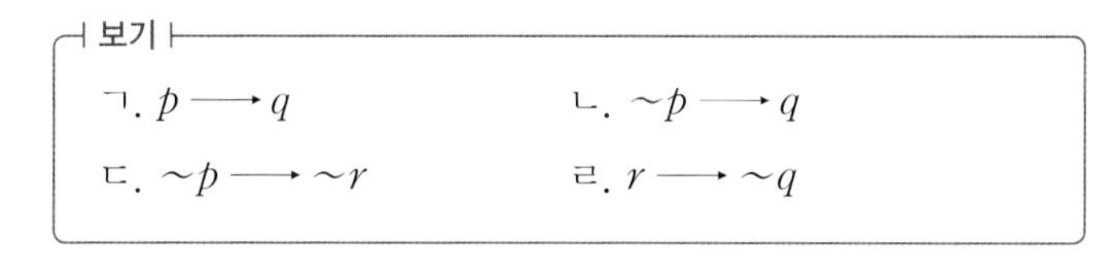

보기

ㄱ. $p \longrightarrow q$　　ㄴ. $\sim p \longrightarrow q$

ㄷ. $\sim p \longrightarrow \sim r$　　ㄹ. $r \longrightarrow \sim q$

① ㄱ　② ㄱ, ㄴ　③ ㄴ, ㄷ

④ ㄴ, ㄹ　⑤ ㄴ, ㄷ, ㄹ

0653 명제

'모든 실수 x에 대하여 $x^2-6kx+36>0$이다.'

의 부정이 참이 되도록 하는 양수 k의 최솟값을 구하시오.

0654 다음 중 그 역과 대우가 모두 참인 명제는?

(단, x, y는 실수이고 A, B, C는 공집합이 아닌 집합이다.)

① 마름모는 직사각형이다.

② $x+y>2$이면 $x>1$이고 $y>1$이다.

③ $|x|+|y|=0$이면 $x=0$ 또는 $y=0$이다.

④ $x=2$ 또는 $y=4$이면 $xy=8$이다.

⑤ $A \subset (B \cap C)$이면 $A \subset B$이고 $A \subset C$이다.

0655 두 조건 p, q가

p: $x \ne a$, q: $x^2-3x-4 \ge 0$

일 때, 명제 $p \longrightarrow q$의 역이 참이 되도록 하는 정수 a의 개수는?

① 1　② 2　③ 3

④ 4　⑤ 5

0656 세 조건 p, q, r에 대하여 두 명제 $q \longrightarrow \sim p$, $r \longrightarrow q$가 모두 참일 때, **보기**에서 항상 참인 명제만을 있는 대로 고르시오.

보기

ㄱ. $r \longrightarrow \sim p$　　ㄴ. $p \longrightarrow \sim q$

ㄷ. $\sim r \longrightarrow \sim q$　　ㄹ. $\sim q \longrightarrow p$

ㅁ. $\sim q \longrightarrow \sim r$　　ㅂ. $r \longrightarrow \sim q$

0657 어떤 방 탈출 게임에서 마지막 미션을 통과하기 위해서는 열쇠를 가진 학생을 찾아야 한다. 열쇠는 세 학생 A, B, C 중에서 한 학생이 가지고 있으며, 세 학생은 다음과 같이 말하였다. 거짓을 말하는 학생과 진실을 말하는 학생이 모두 한 명 이상 있다고 할 때, 열쇠를 가지고 있는 학생을 고르시오.

학생 A: 내가 열쇠를 가지고 있어.

학생 B: A가 열쇠를 가지고 있어.

학생 C: 나는 열쇠를 가지고 있지 않아.

07 명제

0658 전체집합 U에 대하여 세 조건 p, q, r의 진리집합을 각각 P, Q, R라 할 때, $P \cup Q = P$, $Q \subset R^C$가 성립한다. **보기**에서 항상 옳은 것만을 있는 대로 고른 것은?

보기
ㄱ. r는 $\sim q$이기 위한 충분조건이다.
ㄴ. $\sim p$는 r이기 위한 필요조건이다.
ㄷ. $\sim p$는 $\sim q$이기 위한 충분조건이다.

① ㄱ ② ㄴ ③ ㄱ, ㄷ
④ ㄴ, ㄷ ⑤ ㄱ, ㄴ, ㄷ

0659 다음은 명제 '자연수 n에 대하여 n^2+2가 3의 배수가 아니면 n은 3의 배수이다.'가 참임을 그 대우를 이용하여 증명하는 과정이다.

증명
주어진 명제의 대우는 '자연수 n에 대하여 n이 3의 배수가 아니면 n^2+2는 3의 배수이다.'이다.
n이 3의 배수가 아니므로
(i) $n=3k+1$ (k는 음이 아닌 정수)일 때
$n^2+2=(3k+1)^2+2=3($ (가) $)$
따라서 n^2+2는 3의 배수이다.
(ii) $n=$ (나) (k는 음이 아닌 정수)일 때
$n^2+2=($ (나) $)^2+2=3($ (다) $)$
따라서 n^2+2는 3의 배수이다.
(i), (ii)에 의하여 주어진 명제의 대우가 참이므로 주어진 명제도 참이다.

위의 과정에서 (가), (나), (다)에 알맞은 식을 각각 $f(k)$, $g(k)$, $h(k)$라 할 때, $f(2)+g(2)+h(2)$의 값은?

① 47 ② 50 ③ 53
④ 56 ⑤ 59

0660 그림과 같이 $\overline{AB}=2$, $\overline{BC}=4$, $\angle B=90°$인 직각삼각형 ABC의 내부의 한 점 P에서 세 변 AB, BC, CA에 내린 수선의 길이가 각각 1, x, y일 때, x^2+y^2의 최솟값을 구하시오.

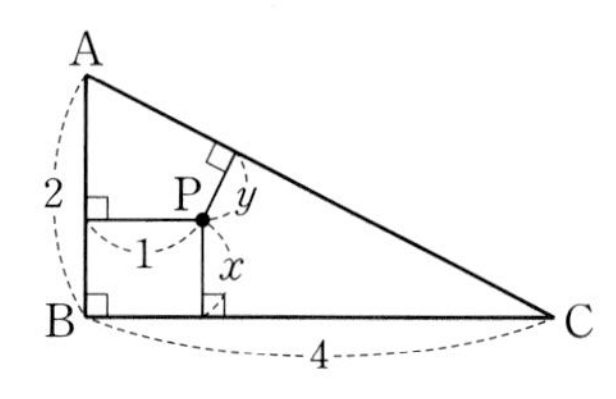

0661 명제 '어떤 실수 x에 대하여 $(x+3)^2=x^2+ax+b$이다.'가 거짓이 되도록 하는 10 이하의 자연수 a, b의 순서쌍 (a, b)의 개수를 구하시오.

0662 자연수 a, b에 대하여 세 조건 p, q, r가

p: ab는 짝수이다.,

q: $a+b$는 홀수이다.,

r: $|a^2-b^2|$은 홀수이다.

일 때, **보기**에서 옳은 것만을 있는 대로 고른 것은?

보기

ㄱ. p는 q이기 위한 필요조건이지만 충분조건이 아니다.

ㄴ. r는 q이기 위한 필요충분조건이다.

ㄷ. $\sim r$는 $\sim p$이기 위한 필요조건이지만 충분조건이 아니다.

① ㄱ ② ㄷ ③ ㄱ, ㄴ

④ ㄱ, ㄷ ⑤ ㄱ, ㄴ, ㄷ

0663 세 조건

p: $x^2+x-2\neq 0$,

q: $x^2-2x+a\neq 0$,

r: $2x+b\neq 0$

에 대하여 p, q가 모두 r이기 위한 충분조건이고 필요조건은 아닐 때, $b-a$의 값을 구하시오. (단, a, b는 실수이다.)

서술형

0664 그림과 같이 점 P(3, 7)을 지나는 직선 $\frac{x}{a}+\frac{y}{b}=1$이 x축, y축과 만나는 점을 각각 Q, R라 할 때, 삼각형 OQR의 넓이의 최솟값을 구하시오.

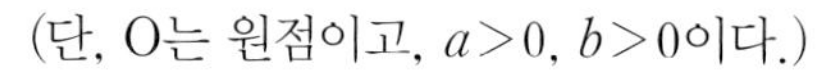

(단, O는 원점이고, $a>0$, $b>0$이다.)

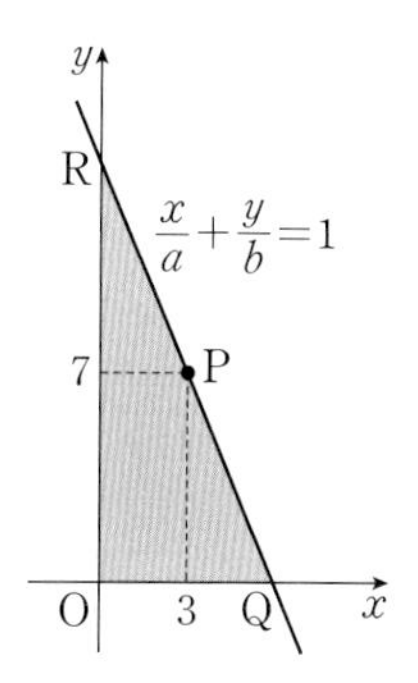

0665 두 조건 a, b에 대하여 (a, b)의 값은 다음과 같이 정의한다.

(가) a가 b이기 위한 필요조건이고 충분조건이 아니면 $(a, b)=0$

(나) a가 b이기 위한 충분조건이고 필요조건이 아니면 $(a, b)=1$

(다) (가)와 (나) 이외의 경우에는 $(a, b)=-1$

자연수 x에 대하여 세 조건 p, q, r가

p: x는 24의 약수이다.,

q: x는 12의 약수이다.,

r: $(x-m)(x-n)=0$

일 때, $(p, q)+(q, p)+(q, r)+(p, \sim r)=0$을 만족시키는 서로 다른 상수 m, n에 대하여 순서쌍 (m, n)의 개수를 구하시오.

07 명제

함수와 그래프

08 함수

09 유리식과 유리함수

10 무리식과 무리함수

step 1 개념 익히고,

개념 1 함수

› 유형 01, 02, 16

(1) 대응

공집합이 아닌 두 집합 X, Y에 대하여 X의 원소에 Y의 원소를 짝 짓는 것을 X에서 Y로의 **대응**이라 한다.

이때 X의 원소 x에 Y의 원소 y가 짝 지어지면 'x에 y가 대응한다'고 하고, 기호 $x \longrightarrow y$로 나타낸다.

(2) 함수

두 집합 X, Y에 대하여 X의 각 원소에 Y의 원소가 오직 하나씩 대응할 때, 이 대응을 X에서 Y로의 함수라 하고, 기호 $\boldsymbol{f: X \longrightarrow Y}$로 나타낸다.

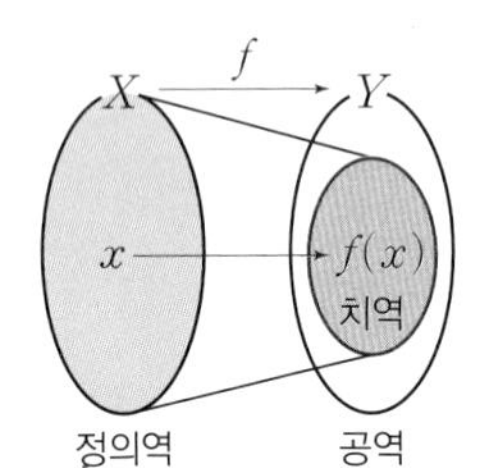

① **정의역**: 집합 X　　② **공역**: 집합 Y

③ **치역**: 함숫값 전체의 집합, 즉 $\{f(x) \mid x \in X\}$

참고 함수의 정의역, 공역이 주어지지 않을 때, 정의역은 함수가 정의되는 실수의 집합으로, 공역은 실수 전체의 집합으로 한다.

(3) 서로 같은 함수

두 함수 f, g에 대하여

(i) 정의역과 공역이 각각 같고, (ii) 정의역의 모든 원소 x에 대하여 $f(x)=g(x)$

일 때, 두 함수 f와 g는 '서로 같다'고 하고, 기호 $f=g$로 나타낸다.

(4) 함수의 그래프

함수 $f: X \longrightarrow Y$에서 정의역 X의 원소 x와 이에 대응하는 함숫값 $f(x)$의 순서쌍 $(x, f(x))$ 전체의 집합 $\{(x, f(x)) \mid x \in X\}$를 함수 f의 그래프라 한다.

참고 함수 $y=f(x)$의 정의역과 공역의 원소가 모두 실수일 때, 함수의 그래프는 순서쌍 $(x, f(x))$를 좌표로 하는 점을 좌표평면에 나타내어 그릴 수 있다.

개념 2 여러 가지 함수

› 유형 03~06

(1) **일대일함수**: 함수 $f: X \longrightarrow Y$에서 정의역 X의 두 원소 x_1, x_2에 대하여 $x_1 \neq x_2$이면 $f(x_1) \neq f(x_2)$인 함수 ← 대우: $f(x_1)=f(x_2)$이면 $x_1=x_2$

(2) **일대일대응**: 함수 $f: X \longrightarrow Y$가

(i) 일대일함수이고, (ii) 치역과 공역이 같은 함수

(3) **항등함수**: 함수 $f: X \longrightarrow X$에서 정의역 X의 각 원소 x에 그 자신 x가 대응하는 함수, 즉 $f(x)=x$인 함수 ← 항등함수는 일대일대응이다.

(4) **상수함수**: 함수 $f: X \longrightarrow Y$에서 정의역 X의 모든 원소 x에 공역 Y의 오직 하나의 원소 c가 대응하는 함수, 즉 $f(x)=c$인 함수

예
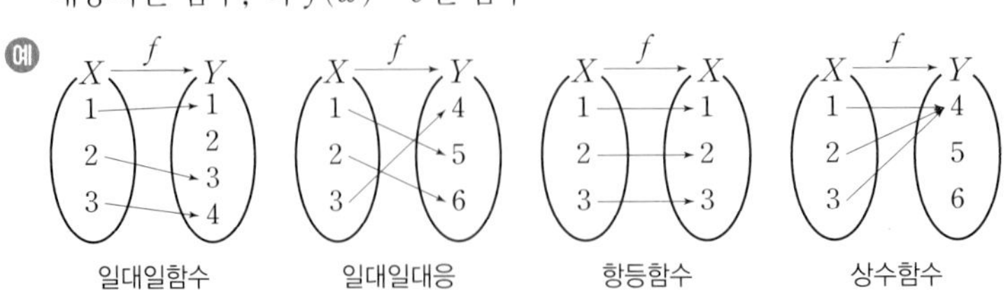

개념 1 함수

0666 다음 대응이 집합 X에서 집합 Y로의 함수인지 아닌지를 조사하고, 함수인 것은 정의역, 공역, 치역을 구하시오.

(1)

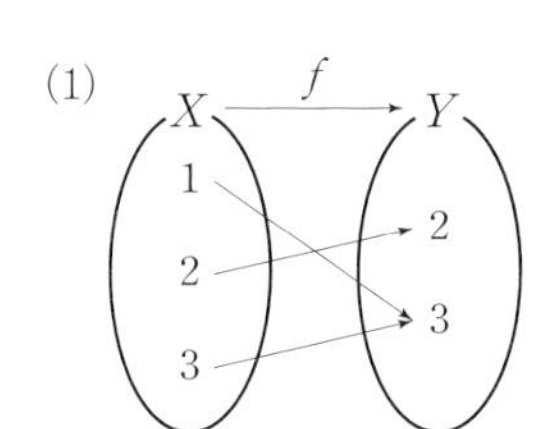

(2)

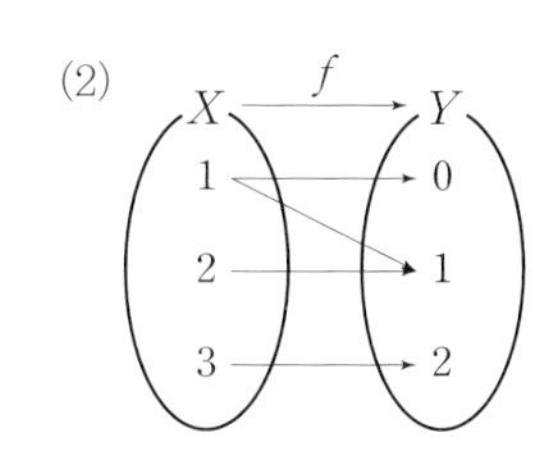

(3)

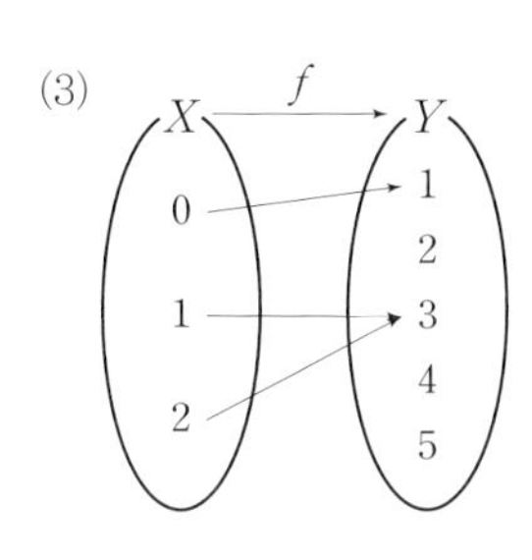

(4)

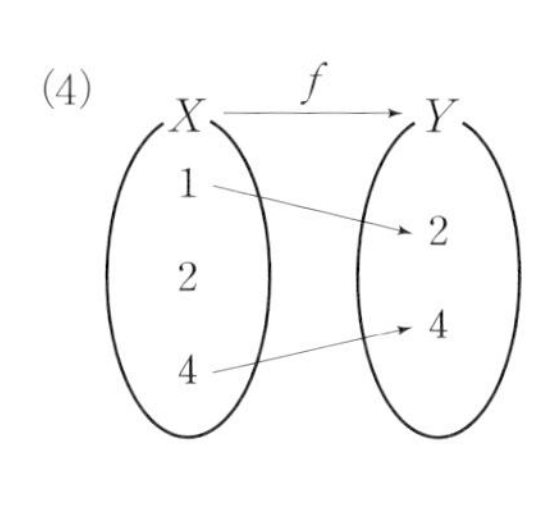

0667 다음 함수의 정의역과 치역을 구하시오.

(1) $y=3x-1$ (2) $y=-x^2+9$

(3) $y=|x|-4$ (4) $y=-\dfrac{2}{x}$

0668 집합 $X=\{-1, 0, 1\}$을 정의역으로 하고 집합 $Y=\{-1, 0, 1, 2\}$를 공역으로 하는 다음 두 함수 f, g가 서로 같은 함수인지 아닌지를 조사하시오.

(1) $f(x)=x$, $g(x)=x^2+1$

(2) $f(x)=x^2$, $g(x)=|x|$

(3) $f(x)=x$, $g(x)=-x$

0669 정의역이 다음과 같은 함수 $y=-x+1$의 그래프를 좌표평면 위에 나타내시오.

(1) $\{-1, 0, 1\}$ (2) $\{x|-2\le x\le 2\}$

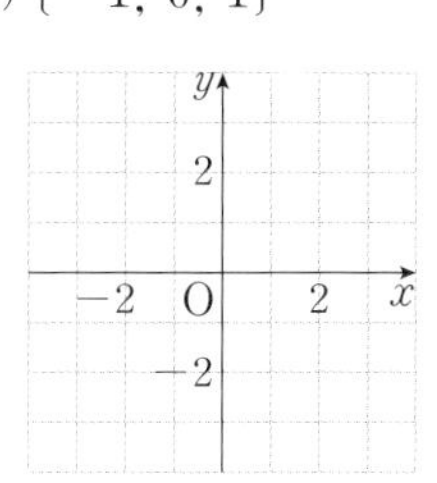

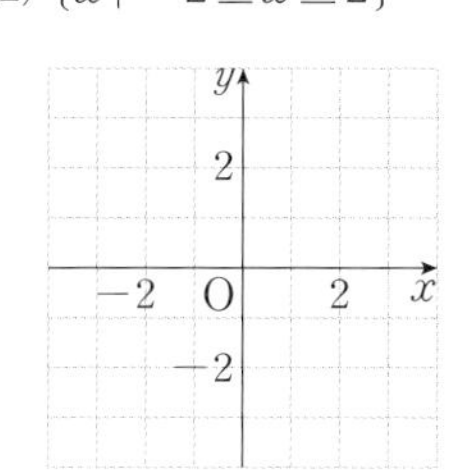

개념 2 여러 가지 함수

0670 정의역이 $\{x|0\le x\le 2\}$, 공역이 $\{y|0\le y\le 2\}$인 보기의 함수의 그래프 중에서 다음에 해당하는 것만을 있는 대로 고르시오.

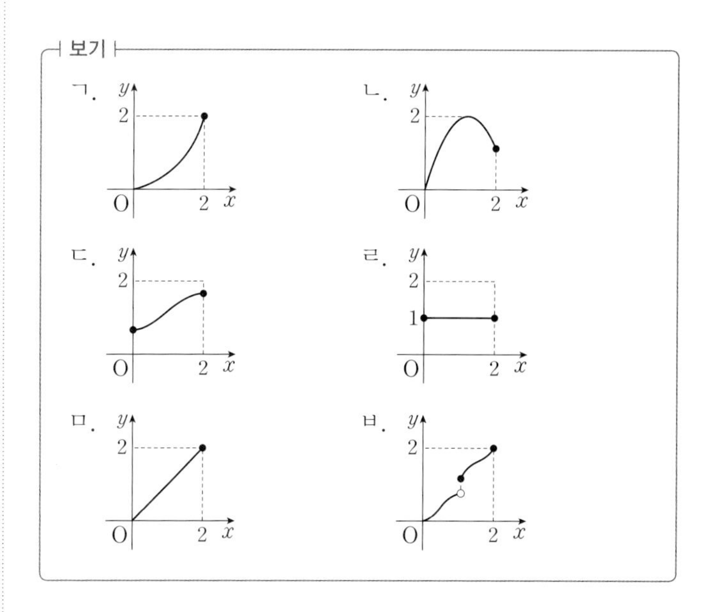

(1) 일대일함수 (2) 일대일대응

(3) 항등함수 (4) 상수함수

0671 보기의 함수 중에서 다음에 해당하는 것만을 있는 대로 고르시오.

보기
ㄱ. $y=3$ ㄴ. $y=-2x$
ㄷ. $y=x$ ㄹ. $y=x^2-1$

(1) 일대일함수 (2) 일대일대응

(3) 항등함수 (4) 상수함수

개념 3 합성함수

> 유형 07~10

(1) 합성함수

두 함수 $f: X \longrightarrow Y$, $g: Y \longrightarrow Z$가 주어질 때, 집합 X의 각 원소 x에 집합 Z의 원소 $g(f(x))$를 대응시키는 함수를 f와 g의 **합성함수**라 하고, 기호 $\boldsymbol{g \circ f}$로 나타낸다.

즉, 두 함수 f, g의 합성함수는

$$\boldsymbol{g \circ f: X \longrightarrow Z,\ (g \circ f)(x) = g(f(x))}$$

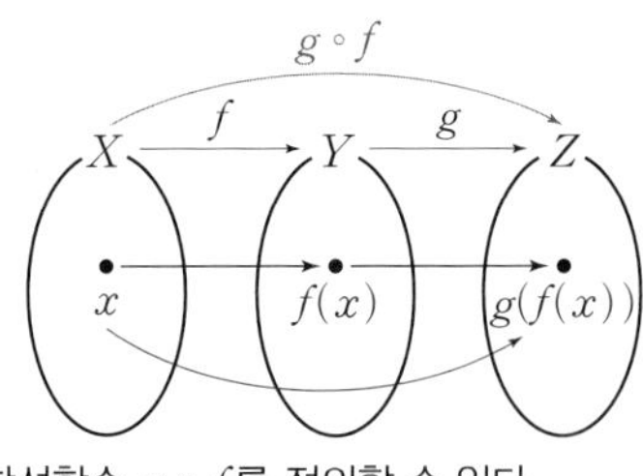

참고 두 함수 f, g에 대하여 f의 치역이 g의 정의역의 부분집합이면 합성함수 $g \circ f$를 정의할 수 있다.

예 오른쪽 그림과 같은 두 함수 f, g에 대하여

$(g \circ f)(-1) = g(f(-1)) = g(2) = 4$

$(g \circ f)(0) = g(f(0)) = g(1) = 2$

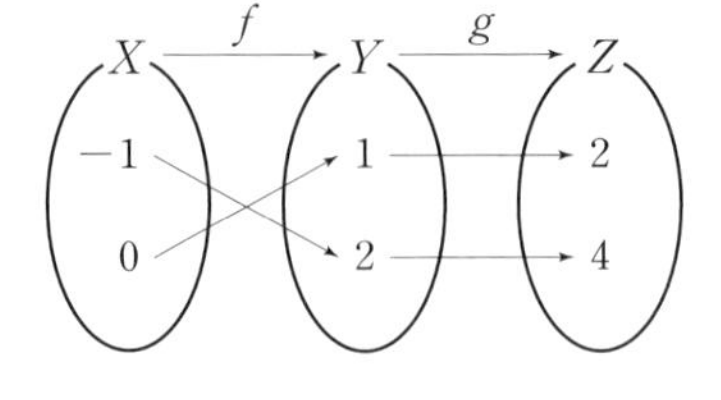

(2) 합성함수의 성질

세 함수 f, g, h에 대하여

① $g \circ f \neq f \circ g$ ⬅ 교환법칙이 성립하지 않는다.

② $(f \circ g) \circ h = f \circ (g \circ h)$ ⬅ 결합법칙이 성립한다.

③ $f: X \longrightarrow X$일 때, $f \circ I = I \circ f = f$ (단, I는 X에서의 항등함수이다.)

예 $f(x) = -3x$, $g(x) = x^2$일 때

(i) $(g \circ f)(x) = g(f(x)) = g(-3x) = (-3x)^2 = 9x^2$

(ii) $(f \circ g)(x) = f(g(x)) = f(x^2) = -3x^2$

(i), (ii)에서 $g \circ f \neq f \circ g$

개념 4 역함수

> 유형 11, 12

(1) 역함수

함수 $f: X \longrightarrow Y$가 일대일대응일 때, 집합 Y의 각 원소 y에 대하여 $f(x) = y$인 집합 X의 원소 x를 대응시키는 함수를 f의 **역함수**라 하고, 기호 $\boldsymbol{f^{-1}}$로 나타낸다.

즉, f의 역함수는

$$f^{-1}: Y \longrightarrow X,\ x = f^{-1}(y)$$

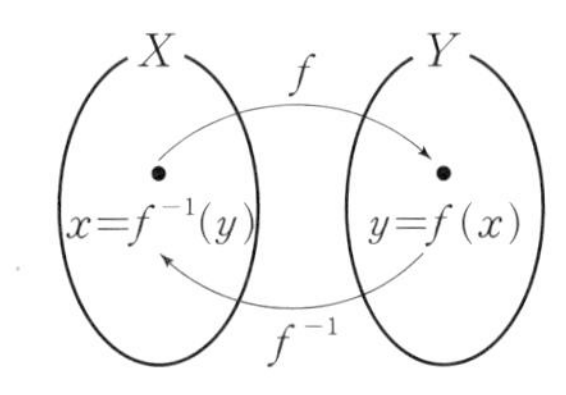

참고 함수 f의 역함수 f^{-1}에 대하여 $f(a) = b \Longleftrightarrow f^{-1}(b) = a$

(2) 역함수 구하기

일대일대응인 함수 $y = f(x)$의 역함수 $y = f^{-1}(x)$는 다음과 같이 구할 수 있다.

$y = f(x)$ —(x에 대하여 푼다.)→ $x = f^{-1}(y)$ —(x와 y를 서로 바꾼다.)→ $y = f^{-1}(x)$

이때 함수 f의 치역이 역함수 f^{-1}의 정의역이 되고, f의 정의역이 f^{-1}의 치역이 된다.

(3) 역함수의 성질

함수 $f: X \longrightarrow Y$가 일대일대응일 때, 그 역함수 $f^{-1}: Y \longrightarrow X$에 대하여

① $(f^{-1})^{-1} = f$

② $(f^{-1} \circ f)(x) = x$ $(x \in X)$

③ $(f \circ f^{-1})(y) = y$ $(y \in Y)$

④ 함수 $g: Y \longrightarrow Z$가 일대일대응이고 그 역함수가 g^{-1}일 때,

$(g \circ f)^{-1} = f^{-1} \circ g^{-1}$

개념 3 합성함수

0672 두 함수 $f: X \longrightarrow Y$, $g: Y \longrightarrow X$가 그림과 같을 때, 다음을 구하시오.

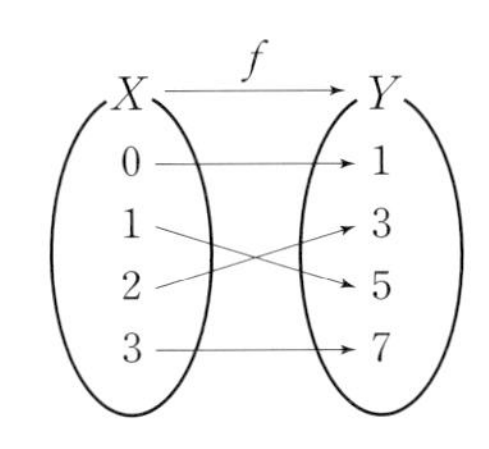

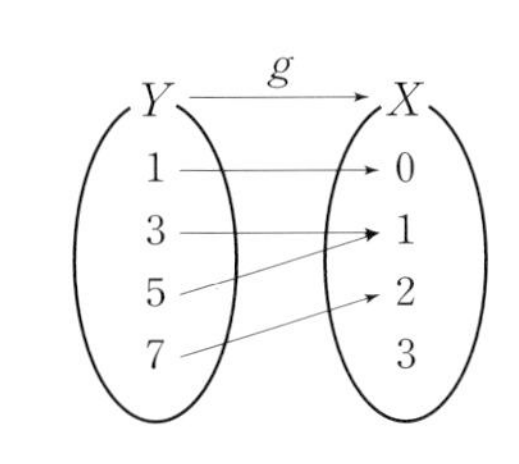

(1) $(g \circ f)(0)$　　(2) $(g \circ f)(2)$

(3) $(f \circ g)(3)$　　(4) $(f \circ g)(7)$

0673 두 함수 $f(x)=x^2-1$, $g(x)=2x+1$에 대하여 다음을 구하시오.

(1) $(f \circ g)(x)$　　(2) $(g \circ f)(x)$

(3) $(f \circ f)(x)$　　(4) $(g \circ g)(x)$

0674 세 함수 $f(x)=x-2$, $g(x)=3x+1$, $h(x)=x^2$에 대하여 $(f \circ g) \circ h = f \circ (g \circ h)$가 성립함을 확인하시오.

개념 4 역함수

0675 보기에서 역함수가 존재하는 함수인 것만을 있는 대로 고르시오.

보기
ㄱ. $y=2x-3$　　ㄴ. $y=x^2$
ㄷ. $y=-4$　　ㄹ. $y=-\frac{3}{2}x$

0676 함수 $y=-x+3$에 대하여 다음 등식을 만족시키는 상수 a의 값을 구하시오.

(1) $f^{-1}(2)=a$　　(2) $f^{-1}(a)=7$

0677 다음 함수의 역함수를 구하시오.

(1) $y=x+4$　　(2) $y=-\frac{1}{2}x+2$

0678 그림과 같은 함수 $f: X \longrightarrow Y$에 대하여 다음을 구하시오.

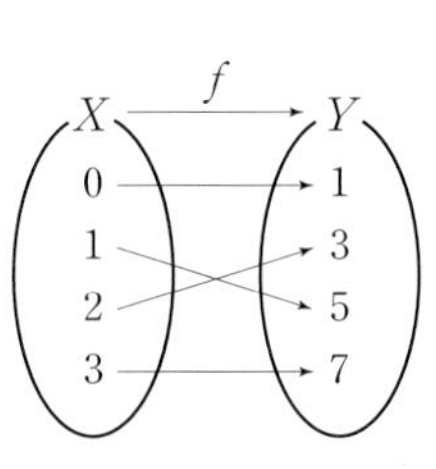

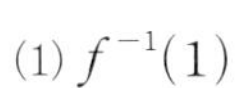

(1) $f^{-1}(1)$

(2) $(f^{-1})^{-1}(2)$

(3) $(f \circ f^{-1})(5)$

(4) $(f^{-1} \circ f)(3)$

개념 5 함수와 그 역함수의 그래프

› 유형 13

함수 $y=f(x)$의 그래프와 그 역함수 $y=f^{-1}(x)$의 그래프는 직선 $y=x$에 대하여 대칭이다.

➡ 함수 $y=f(x)$의 그래프가 점 $(a,\ b)$를 지나면 역함수 $y=f^{-1}(x)$의 그래프는 점 $(b,\ a)$를 지난다.

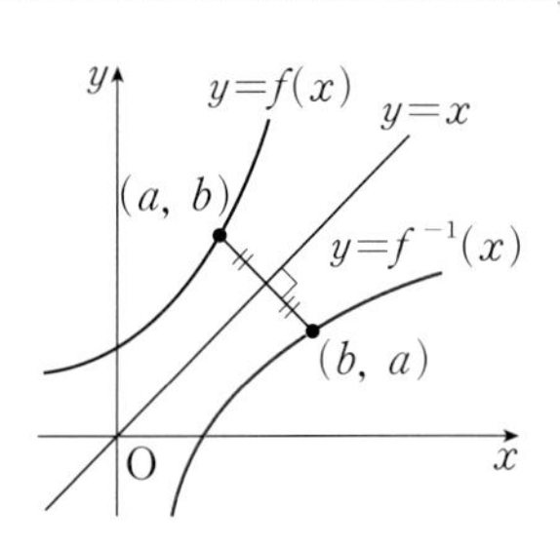

참고 함수 $y=f(x)$의 역함수 $y=f^{-1}(x)$가 존재할 때, 함수 $y=f(x)$의 그래프와 직선 $y=x$의 교점이 존재하면 그 교점은 두 함수 $y=f(x)$, $y=f^{-1}(x)$의 그래프의 교점이다.

개념 6 절댓값 기호를 포함한 식의 그래프

› 유형 14~16

(1) 구간을 나누어 그리는 경우

[1단계] 절댓값 기호 안의 식의 값이 0이 되는 x 또는 y의 값을 구한다.

[2단계] [1단계]에서 구한 값을 경계로 구간을 나누어 식을 구한다.

[3단계] 각 구간에서 [2단계]의 식의 그래프를 그린다.

(2) 대칭이동을 이용하여 그리는 경우

$y=\|f(x)\|$의 그래프	$y=f(\|x\|)$의 그래프
[1단계] 함수 $y=f(x)$의 그래프를 그린다. [2단계] $y\geq 0$인 부분은 그대로 둔다. [3단계] $y<0$인 부분을 x축에 대하여 대칭이동한다.	[1단계] 함수 $y=f(x)$의 그래프를 그린다. [2단계] $x<0$인 부분을 없애고 $x\geq 0$인 부분만 남긴다. [3단계] [2단계]의 그래프를 y축에 대하여 대칭이동한다.
$\|y\|=f(x)$의 그래프	**$\|y\|=f(\|x\|)$의 그래프**
[1단계] 함수 $y=f(x)$의 그래프를 그린다. [2단계] $y<0$인 부분을 없애고 $y\geq 0$인 부분만 남긴다. [3단계] [2단계]의 그래프를 x축에 대하여 대칭이동한다.	[1단계] 함수 $y=f(x)$의 그래프를 그린다. [2단계] $x\geq 0$, $y\geq 0$인 부분만 남긴다. [3단계] [2단계]의 그래프를 x축, y축, 원점에 대하여 각각 대칭이동한다.

개념 5 함수와 그 역함수의 그래프

0679 다음 함수의 역함수의 그래프를 직선 $y=x$를 이용하여 그리시오.

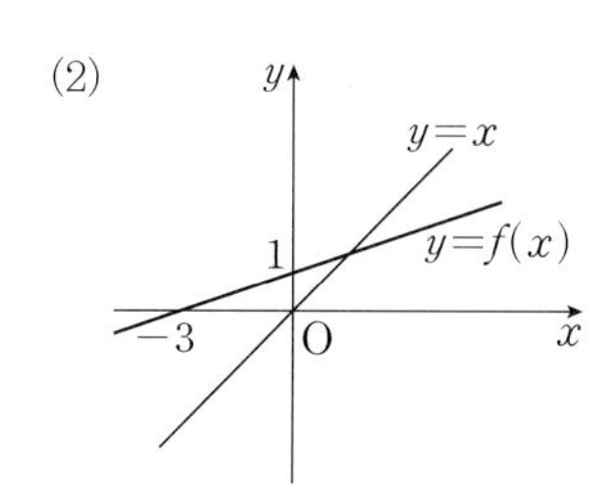

0680 함수 $y=f(x)$의 그래프와 직선 $y=x$가 그림과 같을 때, 다음을 구하시오. (단, 모든 점선은 x축 또는 y축에 평행하다.)

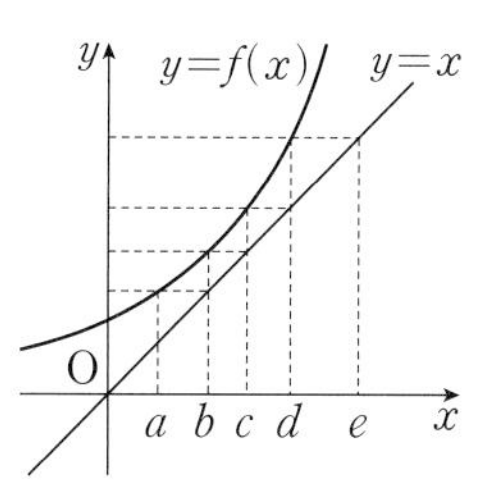

(1) $f(a)$

(2) $f^{-1}(c)$

(3) $f^{-1}(e)$

0681 다음 함수 $y=f(x)$의 그래프와 그 역함수 $y=f^{-1}(x)$의 그래프의 교점의 좌표를 구하시오.

(1) $f(x)=2x-3$ (2) $f(x)=-\dfrac{3}{2}x+5$

개념 6 절댓값 기호를 포함한 식의 그래프

0682 함수 $y=|x|+|x-2|$의 그래프를 x의 값의 범위에 따라 나누어 그리려고 한다. 다음 □ 안에 알맞은 것을 써넣고, 그래프를 그리시오.

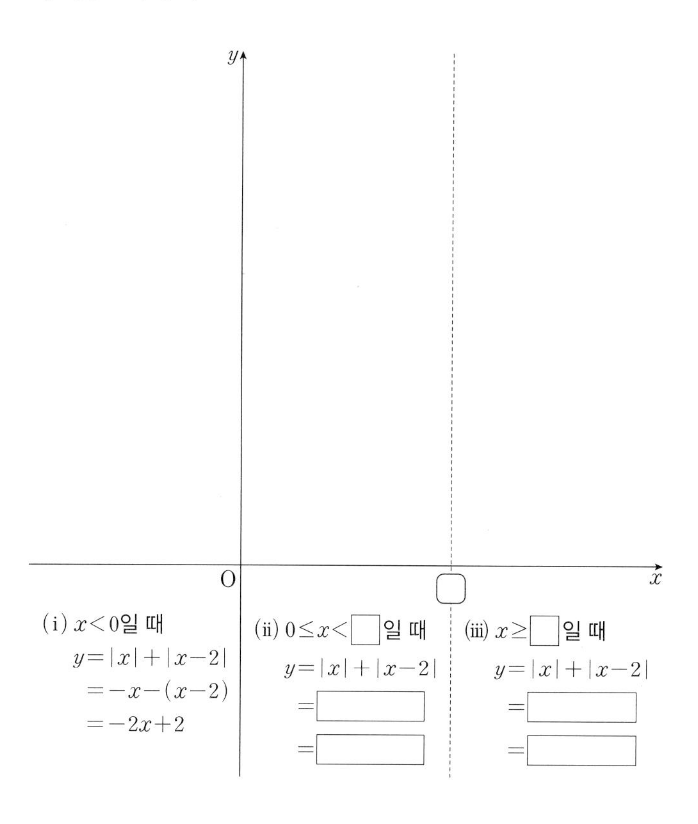

(i) $x<0$일 때
$y=|x|+|x-2|$
$=-x-(x-2)$
$=-2x+2$

(ii) $0\le x<$ □일 때
$y=|x|+|x-2|$
$=$ □
$=$ □

(iii) $x\ge$ □일 때
$y=|x|+|x-2|$
$=$ □
$=$ □

0683 함수 $y=f(x)$의 그래프가 그림과 같을 때, 다음 식의 그래프를 그리시오.

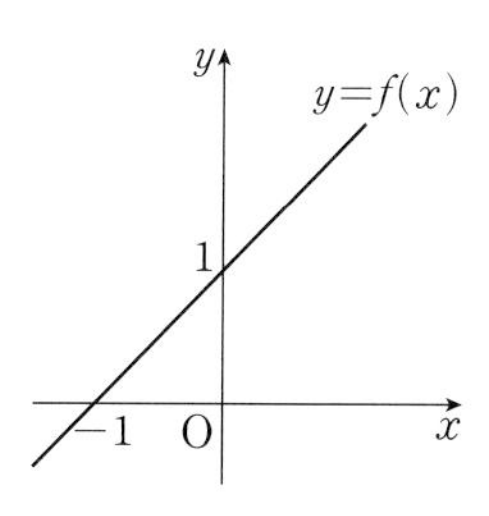

(1) $y=|f(x)|$

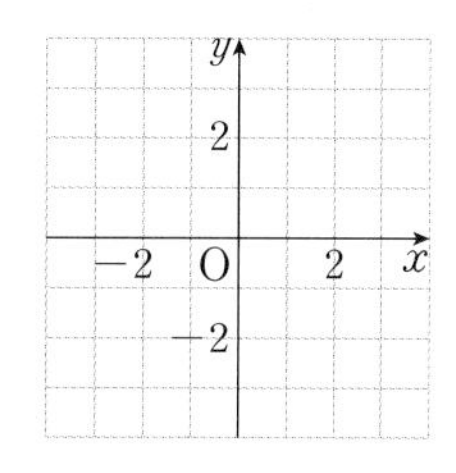

(2) $y=f(|x|)$

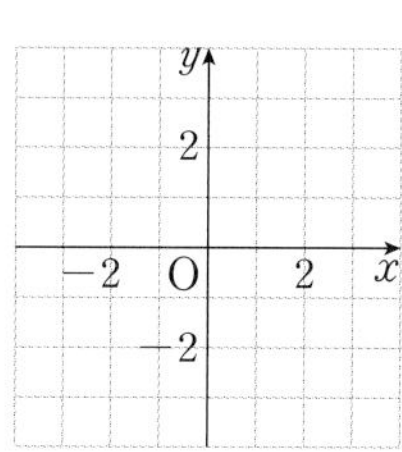

(3) $|y|=f(x)$

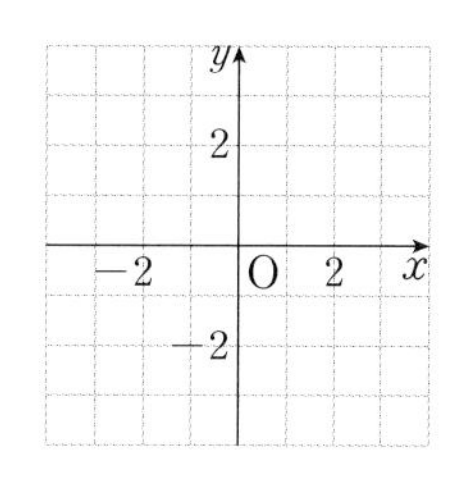

(4) $|y|=f(|x|)$

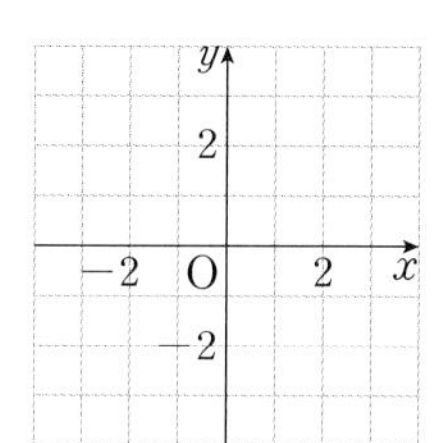

B step 기출 & 변형하면…

유형 01 함수와 함숫값

개념 1

0684 두 집합 $X=\{-1, 0, 2\}$, $Y=\{-2, 0, 1, 2\}$에 대하여 보기에서 X에서 Y로의 함수인 것만을 있는 대로 고른 것은?

보기
ㄱ. $f(x)=|x|$
ㄴ. $f(x)=3x+1$
ㄷ. $f(x)=1$
ㄹ. $f(x)=x^2$

① ㄱ, ㄴ ② ㄱ, ㄷ ③ ㄱ, ㄹ
④ ㄴ, ㄹ ⑤ ㄷ, ㄹ

➜ **0685** 두 집합 $X=\{x|0\le x\le 3\}$, $Y=\{y|-3\le y\le 6\}$에 대하여 다음 중 X에서 Y로의 함수가 아닌 것은?

① $f(x)=-3x+6$ ② $f(x)=-x+3$
③ $f(x)=3x-3$ ④ $f(x)=|x|+1$
⑤ $f(x)=x^2-2$

0686 실수 전체의 집합에서 정의된 함수 f가

$$f(x)=\begin{cases} x+1 & (x\text{는 유리수}) \\ x^2 & (x\text{는 무리수}) \end{cases}$$

일 때, $f(\sqrt{2})+f(3)$의 값은?

① 4 ② 5 ③ 6
④ 7 ⑤ 8

➜ **0687** 음이 아닌 정수 전체의 집합에서 정의된 함수 $f(x)$가

$$f(x)=\begin{cases} x-1 & (0\le x\le 2) \\ f(x-2) & (x>2) \end{cases}$$

일 때, $f(1)+f(10)$의 값을 구하시오.

0688 집합 $A=\{x|a\le x\le b\}$를 정의역으로 하는 함수 $f(x)=\dfrac{x^2+3}{4}$의 치역이 집합 A와 같을 때, $a+b$의 값을 구하시오. (단, $0<a<b$)

➜ **0689** 집합 $X=\{-2, -1, 0, 1, 2\}$를 정의역으로 하는 함수

$$f(x)=\begin{cases} ax^2+bx & (x<0) \\ -ax^2+bx & (x\ge 0) \end{cases}$$

의 치역이 집합 X와 같다. $f(2)<0$일 때, 자연수 a, b에 대하여 ab의 값은?

① 2 ② 4 ③ 6
④ 8 ⑤ 10

0690 함수 $y=-x^2+4x+a$의 정의역이 $\{x|1\le x\le 4\}$이고 치역이 $\{y|1\le y\le b\}$일 때, $a+b$의 값은?

(단, a는 상수이다.)

① 4　② 5　③ 6　④ 7　⑤ 8

➜ **0691** 정의역이 $\{x|-1\le x\le 2\}$인 일차함수 $f(x)=ax+1$의 공역이 $\{y|-2\le y\le 7\}$일 때, 정수 a의 개수는?

① 1　② 2　③ 3　④ 4　⑤ 5

유형 02 서로 같은 함수

개념 1

0692 집합 $X=\{1, 2\}$를 정의역으로 하는 두 함수

$f(x)=ax+b$, $g(x)=x^2-x+3$

에 대하여 $f=g$일 때, $a-b$의 값은? (단, a, b는 상수이다.)

① 1　② 2　③ 3　④ 4　⑤ 5

➜ **0693** 집합 $X=\{-1, 1\}$을 정의역으로 하는 두 함수

$f(x)=x^2+ax+1$, $g(x)=x^3+b$

에 대하여 $f=g$일 때, a^2+b^2의 값은? (단, a, b는 상수이다.)

① 1　② 2　③ 4　④ 5　⑤ 10

0694 공집합이 아닌 집합 X를 정의역으로 하는 두 함수 $f(x)=2x^3$, $g(x)=2x$에 대하여 $f=g$가 되도록 하는 집합 X의 개수는?

① 4　② 5　③ 6　④ 7　⑤ 8

서술형

➜ **0695** 집합 $A=\{a, b\}$를 정의역으로 하는 두 함수

$f(x)=x^2-2kx+6$, $g(x)=-2x+2$

가 서로 같을 때, 상수 k에 대하여 $4k^2$의 값을 구하시오.

(단, a와 b는 서로 다른 자연수이다.)

유형 03 일대일함수와 일대일대응

개념 2

0696 다음 함수의 그래프 중 일대일함수인 것은?
(단, 정의역과 공역은 모두 실수 전체의 집합이다.)

①
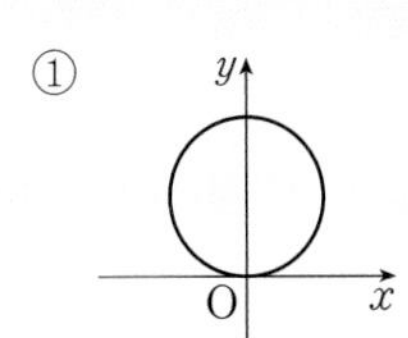

②
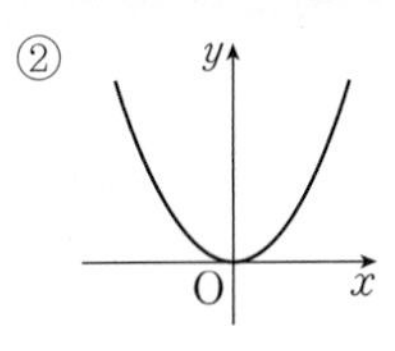

③
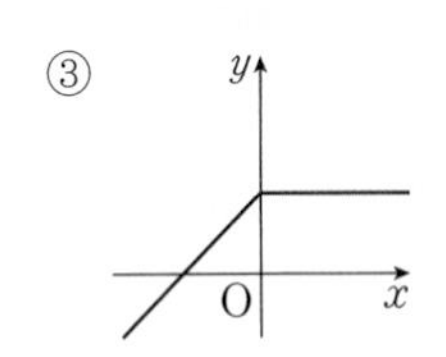

④
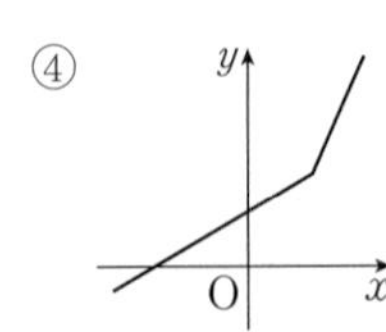

⑤
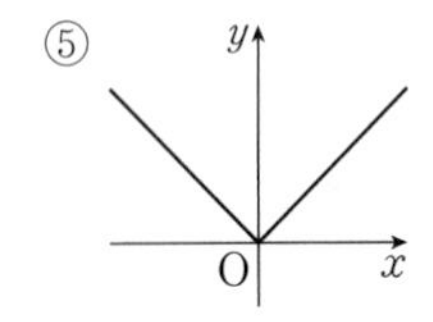

0697 정의역과 공역이 모두 실수 전체의 집합인 **보기**의 함수의 그래프 중에서 일대일함수이지만 일대일대응이 아닌 것만을 있는 대로 고르시오.

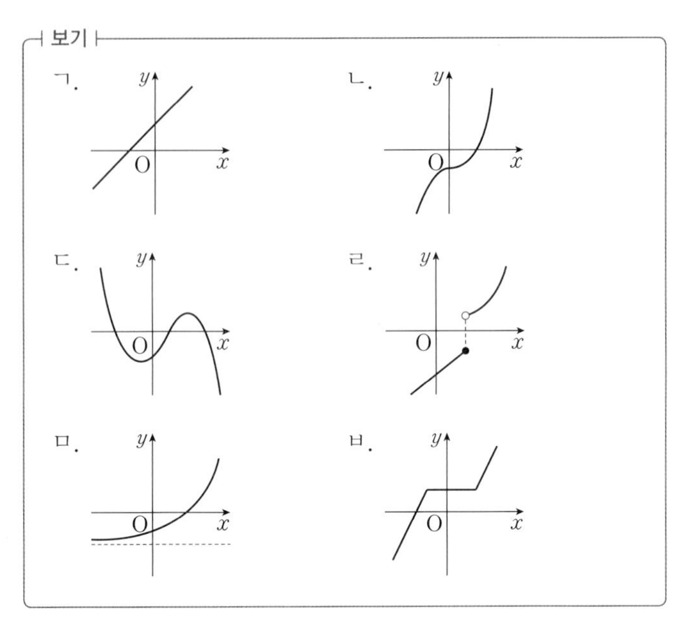

0698 두 집합 $X=\{1, 2\}$, $Y=\{4, 5, 6\}$에 대하여 함수 $f: X \longrightarrow Y$가 일대일함수일 때, $f(1)+f(2)$의 최댓값은?

① 8 ② 9 ③ 10
④ 11 ⑤ 12

0699 집합 $X=\{1, 2, 3, 4\}$에 대하여 X에서 X로의 일대일함수를 $f(x)$라 하자. $f(1)<f(2)<f(3)$일 때, $3f(2)+f(4)$의 최댓값은?

① 8 ② 9 ③ 10
④ 11 ⑤ 12

유형 04 일대일대응이 되기 위한 조건

개념 2

0700 실수 전체의 집합에서 정의된 함수

$$f(x)=\begin{cases} 2x+6 & (x\le 0) \\ x+2a & (x>0) \end{cases}$$

가 일대일대응일 때, 상수 a의 값을 구하시오.

→ **0701** 실수 전체의 집합에서 정의된 함수

$$f(x)=\begin{cases} (x-3)^2+b & (x\ge 3) \\ 2x+a & (x<3) \end{cases}$$

가 일대일대응이 되도록 하는 실수 a, b에 대하여 $b-a$의 값은?

① -3　② -1　③ 2　④ 4　⑤ 6

0702 실수 전체의 집합에서 정의된 함수

$$f(x)=\begin{cases} (4-a)x+a & (x\ge 1) \\ (3+a)x-a+1 & (x<1) \end{cases}$$

이 일대일대응이 되도록 하는 정수 a의 개수는?

① 3　② 4　③ 5　④ 6　⑤ 7

서술형

→ **0703** 실수 전체의 집합에서 정의된 함수

$$f(x)=\begin{cases} (a+3)x+a^2 & (x<0) \\ (3-a)x-2a+8 & (x\ge 0) \end{cases}$$

이 일대일대응이 되도록 하는 상수 a의 값을 구하시오.

0704 두 집합

$X=\{x|-1\le x\le 3\}$, $Y=\{y|-1\le y\le 5\}$

에 대하여 함수

$f: X \longrightarrow Y$, $f(x)=ax+b\ (a>0)$

가 일대일대응이다. 이때 상수 a, b에 대하여 $4a+2b$의 값을 구하시오.

→ **0705** 집합 $X=\{x|x\ge k\}$에 대하여 X에서 X로의 함수

$f(x)=x^2-4x-6$

이 일대일대응이 되도록 하는 실수 k의 값을 구하시오.

유형 05 항등함수와 상수함수 개념 2

0706 실수 전체의 집합에서 정의된 두 함수 f, g에 대하여 함수 f는 항등함수이고, 함수 g는 상수함수이다.
$f(2)=g(2)$일 때, $f(3)+g(4)$의 값을 구하시오.

➜ **0707** 실수 전체의 집합 X에 대하여 함수 $f: X \longrightarrow X$가 상수함수이고, $f(1)+f(3)+f(5)+f(7)=16$을 만족시킬 때, $f(2)+f(4)$의 값은?

① 4 ② 6 ③ 8
④ 10 ⑤ 12

0708 집합 $X=\{-1, 1, 3\}$을 정의역으로 하는 함수

$$f(x)=\begin{cases} 3x+a & (x<0) \\ x^2-bx+c & (x\geq 0) \end{cases}$$

가 항등함수일 때, $a+b+c$의 값은? (단, a, b, c는 상수이다.)

① 2 ② 4 ③ 6
④ 8 ⑤ 10

➜ **0709** 집합 $X=\{a, b, c\}$를 정의역으로 하는 함수

$$f(x)=\begin{cases} \frac{1}{2}x-1 & (x<0) \\ 2x-1 & (0\leq x<3) \\ 5 & (x\geq 3) \end{cases}$$

가 항등함수일 때, $|f(a)f(b)f(c)|$의 값을 구하시오.
(단, a, b, c는 서로 다른 실수이다.)

유형 06 함수의 개수 개념 2

0710 두 집합 $X=\{1, 2, 3\}$, Y에 대하여 X에서 Y로의 함수의 개수가 64일 때, X에서 Y로의 일대일함수의 개수를 a, 상수함수의 개수를 b라 하자. $a+b$의 값을 구하시오.

➜ **0711** 두 집합 $X=\{1, 2, 3, 4, 5, 6\}$, $Y=\{0, 1\}$에 대하여 X에서 Y로의 함수 중 공역과 치역이 같은 함수의 개수를 구하시오.

0712 두 집합 $X=\{1, 2, 3, 4\}$, $Y=\{1, 2, 3, 4, 5, 6\}$에 대하여 다음을 만족시키는 함수 $f: X \longrightarrow Y$의 개수를 구하시오.

> 정의역 X의 두 원소 x_1, x_2에 대하여 $x_1<x_2$이면 $f(x_1)<f(x_2)$이다.

➜ 서술형 **0713** 집합 $X=\{1, 2, 3, 4, 5, 6\}$에 대하여 다음 조건을 만족시키는 함수 $f: X \longrightarrow X$의 개수를 구하시오.

> (가) 정의역 X의 두 원소 x_1, x_2에 대하여 $x_1 \neq x_2$이면 $f(x_1) \neq f(x_2)$이다.
> (나) $f(2)f(3)$의 값은 홀수이다.

0714 집합 $X=\{-3, -2, -1, 0, 1, 2, 3\}$에 대하여 다음 조건을 만족시키는 함수 f의 개수를 구하시오.

> (가) 함수 f는 X에서 X로의 일대일함수이다.
> (나) 집합 X의 모든 원소 x에 대하여 $f(-x)=-f(x)$이다.

➜ **0715** 집합 $X=\{1, 2, 3, 4, 5, 6\}$에 대하여 다음 조건을 만족시키는 함수 $f: X \longrightarrow X$의 개수는?

> (가) 함수 f는 일대일대응이다.
> (나) $k \geq 2$이면 $f(k) \leq k$이다. (단, $k \in X$)
> (다) $f(1)=6$

① 16 ② 18 ③ 20
④ 22 ⑤ 24

0716 두 함수 $f: X \longrightarrow X$, $g: X \longrightarrow X$가 그림과 같을 때, $(f \circ g)(1)+(g \circ f)(1)+(f \circ f \circ g)(2)$의 값을 구하시오.

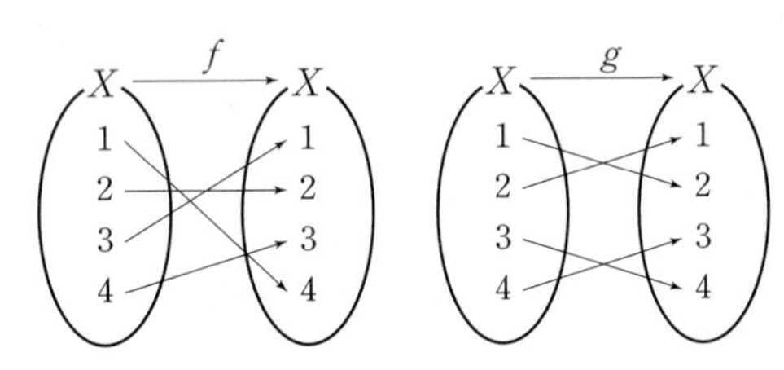

→ 0717 세 함수 f, g, h에 대하여

$$f(x)=x^2,\ g(h(x))=2x-1$$

일 때, $((f \circ g) \circ h)(2)$의 값을 구하시오.

0718 두 함수 $f(x)=3x+a$, $g(x)=-x+1$에 대하여 $f \circ g=g \circ f$가 성립할 때, 상수 a의 값은?

① -1 ② 0 ③ 1
④ 2 ⑤ 3

→ 0719 집합 $X=\{1, 2, 3, 4, 5\}$에 대하여 함수 $f: X \longrightarrow X$가 그림과 같다. 함수 $g: X \longrightarrow X$가 $g(1)=5$, $f \circ g=g \circ f$를 만족시킬 때, $g(3)$의 값은?

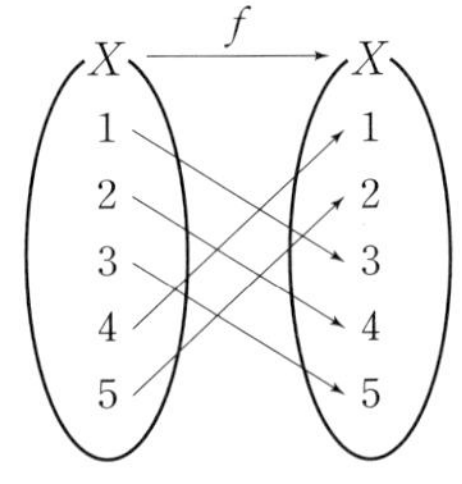

① 1 ② 2 ③ 3
④ 4 ⑤ 5

0720 함수 $f(x)=ax+b\ (a>0)$에 대하여 $(f \circ f)(x)=9x+8$일 때, $f(2)$의 값을 구하시오.
(단, a, b는 상수이다.)

→ 0721 세 함수

$$f(x)=-x+1,\ g(x)=-3x+a,\ h(x)=bx-2$$

가 $h \circ f=g$를 만족시킬 때, 상수 a, b에 대하여 ab의 값은?

① -3 ② -1 ③ 0
④ 1 ⑤ 3

유형 08 합성함수의 활용

개념 3

0722 집합 X에서 X로의 두 함수 f, g가 다음 조건을 만족시킨다.

(가) 함수 f는 일대일대응이다.
(나) $f \circ g = f$

$f(1)=3$일 때, $f(g(1))+g(f(1))$의 값은?

① 2 ② 4 ③ 6
④ 8 ⑤ 10

서술형

0723 집합 $X=\{1, 2, 3, 4\}$에 대하여 X에서 X로의 함수 f가 다음 조건을 만족시킬 때, $(f \circ f)(3)+(f \circ f)(4)$의 값을 구하시오.

(가) 함수 f는 일대일대응이다.
(나) $f(1)=3$
(다) $f(4)-f(2)=f(1)-f(3)>0$

유형 09 f^n 꼴의 합성함수

개념 3

0724 함수 $f(x)=x+2$에 대하여

$f^1=f$, $f^{n+1}=f \circ f^n$ (n은 자연수)

으로 정의할 때, $f^8(a)=32$를 만족시키는 실수 a의 값을 구하시오.

0725 함수 $f(x)=-x+1$에 대하여

$f^1=f$, $f^{n+1}=f \circ f^n$ (n은 자연수)

으로 정의할 때, $f^n(x)$를 구하시오.

0726 집합 $A=\{1, 2, 3, 4\}$에 대하여 함수 $f: A \longrightarrow A$가

$$f(x)=\begin{cases} x-1 & (x \geq 2) \\ 4 & (x=1) \end{cases}$$

이다. 합성함수 $f \circ f$를 f^2, $f \circ f^2$를 f^3, $\cdots$, $f \circ f^n$을 f^{n+1}로 나타낼 때, $f^{1006}(1)-f^{1007}(4)$의 값은? (단, n은 자연수이다.)

① -1 ② 0 ③ 1
④ 2 ⑤ 3

서술형

0727 양의 실수 전체의 집합에서 정의된 세 함수 f, g, h가

$$f(x)=\begin{cases} x & (x\text{가 유리수}) \\ 1 & (x\text{가 무리수}) \end{cases},$$

$g(x)=\sqrt{x}$,

$h(x)=(f \circ g)(x)$

일 때, $h(1)+h(2)+h(3)+ \cdots +h(20)$의 값을 구하시오.

유형 10 합성함수의 그래프의 해석 개념 3

0728 최댓값이 3보다 큰 이차함수 $y=f(x)$의 그래프가 그림과 같을 때, 방정식 $f(f(x))=0$의 모든 실근의 합을 구하시오.

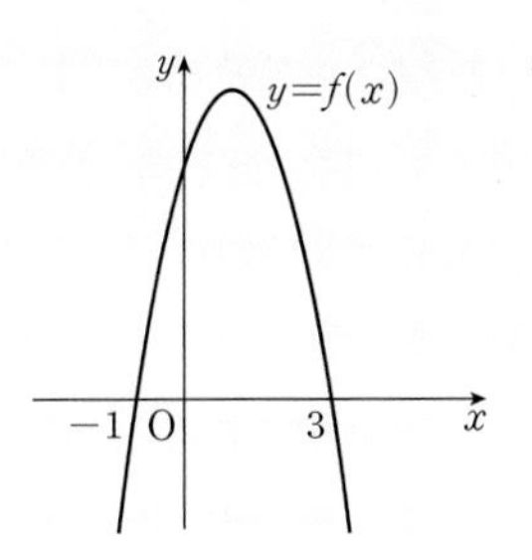

➜ **0729** 좌표평면 위에 점 $(1,\ -2)$를 꼭짓점으로 하고 원점을 지나는 이차함수 $y=f(x)$의 그래프가 있다. 방정식 $(f\circ f)(x)=k$를 만족시키는 서로 다른 실수 x의 개수가 3일 때, 실수 k의 값은?

① 12 ② 14 ③ 16 ④ 18 ⑤ 20

0730 $0\le x\le 2$에서 정의된 두 함수 $y=f(x)$, $y=g(x)$의 그래프가 그림과 같을 때, 함수 $y=(f\circ g)(x)$의 그래프는?

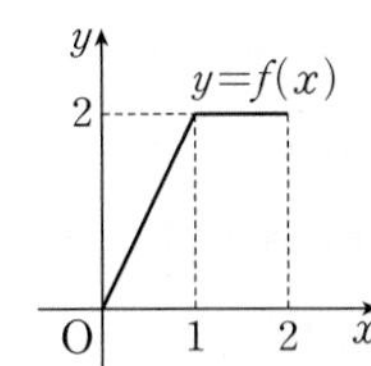

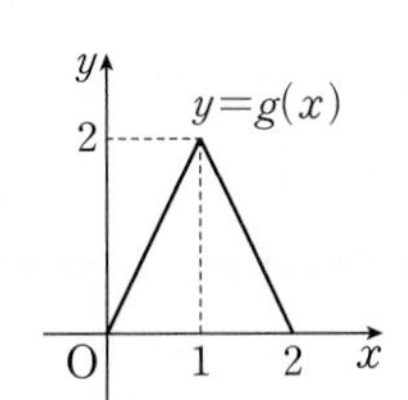

①
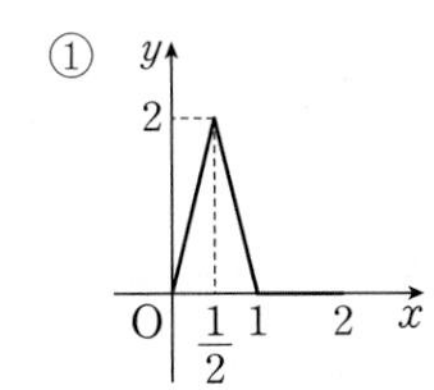

②
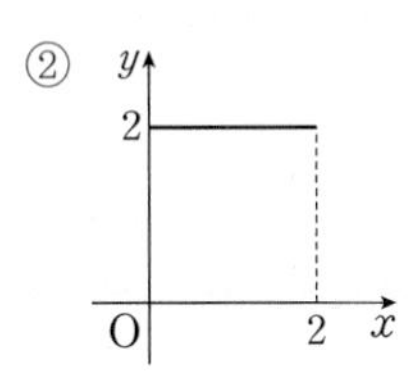

③
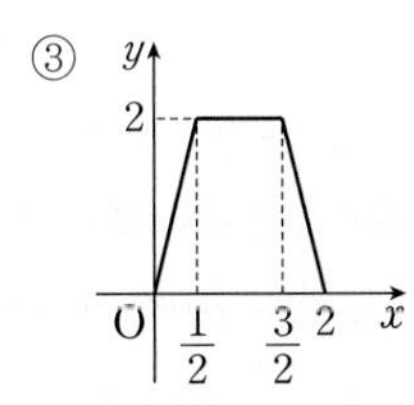

④
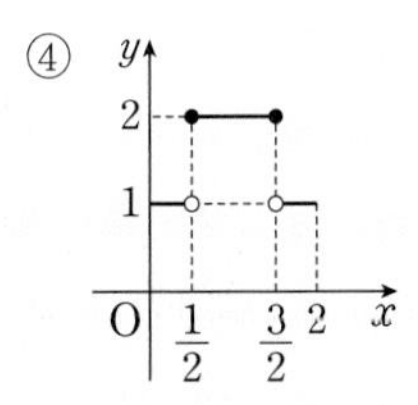

⑤
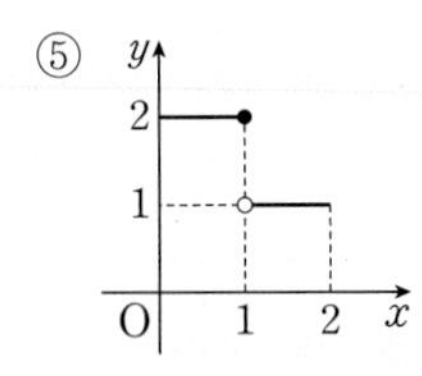

서술형

➜ **0731** $0\le x\le 4$에서 정의된 두 함수 $y=f(x)$, $y=g(x)$의 그래프가 그림과 같을 때, 함수 $y=f(g(x))$의 그래프와 x축 및 y축으로 둘러싸인 도형의 넓이를 구하시오.

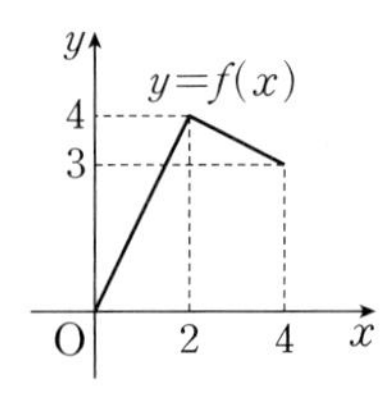

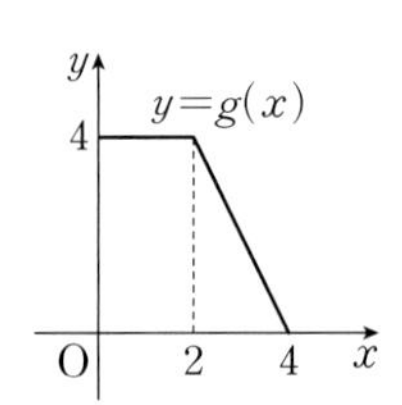

유형 11 역함수

개념 4

0732 함수 $f(x)=ax+b$의 역함수가 $g(x)=2x+6$일 때, 실수 a, b에 대하여 $a+b$의 값은?

① $-\frac{7}{2}$ ② -3 ③ $-\frac{5}{2}$

④ $\frac{1}{2}$ ⑤ 2

→ **0733** 일차함수 $f(x)$의 역함수를 $g(x)$라 할 때, 함수 $f(3x-1)$의 역함수를 $g(x)$로 바르게 나타낸 것은?

① $3g(x)+1$ ② $3g(x)+\frac{1}{2}$

③ $3g(x)-1$ ④ $\frac{1}{3}g(x)+\frac{1}{3}$

⑤ $\frac{1}{3}g(x)-\frac{1}{3}$

0734 함수 $f(x)=ax+b$에 대하여 $f(2)=10$, $f^{-1}(4)=-1$일 때, $f(ab)$의 값을 구하시오.

(단, a, b는 상수이다.)

→ **0735** 실수 전체의 집합에서 정의된 함수 f에 대하여 $f(4-2x)=6x+k$일 때, 함수 $f(x)$의 역함수를 $g(x)$라 하자. $g(0)=8$일 때, 상수 k의 값을 구하시오.

0736 두 집합 $X=\{x|-1\le x\le 3\}$, $Y=\{y|a\le y\le b\}$에 대하여 X에서 Y로의 함수 $f(x)=-2x+4$의 역함수가 존재할 때, $a+b$의 값을 구하시오. (단, a, b는 상수이다.)

→ **0737** 집합 $X=\{x|x\ge a\}$에 대하여 X에서 X로의 함수 $f(x)=x^2-6x+10$이 역함수를 갖도록 하는 상수 a의 값을 구하시오.

서술형
0738 두 함수 $f(x)=x+a$, $g(x)=bx-4$에 대하여 합성함수 $(f\circ g)(x)=x-3$일 때, $f^{-1}(b)$의 값을 구하시오.

(단, a, b는 상수이다.)

➜ **0739** 두 함수 $f(x)=2x-5$, $g(x)=-x+2$에 대하여 $(f^{-1}\circ g)(a)=4$를 만족시키는 상수 a의 값을 구하시오.

유형 12 역함수의 성질

개념 4

0740 두 함수 $f: X \longrightarrow X$, $g: X \longrightarrow X$를 그림과 같이 정의할 때, $(g\circ f)(1)+(g\circ f)^{-1}(2)$의 값은?

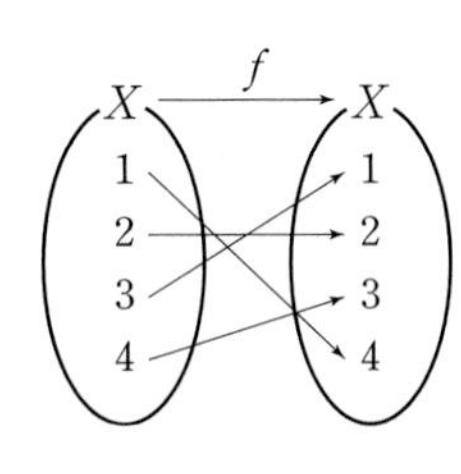

① 3 ② 4 ③ 5
④ 6 ⑤ 7

➜ **0741** 두 함수 $f(x)=x+3$, $g(x)=2x+1$에 대하여 $(f^{-1}\circ(f^{-1}\circ g)^{-1}\circ f^{-1})(k)=4$일 때, 상수 k의 값을 구하시오.

0742 함수 $y=f(x)$의 그래프와 직선 $y=x$가 그림과 같을 때, $(f\circ f)^{-1}(a)=4$이다. 상수 a의 값은? (단, 모든 점선은 x축 또는 y축에 평행하다.)

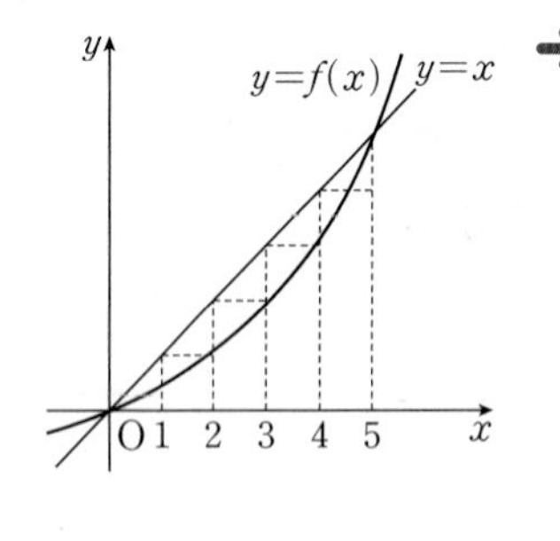

① 1 ② 2
③ 3 ④ 4
⑤ 5

➜ **0743** 함수 $y=f(x)$의 그래프와 직선 $y=x$가 그림과 같을 때, $(f\circ f\circ f)^{-1}(e)$의 값은? (단, 모든 점선은 x축 또는 y축에 평행하다.)

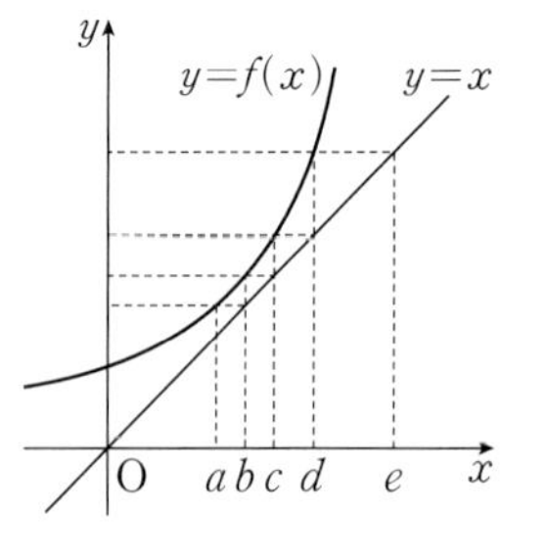

① a ② b
③ c ④ d
⑤ e

유형 13 역함수의 그래프의 대칭성 개념 5

0744 함수 $f(x)=3x-8$과 그 역함수 $y=f^{-1}(x)$의 그래프는 오직 한 점 P에서 만난다. 원점 O에 대하여 선분 OP의 길이를 l이라 할 때, l^2의 값은?

① 16 ② 24 ③ 32
④ 40 ⑤ 48

→ **0745** 함수 $f(x)=\frac{1}{4}x^2+\frac{1}{4}$ $(x\geq0)$에 대하여 $f^{-1}(x)=g(x)$일 때, 두 함수 $y=f(x)$, $y=g(x)$의 그래프는 서로 다른 두 점 A, B에서 만난다. $\overline{AB}^2$의 값을 구하시오.

0746 함수 $f(x)=ax-2a-1$과 그 역함수 $y=f^{-1}(x)$의 그래프의 교점 P의 x좌표를 p라 할 때, $p\geq3$이 되도록 하는 1보다 큰 모든 자연수 a의 값의 합을 구하시오.

→ **0747** 함수 $f(x)=\frac{1}{2}x^2-3x+k$ $(x\geq3)$와 그 역함수 $y=f^{-1}(x)$의 그래프의 서로 다른 교점의 개수가 2가 되도록 하는 실수 k의 값의 범위는 $a\leq k<b$이다. ab의 값은?

① 44 ② 48 ③ 52
④ 56 ⑤ 60

유형 14 절댓값 기호를 포함한 함수의 그래프; 대칭이동 이용 개념 6

0748 함수 $y=|x^2-4x|$의 그래프와 직선 $y=k$가 서로 다른 세 점에서 만나도록 하는 실수 k의 값을 구하시오.

➜ **0749** 함수 $y=f(x)$의 그래프가 그림과 같을 때, 함수 $y=||f(x)|-1|$의 그래프를 바르게 나타낸 것은?

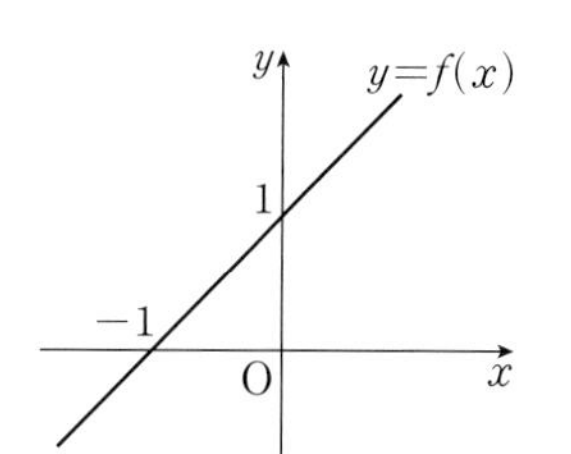

①
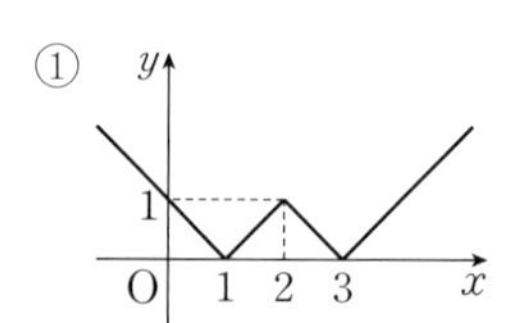

②
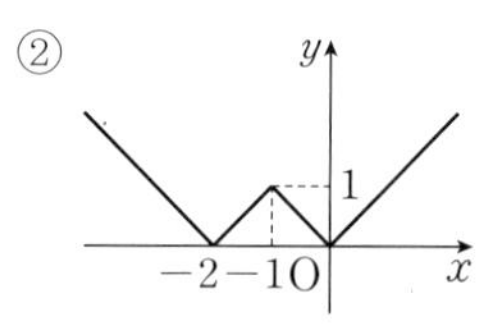

③
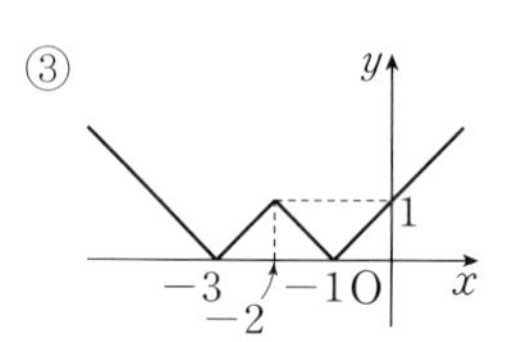

④
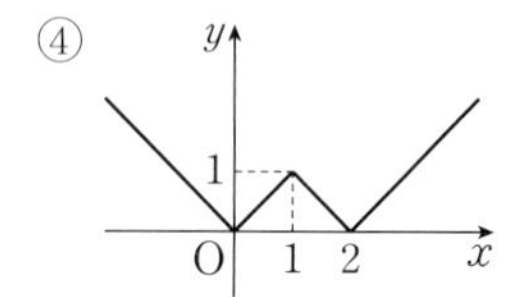

⑤
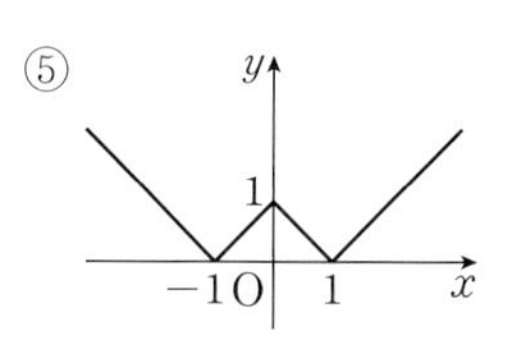

0750 함수 $y=f(x)$의 그래프가 그림과 같을 때, $|y|=f(x)$의 그래프를 바르게 나타낸 것은?

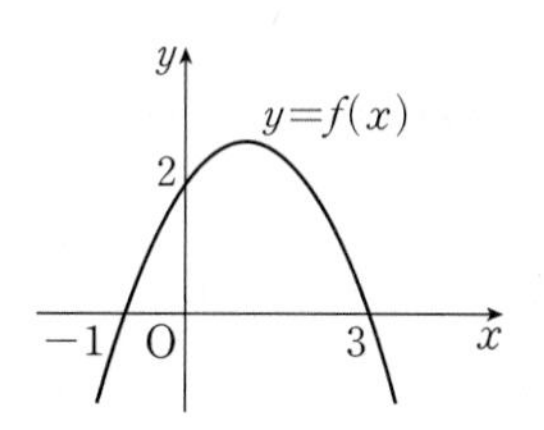

①
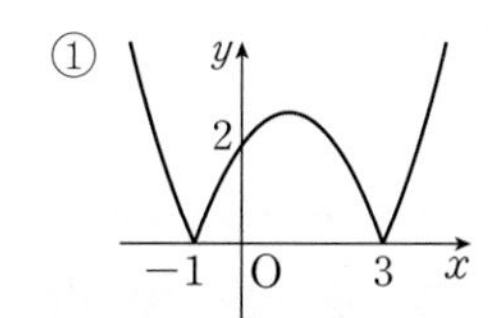

②
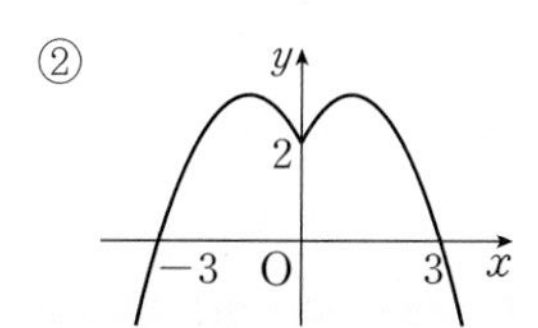

③
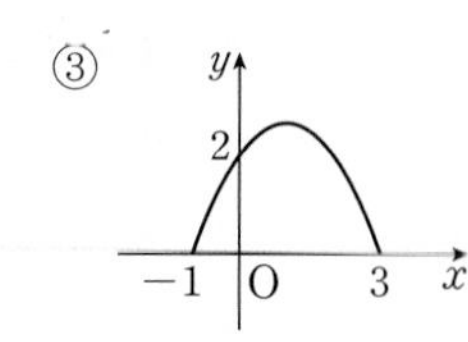

④
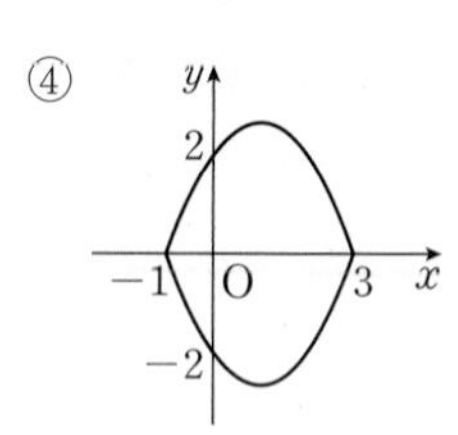

⑤
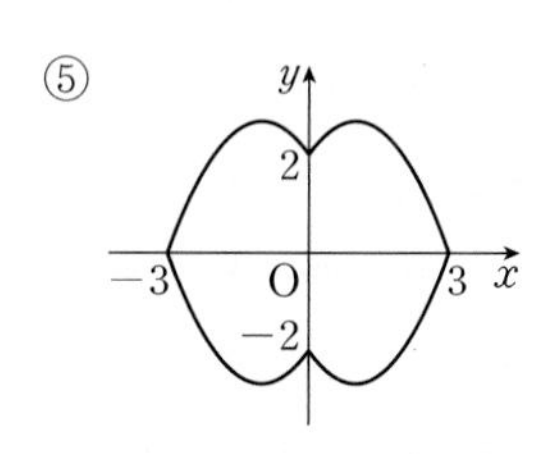

서술형

➜ **0751** 함수 $f(x)=x^2-6x+8$에 대하여 등식 $g(x)=f(|x|)$가 성립할 때, 정수 n에 대하여 방정식 $g(x)=n$의 서로 다른 실근의 개수를 $h(n)$이라 하자. $h(-1)+h(0)+h(8)+h(10)$의 값을 구하시오.

유형 15 절댓값 기호를 포함한 함수의 그래프: 구간을 나누는 경우 개념 6

0752 실수 전체의 집합에서 정의된 함수 $f(x)=|x-2|+kx-6$이 일대일대응일 때, 실수 k의 값의 범위는 $k<a$ 또는 $k>b$이다. 상수 a, b에 대하여 ab의 값은?

① -3 ② -1 ③ $\frac{1}{2}$
④ 1 ⑤ 3

➜ **0753** 함수 $f(x)=|x-1|$에 대하여 방정식 $(f\circ f)(x)=\frac{2}{3}$의 모든 실근의 합을 구하시오.

서술형
0754 함수 $y=6-|x|-|x-2|$의 그래프와 x축으로 둘러싸인 부분의 넓이를 구하시오.

➜ **0755** 함수 $y=|x|-|x-1|$의 그래프와 직선 $y=m(x+1)-2$가 서로 다른 세 점에서 만날 때, 실수 m의 값의 범위는 $a<m<b$이다. $8(a+b)$의 값은?

① 8 ② 12 ③ 16
④ 20 ⑤ 24

유형 16 조건을 만족시키는 함수 구하기 개념 1, 6

0756 임의의 양의 실수 x, y에 대하여 함수 f가

$f(xy)=f(x)+f(y)$

를 만족시키고 $f(2)=4$일 때, $f(16)$의 값은?

① 8 ② 12 ③ 16
④ 20 ⑤ 24

→ **0757** 임의의 양의 실수 x, y에 대하여 함수 f가

$f(x+y)=f(x)f(y)$

를 만족시키고 $f(2)=3$일 때, $f(10)$의 값을 구하시오.

서술형
0758 모든 실수 x에 대하여 함수 $f(x)$가

$f(x)+f(4-x)=k$

를 만족시키고 $f(0)+f(1)+f(2)+f(3)+f(4)=5$일 때, 상수 k의 값을 구하시오.

→ **0759** 실수 전체의 집합에서 정의된 함수 $f(x)$가 다음 조건을 만족시킨다.

> (가) $x\geq0$일 때, $f(x)=|x-a|-a$이다.
> (나) 모든 실수 x에 대하여 $f(-x)+f(x)=0$이다.

$f(-5)+f(15)=0$일 때, 상수 a의 값을 구하시오.
(단, $5<a<15$)

0760 함수 $f(x)$는 모든 실수 x에 대하여 $f(1+x)=f(1-x)$를 만족시킨다. 방정식 $f(x)=0$이 서로 다른 네 실근을 갖는다고 할 때, 이 네 실근의 합은?

① -4 ② -2 ③ 0
④ 2 ⑤ 4

→ **0761** 모든 실수 x에 대하여 $f(x)+2f(1-x)=x^2$을 만족시키는 함수 $f(x)$가 있다. 방정식 $f(x)=0$의 두 근을 α, β라 할 때, $\alpha^2+\beta^2$의 값은?

① 8 ② 10 ③ 12
④ 14 ⑤ 16

실력 완성!

0762 두 집합 $X=\{0, 1, 2\}$, $Y=\{1, 2, 3\}$에 대하여 **보기**에서 X에서 Y로의 함수인 것만을 있는 대로 고른 것은?

(단, $[x]$는 x보다 크지 않은 최대의 정수이다.)

보기

ㄱ. $y=x$　　ㄴ. $y=x+1$

ㄷ. $y=|x|-1$　　ㄹ. $y=\left[x+\frac{3}{2}\right]$

① ㄱ　② ㄴ　③ ㄱ, ㄷ
④ ㄴ, ㄹ　⑤ ㄴ, ㄷ, ㄹ

0763 원소의 개수가 2인 집합 X를 정의역으로 하는 두 함수

$f(x)=x^2-x$, $g(x)=5x+7$

에 대하여 f, g가 서로 같은 함수가 되도록 하는 집합 X의 모든 원소의 합은?

① 2　② 3　③ 4
④ 5　⑤ 6

0764 실수 전체의 집합 R에 대하여 **보기**에서 집합 R에서 R로의 일대일함수인 것의 개수를 a, 일대일대응인 것의 개수를 b라 할 때, $a+b$의 값은?

보기

ㄱ. $f(x)=-x$　　ㄴ. $f(x)=x|x|$

ㄷ. $f(x)=\begin{cases} x-1 & (x<0) \\ x+1 & (x\geq 0) \end{cases}$　　ㄹ. $f(x)=|x-2|+1$

① 2　② 3　③ 4
④ 5　⑤ 6

0765 두 집합 $X=\{x\,|\,x\geq 3\}$, $Y=\{y\,|\,y\geq 2\}$에 대하여 X에서 Y로의 함수 $f(x)=x^2-2x+a$가 일대일대응일 때, 상수 a의 값은?

① -2　② -1　③ 0
④ 1　⑤ 2

0766 세 함수

$f(x)=2x+1$, $g(x)=x-3$, $h(x)=3x-6$

에 대하여 $(f\circ g)(a)=9$일 때, $(g\circ h)(a)$의 값을 구하시오. (단, a는 실수이다.)

0767 두 함수 $f(x)=2x+5$, $g(x)=ax-1$에 대하여 $f\circ g=g\circ f$를 만족시키는 상수 a의 값은?

① $\frac{1}{5}$　② $\frac{2}{5}$　③ $\frac{3}{5}$
④ $\frac{4}{5}$　⑤ 1

0768 두 함수

$$f(x)=\begin{cases} x+4 & (x<0) \\ x^2+4 & (x\geq 0) \end{cases},\ g(x)=x+1$$

에 대하여 $(f^{-1}\circ g)(12)$의 값을 구하시오.

0769 함수 f가 $f(3x+1)=9x-1$일 때, $f(1)+f^{-1}(1)$의 값은?

① -2 ② 0 ③ $\frac{2}{9}$

④ $\frac{1}{3}$ ⑤ $\frac{2}{3}$

0770 집합 $X=\{1,\ 2,\ 3\}$에 대하여 X에서 X로의 함수 f가 그림과 같다.

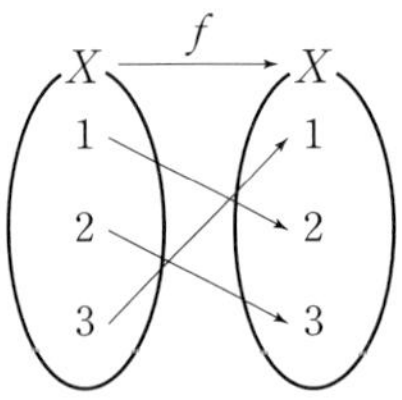

$f^1=f$,

$f^{n+1}=f^n\circ f\ (n=1,\ 2,\ 3,\ \cdots)$

로 정의할 때, $f^{99}(1)+f^{100}(2)$의 값은?

① 1 ② 2 ③ 3

④ 4 ⑤ 5

0771 실수 전체의 집합에서 정의된 두 함수 $f(x)=3x-4$, $g(x)=x+6$에 대하여 함수 $h(x)=(f\circ(g\circ f)^{-1}\circ f)(x)$일 때, $h(3)+h^{-1}(5)$의 값은?

① 1 ② 2 ③ 3

④ 4 ⑤ 5

0772 함수 $f(x)=3x^2+a\ (x\geq 0)$의 역함수를 $g(x)$라 하자. 함수 $y=f(x)$와 $y=g(x)$의 그래프의 교점이 2개일 때, 실수 a의 값의 범위는?

① $0<a<\frac{1}{6}$ ② $0\leq a<\frac{1}{6}$ ③ $0<a<\frac{1}{12}$

④ $0\leq a<\frac{1}{12}$ ⑤ $-\frac{1}{6}<a<0$

0773 집합 $X=\{1,\ 2,\ 3,\ 4,\ 5\}$에 대하여 X에서 X로의 함수 f는 일대일대응이다. 집합 X에 속하는 모든 원소 x에 대하여 $f(x)+f(6-x)=6$을 만족시키는 함수 f의 개수를 구하시오.

0774 함수 $f(x)=x+1-\left|\frac{1}{2}x-1\right|$의 역함수를 $g(x)$라 할 때, 두 함수 $y=f(x)$, $y=g(x)$의 그래프로 둘러싸인 부분의 넓이는?

① 2 ② 3 ③ 4
④ 5 ⑤ 6

0775 집합 $X=\{1, 2, 3\}$에 대하여 X에서 X로의 일대일대응, 항등함수, 상수함수를 각각 $f(x)$, $g(x)$, $h(x)$라 하자. 세 함수 $f(x)$, $g(x)$, $h(x)$가 다음 조건을 만족시킬 때, $(f\circ f)(1)+g^{-1}(2)+h(1)$의 값은?

(가) $f(3)=g(3)=h(3)$
(나) $f(2)\times g(1)\times h(2)=3$

① 4 ② 5 ③ 6
④ 7 ⑤ 8

서술형

0776 함수 $f(x)=x^2-2x+3$에 대하여 방정식

$$(f\circ f)(x)=f(6-2f(x))$$

를 만족시키는 서로 다른 실근의 개수를 a, 서로 다른 모든 실근의 합을 b라 할 때, a^2+b^2의 값을 구하시오.

0777 두 함수 f, g가

$$f(x)=\begin{cases}-x-1 & (x<0)\\ 2x-1 & (x\geq 0)\end{cases},\ g(x)=ax^2+ax-2$$

일 때, 모든 실수 x에 대하여 $(f\circ g)(x)\geq 0$이 되도록 하는 정수 a의 개수를 구하시오.

개념 1 유리식의 뜻과 성질

(1) **유리식**: 두 다항식 A, B $(B\neq0)$에 대하여 $\dfrac{A}{B}$ 꼴로 나타낼 수 있는 식

참고 B가 0이 아닌 상수이면 $\dfrac{A}{B}$는 다항식이 되므로 다항식도 유리식이다.

예 $\dfrac{1}{x-2}$, $\underbrace{\dfrac{x^2-x}{3}}_{\text{다항식}}$, $\dfrac{-x+2}{4x-3}$, $\underbrace{5x-7}_{\text{다항식}}$은 모두 유리식이다.

(2) **유리식의 성질**: 다항식 A, B, C $(B\neq0,\ C\neq0)$에 대하여

① $\dfrac{A}{B}=\dfrac{A\times C}{B\times C}$　　② $\dfrac{A}{B}=\dfrac{A\div C}{B\div C}$

참고 유리식을 통분할 때는 ①의 성질을, 약분할 때는 ②의 성질을 이용한다.

개념 2 유리식의 계산

> 유형 01~05

(1) **유리식의 사칙연산**

네 다항식 A, B, C, D $(C\neq0,\ D\neq0)$에 대하여

① 덧셈과 뺄셈: $\dfrac{A}{C}\pm\dfrac{B}{C}=\dfrac{A\pm B}{C}$, $\dfrac{A}{C}\pm\dfrac{B}{D}=\dfrac{AD\pm BC}{CD}$ (복부호 동순)

② 곱셈: $\dfrac{A}{C}\times\dfrac{B}{D}=\dfrac{AB}{CD}$

③ 나눗셈: $\dfrac{A}{C}\div\dfrac{B}{D}=\dfrac{A}{C}\times\dfrac{D}{B}=\dfrac{AD}{BC}$ (단, $B\neq0$)

(2) **특수한 형태의 유리식의 계산**

① 부분분수로의 변형

분모가 두 개 이상의 인수의 곱인 경우에는 부분분수로 변형하여 계산한다.

➡ $\dfrac{1}{AB}=\dfrac{1}{B-A}\left(\dfrac{1}{A}-\dfrac{1}{B}\right)$ (단, $A\neq B$)

예 $\dfrac{1}{(x-2)(x-1)}=\dfrac{1}{(x-1)-(x-2)}\left(\dfrac{1}{x-2}-\dfrac{1}{x-1}\right)=\dfrac{1}{x-2}-\dfrac{1}{x-1}$

② 번분수식의 계산 ⬅ 분자 또는 분모에 또 다른 분수식이 있는 식을 번분수식이라 한다.

분모, 분자에 적절한 식을 곱하여 계산한다.

예 $\dfrac{2-\frac{1}{x}}{2+\frac{1}{x}}=\dfrac{\left(2-\frac{1}{x}\right)\times x}{\left(2+\frac{1}{x}\right)\times x}=\dfrac{2x-1}{2x+1}$

개념 3 비례식의 성질

> 유형 06

0이 아닌 실수 k에 대하여

(1) $a:b=c:d \Longleftrightarrow \dfrac{a}{b}=\dfrac{c}{d} \Longleftrightarrow a=bk,\ c=dk$

$a:b=c:d \Longleftrightarrow \dfrac{a}{c}=\dfrac{b}{d} \Longleftrightarrow a=ck,\ b=dk$

(2) $a:b:c=d:e:f \Longleftrightarrow \dfrac{a}{d}=\dfrac{b}{e}=\dfrac{c}{f} \Longleftrightarrow a=dk,\ b=ek,\ c=fk$

개념 1 유리식의 뜻과 성질

0778 보기에서 다음에 해당하는 것만을 있는 대로 고르시오.

보기
ㄱ. $3x^2+1$　ㄴ. $x+\frac{1}{x}$　ㄷ. $\frac{3}{x+1}$
ㄹ. $1+\frac{1}{x}$　ㅁ. $\frac{2x-1}{3}$　ㅂ. $\frac{2x-1}{x^3+x}$

(1) 다항식

(2) 다항식이 아닌 유리식

0779 다음 두 유리식을 통분하시오.

(1) $\frac{x}{3aby^2}$, $\frac{1}{2a^2xy}$

(2) $\frac{2}{x-2}$, $\frac{1}{x^2-2x}$

(3) $\frac{x}{x^2-3x+2}$, $\frac{x+1}{x^2-4}$

0780 다음 유리식을 약분하시오.

(1) $\frac{4xy^2z}{2xyz^3}$

(2) $\frac{2x}{x^2+3x}$

(3) $\frac{x^2-2x}{x^2+4x-12}$

개념 2 유리식의 계산

0781 다음 식을 계산하시오.

(1) $\frac{1}{x+2}-\frac{1}{x-2}$

(2) $\frac{x-3}{x-1}+\frac{4x+2}{x^2+x-2}$

(3) $\frac{2x-6}{x^2-16}\times\frac{x+4}{x^2-6x+9}$

(4) $\frac{1}{x+1}\div\frac{x-3}{x^2+x}$

0782 다음 식을 부분분수로 변형하시오.

(1) $\frac{1}{x(x+1)}$

(2) $\frac{4}{(x-1)(x+1)}$

0783 다음 식을 간단히 하시오.

(1) $\frac{1}{2-\frac{1}{x}}$　(2) $\frac{\frac{1}{x+1}}{2+\frac{x}{x+1}}$

개념 3 비례식의 성질

0784 $a:b=1:2$일 때, $\frac{6a-b}{2a+3b}$의 값을 구하시오.

0785 $\frac{x}{3}=\frac{y}{2}$일 때, $\frac{14xy}{2x^2+xy+y^2}$의 값을 구하시오. (단, $xy\neq0$)

09 유리식과 유리함수

개념 4 유리함수의 뜻

(1) **유리함수와 다항함수**

① **유리함수:** $y=f(x)$에서 $f(x)$가 x에 대한 유리식인 함수

② **다항함수:** $y=f(x)$에서 $f(x)$가 x에 대한 다항식인 함수

예 $y=\frac{1}{x}$, $y=\frac{2x}{x^3-1}$, $\underbrace{y=-x+1}_{\text{다항함수}}$은 모두 유리함수이다.

(2) 유리함수에서 정의역이 주어지지 않을 때는 분모가 0이 되지 않도록 하는 실수 전체의 집합을 정의역으로 한다.

예 • 함수 $y=\frac{1}{x}$의 정의역 ➡ $\{x \mid x\neq0$인 실수$\}$

• 함수 $y=\frac{x}{\underbrace{x^2+1}_{x^2+1>0}}$의 정의역 ➡ 실수 전체의 집합

개념 5 유리함수 $y=\frac{k}{x}$ $(k\neq0)$의 그래프

› 유형 19

(1) 곡선 위의 점이 어떤 직선에 한없이 가까워질 때, 이 직선을 그 곡선의 **점근선**이라 한다.

(2) **유리함수 $y=\frac{k}{x}$ $(k\neq0)$의 그래프**

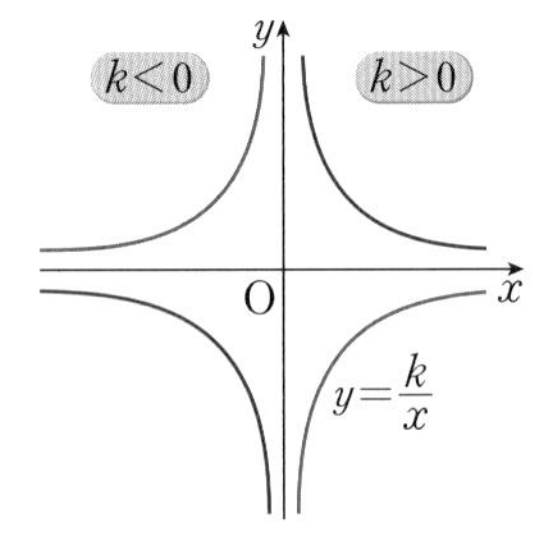

① 정의역과 치역은 모두 0이 아닌 실수 전체의 집합이다.

② $k>0$이면 그래프는 제1사분면과 제3사분면에 있고,
$k<0$이면 그래프는 제2사분면과 제4사분면에 있다.

③ 점근선은 x축$(y=0)$, y축$(x=0)$이다.

④ 원점 및 두 직선 $y=x$, $y=-x$에 대하여 대칭이다.

⑤ $|k|$의 값이 커질수록 그래프는 원점에서 멀어진다.

참고 함수 $y=\frac{k}{x}$ $(k\neq0)$의 그래프는 직선 $y=x$에 대하여 대칭이므로 역함수는 자기 자신이다.

개념 6 유리함수 $y=\frac{k}{x-p}+q$ $(k\neq0)$의 그래프

› 유형 07~19

(1) 함수 $y=\frac{k}{x}$의 그래프를 x축의 방향으로 p만큼, y축의 방향으로 q만큼 평행이동한 것이다.

$k>0$ / $y=\frac{k}{x-p}+q$ / q / O / p / x / y

(2) 정의역은 $\{x \mid x\neq p$인 실수$\}$, 치역은 $\{y \mid y\neq q$인 실수$\}$이다.

(3) 점근선은 두 직선 $x=p$, $y=q$이다.

(4) 점 $\underbrace{(p, q)}_{\text{두 점근선의 교점}}$에 대하여 대칭이다.

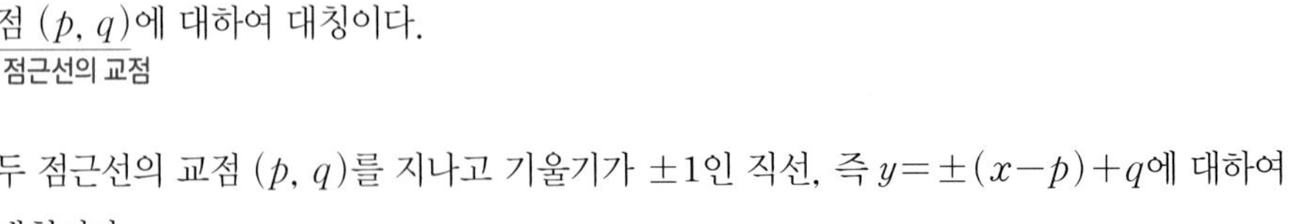

(5) 두 점근선의 교점 (p, q)를 지나고 기울기가 ±1인 직선, 즉 $y=\pm(x-p)+q$에 대하여 대칭이다.

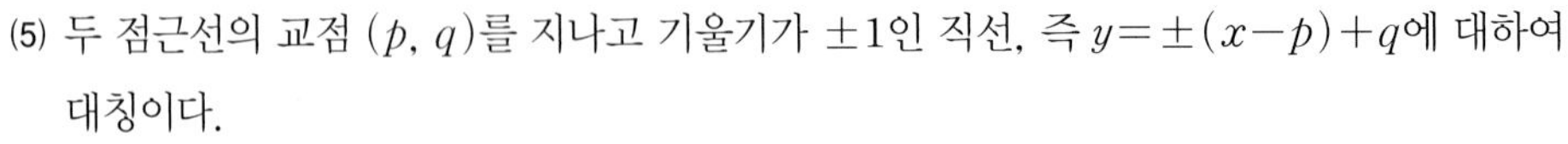

참고 함수 $y=\frac{ax+b}{cx+d}$ $(c\neq0,\ ad-bc\neq0)$의 그래프는 $y=\frac{k}{x-p}+q$ $(k\neq0)$ 꼴로 변형하여 그린다.

개념 4 유리함수의 뜻

0786 보기에서 다음에 해당하는 것만을 있는 대로 고르시오.

보기
ㄱ. $y=\frac{1}{x}$　　ㄴ. $y=\frac{1}{2}x+1$
ㄷ. $y=\frac{2x-5}{x+1}$　　ㄹ. $y=\frac{1}{3}x^2+1$
ㅁ. $y=\frac{x^3+1}{x}$　　ㅂ. $y=\frac{2x}{x^2+1}$

(1) 다항함수

(2) 다항함수가 아닌 유리함수

0787 다음 함수의 정의역을 구하시오.

(1) $y=\frac{2x-1}{x+2}$　　(2) $y=-\frac{1}{2x-1}+1$

(3) $y=\frac{2}{x^2-4}$　　(4) $y=\frac{2x-1}{x^2-x+1}$

개념 5 유리함수 $y=\frac{k}{x}$ $(k\neq 0)$의 그래프

0788 다음 함수의 그래프를 그리시오.

(1) $y=\frac{4}{x}$　　(2) $y=-\frac{2}{x}$

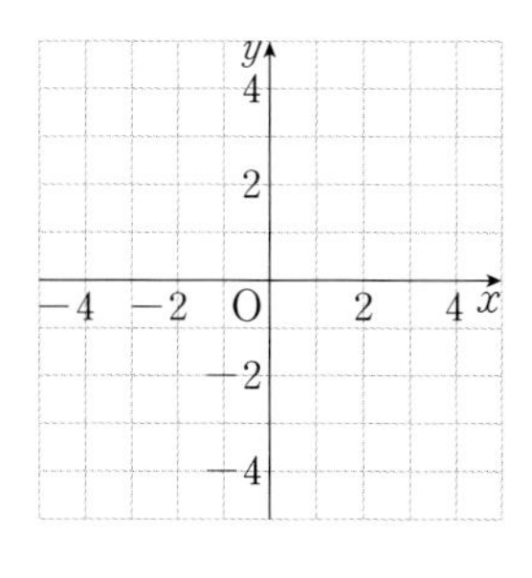

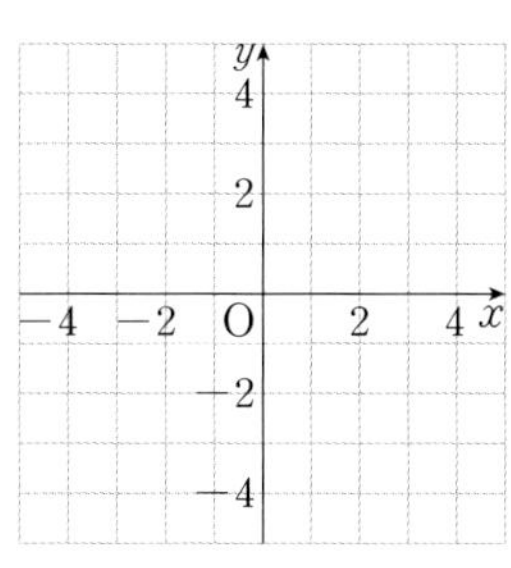

개념 6 유리함수 $y=\frac{k}{x-p}+q$ $(k\neq 0)$의 그래프

0789 함수 $y=-\frac{3}{x}$의 그래프를 x축의 방향으로 2만큼, y축의 방향으로 -1만큼 평행이동한 그래프의 방정식을 구하시오.

0790 다음 함수의 점근선의 방정식을 구하시오.

(1) $y=\frac{1}{x-1}-2$　　(2) $y=3-\frac{1}{x+2}$

(3) $y=\frac{2-x}{x+1}$　　(4) $y=\frac{4x-6}{2x-1}$

0791 다음 함수의 그래프를 그리고, 정의역과 치역을 구하시오.

(1) $y=\frac{1}{x+2}$　　(2) $y=-\frac{2}{x}+1$

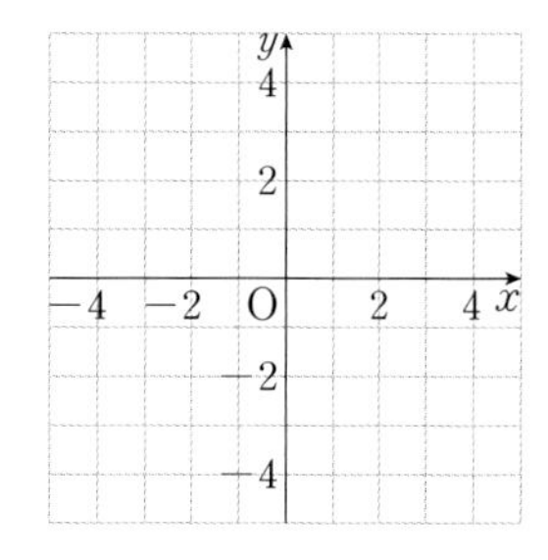

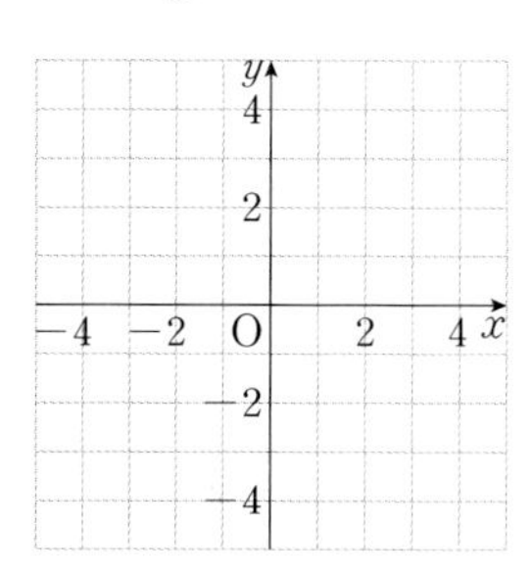

(3) $y=\frac{5-2x}{x-1}$　　(4) $y=\frac{3x+8}{x+3}$

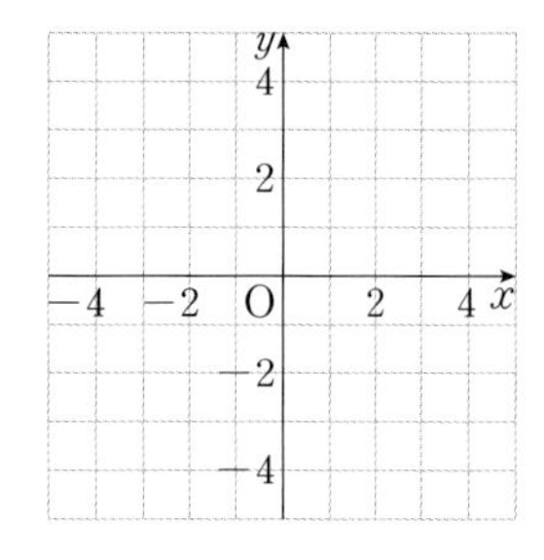

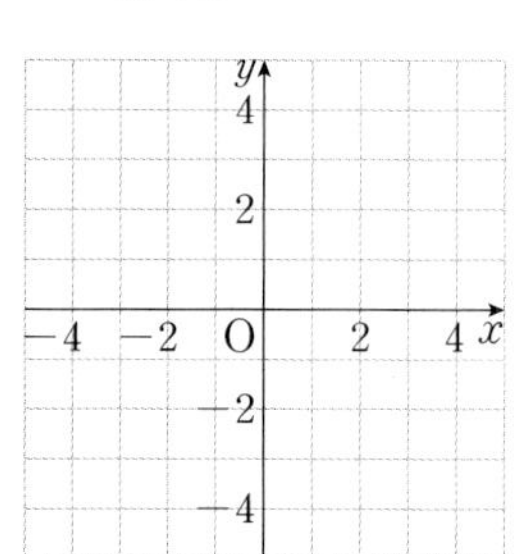

기출 & 변형하면…

유형 01 유리식의 사칙연산 개념 2

0792 $\frac{x+1}{x^2+3x}-\frac{x-2}{x^2-9}$를 계산한 결과가 $\frac{3}{ax^3+bx}$일 때, $a+b$의 값은? (단, a, b는 상수이다.)

① 2　② 4　③ 6　④ 8　⑤ 10

→ **0793** $\frac{3}{x^2-x-2}-\frac{2}{x^2-1}+\frac{1}{x^2-3x+2}$을 계산하면?

① $\frac{1}{(x+1)(x-2)}$　② $\frac{2}{(x+1)(x-2)}$　③ $\frac{2}{(x+1)(x-1)}$　④ $\frac{1}{(x-1)(x-2)}$　⑤ $\frac{2}{(x-1)(x-2)}$

0794 $\frac{1}{x}-\frac{1}{x+1}-\frac{1}{x+2}+\frac{1}{x+3}$을 계산하면 $\frac{f(x)}{x(x+1)(x+2)(x+3)}$일 때, $f(5)$의 값을 구하시오.

→ 서술형 **0795** 서로 다른 두 실수 a, b에 대하여

$$\frac{(a-1)^2}{a-b}+\frac{(b-1)^2}{b-a}=0$$

일 때, $a+b$의 값을 구하시오.

0796 $\frac{x+2}{x^2+2x-3}\div\frac{5}{x^2+3x-4}\times\frac{x^2+3x}{x^2+6x+8}$를 계산하면?

① 1　② $\frac{x}{5}$　③ $x-1$　④ x　⑤ $\frac{1}{x-1}$

→ **0797** $\frac{2x+2}{x^2-4x}\times A=\frac{x+1}{x^2-2x}$을 만족시키는 유리식 A를 구하시오.

유형 02 유리식과 항등식 개념 2

0798 등식 $\frac{a}{x-1}+\frac{b}{x}=\frac{x-2}{x^2-x}$가 x에 대한 항등식이 되도록 하는 상수 a, b에 대하여 $a+4b$의 값은? (단, $x\neq0$, $x\neq1$)

① 6 ② 7 ③ 8
④ 9 ⑤ 10

➜ 서술형 **0799** 다음 식의 분모를 0으로 만들지 않는 모든 실수 x에 대하여

$$\frac{2x-5}{x^3-1}=\frac{a}{x-1}+\frac{x+b}{x^2+x+1}$$

가 성립할 때, a^2+b^2의 값을 구하시오. (단, a, b는 상수이다.)

유형 03 (분자의 차수)≥(분모의 차수)인 유리식 개념 2

0800 $\frac{2x-1}{x}+\frac{x^2-3x+3}{x-2}=x+a+\frac{b}{x(x-2)}$일 때, 상수 a, b에 대하여 $a+b$의 값은?

① 1 ② 2 ③ 3
④ 4 ⑤ 5

➜ **0801** $\frac{x+1}{x+2}-\frac{x}{x+1}-\frac{x+4}{x+3}+\frac{x+5}{x+4}$

$$=\frac{ax+b}{(x+1)(x+2)(x+3)(x+4)}$$

일 때, 상수 a, b에 대하여 $b-a$의 값을 구하시오.

0802 $\frac{10x^2+2x+7}{5x^2+x}-\frac{2x^2-2x+1}{x^2-x}$을 계산하시오.

➜ **0803** $\frac{x^3}{x^2-x+1}-\frac{x^3}{x^2+x+1}$을 계산하시오.

유형 04 부분분수로의 변형 개념 2

0804 다음 식의 분모를 0으로 만들지 않는 모든 실수 x에 대하여

$$\frac{1}{(x-3)(x-1)}+\frac{1}{(x-1)(x+1)}+\frac{1}{(x+1)(x+3)}$$
$$=\frac{c}{(x+a)(x+b)}$$

가 성립할 때, $a+b+c$의 값은? (단, a, b, c는 상수이다.)

① 3 ② 4 ③ 5
④ 6 ⑤ 7

➔ **0805** 다음 식을 만족시키는 모든 실수 x의 값의 합은?

$$\frac{1}{x(x+1)}+\frac{2}{(x+1)(x+3)}+\frac{3}{(x+3)(x+6)}=\frac{3}{8}$$

① -2 ② -3 ③ -4
④ -5 ⑤ -6

서술형
0806 $\frac{1}{1\times2}+\frac{1}{2\times3}+\frac{1}{3\times4}+\cdots+\frac{1}{17\times18}=\frac{q}{p}$일 때, $p+q$의 값을 구하시오. (단, p와 q는 서로소인 자연수이다.)

➔ **0807** $\frac{1}{2^2-1}+\frac{1}{4^2-1}+\frac{1}{6^2-1}+\frac{1}{8^2-1}+\cdots+\frac{1}{20^2-1}$을 계산하면?

① $\frac{10}{21}$ ② $\frac{5}{7}$ ③ $\frac{20}{21}$
④ $\frac{25}{21}$ ⑤ $\frac{10}{7}$

유형 05 번분수식의 계산 개념 2

0808 $x\neq-1$, $x\neq2$인 모든 실수 x에 대하여 등식

$$\frac{x+1}{1-\frac{3}{x+1}}=ax+b+\frac{c}{x-2}$$

가 성립할 때, 상수 a, b, c에 대하여 $a+b+c$의 값은?

① 10 ② 12 ③ 14

④ 16 ⑤ 18

➜ **0809** $\dfrac{\frac{1}{n}-\frac{1}{n+3}}{\frac{1}{n+3}-\frac{1}{n+6}}$이 자연수가 되도록 하는 모든 정수 n의 값의 합을 구하시오.

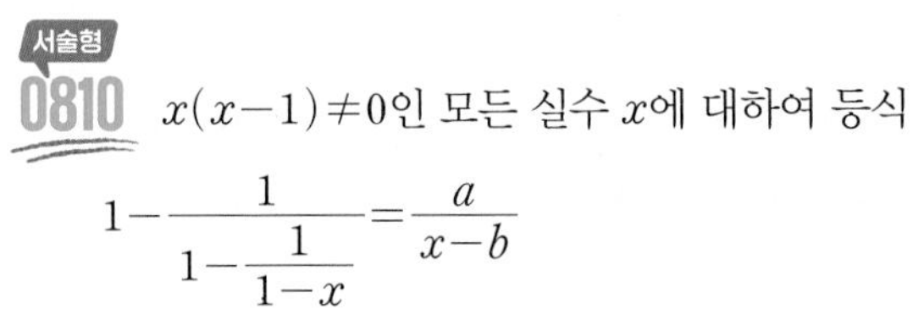

서술형

0810 $x(x-1)\neq0$인 모든 실수 x에 대하여 등식

$$1-\frac{1}{1-\frac{1}{1-x}}=\frac{a}{x-b}$$

가 성립할 때, $a-b$의 값을 구하시오. (단, a, b는 상수이다.)

➜ **0811** $1+\dfrac{2}{1+\frac{2}{1+\frac{2}{1+a}}}=a$를 만족시키는 실수 a에 대하여 $3a^2$의 값을 구하시오.

유형 06 비례식의 성질 개념 3

0812 세 실수 x, y, z에 대하여 $x:y:z=2:3:4$일 때, $\dfrac{3x-4y+6z}{x+y+z}$의 값을 구하시오. (단, $xyz\neq0$)

➜ **0813** 0이 아닌 세 실수 a, b, c가 $\dfrac{a+b}{3}=\dfrac{b+c}{5}=\dfrac{c+a}{6}$를 만족시킬 때, $\dfrac{ab+bc+ca}{a^2+b^2+c^2}$의 값을 구하시오.

유형 07 유리함수의 정의역과 치역 개념 6

0814 함수 $y=\frac{4x-8}{x-5}$의 정의역이 $\{x|-1<x\leq 4\}$일 때, 이 함수의 치역은?

① $\{y|-9\leq y<2\}$ ② $\{y|-8\leq y<2\}$
③ $\{y|-8\leq y\leq 2\}$ ④ $\{y|-8\leq y<3\}$
⑤ $\{y|-8<y<2\}$

➜ **0815** 함수 $y=\frac{2x+2}{x+3}$의 치역이 $\{y|y\leq -2$ 또는 $y>3\}$일 때, 이 함수의 정의역에 속하는 모든 정수의 개수는?

① 2 ② 3 ③ 4
④ 5 ⑤ 6

유형 08 유리함수의 그래프의 점근선 개념 6

0816 함수 $y=\frac{ax+b}{x+c}$의 그래프가 점 $(0,\ -2)$를 지나고 점근선의 방정식이 $x=2$, $y=-3$일 때, $a+b+c$의 값은? (단, a, b, c는 상수이다.)

① -2 ② -1 ③ 1
④ 2 ⑤ 3

➜ **0817** 두 함수 $y=\frac{ax+1}{2x-1}$, $y=\frac{2x+1}{x+b}$의 그래프의 점근선이 같을 때, 상수 a, b에 대하여 ab의 값을 구하시오.

서술형
0818 정의역과 치역이 같은 함수 $f(x)=\frac{bx}{ax-1}$의 그래프의 두 점근선의 교점이 직선 $y=7x+6$ 위에 있을 때, 상수 a, b에 대하여 $a+b$의 값을 구하시오. (단, $ab\neq 0$)

➜ **0819** 함수 $f(x)=\frac{ax}{x-2a}$의 그래프의 두 점근선과 x축, y축으로 둘러싸인 부분의 넓이가 20일 때, 상수 a에 대하여 a^2의 값을 구하시오. (단, $a>0$)

유형 09 유리함수의 그래프의 평행이동 개념 6

0820 함수 $y=-\frac{1}{x+2}+1$의 그래프를 x축의 방향으로 3만큼, y축의 방향으로 -5만큼 평행이동한 그래프가 점 $(2,\ k)$를 지날 때, k의 값은?

① -5 ② -4 ③ -3
④ -2 ⑤ -1

→ 0821 함수 $y=\frac{3}{x-4}-2$의 그래프는 함수 $y=\frac{3}{x}$의 그래프를 x축의 방향으로 m만큼, y축의 방향으로 n만큼 평행이동한 것이다. mn의 값은?

① -10 ② -8 ③ -6
④ 6 ⑤ 8

0822 함수 $y=\frac{2x+5}{x+2}$의 그래프를 x축의 방향으로 m만큼, y축의 방향으로 n만큼 평행이동하면 함수 $y=\frac{-3x+4}{x-1}$의 그래프와 일치할 때, $m+n$의 값은?

① -2 ② -1 ③ 0
④ 1 ⑤ 2

서술형
→ 0823 함수 $y=\frac{3x+2}{x-1}$의 그래프를 x축의 방향으로 a만큼, y축의 방향으로 3만큼 평행이동한 그래프의 점근선의 방정식이 $x=4$, $y=b$일 때, $a+b$의 값을 구하시오.

09 유리식과 유리함수

유형 10 유리함수의 그래프가 서로 겹칠 조건 개념 6

0824 보기의 함수 중에서 그 그래프가 평행이동에 의하여 함수 $y=\frac{1}{x}$의 그래프와 겹쳐지는 것만을 있는 대로 고른 것은?

보기

ㄱ. $y=\frac{2x-3}{x-2}$

ㄴ. $y=\frac{-2x-3}{x+3}$

ㄷ. $y=\frac{-3x-4}{x+1}$

① ㄱ ② ㄴ ③ ㄱ, ㄴ
④ ㄱ, ㄷ ⑤ ㄱ, ㄴ, ㄷ

➜ **0825** 보기의 함수 중에서 그 그래프가 평행이동에 의하여 함수 $y=-\frac{1}{2x}$의 그래프와 겹쳐지는 것만을 있는 대로 고른 것은?

보기

ㄱ. $y=\frac{1}{2x-2}$ ㄴ. $y=\frac{2x}{2x+1}$

ㄷ. $y=\frac{4x-9}{2x-4}$ ㄹ. $y=\frac{-2x-2}{2x+3}$

① ㄱ, ㄴ ② ㄱ, ㄷ ③ ㄴ, ㄷ
④ ㄴ, ㄹ ⑤ ㄷ, ㄹ

유형 11 그래프를 이용하여 유리함수의 식 구하기 개념 6

0826 함수 $y=\frac{ax+b}{x+c}$의 그래프가 그림과 같을 때, 상수 a, b, c에 대하여 abc의 값은?

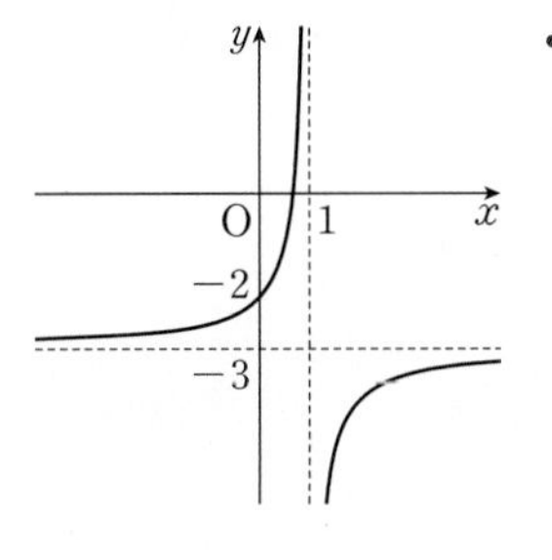

① 2 ② 4
③ 6 ④ 8
⑤ 10

➜ **0827** 유리함수 $y=f(x)$의 그래프가 그림과 같을 때, $f(-1)$의 값은?

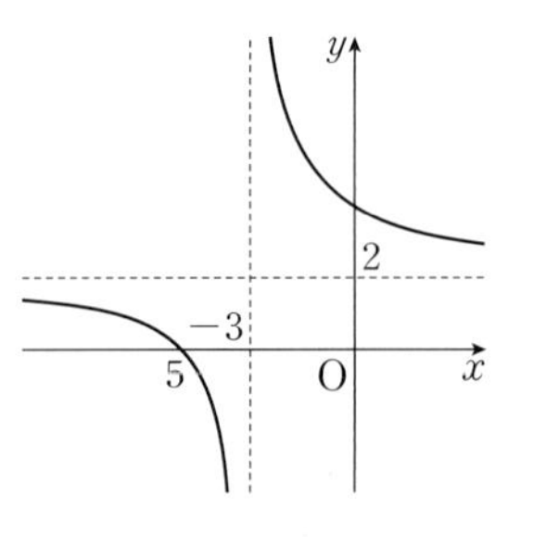

 3 ② $\frac{7}{2}$

 4 ④ $\frac{9}{2}$

 5

유형 12 유리함수의 그래프가 지나는 사분면 개념 6

0828 함수 $y=\frac{2}{x-a}-1$의 그래프가 제1사분면을 지나지 않도록 하는 실수 a의 값의 범위는?

① $a<-2$ ② $a\leq-2$ ③ $-2\leq a<0$
④ $a<0$ ⑤ $a\geq1$

→ **0829** 함수 $y=\frac{2x-k+1}{x+1}$의 그래프가 모든 사분면을 지나도록 하는 실수 k의 값의 범위는?

① $k<1$ ② $k>1$ ③ $k<3$
④ $k>3$ ⑤ $1<k<3$

유형 13 유리함수의 그래프의 대칭성 개념 6

0830 함수 $y=\frac{3}{x}$의 그래프를 x축의 방향으로 3만큼, y축의 방향으로 5만큼 평행이동한 그래프는 점 (a, b)에 대하여 대칭일 때, ab의 값은?

① -15 ② -5 ③ 0
④ 5 ⑤ 15

→ **0831** 함수 $f(x)=\frac{ax+b}{x+c}$의 그래프가 점 $(-8, 8)$에 대하여 대칭이고, $f(-7)=9$일 때, $a+b+c$의 값을 구하시오.
(단, a, b, c는 상수이다.)

0832 함수 $y=\frac{2x-5}{x+1}$의 그래프가 직선 $y=x+a$에 대하여 대칭일 때, 상수 a의 값을 구하시오.

→ 서술형 **0833** 함수 $y=\frac{ax+2}{x+b}$의 그래프가 두 직선 $y=x+4$, $y=-x+6$에 대하여 대칭일 때, $2a+b$의 값을 구하시오.
(단, a, b는 상수이다.)

유형 14 유리함수의 최대·최소 개념 6

0834 $0 \le x \le 2$에서 함수 $y=\dfrac{3x+1}{x+2}$의 최댓값을 M, 최솟값을 m이라 할 때, $8Mm$의 값은?

① 1 ② 3 ③ 5
④ 7 ⑤ 9

➜ **0835** 함수 $f(x)=\dfrac{2bx-7}{2x+a}$의 그래프가 점 $\left(2,\ \dfrac{3}{2}\right)$에 대하여 대칭일 때, $-2 \le x \le 1$에서 함수 $f(x)$의 최솟값은?
(단, a, b는 상수이다.)

① 1 ② $\dfrac{13}{8}$ ③ 2
④ $\dfrac{29}{8}$ ⑤ $\dfrac{17}{4}$

0836 $0 \le x \le 2$에서 함수 $y=\dfrac{-3x+a}{x-4}$의 최댓값이 4일 때, 상수 a의 값을 구하시오.

➜ 서술형 **0837** 정의역이 $\{x \mid -1 \le x \le a\}$인 함수 $y=\dfrac{k}{x+3}+2\ (k>0)$의 최댓값이 8, 최솟값이 5일 때, 상수 a, k에 대하여 $a+k$의 값을 구하시오.

유형 15 유리함수의 그래프와 직선의 위치 관계 개념 6

0838 함수 $y=\dfrac{x}{x-2}$의 그래프와 직선 $y=mx+1$이 오직 한 점에서 만나도록 하는 실수 m의 값은? (단, $m \ne 0$)

① $-\dfrac{7}{2}$ ② -3 ③ $-\dfrac{5}{2}$
④ -2 ⑤ $-\dfrac{3}{2}$

➜ **0839** 함수 $y=\dfrac{2x-12}{x-4}$의 그래프와 일차함수 $y=x+k$의 그래프가 만나지 않도록 하는 정수 k의 개수는?

① 6 ② 7 ③ 8
④ 9 ⑤ 10

0840 $0 \le x \le 1$에서 함수 $y=\frac{2x+4}{x+1}$의 그래프와 직선 $y=mx+2m$이 만나도록 하는 실수 m의 최댓값과 최솟값의 합은?

① 1 ② 2 ③ 3
④ 4 ⑤ 5

➜ 서술형 **0841** $2 \le x \le 4$에서

$$ax+2 \le \frac{2x-1}{x-1} \le bx+2$$

가 항상 성립할 때, 상수 a, b에 대하여 $b-a$의 최솟값을 구하시오.

유형 16 유리함수의 그래프의 성질 개념 6

0842 함수 $y=\frac{3x-2}{x+1}$의 그래프에 대한 설명으로 옳은 것은?

① $y=\frac{5}{x}$의 그래프를 평행이동하면 겹쳐진다.
② 제1, 2, 3사분면만을 지난다.
③ 점 $(-1,\ -5)$에 대하여 대칭이다.
④ 직선 $y=x+4$에 대하여 대칭이다.
⑤ $0 \le x \le 4$에서 주어진 함수의 최댓값은 1이다.

➜ **0843** 함수 $y=\frac{k}{x-1}+2$에 대하여 **보기**에서 옳은 것만을 있는 대로 고른 것은? (단, $k<0$)

보기
ㄱ. 치역은 $\{y \mid y \neq 1$인 실수$\}$이다.
ㄴ. 그래프는 k의 값이 작아질수록 점 $(1,\ 2)$로부터 멀어진다.
ㄷ. 그래프는 제1, 2, 4사분면만을 지난다.

① ㄱ ② ㄱ, ㄴ ③ ㄱ, ㄷ
④ ㄴ, ㄷ ⑤ ㄱ, ㄴ, ㄷ

유형 17 유리함수의 합성 개념 6

0844 함수 $f(x)=\frac{x}{x+1}$에 대하여

$$f^1=f,\ f^n=\underbrace{f\circ f\circ f\circ\cdots\circ f}_{n\text{개}}\ (n=2,\ 3,\ 4,\ \cdots)$$

로 정의할 때, $f^{20}\left(\frac{1}{5}\right)$의 값은?

① $\frac{1}{25}$ ② $\frac{1}{5}$ ③ 1

④ 5 ⑤ 25

→ **0845** 함수 $f(x)=\frac{x}{1-x}$에 대하여

$$f^1=f,\ f^{n+1}=f\circ f^n\ (n\text{은 자연수})$$

로 정의할 때, $f^k\left(-\frac{1}{2}\right)=-\frac{1}{196}$을 만족시키는 자연수 k의 값을 구하시오.

0846 함수 $y=f(x)$의 그래프가 그림과 같다.

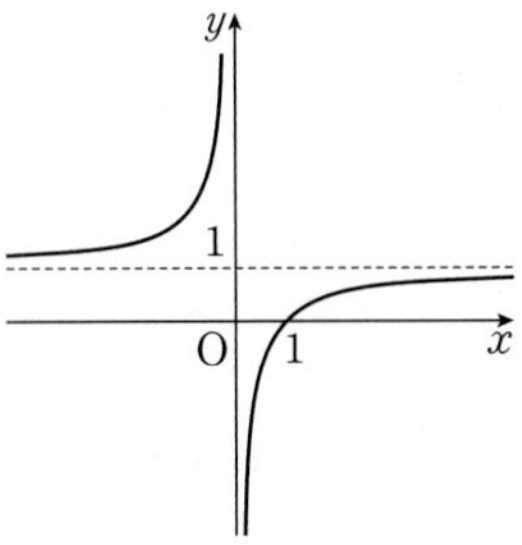

$f^1=f,$

$f^n=f^{n-1}\circ f$

$(n=2,\ 3,\ 4,\ \cdots)$

로 정의할 때, $f^{99}(2)$의 값은?

① -3 ② $-\frac{1}{2}$ ③ 1

④ $\frac{1}{3}$ ⑤ 2

서술형

→ **0847** 함수 $f(x)=\frac{x-2}{x-1}$에 대하여

$f^1(x)=f(x),$

$f^{n+1}(x)=f(f^n(x))\ (n=1,\ 2,\ 3,\ \cdots)$

로 정의한다. $f^{123}(x)=\frac{bx-c}{x-a}$일 때, 상수 $a,\ b,\ c$에 대하여 $a+b+c$의 값을 구하시오.

유형 18 유리함수의 역함수 개념 6

0848 함수 $f(x)=\frac{ax+b}{x+c}$의 역함수가 $f^{-1}(x)=\frac{4x-3}{-x+2}$일 때, $a+b+c$의 값은? (단, a, b, c는 상수이다.)

① 5 ② 6 ③ 7
④ 8 ⑤ 9

서술형
0849 유리함수 $y=f(x)$의 그래프가 점 $(2,\ 1)$을 지나고 점근선의 방정식이 $x=3$, $y=-2$이다. 함수 $f(x)$의 역함수를 $f^{-1}(x)=\frac{b}{x+a}+c$라 할 때, $a+b+c$의 값을 구하시오.

(단, a, b, c는 상수이다.)

0850 함수 $f(x)=\frac{2x+1}{x+3}$의 역함수를 $f^{-1}(x)$라 할 때, $(f^{-1}\circ f\circ f^{-1})(3)$의 값은?

① -14 ② -12 ③ -10
④ -8 ⑤ -6

0851 두 함수 $f(x)=\frac{x}{x-2}$, $g(x)=\frac{2x-6}{x+1}$에 대하여 $(g\circ f^{-1})^{-1}(-2)$의 값을 구하시오.

0852 함수 $f(x)=\frac{2x+1}{x+a}$의 정의역의 모든 원소 x에 대하여 $(f\circ f)(x)=x$를 만족시킬 때, 상수 a의 값을 구하시오.

0853 두 함수 $f(x)=\frac{-x+3}{x+a}$, $g(x)=\frac{bx+3}{cx+1}$에 대하여 $g(f(x))=x$가 성립할 때, $a+b+c$의 값은?

(단, a, b, c는 상수이다.)

① 0 ② 1 ③ 2
④ 3 ⑤ 4

유형 19 유리함수의 그래프의 활용 개념 5, 6

0854 그림과 같이 $x>0$에서 정의된 함수 $y=-\frac{4}{x}$의 그래프 위의 점 P에서 x축, y축에 내린 수선의 발을 각각 Q, R라 할 때, 직사각형 ORPQ의 둘레의 길이의 최솟값은?

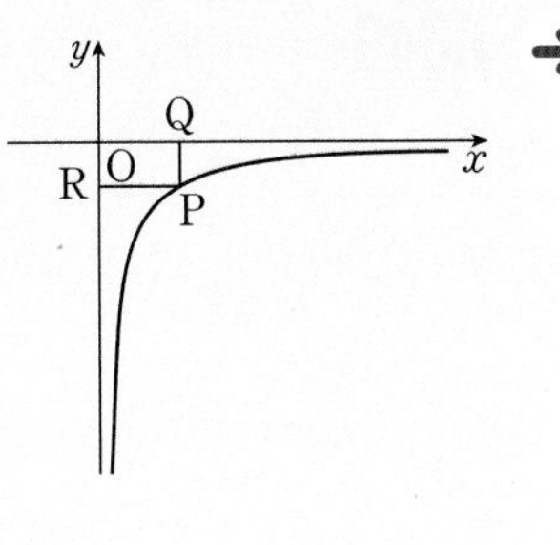

① 5 ② 6 ③ 7
④ 8 ⑤ 9

→ **0855** 그림과 같이 정의역이 $\{x|x>1\}$인 함수 $y=\frac{9}{x-1}+2$의 그래프 위의 점 P에서 두 점근선에 내린 수선의 발을 각각 Q, R라 하고, 두 점근선의 교점을 S라 할 때, 직사각형 RSQP의 둘레의 길이의 최솟값을 구하시오.

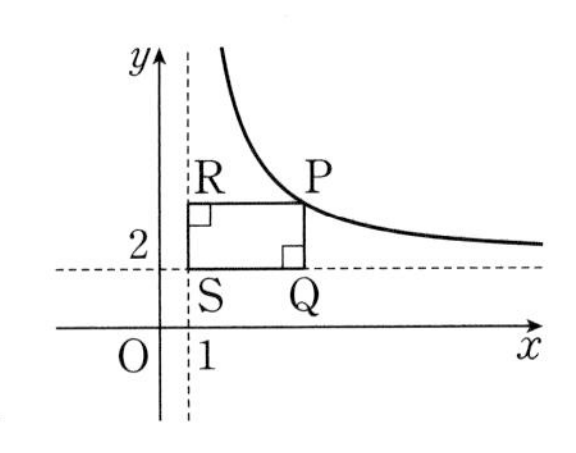

서술형
0856 그림과 같이 원점을 지나는 직선 l과 함수 $y=\frac{3}{x}$의 그래프가 두 점 P, Q에서 만난다. 점 P를 지나고 x축에 수직인 직선과 점 Q를 지나고 y축에 수직인 직선이 만나는 점을 R이라 할 때, 삼각형 PQR의 넓이를 구하시오.

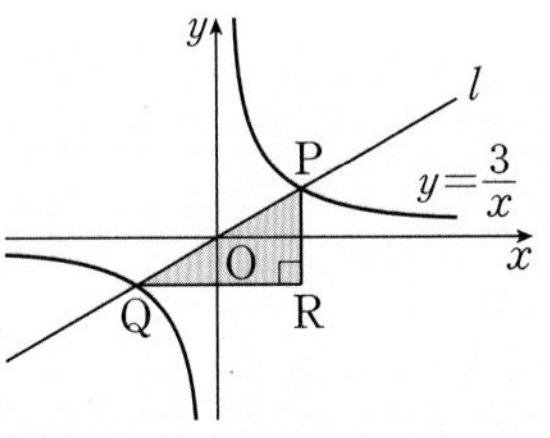

→ **0857** 그림과 같이 함수 $y=\frac{1}{x}$의 그래프의 제1사분면 위의 점 A에서 x축과 y축에 평행한 직선을 그어 $y=\frac{k}{x}$ $(k>1)$의 그래프와 만나는 점을 각각 B, C라 하자. 삼각형 ABC의 넓이가 32일 때, 상수 k의 값을 구하시오.

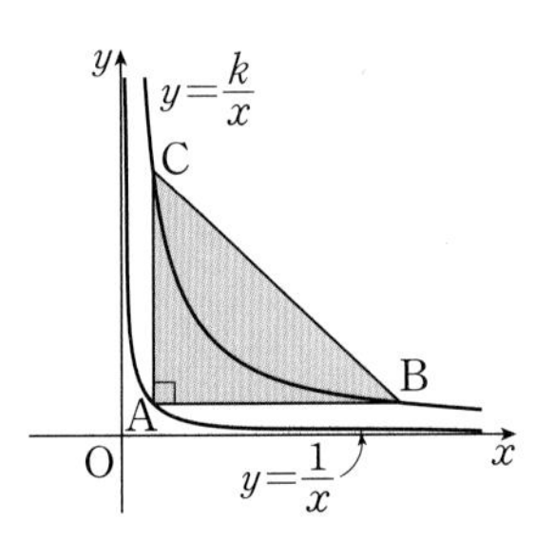

실력 완성!

0858 함수 $y=-\frac{2}{x}$의 그래프를 x축의 방향으로 3만큼, y축의 방향으로 -1만큼 평행이동한 그래프가 점 $(2,\ k)$를 지날 때, k의 값은?

① 1　② 2　③ 3　④ 4　⑤ 5

0859 함수 $y=\frac{3x-4}{x-2}$의 그래프가 지나지 않는 사분면은?

① 제1사분면　② 제2사분면　③ 제3사분면　④ 제4사분면　⑤ 없다.

0860 $x\neq-2$, $x\neq3$인 모든 실수 x에 대하여 등식

$$\frac{x+2}{x^2-6x+9}\times\frac{3x-9}{x+2}=\frac{a}{x+b}$$

가 성립할 때, $a-b$의 값은? (단, a, b는 상수이다.)

① -6　② -3　③ 0　④ 3　⑤ 6

0861 $\frac{1}{6}+\frac{1}{12}+\frac{1}{20}+\cdots+\frac{1}{72}$의 값은?

① $\frac{5}{18}$　② $\frac{1}{3}$　③ $\frac{7}{18}$　④ $\frac{4}{9}$　⑤ $\frac{1}{2}$

0862 $2x-y+3z=0$, $x+2y+z=0$일 때, $\frac{x+z}{x-y}$의 값을 구하시오. (단, $xyz\neq0$)

0863 함수 $y=\frac{bx+c}{x+a}$의 그래프가 원점을 지나고, 점근선의 방정식이 $x=-2$, $y=1$일 때, 상수 a, b, c에 대하여 $a+b+c$의 값은?

① -3　② -1　③ 1　④ 3　⑤ 5

0864 보기의 함수 중에서 그 그래프가 평행이동에 의하여 함수 $y=-\frac{1}{x}$의 그래프와 겹쳐지는 것만을 있는 대로 고르시오.

보기

ㄱ. $y=\frac{2x-1}{x}$ ㄴ. $y=\frac{2x+7}{x+3}$

ㄷ. $y=\frac{5-x}{x-1}$ ㄹ. $y=\frac{-3x-7}{x+2}$

0865 함수 $f(x)=\frac{4x+2}{x-4}$에 대한 설명으로 옳지 <u>않은</u> 것은?

① 함수 $y=f(x)$의 치역은 $\{y \mid y\neq 4$인 실수$\}$이다.

② 그래프는 점 $(4,\ 4)$에 대하여 대칭이다.

③ 그래프는 제1, 2, 4사분면만을 지난다.

④ $-5\leq x\leq -2$에서 함수 $f(x)$의 최댓값은 2이다.

⑤ $f=f^{-1}$가 성립한다.

0866 두 함수 $f(x)=\frac{x+5}{x+1}$, $g(x)=\frac{-3x+2}{x-4}$에 대하여 $(f\circ(g\circ f)^{-1}\circ f)(3)$의 값을 구하시오.

0867 함수 $y=\frac{b}{x-a}+c$의 그래프가 그림과 같을 때, 보기에서 옳은 것만을 있는 대로 고르시오. (단, a, b, c는 상수이다.)

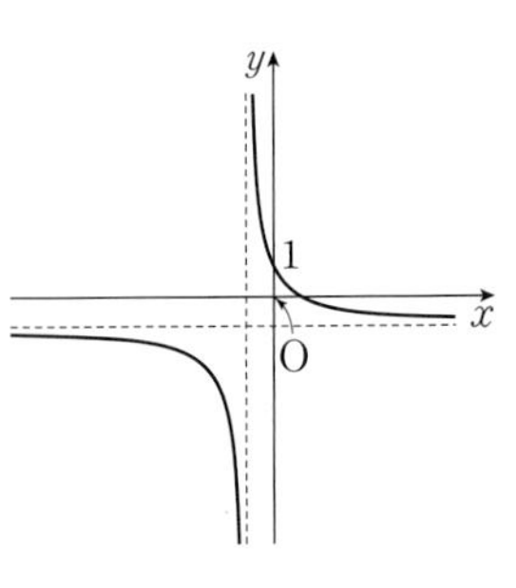

보기

ㄱ. $a-b<0$ ㄴ. $bc>0$ ㄷ. $a+b=ac$

0868 함수 $y=\frac{3x+9}{x+1}$의 그래프 위의 점 중에서 x좌표와 y좌표가 모두 자연수인 점의 개수를 구하시오.

0869 그림과 같이 $x>2$에서 정의된 함수 $y=-\frac{2}{x-2}-1$의 그래프 위의 점 P에서 x축, y축에 내린 수선의 발을 각각 Q, R라 할 때, 직사각형 ORPQ의 넓이의 최솟값을 구하시오.

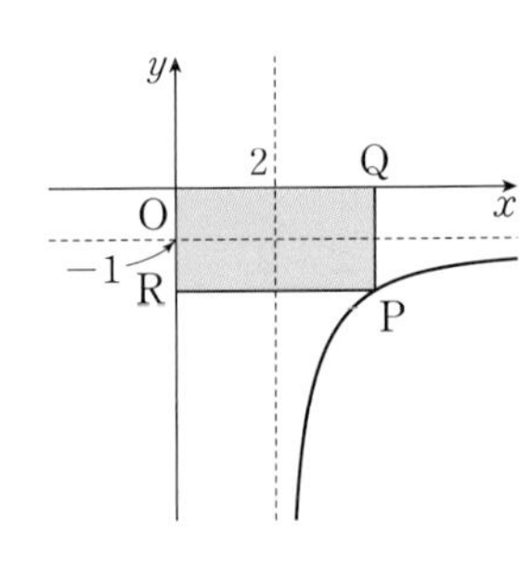

0870 실수 t에 대하여 함수 $y=\left|\frac{3}{x+1}-3\right|$의 그래프와 직선 $y=t$의 교점의 개수를 $f(t)$라 할 때, $f(1)+f(3)+f(4)$의 값은?

① 1　　② 2　　③ 3
④ 4　　⑤ 5

0871 함수 $f(x)=\frac{3x+b}{x+a}$가 다음 조건을 만족시킬 때, $a+b$의 값은? (단, a, b는 상수이다.)

> (가) 3이 아닌 모든 실수 x에 대하여 $f^{-1}(x)=f(x-5)-5$이다.
> (나) 함수 $y=f(x)$의 그래프를 평행이동하면 함수 $y=\frac{2}{x}$의 그래프와 일치한다.

① 2　　② 4　　③ 6
④ 8　　⑤ 10

서술형

0872 직선 $y=x$와 한 점에서 만나는 함수 $y=\frac{k}{x-p}+q$ $(k\neq0)$의 그래프가 그림과 같을 때, $k+p+q$의 값을 구하시오. (단, k, p, q는 상수이다.)

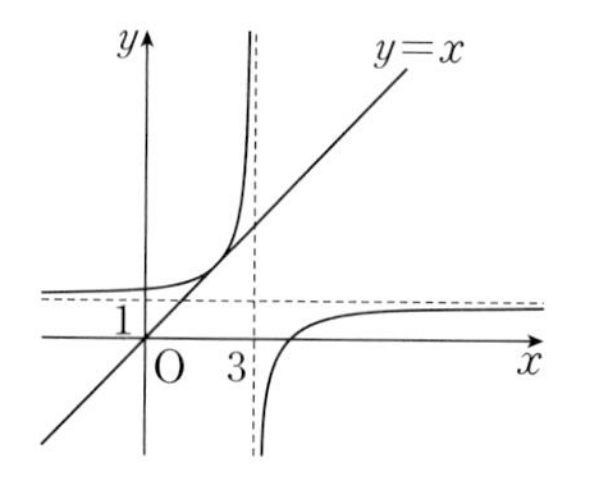

0873 함수 $y=\frac{2a-12}{x+2}-1$의 그래프가 제1사분면을 지나지 않도록 하는 모든 자연수 a의 값의 합을 구하시오.

step 1 개념 익히고,

개념 1 무리식의 뜻

> 유형 01

(1) 무리식: 근호 안에 문자가 포함된 식 중에서 유리식으로 나타낼 수 없는 식

예 $\sqrt{x+3}$, $\sqrt{3x+2}+x$, $\dfrac{x}{\sqrt{x-2}}$

(2) **무리식의 값이 실수가 되기 위한 조건**

(근호 안의 식의 값)≥ 0, (분모)$\neq 0$

예 (1) 무리식 $\sqrt{x+3}$의 값이 실수가 되려면

$x+3\geq 0 \quad \therefore x\geq -3$

(2) 무리식 $\dfrac{x}{\sqrt{x-2}}$의 값이 실수가 되려면

$x-2>0 \quad \therefore x>2$

개념 2 무리식의 계산

> 유형 02~04

무리식의 계산은 무리수의 계산과 같은 방법으로 제곱근의 성질이나 분모의 유리화를 이용한다.

(1) **제곱근의 성질**

두 실수 a, b에 대하여

① $(\sqrt{a})^2=a \ (a\geq 0)$

② $\sqrt{a^2}=|a|=\begin{cases} a & (a\geq 0) \\ -a & (a<0) \end{cases}$

③ $\sqrt{a}\sqrt{b}=\sqrt{ab} \ (a>0,\ b>0)$

④ $\dfrac{\sqrt{a}}{\sqrt{b}}=\sqrt{\dfrac{a}{b}} \ (a>0,\ b>0)$

참고 **음수의 제곱근의 성질**

(1) $a<0$, $b<0$이면 $\sqrt{a}\sqrt{b}=-\sqrt{ab}$

(2) $a>0$, $b<0$이면 $\dfrac{\sqrt{a}}{\sqrt{b}}=-\sqrt{\dfrac{a}{b}}$

(2) **분모의 유리화**

$a>0$, $b>0$일 때

① $\dfrac{a}{\sqrt{b}}=\dfrac{a\sqrt{b}}{\sqrt{b}\sqrt{b}}=\dfrac{a\sqrt{b}}{b}$

② $\dfrac{c}{\sqrt{a}+\sqrt{b}}=\dfrac{c(\sqrt{a}-\sqrt{b})}{(\sqrt{a}+\sqrt{b})(\sqrt{a}-\sqrt{b})}=\dfrac{c(\sqrt{a}-\sqrt{b})}{a-b}$ (단, $a\neq b$)

③ $\dfrac{c}{\sqrt{a}-\sqrt{b}}=\dfrac{c(\sqrt{a}+\sqrt{b})}{(\sqrt{a}-\sqrt{b})(\sqrt{a}+\sqrt{b})}=\dfrac{c(\sqrt{a}+\sqrt{b})}{a-b}$ (단, $a\neq b$)

개념 1 무리식의 뜻

0874 보기에서 무리식인 것만을 있는 대로 고르시오.

보기
ㄱ. $\sqrt{2}x+1$
ㄴ. $\sqrt{x+1}$
ㄷ. $\dfrac{\sqrt{x}+1}{\sqrt{x}-1}$
ㄹ. $\sqrt{4x^2+1}$
ㅁ. $\sqrt{x^2-1}$
ㅂ. $\dfrac{\sqrt{x}}{x}$

0875 다음 무리식의 값이 실수가 되도록 하는 실수 x의 값의 범위를 구하시오.

(1) $\sqrt{x-3}+x$

(2) $\sqrt{4-x}+\sqrt{x+1}$

(3) $\dfrac{1}{\sqrt{4-2x}}$

(4) $\dfrac{3-\sqrt{x}}{\sqrt{x+2}}$

개념 2 무리식의 계산

0876 다음 식을 간단히 하시오.

(1) $\sqrt{(x+1)^2}$ $(x>-1)$

(2) $\sqrt{4x^2}+\sqrt{(x-4)^2}$ $(0<x<4)$

(3) $\sqrt{(x+3)^2}-\sqrt{(x-2)^2}$ $(-3<x<2)$

0877 다음 식을 계산하시오.

(1) $(\sqrt{x+3}+2)(\sqrt{x+3}-2)$

(2) $(\sqrt{x-2}+\sqrt{x})(\sqrt{x-2}-\sqrt{x})$

(3) $(\sqrt{2a+1}-\sqrt{2a-1})(\sqrt{2a+1}+\sqrt{2a-1})$

0878 다음 식의 분모를 유리화하시오.

(1) $\dfrac{1}{\sqrt{x+2}}$

(2) $\dfrac{1}{\sqrt{x+4}-2}$

(3) $\dfrac{1}{\sqrt{x+1}+\sqrt{x}}$

(4) $\dfrac{\sqrt{x}+\sqrt{y}}{\sqrt{x}-\sqrt{y}}$ $(x>0,\ y>0)$

(5) $\dfrac{\sqrt{x-1}+1}{\sqrt{x-1}-1}$

개념 3 무리함수의 뜻

› 유형 05

(1) 무리함수: $y=f(x)$에서 $f(x)$가 x에 대한 무리식인 함수

예 $y=\sqrt{x}$, $y=-\sqrt{x}+1$, $y=\sqrt{2x+1}$

(2) 무리함수에서 정의역이 주어지지 않을 때는 근호 안의 식의 값이 0 이상이 되도록 하는 실수 전체의 집합을 정의역으로 한다.

예 함수 $y=\sqrt{x}$의 정의역은 $\{x\,|\,x\geq0\}$이고, 함수 $y=\sqrt{2x+1}$의 정의역은 $\left\{x\,\middle|\,x\geq-\frac{1}{2}\right\}$이다.

개념 4 무리함수 $y=\pm\sqrt{ax}$ $(a\neq0)$의 그래프

› 유형 06, 07, 14

(1) 무리함수 $y=\sqrt{ax}$ $(a\neq0)$의 그래프

① $a>0$일 때, 정의역: $\{x\,|\,x\geq0\}$, 치역: $\{y\,|\,y\geq0\}$

$a<0$일 때, 정의역: $\{x\,|\,x\leq0\}$, 치역: $\{y\,|\,y\geq0\}$

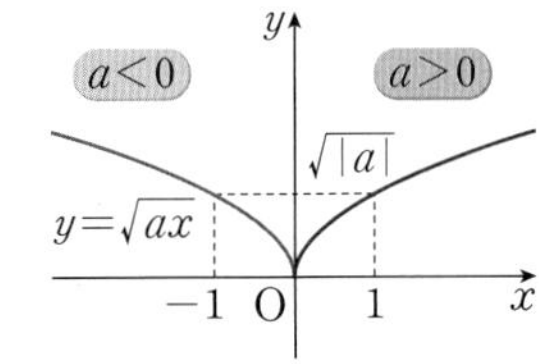

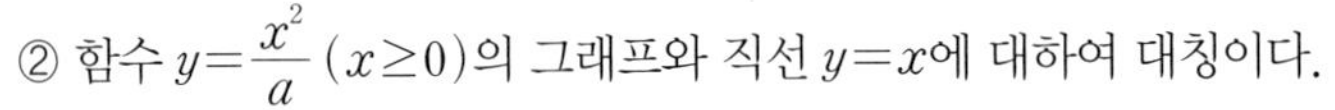

② 함수 $y=\frac{x^2}{a}$ $(x\geq0)$의 그래프와 직선 $y=x$에 대하여 대칭이다.

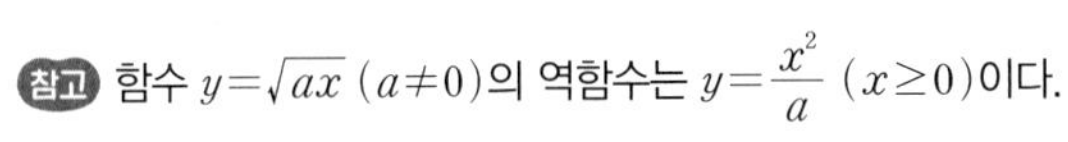

참고 함수 $y=\sqrt{ax}$ $(a\neq0)$의 역함수는 $y=\frac{x^2}{a}$ $(x\geq0)$이다.

(2) 무리함수 $y=-\sqrt{ax}$ $(a\neq0)$의 그래프

① $a>0$일 때, 정의역: $\{x\,|\,x\geq0\}$, 치역: $\{y\,|\,y\leq0\}$

$a<0$일 때, 정의역: $\{x\,|\,x\leq0\}$, 치역: $\{y\,|\,y\leq0\}$

② 함수 $y=\sqrt{ax}$의 그래프와 x축에 대하여 대칭이다.

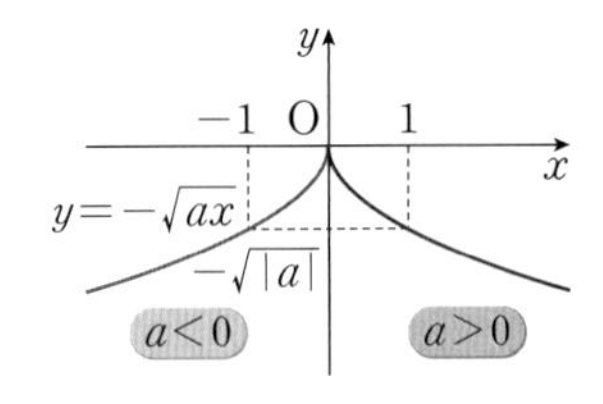

개념 5 무리함수 $y=\pm\sqrt{a(x-p)}+q$ $(a\neq0)$의 그래프

› 유형 05~14

(1) 함수 $y=\pm\sqrt{ax}$의 그래프를 x축의 방향으로 p만큼, y축의 방향으로 q만큼 평행이동한 것이다.

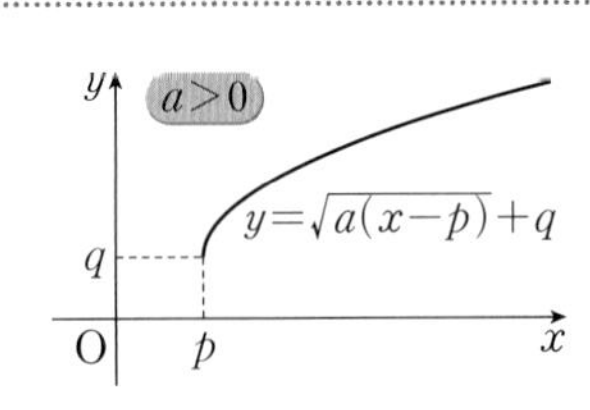

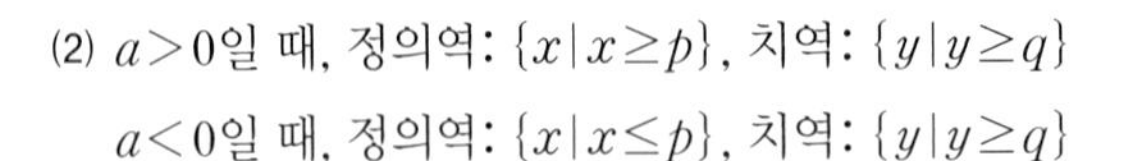

(2) $a>0$일 때, 정의역: $\{x\,|\,x\geq p\}$, 치역: $\{y\,|\,y\geq q\}$

$a<0$일 때, 정의역: $\{x\,|\,x\leq p\}$, 치역: $\{y\,|\,y\geq q\}$

참고 (1) 함수 $y=\sqrt{ax+b}+c$ $(a\neq0)$의 그래프는 $y=\sqrt{a(x-p)}+q$ 꼴로 변형하여 그린다.

(2) 함수 $y=-\sqrt{a(x-p)}+q$ $(a\neq0)$에서

① $a>0$일 때, 정의역: $\{x\,|\,x\geq p\}$, 치역: $\{y\,|\,y\leq q\}$

② $a<0$일 때, 정의역: $\{x\,|\,x\leq p\}$, 치역: $\{y\,|\,y\leq q\}$

개념 3 무리함수의 뜻

0879 보기에서 무리함수인 것만을 있는 대로 고르시오.

보기

ㄱ. $y=\sqrt{x+1}$

ㄴ. $y=-\sqrt{3x}+1$

ㄷ. $y=\sqrt{x^2}-2$

ㄹ. $y=\dfrac{-2x+2}{\sqrt{1-x}}$

ㅁ. $y=-\dfrac{\sqrt{2}x}{3}$

ㅂ. $y=\sqrt{x^2+4x+4}$

0880 다음 함수의 정의역을 구하시오.

(1) $y=\sqrt{x-1}$

(2) $y=-\sqrt{-2x}-3$

(3) $y=\sqrt{3-x}+1$

(4) $y=\sqrt{1-x^2}$

개념 4 무리함수 $y=\pm\sqrt{ax}\ (a\neq0)$의 그래프

0881 다음 함수의 그래프를 그리시오.

(1) $y=\sqrt{x}$

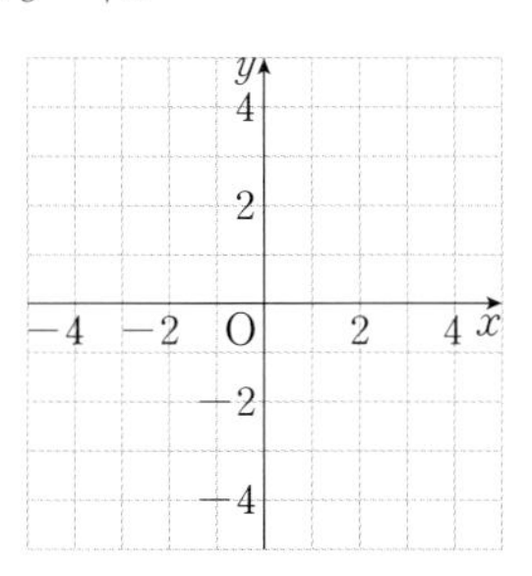

(2) $y=-\sqrt{x}$

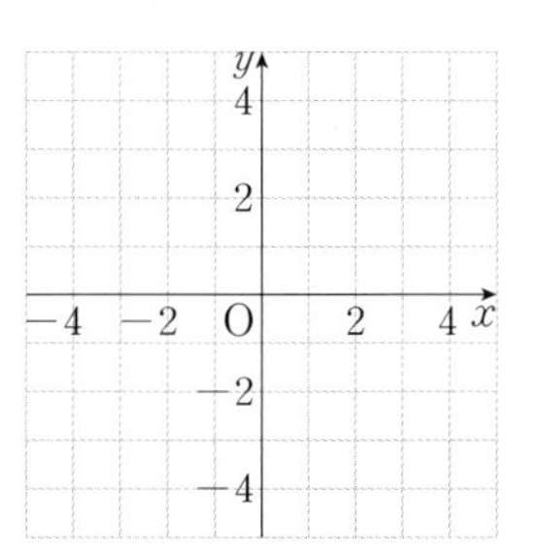

(3) $y=\sqrt{-x}$

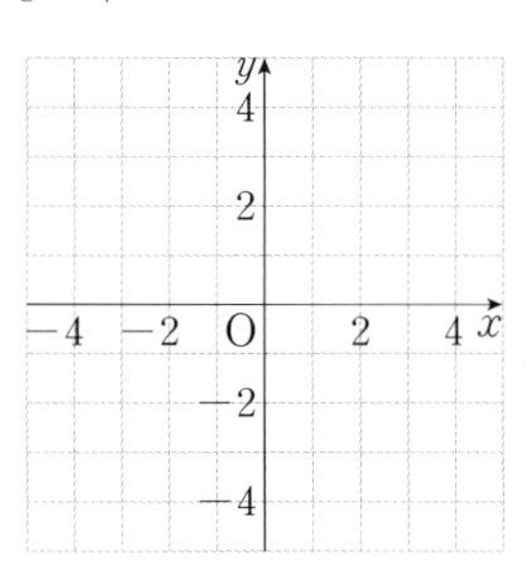

(4) $y=-\sqrt{-x}$

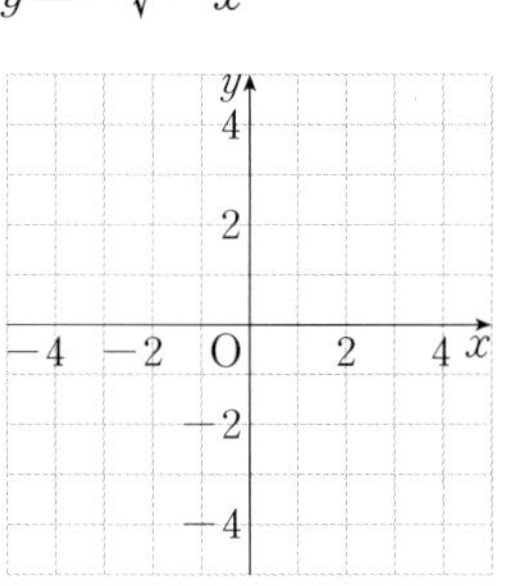

0882 함수 $y=\sqrt{-2x}$의 그래프를 다음과 같이 대칭이동한 그래프의 방정식을 구하시오.

(1) x축에 대하여 대칭이동

(2) y축에 대하여 대칭이동

(3) 원점에 대하여 대칭이동

개념 5 무리함수 $y=\pm\sqrt{a(x-p)}+q\ (a\neq0)$의 그래프

0883 함수 $y=\sqrt{7x}$의 그래프를 x축의 방향으로 2만큼, y축의 방향으로 -5만큼 평행이동한 그래프의 방정식을 구하시오.

0884 다음 함수의 그래프를 그리고, 정의역과 치역을 구하시오.

(1) $y=\sqrt{2x+8}$

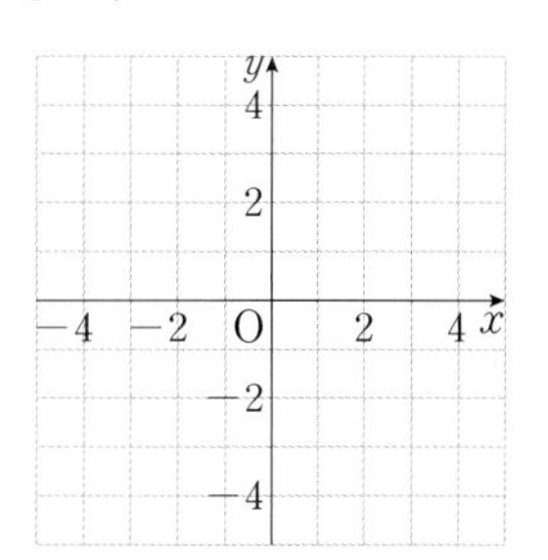

(2) $y=-2\sqrt{x}+1$

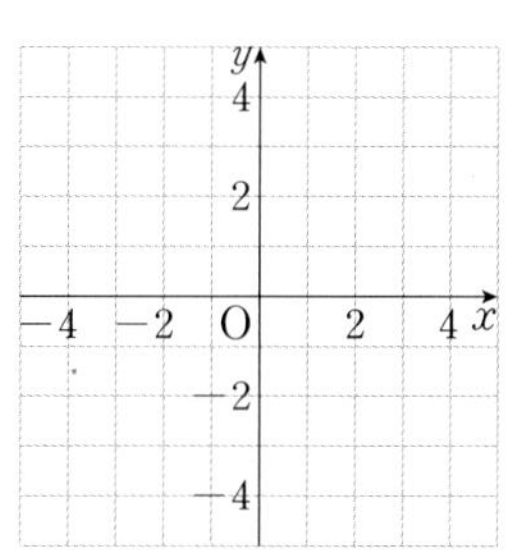

(3) $y=-\sqrt{1-x}+2$

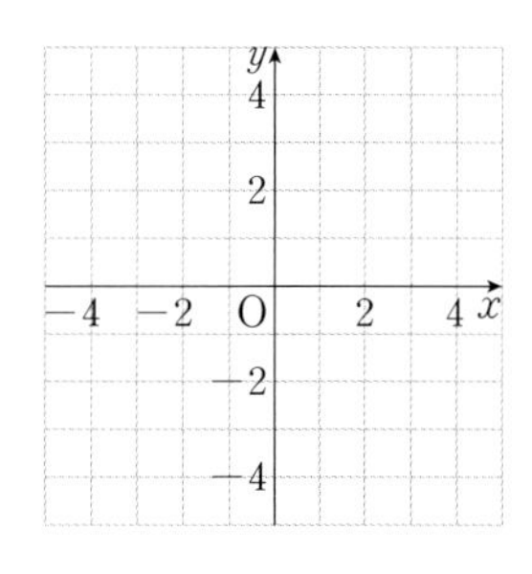

(4) $y=\sqrt{6-3x}-4$

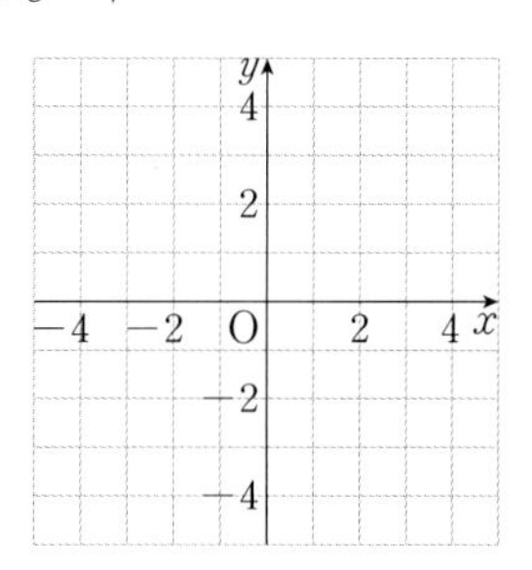

step B 기출 & 변형하면…

유형 01 무리식의 값이 실수가 되기 위한 조건 개념 1

0885 $\sqrt{x+2}+\sqrt{-x}$의 값이 실수가 되도록 하는 정수 x의 개수는?

① 1 ② 2 ③ 3
④ 4 ⑤ 5

→ **0886** $\sqrt{-2x^2+6x+8}$의 값이 실수가 되도록 하는 실수 x의 값의 범위를 구하시오.

0887 $\sqrt{2x+6}+\dfrac{2}{\sqrt{2-x}}$의 값이 실수가 되도록 하는 모든 정수 x의 값의 합은?

① -5 ② -4 ③ -3
④ -2 ⑤ -1

→ 서술형 **0888** 자연수 n에 대하여 $\sqrt{x-n}+\dfrac{2}{\sqrt{-x^2+2nx+8n^2}}$의 값이 실수가 되도록 하는 자연수 x의 개수를 $f(n)$이라 할 때, $f(f(5))$의 값을 구하시오.

유형 02 제곱근의 성질 개념 2

0889 $-1<x<4$일 때, $\sqrt{x^2+2x+1}+\sqrt{x^2-8x+16}$을 간단히 하면?

① -5 ② 5 ③ $-2x+3$
④ $2x$ ⑤ $2x+3$

→ **0890** $\sqrt{1-3x}-\sqrt{x+2}$의 값이 실수가 되도록 하는 실수 x에 대하여 $|2x-1|-\sqrt{\dfrac{1}{4}x^2+3x+9}$를 간단히 하면?

① $-\dfrac{5}{2}x-2$ ② $-\dfrac{3}{2}x+4$ ③ $\dfrac{3}{2}x$
④ $\dfrac{3}{2}x-4$ ⑤ $\dfrac{5}{2}x+2$

0891 0이 아닌 두 실수 a, b에 대하여 $\frac{\sqrt{a}}{\sqrt{b}}=-\sqrt{\frac{a}{b}}$일 때, $|a|+2\sqrt{b^2}-\sqrt{a^2-2ab+b^2}$을 간단히 하시오.

→ **0892** $\sqrt{x-5}\sqrt{3-x}=-\sqrt{(x-5)(3-x)}$를 만족시키는 실수 x에 대하여 $\sqrt{x^2-12x+36}-\sqrt{x^2-4x+4}$를 간단히 하면?

① -4　② 4　③ $-2x+8$
④ $2x-8$　⑤ $2x-4$

유형 03 무리식의 계산

개념 2

0893 $\frac{1}{2+\sqrt{x}}+\frac{1}{2-\sqrt{x}}$을 간단히 하면?

① $\frac{1}{2-x}$　② $\frac{2}{2+x}$　③ $\frac{1}{4-x}$
④ $\frac{4}{4-x}$　⑤ $\frac{2}{4+x}$

→ **0894** $\frac{\sqrt{x}}{\sqrt{x+2}+\sqrt{x}}-\frac{\sqrt{x+2}}{\sqrt{x+2}-\sqrt{x}}$를 간단히 하면?

① $-x+1$　② $-x-1$　③ 0
④ $x+1$　⑤ $x-1$

0895 무리식 $\frac{4x}{\sqrt{x+2}-\sqrt{x}}$의 분모를 유리화하면 $ax(\sqrt{x+b}+\sqrt{x+c})$일 때, $a+b+c$의 값은?

(단, a, b, c는 상수이다.)

① 0　② 1　③ 2
④ 3　⑤ 4

서술형
→ **0896** $f(x)=\frac{1}{\sqrt{x}+\sqrt{x-1}}$일 때,
$f(1)+f(2)+f(3)+\cdots+f(9)$의 값을 구하시오.

유형 04 무리식의 값 구하기 개념 2

0897 $x=\sqrt{5}$일 때, $\frac{2}{\sqrt{x}-1}-\frac{2}{\sqrt{x}+1}$의 값은?

① $\frac{\sqrt{5}-1}{2}$ ② $\frac{\sqrt{5}+1}{2}$ ③ $\sqrt{5}-1$
④ $\sqrt{5}$ ⑤ $\sqrt{5}+1$

→ **0898** $f(x)=\frac{2}{\sqrt{x+2}+\sqrt{x}}+\frac{3}{\sqrt{x+5}+\sqrt{x+2}}$에 대하여 $f(4)$의 값은?

① 1 ② 2 ③ 3
④ 4 ⑤ 5

0899 $x=\frac{1}{2-\sqrt{3}}$일 때, $\frac{\sqrt{x+1}-\sqrt{x}}{\sqrt{x+1}+\sqrt{x}}+\frac{\sqrt{x+1}+\sqrt{x}}{\sqrt{x+1}-\sqrt{x}}$의 값은?

① $4+2\sqrt{3}$ ② $8+2\sqrt{3}$ ③ $8+4\sqrt{3}$
④ $10+2\sqrt{3}$ ⑤ $10+4\sqrt{3}$

→ **0900** $x=\frac{\sqrt{2}-1}{\sqrt{2}+1}$일 때, $\frac{1+\sqrt{x}}{1-\sqrt{x}}+\frac{1-\sqrt{x}}{1+\sqrt{x}}$의 값을 구하시오.

서술형
0901 $x=\frac{2+\sqrt{3}}{2-\sqrt{3}}$, $y=\frac{2-\sqrt{3}}{2+\sqrt{3}}$일 때, x^2-xy+y^2의 값을 구하시오.

→ **0902** $x=3+\sqrt{5}$, $xy=4$일 때, $\frac{\sqrt{2x}+\sqrt{2y}}{\sqrt{x}-\sqrt{y}}$의 값을 구하시오.

유형 05 무리함수의 정의역과 치역

개념 3, 5

0903 함수 $y=-\sqrt{2x-2}+3$의 정의역과 치역은?

① 정의역: $\{x|x\le-1\}$, 치역: $\{y|y\le3\}$
② 정의역: $\{x|x\le1\}$, 치역: $\{y|y\ge3\}$
③ 정의역: $\{x|x\ge1\}$, 치역: $\{y|y\le3\}$
④ 정의역: $\{x|x\ge2\}$, 치역: $\{y|y\le3\}$
⑤ 정의역: $\{x|x\ge2\}$, 치역: $\{y|y\ge3\}$

➜ **0904** 함수 $y=\frac{ax+3}{x+b}$의 그래프의 점근선의 방정식이 $x=-1$, $y=2$일 때, 함수 $y=\sqrt{ax+b}$의 정의역에 속하는 실수의 최솟값을 구하시오. (단, a, b는 상수이다.)

0905 함수 $y=-\sqrt{ax+6}+b$의 정의역이 $\{x|x\le3\}$이고, 이 그래프가 점 $(1, 2)$를 지날 때, 이 함수의 치역은?

(단, a, b는 상수이다.)

① $\{y|y\ge-2\}$ ② $\{y|y\le2\}$ ③ $\{y|y\le4\}$
④ $\{y|y\ge4\}$ ⑤ $\{y|y\le6\}$

서술형

➜ **0906** 함수 $y=\sqrt{-2x+a}+b$의 정의역이 $\{x|x\le2\}$, 치역이 $\{y|y\ge1\}$일 때, 상수 a, b에 대하여 ab의 값을 구하시오.

10 무리식과 무리함수

유형 06 무리함수의 그래프의 평행이동과 대칭이동 개념 4, 5

0907 함수 $y=\sqrt{ax}$의 그래프를 x축의 방향으로 -1만큼, y축의 방향으로 3만큼 평행이동하면 함수 $y=\sqrt{3x+b}+c$의 그래프와 일치할 때, $a+b+c$의 값은?

(단, a, b, c는 상수이다.)

① 1　② 3　③ 5　④ 7　⑤ 9

0908 무리함수 $y=\sqrt{a(x-1)}+2$의 그래프를 x축의 방향으로 2만큼, y축의 방향으로 -4만큼 평행이동한 그래프가 점 $(4, -1)$을 지날 때, 상수 a의 값은?

① $\frac{1}{5}$　② $\frac{2}{5}$　③ $\frac{3}{5}$　④ $\frac{4}{5}$　⑤ 1

0909 함수 $y=\sqrt{2-2x}$의 그래프를 x축의 방향으로 -3만큼, y축의 방향으로 -5만큼 평행이동한 후 y축에 대하여 대칭이동하였더니 함수 $y=\sqrt{ax+b}+c$의 그래프와 일치하였다. $a+b+c$의 값을 구하시오. (단, a, b, c는 상수이다.)

서술형

0910 두 함수 $y=\sqrt{2x+10}$, $y=\sqrt{-2x+6}+4$의 그래프와 직선 $x=-5$로 둘러싸인 도형의 넓이를 구하시오.

유형 07 무리함수의 그래프가 서로 겹칠 조건 개념 4, 5

0911 보기의 함수 중에서 그 그래프가 평행이동 또는 대칭이동에 의하여 함수 $y=\sqrt{x}$의 그래프와 겹쳐지는 것만을 있는 대로 고른 것은?

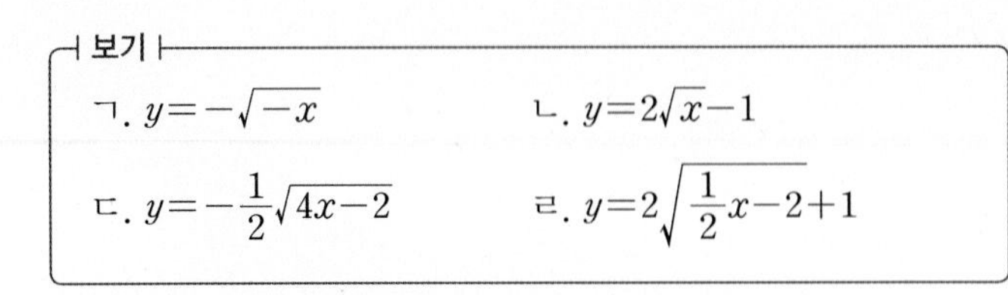

보기

ㄱ. $y=-\sqrt{-x}$　ㄴ. $y=2\sqrt{x}-1$

ㄷ. $y=-\frac{1}{2}\sqrt{4x-2}$　ㄹ. $y=2\sqrt{\frac{1}{2}x-2}+1$

① ㄱ, ㄴ　② ㄱ, ㄷ　③ ㄴ, ㄷ　④ ㄴ, ㄹ　⑤ ㄷ, ㄹ

0912 다음 무리함수 중 그 그래프가 평행이동에 의하여 무리함수 $y=\sqrt{-3x}$의 그래프와 겹쳐지는 것은?

① $y=\sqrt{-x}$　② $y=-3\sqrt{x}$

③ $y=-\sqrt{3x}+2$　④ $y=-\sqrt{1+3x}$

⑤ $y=\sqrt{-3x+1}-2$

유형 08 그래프를 이용하여 무리함수의 식 구하기 개념 5

0913 함수 $y=-\sqrt{ax+b}+c$의 그래프가 그림과 같을 때, 상수 a, b, c에 대하여 $a+b+c$의 값은?

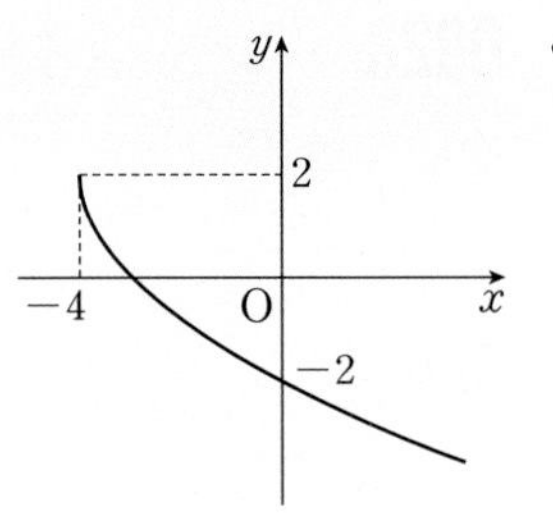

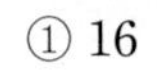

① 16 ② 18 ③ 20 ④ 22 ⑤ 24

➜ 0914 함수 $y=\sqrt{ax+b}+c$의 그래프가 그림과 같을 때, $\dfrac{|a|}{a}+\dfrac{|b|}{b}+\dfrac{|c|}{c}$의 값은?

(단, a, b, c는 상수이다.)

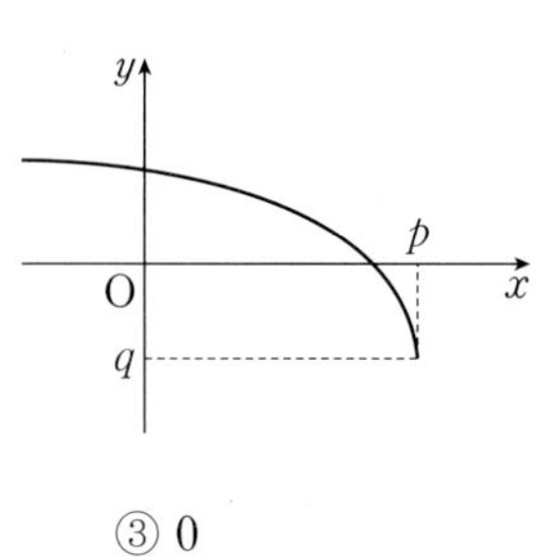

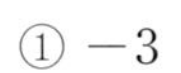

① -3 ② -1 ③ 0 ④ 1 ⑤ 3

0915 함수 $y=-\sqrt{ax+b}+c$의 그래프가 그림과 같을 때, 함수 $y=\dfrac{bx+c}{x+a}$의 그래프의 점근선의 방정식은?

(단, a, b, c는 상수이다.)

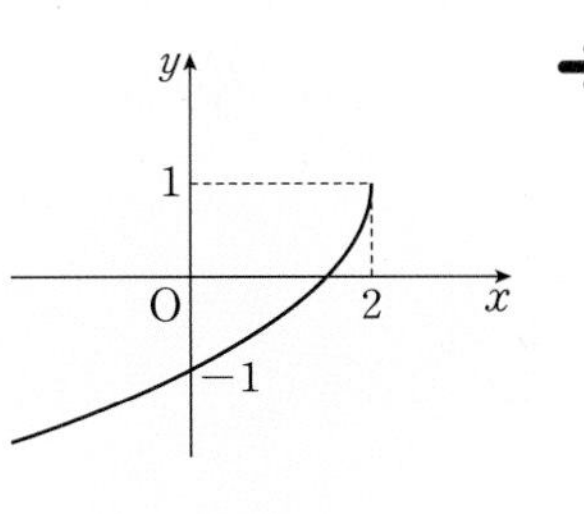

① $x=-2$, $y=4$ ② $x=2$, $y=-4$ ③ $x=2$, $y=4$ ④ $x=4$, $y=-2$ ⑤ $x=4$, $y=2$

➜ 0916 함수 $y=\sqrt{ax+b}+c$의 그래프가 그림과 같을 때, 함수 $y=\dfrac{bx+c}{ax+1}$의 그래프가 지나는 사분면만을 모두 고른 것은?

(단, a, b, c는 상수이다.)

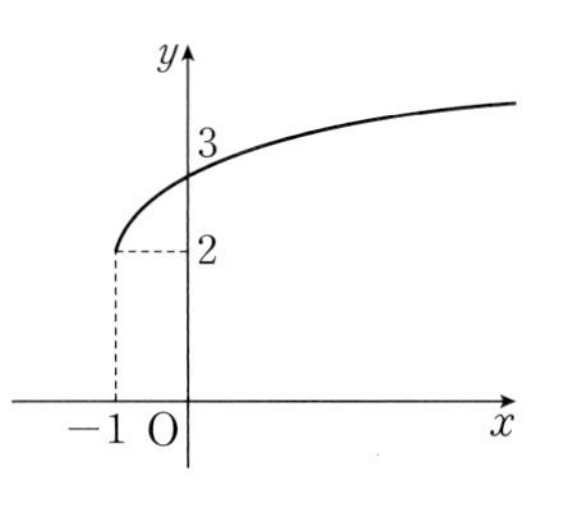

① 제1, 3사분면 ② 제2, 4사분면 ③ 제1, 2, 3사분면 ④ 제2, 3, 4사분면 ⑤ 제1, 2, 3, 4사분면

유형 09 무리함수의 그래프가 지나는 사분면 개념 5

0917 함수 $y=\sqrt{x+10}+a$의 그래프가 제1, 2, 3사분면을 지나도록 하는 정수 a의 최솟값을 구하시오.

서술형

➜ 0918 함수 $y=-2\sqrt{4-x}+k$의 그래프가 제1, 3, 4사분면을 지나도록 하는 모든 자연수 k의 값의 합을 구하시오.

유형 10 무리함수의 최대·최소 개념 5

0919 함수 $y=-\sqrt{3x+3}+a$의 최댓값이 -2이고, 이 함수의 그래프가 점 $(b,\ -5)$를 지날 때, $a+b$의 값은? (단, a는 상수이다.)

① -2 ② -1 ③ 0
④ 1 ⑤ 2

➔ **0920** $-5\le x\le 1$에서 함수 $y=\sqrt{6-2x}+2$의 최댓값과 최솟값의 합은?

① 4 ② 6 ③ 8
④ 10 ⑤ 12

0921 정의역이 $\{x|-1\le x\le 4\}$인 함수 $y=\sqrt{4x+a}-1$의 최솟값이 3, 최댓값이 b일 때, $a+b$의 값은? (단, a는 상수이다.)

① 19 ② 21 ③ 23
④ 25 ⑤ 27

서술형
➔ **0922** $-6\le x\le 2$에서 무리함수 $y=\sqrt{3-x}+a$가 최솟값 4를 가질 때, 최댓값을 구하시오. (단, a는 상수이다.)

유형 11 무리함수의 그래프와 직선의 위치 관계 개념 5

0923 직선 $y=mx$가 무리함수 $y=\sqrt{-x+2}+7$의 그래프와 만나도록 하는 자연수 m의 최솟값은?

① 1 ② 2 ③ 3
④ 4 ⑤ 5

➔ **0924** 두 집합

$A=\{(x,\ y)\,|\,y=-\sqrt{2x-4}+3\}$,
$B=\{(x,\ y)\,|\,y=x+k\}$

에 대하여 $n(A\cap B)\ne 0$을 만족시키는 실수 k의 최댓값을 구하시오.

0925 함수 $y=\sqrt{9-3x}$의 그래프와 직선 $y=-x+k$가 서로 다른 두 점에서 만나도록 하는 실수 k의 값의 범위는?

① $-3\le k<2$ ② $-3<k\le\frac{15}{4}$ ③ $3<k\le\frac{15}{4}$
④ $3\le k<\frac{15}{4}$ ⑤ $3\le k\le\frac{15}{4}$

서술형
0926 함수 $y=\sqrt{2x-2}$의 그래프와 직선 $y=x+k$가 오직 한 점에서 만날 때, 실수 k의 값의 범위를 구하시오.

유형 12 무리함수의 역함수 개념 5

0927 두 함수

$$y=5-\sqrt{3x+6},\ y=a(x+b)^2+c\ (x\le d)$$

의 그래프가 직선 $y=x$에 대하여 대칭일 때, 상수 a, b, c, d에 대하여 $\frac{cd}{ab}$의 값은?

① 6 ② 9 ③ 12
④ 15 ⑤ 18

0928 함수 $f(x)=\sqrt{x-5}+3$의 역함수를 $g(x)$라 할 때, 함수 $y=g(x)$의 그래프를 x축의 방향으로 a만큼, y축의 방향으로 -6만큼 평행이동하면 함수 $y=(x-6)^2+b\ (x\ge6)$의 그래프와 일치한다. 상수 a, b에 대하여 $a+b$의 값은?

① 1 ② 2 ③ 3
④ 4 ⑤ 5

0929 함수 $f(x)=\sqrt{6x-2}-1$의 그래프와 그 역함수 $y=f^{-1}(x)$의 그래프의 두 교점 사이의 거리는?

① $\frac{\sqrt{2}}{2}$ ② $\sqrt{2}$ ③ $\frac{3\sqrt{2}}{2}$
④ $2\sqrt{2}$ ⑤ $\frac{5\sqrt{2}}{2}$

서술형
0930 두 함수

$$f(x)=\sqrt{4x-8}+1,\ g(x)=\frac{1}{4}(x-1)^2+2\ (x\ge1)$$

에 대하여 방정식 $f(x)-g(x)=0$의 근을 구하시오.

유형 13 무리함수의 합성함수와 역함수 개념 5

0931 $x>2$인 실수 전체의 집합을 정의역으로 하는 두 함수

$$f(x)=\frac{x+1}{x-2},\ g(x)=\sqrt{3x-5}+1$$

에 대하여 $(f^{-1}\circ g)(3)+(g^{-1}\circ f)(5)$의 값은?

① $\frac{3}{2}$ ② $\frac{5}{2}$ ③ $\frac{7}{2}$
④ $\frac{9}{2}$ ⑤ $\frac{11}{2}$

➜ **0932** 1보다 큰 모든 실수의 집합에서 정의된 두 함수

$$f(x)=\frac{x+1}{x-1},\ g(x)=\sqrt{x-1}$$

에 대하여 $(f\circ(g\circ f)^{-1}\circ f)(2)$의 값은?

① 7 ② 8 ③ 9
④ 10 ⑤ 11

0933 함수 $f(x)=\sqrt{ax+b}$ $(a\neq0)$에 대하여 함수 $g(x)$가 $(f\circ g)(x)=x$를 만족시킨다. $f(1)=3$, $g(1)=3$일 때, $2a+b$의 값을 구하시오. (단, a, b는 상수이다.)

서술형
➜ **0934** 함수 $f(x)=\sqrt{ax+b}$ $(a\neq0)$에 대하여 함수 $g(x)$가 $(f\circ g)(x)=x$를 만족시킨다. 두 함수 $y=f(x)$, $y=g(x)$의 그래프가 점 $(2, 4)$에서 만날 때, $a+b$의 값을 구하시오.
(단, a, b는 상수이다.)

유형 14 무리함수의 그래프의 성질 개념 4, 5

0935 함수 $y=-\sqrt{3x}-1$에 대한 설명으로 옳은 것은?

① 그래프는 점 $(3, 4)$를 지난다.
② 그래프는 제1, 4사분면만을 지난다.
③ 그래프는 $y=\sqrt{3x}+1$의 그래프와 x축에 대하여 대칭이다.
④ 그래프는 $y=\sqrt{3x}$의 그래프를 평행이동한 것이다.
⑤ 역함수는 $y=-\frac{1}{3}(x+1)^2$ $(x\leq-1)$이다.

➜ **0936** 함수 $y=\sqrt{2-x}-3$의 그래프에 대하여 보기에서 옳은 것만을 있는 대로 고르시오.

보기
ㄱ. 정의역은 $\{x|x\leq2\}$, 치역은 $\{y|y\leq-3\}$이다.
ㄴ. 제1사분면을 지난다.
ㄷ. 함수 $y=-x^2-6x-7$의 그래프를 직선 $y=x$에 대하여 대칭이동한 그래프의 일부와 일치한다.

실력 완성!

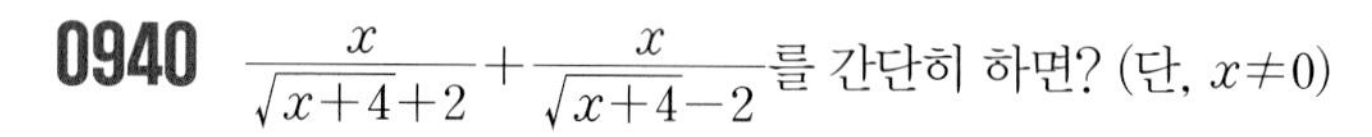

0937 $\sqrt{2-x}+\dfrac{1}{\sqrt{2+x}}$의 값이 실수가 되도록 하는 정수 x의 개수는?

① 1 ② 2 ③ 3 ④ 4 ⑤ 5

0938 $x=\sqrt{5}+2$, $y=\sqrt{5}-2$일 때, $x^2-x^2y-xy^2-y^2$의 값은?

① $2\sqrt{5}$ ② $4\sqrt{5}$ ③ $6\sqrt{5}$ ④ $8\sqrt{5}$ ⑤ $10\sqrt{5}$

0939 함수 $y=\sqrt{-3x+a}+2$의 정의역이 $\{x|x\le 3\}$일 때, 상수 a의 값은?

① -9 ② -6 ③ 0 ④ 6 ⑤ 9

0940 $\dfrac{x}{\sqrt{x+4}+2}+\dfrac{x}{\sqrt{x+4}-2}$를 간단히 하면? (단, $x\neq0$)

① $\sqrt{x+4}-2$ ② $\sqrt{x+4}$ ③ $\dfrac{\sqrt{x+4}}{x}$ ④ $\sqrt{x+4}+2$ ⑤ $2\sqrt{x+4}$

0941 함수 $y=\sqrt{a(x+b)}+c$의 그래프가 그림과 같을 때, 함수 $y=\sqrt{c(x+b)}+a$의 그래프가 지나는 사분면만을 모두 고른 것은? (단 a, b, c는 상수이다.)

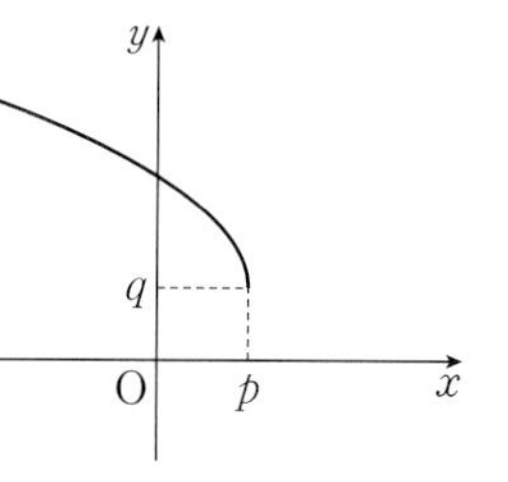

① 제1, 4사분면 ② 제2, 3사분면 ③ 제3, 4사분면 ④ 제1, 2, 3사분면 ⑤ 제2, 3, 4사분면

0942 $-4\le x\le 1$에서 함수 $y=\sqrt{a-x}+2$의 최솟값이 3이다. $-4\le x\le 1$에서 함수 $y=\dfrac{8}{x-2a}+5$의 최솟값은? (단, a는 상수이다.)

① $\dfrac{7}{3}$ ② 4 ③ $\dfrac{17}{3}$ ④ $\dfrac{22}{3}$ ⑤ 9

0943 함수 $y=\sqrt{2x+4}+7$의 그래프와 직선 $y=-3x+k$가 제2사분면에서 만나도록 하는 모든 정수 k의 값의 합은?

① 28　② 32　③ 36　④ 40　⑤ 45

0944 함수 $f(x)=\sqrt{2x-12}$가 있다. 함수 $g(x)$가 2 이상의 모든 실수 x에 대하여 $f^{-1}(g(x))=3x$를 만족시킬 때, $g(3)$의 값은?

① $\sqrt{2}$　② 2　③ $\sqrt{6}$　④ $2\sqrt{2}$　⑤ $\sqrt{10}$

0945 함수 $f(x)=\begin{cases}\sqrt{x-2}+1 & (x\geq3)\\ \frac{2}{3}x & (x<3)\end{cases}$에 대하여 $(f\circ f\circ f)(6)+f^{-1}(3)$의 값은?

① 7　② $\frac{22}{3}$　③ $\frac{23}{3}$　④ 8　⑤ $\frac{25}{3}$

0946 함수 $y=\sqrt{2x+8}-3$에 대한 설명으로 옳지 않은 것은?

① 정의역은 $\{x|x\geq-4\}$, 치역은 $\{y|y\geq-3\}$이다.

② 그래프는 $y=\sqrt{2x}$의 그래프를 x축의 방향으로 -4만큼, y축의 방향으로 -3만큼 평행이동한 것이다.

③ 그래프는 제1, 2, 3사분면만을 지난다.

④ 그래프는 $y=\sqrt{-2x+8}-3$의 그래프와 y축에 대하여 대칭이다.

⑤ 그래프는 함수 $y=\frac{1}{2}(x+3)^2-4\ (x\geq-3)$의 그래프를 직선 $y=x$에 대하여 대칭이동한 그래프와 겹쳐진다.

0947 그림과 같이 한 변의 길이가 2인 정사각형 ABCD의 꼭짓점 C는 함수 $y=\sqrt{x}$의 그래프 위를 움직이고 있다. 점 A가 그리는 도형의 방정식이 $y=\sqrt{ax+b}+c$일 때, 상수 a, b, c에 대하여 $a+b+c$의 값을 구하시오.
(단, 정사각형 ABCD의 각 변은 x축 또는 y축에 평행하다.)

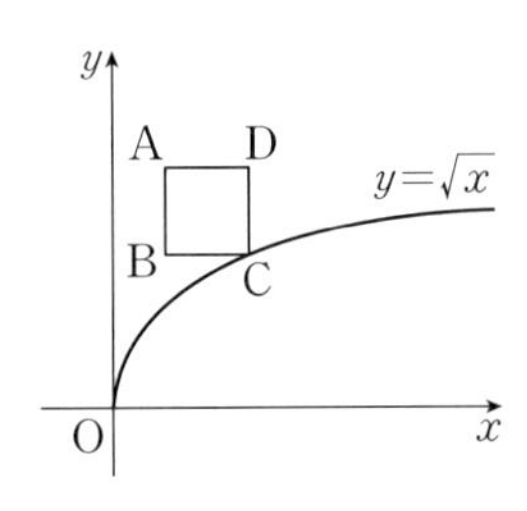

0948 보기의 함수 중에서 그 그래프가 평행이동 또는 대칭이동에 의하여 함수 $y=\sqrt{x}$의 그래프와 겹쳐지는 것만을 있는 대로 고르시오.

보기

ㄱ. $y=x^2\ (x\geq 0)$ ㄴ. $y=-\sqrt{-x-3}+4$

ㄷ. $y=-\sqrt{3x-2}$ ㄹ. $y=\frac{1}{3}\sqrt{9x-3}$

0949 함수 $f(x)=\sqrt{x+1}-2$의 그래프가 x축, y축과 만나는 점을 각각 A, B라 하고, 함수 $y=f(x)$의 역함수 $y=f^{-1}(x)$의 그래프가 x축, y축과 만나는 점을 각각 C, D라 할 때, 사각형 ABCD의 넓이는?

① 9 ② 8 ③ 7

④ 6 ⑤ 5

0950 정의역이 $\{x|0\leq x\leq 1\}$인 함수 $y=\frac{2x-7}{x-2}$의 그래프와 함수 $y=-\sqrt{4x}+k$의 그래프가 만날 때, 상수 k의 최댓값과 최솟값의 합을 구하시오.

서술형

0951 $f(x)=\sqrt{2x+1}+\sqrt{2x-1}$에 대하여

$$\frac{1}{f(1)}+\frac{1}{f(2)}+\frac{1}{f(3)}+\cdots+\frac{1}{f(40)}$$

의 값을 구하시오.

0952 두 함수

$f(x)=\sqrt{x+6}$,

$g(x)=x^2-6\ (x\geq 0)$

의 그래프에 대하여 그림과 같이 직선 $y=-x+a\ (-6\leq a\leq 6)$가 곡선 $y=f(x)$와 만나는 점을 A, 곡선 $y=g(x)$와 만나는 점을 B라 하자. 선분 AB의 길이의 최댓값이 $\frac{q}{p}\sqrt{2}$일 때, $p+q$의 값을 구하시오.

(단, p와 q는 서로소인 자연수이다.)

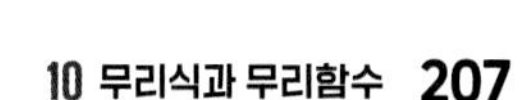

깔끔한 해설로
알찬 학습!

꼼꼼한 해설로
꽉 찬 학습!

필요충분한 수학유형서

NE 능률

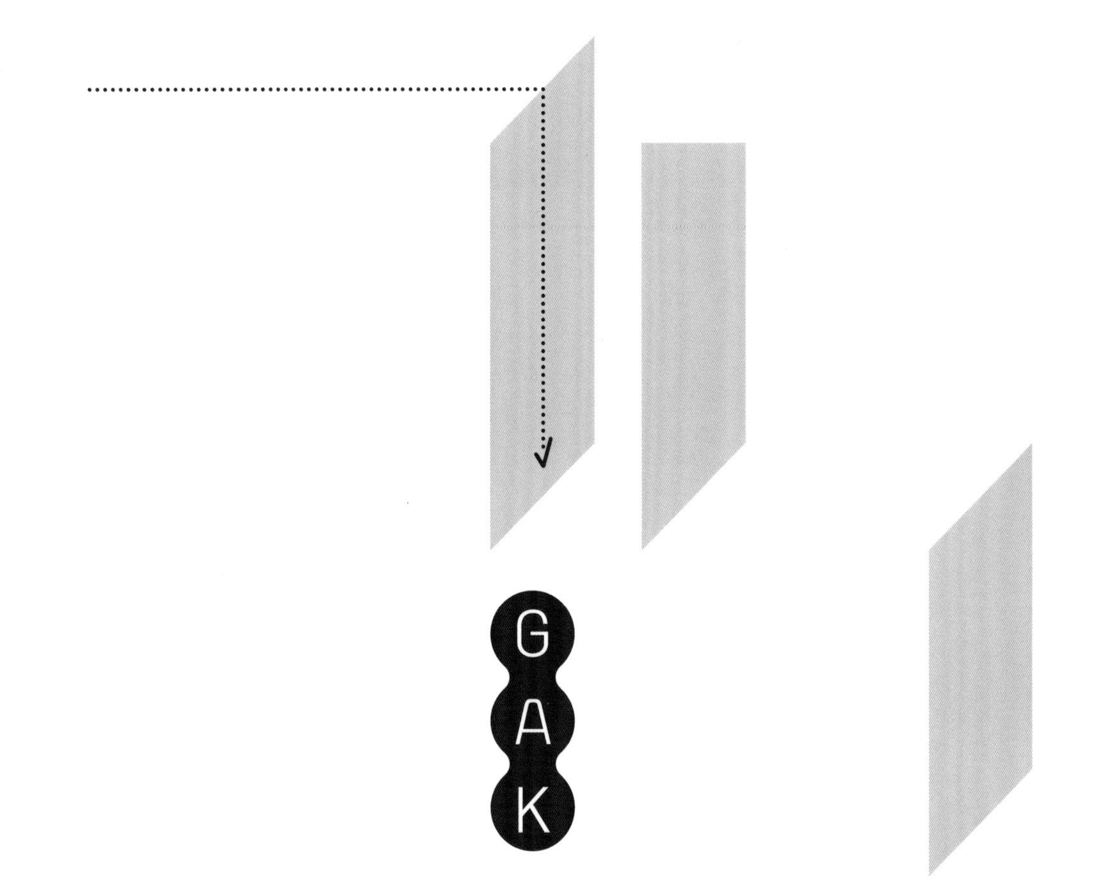

정답과 해설

학습자 중심의 친절한 해설

정답과 해설

디지털 해설

○ 정확하고 자세한 해설

○ 논리적으로 쉽게 설명한 해설

○ 실력을 다질 수 있는 해설

거인의 어깨가 필요할 때

만약 내가 멀리 보았다면, 그것은 거인들의 어깨 위에 서 있었기 때문입니다.

If I have seen farther, it is by standing on the shoulders of giants.

오래전부터 인용되어 온 이 경구는, 성취는 혼자서 이룬 것이 아니라
많은 앞선 노력을 바탕으로 한 결과물이라는 의미를 담고 있습니다.
과학적으로 큰 성취를 이룬 뉴턴(Newton, I.; 1642~1727)도
과학적 공로에 관해 언쟁을 벌이며 경쟁자에게 보낸 편지에
이 문장을 인용하여 자신보다 앞서 과학적 발견을 이룬 과학자들의
도움을 많이 받았음을 고백하였다고 합니다.

수학은 어렵고, 잘하기까지 오랜 시간이 걸립니다.
그렇기에 수학을 공부할 때도 거인의 어깨가 필요합니다.

<각 GAK>은 여러분이 오를 수 있는 거인의 어깨가 되어
여러분의 수학 공부 여정을 함께 하겠습니다.
<각 GAK>의 어깨 위에서 여러분이 원하는
수학적 성취를 이루길 진심으로 기원합니다.

빠른 정답

01 평면좌표

Ⅰ. 도형의 방정식

0001 (1) 7 (2) 5 (3) 3 **0002** (1) Q(-2) 또는 Q(6) (2) Q(-10) 또는 Q(4)
0003 (1) 5 (2) $\sqrt{13}$ (3) $3\sqrt{2}$ (4) $2\sqrt{5}$ **0004** 5
0005 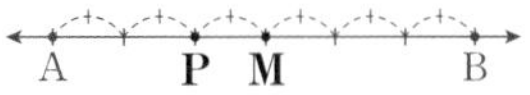

0006 (1) M(7) (2) P(9)
0007 (1) M$(1, 8)$ (2) P$(2, 10)$ **0008** (1) G$(-3, 2)$ (2) G$(2, -2)$
0009 ④ **0010** 11 **0011** ② **0012** 5 **0013** ② **0014** 4 **0015** ①
0016 $\sqrt{34}$ **0017** ④ **0018** ③ **0019** $\sqrt{13}$ **0020** ④ **0021** ② **0022** 10
0023 ③ **0024** 12 **0025** ③ **0026** ⑤ **0027** ③ **0028** ① **0029** ②
0030 $\sqrt{6}$ **0031** ② **0032** P$(3, 2)$ **0033** ③ **0034** ② **0035** ②

0036 ④ **0037** 7 **0038** 7 **0039** $\frac{3}{5}<t<1$ **0040** ⑤ **0041** 5
0042 1 **0043** ① **0044** 20 **0045** C$(2, -3)$ **0046** 2 **0047** ④
0048 2 **0049** D$(2, 8)$ **0050** C$(8, 1)$, D$(13, 6)$ **0051** 14
0052 4 **0053** D$\left(-\frac{16}{9}, -\frac{11}{9}\right)$ **0054** -1 **0055** ③ **0056** ④
0057 ② **0058** ① **0059** 25 **0060** 5 **0061** ④ **0062** ㄱ, ㄴ
0063 ④ **0064** ③ **0065** ⑤ **0066** ③ **0067** ② **0068** ② **0069** 7
0070 E$\left(\frac{11}{4}, 1\right)$

02 직선의 방정식

Ⅰ. 도형의 방정식

0071 (1) $y=2x+2$ (2) $y=-2x+2$ (3) $y=2x-4$ (4) $y=-2$ (5) $x=1$
0072 (1) 제1, 3, 4사분면 (2) 제1, 2사분면 (3) 제2, 3사분면 **0073** $(3, 3)$
0074 $4x+y=0$ **0075** (1) 2 (2) $-\frac{1}{2}$ **0076** (1) -4 (2) 3 (3) $-\frac{3}{4}$
0077 (1) 3 (2) $\sqrt{2}$ (3) $3\sqrt{10}$ **0078** (1) $\sqrt{2}$ (2) $2\sqrt{5}$ **0079** ⑤ **0080** ②
0081 ⑤ **0082** $(3, 3)$ **0083** ③ **0084** -12 **0085** ①
0086 ② **0087** ② **0088** ③ **0089** ⑤ **0090** -2 **0091** 제1, 2, 3사분면
0092 제2사분면 **0093** ① **0094** 제3사분면 **0095** ⑤ **0096** ①
0097 10 **0098** ㄴ **0099** ③ **0100** ① **0101** ② **0102** 4
0103 $4x-5y-4=0$ **0104** ② **0105** 2 **0106** ⑤ **0107** ⑤ **0108** ②
0109 ⑤ **0110** ④ **0111** ① **0112** 7 **0113** ② **0114** 4 **0115** ④
0116 ④ **0117** ④ **0118** -1 **0119** ① **0120** ⑤ **0121** ④ **0122** 1

0123 ③ **0124** ④ **0125** ② **0126** 2 **0127** ② **0128** 9 **0129** 2
0130 10 **0131** (1) $\sqrt{17}$ (2) $4x-y+5=0$ (3) $\frac{14\sqrt{17}}{17}$ (4) 7 **0132** 4
0133 (1) $(y_2-y_1)x-(x_2-x_1)y-x_1y_2+x_2y_1=0$
(2) $\frac{|x_1y_2-x_2y_1|}{\sqrt{(x_2-x_1)^2+(y_2-y_1)^2}}$ (3) 33쪽 참조 **0134** 5
0135 $x+y-15=0$ 또는 $x+y+5=0$
0136 $4x-3y-28=0$ 또는 $4x-3y+52=0$ **0137** ② **0138** 10
0139 ④ **0140** $14x-5y+14=0$ **0141** ③ **0142** ③ **0143** 32
0144 제3사분면 **0145** ① **0146** ③ **0147** 8 **0148** ⑤ **0149** ②
0150 ② **0151** -28 **0152** ③ **0153** ③ **0154** ⑤ **0155** -3 **0156** $\frac{8}{3}$

03 원의 방정식

Ⅰ. 도형의 방정식

0157 (1) $(1, -2)$, 2 (2) $(1, 2)$, 1 (3) $(1, 0)$, $\frac{\sqrt{2}}{2}$
0158 (1) $x^2+y^2=3$ (2) $(x+2)^2+(y-3)^2=16$ (3) $(x-1)^2+(y+1)^2=25$
(4) $(x-4)^2+(y+1)^2=13$ (5) $(x-3)^2+(y-4)^2=25$
0159 (1) $(x-2)^2+(y-4)^2=16$ (2) $(x+3)^2+(y+5)^2=9$
0160 (1) $(x-3)^2+(y-3)^2=9$ (2) $(x-4)^2+(y+4)^2=16$
0161 (1) $-2<k<2$ (2) $k<2$ (3) $k<-2$ 또는 $k>2$ **0162** $2x-y=0$
0163 $x^2+y^2+6x+2y-3=0$ **0164** (1) 한 점에서 만난다. (접한다.)
(2) 서로 다른 두 점에서 만난다. (3) 만나지 않는다. **0165** (1) 0 (2) 2
0166 (1) $-4<k<4$ (2) $k=-4$ 또는 $k=4$ (3) $k<-4$ 또는 $k>4$
0167 (1) $y=x\pm2\sqrt{2}$ (2) $y=-2x\pm3\sqrt{5}$
0168 (1) $\sqrt{3}x+y-4=0$ (2) $2x-3y+13=0$ **0169** (1) $x_1x+y_1y=5$
(2) $x_1=1$, $y_1=-2$ 또는 $x_1=1$, $y_1=2$ (3) $x-2y=5$, $x+2y=5$
0170 (1) 4 (2) $2\sqrt{2}$ **0171** ② **0172** ② **0173** ⑤ **0174** ① **0175** ④
0176 7 **0177** 8 **0178** ⑤ **0179** ③ **0180** $(x-1)^2+(y-4)^2=10$

0181 ④ **0182** 5 **0183** 8 **0184** 12 **0185** ④ **0186** 25 **0187** ③
0188 ③ **0189** $(x+3)^2+(y+3)^2=9$ **0190** ⑤ **0191** 5 **0192** 10
0193 ⑤ **0194** 50 **0195** ③ **0196** 15 **0197** ④ **0198** ① **0199** 17
0200 14 **0201** $y=-3x-2$ **0202** 3 **0203** ① **0204** 34 **0205** ④
0206 ② **0207** 2π **0208** ① **0209** ① **0210** 14 **0211** ① **0212** ①
0213 ③ **0214** $2\sqrt{15}$ **0215** 8 **0216** -4 **0217** 1 **0218** ⑤
0219 6 **0220** ④ **0221** ② **0222** ⑤ **0223** ④ **0224** 9 **0225** ④
0226 ④ **0227** $\sqrt{21}$ **0228** ② **0229** 6 **0230** ④ **0231** ③ **0232** 3
0233 ⑤ **0234** 10 **0235** ② **0236** ③ **0237** ④ **0238** ② **0239** ⑤
0240 $y=2x\pm3\sqrt{5}$ **0241** $\frac{25}{2}$ **0242** ⑤ **0243** ② **0244** ④ **0245** 1
0246 23 **0247** 13 **0248** 2 **0249** 2 **0250** 4 **0251** ② **0252** 20
0253 252 **0254** 8 **0255** ④ **0256** ② **0257** ② **0258** ② **0259** ①
0260 ④ **0261** -18 **0262** 10 **0263** ① **0264** 25 **0265** ⑤ **0266** 24
0267 ④ **0268** 3 **0269** ⑤ **0270** 3 **0271** 52 **0272** 14

04 도형의 이동

Ⅰ. 도형의 방정식

0273 (1) $(-1, 8)$ (2) $(3, 2)$ **0274** (1) $(7, 1)$ (2) $(0, -1)$ (3) $(3, -4)$
(4) $(-2, -5)$ **0275** $a=4$, $b=3$ **0276** (1) $x+3y+5=0$
(2) $y=2x^2+4x+6$ (3) $(x-4)^2+(y+4)^2=4$ **0277** $a=-2$, $b=-3$
0278 $(x+6)^2+(y-5)^2=1$ **0279** (1) $(7, 2)$ (2) $(-7, -2)$ (3) $(-7, 2)$
(4) $(-2, 7)$ (5) $(2, -7)$ **0280** 10 **0281** (1) $5x-2y-1=0$
(2) $5x-2y+1=0$ (3) $5x+2y+1=0$ (4) $2x+5y-1=0$ (5) $2x+5y+1=0$
0282 (1) $y=-x^2+x-1$ (2) $y=x^2+x+1$ (3) $y=-x^2-x-1$
(4) $x=y^2-y+1$ (5) $x=-y^2-y-1$ **0283** (1) $(x+1)^2+y^2=9$
(2) $(x-1)^2+y^2=9$ (3) $(x-1)^2+y^2=9$ (4) $x^2+(y+1)^2=9$
(5) $x^2+(y-1)^2=9$ **0284** P$(-2, -3)$ **0285** $(-5, 1)$

0286 (1) $a=2-p$, $b=4-q$ (2) $2x+3y-17=0$
0287 (1) $\left(\frac{-4+p}{2}, \frac{1+q}{2}\right)$ (2) -2 (3) $B(-2, -3)$ **0288** 3 **0289** ④
0290 ② **0291** ② **0292** ④ **0293** 39 **0294** ① **0295** 3 **0296** ②
0297 ③ **0298** 45 **0299** ④ **0300** ② **0301** ④ **0302** 52 **0303** ③
0304 ① **0305** ⑤ **0306** ⑤ **0307** 7 **0308** 5 **0309** ③ **0310** ④
0311 144 **0312** ⑤ **0313** 3 **0314** 12 **0315** ② **0316** 27 **0317** ③
0318 ④ **0319** ⑤ **0320** ③ **0321** ② **0322** 3 **0323** 9 **0324** ⑤

0325 25 **0326** ② **0327** ① **0328** ① **0329** ③ **0330** ① **0331** ④
0332 ⑤ **0333** 2 **0334** 9 **0335** ④ **0336** ③ **0337** 21 **0338** ④
0339 ② **0340** ⑤ **0341** 10 **0342** $\left(0, \frac{5}{2}\right)$ **0343** ② **0344** $\sqrt{58}$
0345 178 **0346** 4 **0347** 7 **0348** ① **0349** ② **0350** ④ **0351** ②
0352 18 **0353** 49 **0354** 32 **0355** ③ **0356** ① **0357** ① **0358** ③
0359 ④ **0360** ② **0361** ③ **0362** ③ **0363** 24 **0364** 4 **0365** ②
0366 18 **0367** 5

05 집합의 뜻과 표현

II. 집합과 명제

0368 (1) × (2) ○ (3) × (4) ○ (5) × **0369** (1) $\notin$ (2) $\in$ (3) $\notin$ (4) $\in$
0370 (1) $\{1, 2, 3, 4\}$ (2) $\{1, 2, 3, 6\}$ (3) $\{5, 10, 15\}$
0371 (1) $A=\{1, 3, 5, 15\}$ (2) $A=\{x \mid x$는 15의 양의 약수$\}$
0372 (1) 유 (2) 유 (3) 유, 공 (4) 무 (5) 유 **0373** (1) 3 (2) 0 (3) 5 (4) 3
0374 (1) $A\subset B$ (2) $B\subset A$ (3) $B\subset A$ **0375** (1) $\varnothing$ (2) $\{0\}$, $\{1\}$, $\{2\}$ (3) $\{0, 1\}$, $\{0, 2\}$, $\{1, 2\}$ (4) $\{0, 1, 2\}$ **0376** (1) $\varnothing$, $\{a\}$, $\{b\}$, $\{a, b\}$ (2) $\varnothing$, $\{\varnothing\}$ (3) $\varnothing$, $\{2\}$, $\{4\}$, $\{6\}$, $\{2, 4\}$, $\{2, 6\}$, $\{4, 6\}$, $\{2, 4, 6\}$
0377 (1) $A=B$ (2) $A\neq B$ (3) $A=B$ (4) $A=B$ **0378** (1) 16 (2) 15 (3) 8 (4) 4 **0379** ④ **0380** 3 **0381** ④ **0382** ② **0383** ③

0384 A 4 9 25
0385 46 **0386** 51 **0387** ③ **0388** 30 **0389** 9
0390 34 **0391** ⑤ **0392** ① **0393** ③ **0394** ④
0395 ⑤ **0396** 9 **0397** ④ **0398** ⑤ **0399** ④
0400 ㄴ, ㄷ, ㄹ, ㅂ **0401** ① **0402** 1 **0403** ④
0404 18 **0405** 63 **0406** ② **0407** ⑤ **0408** 15 **0409** 15 **0410** ③
0411 16 **0412** ② **0413** 16 **0414** ③ **0415** ⑤ **0416** 31 **0417** ③
0418 21 **0419** ⑤ **0420** 200 **0421** 30 **0422** ⑤ **0423** ④ **0424** ②
0425 ② **0426** 16 **0427** ④ **0428** ③ **0429** ⑤ **0430** ⑤ **0431** ②
0432 ② **0433** ③ **0434** ② **0435** ⑤ **0436** 72 **0437** ① **0438** ⑤
0439 7 **0440** 127 **0441** 95 **0442** 16 **0443** 288

06 집합의 연산

II. 집합과 명제

0444 (1) $\{1, 2, 3, 4, 5, 6, 7\}$ (2) $\{1, 2, 3, 4, 5, 6, 10, 12\}$ (3) $\{1, 3, 5, 7, 9\}$
0445 (1) $\{e\}$ (2) $\{3, 15\}$ (3) $\{x \mid 3\leq x<7\}$ **0446** ㄱ **0447** $\{1, 5\}$
0448 $\{4, 8\}$ **0449** $\{2, 3, 6, 7, 9, 12\}$
0450 (1) $\{1, 2, 3, 4, 6, 8, 10\}$ (2) $\{1, 4, 6, 8, 9, 10\}$ **0451** (1) $\{a, d\}$ (2) $\{8, 16\}$ **0452** (1) $\{-2, -1, 1, 2, 3\}$ (2) $\{1\}$ (3) $\{-5, -2, 3, 7\}$ (4) $\{-5, -1, 2, 7\}$ (5) $\{-1, 2\}$ (6) $\{-2, 3\}$ (7) $\{-5, 7\}$ (8) $\{-5, -2, -1, 2, 3, 7\}$ **0453** (1) A (2) $\varnothing$ (3) A (4) U (5) A (6) U (7) $\varnothing$ (8) B **0454** (1) $\{2, 11\}$ (2) $\{4, 9\}$ (3) $\{3, 7\}$ (4) $\{3, 7\}$
0455 (1) ○ (2) ○ (3) × (4) ○ (5) × (6) ○ **0456** (1) $\{4\}$ (2) $\{4\}$ (3) $\{1, 2, 4, 5\}$ (4) $\{1, 2, 4, 5\}$ **0457** (1) $\cap$ (2) $\cup$
0458 (1) 20 (2) 20 (3) 15 (4) 45 (5) 5 (6) 40 **0459** 12 **0460** ⑤
0461 ② **0462** 3 **0463** ⑤ **0464** 19 **0465** ④ **0466** ⑤ **0467** ⑤
0468 6 **0469** ⑤ **0470** ③ **0471** ① **0472** ⑤ **0473** ④ **0474** 31

0475 ③ **0476** ② **0477** ④ **0478** ③ **0479** ② **0480** ⑤ **0481** ③
0482 ② **0483** ④ **0484** ④ **0485** ② **0486** ⑤ **0487** ② **0488** 9
0489 ④ **0490** ④ **0491** 8 **0492** 16 **0493** ② **0494** 64 **0495** 5
0496 ① **0497** ② **0498** 7 **0499** 4 **0500** ④ **0501** ⑤ **0502** ②
0503 ① **0504** ① **0505** ③ **0506** ① **0507**

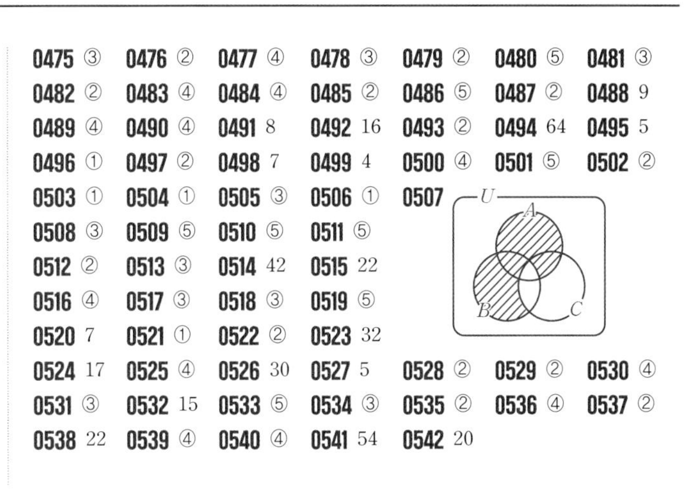

0508 ③ **0509** ⑤ **0510** ⑤ **0511** ⑤
0512 ② **0513** ③ **0514** 42 **0515** 22
0516 ④ **0517** ③ **0518** ③ **0519** ⑤
0520 7 **0521** ① **0522** ② **0523** 32
0524 17 **0525** ④ **0526** 30 **0527** 5 **0528** ② **0529** ② **0530** ④
0531 ③ **0532** 15 **0533** ⑤ **0534** ③ **0535** ② **0536** ④ **0537** ②
0538 22 **0539** ④ **0540** ④ **0541** 54 **0542** 20

07 명제

II. 집합과 명제

0543 (1) × (2) ○ (3) ○ (4) ○ (5) × **0544** (1) $\{3, 6, 9, 12, 15\}$ (2) $\{11, 12, 13, 14, 15\}$ (3) $\{2, 3, 5, 7, 11, 13\}$ (4) $\{1, 2, 3\}$
0545 (1) $x\leq 1$ (2) $x=3$ 또는 $x=7$ (3) $x\neq 0$이고 $x\neq 2$ (4) $-1\leq x\leq 4$
0546 (1) $3i$는 허수가 아니다. (거짓) (2) 8은 12의 약수이거나 4의 배수이다. (참)
0547 (1) 가정: $\sqrt{2}$이다., 결론: 무리수이다. (2) 가정: $a=2$이다., 결론: $a^2=2a$이다.
0548 (1) ○ (2) × (3) ○ (4) × (5) × **0549** (1) 참 (2) 거짓
0550 (1) 모든 양수 x에 대하여 $\sqrt{x}\geq 0$이다. (참)
(2) 어떤 마름모는 평행사변형이 아니다. (거짓)
(3) 모든 소수는 홀수이다. (거짓) (4) 어떤 실수 x에 대하여 $x^2+1\leq 0$이다. (거짓)
0551 (1) 역: 9의 약수이면 18의 약수이다.
대우: 9의 약수가 아니면 18의 약수가 아니다.
(2) 역: $\sqrt{x}>3$이면 $x>9$이다.
대우: $\sqrt{x}\leq 3$이면 $x\leq 9$이다.
(3) 역: $a>0$ 또는 $b>0$이면 $a+b>0$이다.
대우: $a\leq 0$이고 $b\leq 0$이면 $a+b\leq 0$이다.
0552 (1) $x=0$ 또는 $y=0$이면 $x^2+y^2=0$이다. (2) 거짓
(3) $x\neq 0$이고 $y\neq 0$이면 $x^2+y^2\neq 0$이다. (4) 참 (5) 참
0553 (1) 충분조건 (2) 필요조건 (3) 충분조건 (4) 필요충분조건
0554 (1) 필요조건 (2) 필요조건 (3) 필요충분조건 (4) 필요충분조건
0555 $2k+1$, $2k+1$, $2k^2+2k$ **0556** $\geq$, $\geq$, $\geq$ **0557** ㄱ, ㄴ, ㄷ
0558 $\frac{3}{4}b^2$, $\frac{3}{4}b^2$, $\frac{3}{4}b^2$, $\geq$, $a=b=0$ **0559** $2\sqrt{ab}$, $\sqrt{a}-\sqrt{b}\geq 0$, $a=b$

빠른 정답

0560 (1) 4 (2) 6 **0561** $a^2x^2+2abxy+b^2y^2$, $bx-ay$, $\frac{x}{a}=\frac{y}{b}$
0562 ④ **0563** ㄱ, ㄷ **0564** ④ **0565** ③ **0566** ㄴ, ㄷ
0567 ④ **0568** $\{4, 8, 12, 24\}$ **0569** ③ **0570** 17 **0571** ② **0572** 16
0573 ② **0574** ①, ⑤ **0575** ④ **0576** b **0577** 16 **0578** ①
0579 2 **0580** ③ **0581** ③ **0582** ④ **0583** ④ **0584** ④ **0585** ③
0586 ③ **0587** ① **0588** 4 **0589** $k\le-4$ 또는 $k>4$ **0590** ④
0591 ③ **0592** 3 **0593** ② **0594** ④ **0595** ③ **0596** 24 **0597** 4
0598 ④ **0599** ④ **0600** ② **0601** 11 **0602** ④ **0603** 5 **0604** ④
0605 ③ **0606** ⑤ **0607** ② **0608** ① **0609** 12 **0610** D **0611** C

0612 ② **0613** ㄴ, ㄹ **0614** 5 **0615** ③ **0616** ⑤ **0617** ①
0618 ⑤ **0619** ④ **0620** ③ **0621** 5 **0622** 18 **0623** 6 **0624** ④
0625 14 **0626** 13 **0627** (가) $3k-1$ (나) 1 (다) $3k^2-2k$
0628 (가) 1 (나) 1 (다) -1 또는 1 **0629** 11 **0630** ⑤ **0631** 139쪽 참조
0632 ① **0633** ② **0634** 31 **0635** ① **0636** 17 **0637** 27 **0638** 32
0639 8 **0640** 130 **0641** 32 **0642** 60 **0643** ② **0644** ④ **0645** 26
0646 ⑤ **0647** ①, ④ **0648** 3 **0649** ③ **0650** ② **0651** ②
0652 ⑤ **0653** 2 **0654** ⑤ **0655** ④ **0656** ㄱ, ㄴ, ㅁ **0657** B
0658 ③ **0659** ① **0660** 1 **0661** 9 **0662** ⑤ **0663** 12 **0664** 42
0665 30

08 함수

0666 (1) 함수이다., 정의역: $\{1, 2, 3\}$, 공역: $\{2, 3\}$, 치역: $\{2, 3\}$
(2) 함수가 아니다.
(3) 함수이다., 정의역: $\{0, 1, 2\}$, 공역: $\{1, 2, 3, 4, 5\}$, 치역: $\{1, 3\}$
(4) 함수가 아니다.
0667 (1) 정의역: 실수 전체의 집합, 치역: 실수 전체의 집합
(2) 정의역: 실수 전체의 집합, 치역: $\{y|y\le9\}$
(3) 정의역: 실수 전체의 집합, 치역: $\{y|y\ge-4\}$
(4) 정의역: $\{x|x\ne0$인 실수$\}$, 치역: $\{y|y\ne0$인 실수$\}$
0668 (1), (3) 서로 같은 함수가 아니다. (2) 서로 같은 함수이다.
0669 (1)
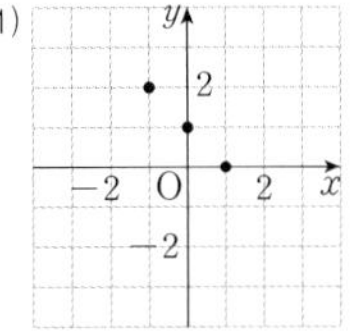
(2)
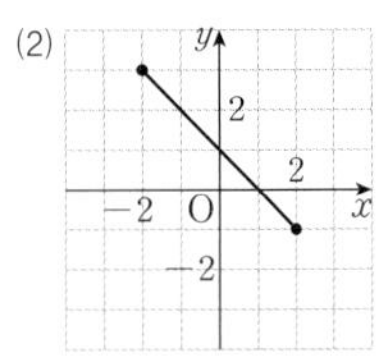
0670 (1) ㄱ, ㄷ, ㅁ, ㅂ (2) ㄱ, ㅁ (3) ㅁ (4) ㄹ **0671** (1) ㄴ, ㄷ
(2) ㄴ, ㄷ (3) ㄷ (4) ㄱ **0672** (1) 0 (2) 1 (3) 5 (4) 3 **0673** (1) $4x^2+4x$
(2) $2x^2-1$ (3) x^4-2x^2 (4) $4x+3$ **0674** 151쪽 참조 **0675** ㄱ, ㄹ
0676 (1) 1 (2) -4 **0677** (1) $y=x-4$ (2) $y=-2x+4$
0678 (1) 0 (2) 3 (3) 5 (4) 3
0679 (1) (2)
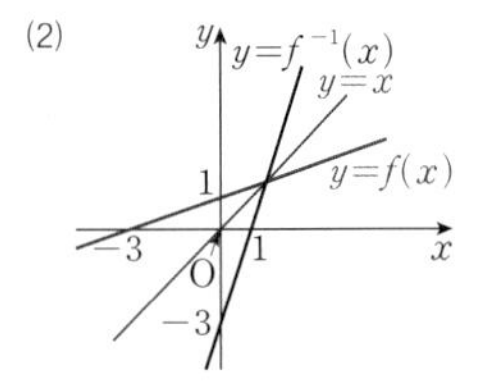
0680 (1) b (2) b (3) d **0681** (1) $(3, 3)$ (2) $(2, 2)$
0682 153쪽 참조

0683
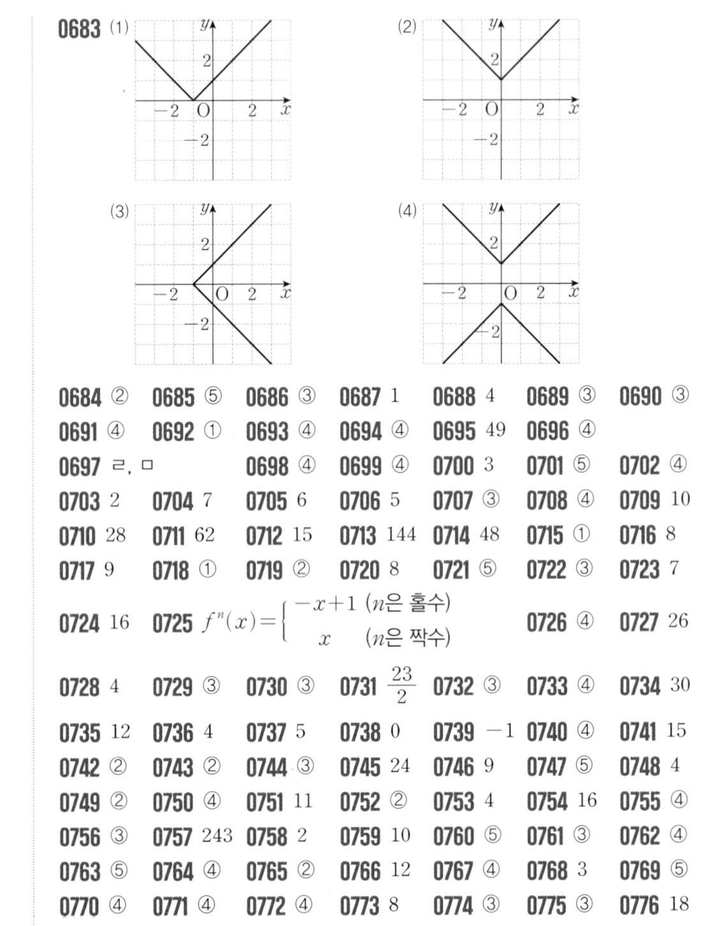
0684 ② **0685** ⑤ **0686** ③ **0687** 1 **0688** 4 **0689** ③ **0690** ③
0691 ④ **0692** ① **0693** ④ **0694** ④ **0695** 49 **0696** ④
0697 ㄹ, ㅁ **0698** ④ **0699** ④ **0700** 3 **0701** ⑤ **0702** ④
0703 2 **0704** 7 **0705** 6 **0706** 5 **0707** ③ **0708** ④ **0709** 10
0710 28 **0711** 62 **0712** 15 **0713** 144 **0714** 48 **0715** ① **0716** 8
0717 9 **0718** ① **0719** ② **0720** 8 **0721** ⑤ **0722** ③ **0723** 7
0724 16 **0725** $f^n(x)=\begin{cases}-x+1 & (n\text{은 홀수})\\ x & (n\text{은 짝수})\end{cases}$ **0726** ④ **0727** 26
0728 4 **0729** ③ **0730** ③ **0731** $\frac{23}{2}$ **0732** ③ **0733** ④ **0734** 30
0735 12 **0736** 4 **0737** 5 **0738** 0 **0739** -1 **0740** ④ **0741** 15
0742 ② **0743** ② **0744** ③ **0745** 24 **0746** 9 **0747** ⑤ **0748** 4
0749 ② **0750** ④ **0751** 11 **0752** ② **0753** 4 **0754** 16 **0755** ④
0756 ③ **0757** 243 **0758** 2 **0759** 10 **0760** ⑤ **0761** ③ **0762** ④
0763 ⑤ **0764** ④ **0765** ② **0766** 12 **0767** ④ **0768** 3 **0769** ⑤
0770 ④ **0771** ④ **0772** ④ **0773** 8 **0774** ③ **0775** ③ **0776** 18
0777 5

09 유리식과 유리함수

0778 (1) ㄱ, ㅁ (2) ㄴ, ㄷ, ㄹ, ㅂ **0779** (1) $\frac{2ax^2}{6a^2bxy^2}$, $\frac{3by}{6a^2bxy^2}$
(2) $\frac{2x}{x(x-2)}$, $\frac{1}{x^2-2x}$ (3) $\frac{x(x+2)}{(x-1)(x-2)(x+2)}$, $\frac{(x+1)(x-1)}{(x-1)(x-2)(x+2)}$
0780 (1) $\frac{2y}{z^2}$ (2) $\frac{2}{x+3}$ (3) $\frac{x}{x+6}$ **0781** (1) $-\frac{4}{(x+2)(x-2)}$
(2) $\frac{x+4}{x+2}$ (3) $\frac{2}{(x-3)(x-4)}$ (4) $\frac{x}{x-3}$ **0782** (1) $\frac{1}{x}-\frac{1}{x+1}$
(2) $\frac{2}{x-1}-\frac{2}{x+1}$ **0783** (1) $\frac{x}{2x-1}$ (2) $\frac{1}{3x+2}$ **0784** $\frac{1}{2}$ **0785** 3
0786 (1) ㄴ, ㄹ (2) ㄱ, ㄷ, ㅁ, ㅂ **0787** (1) $\{x|x\ne-2$인 실수$\}$
(2) $\left\{x\,\middle|\,x\ne\frac{1}{2}\text{인 실수}\right\}$ (3) $\{x|x\ne\pm2$인 실수$\}$ (4) $\{x|x$는 실수$\}$

0788 (1)
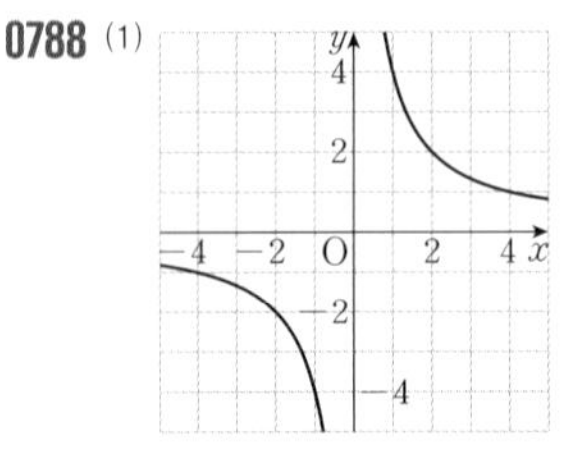
(2)
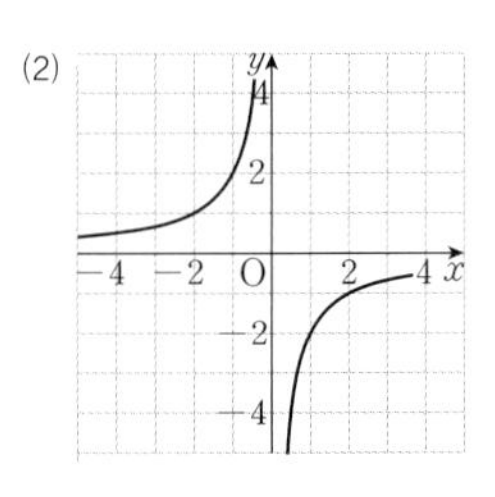
0789 $y=-\frac{3}{x-2}-1$ **0790** (1) $x=1$, $y=-2$ (2) $x=-2$, $y=3$
(3) $x=-1$, $y=-1$ (4) $x=\frac{1}{2}$, $y=2$

0791 (1)

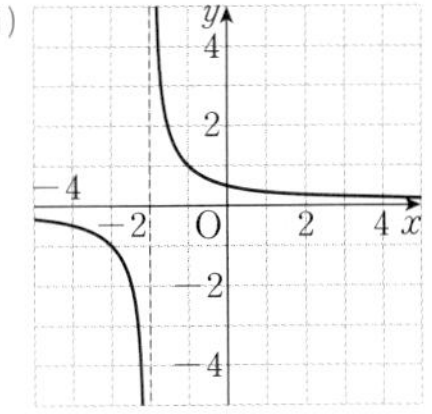

정의역: $\{x|x\neq-2$인 실수$\}$,
치역: $\{y|y\neq0$인 실수$\}$

(2)

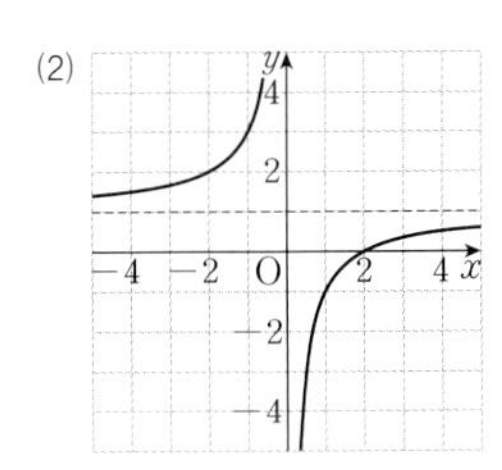

정의역: $\{x|x\neq0$인 실수$\}$,
치역: $\{y|y\neq1$인 실수$\}$

(3)

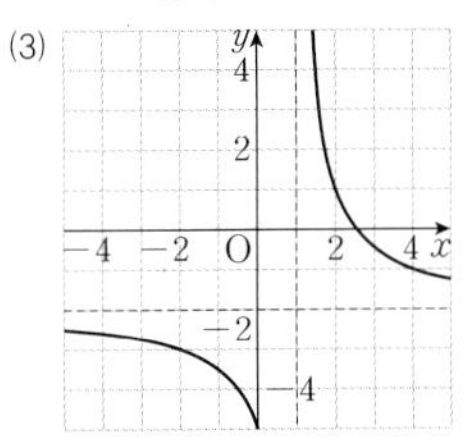

정의역: $\{x|x\neq1$인 실수$\}$,
치역: $\{y|y\neq-2$인 실수$\}$

(4)

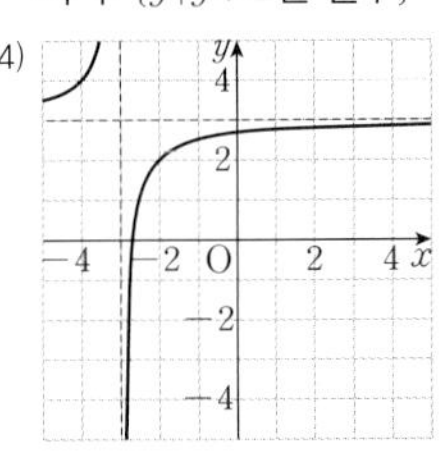

정의역: $\{x|x\neq-3$인 실수$\}$,
치역: $\{y|y\neq3$인 실수$\}$

0792 ④ **0793** ⑤ **0794** 26 **0795** 2 **0796** ② **0797** $\frac{x-4}{2(x-2)}$

0798 ② **0799** 17 **0800** ③ **0801** 6 **0802** $\frac{2x-8}{x(5x+1)(x-1)}$

0803 $\frac{2x^4}{x^4+x^2+1}$ **0804** ① **0805** ⑤ **0806** 35 **0807** ① **0808** ③

0809 12 **0810** 1 **0811** 11 **0812** 2 **0813** $\frac{2}{3}$ **0814** ② **0815** ③

0816 ② **0817** -2 **0818** 0 **0819** 10 **0820** ① **0821** ② **0822** ①

0823 9 **0824** ① **0825** ③ **0826** ③ **0827** ③ **0828** ② **0829** ②

0830 ⑤ **0831** 81 **0832** 3 **0833** 9 **0834** ④ **0835** ② **0836** -2

0837 13 **0838** ④ **0839** ② **0840** ③ **0841** $\frac{5}{12}$ **0842** ④ **0843** ④

0844 ① **0845** 194 **0846** ⑤ **0847** 4 **0848** ⑤ **0849** 2 **0850** ④

0851 -1 **0852** -2 **0853** ② **0854** ④ **0855** 12 **0856** 6 **0857** 9

0858 ① **0859** ③ **0860** ⑤ **0861** ③ **0862** $\frac{1}{4}$ **0863** ④

0864 ㄱ, ㄹ **0865** ③ **0866** 2 **0867** ㄱ, ㄷ **0868** 3

0869 8 **0870** ⑤ **0871** ⑤ **0872** 3 **0873** 28

10 무리식과 무리함수

0874 ㄴ, ㄷ, ㅁ, ㅂ **0875** (1) $x\geq3$ (2) $-1\leq x\leq4$ (3) $x<2$ (4) $x\geq0$

0876 (1) $x+1$ (2) $x+4$ (3) $2x+1$ **0877** (1) $x-1$ (2) -2 (3) 2

0878 (1) $\frac{\sqrt{x+2}}{x+2}$ (2) $\frac{\sqrt{x+4}+2}{x}$ (3) $\sqrt{x+1}-\sqrt{x}$ (4) $\frac{x+2\sqrt{xy}+y}{x-y}$

(5) $\frac{x+2\sqrt{x-1}}{x-2}$ **0879** ㄱ, ㄴ, ㄹ **0880** (1) $\{x|x\geq1\}$

(2) $\{x|x\leq0\}$ (3) $\{x|x\leq3\}$ (4) $\{x|-1\leq x\leq1\}$

0881 (1)

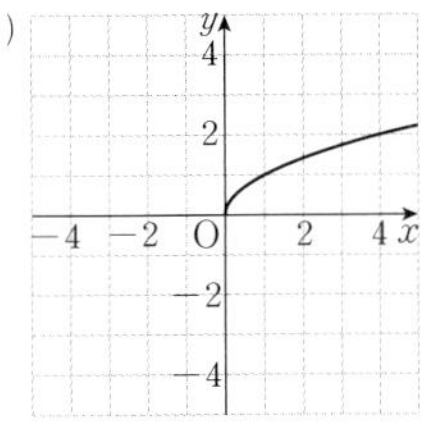

(2)

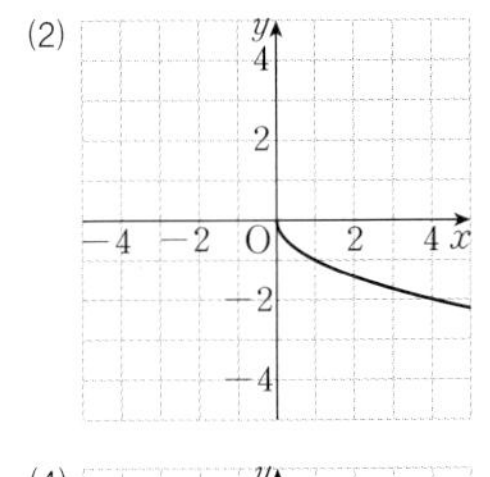

(3)

(4)

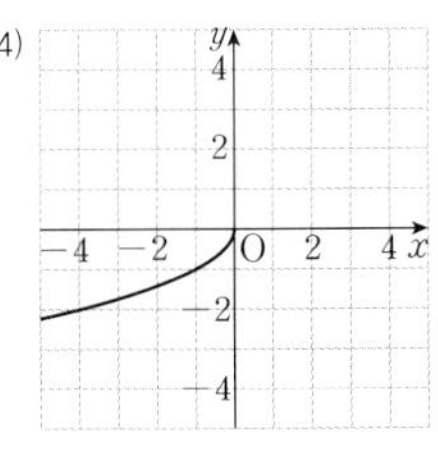

0882 (1) $y=-\sqrt{-2x}$ (2) $y=\sqrt{2x}$ (3) $y=-\sqrt{2x}$

0883 $y=\sqrt{7(x-2)}-5$

0884 (1)

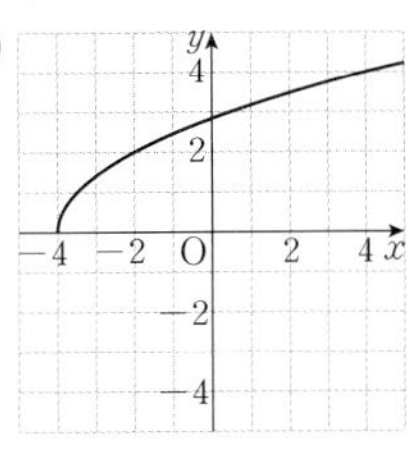

정의역: $\{x|x\geq-4\}$,
치역: $\{y|y\geq0\}$

(2)

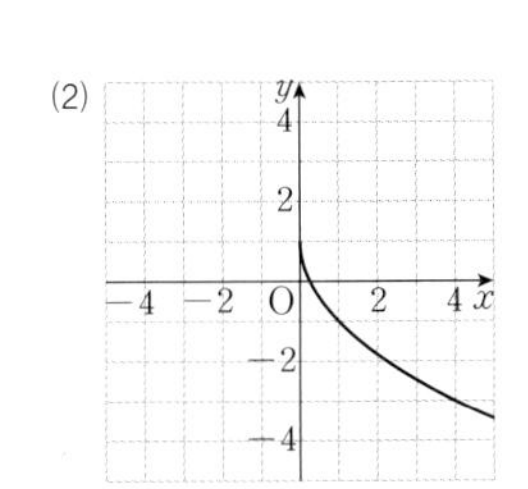

정의역: $\{x|x\geq0\}$,
치역: $\{y|y\leq1\}$

(3)

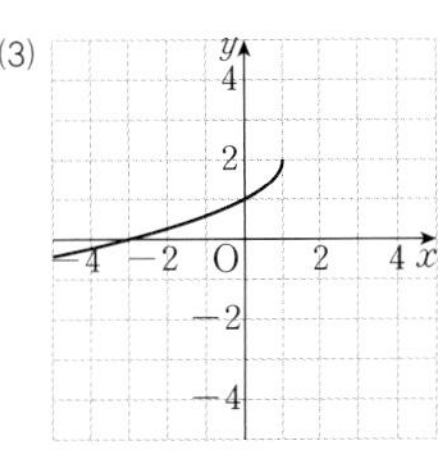

정의역: $\{x|x\leq1\}$,
치역: $\{y|y\leq2\}$

(4)

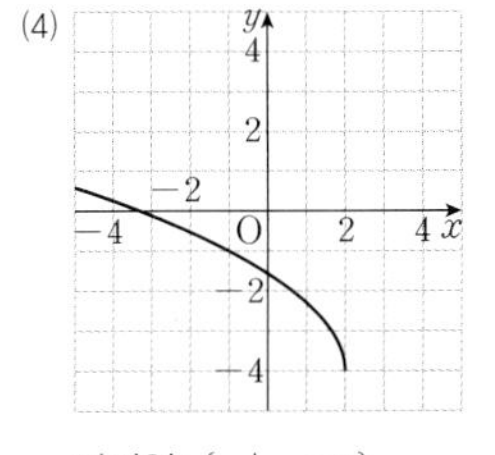

정의역: $\{x|x\leq2\}$,
치역: $\{y|y\geq-4\}$

0885 ③ **0886** $-1\leq x\leq4$ **0887** ① **0888** 45 **0889** ② **0890** ①

0891 $-b$ **0892** ③ **0893** ④ **0894** ② **0895** ⑤ **0896** 3 **0897** ⑤

0898 ① **0899** ⑤ **0900** $2\sqrt{2}$ **0901** 193 **0902** $\sqrt{10}$ **0903** ③ **0904** $-\frac{1}{2}$

0905 ③ **0906** 4 **0907** ⑤ **0908** ⑤ **0909** -7 **0910** 32 **0911** ②

0912 ⑤ **0913** ④ **0914** ② **0915** ③ **0916** ③ **0917** -3 **0918** 6

0919 ③ **0920** ④ **0921** ④ **0922** 6 **0923** ④ **0924** 1 **0925** ④

0926 $k=-\frac{1}{2}$ 또는 $k<-1$ **0927** ① **0928** ② **0929** ④

0930 $x=3$ **0931** ⑤ **0932** ④ **0933** 5 **0934** 22 **0935** ③

0936 ㄷ **0937** ④ **0938** ③ **0939** ⑤ **0940** ⑤ **0941** ① **0942** ①

0943 ③ **0944** ③ **0945** ② **0946** ③ **0947** 5 **0948** ㄱ, ㄴ, ㄹ

0949 ② **0950** $\frac{21}{2}$ **0951** 4 **0952** 29

도형의 방정식

01 평면좌표

유형 01 두 점 사이의 거리
유형 02 같은 거리에 있는 점
유형 03 거리의 합의 최솟값
유형 04 두 점 사이의 거리를 활용한 식의 값
유형 05 삼각형의 세 변의 길이와 모양
유형 06 파푸스의 중선 정리
유형 07 거리의 제곱의 합의 최솟값
유형 08 선분을 내분하는 점
유형 09 선분을 내분하는 점의 활용
유형 10 삼각형의 무게중심
유형 11 삼각형의 무게중심의 활용
유형 12 평행사변형과 마름모의 성질
유형 13 각의 이등분선의 성질

02 직선의 방정식

유형 01 직선의 방정식
유형 02 세 점이 한 직선 위에 있을 조건
유형 03 도형의 넓이를 이등분하는 직선
유형 04 직선의 개형
유형 05 정점을 지나는 직선
유형 06 정점을 지나는 직선의 활용
유형 07 두 직선의 교점을 지나는 직선의 방정식
유형 08 두 직선의 위치 관계
유형 09 직선의 방정식; 평행 또는 수직 조건
유형 10 세 직선의 위치 관계
유형 11 수직이등분선의 방정식
유형 12 점과 직선 사이의 거리
유형 13 평행한 두 직선 사이의 거리
유형 14 삼각형의 넓이
유형 15 자취의 방정식; 점과 직선 사이의 거리

03 원의 방정식

유형 01 원의 방정식
유형 02 $x^2+y^2+Ax+By+C=0$ 꼴로 주어진 원의 방정식
유형 03 세 점을 지나는 원의 방정식
유형 04 원의 방정식이 되기 위한 조건
유형 05 좌표축에 접하는 원의 방정식
유형 06 원 밖의 한 점과 원 위의 점 사이의 거리
유형 07 자취의 방정식
유형 08 두 원의 교점을 지나는 직선의 방정식
유형 09 공통인 현의 길이
유형 10 두 원의 교점을 지나는 원의 방정식
유형 11 원과 직선의 위치 관계
유형 12 현의 길이
유형 13 접선의 길이
유형 14 원 위의 점과 직선 사이의 거리의 최대·최소
유형 15 원의 접선의 방정식; 기울기가 주어진 경우
유형 16 원의 접선의 방정식; 원 위의 한 점이 주어진 경우
유형 17 원의 접선의 방정식; 원 밖의 한 점이 주어진 경우
유형 18 두 도형에 동시에 접하는 접선의 방정식
유형 19 두 원에 동시에 접하는 접선의 길이

04 도형의 이동

유형 01 점의 평행이동
유형 02 도형의 평행이동
유형 03 도형의 평행이동의 활용
유형 04 점의 대칭이동
유형 05 도형의 대칭이동
유형 06 도형의 대칭이동의 활용
유형 07 점과 도형의 평행이동과 대칭이동
유형 08 도형 $f(x, y)=0$의 평행이동과 대칭이동
유형 09 점에 대한 대칭이동
유형 10 직선에 대한 대칭이동
유형 11 대칭이동을 이용한 거리의 최솟값

※ 빈칸에 알맞은 것을 써넣고, 내용을 읽거나 따라 써 보세요.

개념 1 두 점 사이의 거리

> 유형 01~07, 12, 13

(1) 수직선 위의 두 점 사이의 거리

수직선 위의 두 점 $A(x_1)$, $B(x_2)$ 사이의 거리는

$\overline{AB}=$ ☐

(2) 좌표평면 위의 두 점 사이의 거리

좌표평면 위의 두 점 $A(x_1, y_1)$, $B(x_2, y_2)$ 사이의 거리는

$\overline{AB}=$ ☐

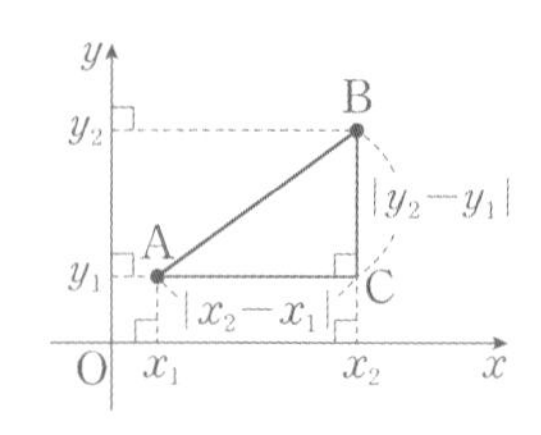

개념 2 선분의 내분

> 유형 08, 09, 12, 13

(1) ☐☐

점 P가 선분 AB 위에 있고

$\overline{AP}:\overline{PB}=m:n\ (m>0,\ n>0)$

일 때, 점 P는 선분 AB를 $m:n$으로 ☐☐한다고 한다.

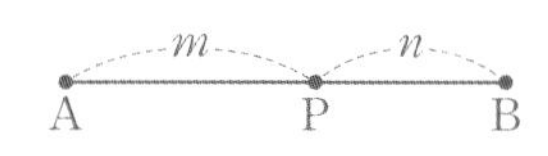

(2) 수직선 위의 선분을 내분하는 점

수직선 위의 두 점 $A(x_1)$, $B(x_2)$를 이은 선분 AB를 $m:n\ (m>0,\ n>0)$으로 내분하는 점 P의 좌표는 ☐

(3) 좌표평면 위의 선분을 내분하는 점

좌표평면 위의 두 점 $A(x_1, y_1)$, $B(x_2, y_2)$를 이은 선분 AB를 $m:n\ (m>0,\ n>0)$으로 내분하는 점 P의 좌표는

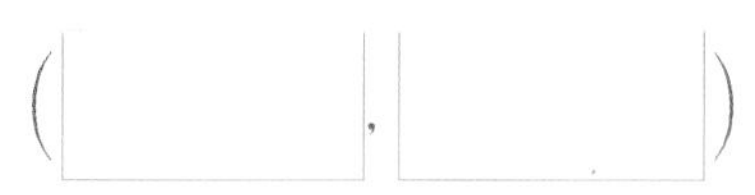

개념 3 삼각형의 무게중심

> 유형 10, 11

좌표평면 위의 세 점 $A(x_1, y_1)$, $B(x_2, y_2)$, $C(x_3, y_3)$을 꼭짓점으로 하는 삼각형 ABC의 무게중심 G의 좌표는

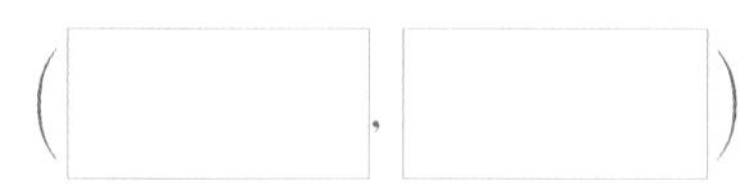

답 개념 1 (1) $|x_2-x_1|$ (2) $\sqrt{(x_2-x_1)^2+(y_2-y_1)^2}$ 개념 2 (1) 내분, 내분 (2) $\frac{mx_2+nx_1}{m+n}$ (3) $\frac{mx_2+nx_1}{m+n}$, $\frac{my_2+ny_1}{m+n}$ 개념 3 $\frac{x_1+x_2+x_3}{3}$, $\frac{y_1+y_2+y_3}{3}$

개념 1 두 점 사이의 거리

0001 수직선 위의 다음 두 점 사이의 거리를 구하시오.

(1) A(1), B(8)

$|8-1|=\mathbf{7}$

(2) A(−2), B(3)

$|3-(-2)|=\mathbf{5}$

(3) A(−8), B(−5)

$|-5-(-8)|=\mathbf{3}$

0002 수직선 위에서 다음 조건을 만족시키는 점 Q의 좌표를 모두 구하시오.

(1) 점 P(2)에서 거리가 4인 점 Q

$2-4=-2,\ 2+4=6$

$\therefore$ **Q(−2) 또는 Q(6)**

(2) 점 P(−3)에서 거리가 7인 점 Q

$-3-7=-10,\ -3+7=4$

$\therefore$ **Q(−10) 또는 Q(4)**

0003 좌표평면 위의 다음 두 점 사이의 거리를 구하시오.

(1) A(0, 0), B(3, 4)

$\overline{AB}=\sqrt{(3-0)^2+(4-0)^2}=\mathbf{5}$

(2) A(1, 2), B(3, 5)

$\overline{AB}=\sqrt{(3-1)^2+(5-2)^2}=\mathbf{\sqrt{13}}$

(3) A(−1, 2), B(2, −1)

$\overline{AB}=\sqrt{\{2-(-1)\}^2+(-1-2)^2}=\mathbf{3\sqrt{2}}$

(4) A(−3, −7), B(1, −5)

$\overline{AB}=\sqrt{\{1-(-3)\}^2+\{-5-(-7)\}^2}=\mathbf{2\sqrt{5}}$

0004 좌표평면 위의 두 점 (1, 2), (a, 5) 사이의 거리가 5일 때, 양수 a의 값을 구하시오.

$\sqrt{(a-1)^2+(5-2)^2}=5$의 양변을 제곱하면

$(a-1)^2+9=25,\ (a-1)^2=16$

$a-1=\pm4 \quad \therefore a=-3$ 또는 $a=5$

이때 $a>0$이므로 $a=\mathbf{5}$

개념 2 선분의 내분

0005 다음 수직선 위의 두 점 A, B에 대하여 선분 AB의 중점 M과 선분 AB를 1 : 2로 내분하는 점 P를 수직선 위에 나타내시오.

전체를 3(=1+2)등분해 본다.

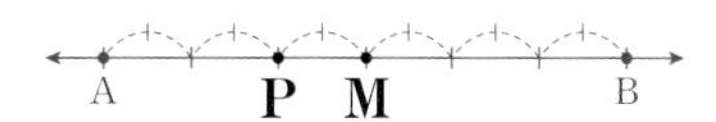

0006 수직선 위의 두 점 A(3), B(11)에 대하여 다음을 구하시오.

(1) 선분 AB의 중점 M의 좌표

$\frac{3+11}{2}=7 \quad \therefore$ **M(7)**

(2) 선분 AB를 3 : 1로 내분하는 점 P의 좌표

$\frac{3\cdot11+1\cdot3}{3+1}=9 \quad \therefore$ **P(9)**

0007 좌표평면 위의 두 점 A(−2, 2), B(4, 14)에 대하여 다음을 구하시오.

(1) 선분 AB의 중점 M의 좌표

$\frac{-2+4}{2}=1,\ \frac{2+14}{2}=8 \quad \therefore$ **M(1, 8)**

(2) 선분 AB를 2 : 1로 내분하는 점 P의 좌표

$\frac{2\cdot4+1\cdot(-2)}{2+1}=2,\ \frac{2\cdot14+1\cdot2}{2+1}=10 \quad \therefore$ **P(2, 10)**

개념 3 삼각형의 무게중심

0008 다음 세 점 A, B, C를 꼭짓점으로 하는 삼각형 ABC의 무게중심 G의 좌표를 구하시오.

(1) A(1, 2), B(−4, −1), C(−6, 5)

$\frac{1-4-6}{3}=-3,\ \frac{2-1+5}{3}=2 \quad \therefore$ **G(−3, 2)**

(2) A(4, 1), B(3, −6), C(−1, −1)

$\frac{4+3-1}{3}=2,\ \frac{1-6-1}{3}=-2 \quad \therefore$ **G(2, −2)**

기출 & 변형하면…

유형 01 두 점 사이의 거리 개념 1

0009 수직선 위의 두 점 A(3), B(x)에 대하여 $\overline{\mathrm{AB}}=6$일 때, 음수 x의 값은? $|x-3|=6$ 답 ④

풀이 $|x-3|=6$에서 $x-3=\pm 6$

$\therefore x=-3$ 또는 $x=9$

이때 $x<0$이므로 $x=\mathbf{-3}$

→ 서술형 **0010** 수직선 위의 세 점 A(5), B(6), C(a)에 대하여 $\overline{\mathrm{AC}}+\overline{\mathrm{BC}}=5$일 때, 모든 a의 값의 합을 구하시오. $|a-5|+|a-6|=5$ 답 11

풀이 $|a-5|+|a-6|=5$에서 …❶ (40%)

(i) $a<5$일 때

$-(a-5)-(a-6)=5,\ -2a=-6 \quad \therefore a=3$

(ii) $5\le a<6$일 때

$a-5-(a-6)=5 \quad \therefore 0=4$

즉, 이 범위에서 a의 값은 존재하지 않는다.

(iii) $a\ge 6$일 때

$a-5+a-6=5,\ 2a=16 \quad \therefore a=8$ …❷ (40%)

(i), (ii), (iii)에 의하여 구하는 합은 $3+8=\mathbf{11}$ …❸ (20%)

0011 두 점 A(1, $-a$), B($a+2$, -3) 사이의 거리가 4가 되도록 하는 모든 a의 값의 합은? 답 ②

풀이 $\overline{\mathrm{AB}}=\sqrt{(a+2-1)^2+(-3+a)^2}$

$=\sqrt{(a+1)^2+(a-3)^2}$

$=\sqrt{2a^2-4a+10}=4$

양변을 제곱하면

$2a^2-4a+10=16,\ a^2-2a-3=0$

이차방정식의 근과 계수의 관계에 의하여 모든 a의 값의 합은 **2**이다.

→ **0012** 네 점 A(2, -1), B(0, 0), C(1, $-a$), D(a, -3)에 대하여 $2\overline{\mathrm{AB}}=\overline{\mathrm{CD}}$일 때, 양수 a의 값을 구하시오. 답 5

풀이 $2\sqrt{2^2+(-1)^2}=\sqrt{(a-1)^2+(-3+a)^2}$

양변을 제곱하면

$20=2a^2-8a+10,\ 2a^2-8a-10=0$

$a^2-4a-5=0,\ (a+1)(a-5)=0$

$\therefore a=-1$ 또는 $a=5$

이때 $a>0$이므로 $a=\mathbf{5}$

0013 두 점 A(1, x), B($x+4$, 1)에 대하여 선분 AB의 길이가 최소가 되도록 하는 실수 x의 값은? 답 ②

풀이 $\overline{\mathrm{AB}}=\sqrt{(x+4-1)^2+(1-x)^2}$

$=\sqrt{2x^2+4x+10}$ 이차함수가 최소일 때 $\overline{\mathrm{AB}}$의 길이도 최소이다.

$=\sqrt{2(x+1)^2+8}$

따라서 $\overline{\mathrm{AB}}$의 길이가 최소가 되도록 하는 x의 값은 $\mathbf{-1}$이다.

$\overline{\mathrm{AB}}$의 길이의 최솟값은 $\sqrt{8}=2\sqrt{2}$

→ **0014** 그림과 같이 A, B 두 사람이 각각 O지점으로부터 서쪽으로 10 m, 북쪽으로 5 m 떨어진 지점에서 동시에 출발하여 O지점을 향하여 A는 초속 1 m, B는 초속 2 m의 속력으로 걸어가고 있다. 이 두 사람 사이의 거리가 가장 가까워지는 것은 출발한 지 몇 초 후인지 구하시오. (단, 두 사람은 O지점에 도착해도 운동 방향을 바꾸지 않고 계속 걸어간다.) 답 4

4

y, B, 5 m, A, 10 m, O, x

좌표평면 위에서 생각한다.

풀이 출발하기 전: A(-10, 0), B(0, 5)

출발한 지 t초 후: A($-10+t$, 0), B(0, $5-2t$) ($t>0$)

출발한 지 t초 후 두 사람 사이의 거리는

$\sqrt{(10-t)^2+(5-2t)^2}=\sqrt{5t^2-40t+125}$

$=\sqrt{5(t-4)^2+\cdots}$ (m)

계산할 필요가 없다.

따라서 두 사람 사이의 거리가 가장 가까워지는 것은 $t=4$일 때, 즉 출발한 지 **4**초 후이다.

유형 02 같은 거리에 있는 점 개념 1

0015 두 점 A(3, 4), B(1, 2)에서 같은 거리에 있는 점 P(a, b)가 직선 $y=2x-1$ 위의 점일 때, $b-a$의 값은? 답 ①

$b=2a-1 \quad \therefore \text{P}(a, 2a-1)$

풀이 $\underbrace{\sqrt{(a-3)^2+(2a-1-4)^2}}_{=\overline{\text{AP}}}=\underbrace{\sqrt{(a-1)^2+(2a-1-2)^2}}_{=\overline{\text{BP}}}$

$-6a+9-20a+25=-2a+1-12a+9$

$-12a=-24 \quad \therefore a=2$

$b=2a-1$에서 $b=3 \quad \therefore b-a=\mathbf{1}$

0016 서술형 두 점 A(1, 1), B(−4, 4)로부터 같은 거리에 있는 x축 위의 점을 P, y축 위의 점을 Q라 할 때, 선분 PQ의 길이를 구하시오. 답 $\sqrt{34}$

풀이 P$(a, 0)$, Q$(0, b)$라 하자.

$\overline{\text{AP}}=\overline{\text{BP}}$에서

$\sqrt{(a-1)^2+(-1)^2}=\sqrt{(a+4)^2+(-4)^2}$

$-2a+1+1=8a+16+16,\ 10a=-30$

$\therefore a=-3 \quad \therefore \text{P}(-3, 0)$ …❶ (40%)

$\overline{\text{AQ}}=\overline{\text{BQ}}$에서

$\sqrt{(-1)^2+(b-1)^2}=\sqrt{4^2+(b-4)^2}$

$1-2b+1=16-8b+16,\ 6b=30$

$\therefore b=5 \quad \therefore \text{Q}(0, 5)$ …❷ (40%)

$\therefore \overline{\text{PQ}}=\sqrt{\{0-(-3)\}^2+(5-0)^2}=\sqrt{\mathbf{34}}$ …❸ (20%)

0017 세 점 A(1, 0), B(1, 3), C(3, −1)을 꼭짓점으로 하는 삼각형 ABC의 외심의 좌표를 P(a, b)라 할 때, $a+b$의 값은? 답 ④

각 꼭짓점까지의 거리가 같다.

Key 삼각형의 외심 P에 대하여

$\overline{\text{AP}}=\overline{\text{BP}}=\overline{\text{CP}}$

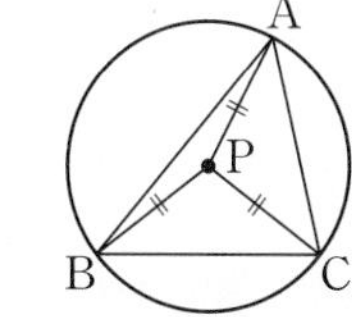

풀이 $\sqrt{(a-1)^2+b^2}=\sqrt{(a-1)^2+(b-3)^2}=\sqrt{(a-3)^2+(b+1)^2}$

(ii) $\overline{\text{AP}}=\overline{\text{CP}}$, (i) $\overline{\text{AP}}=\overline{\text{BP}}$

(i) $b^2=(b-3)^2,\ 6b=9 \quad \therefore b=\frac{3}{2}$

(ii) $-2a+1=-6a+9+2b+1 \quad \therefore a=3\left(\because b=\frac{3}{2}\right)$

$\therefore a+b=\mathbf{\frac{9}{2}}$

0018 좌표평면 위의 한 점 A(2, 1)을 꼭짓점으로 하는 삼각형 ABC의 외심은 변 BC 위에 있고 외심의 좌표는 P(0, −2)일 때, $\overline{\text{BC}}$의 길이는? 답 ③

삼각형 ABC는 ∠A=90°인 직각삼각형이다.

Key 직각삼각형의 외심은 빗변의 중점과 일치한다.

풀이

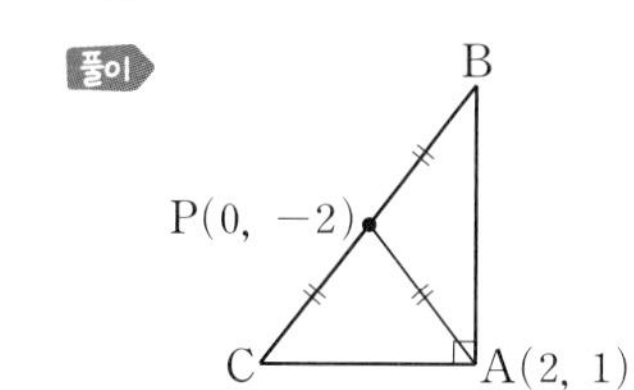

$\therefore \overline{\text{BC}}=2\overline{\text{AP}}=2\sqrt{(2-0)^2+(1+2)^2}=\mathbf{2\sqrt{13}}$

유형 03 거리의 합의 최솟값 개념 1

0019 두 점 A(2, 3), B(−1, 5)와 임의의 점 P에 대하여 $\overline{\text{AP}}+\overline{\text{BP}}$의 최솟값을 구하시오. 답 $\sqrt{13}$

Key $\overline{\text{AP}}+\overline{\text{BP}}$의 최솟값

➡ 두 점 A, B 사이의 직선 거리

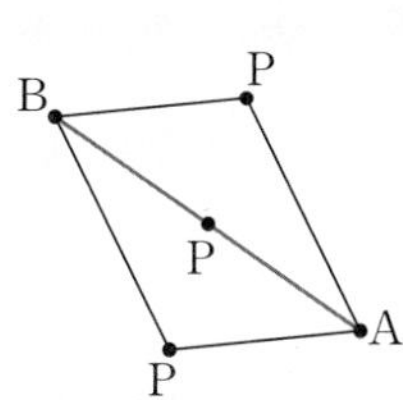

풀이 $\overline{\text{AP}}+\overline{\text{BP}}\geq\overline{\text{AB}}$

$=\sqrt{(-1-2)^2+(5-3)^2}=\sqrt{\mathbf{13}}$

0020 네 점 A(0, 0), B(2, 1), C(3, 4), D(−5, 1)과 임의의 점 P에 대하여 $\overline{\text{AP}}+\overline{\text{BP}}+\overline{\text{CP}}+\overline{\text{DP}}$의 최솟값은? 답 ④

사각형 ABCD의 두 대각선의 길이의 합과 같다.

Key ① $\overline{\text{AP}}+\overline{\text{CP}}$의 최솟값

➡ 두 점 A, C 사이의 직선 거리

② $\overline{\text{BP}}+\overline{\text{DP}}$의 최솟값

➡ 두 점 B, D 사이의 직선 거리

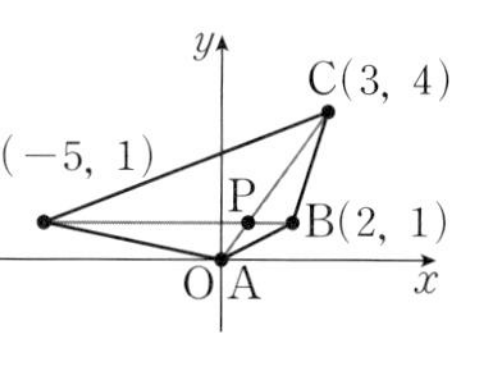

풀이 $(\overline{\text{AP}}+\overline{\text{CP}})+(\overline{\text{BP}}+\overline{\text{DP}})$

$\geq\overline{\text{AC}}+\overline{\text{BD}}$

$=\sqrt{3^2+4^2}+\sqrt{(-5-2)^2+(1-1)^2}$

$=5+7=\mathbf{12}$

유형 04 두 점 사이의 거리를 활용한 식의 값 개념 1

0021 좌표평면 위의 세 점 O(0, 0), A(−1, 3), B(a, b)에 대하여 $\sqrt{a^2+b^2}+\sqrt{(a+1)^2+(b-3)^2}$의 최솟값은? 답 ②

$=\overline{\mathrm{OB}}$ $=\overline{\mathrm{AB}}$

풀이 (주어진 식)$=\overline{\mathrm{OB}}+\overline{\mathrm{AB}}$

$\geq\overline{\mathrm{OA}}$

$=\sqrt{(-1)^2+3^2}=\sqrt{10}$

→ 서술형 **0022** 두 실수 x, y에 대하여

$\sqrt{(x+3)^2+(y+3)^2}+\sqrt{(x-5)^2+(y-3)^2}$

의 최솟값을 구하시오. 답 10

Key $\sqrt{(x+3)^2+(y+3)^2}$: 두 점 $(-3, -3)$, (x, y) 사이의 거리

$\sqrt{(x-5)^2+(y-3)^2}$: 두 점 $(5, 3)$, (x, y) 사이의 거리

풀이 A$(-3, -3)$, B$(5, 3)$, P(x, y)라 하면

(주어진 식)$=\overline{\mathrm{AP}}+\overline{\mathrm{BP}}$ …❶ (60%)

$\geq\overline{\mathrm{AB}}$

$=\sqrt{\{5-(-3)\}^2+\{3-(-3)\}^2}$

$=10$ …❷ (40%)

유형 05 삼각형의 세 변의 길이와 모양 개념 1

0023 세 점 A($2a$, 5), B(0, a), C(4, 3)을 꼭짓점으로 하는 삼각형 ABC가 $\overline{\mathrm{AB}}=\overline{\mathrm{BC}}$인 이등변삼각형일 때, 모든 실수 a의 값의 합은? 답 ③

풀이 $\sqrt{(-2a)^2+(a-5)^2}=\sqrt{4^2+(3-a)^2}$

$=\overline{\mathrm{AB}}$ $=\overline{\mathrm{BC}}$

$4a^2+a^2-10a+25=16+a^2-6a+9$

$4a^2-4a=0$, $a(a-1)=0$ $\therefore a=0$ 또는 $a=1$

따라서 모든 실수 a의 값의 합은

$0+1=1$

→ 서술형 **0024** 세 점 A(2, −2), B(a, b), C(−2, 2)를 꼭짓점으로 하는 삼각형 ABC가 정삼각형일 때, ab의 값을 구하시오. (단, $a>0$, $b>0$) 답 12

$\overline{\mathrm{AB}}=\overline{\mathrm{BC}}=\overline{\mathrm{CA}}$

Key 좌표가 미지수가 아닌 두 점의 사이의 거리부터 구하면 편리하다.

풀이 $\overline{\mathrm{AB}}=\overline{\mathrm{BC}}=\overline{\mathrm{CA}}$

$=\sqrt{(2+2)^2+(-2-2)^2}=4\sqrt{2}$ …❶ (30%)

$\overline{\mathrm{AB}}^2=32$이므로 $(a-2)^2+(b+2)^2=32$

$\therefore a^2-4a+b^2+4b=24$ …… ㉠

$\overline{\mathrm{BC}}^2=32$이므로 $(-2-a)^2+(2-b)^2=32$

$\therefore a^2+4a+b^2-4b=24$ …… ㉡

㉠−㉡을 하면 $-8a+8b=0$ $\therefore b=a$ …❷ (40%)

이를 ㉠에 대입하면 $a^2=12$ $\therefore ab=a^2=12$ …❸ (30%)

0025 세 점 A(−3, 6), B(3, −2), C(5, 2)를 꼭짓점으로 하는 삼각형 ABC는 어떤 삼각형인가? 답 ③

변의 길이를 확인한다.

Key 세 변의 길이를 구한 후, 길이가 같은 두 변이 있는지와 피타고라스 정리가 성립하는지를 확인한다.

풀이 $\overline{\mathrm{AB}}=\sqrt{(3+3)^2+(-2-6)^2}=10$

$\overline{\mathrm{BC}}=\sqrt{(5-3)^2+(2+2)^2}=2\sqrt{5}$

$\overline{\mathrm{CA}}=\sqrt{(-3-5)^2+(6-2)^2}=4\sqrt{5}$

이때 $\overline{\mathrm{BC}}^2+\overline{\mathrm{CA}}^2=\overline{\mathrm{AB}}^2$이므로 삼각형 ABC는 $\angle\mathrm{C}=90^\circ$인 직각삼각형이다.

→ **0026** 세 점 A(1, −1), B(5, 1), C(−1, 3)을 꼭짓점으로 하는 삼각형 ABC는 어떤 삼각형인가? 답 ⑤

변의 길이를 확인한다.

풀이 $\overline{\mathrm{AB}}=\sqrt{(5-1)^2+(1+1)^2}=2\sqrt{5}$

$\overline{\mathrm{BC}}=\sqrt{(-1-5)^2+(3-1)^2}=2\sqrt{10}$

$\overline{\mathrm{CA}}=\sqrt{(1+1)^2+(-1-3)^2}=2\sqrt{5}$

이때 $\overline{\mathrm{AB}}=\overline{\mathrm{CA}}$이고 $\overline{\mathrm{AB}}^2+\overline{\mathrm{CA}}^2=\overline{\mathrm{BC}}^2$이므로 삼각형 ABC는 $\angle\mathrm{A}=90^\circ$인 직각이등변삼각형이다.

Tip 자주 나오는 직각삼각형의 변의 길이의 비

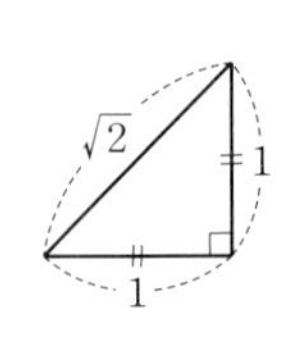

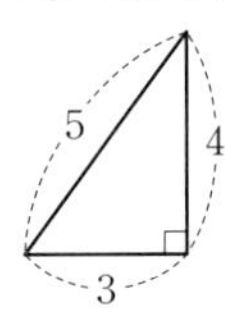

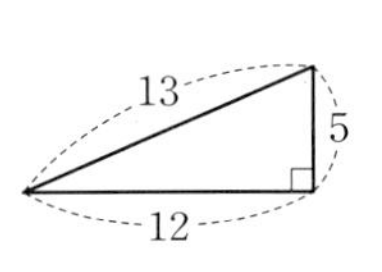

유형 06 파푸스의 중선 정리

개념 1

0027 다음은 삼각형 ABC에서 변 BC의 중점을 M이라 할 때,

$\overline{AB}^2+\overline{AC}^2=2(\overline{AM}^2+\overline{BM}^2)$ 파푸스의 중선 정리 암기

이 성립함을 보이는 과정이다. □ 안에 알맞은 것은?

답 ③

그림과 같이 삼각형 ABC의 세 꼭짓점의 좌표를 각각 $A(a, b)$, $B(-c, 0)$, $C(c, 0)$이라 하면

$\overline{AB}^2+\overline{AC}^2=2(\square)$

$=2(\overline{AM}^2+\overline{BM}^2)$

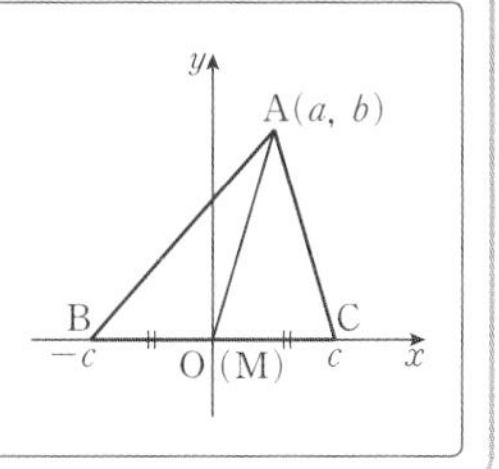

풀이 $\overline{AB}^2=(-c-a)^2+(-b)^2=(a+c)^2+b^2$,

$\overline{AC}^2=(c-a)^2+(-b)^2=(a-c)^2+b^2$

이므로

$$\overline{AB}^2+\overline{AC}^2=(a+c)^2+b^2+(a-c)^2+b^2$$
$$=2a^2+2b^2+2c^2$$
$$=2(\boxed{\boldsymbol{a^2+b^2+c^2}})$$
$$=2(\overline{AM}^2+\overline{BM}^2)$$

➜ **0028** 다음은 삼각형 ABC에서 변 BC를 1 : 2로 내분하는 점을 O라 할 때,

$2\overline{AB}^2+\overline{AC}^2=3(2\overline{BO}^2+\overline{AO}^2)$

이 성립함을 보이는 과정이다. (가)~(마)에 알맞지 않은 것은?

답 ①

그림과 같이 삼각형 ABC의 세 꼭짓점의 좌표를 각각 $A(a, b)$, $B(-c, 0)$, $C(2c, 0)$ $(c>0)$이라 하면

$\overline{AB}^2=$ (가) $+b^2$,

$\overline{AC}^2=$ (나) $+b^2$이고,

$\overline{AO}^2=$ (다), $\overline{BO}^2=$ (라) 이므로

$2\overline{AB}^2+\overline{AC}^2=$ (마) $=3(2\overline{BO}^2+\overline{AO}^2)$이 성립한다.

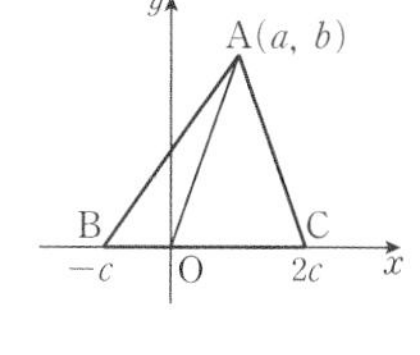

풀이 $\overline{AB}^2=\boxed{\boldsymbol{(a+c)^2}}+b^2$, $\overline{AC}^2=\boxed{(a-2c)^2}+b^2$이고,

$\overline{AO}^2=\boxed{a^2+b^2}$, $\overline{BO}^2=\boxed{c^2}$이므로

$$2\overline{AB}^2+\overline{AC}^2=2\{(a+c)^2+b^2\}+(a-2c)^2+b^2$$
$$=\boxed{3a^2+3b^2+6c^2}$$
$$=3(2c^2+a^2+b^2)$$
$$=3(2\overline{BO}^2+\overline{AO}^2)$$

0029 그림과 같은 삼각형 ABC에서 $\overline{AB}=\sqrt{10}$, $\overline{BC}=4$, $\overline{CA}=3\sqrt{2}$이고, 변 BC의 중점이 M일 때, $\overline{AM}^2$의 값은?

답 ②

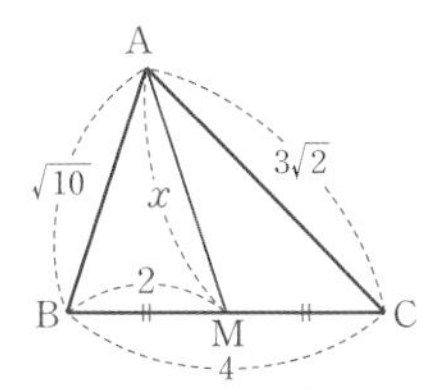

풀이 파푸스의 중선 정리에 의하여

$$\overline{AB}^2+\overline{AC}^2=2(\overline{AM}^2+\overline{BM}^2)$$
$$(\sqrt{10})^2+(3\sqrt{2})^2=2(x^2+2^2)$$
$$\therefore x^2=\boldsymbol{10}$$

➜ 서술형 **0030** 그림과 같은 삼각형 ABC에서 $\overline{AB}=10$, $\overline{BC}=8$, $\overline{AC}=2\sqrt{10}$이다. 변 BC의 중점이 M이고 삼각형 ABC의 무게중심이 G일 때, 선분 GM의 길이를 구하시오. $=\frac{1}{3}\overline{AM}$

답 $\sqrt{6}$

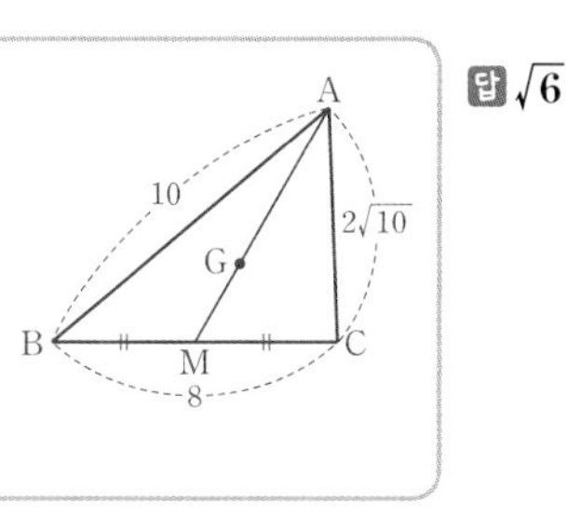

Key 점 G는 무게중심이므로 $\overline{AG} : \overline{GM}=2 : 1$

풀이 $\overline{BM}=\frac{1}{2}\overline{BC}=4$ ···❶ (20%)

파푸스의 중선 정리에 의하여

$\overline{AB}^2+\overline{AC}^2=2(\overline{AM}^2+\overline{BM}^2)$

$10^2+(2\sqrt{10})^2=2(\overline{AM}^2+4^2)$

$\overline{AM}^2=54$ $\therefore \overline{AM}=3\sqrt{6}$ $(\because \overline{AM}>0)$ ···❷ (50%)

$\therefore \overline{GM}=\frac{1}{3}\overline{AM}=\frac{1}{3}\cdot 3\sqrt{6}=\boldsymbol{\sqrt{6}}$ ···❸ (30%)

유형 07 거리의 제곱의 합의 최솟값 개념 1

P(0, a)

0031 두 점 A(1, 1), B(5, −3)과 y축 위의 점 P에 대하여 $\overline{AP}^2+\overline{BP}^2$의 값이 최소일 때, 점 P의 y좌표는? 답 ②

풀이 1 $\overline{AP}^2+\overline{BP}^2=1+(a-1)^2+25+(a+3)^2$

$=2(a+1)^2+\cdots$ (계산할 필요가 없다.)

따라서 $a=-1$일 때 주어진 식은 최솟값을 가지므로 점 P의 y좌표는 $\mathbf{-1}$이다.

풀이 2 $\overline{PA}^2+\overline{PB}^2=2(\overline{PM}^2+\overline{AM}^2)$ ← 파푸스의 중선 정리

이때 $\overline{AM}^2$은 상수이므로 $\overline{PM}$의 길이가 최소일 때, $\overline{PA}^2+\overline{PB}^2$의 값이 최소이다. ($=(2\sqrt{2})^2$)

M(3, −1)이므로 P(0, −1)일 때 $\overline{PM}$의 길이가 최소이다.

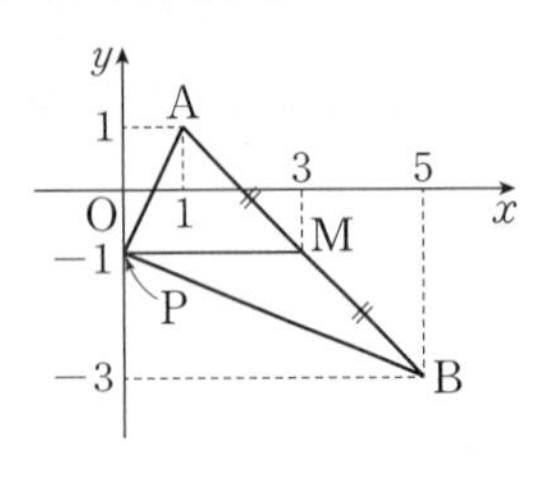

P(a, b)

0032 두 점 A(2, −1), B(4, 5)와 임의의 점 P에 대하여 $\overline{AP}^2+\overline{BP}^2$의 값이 최소가 되도록 하는 점 P의 좌표를 구하시오. 답 풀이 참조

풀이 $\overline{AP}^2+\overline{BP}^2=(a-2)^2+(b+1)^2+(a-4)^2+(b-5)^2$

$=2a^2-12a+2b^2-8b+46$

$=2(a^2-6a+9)+2(b^2-4b+4)+20$

$=2(a-3)^2+2(b-2)^2+20$

따라서 $a=3$, $b=2$일 때 주어진 식은 최솟값을 가지므로 **P(3, 2)**이다.

유형 08 선분을 내분하는 점 개념 2

0033 그림과 같이 수직선 위의 8개의 점에 대하여 선분 AB를 2 : 5로 내분하는 점과 선분 AB를 4 : 3으로 내분하는 점을 차례대로 나열한 것은? 답 ③

전체를 7(=2+5=4+3)등분해 본다.

A P Q R S T U B x

풀이

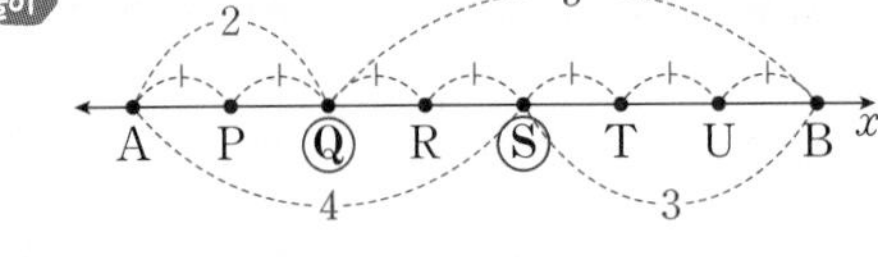

0034 그림과 같이 수직선 위에 두 점 A(a), B(b)를 포함하여 7개의 점이 있을 때, 좌표가 각각 $\frac{2a+b}{3}$, $\frac{a+5b}{6}$인 두 점을 차례대로 나열한 것은? 답 ②

선분 AB를 5 : 1로 내분하는 점

선분 AB를 1 : 2로 내분하는 점

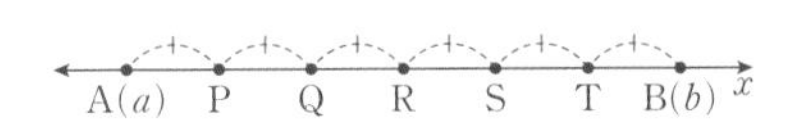

풀이

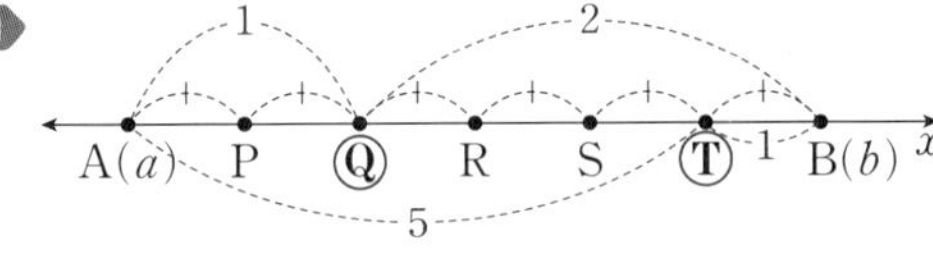

0035 수직선 위의 두 점 A(−4), B(a)에 대하여 선분 AB를 1 : 2로 내분하는 점의 좌표가 −5일 때, 실수 a의 값은? 답 ②

풀이 $\frac{1\cdot a+2\cdot(-4)}{1+2}=-5$

$a-8=-15$ ∴ $a=\mathbf{-7}$

0036 두 점 A(−1, 15), B(9, −5)에 대하여 선분 AB의 중점을 P, 선분 AB를 3 : 2로 내분하는 점을 Q라 할 때, 선분 PQ의 길이는? 답 ④

풀이 $P\left(\frac{-1+9}{2}, \frac{15+(-5)}{2}\right)=P(4, 5)$

$Q\left(\frac{3\cdot 9+2\cdot(-1)}{3+2}, \frac{3\cdot(-5)+2\cdot 15}{3+2}\right)=Q(5, 3)$

∴ $\overline{PQ}=\sqrt{(5-4)^2+(3-5)^2}=\sqrt{5}$

유형 09 선분을 내분하는 점의 활용 개념 2

0037 두 점 A(4, −3), B(a, 2)에 대하여 선분 AB를 1 : 3으로 내분하는 점이 직선 $y=-x+3$ 위에 있을 때, 상수 a의 값을 구하시오. 답 **7**

풀이 선분 AB를 1 : 3으로 내분하는 점의 좌표는

$$\left(\frac{1\cdot a+3\cdot 4}{1+3}, \frac{1\cdot 2+3\cdot(-3)}{1+3}\right)=\left(\frac{a+12}{4}, -\frac{7}{4}\right)$$

이 점이 직선 $y=-x+3$ 위에 있으므로

$$-\frac{7}{4}=-\frac{a+12}{4}+3 \quad \therefore a=\mathbf{7}$$

→ 서술형 **0038** 두 점 A(−1, 2), B(4, −4)에 대하여 선분 AB를 4 : m으로 내분하는 점이 직선 $y=x-1$ 위에 있을 때, 자연수 m의 값을 구하시오. 답 **7**

풀이 선분 AB를 4 : m으로 내분하는 점의 좌표는

$$\left(\frac{4\cdot 4+m\cdot(-1)}{4+m}, \frac{4\cdot(-4)+m\cdot 2}{4+m}\right)$$

$$=\left(\frac{16-m}{4+m}, \frac{-16+2m}{4+m}\right) \quad \cdots❶ \text{ (60%)}$$

이 점이 직선 $y=x-1$ 위에 있으므로

$$\frac{-16+2m}{4+m}=\frac{16-m}{4+m}-1$$

$$-16+2m=16-m-(4+m) \quad \therefore m=\mathbf{7} \quad \cdots❷ \text{ (40%)}$$

0039 두 점 A(3, −2), B(−2, 6)에 대하여 선분 AB를 t : $(1-t)$로 내분하는 점이 제2사분면 위에 있을 때, 실수 t의 값의 범위를 구하시오. $(-, +)$ 답 풀이 참조

└ $0<t<1$

풀이 선분 AB를 t : $(1-t)$로 내분하는 점의 좌표는

$$\left(\frac{-2t+3(1-t)}{t+(1-t)}, \frac{6t-2(1-t)}{t+(1-t)}\right)=(3-5t, -2+8t)$$

$3-5t<0$에서 $t>\frac{3}{5}$

$-2+8t>0$에서 $t>\frac{1}{4}$

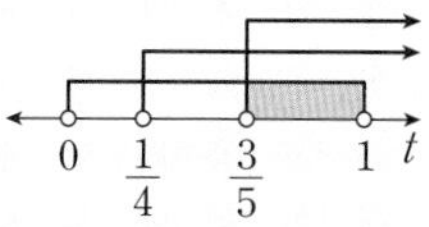

$$\therefore \frac{3}{5}<t<1$$

Tip 사분면 위의 점의 좌표의 부호

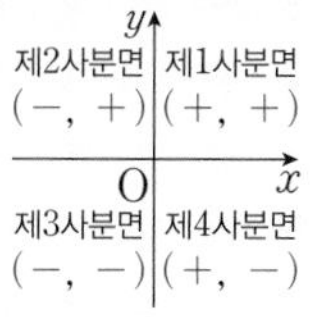

→ **0040** 두 점 A(6, 2), B(a, b)에 대하여 선분 AB가 y축에 의하여 3 : 1로 내분되고, x축에 의하여 1 : 3으로 내분될 때, ab의 값은? 답 ⑤

└ 내분하는 점이 x축 위에 있다.

└ 내분하는 점이 y축 위에 있다.

풀이 선분 AB를 3 : 1로 내분하는 점의 좌표는

$$\left(\frac{3\cdot a+1\cdot 6}{3+1}, \frac{3\cdot b+1\cdot 2}{3+1}\right)=\left(\underset{=0}{\underline{\frac{3a+6}{4}}}, \frac{3b+2}{4}\right)$$

$\therefore a=-2$

선분 AB를 1 : 3으로 내분하는 점의 좌표는

$$\left(\frac{1\cdot a+3\cdot 6}{1+3}, \frac{1\cdot b+3\cdot 2}{1+3}\right)=\left(\frac{a+18}{4}, \underset{=0}{\underline{\frac{b+6}{4}}}\right)$$

$\therefore b=-6$

$\therefore ab=\mathbf{12}$

0041 두 점 A(3, 2), B(6, −1)을 이은 선분 AB 위의 점 C(a, b)에 대하여 $\overline{AB}=3\overline{BC}$일 때, $a+b$의 값을 구하시오. 답 **5**

$\overline{AB}$: $\overline{BC}=3$: 1

Key 점 C는 $\overline{AB}$를 2 : 1로 내분하는 점이다.

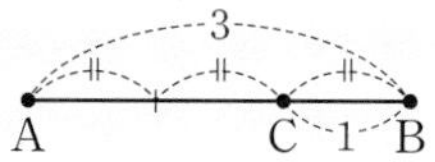

풀이 1 $\mathrm{C}\left(\frac{2\cdot 6+1\cdot 3}{2+1}, \frac{2\cdot(-1)+1\cdot 2}{2+1}\right)=\mathrm{C}(5, 0)$

$a=5$, $b=0$이므로 $a+b=\mathbf{5}$

풀이 2 오른쪽 그림에서

$\overline{AP}=3$, $\overline{PB}=3$이므로

$\overline{PQ}=1$, $\overline{RB}=1$

$\therefore$ C(5, 0)

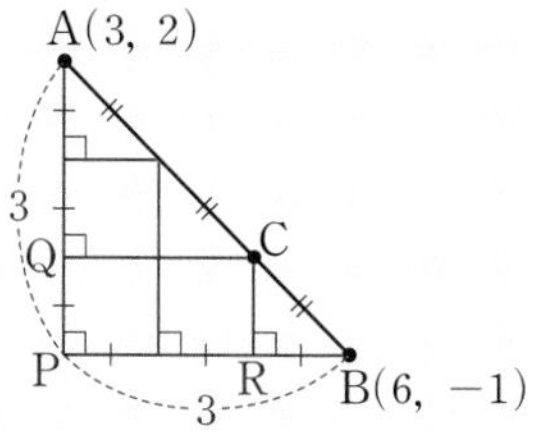

→ **0042** 좌표평면 위의 세 점 A(−1, 4), B(−3, −2), C(3, 1)을 꼭짓점으로 하는 삼각형 ABC의 변 BC 위의 점 P(a, b)에 대하여 삼각형 ABP의 넓이가 삼각형 ACP의 넓이의 2배일 때, $a-b$의 값을 구하시오. 답 **1**

Key 높이가 같은 삼각형의 넓이의 비는 밑변의 길이의 비와 같다.

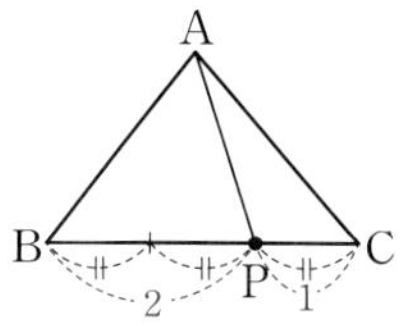

풀이 점 P는 선분 BC를 2 : 1로 내분하는 점이므로

$$\mathrm{P}\left(\frac{2\cdot 3+1\cdot(-3)}{2+1}, \frac{2\cdot 1+1\cdot(-2)}{2+1}\right)=\mathrm{P}(1, 0)$$

$a=1$, $b=0$이므로 $a-b=\mathbf{1}$

유형 10 삼각형의 무게중심

개념 3

0043 세 점 A(2, 5), B(a, 3), C(−3, −2)를 꼭짓점으로 하는 삼각형 ABC의 무게중심을 G(a, b)라 할 때, $a+b$의 값은?

답 ①

풀이 $G\left(\frac{2+a-3}{3}, \frac{5+3-2}{3}\right)=G\left(\frac{a-1}{3}, 2\right)$

즉, $\frac{a-1}{3}=a, b=2$이므로

$a=-\frac{1}{2}, b=2$

$\therefore a+b=\mathbf{\frac{3}{2}}$

0044 세 점 O(0, 0), A(8, 3), B(4, 12)를 꼭짓점으로 하는 삼각형 OAB의 내부에 점 P(a, b)가 있다. 세 삼각형 PAO, PAB, PBO의 넓이가 모두 같을 때, ab의 값을 구하시오. 점 P는 △OAB의 무게중심

답 20

Key $S_1=S_2=S_3$이면 점 P는 삼각형 OAB의 무게중심이다.

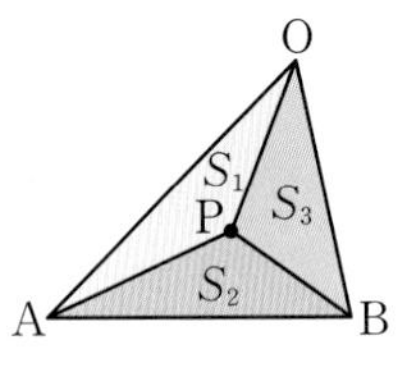

풀이 $P\left(\frac{0+8+4}{3}, \frac{0+3+12}{3}\right)$

$=P(4, 5)$

$a=4, b=5$이므로 $ab=\mathbf{20}$

0045 삼각형 ABC에서 변 AB의 중점이 M(5, 3), 삼각형 ABC의 무게중심이 G(4, 1)일 때, 점 C의 좌표를 구하시오.

답 풀이 참조

Key 무게중심 G는 $\overline{CM}$을 2 : 1로 내분하는 점이다.

C(a, b)
G(4, 1)
A
M(5, 3)
B

풀이 C(a, b)라 하면

$\frac{2\cdot5+1\cdot a}{2+1}=4, \frac{2\cdot3+1\cdot b}{2+1}=1$

$10+a=12, 6+b=3 \quad \therefore a=2, b=-3$

$\therefore$ **C(2, −3)**

서술형

0046 점 A(1, 5)를 한 꼭짓점으로 하는 삼각형 ABC의 두 변 AB, AC의 중점을 각각 M(x_1, y_1), N(x_2, y_2)라 할 때, $x_1+x_2=5$, $y_1+y_2=4$이다. 삼각형 ABC의 무게중심을 G(a, b)라 할 때, $a-b$의 값을 구하시오.

답 2

풀이 B(x_3, y_3)이라 하면 $\frac{1+x_3}{2}=x_1, \frac{5+y_3}{2}=y_1$에서

$x_3=2x_1-1, y_3=2y_1-5$

$\therefore B(2x_1-1, 2y_1-5)$ …❶ (30%)

C(x_4, y_4)라 하면 $\frac{1+x_4}{2}=x_2, \frac{5+y_4}{2}=y_2$에서

$x_4=2x_2-1, y_4=2y_2-5$

$\therefore C(2x_2-1, 2y_2-5)$ …❷ (30%)

$\therefore G\left(\frac{1+(2x_1-1)+(2x_2-1)}{3}, \frac{5+(2y_1-5)+(2y_2-5)}{3}\right)$

$=G\left(\frac{2(x_1+x_2)-1}{3}, \frac{2(y_1+y_2)-5}{3}\right)$

$=G\left(\frac{2\cdot5-1}{3}, \frac{2\cdot4-5}{3}\right)=G(3, 1)$

$a=3, b=1$이므로 $a-b=\mathbf{2}$ …❸ (40%)

유형 11 삼각형의 무게중심의 활용 개념 3

0047 세 점 A(−2, 6), B(2, 4), C(6, 8)에 대하여 세 선분 AB, BC, CA를 2 : 1로 내분하는 점을 각각 D, E, F라 하자. 삼각형 DEF의 무게중심을 G(a, b)라 할 때, ab의 값은? 답 ④

Key (삼각형 DEF의 무게중심)
=(삼각형 ABC의 무게중심)

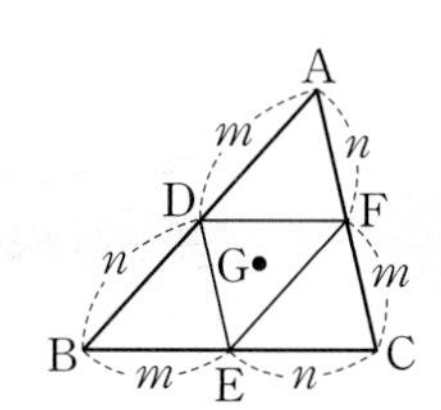

풀이 $\mathrm{G}\left(\frac{-2+2+6}{3}, \frac{6+4+8}{3}\right)=\mathrm{G}(2, 6)$

$a=2$, $b=6$이므로 $ab=\mathbf{12}$

0048 세 점 A(2, 3), B(−2, 2), C(3, −2)에 대하여 $\overline{\mathrm{AP}}^2+\overline{\mathrm{BP}}^2+\overline{\mathrm{CP}}^2$의 값이 최소일 때, 점 P의 좌표가 ($a$, b)이다. $a+b$의 값을 구하시오. 답 2

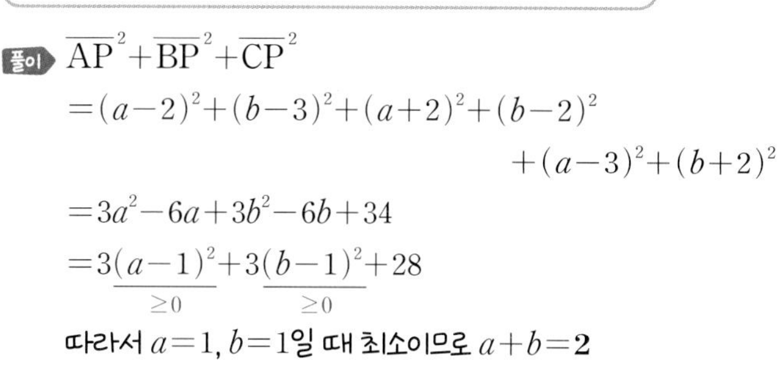

풀이 $\overline{\mathrm{AP}}^2+\overline{\mathrm{BP}}^2+\overline{\mathrm{CP}}^2$

$=(a-2)^2+(b-3)^2+(a+2)^2+(b-2)^2+(a-3)^2+(b+2)^2$

$=3a^2-6a+3b^2-6b+34$

$=3\underbrace{(a-1)^2}_{\geq 0}+3\underbrace{(b-1)^2}_{\geq 0}+28$

따라서 $a=1$, $b=1$일 때 최소이므로 $a+b=\mathbf{2}$

Tip 삼각형 ABC와 이 삼각형 내부의 임의의 점 P에 대하여 $\overline{\mathrm{AP}}^2+\overline{\mathrm{BP}}^2+\overline{\mathrm{CP}}^2$의 값이 최소가 되도록 하는 점 P는 삼각형 ABC의 무게중심이다.

유형 12 평행사변형과 마름모의 성질 개념 1, 2

0049 평행사변형 ABCD에서 세 꼭짓점이 A(−2, 3), B(3, −1), C(7, 4)일 때, 꼭짓점 D의 좌표를 구하시오. 답 풀이 참조

D(a, b)

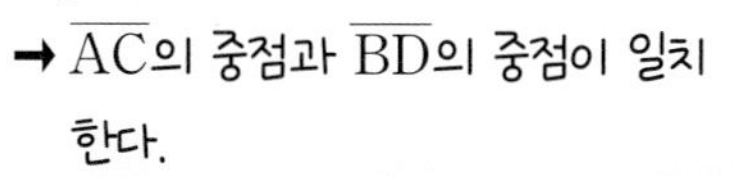

Key 평행사변형의 두 대각선은 서로 다른 것을 이등분한다.
→ $\overline{\mathrm{AC}}$의 중점과 $\overline{\mathrm{BD}}$의 중점이 일치한다.

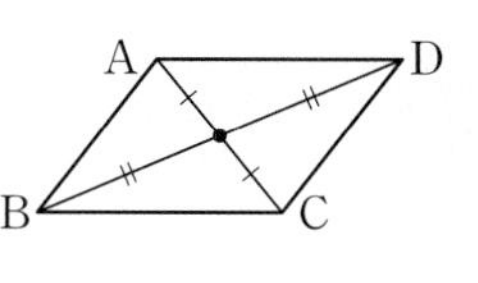

풀이 $\left(\frac{-2+7}{2}, \frac{3+4}{2}\right)=\left(\frac{3+a}{2}, \frac{-1+b}{2}\right)$에서

$a=2$, $b=8$

$\therefore$ $\mathbf{D(2, 8)}$

0050 평행사변형 ABCD의 두 꼭짓점 A, B의 좌표가 각각 (4, 7), (−1, 2)이고, 두 대각선 AC, BD의 교점의 좌표가 (6, 4)일 때, 두 꼭짓점 C, D의 좌표를 각각 구하시오. 답 풀이 참조

C(x_1, y_1), D(x_2, y_2)

Key 두 대각선 AC, BD의 교점은 $\overline{\mathrm{AC}}$, $\overline{\mathrm{BD}}$ 각각의 중점과 일치한다.

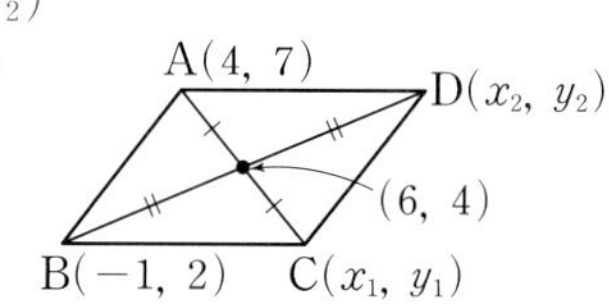

풀이 ($\overline{\mathrm{AC}}$의 중점의 좌표)$=\left(\frac{4+x_1}{2}, \frac{7+y_1}{2}\right)=(6, 4)$

$\therefore$ $x_1=8$, $y_1=1$ $\quad\therefore$ $\mathbf{C(8, 1)}$

($\overline{\mathrm{BD}}$의 중점의 좌표)$=\left(\frac{-1+x_2}{2}, \frac{2+y_2}{2}\right)=(6, 4)$

$\therefore$ $x_2=13$, $y_2=6$ $\quad\therefore$ $\mathbf{D(13, 6)}$

0051 네 점 A(a, 1), B(3, 5), C(7, 3), D(b, −1)을 꼭짓점으로 하는 사각형 ABCD가 마름모일 때, $a+b$의 값을 구하시오. (단, $a>1$) 답 14

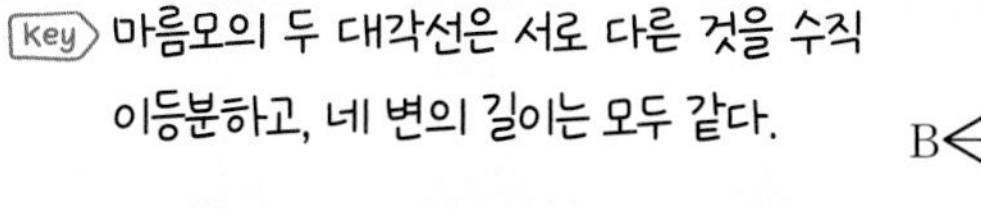

Key 마름모의 두 대각선은 서로 다른 것을 수직이등분하고, 네 변의 길이는 모두 같다.

풀이 $\overline{\mathrm{AC}}$의 중점과 $\overline{\mathrm{BD}}$의 중점이 일치하므로

$\left(\frac{a+7}{2}, \frac{1+3}{2}\right)=\left(\frac{3+b}{2}, \frac{5-1}{2}\right)$

$\frac{a+7}{2}=\frac{3+b}{2}$에서 $a-b=-4$ ⋯⋯ ㉠

또, $\overline{\mathrm{AB}}=\overline{\mathrm{BC}}$에서 $\overline{\mathrm{AB}}^2=\overline{\mathrm{BC}}^2$이므로

$(3-a)^2+(5-1)^2=(7-3)^2+(3-5)^2$

$(a-3)^2=4$ $\quad\therefore$ $a=5$ ($\because$ $a>1$)

이를 ㉠에 대입하면 $b=9$ $\quad\therefore$ $a+b=\mathbf{14}$

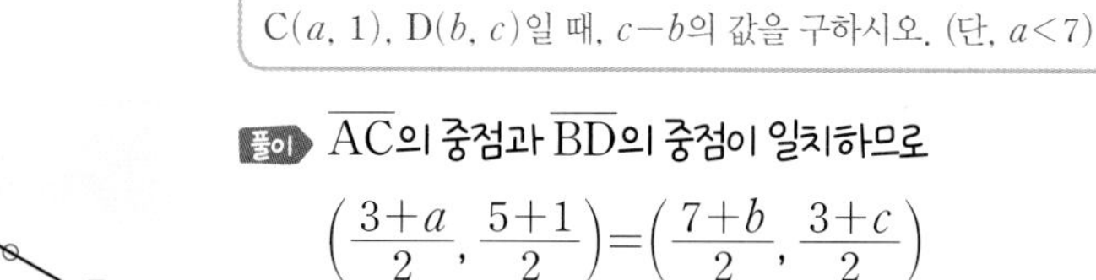

서술형 **0052** 마름모 ABCD에서 네 꼭짓점이 A(3, 5), B(7, 3), C(a, 1), D(b, c)일 때, $c-b$의 값을 구하시오. (단, $a<7$) 답 4

풀이 $\overline{\mathrm{AC}}$의 중점과 $\overline{\mathrm{BD}}$의 중점이 일치하므로

$\left(\frac{3+a}{2}, \frac{5+1}{2}\right)=\left(\frac{7+b}{2}, \frac{3+c}{2}\right)$

$\frac{3+a}{2}=\frac{7+b}{2}$에서 $a-b=4$ ⋯⋯ ㉠

$\frac{5+1}{2}=\frac{3+c}{2}$에서 $c=3$ ⋯❶ (30%)

또, $\overline{\mathrm{AB}}=\overline{\mathrm{BC}}$에서 $\overline{\mathrm{AB}}^2=\overline{\mathrm{BC}}^2$이므로

$(7-3)^2+(3-5)^2=(a-7)^2+(1-3)^2$

$(a-7)^2=16$ $\quad\therefore$ $a=3$ ($\because$ $a<7$) ⋯❷ (30%)

이를 ㉠에 대입하면 $b=-1$ ⋯❸ (30%)

$\therefore$ $c-b=\mathbf{4}$ ⋯❹ (10%)

유형 13 각의 이등분선의 성질 개념 1, 2

0053 그림과 같이 세 점 A$(-1, 5)$, B$(-4, 1)$, C$(4, -7)$을 꼭짓점으로 하는 삼각형 ABC에 대하여 ∠A의 이등분선이 변 BC와 만나는 점 D의 좌표를 구하시오.

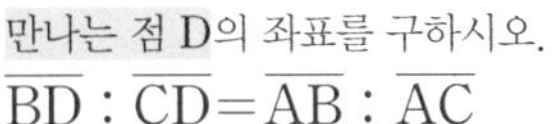

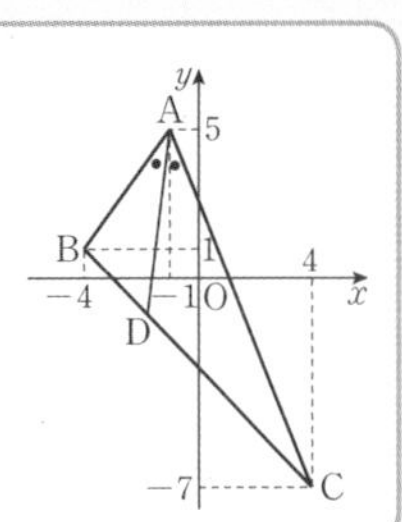

답 풀이 참조

Key 각의 이등분선의 성질

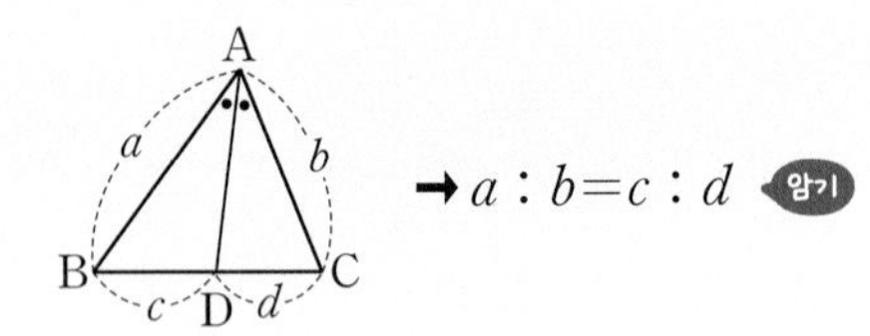

풀이 $\overline{AB}=\sqrt{(-4+1)^2+(1-5)^2}=5$

$\overline{AC}=\sqrt{(4+1)^2+(-7-5)^2}=13$

$\overline{BD} : \overline{CD}=\overline{AB} : \overline{AC}=5 : 13$이므로

$$\mathrm{D}\left(\frac{5\cdot4+13\cdot(-4)}{5+13}, \frac{5\cdot(-7)+13\cdot1}{5+13}\right)$$

$$=\mathbf{D}\left(-\frac{16}{9}, -\frac{11}{9}\right)$$

서술형 **0054** 그림과 같이 세 점 A$(1, 4)$, B$(-5, 1)$, C$(4, -2)$를 꼭짓점으로 하는 삼각형 ABC에서 ∠A의 이등분선이 변 BC와 만나는 점 D의 좌표를 (a, b)라 할 때, $a+b$의 값을 구하시오.

$\overline{BD} : \overline{CD}=\overline{AB} : \overline{AC}$

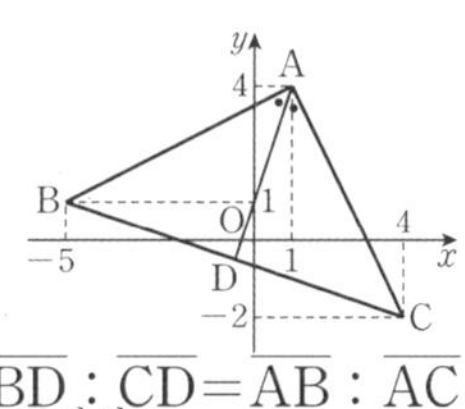

답 -1

풀이 $\overline{AB}=\sqrt{(-5-1)^2+(1-4)^2}=3\sqrt{5}$

$\overline{AC}=\sqrt{(4-1)^2+(-2-4)^2}=3\sqrt{5}$

$\overline{BD} : \overline{CD}=\overline{AB} : \overline{AC}=3\sqrt{5} : 3\sqrt{5}=1 : 1$이므로 ···❶ (40%)

$$\mathrm{D}\left(\frac{-5+4}{2}, \frac{1-2}{2}\right)=\mathrm{D}\left(-\frac{1}{2}, -\frac{1}{2}\right)$$

$a=-\frac{1}{2}$, $b=-\frac{1}{2}$이므로 ···❷ (40%)

$a+b=\mathbf{-1}$ ···❸ (20%)

0055 세 점 A$(2, 3)$, B$(-2, 1)$, C$(-1, -3)$에 대하여 ∠BAC의 이등분선과 선분 BC의 교점을 D라 하자. 삼각형 ABD와 삼각형 ACD의 넓이를 각각 S_1, S_2라 할 때, $\frac{S_2}{S_1}$의 값은?

$\overline{BD} : \overline{CD}=\overline{AB} : \overline{AC}$

답 ③

풀이

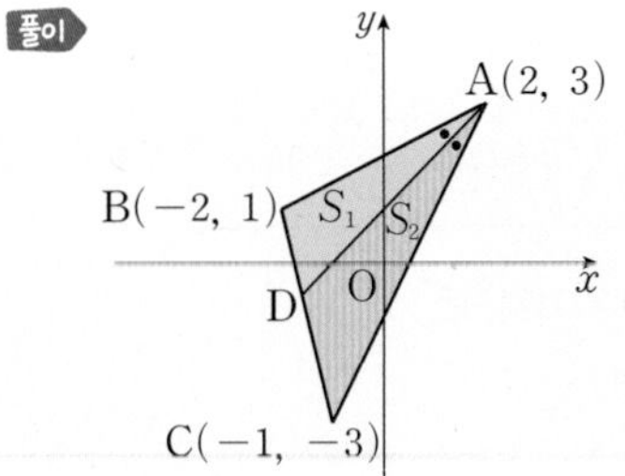

$\overline{AB}=\sqrt{(-2-2)^2+(1-3)^2}=2\sqrt{5}$

$\overline{AC}=\sqrt{(-1-2)^2+(-3-3)^2}=3\sqrt{5}$

$\overline{BD} : \overline{CD}=\overline{AB} : \overline{AC}=2\sqrt{5} : 3\sqrt{5}=2 : 3$이므로

$S_1 : S_2=\overline{BD} : \overline{CD}=2 : 3$

$\therefore \frac{S_2}{S_1}=\mathbf{\frac{3}{2}}$

$\triangle OBP=\frac{1}{2}\triangle OBA$

0056 그림과 같이 세 점 O$(0, 0)$, A$(4, 3)$, B$(16, -2)$를 꼭짓점으로 하는 삼각형 OBA가 있다. 선분 OA의 중점을 P, ∠A의 이등분선과 선분 OB가 만나는 점을 Q라 하자. 삼각형 OBA의 넓이를 S라 할 때, 삼각형 BPQ의 넓이는 kS이다. 상수 k의 값은?

$\overline{OQ} : \overline{BQ}=\overline{AO} : \overline{AB}$

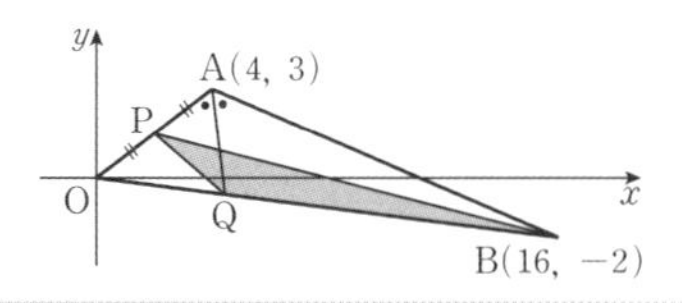

답 ④

풀이 $\overline{AO}=\sqrt{4^2+3^2}=5$

$\overline{AB}=\sqrt{(16-4)^2+(-2-3)^2}=13$

$\overline{OQ} : \overline{BQ}=\overline{AO} : \overline{AB}=5 : 13$이므로

$\triangle OPQ : \triangle BPQ=\overline{OQ} : \overline{BQ}=5 : 13$

$\therefore \triangle BPQ=\frac{13}{5+13}\triangle OBP$

$=\frac{13}{18}\cdot\frac{1}{2}\triangle OBA=\frac{13}{36}S$

$\therefore k=\mathbf{\frac{13}{36}}$

실력 완성!

0057 다음 중 세 점 A(−2, 1), B(1, 1), C(4, 10)에 대하여 옳지 않은 것은? 답 ②

① 선분 BC의 길이는 $3\sqrt{10}$이다.
② 선분 AC의 중점의 좌표는 (1, 6)이다.
③ 선분 AC를 2 : 1로 내분하는 점의 좌표는 (2, 7)이다.
④ 선분 BC를 1 : 2로 내분하는 점의 좌표는 (2, 4)이다.
⑤ 삼각형 ABC의 무게중심의 좌표는 (1, 4)이다.

풀이 ① $\sqrt{(4-1)^2+(10-1)^2}=3\sqrt{10}$

② $\left(\frac{-2+4}{2}, \frac{1+10}{2}\right)=\left(1, \frac{11}{2}\right)$

③ $\left(\frac{2\cdot4+1\cdot(-2)}{2+1}, \frac{2\cdot10+1\cdot1}{2+1}\right)=(2, 7)$

④ $\left(\frac{1\cdot4+2\cdot1}{1+2}, \frac{1\cdot10+2\cdot1}{1+2}\right)=(2, 4)$

⑤ $\left(\frac{-2+1+4}{3}, \frac{1+1+10}{3}\right)=(1, 4)$

0058 두 점 A(2, 4), B(7, 1)에서 같은 거리에 있는 x축 위의 점 P의 좌표를 (a, b)라 할 때, $a+b$의 값은? 답 ①

$b=0$ $\therefore$ P$(a, 0)$

풀이 $\overline{AP}=\overline{BP}$에서 $\overline{AP}^2=\overline{BP}^2$이므로

$(a-2)^2+(-4)^2=(a-7)^2+(-1)^2$

$-4a+20=-14a+50$

$10a=30$ $\therefore a=3$

$\therefore a+b=\mathbf{3}$

0059 그림과 같이 좌표평면 위에 세 개의 정사각형이 있다. A(−2, 2), D(11, 7)일 때, $\overline{BC}^2$의 값을 구하시오. 답 25

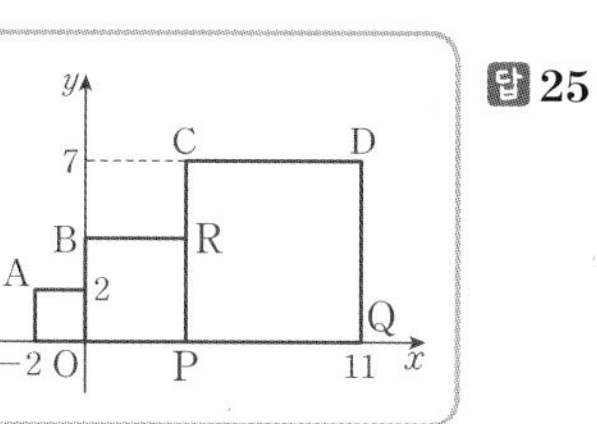

풀이 □CPQD는 한 변의 길이가 7인 정사각형이므로 점 P의 x좌표는

$11-7=4$ $\therefore$ C(4, 7)

이때 □BOPR는 한 변의 길이가 4인 정사각형이므로

B(0, 4)

$\therefore \overline{BC}^2=(4-0)^2+(7-4)^2=\mathbf{25}$

0060 a, b가 실수일 때, $\sqrt{(a-3)^2+b^2}+\sqrt{a^2+b^2-8b+16}$의 최솟값을 구하시오. 답 5

$=\sqrt{a^2+(b-4)^2}$

Key $\sqrt{(a-3)^2+b^2}$: 두 점 (3, 0), (a, b) 사이의 거리
$\sqrt{a^2+(b-4)^2}$: 두 점 (0, 4), (a, b) 사이의 거리

풀이 A(3, 0), B(0, 4), P(a, b)라 하면

(주어진 식)$=\overline{AP}+\overline{BP}$

$\geq \overline{AB}$

$=\sqrt{(0-3)^2+(4-0)^2}=\mathbf{5}$

0061 세 점 A(−2, 0), B(0, 1), C(−4, 4)를 꼭짓점으로 하는 삼각형 ABC는 어떤 삼각형인가? 답 ④

변의 길이를 확인한다.

풀이 $\overline{AB}=\sqrt{2^2+1^2}=\sqrt{5}$

$\overline{BC}=\sqrt{(-4)^2+(4-1)^2}=5$

$\overline{CA}=\sqrt{(-2+4)^2+(-4)^2}=2\sqrt{5}$

이때 $\overline{AB}^2+\overline{CA}^2=\overline{BC}^2$이므로 삼각형 ABC는 **∠A=90°인 직각삼각형**이다.

0062 선분 AB를 1 : 3으로 내분하는 점을 P, 선분 AB의 중점을 Q라 할 때, 보기에서 옳은 것만을 있는 대로 고르시오. 답 ㄱ, ㄴ

보기
ㄱ. 점 P는 선분 AQ의 중점이다.
ㄴ. 점 Q는 선분 PB를 1 : 2로 내분하는 점이다.
ㄷ. 선분 AB의 길이가 16이면 선분 PQ의 길이는 2이다.

Key 두 점 P, Q를 선분 AB 위에 나타내어 본다.

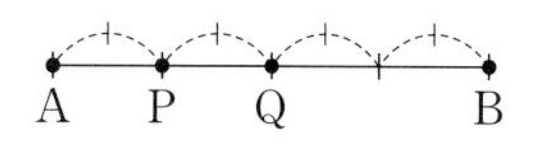

풀이 ㉠. 위의 그림에서 점 P는 선분 AQ의 중점이다.
㉡. 위의 그림에서 점 Q는 선분 PB를 1 : 2로 내분하는 점이다.
ㄷ. $\overline{AB}=16$이면 $\overline{PQ}=\frac{1}{4}\overline{AB}=4$

$-1<k<1$

0063 두 점 A$(-1,\ 4)$, B$(7,\ 1)$에 대하여 선분 AB를 $(1+k):(1-k)$로 내분하는 점이 제1사분면 위에 있을 때, 실수 k의 값의 범위는? $(+,\ +)$

답 ④

풀이 선분 AB를 $(1+k):(1-k)$로 내분하는 점의 좌표는

$$\left(\frac{7(1+k)-(1-k)}{(1+k)+(1-k)},\ \frac{1+k+4(1-k)}{(1+k)+(1-k)}\right)$$

$$=\left(\frac{8k+6}{2},\ \frac{-3k+5}{2}\right)$$

$\frac{8k+6}{2}>0$에서 $k>-\frac{3}{4}$

$\frac{-3k+5}{2}>0$에서 $k<\frac{5}{3}$

$\therefore\ -\frac{3}{4}<k<1$

0064 삼각형 ABC의 세 변 AB, BC, CA의 중점이 각각 P$(4,\ 5)$, Q$(-2,\ 3)$, R$(1,\ -2)$일 때, 삼각형 ABC의 무게중심의 좌표는?

답 ③

Key (삼각형 ABC의 무게중심)
$=$(삼각형 PQR의 무게중심)

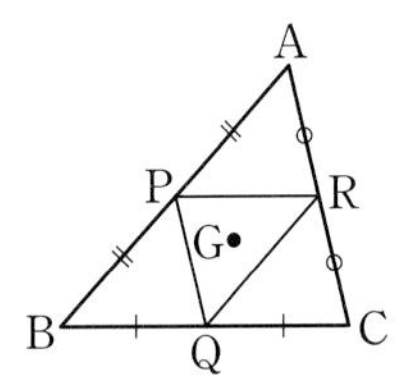

풀이 삼각형 ABC의 무게중심의 좌표는

$$\left(\frac{4-2+1}{3},\ \frac{5+3-2}{3}\right)=(1,\ 2)$$

0065 네 점 A$(-6,\ -4)$, B$(-3,\ -5)$, C$(a,\ b)$, D$(4,\ 1)$을 꼭짓점으로 하는 사각형 ABCD가 평행사변형일 때, $a+b$의 값은? $\overline{\text{AC}}$의 중점과 $\overline{\text{BD}}$의 중점이 일치한다.

답 ⑤

풀이 $\left(\frac{-6+a}{2},\ \frac{-4+b}{2}\right)=\left(\frac{-3+4}{2},\ \frac{-5+1}{2}\right)$에서

$a=7,\ b=0$

$\therefore\ a+b=7$

$\overline{\text{AP}}:\overline{\text{CP}}=\overline{\text{AB}}:\overline{\text{BC}}$

0066 세 점 A$(6,\ 2)$, B$(3,\ 6)$, C$(-3,\ -2)$를 꼭짓점으로 하는 삼각형 ABC에 대하여 $\angle$B의 이등분선이 변 AC와 만나는 점을 P라 할 때, 삼각형 PAB의 무게중심의 x좌표는?

답 ③

Key 점 P의 좌표를 구하면 해결할 수 있다.

풀이 $\overline{\text{AB}}=\sqrt{(3-6)^2+(6-2)^2}=5$

$\overline{\text{BC}}=\sqrt{(-3-3)^2+(-2-6)^2}=10$

$\overline{\text{AP}}:\overline{\text{CP}}=\overline{\text{AB}}:\overline{\text{BC}}=5:10=1:2$이므로

$\text{P}\left(\frac{1\cdot(-3)+2\cdot6}{1+2},\ \cdots\right)=\text{P}(3,\ \cdots)$ — 계산할 필요가 없다.

따라서 삼각형 PAB의 무게중심의 x좌표는

$$\frac{3+6+3}{3}=4$$

0067 그림과 같이 $\overline{AB}=6$, $\overline{AD}=8$, $\overline{BD}=12$인 평행사변형 ABCD의 두 대각선의 교점을 M이라 할 때, 선분 AM의 길이는? (x)

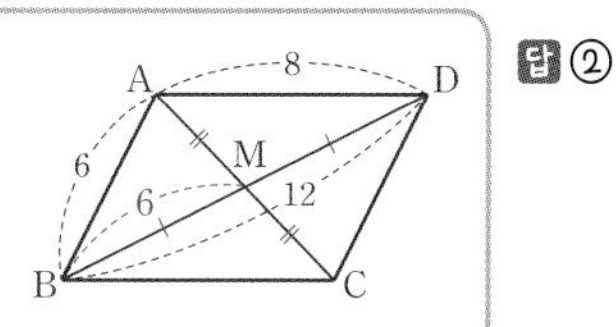

답 ②

풀이 △ABD에서 파푸스의 중선 정리에 의하여

$\overline{AB}^2+\overline{AD}^2=2(\overline{AM}^2+\overline{BM}^2)$

$6^2+8^2=2(x^2+6^2)$

$\therefore x^2=14 \quad \therefore x=\sqrt{\mathbf{14}}\ (\because x>0)$

0068 세 꼭짓점의 좌표가 A(0, 3), B(−5, −9), C(3, −1)인 삼각형 ABC가 있다. 그림과 같이 $\overline{AC}=\overline{AD}$가 되도록 점 D를 선분 AB 위에 잡는다. 점 D를 지나면서 선분 AC와 평행한 직선이 선분 BC와 만나는 점을 P(m, n)이라 할 때, m−n의 값은?

└ $\overline{AC}\,/\!/\,\overline{DP}$이므로 $\overline{AD}:\overline{BD}=\overline{CP}:\overline{BP}$

답 ②

Key

$\rightarrow a:b=c:d$

풀이 $\overline{AB}=\sqrt{(-5-0)^2+(-9-3)^2}$

$=13$

$\overline{AC}=\sqrt{(3-0)^2+(-1-3)^2}$

$=5$

$\therefore \overline{AD}=\overline{AC}=5$,

$\overline{BD}=13-5=8$

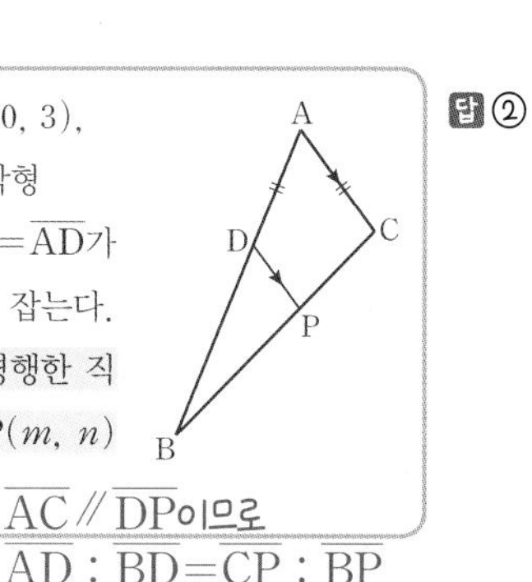

즉, $\overline{CP}:\overline{BP}=\overline{AD}:\overline{BD}=5:8$이므로

$P\left(\dfrac{5\cdot(-5)+8\cdot3}{5+8}, \dfrac{5\cdot(-9)+8\cdot(-1)}{5+8}\right)$

$=P\left(-\dfrac{1}{13}, -\dfrac{53}{13}\right)$

$m=-\dfrac{1}{13}$, $n=-\dfrac{53}{13}$이므로 $m-n=\mathbf{4}$

서술형

0069 두 점 A(1, 4), B(6, 6)과 x축 위의 점 P에 대하여 $\overline{AP}^2+\overline{BP}^2$의 값이 최소가 되도록 하는 점 P가 직선 $y=-2x+k$ 위의 점일 때, 상수 k의 값을 구하시오. (P(a, 0))

답 7

풀이 $\overline{AP}^2+\overline{BP}^2=(a-1)^2+16+(a-6)^2+36$

$=2a^2-14a+89$

$=2\left(a-\dfrac{7}{2}\right)^2+\cdots$ ⋯❶ (40%)

└ 계산할 필요가 없다.

즉, $a=\dfrac{7}{2}$일 때 최소이므로

$P\left(\dfrac{7}{2}, 0\right)$ ⋯❷ (30%)

점 P가 직선 $y=-2x+k$ 위에 있으므로

$0=(-2)\cdot\dfrac{7}{2}+k$

$\therefore k=\mathbf{7}$ ⋯❸ (30%)

0070 좌표평면 위에 세 점 A(1, 0), B(3, 2), C(4, 0)이 있다. 선분 AC 위의 점 D와 선분 BD 위의 점 E에 대하여 4개의 삼각형 ABE, ADE, BCE, CDE의 넓이가 모두 같을 때, 점 E의 좌표를 구하시오.

답 풀이 참조

풀이

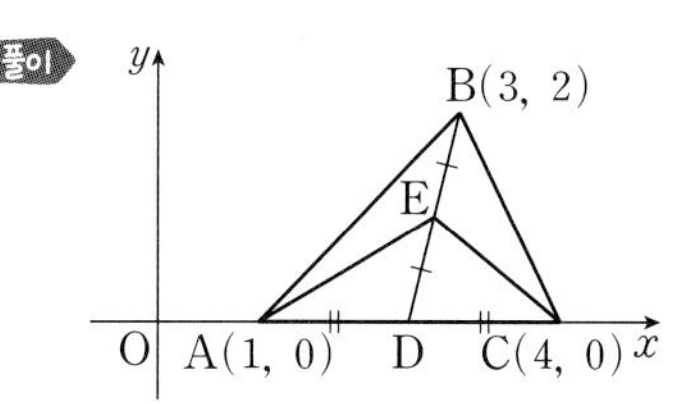

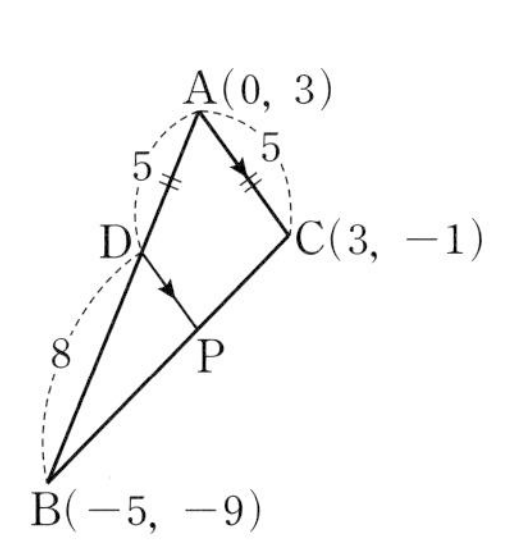

△ADE=△CDE이므로 $\overline{AD}=\overline{CD}$

$\therefore D\left(\dfrac{1+4}{2}, 0\right)=D\left(\dfrac{5}{2}, 0\right)$ ⋯❶ (50%)

△ABE=△ADE이므로 $\overline{BE}=\overline{DE}$

$\therefore E\left(\dfrac{3+\frac{5}{2}}{2}, \dfrac{2+0}{2}\right)=\mathbf{E\left(\dfrac{11}{4}, 1\right)}$ ⋯❷ (50%)

※ 빈칸에 알맞은 것을 써넣고, 내용을 읽거나 따라 써 보세요.

개념 1 직선의 방정식

> 유형 01~04

(1) 점 (x_1, y_1)을 지나고 기울기가 m인 직선의 방정식: [ ]

(2) 서로 다른 두 점 (x_1, y_1), (x_2, y_2)를 지나는 직선의 방정식

① $x_1 \neq x_2$이면 [ ]　　② $x_1 = x_2$이면 $x = x_1$

(3) x절편이 a, y절편이 b인 직선의 방정식: [ ] (단, $ab \neq 0$)

개념 2 두 직선의 교점을 지나는 직선의 방정식

> 유형 05~07

(1) 정점을 지나는 직선

직선 $ax+by+c+k(a'x+b'y+c')=0$은 실수 k의 값에 관계없이 항상 두 직선 [ ], [ ]의 교점을 지나는 직선이다. $\left(\text{단, } \frac{a}{a'} \neq \frac{b}{b'}\right)$

(2) 두 직선의 교점을 지나는 직선의 방정식

한 점에서 만나는 두 직선 $ax+by+c=0$, $a'x+b'y+c'=0$의 교점을 지나는 직선 중 [ ]을 제외한 직선의 방정식은

$ax+by+c+k(a'x+b'y+c')=0$ (단, k는 실수)

개념 3 두 직선의 위치 관계

> 유형 08~11

두 직선의 위치 관계	평행하다.	일치한다.	한 점에서 만난다.	수직이다.
$y=mx+n$ $y=m'x+n'$	$m=m'$, [ ]	[ ], $n=n'$	[ ]	$mm'=$[ ]
$ax+by+c=0$ $a'x+b'y+c'=0$ (단, $abc\neq0$, $a'b'c'\neq0$)	$\frac{a}{a'}$[ ]$\frac{b}{b'}$[ ]$\frac{c}{c'}$	$\frac{a}{a'}$[ ]$\frac{b}{b'}$[ ]$\frac{c}{c'}$	[ ]	[ ]$=0$

개념 4 점과 직선 사이의 거리

> 유형 12~15

(1) 점과 직선 사이의 거리

점 (x_1, y_1)과 직선 $ax+by+c=0$ ($a\neq0$ 또는 $b\neq0$) 사이의 거리는

[ ]

(x_1, y_1)　y　O　x　$ax+by+c=0$

(2) 평행한 두 직선 l, l' 사이의 거리

[1단계] 직선 l 위의 한 점의 좌표 (x_1, y_1)을 택한다.

[2단계] 점 (x_1, y_1)과 직선 [ ] 사이의 거리를 구한다.

(x_1, y_1)　l'　l

답 개념 1 (1) $y-y_1=m(x-x_1)$ (2) $y-y_1=\frac{y_2-y_1}{x_2-x_1}(x-x_1)$ (3) $\frac{x}{a}+\frac{y}{b}=1$ 개념 2 (1) $ax+by+c=0$, $a'x+b'y+c'=0$ (2) $a'x+b'y+c'=0$ 개념 3 $n\neq n'$, $m=m'$, $m\neq m'$, -1, $=$, $\neq$, $=$, $=$, $\frac{a}{a'}\neq\frac{b}{b'}$, $aa'+bb'$ 개념 4 (1) $\frac{|ax_1+by_1+c|}{\sqrt{a^2+b^2}}$ (2) l'

개념 1 직선의 방정식

0071 다음 직선의 방정식을 구하시오.

(1) 점 $(-1, 0)$을 지나고 기울기가 2인 직선

$y-0=2(x+1)$ $\therefore$ $y=2x+2$

(2) 두 점 $(-1, 4)$, $(2, -2)$를 지나는 직선

$y-4=\dfrac{-2-4}{2-(-1)}(x+1)$ $\therefore$ $y=-2x+2$

(3) x절편이 2, y절편이 -4인 직선

$\dfrac{x}{2}+\dfrac{y}{-4}=1$ $\therefore$ $y=2x-4$

(4) 점 $(3, -2)$를 지나고 x축에 평행한 직선

$y=-2$

(5) 점 $(1, -7)$을 지나고 y축에 평행한 직선

$x=1$

Tip 점 (x_1, y_1)을 지나고
① x축에 평행한 직선의 방정식 → $y=y_1$ (단, $y_1\neq 0$)
② y축에 평행한 직선의 방정식 → $x=x_1$ (단, $x_1\neq 0$)

0072 세 실수 a, b, c가 다음 조건을 만족시킬 때, 직선 $ax+by+c=0$이 지나는 사분면을 모두 구하시오.

(1) $a<0$, $b>0$, $c>0$

$y=\underbrace{-\dfrac{a}{b}}_{>0}x\underbrace{-\dfrac{c}{b}}_{<0}$ $\therefore$ 제1, 3, 4사분면

(2) $a=0$, $b>0$, $c<0$

$by+c=0$에서 $y=\underbrace{-\dfrac{c}{b}}_{>0}$ $\therefore$ 제1, 2사분면

(3) $a>0$, $b=0$, $c>0$

$ax+c=0$에서 $x=\underbrace{-\dfrac{c}{a}}_{<0}$ $\therefore$ 제2, 3사분면

개념 2 두 직선의 교점을 지나는 직선의 방정식

주어진 식이 k에 대한 항등식이 되도록 하는 x, y의 값을 구하자.

0073 직선 $(x-y)+k(x+y-6)=0$이 실수 k의 값에 관계없이 항상 지나는 점의 좌표를 구하시오.

$x-y=0$, $x+y-6=0$이므로 두 식을 연립하여 풀면

$x=3$, $y=3$ $\therefore$ $(3, 3)$

0074 두 직선 $2x+3y+4=0$, $3x+2y+2=0$의 교점과 원점을 지나는 직선의 방정식을 구하시오.

주어진 두 직선의 교점을 지나는 직선의 방정식을

$2x+3y+4+k(3x+2y+2)=0$ (k는 실수)

으로 놓으면 이 직선이 원점을 지나므로 $4+2k=0$ $\therefore$ $k=-2$

즉, $2x+3y+4-2(3x+2y+2)=0$이므로 $4x+y=0$

개념 3 두 직선의 위치 관계

0075 두 직선 $y=2x+1$, $y=kx-3$이 다음 조건을 만족시킬 때, 상수 k의 값을 구하시오.

(1) 평행하다.

평행한 두 직선의 기울기는 같으므로 $k=2$

(2) 수직이다.

수직인 두 직선의 기울기의 곱은 -1이므로 $2k=-1$

$\therefore$ $k=-\dfrac{1}{2}$

0076 두 직선 $kx+6y-3=0$, $2x+(k+1)y-2=0$이 다음 조건을 만족시킬 때, 상수 k의 값을 구하시오.

(1) 평행하다.

$\dfrac{k}{2}=\dfrac{6}{k+1}\neq\dfrac{-3}{-2}$에서 $k^2+k-12=0$, $k\neq 3$ $\therefore$ $k=-4$

(2) 일치한다.

$\dfrac{k}{2}=\dfrac{6}{k+1}=\dfrac{-3}{-2}$에서 $k^2+k-12=0$ $\therefore$ $k=-4$ 또는 $k=3$

이때 $k=-4$이면 두 직선은 서로 평행하므로 $k=3$

(3) 수직이다.

$k\cdot 2+6\cdot(k+1)=0$에서 $8k+6=0$ $\therefore$ $k=-\dfrac{3}{4}$

개념 4 점과 직선 사이의 거리

0077 다음 점과 직선 사이의 거리를 구하시오.

(1) 점 $(4, 2)$, 직선 $3x+4y-5=0$

$\dfrac{|3\cdot 4+4\cdot 2-5|}{\sqrt{3^2+4^2}}=3$

(2) 점 $(-1, 3)$, 직선 $y=x+2$ ($x-y+2=0$)

$\dfrac{|1\cdot(-1)-1\cdot 3+2|}{\sqrt{1^2+(-1)^2}}=\sqrt{2}$

(3) 원점, 직선 $y=\dfrac{1}{3}x-10$ ($x-3y-30=0$)

$\dfrac{|-30|}{\sqrt{1^2+(-3)^2}}=3\sqrt{10}$

0078 다음 평행한 두 직선 사이의 거리를 구하시오.

(1) $7x+y-9=0$, $7x+y+1=0$ (직선 위의 한 점 $(0, -1)$)

점 $(0, -1)$과 직선 $7x+y-9=0$ 사이의 거리와 같으므로

$\dfrac{|7\cdot 0+1\cdot(-1)-9|}{\sqrt{7^2+1^2}}=\sqrt{2}$

(2) $x-2y+4=0$, $-x+2y+6=0$ (직선 위의 한 점 $(0, 2)$)

점 $(0, 2)$와 직선 $-x+2y+6=0$ 사이의 거리와 같으므로

$\dfrac{|(-1)\cdot 0+2\cdot 2+6|}{\sqrt{(-1)^2+2^2}}=2\sqrt{5}$

B step 기출 & 변형하면…

유형 01 직선의 방정식

개념 1

0079 두 점 A$(-2, -1)$, B$(6, 3)$을 이은 선분 AB의 중점을 지나고 기울기가 -2인 직선의 방정식은?

답 ⑤

풀이 선분 AB의 중점의 좌표는

$\left(\frac{-2+6}{2}, \frac{-1+3}{2}\right)$, 즉 $(2, 1)$

따라서 점 $(2, 1)$을 지나고 기울기가 -2인 직선의 방정식은

$y-1=-2(x-2)$ $\quad\therefore$ $\boldsymbol{y=-2x+5}$

→ **0080** 직선 $(a+3)x-y+b+3=0$이 x축의 양의 방향과 이루는 각의 크기가 $45°$이고, 점 $(-2, 3)$을 지날 때, 상수 a, b에 대하여 $a-b$의 값은?

답 ②

풀이 점 $(-2, 3)$을 지나고 기울기가 $\tan 45°=1$인 직선의 방정식은

$y-3=x-(-2)$ $\quad\therefore$ $x-y+5=0$

따라서 $a+3=1$, $b+3=5$이므로 $a=-2$, $b=2$

$\therefore$ $a-b=\mathbf{-4}$

Tip 직선 l이 x축의 양의 방향과 이루는 각의 크기가 θ일 때, (직선 l의 기울기)$=\tan\theta$

이때 $\tan 30°=\frac{1}{\sqrt{3}}$, $\tan 45°=1$, $\tan 60°=\sqrt{3}$이다.

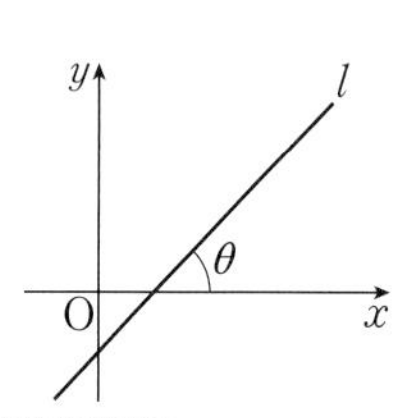

'두 점 $(-1, 2)$, $(0, 7)$을 지나는 직선이 점 $(2, a)$를 지난다.'와 같은 의미이다.

0081 두 점 $(-1, 2)$, $(2, a)$를 지나는 직선이 y축과 점 $(0, 7)$에서 만날 때, a의 값은?

답 ⑤

풀이 두 점 $(-1, 2)$, $(0, 7)$을 지나는 직선의 방정식은

$y-7=\frac{7-2}{0-(-1)}x$

$\therefore$ $y=5x+7$

점 $(2, a)$가 직선 $y=5x+7$ 위에 있으므로

$a=5\cdot2+7=\mathbf{17}$

→ 서술형 **0082** 그림과 같이 네 점 A$(2, 7)$, B$(1, 1)$, C$(4, -1)$, D$(4, 4)$를 꼭짓점으로 하는 사각형 ABCD의 두 대각선의 교점의 좌표를 구하시오.

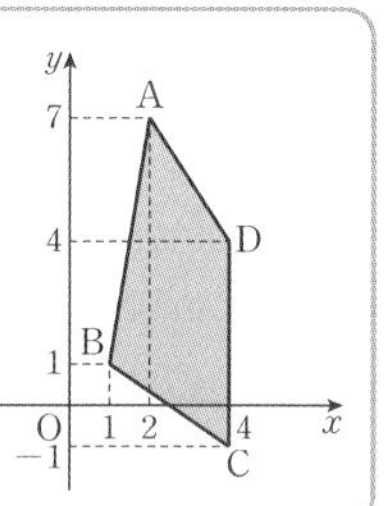

답 $\mathbf{(3, 3)}$

풀이 직선 AC의 방정식은

$y-7=\frac{-1-7}{4-2}(x-2)$ $\quad\therefore$ $y=-4x+15$ …… ㉠

…❶ (35%)

직선 BD의 방정식은

$y-1=\frac{4-1}{4-1}(x-1)$ $\quad\therefore$ $y=x$ …… ㉡ …❷ (35%)

㉠, ㉡을 연립하여 풀면 $x=3$, $y=3$

따라서 두 대각선의 교점의 좌표는 $\mathbf{(3, 3)}$이다. …❸ (30%)

0083 x절편이 -2, y절편이 6인 직선이 점 $(-k, 3k)$를 지날 때, k의 값은?

답 ③

풀이 x절편이 -2, y절편이 6인 직선의 방정식은

$-\frac{x}{2}+\frac{y}{6}=1$

이 직선이 점 $(-k, 3k)$를 지나므로

$\frac{k}{2}+\frac{3k}{6}=1$

$\therefore$ $k=\mathbf{1}$

→ **0084** 좌표평면에서 제2사분면을 지나지 않는 직선 $\frac{x}{a}+\frac{y}{b}=1$과 x축, y축으로 둘러싸인 부분의 넓이가 6일 때, 상수 a, b에 대하여 ab의 값을 구하시오.

답 $\mathbf{-12}$

풀이 직선 $\frac{x}{a}+\frac{y}{b}=1$의 x절편은 a, y절편은 b이고, 제2사분면을 지나지 않으므로 직선의 개형은 오른쪽 그림과 같다.

이때 색칠한 부분의 넓이가 6이므로

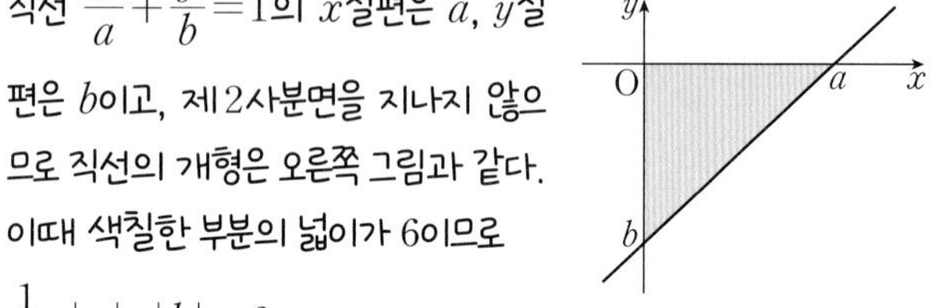

$\frac{1}{2}\cdot|a|\cdot|b|=6$

$\frac{1}{2}\cdot a\cdot(-b)=6$ ← $a>0$, $b<0$이므로 $|a|=a$, $|b|=-b$

$\therefore$ $ab=\mathbf{-12}$

유형 02 세 점이 한 직선 위에 있을 조건 개념 1

0085 세 점 $A(-1, 1)$, $B(k, 2)$, $C(5, k+1)$이 한 직선 위에 있도록 하는 모든 실수 k의 값의 합은? 답 ①

풀이 세 점 A, B, C가 한 직선 위에 있으려면 직선 AB와 직선 AC의 기울기가 같아야 하므로 좌표에 미지수를 포함하고 있지 않은 점 A를 지나는 직선의 기울기를 구하는 것이 계산할 때 편하다.

$$\frac{2-1}{k-(-1)}=\frac{(k+1)-1}{5-(-1)}$$

$$\frac{1}{k+1}=\frac{k}{6},\ 6=k(k+1)$$

$k^2+k-6=0$, $(k+3)(k-2)=0$

$\therefore k=-3$ 또는 $k=2$

따라서 모든 실수 k의 값의 합은

$-3+2=\mathbf{-1}$

0086 서로 다른 세 점 $A(-3k+1, 5)$, $B(-1, k-1)$, $C(k-1, k+1)$이 삼각형을 이루지 않을 때, 모든 실수 k의 값의 합은? 세 점이 한 직선 위에 있어야 한다. 답 ②

풀이 직선 AB와 직선 BC의 기울기가 같아야 하므로

$$\frac{(k-1)-5}{-1-(-3k+1)}=\frac{(k+1)-(k-1)}{(k-1)-(-1)}$$

$$\frac{k-6}{3k-2}=\frac{2}{k},\ k(k-6)=2(3k-2)$$

$\therefore k^2-12k+4=0$

이때 이차방정식 $k^2-12k+4=0$의 판별식 D에 대하여

$\frac{D}{4}=(-6)^2-4=32>0$이므로 이차방정식의 근과 계수의 관계에 의하여 모든 실수 k의 값의 합은 $\mathbf{12}$이다.

유형 03 도형의 넓이를 이등분하는 직선 개념 1

0087 세 점 $A(2, 2)$, $B(-1, 3)$, $C(3, -1)$을 꼭짓점으로 하는 삼각형 ABC가 있다. 점 A를 지나는 직선이 삼각형 ABC의 넓이를 이등분할 때, 이 직선의 방정식은? 답 ②

점 A를 지나는 직선이 선분 BC의 중점을 지나야 한다.

풀이 선분 BC의 중점의 좌표는 $\left(\frac{-1+3}{2}, \frac{3+(-1)}{2}\right)$, 즉 $(1, 1)$

따라서 구하는 직선은 두 점 $(2, 2)$, $(1, 1)$을 지나므로 이 직선의 방정식은

$y-2=\frac{1-2}{1-2}(x-2)\quad \therefore \mathbf{y=x}$

0088 직선 $\frac{x}{8}+\frac{y}{6}=1$과 x축, y축으로 둘러싸인 부분의 넓이를 직선 $y=mx$가 이등분할 때, 상수 m의 값은? 답 ③

직선 $\frac{x}{8}+\frac{y}{6}=1$과 x축, y축의 교점을 각각 A, B라 하자.

풀이 오른쪽 그림과 같이 직선 $y=mx$가 $\triangle AOB$의 넓이를 이등분하려면 직선 $y=mx$가 $\overline{AB}$의 중점 $(4, 3)$을 지나야 한다. $\left(\frac{8+0}{2}, \frac{0+6}{2}\right)$

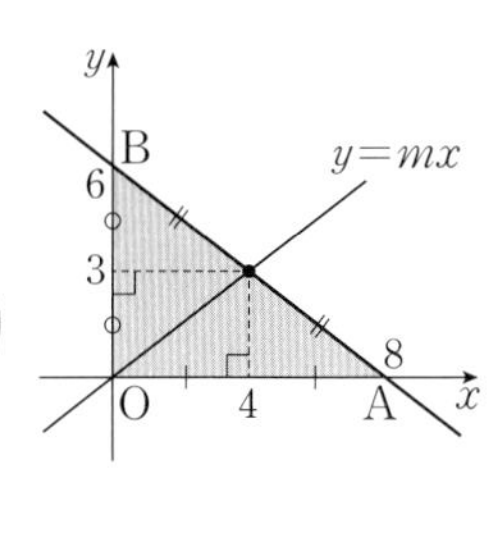

$x=4$, $y=3$을 $y=mx$에 대입하면

$4m=3\quad \therefore m=\mathbf{\frac{3}{4}}$

0089 그림과 같은 두 직사각형의 넓이를 동시에 이등분하는 직선의 기울기는? 답 ⑤

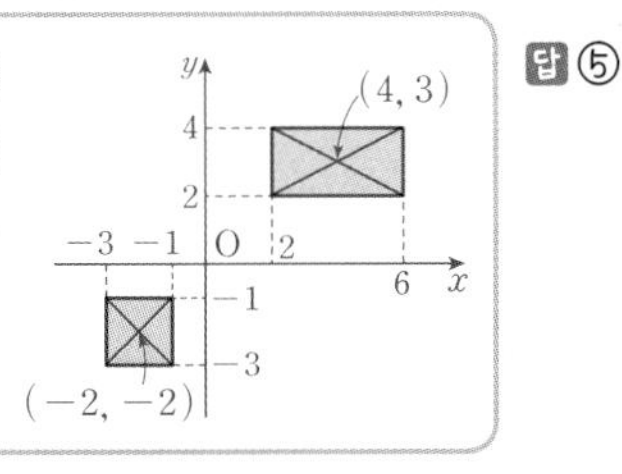

풀이 두 직사각형의 넓이를 동시에 이등분하는 직선은 각 직사각형의 대각선의 교점을 모두 지나야 한다. 직사각형의 대각선의 교점을 지나는 직선은 그 넓이를 이등분한다.

두 직사각형의 대각선의 교점의 좌표는 각각

$\left(\frac{2+6}{2}, \frac{2+4}{2}\right)$, $\left(\frac{-1-3}{2}, \frac{-1-3}{2}\right)$

$\therefore (4, 3)$, $(-2, -2)$

따라서 두 점 $(4, 3)$, $(-2, -2)$를 지나는 직선의 기울기는

$\frac{-2-3}{-2-4}=\mathbf{\frac{5}{6}}$

0090 네 점 $A(2, 4)$, $B(2, 2)$, $C(8, 2)$, $D(8, 4)$를 꼭짓점으로 하는 직사각형 ABCD가 있다. 직사각형 ABCD의 넓이를 이등분하고 점 $(4, 5)$를 지나는 직선의 기울기를 구하시오. 답 -2

직사각형 ABCD의 대각선의 교점을 지나야 한다.

풀이 직사각형 ABCD의 대각선의 교점의 좌표는

$\left(\frac{2+8}{2}, \frac{4+2}{2}\right)$, 즉 $(5, 3)$

따라서 구하는 직선은 두 점 $(5, 3)$, $(4, 5)$를 지나므로 이 직선의 기울기는

$\frac{5-3}{4-5}=\mathbf{-2}$

유형 04 직선의 개형

개념 1

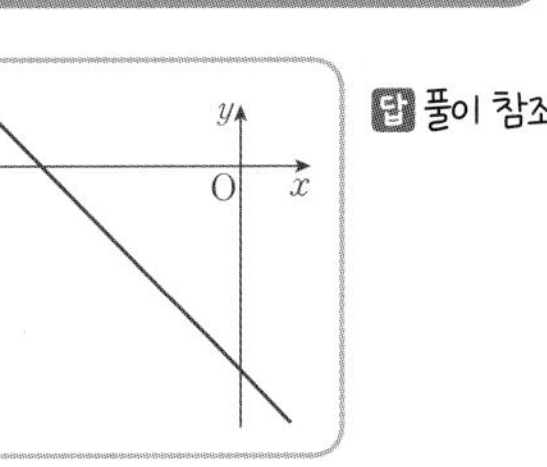

0091 직선 $2x+ay+b=0$이 제1, 3, 4사분면을 지날 때, 직선 $ax-by-5=0$이 지나는 사분면을 모두 구하시오. (단, a, b는 상수이다.)

답 풀이 참조

풀이 $a\neq0$이므로 $2x+ay+b=0$에서 $y=-\frac{2}{a}x-\frac{b}{a}$ (← $a=0$이면 $2x+b=0$이므로 제1, 3, 4사분면을 지나지 않는다.)

이 직선의 기울기는 양수, y절편은 음수이므로

$-\frac{2}{a}>0$, $-\frac{b}{a}<0$에서 $a<0$, $b<0$

$b\neq0$이므로 $ax-by-5=0$에서 $y=\frac{a}{b}x-\frac{5}{b}$

(기울기)$=\frac{a}{b}>0$, (y절편)$=-\frac{5}{b}>0$

이므로 직선 $ax-by-5=0$은 오른쪽 그림과 같이 **제1, 2, 3사분면**을 지난다.

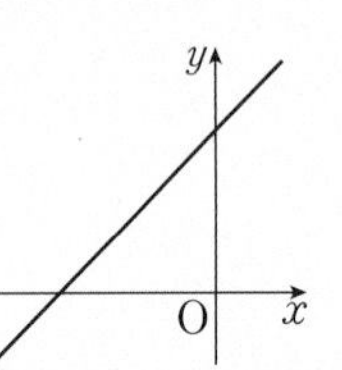

서술형

0092 직선 $ax+by+c=0$이 그림과 같을 때, 직선 $bx-cy-a=0$이 지나지 않는 사분면을 구하시오. (단, a, b, c는 상수이다.)

($b\neq0$이므로 $y=-\frac{a}{b}x-\frac{c}{b}$)

답 풀이 참조

풀이 직선 $y=-\frac{a}{b}x-\frac{c}{b}$의 기울기와 y절편이 모두 음수이므로

$-\frac{a}{b}<0$, $-\frac{c}{b}<0$ …❶ (35%)

즉, $ab>0$, $bc>0$에서 a, c의 부호가 서로 같으므로 $ac>0$

$c\neq0$이므로 $bx-cy-a=0$에서 $y=\frac{b}{c}x-\frac{a}{c}$

(기울기)$=\frac{b}{c}>0$, (y절편)$=-\frac{a}{c}<0$ …❷ (35%)

이므로 직선 $bx-cy-a=0$은 오른쪽 그림과 같이 **제2사분면**을 지나지 않는다. …❸ (30%)

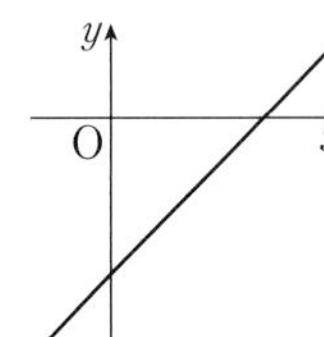

0093 $ac<0$, $bc>0$일 때, 직선 $ax-by-c=0$이 지나지 않는 사분면은? (단, a, b, c는 상수이다.)

($b\neq0$이므로 $y=\frac{a}{b}x-\frac{c}{b}$)

답 ①

풀이 $ac<0$, $bc>0$에서 a, b의 부호가 서로 다르므로

(기울기)$=\frac{a}{b}<0$, (y절편)$=-\frac{c}{b}<0$

이므로 직선 $ax-by-c=0$은 오른쪽 그림과 같이 **제1사분면**을 지나지 않는다.

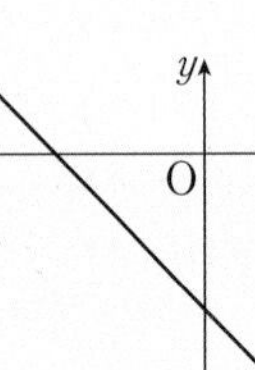

0094 0이 아닌 세 실수 a, b, c에 대하여

$\sqrt{a}\sqrt{b}=-\sqrt{ab}$, $\frac{\sqrt{c}}{\sqrt{b}}=-\sqrt{\frac{c}{b}}$

일 때, 직선 $ax+by+c=0$이 지나지 않는 사분면을 구하시오.

(← $b\neq0$이므로 $y=-\frac{a}{b}x-\frac{c}{b}$)

답 풀이 참조

풀이 $\sqrt{a}\sqrt{b}=-\sqrt{ab}$에서 $a<0$, $b<0$

$\frac{\sqrt{c}}{\sqrt{b}}=-\sqrt{\frac{c}{b}}$에서 $b<0$, $c>0$

(기울기)$=-\frac{a}{b}<0$, (y절편)$=-\frac{c}{b}>0$

이므로 직선 $ax+by+c=0$은 오른쪽 그림과 같이 **제3사분면**을 지나지 않는다.

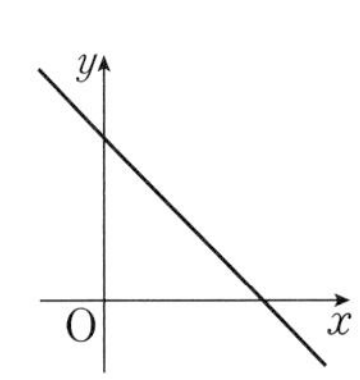

유형 05 정점을 지나는 직선

개념 2

주어진 직선의 방정식이 m에 대한 항등식임을 이용한다.

0095 직선 $x+my-8m+6=0$이 실수 m의 값에 관계없이 항상 점 P를 지날 때, 점 P와 원점 사이의 거리는?

답 ⑤

풀이 $(y-8)m+x+6=0$ (← m에 대한 항등식의 성질을 이용할 수 있도록 m에 대하여 정리한다.)

위의 식이 m의 값에 관계없이 항상 성립하므로

$y-8=0$, $x+6=0$

$\therefore x=-6$, $y=8$

따라서 P$(-6, 8)$이므로 점 P와 원점 사이의 거리는

$\sqrt{(-6)^2+8^2}=\mathbf{10}$

주어진 직선의 방정식이 k에 대한 항등식임을 이용한다.

0096 직선 $(4+3k)x-(3-k)y+7+2k=0$이 실수 k의 값에 관계없이 항상 점 (a, b)를 지날 때, a^2+b^2의 값은?

답 ①

풀이 $(3x+y+2)k+4x-3y+7=0$

위의 식이 k의 값에 관계없이 항상 성립하므로

$3x+y+2=0$, $4x-3y+7=0$

위의 두 식을 연립하여 풀면 $x=-1$, $y=1$

따라서 $a=-1$, $b=1$이므로 (주어진 직선은 항상 점 $(-1, 1)$을 지난다.)

$a^2+b^2=(-1)^2+1^2=\mathbf{2}$

0097 점 $P(a, b)$가 직선 $2x-y=3$ 위에 있을 때, 직선 $ax+by-6=0$은 항상 점 (p, q)를 지난다. $2p-q$의 값을 구하시오.

답 10

풀이 직선 $2x-y=3$이 점 $P(a, b)$를 지나므로

$2a-b=3$ $\quad\therefore b=2a-3$

이것을 $ax+by-6=0$에 대입하면

$ax+(2a-3)y-6=0$

이 식을 a에 대하여 정리하면

$(x+2y)a-3y-6=0$

이 식이 a의 값에 관계없이 항상 성립하므로

$x+2y=0,\ -3y-6=0$ $\quad\therefore x=4, y=-2$

따라서 직선 $ax+by-6=0$은 항상 점 $(4, -2)$를 지나므로

$p=4, q=-2$

$\therefore 2p-q=2\cdot4-(-2)=\mathbf{10}$

0098 직선 l: $(k+2)x+(2-k)y-8-2k=0$에 대하여 보기에서 옳은 것만을 있는 대로 고르시오. (단, k는 실수이다.)

답 ㄴ

직선 l의 방정식이 k에 대한 항등식임을 이용한다.

보기

ㄱ. $k=2$이면 직선 l은 x축에 평행하다.

ㄴ. 직선 l은 k의 값에 관계없이 항상 점 $(3, 1)$을 지난다.

ㄷ. 직선 l은 두 직선 $x-y-2=0$, $x+y-4=0$의 교점을 지나는 모든 직선을 나타낸다.

풀이 ㄱ. $k=2$이면 직선 l은 $x=3$이므로 y축에 평행하다.

ⓛ. $(x-y-2)k+2x+2y-8=0$ $\quad\cdots\cdots$ ㉠

이 식이 k의 값에 관계없이 항상 성립하려면

$x-y-2=0,\ 2x+2y-8=0$ $\quad\therefore x=3, y=1$

따라서 직선 l은 k의 값에 관계없이 항상 점 $(3, 1)$을 지난다.

ㄷ. ㉠에서 직선 l은 직선 $x-y-2=0$을 제외한 두 직선

$x-y-2=0$, $\underline{2x+2y-8=0}$ ← $x+y-4=0$

의 교점을 지나는 직선을 나타낸다.

유형 06 정점을 지나는 직선의 활용

개념 2

직선이 k의 값에 관계없이 항상 지나는 점부터 찾는다.

0099 직선 $x+ky-2+k=0$이 두 점 $A(-2, 1)$, $B(1, 3)$을 이은 선분 AB와 한 점에서 만나도록 하는 실수 k의 값의 범위가 $a\le k\le b$일 때, ab의 값은?

답 ③

풀이 $(y+1)k+x-2=0$ $\quad\cdots\cdots$ ㉠

직선 ㉠은 k의 값에 관계없이 항상 점 $(2, -1)$을 지난다.

(i) 직선 ㉠이 점 $A(-2, 1)$을 지날 때

$-4+2k=0$ $\quad\therefore k=2$

(ii) 직선 ㉠이 점 $B(1, 3)$을 지날 때

$-1+4k=0$ $\quad\therefore k=\frac{1}{4}$

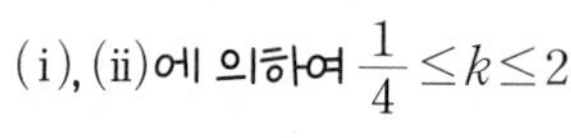

(i), (ii)에 의하여 $\frac{1}{4}\le k\le 2$

따라서 $a=\frac{1}{4}$, $b=2$이므로 $ab=\mathbf{\frac{1}{2}}$

0100 직선 $mx-y+m+3=0$이 그림의 직사각형과 만나도록 하는 실수 m의 최솟값은?

답 ①

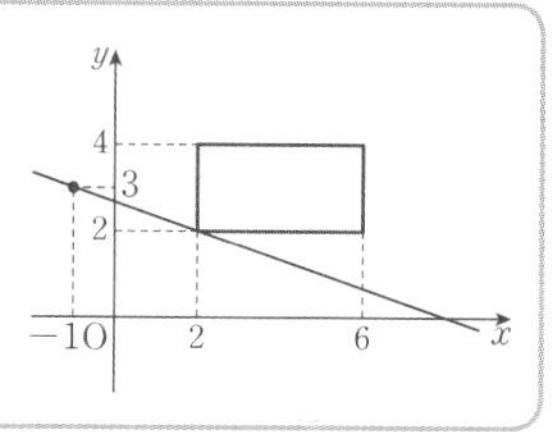

풀이 $(x+1)m-(y-3)=0$ $\quad\cdots\cdots$ ㉠

직선 ㉠은 m의 값에 관계없이 항상 점 $(-1, 3)$을 지난다.

m은 직선 ㉠의 기울기이므로 위의 그림과 같이 직선 ㉠이 점 $(2, 2)$를 지날 때 최소이다.

따라서 $3m+1=0$에서 $m=-\frac{1}{3}$이므로 m의 최솟값은 $\mathbf{-\frac{1}{3}}$이다.

0101 두 직선 $x-y+4=0$, $mx-y-2m+1=0$이 제2사분면에서 만나도록 하는 실수 m의 값의 범위가 $\alpha<m<\beta$일 때, $\alpha\beta$의 값은?

$y=x+4$

답 ②

풀이 $(x-2)m-(y-1)=0$ $\quad\cdots\cdots$ ㉠

직선 ㉠은 m의 값에 관계없이 항상 점 $(2, 1)$을 지난다.

(i) 직선 ㉠이 점 $(0, 4)$를 지날 때

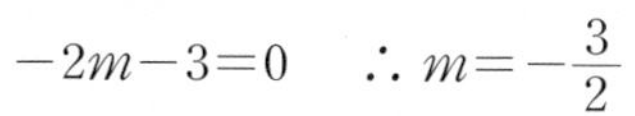

$-2m-3=0$ $\quad\therefore m=-\frac{3}{2}$

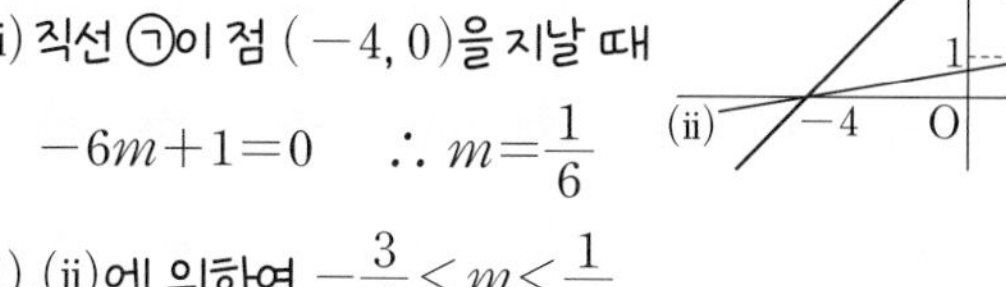

(ii) 직선 ㉠이 점 $(-4, 0)$을 지날 때

$-6m+1=0$ $\quad\therefore m=\frac{1}{6}$

(i), (ii)에 의하여 $-\frac{3}{2}<m<\frac{1}{6}$

따라서 $\alpha=-\frac{3}{2}$, $\beta=\frac{1}{6}$이므로 $\alpha\beta=\mathbf{-\frac{1}{4}}$

0102 직선 $x+(m+1)y-(4m+1)=0$이 제1사분면을 지나지 않도록 하는 실수 m의 최댓값을 α, 최솟값을 β라 할 때, $\frac{\beta}{\alpha}$의 값을 구하시오.

답 4

풀이 $(y-4)m+x+y-1=0$ $\quad\cdots\cdots$ ㉠

$y-4=0$, $x+y-1=0$에서 $x=-3, y=4$

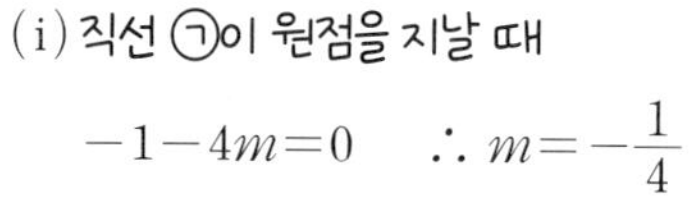

즉, 직선 ㉠은 m의 값에 관계없이 항상 점 $(-3, 4)$를 지난다.

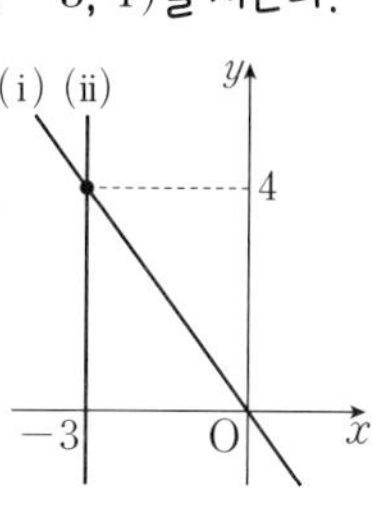

(i) 직선 ㉠이 원점을 지날 때

$-1-4m=0$ $\quad\therefore m=-\frac{1}{4}$

(ii) 직선 ㉠이 y축에 평행할 때

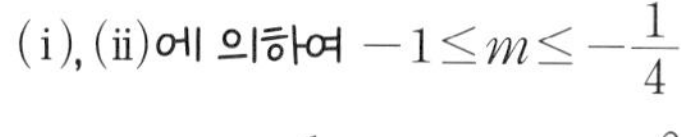

$m+1=0$ $\quad\therefore m=-1$

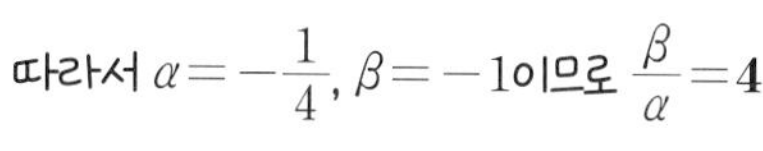

(i), (ii)에 의하여 $-1\le m\le -\frac{1}{4}$

따라서 $\alpha=-\frac{1}{4}$, $\beta=-1$이므로 $\frac{\beta}{\alpha}=\mathbf{4}$

유형 07 두 직선의 교점을 지나는 직선의 방정식 개념 2

0103 두 직선 $2x-3y=1$, $2x-4y=-1$의 교점과 점 $(1, 0)$을 지나는 직선의 방정식을 구하시오.

답 풀이 참조

풀이 주어진 두 직선의 교점을 지나는 직선의 방정식을

$2x-3y-1+k(2x-4y+1)=0$ (k는 실수) …… ㉠

으로 놓으면 이 직선이 점 $(1, 0)$을 지나므로

$2-1+k(2+1)=0$, $1+3k=0$ $\therefore k=-\frac{1}{3}$

$k=-\frac{1}{3}$을 ㉠에 대입하면

$2x-3y-1-\frac{1}{3}(2x-4y+1)=0$

$\frac{4}{3}x-\frac{5}{3}y-\frac{4}{3}=0$ $\therefore \mathbf{4x-5y-4=0}$

0104 두 직선 $x-2y-1=0$, $2x-y-5=0$의 교점과 점 $(6, 4)$를 지나는 직선이 x축과 만나는 점을 A, y축과 만나는 점을 B라 할 때, 선분 AB의 길이는?

답 ②

풀이 주어진 두 직선의 교점을 지나는 직선의 방정식을

$x-2y-1+k(2x-y-5)=0$ (k는 실수) …… ㉠

으로 놓으면 이 직선이 점 $(6, 4)$를 지나므로

$6-8-1+k(12-4-5)=0$, $-3+3k=0$ $\therefore k=1$

$k=1$을 ㉠에 대입하면 $x-2y-1+2x-y-5=0$

$\therefore x-y-2=0$ ($y=0$을 대입하면 $x=2$, $x=0$을 대입하면 $y=-2$)

따라서 $A(2, 0)$, $B(0, -2)$이므로

$\overline{AB}=\sqrt{(0-2)^2+(-2-0)^2}=\mathbf{2\sqrt{2}}$

서술형 $3x-2y-7=0$ 또는 $x-2y-1=0$

0105 방정식 $(3x-2y-7)(x-2y-1)=0$이 나타내는 두 직선의 교점을 지나는 직선 l의 기울기가 1일 때, 직선 l의 x절편을 구하시오.

답 2

풀이 두 직선 $3x-2y-7=0$, $x-2y-1=0$의 교점을 지나는 직선 l의 방정식은

$3x-2y-7+k(x-2y-1)=0$ (k는 실수) …… ㉠

으로 놓을 수 있다. …❶ (30%)

이때 ㉠에서 $(3+k)x-2(1+k)y-7-k=0$이고 이 직선의 기울기가 1이므로 $(3+k)-2(1+k)=0$

$-k+1=0$ $\therefore k=1$ …❷ (40%)

따라서 직선 l의 방정식은 $4x-4y-8=0$, 즉 $x-y-2=0$이므로 x절편은 **2**이다. …❸ (30%)

Tip 직선 $ax+by+c=0$의 기울기가 1이므로 $-\frac{a}{b}=1$ $\therefore a+b=0$

A라 하면 A(3, 4)

0106 두 직선 $x-2y+5=0$, $x-y+1=0$의 교점을 지나고, 두 직선과 x축으로 둘러싸인 삼각형의 넓이를 이등분하는 직선의 방정식이 $2x+ay+b=0$일 때, a^2+b^2의 값은? (단, a, b는 상수이다.)

교점을 각각 B, C라 하면 $B(-5, 0)$, $C(-1, 0)$

답 ⑤

풀이 점 A를 지나는 직선 $2x+ay+b=0$이 삼각형 ABC의 넓이를 이등분하려면 $\overline{BC}$의 중점 $\left(\frac{-5-1}{2}, \frac{0}{2}\right)$, 즉 $(-3, 0)$을 지나야 한다.

$x=-3$, $y=0$을 $2x+ay+b=0$에 대입하면

$-6+b=0$ $\therefore b=6$

직선 $2x+ay+6=0$이 점 $A(3, 4)$를 지나므로

$6+4a+6=0$ $\therefore a=-3$

$\therefore a^2+b^2=(-3)^2+6^2=\mathbf{45}$

유형 08 두 직선의 위치 관계 개념 3

0107 점 $(4, 6)$을 지나는 직선 $y=ax+b$가 직선 $y=-2x+5$에 수직일 때, 상수 a, b에 대하여 ab의 값은?

두 직선의 기울기의 곱이 -1이다.

답 ⑤

풀이 두 직선 $y=ax+b$, $y=-2x+5$가 서로 수직이므로

$-2a=-1$ $\therefore a=\frac{1}{2}$

따라서 직선 $y=\frac{1}{2}x+b$가 점 $(4, 6)$을 지나므로

$6=2+b$ $\therefore b=4$

$\therefore ab=\mathbf{2}$

0108 두 직선 $mx-4y-2=0$, $(m+3)x+2y+1=0$이 일치하거나 수직이 되도록 하는 모든 실수 m의 값의 합은?

답 ②

풀이 (i) 두 직선이 일치하는 경우, $m\neq-3$이므로

$\frac{m}{m+3}=\frac{-4}{2}=\frac{-2}{1}$ $\therefore m=-2$

(ii) 두 직선이 수직인 경우

$m(m+3)+(-4)\cdot 2=0$

$\therefore m^2+3m-8=0$

이 이차방정식의 판별식을 D라 하면

$D=3^2-4\cdot(-8)=41>0$이므로 서로 다른 두 실근을 갖는다.

따라서 두 직선이 서로 수직이 되도록 하는 모든 m의 값의 합은 이차방정식의 근과 계수의 관계에 의하여 -3이다.

(i), (ii)에 의하여 모든 실수 m의 값의 합은

$-2+(-3)=\mathbf{-5}$

0109 직선 $2x+ay-4=0$이 직선 $ax-(a-1)y+1=0$과 수직이고, 직선 $(a+1)x+6y+2=0$과 평행할 때, 상수 a의 값은? 답 ⑤

풀이 (i) 직선 $2x+ay-4=0$이 직선 $ax-(a-1)y+1=0$과 서로 수직이므로

$2a+a(-a+1)=0$, $a^2-3a=0$

$\therefore a=0$ 또는 $a=3$

(ii) 직선 $2x+ay-4=0$이 직선 $(a+1)x+6y+2=0$과 서로 평행하므로

$\dfrac{2}{a+1}=\dfrac{a}{6}\neq\dfrac{-4}{2}$

$a^2+a-12=0$, $(a+4)(a-3)=0$

$\therefore a=-4$ 또는 $a=3$

(i), (ii)에 의하여 $a=\mathbf{3}$

0110 서로 다른 두 직선 $ax-y-1=0$, $4x-ay+2=0$에 의하여 좌표평면이 3개의 영역으로 나뉠 때, 실수 a의 값은? 답 ④

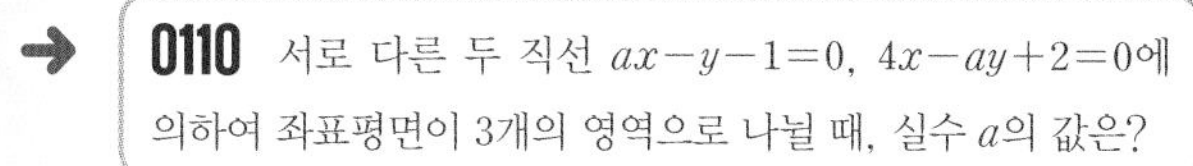

풀이 주어진 두 직선이 좌표평면을 3개의 영역으로 나누려면 오른쪽 그림과 같이 두 직선이 서로 평행해야 한다.

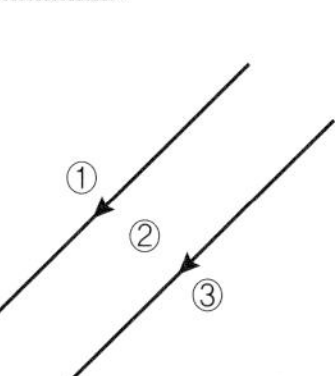

$a=0$일 때, 두 직선 $-y-1=0$, $4x+2=0$은 서로 평행하지 않다.

따라서 $a\neq0$이므로 $\dfrac{a}{4}=\dfrac{-1}{-a}\neq\dfrac{-1}{2}$에서

$a^2=4$

그런데 $a=-2$이면 두 직선이 일치하므로 $a=\mathbf{2}$

유형 09 직선의 방정식; 평행 또는 수직 조건 개념 3

0111 점 $(1, 3)$을 지나고 직선 $7x-2y+6=0$에 평행한 직선이 점 $(a, -4)$를 지날 때, a의 값은? 답 ①

풀이 직선 $7x-2y+6=0$, 즉 $y=\dfrac{7}{2}x+3$의 기울기는 $\dfrac{7}{2}$이므로

이 직선에 평행한 직선의 기울기는 $\dfrac{7}{2}$이다.

따라서 기울기가 $\dfrac{7}{2}$이고, 점 $(1, 3)$을 지나는 직선의 방정식은

$y-3=\dfrac{7}{2}(x-1)$ $\quad\therefore y=\dfrac{7}{2}x-\dfrac{1}{2}$

이 직선이 점 $(a, -4)$를 지나므로

$-4=\dfrac{7}{2}a-\dfrac{1}{2}$ $\quad\therefore a=\mathbf{-1}$

① 두 직선의 y절편은 같다.

② 두 직선의 기울기의 곱이 -1이다.

0112 두 점 $(3, 4)$, $(5, 2)$를 지나는 직선에 평행하고, x절편이 -6인 직선의 방정식이 $x+ay+b=0$일 때, 상수 a, b에 대하여 $a+b$의 값을 구하시오. 답 7

풀이 두 점 $(3, 4)$, $(5, 2)$를 지나는 직선의 기울기는

$\dfrac{2-4}{5-3}=-1$

기울기가 -1이고 x절편이 -6, 즉 점 $(-6, 0)$을 지나는 직선의 방정식은

$y=-\{x-(-6)\}$ $\quad\therefore x+y+6=0$

따라서 $a=1$, $b=6$이므로 $a+b=\mathbf{7}$

0113 직선 $(2k+1)x-y+2=0$과 점 $(4, 0)$을 지나는 직선이 y축에서 수직으로 만날 때, 상수 k의 값은? 답 ②

풀이 $(2k+1)x-y+2=0$에 $x=0$을 대입하면

$-y+2=0$ $\quad\therefore y=2$

따라서 두 점 $(4, 0)$, $(0, 2)$를 지나는 직선의 방정식은

$\dfrac{x}{4}+\dfrac{y}{2}=1$

두 직선 $(2k+1)x-y+2=0$, $\dfrac{x}{4}+\dfrac{y}{2}=1$이 서로 수직으로 만나므로

$(2k+1)\cdot\dfrac{1}{4}+(-1)\cdot\dfrac{1}{2}=0$

$\dfrac{1}{2}k-\dfrac{1}{4}=0$ $\quad\therefore k=\mathbf{\dfrac{1}{2}}$

서술형

0114 그림과 같이 점 $A(3, 2)$에서 직선 $y=2x+1$에 내린 수선의 발을 $H(a, b)$라 할 때, $a+b$의 값을 구하시오. 답 4

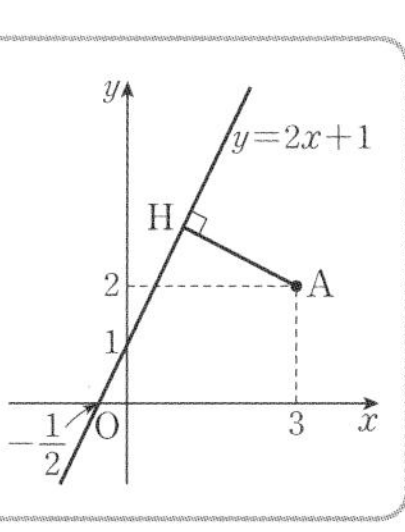

풀이 직선 $y=2x+1$의 기울기가 2이므로 직선 AH의 기울기는 $-\dfrac{1}{2}$이다. …❶ (30%)

따라서 직선 AH의 방정식은 (기울기가 $-\dfrac{1}{2}$이고, 점 $A(3, 2)$를 지나는 직선)

$y-2=-\dfrac{1}{2}(x-3)$ $\quad\therefore x+2y-7=0$ …❷ (30%)

$y=2x+1$, $x+2y-7=0$을 연립하여 풀면

$x=1$, $y=3$ $\quad\therefore H(1, 3)$

따라서 $a=1$, $b=3$이므로 $a+b=\mathbf{4}$ …❸ (40%)

유형 10 세 직선의 위치 관계 개념 3

0115 세 직선 $x+2y=5$, $3x-4y=-5$, $ax-y=5$가 한 점에서 만날 때, 상수 a의 값은? 답 ④

풀이 주어진 세 직선이 한 점에서 만나려면 직선 $ax-y=5$가 두 직선 $x+2y=5$, $3x-4y=-5$의 교점을 지나야 한다.

$x+2y=5$, $3x-4y=-5$를 연립하여 풀면

$x=1$, $y=2$

따라서 직선 $ax-y=5$가 점 $(1, 2)$를 지나므로

$a-2=5$ $\quad\therefore a=\mathbf{7}$

→ **0116** 세 직선 $2x+y-3=0$, $3x-2y-1=0$, $ax-y=0$으로 둘러싸인 부분이 직각삼각형이 되도록 하는 모든 상수 a의 값의 곱은? 답 ④

$2\cdot3+1\cdot(-2)\neq0$이므로 이 두 직선은 서로 수직이 아니다.

풀이 주어진 세 직선으로 둘러싸인 부분이 직각삼각형이 되려면 세 직선 중 어느 두 직선이 서로 수직이어야 한다.

(i) 두 직선 $2x+y-3=0$, $ax-y=0$이 서로 수직이려면

$2a-1=0$ $\quad\therefore a=\frac{1}{2}$

(ii) 두 직선 $3x-2y-1=0$, $ax-y=0$이 서로 수직이려면

$3a+2=0$ $\quad\therefore a=-\frac{2}{3}$

(i), (ii)에서 모든 상수 a의 값의 곱은 $\frac{1}{2}\cdot\left(-\frac{2}{3}\right)=\mathbf{-\frac{1}{3}}$

두 직선은 서로 일치하지 않고, 평행하지도 않으므로 주어진 세 직선이 모두 평행한 경우는 불가능하다.

0117 세 직선 $x-2y=-2$, $2x+y=6$, $kx-y=2$가 삼각형을 이루지 않도록 하는 모든 상수 k의 값의 곱은? 답 ④

풀이 (i) 직선 $kx-y=2$가 직선 $x-2y=-2$ 또는 $2x+y=6$과 서로 평행할 때

$\frac{k}{1}=\frac{-1}{-2}$ 또는 $\frac{k}{2}=\frac{-1}{1}$ $\quad\therefore k=\frac{1}{2}$ 또는 $k=-2$

(ii) 직선 $kx-y=2$가 두 직선 $x-2y=-2$, $2x+y=6$의 교점을 지날 때

$x-2y=-2$, $2x+y=6$을 연립하여 풀면 $x=2$, $y=2$

직선 $kx-y=2$가 점 $(2, 2)$를 지나므로

$2k-2=2$ $\quad\therefore k=2$

(i), (ii)에서 모든 상수 k의 값의 곱은 $\frac{1}{2}\cdot(-2)\cdot2=\mathbf{-2}$

→ 서술형 **0118** 서로 다른 세 직선 $4x+2y+5=0$, $ax-y-1=0$, $2x+by-4=0$에 의하여 좌표평면이 4개의 영역으로 나뉠 때, $a+b$의 값을 구하시오. (단, a, b는 상수이다.) 답 -1

풀이 주어진 세 직선이 좌표평면을 4개의 영역으로 나누려면 오른쪽 그림과 같이 세 직선이 모두 서로 평행해야 한다.

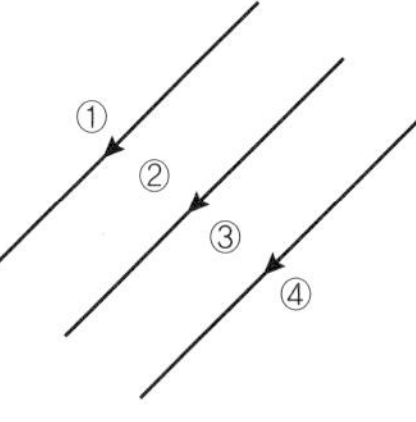

두 직선 $4x+2y+5=0$, $ax-y-1=0$이 서로 평행하려면

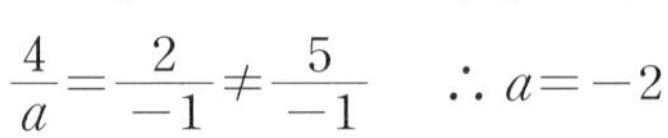

$\frac{4}{a}=\frac{2}{-1}\neq\frac{5}{-1}$ $\quad\therefore a=-2$ $\quad$ …❶ (45%)

두 직선 $4x+2y+5=0$, $2x+by-4=0$이 서로 평행하려면

$\frac{4}{2}=\frac{2}{b}\neq\frac{5}{-4}$ $\quad\therefore b=1$ $\quad$ …❷ (45%)

$\therefore a+b=\mathbf{-1}$ $\quad$ …❸ (10%)

유형 11 수직이등분선의 방정식 개념 3

0119 두 점 A$(-3, 1)$, B$(5, 7)$에 대하여 선분 AB의 수직이등분선의 방정식이 $4x+ay+b=0$일 때, $a+b$의 값은? (단, a, b는 상수이다.) 답 ①

풀이 선분 AB의 중점의 좌표는 $\left(\frac{-3+5}{2}, \frac{1+7}{2}\right)$, 즉 $(1, 4)$

직선 AB의 기울기는 $\frac{7-1}{5-(-3)}=\frac{3}{4}$

따라서 선분 AB의 수직이등분선은 기울기가 $-\frac{4}{3}$이고 점 $(1, 4)$를 지나므로 그 방정식은

$y-4=-\frac{4}{3}(x-1)$ $\quad\therefore 4x+3y-16=0$

즉, $a=3$, $b=-16$이므로 $a+b=\mathbf{-13}$

→ **0120** 두 점 A(a, b), B$(3, 5)$를 이은 선분 AB의 수직이등분선의 방정식이 $x+4y-6=0$일 때, $a+b$의 값은? 답 ⑤

풀이 선분 AB의 중점의 좌표는 $\left(\frac{a+3}{2}, \frac{b+5}{2}\right)$

직선 $x+4y-6=0$이 이 점을 지나므로

$\frac{a+3}{2}+4\cdot\frac{b+5}{2}-6=0$

$\therefore a+4b+11=0$ $\quad$ …… ㉠

또, 직선 $x+4y-6=0$, 즉 $y=-\frac{1}{4}x+\frac{3}{2}$의 기울기가 $-\frac{1}{4}$이므로 직선 AB의 기울기는 4이다.

즉, $\frac{5-b}{3-a}=4$이므로 $4a-b-7=0$ $\quad$ …… ㉡

㉠, ㉡을 연립하여 풀면 $a=1$, $b=-3$

$\therefore a+b=\mathbf{-2}$

0121 두 점 A(3, 1), B(−1, 3)으로부터 같은 거리에 있는 점 P의 자취의 방정식은? 선분 AB의 수직이등분선과 같다. 답 ④

풀이 선분 AB의 중점의 좌표는 $\left(\frac{3-1}{2}, \frac{1+3}{2}\right)$, 즉 $(1, 2)$

직선 AB의 기울기는 $\frac{3-1}{-1-3}=-\frac{1}{2}$

따라서 점 P의 자취는 기울기가 2이고 점 $(1, 2)$를 지나는 직선이므로 그 방정식은

$y-2=2(x-1)$

$\therefore$ $\mathbf{2x-y=0}$

0122 세 점 A(3, 0), B(1, 4), C(1, −2)를 꼭짓점으로 하는 삼각형 ABC의 세 변의 수직이등분선의 교점을 D(a, b)라 할 때, $a+b$의 값을 구하시오. 답 **1**

삼각형의 세 변의 수직이등분선은 한 점(외심)에서 만나므로 두 변의 수직이등분선의 교점을 구한다.

풀이 선분 AB의 중점의 좌표는 $\left(\frac{3+1}{2}, \frac{0+4}{2}\right)$, 즉 $(2, 2)$

직선 AB의 기울기는 $\frac{4-0}{1-3}=-2$

따라서 선분 AB의 수직이등분선은 기울기가 $\frac{1}{2}$이고 점 $(2, 2)$를 지나므로 그 방정식은

$y-2=\frac{1}{2}(x-2)$ $\quad\therefore y=\frac{1}{2}x+1$ ······ ㉠

선분 BC의 중점의 좌표는 $\left(\frac{1+1}{2}, \frac{4-2}{2}\right)$, 즉 $(1, 1)$

직선 BC는 y축에 평행하므로 선분 BC의 수직이등분선은 x축에 평행하고 점 $(1, 1)$을 지나는 직선이다.

따라서 선분 BC의 수직이등분선의 방정식은 $y=1$ ······ ㉡

㉠, ㉡을 연립하여 풀면 $x=0, y=1$

따라서 D$(0, 1)$이므로 $a=0, b=1$ $\quad\therefore a+b=\mathbf{1}$

유형 12 점과 직선 사이의 거리 개념 4

0123 점 P(5, 3)에서 직선 $2x-y-2=0$에 내린 수선의 발을 H라 할 때, 선분 PH의 길이는? 답 ③

풀이 선분 PH의 길이는 점 P(5, 3)과 직선 $2x-y-2=0$ 사이의 거리이므로

$$\overline{PH}=\frac{|2\cdot5-3-2|}{\sqrt{2^2+(-1)^2}}=\frac{5}{\sqrt{5}}=\sqrt{5}$$

0124 직선 $y=2x$ 위의 점 중에서 직선 $y=x+2$와의 거리가 $3\sqrt{2}$인 모든 점들의 x좌표의 합은? 답 ④

풀이 직선 $y=2x$ 위의 점의 좌표를 $(a, 2a)$라 하면 점 $(a, 2a)$와 직선 $y=x+2$, 즉 $x-y+2=0$ 사이의 거리가 $3\sqrt{2}$이므로

$$\frac{|a-2a+2|}{\sqrt{1^2+(-1)^2}}=3\sqrt{2}$$

$|-a+2|=6, -a+2=\pm6$

$\therefore a=-4$ 또는 $a=8$

따라서 구하는 모든 점들의 x좌표의 합은 $-4+8=\mathbf{4}$

0125 점 $(k, 0)$에서 두 직선 $3x+4y+1=0$, $4x-3y+6=0$에 이르는 거리가 같도록 하는 모든 실수 k의 값의 곱은? 답 ②

풀이 $\frac{|3k+1|}{\sqrt{3^2+4^2}}=\frac{|4k+6|}{\sqrt{4^2+(-3)^2}}$

$|3k+1|=|4k+6|$

$3k+1=4k+6$ 또는 $3k+1=-(4k+6)$ ← $|A|=|B| \rightarrow A=B$ 또는 $A=-B$

$\therefore k=-5$ 또는 $k=-1$

따라서 모든 k의 값의 곱은 $(-5)\cdot(-1)=\mathbf{5}$

서술형 **0126** 원점과 직선 $x+y-2+k(x-y)=0$ 사이의 거리를 $f(k)$라 하자. $f(k)$의 최댓값을 M이라 할 때, M^2의 값을 구하시오. (단, k는 실수이다.) 답 **2**

풀이 $x+y-2+k(x-y)=0$에서

$(k+1)x+(1-k)y-2=0$ ···❶ (20%)

원점과 이 직선 사이의 거리 $f(k)$는

$$f(k)=\frac{|-2|}{\sqrt{(k+1)^2+(1-k)^2}}=\frac{2}{\sqrt{2k^2+2}}$$ ···❷ (40%)

$f(k)$는 $k=0$일 때 최대이므로 $f(k)$의 최댓값 M은 ← 분모가 작을수록 분수의 값은 커진다.

$M=f(0)=\frac{2}{\sqrt{2}}=\sqrt{2}$

$\therefore M^2=(\sqrt{2})^2=\mathbf{2}$ ···❸ (40%)

유형 13 평행한 두 직선 사이의 거리 개념 4

0127 두 직선 $4x+3y-4=0$과 $(a+1)x+3y+a+3=0$이 평행할 때, 두 직선 사이의 거리는? (단, a는 상수이다.)

답 ②

풀이 두 직선이 서로 평행하므로 $\frac{4}{a+1}=\frac{3}{3}\neq\frac{-4}{a+3}$

$\frac{4}{a+1}=\frac{3}{3}$에서 $a+1=4$ $\therefore a=3$

따라서 두 직선 사이의 거리는 직선 $4x+3y-4=0$ 위의 한 점 $(1, 0)$과 직선 $4x+3y+6=0$ 사이의 거리와 같으므로

$\frac{|4+6|}{\sqrt{4^2+3^2}}=\frac{10}{5}=\mathbf{2}$

0128 평행한 두 직선 $ax+2y-1=0$, $x-2y+b=0$ 사이의 거리가 $2\sqrt{5}$일 때, 상수 a, b에 대하여 ab의 값을 구하시오. (단, $b<0$)

답 9

풀이 두 직선이 서로 평행하므로 $\frac{a}{1}=\frac{2}{-2}\neq\frac{-1}{b}$ $\therefore a=-1$

따라서 직선 $-x+2y-1=0$ 위의 한 점 $(-1, 0)$과 직선 $x-2y+b=0$ 사이의 거리가 $2\sqrt{5}$이므로

$\frac{|-1+b|}{\sqrt{1^2+(-2)^2}}=2\sqrt{5}$, $|b-1|=10$ $\therefore b=-9$ ($\because b<0$)

$\therefore ab=\mathbf{9}$

0129 실수 k에 대하여 평행한 두 직선 $x-\sqrt{3}y-5=0$, $x-\sqrt{3}y+k^2-2k=0$ 사이의 거리의 최솟값을 구하시오.

답 2

풀이 직선 $x-\sqrt{3}y-5=0$ 위의 점 $(5, 0)$과 직선 $x-\sqrt{3}y+k^2-2k=0$ 사이의 거리는

$\frac{|5+k^2-2k|}{\sqrt{1^2+(-\sqrt{3})^2}}=\frac{|k^2-2k+5|}{2}=\frac{|(k-1)^2+4|}{2}$

따라서 두 직선 사이의 거리는 $k=1$일 때, 최솟값 $\frac{4}{2}=\mathbf{2}$를 갖는다.

└ 분자가 작을수록 분수의 값은 작아진다.

0130 그림과 같이 두 직선 (서로 평행하다.) $3x+4y-2=0$, $3x+4y+8=0$과 수직인 선분 AB를 한 변으로 하는 삼각형 ABO의 넓이가 6일 때, 두 점 A, B를 지나는 직선의 y절편을 구하시오.
(단, O는 원점이고, 두 점 A, B는 제2사분면 위의 점이다.)

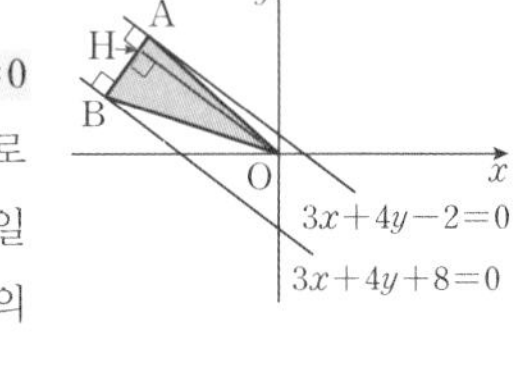

답 10

풀이 직선 $3x+4y+8=0$ 위의 한 점 $(0, -2)$와 직선 $3x+4y-2=0$ 사이의 거리는 (= (두 직선 사이의 거리) $=\overline{AB}$)

$\frac{|-8-2|}{\sqrt{3^2+4^2}}=\frac{10}{5}=2$ $\therefore \overline{AB}=2$

$\triangle ABO=\frac{1}{2}\cdot 2\cdot\overline{OH}=6$ $\therefore \overline{OH}=6$

직선 AB의 방정식을 $4x-3y+k=0$ (k는 상수)으로 놓으면

$\overline{OH}=\frac{|k|}{\sqrt{4^2+(-3)^2}}=6$, $|k|=30$ $\therefore k=30$ ($\because$ (직선 AB의 y절편)>0)

따라서 직선 AB의 방정식은 $4x-3y+30=0$이므로 y절편은 **10**이다.

유형 14 삼각형의 넓이 개념 4

0131 세 점 A(0, 5), B(−1, 1), C(3, 3)을 꼭짓점으로 하는 삼각형 ABC에 대하여 다음 물음에 답하시오.

(1) 선분 AB의 길이를 구하시오.

(2) 직선 AB의 방정식을 구하시오.

(3) 점 C와 직선 AB 사이의 거리를 구하시오.

(4) 삼각형 ABC의 넓이를 구하시오.

답 풀이 참조

풀이 (1) $\overline{AB}=\sqrt{(-1-0)^2+(1-5)^2}=\mathbf{\sqrt{17}}$

(2) $y-5=\frac{1-5}{-1-0}x$, 즉 $\mathbf{4x-y+5=0}$

(3) $\frac{|12-3+5|}{\sqrt{4^2+(-1)^2}}=\frac{14}{\sqrt{17}}=\mathbf{\frac{14\sqrt{17}}{17}}$

(4) $\triangle ABC=\frac{1}{2}\cdot\sqrt{17}\cdot\frac{14\sqrt{17}}{17}=\mathbf{7}$

서술형 **0132** 세 점 O(0, 0), A(2, 4), B(−1, k)를 꼭짓점으로 하는 삼각형 OAB의 넓이가 6일 때, 양수 k의 값을 구하시오.

답 4

풀이 $\overline{OA}=\sqrt{2^2+4^2}=2\sqrt{5}$ …❶ (20%)

직선 OA의 방정식은 $y=2x$, 즉 $2x-y=0$ …❷ (20%)

점 B$(-1, k)$와 직선 OA 사이의 거리는

$\frac{|-2-k|}{\sqrt{2^2+(-1)^2}}=\frac{|k+2|}{\sqrt{5}}$ …❸ (30%)

삼각형 OAB의 넓이가 6이므로

$\frac{1}{2}\cdot 2\sqrt{5}\cdot\frac{|k+2|}{\sqrt{5}}=6$, $|k+2|=6$

$\therefore k=\mathbf{4}$ ($\because k>0$) …❹ (30%)

0133 한 직선 위에 있지 않은 세 점 $O(0, 0)$, $A(x_1, y_1)$, $B(x_2, y_2)$를 꼭짓점으로 하는 삼각형 OAB에 대하여 다음 물음에 답하시오. (단, $x_1 \neq x_2$)

(1) 두 점 A, B를 지나는 직선의 방정식을 구하시오.

(2) 점 O와 직선 AB 사이의 거리를 구하시오.

(3) 삼각형 OAB의 넓이가 $\frac{1}{2}|x_1y_2-x_2y_1|$임을 증명하시오.

답 풀이 참조

풀이 (1) $y-y_1=\frac{y_2-y_1}{x_2-x_1}(x-x_1)$에서

$(x_2-x_1)(y-y_1)=(y_2-y_1)(x-x_1)$

$\therefore$ $\boldsymbol{(y_2-y_1)x-(x_2-x_1)y-x_1y_2+x_2y_1=0}$

(2) $\frac{|-x_1y_2+x_2y_1|}{\sqrt{(y_2-y_1)^2+(x_2-x_1)^2}}=\boldsymbol{\frac{|x_1y_2-x_2y_1|}{\sqrt{(x_2-x_1)^2+(y_2-y_1)^2}}}$

(3) $\triangle OAB=\frac{1}{2}\cdot\overline{AB}\cdot\frac{|x_1y_2-x_2y_1|}{\sqrt{(x_2-x_1)^2+(y_2-y_1)^2}}$ ← $\sqrt{(x_2-x_1)^2+(y_2-y_1)^2}=\overline{AB}$

$=\frac{1}{2}|x_1y_2-x_2y_1|$

0134 그림과 같이 세 직선 $y=-x$, $y=\frac{1}{2}x$, $2x-y=-3$으로 둘러싸인 부분의 넓이가 $\frac{q}{p}$일 때, $p+q$의 값을 구하시오. (단, p와 q는 서로소인 자연수이다.)

답 5

풀이 $O(0, 0)$, $A(-1, 1)$, $B(-2, -1)$이라 하면

$\overline{OA}=\sqrt{(-1)^2+1^2}=\sqrt{2}$

점 $B(-2, -1)$과 직선 OA, 즉 $x+y=0$ 사이의 거리는

$\frac{|-2-1|}{\sqrt{1^2+1^2}}=\frac{3}{\sqrt{2}}=\frac{3\sqrt{2}}{2}$

$\therefore$ $\triangle ABO=\frac{1}{2}\cdot\sqrt{2}\cdot\frac{3\sqrt{2}}{2}=\frac{3}{2}$

즉, $p=2$, $q=3$이므로 $p+q=\mathbf{5}$

유형 15 자취의 방정식; 점과 직선 사이의 거리

개념 4

0135 직선 $x+y-5=0$과의 거리가 $5\sqrt{2}$인 점 P의 자취의 방정식을 모두 구하시오.

답 풀이 참조

풀이 $P(x, y)$라 하면 점 P와 직선 $x+y-5=0$ 사이의 거리가 $5\sqrt{2}$이므로

$\frac{|x+y-5|}{\sqrt{1^2+1^2}}=5\sqrt{2}$, $|x+y-5|=10$

$x+y-5=\pm10$

$\therefore$ $\boldsymbol{x+y-15=0}$ **또는** $\boldsymbol{x+y+5=0}$

$\overline{AB}=\sqrt{\{0-(-3)\}^2+(4-0)^2}=5$

0136 두 점 $A(-3, 0)$, $B(0, 4)$와 직선 AB 위에 있지 않은 점 P에 대하여 삼각형 ABP의 넓이가 20일 때, 점 P의 자취의 방정식을 모두 구하시오.

답 풀이 참조

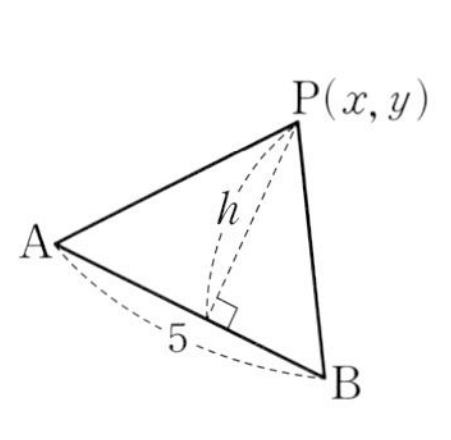

풀이 $\triangle ABP=\frac{1}{2}\cdot5\cdot h=20$이므로 $h=8$

즉, 점 P의 자취는 직선 AB와 평행하고 직선 AB와의 거리가 8인 직선이므로

$4x-3y+k=0$ $(k\neq12)$으로 놓으면

이 직선과 점 A 사이의 거리가 8이다. 즉,

(직선 AB의 기울기)$=\frac{4-0}{0-(-3)}=\frac{4}{3}$

$\frac{|-12+k|}{\sqrt{4^2+(-3)^2}}=8$, $|-12+k|=40$

$\therefore$ $k=-28$ 또는 $k=52$

$\therefore$ $\boldsymbol{4x-3y-28=0}$ **또는** $\boldsymbol{4x-3y+52=0}$

0137 두 직선 $2x-y-1=0$, $x+2y-1=0$으로부터 같은 거리에 있는 점 P의 자취의 방정식 중 그 그래프의 기울기가 음수인 것을 $ax+y+b=0$이라 하자. $a+b$의 값은? (단, a, b는 상수이다.)

답 ②

풀이 $P(x, y)$라 하면 점 P는 주어진 두 직선으로부터 같은 거리에 있으므로

$\frac{|2x-y-1|}{\sqrt{2^2+(-1)^2}}=\frac{|x+2y-1|}{\sqrt{1^2+2^2}}$

$|2x-y-1|=|x+2y-1|$, $2x-y-1=\pm(x+2y-1)$

$\therefore$ $x-3y=0$ 또는 $3x+y-2=0$

따라서 점 P의 자취의 방정식 중 그 그래프의 기울기가 음수인 것은

$3x+y-2=0$

즉, $a=3$, $b=-2$이므로 $a+b=\mathbf{1}$

0138 두 직선 $3x+2y-9=0$, $2x-3y+1=0$이 이루는 각을 이등분하는 직선의 방정식이 $ax+by-10=0$ 또는 $cx+dy-8=0$일 때, $a+b+c+d$의 값을 구하시오. (단, a, b, c, d는 정수이다.)

답 10

풀이 두 직선이 이루는 각의 이등분선 위의 점을 $P(x, y)$라 하면 점 P에서 두 직선에 이르는 거리가 같으므로

$\frac{|3x+2y-9|}{\sqrt{3^2+2^2}}=\frac{|2x-3y+1|}{\sqrt{2^2+(-3)^2}}$

$|3x+2y-9|=|2x-3y+1|$

$3x+2y-9=\pm(2x-3y+1)$

$\therefore$ $x+5y-10=0$ 또는 $5x-y-8=0$

따라서 $a=1$, $b=5$, $c=5$, $d=-1$이므로

$a+b+c+d=\mathbf{10}$

실력 완성!

0139 두 직선 $y=-x+5$, $2x-ay+1=0$이 서로 수직일 때, 상수 a의 값은? 답 ④

풀이 $y=-x+5$에서 $x+y-5=0$

즉, 두 직선 $x+y-5=0$, $2x-ay+1=0$이 서로 수직이므로

$1\cdot 2+1\cdot(-a)=0$

$\therefore a=\mathbf{2}$

0140 두 직선 $2x+3y-6=0$, $3x-2y+5=0$의 교점과 점 $(-1, 0)$을 지나는 직선의 방정식을 구하시오. 답 풀이 참조

풀이 주어진 두 직선의 교점을 지나는 직선의 방정식을

$2x+3y-6+k(3x-2y+5)=0$ (k는 실수) ...... ㉠

으로 놓으면 이 직선이 점 $(-1, 0)$을 지나므로

$-2-6+k(-3+5)=0$

$-8+2k=0 \quad \therefore k=4$

$k=4$를 ㉠에 대입하면

$2x+3y-6+4(3x-2y+5)=0$

$\therefore \mathbf{14x-5y+14=0}$

0141 점 $(1, 2)$와 직선 $ax-y+9=0$ 사이의 거리가 $\sqrt{10}$일 때, 정수 a의 값은? 답 ③

풀이 점 $(1, 2)$와 직선 $ax-y+9=0$ 사이의 거리가 $\sqrt{10}$이므로

$$\frac{|a-2+9|}{\sqrt{a^2+(-1)^2}}=\frac{|a+7|}{\sqrt{a^2+1}}=\sqrt{10}$$

$|a+7|=\sqrt{10(a^2+1)}$

$(a+7)^2=10(a^2+1)$

$9a^2-14a-39=0$

$(9a+13)(a-3)=0$

$\therefore a=-\frac{13}{9}$ 또는 $a=3$

이때 a는 정수이므로 $a=\mathbf{3}$

0142 직선 $(a+1)x+by-3=0$이 x축의 양의 방향과 이루는 각의 크기가 $60°$이고 x절편이 3일 때, 상수 a, b에 대하여 $a-b$의 값은? 답 ③

풀이 직선 $(a+1)x+by-3=0$의 기울기는 $\tan 60°=\sqrt{3}$이므로

$-\frac{a+1}{b}=\sqrt{3}$ ...... ㉠

또, 이 직선이 점 $(3, 0)$을 지나므로

$3(a+1)-3=0$, $3a=0 \quad \therefore a=0$

$a=0$을 ㉠에 대입하면 $-\frac{1}{b}=\sqrt{3} \quad \therefore b=-\frac{\sqrt{3}}{3}$

$\therefore a-b=\mathbf{\frac{\sqrt{3}}{3}}$

0143 세 점 $O(0, 0)$, $A(4, 8)$, $B(0, 8)$을 꼭짓점으로 하는 삼각형 OAB의 넓이를 직선 $y=a$가 이등분할 때, 상수 a에 대하여 a^2의 값을 구하시오. 답 32

풀이 $\triangle OAB=\frac{1}{2}\cdot 4\cdot 8=16$이므로

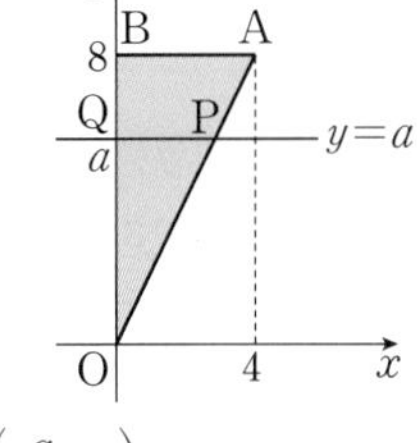

$\triangle OPQ=\frac{1}{2}\cdot 16=8$

직선 OA의 방정식은

$y=\frac{8-0}{4-0}x \quad \therefore y=2x$ ...... ㉠

$y=a$를 ㉠에 대입하면 $x=\frac{a}{2} \quad \therefore P\left(\frac{a}{2}, a\right)$

$\triangle OPQ=\frac{1}{2}\cdot\overline{PQ}\cdot\overline{OQ}=8$이므로 $\frac{1}{2}\cdot\frac{a}{2}\cdot a=8$

$\therefore a^2=\mathbf{32}$

0144 직선 $ax+by+c=0$이 제1, 3, 4사분면을 지날 때, 직선 $cx-ay-b=0$이 지나지 않는 사분면을 구하시오. (단, a, b, c는 상수이다.) 답 풀이 참조

풀이 $b\neq 0$이고 직선 $ax+by+c=0$, 즉 $y=-\frac{a}{b}x-\frac{c}{b}$의 기울기는 양수, y절편은 음수이므로 $-\frac{a}{b}>0$, $-\frac{c}{b}<0$

즉, $ab<0$, $bc>0$에서 a, c의 부호가 서로 다르므로 $ac<0$

$a\neq 0$이므로 $cx-ay-b=0$에서 $y=\frac{c}{a}x-\frac{b}{a}$

($a=0$이면 $by+c=0$이므로 제1, 3, 4사분면을 지나지 않는다.)

(기울기)$=\frac{c}{a}<0$, (y절편)$=-\frac{b}{a}>0$

이므로 직선 $cx-ay-b=0$은 오른쪽 그림과 같이 **제3사분면**을 지나지 않는다.

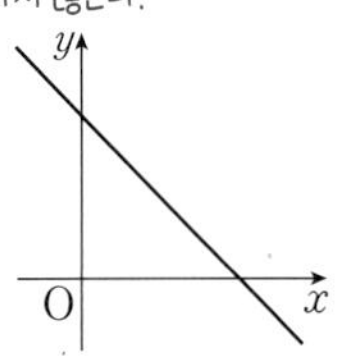

0145 두 직선 $2x+y-4=0$ (위에 $y=-2x+4$로 표기), $mx-y+2m+3=0$이 제1사분면에서 만나도록 하는 실수 m의 값의 범위가 $\alpha<m<\beta$일 때, $\alpha+\beta$의 값은?

답 ①

풀이 $mx-y+2m+3=0$에서

$(x+2)m-(y-3)=0$ …… ㉠

이므로 직선 ㉠은 m의 값에 관계없이 항상 점 $(-2, 3)$을 지난다.

(i) 직선 ㉠이 점 $(2, 0)$을 지날 때

$4m+3=0$ $\quad\therefore m=-\frac{3}{4}$

(ii) 직선 ㉠이 점 $(0, 4)$를 지날 때

$2m-1=0$ $\quad\therefore m=\frac{1}{2}$

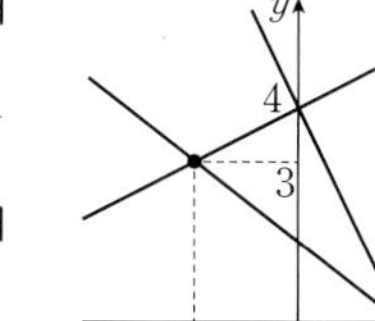

(i), (ii)에 의하여 $-\frac{3}{4}<m<\frac{1}{2}$

따라서 $\alpha=-\frac{3}{4}$, $\beta=\frac{1}{2}$이므로 $\alpha+\beta=\mathbf{-\frac{1}{4}}$

0146 세 직선 l_1: $x+ay+1=0$, l_2: $2x-by+1=0$, l_3: $x-(b-3)y-1=0$에 대하여 l_1, l_2는 서로 수직이고, l_1, l_3은 서로 평행하다. 실수 a, b에 대하여 a^2+b^2의 값은?

답 ③

풀이 두 직선 l_1과 l_2가 서로 수직이므로

$1\cdot2+a\cdot(-b)=0$ $\quad\therefore ab=2$ …… ㉠

두 직선 l_1과 l_3이 서로 평행하므로

(i) $a=0$일 때, $b=3$이고 이는 조건 ㉠을 만족시키지 않는다.

(ii) $a\neq0$일 때, $\frac{1}{1}=\frac{a}{-b+3}\neq\frac{1}{-1}$

$-b+3=a$ $\quad\therefore a+b=3$ …… ㉡

㉠, ㉡에 의하여

$a^2+b^2=(a+b)^2-2ab=3^2-2\cdot2=\mathbf{5}$

0147 두 점 A$(1, 5)$, B$(4, 2)$에 대하여 선분 AB를 $1:2$로 내분하는 점을 지나고 직선 AB에 수직인 직선이 점 $(k, 10)$을 지날 때, k의 값을 구하시오.

답 8

풀이 선분 AB를 $1:2$로 내분하는 점의 좌표는

$\left(\frac{1\cdot4+2\cdot1}{1+2}, \frac{1\cdot2+2\cdot5}{1+2}\right)$, 즉 $(2, 4)$

직선 AB의 기울기는 $\frac{2-5}{4-1}=-1$이므로 직선 AB에 수직인 직선의 기울기는 1이다.

따라서 기울기가 1이고 점 $(2, 4)$를 지나는 직선의 방정식은

$y-4=x-2$ $\quad\therefore y=x+2$

이 직선이 점 $(k, 10)$을 지나므로

$10=k+2$ $\quad\therefore k=\mathbf{8}$

0148 두 점 A$(-1, 1)$, B$(-5, a)$를 이은 선분 AB의 수직이등분선이 점 $(-2, 4)$를 지나도록 하는 모든 실수 a의 값의 합은?

답 ⑤

풀이 선분 AB의 중점의 좌표는 $\left(\frac{-1-5}{2}, \frac{1+a}{2}\right)$,

즉 $\left(-3, \frac{a+1}{2}\right)$

직선 AB의 기울기는 $\frac{a-1}{-5-(-1)}=-\frac{a-1}{4}$

선분 AB의 수직이등분선의 방정식은

(i) $a=1$일 때, $x=-3$

그런데 $x=-3$은 점 $(-2, 4)$를 지나지 않는다.

(ii) $a\neq1$일 때, $y=\frac{4}{a-1}(x+3)+\frac{a+1}{2}$

이때 이 직선이 점 $(-2, 4)$를 지나므로

$4=\frac{4}{a-1}+\frac{a+1}{2}$

위의 식의 양변에 $2(a-1)$을 곱하면

$8(a-1)=8+(a-1)(a+1)$

$a^2-8a+15=0$, $(a-3)(a-5)=0$

$\therefore a=3$ 또는 $a=5$

(i), (ii)에 의하여 모든 실수 a의 값의 합은 $3+5=\mathbf{8}$

0149 두 점 A(3, 4), B(−2, −6)을 지나는 직선 위를 움직이는 점 P에 대하여 $\overline{OP}$의 최솟값은? (단, O는 원점이다.)

답 ②

풀이 두 점 A, B를 지나는 직선의 방정식은

$$y-4=\frac{-6-4}{-2-3}(x-3)$$

$\therefore y=2x-2$

직선 $y=2x-2$, 즉 $2x-y-2=0$ 위를 움직이는 점 P에 대하여 $\overline{OP}$의 최솟값은 점 O(0, 0)과 직선 사이의 거리와 같으므로

$$\frac{|-2|}{\sqrt{2^2+(-1)^2}}=\frac{2}{\sqrt{5}}=\mathbf{\frac{2\sqrt{5}}{5}}$$

0150 직선 $x+2y-4=0$과 x축, y축으로 둘러싸인 부분의 넓이를 직선 $(k-2)x+(2k+1)y+2-k=0$이 이등분할 때, 실수 k의 값은?

답 ②

풀이 $(x+2y-1)k-(2x-y-2)=0$ ······ ㉠

이므로 직선 ㉠은 실수 k의 값에 관계없이 항상 두 직선

$x+2y-1=0$, $2x-y-2=0$의 교점인 점 $(1, 0)$을 지난다.

직선 $x+2y-4=0$과 x축, y축이 만나는 점을 각각 A, B라 하면 A(4, 0), B(0, 2)이므로

$$\triangle ABO=\frac{1}{2}\cdot4\cdot2=4$$

오른쪽 그림에서

$$\triangle ACD=\frac{1}{2}\triangle ABO$$

$$=\frac{1}{2}\cdot4=2$$

즉, $\frac{1}{2}\cdot\overline{AC}\cdot\overline{DE}=2$에서

$(k-2)x+(2k+1)y+2-k=0$

$x+2y-4=0$

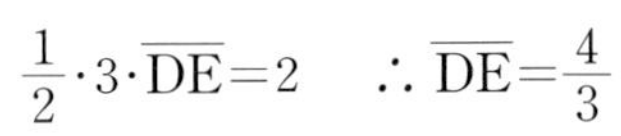

$\frac{1}{2}\cdot3\cdot\overline{DE}=2 \quad \therefore \overline{DE}=\frac{4}{3}$

따라서 점 D의 좌표는 $\left(\frac{4}{3}, \frac{4}{3}\right)$이고 직선 ㉠이 이 점을 지나므로

$$\left(\frac{4}{3}+2\cdot\frac{4}{3}-1\right)k-\left(2\cdot\frac{4}{3}-\frac{4}{3}-2\right)=0$$

$3k+\frac{2}{3}=0 \quad \therefore k=\mathbf{-\frac{2}{9}}$

0151 그림과 같이 한 변의 길이가 5인 정사각형 AOCB에서 제1사분면 위에 있는 점 A의 y좌표가 4일 때, 다른 두 꼭짓점 B, C를 지나는 직선의 방정식을 $4x+py+q=0$이라 하자. 상수 p, q에 대하여 $p+q$의 값을 구하시오. (단, O는 원점이다.)

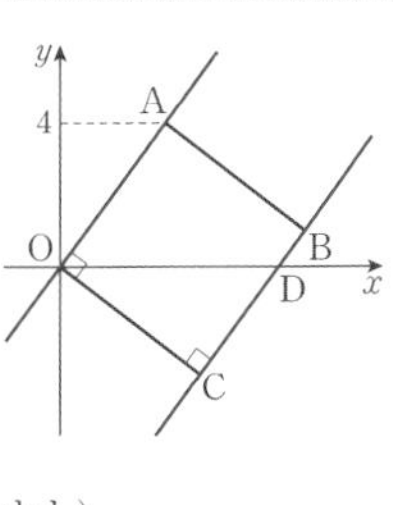

답 −28

풀이 점 A의 좌표를 $(a, 4)$ $(a>0)$라 하면 $\overline{OA}=5$이므로

$\sqrt{a^2+4^2}=5$에서 $a^2+16=25$, $a^2=9 \quad \therefore a=3$

즉, 직선 OA의 기울기는 $\frac{4}{3}$이므로 직선 BC의 기울기도 $\frac{4}{3}$이다.

직선 BC의 방정식을 $y=\frac{4}{3}x+k$ $(k<0)$,

즉 $4x-3y+3k=0$으로 놓으면 이 직선과 원점 O 사이의 거리가 5이므로

$$\frac{|3k|}{\sqrt{4^2+(-3)^2}}=5,\ |3k|=25$$

$\therefore 3k=-25$ ($\because k<0$)

따라서 직선 BC의 방정식은 $4x-3y-25=0$이므로

$p=-3$, $q=-25$

$\therefore p+q=\mathbf{-28}$

0152 x, y에 대한 방정식 $xy-2x-2y=0$을 만족시키는 자연수 x, y를 좌표평면 위에 점 (x, y)로 나타낼 때, 이 점들을 꼭짓점으로 하는 도형의 넓이는?

답 ③

풀이 $xy-2x-2y=0$에서 $x(y-2)-2(y-2)=4$

$\therefore (x-2)(y-2)=4$

위의 등식을 만족시키는 자연수 x, y의 순서쌍 (x, y)는

$(6, 3)$, $(3, 6)$, $(4, 4)$

이므로 구하는 도형의 넓이는 세 점 $(6, 3)$, $(3, 6)$, $(4, 4)$를 꼭짓점으로 하는 삼각형의 넓이와 같다.

A(6, 3), B(3, 6), C(4, 4)라 하면

$\overline{AB}=\sqrt{(3-6)^2+(6-3)^2}=3\sqrt{2}$

직선 AB의 방정식은

$y-3=\frac{6-3}{3-6}(x-6)$, 즉 $x+y-9=0$

이므로 직선 AB와 점 C(4, 4) 사이의 거리는

$$\frac{|4+4-9|}{\sqrt{1^2+1^2}}=\frac{\sqrt{2}}{2}$$

따라서 구하는 도형의 넓이는

$$\frac{1}{2}\cdot3\sqrt{2}\cdot\frac{\sqrt{2}}{2}=\mathbf{\frac{3}{2}}$$

0153 두 직선 $x+2y-2=0$, $2x-y-4=0$이 이루는 각을 이등분하는 두 직선 l, m이 있다. 점 $(0, k)$로부터 두 직선 l, m까지의 거리가 서로 같도록 하는 모든 실수 k의 값의 합은?

답 ③

풀이 두 직선 $x+2y-2=0$, $2x-y-4=0$이 이루는 각의 이등분선 위의 점을 $P(x, y)$라 하면 점 P에서 두 직선에 이르는 거리가 같으므로

$$\frac{|x+2y-2|}{\sqrt{1^2+2^2}}=\frac{|2x-y-4|}{\sqrt{2^2+(-1)^2}}$$

$|x+2y-2|=|2x-y-4|$

$x+2y-2=\pm(2x-y-4)$

$\therefore x-3y-2=0$ 또는 $3x+y-6=0$

점 $(0, k)$로부터 두 직선 l, m까지의 거리가 서로 같으므로

$$\frac{|-3k-2|}{\sqrt{1+(-3)^2}}=\frac{|k-6|}{\sqrt{3^2+1^2}}$$

$|3k+2|=|k-6|$

$3k+2=\pm(k-6)$

$\therefore k=-4$ 또는 $k=1$

따라서 모든 실수 k의 값의 합은

$-4+1=\mathbf{-3}$

0154 그림과 같은 정사각형 ABCD의 두 꼭짓점 A, C의 좌표가 각각 (2, 4), (6, 2)일 때, 원점 O와 직선 BD 사이의 거리는?

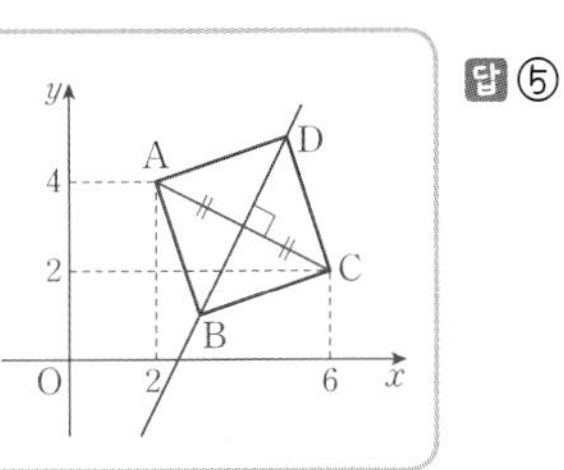

답 ⑤

풀이 선분 AC의 중점의 좌표는 $\left(\frac{2+6}{2}, \frac{4+2}{2}\right)$, 즉 $(4, 3)$

직선 AC의 기울기는 $\frac{2-4}{6-2}=-\frac{1}{2}$

이때 직선 BD는 선분 AC의 수직이등분선이므로 직선 BD는 기울기가 2이고 점 $(4, 3)$을 지나는 직선이다.

즉, 직선 BD의 방정식은

$y-3=2(x-4)$

$\therefore 2x-y-5=0$

따라서 원점 O와 직선 BD 사이의 거리는

$$\frac{|-5|}{\sqrt{2^2+(-1)^2}}=\frac{5}{\sqrt{5}}=\sqrt{5}$$

서술형

0155 세 점 $A(-2, 3)$, $B(1, 9)$, $C(a, a+4)$가 삼각형을 이루지 않도록 하는 실수 a의 값을 구하시오.

답 -3

풀이 세 점 A, B, C가 삼각형을 이루지 않으려면 세 점이 한 직선 위에 있어야 한다. …❶ (20%)

즉, 직선 AB와 직선 AC의 기울기가 같아야 하므로

└ 좌표에 미지수를 포함하고 있지 않은 점 A(또는 B)를 지나는 직선의 기울기를 구하는 것이 계산할 때 편하다.

$$\frac{9-3}{1-(-2)}=\frac{a+4-3}{a-(-2)}$$ …❷ (40%)

$2=\frac{a+1}{a+2}$, $2a+4=a+1$

$\therefore a=\mathbf{-3}$ …❸ (40%)

① 세 직선이 한 점에서 만나는 경우

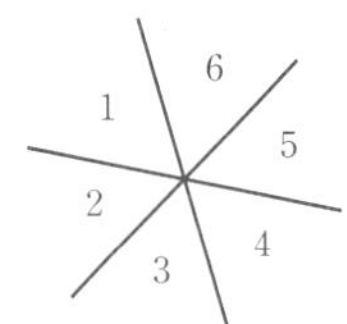

② 어느 두 직선이 평행한 경우

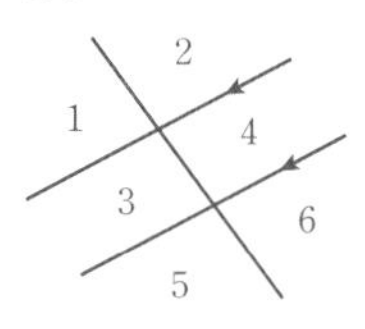

0156 세 직선 $x+y-2=0$, $4x-y-13=0$, $ax-y=0$이 좌표평면을 6개의 영역으로 나눌 때, 모든 상수 a의 값의 합을 구하시오.

답 $\frac{8}{3}$

풀이 두 직선 $x+y-2=0$, $4x-y-13=0$이 서로 평행하지 않으므로 주어진 세 직선이 좌표평면을 6개의 영역으로 나누는 경우는 다음과 같다.

└ $\frac{1}{4}\neq\frac{1}{-1}\neq\frac{-2}{-13}$이므로 이 두 직선은 서로 평행하지 않다.

(i) 직선 $ax-y=0$이 두 직선 $x+y-2=0$, $4x-y-13=0$의 교점을 지나는 경우

$x+y-2=0$, $4x-y-13=0$을 연립하여 풀면

$x=3$, $y=-1$

따라서 직선 $ax-y=0$이 점 $(3, -1)$을 지나므로

$3a+1=0 \quad \therefore a=-\frac{1}{3}$ …❶ (30%)

(ii) 직선 $ax-y=0$이 직선 $x+y-2=0$과 평행한 경우

$\frac{a}{1}=\frac{-1}{1}\neq 0 \quad \therefore a=-1$ …❷ (30%)

(iii) 직선 $ax-y=0$이 직선 $4x-y-13=0$과 평행한 경우

$\frac{a}{4}=\frac{-1}{-1}\neq 0 \quad \therefore a=4$ …❸ (30%)

(i), (ii), (iii)에 의하여 모든 상수 a의 값의 합은

$-\frac{1}{3}+(-1)+4=\mathbf{\frac{8}{3}}$ …❹ (10%)

※ 빈칸에 알맞은 것을 써넣고, 내용을 읽거나 따라 써 보세요.

개념 1 원의 방정식

> 유형 01~07

(1) 원의 방정식

중심이 점 (a, b)이고 반지름의 길이가 r인 원의 방정식은

(2) 축에 접하는 원의 방정식

① 중심이 점 (a, b)이고 x축에 접하는 원의 방정식

$(x-\square)^2+(y-\square)^2=\square$

② 중심이 점 (a, b)이고 y축에 접하는 원의 방정식

$(x-\square)^2+(y-\square)^2=\square$

① 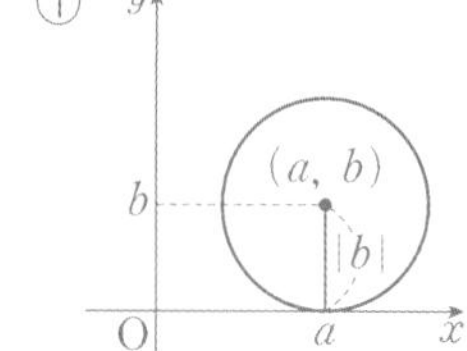

② 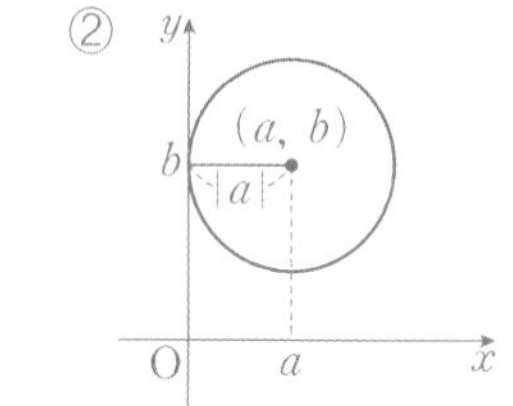

③ 반지름의 길이가 r이고 x축, y축에 동시에 접하는 원의 방정식

$(x\pm\square)^2+(y\pm\square)^2=\square$

(3) 이차방정식 $x^2+y^2+Ax+By+C=0$이 나타내는 도형

x, y에 대한 이차방정식 $x^2+y^2+Ax+By+C=0$ $(A^2+B^2-4C>0)$을 정리하면

$\left(x+\square\right)^2+\left(y+\square\right)^2=\square$

➡ 중심이 점 $\left(\square, \square\right)$, 반지름의 길이가 $\square$인 원을 나타낸다.

개념 2 두 원의 교점을 지나는 도형의 방정식

> 유형 08~10

(1) 두 원의 교점을 지나는 직선의 방정식 (공통인 현의 방정식)

두 점에서 만나는 두 원

O: $x^2+y^2+ax+by+c=0$, O': $x^2+y^2+a'x+b'y+c'=0$

의 교점을 지나는 직선의 방정식은

$\square-(\square)=0$

(2) 두 원의 교점을 지나는 원의 방정식

두 점에서 만나는 두 원

O: $x^2+y^2+ax+by+c=0$, O': $x^2+y^2+a'x+b'y+c'=0$

의 교점을 지나는 원 중에서 원 O'을 제외한 원의 방정식은

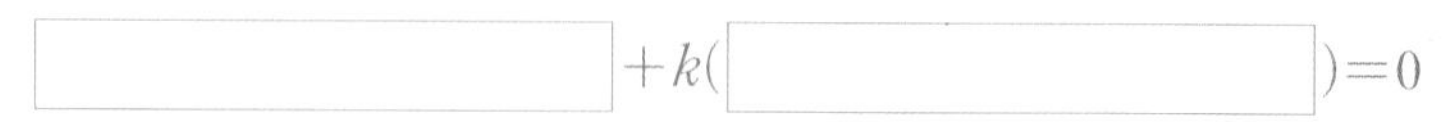

$\square+k(\square)=0$

(단, k는 $k\neq-1$인 실수)

답 개념 1 (1) $(x-a)^2+(y-b)^2=r^2$ (2) ① a, b, b^2 ② a, b, a^2 ③ r, r, r^2 (3) $\frac{A}{2}$, $\frac{B}{2}$, $\frac{A^2+B^2-4C}{4}$, $-\frac{A}{2}$, $-\frac{B}{2}$, $\frac{\sqrt{A^2+B^2-4C}}{2}$

개념 2 (1) $x^2+y^2+ax+by+c$, $x^2+y^2+a'x+b'y+c'$ (2) $x^2+y^2+ax+by+c$, $x^2+y^2+a'x+b'y+c'$

개념 1 원의 방정식

0157 다음 방정식이 나타내는 원의 중심의 좌표와 반지름의 길이를 차례대로 구하시오.

(1) $(x-1)^2+(y+2)^2=4$

중심의 좌표: $(1, -2)$, 반지름의 길이: 2

(2) $x^2+y^2-2x-4y+4=0$ ← $(x-1)^2+(y-2)^2=1$

중심의 좌표: $(1, 2)$, 반지름의 길이: 1

(3) $2x^2+2y^2-4x+1=0$ ← $(x-1)^2+y^2=\frac{1}{2}$

중심의 좌표: $(1, 0)$, 반지름의 길이: $\frac{\sqrt{2}}{2}$

0158 다음 원의 방정식을 구하시오.

(1) 중심이 원점이고 반지름의 길이가 $\sqrt{3}$인 원

$\boldsymbol{x^2+y^2=3}$

(2) 중심이 점 $(-2, 3)$이고 반지름의 길이가 4인 원

$\boldsymbol{(x+2)^2+(y-3)^2=16}$

(3) 중심이 점 $(1, -1)$이고 점 $(4, 3)$을 지나는 원 — 반지름의 길이를 r라 하자.

$(x-1)^2+(y+1)^2=r^2$에서 $3^2+4^2=r^2$ $\quad\therefore r^2=25$

$\therefore \boldsymbol{(x-1)^2+(y+1)^2=25}$

(4) 두 점 $A(1, -3)$, $B(7, 1)$을 지름의 양 끝 점으로 하는 원

$\boldsymbol{(x-4)^2+(y+1)^2=13}$ ← 원의 중심: $\overline{AB}$의 중점 $(4, -1)$

(반지름의 길이)$=\frac{1}{2}\overline{AB}=\sqrt{13}$

(5) 세 점 $O(0, 0)$, $A(6, 0)$, $B(0, 8)$을 지나는 원 — 원의 중심을 $P(a, b)$라 하자.

$\overline{OP}^2=\overline{AP}^2$이므로 $a^2+b^2=(a-6)^2+b^2$ $\quad\therefore a=3$

$\overline{OP}^2=\overline{BP}^2$이므로 $a^2+b^2=a^2+(b-8)^2$ $\quad\therefore b=4$

$\therefore \boldsymbol{(x-3)^2+(y-4)^2=25}$ ← (반지름의 길이)$=\overline{OP}=\sqrt{3^2+4^2}=5$

0159 다음 원의 방정식을 구하시오.

(1) 중심이 점 $(2, 4)$이고 x축에 접하는 원

(반지름의 길이)$=|$(중심의 y좌표)$|=|4|=4$

$\therefore \boldsymbol{(x-2)^2+(y-4)^2=16}$

(2) 중심이 점 $(-3, -5)$이고 y축에 접하는 원

(반지름의 길이)$=|$(중심의 x좌표)$|=|-3|=3$

$\therefore \boldsymbol{(x+3)^2+(y+5)^2=9}$

0160 다음 원의 방정식을 구하시오.

(1) 반지름의 길이가 3이고, x축과 y축에 동시에 접하며 중심의 x좌표와 y좌표가 모두 양수인 원

$\boldsymbol{(x-3)^2+(y-3)^2=9}$

(2) 중심이 점 $(4, -4)$이고 x축, y축에 동시에 접하는 원

$\boldsymbol{(x-4)^2+(y+4)^2=16}$

0161 다음 방정식이 원을 나타낼 때, 실수 k의 값의 범위를 구하시오.

(1) $(x-1)^2+y^2=4-k^2$

$4-k^2>0$이므로 $k^2<4$

$\therefore \boldsymbol{-2<k<2}$

(2) $x^2+y^2+2x-2y+k=0$

$(x+1)^2+(y-1)^2=2-k$에서

$2-k>0$ $\quad\therefore \boldsymbol{k<2}$

(3) $x^2+y^2-4kx+4y+20=0$

$(x-2k)^2+(y+2)^2=4k^2-16$에서

$4k^2-16>0$, $k^2>4$

$\therefore$ **$k<-2$ 또는 $k>2$**

개념 2 두 원의 교점을 지나는 도형의 방정식

0162 두 원 $x^2+y^2=4$, $x^2+y^2+2x-y-4=0$의 교점을 지나는 직선의 방정식을 구하시오.

$x^2+y^2-4-(x^2+y^2+2x-y-4)=0$

$\therefore \boldsymbol{2x-y=0}$

0163 두 원 $x^2+y^2-5=0$, $x^2+y^2+3x+y-4=0$의 교점과 점 $(0, 1)$을 지나는 원의 방정식을 구하시오.

두 원의 교점을 지나는 원의 방정식을

$x^2+y^2-5+k(x^2+y^2+3x+y-4)=0$ $(k\neq-1)$

으로 놓으면 이 원이 점 $(0, 1)$을 지나므로

$-2k-4=0$ $\quad\therefore k=-2$

따라서 구하는 원의 방정식은

$x^2+y^2-5-2(x^2+y^2+3x+y-4)=0$

$\therefore \boldsymbol{x^2+y^2+6x+2y-3=0}$

개념 3 원과 직선의 위치 관계

> 유형 11~14, 18

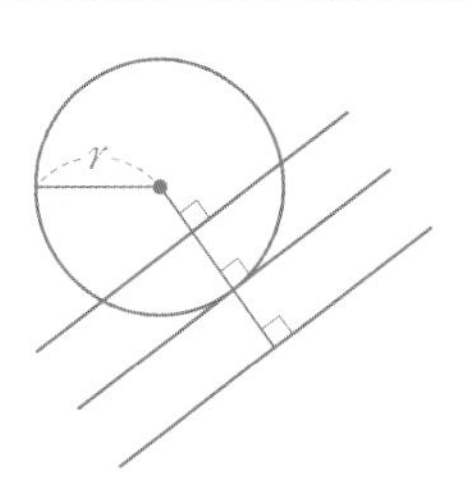

(1) 반지름의 길이가 r인 원의 중심과 직선 사이의 거리를 d라 하면 원과 직선의 위치 관계는

① d □ r ➡ 서로 다른 두 점에서 만난다.

② d □ r ➡ 한 점에서 만난다. (접한다.)

③ d □ r ➡ 만나지 않는다.

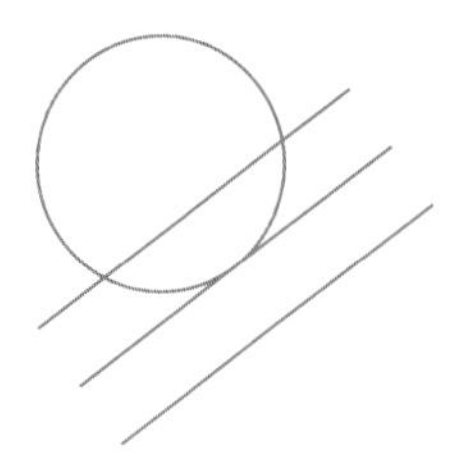

(2) 원의 방정식과 직선의 방정식에서 한 문자를 소거하여 얻은 이차방정식의 판별식을 D라 하면 원과 직선의 위치 관계는

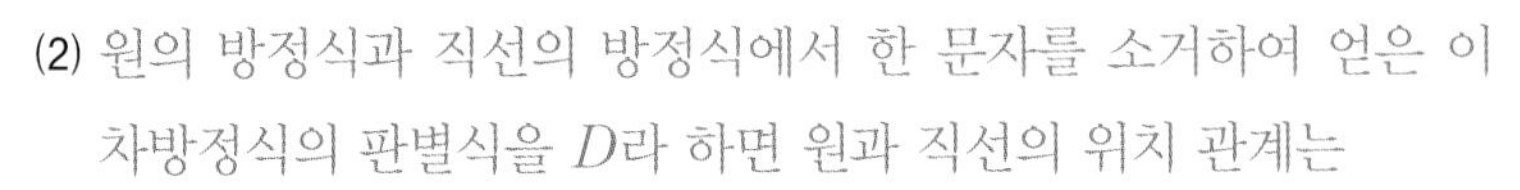

① D □ 0 ➡ 서로 다른 두 점에서 만난다.

② D □ 0 ➡ 한 점에서 만난다. (접한다.)

③ D □ 0 ➡ 만나지 않는다.

개념 4 원의 접선의 방정식

> 유형 15~17

(1) 기울기가 주어진 원의 접선의 방정식

원 $x^2+y^2=r^2\ (r>0)$에 접하고 기울기가 m인 직선의 방정식은

□

(2) 원 위의 점에서의 접선의 방정식

원 $x^2+y^2=r^2$ 위의 점 (x_1, y_1)에서의 접선의 방정식은

□

(3) 원 밖의 한 점에서 원에 그은 접선의 방정식

[방법 1] 원 위의 점에서의 접선의 방정식 이용

➡ 접점의 좌표를 (x_1, y_1)로 놓고 원 위의 점에서의 접선의 방정식을 구한다.

[방법 2] 원의 중심과 접선 사이의 거리 이용

➡ 접선의 기울기를 m이라 하고 원의 중심과 접선 사이의 거리가 □□□의 길이와 같음을 이용한다.

개념 5 두 원에 동시에 접하는 접선의 길이

> 유형 19

두 원의 반지름의 길이가 각각 r, $r'\ (r>r')$이고 중심 사이의 거리가 d일 때

①

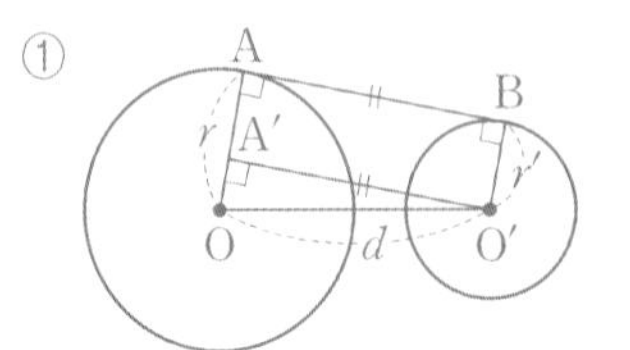

➡ $\overline{AB}=$ □ $=$ □

②

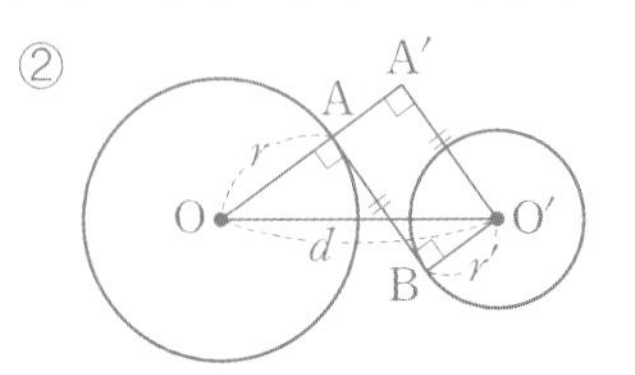

➡ $\overline{AB}=$ □ $=$ □

답 개념 3 (1) <, =, > (2) >, =, < 개념 4 (1) $y=mx\pm r\sqrt{m^2+1}$ (2) $x_1x+y_1y=r^2$ (3) 반지름 개념 5 $\overline{A'O'}$, $\sqrt{d^2-(r-r')^2}$, $\overline{A'O'}$, $\sqrt{d^2-(r+r')^2}$

개념 3 원과 직선의 위치 관계

원 O의 중심과 직선 l 사이의 거리를 d라 하자.

0164 원 O와 직선 l의 방정식이 다음과 같을 때, 점과 직선 사이의 거리를 이용하여 원 O와 직선 l의 위치 관계를 조사하시오.

(1) O: $x^2+y^2=25$

l: $-4x+3y+25=0$

$d=\frac{|0+0+25|}{\sqrt{(-4)^2+3^2}}=5$이므로 **한 점에서 만난다. (접한다.)**

└ 반지름의 길이

(2) O: $(x-2)^2+(y+1)^2=1$

l: $3x+4y=0$

$d=\frac{|6-4|}{\sqrt{3^2+4^2}}=\frac{2}{5}$이고, $\frac{2}{5}<1$이므로 **서로 다른 두 점에서 만난다.**

└ 반지름의 길이

(3) O: $x^2+y^2+2x=0$ ← $(x+1)^2+y^2=1$

l: $x+\sqrt{3}y+4=0$

$d=\frac{|-1+0+4|}{\sqrt{1^2+(\sqrt{3})^2}}=\frac{3}{2}$이고, $\frac{3}{2}>1$이므로 **만나지 않는다.**

└ 반지름의 길이

원 O의 방정식과 직선 l의 방정식에서 한 문자를 소거하여 얻은 이차방정식의 판별식을 D라 하자.

0165 원 O와 직선 l의 방정식이 다음과 같을 때, 이차방정식의 판별식을 이용하여 원 O와 직선 l의 교점의 개수를 구하시오.

(1) O: $x^2+y^2=9$

l: $y=-x+5$

$x^2+(-x+5)^2=9$에서 $x^2-5x+8=0$

$D=(-5)^2-4\cdot1\cdot8=-7<0$이므로 **교점의 개수는 0이다.**

(2) O: $x^2+y^2+4x-5=0$

l: $x-y+3=0$ ← $y=x+3$

$x^2+(x+3)^2+4x-5=0$에서 $x^2+5x+2=0$

$D=5^2-4\cdot1\cdot2=17>0$이므로 **교점의 개수는 2이다.**

주어진 원의 중심 $(0, 0)$과 직선 사이의 거리: $\frac{|0+0+k|}{\sqrt{(\sqrt{3})^2+1^2}}=\frac{|k|}{2}$

0166 원 $x^2+y^2=4$와 직선 $\sqrt{3}x+y+k=0$의 위치 관계가 다음과 같을 때, 실수 k의 값 또는 k의 값의 범위를 구하시오.

(1) 서로 다른 두 점에서 만난다.

$\frac{|k|}{2}<2$이므로 $|k|<4$ $\quad\therefore$ $\boldsymbol{-4<k<4}$

└ 반지름의 길이

(2) 한 점에서 만난다. (접한다.)

$\frac{|k|}{2}=2$이므로 $|k|=4$ $\quad\therefore$ $\boldsymbol{k=-4}$ **또는** $\boldsymbol{k=4}$

(3) 만나지 않는다.

$\frac{|k|}{2}>2$이므로 $|k|>4$ $\quad\therefore$ $\boldsymbol{k<-4}$ **또는** $\boldsymbol{k>4}$

개념 4 원의 접선의 방정식

0167 다음 원에 접하고 기울기가 m인 접선의 방정식을 구하시오.

(1) $x^2+y^2=4$, $m=1$

$y=x\pm2\sqrt{1^2+1}$ $\quad\therefore$ $\boldsymbol{y=x\pm2\sqrt{2}}$

(2) $x^2+y^2=9$, $m=-2$

$y=-2x\pm3\sqrt{(-2)^2+1}$ $\quad\therefore$ $\boldsymbol{y=-2x\pm3\sqrt{5}}$

0168 다음 원 위의 점 P에서의 접선의 방정식을 구하시오.

(1) $x^2+y^2=4$, $P(\sqrt{3}, 1)$

$\sqrt{3}x+y=4$ $\quad\therefore$ $\boldsymbol{\sqrt{3}x+y-4=0}$

(2) $x^2+y^2=13$, $P(-2, 3)$

$-2x+3y=13$ $\quad\therefore$ $\boldsymbol{2x-3y+13=0}$

0169 점 $(5, 0)$에서 원 $x^2+y^2=5$에 그은 접선의 방정식을 구하려고 한다. 다음 물음에 답하시오.

(1) 접점의 좌표가 (x_1, y_1)인 직선의 방정식을 구하시오.

$\boldsymbol{x_1x+y_1y=5}$

(2) (1)의 직선이 점 $(5, 0)$을 지남을 이용하여 x_1, y_1의 값을 각각 구하시오. $5x_1=5$에서 $x_1=1$

점 $(1, y_1)$이 원 $x^2+y^2=5$ 위의 점이므로 $1+{y_1}^2=5$에서 $y_1=\pm2$

$\therefore$ $\boldsymbol{x_1=1, y_1=-2}$ **또는** $\boldsymbol{x_1=1, y_1=2}$

(3) 접선의 방정식을 구하시오.

$x_1=1, y_1=-2$일 때, $\boldsymbol{x-2y=5}$

$x_1=1, y_1=2$일 때, $\boldsymbol{x+2y=5}$

개념 5 두 원에 동시에 접하는 접선의 길이

0170 다음 그림에서 두 원 O, O'의 공통인 접선 AB의 길이를 구하시오. → 점 O′에서 $\overline{AO}$(의 연장선)에 내린 수선의 발을 H라 하자.

(1)

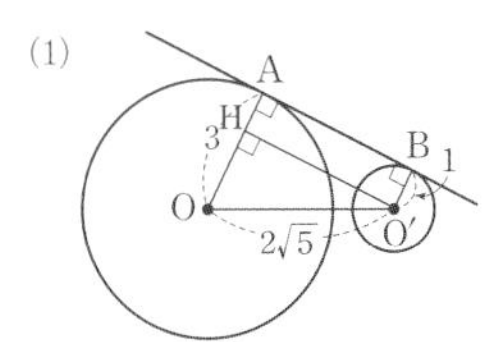

$\overline{AB}=\overline{HO'}=\sqrt{(2\sqrt{5})^2-(3-1)^2}=\boldsymbol{4}$

(2)

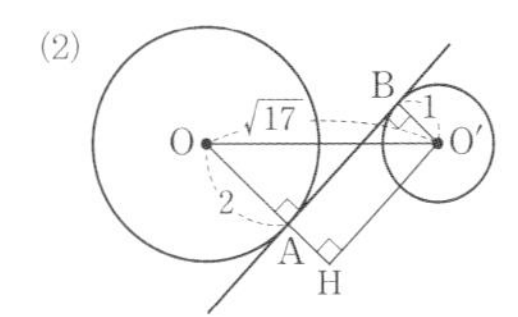

$\overline{AB}=\overline{HO'}=\sqrt{(\sqrt{17})^2-(2+1)^2}=\boldsymbol{2\sqrt{2}}$

기출 & 변형하면…

유형 01 원의 방정식

개념 1

0171 원 $(x-3)^2+(y+2)^2=6$과 중심이 같고 원 $(x+1)^2+(y-3)^2=4$와 반지름의 길이가 같은 원이 점 $(5, k)$를 지날 때, k의 값은?

답 ②

풀이 원 $(x-3)^2+(y+2)^2=6$의 중심의 좌표는 $(3, -2)$이고, 원 $(x+1)^2+(y-3)^2=4$의 반지름의 길이는 2이므로 주어진 조건을 만족시키는 원의 방정식은

$(x-3)^2+(y+2)^2=4$

이 원이 점 $(5, k)$를 지나므로

$4+(k+2)^2=4$

$(k+2)^2=0 \quad \therefore k=\mathbf{-2}$

→ **0172** 두 점 $A(-4, 1)$, $B(4, -5)$를 지름의 양 끝 점으로 하는 원의 방정식이 $(x-a)^2+(y-b)^2=r^2$일 때, $a+b+r^2$의 값은? (단, a, b, r는 상수이다.)

답 ②

풀이 원의 중심은 선분 AB의 중점이므로 원의 중심의 좌표는

$\left(\frac{-4+4}{2}, \frac{1-5}{2}\right)$, 즉 $(0, -2)$

$\therefore a=0, b=-2$

선분 AB가 원의 지름이므로 원의 반지름의 길이는

$\frac{1}{2}\overline{AB}=\frac{1}{2}\sqrt{(4+4)^2+(-5-1)^2}=5$

$\therefore r^2=25$

$\therefore a+b+r^2=\mathbf{23}$

0173 중심이 직선 $y=x-2$ 위에 있고 두 점 $(0, -3)$, $(3, 0)$을 지나는 원의 방정식이 $(x-a)^2+(y-b)^2=r^2$일 때, $a+b+r^2$의 값은? (단, a, b, r는 상수이다.)

답 ⑤

풀이 원의 중심의 좌표를 $(a, a-2)$, 반지름의 길이를 r라 하면 원의 방정식은

$(x-a)^2+(y-a+2)^2=r^2$

이 원이 두 점 $(0, -3)$, $(3, 0)$을 지나므로

$(-a)^2+(-a-1)^2=r^2$에서

$2a^2+2a+1=r^2 \quad \cdots\cdots ㉠$

$(3-a)^2+(-a+2)^2=r^2$에서

$2a^2-10a+13=r^2 \quad \cdots\cdots ㉡$

㉠, ㉡을 연립하여 풀면 $a=1, r^2=5$

$a=1$이므로 $b=a-2=-1$

$\therefore a+b+r^2=\mathbf{5}$

→ **0174** 중심이 x축 위에 있고 두 점 $(3, 1)$, $(1, -1)$을 지나는 원의 반지름의 길이는? 중심의 y좌표는 0이다.

답 ①

풀이 원의 중심의 좌표를 $(a, 0)$, 반지름의 길이를 r라 하면 원의 방정식은

$(x-a)^2+y^2=r^2$

이 원이 두 점 $(3, 1)$, $(1, -1)$을 지나므로

$(3-a)^2+1^2=r^2$에서

$a^2-6a+10=r^2 \quad \cdots\cdots ㉠$

$(1-a)^2+(-1)^2=r^2$에서

$a^2-2a+2=r^2 \quad \cdots\cdots ㉡$

㉠, ㉡을 연립하여 풀면 $a=2, r^2=2$

따라서 구하는 반지름의 길이는 $\sqrt{2}$이다.

유형 02 $x^2+y^2+Ax+By+C=0$ 꼴로 주어진 원의 방정식 개념 1

중심의 x좌표는 0이다.

0175 원 $x^2+y^2+(3-k)x+6y-2k-1=0$의 중심이 y축 위에 있을 때, 이 원의 반지름의 길이는? (단, k는 상수이다.) 답 ④

풀이 원 $x^2+y^2+(3-k)x+6y-2k-1=0$의 중심의 좌표는

$\left(-\frac{3-k}{2}, -3\right)$ (x의 계수)$\div 2$, (y의 계수)$\div 2$

이때 원의 중심이 y축 위에 있으므로

$-\frac{3-k}{2}=0 \quad \therefore k=3$

따라서 원 $x^2+y^2+6y-7=0$, 즉 $x^2+(y+3)^2=16$의 반지름의 길이는 **4**이다.

0176 서술형 직선 $ax-y+4=0$이 원 $x^2+y^2-6x+2ay-6=0$의 넓이를 이등분할 때, 이 원의 둘레의 길이를 l이라 하자. $a+\frac{l}{\pi}$의 값을 구하시오. (단, a는 상수이다.) 답 7

풀이 원 $(x-3)^2+(y+a)^2=a^2+15$의 중심의 좌표는 $(3, -a)$이고, 반지름의 길이는 $\sqrt{a^2+15}$이다. …❶ (40%)

이때 직선 $ax-y+4=0$이 원의 넓이를 이등분하려면 이 직선이 원의 중심 $(3, -a)$를 지나야 하므로

$3a+a+4=0,\ 4a+4=0 \quad \therefore a=-1$ …❷ (40%)

따라서 원의 반지름의 길이는 $\sqrt{(-1)^2+15}=4$이므로 원의 둘레의 길이는

$l=2\pi\cdot 4=8\pi$

$\therefore a+\frac{l}{\pi}=-1+\frac{8\pi}{\pi}=\mathbf{7}$ …❸ (20%)

(반지름의 길이)$<|$(중심의 y좌표)$|$

0177 원 $x^2+y^2-2x-6y-k=0$이 x축과 만나지 않고, y축과 만나도록 하는 정수 k의 개수를 구하시오. 답 8

(반지름의 길이)$\geq|$(중심의 x좌표)$|$

풀이 원 $(x-1)^2+(y-3)^2=k+10$의 중심의 좌표는 $(1, 3)$이고, 반지름의 길이는 $\sqrt{k+10}$이다.

이 원이 x축과 만나지 않으려면 반지름의 길이가 3보다 작아야 하고, y축과 만나려면 반지름의 길이가 1보다 크거나 같아야 하므로

$1\leq\sqrt{k+10}<3$

$1\leq k+10<9 \quad \therefore -9\leq k<-1$

따라서 정수 k는 $-9, -8, -7, \cdots, -2$의 **8**개이다.

(반지름의 길이)$\geq|$(중심의 y좌표)$|$

0178 원 $x^2+y^2-4x-2y+a=0$이 x축과 만나고, y축과 만나지 않도록 하는 실수 a의 값의 범위는? 답 ⑤

(반지름의 길이)$<|$(중심의 x좌표)$|$

풀이 원 $(x-2)^2+(y-1)^2=-a+5$의 중심의 좌표는 $(2, 1)$이고, 반지름의 길이는 $\sqrt{-a+5}$이다.

이 원이 x축과 만나려면 반지름의 길이가 1보다 크거나 같아야 하고, y축과 만나지 않으려면 반지름의 길이가 2보다 작아야 하므로

$1\leq\sqrt{-a+5}<2$

$1\leq -a+5<4 \quad \therefore \mathbf{1<a\leq 4}$

유형 03 세 점을 지나는 원의 방정식 개념 1

0179 세 점 A(3, 0), B(−1, 2), C(−3, −2)를 지나는 원의 넓이는? 답 ③

풀이 원의 중심을 $P(m, n)$이라 하면 $\overline{AP}=\overline{BP}=\overline{CP}$

$\overline{AP}=\overline{BP}$에서 $\overline{AP}^2=\overline{BP}^2$이므로

$(m-3)^2+n^2=(m+1)^2+(n-2)^2$

$\therefore 2m-n-1=0$ …… ㉠

$\overline{AP}=\overline{CP}$에서 $\overline{AP}^2=\overline{CP}^2$이므로

$(m-3)^2+n^2=(m+3)^2+(n+2)^2$

$\therefore 3m+n+1=0$ …… ㉡

㉠, ㉡을 연립하여 풀면 $m=0, n=-1$

따라서 원의 중심은 $P(0, -1)$이고 반지름의 길이는

$\overline{AP}=\sqrt{(-3)^2+(-1)^2}=\sqrt{10}$

이므로 구하는 원의 넓이는 $\mathbf{10\pi}$이다.

0180 세 점 A(−2, 5), B(4, 3), C(0, 1)을 꼭짓점으로 하는 삼각형 ABC와 외접하는 원의 방정식을 구하시오. 답 풀이 참조

'세 점 A, B, C를 지나는 원'과 같은 표현이다.

풀이 원의 중심을 $P(m, n)$이라 하면 $\overline{AP}=\overline{BP}=\overline{CP}$

$\overline{AP}=\overline{CP}$에서 $\overline{AP}^2=\overline{CP}^2$이므로

$(m+2)^2+(n-5)^2=m^2+(n-1)^2$

$\therefore m-2n+7=0$ …… ㉠

$\overline{BP}=\overline{CP}$에서 $\overline{BP}^2=\overline{CP}^2$이므로

$(m-4)^2+(n-3)^2=m^2+(n-1)^2$

$\therefore 2m+n-6=0$ …… ㉡

㉠, ㉡을 연립하여 풀면 $m=1, n=4$

따라서 원의 중심은 $P(1, 4)$이고 반지름의 길이는

$\overline{CP}=\sqrt{1^2+(4-1)^2}=\sqrt{10}$

이므로 구하는 원의 방정식은 $\mathbf{(x-1)^2+(y-4)^2=10}$이다.

방정식 $x^2+y^2+Ax+By+C=0$이 원을 나타낸다.
➜ 주어진 방정식을 $(x-a)^2+(y-b)^2=r^2$ 꼴로 변형하면 $r^2>0$이다.

유형 04 원의 방정식이 되기 위한 조건

개념 1

0181 방정식 $x^2+y^2+2x+3y+k=0$이 원을 나타내도록 하는 정수 k의 최댓값은?

답 ④

풀이 방정식 $(x+1)^2+\left(y+\frac{3}{2}\right)^2=\frac{13}{4}-k$가 원을 나타내려면

$\frac{13}{4}-k>0 \quad \therefore k<\frac{13}{4}$

따라서 정수 k의 최댓값은 **3**이다.

서술형

0182 방정식 $x^2+y^2+4x-2ay+8=0$이 원을 나타낼 때, 그중 넓이가 최소인 원의 넓이가 $k\pi$이다. 이때 상수 k의 값을 구하시오. (단, a는 자연수이다.)

답 5

풀이 $(x+2)^2+(y-a)^2=a^2-4$ …❶ (20%)

이 방정식이 원을 나타내려면

$a^2-4>0$

$(a+2)(a-2)>0$

$\therefore a>2$ ($\because$ a는 자연수) …❷ (40%)

따라서 $a=3$일 때 원의 넓이가 최소이므로 그 넓이는 5π이다.

(반지름의 길이)$=\sqrt{3^2-4}=\sqrt{5}$

$\therefore k=\mathbf{5}$ …❸ (40%)

0183 방정식 $x^2+y^2-2x+8y+k^2-k-3=0$이 원을 나타내도록 하는 정수 k의 개수를 구하시오.

답 8

풀이 방정식 $(x-1)^2+(y+4)^2=-k^2+k+20$이 원을 나타내려면

$-k^2+k+20>0,\ k^2-k-20<0$

$(k+4)(k-5)<0$

$\therefore -4<k<5$

따라서 정수 k는 $-3, -2, -1, \cdots, 4$의 **8**개이다.

0184 방정식 $(x-2)^2+(y-k)^2=k^2+2k-8$이 원을 나타내고, 이 원의 외부에 원점이 있도록 하는 모든 자연수 k의 값의 합을 구하시오.

답 12

풀이 주어진 방정식이 원을 나타내려면

$k^2+2k-8>0,\ (k+4)(k-2)>0$

$\therefore k<-4$ 또는 $k>2$ …… ㉠

이때 원의 외부에 원점이 있으려면 원의 중심 $(2, k)$와 원점 사이의 거리가 반지름의 길이보다 커야 하므로

$\sqrt{2^2+k^2}>\sqrt{k^2+2k-8}$

$4+k^2>k^2+2k-8,\ 2k<12$

$\therefore k<6$ …… ㉡

㉠, ㉡에서 $2<k<6$ ($\because$ k는 자연수)

따라서 자연수 k는 $3, 4, 5$이므로 그 합은

$3+4+5=\mathbf{12}$

유형 05 좌표축에 접하는 원의 방정식

개념 1

0185 원 $x^2+y^2-6x+8ky+4=0$이 y축에 접하고, 중심이 제4사분면 위에 있을 때, 상수 k의 값은?

(반지름의 길이)$=|$(중심의 x좌표)$|$

답 ④

풀이 원 $(x-3)^2+(y+4k)^2=16k^2+5$가 y축에 접하므로

$\sqrt{16k^2+5}=3$

$16k^2+5=9,\ k^2=\frac{1}{4}$

$\therefore k=\pm\frac{1}{2}$

그런데 원의 중심 $(3, -4k)$가 제4사분면 위에 있으므로

$-4k<0$에서 $k>0$

$\therefore k=\mathbf{\frac{1}{2}}$

0186 원 $x^2+y^2+10x+4y+k+2=0$이 x축 또는 y축에 접하도록 하는 모든 상수 k의 값의 합을 구하시오.

(x축: (반지름의 길이)$=|$(중심의 y좌표)$|$, y축: (반지름의 길이)$=|$(중심의 x좌표)$|$)

답 25

풀이 원 $(x+5)^2+(y+2)^2=27-k$가 x축 또는 y축에 접하려면

$\sqrt{27-k}=2$ 또는 $\sqrt{27-k}=5$

$27-k=4$ 또는 $27-k=25$

$\therefore k=2$ 또는 $k=23$

따라서 모든 k의 값의 합은

$2+23=\mathbf{25}$

0187 두 점 (0, 1), (1, 2)를 지나고 x축에 접하는 두 원의 반지름의 길이의 합은? $(x-a)^2+(y-b)^2=b^2$

답 ③

풀이 x축에 접하는 원의 방정식을

$(x-a)^2+(y-b)^2=b^2$

으로 놓으면 이 원이 두 점 $(0, 1)$, $(1, 2)$를 지나므로

$(-a)^2+(1-b)^2=b^2$에서

$2b=a^2+1$ …… ㉠

$(1-a)^2+(2-b)^2=b^2$에서

$4b=a^2-2a+5$ …… ㉡

㉠을 ㉡에 대입하면

$2(a^2+1)=a^2-2a+5$

$a^2+2a-3=0$, $(a+3)(a-1)=0$

$\therefore a=-3$ 또는 $a=1$

이것을 ㉠에 대입하면

$b=5$ 또는 $b=1$

따라서 두 원의 반지름의 길이의 합은

$5+1=\mathbf{6}$

0188 그림과 같이 점 (3, 6)을 지나고 x축과 y축에 동시에 접하는 원은 두 개가 있다. 이 두 원의 중심 사이의 거리는? ― $(x-a)^2+(y-a)^2=a^2$ $(a>0)$

답 ③

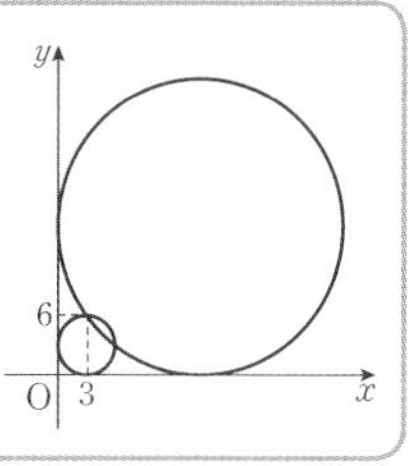

풀이 원의 중심이 제1사분면 위에 있고, x축과 y축에 동시에 접하는 원의 방정식을

$(x-a)^2+(y-a)^2=a^2$ $(a>0)$

으로 놓으면 이 원이 점 $(3, 6)$을 지나므로

$(3-a)^2+(6-a)^2=a^2$

$a^2-18a+45=0$, $(a-3)(a-15)=0$

$\therefore a=3$ 또는 $a=15$

따라서 두 원의 중심의 좌표는 $(3, 3)$, $(15, 15)$이므로 두 원의 중심 사이의 거리는

$\sqrt{(15-3)^2+(15-3)^2}=\mathbf{12\sqrt{2}}$

0189 중심이 직선 $y=2x+3$ 위에 있고, x축과 y축에 동시에 접하는 원의 방정식을 구하시오.

(단, 원의 중심은 제3사분면 위에 있다.)

답 풀이 참조

풀이 원의 중심이 제3사분면 위에 있으므로 반지름의 길이를 r라 하면 중심의 좌표는 $(-r, -r)$이다.

이때 원의 중심 $(-r, -r)$가 직선 $y=2x+3$ 위에 있으므로

$-r=-2r+3$ $\quad\therefore r=3$

따라서 구하는 원의 방정식은

$\mathbf{(x+3)^2+(y+3)^2=9}$

Tip x축과 y축에 동시에 접하는 원

→ 원의 중심이 직선 $y=x$ 또는 $y=-x$ 위에 존재하는 원임을 이용하여 풀 수도 있다.

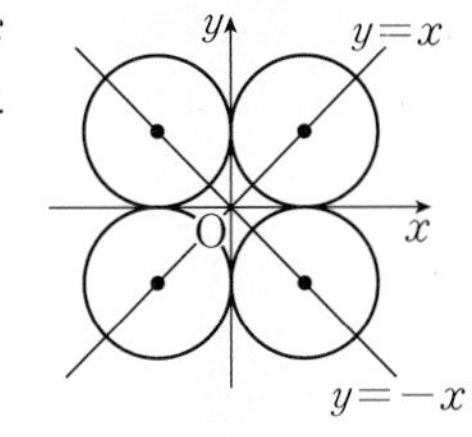

0190 중심이 곡선 $y=x^2-2$ 위에 있고, x축과 y축에 동시에 접하는 원의 개수는 m이다. 이때 m개의 원의 중심을 선분으로 연결한 도형의 넓이가 k일 때, $m+k$의 값은?

― 원의 중심의 좌표: (t, t^2-2)

― (반지름의 길이)$=|$(중심의 x좌표)$|=|$(중심의 y좌표)$|$

답 ⑤

풀이 원의 중심의 좌표를 (t, t^2-2)로 놓으면 원이 x축과 y축에 동시에 접하므로

$|t|=|t^2-2|$

위 식의 양변을 제곱하여 정리하면

$t^4-5t^2+4=0$, $(t^2-1)(t^2-4)=0$

$(t+1)(t-1)(t+2)(t-2)=0$

$\therefore t=\pm1$ 또는 $t=\pm2$

따라서 조건을 만족시키는 원은 중심의 좌표가 각각

$(-1, -1)$, $(1, -1)$, $(-2, 2)$, $(2, 2)$

인 4개의 원이므로 $m=4$

4개의 원의 중심을 선분으로 연결한 도형은 오른쪽 그림과 같은 사각형이므로 그 넓이는

$\frac{1}{2}\cdot(2+4)\cdot3=9$ $\quad\therefore k=9$

$\therefore m+k=\mathbf{13}$

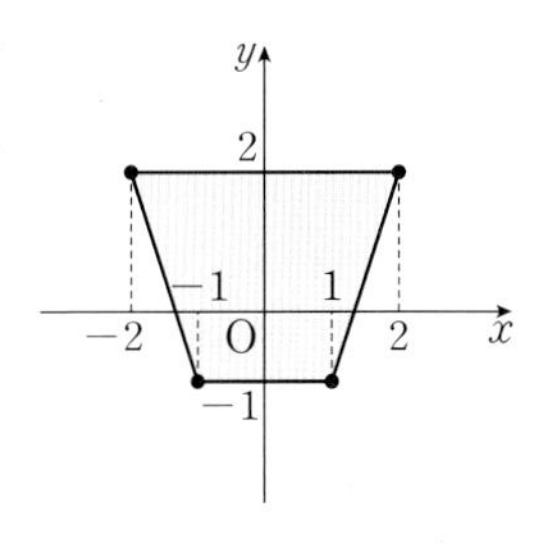

중심이 C이고, 반지름의 길이가 r인 원 밖의 한 점 A와 원 위의 점 P에 대하여
$\overline{AP_1} \le \overline{AP} \le \overline{AP_2}$, 즉 $\overline{AC}-r \le \overline{AP} \le \overline{AC}+r$

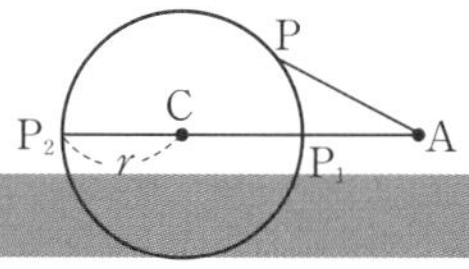

유형 06 원 밖의 한 점과 원 위의 점 사이의 거리

개념 1

0191 원 $x^2+y^2-2x-4y-5=0$ 위의 점 P와 원점 O에 대하여 선분 OP의 길이의 최댓값과 최솟값을 각각 M, m이라 할 때, Mm의 값을 구하시오. $(x-1)^2+(y-2)^2=10$

답 5

풀이 원 $(x-1)^2+(y-2)^2=10$의 중심을 C라 하면 C$(1, 2)$

$\therefore \overline{OC}=\sqrt{1^2+2^2}=\sqrt{5}$

이때 원의 반지름의 길이가 $\sqrt{10}$이고, 원점은 오른쪽 그림과 같이 원의 내부에 있으므로

$M=\sqrt{10}+\sqrt{5}$, $m=\sqrt{10}-\sqrt{5}$

$\therefore Mm=\mathbf{5}$

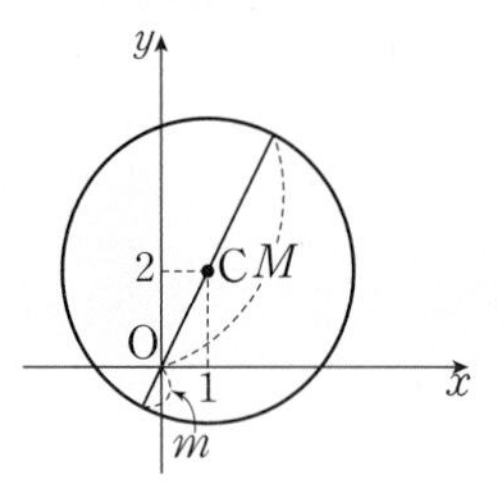

0192 원 $x^2+y^2=9$ 위의 점 A와 원 $x^2+y^2-6x+8y+21=0$ 위의 점 B에 대하여 선분 AB의 길이의 최댓값을 구하시오. $(x-3)^2+(y+4)^2=4$

답 10

풀이 원 $(x-3)^2+(y+4)^2=4$의 중심의 좌표는 $(3, -4)$이고, 원 $x^2+y^2=9$의 중심의 좌표는 $(0, 0)$이므로 두 원의 중심 사이의 거리는

$\sqrt{3^2+(-4)^2}=5$

(두 원의 중심 사이의 거리) =(두 원의 반지름의 길이의 합)이면 두 원은 한 점에서 만난다. (접한다.)

이때 두 원의 반지름의 길이의 합도 5이므로 오른쪽 그림과 같이 두 원은 한 점에서 만난다.

따라서 선분 AB의 길이의 최댓값은 두 원의 지름의 길이의 합과 같으므로

$6+4=\mathbf{10}$

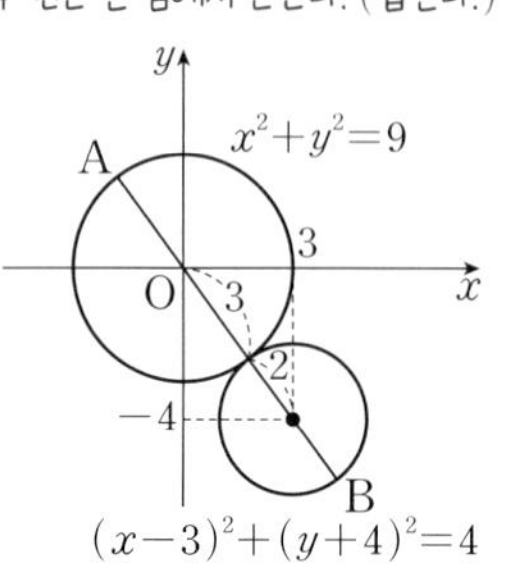

0193 그림과 같이 두 점 A$(4, 3)$, B$(2, -3)$과 원 $x^2+y^2=4$ 위의 점 P에 대하여 $\overline{AP}^2+\overline{BP}^2$의 최댓값은?

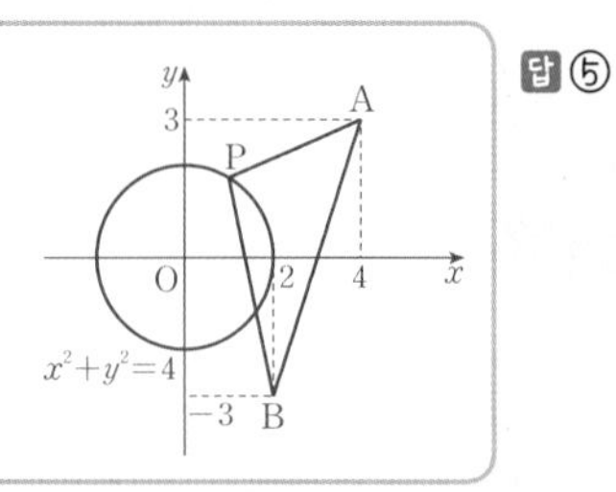

답 ⑤

풀이 선분 AB의 중점을 M이라 하면 M$(3, 0)$ M$\left(\frac{4+2}{2}, \frac{3-3}{2}\right)$

$\therefore \overline{AM}=\sqrt{(3-4)^2+(0-3)^2}=\sqrt{10}$

삼각형 PAB에서 파푸스의 중선 정리에 의하여

$\overline{AP}^2+\overline{BP}^2=2(\overline{PM}^2+\overline{AM}^2)$

$=2(\overline{PM}^2+10)$

이므로 오른쪽 그림과 같이 $\overline{PM}$의 길이가 최대일 때, $\overline{AP}^2+\overline{BP}^2$의 값이 최대이다.

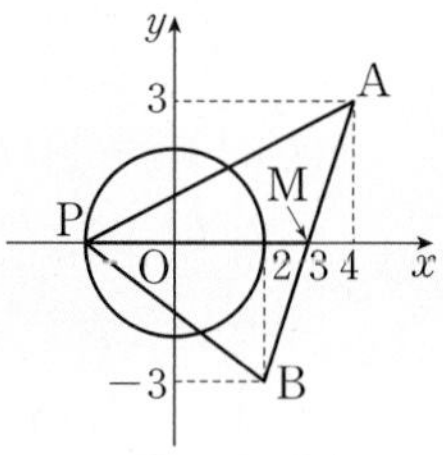

이때

($\overline{PM}$의 길이의 최댓값)=(원의 반지름의 길이)+$\overline{OM}$

$=2+3=5$

이므로 $\overline{AP}^2+\overline{BP}^2$의 최댓값은

$2(5^2+10)=\mathbf{70}$

서술형

0194 점 P(a, b)는 원 $(x-3)^2+(y-4)^2=1$ 위의 점이고, $a \le 3$일 때, a^2+b^2의 최댓값과 최솟값의 합을 구하시오.

$\overline{OP}=\sqrt{a^2+b^2}$이므로 $a^2+b^2=\overline{OP}^2$이다.

답 50

풀이 $a \le 3$이므로 점 P(a, b)는 오른쪽 그림과 같은 반원

$(x-3)^2+(y-4)^2=1$ $(x \le 3)$

위의 점이다. …❶ (30%)

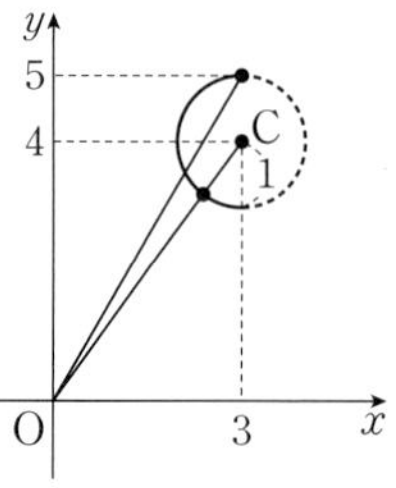

a^2+b^2의 값이 최대가 되려면 원점 O에서 점 P(a, b)까지의 거리가 최대가 되어야 하므로 점 P의 좌표는 $(3, 5)$이다.

즉, a^2+b^2의 최댓값은

$3^2+5^2=34$ …❷ (30%)

또, a^2+b^2의 값이 최소가 되려면 원점 O에서 점 P(a, b)까지의 거리가 최소가 되어야 한다.

원의 중심을 C라 하면 C$(3, 4)$이므로

($\overline{OP}$의 길이의 최솟값)=$\overline{OC}$−(원의 반지름의 길이)

$=\sqrt{3^2+4^2}-1=4$

즉, a^2+b^2의 최솟값은 $4^2=16$이다. …❸ (30%)

따라서 a^2+b^2의 최댓값과 최솟값의 합은

$34+16=\mathbf{50}$ …❹ (10%)

0195 두 점 A(2, 4), B(5, −2)에 대하여 $\overline{AP}:\overline{BP}=2:1$을 만족시키는 점 P가 나타내는 도형의 넓이는? 점 P의 좌표를 (x, y)로 놓자.

답 ③

풀이 $\overline{AP}=\sqrt{(x-2)^2+(y-4)^2}$, $\overline{BP}=\sqrt{(x-5)^2+(y+2)^2}$

$\overline{AP}:\overline{BP}=2:1$이므로 $\overline{AP}=2\overline{BP}$에서

$\overline{AP}^2=4\overline{BP}^2$

$(x-2)^2+(y-4)^2=4\{(x-5)^2+(y+2)^2\}$

$x^2+y^2-12x+8y+32=0$

$\therefore (x-6)^2+(y+4)^2=20$

따라서 점 P가 나타내는 도형은 중심이 점 $(6, -4)$이고 반지름의 길이가 $2\sqrt{5}$인 원이므로 그 넓이는 $\mathbf{20\pi}$이다.

0196 두 점 A(−2, 0), B(3, 0)에 대하여 점 P가 $2\overline{AP}=3\overline{BP}$를 만족시킬 때, 삼각형 ABP의 넓이의 최댓값을 구하시오. 점 P의 좌표를 (x, y)로 놓자.

답 15

풀이 $\overline{AP}=\sqrt{(x+2)^2+y^2}$, $\overline{BP}=\sqrt{(x-3)^2+y^2}$

$2\overline{AP}=3\overline{BP}$에서 $4\overline{AP}^2=9\overline{BP}^2$이므로

$4\{(x+2)^2+y^2\}=9\{(x-3)^2+y^2\}$

$x^2+y^2-14x+13=0 \quad \therefore (x-7)^2+y^2=36$

따라서 점 P가 나타내는 도형은 중심이 점 $(7, 0)$이고 반지름의 길이가 6인 원이다.

밑변 AB의 길이는 고정되어 있으므로 높이에 해당하는 |(점 P의 y좌표)|가 최대가 되어야 한다.

이때 삼각형 ABP의 넓이가 최대가 되려면 오른쪽 그림과 같이 점 P의 y좌표가 최대 또는 최소가 되어야 하므로 점 P의 좌표는 $(7, 6)$ 또는 $(7, -6)$

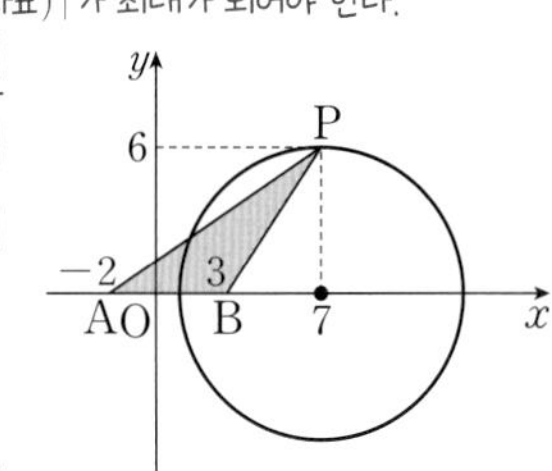

따라서 삼각형 ABP의 넓이의 최댓값은 $\frac{1}{2}\cdot5\cdot6=\mathbf{15}$

0197 점 A(2, −1)과 원 $x^2+y^2+4x-2y+1=0$ 위를 움직이는 점 P에 대하여 선분 AP의 중점이 나타내는 도형의 길이는? 점 P의 좌표를 (a, b), $\overline{AP}$의 중점의 좌표를 (x, y)로 놓자. ($(x+2)^2+(y-1)^2=4$)

답 ④

풀이 점 $P(a, b)$가 원 $(x+2)^2+(y-1)^2=4$ 위의 점이므로

$(a+2)^2+(b-1)^2=4 \quad \cdots\cdots$ ㉠

$x=\frac{a+2}{2}, y=\frac{b-1}{2}$이므로

$a+2=2x, b-1=2y \quad \cdots\cdots$ ㉡

㉡을 ㉠에 대입하면 $(2x)^2+(2y)^2=4 \quad \therefore x^2+y^2=1$

따라서 선분 AP의 중점이 나타내는 도형은 중심이 점 $(0, 0)$이고 반지름의 길이가 1인 원이므로 그 둘레의 길이는 $\mathbf{2\pi}$이다.

0198 점 C가 원 $x^2+y^2=36$ 위를 움직일 때, 두 점 A(3, −7), B(6, 4)에 대하여 삼각형 ABC의 무게중심 G가 나타내는 도형의 넓이는? 점 C의 좌표를 (a, b)로 놓자. 점 G의 좌표를 (x, y)로 놓자.

답 ①

풀이 점 $C(a, b)$가 원 $x^2+y^2=36$ 위의 점이므로

$a^2+b^2=36 \quad \cdots\cdots$ ㉠

$x=\frac{3+6+a}{3}=\frac{a+9}{3}, y=\frac{-7+4+b}{3}=\frac{b-3}{3}$이므로

$a=3x-9, b=3y+3 \quad \cdots\cdots$ ㉡

㉡을 ㉠에 대입하여 정리하면 $(x-3)^2+(y+1)^2=4$

따라서 점 G가 나타내는 도형은 중심이 점 $(3, -1)$이고 반지름의 길이가 2인 원이므로 그 넓이는 $\mathbf{4\pi}$이다.

서술형

0199 두 점 A(−3, 0), B(3, 0)에 대하여 점 P(a, b)가 $\overline{AP}^2+\overline{BP}^2=50$을 만족시킬 때, $\sqrt{(a-12)^2+(b-5)^2}$의 최댓값을 구하시오. 점 $P(a, b)$와 점 $(12, 5)$ 사이의 거리와 같다.

답 17

풀이 $\overline{AP}=\sqrt{(a+3)^2+b^2}$, $\overline{BP}=\sqrt{(a-3)^2+b^2}$ …❶ (20%)

$\overline{AP}^2+\overline{BP}^2=50$이므로 $(a+3)^2+b^2+(a-3)^2+b^2=50$

$2a^2+2b^2+18=50 \quad \therefore a^2+b^2=16$

따라서 점 $P(a, b)$가 나타내는 도형은 오른쪽 그림의 원과 같다. …❷ (40%)

점 C(12, 5)라 하면

$\sqrt{(a-12)^2+(b-5)^2}=\overline{CP}$이므로

($\overline{CP}$의 길이의 최댓값)$=\overline{OC}+$(원의 반지름의 길이)

$=\sqrt{12^2+5^2}+4=\mathbf{17}$ …❸ (40%)

0200 세 점 A(0, 0), B(−4, 3), C(−2, 6)에 대하여 점 P(x, y)가 $\overline{AP}^2+\overline{BP}^2+\overline{CP}^2=29$를 만족시킬 때, 점 P가 나타내는 도형의 방정식은 $(x-a)^2+(y-b)^2=r^2$이다. 상수 a, b, r에 대하여 $a^2+b^2+r^2$의 값을 구하시오.

답 14

풀이 $\overline{AP}^2+\overline{BP}^2+\overline{CP}^2=29$이므로

$(x^2+y^2)+\{(x+4)^2+(y-3)^2\}+\{(x+2)^2+(y-6)^2\}=29$

$3x^2+3y^2+12x-18y+36=0$

$x^2+y^2+4x-6y+12=0$

$\therefore (x+2)^2+(y-3)^2=1$

즉, $a=-2, b=3, r^2=1$이므로

$a^2+b^2+r^2=\mathbf{14}$

유형 08 두 원의 교점을 지나는 직선의 방정식 개념 2

0201 두 원 $x^2+y^2+2x-3=0$, $x^2+y^2-4x-2y=0$의 교점을 지나는 직선에 평행하고 점 $(-1, 1)$을 지나는 직선의 방정식을 구하시오. 두 직선의 기울기가 같다.

답 풀이 참조

풀이 두 원의 교점을 지나는 직선의 방정식은

$x^2+y^2+2x-3-(x^2+y^2-4x-2y)=0$

$6x+2y-3=0$

$\therefore y=-3x+\frac{3}{2}$ ← 기울기: -3

따라서 이 직선에 평행하고 점 $(-1, 1)$을 지나는 직선의 방정식은

$y-1=-3(x+1)$ $\quad\therefore$ $\boldsymbol{y=-3x-2}$

0202 두 원 $x^2+y^2+y-5=0$, $x^2+y^2-x-2y=0$의 교점을 지나는 직선이 직선 $y=ax+7$과 수직일 때, 상수 a의 값을 구하시오. (두 직선의 기울기의 곱)$=-1$

답 3

풀이 두 원의 교점을 지나는 직선의 방정식은

$x^2+y^2+y-5-(x^2+y^2-x-2y)=0$

$x+3y-5=0$

$\therefore y=-\frac{1}{3}x+\frac{5}{3}$ ← 기울기: $-\frac{1}{3}$

따라서 이 직선이 직선 $y=ax+7$과 수직이므로

$\left(-\frac{1}{3}\right)\cdot a=-1$ $\quad\therefore$ $a=\mathbf{3}$

0203 원 $x^2+y^2+ax+3y-5=0$이 원 $x^2+y^2-4x+2ay+3=0$의 둘레의 길이를 이등분할 때, 양수 a의 값은?

답 ①

Key 원 $x^2+y^2+ax+3y-5=0$이 원 $x^2+y^2-4x+2ay+3=0$의 둘레의 길이를 이등분하려면 두 원의 공통인 현이 원 $x^2+y^2-4x+2ay+3=0$의 지름이어야 한다.

풀이 두 원의 공통인 현의 방정식은

$x^2+y^2+ax+3y-5-(x^2+y^2-4x+2ay+3)=0$

$\therefore (a+4)x+(3-2a)y-8=0$ …… ㉠

$x^2+y^2-4x+2ay+3=0$에서

$(x-2)^2+(y+a)^2=a^2+1$ …… ㉡

직선 ㉠이 원 ㉡의 중심 $(2, -a)$를 지나야 하므로

$2(a+4)-a(3-2a)-8=0$

$2a^2-a=0$, $a(2a-1)=0$

$\therefore a=\mathbf{\frac{1}{2}}$ ($\because a>0$)

서술형

0204 그림과 같이 원 $x^2+y^2=9$를 선분 PQ를 접는 선으로 하여 접었더니 점 $(-1, 0)$에서 x축에 접하였다. 직선 PQ의 방정식이 $x+ay+b=0$일 때, 상수 a, b에 대하여 a^2+b^2의 값을 구하시오.

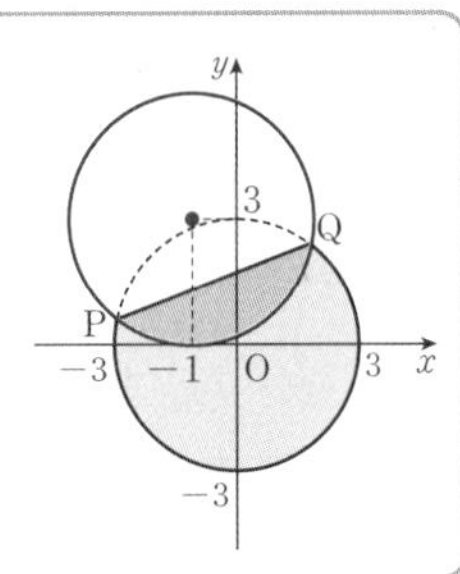

답 34

풀이 $\overset{\frown}{PQ}$는 위의 그림과 같이 점 $(-1, 0)$에서 x축에 접하고 반지름의 길이가 3인 원의 일부이므로 그 원의 방정식은

$(x+1)^2+(y-3)^2=9$ …❶ (40%)

이때 $\overline{PQ}$는 두 원 $x^2+y^2=9$, $(x+1)^2+(y-3)^2=9$의 공통인 현이므로 직선 PQ의 방정식은

$x^2+y^2-9-(x^2+y^2+2x-6y+1)=0$

$-2x+6y-10=0$

$\therefore x-3y+5=0$ …❷ (40%)

따라서 $a=-3$, $b=5$이므로

$a^2+b^2=(-3)^2+5^2=\mathbf{34}$ …❸ (20%)

유형 09 공통인 현의 길이 개념 2

0205 두 원 $x^2+y^2=9$, $x^2+y^2-6x+8y+9=0$이 두 점 A, B에서 만날 때, 선분 AB의 길이는? 답 ④

Key 두 원의 교점을 지나는 직선(공통인 현)의 방정식을 구한 후 두 원의 중심을 지나는 직선이 공통인 현을 수직이등분함을 이용한다.

풀이 원 $x^2+y^2=9$의 중심을 $O(0, 0)$, 원 $x^2+y^2-6x+8y+9=0$, 즉 $(x-3)^2+(y+4)^2=16$의 중심을 C라 하고, $\overline{AB}$와 $\overline{OC}$의 교점을 H라 하자.

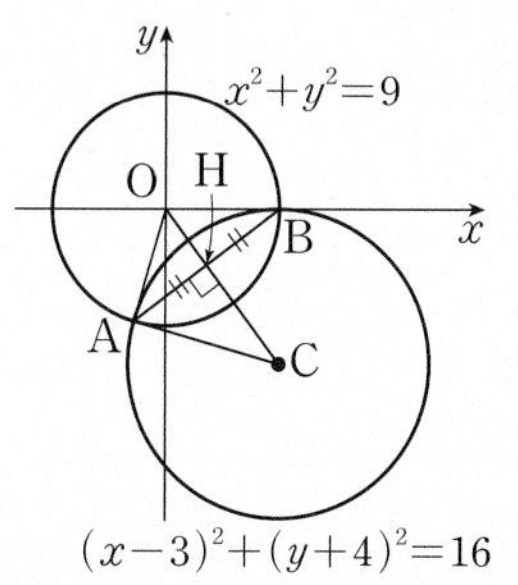

두 원의 공통인 현의 방정식은

x^2+y^2-9
$-(x^2+y^2-6x+8y+9)=0$

$6x-8y-18=0$ $\quad\therefore 3x-4y-9=0$

$\therefore \overline{OH}=\dfrac{|-9|}{\sqrt{3^2+(-4)^2}}=\dfrac{9}{5}$

직각삼각형 OAH에서 $\overline{AH}=\sqrt{3^2-\left(\dfrac{9}{5}\right)^2}=\dfrac{12}{5}$

$\therefore \overline{AB}=2\overline{AH}=\mathbf{\dfrac{24}{5}}$

0206 두 원 $x^2+y^2=16$, $(x-3)^2+(y-3)^2=4$의 두 교점을 지나는 원의 넓이의 최솟값이 $\dfrac{q}{p}\pi$일 때, $p+q$의 값은? 답 ②

(단, p와 q는 서로소인 자연수이다.)

공통인 현이 그 원의 지름일 때 원의 넓이는 최소이다.
$x^2+y^2-6x-6y+14=0$

풀이 두 원 $x^2+y^2=16$, $(x-3)^2+(y-3)^2=4$의 중심을 각각 O, C라 하고, 두 원의 두 교점을 각각 P, Q, $\overline{PQ}$와 $\overline{OC}$의 교점을 M이라 하자.

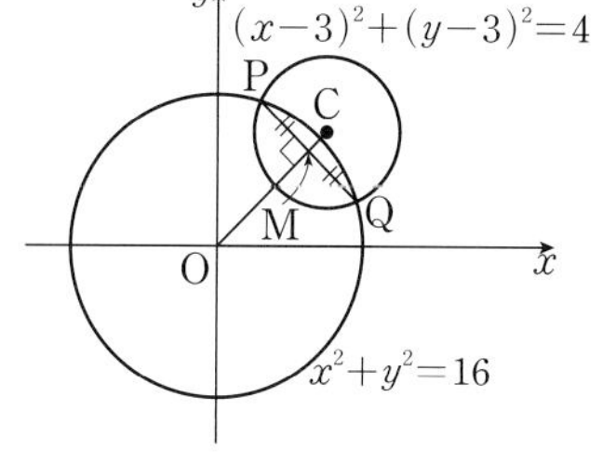

두 원의 공통인 현의 방정식은

$x^2+y^2-16-(x^2+y^2-6x-6y+14)=0$

$6x+6y-30=0$ $\quad\therefore x+y-5=0$

$\therefore \overline{OM}=\dfrac{|-5|}{\sqrt{1^2+1^2}}=\dfrac{5}{\sqrt{2}}=\dfrac{5\sqrt{2}}{2}$

직각삼각형 OPM에서 $\overline{PM}=\sqrt{4^2-\left(\dfrac{5\sqrt{2}}{2}\right)^2}=\dfrac{\sqrt{14}}{2}$

즉, 넓이가 최소인 원의 반지름의 길이가 $\dfrac{\sqrt{14}}{2}$이므로 구하는 넓이의 최솟값은

$\pi\cdot\left(\dfrac{\sqrt{14}}{2}\right)^2=\dfrac{7}{2}\pi$

따라서 $p=2$, $q=7$이므로 $p+q=\mathbf{9}$

유형 10 두 원의 교점을 지나는 원의 방정식 개념 2

0207 두 원 $x^2+y^2+2x-2y-5=0$, $x^2+y^2-4x-5y+7=0$의 교점과 점 $(0, 1)$을 지나는 원의 넓이를 구하시오. 답 2π

풀이 두 원의 교점을 지나는 원의 방정식을

$x^2+y^2+2x-2y-5+k(x^2+y^2-4x-5y+7)=0$

$(k\neq-1)$ ······ ㉠

으로 놓으면 이 원이 점 $(0, 1)$을 지나므로

$-6+3k=0$ $\quad\therefore k=2$

$k=2$를 ㉠에 대입하여 정리하면

$3x^2+3y^2-6x-12y+9=0$

$x^2+y^2-2x-4y+3=0$

$\therefore (x-1)^2+(y-2)^2=2$

따라서 이 원의 반지름의 길이가 $\sqrt{2}$이므로 그 넓이는 $\mathbf{2\pi}$이다.

0208 두 원 $x^2+y^2-9x+12ay+2=0$, $x^2+y^2-3x-2=0$의 교점과 원점을 지나는 원의 넓이가 18π일 때, 양수 a의 값은? 답 ①

풀이 두 원의 교점을 지나는 원의 방정식을

$x^2+y^2-9x+12ay+2+k(x^2+y^2-3x-2)=0$

$(k\neq-1)$ ······ ㉠

으로 놓으면 이 원이 원점을 지나므로

$2-2k=0$ $\quad\therefore k=1$

$k=1$을 ㉠에 대입하여 정리하면

$2x^2+2y^2-12x+12ay=0$

$x^2+y^2-6x+6ay=0$

$\therefore (x-3)^2+(y+3a)^2=9a^2+9$

이 원의 넓이가 18π이므로

$9a^2+9=18$, $a^2=1$

$\therefore a=\mathbf{1}$ $(\because a>0)$

유형 11 원과 직선의 위치 관계 개념 3

(원의 중심과 직선 사이의 거리) < (원의 반지름의 길이)

0209 원 $(x-2)^2+(y+1)^2=10$과 직선 $kx-y+2k-3=0$이 서로 다른 두 점에서 만나도록 하는 실수 k의 값의 범위가 $a<k<b$일 때, $a+b$의 값은? 답 ①

풀이 원의 중심 $(2, -1)$과 직선 $kx-y+2k-3=0$ 사이의 거리는

$$\frac{|2k+1+2k-3|}{\sqrt{k^2+(-1)^2}}=\frac{|4k-2|}{\sqrt{k^2+1}}$$

이때 원의 반지름의 길이가 $\sqrt{10}$이므로

$$\frac{|4k-2|}{\sqrt{k^2+1}}<\sqrt{10},\ |4k-2|<\sqrt{10k^2+10}$$

$(4k-2)^2<10k^2+10,\ 3k^2-8k-3<0$

$(3k+1)(k-3)<0 \quad \therefore -\frac{1}{3}<k<3$

따라서 $a=-\frac{1}{3}$, $b=3$이므로 $a+b=\mathbf{\frac{8}{3}}$

→ (원의 중심과 직선 사이의 거리) ≤ (원의 반지름의 길이)

0210 원 $(x+1)^2+(y-2)^2=13$과 직선 $3x-2y+k=0$이 만날 때, 실수 k의 값의 범위가 $a\le k\le b$이다. 이때 $a+b$의 값을 구하시오. 답 14

풀이 원의 중심 $(-1, 2)$와 직선 $3x-2y+k=0$ 사이의 거리는

$$\frac{|-3-4+k|}{\sqrt{3^2+(-2)^2}}=\frac{|k-7|}{\sqrt{13}}$$

이때 원의 반지름의 길이가 $\sqrt{13}$이므로

$$\frac{|k-7|}{\sqrt{13}}\le\sqrt{13},\ |k-7|\le 13$$

$-13\le k-7\le 13 \quad \therefore -6\le k\le 20$

따라서 $a=-6$, $b=20$이므로 $a+b=\mathbf{14}$

(원의 중심과 직선 사이의 거리) = (원의 반지름의 길이)

0211 원 $x^2+y^2=1$과 직선 $y=2x+k$가 한 점에서 만나도록 하는 모든 실수 k의 값의 곱은? 답 ①

풀이 원의 중심 $(0, 0)$과 직선 $y=2x+k$, 즉 $2x-y+k=0$ 사이의 거리는 $\frac{|k|}{\sqrt{2^2+(-1)^2}}=\frac{|k|}{\sqrt{5}}$

이때 원의 반지름의 길이가 1이므로

$$\frac{|k|}{\sqrt{5}}=1,\ |k|=\sqrt{5} \quad \therefore k=\pm\sqrt{5}$$

따라서 모든 실수 k의 값의 곱은 $\sqrt{5}\cdot(-\sqrt{5})=\mathbf{-5}$

→ (원의 중심과 직선 사이의 거리) = (원의 반지름의 길이)

0212 원 $(x+1)^2+(y-3)^2=r^2$과 직선 $x-y+6=0$이 접할 때, 양수 r의 값은? 답 ①

풀이 원의 중심 $(-1, 3)$과 직선 $x-y+6=0$ 사이의 거리는

$$\frac{|-1-3+6|}{\sqrt{1^2+(-1)^2}}=\frac{2}{\sqrt{2}}=\sqrt{2}$$

이때 원의 반지름의 길이가 r이므로

$r=\mathbf{\sqrt{2}}$

(원의 중심과 직선 사이의 거리) > (원의 반지름의 길이)

0213 원 $(x+1)^2+(y-2)^2=5$와 직선 $y=x+m$이 만나지 않도록 하는 자연수 m의 최솟값은? 답 ③

풀이 원의 중심 $(-1, 2)$와 직선 $y=x+m$, 즉 $x-y+m=0$ 사이의 거리는 $\frac{|-1-2+m|}{\sqrt{1^2+(-1)^2}}=\frac{|m-3|}{\sqrt{2}}$

이때 원의 반지름의 길이가 $\sqrt{5}$이므로

$$\frac{|m-3|}{\sqrt{2}}>\sqrt{5},\ |m-3|>\sqrt{10}$$

$m-3<-\sqrt{10}$ 또는 $m-3>\sqrt{10}$

$\therefore m<3-\sqrt{10}$ 또는 $m>3+\sqrt{10}$ ($3+\sqrt{10}=6.\times\times\times$)

따라서 자연수 m의 최솟값은 **7**이다.

→ 중점의 좌표: $\left(\frac{1+3}{2}, \frac{2+6}{2}\right)$, 즉 $(2, 4)$

기울기: $\frac{6-2}{3-1}=2$

0214 두 점 A(1, 2), B(3, 6)에 대하여 선분 AB의 수직이등분선이 원 $(x-k)^2+(y+2)^2=3$과 만나지 않도록 하는 실수 k의 값의 범위가 $k<a$ 또는 $k>b$일 때, $b-a$의 값을 구하시오. 답 $2\sqrt{15}$

(원의 중심과 직선 사이의 거리) > (원의 반지름의 길이)

풀이 선분 AB의 수직이등분선은 점 $(2, 4)$를 지나고 기울기가 $-\frac{1}{2}$인 직선이므로 그 방정식은

$y-4=-\frac{1}{2}(x-2) \quad \therefore x+2y-10=0$

원의 중심 $(k, -2)$와 직선 $x+2y-10=0$ 사이의 거리는

$$\frac{|k-4-10|}{\sqrt{1^2+2^2}}=\frac{|k-14|}{\sqrt{5}}$$

이때 원의 반지름의 길이가 $\sqrt{3}$이므로

$$\frac{|k-14|}{\sqrt{5}}>\sqrt{3},\ |k-14|>\sqrt{15}$$

$k-14<-\sqrt{15}$ 또는 $k-14>\sqrt{15}$

$\therefore k<14-\sqrt{15}$ 또는 $k>14+\sqrt{15}$

따라서 $a=14-\sqrt{15}$, $b=14+\sqrt{15}$이므로 $b-a=\mathbf{2\sqrt{15}}$

(원의 중심과 직선 사이의 거리) > (원의 반지름의 길이)

0215 중심의 좌표가 $(a, 0)$이고 넓이가 32π인 원이 직선 $x-y+1=0$과 만나지 않도록 하는 양의 정수 a의 최솟값을 구하시오.

답 8

풀이 원의 반지름의 길이를 r라 하면 $\pi r^2=32\pi$ $\quad\therefore r=4\sqrt{2}$ ($\because r>0$)

원의 중심 $(a, 0)$과 직선 $x-y+1=0$ 사이의 거리는

$$\frac{|a+1|}{\sqrt{1^2+(-1)^2}}=\frac{|a+1|}{\sqrt{2}}$$

즉, $\frac{|a+1|}{\sqrt{2}}>4\sqrt{2}$이므로 $|a+1|>8$

$a+1<-8$ 또는 $a+1>8$ $\quad\therefore a>7$ ($\because a>0$)

따라서 양의 정수 a의 최솟값은 8이다.

(원의 중심과 직선 사이의 거리) = (원의 반지름의 길이)

0216 중심의 좌표가 $(0, 0)$이고 직선 $x+y+k=0$에 접하는 원의 넓이가 2π일 때, 모든 실수 k의 값의 곱을 구하시오.

답 -4

풀이 원의 반지름의 길이를 r라 하면 $\pi r^2=2\pi$ $\quad\therefore r=\sqrt{2}$ ($\because r>0$)

원의 중심 $(0, 0)$과 직선 $x+y+k=0$ 사이의 거리는

$$\frac{|k|}{\sqrt{1^2+1^2}}=\frac{|k|}{\sqrt{2}}$$

즉, $\frac{|k|}{\sqrt{2}}=\sqrt{2}$이므로 $|k|=2$ $\quad\therefore k=\pm2$

따라서 모든 실수 k의 값의 곱은 $2\cdot(-2)=\mathbf{-4}$

서술형

0217 직선 $y=-x+k$가 다음 조건을 만족시키도록 하는 양의 정수 k의 값을 구하시오. ($x+y-k=0$)

반지름의 길이: 4

(가) 원 $x^2+y^2=16$과 서로 다른 두 점에서 만난다.

(나) 원 $(x-4)^2+y^2=k^2$과 만나지 않는다.

반지름의 길이: k

답 1

풀이 원 $x^2+y^2=16$의 중심 $(0, 0)$과 직선 $x+y-k=0$ 사이의 거리는 $\frac{|-k|}{\sqrt{1^2+1^2}}=\frac{|k|}{\sqrt{2}}$이므로 조건 (가)에서 $\frac{|k|}{\sqrt{2}}<4$

$\therefore 0<k<4\sqrt{2}$ ($\because k>0$) $\quad\cdots\cdots$ ㉠ $\quad\cdots$❶ (40%)

원 $(x-4)^2+y^2=k^2$의 중심 $(4, 0)$과 직선 $x+y-k=0$ 사이의 거리는 $\frac{|4-k|}{\sqrt{1^2+1^2}}=\frac{|4-k|}{\sqrt{2}}$이므로 조건 (나)에서

$\frac{|4-k|}{\sqrt{2}}>k$, $4-k<-k\sqrt{2}$ 또는 $4-k>k\sqrt{2}$

$\therefore 0<k<4\sqrt{2}-4$ ($\because k>0$) $\quad\cdots\cdots$ ㉡ $\quad\cdots$❷ (40%)

㉠, ㉡에서 $0<k<4\sqrt{2}-4$ $\quad\therefore k=\mathbf{1}$ (양의 정수) $\quad\cdots$❸ (20%)

$(x-3)m+y+2=0$이므로 항상 점 $(3, -2)$를 지난다.

0218 두 원 $x^2+y^2=1$, $x^2+y^2=9$와 직선 $mx+y-3m+2=0$이 서로 다른 세 점에서 만나도록 하는 모든 실수 m의 값의 합은?

답 ⑤

풀이 주어진 직선이 두 원과 서로 다른 세 점에서 만나려면 오른쪽 그림과 같이 원 $x^2+y^2=1$에 접해야 한다.

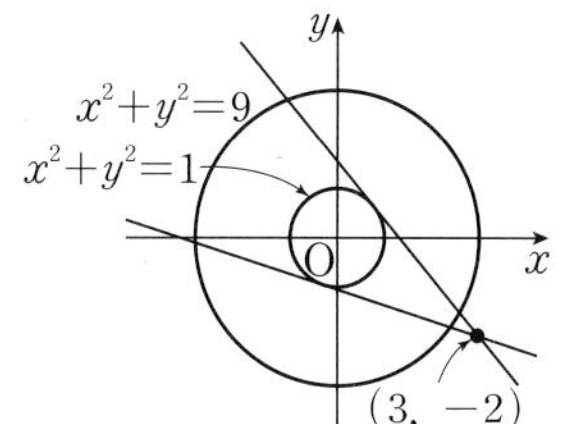

즉, $\frac{|-3m+2|}{\sqrt{m^2+1}}=1$이므로

$|-3m+2|=\sqrt{m^2+1}$ $\quad\therefore 8m^2-12m+3=0$

따라서 모든 실수 m의 값의 합은 $-\frac{-12}{8}=\mathbf{\frac{3}{2}}$

└ 이차방정식의 근과 계수의 관계 이용

0219 그림과 같이 원 $x^2+(y-a)^2=9$와 함수 $y=\sqrt{3}|x|$의 그래프가 서로 다른 두 점에서 만날 때, 상수 a의 값을 구하시오. (단, $a>3$)

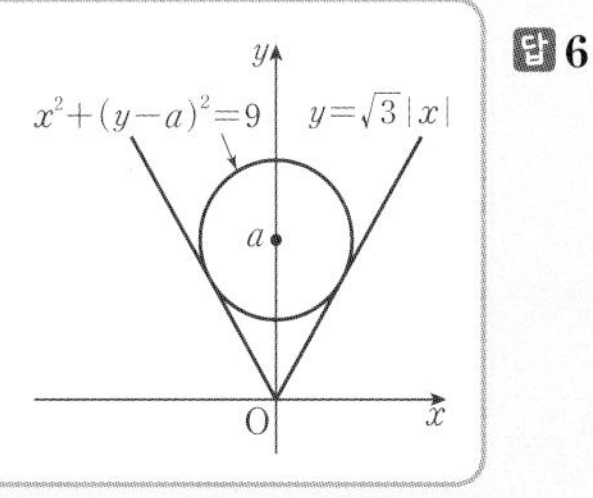

답 6

풀이 주어진 원과 함수 $y=\sqrt{3}|x|$의 그래프가 서로 다른 두 점에서 만나려면 원과 직선 $y=\sqrt{3}x$가 한 점에서 만나야 한다.

원의 중심 $(0, a)$와 직선 $y=\sqrt{3}x$, 즉 $\sqrt{3}x-y=0$ 사이의 거리는

$$\frac{|-a|}{\sqrt{(\sqrt{3})^2+(-1)^2}}=\frac{|a|}{2}$$

이고, 원의 반지름의 길이가 3이므로

$\frac{|a|}{2}=3$ $\quad\therefore a=\mathbf{6}$ ($\because a>3$)

원의 중심: $(1, 3)$, 반지름의 길이: $\sqrt{2}$

0220 원 $(x-1)^2+(y-3)^2=2$와 함수 $y=m|x|$의 그래프가 서로 다른 두 점에서 만날 때, 정수 m의 개수는?

답 ④

풀이 오른쪽 그림과 같이 $m>0$이고, 주어진 원이 직선 $y=mx$와 서로 다른 두 점에서 만나고, 직선 $y=-mx$와는 만나지 않아야 한다.

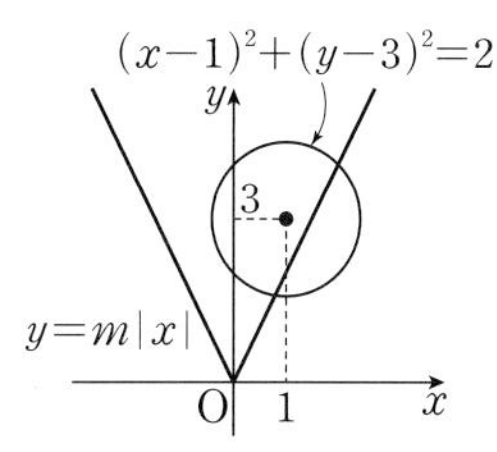

즉, $\frac{|m-3|}{\sqrt{m^2+1}}<\sqrt{2}$이므로 (원의 중심 $(1, 3)$과 직선 $mx-y=0$ 사이의 거리)

$|m-3|<\sqrt{2m^2+2}$

$m^2+6m-7>0$, $(m+7)(m-1)>0$

$\therefore m>1$ ($\because m>0$) $\quad\cdots\cdots$ ㉠

또, $\frac{|m+3|}{\sqrt{m^2+1}}>\sqrt{2}$이므로 $|m+3|>\sqrt{2m^2+2}$ (원의 중심 $(1, 3)$과 직선 $mx+y=0$ 사이의 거리)

$m^2-6m-7<0$, $(m+1)(m-7)<0$

$\therefore 0<m<7$ ($\because m>0$) $\quad\cdots\cdots$ ㉡

㉠, ㉡에서 $1<m<7$이므로 정수 m은 2, 3, 4, 5, 6의 **5**개이다.

반지름의 길이가 r인 원의 중심에서 d만큼 떨어진 현의 길이를 l이라 하면
$l=2\sqrt{r^2-d^2}$

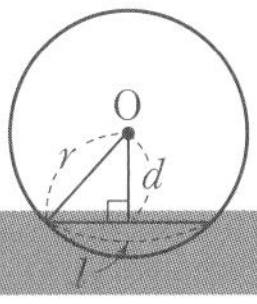

유형 12 현의 길이

개념 3

원의 중심: C(2, 3), 반지름의 길이: 3

0221 원 $(x-2)^2+(y-3)^2=9$와 직선 $ax-y+4=0$이 만나서 생기는 현의 길이가 4일 때, 상수 a의 값은?

답 ②

풀이 오른쪽 그림에서

$\overline{AH}=\frac{1}{2}\overline{AB}=2$

직각삼각형 ACH에서

$\overline{CH}=\sqrt{3^2-2^2}$

$=\sqrt{5}$ …… ㉠

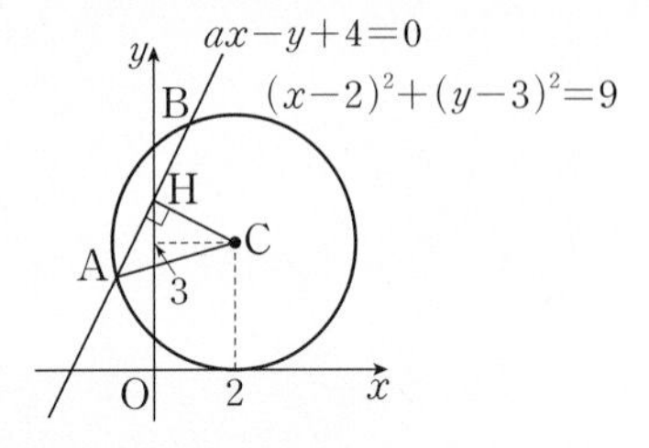

또, 원의 중심 C(2, 3)과 직선 $ax-y+4=0$ 사이의 거리는

$\overline{CH}=\frac{|2a-3+4|}{\sqrt{a^2+(-1)^2}}=\frac{|2a+1|}{\sqrt{a^2+1}}$ …… ㉡

㉠, ㉡에서 $\frac{|2a+1|}{\sqrt{a^2+1}}=\sqrt{5}$, $|2a+1|=\sqrt{5a^2+5}$

$a^2-4a+4=0$, $(a-2)^2=0$ ∴ $a=\mathbf{2}$

0222 두 점 A(1, 1), B(5, −3)을 지름의 양 끝 점으로 하는 원이 직선 $x+y-4=0$과 서로 다른 두 점 P, Q에서 만날 때, 선분 PQ의 길이는?

원의 중심: $\overline{AB}$의 중점
반지름의 길이: $\frac{1}{2}\overline{AB}$

답 ⑤

풀이 원의 중심을 C라 하면 C(3, −1)

원의 반지름의 길이는

$\frac{1}{2}\overline{AB}=\frac{1}{2}\sqrt{(5-1)^2+(-3-1)^2}=2\sqrt{2}$

오른쪽 그림에서

$\overline{CH}=\frac{|3-1-4|}{\sqrt{1^2+1^2}}=\sqrt{2}$

직각삼각형 PCH에서

$\overline{PH}=\sqrt{(2\sqrt{2})^2-(\sqrt{2})^2}=\sqrt{6}$

∴ $\overline{PQ}=2\overline{PH}=\mathbf{2\sqrt{6}}$

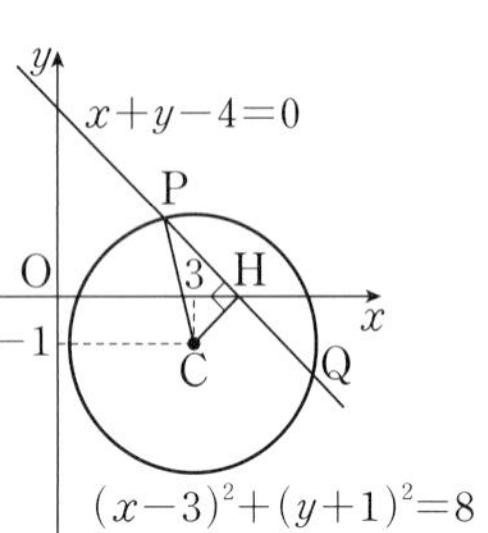

0223 원 $x^2+y^2=16$의 현 중에서 점 P(1, 3)을 지나고 그 길이가 $4\sqrt{2}$인 것은 두 개이다. 이때 두 직선의 기울기의 곱은?

기울기를 m이라 하면
$y-3=m(x-1)$ ∴ $mx-y-m+3=0$

답 ④

풀이 오른쪽 그림에서 $\overline{AH}=\frac{1}{2}\overline{AB}=2\sqrt{2}$

직각삼각형 AOH에서

$\overline{OH}=\sqrt{4^2-(2\sqrt{2})^2}=2\sqrt{2}$

또, 원의 중심 (0, 0)과 직선

$mx-y-m+3=0$ 사이의 거리는

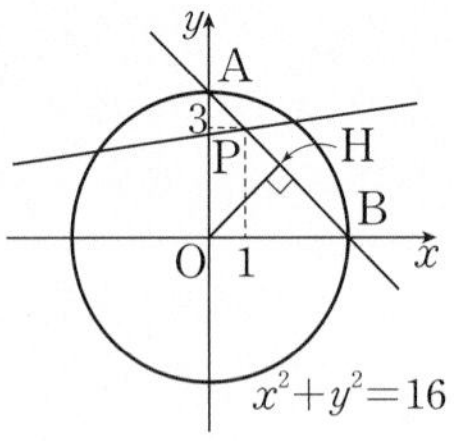

$\overline{OH}=\frac{|-m+3|}{\sqrt{m^2+(-1)^2}}=\frac{|m-3|}{\sqrt{m^2+1}}$이므로

$\frac{|m-3|}{\sqrt{m^2+1}}=2\sqrt{2}$, $|m-3|=2\sqrt{2}\sqrt{m^2+1}$

∴ $7m^2+6m-1=0$

이차방정식의 근과 계수의 관계 이용

따라서 두 직선의 기울기의 곱은 $-\frac{1}{7}$

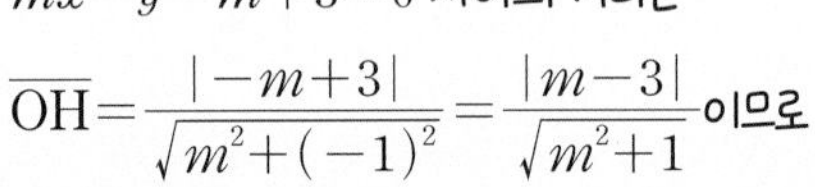

0224 원 $x^2+y^2=36$과 직선 $\sqrt{2}x+y-a=0$의 두 교점 P, Q에 대하여 삼각형 OPQ가 정삼각형이 되도록 하는 양수 a의 값을 구하시오. (단, O는 원점이다.)

답 9

풀이 오른쪽 그림에서 $\overline{OP}=\overline{OQ}=6$이므로 삼각형 OPQ가 정삼각형이려면 $\overline{PQ}=6$이어야 한다.

∴ $\overline{PM}=\frac{1}{2}\overline{PQ}=3$

직각삼각형 POM에서

$\overline{OM}=\sqrt{6^2-3^2}=3\sqrt{3}$ …… ㉠

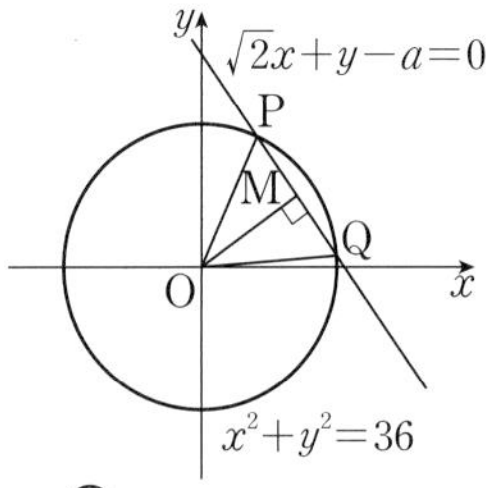

또, 원의 중심 (0, 0)과 직선 $\sqrt{2}x+y-a=0$ 사이의 거리는

$\overline{OM}=\frac{|-a|}{\sqrt{(\sqrt{2})^2+1^2}}=\frac{|a|}{\sqrt{3}}$ …… ㉡

㉠, ㉡에서 $\frac{|a|}{\sqrt{3}}=3\sqrt{3}$, $|a|=9$ ∴ $a=\mathbf{9}$ ($\because a>0$)

0225 원 $x^2+y^2-10x=0$의 현 중에서 점 A(1, 0)을 지나는 현의 길이의 최댓값을 M, 최솟값을 m이라 할 때, $M+m$의 값은?

$(x-5)^2+y^2=25$
→ 원의 중심: C(5, 0), 반지름의 길이: 5

답 ④

풀이 오른쪽 그림과 같이 점 A를 지나는 현의 길이의 최댓값은 현이 원의 지름일 때이므로 10이다.

또, 현의 길이의 최솟값은 현이 선분 AC와 수직일 때이고, 이때 현이 원과 만나는 두 점을 각각 P, Q라 하면 직각삼각형 PAC에서

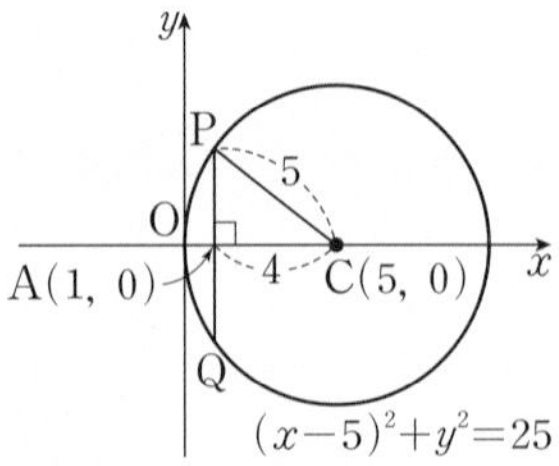

$\overline{AP}=\sqrt{5^2-4^2}=3$ ∴ $\overline{PQ}=2\overline{AP}=6$

따라서 $M=10$, $m=6$이므로 $M+m=\mathbf{16}$

$(x-3)^2+(y-1)^2=25$

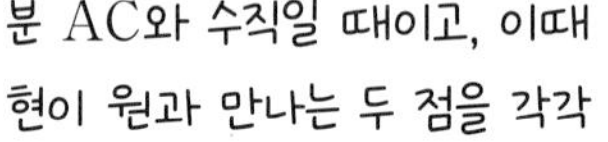
→ 원의 중심: C(3, 1), 반지름의 길이: 5

0226 원 $x^2+y^2-6x-2y-15=0$의 현 중에서 점 A(−1, 1)을 지나고 그 길이가 자연수인 현의 개수는?

답 ④

풀이 오른쪽 그림과 같이 점 A를 지나는 현의 길이의 최댓값은 현이 원의 지름일 때이므로 10이다.

또, 현의 길이의 최솟값은 현이 선분 AC와 수직일 때이고, 이때 현이 원과 만나는 두 점을 각각 P, Q라 하면 직각삼각형 PAC에서

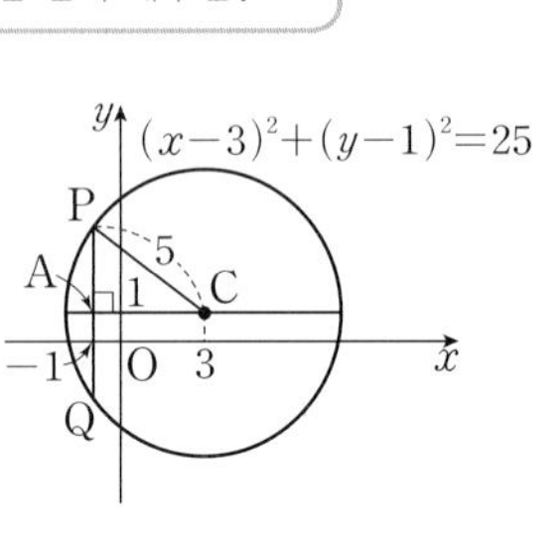

$\overline{AP}=\sqrt{5^2-4^2}=3$ ∴ $\overline{PQ}=2\overline{AP}=6$

따라서 현의 길이가 자연수인 경우는 현의 길이가 6, 7, 8, 9, 10일 때이므로 구하는 현의 개수는

(6: 1개, 7~9: 2개, 10: 1개)

$3\cdot 2+2\cdot 1=8$

원 밖의 한 점 P에서 원에 그은 접선의 접점을 Q라 하면
직각삼각형 OPQ에서 (접선의 길이)$=x=\sqrt{d^2-r^2}$

유형 13 접선의 길이 (개념 3)

원의 중심: C(2, 0), 반지름의 길이: 2

0227 점 P$(-1, 4)$에서 원 $x^2+y^2-4x=0$에 그은 접선의 접점을 Q라 할 때, $\overline{\text{PQ}}$의 길이를 구하시오. $x^2+(y-2)^2=4$

답 $\sqrt{21}$

풀이 오른쪽 그림에서

$\overline{\text{CP}}=\sqrt{(-1-2)^2+(4-0)^2}=5$

$\overline{\text{CQ}}=2$

직각삼각형 PCQ에서

$\overline{\text{PQ}}=\sqrt{5^2-2^2}=\sqrt{21}$

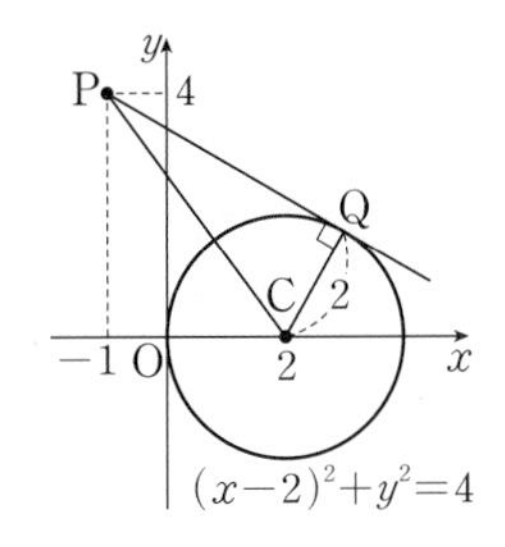

원의 중심: C(1, 2), 반지름의 길이: 4

0228 점 P$(3, a)$에서 원 $(x-1)^2+(y-2)^2=16$에 그은 접선의 접점을 Q라 할 때, $\overline{\text{PQ}}=\sqrt{13}$이다. 양수 a의 값은?

답 ②

풀이 오른쪽 그림에서

$\overline{\text{CQ}}=4$, $\overline{\text{PQ}}=\sqrt{13}$

$\overline{\text{CP}}=\sqrt{(3-1)^2+(a-2)^2}$

$=\sqrt{a^2-4a+8}$

직각삼각형 CPQ에서

$\overline{\text{CP}}^2=\overline{\text{PQ}}^2+\overline{\text{CQ}}^2$이므로

$a^2-4a+8=(\sqrt{13})^2+4^2$

$a^2-4a-21=0$, $(a-7)(a+3)=0$

$\therefore a=7$ ($\because a>0$)

원의 중심: O(0, 0), 반지름의 길이: 2

0229 점 P$(2, 3)$에서 원 $x^2+y^2=4$에 그은 두 접선의 접점을 각각 A, B라 할 때, 사각형 AOBP의 넓이를 구하시오. (단, O는 원점이다.)

답 6

풀이 오른쪽 그림에서

$\overline{\text{OP}}=\sqrt{2^2+3^2}=\sqrt{13}$, $\overline{\text{OA}}=2$

직각삼각형 OPA에서

$\overline{\text{AP}}=\sqrt{(\sqrt{13})^2-2^2}=3$

$\triangle\text{OPA}\equiv\triangle\text{OPB}$ (RHS 합동)

이므로

$\square\text{AOBP}=2\triangle\text{OPA}=2\cdot\frac{1}{2}\cdot2\cdot3=6$

원의 중심: C(−2, 3), 반지름의 길이: 3

0230 점 P$(2, 0)$에서 원 $x^2+y^2+4x-6y+4=0$에 그은 두 접선의 접점을 각각 A, B라 할 때, $\overline{\text{AB}}$의 길이는? $(x+2)^2+(y-3)^2=9$

답 ④

풀이 오른쪽 그림에서

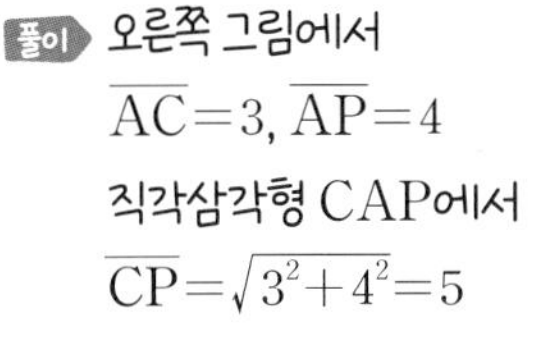

$\overline{\text{AC}}=3$, $\overline{\text{AP}}=4$

직각삼각형 CAP에서

$\overline{\text{CP}}=\sqrt{3^2+4^2}=5$

$\triangle$CAP의 넓이에서

$\frac{1}{2}\cdot\overline{\text{AC}}\cdot\overline{\text{AP}}=\frac{1}{2}\cdot\overline{\text{CP}}\cdot\overline{\text{AR}}$이므로

$\frac{1}{2}\cdot3\cdot4=\frac{1}{2}\cdot5\cdot\overline{\text{AR}}$ $\quad\therefore \overline{\text{AR}}=\frac{12}{5}$ $\quad\therefore \overline{\text{AB}}=\frac{24}{5}$ ($\overline{\text{AB}}=2\overline{\text{AR}}$)

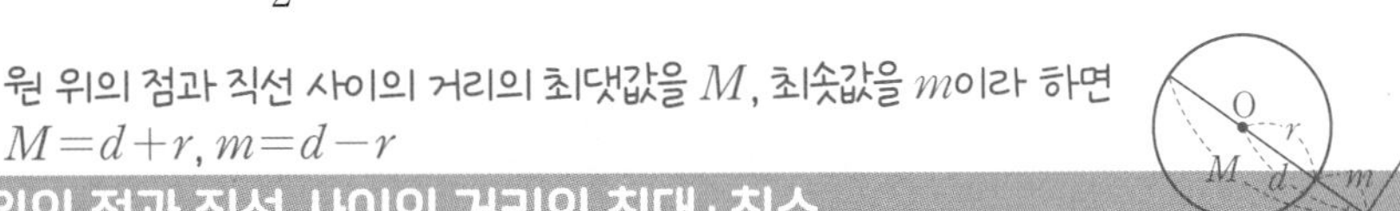

원 위의 점과 직선 사이의 거리의 최댓값을 M, 최솟값을 m이라 하면
$M=d+r$, $m=d-r$

유형 14 원 위의 점과 직선 사이의 거리의 최대·최소 (개념 3)

0231 원 $x^2+y^2-2x+4y-3=0$ 위의 점 P와 직선 $x-y+3=0$ 사이의 거리의 최댓값을 M, 최솟값을 m이라 할 때, $M+m$의 값은? $(x-1)^2+(y+2)^2=8$

답 ③

풀이 원의 중심 $(1, -2)$와 직선 $x-y+3=0$ 사이의 거리를 d라 하면

$$d=\frac{|1+2+3|}{\sqrt{1^2+(-1)^2}}=\frac{6}{\sqrt{2}}=3\sqrt{2}$$

원의 반지름의 길이가 $2\sqrt{2}$이므로

$M=d+$(원의 반지름의 길이)$=3\sqrt{2}+2\sqrt{2}=5\sqrt{2}$

$m=d-$(원의 반지름의 길이)$=3\sqrt{2}-2\sqrt{2}=\sqrt{2}$

$\therefore M+m=6\sqrt{2}$

서술형

0232 원 $x^2+y^2-6x-2y+9=0$ 위의 점 P와 두 점 A$(-3, -1)$, B$(1, 2)$를 꼭짓점으로 하는 삼각형 ABP의 넓이의 최댓값을 M, 최솟값을 m이라 할 때, $\frac{M}{m}$의 값을 구하시오. $(x-3)^2+(y-1)^2=1$ → 원의 중심: (3, 1), 반지름의 길이: 1

답 3

풀이 직선 AB의 방정식은 $3x-4y+5=0$ $\left(y-2=\frac{2+1}{1+3}(x-1)\right)$ ···❶ (30%)

원의 중심 $(3, 1)$과 직선 $3x-4y+5=0$ 사이의 거리는

$$\frac{|9-4+5|}{\sqrt{3^2+(-4)^2}}=2$$

$\overline{\text{AB}}=\sqrt{(1+3)^2+(2+1)^2}=5$이므로

$M=\triangle\text{AP}_1\text{B}=\frac{1}{2}\cdot5\cdot(2+1)=\frac{15}{2}$ — 점 P와 직선 사이의 거리의 최댓값

$m=\triangle\text{AP}_2\text{B}=\frac{1}{2}\cdot5\cdot(2-1)=\frac{5}{2}$ — 점 P와 직선 사이의 거리의 최솟값 ···❷ (50%)

$\therefore \frac{M}{m}=\frac{15}{2}\cdot\frac{2}{5}=3$ ···❸ (20%)

① 원 $x^2+y^2=r^2\ (r>0)$에 접하고 기울기가 m인 직선의 방정식은 $y=mx\pm r\sqrt{m^2+1}$
② 원 $(x-a)^2+(y-b)^2=r^2\ (r>0)$에 접하고 기울기가 m인 직선의 방정식은 $y-b=m(x-a)\pm r\sqrt{m^2+1}$

유형 15 원의 접선의 방정식; 기울기가 주어진 경우 개념 4

수직인 직선의 기울기: $-\frac{1}{2}$

0233 직선 $y=2x+1$에 수직이고, 원 $x^2+y^2=4$에 접하는 직선의 y절편을 k라 할 때, k^2의 값은? 반지름의 길이: 2 **답** ⑤

풀이 접선의 방정식은 $y=-\frac{1}{2}x\pm2\sqrt{\left(-\frac{1}{2}\right)^2+1}$

$\therefore y=-\frac{1}{2}x\pm\sqrt{5}$

따라서 접선의 y절편은 $\pm\sqrt{5}$이므로

$k=\pm\sqrt{5}$ $\quad\therefore k^2=$ **5**

반지름의 길이: 3 평행한 직선의 기울기: $\frac{3}{4}$

0234 원 $x^2+y^2=9$에 접하고 직선 $3x-4y-3=0$에 평행한 두 직선이 x축과 만나는 점을 각각 A, B라 할 때, 두 점 A, B 사이의 거리를 구하시오. **답** 10

풀이 접선의 방정식은 $y=\frac{3}{4}x\pm3\sqrt{\left(\frac{3}{4}\right)^2+1}$

$\therefore y=\frac{3}{4}x\pm\frac{15}{4}$

따라서 두 직선이 x축과 만나는 점의 좌표가 각각 $(-5, 0)$, $(5, 0)$이므로 두 점 A, B 사이의 거리는

$\overline{AB}=$ **10**

$(x-1)^2+y^2=5$
→ 원의 중심: $(1, 0)$, 반지름의 길이: $\sqrt{5}$

0235 다음 중 원 $x^2+y^2-2x-4=0$에 접하고 기울기가 -2인 직선 위의 점이 아닌 것은? **답** ②

① $(-1, -1)$ ② $(0, 3)$ ③ $(1, -5)$
④ $(1, 5)$ ⑤ $(2, 3)$

풀이 접선의 방정식을 $y=-2x+k$로 놓자. ($2x+y-k=0$)

원과 직선이 접하려면 $\frac{|2-k|}{\sqrt{2^2+1^2}}=\sqrt{5}$, $|k-2|=5$

$k-2=\pm5$ $\quad\therefore k=-3$ 또는 $k=7$

따라서 접선의 방정식은 $y=-2x-3$, $y=-2x+7$이므로 접선 위의 점이 아닌 것은 ② **(0, 3)**이다.

원의 중심: $(2, 3)$, 반지름의 길이: 2

0236 원 $(x-2)^2+(y-3)^2=4$에 접하고 기울기가 -3인 직선의 y절편을 k라 할 때, 모든 k의 값의 합은? **답** ③

풀이 접선의 방정식을 $y=-3x+k$로 놓자. ($3x+y-k=0$)

원과 직선이 접하려면 $\frac{|6+3-k|}{\sqrt{3^2+1^2}}=2$, $|9-k|=2\sqrt{10}$

$9-k=\pm2\sqrt{10}$ $\quad\therefore k=9\pm2\sqrt{10}$

따라서 모든 k의 값의 합은 **18**이다.

0237 원 $x^2+y^2=20$에 접하고 직선 $2x-y+1=0$에 평행한 접선 중 y절편이 양수인 직선을 l이라 하자. 직선 l이 원 $x^2-6x+y^2-2ay=0$의 넓이를 이등분할 때, 상수 a의 값은? **답** ④

$(x-3)^2+(y-a)^2=a^2+9$

풀이 직선 $2x-y+1=0$, 즉 $y=2x+1$에 평행한 직선의 기울기는 2이고, 원 $x^2+y^2=20$의 반지름의 길이는 $2\sqrt{5}$이므로 접선의 방정식은

$y=2x\pm2\sqrt{5}\sqrt{2^2+1}$ $\quad\therefore y=2x\pm10$

그런데 y절편이 양수이므로 직선 l의 방정식은 $y=2x+10$

이때 직선 l이 원 $(x-3)^2+(y-a)^2=a^2+9$의 넓이를 이등분하므로 직선 l은 원의 중심 $(3, a)$를 지나야 한다.

$\therefore a=2\cdot3+10=$ **16**

원의 중심: $C(6, 2)$, 반지름의 길이: $\sqrt{10}$

0238 그림과 같이 평행한 두 직선 l, l'이 원 $(x-6)^2+(y-2)^2=10$과 두 점 P, Q에서 접하고 $\overline{OP}=\overline{OQ}$이다. 직선 l이 y축과 만나는 점을 R라 할 때, 삼각형 OPR의 넓이는? (단, O는 원점이고, 점 P의 y좌표는 점 Q의 y좌표보다 크다.) **답** ②

(y, l, P, R, 2, C, l', 6, O, Q, x, $(x-6)^2+(y-2)^2=10$)

풀이 $\overline{OP}=\overline{OQ}$이므로 두 점 P, Q의 중점은 원의 중심인 $C(6, 2)$이다.
(이등변삼각형 POQ에서 $\overline{OC}$는 $\overline{PQ}$를 수직이등분한다.)

두 직선 l, l'은 기울기가 $\frac{1}{3}$인 원의 접선이므로 직선 l의 방정식은
(세 직선 l, l', OC는 서로 평행하다.)

$y-2=\frac{1}{3}(x-6)+\sqrt{10}\sqrt{\left(\frac{1}{3}\right)^2+1}$

$\therefore y=\frac{1}{3}x+\frac{10}{3}$

$(x-6)^2+(y-2)^2=10$에 $y=\frac{1}{3}x+\frac{10}{3}$을 대입하면

$(x-6)^2+\left(\frac{1}{3}x+\frac{4}{3}\right)^2=10$, $(x-5)^2=0$ $\quad\therefore x=5$ (점 P의 x좌표)

따라서 $R\left(0, \frac{10}{3}\right)$이므로 $\triangle OPR=\frac{1}{2}\cdot\frac{10}{3}\cdot5=$ $\mathbf{\frac{25}{3}}$

① 원 $x^2+y^2=r^2$ 위의 점 (x_1, y_1)에서의 접선의 방정식은 $x_1x+y_1y=r^2$
② 원 $(x-a)^2+(y-b)^2=r^2$ 위의 점 (x_1, y_1)에서의 접선의 방정식은 $(x_1-a)(x-a)+(y_1-b)(y-b)=r^2$

유형 16 원의 접선의 방정식; 원 위의 한 점이 주어진 경우 개념 4

0239 원 $x^2+y^2=25$ 위의 점 $(-4, 3)$에서의 접선이 원 $x^2+y^2-4x-2y-k=0$에 접할 때, 상수 k의 값은? 답 ⑤

풀이 원 $x^2+y^2=25$ 위의 점 $(-4, 3)$에서의 접선의 방정식은

$-4x+3y=25$ ∴ $4x-3y+25=0$ ⋯⋯ ㉠

$x^2+y^2-4x-2y-k=0$에서

$(x-2)^2+(y-1)^2=k+5$ ⋯⋯ ㉡

직선 ㉠과 원 ㉡의 중심 $(2, 1)$ 사이의 거리는

$\frac{|8-3+25|}{\sqrt{4^2+(-3)^2}}=6$

이때 직선 ㉠과 원 ㉡이 접하므로 $6=\sqrt{k+5}$

$36=k+5$ ∴ $k=\mathbf{31}$

0240 원 $x^2+y^2=20$ 위의 점 $(4, -2)$에서의 접선을 l이라 할 때, l과 평행하고 원 $x^2+y^2=9$에 접하는 직선의 방정식을 모두 구하시오. 답 풀이 참조

풀이 원 $x^2+y^2=20$ 위의 점 $(4, -2)$에서의 접선 l의 방정식은

$4x-2y=20$ ∴ $y=2x-10$

따라서 기울기가 2이고 원 $x^2+y^2=9$에 접하는 접선의 방정식은

$y=2x\pm3\sqrt{2^2+1}$ ∴ $\mathbf{y=2x\pm3\sqrt{5}}$

서술형

0241 원 $x^2+y^2=5$ 위의 두 점 $(2, 1)$, $(2, -1)$에서의 두 접선과 y축으로 둘러싸인 삼각형의 넓이를 구하시오. 답 $\frac{25}{2}$

풀이 원 $x^2+y^2=5$ 위의 점 $(2, 1)$에서의 접선의 방정식은

$2x+y=5$ ∴ $2x+y-5=0$ ⋯❶ (30%)

원 $x^2+y^2=5$ 위의 점 $(2, -1)$에서의 접선의 방정식은

$2x-y=5$ ∴ $2x-y-5=0$ ⋯❷ (30%)

두 직선 $2x+y-5=0$, $2x-y-5=0$이 y축과 만나는 점의 좌표는 각각 $(0, 5)$, $(0, -5)$이고, $2x+y-5=0$, $2x-y-5=0$을 연립하여 풀면 $x=\frac{5}{2}$, $y=0$이므로 두 직선이 만나는 점의 좌표는 $\left(\frac{5}{2}, 0\right)$이다.

따라서 구하는 삼각형의 넓이는 $\frac{1}{2}\cdot10\cdot\frac{5}{2}=\mathbf{\frac{25}{2}}$ ⋯❸ (40%)

0242 원 $x^2+y^2=16$ 위의 점 $(-2\sqrt{2}, 2\sqrt{2})$에서의 접선이 x축, y축과 만나는 점을 각각 A, B라 할 때, 삼각형 OAB의 넓이는? (단, O는 원점이다.) 답 ⑤

풀이 원 $x^2+y^2=16$ 위의 점 $(-2\sqrt{2}, 2\sqrt{2})$에서의 접선의 방정식은

$-2\sqrt{2}x+2\sqrt{2}y=16$ ∴ $y=x+4\sqrt{2}$

직선 $y=x+4\sqrt{2}$가 x축, y축과 만나는 점이 각각 $A(-4\sqrt{2}, 0)$, $B(0, 4\sqrt{2})$이므로 삼각형 OAB의 넓이는

$\frac{1}{2}\cdot4\sqrt{2}\cdot4\sqrt{2}=\mathbf{16}$

0243 원 $(x-1)^2+(y+3)^2=10$ 위의 점 $(2, 0)$에서의 접선의 방정식을 $x+ay+b=0$이라 할 때, 상수 a, b에 대하여 $a+b$의 값은? 답 ②

풀이 원의 중심 $(1, -3)$과 점 $(2, 0)$을 지나는 직선의 기울기는

$\frac{0-(-3)}{2-1}=3$

따라서 원 위의 점 $(2, 0)$에서의 접선의 기울기는 $-\frac{1}{3}$이므로

접선의 방정식은

$y=-\frac{1}{3}(x-2)$ ∴ $x+3y-2=0$

즉, $a=3$, $b=-2$이므로 $a+b=\mathbf{1}$

0244 원 $x^2+y^2-4x+2y-5=0$ 위의 점 $(-1, 0)$에서의 접선이 점 $(2, a)$를 지날 때, a의 값은? 답 ④

풀이 $x^2+y^2-4x+2y-5=0$에서 $(x-2)^2+(y+1)^2=10$이므로 원의 중심 $(2, -1)$과 점 $(-1, 0)$을 지나는 직선의 기울기는

$\frac{0-(-1)}{-1-2}=-\frac{1}{3}$

따라서 원 위의 점 $(-1, 0)$에서의 접선의 기울기는 3이므로 접선의 방정식은

$y=3(x+1)$ ∴ $y=3x+3$

이 직선이 점 $(2, a)$를 지나므로

$a=3\cdot2+3=\mathbf{9}$

유형 17 원의 접선의 방정식; 원 밖의 한 점이 주어진 경우

개념 4

기울기를 m이라 하면 직선의 방정식은 $y-4=m(x-5)$ $\therefore mx-y-5m+4=0$

0245 점 $(5, 4)$에서 원 $(x-2)^2+(y-1)^2=1$에 그은 두 접선의 기울기를 각각 m_1, m_2라 할 때, m_1m_2의 값을 구하시오.

답 1

풀이 원과 직선이 접하려면 $\frac{|2m-1-5m+4|}{\sqrt{m^2+(-1)^2}}=1$

$|3m-3|=\sqrt{m^2+1}$ $\therefore 4m^2-9m+4=0$

이 이차방정식의 두 근이 m_1, m_2이므로 근과 계수의 관계에 의하여 $m_1m_2=\mathbf{1}$

기울기를 m이라 하면 이 직선은 원의 중심 $(0, 3)$을 지나므로 직선의 방정식은 $y=mx+3$ $\therefore mx-y+3=0$

0246 서술형 원 $x^2+y^2-6y+4=0$의 넓이를 이등분하는 두 직선이 원 $x^2+y^2=4$에 접할 때, 두 직선과 x축으로 둘러싸인 삼각형의 넓이는 $\frac{a\sqrt{5}}{b}$이다. 이때 $a+b$의 값을 구하시오. (단, a, b는 서로소인 자연수이다.)

$x^2+(y-3)^2=5$

답 23

풀이 직선 $mx-y+3=0$이 원 $x^2+y^2=4$에 접하므로

$\frac{|3|}{\sqrt{m^2+(-1)^2}}=2$, $9=4m^2+4$ $\therefore m=\pm\frac{\sqrt{5}}{2}$

즉, 두 직선의 방정식은

$\sqrt{5}x-2y+6=0$, $\sqrt{5}x+2y-6=0$ …❶ (40%)

이 두 직선이 x축과 만나는 점의 좌표는 각각

$\left(-\frac{6\sqrt{5}}{5}, 0\right)$, $\left(\frac{6\sqrt{5}}{5}, 0\right)$이고, 두 직선의 교점의 좌표는 $(0, 3)$이다. …❷ (30%)

따라서 구하는 삼각형의 넓이는 $\frac{1}{2}\cdot\frac{12\sqrt{5}}{5}\cdot 3=\frac{18\sqrt{5}}{5}$이므로

$a=18$, $b=5$ $\therefore a+b=\mathbf{23}$ …❸ (30%)

기울기를 m이라 하면 직선의 방정식은 $y-2=m(x-k)$ $\therefore mx-y-mk+2=0$

0247 그림과 같이 점 $(k, 2)$에서 원 $x^2+y^2=1$에 그은 두 접선의 기울기의 곱이 $\frac{1}{4}$일 때, k^2의 값을 구하시오.

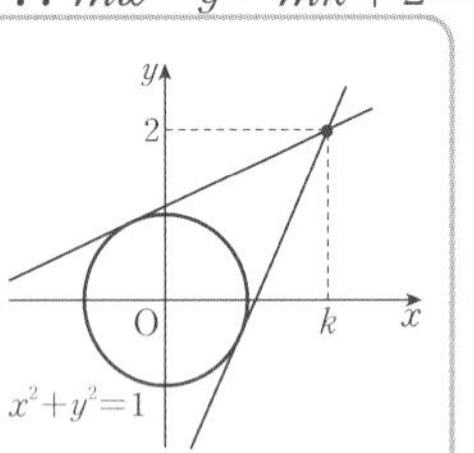

답 13

풀이 원과 직선이 접하려면

$\frac{|-mk+2|}{\sqrt{m^2+(-1)^2}}=1$, $|mk-2|=\sqrt{m^2+1}$

$\therefore (k^2-1)m^2-4km+3=0$ …… ㉠

(i) $k=-1$ 또는 $k=1$일 때, m의 값이 1개씩만 존재하므로 조건을 만족시키지 않는다.

(ii) $k\neq\pm1$일 때, m에 대한 이차방정식 ㉠에서 근과 계수의 관계에 의하여 두 접선의 기울기의 곱은

$\frac{3}{k^2-1}=\frac{1}{4}$ $\therefore k^2=\mathbf{13}$

0248 점 $(0, a)$에서 원 $(x-4)^2+(y-1)^2=9$에 그은 두 접선이 서로 수직이 되도록 하는 모든 실수 a의 값의 합을 구하시오.

기울기를 m이라 하면 직선의 방정식은 $y-a=mx$ $\therefore mx-y+a=0$

답 2

풀이 원과 직선이 접하려면

$\frac{|4m-1+a|}{\sqrt{m^2+(-1)^2}}=3$, $|4m+a-1|=3\sqrt{m^2+1}$

$\therefore 7m^2+8(a-1)m+a^2-2a-8=0$ …… ㉠

m에 대한 이차방정식 ㉠에서 근과 계수의 관계에 의하여 두 접선의 기울기의 곱은

두 접선이 서로 수직 → 기울기의 곱: -1

$\frac{a^2-2a-8}{7}=-1$, $a^2-2a-1=0$ $\therefore a=1\pm\sqrt{2}$

따라서 모든 실수 a의 값의 합은

$(1+\sqrt{2})+(1-\sqrt{2})=\mathbf{2}$

0249 점 $(4, -3)$에서 원 $x^2+y^2=10$에 그은 두 접선의 접점을 각각 A, B라 할 때, 두 점 A, B를 지나는 직선과 원점 사이의 거리를 구하시오. $A(x_1, y_1)$, $B(x_2, y_2)$로 놓자.

답 2

풀이 점 $A(x_1, y_1)$에서의 접선의 방정식은 $x_1x+y_1y=10$

이 직선이 점 $(4, -3)$을 지나므로 $4x_1-3y_1=10$ …… ㉠

점 $B(x_2, y_2)$에서의 접선의 방정식은 $x_2x+y_2y=10$

이 직선이 $(4, -3)$을 지나므로 $4x_2-3y_2=10$ …… ㉡

㉠, ㉡에서 직선 AB의 방정식은 $4x-3y=10$

$4x-3y-10=0$

따라서 이 직선과 원점 사이의 거리는 $\frac{|-10|}{\sqrt{4^2+(-3)^2}}=\mathbf{2}$

0250 점 $(3, a)$에서 원 $x^2+y^2=5$에 그은 두 접선의 접점을 각각 A, B라 할 때, 직선 AB는 원 $x^2+y^2=1$에 접한다. 양수 a의 값을 구하시오.

답 4

풀이 점 $(3, a)$에서 원 $x^2+y^2=5$에 그은 두 접선의 접점을 지나는 직선의 방정식은

$3x+ay=5$ $\therefore 3x+ay-5=0$

이 직선이 원 $x^2+y^2=1$에 접하므로

$\frac{|-5|}{\sqrt{3^2+a^2}}=1$, $25=9+a^2$

$a^2=16$ $\therefore a=\mathbf{4}$ ($\because a>0$)

Tip 원 밖의 점 (a, b)에서 원 $x^2+y^2=r^2$에 그은 두 접선의 접점 A, B를 지나는 직선 AB의 방정식은 $ax+by=r^2$이다.

유형 18 두 도형에 동시에 접하는 접선의 방정식 개념 3

원의 중심: $(0, 0)$, 반지름의 길이: 3

0251 그림과 같이 직선 $y=mx+n$이 두 원 $x^2+y^2=9$, $(x+3)^2+y^2=1$에 동시에 접할 때, 양수 m, n에 대하여 $5mn$의 값은?

원의 중심: $(-3, 0)$, 반지름의 길이: 1

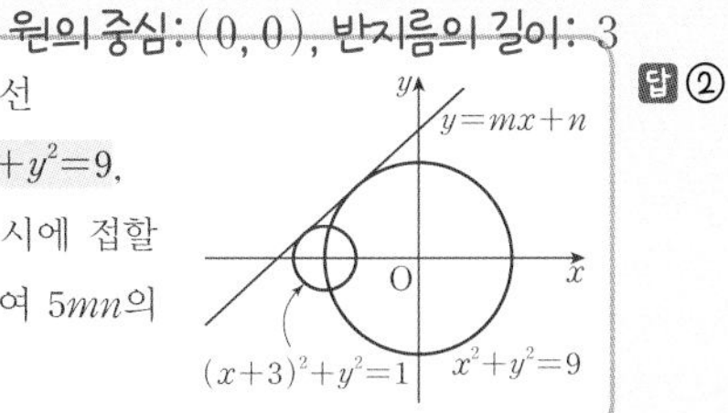

답 ②

풀이 $\dfrac{|n|}{\sqrt{m^2+(-1)^2}}=3$에서 $n=3\sqrt{m^2+1}$ …… ㉠

원 $x^2+y^2=9$와 직선 $mx-y+n=0$이 접하기 위한 조건

$\dfrac{|-3m+n|}{\sqrt{m^2+(-1)^2}}=1$에서 $|-3m+n|=\sqrt{m^2+1}$ …… ㉡

원 $(x+3)^2+y^2=1$과 직선 $mx-y+n=0$이 접하기 위한 조건

㉠, ㉡에서 $|-3m+n|=\dfrac{n}{3}$

(i) $-3m+n\geq 0$일 때

$-3m+n=\dfrac{n}{3}$ $\quad\therefore m=\dfrac{2}{9}n$ …… ㉢

㉠, ㉢에서 $n=\dfrac{9\sqrt{5}}{5}$, $m=\dfrac{2\sqrt{5}}{5}$

(ii) $-3m+n<0$일 때

$3m-n=\dfrac{n}{3}$ $\quad\therefore m=\dfrac{4}{9}n$ …… ㉣

㉠, ㉣에서 실수 n의 값은 존재하지 않는다.

(i), (ii)에서 $5mn=5\cdot\dfrac{2\sqrt{5}}{5}\cdot\dfrac{9\sqrt{5}}{5}=$ **18**

서술형 $y=mx+n$으로 놓자.

0252 이차함수 $y=-x^2$의 그래프와 원 $x^2+(y-2)^2=4$에 동시에 접하는 직선의 y절편을 구하시오. 원의 중심: $(0, 2)$, 반지름의 길이: 2

(단, 직선의 기울기는 0이 아닌 실수이다.)

답 20

풀이 이차함수의 그래프와 직선이 접하므로 이차방정식 $-x^2=mx+n$, 즉 $x^2+mx+n=0$의 판별식을 D라 하면

$D=m^2-4n=0$ $\quad\therefore m^2=4n$ …… ㉠ …❶ (40%)

원과 직선이 접하므로

$\dfrac{|-2+n|}{\sqrt{m^2+(-1)^2}}=2$, $|n-2|=2\sqrt{m^2+1}$

$\therefore n^2-4n-4m^2=0$ …… ㉡ …❷ (40%)

㉠을 ㉡에 대입하면 $n^2-20n=0$

$n(n-20)=0$ $\quad\therefore n=0$ 또는 $n=20$

(i) $n=0$이면 ㉠에서 $m=0$

구하는 직선의 방정식은 $y=0$이므로 주어진 조건을 만족시키지 않는다.

(ii) $n=20$이면 ㉠에서 $m^2=80$ $\quad\therefore m=\pm 4\sqrt{5}$

구하는 직선의 방정식은 $y=\pm 4\sqrt{5}x+20$

(i), (ii)에서 구하는 직선의 방정식은 $y=\pm 4\sqrt{5}x+20$이므로 y절편은 **20**이다. …❸ (20%)

유형 19 두 원에 동시에 접하는 접선의 길이 개념 5

0253 그림과 같이 중심이 C인 원 $(x-1)^2+(y-2)^2=16$과 중심이 C′인 원 $(x-5)^2+(y-6)^2=4$에 동시에 접하는 접선 l을 긋고, 접점을 각각 A, B라 할 때, 사각형 CABC′의 넓이는 S이다. 이때 S^2의 값을 구하시오.

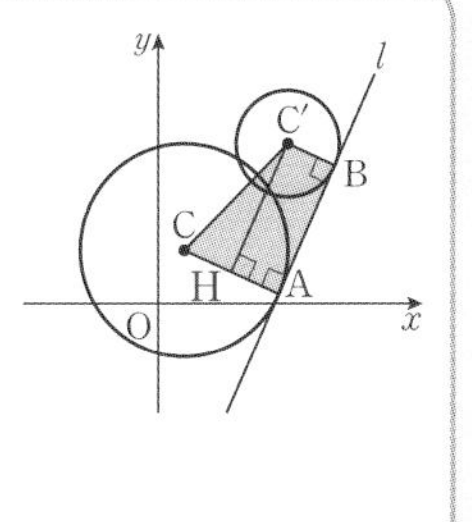

답 252

풀이 $C(1, 2)$, $C'(5, 6)$이므로

$\overline{CC'}=\sqrt{(5-1)^2+(6-2)^2}=4\sqrt{2}$

점 C′에서 $\overline{CA}$에 내린 수선의 발을 H라 하면

$\overline{CH}=4-2=2$

직각삼각형 CC′H에서

$\overline{C'H}=\sqrt{(4\sqrt{2})^2-2^2}=2\sqrt{7}$이므로

$\overline{AB}=\overline{C'H}=2\sqrt{7}$

따라서 사각형 CABC′의 넓이는

$S=\dfrac{1}{2}\cdot(2+4)\cdot 2\sqrt{7}=6\sqrt{7}$ $\quad\therefore S^2=$ **252**

중심을 각각 O, O′이라 하면 $O(0, 0)$, $O'(a, 6)$

0254 그림과 같이 두 원

O: $x^2+y^2=4$,

O': $(x-a)^2+(y-6)^2=16$

에 동시에 접하는 두 접선을 긋고 접점을 각각 A, B, C, D라 할 때, 선분 AB의 길이는 $4\sqrt{3}$이다. 선분 CD의 길이를 l이라 할 때, $a+l$의 값을 구하시오. (단, a는 양수이다.)

답 8

풀이 오른쪽 그림에서 $\overline{OO'}=\sqrt{a^2+36}$이고,

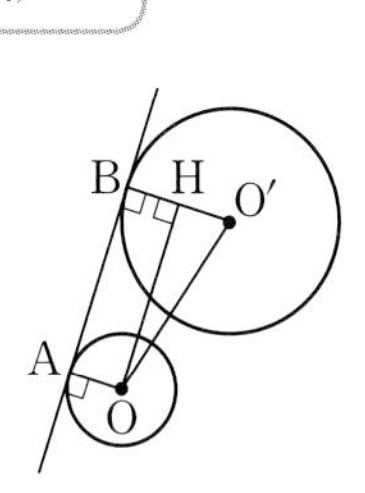

$\overline{O'H}=4-2=2$, $\overline{OH}=\overline{AB}=4\sqrt{3}$

이므로 직각삼각형 OO′H에서

$\overline{OO'}=\sqrt{(4\sqrt{3})^2+2^2}=2\sqrt{13}$

즉, $\sqrt{a^2+36}=2\sqrt{13}$이므로

$a^2+36=52$ $\quad\therefore a=4$ ($\because a>0$)

한편, 오른쪽 그림에서 $\overline{OH'}=2+4=6$이므로

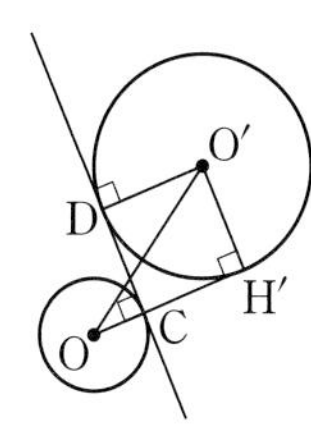

직각삼각형 OH′O′에서

$\overline{O'H'}=\sqrt{(2\sqrt{13})^2-6^2}=4$

$\therefore l=\overline{CD}=\overline{O'H'}=4$

$\therefore a+l=8$

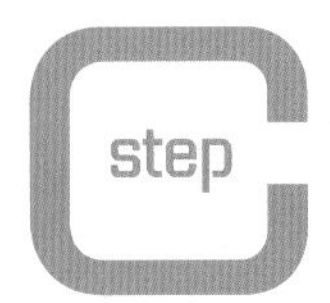

실력 완성!

0255 두 점 A(3, −2), B(−1, 2)를 지름의 양 끝 점으로 하는 원이 x축과 만나는 두 점 사이의 거리는? 답 ④

풀이 원의 중심은 선분 AB의 중점이므로 원의 중심의 좌표는

$\left(\frac{3-1}{2}, \frac{-2+2}{2}\right)$, 즉 $(1, 0)$

선분 AB가 원의 지름이므로 원의 반지름의 길이는

$\frac{1}{2}\overline{AB}=\frac{1}{2}\sqrt{(-1-3)^2+(2+2)^2}=2\sqrt{2}$

따라서 구하는 원의 방정식은 $(x-1)^2+y^2=8$

위 식에 $y=0$을 대입하면 $(x-1)^2=8$ $\quad\therefore x=1\pm2\sqrt{2}$

즉, 원이 x축과 만나는 두 점 $(1-2\sqrt{2}, 0)$, $(1+2\sqrt{2}, 0)$ 사이의 거리는

$(1+2\sqrt{2})-(1-2\sqrt{2})=\mathbf{4\sqrt{2}}$

0256 실수 a에 대하여 원 $x^2+y^2+8x-2ay+4a-1=0$의 넓이의 최솟값은? $(x+4)^2+(y-a)^2=a^2-4a+17$ 답 ②

풀이 원 $(x+4)^2+(y-a)^2=a^2-4a+17$의 넓이가 최소이려면 반지름의 길이가 최소이어야 하므로

$a^2-4a+17=(a-2)^2+13$

에서 $a=2$일 때 반지름의 길이는 최소이고, 그때의 반지름의 길이는 $\sqrt{13}$이다.

따라서 원의 넓이의 최솟값은 $\mathbf{13\pi}$이다.

0257 상수 a에 대하여 방정식 $x^2+ay^2+4x-2y+k=0$이 원을 나타낼 때, 자연수 k의 최댓값을 M이라 하자. $M+a$의 값은? 답 ②

풀이 원의 방정식이 되려면 x^2의 계수와 y^2의 계수가 같아야 하므로

$a=1$

즉, $x^2+y^2+4x-2y+k=0$에서

$(x+2)^2+(y-1)^2=5-k$

이 방정식이 원을 나타내려면

$5-k>0$ $\quad\therefore k<5$

따라서 자연수 k의 최댓값은 4이므로 $M=4$

$\therefore M+a=\mathbf{5}$

0258 중심이 직선 $y=x+1$ 위에 있고 x축에 접하며 점 (1, 1)을 지나는 두 원의 중심 사이의 거리는? 답 ②

풀이 중심이 직선 $y=x+1$ 위에 있으므로 원의 중심의 좌표를 $(a, a+1)$로 놓으면 원이 x축에 접하므로 원의 방정식은

$(x-a)^2+(y-a-1)^2=(a+1)^2$

이 원이 점 $(1, 1)$을 지나므로

$(1-a)^2+(-a)^2=(a+1)^2$

$a^2-4a=0$, $a(a-4)=0$ $\quad\therefore a=0$ 또는 $a=4$

따라서 두 원의 중심 $(0, 1)$, $(4, 5)$ 사이의 거리는

$\sqrt{(4-0)^2+(5-1)^2}=\mathbf{4\sqrt{2}}$

$(x+2)^2+(y-1)^2=9$

0259 점 A(1, −2)와 원 $x^2+y^2+4x-2y-4=0$ 위를 움직이는 점 B에 대하여 선분 AB를 1 : 2로 내분하는 점을 C라 할 때, 점 C가 나타내는 도형의 넓이는? 답 ①

풀이 점 B의 좌표를 (a, b)로 놓으면

$(a+2)^2+(b-1)^2=9$ $\quad\cdots\cdots$ ㉠

선분 AB를 1 : 2로 내분하는 점 C의 좌표를 (x, y)로 놓으면

$x=\frac{a+2}{3}$, $y=\frac{b-4}{3}$

$\therefore a=3x-2$, $b=3y+4$ $\quad\cdots\cdots$ ㉡

㉡을 ㉠에 대입하면 $(3x)^2+(3y+3)^2=9$

$\therefore x^2+(y+1)^2=1$

따라서 점 C가 나타내는 도형은 중심의 좌표가 $(0, -1)$이고 반지름의 길이가 1인 원이므로 그 넓이는 π이다.

(원의 중심과 직선 사이의 거리)=(원의 반지름의 길이)

0260 직선 $ax+by-2=0$이 원 $x^2+y^2=2$에 접하도록 하는 정수 a, b의 순서쌍 (a, b)의 개수는? 답 ④

풀이 원의 중심 $(0, 0)$과 직선 $ax+by-2=0$ 사이의 거리는

$\frac{2}{\sqrt{a^2+b^2}}$이고, 원의 반지름의 길이가 $\sqrt{2}$이므로 원과 직선이 접하려면

$\frac{2}{\sqrt{a^2+b^2}}=\sqrt{2}$ $\quad\therefore a^2+b^2=2$

따라서 위 식을 만족시키는 정수 a, b의 순서쌍 (a, b)는

$(-1, -1)$, $(-1, 1)$, $(1, -1)$, $(1, 1)$

의 **4**개이다.

중심을 각각 O, O'이라 하자.

0261 두 원 $x^2+y^2=9$, $x^2+y^2+4x+8y+k=0$이 서로 다른 두 점 A, B에서 만난다. $\overline{AB}=4$가 되도록 하는 모든 실수 k의 값의 합을 구하시오.

답 -18

풀이 오른쪽 그림과 같이 $\overline{OO'}$과 $\overline{AB}$의 교점을 C라 하면

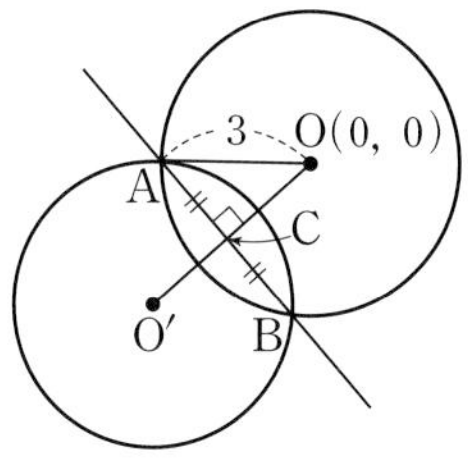

$\overline{AC}=\frac{1}{2}\overline{AB}=2$

직각삼각형 OAC에서

$\overline{OC}=\sqrt{3^2-2^2}=\sqrt{5}$ …… ㉠

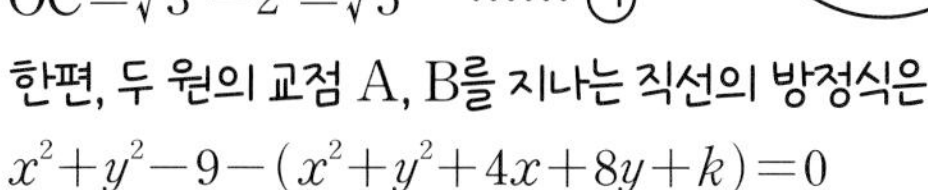

한편, 두 원의 교점 A, B를 지나는 직선의 방정식은

$x^2+y^2-9-(x^2+y^2+4x+8y+k)=0$

$\therefore 4x+8y+k+9=0$

$\therefore \overline{OC}=\frac{|k+9|}{\sqrt{4^2+8^2}}=\frac{|k+9|}{4\sqrt{5}}$ …… ㉡

㉠, ㉡에서 $\frac{|k+9|}{4\sqrt{5}}=\sqrt{5}$, $k+9=\pm20$

$\therefore k=-29$ 또는 $k=11$

따라서 모든 실수 k의 값의 합은 $-29+11=\mathbf{-18}$

$A^2+AB+BA+B^2=A^2+2AB+B^2$에서
$AB+BA=2AB \quad \therefore AB=BA$

0262 두 행렬 $A=\begin{pmatrix} x & 2 \\ 1 & 2 \end{pmatrix}$, $B=\begin{pmatrix} 3 & 2x \\ x & y^2 \end{pmatrix}$에 대하여 $(A+B)^2=A^2+2AB+B^2$이 성립할 때, 점 (x, y)와 점 $(4, -4)$ 사이의 거리의 최댓값을 M, 최솟값을 m이라 하자. $M+m$의 값을 구하시오.

답 10

풀이 $AB=BA$이므로

$\begin{pmatrix} x & 2 \\ 1 & 2 \end{pmatrix}\begin{pmatrix} 3 & 2x \\ x & y^2 \end{pmatrix}=\begin{pmatrix} 3 & 2x \\ x & y^2 \end{pmatrix}\begin{pmatrix} x & 2 \\ 1 & 2 \end{pmatrix}$에서

$\begin{pmatrix} 5x & 2x^2+2y^2 \\ 2x+3 & 2x+2y^2 \end{pmatrix}=\begin{pmatrix} 5x & 4x+6 \\ x^2+y^2 & 2x+2y^2 \end{pmatrix}$

즉, $x^2+y^2=2x+3$이므로 $(x-1)^2+y^2=4$

따라서 점 (x, y)는 중심이 점 $(1, 0)$이고 반지름의 길이가 2인 원 위의 점이고, $C(1, 0)$, $P(4, -4)$라 하면

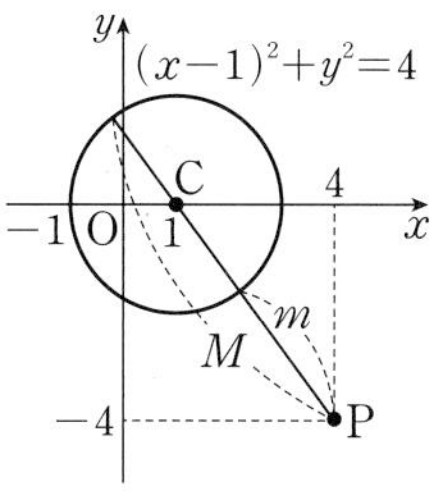

$\overline{PC}=\sqrt{(1-4)^2+(0+4)^2}=5$이므로

$M=\overline{PC}+$(원의 반지름의 길이)
$=5+2=7$

$m=\overline{PC}-$(원의 반지름의 길이)
$=5-2=3$

$\therefore M+m=\mathbf{10}$

원의 중심을 C라 하면 C$(-1, 3)$

0263 원 $(x+1)^2+(y-3)^2=4$와 직선 $y=mx+2$가 서로 다른 두 점 A, B에서 만난다. 선분 AB의 길이가 $2\sqrt{2}$일 때, 상수 m의 값은?

답 ①

풀이 오른쪽 그림과 같이 원의 중심 C에서 직선 $y=mx+2$에 내린 수선의 발을 H라 하면

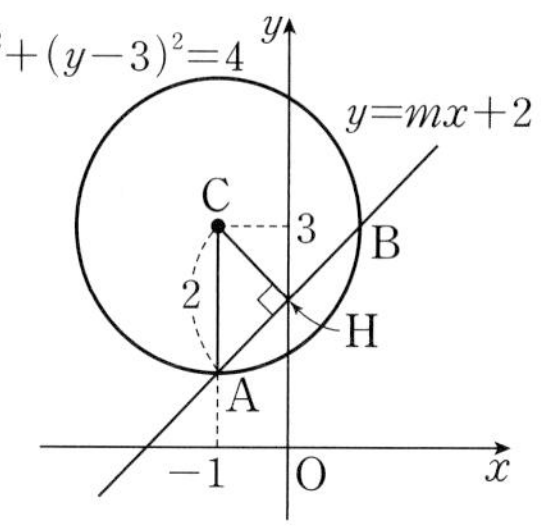

$\overline{AH}=\frac{1}{2}\overline{AB}=\sqrt{2}$

직각삼각형 ACH에서

$\overline{CH}=\sqrt{2^2-(\sqrt{2})^2}=\sqrt{2}$ …… ㉠

또, 원의 중심 $C(-1, 3)$과 직선 $y=mx+2$, 즉 $mx-y+2=0$ 사이의 거리는

$\overline{CH}=\frac{|-m-3+2|}{\sqrt{m^2+(-1)^2}}=\frac{|m+1|}{\sqrt{m^2+1}}$ …… ㉡

㉠, ㉡에서 $\frac{|m+1|}{\sqrt{m^2+1}}=\sqrt{2}$, $|m+1|=\sqrt{2m^2+2}$

$m^2-2m+1=0$, $(m-1)^2=0$

$\therefore m=\mathbf{1}$

0264 그림과 같이 점 P(6, 8)에서 원 $x^2+y^2=k$에 그은 두 접선의 접점을 각각 A, B라 하자. 삼각형 ABP가 정삼각형일 때, 양수 k의 값을 구하시오.

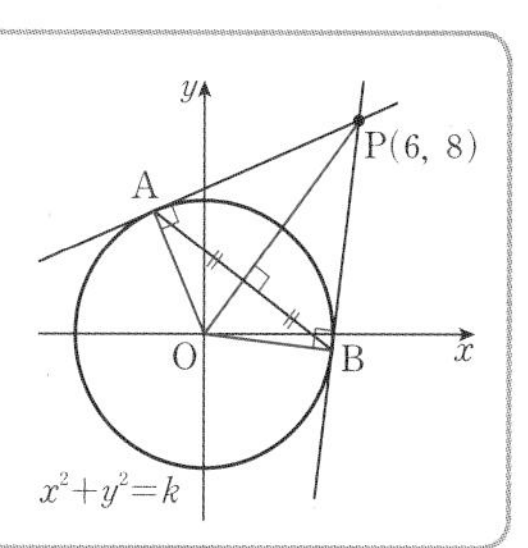

답 25

풀이 위의 그림에서 $\overline{OA}=\overline{OB}=\sqrt{k}$, $\overline{OP}=\sqrt{6^2+8^2}=10$이므로

직각삼각형 AOP에서

$\overline{AP}=\sqrt{10^2-(\sqrt{k})^2}=\sqrt{100-k}$

이때 삼각형 ABP가 정삼각형이므로

$\overline{AB}=\overline{AP}=\sqrt{100-k}$

사각형 AOBP의 넓이에서

$2\left(\frac{1}{2}\cdot\overline{AP}\cdot\overline{OA}\right)=\frac{1}{2}\cdot\overline{OP}\cdot\overline{AB}$이므로

$\sqrt{100-k}\sqrt{k}=5\sqrt{100-k}$

$\sqrt{k}=5 \quad \therefore k=\mathbf{25}$

(두 직선의 기울기의 곱)$=-1$

0265 원 $x^2+y^2=25$ 위의 점 $(4, 3)$에서의 접선과 수직이면서 점 $(-1, 2)$를 지나는 직선의 방정식이 $3x+ay+b=0$일 때, $b-a$의 값은? (단, a, b는 상수이다.)

답 ⑤

풀이 원 $x^2+y^2=25$ 위의 점 $(4, 3)$에서의 접선의 방정식은

$4x+3y=25 \quad \therefore y=-\frac{4}{3}x+\frac{25}{3}$

이 접선의 기울기가 $-\frac{4}{3}$이므로 이 접선에 수직이고

점 $(-1, 2)$를 지나는 직선의 방정식은

$y-2=\frac{3}{4}(x+1) \quad \therefore 3x-4y+11=0$

따라서 $a=-4$, $b=11$이므로

$b-a=\mathbf{15}$

(반지름의 길이)$=|$(중심의 x좌표)$|=|$(중심의 y좌표)$|$

0266 중심이 제2사분면 위에 있고, x축과 y축에 동시에 접하는 원 중에서 반지름의 길이가 2인 원을 C라 하자. 원 C 밖의 한 점 A$(-4, 8)$에서 원 C에 그은 두 접선과 x축으로 둘러싸인 삼각형의 넓이를 구하시오. 접선의 기울기를 m이라 하자.

답 24

풀이 원 C의 방정식은 $(x+2)^2+(y-2)^2=4$ ← 원의 중심: $(-2, 2)$

기울기가 m이고 점 A$(-4, 8)$을 지나는 직선의 방정식은

$y-8=m(x+4) \quad \therefore mx-y+4m+8=0$

이 직선이 원 $(x+2)^2+(y-2)^2=4$에 접하므로

$\frac{|-2m-2+4m+8|}{\sqrt{m^2+(-1)^2}}=2$, $|m+3|=\sqrt{m^2+1}$

$(m+3)^2=m^2+1$, $6m+8=0 \quad \therefore m=-\frac{4}{3}$

따라서 접선의 방정식은 $4x+3y-8=0$이고, 이 직선이 x축과 만나는 점의 좌표는 $(2, 0)$이다.

한편, 점 A$(-4, 8)$을 지나고 y축에 평행한 직선의 방정식은 $x=-4$이고, 이 직선은 원 C에 접한다.

따라서 구하는 삼각형의 넓이는

$\frac{1}{2}\cdot\{2-(-4)\}\cdot 8=\mathbf{24}$

삼각형의 높이는 점 A의 y좌표와 같다.

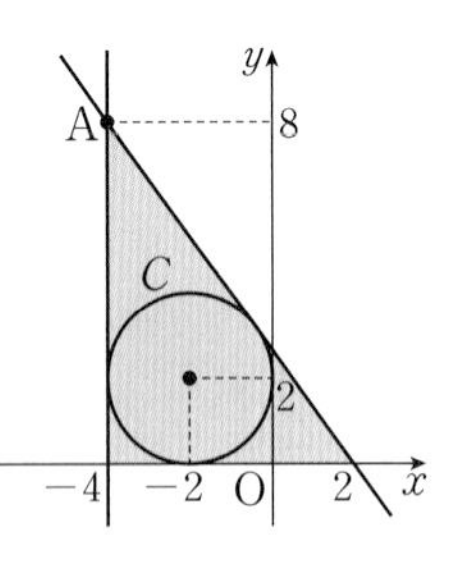

중심을 각각 C, C′이라 하자.

0267 그림과 같이 두 원 $(x-5)^2+(y+1)^2=1$, $(x+1)^2+(y-5)^2=9$에 동시에 접하는 접선을 그을 때, 두 접점 A, B 사이의 거리는?

답 ④

풀이 C$(5, -1)$, C′$(-1, 5)$이므로

$\overline{\text{CC}'}=\sqrt{(-1-5)^2+(5+1)^2}=6\sqrt{2}$

위의 그림과 같이 점 C에서 $\overline{\text{C}'\text{B}}$에 내린 수선의 발을 H라 하면

$\overline{\text{C}'\text{H}}=3-1=2$

직각삼각형 CC′H에서

$\overline{\text{CH}}=\sqrt{(6\sqrt{2})^2-2^2}=2\sqrt{17}$

따라서 두 접점 A, B 사이의 거리는

$\overline{\text{AB}}=\overline{\text{CH}}=\mathbf{2\sqrt{17}}$

좌표를 $(b, b+6)$으로 놓자.

0268 그림과 같이 원점 O와 원 $x^2+y^2=9$ 위의 점 A$(-3, 0)$, 직선 $y=x+6$ 위의 점 B를 꼭짓점으로 하는 삼각형 AOB가 있다. 삼각형 AOB의 무게중심이 원 $x^2+y^2=9$ 위에 있을 때, 점 B의 x좌표를 구하시오.

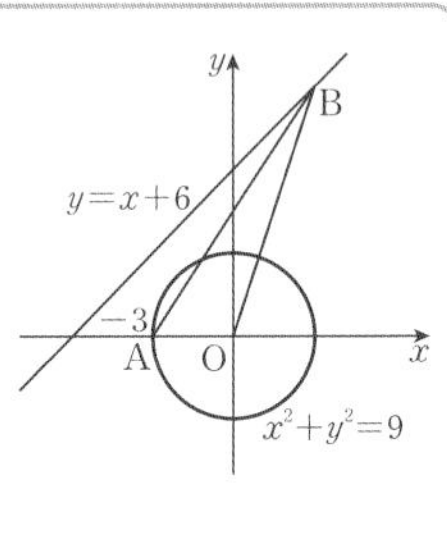

답 3

풀이 삼각형 AOB의 무게중심의 좌표는 $\left(\frac{b-3}{3}, \frac{b+6}{3}\right)$

이 점이 원 $x^2+y^2=9$ 위에 있으므로

$\left(\frac{b-3}{3}\right)^2+\left(\frac{b+6}{3}\right)^2=9$

$(b-3)^2+(b+6)^2=81$

$b^2+3b-18=0$, $(b+6)(b-3)=0$

$\therefore b=-6$ 또는 $b=3$

그런데 $b=-6$이면 점 B의 y좌표가 0이 되므로 $b=3$

따라서 점 B의 x좌표는 3이다.

직선 AB의 방정식은 $y+3=\frac{-3-0}{0+4}x$ $\therefore 3x+4y+12=0$

0269 그림과 같이 두 점 A$(-4,\ 0)$, B$(0,\ -3)$과 원 $(x-4)^2+(y-4)^2=9$ 위를 움직이는 점 P에 대하여 삼각형 ABP의 넓이가 자연수가 되도록 하는 점 P의 개수는? **답** ⑤

S라 하자. 원의 중심: C$(4,\ 4)$, 반지름의 길이: 3

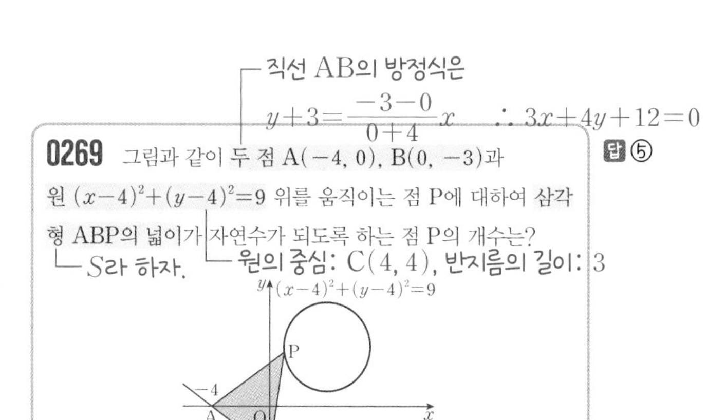

풀이 $\overline{AB}=\sqrt{4^2+(-3)^2}=5$이므로

$S=\frac{1}{2}\cdot\overline{AB}\cdot\overline{PH}=\frac{5}{2}\overline{PH}$

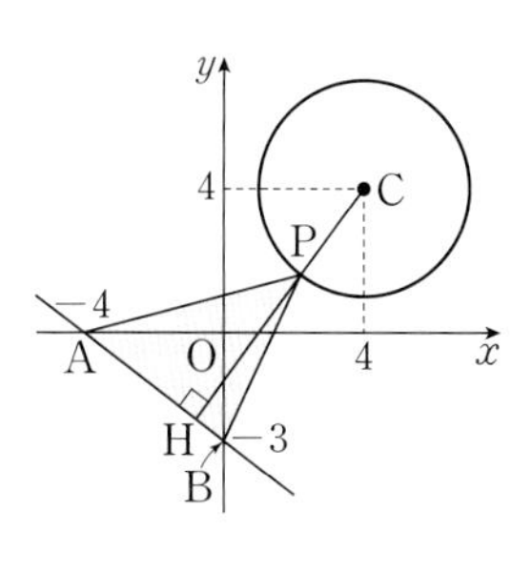

이때 원의 중심 C$(4,\ 4)$와 직선 $3x+4y+12=0$ 사이의 거리는

$\overline{CH}=\frac{|12+16+12|}{\sqrt{3^2+4^2}}=8$이므로

$\overline{CH}-3\le\overline{PH}\le\overline{CH}+3$에서 $5\le\overline{PH}\le 11$

$\therefore \frac{25}{2}\le S\le\frac{55}{2}$ ($=\frac{5}{2}\overline{PH}$)

따라서 자연수 S는 13, 14, 15, $\cdots$, 27이고, 각각의 S의 값에 해당하는 점 P가 2개씩 있으므로 구하는 점 P의 개수는

$15\cdot 2=\mathbf{30}$

x축과 y축에 동시에 접하는 원의 중심은 직선 $y=x$ 또는 $y=-x$ 위에 있다.

0270 중심이 원 $(x-4)^2+(y-a)^2=8$ 위에 있고, x축과 y축에 동시에 접하는 모든 원의 넓이의 합은 32π이다. 이때 실수 a의 값을 구하시오. (단, $0<a<8$) **답** 3

원의 중심: $(4,\ a)$
반지름의 길이: $2\sqrt{2}$

풀이 원의 중심 $(4,\ a)$와 직선 $y=-x$, 즉 $x+y=0$ 사이의 거리는

$\frac{a+4}{\sqrt{2}}$이고, $0<a<8$에서 $2\sqrt{2}<\frac{a+4}{\sqrt{2}}<6\sqrt{2}$이므로 원과 직선 $y=-x$는 만나지 않는다.

따라서 원과 직선 $y=x$가 만나는 점을 $(t,\ t)$ $(t>0)$로 놓으면

$(t-4)^2+(t-a)^2=8$

$\therefore 2t^2-(2a+8)t+a^2+8=0$

이 이차방정식의 두 근을 $t_1,\ t_2$라 하면 모든 원의 넓이의 합은 32π이므로 (구하는 원의 반지름의 길이와 같다.)

$(t_1^2+t_2^2)\pi=32\pi$ $\therefore t_1^2+t_2^2=32$ $\cdots\cdots$ ㉠

이때 이차방정식의 근과 계수의 관계에 의하여

$t_1+t_2=a+4,\ t_1t_2=\frac{a^2+8}{2}$이므로 ㉠에서

$(a+4)^2-2\cdot\frac{a^2+8}{2}=32,\ 8a-24=0$ $\therefore a=\mathbf{3}$

서술형

원 C_1의 중심의 좌표를 $(2,\ k)$ $(k>0)$로 놓으면 원 C_1은 x축에 접하므로 원의 반지름의 길이는 k이다.

0271 그림과 같이 점 $(-8,\ 0)$을 지나고 기울기가 $\frac{3}{4}$인 직선 l과 x축에 동시에 접하는 두 원 C_1, C_2가 있다. 원 C_1의 넓이가 원 C_2의 넓이의 9배이고, 원 C_1의 중심의 x좌표가 2일 때, 원 C_2의 중심의 좌표를 $(a,\ b)$라 하자. 이때 $9(b-a)$의 값을 구하시오. (단, $b>0$) **답** 52

풀이 직선 l의 방정식은 $3x-4y+24=0$ $\cdots$❶ (20%)

이때 원 C_1의 중심 $(2,\ k)$와 직선 l 사이의 거리가 k이므로

$\frac{|4k-30|}{5}=k$ $\therefore k=\frac{10}{3}$ $(\because k>0)$ $\cdots$❷ (30%)

즉, 원 C_1의 반지름의 길이는 $\frac{10}{3}$이므로 원 C_2의 반지름의 길이는

$\frac{1}{3}\cdot\frac{10}{3}=\frac{10}{9}$ (원 C_2의 넓이가 원 C_1의 넓이의 $\frac{1}{9}$) $\cdots$❸ (20%)

원 C_2의 중심 $\left(a,\ \frac{10}{9}\right)$과 직선 l 사이의 거리가 $\frac{10}{9}$이므로 (원 C_2는 x축에 접하므로 $b=$(반지름의 길이)$=\frac{10}{9}$)

$\frac{\left|3a-\frac{40}{9}+24\right|}{\sqrt{3^2+(-4)^2}}=\frac{10}{9}$ $\therefore a=-\frac{14}{3}$ $(\because a>-8)$

$\therefore 9(b-a)=9\left\{\frac{10}{9}-\left(-\frac{14}{3}\right)\right\}=\mathbf{52}$ $\cdots$❹ (30%)

원의 중심: C$(3,\ 7)$, 반지름의 길이: $\sqrt{5}$

0272 원 C: $(x-3)^2+(y-7)^2=5$와 직선 $y=2x-2$의 서로 다른 두 교점을 각각 A, B라 하고, $\overline{AB}=\overline{MN}$을 만족시키는 직선 $y=2x+k$ 위의 두 점을 M, N이라 하자. 삼각형 ABP의 넓이가 최대가 되도록 하는 원 C 위의 점 P와 삼각형 MNQ의 넓이가 최소가 되도록 하는 원 C 위의 점 Q가 서로 일치하고, 두 삼각형 ABP, MNQ의 넓이가 서로 같을 때, 상수 k의 값을 구하시오. **답** 14

$2x-y-2=0$ / $k>-2$이어야 한다.

풀이 $\overline{CH}=\frac{|6-7-2|}{\sqrt{2^2+(-1)^2}}=\frac{3\sqrt{5}}{5}$ $\cdots$❶ (20%)

($\overline{PH}$의 길이의 최댓값)
$=$($\overline{QH'}$의 길이의 최솟값),
($\overline{PH}$의 길이의 최댓값)
$=\frac{3\sqrt{5}}{5}+\sqrt{5}=\frac{8\sqrt{5}}{5}$이므로 $\cdots$❷ (30%)

($\overline{QH'}$의 길이의 최솟값)

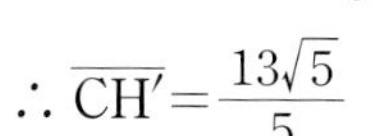

$=\overline{CH'}-\sqrt{5}=\frac{8\sqrt{5}}{5}$

$\therefore \overline{CH'}=\frac{13\sqrt{5}}{5}$ $\cdots$❸ (30%)

따라서 $\overline{CH'}=\frac{|6-7+k|}{\sqrt{2^2+(-1)^2}}=\frac{13\sqrt{5}}{5}$이므로 $|k-1|=13$

$k-1=\pm 13$ $\therefore k=\mathbf{14}$ $(\because k>-2)$ $\cdots$❹ (20%)

※ 빈칸에 알맞은 것을 써넣고, 내용을 읽거나 따라 써 보세요.

개념 1 점의 평행이동

> 유형 01, 07

(1) □□□□

도형을 일정한 방향으로 일정한 거리만큼 이동하는 것

(2) 점의 평행이동

점 $\mathrm{P}(x, y)$를 x축의 방향으로 a만큼, y축의 방향으로 b만큼 평행이동한 점 P'의 좌표는

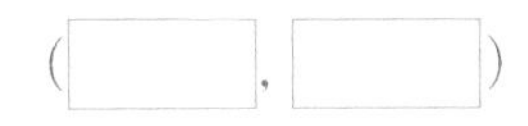

(□ , □)

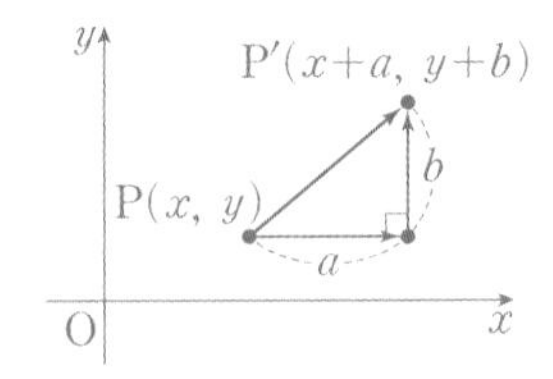

개념 2 도형의 평행이동

> 유형 02, 03, 07, 08

(1) 도형의 방정식

x, y에 대한 식을 $f(x, y)$로 나타내면 일반적으로 모든 좌표평면 위의 도형의 방정식은 □ 꼴로 나타낼 수 있다.

(2) 도형의 평행이동

방정식 $f(x, y)=0$이 나타내는 도형을 x축의 방향으로 a만큼, y축의 방향으로 b만큼 평행이동한 도형의 방정식은

□

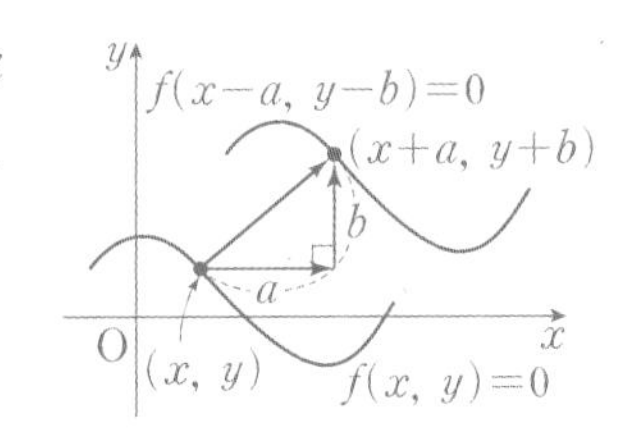

개념 3 점의 대칭이동

> 유형 04, 07, 11

(1) □□□□

도형을 주어진 점 또는 직선에 대하여 대칭인 도형으로 옮기는 것

(2) 점의 대칭이동

점 (x, y)를 x축, y축, 원점, 직선 $y=x$에 대하여 대칭이동한 점의 좌표는 다음과 같다.

x축에 대한 대칭이동	y축에 대한 대칭이동	원점에 대한 대칭이동	직선 $y=x$에 대한 대칭이동
(x, y) → (□ , □)	(x, y) → (□ , □)	(x, y) → (□ , □)	(x, y) → (□ , □), $y=x$

답 개념 1 (1) 평행이동 (2) $x+a$, $y+b$ 개념 2 (1) $f(x, y)=0$ (2) $f(x-a, y-b)=0$
개념 3 (1) 대칭이동 (2) x, $-y$, $-x$, y, $-x$, $-y$, y, x

개념 1 점의 평행이동

0273 다음 점의 좌표를 구하시오.

(1) 점 $(2, 5)$를 x축의 방향으로 -3만큼, y축의 방향으로 3만큼 평행이동한 점

$(2-3, 5+3)=\mathbf{(-1, 8)}$

(2) 점 $(-1, 3)$을 x축의 방향으로 4만큼, y축의 방향으로 -1만큼 평행이동한 점

$(-1+4, 3-1)=\mathbf{(3, 2)}$

0274 평행이동 $(x, y) \longrightarrow (x+3, y-2)$에 의하여 다음 점이 옮겨지는 점의 좌표를 구하시오. x축: 3만큼, y축: -2만큼

(1) $(4, 3)$
$\mathbf{(7, 1)}$

(2) $(-3, 1)$
$\mathbf{(0, -1)}$

(3) $(0, -2)$
$\mathbf{(3, -4)}$

(4) $(-5, -3)$
$\mathbf{(-2, -5)}$

0275 평행이동 $(x, y) \longrightarrow (x+a, y+b)$에 의하여 점 $(-1, 2)$가 점 $(3, 5)$로 옮겨질 때, a, b의 값을 구하시오. (x축: a만큼, y축: b만큼)

$-1+a=3$, $2+b=5$이므로

$\mathbf{a=4, b=3}$

x축: a만큼, y축: b만큼
➜ x 대신 $x-a$, y 대신 $y-b$ 대입

개념 2 도형의 평행이동

0276 다음 도형의 방정식을 구하시오.

(1) 직선 $x+3y=0$을 x축의 방향으로 1만큼, y축의 방향으로 -2만큼 평행이동한 도형 x 대신 $x-1$, y 대신 $y+2$ 대입

$x-1+3(y+2)=0 \quad \therefore \mathbf{x+3y+5=0}$

(2) 포물선 $y=2x^2+1$을 x축의 방향으로 -1만큼, y축의 방향으로 3만큼 평행이동한 도형 x 대신 $x+1$, y 대신 $y-3$ 대입

$y-3=2(x+1)^2+1 \quad \therefore \mathbf{y=2x^2+4x+6}$

(3) 원 $(x-2)^2+(y+3)^2=4$를 x축의 방향으로 2만큼, y축의 방향으로 -1만큼 평행이동한 도형 x 대신 $x-2$, y 대신 $y+1$ 대입

$\{(x-2)-2\}^2+\{(y+1)+3\}^2=4$

$\therefore \mathbf{(x-4)^2+(y+4)^2=4}$

Tip 원의 평행이동
원의 평행이동은 원의 중심의 평행이동으로 생각해도 된다.
이때 반지름의 길이는 일정하다.

0277 평행이동 $(x, y) \longrightarrow (x+1, y-4)$에 의하여 포물선 $y=x^2$이 포물선 $y=x^2+ax+b$로 옮겨질 때, 상수 a, b의 값을 구하시오. (점의 평행이동 / x축: 1만큼, y축: -4만큼)

$y+4=(x-1)^2 \quad \therefore y=x^2-2x-3$

$\therefore \mathbf{a=-2, b=-3}$

Tip 포물선의 평행이동
포물선의 평행이동은 포물선의 꼭짓점의 평행이동으로 생각해도 된다.
이때 x^2의 계수는 일정하다.

0278 도형 $f(x, y)=0$을 도형 $f(x-5, y+2)=0$으로 옮기는 평행이동에 의하여 원 $(x+1)^2+(y-3)^2=1$로 옮겨지는 원의 방정식을 구하시오. (도형의 평행이동 / x축: 5만큼, y축: -2만큼)

[?] —(x축: 5만큼, y축: -2만큼)→ $(x+1)^2+(y-3)^2=1$
←(x축: -5만큼, y축: 2만큼)—
주어진 평행이동의 반대로 생각한다.

[?] : $\{(x+5)+1\}^2+\{(y-2)-3\}^2=1$

$\therefore \mathbf{(x+6)^2+(y-5)^2=1}$

개념 3 점의 대칭이동

0279 점 $(7, -2)$를 다음에 대하여 대칭이동한 점의 좌표를 구하시오.

(1) x축 y좌표 부호 반대
$\mathbf{(7, 2)}$

(2) y축 x좌표 부호 반대
$\mathbf{(-7, -2)}$

(3) 원점 x좌표, y좌표 부호 반대
$\mathbf{(-7, 2)}$

(4) 직선 $y=x$ $x \leftrightarrow y$
$\mathbf{(-2, 7)}$

(5) 직선 $y=-x$ $x \leftrightarrow y$ 부호도 반대
$\mathbf{(2, -7)}$

0280 점 $(-3, 4)$를 x축에 대하여 대칭이동한 점을 A, y축에 대하여 대칭이동한 점을 B라 할 때, 선분 AB의 길이를 구하시오. (y좌표 부호 반대 / x좌표 부호 반대)

$A(-3, -4)$, $B(3, 4)$

$\therefore \overline{AB}=\sqrt{\{3-(-3)\}^2+\{4-(-4)\}^2}=\mathbf{10}$

04 도형의 이동

개념 4 도형의 대칭이동

› 유형 05~08

방정식 $f(x, y)=0$이 나타내는 도형을 x축, y축, 원점, 직선 $y=x$에 대하여 대칭이동한 도형의 방정식은 다음과 같다.

x축에 대한 대칭이동	y축에 대한 대칭이동
$f(x, y)=0$, (x, y), O, $(x, -y)$, $f(\square, \square)=0$	$f(\square, \square)=0$, $f(x, y)=0$, $(-x, y)$, (x, y), O
원점에 대한 대칭이동	**직선 $y=x$에 대한 대칭이동**
$f(x, y)=0$, (x, y), O, $(-x, -y)$, $f(\square, \square)=0$	(y, x), $y=x$, $f(\square, \square)=0$, (x, y), O, $f(x, y)=0$

개념 5 점에 대한 대칭이동

› 유형 09

(1) 점 $\mathrm{P}(x, y)$를 점 $\mathrm{A}(a, b)$에 대하여 대칭이동한 점을 P'이라 하면

$\mathrm{P}'(\square, \square)$

(2) 방정식 $f(x, y)=0$이 나타내는 도형을 점 $\mathrm{A}(a, b)$에 대하여 대칭이동한 도형의 방정식은

$f(\square, \square)=0$

개념 6 직선에 대한 대칭이동

› 유형 10

점 $\mathrm{P}(x, y)$를 직선 $l: y=mx+n$에 대하여 대칭이동한 점을 $\mathrm{P}'(x', y')$이라 하면

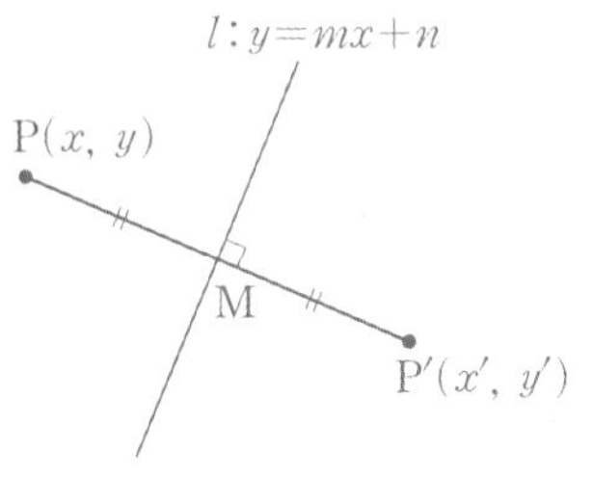

(1) **중점 조건**: $\overline{\mathrm{PP}'}$의 중점 M이 직선 l 위에 있다.

➡ $\square = m \cdot \square + n$

(2) **수직 조건**: $\overline{\mathrm{PP}'}$은 직선 l과 수직이다. ➡ $\dfrac{y'-y}{x'-x} \cdot m = \square$

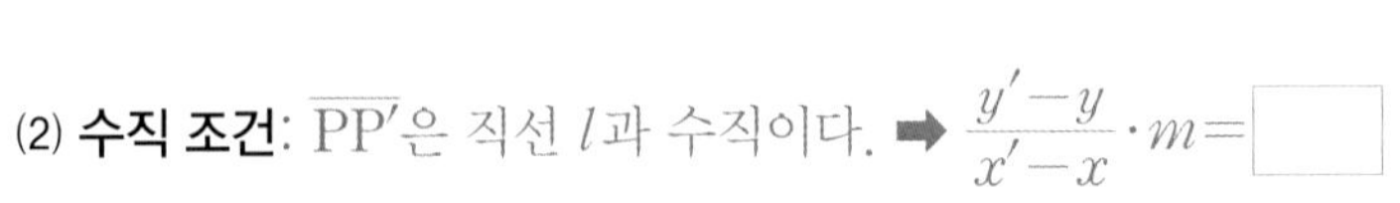

답 개념 4 $x, -y, -x, y, -x, -y, y, x$ 개념 5 (1) $2a-x, 2b-y$ (2) $2a-x, 2b-y$ 개념 6 (1) $\frac{y+y'}{2}, \frac{x+x'}{2}$ (2) -1

개념 4 도형의 대칭이동

0281 직선 $5x+2y-1=0$을 다음 점 또는 직선에 대하여 대칭이동한 도형의 방정식을 구하시오.

(1) x축 y 대신 $-y$ 대입
$5x+2\cdot(-y)-1=0$
$\therefore$ $\mathbf{5x-2y-1=0}$

(2) y축 x 대신 $-x$ 대입
$5\cdot(-x)+2y-1=0$
$\therefore$ $\mathbf{5x-2y+1=0}$

(3) 원점 x 대신 $-x$, y 대신 $-y$ 대입
$5\cdot(-x)+2\cdot(-y)-1=0$
$\therefore$ $\mathbf{5x+2y+1=0}$

(4) 직선 $y=x$ x 대신 y, y 대신 x 대입
$5y+2x-1=0$
$\therefore$ $\mathbf{2x+5y-1=0}$

(5) 직선 $y=-x$ x 대신 $-y$, y 대신 $-x$ 대입
$5\cdot(-y)+2\cdot(-x)-1=0$
$\therefore$ $\mathbf{2x+5y+1=0}$

0282 포물선 $y=x^2-x+1$을 다음 점 또는 직선에 대하여 대칭이동한 도형의 방정식을 구하시오.

(1) x축
$-y=x^2-x+1$
$\therefore$ $\mathbf{y=-x^2+x-1}$

(2) y축
$y=(-x)^2-(-x)+1$
$\therefore$ $\mathbf{y=x^2+x+1}$

(3) 원점
$-y=(-x)^2-(-x)+1$
$\therefore$ $\mathbf{y=-x^2-x-1}$

(4) 직선 $y=x$
$\mathbf{x=y^2-y+1}$

(5) 직선 $y=-x$
$-x=(-y)^2-(-y)+1$
$\therefore$ $\mathbf{x=-y^2-y-1}$

0283 원 $(x+1)^2+y^2=9$를 다음 점 또는 직선에 대하여 대칭이동한 도형의 방정식을 구하시오.

(1) x축
$(x+1)^2+(-y)^2=9$
$\therefore$ $\mathbf{(x+1)^2+y^2=9}$

(2) y축
$(-x+1)^2+y^2=9$
$\therefore$ $\mathbf{(x-1)^2+y^2=9}$

(3) 원점
$(-x+1)^2+(-y)^2=9$
$\therefore$ $\mathbf{(x-1)^2+y^2=9}$

(4) 직선 $y=x$
$(y+1)^2+x^2=9$
$\therefore$ $\mathbf{x^2+(y+1)^2=9}$

(5) 직선 $y=-x$
$(-y+1)^2+(-x)^2=9$
$\therefore$ $\mathbf{x^2+(y-1)^2=9}$

개념 5 점에 대한 대칭이동

0284 두 점 $(3, -4)$, $(-7, -2)$가 점 P에 대하여 대칭일 때, 점 P의 좌표를 구하시오. 점 P는 두 점의 중점이다.

$\mathrm{P}\left(\frac{3-7}{2}, \frac{-4-2}{2}\right)=\mathbf{P(-2, -3)}$ $(3, -4)$ P $(-7, -2)$

0285 점 $(3, 5)$를 점 $(-1, 3)$에 대하여 대칭이동한 점의 좌표를 구하시오. (p, q)

$\frac{3+p}{2}=-1$, $\frac{5+q}{2}=3$ $(3, 5)$ $(-1, 3)$ (p, q)
$\therefore$ $p=-5$, $q=1$
$\therefore$ $\mathbf{(-5, 1)}$

0286 직선 $2x+3y+1=0$ 위의 점 (a, b)를 점 $(1, 2)$에 대하여 대칭이동한 점의 좌표를 (p, q)라 할 때, 다음에 답하시오.

(1) a, b를 p, q에 대한 식으로 나타내시오.
$\frac{a+p}{2}=1$, $\frac{b+q}{2}=2$ (a, b) $(1, 2)$ (p, q)
$\therefore$ $\mathbf{a=2-p, b=4-q}$

(2) 직선 $2x+3y+1=0$을 점 $(1, 2)$에 대하여 대칭이동한 도형의 방정식을 구하시오.
점 (a, b), 즉 $(2-p, 4-q)$가 직선 $2x+3y+1=0$ 위의 점이므로 $2(2-p)+3(4-q)+1=0$
$\therefore$ $2p+3q-17=0$ $\therefore$ $\mathbf{2x+3y-17=0}$

개념 6 직선에 대한 대칭이동

0287 점 $\mathrm{A}(-4, 1)$을 직선 $x-2y+1=0$에 대하여 대칭이동한 점을 $\mathrm{B}(p, q)$라 할 때, 다음에 답하시오. 기울기: $\frac{1}{2}$

(1) 선분 AB의 중점의 좌표를 p, q를 이용하여 나타내시오.
$\left(\mathbf{\frac{-4+p}{2}, \frac{1+q}{2}}\right)$

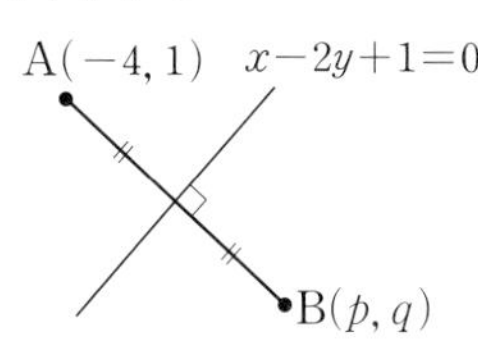

(2) 직선 AB의 기울기를 구하시오.
$\mathbf{-2}$ 직선 $x-2y+1=0$과 수직이다.

(3) 점 B의 좌표를 구하시오.
점 $\left(\frac{-4+p}{2}, \frac{1+p}{2}\right)$는 직선 $x-2y+1=0$ 위의 점이다.
$\frac{-4+p}{2}-2\cdot\frac{1+q}{2}+1=0$에서 $p-2q-4=0$ …… ㉠
$(\overline{\mathrm{AB}}$의 기울기$)=\frac{q-1}{p+4}=-2$에서 $2p+q+7=0$ …… ㉡
㉠, ㉡을 연립하여 풀면 $p=-2$, $q=-3$
$\therefore$ $\mathbf{B(-2, -3)}$

04 도형의 이동

기출 & 변형하면…

유형 01 점의 평행이동

개념 1

x축: 3만큼, y축: -2만큼

0288 점 $(2, 3)$을 점 $(5, 1)$로 옮기는 평행이동에 의하여 점 $(7, -3)$으로 옮겨지는 점의 좌표가 (p, q)일 때, $p+q$의 값을 구하시오.

답 3

풀이 $(p, q) \xrightarrow[y축:\ -2만큼]{x축:\ 3만큼} \underset{=(7,\ -3)}{(p+3, q-2)}$

즉, $p=4$, $q=-1$이므로 $p+q=\mathbf{3}$

x축: 2만큼, y축: -3만큼

0289 평행이동 $(x, y) \longrightarrow (x+2, y-3)$에 의하여 점 (p, q)가 점 $(q-5, 2p+3)$으로 옮겨질 때, pq의 값은?

답 ④

풀이 $(p, q) \xrightarrow[y축:\ -3만큼]{x축:\ 2만큼} \underset{=(q-5,\ 2p+3)}{(p+2, q-3)}$에서

$p-q=-7$, $2p-q=-6$

위의 두 식을 연립하여 풀면 $p=1$, $q=8$

$\therefore pq=\mathbf{8}$

0290 점 $(3, 4)$를 x축의 방향으로 a만큼, y축의 방향으로 $-2a$만큼 평행이동한 점이 직선 $y=x+3$ 위에 있을 때, a의 값은? $(3+a, 4-2a)$

답 ②

풀이 점 $(3+a, 4-2a)$가 직선 $y=x+3$ 위의 점이므로

$4-2a=3+a+3 \quad \therefore a=-\dfrac{2}{3}$

x축: -1만큼, y축: 2만큼

0291 평행이동 $(x, y) \longrightarrow (x-1, y+2)$에 의하여 점 $(4, -1)$이 원 $(x-1)^2+(y+2)^2=r^2$ 위의 점으로 옮겨질 때, 양수 r의 값은?

답 ②

풀이 $(4, -1) \xrightarrow[y축:\ 2만큼]{x축:\ -1만큼} (3, 1)$

점 $(3, 1)$이 원 $(x-1)^2+(y+2)^2=r^2$ 위의 점이므로

$(3-1)^2+(1+2)^2=r^2$

$r^2=13 \quad \therefore r=\sqrt{13}$ ($\because r>0$)

x축: 1만큼, y축: -2만큼

0292 평행이동 $(x, y) \longrightarrow (x+1, y-2)$에 의하여 점 $A(5, 2)$가 점 B로 옮겨질 때, 삼각형 OAB의 넓이는? (단, O는 원점이다.)

답 ④

풀이 1 $B(5+1, 2-2)=B(6, 0)$

따라서 삼각형 OAB의 넓이는

$\dfrac{1}{2}\cdot 6\cdot 2=\mathbf{6}$

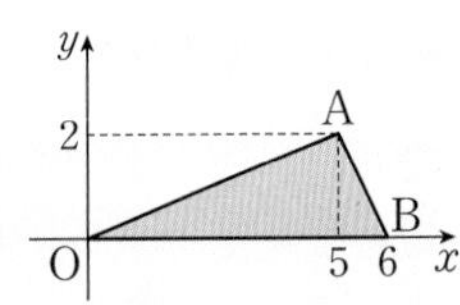

풀이 2 $O(0, 0)$, $A(5, 2)$, $B(6, 0)$이므로 삼각형 OAB의 넓이는

$\dfrac{1}{2}\left|\begin{matrix}0 & 5 & 6 & 0\\ 0 & 2 & 0 & 0\end{matrix}\right|$

$=\dfrac{1}{2}|(0\cdot2+5\cdot0+6\cdot0)-(5\cdot0+6\cdot2+0\cdot0)|$

$=\dfrac{1}{2}|-12|=\mathbf{6}$

Tip 삼각형의 넓이 공식 (사선 공식)

세 점 $A(x_1, y_1)$, $B(x_2, y_2)$, $C(x_3, y_3)$을 꼭짓점으로 하는 삼각형 ABC의 넓이는

$\dfrac{1}{2}\left|\begin{matrix}x_1 & x_2 & x_3 & x_1\\ y_1 & y_2 & y_3 & y_1\end{matrix}\right|$

$=\dfrac{1}{2}|(x_1y_2+x_2y_3+x_3y_1)-(x_2y_1+x_3y_2+x_1y_3)|$

서술형

0293 점 $A(1, 3)$을 x축의 방향으로 1만큼, y축의 방향으로 3만큼 평행이동한 점을 B, 점 A를 x축의 방향으로 -1만큼, y축의 방향으로 -1만큼 평행이동한 점을 C라 하자. 세 점 A, B, C와 점 $D(a, b)$가 다음 조건을 만족시킨다.

> (가) 두 직선 AB, CD는 서로 평행하다.
> (나) 두 직선 AC, BD는 서로 수직이다.

$4ab$의 값을 구하시오.

답 39

풀이 $B(2, 6)$, $C(0, 2)$ …❶ (20%)

(가)에서 $\dfrac{6-3}{2-1}=\dfrac{b-2}{a-0}$

$\therefore 3a-b+2=0$ …… ㉠ …❷ (30%)

(나)에서 $\dfrac{2-3}{0-1}\cdot\dfrac{b-6}{a-2}=-1$

$\therefore a+b-8=0$ …… ㉡ …❸ (30%)

㉠, ㉡을 연립하여 풀면 $a=\dfrac{3}{2}$, $b=\dfrac{13}{2}$

$\therefore 4ab=\mathbf{39}$ …❹ (20%)

유형 02 도형의 평행이동 개념 2

0294 점 (4, 1)을 점 (2, 5)로 옮기는 평행이동 $(x, y) \longrightarrow (x+m, y+n)$에 의하여 직선 $3x+4y+6=0$이 옮겨지는 직선의 x절편을 k라 할 때, $m+n+k$의 값은? (−2, 4)

답 ①

풀이 $m=-2, n=4$

$3x+4y+6=0 \xrightarrow[y축: 4만큼]{x축: -2만큼} 3(x+2)+4(y-4)+6=0$

$\therefore 3x+4y-4=0$

이 직선의 x절편은 $\frac{4}{3}$이므로 $k=\frac{4}{3}$

$\therefore m+n+k=\mathbf{\frac{10}{3}}$

0295 직선 $y=3x-7$을 x축의 방향으로 a만큼, y축의 방향으로 b만큼 평행이동한 직선이 처음의 직선과 일치할 때, $\frac{b}{a}$의 값을 구하시오. (단, $a\neq0$)

$y-b=3(x-a)-7$ $\therefore y=3x-3a-7+b$

답 3

풀이 직선 $y=3x-3a-7+b$가

직선 $y=3x-7$과 일치하므로

$-3a-7+b=-7, b=3a$

$\therefore \frac{b}{a}=\mathbf{3}$

0296 원 $x^2+y^2=1$을 x축의 방향으로 a만큼, y축의 방향으로 a만큼 평행이동한 원 위의 점 P와 직선 $3x+4y+7=0$ 사이의 거리의 최솟값이 6일 때, a의 값은? (단, $a>0$)

$(x-a)^2+(y-a)^2=1 \rightarrow$ 중심: (a, a)

답 ②

Key 원 위의 점과 직선 사이의 거리의 최솟값은 원의 중심과 직선 사이의 거리에서 반지름의 길이를 뺀 값이다.

풀이 $\frac{|3a+4a+7|}{\sqrt{3^2+4^2}}-1=6$에서

$|7a+7|=35$

$7a+7=\pm35$

$\therefore a=\mathbf{4}$ ($\because a>0$)

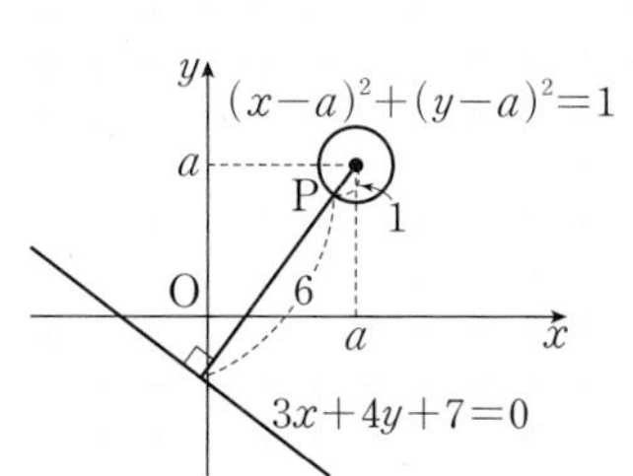

0297 원 $x^2+y^2+8x+6y=0$을 원 $x^2+y^2=25$로 옮기는 평행이동에 의하여 원 $x^2+y^2+2x+4y-20=0$이 옮겨지는 원의 중심과 원점 사이의 거리는?

$(x+4)^2+(y+3)^2=25$, $(x+1)^2+(y+2)^2=25$

답 ③

풀이 $(x+4)^2+(y+3)^2=25 \xrightarrow[y축: 3만큼]{x축: 4만큼} x^2+y^2=25$

$(x+1)^2+(y+2)^2=25 \xrightarrow[y축: 3만큼]{x축: 4만큼} (x-3)^2+(y-1)^2=25$

옮겨지는 원의 중심 (3, 1)과 원점 사이의 거리는

$\sqrt{3^2+1^2}=\mathbf{\sqrt{10}}$

Tip 원의 중심 $(-4, -3) \xrightarrow[y축: 3만큼]{x축: 4만큼} (0, 0)$

원의 중심 $(-1, -2) \xrightarrow[y축: 3만큼]{x축: 4만큼} (3, 1)$

로 생각해도 된다.

서술형

0298 포물선 $y=x^2+2x$를 포물선 $y=x^2-12x+40$으로 옮기는 평행이동에 의하여 직선 $l: x-2y=0$이 직선 l'으로 옮겨진다. 두 직선 l, l' 사이의 거리를 d라 할 때, $25d^2$의 값을 구하시오.

$y=(x+1)^2-1$, $y=(x-6)^2+4$

답 45

풀이 $y=(x+1)^2-1 \xrightarrow[y축: 5만큼]{x축: 7만큼} y=(x-6)^2+4$ …❶ (40%)

$l: x-2y=0 \xrightarrow[y축: 5만큼]{x축: 7만큼} l': x-7-2(y-5)=0$

$\therefore l': x-2y+3=0$

…❷ (30%)

두 직선 l, l' 사이의 거리는 직선 l 위의 점 (0, 0)과 직선 l' 사이의 거리와 같으므로

$d=\frac{|3|}{\sqrt{1^2+(-2)^2}}=\frac{3}{\sqrt{5}}$

$\therefore 25d^2=25\cdot\left(\frac{3}{\sqrt{5}}\right)^2=\mathbf{45}$ …❸ (30%)

Tip 포물선의 꼭짓점 $(-1, -1) \xrightarrow[y축: 5만큼]{x축: 7만큼} (6, 4)$

로 생각해도 된다.

0299 포물선 $y=x^2+ax+b$를 x축의 방향으로 b만큼, y축의 방향으로 2만큼 평행이동하면 포물선 $y=x^2$과 일치한다. 상수 a, b에 대하여 $a+b$의 값은? (단, $a>0$)

답 ④

Key 평행이동한 후의 도형의 방정식이 주어져 있으므로 평행이동을 반대로 생각한다.

풀이 $y=x^2 \xrightarrow[y축: -2만큼]{x축: -b만큼} y+2=(x+b)^2$

$\therefore y=x^2+2bx+b^2-2$ ($y=x^2+ax+b$와 일치)

$a=2b$에서 $a>0$이므로 $b>0$

$b=b^2-2$에서 $b^2-b-2=0, (b+1)(b-2)=0$

$\therefore b=2$ ($\because b>0$)

$b=2$를 $a=2b$에 대입하면 $a=4$

$\therefore a+b=\mathbf{6}$

유형 03 도형의 평행이동의 활용

개념 2

0300 직선 $x+3y-5=0$을 x축의 방향으로 k만큼 평행이동한 직선이 원 $(x+4)^2+(y-1)^2=10$에 접할 때, 모든 k의 값의 합은?

평행이동한 직선과 원의 중심 사이의 거리는 원의 반지름의 길이와 같다.

답 ②

풀이 $x+3y-5=0 \xrightarrow{x\text{축}: k\text{만큼}} x-k+3y-5=0$

$\therefore x+3y-k-5=0$

원의 중심 $(-4, 1)$과 직선 $x+3y-k-5=0$ 사이의 거리는 원의 반지름의 길이인 $\sqrt{10}$이므로

$\dfrac{|-4+3-k-5|}{\sqrt{1^2+3^2}}=\sqrt{10}$, $|k+6|=10$

$k+6=\pm10 \quad \therefore k=-16$ 또는 $k=4$

따라서 모든 k의 값의 합은 $-16+4=\mathbf{-12}$

0301 포물선 $y=x^2+x+1$을 x축의 방향으로 a만큼, y축의 방향으로 b만큼 평행이동한 포물선이 직선 $y=x-1$에 접할 때, $a-b$의 값은?

답 ④

Key 주어진 평행이동의 반대로 직선을 평행이동하면 포물선 $y=x^2+x+1$에 접한다.

풀이 1 $y=x-1 \xrightarrow[y\text{축}: -b\text{만큼}]{x\text{축}: -a\text{만큼}} y+b=x+a-1$

$\therefore y=x+a-b-1$

즉, $y=x^2+x+1$과 직선 $y=x+a-b-1$이 접하므로 이차방정식 $x^2+x+1=x+a-b-1$, 즉

$x^2=a-b-2$가 중근을 가져야 한다.

따라서 $a-b-2=0$이므로 $a-b=\mathbf{2}$

풀이 2 $y=x^2+x+1$

$\xrightarrow[y\text{축}: b\text{만큼}]{x\text{축}: a\text{만큼}} y=x^2+(1-2a)x+a^2-a+1+b$

이차방정식 $x^2+(1-2a)x+a^2-a+1+b=x-1$, 즉

$x^2-2ax+a^2-a+2+b=0$의 판별식을 D라 하면

$\dfrac{D}{4}=(-a)^2-(a^2-a+2+b)=0$

$\therefore a-b=\mathbf{2}$

중심 $(1, 3)$과 직선 $l: 2x-y+a=0$ 사이의 거리가 $\sqrt{5}$이다.

0302 원 $C: (x-1)^2+(y-3)^2=5$는 직선 $l: y=2x+a$에 접하고, 원 C를 x축의 방향으로 3만큼, y축의 방향으로 b만큼 평행이동한 원 C'도 직선 l과 접할 때, a^2+b^2의 값을 구하시오. (단, $a<0$, $b>0$이고, a는 상수이다.)

중심 $(4, 3+b)$와 직선 l 사이의 거리가 $\sqrt{5}$이다.

답 52

Key 점 $(1, 3)$ (원 C의 중심) $\xrightarrow[y\text{축}: b\text{만큼}]{x\text{축}: 3\text{만큼}}$ 점 $(4, 3+b)$ (원 C'의 중심)

풀이 $\dfrac{|2-3+a|}{\sqrt{2^2+(-1)^2}}=\sqrt{5}$에서

$|a-1|=5$, $a-1=\pm5$

이때 $a<0$이므로 $a=-4$

$\therefore l: 2x-y-4=0$

$\dfrac{|8-3-b+a|}{\sqrt{2^2+(-1)^2}}=\sqrt{5}$, 즉 $\dfrac{|8-3-b-4|}{\sqrt{2^2+(-1)^2}}=\sqrt{5}$에서

$|1-b|=5$, $1-b=\pm5$

이때 $b>0$이므로 $b=6$

$\therefore a^2+b^2=(-4)^2+6^2=\mathbf{52}$

0303 원 $(x+1)^2+(y-2)^2=4$를 x축의 방향으로 $-k$만큼, y축의 방향으로 3만큼 평행이동한 원이 y축에 접하도록 하는 모든 k의 값의 합은? $(x+k+1)^2+(y-5)^2=4$

답 ③

풀이 원 $(x+k+1)^2+(y-5)^2=4$가 y축에 접하려면

$|-k-1|=2$, $|k+1|=2$

$k+1=\pm2$

$\therefore k=-3$ 또는 $k=1$

따라서 모든 k의 값의 합은 $-3+1=\mathbf{-2}$

Tip 원이 y축에 접할 조건

원의 반지름의 길이가 r일 때

→ |원의 중심의 x좌표$|=r$

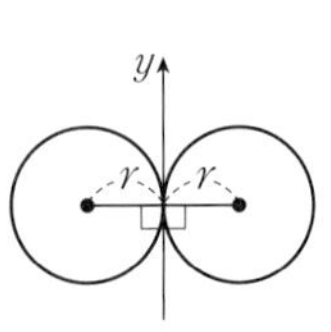

$2(x+1)+3(y-k)+2=0$

$\therefore 2x+3y+4-3k=0$ …… ㉠

0304 직선 $2x+3y+2=0$을 x축의 방향으로 -1만큼, y축의 방향으로 k만큼 평행이동한 직선과 두 직선 $x+y-2=0$, $2x-y-1=0$이 삼각형을 이루지 않도록 하는 k의 값은?

답 ①

Key 세 직선이 삼각형을 이루지 않는 경우
(1) 2개의 직선이 평행 또는 일치하는 경우
(2) 3개의 직선이 한 점에서 만나는 경우

풀이 직선 ㉠과 두 직선 $x+y-2=0$, $2x-y-1=0$의 기울기가 모두 다르므로 직선 ㉠이 두 직선 $x+y-2=0$, $2x-y-1=0$의 교점을 지나야 한다.

$x+y-2=0$, $2x-y-1=0$을 연립하여 풀면

$x=1, y=1$

따라서 직선 ㉠이 점 $(1, 1)$을 지나야 하므로

$2+3+4-3k=0 \quad \therefore k=\mathbf{3}$

0305 점 $(1, 2)$를 점 $(4, 0)$으로 옮기는 평행이동에 의하여 직선 $3x+4y=5$를 평행이동한 직선이 원 $(x-a)^2+(y+6)^2=10$의 넓이를 이등분할 때, 상수 a의 값은?

(x축: 3만큼, y축: -2만큼) (직선이 원의 중심을 지난다.)

답 ⑤

풀이 $3x+4y=5 \xrightarrow[y\text{축: } -2\text{만큼}]{x\text{축: } 3\text{만큼}} 3(x-3)+4(y+2)=5$

$\therefore 3x+4y-6=0$

직선 $3x+4y-6=0$이 원 $(x-a)^2+(y+6)^2=10$의 중심 $(a, -6)$을 지나야 하므로

$3a-24-6=0, 3a=30 \quad \therefore a=\mathbf{10}$

0306 그림과 같이 세 점 A(9, 5), B(14, 5), C(9, 17)을 꼭짓점으로 하는 삼각형 ABC를 평행이동한 삼각형 A′B′C′에 대하여 점 A′의 좌표가 (0, 0)일 때, 삼각형 ABC의 내접원의 방정식은 $x^2+y^2+ax+by+c=0$이다. 세 상수 a, b, c에 대하여 $a+b+c$의 값은? △A′B′C′의 내접원을 평행이동하여 구한다.

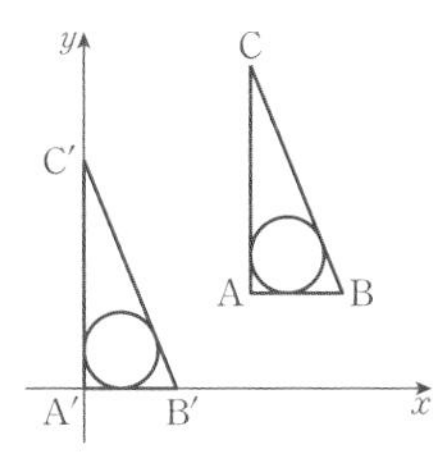

답 ⑤

풀이 $A(9, 5) \xrightarrow[y\text{축: } -5\text{만큼}]{x\text{축: } -9\text{만큼}} A'(0, 0)$

$B(14, 5), C(9, 17) \xrightarrow[y\text{축: } -5\text{만큼}]{x\text{축: } -9\text{만큼}} B'(5, 0), C'(0, 12)$

직선 B′C′의 방정식은

$y=\frac{12}{-5}(x-5) \quad \therefore 12x+5y-60=0$

삼각형 A′B′C′의 내접원의 반지름의 길이를 r라 하면 원의 중심의 좌표는 (r, r)이다.

이 원이 직선 B′C′에 접하려면

$\frac{|12r+5r-60|}{\sqrt{12^2+5^2}}=r$

$|17r-60|=13r$

$17r-60=\pm 13r$

이때 $0<r<5$이므로 $r=2$

따라서 삼각형 A′B′C′의 내접원의 방정식은

$(x-2)^2+(y-2)^2=4$ …… ㉠

㉠ $\xrightarrow[y\text{축: } 5\text{만큼}]{x\text{축: } 9\text{만큼}} (x-9-2)^2+(y-5-2)^2=4$

$\therefore x^2+y^2-22x-14y+166=0$

따라서 $a=-22, b=-14, c=166$이므로

$a+b+c=\mathbf{130}$

서술형

0307 원 C_1: $(x-2)^2+(y+2)^2=1$을 x축의 방향으로 -3만큼, y축의 방향으로 4만큼 평행이동한 원을 C_2, 원 C_2를 x축의 방향으로 3만큼, y축의 방향으로 -1만큼 평행이동한 원을 C_3이라 하자. 두 원 C_1, C_2의 중심을 각각 O_1, O_2라 할 때, 원 C_3 위의 임의의 점 P에 대하여 삼각형 O_1O_2P의 넓이의 최댓값을 구하시오.

답 7

Key $\overline{O_1O_2}$의 값이 상수이므로 삼각형 O_1O_2P의 넓이가 최대가 되려면 점 P와 직선 O_1O_2 사이의 거리가 최대이어야 한다.

풀이 원 C_1: $(x-2)^2+(y+2)^2=1$

$\xrightarrow[y\text{축: } 4\text{만큼}]{x\text{축: } -3\text{만큼}}$ 원 C_2: $(x+1)^2+(y-2)^2=1$

$\xrightarrow[y\text{축: } -1\text{만큼}]{x\text{축: } 3\text{만큼}}$ 원 C_3: $(x-2)^2+(y-1)^2=1$ …❶ (30%)

$O_1(2, -2)$, $O_2(-1, 2)$이므로

$\overline{O_1O_2}=\sqrt{(-1-2)^2+\{2-(-2)\}^2}=5$

직선 O_1O_2의 방정식은

$y+2=\frac{2+2}{-1-2}(x-2) \quad \therefore 4x+3y-2=0$ …❷ (20%)

이때 원 C_3의 중심 $(2, 1)$과 직선 $4x+3y-2=0$ 사이의 거리는

$\frac{|8+3-2|}{\sqrt{4^2+3^2}}=\frac{9}{5}$

따라서 삼각형 O_1O_2P의 넓이의 최댓값은

$\frac{1}{2}\cdot 5\cdot\left(\frac{9}{5}+1\right)=\mathbf{7}$ …❸ (50%)

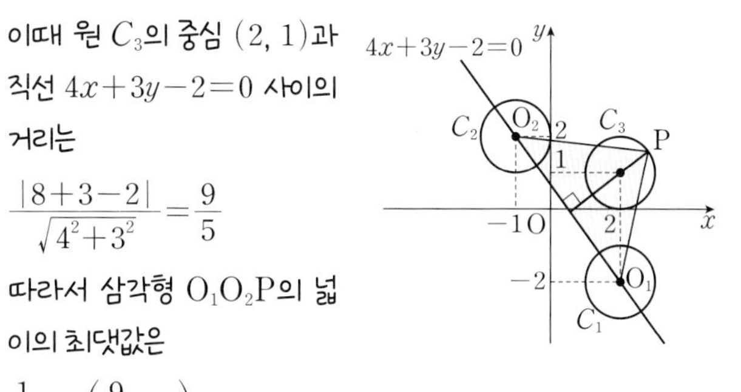

유형 04 점의 대칭이동

개념 3

0308 점 $(2a+1,\ b-2)$를 다음과 같이 (가) → (나) → (다)의 순서대로 대칭이동한 점의 좌표가 $(-4,\ -1)$일 때, $a+b$의 값을 구하시오.

(가) y축에 대하여 대칭이동
(나) 원점에 대하여 대칭이동
(다) 직선 $y=x$에 대하여 대칭이동

답 5

풀이 $(2a+1, b-2) \xrightarrow{\text{(가) } y\text{축 대칭}} (-2a-1, b-2)$

$\xrightarrow{\text{(나) 원점 대칭}} (2a+1, -b+2)$

$\xrightarrow{\text{(다) } y=x \text{ 대칭}} \underline{(-b+2, 2a+1)}_{=(-4,\ -1)}$

따라서 $a=-1, b=6$이므로 $a+b=\mathbf{5}$

0309 점 $P_1(2,\ 3)$을 원점에 대하여 대칭이동한 점을 P_2, 점 P_2를 y축에 대하여 대칭이동한 점을 P_3이라 하자. 이와 같이 원점에 대한 대칭이동, y축에 대한 대칭이동을 순서대로 반복하여 점 P_4, P_5, …를 정할 때, 점 P_{2027}의 좌표는?

답 ③

풀이 $P_1(2, 3) \xrightarrow{\text{원점 대칭}} P_2(-2, -3)$

$\xrightarrow{y\text{축 대칭}} P_3(2, -3)$

$\xrightarrow{\text{원점 대칭}} P_4(-2, 3)$

$\xrightarrow{y\text{축 대칭}} P_5(2, 3)$

이때 점 P_5의 좌표가 점 P_1의 좌표와 같으므로

모든 자연수 n에 대하여 $P_{n+4}=P_n$

따라서 $P_{2027}=P_{4\cdot506+3}=P_3$이므로 점 P_{2027}의 좌표는 점 P_3의 좌표인 $(2, -3)$과 같다.

$b=a+1 \quad \therefore P(a, a+1)$

0310 직선 $y=x+1$ 위의 한 점 $P(a,\ b)$를 x축, y축에 대하여 대칭이동한 점을 각각 P_1, P_2라 하자. 삼각형 PP_1P_2의 넓이가 24일 때, 양수 a, b에 대하여 $a+b$의 값은?

답 ④

Key 세 점 P, P_1, P_2를 좌표평면 위에 나타내어 본다.

풀이 $P(a, a+1) \xrightarrow{x\text{축 대칭}} P_1(a, -a-1)$

$P(a, a+1) \xrightarrow{y\text{축 대칭}} P_2(-a, a+1)$

오른쪽 그림과 같이 두 직선 PP_1, PP_2가 서로 수직이고

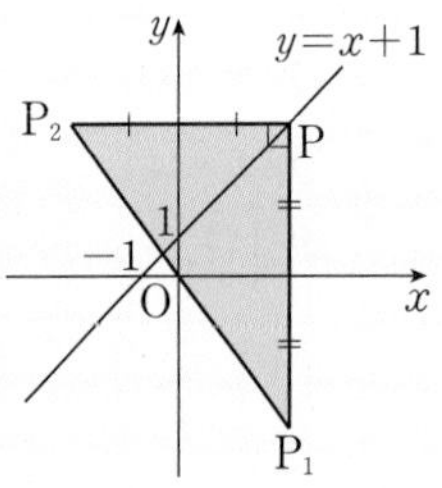

$\overline{PP_1}=2(a+1)$, $\overline{PP_2}=2a$

삼각형 PP_1P_2의 넓이가 24이므로

$\frac{1}{2}\cdot 2a\cdot 2(a+1)=24$

$a^2+a-12=0$

$(a+4)(a-3)=0$

$\therefore a=3\ (\because a>0)$

$a=3$을 $b=a+1$에 대입하면 $b=4$

$\therefore a+b=\mathbf{7}$

y, $y=x+1$, P_2, P, 1, -1, O, x, P_1

서술형

0311 직선 $2x+y-k=0$이 x축, y축과 만나는 점을 각각 A, B라 하고, 선분 AB의 중점을 P라 하자. 이때 점 P를 y축에 대하여 대칭이동한 점을 Q, 점 P를 직선 $y=-x$에 대하여 대칭이동한 점을 R라 하자. 삼각형 PQR의 무게중심의 좌표가 $(a,\ b)$일 때, $a+b=12$이다. 상수 k의 값을 구하시오.

답 144

풀이 $A\left(\frac{k}{2}, 0\right)$, $B(0, k)$이므로 $P\left(\frac{k}{4}, \frac{k}{2}\right)$ …❶ (30%)

$P\left(\frac{k}{4}, \frac{k}{2}\right) \xrightarrow{y\text{축 대칭}} Q\left(-\frac{k}{4}, \frac{k}{2}\right)$

$P\left(\frac{k}{4}, \frac{k}{2}\right) \xrightarrow{y=-x \text{ 대칭}} R\left(-\frac{k}{2}, -\frac{k}{4}\right)$ …❷ (30%)

따라서 삼각형 PQR의 무게중심의 좌표는

$$\left(\frac{\frac{k}{4}-\frac{k}{4}-\frac{k}{2}}{3}, \frac{\frac{k}{2}+\frac{k}{2}-\frac{k}{4}}{3}\right)=\Big(\underbrace{-\frac{k}{6}}_{=a}, \underbrace{\frac{k}{4}}_{=b}\Big)$$

$-\frac{k}{6}+\frac{k}{4}=12$이므로 $\frac{k}{12}=12 \quad \therefore k=\mathbf{144}$ …❸ (40%)

Tip 삼각형의 무게중심의 좌표

세 점 (a_1, b_1), (a_2, b_2), (a_3, b_3)을 꼭짓점으로 하는 삼각형의 무게중심의 좌표는

$\left(\frac{x_1+x_2+x_3}{3}, \frac{y_1+y_2+y_3}{3}\right)$

유형 05 도형의 대칭이동 개념 4

0312 두 직선 $y=ax+b$, $x+y+9=0$이 y축에 대하여 서로 대칭일 때, 상수 a, b에 대하여 $a-b$의 값은? 답 ⑤

풀이 $x+y+9=0 \xrightarrow{y\text{축 대칭}} -x+y+9=0$

$\therefore \underline{y=x-9}$ ($y=ax+b$와 일치)

따라서 $a=1$, $b=-9$이므로 $a-b=\mathbf{10}$

0313 직선 $3x+2y-1=0$을 x축에 대하여 대칭이동한 후, 직선 $y=x$에 대하여 대칭이동한 직선이 점 $(4, a)$를 지날 때, a의 값을 구하시오. 답 3

풀이 $3x+2y-1=0 \xrightarrow{x\text{축 대칭}} 3x-2y-1=0$

$\xrightarrow{y=x\text{ 대칭}} -2x+3y-1=0$

$\therefore 2x-3y+1=0$

이 직선이 점 $(4, a)$를 지나므로

$8-3a+1=0$, $3a=9 \quad \therefore a=\mathbf{3}$

$(x-a)^2+(y+3)^2=a^2+13$

0314 원 $x^2+y^2-2ax+6y-4=0$을 x축에 대하여 대칭이동한 원의 중심이 직선 $2x-3y-15=0$ 위에 있을 때, 상수 a의 값을 구하시오. 답 12

풀이1 $(x-a)^2+(y+3)^2=a^2+13$

$\xrightarrow{x\text{축 대칭}} (x-a)^2+(-y+3)^2=a^2+13$

$\therefore (x-a)^2+(y-3)^2=a^2+13$

이 원의 중심 $(a, 3)$이 직선 $2x-3y-15=0$ 위의 점이므로

$2a-9-15=0$, $2a=24 \quad \therefore a=\mathbf{12}$

풀이2 원 $(x-a)^2+(y+3)^2=a^2+13$의 중심은 $(a, -3)$

$(a, -3) \xrightarrow{x\text{축 대칭}} (a, 3)$

$(x-2a)^2+(y+1)^2=10$

0315 원 $x^2+y^2-4ax+2y+4a^2-9=0$을 직선 $y=x$에 대하여 대칭이동한 원은 직선 $ax+3y+5=0$에 대하여 대칭이다. 이때 상수 a의 값은? 직선은 원의 중심을 지난다. 답 ②

풀이 $(x-2a)^2+(y+1)^2=10$

$\xrightarrow{y=x\text{ 대칭}} (x+1)^2+(y-2a)^2=10$

이 원의 중심 $(-1, 2a)$가 직선 $ax+3y+5=0$ 위의 점이므로

$-a+6a+5=0$, $5a=-5$

$\therefore a=\mathbf{-1}$

0316 포물선 $y=2x^2-(6-2a)x+b-a$를 원점에 대하여 대칭이동한 후, x축에 대하여 대칭이동한 포물선이 처음 포물선과 일치한다. 이 포물선의 꼭짓점의 y좌표가 6일 때, 상수 a, b에 대하여 ab의 값을 구하시오. 답 27

풀이 $y=2x^2-(6-2a)x+b-a$

$\xrightarrow{\text{원점 대칭}} -y=2\cdot(-x)^2-(6-2a)\cdot(-x)+b-a$

$\therefore y=-2x^2-(6-2a)x-b+a$

$\xrightarrow{x\text{축 대칭}} -y=-2x^2-(6-2a)x-b+a$

$\therefore \underline{y=2x^2+(6-2a)x+b-a}$ ($y=2x^2-(6-2a)x+b-a$와 일치)

$-(6-2a)=6-2a$이므로 $4a=12 \quad \therefore a=3$

즉, 처음 포물선의 방정식은 $y=2x^2+b-3$이고, 꼭짓점의 y좌표가 6이므로 $b-3=6 \quad \therefore b=9$

$\therefore ab=\mathbf{27}$

Tip $f(x, y)=0 \xrightarrow{\text{원점 대칭}} f(-x, -y)=0$

$\xrightarrow{x\text{축 대칭}} \underline{f(-x, y)=0}$ ($f(x, y)=0$과 일치)

따라서 대칭이동한 포물선이 처음 포물선과 일치하려면 꼭짓점의 x좌표가 같아야 한다.

즉, 처음 포물선의 꼭짓점의 x좌표가 0이어야 하므로

$\frac{3-a}{2}=0 \quad \therefore a=3$

0317 포물선 $y=x^2-2ax+4$를 원점에 대하여 대칭이동한 포물선의 꼭짓점이 직선 $y=x+2$ 위에 있을 때, 음수 a의 값은? 답 ③

풀이 $y=x^2-2ax+4 \xrightarrow{\text{원점 대칭}} -y=(-x)^2-2a\cdot(-x)+4$

$y=-x^2-2ax-4$

$\therefore y=-(x+a)^2+a^2-4$

이 포물선의 꼭짓점 $(-a, a^2-4)$가 직선 $y=x+2$ 위의 점이므로

$a^2-4=-a+2$

$a^2+a-6=0$, $(a+3)(a-2)=0$

$\therefore a=\mathbf{-3}$ ($\because a<0$)

유형 06 도형의 대칭이동의 활용

개념 4

0318 직선 $y=kx-1$을 x축에 대하여 대칭이동한 직선이 원 $x^2+y^2-6x+4y+9=0$의 넓이를 이등분할 때, 상수 k의 값은? $(x-3)^2+(y+2)^2=4$ 직선은 원의 중심을 지난다.

답 ④

풀이 $y=kx-1 \xrightarrow{x\text{축 대칭}} -y=kx-1$

$\therefore y=-kx+1$

이 직선이 원 $(x-3)^2+(y+2)^2=4$의 중심 $(3, -2)$를 지나야 하므로

$-2=-3k+1 \quad \therefore k=\mathbf{1}$

0319 직선 $\frac{x}{4}-\frac{y}{3}=1$과 이 직선을 각각 x축, y축, 원점에 대하여 대칭이동하여 생기는 모든 직선으로 둘러싸인 부분의 넓이는? (x절편: 4, y절편: -3)

답 ⑤

풀이

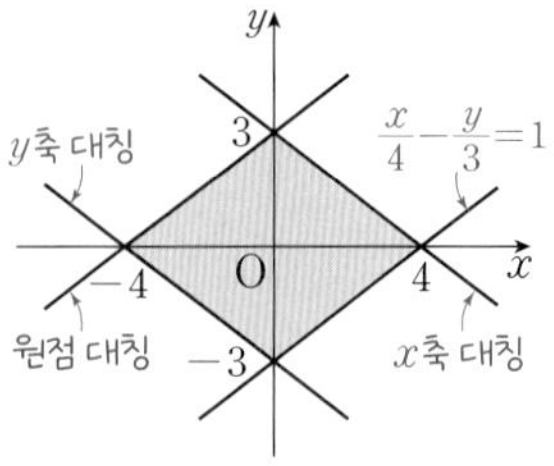

y축 대칭, $\frac{x}{4}-\frac{y}{3}=1$, 원점 대칭, x축 대칭

$\therefore \frac{1}{2}\cdot 8\cdot 6=\mathbf{24}$

0320 직선 $x-2y+2=0$을 직선 $y=x$에 대하여 대칭이동한 직선이 원 $(x-3)^2+(y-a)^2=4+a^2$에 접할 때, 상수 a의 값은? 원의 중심 $(3, a)$와 직선 사이의 거리가 $\sqrt{4+a^2}$이다.

답 ③

풀이 $x-2y+2=0 \xrightarrow{y=x\text{ 대칭}} y-2x+2=0$

$\therefore 2x-y-2=0$

$\frac{|6-a-2|}{\sqrt{2^2+(-1)^2}}=\sqrt{4+a^2}$에서

$(4-a)^2=20+5a^2$, $4(a^2+2a+1)=0$

$4(a+1)^2=0 \quad \therefore a=\mathbf{-1}$

0321 원 $x^2+y^2-4x-5=0$을 원점에 대하여 대칭이동하면 직선 $y=mx-3$에 접한다. 이때 상수 m의 값은? (단, $m\neq 0$)

$(x-2)^2+y^2=9$, $mx-y-3=0$

답 ②

Key 대칭이동한 원의 중심 $(-2, 0)$과 직선 $mx-y-3=0$ 사이의 거리는 원의 반지름 길이인 3이다.

풀이 $(x-2)^2+y^2=9 \xrightarrow{\text{원점 대칭}} (-x-2)^2+(-y)^2=9$

$\therefore (x+2)^2+y^2=9$

$\frac{|-2m-3|}{\sqrt{m^2+(-1)^2}}=3$에서 $5m^2-12m=0$

$m(5m-12)=0 \quad \therefore m=\mathbf{\frac{12}{5}} \ (\because m\neq 0)$

0322 원 $C: (x-2)^2+(y-1)^2=1$을 직선 $y=x$에 대하여 대칭이동한 원을 C'이라 하자. 원 C의 내부와 원 C'의 내부의 공통인 부분의 넓이가 $\frac{\pi}{p}-q$일 때, $p+q$의 값을 구하시오. (단, p, q는 자연수이다.)

$C': (x-1)^2+(y-2)^2=1$

답 3

풀이 두 원 C, C'의 중심을 각각 $\mathrm{C}(2, 1)$, $\mathrm{C'}(1, 2)$, 두 원 C, C'이 만나는 두 점을 P, Q라 하자.

$\overline{\mathrm{CP}}=\overline{\mathrm{CQ}}=\overline{\mathrm{C'P}}=\overline{\mathrm{C'Q}}=1$,

$\overline{\mathrm{CC'}}=\sqrt{(1-2)^2+(2-1)^2}$

$=\sqrt{2}$

이므로

$\angle\mathrm{CPC'}=\angle\mathrm{CQC'}=90°$

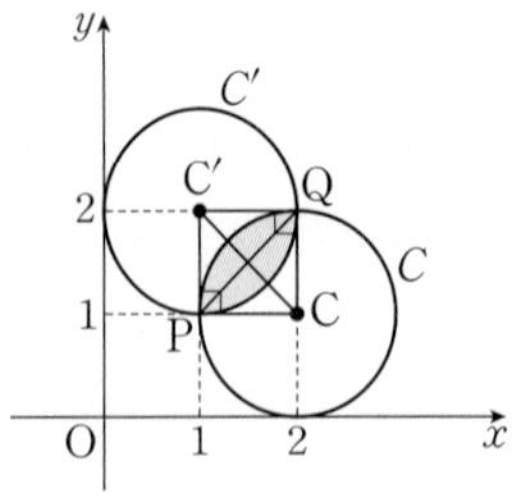

이때 구하는 공통인 부분의 넓이는

$2\{(\text{부채꼴 CPQ의 넓이})-(\text{삼각형 CPQ의 넓이})\}$

$=2\left(\frac{\pi}{4}-\frac{1}{2}\right)=\frac{\pi}{2}-1$

따라서 $p=2$, $q=1$이므로 $p+q=\mathbf{3}$

서술형

0323 원 $C: x^2+y^2+6x+4y+9=0$을 원점에 대하여 대칭이동한 원을 C_1이라 하고, 원 C를 직선 $y=x$에 대하여 대칭이동한 원을 C_2라 하자. 원 C_1 위의 점 P와 원 C_2 위의 점 Q에 대하여 선분 PQ의 길이의 최댓값이 $p+q\sqrt{2}$일 때, $p+q$의 값을 구하시오. (단, p, q는 유리수이다.)

아래 그림과 같을 때 최댓값을 갖는다.

답 9

풀이 $C: (x+3)^2+(y+2)^2=4$ ➡ 중심 $(-3, -2)$

$(-3, -2) \xrightarrow{\text{원점 대칭}} (3, 2)$ 원 C_1의 중심

$(-3, -2) \xrightarrow{y=x\text{ 대칭}} (-2, -3)$ 원 C_2의 중심 …❶ (40%)

두 원 C_1, C_2의 중심 사이의 거리는

$\sqrt{(-2-3)^2+(-3-2)^2}$

$=5\sqrt{2}$

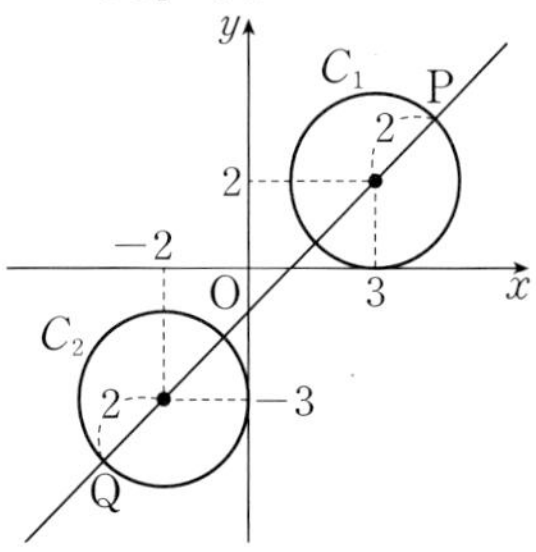

따라서 선분 PQ의 길이의 최댓값은

$5\sqrt{2}+2+2=4+5\sqrt{2}$

즉, $p=4$, $q=5$이므로 $p+q=\mathbf{9}$ …❷ (60%)

유형 07 점과 도형의 평행이동과 대칭이동 개념 1~4

0324 점 $A(-1, 3)$을 x축의 방향으로 a만큼, y축의 방향으로 b만큼 평행이동한 후, 직선 $y=x$에 대하여 대칭이동한 점의 좌표가 점 A와 일치할 때, a^2+b^2의 값은? 답 ⑤

풀이 $A(-1, 3) \xrightarrow[y축: b만큼]{x축: a만큼} (-1+a, 3+b)$

$\xrightarrow{y=x \text{ 대칭}} \underline{(3+b, -1+a)}_{=(-1, 3)}$

$a=4, b=-4$이므로

$a^2+b^2=4^2+(-4)^2=\mathbf{32}$

→ **0325** 점 $(4, 1)$을 x축의 방향으로 a만큼, y축의 방향으로 b만큼 평행이동한 후, 원점에 대하여 대칭이동한 점의 좌표가 $(1, 4)$일 때, ab의 값을 구하시오. 답 25

풀이 $(4, 1) \xrightarrow[y축: b만큼]{x축: a만큼} (4+a, 1+b)$

$\xrightarrow{\text{원점 대칭}} \underline{(-a-4, -b-1)}_{=(1, 4)}$

$a=-5, b=-5$이므로

$ab=\mathbf{25}$

0326 직선 $x-2y-5=0$을 x축의 방향으로 -2만큼, y축의 방향으로 3만큼 평행이동한 후, 직선 $y=x$에 대하여 대칭이동한 직선이 점 $(k, -5)$를 지날 때, k의 값은? 답 ②

풀이 $x-2y-5=0 \xrightarrow[y축: 3만큼]{x축: -2만큼} x+2-2(y-3)-5=0$

$\therefore x-2y+3=0$

$\xrightarrow{y=x \text{ 대칭}} y-2x+3=0$

이 직선이 점 $(k, -5)$를 지나므로

$-5-2k+3=0, 2k=-2$

$\therefore k=\mathbf{-1}$

→ **0327** 직선 $3x-2y+6=0$을 x축의 방향으로 1만큼, y축의 방향으로 -2만큼 평행이동한 후, y축에 대하여 대칭이동한 직선의 기울기를 a라 할 때, $4a$의 값은? 답 ①

풀이 $3x-2y+6=0 \xrightarrow[y축: -2만큼]{x축: 1만큼} 3(x-1)-2(y+2)+6=0$

$\therefore 3x-2y-1=0$

$\xrightarrow{y축 \text{ 대칭}} -3x-2y-1=0$

$\therefore y=\underline{-\frac{3}{2}}_{=a}x-\frac{1}{2}$

$\therefore 4a=4\cdot\left(-\frac{3}{2}\right)=\mathbf{-6}$

$C: (x+1)^2+(y-2)^2=5$ → 중심: $(-1, 2)$

0328 원 $C: x^2+y^2+2x-4y=0$을 직선 $y=x$에 대하여 대칭이동한 후, x축의 방향으로 -2만큼, y축의 방향으로 1만큼 평행이동한 원의 중심과 원 C의 중심 사이의 거리는? 답 ①

Key 원의 중심의 평행이동과 대칭이동으로 생각해도 된다.

풀이 $(-1, 2) \xrightarrow{y=x \text{ 대칭}} (2, -1)$

$\xrightarrow[y축: 1만큼]{x축: -2만큼} (0, 0)$

따라서 두 원의 중심 $(-1, 2), (0, 0)$ 사이의 거리는

$\sqrt{(-1)^2+2^2}=\sqrt{5}$

→ **0329** 포물선 $y=2x^2-12x+19$를 x축에 대하여 대칭이동한 후, x축의 방향으로 m만큼, y축의 방향으로 n만큼 평행이동하면 포물선 $y=-2x^2-4x+7$과 일치한다. 이 평행이동에 의하여 원 $x^2+y^2-10x+8y+16=0$이 옮겨지는 원의 중심을 (a, b)라 할 때, a^2+b^2의 값은? 답 ③

($y=2(x-3)^2+1$ → 꼭짓점: $(3, 1)$)
($y=-2(x+1)^2+9$ → 꼭짓점: $(-1, 9)$)
($(x-5)^2+(y+4)^2=25$ → 중심: $(5, -4)$)

풀이 $(3, 1) \xrightarrow{x축 \text{ 대칭}} (3, -1)$

$\xrightarrow[y축: n만큼]{x축: m만큼} \underline{(3+m, -1+n)}_{=(-1, 9)}$

$\therefore m=-4, n=10$

$(5, -4) \xrightarrow[y축: 10만큼]{x축: -4만큼} (\underline{1}_{=a}, \underline{6}_{=b})$

$\therefore a^2+b^2=1^2+6^2=\mathbf{37}$

04 도형의 이동

0330 방정식 $f(x, y)=0$이 나타내는 도형이 그림과 같을 때, 다음 중 방정식 $f(y-1, x)=0$이 나타내는 도형은?

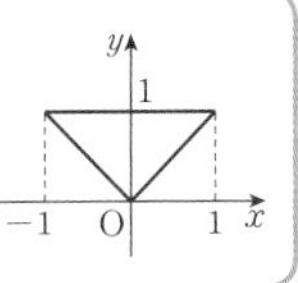

답 ①

풀이 $f(x, y)=0 \xrightarrow{y=x \text{ 대칭}} f(y, x)=0$

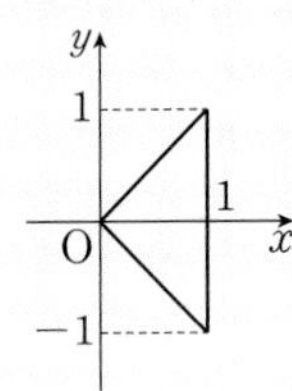

$\xrightarrow[y\text{축: 1만큼}]{} f(y-1, x)=0$

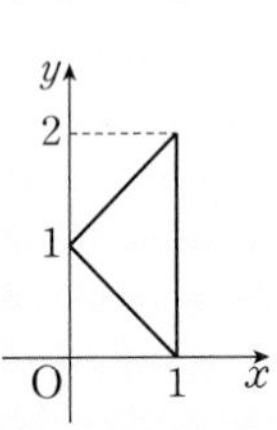

0331 방정식 $f(x, y)=0$이 나타내는 도형이 그림과 같을 때, 다음 중 방정식 $f(1-x, -y)=0$이 나타내는 도형은?

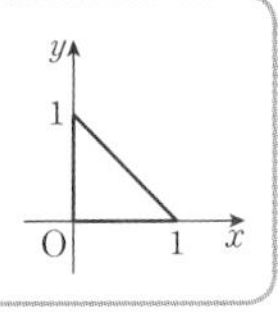

답 ④

풀이 $f(x, y)=0 \xrightarrow{\text{원점 대칭}} f(-x, -y)=0$

$\xrightarrow{x\text{축: 1만큼}} f(-(x-1), -y)=0$

$\therefore f(1-x, -y)=0$

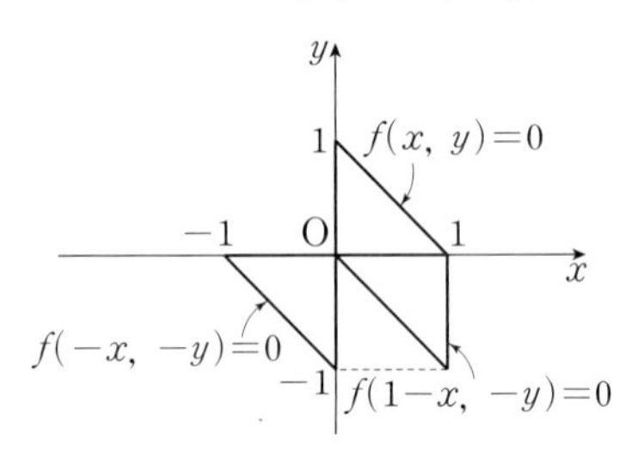

0332 그림에서 방정식 $f(x, y)=0$이 나타내는 도형이 A일 때, **보기**에서 도형 B를 나타내는 방정식인 것만을 있는 대로 고른 것은?

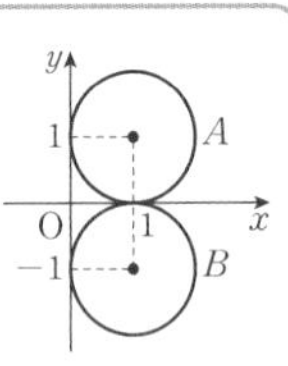

보기

ㄱ. $f(x, -y)=0$

ㄴ. $f(-y, x)=0$

ㄷ. $f(-x+2, -y)=0$

답 ⑤

풀이 ㉠. $f(x, y)=0 \xrightarrow{x\text{축 대칭}} \underline{f(x, -y)=0}$ 원 B

㉡. $f(x, y)=0 \xrightarrow{y=x \text{ 대칭}} \underline{f(y, x)=0}$ 원 A

$\xrightarrow{x\text{축 대칭}} \underline{f(-y, x)=0}$ 원 B

㉢. $f(x, y)=0 \xrightarrow{\text{원점 대칭}} f(-x, -y)=0$

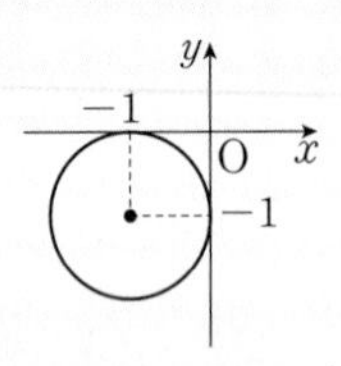

$\xrightarrow{x\text{축: 2만큼}} f(-(x-2), -y)=0$

$\therefore \underline{f(-x+2, -y)=0}$ 원 B

서술형 **0333** 그림과 같이 세 점 $A(1, -2)$, $B(5, -2)$, $C(3, 10)$을 꼭짓점으로 하는 삼각형 ABC의 도형의 방정식을 $f(x, y)=0$이라 하자. 방정식 $f(-y+2, x+3)=0$이 나타내는 도형의 무게중심의 좌표가 (a, b)일 때, a^2+b^2의 값을 구하시오.

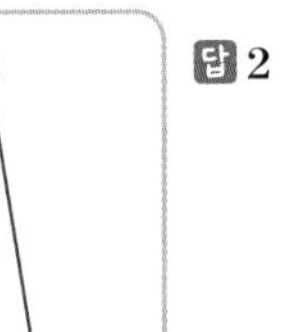

답 2

Key 꼭짓점의 평행이동과 대칭이동으로 생각한다.

풀이 $f(x, y)=0 \xrightarrow{y=x \text{ 대칭}} f(y, x)=0$

$\xrightarrow{x\text{축 대칭}} f(-y, x)=0$

$\xrightarrow[y\text{축: 2만큼}]{x\text{축: }-3\text{만큼}} f(-(y-2), x+3)=0$

$\therefore f(-y+2, x+3)=0$

$A(1, -2), B(5, -2), C(3, 10)$

$\xrightarrow{y=x \text{ 대칭}} A_1(-2, 1), B_1(-2, 5), C_1(10, 3)$

$\xrightarrow{x\text{축 대칭}} A_2(-2, -1), B_2(-2, -5), C_2(10, -3)$

$\xrightarrow[y\text{축: 2만큼}]{x\text{축: }-3\text{만큼}} A_3(-5, 1), B_3(-5, -3), C_3(7, -1)$ …❶ (60%)

따라서 삼각형 $A_3B_3C_3$의 무게중심의 좌표는

$\left(\frac{-5-5+7}{3}, \frac{1-3-1}{3}\right)$, 즉 $(-1, -1)$ …❷ (30%)

$\therefore a=-1, b=-1$

$\therefore a^2+b^2=(-1)^2+(-1)^2=2$ …❸ (10%)

유형 09 점에 대한 대칭이동 개념 5

0334 점 $(2, a)$를 점 $(3, -2)$에 대하여 대칭이동한 점의 좌표가 $(b, 1)$일 때, $b-a$의 값을 구하시오. 답 9

풀이1 $\frac{2+b}{2}=3$, $\frac{a+1}{2}=-2$ (2, a) (3, −2) (b, 1)

$\therefore a=-5, b=4$

$\therefore b-a=\mathbf{9}$

풀이2 $(2, a) \xrightarrow{\text{점 }(3,-2)\text{ 대칭}} (2\cdot3-2, 2\cdot(-2)-a)$

$\therefore \underbrace{(4, -4-a)}_{=(b,1)}$

Tip $(x, y) \xrightarrow{\text{점 }(a,b)\text{ 대칭}} (2a-x, 2b-y)$ 암기

0335 직선 $x-y=3$을 점 $(1, 3)$에 대하여 대칭이동한 직선이 점 $(6, k)$를 지날 때, k의 값은? 답 ④

풀이1 직선 $x-y=3$ 위의 점을 (a, b)라 하면

$a-b=3$ ······ ㉠

점 (a, b)를 점 $(1, 3)$에 대하여 대칭이동한 점을 (x', y')이라 하면

$\frac{a+x'}{2}=1$, $\frac{b+y'}{2}=3$ (a, b) (1, 3) (x′, y′)

$\therefore a=2-x', b=6-y'$ ······ ㉡

㉡을 ㉠에 대입하면

$2-x'-(6-y')-3=0$ $\therefore x'-y'+7=0$

따라서 직선 $x-y+7=0$이 점 $(6, k)$를 지나므로

$6-k+7=0$ $\therefore k=\mathbf{13}$

풀이2 $x-y=3 \xrightarrow{\text{점 }(1,3)\text{ 대칭}} (2\cdot1-x)-(2\cdot3-y)=3$

$\therefore x-y+7=0$

Tip $f(x, y)=0 \xrightarrow{\text{점 }(a,b)\text{ 대칭}} f(2a-x, 2b-y)=0$ 암기

0336 두 포물선 $y=x^2+4x+5$, $y=-(x-4)^2+3$이 점 (a, b)에 대하여 대칭일 때, $a+b$의 값은? 답 ③

($y=(x+2)^2+1$ → 꼭짓점: $(-2, 1)$, 꼭짓점: $(4, 3)$)

Key 포물선의 꼭짓점의 대칭이동으로 생각해도 된다.

풀이1 $\frac{-2+4}{2}=a$, $\frac{1+3}{2}=b$ (−2, 1) (a, b) (4, 3)

$\therefore a=1, b=2$

$\therefore a+b=\mathbf{3}$

풀이2 $(-2, 1) \xrightarrow{\text{점 }(a,b)\text{ 대칭}} \underbrace{(2a-(-2), 2b-1)}_{=(4,3)}$

0337 원 C_1: $x^2+y^2=4$를 점 $(2, -1)$에 대하여 대칭이동한 원을 C_2라 할 때, 원 C_2 위의 점 P와 점 A$(0, 1)$ 사이의 거리의 최댓값을 M, 최솟값을 m이라 하자. 이때 Mm의 값을 구하시오. 답 21

(중심: $(0, 0) \xrightarrow{\text{점 }(2,-1)\text{ 대칭}} (a, b)$라 하자.)

풀이1 $\frac{0+a}{2}=2$, $\frac{0+b}{2}=-1$

$\therefore a=4, b=-2$

두 점 $(0, 1)$과 $(4, -2)$ 사이의 거리는

$\sqrt{(4-0)^2+(-2-1)^2}=5$

$\therefore M=5+(\text{원 } C_2\text{의 반지름의 길이})$

$=5+2=7$

$m=5-(\text{원 } C_2\text{의 반지름의 길이})$

$=5-2=3$

$\therefore Mm=\mathbf{21}$

풀이2 $(0, 0) \xrightarrow{\text{점 }(2,-1)\text{ 대칭}} (2\cdot2-0, 2\cdot(-1)-0)$

$=(4, -2)$

두 점 A, B가 직선 l에 대하여 대칭이면 ① $\overline{AB}$의 중점이 직선 l 위의 점이다. ② 직선 AB는 직선 l과 수직이다. (두 직선의 기울기의 곱이 -1이다.)

유형 10 직선에 대한 대칭이동

개념 6

0338 점 $(a, 2)$를 직선 $y=x+b$에 대하여 대칭이동한 점의 좌표가 $(1, 4)$일 때, $a+b$의 값은? (단, b는 상수이다.)

답 ④

풀이 그림에서 점 $\left(\frac{a+1}{2}, 3\right)$이 직선 $y=x+b$ 위의 점이므로

$3=\frac{a+1}{2}+b$

$\therefore a+2b=5$ …… ㉠

두 점 $(a, 2)$, $(1, 4)$를 지나는 직선이 직선 $y=x+b$와 수직이므로

$\frac{4-2}{1-a}=-1 \quad \therefore a=3$

㉠에서 $3+2b=5 \quad \therefore b=1 \quad \therefore a+b=$ **4**

$(a, 2)$, $y=x+b$, $\left(\frac{a+1}{2}, 3\right)$, $(1, 4)$

0339 두 원 $(x-3)^2+y^2=1$, $(x+5)^2+(y-2)^2=1$이 직선 $y=mx+n$에 대하여 대칭일 때, 상수 m, n에 대하여 $m+n$의 값은?

중심: $(3, 0)$ / 중심: $(-5, 2)$

답 ②

풀이 그림에서 점 $(-1, 1)$이 직선 $y=mx+n$ 위의 점이므로 (두 원의 중심을 이은 선분의 중점)

$1=-m+n$ …… ㉠

두 점 $(3, 0)$, $(-5, 2)$를 지나는 직선이 직선 $y=mx+n$과 수직이므로

$\frac{2-0}{-5-3}\cdot m=-1 \quad \therefore m=4$

㉠에서 $1=-4+n \quad \therefore n=5 \quad \therefore m+n=$ **9**

$(-5, 2)$, $y=mx+n$, $(-1, 1)$, $(3, 0)$

0340 원 $x^2+y^2=4$를 직선 $2x-y+10=0$에 대하여 대칭이동한 원이 직선 $3x-4y+a=0$에 접할 때, 모든 상수 a의 값의 합은?

중심: A(0, 0) / 중심: B(a, b), 반지름의 길이: 2

답 ⑤

풀이 $\overline{AB}$의 중점 $\left(\frac{a}{2}, \frac{b}{2}\right)$가 직선 $2x-y+10=0$ 위의 점이므로

$a-\frac{b}{2}+10=0 \quad \therefore 2a-b+20=0$ …… ㉠

직선 AB는 직선 $2x-y+10=0$과 수직이므로 ($y=2x+10$)

$\frac{b}{a}=-\frac{1}{2} \quad \therefore a=-2b$ …… ㉡

㉠, ㉡을 연립하여 풀면 $a=-8$, $b=4 \quad \therefore$ B$(-8, 4)$

대칭이동한 원이 직선 $3x-4y+a=0$에 접하므로

$\frac{|-24-16+a|}{\sqrt{3^2+(-4)^2}}=2 \quad \therefore a=30$ 또는 $a=50$

따라서 모든 상수 a의 값의 합은 $30+50=$ **80**

0341 서술형 포물선 $y=x^2$ 위의 서로 다른 두 점 P, Q가 직선 $y=-x+2$에 대하여 대칭일 때, $\overline{PQ}^2$의 값을 구하시오.

$P(p, p^2)$, $Q(q, q^2)$ $(p\neq q)$이라 하자.

답 10

풀이 $\overline{PQ}$의 중점 $\left(\frac{p+q}{2}, \frac{p^2+q^2}{2}\right)$이 직선 $y=-x+2$ 위의 점이므로

$\frac{p^2+q^2}{2}=-\frac{p+q}{2}+2$ …… ㉠ …❶ (30%)

직선 PQ는 직선 $y=-x+2$와 수직이므로

$\frac{q^2-p^2}{q-p}=1 \quad \therefore p+q=1$ …… ㉡ …❷ (30%)

㉡을 ㉠에 대입하여 정리하면 $p^2+q^2=3$ ($=(p+q)^2-2pq$)

$3=1^2-2pq \quad \therefore pq=-1$

$\therefore \overline{PQ}^2=(p-q)^2+(p^2-q^2)^2$

$=(p+q)^2-4pq+(p^2+q^2)^2-4(pq)^2$

$=1+4+9-4=$ **10** …❸ (40%)

움직이는 점에 대하여 고정된 점을 대칭이동한 후 생각한다.

유형 11 대칭이동을 이용한 거리의 최솟값

개념 3

0342 두 점 A(2, 1), B(6, 7)과 y축 위를 움직이는 점 P에 대하여 $\overline{AP}+\overline{BP}$가 최소가 되도록 하는 점 P의 좌표를 구하시오. 아래 그림에서 빨간 선분의 길이가 최솟값이다.

답 풀이 참조

풀이 $A(2, 1) \xrightarrow{y축 대칭} A'(-2, 1)$

$\overline{AP}=\overline{A'P}$이므로

$\overline{AP}+\overline{BP}=\overline{A'P}+\overline{BP}$

$\geq\overline{A'B}$

직선 A′B의 방정식은

$y-1=\frac{7-1}{6-(-2)}(x+2)$

$\therefore y=\frac{3}{4}x+\frac{5}{2}$

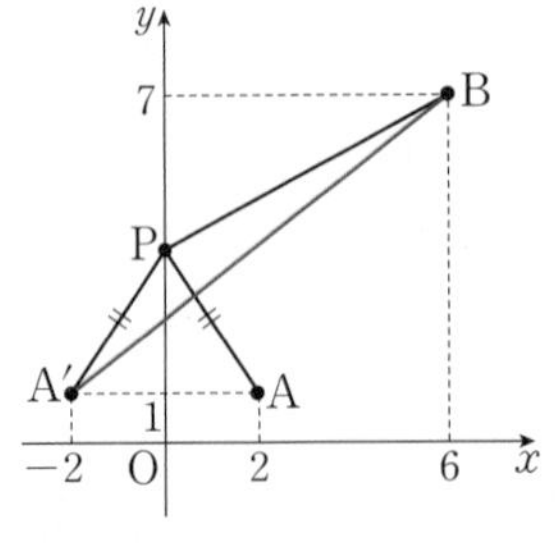

따라서 $\overline{AP}+\overline{BP}$가 최소가 되도록 하는 점 P의 좌표는 직선 $y=\frac{3}{4}x+\frac{5}{2}$가 y축과 만나는 점인 $\left(\mathbf{0}, \frac{\mathbf{5}}{\mathbf{2}}\right)$이다.

0343 두 점 A(4, 1), B(1, 4)와 x축 위를 움직이는 점 P, y축 위를 움직이는 점 Q에 대하여 $\overline{AP}+\overline{PQ}+\overline{QB}$의 최솟값을 k라 할 때, k^2의 값은? 아래 그림에서 빨간 선분의 길이이다.

답 ②

풀이 $A(4, 1) \xrightarrow{x축 대칭} A'(4, -1)$

$B(1, 4) \xrightarrow{y축 대칭} B'(-1, 4)$

$\overline{AP}=\overline{A'P}$, $\overline{QB}=\overline{QB'}$이므로

$\overline{AP}+\overline{PQ}+\overline{QB}$

$=\overline{A'P}+\overline{PQ}+\overline{QB'}$

$\geq\overline{A'B'}$

$=\sqrt{(-1-4)^2+\{4-(-1)\}^2}$

$=5\sqrt{2}$

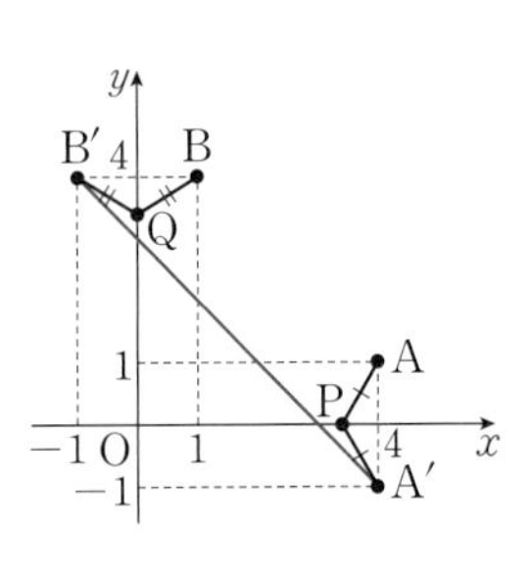

따라서 $k=5\sqrt{2}$이므로 $k^2=$ **50**

0344 그림과 같이 점 A(5, 2)와 직선 $y=x$ 위를 움직이는 점 B, x축 위를 움직이는 점 C에 대하여 세 점 A, B, C를 꼭짓점으로 하는 삼각형 ABC의 둘레의 길이의 최솟값을 구하시오. 아래 그림에서 빨간 선분의 길이이다.

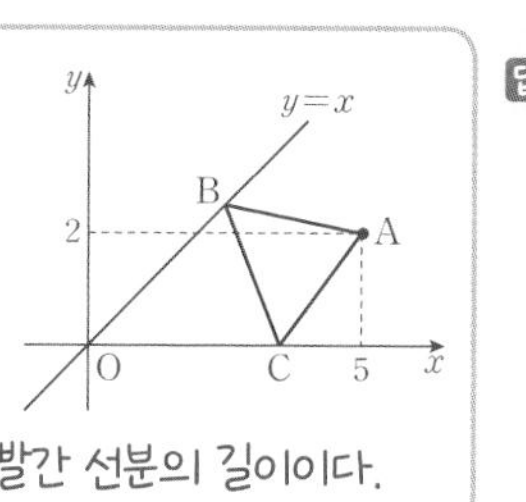

답 $\sqrt{58}$

풀이 $A(5,2) \xrightarrow{y=x \text{ 대칭}} A'(2,5)$

$A(5,2) \xrightarrow{x\text{축 대칭}} A''(5,-2)$

$\overline{AB}=\overline{A'B}$, $\overline{CA}=\overline{CA''}$이므로

$\overline{AB}+\overline{BC}+\overline{CA}$

$=\overline{A'B}+\overline{BC}+\overline{CA''}$

$\geq \overline{A'A''}$

따라서 삼각형 ABC의 둘레의 길이의 최솟값은

$\overline{A'A''}=\sqrt{(5-2)^2+(-2-5)^2}$

$=\sqrt{58}$

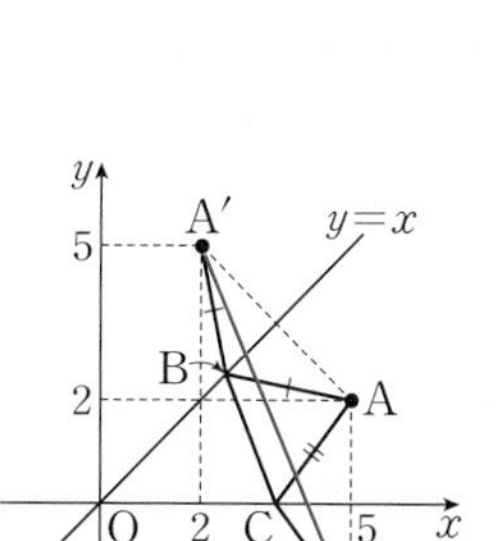

서술형

0345 그림과 같이 점 P(5, 5)와 직선 $y=x+3$ 위를 움직이는 점 Q, x축 위를 움직이는 점 R에 대하여 세 점 P, Q, R를 꼭짓점으로 하는 삼각형 PQR의 둘레의 길이의 최솟값을 k라 할 때, k^2의 값을 구하시오. 아래 그림에서 빨간 선분의 길이이다.

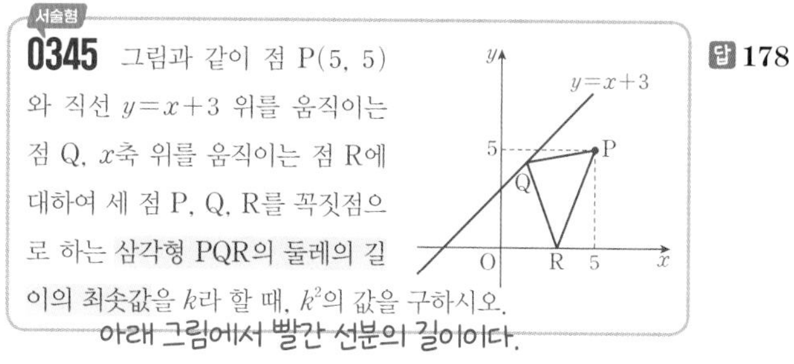

답 178

풀이 $P(5,5) \xrightarrow{y=x+3 \text{ 대칭}} P'(a,b)$라 하자.

$\overline{PP'}$의 중점 $\left(\frac{5+a}{2}, \frac{5+b}{2}\right)$가 직선 $y=x+3$ 위의 점이므로

$\frac{5+b}{2}=\frac{5+a}{2}+3$ ...... ㉠

직선 PP'이 직선 $y=x+3$과 수직이므로

$\frac{b-5}{a-5}=-1$ ...... ㉡

㉠, ㉡에서 $a=2$, $b=8$ ∴ $P'(2,8)$ ...❶ (40%)

$P(5,5) \xrightarrow{x\text{축 대칭}} P''(5,-5)$ ...❷ (20%)

$\overline{PQ}=\overline{P'Q}$, $\overline{RP}=\overline{RP''}$이므로

$\overline{PQ}+\overline{QR}+\overline{RP}$

$=\overline{P'Q}+\overline{QR}+\overline{RP''}\geq\overline{P'P''}$

따라서 삼각형 PQR의 둘레의 길이의 최솟값은

$k=\sqrt{(5-2)^2+(-5-8)^2}=\sqrt{178}$

∴ $k^2=178$ ...❸ (40%)

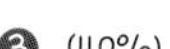

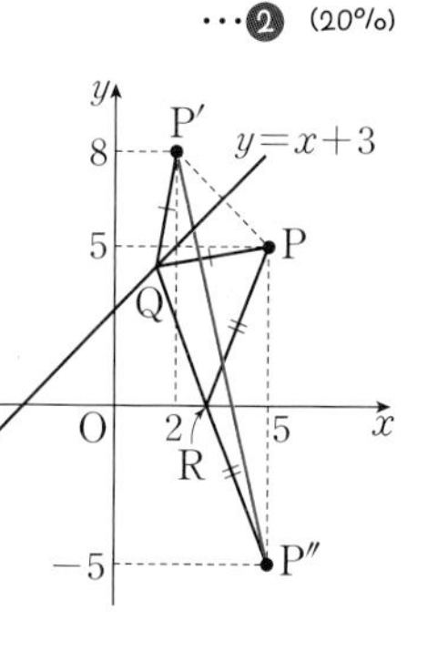

0346 그림과 같이 좌표평면 위의 점 A(3, 1)과 x축 위를 움직이는 점 P, 원 $x^2+(y-3)^2=1$ 위를 움직이는 점 Q에 대하여 $\overline{AP}+\overline{PQ}$의 최솟값을 구하시오.
아래 그림의 빨간 선분의 길이에서 원의 반지름의 길이를 뺀 값이다.

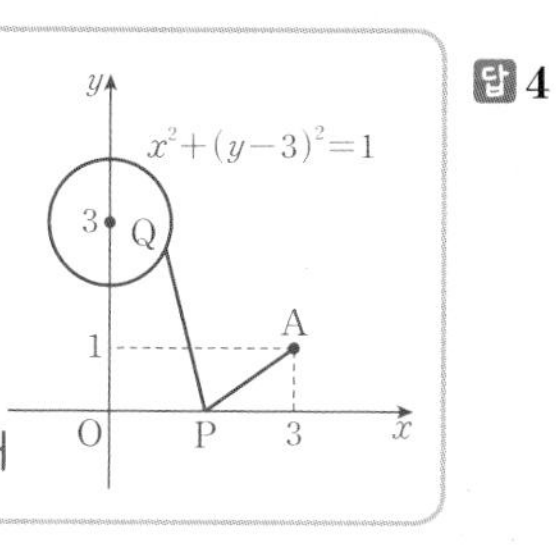

답 4

Key ① $\overline{AP}+\overline{PQ}$의 최솟값은 $\overline{A'Q}$이다.
② $\overline{A'Q}$의 최솟값은 점 A'과 원의 중심 C(0, 3) 사이의 거리에서 원의 반지름의 길이 1을 뺀 값이다.

풀이 $A(3,1) \xrightarrow{x\text{축 대칭}} A'(3,-1)$

$\overline{AP}=\overline{A'P}$이므로

$\overline{AP}+\overline{PQ}=\overline{A'P}+\overline{PQ}$

$\geq\overline{A'Q}$

이때 $\overline{A'Q}$의 최솟값은

$\overline{A'C}-1$

$=\sqrt{(0-3)^2+\{3-(-1)\}^2}-1$

$=5-1=4$

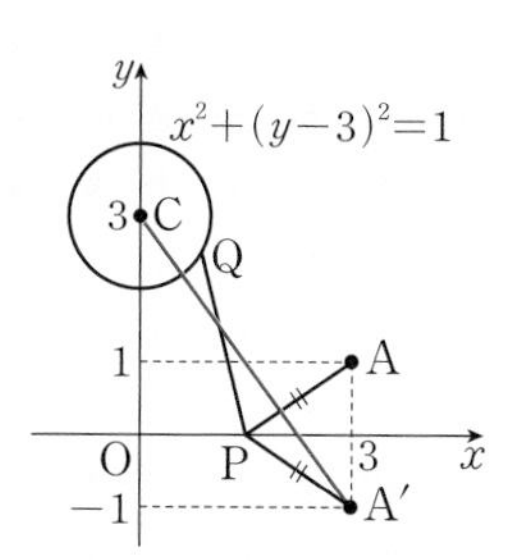

0347 그림과 같이 두 원

$(x-5)^2+(y-1)^2=1$, ← 중심: (5, 1)

$(x-3)^2+(y-5)^2=4$ ← 중심: (3, 5)

와 x축 위를 움직이는 점 A, y축 위를 움직이는 점 B가 있다. 두 원 위의 점 P, Q에 대하여 $\overline{PA}+\overline{AB}+\overline{BQ}$의 최솟값을 구하시오.

아래 그림에서 (빨간 선분의 길이)−1−2이다.

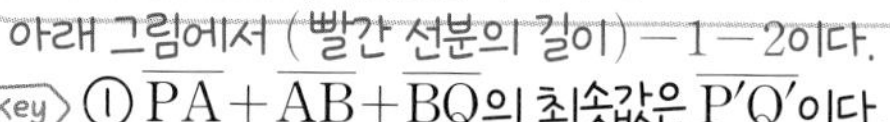

답 7

Key ① $\overline{PA}+\overline{AB}+\overline{BQ}$의 최솟값은 $\overline{P'Q'}$이다.
② $\overline{P'Q'}$의 최솟값은 대칭이동한 두 원의 중심 C_1, C_2 사이의 거리에서 각 원의 반지름의 길이 1, 2를 뺀 값이다.

풀이 점 P $\xrightarrow{x\text{축 대칭}}$ 점 P', 점 Q $\xrightarrow{y\text{축 대칭}}$ 점 Q'

중심 $(5,1) \xrightarrow{x\text{축 대칭}} C_1(5,-1)$

중심 $(3,5) \xrightarrow{y\text{축 대칭}} C_2(-3,5)$

$\overline{PA}=\overline{P'A}$, $\overline{BQ}=\overline{BQ'}$이므로

$\overline{PA}+\overline{AB}+\overline{BQ}$

$=\overline{P'A}+\overline{AB}+\overline{BQ'}\geq\overline{P'Q'}$

이때 $\overline{P'Q'}$의 최솟값은

$\overline{C_1C_2}-1-2$

$=\sqrt{(-3-5)^2+\{5-(-1)\}^2}-3$

$=10-3=7$

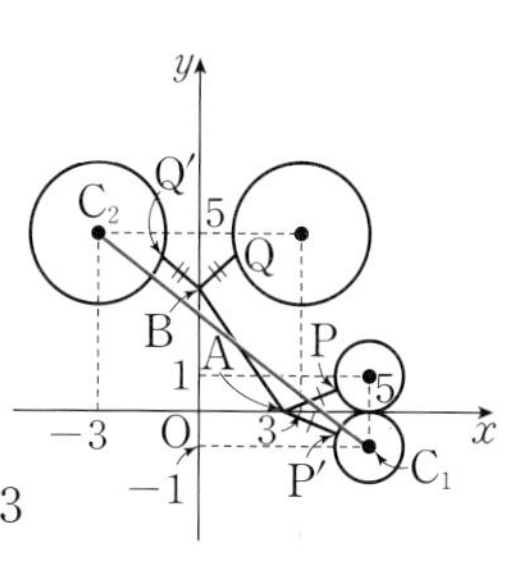

실력 완성!

0348 점 $(-1, 2)$를 x축의 방향으로 3만큼, y축의 방향으로 -1만큼 평행이동한 점이 직선 $ax+y+3=0$ 위에 있을 때, 상수 a의 값은?

답 ①

풀이 점 $(-1, 2)$ $\xrightarrow[y\text{축: } -1\text{만큼}]{x\text{축: } 3\text{만큼}}$ $(2, 1)$

점 $(2, 1)$이 직선 $ax+y+3=0$ 위의 점이므로

$2a+1+3=0 \quad \therefore a=-2$

0349 직선 $3x+2y-5=0$을 y축에 대하여 대칭이동한 후, x축에 대하여 대칭이동한 직선을 l이라 할 때, 직선 l의 x절편은?

답 ②

풀이 $3x+2y-5=0$ $\xrightarrow{y\text{축 대칭}}$ $-3x+2y-5=0$

$\xrightarrow{x\text{축 대칭}}$ $l: -3x-2y-5=0$

따라서 직선 l의 x절편은 $-\dfrac{5}{3}$이다.

$y=0$을 대입

0350 두 점 A$(-1, 3)$, B$(-5, 1)$과 x축 위를 움직이는 점 P에 대하여 $\overline{\text{AP}}+\overline{\text{BP}}$의 최솟값은?

답 ④

풀이 A$(-1, 3)$ $\xrightarrow{x\text{축 대칭}}$ A$'(-1, -3)$

$\overline{\text{AP}}=\overline{\text{A}'\text{P}}$이므로

$\overline{\text{AP}}+\overline{\text{BP}}$

$=\overline{\text{A}'\text{P}}+\overline{\text{BP}}$

$\geq\overline{\text{A}'\text{B}}$

$=\sqrt{(-5+1)^2+(1+3)^2}$

$=4\sqrt{2}$

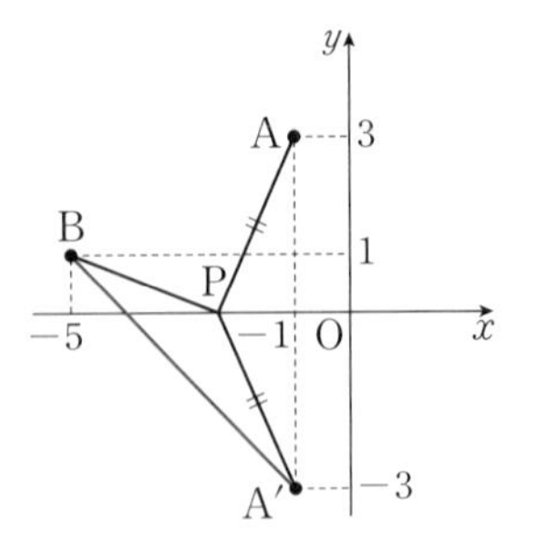

0351 다음 조건을 만족시키는 직선의 방정식은? (단, a는 상수이다.)

$y+2=a(x-1)+1$

(가) 직선 $y=ax+1$을 x축의 방향으로 1만큼, y축의 방향으로 -2만큼 평행이동한 직선과 일치한다.

(나) 점 $(-1, 1)$을 지난다.

답 ②

풀이 직선 $y=ax-a-1$이 점 $(-1, 1)$을 지나므로

$1=-a-a-1 \quad \therefore a=-1$

따라서 구하는 직선의 방정식은

$y=-x$

0352 직선 $y=ax+b$를 x축의 방향으로 -2만큼, y축의 방향으로 1만큼 평행이동하였더니 직선 $y=\frac{1}{3}x-2$와 y축 위의 점에서 수직으로 만난다. 상수 a, b에 대하여 a^2+b^2의 값을 구하시오. 기울기는 -3이고 점 $(0, -2)$를 지난다.

$\rightarrow y=-3x-2$

답 18

풀이 $y=ax+b$ $\xrightarrow[y\text{축: } 1\text{만큼}]{x\text{축: } -2\text{만큼}}$ $y-1=a(x+2)+b$

$\therefore y=ax+2a+b+1$

즉, $a=-3$, $2a+b+1=-2$이므로 ($y=-3x-2$와 일치)

$a=-3, b=3$

$\therefore a^2+b^2=(-3)^2+3^2=18$

0353 포물선 $y=(x-1)^2-1$을 포물선 $y=(x-5)^2-2$로 옮기는 평행이동에 의하여 직선 $l: x-3y=0$이 직선 l'으로 옮겨진다. 두 직선 l, l' 사이의 거리를 d라 할 때, $10d^2$의 값을 구하시오. 직선 l 위의 점 $(0, 0)$과 직선 l' 사이의 거리와 같다.

(꼭짓점: $(1, -1)$, 꼭짓점: $(5, -2)$)

답 49

풀이 꼭짓점 $(1, -1)$ $\xrightarrow[y\text{축: } -1\text{만큼}]{x\text{축: } 4\text{만큼}}$ 꼭짓점 $(5, -2)$

$l: x-3y=0$ $\xrightarrow[y\text{축: } -1\text{만큼}]{x\text{축: } 4\text{만큼}}$ $l': x-4-3(y+1)=0$

$\therefore x-3y-7=0$

따라서 $d=\dfrac{|-7|}{\sqrt{1^2+(-3)^2}}=\dfrac{7}{\sqrt{10}}$이므로

$10d^2=10\cdot\left(\dfrac{7}{\sqrt{10}}\right)^2=49$

0354 직선 $y=4x-1$을 x축의 방향으로 k만큼, y축의 방향으로 k만큼 평행이동한 직선이 이차함수 $y=x^2-2x$의 그래프와 접할 때, $12k$의 값을 구하시오. 답 32

풀이 $y=4x-1 \xrightarrow[y축: k만큼]{x축: k만큼} y-k=4(x-k)-1$

$\therefore y=4x-3k-1$

즉, 직선 $y=4x-3k-1$과 $y=x^2-2x$가 접하므로 이차방정식 $x^2-2x=4x-3k-1$, 즉 $\underline{x^2-6x+3k+1=0}$이 중근을 가져야 한다. (판별식: D)

$\frac{D}{4}=(-3)^2-(3k+1)=0$이므로 $8-3k=0$ $\quad\therefore k=\frac{8}{3}$

$\therefore 12k=12\cdot\frac{8}{3}=\mathbf{32}$

$(x-2)^2+(y-1)^2=16$ → 중심: $(2, 1)$

0355 원 $x^2+y^2-4x-2y-11=0$을 x축의 방향으로 a만큼, y축의 방향으로 b만큼 평행이동한 원이 x축과 y축에 동시에 접할 때, $a+b$의 최댓값은? 답 ③

풀이 중심 $(2, 1) \xrightarrow[y축: b만큼]{x축: a만큼} (a+2, b+1)$

이 원이 x축과 y축에 동시에 접하려면

$|a+2|=|b+1|=4$

$a+2=\pm4, b+1=\pm4$

a, b의 순서쌍 (a, b)는

$(-6, -5), (-6, 3), (2, -5), (2, 3)$

따라서 $a+b$의 최댓값은 $a=2, b=3$일 때 5이다.

Tip 원이 x축과 y축에 동시에 접할 조건
→ |(중심의 x좌표)|=|(중심의 y좌표)|=(반지름의 길이)

0356 점 $(3, -4)$를 x축에 대하여 대칭이동한 점을 P, y축에 대하여 대칭이동한 점을 Q, 원점에 대하여 대칭이동한 점을 R라 할 때, 삼각형 PQR의 넓이는? 답 ①

풀이

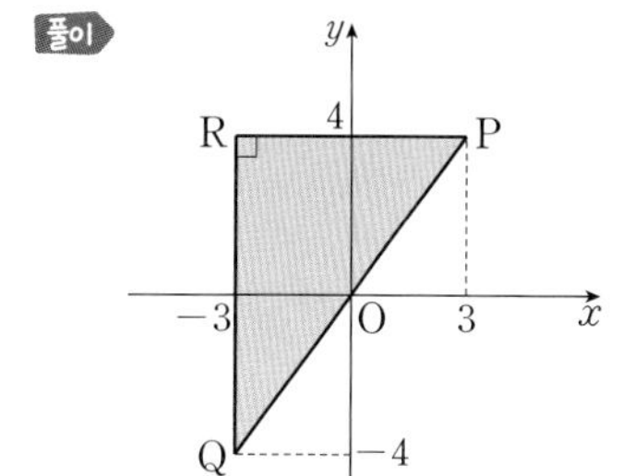

$\therefore \frac{1}{2}\cdot\overline{PR}\cdot\overline{RQ}=\frac{1}{2}\cdot6\cdot8=\mathbf{24}$

0357 직선 $x+y=2$를 y축에 대하여 대칭이동한 직선을 l, 원 $(x-1)^2+(y+k)^2=1$을 원점에 대하여 대칭이동한 원을 C라 하자. 직선 l이 원 C의 넓이를 이등분할 때, 상수 k의 값은? 답 ①

직선 l이 원 C의 중심을 지난다.

풀이 $x+y=2 \xrightarrow{y축 대칭} l: -x+y=2$

$(x-1)^2+(y+k)^2=1$

$\xrightarrow{원점 대칭} C: (-x-1)^2+(-y+k)^2=1$

$\therefore \underline{(x+1)^2+(y-k)^2=1}$ ← 중심: $(-1, k)$

직선 $-x+y=2$가 점 $(-1, k)$를 지나야 하므로

$1+k=2 \quad \therefore k=\mathbf{1}$

0358 직선 $(k-1)x-(k+1)y-2k+4=0$을 y축의 방향으로 -3만큼 평행이동한 후, 직선 $y=x$에 대하여 대칭이동한 직선이 실수 k의 값에 관계없이 항상 지나는 점의 좌표는? 답 ③

Key 직선 $ax+by+c+k(a'x+b'y+c')=0$은 실수 k의 값에 관계없이 항상 두 직선 $ax+by+c=0$, $a'x+b'y+c'=0$의 교점을 지난다.

풀이 $(k-1)x-(k+1)y-2k+4=0$

$\xrightarrow[y축: -3만큼]{} (k-1)x-(k+1)(y+3)-2k+4=0$

$\xrightarrow{y=x 대칭} (k-1)y-(k+1)(x+3)-2k+4=0$

$\therefore -x-y+1+k(-x+y-5)=0$

따라서 $-x-y+1=0$, $-x+y-5=0$을 연립하여 풀면

$x=-2, y=3 \quad \therefore \mathbf{(-2, 3)}$

0359 두 방정식 $f(x, y)=0$, $g(x, y)=0$이 나타내는 도형이 각각 그림과 같을 때, 방정식의 표현 중 옳은 것은? 답 ④

(그림: $f(x, y)=0$, $g(x, y)=0$)

풀이 $f(x, y)=0 \xrightarrow{x축 대칭} f(x, -y)=0$

$\xrightarrow[y축: 1만큼]{x축: 2만큼} f(x-2, -(y-1))=0$

$\therefore f(x-2, -y+1)=0$

$\therefore \mathbf{g(x, y)=f(x-2, -y+1)}$

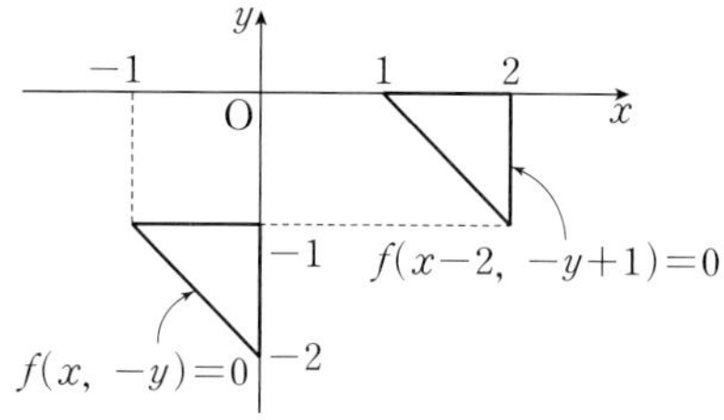

0360 방정식 $f(x, y)=0$이 나타내는 도형이 중심이 $(-2, 1)$이고 반지름의 길이가 2인 원일 때, **보기**에서 원 $(x-2)^2+(y-2)^2=4$를 나타내는 방정식인 것만을 있는 대로 고른 것은? 중심: $(2, 2)$, 반지름의 길이: 2

답 ②

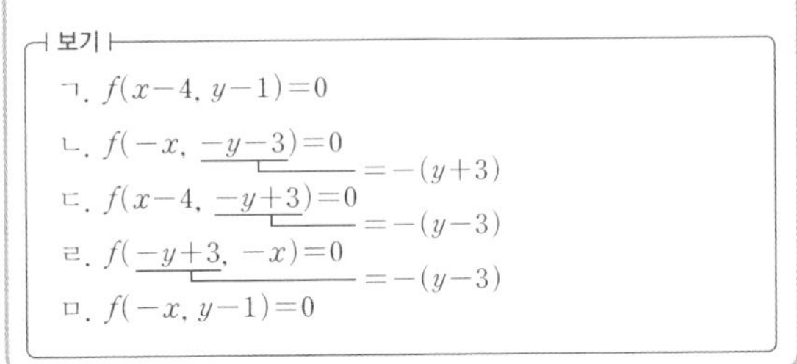

Key 방정식 $f(x, y)=0$이 나타내는 도형은 중심이 $(-2, 1)$이고 반지름의 길이가 2인 원이므로 평행이동과 대칭이동을 해도 반지름의 길이는 변하지 않는다.

풀이 평행이동 또는 대칭이동한 원의 중심의 좌표가 $(2, 2)$인 것을 찾는다.

ㄱ. 중심 $(-2, 1) \xrightarrow[y축: 1만큼]{x축: 4만큼} (2, 2)$

ㄴ. 중심 $(-2, 1) \xrightarrow{원점 대칭} (2, -1) \xrightarrow[y축: -3만큼]{} (2, -4)$

ㄷ. 중심 $(-2, 1) \xrightarrow{x축 대칭} (-2, -1) \xrightarrow[y축: 3만큼]{x축: 4만큼} (2, 2)$

ㄹ. 중심 $(-2, 1) \xrightarrow{y=-x 대칭} (-1, 2) \xrightarrow[y축: 3만큼]{} (-1, 5)$

ㅁ. 중심 $(-2, 1) \xrightarrow{y축 대칭} (2, 1) \xrightarrow[y축: 1만큼]{} (2, 2)$

중심: $A(-3, 4)$

0361 원 $(x+3)^2+(y-4)^2=5$를 원 위의 점 $(-2, 6)$에서의 접선에 대하여 대칭이동한 원의 중심의 좌표를 (a, b)라 할 때, $a+b$의 값은? B

답 ③

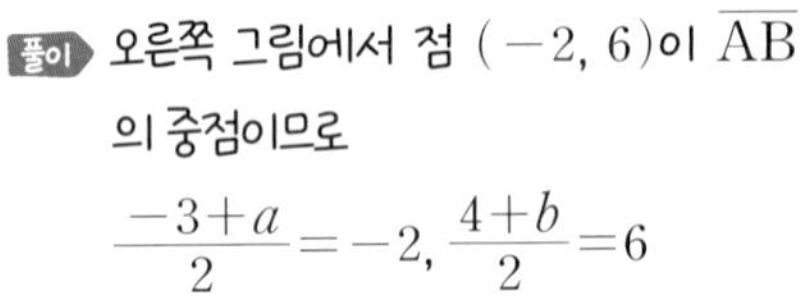

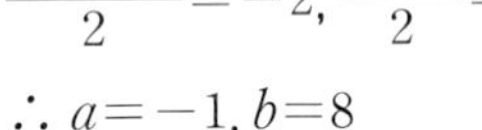

풀이 오른쪽 그림에서 점 $(-2, 6)$이 $\overline{AB}$의 중점이므로

$$\frac{-3+a}{2}=-2, \quad \frac{4+b}{2}=6$$

$\therefore a=-1, b=8$

$\therefore a+b=\mathbf{7}$

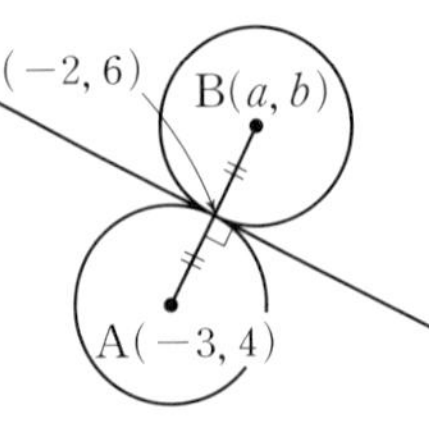

중심: $C(3, 3)$, 반지름의 길이: 2

0362 그림과 같이 좌표평면 위의 점 $A(0, 1)$과 x축 위를 움직이는 점 P, 원 $(x-3)^2+(y-3)^2=4$ 위를 움직이는 점 Q에 대하여 $\overline{AP}+\overline{PQ}$의 최솟값은?

답 ③

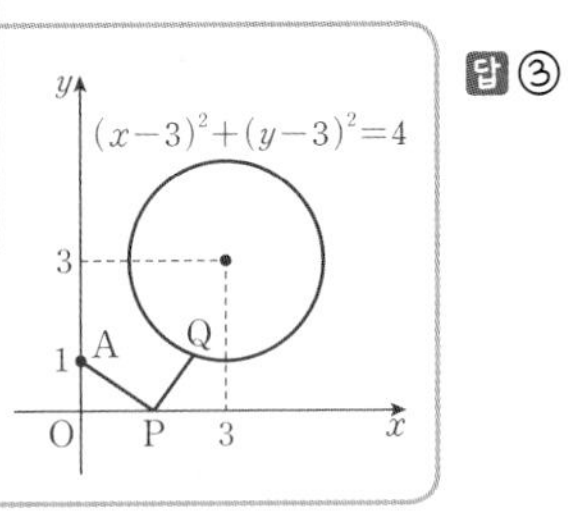

Key ① $\overline{AP}+\overline{PQ}$의 최솟값은 $\overline{A'Q}$이다.
② $\overline{A'Q}$의 최솟값은 점 A'과 원의 중심 $C(3, 3)$ 사이의 거리에서 반지름의 길이 2를 뺀 값이다.

풀이 $A(0, 1) \xrightarrow{x축 대칭} A'(0, -1)$

$\overline{AP}=\overline{A'P}$이므로

$\overline{AP}+\overline{PQ}=\overline{A'P}+\overline{PQ}$
$\geq \overline{A'Q}$

이때 $\overline{A'Q}$의 최솟값은

$\overline{A'C}-2=\sqrt{3^2+(3+1)^2}-2$
$=5-2=\mathbf{3}$

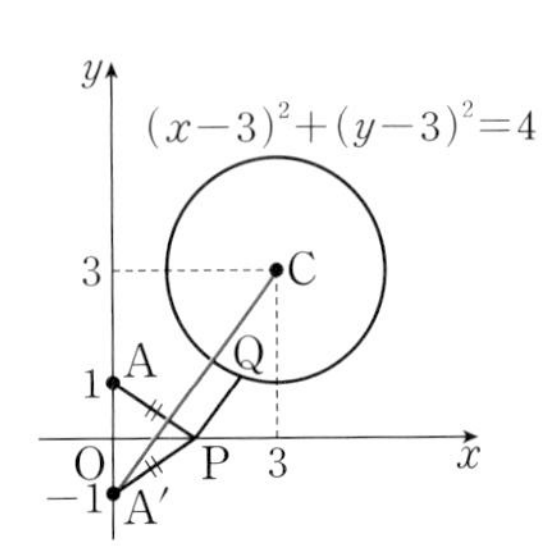

0363 방정식 $|x-2|+y+4=0$이 나타내는 도형과 이 도형을 x축에 대하여 대칭이동한 후, x축의 방향으로 -4만큼, y축의 방향으로 -16만큼 평행이동한 도형으로 둘러싸인 부분은 사각형이다. 이 사각형의 넓이를 구하시오.

답 24

풀이 $|x-2|+y+4=0$

$\xrightarrow{x축 대칭} |x-2|-y+4=0$

$\xrightarrow[y축: -16만큼]{x축: -4만큼} |x+4-2|-(y+16)+4=0$

$\therefore |x+2|-y-12=0$

두 점 B, D의 좌표는 $-|x-2|-4=|x+2|-12$에서

$B(\ \ 4, -10)$, $D(4, -6)$

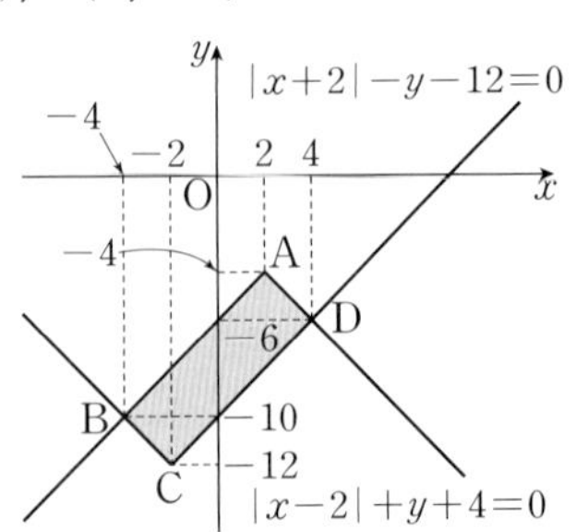

따라서 □ABCD는 $\overline{AB}=6\sqrt{2}$, $\overline{AD}=2\sqrt{2}$인 직사각형이므로 그 넓이는

$6\sqrt{2}\cdot 2\sqrt{2}=\mathbf{24}$

$(x-2)^2+(y-1)^2=5+k$ ⋯⋯ ㉠
→ 중심: C(2, 1), 반지름의 길이: $\sqrt{5+k}$

0364 원 $x^2+y^2-4x-2y-k=0$과 이 원을 직선 $y=-2x+10$에 대하여 대칭이동한 원이 만나는 두 점을 A, B라 하자. $\overline{AB}=4$일 때, 상수 k의 값을 구하시오.

└ 직선 AB: $y=-2x+10$

답 4

풀이 원 ㉠의 중심 C(2, 1)과 직선 $y=-2x+10$, 즉 $2x+y-10=0$ 사이의 거리는

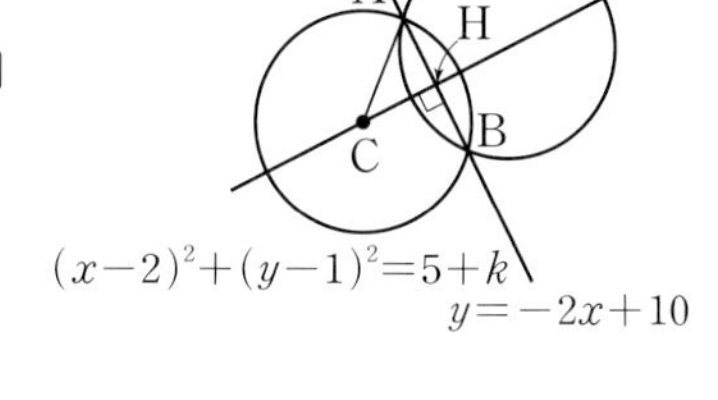

$\overline{CH}=\dfrac{|4+1-10|}{\sqrt{2^2+1^2}}$
$=\sqrt{5}$

$\overline{AH}=\dfrac{1}{2}\overline{AB}=2$, $\overline{AC}=\sqrt{5+k}$이므로 △ACH에서 피타고라스 정리에 의하여

$(\sqrt{5+k})^2=2^2+(\sqrt{5})^2$

$5+k=9$ ∴ $k=\mathbf{4}$

0365 점 (a, b)를 다음과 같은 규칙에 따라 이동한다.

(가) $a>b$이면 직선 $y=x$에 대하여 대칭이동한다.
(나) $a<b$이면 x축의 방향으로 3만큼, y축의 방향으로 -1만큼 평행이동한다.
(다) $a=b$이면 더 이상 이동하지 않는다.

점 A가 위의 규칙에 따라 세 번 이동한 뒤 점 B(6, 6)에서 멈췄을 때, 선분 AB의 길이는? (단, 점 A의 x좌표는 양수이다.)

답 ②

풀이
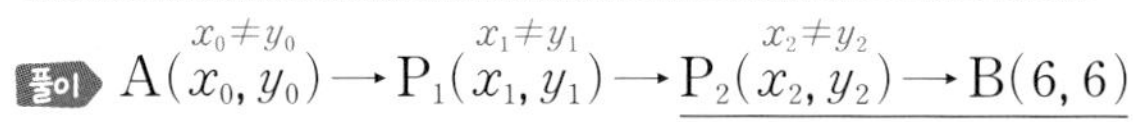
$A(x_0, y_0) \to P_1(x_1, y_1) \to P_2(x_2, y_2) \to B(6, 6)$ ($x_0\neq y_0$, $x_1\neq y_1$, $x_2\neq y_2$)

(i) $x_2>y_2$이면 $B(y_2, x_2)$이고, $x_2=y_2=6$이므로 주어진 조건을 만족시키지 않는다.

(ii) $x_2<y_2$이면 $B(x_2+3, y_2-1)$이므로
$x_2+3=6$, $y_2-1=6$ ∴ $x_2=3$, $y_2=7$

(i), (ii)에서 $P_2(3, 7)$

$A(x_0, y_0) \to P_1(x_1, y_1) \to P_2(3, 7) \to B(6, 6)$

(iii) $x_1>y_1$이면 $P_2(y_1, x_1)$이고, $x_1=7$, $y_1=3$이므로 $P_1(7, 3)$
이때 같은 방법으로 점 A의 좌표를 구하면 조건을 만족시키는 점 A는 존재하지 않는다.

(iv) $x_1<y_1$이면 $P_2(x_1+3, y_1-1)$이므로
$x_1+3=3$, $y_1-1=7$ ∴ $x_1=0$, $y_1=8$ ∴ $P_1(0, 8)$

(iii), (iv)에서 $P_1(0, 8)$

$A(x_0, y_0) \to P_1(0, 8) \to P_2(3, 7) \to B(6, 6)$

(v) $x_0>y_0$이면 $P_1(y_0, x_0)$이고, $x_0=8$, $y_0=0$이므로 A(8, 0)

(vi) $x_0<y_0$이면 $P_1(x_0+3, y_0-1)$이므로
$x_0+3=0$, $y_0-1=8$ ∴ $x_0=-3$, $y_0=9$
이때 $x_0>0$이어야 하므로 조건을 만족시키지 않는다.

(v), (vi)에서 A(8, 0)이므로

$\overline{AB}=\sqrt{(6-8)^2+(6-0)^2}=\mathbf{2\sqrt{10}}$

서술형

0366 두 자연수 m, n에 대하여 원 C: $(x-2)^2+(y-1)^2=9$를 x축의 방향으로 m만큼 평행이동한 원을 C_1, y축의 방향으로 n만큼 평행이동한 원을 C_2라 하자. 두 원 C_1, C_2에 대하여 직선 l: $3x-4y-6=0$은 다음 조건을 만족시킨다.

(원의 중심과 직선 사이의 거리) < (원의 반지름의 길이)
(가) 원 C_1은 직선 l과 서로 다른 두 점에서 만난다.
(나) 원 C_2는 직선 l과 만나지 않는다.
(원의 중심과 직선 사이의 거리) > (원의 반지름의 길이)

m의 최댓값을 a, n의 최솟값을 b라 할 때, ab의 값을 구하시오.

답 18

풀이 세 원 C, C_1, C_2의 중심을 각각 C, C_1, C_2라 하자.

$C(2, 1) \xrightarrow{x\text{축}: m\text{만큼}} C_1(m+2, 1)$

$C(2, 1) \xrightarrow[y\text{축}: n\text{만큼}]{} C_2(2, n+1)$ ⋯❶ (30%)

(가)에서 $\dfrac{|3m+6-4-6|}{\sqrt{3^2+(-4)^2}}<3$, $|3m-4|<15$

∴ $-\dfrac{11}{3}<m<\dfrac{19}{3}$ ⋯❷ (30%)

(나)에서 $\dfrac{|6-4n-4-6|}{\sqrt{3^2+(-4)^2}}>3$, $|4n+4|>15$

∴ $n<-\dfrac{19}{4}$ 또는 $n>\dfrac{11}{4}$ ⋯❸ (30%)

따라서 $a=6$, $b=3$이므로 $ab=\mathbf{18}$ ⋯❹ (10%)

0367 포물선 $y=-x^2+6x-3$을 점 (1, 2)에 대하여 대칭이동한 포물선과 포물선 $y=-x^2+ax+b$의 두 교점이 원점에 대하여 대칭일 때, 상수 a, b에 대하여 a^2+b^2의 값을 구하시오.

└ 위로 볼록한 포물선을 한 점에 대하여 대칭이동한 포물선은 아래로 볼록한 포물선이다.

답 5

풀이 $y=-x^2+6x-3=-(x-3)^2+6$의 꼭짓점 (3, 6)을 점 (1, 2)에 대하여 대칭이동한 점을 (m, n)이라 하면 (위로 볼록)

$\dfrac{3+m}{2}=1$, $\dfrac{6+n}{2}=2$ ∴ $m=-1$, $n=-2$

즉, 꼭짓점의 좌표가 $(-1, -2)$인 포물선의 방정식은

$y=(x+1)^2-2=x^2+2x-1$ (아래로 볼록) ⋯❶ (30%)

이 포물선과 $y=-x^2+ax+b$의 교점이 원점에 대하여 대칭이므로 이차방정식 $x^2+2x-1=-x^2+ax+b$, 즉 $2x^2-(a-2)x-(b+1)=0$의 서로 다른 두 실근을 α, β라 하면

$\dfrac{\alpha+\beta}{2}=0$, $\dfrac{(\alpha^2+2\alpha-1)+(\beta^2+2\beta-1)}{2}=0$ ⋯❷ (40%)

이때 $\alpha+\beta=\dfrac{a-2}{2}$, $\alpha\beta=-\dfrac{b+1}{2}$이므로

$\alpha+\beta=0$에서 $\dfrac{a-2}{2}=0$ ∴ $a=2$

$(\alpha^2+2\alpha-1)+(\beta^2+2\beta-1)=0$에서

$(\alpha+\beta)^2-2\alpha\beta+2(\alpha+\beta)-2=0$

$b+1-2=0$ ∴ $b=1$

∴ $a^2+b^2=2^2+1^2=\mathbf{5}$ ⋯❸ (30%)

집합과 명제

05 집합의 뜻과 표현

06 집합의 연산

07 명제

※ 빈칸에 알맞은 것을 써넣고, 내용을 읽거나 따라 써 보세요.

개념 1 집합과 원소

› 유형 01, 05

(1) [ ][ ] : 어떤 조건에 따라 대상을 분명하게 정할 수 있을 때, 그 대상들의 모임

(2) [ ][ ] : 집합을 이루는 대상 하나하나

① a가 집합 A의 원소일 때, 기호 a [ ] A로 나타낸다.

② a가 집합 A의 원소가 아닐 때, 기호 a [ ] A로 나타낸다.

개념 2 집합의 표현 방법

› 유형 02

(1) [ ][ ][ ][ ][ ] : 집합에 속하는 모든 원소를 { } 안에 나열하여 집합을 나타내는 방법

(2) [ ][ ][ ][ ][ ] : 집합의 원소들이 갖는 공통된 성질을 조건으로 제시하여 집합을 나타내는 방법

(3) [ ][ ][ ][ ][ ][ ] : 집합을 나타낸 그림

개념 3 집합의 원소의 개수

› 유형 03

(1) 원소의 개수에 따른 집합의 분류

① [ ][ ]집합: 원소가 유한개인 집합

② [ ][ ]집합: 원소가 무수히 많은 집합

③ 원소가 하나도 없는 집합을 [ ][ ][ ]이라 하고, 기호 [ ]으로 나타낸다.

(2) 유한집합의 원소의 개수

유한집합 A의 원소의 개수를 기호 [ ]로 나타낸다.

답 **개념 1** (1) 집합 (2) 원소, $\in$, $\notin$ **개념 2** (1) 원소나열법 (2) 조건제시법 (3) 벤다이어그램 **개념 3** (1) 유한, 무한, 공집합, $\varnothing$ (2) $n(A)$

개념 1 집합과 원소

0368 다음 중 집합인 것은 '○'표, 집합이 아닌 것은 '×'표를 ( ) 안에 써넣으시오.

(1) 재미있는 사람의 모임 (X)
조건이 명확하지 않다.

(2) 8의 양의 약수의 모임 (O)

(3) 수학을 잘하는 사람의 모임 (X)
조건이 명확하지 않다.

(4) 키가 155 cm 이상인 사람의 모임 (O)

(5) 등산을 좋아하는 사람의 모임 (X)
조건이 명확하지 않다.

0369 13보다 작은 3의 양의 배수의 집합을 A라 할 때, 다음 □ 안에 기호 $\in$, $\notin$ 중 알맞은 것을 써넣으시오. $A=\{3, 6, 9, 12\}$

(1) 7 $\notin$ A (2) 6 $\in$ A

(3) 5 $\notin$ A (4) 12 $\in$ A

개념 2 집합의 표현 방법

0370 다음 집합을 원소나열법으로 나타내시오.

(1) $\{x|x$는 4 이하의 자연수$\}$
$\{1, 2, 3, 4\}$

(2) $\{x|x$는 6의 양의 약수$\}$
$\{1, 2, 3, 6\}$

(3) $\{x|x$는 17 이하의 5의 양의 배수$\}$
$\{5, 10, 15\}$

0371 그림과 같이 벤다이어그램으로 나타낸 집합 A를 다음 방법으로 나타내시오.

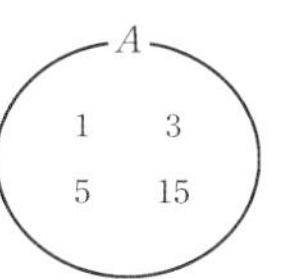

(1) 원소나열법
$A=\{1, 3, 5, 15\}$

(2) 조건제시법
$A=\{x|x$는 15의 양의 약수$\}$

개념 3 집합의 원소의 개수

0372 다음 집합이 유한집합이면 '유'를, 무한집합이면 '무'를 ( ) 안에 써넣으시오. 또, 공집합이면 '공'을 함께 적으시오.

(1) $\{-1, 0, 1, 2, 3\}$ (유)

(2) $\{3, 4, 5, \cdots, 99, 100\}$ (유)

(3) $\{x|x^2=-4$, x는 실수$\}$ (유, 공)

(4) $\{x|x$는 2의 양의 배수$\}=\{2, 4, 6, 8, \cdots\}$ (무)

(5) $\{x|(x+3)(x-1)=0\}=\{-3, 1\}$ (유)

0373 다음 집합 A에 대하여 $n(A)$를 구하시오.

(1) $A=\{a, b, c\}$
3

(2) $A=\varnothing$
0

(3) $A=\{x|x^2-5<0$, x는 정수$\}=\{-2, -1, 0, 1, 2\}$
5
$(x+\sqrt{5})(x-\sqrt{5})<0$
$\therefore -\sqrt{5}<x<\sqrt{5}$
‖
2.⋯

(4) $A=\{\varnothing, 1, \{1, 2\}\}$
3

개념 4 부분집합

> 유형 04~06, 13

(1) 두 집합 A, B에 대하여 A의 모든 원소가 B에 속할 때,

A를 B의 □□□□이라 한다.

① A가 B의 부분집합일 때, 기호 A □ B로 나타낸다.

② A가 B의 부분집합이 아닐 때, 기호 A □ B로 나타낸다. .

(2) **부분집합의 성질**

세 집합 A, B, C에 대하여

① A □ A ➡ 모든 집합은 자기 자신의 부분집합이다.

② $\varnothing$ □ A ➡ 공집합은 모든 집합의 부분집합이다.

③ $A\subset B$이고 $B\subset C$이면 A □ C이다.

개념 5 서로 같은 집합

> 유형 07

(1) **서로 같은 집합**

두 집합 A, B에 대하여 $A\subset B$이고 □ 일 때, A와 B는 서로 같다고 한다.

① A와 B가 서로 같은 집합일 때, 기호 A □ B로 나타낸다.

② A와 B가 서로 같은 집합이 아닐 때, 기호 A □ B로 나타낸다.

(2) **진부분집합**

두 집합 A, B에 대하여 $A\subset B$이고 $A\neq B$일 때, A를 B의 □□□□□이라 한다.

개념 6 부분집합의 개수

> 유형 08~13

집합 $A=\{a_1, a_2, a_3, \cdots, a_n\}$에 대하여

(1) 집합 A의 부분집합의 개수 ➡ □

(2) 집합 A의 진부분집합의 개수 ➡ □

(3) 집합 A의 특정한 원소 k개를 반드시 원소로 갖는 부분집합의 개수 (단, $k<n$)

➡ □

(4) 집합 A의 특정한 원소 l개를 원소로 갖지 않는 부분집합의 개수 (단, $l<n$)

➡ □

답 개념 4 (1) 부분집합, $\subset$, $\not\subset$ (2) $\subset$, $\subset$, $\subset$ 개념 5 (1) $B\subset A$, $=$, $\neq$ (2) 진부분집합 개념 6 (1) 2^n (2) 2^n-1 (3) 2^{n-k} (4) 2^{n-l}

개념 4 부분집합

0374 다음 두 집합 A, B의 포함 관계를 기호 ⊂를 사용하여 나타내시오.

(1) $A=\{-1, 2\}$, $B=\{-1, 0, 1, 2, 3\}$

$A\subset B$

(2) $A=\{x|x^2-3x=0\}$, $B=\{0\}$

$x(x-3)=0 \quad \therefore A=\{0, 3\}$

$B\subset A$

(3) $A=\{x|x$는 4의 양의 배수$\}$, $=\{4, 8, 12, 16, 20, 24, \cdots\}$

$B=\{y|y$는 8의 양의 배수$\}$ $=\{8, 16, 24, \cdots\}$

$B\subset A$

0375 집합 $\{0, 1, 2\}$의 부분집합 중 다음을 모두 구하시오.

(1) 원소가 0개인 것

$\varnothing$

(2) 원소가 1개인 것

$\{0\}, \{1\}, \{2\}$

(3) 원소가 2개인 것

$\{0, 1\}, \{0, 2\}, \{1, 2\}$

(4) 원소가 3개인 것

$\{0, 1, 2\}$

0376 다음 집합의 부분집합을 모두 구하시오.

(1) $\{a, b\}$

$\varnothing, \{a\}, \{b\}, \{a, b\}$

(2) $\{\varnothing\}$

$\varnothing, \{\varnothing\}$

(3) $\{x|x$는 1 이상 6 이하의 짝수$\}=\{2, 4, 6\}$

$\varnothing, \{2\}, \{4\}, \{6\}, \{2, 4\}, \{2, 6\}, \{4, 6\}, \{2, 4, 6\}$

개념 5 서로 같은 집합

0377 다음 두 집합 A, B 사이의 관계를 기호 = 또는 ≠를 사용하여 나타내시오.

(1) $A=\{-3, 1, 3\}$, $B=\{3, 1, -3\}$

$A=B$

(2) $A=\{x|x^2=4\}$, $B=\{2\}$

$x=\pm 2 \quad \therefore A=\{-2, 2\}$

$A\neq B$

(3) $A=\{x|x$는 9의 양의 배수$\}$, $B=\{9, 18, 27, \cdots\}$

$A=B$

(4) $A=\{2, 4, 6, 8\}$, $B=\{x|x$는 10보다 작은 2의 양의 배수$\}$

$A=B$

개념 6 부분집합의 개수

0378 집합 $A=\{1, 2, 3, 4\}$에 대하여 다음을 구하시오.

$n(A)=4$

(1) 집합 A의 부분집합의 개수

$2^4=16$

(2) 집합 A의 진부분집합의 개수

A의 부분집합 중 A를 제외한 집합이다.

$2^4-1=15$

(3) 집합 A의 부분집합 중 1을 반드시 원소로 갖는 부분집합의 개수

$2^{4-1}=2^3=8$

(4) 집합 A의 부분집합 중 3, 4를 원소로 갖지 않는 부분집합의 개수

$2^{4-2}=2^2=4$

B step 기출 & 변형하면…

유형 01 집합과 원소 개념 1

0379 다음 중 집합이 아닌 것은? 답 ④

① 20의 양의 약수의 모임
② 5보다 큰 자연수의 모임
③ 1보다 작은 자연수의 모임
④ 100에 가까운 실수의 모임 — 조건이 명확하지 않다.
⑤ 제곱하여 9가 되는 유리수의 모임

풀이 ① $\{1, 2, 4, 5, 10, 20\}$
② $\{6, 7, 8, 9, \cdots\}$
③ $\varnothing$
⑤ $\{-3, 3\}$

→ **0380** 보기에서 집합인 것의 개수를 구하시오. 답 3

보기
ㄱ. 10의 양의 약수의 모임
ㄴ. 무서운 동물의 모임
ㄷ. 유명한 축구 선수의 모임 — 조건이 명확하지 않다.
ㄹ. 인구가 100만 명 이상인 도시의 모임
ㅁ. 우리 반에서 혈액형이 AB형인 사람의 모임

풀이 ㉠. $\{1, 2, 5, 10\}$
ㄴ, ㄷ. '무서운', '유명한'의 조건이 명확하지 않아 그 대상을 분명히 정할 수 없으므로 집합이 아니다.
㉣, ㉤. 대상을 분명히 정할 수 있으므로 집합이다.
따라서 집합인 것은 ㄱ, ㄹ, ㅁ의 3개이다.

0381 18의 양의 약수의 집합을 A라 할 때, 보기에서 옳은 것만을 있는 대로 고른 것은? 답 ④

$A=\{1, 2, 3, 6, 9, 18\}$

보기
ㄱ. $1\in A$ ㄴ. $3\notin A$ $\in$
ㄷ. $4\in A$ $\notin$ ㄹ. $12\notin A$

풀이 ㉠. $1\in A$
ㄴ. $3\in A$
ㄷ. $4\notin A$
㉣. $12\notin A$

→ **0382** 자연수 전체의 집합을 N, 정수 전체의 집합을 Z, 유리수 전체의 집합을 Q, 실수 전체의 집합을 R, 복소수 전체의 집합을 C라 할 때, 다음 중 옳은 것은? (단, $i=\sqrt{-1}$) 답 ②

① $0\in N$ $\notin$ ② $\sqrt{5}\notin Z$ ③ $\pi\in Q$ $\notin$
④ $i^2\notin R$ $\in$ ⑤ $2i\notin C$ $\in$

풀이 ① 0은 자연수가 아니므로 $0\notin N$
② $\sqrt{5}$는 무리수이므로 $\sqrt{5}\notin Z$
③ π는 무리수이므로 $\pi\notin Q$
④ $i^2=-1$은 실수이므로 $i^2\in R$
⑤ $2i$는 복소수이므로 $2i\in C$

유형 02 집합의 표현 방법 개념 2

0383 다음 중 집합 $A=\{x|x=2^a+3^b,\ a, b$는 자연수$\}$의 원소가 아닌 것은? 답 ③

① 5 ② 7 ③ 10
④ 19 ⑤ 31

풀이 ① $5=2^1+3^1$이므로 $5\in A$
② $7=2^2+3^1$이므로 $7\in A$
③ $10=1+9=2+8=3+7=4+6=5+5$이므로 $2^a+3^b=10$을 만족시키는 자연수 a, b가 존재하지 않는다.
④ $19=2^4+3^1$이므로 $19\in A$
⑤ $31=2^2+3^3$이므로 $31\in A$

→ **0384** 집합 답 풀이 참조

$A=\{x|x$는 양의 약수의 개수가 3인 30 이하의 자연수$\}$ — x는 $(소수)^2$이다.

를 벤다이어그램으로 나타내시오.

풀이 $A=\{2^2, 3^2, 5^2\}$, 즉 $A=\{4, 9, 25\}$이고 벤다이어그램으로 나타내면 그림과 같다.

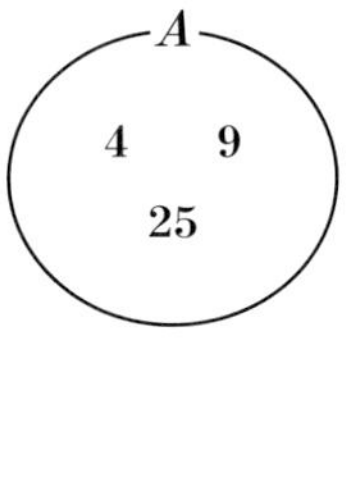

A: 4, 9, 25

Tip 자연수 N의 양의 약수의 개수
① 2개 → N은 소수
② 3개 → N은 $(소수)^2$
③ 홀수개 → N은 완전제곱수

0385 집합 $A=\{a|a=n+2,\ n$은 2 이하의 자연수$\}$에 대하여 집합 $B=\{2b-4|b=a^2+1,\ a\in A\}$의 모든 원소의 합을 구하시오.

답 46

풀이 $a=n+2$에 $n=1, 2$를 각각 대입하면

$a=3, 4 \quad \therefore A=\{3, 4\}$

$b=a^2+1$에 $a=3, 4$를 각각 대입하면

$b=10, 17$

$2b-4$에 $b=10, 17$을 각각 대입하면

$2b-4=16, 30 \quad \therefore B=\{16, 30\}$

따라서 집합 B의 모든 원소의 합은

$16+30=\mathbf{46}$

➜ **0386** 두 집합

$A=\{x|x$는 3의 배수가 아닌 26 미만의 자연수$\}$,

$B=\{a+b|a+b$는 3의 배수, $a\in A,\ b\in A\}$

에 대하여 집합 B의 가장 작은 원소와 가장 큰 원소의 합을 구하시오.

답 51

Key 3의 배수가 아닌 자연수는 다음 두 가지가 있다. (단, k는 자연수)

① 3으로 나누었을 때 나머지가 1인 수 ➜ $3k-2$

② 3으로 나누었을 때 나머지가 2인 수 ➜ $3k-1$

풀이 3의 배수가 아닌 두 자연수 a, b에 대하여 $a+b$가 3의 배수이려면 다음 두 가지 경우 중 하나이어야 한다. (단, k, k'은 자연수)

(i) $a=3k-2,\ b=3k'-1$ 꼴

(ii) $a=3k-1,\ b=3k'-2$ 꼴

따라서 $a+b$의 최솟값은 $1+2=3$,

최댓값은 $25+23=48$이므로 구하는 합은

$3+48=\mathbf{51}$

유형 03 유한집합의 원소의 개수

개념 3

0387 세 집합

$A=\{11, 22, 33, 44\}$,

$B=\{x|x$는 짝수인 소수$\}$, $=\{2\}$

$C=\{x|x$는 $x^2+4=0$인 실수$\}$ $=\varnothing$

에 대하여 $n(A)+n(B)+n(C)$의 값은?

└ $x^2=-4$ ➜ 실수 x는 존재하지 않는다.

답 ③

풀이 $n(A)=4,\ n(B)=1,\ n(C)=0$이므로

$n(A)+n(B)+n(C)=4+1+0=\mathbf{5}$

➜ 서술형 **0388** 집합 $A=\{-2, -1, 1\}$에 대하여 두 집합 X, Y가

$X=\{ab|a\in A,\ b\in A\}$,

$Y=\{a+b|a\in A,\ b\in A\}$

일 때, $n(X)\times n(Y)$의 값을 구하시오.

답 30

풀이 $X=\{-2, -1, 1, 2, 4\}$ …❶ (40%)

$Y=\{-4, -3, -2, -1, 0, 2\}$ …❷ (40%)

따라서 $n(X)=5,\ n(Y)=6$이므로

$n(X)\times n(Y)=5\times 6=\mathbf{30}$ …❸ (20%)

0389 집합 $A=\{x|x^2-6x+k<0,\ x$는 실수$\}$에 대하여 $n(A)=0$일 때, 실수 k의 최솟값을 구하시오.

$A=\varnothing$

답 9

Key $x^2-6x+k<0$의 해가 존재하지 않아야 하므로 모든 실수 x에 대하여 $x^2-6x+k\geq 0$이 성립해야 한다.

풀이 이차방정식 $x^2-6x+k=0$의 판별식을 D라 하면

$\frac{D}{4}=(-3)^2-k\leq 0$

$9-k\leq 0 \quad \therefore k\geq 9$

따라서 실수 k의 최솟값은 **9**이다.

➜ **0390** 두 집합

$x(y+1)+y+1=4$

$\therefore (x+1)(y+1)=4$

$A=\{(x, y)|xy+x+y-3=0,\ x, y$는 정수$\}$,

$B=\{x|x$는 양의 약수의 개수가 2인 k 이하의 자연수$\}$

└ x는 소수이다.

에 대하여 $n(A)\times n(B)=24$를 만족시키는 모든 자연수 k의 값의 합을 구하시오.

답 34

풀이 $x+1,\ y+1$이 정수이므로

$(x+1)$	$(y+1)=4$		(x, y)
1	4	→	$(0, 3)$
2	2	→	$(1, 1)$
4	1	→	$(3, 0)$
-1	-4	→	$(-2, -5)$
-2	-2	→	$(-3, -3)$
-4	-1	→	$(-5, -2)$

즉, $n(A)=6$이고 $n(A)\times n(B)=24$이므로 $n(B)=4$

$\therefore B=\{2, 3, 5, 7\}$

따라서 자연수 k는 $7, 8, 9, 10$이므로 그 합은 **34**이다.

유형 04 집합 사이의 포함 관계 개념 4

0391 세 집합

$A=\{1, 3\}$, $-3\le x\le 3$

$B=\{x \mid |x|\le 3, x$는 정수$\}$,

$C=\{x \mid x^3-x=0, x$는 자연수$\}$ — $x(x+1)(x-1)=0$

사이의 포함 관계를 바르게 나타낸 것은? $\therefore x=1$ ($\because x$는 자연수)

답 ⑤

풀이 $B=\{-3, -2, -1, 0, 1, 2, 3\}$

$C=\{1\}$

$\therefore C\subset A\subset B$

➜ **0392** 세 집합

$A=\{0, 1, 2\}$,

$B=\{x-y \mid x\in A, y\in A\}$,

$C=\{2x-y \mid x\in A, y\in A\}$

사이의 포함 관계를 바르게 나타낸 것은?

답 ①

풀이 $B=\{-2, -1, 0, 1, 2\}$

$C=\{-2, -1, 0, 1, 2, 3, 4\}$

$\therefore A\subset B\subset C$

$2\in B$이므로 (i) $a=2$ 또는 (ii) $a^2-7=2$이다.

0393 두 집합 $A=\{2, a^2-1\}$, $B=\{8, a, a^2-7\}$에 대하여 $A\subset B$가 성립할 때, 양수 a의 값은?

답 ③

풀이 (i) $a=2$일 때

$A=\{2, 3\}$, $B=\{-3, 2, 8\}$이므로

$A\not\subset B$

(ii) $a^2-7=2$일 때

$a^2=9 \quad \therefore a=3$ ($\because a>0$)

$A=\{2, 8\}$, $B=\{2, 3, 8\}$이므로

$A\subset B$

(i), (ii)에 의하여 $a=3$

$(x+3)(x-2)=0$ $\qquad -a<x<a$

➜ **0394** 두 집합 $A=\{x \mid x^2+x-6=0\}$, $B=\{x \mid |x|<a\}$에 대하여 $A\subset B$가 성립하도록 하는 자연수 a의 최솟값은?

답 ④

풀이 $A=\{-3, 2\}$, $B=\{x \mid -a<x<a\}$

$A\subset B$이려면 그림에서

$-a<-3$, $a>2$

$\therefore a>3$

따라서 자연수 a의 최솟값은 4이다.

$-a \quad -3 \quad 2 \quad a \quad x$

0395 두 집합 $(x-1)(x-2)=0 \quad \therefore A=\{1, 2\}$

$A=\{x \mid x^2-3x+2=0\}$,

$B=\{x \mid (a-3)x+2=0\}$

에 대하여 $B\subset A$를 만족시키는 모든 실수 a의 값의 합은?

답 ⑤

$(a-3)x+2=0$의 (i) 근이 없거나 (ii) 한 근이 1 또는 2이다.

풀이 (i) $(a-3)x+2=0$의 근이 없는 경우

$a-3=0 \quad \therefore a=3$

(ii) $(a-3)x+2=0$의 한 근이 1인 경우

$a-3+2=0 \quad \therefore a=1$

$(a-3)x+2=0$의 한 근이 2인 경우

$2(a-3)+2=0 \quad \therefore a=2$

(i), (ii)에 의하여 모든 실수 a의 값의 합은

$3+1+2=6$

➜ 서술형 **0396** 두 집합

$A=\{-2, 2, 4, 8\}$,

$B=\{x \mid x^2+2(1-m)x+16=0, x$는 실수$\}$

에 대하여 $B\subset A$를 만족시키는 정수 m의 개수를 구하시오.

답 9

$x^2+2(1-m)x+16=0$의 (i) 근이 없거나 (ii) 두 근이 2, 8 또는 4, 4이다. ($\because$ 두 근의 곱: 16)

풀이 $x^2+2(1-m)x+16=0$의 판별식을 D라 하면 ㉠

(i) ㉠의 근이 없는 경우

$\frac{D}{4}=(1-m)^2-16<0$에서 $m^2-2m-15<0$

$(m+3)(m-5)<0 \quad \therefore -3<m<5$

이때 정수 m은 $-2, -1, 0, 1, 2, 3, 4$이다. …❶ (30%)

(ii) ㉠의 두 근이 2, 8인 경우, 두 근의 합이 10이므로

$-2(1-m)=10 \quad \therefore m=6$ …❷ (30%)

㉠의 두 근이 4, 4인 경우, 두 근의 합이 8이므로

$-2(1-m)=8 \quad \therefore m=5$ …❸ (30%)

(i), (ii)에 의하여 모든 정수 m은 $-2, -1, 0, 1, 2, 3, 4, 5, 6$의 9개이다. …❹ (10%)

$\{0\}$, $\{\varnothing\}$은 공집합이 아니고, 각각 0, $\varnothing$을 원소로 갖는 집합이다.

유형 05 기호 $\in$, $\subset$의 사용 개념 1, 4

0397 집합 $A=\{\varnothing, 1, \{1\}, \{3, 4\}\}$에 대하여 다음 중 옳지 않은 것은? 답 ④

① $\varnothing \subset A$ ② $\{\varnothing\} \subset A$ ③ $\{1\} \in A$
④ $\{3, 4\} \subset A$ ⑤ $0 \notin A$

풀이 ① 공집합은 모든 집합의 부분집합이므로 $\varnothing \subset A$
② $\varnothing$은 집합 A의 원소이므로 $\{\varnothing\} \subset A$
③ $\{1\}$은 집합 A의 원소이므로 $\{1\} \in A$
④ 3, 4는 집합 A의 원소가 아니므로 $\{3, 4\} \not\subset A$
⑤ 0은 집합 A의 원소가 아니므로 $0 \notin A$

0398 두 집합 A, B가 벤다이어그램과 같을 때, 다음 중 옳지 않은 것은? 답 ⑤

① $1 \in B$ ② $4 \notin A$
③ $\{0\} \not\subset A$ ④ $\{0, 1\} \subset B$
⑤ $\{1, 2, 3\} \not\subset B$

풀이 ① 1은 집합 B의 원소이므로 $1 \in B$
② 4는 집합 A의 원소가 아니므로 $4 \notin A$
③ 0은 집합 A의 원소가 아니므로 $\{0\} \not\subset A$
④ 0, 1은 집합 B의 원소이므로 $\{0, 1\} \subset B$
⑤ 1, 2, 3은 집합 B의 원소이므로 $\{1, 2, 3\} \subset B$

유형 06 부분집합 구하기 개념 4

0399 집합 $A=\{0, 1, 2, 3\}$에 대하여 다음 중 옳지 않은 것은? 답 ④

① $\varnothing$은 집합 A의 부분집합이다.
② $\{1, 2\} \subset A$
③ 원소가 1개인 집합 A의 부분집합은 4개이다.
④ 원소가 2개인 집합 A의 부분집합은 4개이다.
⑤ 원소가 3개인 집합 A의 부분집합은 4개이다.

풀이 ① 공집합은 모든 집합의 부분집합이므로 $\varnothing \subset A$
② 1, 2는 집합 A의 원소이므로 $\{1, 2\} \subset A$
③ 원소가 1개인 집합 A의 부분집합은
$\{0\}$, $\{1\}$, $\{2\}$, $\{3\}$
의 4개이다.
④ 원소가 2개인 집합 A의 부분집합의 개수는
${}_4C_2=6$
⑤ 원소가 3개인 집합 A의 부분집합의 개수는
${}_4C_3=4$

0400 보기에서 집합 $A=\{1, 2, 4, \{1, 2\}\}$의 부분집합인 것만을 있는 대로 고르시오. 답 ㄴ, ㄷ, ㄹ, ㅂ

보기
ㄱ. $\{\varnothing\}$ ㄴ. $\{1, 2\}$
ㄷ. $\{2, 4\}$ ㄹ. $\{4, \{1, 2\}\}$
ㅁ. $\{1, \{2\}\}$ ㅂ. $\{1, 2, 4, \{1, 2\}\}$

풀이 ㄱ. $\varnothing$은 집합 A의 원소가 아니므로 $\{\varnothing\} \not\subset A$
ㄴ. 1, 2는 집합 A의 원소이므로 $\{1, 2\} \subset A$
ㄷ. 2, 4는 집합 A의 원소이므로 $\{2, 4\} \subset A$
ㄹ. 4, $\{1, 2\}$는 집합 A의 원소이므로 $\{4, \{1, 2\}\} \subset A$
ㅁ. $\{2\}$는 집합 A의 원소가 아니므로 $\{1, \{2\}\} \not\subset A$
ㅂ. 모든 집합은 자기 자신의 부분집합이므로
$\{1, 2, 4, \{1, 2\}\} \subset A$

유형 07 서로 같은 집합 개념 5

0401 두 집합 $A=\{4, a^2\}$, $B=\{1, b^2+3b\}$가 서로 같을 때, 자연수 a, b에 대하여 $a+b$의 값은?

답 ①

풀이 $a^2=1$, $b^2+3b=4$

(i) $a^2=1$에서 $a^2-1=0$

$(a+1)(a-1)=0$ $\therefore a=1$ ($\because a$는 자연수)

(ii) $b^2+3b=4$에서 $b^2+3b-4=0$

$(b+4)(b-1)=0$ $\therefore b=1$ ($\because b$는 자연수)

$\therefore a+b=\mathbf{2}$

0402 서술형 두 집합 $A=\{-3, a+1, 2\}$, $B=\{2, 3, b^2+2b-2\}$에 대하여 $A\subset B$이고 $B\subset A$이다. $a+b$의 값을 구하시오. (단, a, b는 상수이다.)

$A=B$

답 1

풀이 $a+1=3$, $b^2+2b-2=-3$

(i) $a+1=3$에서 $a=2$ …❶ (40%)

(ii) $b^2+2b-2=-3$에서 $b^2+2b+1=0$

$(b+1)^2=0$ $\therefore b=-1$ …❷ (40%)

$\therefore a+b=\mathbf{1}$ …❸ (20%)

0403 두 집합 $A=\{4, a, 2b\}$, $B=\{c, 2c+3, 6\}$에 대하여 $A\subset B$이고 $B\subset A$일 때, $a+b+c$의 값은? (단, a, b, c는 자연수이다.)

$A=B$

답 ④

풀이 $c=4$ 또는 $2c+3=4$

$\therefore c=4$ ($\because c$는 자연수) $\therefore B=\{4, 6, 11\}$

또, $2b$는 짝수이므로

$2b=6$, $a=11$ $\therefore b=3$

$\therefore a+b+c=\mathbf{18}$

0404 두 집합

$A=\{4, 4+a, 4+2a\}$,

$B=\{4, 4b, 4b^2\}$

에 대하여 $A=B$이다. 상수 a, b에 대하여 $12ab$의 값을 구하시오. (단, $a\neq0$, $b\neq1$)

답 18

풀이 $4+a=4b$, $4+2a=4b^2$ 또는 $4+a=4b^2$, $4+2a=4b$

(i) $4+a=4b$, $4+2a=4b^2$일 때

$a=4b-4$를 $4+2a=4b^2$에 대입하여 정리하면

$b^2-2b+1=0$, $(b-1)^2=0$ $\therefore b=1$

그런데 $b\neq1$이므로 주어진 조건에 모순이다.

(ii) $4+a=4b^2$, $4+2a=4b$일 때

$a=4b^2-4$를 $4+2a=4b$에 대입하여 정리하면

$2b^2-b-1=0$, $(2b+1)(b-1)=0$

$\therefore b=-\frac{1}{2}$ ($\because b\neq1$), $a=-3$

(i), (ii)에 의하여

$12ab=12\cdot(-3)\cdot\left(-\frac{1}{2}\right)=\mathbf{18}$

집합 $A=\{a_1, a_2, a_3, \cdots, a_n\}$에 대하여
(1) 집합 A의 부분집합의 개수 → 2^n
(2) 집합 A의 진부분집합의 개수 → 2^n-1

유형 08 부분집합의 개수 개념 6

0405 집합 $A=\{x|x$는 15 이하의 자연수$\}$의 부분집합 중에서 모든 원소가 소수인 집합의 개수를 구하시오.

답 63

풀이 $\{2, 3, 5, 7, 11, 13\}$의 부분집합 중에서 공집합을 제외한 것이므로 그 개수는

$2^6-1=\mathbf{63}$

0406 다음 중 부분집합의 개수가 64인 집합은?

2^6 → 원소가 6개이다.

답 ②

① $\{1, 2, 3, 4\}$

② $\{x|x$는 18의 양의 약수$\}=\{1, 2, 3, 6, 9, 18\}$

③ $\{x|x$는 $x^2-4x-5\le0$인 정수$\}=\{-1, 0, 1, 2, 3, 4, 5\}$

$(x+1)(x-5)\le0$ → $-1\le x\le5$

④ $\{x|x$는 5 이하의 자연수$\}=\{1, 2, 3, 4, 5\}$

⑤ $\{x|x$는 $|x|<6$인 정수$\}$

$-6<x<6$

$=\{-5, -4, -3, -2, -1, 0, 1, 2, 3, 4, 5\}$

풀이 각 집합의 원소의 개수는

① 4 ② 6 ③ 7 ④ 5 ⑤ 11

0407 집합 A의 부분집합의 개수가 128이고 집합 B의 진부분집합의 개수가 511일 때, $n(A)+n(B)$의 값은? **답** ⑤

풀이 $n(A)+n(B)=7+9=\mathbf{16}$

→ 서술형 **0408** 집합 A의 부분집합의 개수와 집합 B의 부분집합의 개수의 합이 80이고 $n(A)>n(B)$일 때, 집합 B의 진부분집합의 개수를 구하시오. **답** 15

풀이 $2^1=2$, $2^2=4$, $2^3=8$, $2^4=16$, $2^5=32$, $2^6=64$, $2^7=128$이므로 $n(A)$, $n(B)$가 될 수 있는 값은

1, 2, 3, 4, 5, 6

이때 $2^6+2^4=64+16=80$이고 …❶ (30%)

$n(A)>n(B)$이므로

$n(A)=6$, $n(B)=4$ …❷ (50%)

따라서 집합 B의 진부분집합의 개수는

$2^4-1=\mathbf{15}$ …❸ (20%)

$n(A)=n$일 때

(1) 집합 A의 특정한 원소 k개를 반드시 원소로 갖는 부분집합의 개수 (단, $k<n$) → 2^{n-k}

(2) 집합 A의 특정한 원소 l개를 원소로 갖지 않는 부분집합의 개수 (단, $l<n$) → 2^{n-l}

유형 09 특정한 원소를 갖거나 갖지 않는 부분집합의 개수 개념 6

0409 집합 $A=\{1, 2, 3, 4, 5, 6\}$에 대하여 $2\in X$, $4\in X$, $X\neq A$를 모두 만족시키는 집합 A의 부분집합 X의 개수를 구하시오. (진부분집합) **답** 15

풀이 $2^{6-2}-1=2^4-1=\mathbf{15}$
(2, 4의 2개를 반드시 원소로 갖는다.)

→ **0410** 집합 $A=\{1, 2, 3, 4\}$의 부분집합 중에서 1 또는 2를 원소로 갖는 부분집합의 개수는? **답** ③

풀이 집합 A의 부분집합 중에서 $\{3, 4\}$의 부분집합을 제외하면 되므로 구하는 부분집합의 개수는

$2^4-2^2=16-4=\mathbf{12}$

0411 집합 $A=\{1, 2, 3, 4, 5, 6, 7\}$의 부분집합 중에서 4, 6은 반드시 원소로 갖고 7은 원소로 갖지 않는 부분집합의 개수를 구하시오. **답** 16

풀이 $2^{7-2-1}=2^4=\mathbf{16}$
(7의 1개를 원소로 갖지 않는다.)
(4, 6의 2개를 반드시 원소로 갖는다.)

→ **0412** 집합 $A=\{1, 2, 3, \cdots, k\}$의 부분집합 중에서 3, 5는 반드시 원소로 갖고 2, 4는 원소로 갖지 않는 부분집합의 개수가 64일 때, 자연수 k의 값은? **답** ②

풀이 $2^{k-2-2}=64=2^6$이므로 $k-4=6$ $\therefore k=\mathbf{10}$
(2, 4의 2개를 원소로 갖지 않는다.)
(3, 5의 2개를 반드시 원소로 갖는다.)

X는 B의 부분집합 중에서 A의 원소를 모두 원소로 갖는 집합이므로
$n(A)=a, n(B)=b$일 때, 집합 X의 개수 → 2^{b-a}

유형 10 $A\subset X\subset B$를 만족시키는 집합 X의 개수 (개념 6)

0413 두 집합

$A=\{x|x$는 8 이하의 자연수$\}$, $=\{1, 2, 3, \cdots, 8\}$

$B=\{x|x$는 6의 양의 약수$\}$ $=\{1, 2, 3, 6\}$

에 대하여 $B\subset X\subset A$를 만족시키는 집합 X의 개수를 구하시오.

답 16

풀이 집합 A의 부분집합 중에서 1, 2, 3, 6을 반드시 원소로 갖는 부분집합의 개수와 같으므로

$2^{8-4}=2^4=\mathbf{16}$

→ **0414** 두 집합 $(x-2)(x-5)=0 \quad \therefore A=\{2, 5\}$

$A=\{x|x^2-7x+10=0\}$,

$B=\{x|x$는 11 이하의 소수$\}$ $=\{2, 3, 5, 7, 11\}$

에 대하여 $A\subset X\subset B$를 만족시키는 집합 X의 개수는?

답 ③

풀이 집합 B의 부분집합 중에서 2, 5를 반드시 원소로 갖는 부분집합의 개수와 같으므로

$2^{5-2}=2^3=8$

유형 11 여러 가지 부분집합의 개수 (개념 6)

0415 집합 $A=\{x|x$는 18의 양의 약수$\}$에 대하여 다음 조건을 만족시키는 집합 X의 개수는? $=\{1, 2, 3, 6, 9, 18\}$

(가) $X\subset A$, $X\neq\varnothing$

(나) 집합 X의 모든 원소의 곱은 짝수이다.

짝수인 원소를 적어도 하나 가져야 한다.

답 ⑤

Key 집합 X는 집합 A의 부분집합 중에서 홀수만을 원소로 갖는 집합 $\{1, 3, 9\}$의 부분집합을 제외한 것이다.

풀이 집합 $\{1, 3, 9\}$의 부분집합의 개수는 2^3이므로

집합 X의 개수는

$2^6-2^3=64-8=\mathbf{56}$ ← 2^6개, 2^3개에 공집합이 모두 포함되므로 공집합은 답에서 제외된다.

→ **0416** 집합 $X=\{2, 2^2, 2^3, 2^4, 2^5, 2^6\}$의 부분집합 Y의 모든 원소의 합이 64보다 작을 때, 공집합이 아닌 집합 Y의 개수를 구하시오.

답 31

풀이 $2+2^2+2^3+2^4+2^5=62<64$이고 $2^6=64$이므로

원소의 합이 64보다 작은 부분집합은 2^6을 원소로 갖지 않는 부분집합이다.

따라서 공집합이 아닌 집합 Y의 개수는

$2^{6-1}-1=2^5-1=\mathbf{31}$ (1: 공집합인 경우)

0417 집합 $A=\{a-2, a, a+2\}$에 대하여 집합 $B=\{x+y|x\in A, y\in A\}$라 할 때, 집합 B의 원소 중 가장 작은 원소는 2이다. 이때 집합 B의 부분집합 중에서 모든 원소의 곱이 12의 배수인 부분집합의 개수는? (단, a는 실수이다.)

$(a-2)+(a-2)=2 \quad \therefore a=3$

$2^2\times 3$

답 ③

풀이 $a=3$이므로

$A=\{1, 3, 5\}$, $B=\{2, 4, 6, 8, 10\}$

집합 B의 모든 원소는 2의 배수이고 집합 B의 원소 중 3의 배수는 6뿐이므로

모든 원소의 곱이 12의 배수인 부분집합은 6을 반드시 원소로 갖고, 원소의 개수가 2개 이상이다.

따라서 구하는 부분집합의 개수는

$2^{5-1}-1=\mathbf{15}$

(2^{5-1}: 6을 반드시 원소로 갖는 부분집합의 개수, 1: 6을 반드시 원소로 갖는 부분집합 중 $\{6\}$인 경우)

→ 서술형 **0418** 집합 $A=\{1, 2, 3, 4, 5, 6\}$의 부분집합 X 중에서 가장 큰 원소와 가장 작은 원소의 합이 7이 되는 집합 X의 개수를 구하시오.

답 21

풀이 (i) 가장 큰 원소가 6, 가장 작은 원소가 1인 경우

집합 X의 개수는 1, 6을 반드시 원소로 갖는 집합 A의 부분집합의 개수와 같으므로

$2^{6-2}=2^4=16$ …❶ (30%)

(ii) 가장 큰 원소가 5, 가장 작은 원소가 2인 경우

집합 X의 개수는 1, 6을 원소로 갖지 않고, 2, 5를 반드시 원소로 갖는 집합 A의 부분집합의 개수와 같으므로

$2^{6-2-2}=2^2=4$ …❷ (30%)

(iii) 가장 큰 원소가 4, 가장 작은 원소가 3인 경우

$X=\{3, 4\}$이므로 그 개수는 1이다. …❸ (30%)

(i), (ii), (iii)에 의하여 집합 X의 개수는

$16+4+1=\mathbf{21}$ …❹ (10%)

유형 12 부분집합의 원소의 합과 곱

개념 6

0419 집합 $A=\{1, 2, 3, 4, 5\}$의 부분집합 X의 모든 원소의 합을 $S(X)$라 하자. $2\in X$, $3\notin X$인 모든 집합 X에 대하여 $S(X)$의 합은?

답 ⑤

Key (1을 원소로 갖는 부분집합의 개수)$\times 1$
+(2를 원소로 갖는 부분집합의 개수)$\times 2$
+(4를 원소로 갖는 부분집합의 개수)$\times 4$
+(5를 원소로 갖는 부분집합의 개수)$\times 5$

풀이 $2\in X$, $3\notin X$인 집합 X의 개수는

$2^{5-1-1}=2^3=8$

$1\in X$, $2\in X$, $3\notin X$인 집합 X의 개수는

$2^{5-2-1}=2^2=4$

같은 방법으로 하면 $4\in X$, $2\in X$, $3\notin X$인 집합 X의 개수와 $5\in X$, $2\in X$, $3\notin X$인 집합 X의 개수도 각각 4이다.

따라서 $S(X)$의 합은

$8\times 2+4\times(1+4+5)=16+40=\mathbf{56}$

2가 8개이고, 1, 4, 5가 각각 4개

서술형

0420 실수 전체의 집합의 부분집합 $A=\{a, b, c, d, e, f\}$에 대하여 $a+b+c+d+e+f=20$이고, 집합 A의 부분집합 중에서 원소가 4개인 부분집합은 n개이다. 이 집합을 B_k $(k=1, 2, 3, \cdots, n)$라 하고, 집합 B_k의 모든 원소의 합을 S_k라 할 때, $S_1+S_2+S_3+\cdots+S_n$의 값을 구하시오.

답 200

Key (a를 원소로 갖는 부분집합의 개수)$\times a$
+(b를 원소로 갖는 부분집합의 개수)$\times b$
+ ⋯ +(f를 원소로 갖는 부분집합의 개수)$\times f$

풀이 $a\in B_k$이고 원소가 4개인 집합 B_k의 개수는 집합 A의 원소 중에서 a를 제외한 나머지 5개의 원소 중 3개를 선택하는 경우의 수와 같으므로

${}_5C_3={}_5C_2=\frac{5\cdot 4}{2}=10$ ⋯❶ (50%)

같은 방법으로 하면 b, c, d, e, f를 각각 원소로 갖는 원소가 4개인 집합 B_k의 개수도 10이므로

$S_1+S_2+S_3+\cdots+S_n=10\times(a+b+c+d+e+f)$
$=10\times 20=\mathbf{200}$ ⋯❷ (50%)

0421 집합 $A=\{2, 4, 5\}$의 공집합이 아닌 부분집합을 각각 A_n $(n=1, 2, \cdots, 7)$이라 하자. 집합 A_n의 원소 중 가장 큰 원소를 a_n이라 할 때, $a_1+a_2+a_3+\cdots+a_7$의 값을 구하시오.

답 30

풀이 (i) $a_n=2$인 경우

집합 A_n은 4, 5를 원소로 갖지 않고, 2를 반드시 원소로 가져야 하므로 $\{2\}$로 1개이다.

(ii) $a_n=4$인 경우

집합 A_n은 5를 원소로 갖지 않고, 4를 반드시 원소로 가져야 하므로 그 개수는

$2^{3-1-1}=2^1=2$

(iii) $a_n=5$인 경우

집합 A_n은 5를 반드시 원소로 가져야 하므로 그 개수는

$2^{3-1}=2^2=4$

(i), (ii), (iii)에 의하여

$a_1+a_2+\cdots+a_7=1\times 2+2\times 4+4\times 5$
$=2+8+20$
$=\mathbf{30}$

0422 집합 $X=\{3, 4, 5, 6\}$의 공집합이 아닌 부분집합 $A_1, A_2, A_3, \cdots, A_n$에 대하여 집합 A_k $(1\le k\le n)$의 원소 중 가장 작은 원소를 $m(A_k)$라 하자.
$m(A_1)+m(A_2)+m(A_3)+\cdots+m(A_n)=S$라 할 때, $n+S$의 값은?

답 ⑤

풀이 $n=2^4-1=15$

(i) $m(A_k)=3$인 경우

집합 A_k는 3을 반드시 원소로 가져야 하므로 그 개수는

$2^{4-1}=2^3=8$

(ii) $m(A_k)=4$인 경우

집합 A_k는 3을 원소로 갖지 않고, 4를 반드시 원소로 가져야 하므로 그 개수는

$2^{4-1-1}=2^2=4$

(iii) $m(A_k)=5$인 경우

집합 A_k는 3, 4를 원소로 갖지 않고, 5를 반드시 원소로 가져야 하므로 그 개수는

$2^{4-2-1}=2^1=2$

(iv) $m(A_k)=6$인 경우

집합 A_k는 3, 4, 5를 원소로 갖지 않고, 6을 반드시 원소로 가져야 하므로 $\{6\}$의 1개이다.

(i)~(iv)에 의하여

$S=8\times 3+4\times 4+2\times 5+1\times 6=24+16+10+6=56$

$\therefore n+S=15+56=\mathbf{71}$

유형 13 원소를 쌍으로 갖는 집합 개념 4, 6

0423 자연수를 원소로 갖는 집합 S가 조건
'$x\in S$이면 $8-x\in S$이다.'
를 만족시킬 때, 집합 S의 개수는? (단, $S\neq\varnothing$)

답 ④

풀이 $1\in S$이면 $7\in S$,
$2\in S$이면 $6\in S$,
$3\in S$이면 $5\in S$,
$4\in S$
즉, 집합 S의 개수는 $\{(1, 7), (2, 6), (3, 5), 4\}$의 공집합이 아닌 부분집합의 개수와 같으므로
$2^4-1=\mathbf{15}$ (1: 공집합인 경우)

0424 다음 조건을 만족시키는 집합 A의 개수는?

(가) $A\neq\varnothing$
(나) 집합 A는 자연수 전체의 집합의 부분집합이다.
(다) $x\in A$이면 $\frac{12}{x}\in A$이다.

답 ②

풀이 $1\in A$이면 $12\in A$,
$2\in A$이면 $6\in A$,
$3\in A$이면 $4\in A$
즉, 집합 A의 개수는 $\{(1, 12), (2, 6), (3, 4)\}$의 공집합이 아닌 부분집합의 개수와 같으므로
$2^3-1=\mathbf{7}$ (1: 공집합인 경우)

0425 자연수 전체의 집합의 부분집합
$S=\{x\mid x\in S$이면 $6-x\in S\}$의 진부분집합의 개수가 7일 때, 집합 S의 모든 원소의 합은?

답 ②

풀이 $1\in S$이면 $5\in S$,
$2\in S$이면 $4\in S$,
$3\in S$
집합 S의 원소의 개수를 k라 하면 집합 S의 진부분집합의 개수가 7이므로
$2^k-1=7,\ 2^k=8 \quad \therefore k=3$
즉, 집합 S의 원소의 개수가 3이므로
집합 S는 $\{1, 3, 5\}$ 또는 $\{2, 3, 4\}$이다.
따라서 집합 S의 모든 원소의 합은 **9**이다.

서술형
0426 집합 $A=\{x\mid x$는 36의 양의 약수$\}$에 대하여 다음 조건을 만족시키는 집합 B의 개수를 구하시오.

(가) $B\subset A$
(나) $3\in B$
(다) $x\in B$이면 $\frac{36}{x}\in B$이다.

답 16

풀이 $A=\{1, 2, 3, 4, 6, 9, 12, 18, 36\}$
조건 (나), (다)에 의하여 $3\in B,\ 12\in B$ … ❶ (30%)
조건 (다)에 의하여
$1\in B$이면 $36\in B$,
$2\in B$이면 $18\in B$,
$4\in B$이면 $9\in B$,
$6\in B$ … ❷ (40%)
즉, 집합 B의 개수는 $\{(1, 36), (2, 18), (3, 12), (4, 9), 6\}$의 부분집합 중에서 $(3, 12)$를 반드시 원소로 갖는 집합의 개수와 같으므로
$2^{5-1}=2^4=\mathbf{16}$ … ❸ (30%)

실력 완성!

0427 다음 중 집합이 아닌 것은? 답 ④

① 10 이하의 소수의 모임
② 태양계 행성의 모임
③ 우리 학교에서 봉사활동 시간이 100시간 이상인 학생의 모임
④ 수학적 이해도가 높은 학생의 모임 — 조건이 명확하지 않다.
⑤ 1월에 개봉하는 영화의 모임

0428 집합 $A=\{\varnothing, 1, 2, 3, \{1, 2\}, \{4\}\}$에 대하여 보기에서 옳은 것의 개수는? 답 ③

보기
ㄱ. $\varnothing\in A$ ㄴ. $\varnothing\subset A$
ㄷ. $\{\varnothing\}\in A$ ㄹ. $\{\varnothing\}\subset A$
ㅁ. $\{1, 2\}\in A$ ㅂ. $\{1, 2\}\subset A$
ㅅ. $\{\{1, 2\}\}\subset A$ ㅇ. $\{1, 2, 4\}\in A$
ㅈ. $\{1, 2, 4\}\subset A$

풀이 ㉠. $\varnothing\in A$ ㉡. $\varnothing\subset A$
ㄷ. $\{\varnothing\}\notin A$ ㉣. $\{\varnothing\}\subset A$
㉤. $\{1,2\}\in A$ ㉥. $\{1,2\}\subset A$
㉦. $\{\{1,2\}\}\subset A$ ㅇ. $\{1,2,4\}\notin A$
ㅈ. $\{1,2,4\}\not\subset A$

0429 집합 $A=\{a, b, \{a, b\}, \{d, e\}\}$에 대하여 $n(A)$의 값을 α, 집합 A의 부분집합의 개수를 β라 할 때, $\alpha+\beta$의 값은? 답 ⑤

풀이 $\alpha=n(A)=4$
$\beta=2^4=16$
$\therefore\ \alpha+\beta=$ **20**

0430 집합 $X=\{-2, -1, 0, 1\}$에 대하여 세 집합 A, B, C를 답 ⑤

$A=\{x+y\,|\,x\in X, y\in X\}$, $=\{-4, -3, -2, -1, 0, 1, 2\}$
$B=\{|x-y|\,|\,x\in X, y\in X\}$, $=\{0, 1, 2, 3\}$
$C=\{xy\,|\,x\in X, y\in X\}$ $=\{-2, -1, 0, 1, 2, 4\}$

라 할 때, $n(A)+n(B)-n(C)$의 값은?

풀이 $n(A)=7$, $n(B)=4$, $n(C)=6$이므로
$n(A)+n(B)-n(C)=7+4-6=$ **5**

0431 두 집합 $A=\{4, -2a-3\}$, $B=\{a^2+3, a+6, 1\}$에 대하여 $A\subset B$가 성립할 때, 실수 a의 값은? 답 ②

— $4\in B$이므로 $a^2+3=4$ 또는 $a+6=4$

풀이 (i) $a^2+3=4$, 즉 $a=\pm1$일 때
$a=-1$이면 $A=\{-1, 4\}$, $B=\{1, 4, 5\}$이므로
$A\not\subset B$
$a=1$이면 $A=\{-5, 4\}$, $B=\{1, 4, 7\}$이므로
$A\not\subset B$
(ii) $a+6=4$, 즉 $a=-2$일 때
$A=\{1, 4\}$, $B=\{1, 4, 7\}$이므로 $A\subset B$
(i), (ii)에 의하여 $a=$ **−2**

0432 공집합이 아닌 세 집합 A, B, C가 다음과 같을 때, 집합 사이의 포함 관계를 바르게 나타낸 것은? (단, x, y는 실수이다.) 답 ②

$A=\{(x, y)\,|\,y=x+1\}$
$B=\left\{(x, y)\,\middle|\,y=\frac{x^2-1}{x-1}\right\}=\{(x, y)\,|\,y=x+1, x\neq1\}$
$C=\{(x, y)\,|\,(x-1)y=x^2-1\}=\{(x, y)\,|\,y=x+1$ 또는 $x=1\}$

Key (1) B의 $y=\frac{x^2-1}{x-1}$에서 분모는 0이 될 수 없으므로 $x\neq1$
$\therefore\ y=\frac{x^2-1}{x-1}=\frac{(x+1)(x-1)}{x-1}=x+1$
(2) C의 $(x-1)y=x^2-1$에서
(i) $x=1$일 때, $0=1-1$이므로 주어진 식을 만족시킨다.
(ii) $x\neq1$일 때, $y=\frac{x^2-1}{x-1}=\frac{(x+1)(x-1)}{x-1}=x+1$

풀이 $B\subset A\subset C$

0433 공집합이 아닌 두 집합
$A=\{x|a\le 2x-1\le 15\}$, $=\left\{x \middle| \frac{a+1}{2}\le x\le 8\right\}$
$B=\{x|-2\le x+2\le b\}$ $=\{x|-4\le x\le b-2\}$
에 대하여 $A=B$일 때, $a+b$의 값은? (단, a, b는 상수이다.)

답 ③

풀이 $\frac{a+1}{2}=-4$, $8=b-2$이므로
$a=-9$, $b=10$ $\therefore a+b=\mathbf{1}$

0434 집합 $A=\{a, b, c\}$에 대하여 두 집합 P, Q가
$P=\{x+y|x\in A, y\in A, x\ne y\}$, $Q=\{11, 13, 16\}$
일 때, $P=Q$이다. 집합 A의 원소 중 가장 작은 원소는?
(단, a, b, c는 서로 다른 실수이다.)

답 ②

풀이 $P=\{a+b, a+c, b+c\}$이고, $a<b<c$라 하면
$a+b<a+c<b+c$
$\therefore a+b=11, a+c=13, b+c=16$
위의 세 식을 모두 더하면
$2(a+b+c)=40$ $\therefore a+b+c=20$
$\therefore a=(a+b+c)-(b+c)=20-16=\mathbf{4}$

0435 집합 $X=\{\varnothing, a, \{a\}\}$에 대하여
$P(X)=\{A|A\subset X\}$라 할 때, 보기에서 옳은 것만을 있는 대로 고른 것은? 집합 X의 부분집합을 원소로 갖는 집합

보기
ㄱ. $\varnothing\in P(X)$
ㄴ. $\{\varnothing\}\subset P(X)$
ㄷ. $\{\{a\}\}\subset P(X)$
ㄹ. $\{\{a\}\}\in P(X)$

답 ⑤

풀이 $P(X)=\{\varnothing, \{\varnothing\}, \{a\}, \{\{a\}\}, \{\varnothing, a\}, \{\varnothing, \{a\}\},$
$\{a, \{a\}\}, \{\varnothing, a, \{a\}\}\}$
㉠. $\varnothing$은 모든 집합의 부분집합이므로 $\varnothing\in P(X)$
㉡. $\varnothing$은 집합 $P(X)$의 원소이므로 $\{\varnothing\}\subset P(X)$
㉢. $\{a\}$는 집합 X의 부분집합이므로 $\{a\}\in P(X)$
$\therefore \{\{a\}\}\subset P(X)$
㉣. $\{\{a\}\}$는 집합 X의 부분집합이므로 $\{\{a\}\}\in P(X)$

0436 집합 $P=\{1, 2, 3, 4, 5, 6\}$의 부분집합 중에서 원소가 4개인 부분집합의 개수를 m, 원소가 2개 이상인 부분집합의 개수를 n이라 할 때, $m+n$의 값을 구하시오.

답 72

풀이 집합 P의 부분집합 중 원소가 4개인 부분집합의 개수는 집합 P의 6개의 원소 중에서 4개를 선택하는 경우의 수와 같으므로
$m={}_6C_4={}_6C_2=\frac{6\cdot 5}{2}=15$
또, 집합 P의 부분집합 중 원소가 2개 이상인 부분집합은 집합 P의 부분집합 중에서 공집합과 원소가 1개인 부분집합을 제외한 것과 같으므로 그 개수는
$n=2^6-1-6=57$
$\therefore m+n=\mathbf{72}$

0437 두 집합 $A=\{x|x$는 4의 양의 약수$\}$,
$B=\left\{x \middle| x=\frac{16}{n}, x\text{와 } n\text{은 자연수}\right\}$에 대하여 $A\subset X\subset B$,
$X\ne B$를 만족시키는 집합 X의 개수는?

답 ①

풀이 $A=\{1, 2, 4\}$, $B=\{1, 2, 4, 8, 16\}$이므로
$A\subset X\subset B$, $X\ne B$를 만족시키는 집합 X의 개수는
집합 B의 부분집합 중에서 1, 2, 4를 반드시 원소로 갖는 진부분집합의 개수와 같으므로
$2^{5-3}-1=\mathbf{3}$

0438 세 자연수 a, b, c $(a<b<c)$에 대하여 두 집합 A, B가 $A=\{a, b, c\}$, $B=\{x+y|x\in A, y\in A\}$이다. 집합 B의 가장 작은 원소는 6, 가장 큰 원소는 18이고, $n(B)=5$일 때, 집합 B의 모든 원소의 합은?

답 ⑤

풀이 집합 B의 원소 중에서 가장 작은 원소는 $a+a=2a$이므로
$2a=6$ $\therefore a=3$
집합 B의 원소 중에서 가장 큰 원소는 $c+c=2c$이므로
$2c=18$ $\therefore c=9$ $\therefore A=\{3, b, 9\}$
$n(B)=5$이므로 집합 B의 원소가 될 수 있는 수
$6, 3+b, 2b, 12, 9+b, 18$
중 두 수는 서로 같다.
그런데 $3<b<9$에서 $6<3+b<12$, $12<9+b<18$이므로
$3+b=2b$ 또는 $2b=12$
(i) $3+b=2b$이면 $b=3$이므로 $3<b<9$를 만족시키지 않는다.
(ii) $2b=12$이면 $b=6$
(i), (ii)에서 $b=6$
따라서 $B=\{6, 9, 12, 15, 18\}$이므로
집합 B의 모든 원소의 합은 **60**이다.

0439 집합 $A=\{1, 2, 3\}$에 대하여 $P(A)=\{X|X\subset A\}$ 라 하자. 집합 Y가 (집합 A의 부분집합을 원소로 갖는 집합)

$Y\subset P(A)$, $Y\neq P(A)$

를 만족시킬 때, $n(Y)$의 최댓값을 구하시오.

답 7

Key 집합 Y의 개수가 아닌 집합 Y 중 원소가 가장 많은 집합의 원소의 개수를 구하는 문제이다.

풀이 $n(P(A))=2^3=8$

집합 Y는 집합 $P(A)$의 진부분집합이므로 $n(Y)$의 최댓값은

$8-1=\mathbf{7}$

0440 다음 조건을 만족시키는 집합 S의 개수를 구하시오.

답 127

(가) $S\neq\varnothing$

(나) $2\notin S$

(다) 집합 S는 정수 전체의 집합의 부분집합이다.

(라) $k\in S$이면 $\frac{64}{k}\in S$이다.

풀이 $1\in S$이면 $64\in S$, $4\in S$이면 $16\in S$, $8\in S$

$-1\in S$이면 $-64\in S$, $-2\in S$이면 $-32\in S$,

$-4\in S$이면 $-16\in S$, $-8\in S$

즉, 구하는 집합 S의 개수는 집합

$\{(-1, -64), (-2, -32), (-4, -16), (1, 64), (4, 16), -8, 8\}$

의 공집합이 아닌 부분집합의 개수와 같으므로

$2^7-1=\mathbf{127}$

0441 집합 A의 모든 원소의 곱을 $f(X)$라 하자. 집합 $A=\{2, 2^2, 2^3, 2^4\}$의 공집합이 아닌 부분집합을 각각 A_1, A_2, A_3, $\cdots$, A_n이라 할 때, $f(A_1)\times f(A_2)\times f(A_3)\times\cdots\times f(A_n)=2^k$이다. 자연수 n, k에 대하여 $n+k$의 값을 구하시오.

답 95

Key $f(A_1)\times f(A_2)\times f(A_3)\times\cdots\times f(A_n)$

$=2^{(2\text{를 원소로 갖는 부분집합의 개수})}\times 2^{2\times(2^2\text{을 원소로 갖는 부분집합의 개수})}$

$\times 2^{3\times(2^3\text{을 원소로 갖는 부분집합의 개수})}\times 2^{4\times(2^4\text{을 원소로 갖는 부분집합의 개수})}$

풀이 $n=2^4-1=15$

2를 원소로 갖는 집합 A의 부분집합의 개수는 $2^{4-1}=2^3=8$

같은 방법으로 하면 2^2, 2^3, 2^4을 각각 원소로 갖는 집합 A의 부분집합의 개수도 8이다.

즉,

$f(A_1)\times f(A_2)\times f(A_3)\times\cdots\times f(A_n)$

$=(2\times 2^2\times 2^3\times 2^4)^8=(2^{10})^8=2^{80}$

이므로 $k=80$

$\therefore n+k=\mathbf{95}$

서술형

0442 집합 $X=\{1, 2, 3, \cdots, 15\}$의 원소 n에 대하여 집합 X의 부분집합 중에서 n을 가장 작은 원소로 갖는 모든 집합의 개수를 $f(n)$, n을 가장 큰 원소로 갖는 모든 집합의 개수를 $g(n)$이라 하자. $f(a)=g(b)$일 때, $a+b$의 값을 구하시오. (단, $a\in X$, $b\in X$이고 $2^0=1$로 계산한다.)

답 16

Key $f(a)$는 집합 X의 부분집합 중에서 a를 반드시 원소로 갖고, a보다 작은 자연수 $(a-1)$개를 원소로 갖지 않는 부분집합의 개수와 같다.

또, $g(b)$는 집합 X의 부분집합 중에서 b를 반드시 원소로 갖고, b보다 큰 자연수 $(15-b)$개를 원소로 갖지 않는 부분집합의 개수와 같다.

풀이 $f(a)=2^{15-1-(a-1)}=2^{15-a}$ …❶ (30%)

$g(b)=2^{15-1-(15-b)}=2^{b-1}$ …❷ (30%)

이때 $f(a)=g(b)$이므로

$2^{15-a}=2^{b-1}$, $15-a=b-1$

$\therefore a+b=\mathbf{16}$ …❸ (40%)

0443 두 집합

$A=\{x|x$는 4의 양의 약수$\}$,

$B=\{x|x$는 32의 양의 약수$\}$

에 대하여 $A\subset X\subset B$를 만족시키는 집합 X의 개수는 n이다. 이 집합을 차례대로 X_1, X_2, $\cdots$, X_n이라 하고, 집합 X_k $(1\leq k\leq n)$의 모든 원소의 합을 $S(X_k)$라 할 때, $n+S(X_1)+S(X_2)+\cdots+S(X_n)$의 값을 구하시오.

답 288

풀이 $A=\{1, 2, 4\}$, $B=\{1, 2, 4, 8, 16, 32\}$

$\therefore n=2^{6-3}=2^3=8$ …❶ (30%)

1, 2, 4를 반드시 원소로 갖는 부분집합의 개수는 8이다.

1, 2, 4, 8을 반드시 원소로 갖는 부분집합의 개수는

$2^2=4$

같은 방법으로 하면 1, 2, 4, 16을 원소로 갖는 부분집합의 개수와 1, 2, 4, 32를 원소로 갖는 부분집합의 개수도 각각 4이다.

$\therefore S(X_1)+S(X_2)+S(X_3)+\cdots+S(X_n)$

$=8\times(1+2+4)+4\times(8+16+32)$

$=8\times 7+4\times 56=280$ …❷ (60%)

$\therefore n+S(X_1)+S(X_2)+\cdots+S(X_n)$

$=8+280=\mathbf{288}$ …❸ (10%)

※ 빈칸에 알맞은 것을 써넣고, 내용을 읽거나 따라 써 보세요.

개념 1 합집합과 교집합

> 유형 01, 02, 04, 07, 12

(1) 두 집합 A, B에 대하여 A에 속하거나 B에 속하는 모든 원소로 이루어진 집합을 A와 B의 □□□이라 하고, 기호 □로 나타낸다.

➡ $A\cup B=\{x|x\in A$ □□ $x\in B\}$

(2) 두 집합 A, B에 대하여 A에도 속하고 B에도 속하는 모든 원소로 이루어진 집합을 A와 B의 □□□이라 하고, 기호 □로 나타낸다.

➡ $A\cap B=\{x|x\in A$ □□□ $x\in B\}$

(3) 두 집합 A, B에서 공통된 원소가 하나도 없을 때, 즉 $A\cap B=$□일 때, A와 B는 □□□라 한다.

개념 2 집합의 연산 법칙

> 유형 05, 06, 09~11, 13

세 집합 A, B, C에 대하여

① 교환법칙: $A\cup B=$□, $A\cap B=$□

② 결합법칙: $(A\cup B)\cup C=$□, $(A\cap B)\cap C=$□

③ 분배법칙: $A\cap(B\cup C)=$□

$A\cup(B\cap C)=$□

개념 3 여집합과 차집합

> 유형 03, 04, 07, 12

(1) 어떤 집합에 대하여 그 부분집합을 생각할 때, 처음에 주어진 집합을 □□□□이라 하고, 기호 □로 나타낸다.

(2) 전체집합 U의 부분집합 A에 대하여 U의 원소 중에서 A에 속하지 않는 모든 원소로 이루어진 집합을 U에 대한 A의 □□□이라 하고, 기호 □로 나타낸다.

➡ $A^c=\{x|x\in U$ 그리고 □$\}$

(3) 두 집합 A, B에 대하여 A에는 속하지만 B에는 속하지 않는 원소로 이루어진 집합을 A에 대한 B의 □□□이라 하고, 기호 □로 나타낸다.

➡ $A-B=\{x|$□ 그리고 $x\notin B\}$

답 개념 1 (1) 합집합, $A\cup B$, 또는 (2) 교집합, $A\cap B$, 그리고 (3) $\varnothing$, 서로소 개념 2 $B\cup A$, $B\cap A$, $A\cup(B\cup C)$, $A\cap(B\cap C)$, $(A\cap B)\cup(A\cap C)$, $(A\cup B)\cap(A\cup C)$ 개념 3 (1) 전체집합, U (2) 여집합, A^c, $x\notin A$ (3) 차집합, $A-B$, $x\in A$

개념 1 합집합과 교집합

0444 다음 두 집합 A, B에 대하여 $A\cup B$를 구하시오.

(1) $A=\{1, 2, 3, 4, 5\}$, $B=\{4, 5, 6, 7\}$

$A\cup B=\{1, 2, 3, 4, 5, 6, 7\}$

(2) $A=\{x|x$는 12의 양의 약수$\}$, $=\{1, 2, 3, 4, 6, 12\}$

$B=\{x|x$는 10의 양의 약수$\}$ $=\{1, 2, 5, 10\}$

$A\cup B=\{1, 2, 3, 4, 5, 6, 10, 12\}$

(3) $A=\{x|x$는 9 이하의 홀수인 자연수$\}$, $B=\varnothing$ $=\{1, 3, 5, 7, 9\}$

$A\cup B=\{1, 3, 5, 7, 9\}$

0445 다음 두 집합 A, B에 대하여 $A\cap B$를 구하시오.

(1) $A=\{a, b, c, d, e\}$, $B=\{e, f, g\}$

$A\cap B=\{e\}$

(2) $A=\{3, 6, 9, 12, 15\}$, $B=\{x|x$는 15의 양의 약수$\}$ $=\{1, 3, 5, 15\}$

$A\cap B=\{3, 15\}$

(3) $A=\{x|1\le x<7\}$, $B=\{x|x\ge 3\}$

$A\cap B=\{x|3\le x<7\}$

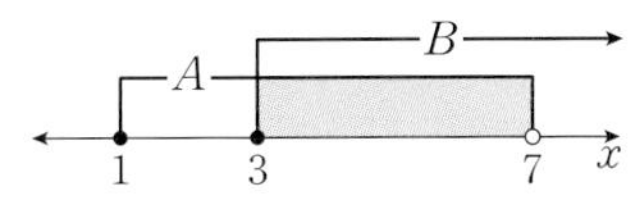

0446 보기에서 두 집합 A, B가 서로소인 것만을 있는 대로 고르시오. $A\cap B=\varnothing$

보기

ㄱ. $A=\{x|x$는 4 이하의 자연수$\}$, $=\{1, 2, 3, 4\}$
$B=\{x|x$는 6 이상의 자연수$\}$ $=\{6, 7, 8, \cdots\}$

ㄴ. $A=\{x|x$는 8의 양의 약수$\}$, $=\{1, 2, 4, 8\}$
$B=\{3, 4, 5\}$

ㄷ. $A=\{x|x$는 10 이하의 소수$\}$, $=\{2, 3, 5, 7\}$
$B=\{x|x$는 짝수인 자연수$\}$ $=\{2, 4, 6, \cdots\}$

㉠. $A\cap B=\varnothing$

ㄴ. $A\cap B=\{4\}$

ㄷ. $A\cap B=\{2\}$

개념 2 집합의 연산 법칙

0447 세 집합 A, B, C에 대하여

$A\cap B=\{1, 3, 5\}$, $C=\{1, 2, 5, 10\}$

일 때, $A\cap(B\cap C)$를 구하시오.

$$A\cap(B\cap C)=(A\cap B)\cap C=\{1, 3, 5\}\cap\{1, 2, 5, 10\}=\{1, 5\}$$

0448 세 집합 A, B, C에 대하여

$A=\{2, 4, 6, 8, 10\}$, $B\cup C=\{4, 8, 12, 16, 20\}$

일 때, $(A\cap B)\cup(A\cap C)$를 구하시오.

$$(A\cap B)\cup(A\cap C)=A\cap(B\cup C)=\{2, 4, 6, 8, 10\}\cap\{4, 8, 12, 16, 20\}=\{4, 8\}$$

0449 세 집합 A, B, C에 대하여

$A\cap C=\{2, 3, 7, 9, 12\}$, $B\cap C=\{3, 6, 9, 12\}$

일 때, $(A\cup B)\cap C$를 구하시오.

$$(A\cup B)\cap C=(A\cap C)\cup(B\cap C)=\{2, 3, 7, 9, 12\}\cup\{3, 6, 9, 12\}=\{2, 3, 6, 7, 9, 12\}$$

개념 3 여집합과 차집합

0450 전체집합 $U=\{x|x$는 10 이하의 자연수$\}$의 두 부분집합 A, B가 다음과 같을 때, 각 집합의 여집합을 구하시오. $=\{1, 2, 3, \cdots, 10\}$

(1) $A=\{5, 7, 9\}$

$A^C=\{1, 2, 3, 4, 6, 8, 10\}$

(2) $B=\{x|x$는 소수$\}$ $=\{2, 3, 5, 7\}$

$B^C=\{1, 4, 6, 8, 9, 10\}$

0451 다음 두 집합 A, B에 대하여 $A-B$를 구하시오.

(1) $A=\{a, c, d, e\}$, $B=\{c, e\}$

$A-B=\{a, d\}$

(2) $A=\{x|x$는 16의 양의 약수$\}$, $=\{1, 2, 4, 8, 16\}$

$B=\{x|x$는 4의 양의 약수$\}$ $=\{1, 2, 4\}$

$A-B=\{8, 16\}$

0452 전체집합 U의 두 부분집합 A, B에 대하여 오른쪽 벤다이어그램에서 다음 집합을 구하시오.

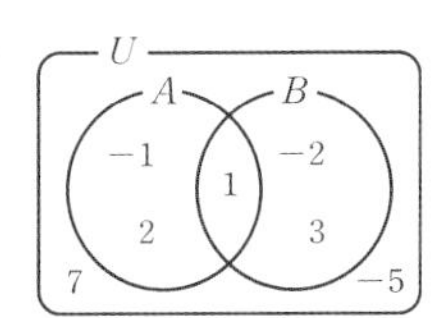

(1) $A\cup B$

$=\{-2, -1, 1, 2, 3\}$

(2) $A\cap B$

$=\{1\}$

(3) A^C

$=\{-5, -2, 3, 7\}$

(4) B^C

$=\{-5, -1, 2, 7\}$

(5) $A-B$

$=\{-1, 2\}$

(6) $B-A$

$=\{-2, 3\}$

(7) $(A\cup B)^C$

$=\{-5, 7\}$

(8) $(A\cap B)^C$

$=\{-5, -2, -1, 2, 3, 7\}$

개념 4 집합의 연산의 성질

> 유형 05~13

전체집합 U의 두 부분집합 A, B에 대하여

(1) $A \cup A = \square$, $A \cap A = \square$

(2) $A \cup \varnothing = \square$, $A \cap \varnothing = \square$

(3) $A \cup U = \square$, $A \cap U = \square$

(4) $U^C = \square$, $\varnothing^C = \square$

(5) $(A^C)^C = \square$

(6) $A \cup A^C = \square$, $A \cap A^C = \square$

(7) $A - B = \square$

개념 5 드모르간의 법칙

> 유형 10~13

드모르간의 법칙: 전체집합 U의 두 부분집합 A, B에 대하여

$(A \cup B)^C = \square$

$(A \cap B)^C = \square$

개념 6 유한집합의 원소의 개수

> 유형 13~15

전체집합 U의 세 부분집합 A, B, C에 대하여

(1) $n(A \cup B) = n(A) + n(B) - \square$

(2) $n(A \cup B \cup C)$

$= n(A) + n(B) + n(C) - \square - \square - \square + \square$

(3) $n(A^C) = n(U) - \square$

(4) $n(A - B) = n(A) - \square = n(A \cup B) - \square$

답 개념 4 (1) A, A (2) A, $\varnothing$ (3) U, A (4) $\varnothing$, U (5) A (6) U, $\varnothing$ (7) $A \cap B^C$ 개념 5 $A^C \cap B^C$, $A^C \cup B^C$
개념 6 (1) $n(A \cap B)$ (2) $n(A \cap B)$, $n(B \cap C)$, $n(C \cap A)$, $n(A \cap B \cap C)$ (3) $n(A)$ (4) $n(A \cap B)$, $n(B)$

개념 4 집합의 연산의 성질

0453 전체집합 U의 두 부분집합 A, B에 대하여 □ 안에 알맞은 집합을 써넣으시오.

(1) $A\cup A=\boxed{A}$

(2) $A\cap\varnothing=\boxed{\varnothing}$

(3) $A\cap U=\boxed{A}$

(4) $\varnothing^C=\boxed{U}$

(5) $(A^C)^C=\boxed{A}$

(6) $A\cup A^C=\boxed{U}$

(7) $A\cap A^C=\boxed{\varnothing}$

(8) $A\cap B^C=A-\boxed{B}$

0454 전체집합 $U=\{x|x$는 12 이하의 자연수$\}$의 두 부분집합 $A=\{2, 3, 7, 11\}$, $B=\{3, 4, 7, 9\}$에 대하여 다음을 구하시오.

(1) $A\cap B^C=A-B=\{\mathbf{2, 11}\}$

(2) $A^C\cap B=B\cap A^C=B-A=\{\mathbf{4, 9}\}$

(3) $A-B^C=A\cap(B^C)^C=A\cap B=\{\mathbf{3, 7}\}$

(4) $B-A^C=B\cap(A^C)^C=B\cap A=\{\mathbf{3, 7}\}$

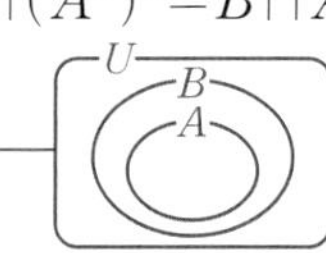

0455 전체집합 U의 공집합이 아닌 서로 다른 두 부분집합 A, B에 대하여 $A\subset B$일 때, 다음 중 옳은 것은 'O'표, 옳지 않은 것은 '×'표를 ( ) 안에 써넣으시오.

(1) $A\cap B=A$ (O)

(2) $A\cup B=B$ (O)

(3) $A^C\subset B^C$ (X)
→ $B^C\subset A^C$ (O)

(4) $A-B=\varnothing$ (O)

(5) $A^C\cap B=B$ (X)
→ $A^C\cap B=B\cap A^C=B-A\neq B$

(6) $A\subset(A\cap B)$ (O)

개념 5 드모르간의 법칙

0456 전체집합 $U=\{1, 2, 3, 4, 5\}$의 두 부분집합 $A=\{1, 3, 5\}$, $B=\{2, 3\}$에 대하여 다음을 구하시오.

$A\cup B=\{1, 2, 3, 5\}$, $A^C=\{2, 4\}$, $B^C=\{1, 4, 5\}$, $A\cap B=\{3\}$

(1) $(A\cup B)^C=\{\mathbf{4}\}$

(2) $A^C\cap B^C=\{\mathbf{4}\}$

(3) $(A\cap B)^C=\{\mathbf{1, 2, 4, 5}\}$

(4) $A^C\cup B^C=\{\mathbf{1, 2, 4, 5}\}$

0457 전체집합 U의 두 부분집합 A, B에 대하여 □ 안에 ∪ 또는 ∩를 써넣으시오.

(1) $A^C\cup B^C=(A\boxed{\cap}B)^C$

(2) $(A\cap B^C)^C=A^C\boxed{\cup}B$

개념 6 유한집합의 원소의 개수

0458 전체집합 U의 두 부분집합 A, B에 대하여 $n(U)=50$, $n(A)=30$, $n(B)=25$, $n(A\cap B)=10$일 때, 다음을 구하시오.

(1) $n(A^C)=n(U)-n(A)=50-30=\mathbf{20}$

(2) $n(A-B)=n(A)-n(A\cap B)=30-10=\mathbf{20}$

(3) $n(A^C\cap B)=n(B\cap A^C)=n(B-A)$
$=n(B)-n(A\cap B)=25-10=\mathbf{15}$

(4) $n(A\cup B)=n(A)+n(B)-n(A\cap B)$
$=30+25-10=\mathbf{45}$

(5) $n(A^C\cap B^C)=n((A\cup B)^C)=n(U)-n(A\cup B)$
$=50-45=\mathbf{5}$

(6) $n(A^C\cup B^C)=n((A\cap B)^C)=n(U)-n(A\cap B)$
$=50-10=\mathbf{40}$

B step 기출 & 변형하면…

유형 01 합집합과 교집합

개념 1

0459 세 집합

$A=\{x|x$는 18의 양의 약수$\}$, $=\{1, 2, 3, 6, 9, 18\}$

$B=\{x|x$는 10 이하의 소수$\}$, $=\{2, 3, 5, 7\}$

$C=\{x|x$는 6의 양의 약수$\}$ $=\{1, 2, 3, 6\}$

에 대하여 집합 $(A\cap B)\cup C$의 모든 원소의 합을 구하시오.

답 12

풀이 $(A\cap B)\cup C=\{2, 3\}\cup\{1, 2, 3, 6\}=\{1, 2, 3, 6\}$

따라서 집합 $(A\cap B)\cup C$의 모든 원소의 합은

$1+2+3+6=\mathbf{12}$

→ **0460** 세 집합 $A=\{1, 2, 3\}$, $B=\{x|x$는 5 이하의 홀수$\}$ $=\{1, 3, 5\}$, $C=\{x|x$는 15의 양의 약수$\}$에 대하여 다음 중 옳지 않은 것은? $=\{1, 3, 5, 15\}$

답 ⑤

① $A\cap B=\{1, 3\}$
② $A\cup B=\{1, 2, 3, 5\}$
③ $B\cap C=\{1, 3, 5\}$
④ $A\cup C=\{1, 2, 3, 5, 15\}$
⑤ $A\cap B\cap C=\{1\}$

풀이 ⑤ $A\cap B\cap C=\{1, 3\}$

0461 두 집합 $A=\{1, 3, a^2+2a\}$, $B=\{2, a+1, b-1\}$에 대하여 $A\cap B=\{3, 8\}$일 때, ab의 값은? (단, a, b는 상수이다.)

$8\in A$

답 ②

풀이 $8\in A$이므로 $a^2+2a=8$에서 $a^2+2a-8=0$

$(a+4)(a-2)=0$ $\quad\therefore a=-4$ 또는 $a=2$

(i) $a=-4$일 때, $B=\{2, -3, b-1\}$이므로 $\{3, 8\}\not\subset B$

따라서 주어진 조건을 만족시키지 않는다.

(ii) $a=2$일 때, $B=\{2, 3, b-1\}$

이때 $8\in B$이므로 $b-1=8$ $\quad\therefore b=9$

(i), (ii)에 의하여 $a=2$, $b=9$이므로 $ab=\mathbf{18}$

→ **0462** 두 집합 $A=\{1, 7, x^2-3\}$, $B=\{x+2, x+3, x+4\}$에 대하여 $A\cap B=\{6, 7\}$일 때, 상수 x의 값을 구하시오.

$6\in A$

답 3

풀이 $6\in A$이므로 $x^2-3=6$에서

$x^2=9$ $\quad\therefore x=\pm3$

(i) $x=-3$일 때, $A=\{1, 6, 7\}$, $B=\{-1, 0, 1\}$이므로

$A\cap B=\{1\}$

따라서 주어진 조건을 만족시키지 않는다.

(ii) $x=3$일 때, $A=\{1, 6, 7\}$, $B=\{5, 6, 7\}$이므로

$A\cap B=\{6, 7\}$

(i), (ii)에 의하여 $x=\mathbf{3}$

0463 두 집합

$A=\{x|x^2-4x+3\le0\}$, $B=\{x|x^2+ax+b<0\}$

$(x-1)(x-3)\le0$ → $1\le x\le3$

에 대하여 $A\cap B=\varnothing$, $A\cup B=\{x|1\le x<5\}$일 때, $a+b$의 값은? (단, a, b는 상수이다.)

답 ⑤

풀이 $A=\{x|1\le x\le3\}$

이때 $A\cap B=\varnothing$, $A\cup B=\{x|1\le x<5\}$

가 성립하려면 집합 B는 오른쪽 그림과 같아야 하므로

$B=\{x|3<x<5\}$

$=\{x|(x-3)(x-5)<0\}$

$=\{x|x^2-8x+15<0\}$

따라서 $a=-8$, $b=15$이므로 $a+b=\mathbf{7}$

→ 서술형 **0464** 실수 전체의 집합 R의 두 부분집합

$A=\{x|x^2+2x-8>0\}$, $B=\{x|x^2+ax+b\le0\}$

$(x+4)(x-2)>0$ → $x<-4$ 또는 $x>2$

이 다음 조건을 만족시킬 때, 상수 a, b에 대하여 $a-b$의 값을 구하시오.

답 19

(가) $A\cup B=R$

(나) $A\cap B=\{x|-7\le x<-4\}$

풀이 $A=\{x|x<-4$ 또는 $x>2\}$ …❶ (30%)

이때 조건 (가), (나)를 만족시키려면 집합 B는 오른쪽 그림과 같아야 하므로

$B=\{x|-7\le x\le2\}$

$=\{x|(x+7)(x-2)\le0\}$

$=\{x|x^2+5x-14\le0\}$ …❷ (60%)

따라서 $a=5$, $b=-14$이므로 $a-b=\mathbf{19}$ …❸ (10%)

유형 02 서로소인 집합 개념 1

$=\{1, 2, 3, \cdots, 8\}$

0465 집합 $A=\{x|x$는 8 이하의 자연수$\}$의 부분집합 중에서 집합 $B=\{2, 3, 5, 7\}$과 서로소인 집합의 개수는? 답 ④

풀이 구하는 집합의 개수는 집합 A의 부분집합 중 2, 3, 5, 7을 원소로 갖지 않는 집합의 개수, 즉 집합 $\{1, 4, 6, 8\}$의 부분집합의 개수와 같다.

따라서 구하는 집합의 개수는

$2^4=\mathbf{16}$

0466 다음 조건을 만족시키는 공집합이 아닌 두 집합 A, B의 순서쌍 (A, B)의 개수는? 답 ⑤

(가) $A\cup B=\{1, 2, 3, 4\}$
(나) A, B는 서로소이다.

풀이 조건 (가), (나)를 만족시키려면 집합 $\{1, 2, 3, 4\}$의 부분집합 A를 구하고, 집합 $\{1, 2, 3, 4\}$의 원소 중에서 집합 A에 속하지 않는 원소만을 갖는 집합이 B가 되어야 한다.

따라서 두 집합 A, B의 순서쌍 (A, B)의 개수는

$2^4-2=\mathbf{14}$

- 2: 두 집합 A, B가 각각 공집합이 되는 경우의 수
- 2^4: 집합 $\{1, 2, 3, 4\}$의 부분집합의 개수

0467 두 집합

$A=\{x|-k\le x<k+5\}$, $B=\{x|2k<x\le 2k+5\}$

가 서로소일 때, 자연수 k의 최솟값은? 답 ⑤

$A\cap B=\varnothing$

풀이 두 집합 A, B가 서로소, 즉 $A\cap B=\varnothing$이려면 오른쪽 그림과 같아야 하므로

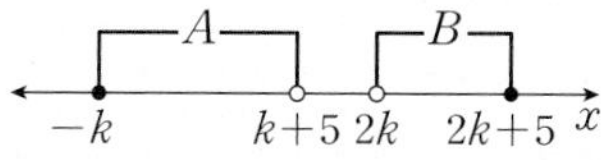

$k+5\le 2k$ ← $k+5=2k$이어도 $A\cap B=\varnothing$임에 주의하자!

$\therefore k\ge 5$

따라서 자연수 k의 최솟값은 5이다.

서술형

0468 실수 전체의 집합의 두 부분집합

$A=\{x|x^2-(2a+3)x+a(a+3)\le 0\}$,

$B=\{x|x^2-16>0\}$

에 대하여 A, B가 서로소일 때, 정수 a의 개수를 구하시오. 답 6

$A\cap B=\varnothing$

풀이 $x^2-(2a+3)x+a(a+3)\le 0$에서

$(x-a)(x-a-3)\le 0 \quad \therefore a\le x\le a+3$

또, $x^2-16>0$에서 $(x+4)(x-4)>0$

$\therefore x<-4$ 또는 $x>4$

$\therefore A=\{x|a\le x\le a+3\}$,

$B=\{x|x<-4$ 또는 $x>4\}$ …❶ (40%)

이때 두 집합 A, B가 서로소, 즉 $A\cap B=\varnothing$이려면 오른쪽 그림과 같아야 하므로

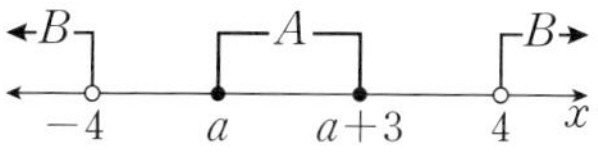

$a\ge -4$, $a+3\le 4$

$\therefore -4\le a\le 1$ …❷ (40%)

따라서 정수 a는 $-4, -3, -2, -1, 0, 1$의 **6**개이다. …❸ (20%)

06 집합의 연산

유형 03 여집합과 차집합

개념 3

0469 두 집합 $=\{1, 2, 3, 6, 9, 18\}$
$A=\{x|x$는 18의 양의 약수$\}$, $B=\{3, 6, 9, 12, 15, 18\}$
에 대하여 집합 $(A-B)\cup(B-A)$의 모든 원소의 합은?

답 ⑤

풀이 $A-B=\{1, 2\}$, $B-A=\{12, 15\}$
$\therefore (A-B)\cup(B-A)=\{1, 2, 12, 15\}$
따라서 집합 $(A-B)\cup(B-A)$의 모든 원소의 합은
$1+2+12+15=\mathbf{30}$

0470 세 집합
$A=\{1, 2, 3, 4, 8\}$, $B=\{1, 3, 5, 7\}$, $C=\{1, 2, 3, 6\}$
에 대하여 집합 $A-(B\cup C)$의 부분집합의 개수는?

답 ③

풀이 $B\cup C=\{1, 2, 3, 5, 6, 7\}$이므로
$A-(B\cup C)=\{4, 8\}$
따라서 $A-(B\cup C)$의 부분집합의 개수는
$2^2=\mathbf{4}$

0471 전체집합 $U=\{x|x$는 12 이하의 자연수$\}$의 두 부분집합 $A=\{x|x$는 3의 배수$\}$, $B=\{x|x$는 12의 약수$\}$에 대하여 집합 A^C-B^C의 모든 원소의 합은?

답 ①

풀이 $U=\{1, 2, 3, \cdots, 12\}$, $A=\{3, 6, 9, 12\}$,
$B=\{1, 2, 3, 4, 6, 12\}$이므로
$A^C=\{1, 2, 4, 5, 7, 8, 10, 11\}$
$B^C=\{5, 7, 8, 9, 10, 11\}$
$\therefore A^C-B^C=\{1, 2, 4\}$
따라서 집합 A^C-B^C의 모든 원소의 합은
$1+2+4=\mathbf{7}$

0472 전체집합 $U=\{x|-4\le x<6\}$의 두 부분집합
$A=\{x|-3<x<2\}$, $B=\{x|1\le x\le 5\}$에 대하여 집합
$(A-B)^C$는?

답 ⑤

풀이 $A-B=\{x|-3<x<1\}$이므로 다음 그림에서

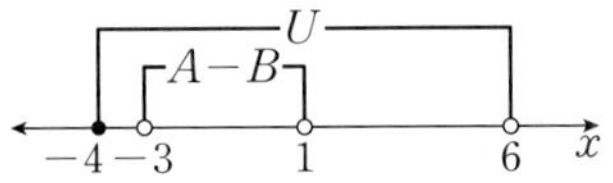

$(A-B)^C=\mathbf{\{x|-4\le x\le -3}$ **또는** $\mathbf{1\le x<6\}}$

유형 04 조건을 만족시키는 집합 구하기 개념 1, 3

0473 전체집합 $U=\{1, 3, 5, 7, 9\}$의 두 부분집합 A, B에 대하여 $A\cup B=U$, $A\cap B=\{1, 5\}$이다. 집합 X의 모든 원소의 합을 $S(X)$라 할 때, 두 집합 A, B에 대하여 $S(A)\times S(B)$의 최댓값은?

($S(U)=1+3+5+7+9=25$)

답 ④

풀이 $S(A-B)=x$라 하면

$S(A\cap B)=1+5=6$이므로

$S(A)=x+6$, $S(B)=25-x$ ($S(B)=S(U)-S(A-B)$; $A\cup B=U$이므로)

$\therefore S(A)\times S(B)$

$=(x+6)(25-x)$

$=-x^2+19x+150$ (그래프가 직선 $x=\frac{19}{2}$를 축으로 하고, 위로 볼록한 x에 대한 이차함수이다.)

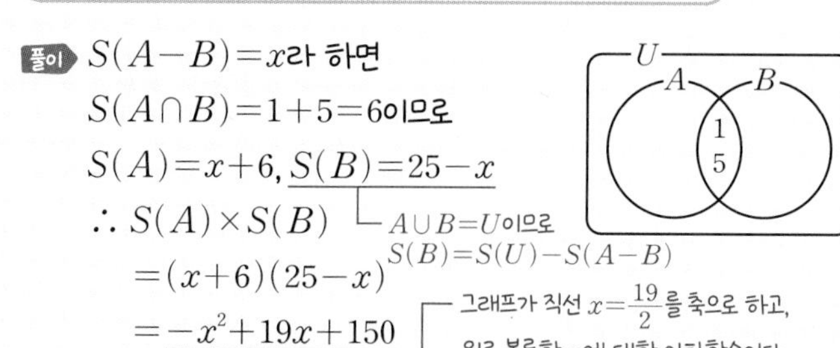

따라서 $S(A)\times S(B)$의 값은 x의 값이 $\frac{19}{2}$에 가까울수록 커지므로 $x=S(A-B)=3+7=10$일 때,

$S(A)\times S(B)$는 최댓값 $-10^2+19\cdot10+150=$ **240**을 갖는다.

(집합 $A-B$가 가질 수 있는 원소는 3, 7, 9이므로 $S(A-B)$의 값이 $\frac{19}{2}=9.5$와 가장 가까운 경우는 $A-B=\{3, 7\}$ (또는 $A-B=\{9\}$)일 때이다.)

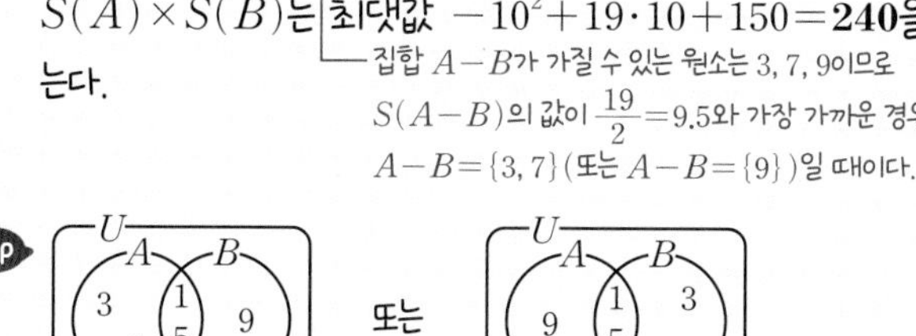

Tip

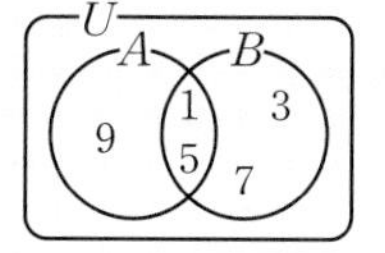

또는

$S(A)=16$, $S(B)=15$ 　 $S(A)=15$, $S(B)=16$

0474 서술형 전체집합 $U=\{1, 2, 3, 4, 5, 6, 7\}$의 부분집합 A가 다음 조건을 만족시킨다.

(가) $A\cap\{1, 2\}=\{1\}$ → $1\in A$, $2\notin A$

(나) $A\cup\{1, 2, 3, 4\}=\{1, 2, 3, 4, 5, 6\}$ → $5\in A$, $6\in A$, $7\notin A$

집합 A의 모든 원소의 합의 최솟값과 최댓값의 합을 구하시오.

답 31

풀이 조건 (가), (나)에서 집합 A는 1, 5, 6을 반드시 원소로 갖고, 2, 7은 원소로 갖지 않는다. … ❶ (40%)

따라서 집합 $A=\{1, 5, 6\}$일 때, 집합 A의 모든 원소의 합은 최소이므로 최솟값은 $1+5+6=12$

또, 집합 $A=\{1, 3, 4, 5, 6\}$일 때, 집합 A의 모든 원소의 합은 최대이므로 최댓값은 $1+3+4+5+6=19$ … ❷ (40%)

그러므로 집합 A의 모든 원소의 합의 최솟값과 최댓값의 합은

$12+19=$ **31** … ❸ (20%)

유형 05 집합의 연산의 성질 개념 2, 4

0475 전체집합 U의 두 부분집합 A, B에 대하여 다음 중 항상 옳은 것은?

① $A^C\cap B=A-B$ 　 ② $(A^C)^C=U-A$

③ $A\cup A^C=U$ 　 ④ $A\cap\varnothing=A$

⑤ $A-B^C=A\cup B$

답 ③

풀이 ① $A^C\cap B=B\cap A^C=B-A$

② $(A^C)^C=A$

④ $A\cap\varnothing=\varnothing$

⑤ $A-B^C=A\cap(B^C)^C=A\cap B$

0476 전체집합 U의 공집합이 아닌 서로 다른 두 부분집합 A, B에 대하여 다음 중 나머지 넷과 다른 하나는?

① $A\cap B^C$ 　 ② $B-A^C$

③ $A-(A\cap B)$ 　 ④ $A\cap(U-B)$

⑤ $A-(U-B^C)$

답 ②

풀이 ① $A\cap B^C=A-B$

② $B-A^C=B\cap(A^C)^C=B\cap A$

③ $A-(A\cap B)=A-B$

④ $A\cap(U-B)=A\cap B^C=A-B$

⑤ $A-(U-B^C)=A-B$

전체집합 U의 두 부분집합 A, B에 대하여 다음은 모두 서로 같은 뜻이다.
$A\subset B \rightarrow A\cap B=A \rightarrow A\cup B=B \rightarrow A-B=\varnothing$
$\rightarrow A\cap B^{C}=\varnothing \rightarrow B^{C}\subset A^{C} \rightarrow B^{C}-A^{C}=\varnothing$

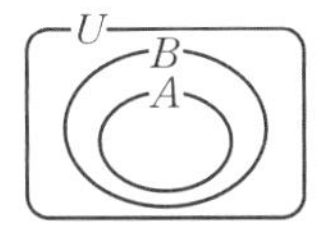

유형 06 집합의 연산의 성질과 포함 관계
개념 2, 4

0477 전체집합 U의 두 부분집합 A, B에 대하여 $B\subset A$일 때, 다음 중 항상 옳은 것은? 답 ④

① $A\cup B=B$ ② $A\cap B=A$ ③ $B^{C}\subset A^{C}$
④ $A\cup B^{C}=U$ ⑤ $A-B=\varnothing$

풀이 ① $A\cup B=A$
② $A\cap B=B$
③ $A^{C}\subset B^{C}$
④ $A\cup B^{C}=U$
⑤ $A-B\neq\varnothing$

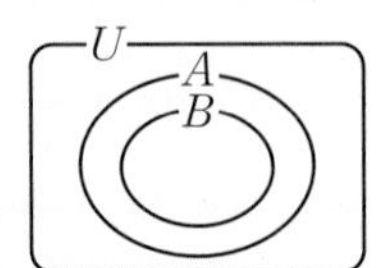

→ **0478** 전체집합 U의 서로 다른 두 부분집합 A, B에 대하여 $A-B=\varnothing$일 때, 다음 중 옳지 않은 것은? 답 ③
$A\subset B$

① $A\cup B=B$ ② $A\cap B=A$ ③ $B-A=\varnothing$
④ $A\subset B$ ⑤ $B^{C}\subset A^{C}$

풀이 ① $A\cup B=B$
② $A\cap B=A$
③ $B-A\neq\varnothing$
④ $A\subset B$
⑤ $B^{C}\subset A^{C}$

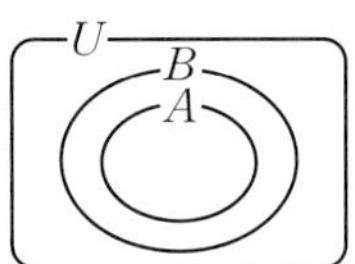

0479 전체집합 U의 공집합이 아닌 서로 다른 두 부분집합 A와 B가 서로소일 때, 다음 중 집합 $(A\cup B)\cap(B-A)$와 항상 같은 집합은? 답 ②
$A\cap B=\varnothing$

① A ② B ③ $A\cup B$
④ $A\cap B$ ⑤ A^{C}

풀이 $A\cap B=\varnothing$이므로 $B-A=B$
$\therefore (A\cup B)\cap(B-A)=(A\cup B)\cap B$
$=(A\cap B)\cup(B\cap B)$
$=\varnothing\cup B=\boldsymbol{B}$

→ **0480** 전체집합 U의 공집합이 아닌 서로 다른 두 부분집합 A, B에 대하여 A^{C}와 B가 서로소일 때, 다음 중 옳지 않은 것은? 답 ⑤
$A^{C}\cap B=\varnothing$

① $A\cup B^{C}=U$ ② $A^{C}\cap B=\varnothing$
③ $A^{C}\cap B^{C}=A^{C}$ ④ $B-A=\varnothing$
⑤ $B^{C}\subset A^{C}$

풀이 $A^{C}\cap B=\varnothing$이므로 $B-A=\varnothing$
$\therefore B\subset A$
오른쪽 벤다이어그램에서
$A\cup B^{C}=U$, $A^{C}\cap B^{C}=A^{C}$, $A^{C}\subset B^{C}$

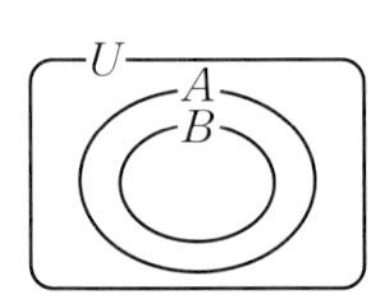

0481 전체집합 U의 두 부분집합 A, B에 대하여 $(A\cap B^{C})\cup(B\cap A^{C})=\varnothing$일 때, 보기에서 항상 옳은 것만을 있는 대로 고른 것은? 답 ③

보기
ㄱ. $A\cup B=U$
ㄴ. $A^{C}\cup B^{C}=\varnothing$
ㄷ. $A=B$

풀이 $(A\cap B^{C})\cup(B\cap A^{C})=\varnothing$에서
$(A-B)\cup(B-A)=\varnothing$
즉, $A-B=\varnothing$, $B-A=\varnothing$이므로
$A\subset B$, $B\subset A$
$\therefore A=B$
따라서 항상 옳은 것은 ㄷ뿐이다.

→ **0482** 전체집합 U의 공집합이 아닌 서로 다른 두 부분집합 A, B에 대하여 $\{(A\cap B)\cup(A-B)\}\cap B=A$일 때, 다음 중 나머지 넷과 다른 하나는? 답 ②

① $A\cup B$ ② $A\cap(A\cup B)$
③ $(A\cap B)\cup B$ ④ $B\cup(A-B)$
⑤ $(A\cup B)\cup(A\cap B)$

풀이 $\{(A\cap B)\cup(A-B)\}\cap B=A$에서
$\{(A\cap B)\cap B\}\cup\{(A-B)\cap B\}=A$ ← 분배법칙
$(A\cap B)\cup\varnothing=A$
$\therefore A\cap B=A$, 즉 $A\subset B$

$(A-B)\cap B=(A\cap B^{C})\cap B=A\cap(B^{C}\cap B)=A\cap\varnothing=\varnothing$

① $A\cup B=B$
② $A\cap(A\cup B)=A\cap B=A$
③ $(A\cap B)\cup B=A\cup B=B$
④ $B\cup(A-B)=B\cup\varnothing=B$
⑤ $(A\cup B)\cup(A\cap B)=B\cup A=B$

0483 전체집합 U의 세 부분집합 A, B, C에 대하여 $C\subset A$, $C\subset B$일 때, 다음 중 집합 $\{A\cap(A^C\cup C)\}\cup\{B\cap(B^C\cup C)\}$와 항상 같은 집합은?

① $\varnothing$ ② A ③ B
④ C ⑤ U

답 ④

풀이 $A\cap(A^C\cup C)=(A\cap A^C)\cup(A\cap C)$ ← 분배법칙
$=\varnothing\cup(A\cap C)$
$=A\cap C=C$ ($\because C\subset A$)
$B\cap(B^C\cup C)=(B\cap B^C)\cup(B\cap C)$ ← 분배법칙
$=\varnothing\cup(B\cap C)$
$=B\cap C=C$ ($\because C\subset B$)
$\therefore \{A\cap(A^C\cup C)\}\cup\{B\cap(B^C\cup C)\}$
$=C\cup C=\boldsymbol{C}$

➜ **0484** 전체집합 U의 두 부분집합 A, B에 대하여 A와 B^C가 서로소일 때, 보기에서 항상 옳은 것만을 있는 대로 고른 것은? └ $A\cap B^C=\varnothing$, $A-B=\varnothing$ $\therefore A\subset B$

보기
ㄱ. $A\cup(A\cap B)^C=B$
ㄴ. $A\cap(A-B)^C=A$
ㄷ. $(A^C\cup B)\cap A=A$

답 ④

풀이 ㄱ. $A\cup(\underset{=A}{A\cap B})^C=A\cup A^C=U$
ⓛ. $A\cap(A-B)^C=A\cap\varnothing^C$
$=A\cap U=A$
ⓒ. $(A^C\cup B)\cap A=(A^C\cap A)\cup(B\cap A)$ ← 분배법칙
$=\varnothing\cup A=A$

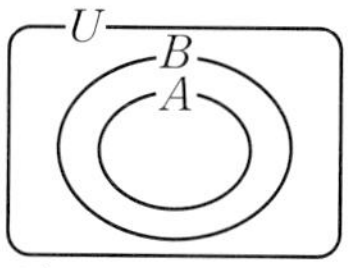

유형 07 집합의 포함 관계를 이용하여 미지수 구하기 개념 1, 3, 4

0485 두 집합 $A=\{x^2+x,\ 3\}$, $B=\{x^2+2x,\ 2,\ 6\}$에 대하여 $A\cap B=A$를 만족시키는 모든 실수 x의 값의 합은? ($A\subset B$)

답 ②

풀이 $A\subset B$에서 $3\in B$
즉, $x^2+2x=3$이므로 $x^2+2x-3=0$
$(x+3)(x-1)=0$ $\therefore x=-3$ 또는 $x=1$
(i) $x=-3$일 때, $A=\{3, 6\}$, $B=\{2, 3, 6\}$ $\therefore A\subset B$
(ii) $x=1$일 때, $A=\{2, 3\}$, $B=\{2, 3, 6\}$ $\therefore A\subset B$
(i), (ii)에 의하여 모든 실수 x의 값의 합은
$-3+1=\boldsymbol{-2}$

➜ **0486** $x>y>0$을 만족시키는 실수 x, y에 대하여 두 집합 A, B가 $A=\{10,\ xy\}$, $B=\{-3,\ 3,\ x^2+y^2\}$이다. $A-B=\varnothing$일 때, $x+2y$의 값은? └ $A\subset B$

답 ⑤

풀이 $A\subset B$에서 $10\in B$ $\therefore x^2+y^2=10$
또, $x>y>0$에서 $xy>0$이므로 $xy=3$
따라서 $(x+y)^2=x^2+y^2+2xy=10+2\cdot3=16$이므로
$x+y=4$ ($\because x>y>0$) …… ㉠
또, $(x-y)^2=x^2+y^2-2xy=10-2\cdot3=4$이므로
$x-y=2$ ($\because x>y$) …… ㉡
㉠, ㉡을 연립하여 풀면 $x=3$, $y=1$ $\therefore x+2y=\boldsymbol{5}$

0487 두 집합 A_n, B가
$A_n=\{x\,|\,|x+1|\le10-n,\ x$는 정수$\}$,
$B=\{-3,\ -1,\ 2,\ 4\}$
일 때, $A_n\cap B=B$를 만족시키는 자연수 n의 최댓값은?
(┌ $10-n<0$이면 $A_n=\varnothing$이므로 $10-n\ge0$ $\therefore n\le10$)
(└ $B\subset A_n$)

답 ②

풀이 $|x+1|\le10-n$에서 $n-10\le x+1\le -n+10$
$\therefore n-11\le x\le -n+9$
$\therefore A_n=\{x\,|\,n-11\le x\le -n+9,\ x$는 정수$\}$
이때 $B\subset A_n$이므로

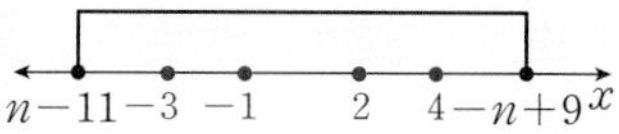

$n-11\le-3$에서 $n\le8$
$-n+9\ge4$에서 $n\le5$
$\therefore n\le5$
따라서 자연수 n의 최댓값은 5이다.

➜ 서술형 **0488** 두 집합
$A=\{-2,\ 2,\ 4,\ 8\}$,
$B=\{x\,|\,x^2+(2-m)x+7=mx-9,\ x$는 실수$\}$
(┌ $x^2+2(1-m)x+16=0$)
에 대하여 $B-A=\varnothing$일 때, 정수 m의 개수를 구하시오.

답 9

풀이 $B-A=\varnothing$이므로 $B\subset A$ …❶ (10%)
즉, 이차방정식 $x^2+2(1-m)x+16=0$ …… ㉠
에서 두 근의 곱은 16이므로
$B=\varnothing$ 또는 $B=\{4\}$ 또는 $B=\{2, 8\}$
(i) $B=\varnothing$인 경우
$\dfrac{D}{4}=(1-m)^2-16<0$에서 $-3<m<5$ (← ㉠의 판별식) …❷ (30%)
(ii) $B=\{4\}$인 경우 ㉠의 두 근의 합은
$2(m-1)=8$ $\therefore m=5$
(iii) $B=\{2, 8\}$인 경우 ㉠의 두 근의 합은
$2(m-1)=10$ $\therefore m=6$ …❸ (40%)
(i), (ii), (iii)에 의하여 정수 m은
$-2, -1, 0, 1, 2, 3, 4, 5, 6$
의 **9**개이다. …❹ (20%)

$n(A)=a, n(B)=b\ (a<b)$일 때
$A\subset X\subset B$를 만족시키는 집합 X의 개수 → 2^{b-a}

유형 08 집합의 연산과 집합의 개수

개념 4

0489 전체집합 $U=\{1, 2, 3, 4, 5, 6\}$의 부분집합 X에 대하여 $\{2, 5\}\cap X\neq\varnothing$을 만족시키는 집합 X의 개수는? 답 ④

집합 X는 집합 $\{2, 5\}$의 원소 중 적어도 하나는 포함해야 한다.

풀이 집합 X의 개수는 전체집합 U의 모든 부분집합의 개수에서 2, 5를 원소로 갖지 않는 부분집합의 개수를 뺀 것과 같다.
집합 U의 모든 부분집합의 개수는 $2^6=64$
2, 5를 원소로 갖지 않는 부분집합의 개수는 $2^{6-2}=16$
따라서 구하는 부분집합 X의 개수는
$64-16=$**48**

0490 전체집합 $U=\{1, 2, 3, 4, 5, 6\}$의 두 부분집합 A, B에 대하여 $A=\{1, 2, 3, 4\}$일 때, $n(A\cap B)=3$을 만족시키는 집합 B의 개수는? 답 ④

$(A\cap B)\subset A=\{1, 2, 3, 4\}$이므로 집합 $A\cap B$는 1, 2, 3, 4 중 어느 3개만 원소로 갖는다.

풀이 $n(A\cap B)=3$이므로 집합 B는 집합 A의 원소 1, 2, 3, 4 중 3개의 원소를 반드시 갖고, 5, 6을 원소로 갖거나 갖지 않는다.
이때 집합 A의 원소 1, 2, 3, 4 중에서 3개의 원소를 선택하는 방법의 수는 ${}_4C_3={}_4C_1=4$
또, 5, 6을 원소로 갖거나 갖지 않는 방법의 수는 $\{5, 6\}$의 부분집합의 개수와 같으므로 $2^2=4$
따라서 집합 B의 개수는 $4\times4=$**16** ← 곱의 법칙

Tip 조합
서로 다른 n개에서 순서를 생각하지 않고 $r\ (0<r\leq n)$개를 택하는 것을 n개에서 r개를 택하는 조합이라 하고, 이 조합의 수를 ${}_nC_r$로 나타낸다. → ${}_nC_r=\dfrac{n!}{r!(n-r)!}$ (단, $0\leq r\leq n$) 암기

서술형 **0491** 두 집합 $A=\{1, 3, 5\}$, $B=\{1, 2, 3, 4, 5\}$에 대하여
$B\cap X=X$, $(B-A)\cup X=X$
를 만족시키는 집합 X의 개수를 구하시오. 답 8

풀이 $B\cap X=X$이므로 $X\subset B$
$(B-A)\cup X=X$이므로 $(B-A)\subset X$
$\therefore (B-A)\subset X\subset B$ …❶ (40%)
이때 $B-A=\{2, 4\}$이므로 집합 X는 집합 B의 부분집합 중 2, 4를 반드시 원소로 갖는 집합이다.
따라서 집합 X의 개수는
$2^{5-2}=$**8** …❷ (60%)

0492 두 집합 $A=\{a, b, c, g\}$, $B=\{a, b, c, d, e, f\}$에 대하여 $(B-A)\subset X\subset(A\cup B)$를 만족시키는 집합 X의 개수를 구하시오. 답 16

풀이 $B-A=\{d, e, f\}$
$A\cup B=\{a, b, c, d, e, f, g\}$
이때 $(B-A)\subset X\subset(A\cup B)$를 만족시키는 집합 X는 집합 $A\cup B$의 부분집합 중에서 d, e, f를 반드시 원소로 갖는 집합이므로 집합 X의 개수는
$2^{7-3}=$**16**

0493 전체집합 $U=\{x|x$는 20 이하의 자연수$\}$의 두 부분집합 $A=\{3, 5, 7\}$, $B=\{x|x$는 소수$\}$에 대하여 $A\cup X=B\cap X$를 만족시키는 집합 X의 개수는? 답 ②

$=\{1, 2, 3, \cdots, 19, 20\}$

풀이 $A=\{3, 5, 7\}$, $B=\{2, 3, 5, 7, 11, 13, 17, 19\}$이므로
$A\subset B$
이때 $A\cup X=B\cap X$를 만족시키려면 $A\subset X\subset B$이어야 한다.
$X\subset(A\cup X)\subset B$이므로 $X\subset B$
또, $A\subset(B\cap X)\subset X$이므로 $A\subset X$ $\therefore A\subset X\subset B$
즉, 집합 X는 B의 부분집합 중에서 3, 5, 7을 반드시 원소로 갖는 집합이다.
따라서 집합 X의 개수는
$2^{8-3}=$**32**

0494 전체집합 $U=\{x|x$는 12 이하의 자연수$\}$의 두 부분집합 $A=\{x|x$는 홀수$\}$, $B=\{x|x$는 3의 배수$\}$에 대하여 $A\cup X=B\cup X$를 만족시키는 U의 부분집합 X의 개수를 구하시오. 답 64

$=\{1, 2, 3, \cdots, 11, 12\}$

풀이 $A=\{1, 3, 5, 7, 9, 11\}$, $B=\{3, 6, 9, 12\}$
이때 $A\cup X=B\cup X$, 즉
$\{1, 3, 5, 7, 9, 11\}\cup X=\{3, 6, 9, 12\}\cup X$
를 만족시키려면 집합 X는 두 집합 $\{1, 3, 5, 7, 9, 11\}$, $\{3, 6, 9, 12\}$의 공통인 원소 3, 9를 제외한 나머지 원소 1, 5, 6, 7, 11, 12를 반드시 원소로 가져야 한다.
따라서 집합 X의 개수는
$2^{12-6}=$**64**

- 자연수 k의 배수의 집합을 A_k라 할 때,
① m이 n의 배수 → $A_m \subset A_n$ ② $A_m \cap A_n = A_p$ (p는 m, n의 최소공배수) ③ $(A_m \cup A_n) \subset A_q$ (q는 m, n의 공약수)
- 자연수 k의 약수의 집합을 A_k라 할 때, ① m이 n의 약수 → $A_m \subset A_n$ ② $A_m \cap A_n = A_p$ (p는 m, n의 최대공약수)

유형 09 배수와 약수의 집합의 연산

개념 2, 4

0495 전체집합 $U=\{x|x$는 100 이하의 자연수$\}$의 부분집합 A_k를

$A_k=\{x|x$는 k의 배수, k는 자연수$\}$

라 할 때, 집합 $(A_4 \cup A_8) \cap A_5$의 원소의 개수를 구하시오.

답 5

풀이 $A_8 \subset A_4$이므로 $A_4 \cup A_8 = A_4$

$\therefore (A_4 \cup A_8) \cap A_5 = A_4 \cap A_5 = A_{20}$ ← 4와 5의 최소공배수는 20이다.

따라서 전체집합 U의 원소 중 20의 배수는 20, 40, 60, 80, 100의 5개이므로 구하는 원소의 개수는 5이다.

0496 자연수 n의 양의 배수의 집합을 A_n이라 할 때, 다음 중 집합 $(A_6 \cup A_{18}) \cap (A_4 \cup A_{24})$와 같은 집합은?

답 ①

풀이 $A_{18} \subset A_6$이므로 $A_6 \cup A_{18} = A_6$

$A_{24} \subset A_4$이므로 $A_4 \cup A_{24} = A_4$

$\therefore (A_6 \cup A_{18}) \cap (A_4 \cup A_{24})$

$= A_6 \cap A_4$

$= \mathbf{A_{12}}$ ← 6과 4의 최소공배수는 12이다.

0497 집합 A_n을

$A_n=\{x|x$는 n의 양의 배수, n은 자연수$\}$

라 할 때, $(A_4 \cap A_6) \cup (A_8 \cap A_{10}) \subset A_k$를 만족시키는 자연수 k의 최댓값은?

답 ②

풀이 $A_4 \cap A_6 = A_{12}$, $A_8 \cap A_{10} = A_{40}$이므로 ← 4와 6의 최소공배수는 12, 8과 10의 최소공배수는 40이다.

$(A_4 \cap A_6) \cup (A_8 \cap A_{10}) = A_{12} \cup A_{40}$

$(A_{12} \cup A_{40}) \subset A_k$이므로 A_k는 12의 양의 배수와 40의 양의 배수를 모두 포함해야 한다.

즉, k는 12와 40의 양의 공약수이다.

따라서 k의 최댓값은 12와 40의 최대공약수와 같으므로 4이다.

서술형

0498 자연수 k에 대하여 집합 A_k를

$A_k=\{x|x$는 k의 양의 배수$\}$

라 할 때, $(A_8 \cap A_{12}) \subset A_n$을 만족시키는 자연수 n의 개수를 구하시오. (단, $n \geq 2$)

답 7

풀이 $A_8 \cap A_{12} = A_{24}$ ← 8과 12의 최소공배수는 24이다. …❶ (40%)

이때 $A_{24} \subset A_n$을 만족시키려면

n은 24의 양의 약수이어야 한다. …❷ (40%)

따라서 2 이상의 자연수 n은

2, 3, 4, 6, 8, 12, 24

의 7개이다. …❸ (20%)

0499 전체집합 $U=\{x|x$는 자연수$\}$의 부분집합 A_k를 $A_k=\{x|x$는 k의 약수$\}$라 할 때,

$X \cap A_{12} = X$, $(A_{12} \cap A_{30}) \cup X = X$

를 만족시키는 집합 X의 개수를 구하시오.

답 4

풀이 $X \cap A_{12} = X$이므로 $X \subset A_{12}$

$(A_{12} \cap A_{30}) \cup X = X$이므로 $(A_{12} \cap A_{30}) \subset X$

$\therefore A_6 \subset X$ ← 6은 12와 30의 최대공약수이다.

$\therefore A_6 \subset X \subset A_{12}$

이때 $A_6=\{1, 2, 3, 6\}$, $A_{12}=\{1, 2, 3, 4, 6, 12\}$이므로

집합 X는 집합 A_{12}의 부분집합 중에서 1, 2, 3, 6을 반드시 원소로 갖는 집합이다.

따라서 집합 X의 개수는

$2^{6-4} = \mathbf{4}$

0500 자연수 n에 대하여 집합 A_n을

$A_n=\{x|x$는 n의 양의 약수$\}$

라 할 때, 보기에서 옳은 것만을 있는 대로 고른 것은?

보기

ㄱ. $8 \in (A_{24} \cap A_{32})$

ㄴ. $n(A_{12} \cap A_{18} \cap A_{24}) = 6$

ㄷ. $A_k \subset (A_{36} \cap A_{48})$을 만족시키는 자연수 k의 최댓값은 12이다.

답 ④

풀이 ㉠. $A_{24} \cap A_{32} = A_8$이므로 ← 24와 32의 최대공약수는 8이다.

$8 \in (A_{24} \cap A_{32})$

ㄴ. $A_{12} \cap A_{18} \cap A_{24} = (A_{12} \cap A_{18}) \cap A_{24}$ ← 결합법칙

$= A_6 \cap A_{24}$ ← 12와 18의 최대공약수는 6이다.

$= A_6$ ← 6과 24의 최대공약수는 6이다.

$= \{1, 2, 3, 6\}$

$\therefore n(A_{12} \cap A_{18} \cap A_{24}) = 4$

㉢. $A_{36} \cap A_{48} = A_{12}$이므로 $A_k \subset A_{12}$ ← 36과 48의 최대공약수는 12이다.

따라서 $A_k \subset A_{12}$를 만족시키는 k는 12의 양의 약수이므로 자연수 k의 최댓값은 12이다.

집합의 연산 법칙과 연산의 성질, 드모르간의 법칙을 이용하여 간단히 한다.
특히 차집합의 꼴은 $A-B=A\cap B^C$임을 이용하면 주어진 식을 간단히 하기 편리하다.

유형 10 집합의 연산을 간단히 하기

개념 2, 4, 5

0501 전체집합 U의 두 부분집합 A, B에 대하여 다음 중 집합 $(A\cup B)\cap(A^C\cup B^C)$와 항상 같은 집합은?

① U ② $A\cap B$ ③ $A\cup B$
④ $A-B$ ⑤ $(A-B)\cup(B-A)$

답 ⑤

풀이 $(A\cup B)\cap(A^C\cup B^C)$
$=\{(A\cup B)\cap A^C\}\cup\{(A\cup B)\cap B^C\}$ ← 분배법칙
$=\{(A\cap A^C)\cup(B\cap A^C)\}\cup\{(A\cap B^C)\cup(B\cap B^C)\}$ ← 분배법칙
$=\{\varnothing\cup(B\cap A^C)\}\cup\{(A\cap B^C)\cup\varnothing\}$
$=(B\cap A^C)\cup(A\cap B^C)$
$=(B-A)\cup(A-B)$
$=\boldsymbol{(A-B)\cup(B-A)}$ ← 교환법칙

0502 전체집합 U의 두 부분집합 A, B에 대하여 다음 중 집합 $(A-B)\cup(A\cup B)^C$와 항상 같은 집합은?

① A ② B^C ③ U
④ $A\cap B$ ⑤ $\varnothing$

답 ②

풀이 $(A-B)\cup(A\cup B)^C$
$=(A\cap B^C)\cup(A^C\cap B^C)$
$=(A\cup A^C)\cap B^C$ ← 분배법칙
$=U\cap B^C$
$=\boldsymbol{B^C}$

0503 전체집합 U의 두 부분집합 A, B에 대하여 $\{A\cup(B\cap B^C)\}\cap\{A\cap(A\cap B)^C\}=\varnothing$일 때, 다음 중 항상 옳은 것은?

① $A\subset B$ ② $B\subset A$ ③ $A^C=B$
④ $A\cap B=\varnothing$ ⑤ $A^C\cap B=\varnothing$

답 ①

풀이 $\{A\cup(B\cap B^C)\}\cap\{A\cap(A\cap B)^C\}$
$=(A\cup\varnothing)\cap\{A\cap(A\cap B)^C\}$
$=A\cap\{A\cap(A\cap B)^C\}$
$=(A\cap A)\cap(A\cap B^C)$ ← 결합법칙
$=A\cap(A\cap B^C)$
$=(A\cap A)\cap B^C$ ← 결합법칙
$=A\cap B^C=A-B=\varnothing$
이므로 $\boldsymbol{A\subset B}$

0504 전체집합 U의 두 부분집합 A, B에 대하여 집합 $\{U-(A^C\cup B)\}\cap(B-A)$와 항상 같은 집합은?

① $\varnothing$ ② A ③ B
④ $A\cap B$ ⑤ $A\cup B$

답 ①

풀이 $\{U-(A^C\cup B)\}\cap(B-A)$
$=\{U\cap(A^C\cup B)^C\}\cap(B-A)$
$=\{U\cap(A\cap B^C)\}\cap(B-A)$ ← 드모르간의 법칙
$=(A\cap B^C)\cap(B\cap A^C)$
$=(A\cap A^C)\cap(B\cap B^C)$ ← 교환법칙, 결합법칙
$=\varnothing$

0505 전체집합 U의 두 부분집합 A, B에 대하여 다음 중 항상 옳은 것은?

① $(A^C\cap B^C)^C=A\cap B$ [$=(A^C)^C\cup(B^C)^C=A\cup B$]
② $A\cup(A-B^C)=B$ [$=A\cap(B^C)^C=A\cap B$]
③ $(B-A^C)\cup(A-B)=A$ [$=B\cap(A^C)^C=B\cap A$]
④ $\{A\cap(B-A)^C\}\cap\{(B-A)\cap A\}=B$ [$=(B\cap A^C)\cap A=B\cap(A^C\cap A)=B\cap\varnothing=\varnothing$]
⑤ $\{(A\cap B)\cup(A-B)\}\cup(A^C\cap B)=A\cap B$ [$=(A\cap B)\cup(A\cap B^C)=A\cap(B\cup B^C)=A\cap U=A$]

답 ③

풀이 ② $A\cup(A-B^C)=A\cup(A\cap B)=A$ ← $(A\cap B)\subset A$
③ $(B-A^C)\cup(A-B)=(A\cap B)\cup(A\cap B^C)$
$=A\cap(B\cup B^C)$
$=A\cap U=A$
④ $\{A\cap(B-A)^C\}\cap\{(B-A)\cap A\}=\varnothing$
⑤ $\{(A\cap B)\cup(A-B)\}\cup(A^C\cap B)$
$=A\cup(A^C\cap B)=(A\cup A^C)\cap(A\cup B)$
$=U\cap(A\cup B)=A\cup B$

0506 전체집합 U의 세 부분집합 A, B, C에 대하여 **보기**에서 항상 옳은 것만을 있는 대로 고른 것은?

보기
ㄱ. $A-B-C=A-(B\cup C)$
ㄴ. $A-(B\cap C)=(A-B)\cap(A-C)$
ㄷ. $(A-B)\cup(A-C)=A-(C-B)$

답 ①

풀이 ㄱ. $(A-B)-C=(A\cap B^C)\cap C^C=A\cap(B^C\cap C^C)$
$=A\cap(B\cup C)^C=A-(B\cup C)$
ㄴ. $A-(B\cap C)=A\cap(B\cap C)^C=A\cap(B^C\cup C^C)$
$=(A\cap B^C)\cup(A\cap C^C)$
$=(A-B)\cup(A-C)$
ㄷ. $(A-B)\cup(A-C)=A-(B\cap C)$ ($\because$ ㄴ)
$=A-\{C\cap(B^C)^C\}$
$=A-(C-B^C)$

유형 11 벤다이어그램과 집합

개념 2, 4, 5

0507 전체집합 U의 세 부분집합 A, B, C를 벤다이어그램으로 나타내면 그림과 같을 때, 집합

$$(A-B)\cup(B\cap C^C)=(A-B)\cup(B-C)$$

를 벤다이어그램으로 나타내시오.

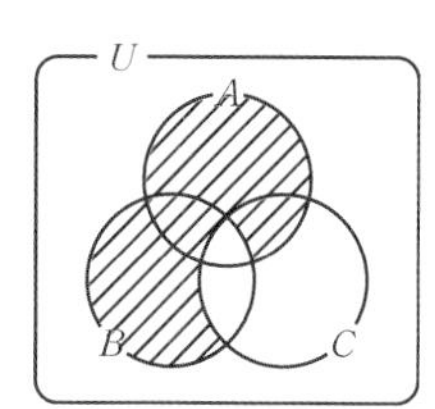

답 풀이 참조

→ **0508** 전체집합 U의 세 부분집합 A, B, C에 대하여 다음 중 집합

$$(A^C\cup B)-(A\cap C)$$

를 벤다이어그램으로 바르게 나타낸 것은?

답 ③

풀이 $(A^C\cup B)-(A\cap C)$

$=(A^C\cup B)\cap(A\cap C)^C$ ← 드모르간의 법칙

$=(A^C\cup B)\cap(A^C\cup C^C)$ ← 분배법칙

$=A^C\cup(B\cap C^C)$

$=A^C\cup(B-C)$

따라서 집합 $(A^C\cup B)-(A\cap C)$를 벤다이어그램으로 나타내면 오른쪽과 같다.

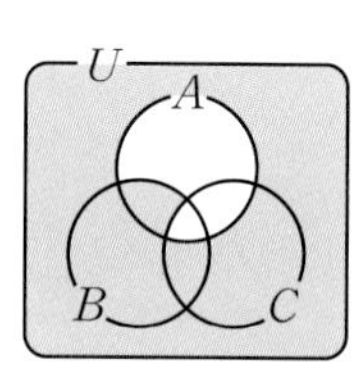

0509 벤다이어그램에서 빗금 친 부분을 나타내는 집합만을 **보기**에서 있는 대로 고른 것은?

답 ⑤

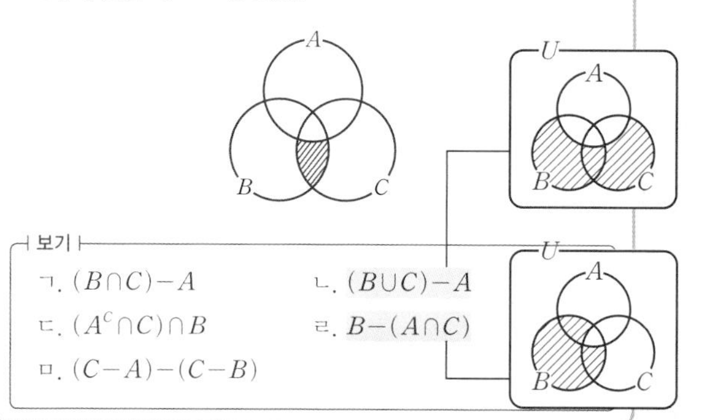

보기

ㄱ. $(B\cap C)-A$ ㄴ. $(B\cup C)-A$

ㄷ. $(A^C\cap C)\cap B$ ㄹ. $B-(A\cap C)$

ㅁ. $(C-A)-(C-B)$

풀이 $(B\cap C)-A=(B\cap C)\cap A^C=(A^C\cap C)\cap B$

$(C-A)-(C-B)=(C\cap A^C)\cap(C\cap B^C)^C$ ← 드모르간의 법칙

$=(C\cap A^C)\cap(C^C\cup B)$

$=(C\cap A^C)\cap B$ ← $(C\cap A^C)\cap C^C=\varnothing$

$=(A^C\cap C)\cap B$

따라서 벤다이어그램에서 빗금 친 부분을 나타내는 것은 ㄱ, ㄷ, ㅁ이다.

→ **0510** 다음 중 벤다이어그램의 색칠한 부분을 나타내는 집합과 항상 같은 집합은?

답 ⑤

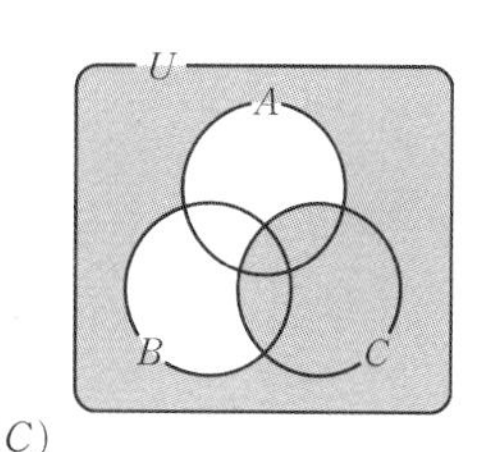

① $A\cap(B\cup C)^C$ $=A-(B\cup C)$ ② $A\cup(B\cup C)^C$

③ $C-(A\cup B)$ ④ $C\cap(A^C\cap B^C)$ $=C\cap(A\cup B)^C$ $=C-(A\cup B)$

⑤ $C\cup(A\cup B)^C$

풀이 ①

②

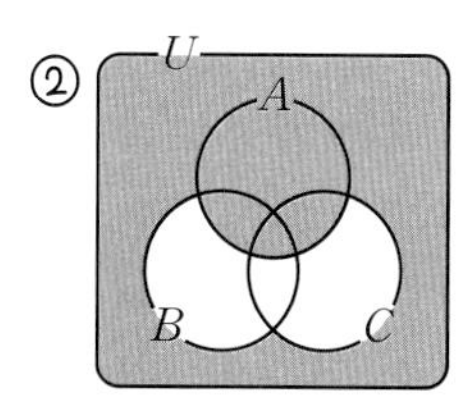

③

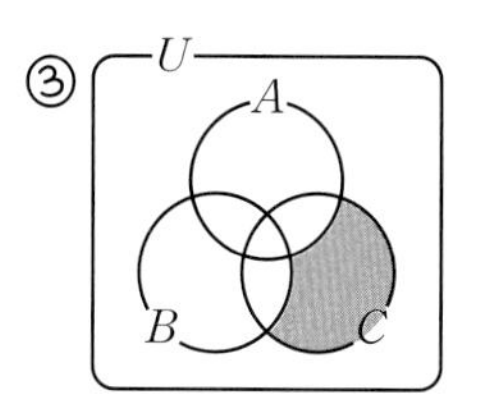

④

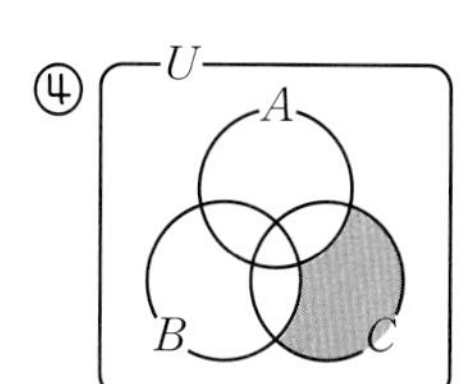

따라서 주어진 벤다이어그램의 색칠한 부분을 나타내는 집합과 항상 같은 집합은 ⑤이다.

유형 12 새로운 집합의 연산

개념 1, 3~5

0511 전체집합 U의 두 부분집합 A, B에 대하여 연산 ◇를

$A◇B=(A\cap B)\cup(A\cup B)^C$

라 할 때, 다음 중 항상 옳은 것은?

① $A◇A=\varnothing$ ② $A◇U=U$
③ $A◇A^C=U$ ④ $\varnothing◇U=U$
⑤ $A◇\varnothing=A^C$

답 ⑤

풀이 ① $A◇A=(A\cap A)\cup(A\cup A)^C=A\cup A^C=U$

② $A◇U=(A\cap U)\cup(A\cup U)^C$
$=A\cup U^C=A\cup\varnothing=A$

③ $A◇A^C=(A\cap A^C)\cup(A\cup A^C)^C$
$=\varnothing\cup U^C=\varnothing\cup\varnothing=\varnothing$

④ $\varnothing◇U=(\varnothing\cap U)\cup(\varnothing\cup U)^C$
$=\varnothing\cup U^C=\varnothing\cup\varnothing=\varnothing$

⑤ $A◇\varnothing=(A\cap\varnothing)\cup(A\cup\varnothing)^C=\varnothing\cup A^C=A^C$

0512 전체집합 U의 두 부분집합 A, B에 대하여 연산 $*$를

$A*B=A^C\cap B^C$

라 하자. $A*(A*B)=\varnothing$일 때, 다음 중 항상 옳은 것은?

① $A\subset B$ ② $B\subset A$ ③ $A\cap B=\varnothing$
④ $A\cup B=U$ ⑤ $A=B^C$

답 ②

풀이 $A*(A*B)=A^C\cap(A^C\cap B^C)^C$ ← 드모르간의 법칙
$=A^C\cap(A\cup B)$ ← 분배법칙
$=(A^C\cap A)\cup(A^C\cap B)$
$=\varnothing\cup(B\cap A^C)=B\cap A^C$
$=B-A=\varnothing$

$\therefore$ **$B\subset A$**

0513 전체집합 $U=\{x|x$는 자연수$\}$의 두 부분집합 X, Y에 대하여 연산 △를 $X\triangle Y=(X-Y)\cup(Y-X)$라 하자. 세 집합

$A=\{1, 2, 3, 4\}$,
$B=\{x|x$는 8의 약수$\}$, $=\{1, 2, 4, 8\}$
$C=\{x|x$는 10 이하의 소수$\}$ $=\{2, 3, 5, 7\}$

에 대하여 집합 $(A\triangle B)\triangle C$의 모든 원소의 합은?

답 ③

풀이 $A-B=\{3\}$, $B-A=\{8\}$

$\therefore A\triangle B=(A-B)\cup(B-A)=\{3, 8\}$

또, $\underline{(A\triangle B)-C}=\{8\}$, $\underline{C-(A\triangle B)}=\{2, 5, 7\}$
($=\{3, 8\}-\{2, 3, 5, 7\}$, $=\{2, 3, 5, 7\}-\{3, 8\}$)

$\therefore (A\triangle B)\triangle C=\{(A\triangle B)-C\}\cup\{C-(A\triangle B)\}$
$=\{2, 5, 7, 8\}$

따라서 구하는 모든 원소의 합은

$2+5+7+8=22$

0514 전체집합 U의 두 부분집합 A, B에 대하여 연산 ▷를

$A▷B=(A-B)\cup(B-A)$

라 하자. 자연수 n에 대하여 집합 A_n을

$A_n=\{x|x$는 n의 양의 약수$\}$라 할 때,

집합 $(A_{15}▷A_{20})▷A_{15}$의 모든 원소의 합을 구하시오.

$A_{15}=\{1, 3, 5, 15\}$
$A_{20}=\{1, 2, 4, 5, 10, 20\}$

답 42

풀이 $A_{15}-A_{20}=\{3, 15\}$, $A_{20}-A_{15}=\{2, 4, 10, 20\}$

$\therefore A_{15}▷A_{20}=(A_{15}-A_{20})\cup(A_{20}-A_{15})$
$=\{2, 3, 4, 10, 15, 20\}$

이때 $(A_{15}▷A_{20})-A_{15}=\{2, 4, 10, 20\}$,

$A_{15}-(A_{15}▷A_{20})=\{1, 5\}$이므로

$(A_{15}▷A_{20})▷A_{15}$
$=\{(A_{15}▷A_{20})-A_{15}\}\cup\{A_{15}-(A_{15}▷A_{20})\}$
$=\{1, 2, 4, 5, 10, 20\}$

따라서 구하는 모든 원소의 합은 42이다.

서술형

0515 전체집합 $U=\{x|x$는 자연수$\}$의 두 부분집합 A, B에 대하여 연산 ■를

$A■B=(A\cup B)\cap(A\cap B)^C$ $=(A-B)\cup(B-A)$

라 하자. $X=\{1, 2, 3, 5, 6, 7\}$, $Y=\{3, 4, 5, 6, 8\}$일 때, $X■A=Y$를 만족시키는 집합 A의 모든 원소의 합을 구하시오. 집합 A에만 있거나 집합 B에만 있는 원소들의 집합이다.

답 22

풀이 $X■A=(X\cup A)\cap(X\cap A)^C$
$=(X-A)\cup(A-X)$ …❶ (20%)

즉, $(X-A)\cup(A-X)=Y$이므로 집합 Y의 원소는 집합 X에만 있거나 집합 A에만 있는 원소들의 집합이다.

그런데 $X\cap Y=\{3, 5, 6\}$이므로 $X-A=\{3, 5, 6\}$ …❷ (20%)

$\therefore X\cap A=X-(X-A)=\{1, 2, 7\}$

$A-X=Y-(X-A)=\{4, 8\}$ …❸ (30%)

$\therefore A=(X\cap A)\cup(A-X)=\{1, 2, 4, 7, 8\}$

따라서 집합 A의 모든 원소의 합은 22이다. …❹ (30%)

0516 전체집합 $U=\{x|x$는 실수$\}$의 두 부분집합 A, B에 대하여 연산 △를

$A\triangle B=(A-B)\cup(B-A)$

라 하자. $A=\{x|-7<x\le 5\}$, $B=\{x||x-1|<k\}$일 때, $(A\triangle B)\triangle A=A\cup B$를 만족시키는 자연수 k의 최솟값은?

$-k<x-1<k$
$\therefore -k+1<x<k+1$

$(A\triangle B)\triangle A=\{(A\triangle B)-A\}\cup\{A-(A\triangle B)\}$

답 ④

풀이 $(A\triangle B)-A=B-A$, $A-(A\triangle B)=A\cap B$이므로

$(A\triangle B)\triangle A=(B-A)\cup(A\cap B)=B$

따라서 $B=A\cup B$이므로 $A\subset B$이다.

이때 $B=\{x|-k+1<x<k+1\}$이므로 $A\subset B$이려면

$-k+1\le -7$에서 $k\ge 8$

$k+1>5$에서 $k>4$

$\therefore k\ge 8$

따라서 자연수 k의 최솟값은 8이다.

유형 13 유한집합의 원소의 개수

개념 2, 4~6

0517 전체집합 U의 두 부분집합 A, B가 서로소이고, $n(U)=30$, $n(A)=12$, $n(B)=15$일 때, $n(A^C\cap B^C)$는?

답 ③

풀이 $A\cap B=\varnothing$이므로 $n(A\cap B)=0$

$n(A\cup B)=n(A)+n(B)-n(A\cap B)$에서

$n(A\cup B)=12+15-0=27$

$\therefore n(A^C\cap B^C)=n((A\cup B)^C)$ ← 드모르간의 법칙

$=n(U)-n(A\cup B)$

$=30-27=\mathbf{3}$

→ **0518** 전체집합 U의 두 부분집합 A, B에 대하여

$n(U)=35$, $n(A\cap B)=11$, $n(A^C\cap B^C)=7$

일 때, $n((A-B)\cup(B-A))$는?

답 ③

풀이 $n(A^C\cap B^C)=n((A\cup B)^C)=n(U)-n(A\cup B)$이므로 (드모르간의 법칙)

$7=35-n(A\cup B)\quad \therefore n(A\cup B)=28$

$\therefore n((A-B)\cup(B-A))$

$=n((A\cup B)-(A\cap B))$

$=n(A\cup B)-n(A\cap B)$ ← $(A\cap B)\subset(A\cup B)$

$=28-11=\mathbf{17}$

0519 세 집합 A, B, C에 대하여 $A\cap B=\varnothing$이고 ($A\cap B\cap C=\varnothing$) $n(A)=5$, $n(B)=5$, $n(C)=10$, $n(A\cup C)=13$, $n(B\cap C)=1$일 때, $n(A\cup B\cup C)$는?

답 ⑤

풀이 $n(A\cap C)=n(A)+n(C)-n(A\cup C)$에서

$n(A\cap C)=5+10-13=2$

이때 $n(A\cap B)=0$, $n(A\cap B\cap C)=0$이므로

$n(A\cup B\cup C)$

$=n(A)+n(B)+n(C)-n(A\cap B)-n(B\cap C)$

$-n(C\cap A)+n(A\cap B\cap C)$

$=5+5+10-0-1-2+0=\mathbf{17}$

→ **0520** 두 집합 X, Y에 대하여 연산 △를

$X\triangle Y=(X-Y)\cup(Y-X)$

라 하자. 세 집합 A, B, C가 $n(A\cup B\cup C)=60$, (i) $n(A\triangle B)=32$, (ii) $n(B\triangle C)=36$, (iii) $n(C\triangle A)=38$ (iv)을 만족시킬 때, $n(A\cap B\cap C)$를 구하시오.

답 7

풀이 $n(A)+n(B)+n(C)-n(A\cap B)-n(B\cap C)$

$-n(C\cap A)+n(A\cap B\cap C)=60$ ($\because$ (i)) …… ㉠

$n(A)+n(B)-2\cdot n(A\cap B)=32$ ($\because$ (ii)) …… ㉡

$n(B)+n(C)-2\cdot n(B\cap C)=36$ ($\because$ (iii)) …… ㉢

$n(C)+n(A)-2\cdot n(C\cap A)=38$ ($\because$ (iv)) …… ㉣

(㉡+㉢+㉣)÷2를 하면

$n(A)+n(B)+n(C)-n(A\cap B)$

$-n(B\cap C)-n(C\cap A)=53$ …… ㉤

㉠−㉤을 하면 $n(A\cap B\cap C)=60-53=\mathbf{7}$

유형 14 유한집합의 원소의 개수의 최댓값과 최솟값

개념 6

0521 전체집합 U의 두 부분집합 A, B에 대하여 $n(U)=70$, $n(A)=38$, $n(B)=45$일 때, $n(A\cap B)$의 최댓값을 M, 최솟값을 m이라 하자. $M+m$의 값은?

답 ①

풀이 (i) $A\subset B$일 때, $n(A\cap B)$가 최대이므로

$M=n(A)=38$

(ii) $A\cup B=U$일 때, $n(A\cap B)$가 최소이므로

$n(A\cap B)=n(A)+n(B)-n(A\cup B)$에서

$m=38+45-70=13$

(i), (ii)에서 $M+m=\mathbf{51}$

Tip 전체집합 U의 두 부분집합 A, B에 대하여 $n(A)<n(B)$일 때

① $n(A\cap B)$가 최대가 되는 경우

→ $n(A\cup B)$가 최소가 될 때, 즉 $A\subset B$

② $n(A\cap B)$가 최소가 되는 경우

→ $n(A\cup B)$가 최대가 될 때, 즉 $A\cup B=U$

→ **0522** 두 집합 A, B에 대하여 $n(A)=7$, $n(B)=11$, $n(A\cap B)\geq 4$일 때, $n(A\cup B)$의 최댓값을 a, 최솟값을 b라 하자. $a-b$의 값은?

답 ②

풀이 $(A\cap B)\subset A$, $(A\cap B)\subset B$이므로

$n(A\cap B)\leq n(A)$, $n(A\cap B)\leq n(B)$

$n(A\cap B)\geq 4$이므로 $4\leq n(A\cap B)\leq 7$

$n(A\cup B)=n(A)+n(B)-n(A\cap B)$에서

$n(A\cap B)$가 최소일 때, $n(A\cup B)$는 최대이므로

$n(A\cap B)=4$일 때, $a=7+11-4=14$

또, $n(A\cap B)$가 최대일 때, $n(A\cup B)$는 최소이므로

$n(A\cap B)=7$일 때, $b=7+11-7=11$

$\therefore a-b=\mathbf{3}$

$n(A\cap B)$의 최대·최소
① 최댓값: $n(A)$ 또는 $n(B)$ 중 작거나 같은 값
② 최솟값: $A\cup B=U$일 때 최소 ($\because n(A\cap B)=n(A)+n(B)-n(A\cup B)$)

유형 15 유한집합의 원소의 개수의 활용

개념 6

0523 어느 고등학교 1학년 학생 100명을 대상으로 내년 수학여행 장소로 제주도와 부산의 선호도를 조사하였다. 그 결과 제주도만 좋아하는 학생이 35명, 부산만 좋아하는 학생이 25명, 제주도와 부산 중 어느 곳도 좋아하지 않는 학생이 8명이었다. 이때 제주도와 부산을 모두 좋아하는 학생 수를 구하시오.

답 32

풀이 어느 고등학교 1학년 학생 전체의 집합을 U, 제주도를 선호하는 학생의 집합을 A, 부산을 선호하는 학생의 집합을 B라 하면

$n(U)=100, n(A-B)=35, n(B-A)=25,$
$n((A\cup B)^C)=8$
$n(A\cup B)=n(U)-n((A\cup B)^C)$에서
$n(A\cup B)=100-8=92$
따라서 제주도와 부산을 모두 좋아하는 학생 수는
$n(A\cap B)=n(A\cup B)-n(A-B)-n(B-A)$
$=92-35-25=\mathbf{32}$

서술형 **0524** 어느 반 학생 30명은 댄스 동아리, 수학 동아리, 컴퓨터 동아리 중 적어도 한 개의 동아리에 가입하였다. 댄스 동아리에 가입한 학생이 15명, 수학 동아리에 가입한 학생이 16명, 컴퓨터 동아리에 가입한 학생이 17명이고, 세 개의 동아리에 모두 가입한 학생은 5명이다. 세 개의 동아리 중 어느 한 개의 동아리에만 가입한 학생 수를 구하시오.

(전체집합 U라 하자. / 가입한 학생의 집합을 각각 A, B, C라 하자. / $A\cup B\cup C=U$)

답 17

풀이 $n(U)=30, n(A)=15, n(B)=16, n(C)=17,$
$n(A\cap B\cap C)=5$ …❶ (20%)
$n(A\cup B\cup C)=n(U)=30$에서
$n(A)+n(B)+n(C)-n(A\cap B)-n(B\cap C)$
$-n(C\cap A)+n(A\cap B\cap C)=30$
$15+16+17-n(A\cap B)-n(B\cap C)-n(C\cap A)+5$
$=30$
$\therefore n(A\cap B)+n(B\cap C)+n(C\cap A)=23$ …❷ (30%)
이때 세 개의 동아리 중 두 개의 동아리에만 가입한 학생 수는
$n(A\cap B)+n(B\cap C)+n(C\cap A)-3\cdot n(A\cap B\cap C)$
$=23-3\cdot 5=8$ …❸ (20%)
따라서 세 개의 동아리 중 어느 한 개의 동아리에만 가입한 학생 수는 전체 학생 수에서 세 동아리 중 두 개의 동아리에만 가입한 학생의 수와 세 개의 동아리에 모두 가입한 학생 수를 뺀 것과 같으므로 $30-8-5=\mathbf{17}$ …❹ (30%)

0525 어느 놀이동산의 하루 입장객 80명을 대상으로 롤러코스터와 바이킹의 이용 여부를 조사하였더니 롤러코스터를 이용한 입장객이 57명, 바이킹을 이용한 입장객이 36명이었다. 롤러코스터와 바이킹을 모두 이용한 입장객 수의 최댓값을 M, 최솟값을 m이라 할 때, $M+m$의 값은?

답 ④

풀이 입장객 전체의 집합을 U, 롤러코스터를 이용한 입장객의 집합을 A, 바이킹을 이용한 입장객의 집합을 B라 하면
$n(U)=80, n(A)=57, n(B)=36$
롤러코스터와 바이킹을 모두 이용한 입장객의 집합은 $A\cap B$이므로 $B\subset A$일 때 $n(A\cap B)$가 최대이다.
$\therefore M=n(B)=36$
또, $A\cup B=U$일 때 $n(A\cap B)$가 최소이므로
$n(A\cup B)=n(A)+n(B)-n(A\cap B)$에서
$80=57+36-m \quad \therefore m=13$
$\therefore M+m=\mathbf{49}$

0526 어느 학교 학생 100명을 대상으로 두 체험 활동 A, B를 신청한 학생 수를 조사하였다. 체험 활동 A를 신청한 학생 수는 체험 활동 B를 신청한 학생 수의 2배였고, 어느 체험 활동도 신청하지 않은 학생 수는 두 체험 활동을 모두 신청한 학생 수의 3배였다. 체험 활동 B만 신청한 학생 수의 최댓값을 구하시오.

(신청한 학생의 집합을 각각 A, B라 하자. / 전체집합 U라 하자.)

답 30

풀이 $n(U)=100$이고, 체험 활동 A, B 모두 신청한 학생 수를 x라 하면 $n(A\cap B)=x$
이때 어느 체험 활동도 신청하지 않은 학생 수는 두 체험 활동을 모두 신청한 학생 수의 3배이므로 $n((A\cup B)^C)=3x$
$n(A-B)=y, n(B-A)=z$라 하면
$n(A)=x+y, n(B)=x+z$
체험 활동 A를 신청한 학생 수는 체험 활동 B를 신청한 학생 수의 2배이므로 $x+y=2(x+z) \quad \therefore y=x+2z$
$n(U)=n(A-B)+n(B-A)+n(A\cap B)$
$+n((A\cup B)^C)$
이므로 $100=y+z+x+3x$
$100=(x+2z)+z+4x \quad \therefore 5x+3z=100$
이때 x, z가 모두 자연수이므로 $x=2$일 때 z는 최댓값 30을 갖는다.
따라서 체험 활동 B만 신청한 학생 수의 최댓값은 $\mathbf{30}$이다.

실력 완성!

0527 자연수 전체의 집합 U의 두 부분집합

$A=\{x|x$는 3의 배수$\}$,

$B=\{x|x^2-10x+9<0\}$ — $(x-1)(x-9)<0$ $\therefore 1<x<9$

에 대하여 $n(A^C\cap B)$를 구하시오.

답 5

풀이 $A=\{3, 6, 9, 12, \cdots\}$,

$B=\{x|1<x<9\}=\{2, 3, 4, 5, 6, 7, 8\}$이므로

$A^C\cap B=B-A=\{2, 4, 5, 7, 8\}$

$\therefore n(A^C\cap B)=\mathbf{5}$

0528 전체집합 U의 두 부분집합 A, B에 대하여 $B^C\subset A^C$ ($A\subset B$) 일 때, 다음 중 집합 A와 항상 같은 집합은?

① $A\cup B$ ② $A\cap B$ ③ $A^C\cup B$
④ $A\cap B^C$ ⑤ $(A\cup B)^C$

답 ②

풀이 ① $A\cup B=B$ ② $A\cap B=A$
③ $A^C\cup B=U$ ④ $A\cap B^C=\varnothing$
⑤ $(A\cup B)^C=B^C$

0529 전체집합 U의 두 부분집합 A, B에 대하여 보기에서 항상 옳은 것의 개수는?

보기

ㄱ. $U-B^C=A$ ($=B$)
ㄴ. $(A-B)^C=A^C\cup B$
ㄷ. $(A\cup B)^C\cup(A^C\cap B)=A$
ㄹ. $A\cap(A^C\cup B)=A\cup B$ — $=(A\cap A^C)\cup(A\cap B)$ $=\varnothing\cup(A\cap B)=A\cap B$
ㅁ. $A\cap(A\cap B)^C=A-B$

답 ②

풀이 ㉡. $(A-B)^C=(A\cap B^C)^C=A^C\cup B$

ㄷ. $(A\cup B)^C\cup(A^C\cap B)$
$=(A^C\cap B^C)\cup(A^C\cap B)$ ← 드모르간의 법칙
$=A^C\cap(B^C\cup B)$ ← 분배법칙
$=A^C\cap U=A^C$

㉤. $A\cap(A\cap B)^C=A\cap(A^C\cup B^C)$ ← 드모르간의 법칙
$=(A\cap A^C)\cup(A\cap B^C)$ ← 분배법칙
$=\varnothing\cup(A\cap B^C)=A\cap B^C=A-B$

따라서 항상 옳은 것은 ㄴ, ㅁ의 2개이다.

0530 두 집합 $A=\{1, 2, 2a, 2a-1\}$, $B=\{2, 3a, b, c\}$에 대하여 $A\cap B=\{2, 3, 4\}$일 때, $a+b+c$의 값은? (단, a, b, c는 자연수이다.)

답 ④

풀이 $A\cap B=\{2, 3, 4\}$이므로 $3\in A$, $4\in A$

이때 a는 자연수이므로 $2a=4$ $\therefore a=2$

$\therefore A=\{1, 2, 3, 4\}$, $B=\{2, 6, b, c\}$

또, $3\in B$, $4\in B$이므로 $b=3$, $c=4$ 또는 $b=4$, $c=3$

$\therefore a+b+c=\mathbf{9}$

0531 두 집합 $A=\{1, 2, 3, 4\}$, $B=\{2, 4, 6, 8\}$에 대하여 다음 조건을 만족시키는 집합 X의 개수는?

(가) $A\cap X=X$
(나) $(A-B)\cup X=X$ ($A-B=\{1, 3\}$)

답 ③

풀이 조건 (가)에서 $X\subset A$

조건 (나)에서 $\{1, 3\}\cup X=X$이므로 $\{1, 3\}\subset X$

$\therefore \{1, 3\}\subset X\subset A$

따라서 집합 X는 집합 A의 부분집합 중에서 1, 3을 반드시 원소로 갖는 집합이므로 구하는 집합 X의 개수는

$2^{4-2}=\mathbf{4}$

0532 전체집합 $U=\{x|x$는 9 이하의 자연수$\}$ ($=\{1, 2, 3, \cdots, 9\}$)의 두 부분집합 $A=\{2, 8, a\}$, $B=\{b+2, 4, 6\}$에 대하여 $A^C\cap B^C=\{3, 5, 7\}$일 때, $a+2b$의 값을 구하시오. (단, a, b는 자연수이다.)

답 15

풀이 $A^C\cap B^C=(A\cup B)^C=\{3, 5, 7\}$이므로 ← 드모르간의 법칙

$A\cup B=\{1, 2, 4, 6, 8, 9\}$

$\therefore a=1, b+2=9$ 또는 $a=9, b+2=1$

이때 b가 자연수이므로 $b+2>2$에서

$a=1, b+2=9$ $\therefore b=7$

$\therefore a+2b=\mathbf{15}$

0533 전체집합 $U=\{1, 2, 3, \cdots, 100\}$의 부분집합 A_k를 $A_k=\{x|x$는 k의 배수, k는 100 이하의 자연수$\}$라 할 때, $A_k \subset (A_{12} \cap A_{18})$을 만족시키는 모든 k의 값의 합은?

답 ⑤

풀이 $A_{12} \cap A_{18} = A_{36}$ ← 12와 18의 최소공배수는 36이다.

이때 $A_k \subset A_{36}$을 만족시키는 k는 100 이하의 자연수 중에서 36의 배수이므로 36, 72이다.

따라서 구하는 모든 k의 값의 합은

$36+72=\mathbf{108}$

0534 전체집합 U의 두 부분집합 A, B에 대하여 $n(U)=20$, $n(A)=10$, $n(A^C \cup B^C)=16$일 때, $n(A-B)$는?

답 ③

풀이 $n(A^C \cup B^C)=n((A\cap B)^C)=n(U)-n(A\cap B)$이므로
(드모르간의 법칙)

$16=20-n(A\cap B)$

$\therefore n(A\cap B)=4$

$\therefore n(A-B)=n(A)-n(A\cap B)=10-4=\mathbf{6}$

0535 전체집합 $U=\{x|x$는 100 이하의 자연수$\}$의 두 부분집합

$A=\{x|x$를 3으로 나눈 나머지가 1인 수$\}$,

$B=\{x|x$를 5로 나눈 나머지가 1인 수$\}$

에 대하여 $n(A\cup B)$는?

답 ②

풀이 100 이하의 자연수 중에서 3으로 나눈 나머지가 1인 수는

$1, 4, 7, 10, \cdots, 100$이고, $1=3\cdot 0+1$, $100=3\cdot 33+1$이므로

$n(A)=34$

또, 100 이하의 자연수 중에서 5로 나눈 나머지가 1인 수는

$1, 6, 11, 16, \cdots, 96$이고, $1=5\cdot 0+1$, $96=5\cdot 19+1$이므로

$n(B)=20$

한편, 집합 $A\cap B$는 100 이하의 자연수 중에서 15로 나눈 나머지가 1인 수의 집합과 같으므로 $A\cap B=\{1, 16, 31, \cdots, 91\}$

이때 $1=15\cdot 0+1$, $91=15\cdot 6+1$이므로 $n(A\cap B)=7$

$\therefore n(A\cup B)=n(A)+n(B)-n(A\cap B)$

$=34+20-7=\mathbf{47}$

0536 두 집합 $A=\{x|x^2+(4-n)x-4n<0$, x는 정수$\}$, $B=\{-2, 0, 2, 4\}$에 대하여 $A\cap X=B\cup X$를 만족시키는 집합 X의 개수가 128일 때, 자연수 n의 값은?

($(x+4)(x-n)<0$ $\therefore -4<x<n$ ($\because$ n은 자연수))

답 ④

풀이 $A=\{x|-4<x<n$, x는 정수$\}$이고, $A\cap X=B\cup X$이므로

$B\subset X\subset A$

($X\subset(B\cup X)\subset A$이므로 $X\subset A$ 또, $B\subset(B\cup X)\subset X$이므로 $B\subset X$ $\therefore B\subset X\subset A$)

따라서 $n(A)=k$라 하면 집합 X의 개수는 집합 A의 부분집합 중에서 $-2, 0, 2, 4$를 반드시 원소로 갖는 부분집합의 개수와 같으므로

$2^{k-4}=128=2^7$, $k-4=7$ $\therefore k=11$

즉, $n(A)=11$이므로 $n-(-4)-1=11$

$n+3=11$ $\therefore n=\mathbf{8}$

0537 전체집합 $U=\{1, 2, 3, 4, 5, 6\}$의 두 부분집합 A, B가

$n(A\cup B)=5$, $n(A\cap B^C)=2$, $A\cap B\neq\varnothing$

을 만족시킨다. 집합 $B-A$의 모든 원소의 합의 최댓값은?

답 ②

풀이 $n(B)=n(A\cup B)-n(A-B)$

$=n(A\cup B)-n(A\cap B^C)$

$=5-2=3$

이때 $n(A\cap B)\neq 0$이므로 $n(B-A)$의 값은 0 또는 1 또는 2이다.

따라서 $B-A$의 모든 원소의 합이 최대일 때는 $B-A=\{5, 6\}$일 때이므로 구하는 모든 원소의 합의 최댓값은

$5+6=\mathbf{11}$

($B-A$의 모든 원소의 합이 최대일 때는 $B-A$의 원소의 개수가 최대일 때이므로 $B-A$의 원소의 개수는 2이어야 하고, 그 2개의 원소는 5, 6이어야 한다.)

0538 다음은 어느 고등학교 학생들을 대상으로 세 종류의 수학 문제집 A, B, C의 구매 여부에 대하여 조사한 결과이다.

(구매한 학생의 집합을 각각 A, B, C라 하자.)

> (가) A와 B를 모두 구매한 학생은 12명, B와 C를 모두 구매한 학생은 16명, C와 A를 모두 구매한 학생은 13명이다.
> (나) A와 B 중 하나만 구매한 학생은 30명, B와 C 중 하나만 구매한 학생은 28명, C와 A 중 하나만 구매한 학생은 24명이다.
> ($n(A\cap B)=12$, $n(B\cap C)=16$, $n(C\cap A)=13$)

수학 문제집 A를 구매한 학생 수를 구하시오.

답 22

풀이 조건 (나)에서 $n(A\cup B)-n(A\cap B)=30$,

$n(B\cup C)-n(B\cap C)=28$,

$n(C\cup A)-n(C\cap A)=24$

$\therefore n(A\cup B)=42$, $n(B\cup C)=44$, $n(C\cup A)=37$

이때 $n(A)+n(B)=n(A\cup B)+n(A\cap B)=54$,

$n(B)+n(C)=n(B\cup C)+n(B\cap C)=60$,

$n(C)+n(A)=n(C\cup A)+n(C\cap A)=50$

이므로 $n(A)+n(B)+n(C)=82$

$\therefore n(A)=82-60=\mathbf{22}$

0539 전체집합 $U=\{(x, y)|x, y$는 실수$\}$의 세 부분집합 **답** ④

$A=\{(x, y)|2x+y-6=0\}$, (직선 l)
$B=\{(x, y)|x+3y-1=0\}$, (직선 m)
$C=\{(x, y)|x+ay+2=0\}$ (직선 n)

세 집합 A, B, C의 원소들이 나타내는 직선을 각각 l, m, n이라 하자.

에 대하여 집합 $A\cap(B\cup C)$의 원소의 개수가 1이 되도록 하는 모든 실수 a의 값의 합은? ($=(A\cap B)\cup(A\cap C)$)

풀이 직선 l과 직선 m은 서로 평행하지 않으므로 $n(A\cap B)=1$
따라서 $n(A\cap(B\cup C))=n((A\cap B)\cup(A\cap C))=1$
이려면 $n(A\cap C)=0$, 즉 두 직선 l, n이 서로 평행하거나 $A\cap B=A\cap C$, 즉 세 직선 l, m, n이 한 점에서 만나야 한다.

(i) 두 직선 l, n이 서로 평행한 경우

$\frac{2}{1}=\frac{1}{a}\neq\frac{-6}{2}$이므로 $a=\frac{1}{2}$

(ii) 세 직선 l, m, n이 한 점에서 만나는 경우

두 직선 l, m의 교점 $\left(\frac{17}{5}, -\frac{4}{5}\right)$가 직선 n 위에 있으므로

$\frac{17}{5}+a\cdot\left(-\frac{4}{5}\right)+2=0$, $4a=27$ $\quad\therefore a=\frac{27}{4}$

(i), (ii)에서 모든 실수 a의 값의 합은

$\frac{1}{2}+\frac{27}{4}=\mathbf{\frac{29}{4}}$

0540 정수 전체의 집합 U의 두 부분집합 **답** ④

$A=\{1, 2, 4, 7, 11\}$, $B=\{x|x^2<a^2\}$

($x^2-a^2<0$, $(x+a)(x-a)<0$ $\therefore -a<x<a$)

에 대하여

$n(X)=2$, $X-(A\cap B)=\varnothing$ ($X\subset(A\cap B)$)

을 만족시키는 U의 부분집합 X의 개수가 6이 되도록 하는 모든 자연수 a의 값의 합은?

풀이 $X\subset(A\cap B)$이고, $n(X)=2$이므로 $n(A\cap B)=k$라 할 때, $A\cap B$의 부분집합 X의 개수가 6이 되려면 ${}_k\mathrm{C}_2=6$

$\frac{k(k-1)}{2}=6$, $k^2-k-12=0$, $(k+3)(k-4)=0$

$\therefore k=4$ ($\because k$는 자연수)

즉, $A\cap B=\{1, 2, 4, 7, 11\}\cap\{x|-a<x<a\}$의 원소의 개수가 4이므로 $7<a\leq11$

따라서 자연수 a는 8, 9, 10, 11이므로 그 합은

$8+9+10+11=\mathbf{38}$

서술형

0541 실수 전체의 집합 R의 두 부분집합 **답** 54

$A=\{x|x^2+3x-18\geq0\}$, $B=\{x||x|<a\}$

가 $A\cup B=R$를 만족시킬 때,

$B-A=\{x|b<x<c\}$

이다. $a(c-b)$의 최솟값을 구하시오.

(단, a, b, c는 상수이다.)

풀이 $x^2+3x-18\geq0$에서 $(x+6)(x-3)\geq0$

$\therefore x\leq-6$ 또는 $x\geq3$

$\therefore A=\{x|x\leq-6$ 또는 $x\geq3\}$ …❶ (20%)

한편, $A\cup B=R$에서 B는 공집합이 아니므로 $a>0$

$\therefore B=\{x|-a<x<a\}$

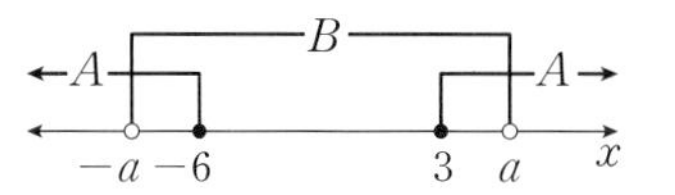

$A\cup B=\{x|x\leq-6$ 또는 $x\geq3\}\cup\{x|-a<x<a\}=R$

를 만족시키려면 $-a\leq-6$, $a\geq3$

$\therefore a\geq6$ …❷ (40%)

이때 $B-A=\{x|-6<x<3\}$이므로 $b=-6$, $c=3$

따라서 $a(c-b)$의 최솟값은 $a=6$일 때이고, 그 값은

$6\cdot\{3-(-6)\}=\mathbf{54}$ …❸ (40%)

0542 전체집합 $U=\{x|x$는 10 이하의 자연수$\}$의 두 부분집합 A, B가 다음 조건을 만족시킨다. 집합 X의 모든 원소의 합을 $S(X)$라 할 때, $S(A)-S(B)$의 최댓값을 구하시오. **답** 20

(가) $A\cap B=\{2, 3\}$
(나) $A^C\cap B^C=\{10\}$
(다) $n(A)=6$

풀이 조건 (나)에서 $A^C\cap B^C=(A\cup B)^C=\{10\}$이므로

$A\cup B=\{x|x$는 9 이하의 자연수$\}$

조건 (가)에서 $(A-B)\cup(B-A)=\{1, 4, 5, 6, 7, 8, 9\}$ ($=(A\cup B)-(A\cap B)$) …❶ (30%)

조건 (다)에서 $n(A-B)=n(A)-n(A\cap B)=6-2=4$

또, $n((A-B)\cup(B-A))=7$이므로 $n(B-A)=3$ …❷ (30%)

($S(A)$의 값은 최대이고, $S(B)$의 값은 최소이어야 하므로 $A-B=\{6, 7, 8, 9\}$, $B-A=\{1, 4, 5\}$이어야 한다.)

이때 $S(A)-S(B)$의 값이 최대가 되려면

$A=\{2, 3, 6, 7, 8, 9\}$, $B=\{1, 2, 3, 4, 5\}$이어야 하므로

$S(A)=2+3+6+7+8+9=35$

$S(B)=1+2+3+4+5=15$

따라서 $S(A)-S(B)$의 최댓값은

$35-15=\mathbf{20}$ …❸ (40%)

※ 빈칸에 알맞은 것을 써넣고, 내용을 읽거나 따라 써 보세요.

개념 1 명제

> 유형 01

(1) ☐☐ : 참 또는 거짓을 명확하게 판별할 수 있는 문장이나 식

(2) ☐☐ : 용어의 뜻을 명확하게 정한 문장

(3) ☐☐ : 정의 또는 이미 옳다고 밝혀진 성질을 이용하여 어떤 명제가 참임을 설명하는 것

(4) ☐☐ : 참인 것으로 증명된 명제 중에서 기본이 되거나 다른 명제를 증명할 때 이용할 수 있는 것

개념 2 조건과 진리집합

> 유형 01, 02

(1) ☐☐ : 변수를 포함하는 문장이나 식 중에서 그 변수의 값에 따라 참, 거짓을 판별할 수 있는 것

(2) ☐☐☐☐ : 전체집합 U의 원소 중에서 어떤 조건이 참이 되게 하는 모든 원소의 집합

(3) 조건 또는 명제 p에 대하여 'p가 아니다.'를 p의 ☐☐이라 하고, 기호 ☐로 나타낸다.

① 명제 $\sim p$의 부정은 ☐이다. 즉, $\sim(\sim p)=$☐

② 명제 p가 참이면 $\sim p$는 ☐☐이고, 명제 p가 거짓이면 $\sim p$는 ☐이다.

③ 전체집합 U에 대하여 조건 p의 진리집합을 P라 할 때, $\sim p$의 진리집합은 ☐이다.

(4) 조건 'p 또는 q'와 'p 그리고 q'

전체집합 U에 대하여 두 조건 p, q의 진리집합을 각각 P, Q라 할 때

① 조건 'p 또는 q' ➡ 진리집합: P☐Q ➡ 부정: '$\sim p$ ☐ $\sim q$'

② 조건 'p 그리고 q' ➡ 진리집합: P☐Q ➡ 부정: '$\sim p$ ☐ $\sim q$'

개념 3 명제 $p \longrightarrow q$의 참, 거짓

> 유형 03~07

(1) 두 조건 p, q로 이루어진 명제 'p이면 q이다.'를 기호 ☐로 나타내고, p를 이 명제의 ☐☐, q를 이 명제의 ☐☐이라 한다.

(2) 명제 $p \longrightarrow q$의 참, 거짓

두 조건 p, q의 진리집합을 각각 P, Q라 할 때

① P☐Q이면 명제 $p \longrightarrow q$는 참이다. ② P☐Q이면 명제 $p \longrightarrow q$는 거짓이다.

참고 명제 $p \longrightarrow q$가 거짓임을 보일 때, 가정 p는 만족시키지만 결론 q는 만족시키지 않는 예가 하나라도 있음을 보이면 된다. 이와 같은 예를 ☐☐라 한다.

답 **개념 1** (1) 명제 (2) 정의 (3) 증명 (4) 정리 **개념 2** (1) 조건 (2) 진리집합 (3) 부정, $\sim p$, p, p, 거짓, 참, P^C (4) $\cup$, 그리고, $\cap$, 또는 **개념 3** (1) $p \longrightarrow q$, 가정, 결론 (2) $\subset$, $\not\subset$, 반례

개념 1 명제

0543 다음 중 명제인 것은 'O'표, 명제가 아닌 것은 '×'표를 ( ) 안에 써넣으시오.

(1) $x>-1$ (X)

(2) 2는 소수이다. (O)
참인 명제

(3) 두 변의 길이가 같은 삼각형은 정삼각형이다. (O)
이등변삼각형 / 거짓인 명제

(4) 12는 3의 배수이다. (O)
참인 명제

(5) 0.0001은 0에 가까운 수이다. (X)

개념 2 조건과 진리집합

0544 전체집합 $U=\{x|x$는 15 이하의 자연수$\}$에 대하여 다음 조건의 진리집합을 구하시오.

(1) p: x는 3의 배수이다.
$\{3, 6, 9, 12, 15\}$

(2) q: x는 10보다 큰 자연수이다.
$\{11, 12, 13, 14, 15\}$

(3) r: x는 소수이다.
$\{2, 3, 5, 7, 11, 13\}$

(4) s: $x^2-4x+3\le 0$ ➡ $(x-1)(x-3)\le 0$ ∴ $1\le x\le 3$
$\{1, 2, 3\}$

0545 실수 전체의 집합에서 다음 조건의 부정을 말하시오.

(1) $x>1$
$x\le 1$

(2) $x\ne 3$이고 $x\ne 7$
$x=3$ 또는 $x=7$

(3) $x(x-2)=0$ ➡ [부정] $x(x-2)\ne 0$
$x\ne 0$이고 $x\ne 2$

(4) $x<-1$ 또는 $x>4$ ➡ [부정] $x\ge -1$이고 $x\le 4$
$-1\le x\le 4$

Tip '이고' ⇄(부정) '또는'

0546 다음 명제의 부정을 말하고, 그것의 참, 거짓을 판별하시오.

(1) $3i$는 허수이다. (단, $i=\sqrt{-1}$)
$3i$는 허수가 아니다. (거짓)

(2) 8은 12의 약수도 아니고, 4의 배수도 아니다.
8은 12의 약수이거나 4의 배수이다. (참)

개념 3 명제 $p \longrightarrow q$의 참, 거짓

0547 다음 명제의 가정과 결론을 말하시오.

(1) $\sqrt{2}$는 무리수이다.
가정: $\sqrt{2}$이다.
결론: 무리수이다.

(2) $a=2$이면 $a^2=2a$이다.
가정: $a=2$이다.
결론: $a^2=2a$이다.

0548 다음 명제가 참이면 'O'표, 거짓이면 '×'표를 ( ) 안에 써넣으시오. (단, x, y는 실수이다.)
(명제 → 가정의 진리집합: P, 결론의 진리집합: Q)

(1) $x<0$이면 $x<1$이다. $P\subset Q$ (O)

(2) $x^2=4$이면 $x=-2$이다. $P\supset Q$ (X)
$x=\pm 2$

(3) x, y가 정수이면 $x+y$는 정수이다. $P\subset Q$ (O)
x, y가 정수가 아니면서 $x+y$는 정수인 경우까지 포함되어 있다.

(4) x가 3의 배수이면 x는 9의 배수이다. $P\supset Q$ (X)
$\cdots, 3, 6, 9, 12, 15, 18, \cdots$ / $\cdots, 9, 18, 27, \cdots$

(5) $xy=0$이면 $x^2+y^2=0$이다. $P\supset Q$ (X)
$x=0$ 또는 $y=0$ / $x=0$이고 $y=0$

Tip 반례를 찾으면 거짓인 명제임을 알 수 있다.
➡ [반례] (2) $x=2$ (4) $x=6$ (5) $x=0$, $y=3$

개념 4 '모든' 또는 '어떤'을 포함한 명제

> 유형 08

(1) '모든' 또는 '어떤'을 포함한 명제의 참, 거짓

전체집합 U에 대하여 조건 p의 진리집합을 P라 할 때

① '모든 x에 대하여 p이다.'는 $P=$□이면 참이고, $P\neq$□이면 거짓이다.

② '어떤 x에 대하여 p이다.'는 $P\neq$□이면 참이고, $P=$□이면 거짓이다.

(2) '모든' 또는 '어떤'을 포함한 명제의 부정

① '모든 x에 대하여 p이다.'의 부정

➡ '□□ x에 대하여 □이다.'

② '어떤 x에 대하여 p이다.'의 부정

➡ '□□ x에 대하여 □이다.'

개념 5 명제의 역과 대우

> 유형 06, 09~12

(1) 명제의 역과 대우

명제 $p \longrightarrow q$에 대하여

① 역: □ $\longrightarrow$ □

② 대우: □ $\longrightarrow$ □

$p \longrightarrow q$ ←역→ $q \longrightarrow p$
대우
$\sim p \longrightarrow \sim q$ ←역→ $\sim q \longrightarrow \sim p$

(2) 명제와 그 대우의 참, 거짓

① 명제 $p \longrightarrow q$가 참이면 그 대우 $\sim q \longrightarrow \sim p$도 □이다.

② 명제 $p \longrightarrow q$가 거짓이면 그 대우 $\sim q \longrightarrow \sim p$도 □□이다.

개념 6 충분조건과 필요조건

> 유형 13~16

(1) 명제 $p \longrightarrow q$가 참일 때, 기호 p □ q로 나타내고

p는 q이기 위한 □□조건, q는 p이기 위한 □□조건

이라 한다.

(2) 명제 $p \longrightarrow q$에 대하여 $p \Longrightarrow q$이고 $q \Longrightarrow p$일 때, 기호 p □ q로 나타내고

p는 q이기 위한 □□□□조건

이라 한다.

(3) 진리집합과 충분조건, 필요조건, 필요충분조건

두 조건 p, q의 진리집합을 각각 P, Q라 할 때

① $P \subset Q$이면 p는 q이기 위한 □□조건, q는 p이기 위한 □□조건이다.

② $P=Q$이면 p는 q이기 위한 □□□□조건이다.

답 개념 4 (1) U, U, $\varnothing$, $\varnothing$ (2) 어떤, $\sim p$, 모든, $\sim p$ 개념 5 (1) q, p, $\sim q$, $\sim p$ (2) 참, 거짓
개념 6 (1) $\Longrightarrow$, 충분, 필요 (2) $\Longleftrightarrow$, 필요충분 (3) 충분, 필요, 필요충분

반례가 하나만 있어도 거짓이다.

개념 4 '모든' 또는 '어떤'을 포함한 명제

성립하는 예가 하나만 있어도 참이다.

0549 다음 명제의 참, 거짓을 판별하시오.

(1) 어떤 양수 x에 대하여 $x>1$이다. **참** [예] $x=2$

(2) 모든 실수 x에 대하여 $x^2>0$이다. **거짓** [반례] $x=0$

0550 다음 명제의 부정을 말하고, 그것의 참, 거짓을 판별하시오.

(1) 어떤 양수 x에 대하여 $\sqrt{x}<0$이다.

모든 양수 x에 대하여 $\sqrt{x}\ge 0$이다. (참)

(2) 모든 마름모는 평행사변형이다.

어떤 마름모는 평행사변형이 아니다. (거짓)

(3) 어떤 소수는 홀수가 아니다.

모든 소수는 홀수이다. (거짓) [반례] 2

(4) 모든 실수 x에 대하여 $x^2+1>0$이다.

어떤 실수 x에 대하여 $x^2+1\le 0$이다. (거짓)

↑ 모든 실수 x에 대하여 $x^2\ge 0$이므로 $x^2+1\ge 1$이다.

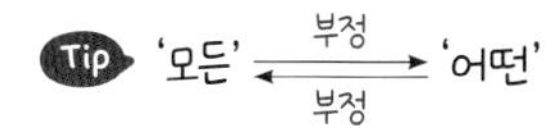

개념 5 명제의 역과 대우

0551 다음 명제의 역과 대우를 말하시오.

(1) 18의 약수이면 9의 약수이다.

역: 9의 약수이면 18의 약수이다.

대우: 9의 약수가 아니면 18의 약수가 아니다.

(2) $x>9$이면 $\sqrt{x}>3$이다.

역: $\sqrt{x}>3$이면 $x>9$이다.

대우: $\sqrt{x}\le 3$이면 $x\le 9$이다.

(3) $a+b>0$이면 $a>0$ 또는 $b>0$이다.

역: $a>0$ 또는 $b>0$이면 $a+b>0$이다.

대우: $a\le 0$이고 $b\le 0$이면 $a+b\le 0$이다.

0552 x, y가 실수일 때, 명제 '$x^2+y^2=0$이면 $x=0$ 또는 $y=0$이다.'에 대하여 다음 물음에 답하시오.

(1) 명제의 역을 말하시오.

$x=0$ 또는 $y=0$이면 $x^2+y^2=0$이다. ($x=y=0$)

(2) 명제의 역의 참, 거짓을 판별하시오.

거짓 ← $\{(x, y)\,|\,x=0$ 또는 $y=0\}\supset\{(x, y)\,|\,x=y=0\}$

(3) 명제의 대우를 말하시오.

$x\ne 0$이고 $y\ne 0$이면 $x^2+y^2\ne 0$이다.

(4) 명제의 대우의 참, 거짓을 판별하시오.

참

(5) 명제의 참, 거짓을 판별하시오.

참 ← 명제와 그 대우의 참, 거짓은 일치한다.

개념 6 충분조건과 필요조건

0553 두 조건 p, q가 다음과 같을 때, p는 q이기 위한 어떤 조건인지 말하시오. (p의 진리집합: P, q의 진리집합: Q)

(1) p: $x=5$

q: $x^2=25$ → $x=-5$ 또는 $x=5$

$P\subset Q$이므로 p는 q이기 위한 **충분조건**이다.

(2) p: $-3\le x\le 3$

q: $|x|<3$ → $-3<x<3$

$Q\subset P$이므로 p는 q이기 위한 **필요조건**이다.

(3) p: x는 8의 양의 약수 → 1, 2, 4, 8

q: x는 24의 양의 약수 → 1, 2, 3, 4, 6, 8, 12, 24

$P\subset Q$이므로 p는 q이기 위한 **충분조건**이다.

(4) p: $|x|=1$ → $x=-1$ 또는 $x=1$

q: $x^2=1$ → $x=-1$ 또는 $x=1$

$P=Q$이므로 p는 q이기 위한 **필요충분조건**이다.

0554 x, y가 실수일 때, 다음 조건은 $x=0$, $y=0$이기 위한 어떤 조건인지 말하시오. ($x=0$이고 $y=0$)

(1) $x+y=0$ **필요조건**

(2) $xy=0$ ($x=0$ 또는 $y=0$) **필요조건**

(3) $x^2+y^2=0$ ($x=0$이고 $y=0$) **필요충분조건**

(4) $|x|+|y|=0$ ($x=0$이고 $y=0$) **필요충분조건**

(1) $\{(x, y)\,|\,x+y=0\}\supset\{(x, y)\,|\,x=0, y=0\}$

(2) $\{(x, y)\,|\,x=0$ 또는 $y=0\}\supset\{(x, y)\,|\,x=0, y=0\}$

07 명제

개념 7 여러 가지 증명법

> 유형 17

(1) 대우를 이용한 명제의 증명

명제 $p \longrightarrow q$가 참이면 그 대우 $\sim q \longrightarrow \sim p$도 □이므로 어떤 명제가 참임을 증명할 때, 그 명제의 대우가 □임을 보여 증명하는 방법

(2) 귀류법

어떤 명제가 참임을 증명할 때, 명제 또는 명제의 결론을 □□한 다음 □□이 생기는 것을 보여 증명하는 방법

개념 8 절대부등식

> 유형 18

(1) □□□□□: 주어진 집합의 모든 원소에 대하여 항상 성립하는 부등식

(2) 부등식의 증명에 이용되는 실수의 성질

a, b가 실수일 때

① $a>b \Longleftrightarrow a-b$ □ 0

② a^2 □ 0, a^2+b^2 □ 0

③ $a^2+b^2=0 \Longleftrightarrow a=b=$ □

④ $|a|$ □ a, $|a|^2=$ □, □ $=|a||b|$

⑤ $a>0$, $b>0$일 때, $a>b \Longleftrightarrow a^2$ □ $b^2 \Longleftrightarrow \sqrt{a}$ □ $\sqrt{b}$

개념 9 여러 가지 절대부등식

> 유형 18~20

(1) a, b, c가 실수일 때

① $a^2 \pm ab+b^2$ □ 0 (단, 등호는 $a=b=$ □일 때 성립)

② $a^2+b^2+c^2-ab-bc-ca$ □ 0 (단, 등호는 □일 때 성립)

③ $|a|+|b|$ □ $|a+b|$ (단, 등호는 $ab \geq 0$일 때 성립)

(2) 산술평균과 기하평균의 관계

$a>0$, $b>0$일 때, □ (단, 등호는 a □ b일 때 성립)

(3) 코시-슈바르츠 부등식

a, b, x, y가 실수일 때

$(a^2+b^2)($ □ $) \geq ($ □ $)^2$ (단, 등호는 □일 때 성립)

답 개념 7 (1) 참, 참 (2) 부정, 모순 개념 8 (1) 절대부등식 (2) $>$, $\geq$, $\geq$, 0, $\geq$, a^2, $|ab|$, $>$, $>$ 개념 9 (1) $\geq$, 0, $\geq$, $a=b=c$, $\geq$ (2) $\frac{a+b}{2} \geq \sqrt{ab}$, $=$ (3) x^2+y^2, $ax+by$, $\frac{x}{a}=\frac{y}{b}$

개념 7 여러 가지 증명법

0555 다음은 명제 '자연수 n에 대하여 n^2이 짝수이면 n도 짝수이다.'가 참임을 그 대우를 이용하여 증명하는 과정이다. □ 안에 알맞은 것을 써넣으시오.

증명

주어진 명제의 대우는

'자연수 n에 대하여 n이 홀수이면 n^2도 홀수이다.'

이다. 자연수 n이 홀수이면 $n=$ $\boxed{2k+1}$ (k는 0 또는 자연수)로 나타낼 수 있으므로

$n^2=(\boxed{2k+1})^2=4k^2+4k+1=2(\boxed{2k^2+2k})+1$

에서 n^2도 홀수이다.

따라서 주어진 명제의 대우가 참이므로 주어진 명제도 참이다.

귀류법

0556 다음은 명제 '두 실수 a, b에 대하여 $a+b<0$이면 a, b 중 적어도 하나는 음수이다.'가 참임을 증명하는 과정이다. □ 안에 알맞은 것을 써넣으시오.

증명

a, b 모두 음이 아닌 실수라고 가정하면

$a\boxed{\geq}0$, $b\boxed{\geq}0$

이때 $a+b\boxed{\geq}0$이므로 $a+b<0$이라는 가정에 모순이다.

따라서 두 실수 a, b에 대하여 $a+b<0$이면 a, b 중 적어도 하나는 음수이다.

개념 8 절대부등식

0557 절대부등식인 것만을 보기에서 있는 대로 고르시오. (단, x는 실수이다.) ㄱ, ㄴ, ㄷ

모든 실수 x에 대하여 항상 성립하는 부등식

보기

ㄱ. $|x+1|\geq 0$　　ㄴ. $x^2+1>0$

ㄷ. $\frac{1}{2}(4x-1)<2x+3$　　ㄹ. $x^2-4x+4>0$

ㄷ. $2x-\frac{1}{2}<2x+3$, 즉 $-\frac{1}{2}<3$이므로 절대부등식이다.

ㄹ. 주어진 부등식은 $(x-2)^2>0$이므로 $x=2$일 때 성립하지 않는다.

0558 다음은 a, b가 실수일 때, 부등식 $a^2+b^2\geq ab$가 성립함을 증명하는 과정이다. □ 안에 알맞은 것을 써넣으시오.

증명

$a^2-ab+b^2=a^2-ab+\frac{b^2}{4}+\boxed{\frac{3}{4}b^2}=\left(a-\frac{b}{2}\right)^2+\boxed{\frac{3}{4}b^2}$

이때 $\left(a-\frac{b}{2}\right)^2\geq 0$, $b^2\geq 0$이므로 $\left(a-\frac{b}{2}\right)^2+\boxed{\frac{3}{4}b^2}\geq 0$

$\therefore a^2+b^2\boxed{\geq}ab$

(단, 등호는 $a-\frac{b}{2}=0$이고 $b=0$, 즉 $\boxed{a=b=0}$일 때 성립)

개념 9 여러 가지 절대부등식

0559 다음은 $a>0$, $b>0$일 때, 부등식 $\frac{a+b}{2}\geq\sqrt{ab}$가 성립함을 증명하는 과정이다. □ 안에 알맞은 것을 써넣으시오.

증명

$\frac{a+b}{2}-\sqrt{ab}=\frac{(\sqrt{a})^2-\boxed{2\sqrt{ab}}+(\sqrt{b})^2}{2}=\frac{(\boxed{\sqrt{a}-\sqrt{b}})^2}{2}\geq 0$

$\therefore \frac{a+b}{2}\geq\sqrt{ab}$ (단, 등호는 $\boxed{a=b}$일 때 성립)

산술평균과 기하평균의 관계

0560 다음을 구하시오.

(1) $a>0$, $b>0$이고 $ab=4$일 때, $a+b$의 최솟값

$a+b\geq 2\sqrt{ab}=2\cdot 2=4$ ← 등호는 $a=b=2$ ($\because a+b=4$)일 때 성립

(2) $a>0$일 때, $a+\frac{9}{a}$의 최솟값

$a+\frac{9}{a}\geq 2\sqrt{a\cdot\frac{9}{a}}=6$ ← 등호는 $a=\frac{9}{a}$에서 $a^2=9$, 즉 $a=3$ ($\because a>0$)일 때 성립

코시-슈바르츠 부등식

0561 다음은 a, b, x, y가 실수일 때, 부등식 $(a^2+b^2)(x^2+y^2)\geq(ax+by)^2$이 성립함을 증명하는 과정이다. □ 안에 알맞은 것을 써넣으시오.

증명

$(a^2+b^2)(x^2+y^2)-(ax+by)^2$

$=a^2x^2+a^2y^2+b^2x^2+b^2y^2-(\boxed{a^2x^2+2abxy+b^2y^2})$

$=b^2x^2-2abxy+a^2y^2=(\boxed{bx-ay})^2\geq 0$

$\therefore (a^2+b^2)(x^2+y^2)\geq(ax+by)^2$

(단, 등호는 $\boxed{\frac{x}{a}=\frac{y}{b}}$일 때 성립)

step B 기출 & 변형하면…

유형 01 명제와 조건의 부정
개념 1, 2

0562 다음 중 명제가 아닌 것은? 답 ④

① $\frac{2}{3}$는 유리수이다. 참인 명제
② 평행사변형은 사다리꼴이다. 참인 명제
③ 2의 배수이면 4의 배수이다. 거짓인 명제
④ $x^2-4=0$
⑤ $x>y$이면 $\frac{1}{x}>\frac{1}{y}$이다. (단, $x\neq0$, $y\neq0$) 거짓인 명제

풀이 ④ x의 값에 따라 참, 거짓이 달라지므로 명제가 아니다.

Tip $x>y$일 때
(1) $x>y>0$ 또는 $0>x>y$ → $\frac{1}{x}<\frac{1}{y}$
(2) $x>0>y$ → $\frac{1}{x}>\frac{1}{y}$

→ **0563** 보기에서 명제인 것만을 있는 대로 고르시오. 답 ㄱ, ㄷ

보기
ㄱ. 19는 소수이다.
ㄴ. x는 5의 약수이다.
ㄷ. $x-1=x+7$

풀이 ㉠. 참인 명제이다.
ㄴ. x의 값에 따라 참, 거짓이 달라지므로 명제가 아니다.
㉢. $-1=7$이므로 거짓인 명제이다.

0564 다음 중 세 실수 a, b, c에 대하여 조건
$(a-b)(b-c)(c-a)=0$
의 부정과 서로 같은 것은? 답 ④

풀이 주어진 조건의 부정은
$(a-b)(b-c)(c-a)\neq0$
$a-b\neq0$이고 $b-c\neq0$이고 $c-a\neq0$
$\therefore$ **$a\neq b$이고 $b\neq c$이고 $c\neq a$**

→ **0565** 조건 '두 자연수 x, y 중 적어도 하나는 짝수이다.'의 부정은? 답 ③

풀이 주어진 조건의 부정은
'두 자연수 x, y는 모두 짝수가 아니다.',
즉 **'두 자연수 x, y는 모두 홀수이다.'**이다.

0566 보기에서 그 부정이 참인 명제만을 있는 대로 고르시오. 답 ㄴ, ㄷ

보기
ㄱ. 3은 12의 약수이다.
ㄴ. $\sqrt{5}$는 유리수이다.
ㄷ. 사각형의 네 내각의 크기의 합은 180°이다.

풀이 1 ㄱ. 부정: 3은 12의 약수가 아니다. (거짓)
㉡. 부정: $\sqrt{5}$는 유리수가 아니다. (참)
㉢. 부정: 사각형의 네 내각의 크기의 합은 180°가 아니다. (참)
(360°이다.)

풀이 2 주어진 명제가 거짓인 것을 찾아도 된다.

→ **0567** 다음 명제 중 그 부정이 참인 것은? 답 ④

① 4는 8의 약수이다.
② π는 무리수이다.
③ 정삼각형은 이등변삼각형이다.
④ 소수는 모두 홀수이다.
⑤ 두 자연수 a, b가 홀수이면 $a+b$는 짝수이다.

풀이 1 ① 부정: 4는 8의 약수가 아니다. (거짓)
② 부정: π는 무리수가 아니다. (거짓)
③ 부정: 정삼각형은 이등변삼각형이 아니다. (거짓)
④ 부정: 어떤 소수는 짝수이다. (참)
⑤ 부정: 두 자연수 a, b가 홀수이면 $a+b$는 홀수이다. (거짓) (짝수)

풀이 2 주어진 명제가 거짓인 것을 찾아도 된다.

유형 02 진리집합 개념 2

0568 전체집합 $U=\{x|x$는 25 이하의 자연수$\}$에 대하여 조건 p가

p: x는 4의 배수이고 24의 약수이다.

일 때, 조건 p의 진리집합을 구하시오.

답 풀이 참조

풀이 25 이하의 자연수 중

4의 배수는 4, 8, 12, 16, 20, 24,

24의 약수는 1, 2, 3, 4, 6, 8, 12, 24

이므로 조건 p의 진리집합은

$\{4, 8, 12, 24\}$

0569 실수 전체의 집합에서 조건 p가

p: $x^3-kx^2-2x=0$ ➔ $x(x^2-kx-2)=0$

일 때, 조건 p의 진리집합 S의 모든 원소의 합이 1이다. 이때 집합 S의 원소 중에서 최솟값은? (단, k는 실수이다.)

답 ③

Key 집합 S는 실수 전체의 집합의 부분집합이므로 삼차방정식의 세 근의 합이 1임을 이용한 후 세 근이 모두 실수인지 반드시 확인한다.

풀이 이차방정식 $x^2-kx-2=0$의 두 근을 α, β라 하면

근과 계수의 관계에 의하여 $\alpha+\beta=k$

이때 $0+\alpha+\beta=1$이므로 $k=1$

$x(x^2-x-2)=0$에서 $x(x+1)(x-2)=0$

$\therefore x=-1$ 또는 $x=0$ 또는 $x=2$ ← 세 수 모두 실수이다.

따라서 집합 S의 원소 중에서 최솟값은 **-1**이다.

서술형

0570 실수 전체의 집합에서 조건 p가

p: $x^2-4x+k-12\neq0$

일 때, 조건 $\sim p$의 진리집합이 공집합이다. 이때 자연수 k의 최솟값을 구하시오. $x^2-4x+k-12=0$이 실근을 갖지 않는다.

답 17

풀이 $\sim p$: $x^2-4x+k-12=0$ …❶ (40%)

이차방정식 $x^2-4x+k-12=0$의 판별식을 D라 하면

$\frac{D}{4}=(-2)^2-(k-12)<0$ …❷ (40%)

$16-k<0 \quad \therefore k>16$

따라서 자연수 k의 최솟값은 **17**이다. …❸ (20%)

0571 전체집합 $U=\{1, 2, 3, 4, 5, 6\}$에 대하여 조건 p가

p: 6은 x로 나누어떨어진다. ➔ 진리집합: P

일 때, 조건 $\sim p$의 진리집합(P^C)의 모든 원소의 합은?

답 ②

풀이 x는 6의 약수이므로

$P=\{1, 2, 3, 6\} \quad \therefore P^C=\{4, 5\}$

따라서 구하는 모든 원소의 합은

$4+5=$**9**

0572 전체집합 $U=\{x|x$는 10 이하의 자연수$\}$에 대하여 두 조건 p: $1\le x\le3$, q: $3x-22\le0$의 진리집합을 각각 P, Q라 할 때, $P\subset X\subset Q$를 만족시키는 집합 X의 개수를 구하시오. 1, 2, 3을 반드시 원소로 갖는 집합 Q의 부분집합

답 16

풀이 $3x-22\le0$에서 $x\le\frac{22}{3}$

$\therefore P=\{1, 2, 3\}$, $Q=\{1, 2, 3, 4, 5, 6, 7\}$

따라서 집합 X의 개수는

$2^{7-3}=2^4=$**16**

0573 전체집합 $U=\{x|x$는 10 이하의 자연수$\}$에 대하여 두 조건 p, q가

p: x는 10의 약수이다. (진리집합: P), q: $x^2-8x+15\le0$ (진리집합: Q)

일 때, 조건 '$\sim p$ 그리고 q'의 진리집합의 모든 원소의 합은?

$(x-3)(x-5)\le0 \quad \therefore 3\le x\le5$

답 ②

Key 조건 '$\sim p$ 그리고 q'의 진리집합은 $P^C\cap Q$이다.

풀이 $P=\{1, 2, 5, 10\}$, $Q=\{3, 4, 5\}$

이때 $P^C=\{3, 4, 6, 7, 8, 9\}$이므로

$P^C\cap Q=\{3, 4\}$

따라서 구하는 모든 원소의 합은

$3+4=$**7**

유형 03 명제의 참, 거짓 개념 3

0574 다음 중 거짓인 명제를 모두 고르면? (정답 2개) 답 ①, ⑤

① $x^2>0$이면 $x>0$이다.

② 두 직선 $y=2x-1$, $x+2y+3=0$은 서로 수직이다. 기울기: $-\frac{1}{2}$

③ 9의 배수이면 3의 배수이다.

④ x, y가 모두 정수이면 $x+y$, xy는 모두 정수이다.

⑤ a, b가 무리수이면 ab도 무리수이다.

풀이 ① [반례] $x=-1$ (거짓)

② (기울기의 곱)$=2\cdot\left(-\frac{1}{2}\right)=-1$ (참)

③ $\{\cdots, 9, 18, 27, \cdots\}\subset\{\cdots, 3, 6, 9, 12, \cdots\}$ (참)

④ 두 정수의 합과 곱은 모두 정수이다. (참)

⑤ [반례] $a=\sqrt{2}$, $b=\sqrt{2}$ (거짓)

Tip x, y가 모두 정수일 때 $\frac{y}{x}$는 정수가 아닐 수 있다.

0575 x, y, z가 실수일 때, 보기에서 참인 명제만을 있는 대로 고른 것은? 답 ④

보기
ㄱ. $(x-y)(y-z)=0$이면 $x=y=z$이다. ($x=y$ 또는 $y=z$)
ㄴ. $x^2+y^2=0$이면 $|x+y|=|x-y|$이다.
ㄷ. $x>y$이고 $y>z$이면 $x>z$이다.

풀이 ㄱ. [반례] $x=y\neq z$ 또는 $x\neq y=z$ (거짓)

ㄴ. $x^2+y^2=0$이면 $x=y=0$이므로 $|x+y|=|x-y|$ (참)

ㄷ. $x>y$이고 $y>z$이면 $x>y>z$이므로 $x>z$ (참)

명제 $p \longrightarrow q$가 거짓임을 보이는 반례 ➡ (조건 p의 진리집합)$\cap$(조건 q의 진리집합)^{C}의 원소이다.

유형 04 거짓인 명제의 반례 개념 3

0576 전체집합 U에 대하여 두 조건 p, q의 진리집합을 각각 P, Q라 하자. 두 집합 P, Q가 그림과 같을 때, 명제 'q이면 $\sim p$이다.'가 거짓임을 보이는 원소를 구하시오. 답 b

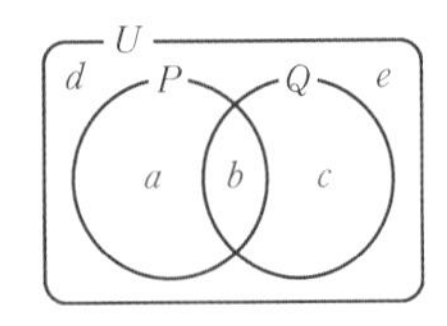

풀이 $Q\cap(P^C)^C=Q\cap P=\{b\}$

0577 100 이하의 자연수 n에 대하여 명제 'n이 3의 배수이면 n은 홀수이다.'가 거짓임을 보이는 반례의 개수를 구하시오. 답 16

(진리집합: P, 진리집합: Q)

풀이 $P=\{3, 6, 9, 12, \cdots, 99\}$ ← 3의 배수

$Q^C=\{2, 4, 6, 8, \cdots, 100\}$ ← 2의 배수

$P\cap Q^C$는 6의 배수의 집합이므로 구하는 반례는

$\frac{100}{6}=16.\times\times\times$에서 **16**개이다.

0578 명제 '$x^2-4\leq0$이면 $x^2-2x-3>0$이다.'가 거짓임을 보이기 위한 반례의 최댓값을 a, 최솟값을 b라 할 때, $a+b$의 값은? 답 ①

(진리집합: P, 진리집합: Q)

풀이 $x^2-4\leq0$에서 $(x+2)(x-2)\leq0$

$\therefore -2\leq x\leq2$ $\quad\therefore P=\{x|-2\leq x\leq2\}$

$x^2-2x-3>0$에서 $(x+1)(x-3)>0$

$\therefore x<-1$ 또는 $x>3$ $\quad\therefore Q^C=\{x|-1\leq x\leq3\}$

$P\cap Q^C=\{x|\underset{b}{-1}\leq x\leq\underset{a}{2}\}$이므로

$a+b=\mathbf{1}$

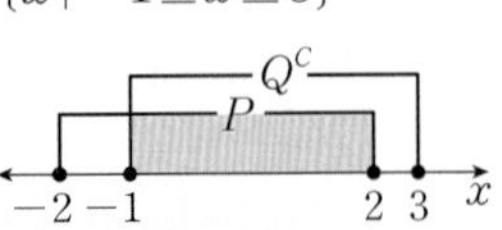

0579 서술형 두 조건 p: $-3\leq x\leq4$, q: $(x+4)(x-k)>0$에 대하여 명제 $p \longrightarrow \sim q$가 거짓임을 보이는 반례 중 정수가 2개일 때, 자연수 k의 값을 구하시오. 답 2

풀이 두 조건 p, q의 진리집합을 각각 P, Q라 하면

$P=\{x|-3\leq x\leq4\}$

$Q=\{x|x<-4$ 또는 $x>k\}$ ($\because$ k는 자연수) …❶ (30%)

$P\cap(Q^C)^C=P\cap Q$ …❷ (40%)

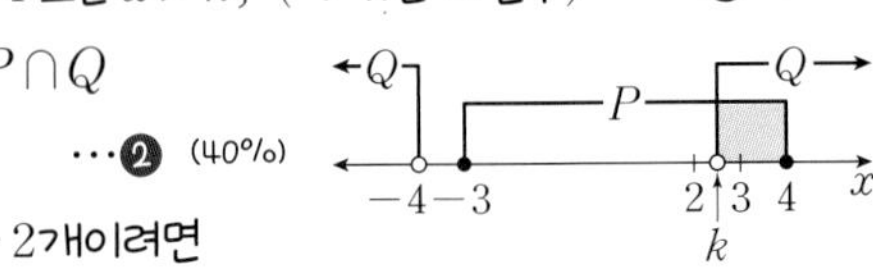

의 정수인 원소가 2개이려면

그림에서 $2\leq k<3$

이때 k는 자연수이므로 $k=2$ …❸ (30%)

유형 05 명제의 참, 거짓과 진리집합 (1)

개념 3

0580 전체집합 U에 대하여 두 조건 p, q의 진리집합을 각각 P, Q라 하자. 명제 $\sim q \longrightarrow p$가 참일 때, 다음 중 항상 옳은 것은? $Q^C \subset P$

답 ③

① $P \cap Q^C = P$
② $P^C \cup Q = U$
③ $Q - P = P^C$
④ $P - Q = \varnothing$
⑤ $P^C \cap Q^C = P$

풀이 $Q^C \subset P$이므로 그림에서

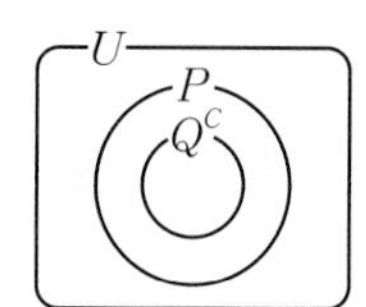

① $P \cap Q^C = Q^C$
② $P^C \cup Q = Q$
③ $Q - P = P^C$
④ $P - Q = Q^C$
⑤ $P^C \cap Q^C = \varnothing$

0581 전체집합 U에 대하여 세 조건 p, q, r의 진리집합을 각각 P, Q, R라 하자. 두 명제 $p \longrightarrow \sim q$와 $r \longrightarrow q$가 모두 참일 때, 보기에서 항상 옳은 것만을 있는 대로 고른 것은? $P \subset Q^C$, $R \subset Q$

답 ③

보기
ㄱ. $P \cap R = \varnothing$
ㄴ. $P \cup Q = U$
ㄷ. $Q - P = Q$

풀이 $P \subset Q^C$, $R \subset Q$이므로 그림에서

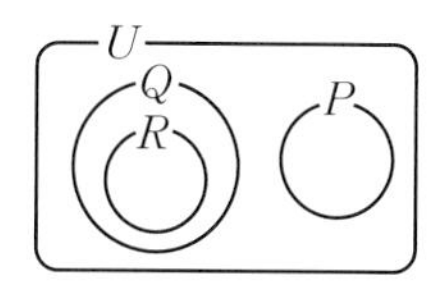

ㄱ. $P \cap R = \varnothing$
ㄴ. $P \cup Q \neq U$
ㄷ. $Q - P = Q$

0582 전체집합 U에 대하여 세 조건 p, q, r의 진리집합을 각각 P, Q, R라 할 때, 세 집합 P, Q, R 사이의 포함 관계는 그림과 같다. 다음 중 거짓인 명제는?

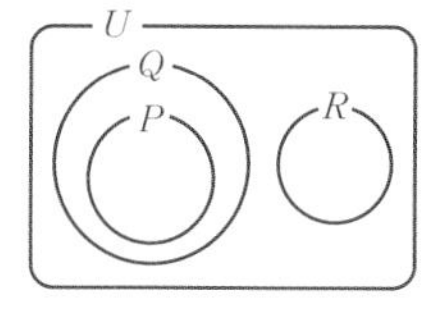

답 ④

① $p \longrightarrow q$
② $r \longrightarrow \sim q$
③ $q \longrightarrow \sim r$
④ $\sim p \longrightarrow \sim r$
⑤ $\sim q \longrightarrow \sim p$

풀이 주어진 그림에서

① $P \subset Q$ (참)
② $R \subset Q^C$ (참)
③ $Q \subset R^C$ (참)
④ $P^C \not\subset R^C$ (거짓)
⑤ $Q^C \subset P^C$ (참)

0583 전체집합 U에 대하여 세 조건 p, q, r의 진리집합을 각각 P, Q, R라 할 때, $P \cup Q = P$, $Q \cap R = R$인 관계가 성립한다. 다음 중 거짓인 명제는? $Q \subset P$, $R \subset Q$ ➜ $R \subset Q \subset P$

답 ④

① $r \longrightarrow p$
② $r \longrightarrow q$
③ $q \longrightarrow p$
④ $\sim r \longrightarrow \sim p$
⑤ $\sim q \longrightarrow \sim r$

풀이 $R \subset Q \subset P$이므로 그림에서

① $R \subset P$ (참)
② $R \subset Q$ (참)
③ $Q \subset P$ (참)
④ $R^C \not\subset P^C$ (거짓)
⑤ $Q^C \subset R^C$ (참)

유형 06 명제의 참, 거짓과 진리집합 (2)

개념 3, 5

0584 세 조건 p, q, r가 〈진리집합〉

p: $(x+1)(x-1)\ge 0$, → $P=\{x|x\le -1$ 또는 $x\ge 1\}$

q: $x>3$, → $Q=\{x|x>3\}$

r: $|x|\ge 2$ → $R=\{x|x\le -2$ 또는 $x\ge 2\}$

일 때, 보기에서 참인 명제만을 있는 대로 고른 것은?

답 ④

보기

ㄱ. $p \longrightarrow q$

ㄴ. $r \longrightarrow p$

ㄷ. $\sim p \longrightarrow \sim q$ 대우: $q \longrightarrow p$

풀이 그림에서

ㄱ. $P\not\subset Q$ (거짓)

ⓛ. $R\subset P$ (참)

ⓒ. $Q\subset P$ (참)

0585 세 조건 p, q, r가 〈진리집합〉

p: $x^2-2x-15<0$, → $P=\{x|-3<x<5\}$ ($(x+3)(x-5)<0$)

q: $0<x<2$, → $Q=\{x|0<x<2\}$

r: $|x-1|\le 5$ → $R=\{x|-4\le x\le 6\}$ ($-5\le x-1\le 5$)

일 때, 보기에서 참인 명제만을 있는 대로 고른 것은?

답 ③

보기

ㄱ. $q \longrightarrow p$

ㄴ. $p \longrightarrow r$

ㄷ. $\sim q \longrightarrow \sim r$ 대우: $r \longrightarrow q$

풀이 그림에서

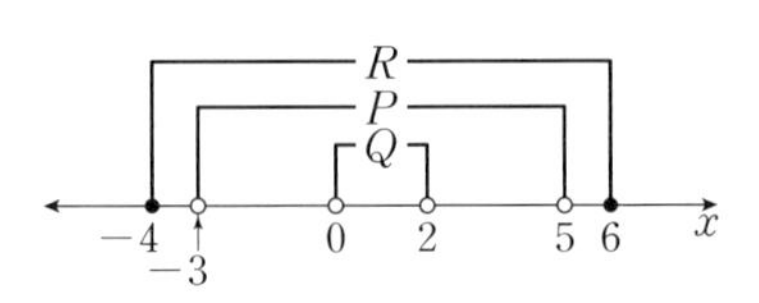

ⓐ. $Q\subset P$ (참)

ⓛ. $P\subset R$ (참)

ㄷ. $R\not\subset Q$ (거짓)

0586 두 실수 a, b에 대하여 세 조건 p, q, r는 〈진리집합〉

p: $a^2+b^2=0$, → $P=\{(a, b)|a=0, b=0\}$

q: $|a-b|=0$, → $Q=\{(a, b)|a=b\}$

r: $ab=0$ → $R=\{(a, b)|a=0$ 또는 $b=0\}$

이다. 보기에서 참인 명제만을 있는 대로 고른 것은?

답 ③

보기

ㄱ. $p \longrightarrow q$

ㄴ. $r \longrightarrow q$

ㄷ. $\sim r \longrightarrow \sim p$ 대우: $p \longrightarrow r$

풀이 ⓐ. $P\subset Q$ (참)

ㄴ. $R\not\subset Q$ (거짓)

ⓒ. $P\subset R$ (참)

0587 두 실수 x, y에 대하여 세 조건 p, q, r가 〈진리집합〉

p: $|x-2|+|y^2-4|=0$, → $P=\{(x, y)|x=2, y=\pm 2\}$ ($x=2$, $y^2=4$ $\therefore x=2, y=\pm 2$)

q: $(x-2)(y-2)=0$, → $Q=\{(x, y)|x=2$ 또는 $y=2\}$

r: $(x-2)^2+(y-2)^2\le 0$ → $R=\{(x, y)|x=2, y=2\}$

일 때, 보기에서 참인 명제만을 있는 대로 고른 것은?

답 ①

보기

ㄱ. $p \longrightarrow q$

ㄴ. $p \longrightarrow r$

ㄷ. $\sim r \longrightarrow \sim q$ 대우: $q \longrightarrow r$

풀이 ⓐ. $P\subset Q$ (참)

ㄴ. $P\not\subset R$ (거짓)

ㄷ. $Q\not\subset R$ (거짓)

Tip 두 실수 a, b에 대하여

$a^2+b^2\ge 0$이므로 $a^2+b^2\le 0$이면 $a^2+b^2=0$이다.

이때 $a^2+b^2=0$이면 $a=b=0$이다.

상수의 값의 범위를 구할 때, 각 부등호가 등호를 포함하면 조건을 만족시키는지 반드시 확인한다.

유형 07 명제가 참이 되도록 하는 상수 구하기 개념 3

0588 명제 '$4\le x\le 8$이면 $a-1<x\le a+4$이다.'가 참이 되도록 하는 실수 a의 최솟값을 구하시오. 답 4

풀이 $\{x|4\le x\le 8\}\subset\{x|a-1<x\le a+4\}$
이어야 하므로 그림에서
$a-1<4$, $a+4\ge 8$
$\therefore 4\le a<5$
따라서 실수 a의 최솟값은 **4**이다.

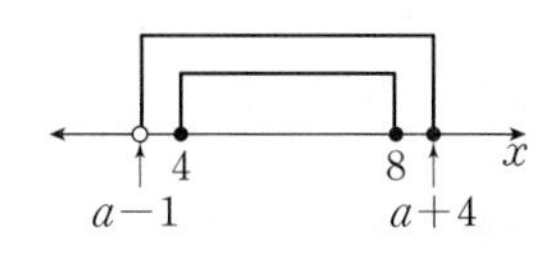

0589 명제 '$k-1\le x<k+2$이면 $x^2-x-6>0$이다.'가 참이 되도록 하는 실수 k의 값의 범위를 구하시오. 답 풀이 참조

$(x+2)(x-3)>0 \quad \therefore x<-2$ 또는 $x>3$

풀이 $\{x|k-1\le x<k+2\}\subset\{x|x<-2$ 또는 $x>3\}$
이어야 하므로 그림에서
$k+2\le -2$ 또는 $k-1>3$
$\therefore$ **$k\le -4$ 또는 $k>4$**

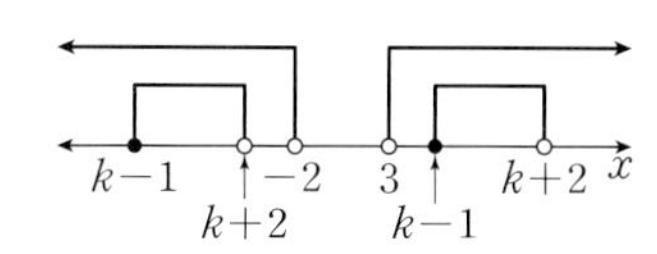

0590 두 조건
p: $|x-2|\le a$, q: $-2-3a\le x<7$
에 대하여 명제 'p이면 q이다.'가 참이 되도록 하는 자연수 a의 개수는? 답 ④

진리집합: P, 진리집합: Q, $P\subset Q$

풀이 $|x-2|\le a$에서 $-a\le x-2\le a$
$\therefore P=\{x|-a+2\le x\le a+2\}$,
$Q=\{x|-2-3a\le x<7\}$
$P\subset Q$이어야 하므로 그림에서
$-2-3a\le -a+2$,
$2a\ge -4 \quad \therefore a\ge -2$
$a+2<7$
$\therefore -2\le a<5$
따라서 자연수 a는 1, 2, 3, 4의 **4**개이다.

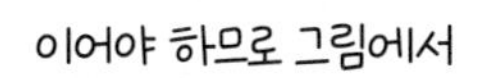

0591 두 조건
p: $x\le -1$ 또는 $x\ge k$, q: $-\frac{k}{3}\le x<5$
에 대하여 명제 $\sim p \longrightarrow q$가 참이 되도록 하는 모든 자연수 k의 값의 합은? 답 ③

진리집합: P, 진리집합: Q, $P^C\subset Q$

풀이 $P^C=\{x|-1<x<k\}$, $Q=\left\{x\middle|-\frac{k}{3}\le x<5\right\}$
$P^C\subset Q$이어야 하므로 그림에서
$-\frac{k}{3}\le -1$, $k\le 5$
$\therefore 3\le k\le 5$
따라서 자연수 k는 3, 4, 5이므로 그 합은
$3+4+5=$**12**

서술형
0592 세 조건 p, q, r가
p: $-3\le x<1$ 또는 $x\ge 4$, q: $x\ge a$, r: $x>b-2$
일 때, 두 명제 $p\longrightarrow q$, $r\longrightarrow p$가 모두 참이 되도록 하는 a의 최댓값과 b의 최솟값의 합을 구하시오. (단, a, b는 실수이다.) 답 3

$P\subset Q$, $R\subset P$

풀이 세 조건 p, q, r의 진리집합을 각각 P, Q, R라 하면
$P=\{x|-3\le x<1$ 또는 $x\ge 4\}$,
$Q=\{x|x\ge a\}$, $R=\{x|x>b-2\}$ …❶ (20%)
$P\subset Q$, $R\subset P$이어야 하므로
그림에서
$a\le -3$, $b-2\ge 4$
$\therefore a\le -3$, $b\ge 6$ …❷ (60%)
따라서 a의 최댓값은 -3, b의 최솟값은 6이므로 그 합은
$-3+6=$**3** …❸ (20%)

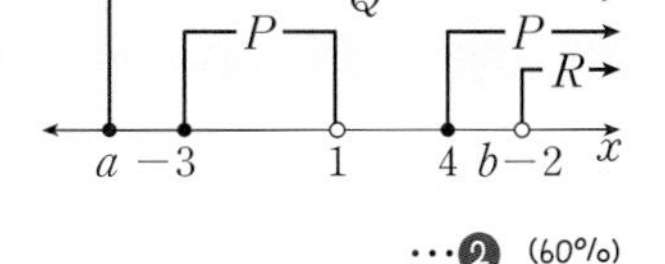

0593 세 조건
p: $a-7\le x\le a$, q: $-4\le x<1$, r: $|x-b|\ge 1$
에 대하여 두 명제 $q\longrightarrow p$, $\sim r\longrightarrow q$가 모두 참이 되도록 하는 정수 a, b 각각의 개수의 합은? 답 ②

진리집합: P, 진리집합: Q, 진리집합: R, $Q\subset P$, $R^C\subset Q$

풀이 조건 $\sim r$: $|x-b|<1$에서 $-1<x-b<1$
$\therefore -1+b<x<1+b$
$P=\{x|a-7\le x\le a\}$, $Q=\{x|-4\le x<1\}$,
$R^C=\{x|-1+b<x<1+b\}$
$Q\subset P$, $R^C\subset Q$이어야
하므로 그림에서
$a-7\le -4$, $a\ge 1$,
$-4\le -1+b$, $1+b\le 1$
$\therefore 1\le a\le 3$, $-3\le b\le 0$
따라서 정수 a는 1, 2, 3의 3개이고, 정수 b는 -3, -2, -1, 0의 4개이므로 구하는 합은
$3+4=$**7**

반례가 하나만 있어도 거짓이다.

유형 08 모든 또는 어떤을 포함한 명제

성립하는 예가 하나만 있어도 참이다.

개념 4

0594 전체집합 $U=\{1, 2, 3, 4, 5, 6\}$에 대하여 $x\in U$, $y\in U$일 때, 보기에서 참인 명제만을 있는 대로 고른 것은? 답 ④

보기
ㄱ. 어떤 x에 대하여 $x^2=16$이다.
ㄴ. 모든 x에 대하여 $x-1>0$이다.
ㄷ. 모든 x, y에 대하여 $x^2+y^2\geq 2$이다.

풀이 ㉠. [예] $x=4$ (참)
ㄴ. [반례] $x=1$ (거짓)
㉢. $x=1$, $y=1$이면 $x^2+y^2=2$이므로 전체집합 U의 모든 원소 x, y에 대하여 $x^2+y^2\geq 2$이다. (참)

0595 보기에서 그 부정이 참인 명제만을 있는 대로 고른 것은? 답 ③

보기
ㄱ. 어떤 실수 x에 대하여 $x-9=0$이다.
ㄴ. 모든 실수 x에 대하여 $x^2+x+1\neq 0$이다.
ㄷ. 모든 실수 x에 대하여 $x^2>0$이다.
ㄹ. 어떤 실수 x에 대하여 $x^2+1=0$이다.

풀이 ㄱ. 부정: 모든 실수 x에 대하여 $x-9\neq 0$이다. (거짓)
[반례] $x=9$
ㄴ. 부정: 어떤 실수 x에 대하여 $x^2+x+1=0$이다. (거짓)
(판별식) $=1-4<0$
㉢. 부정: 어떤 실수 x에 대하여 $x^2\leq 0$이다. (참)
[예] $x=0$
㉣. 부정: 모든 실수 x에 대하여 $x^2+1\neq 0$이다. (참)
$x^2+1\geq 1$

0596 전체집합 $U=\{x\mid x$는 6 이하의 자연수$\}$의 공집합이 아닌 부분집합 A에 대하여 두 명제 답 24

'집합 A의 모든 원소 x에 대하여 $x^2-8x+12\leq 0$이다.'
'집합 A의 어떤 원소 x에 대하여 $x^3-4x^2+x+6=0$이다.'

가 모두 참이 되도록 하는 집합 A의 개수를 구하시오.

$(x-2)(x-6)\leq 0$
$\therefore 2\leq x\leq 6$ …… ㉠

$(x+1)(x-2)(x-3)=0$
$\therefore x=2$ 또는 $x=3$ ($\because x$는 자연수) …… ㉡

풀이 ㉠에서 $A\subset\{2, 3, 4, 5, 6\}$
㉡에서 집합 A는 2, 3 중 적어도 하나를 포함한다.
집합 A는 $\{2, 3, 4, 5, 6\}$의 부분집합 중 2와 3을 모두 포함하지 않는 부분집합을 제외한 집합이므로 그 개수는
$2^5-2^3=32-8=$**24**

서술형
0597 명제 답 4

'모든 실수 x에 대하여 $ax^2+bx+4>0$이다.'

의 부정이 참이 되도록 하는 6 이하의 자연수 a, b의 순서쌍 (a, b)의 개수를 구하시오.

풀이 부정: 어떤 실수 x에 대하여 $ax^2+bx+4\leq 0$이다. …❶ (20%)

이차방정식 $ax^2+bx+4=0$ (a는 자연수)이 적어도 한 개의 실근을 가져야 하므로 판별식: D
$D=b^2-16a\geq 0$ $\therefore b^2\geq 16a$ …❷ (50%)
이를 만족시키는 6 이하의 자연수 a, b의 순서쌍 (a, b)는
$(1, 4)$, $(1, 5)$, $(1, 6)$, $(2, 6)$
의 4개이다. …❸ (30%)

유형 09 명제의 역과 대우의 참, 거짓

개념 5

명제가 참인 것을 찾는다.

0598 보기에서 그 역이 거짓이고 대우가 참인 명제만을 있는 대로 고른 것은?

답 ④

보기

ㄱ. 5의 양의 약수이면 10의 양의 약수이다.

ㄴ. 실수 x에 대하여 $x-2=0$이면 $x^2-x-2=0$이다.

ㄷ. 두 집합 A, B에 대하여 $A\cap B^C=\varnothing$이면 $A=B$이다. ($A-B=\varnothing$)

풀이 ㉠. 명제: $\{1, 5\}\subset\{1, 2, 5, 10\}$ (참)

역: $\{1, 2, 5, 10\}\not\subset\{1, 5\}$ (거짓)

㉡. 명제: $x=2$이면 $x^2-x-2=0$이다. (참)

$(x+1)(x-2)=0$ $\therefore x=-1$ 또는 $x=2$

역: [반례] $x=-1$ (거짓)

ㄷ. 명제: $A-B=\varnothing$, 즉 $A\subset B$이므로 $A\neq B$ (거짓)

역: $A=B$이면 $A-B=\varnothing$ (참)

가정과 결론이 서로의 필요충분조건이다.

0599 보기에서 그 역과 대우가 모두 참인 명제만을 있는 대로 고른 것은? (단, x, y는 실수이다.)

답 ④

보기

ㄱ. $x=y$이면 $x^2=y^2$이다. ($x=y$ 또는 $x=-y$)

ㄴ. $x^2<25$이면 $-5<x<5$이다.

ㄷ. $x=0$ 또는 $y=0$이면 $x^2+y^2=0$이다. ($x=y=0$)

ㄹ. $xy=0$이면 $x=0$ 또는 $y=0$이다.

풀이 ㄱ. 명제: (참)

역: [반례] $x=-y$ (거짓)

㉡, ㉣. 가정과 결론이 서로의 필요충분조건이므로 역과 대우는 모두 참이다.

ㄷ. 명제: [반례] $x=0$, $y\neq 0$ (거짓)

역: (참)

진리집합: P 진리집합: Q

0600 두 조건 p: $|x|\geq a$, q: $x^2-4x-12\leq 0$에 대하여 명제 $\sim q \longrightarrow p$의 역이 참이 되도록 하는 자연수 a의 최솟값은?

명제 $p\longrightarrow \sim q$가 참 ➡ $P\subset Q^C$

답 ②

풀이 $P=\{x\,|\,x\leq -a$ 또는 $x\geq a\}$

조건 $\sim q$: $x^2-4x-12>0$에서 $(x+2)(x-6)>0$

$\therefore Q^C=\{x\,|\,x<-2$ 또는 $x>6\}$

$P\subset Q^C$이어야 하므로 그림에서

$-a<-2$, $a>6$

$\therefore a>6$

따라서 자연수 a의 최솟값은 **7**이다.

역 $q\longrightarrow p$, 명제 $p\longrightarrow q$가 모두 거짓 ➡ $Q\not\subset P$, $P\not\subset Q$

서술형 **0601** 두 조건 p: $(x-a)(x-5)\leq 0$, q: $(x-2)(x-b)\leq 0$에 대하여 명제 $p\longrightarrow q$의 역과 대우가 모두 거짓이 되도록 하는 자연수 a, b의 순서쌍 (a, b)의 개수를 구하시오.

(단, $1\leq a\leq 4$, $2\leq b\leq 10$)

답 11

풀이 두 조건 p, q의 진리집합을 각각 P, Q라 하면

$P=\{x\,|\,a\leq x\leq 5\}$, $Q=\{x\,|\,2\leq x\leq b\}$ …❶ (20%)

(i) $Q\not\subset P$이어야 하므로

$a=1$, 2일 때, $b=6$, 7, 8, 9, 10

$a=3$, 4일 때, $b=2$, 3, 4, …, 10 …❷ (30%)

(ii) $P\not\subset Q$이어야 하므로

$a=1$일 때, $b=2$, 3, 4, …, 10

$a=2$, 3, 4일 때, $b=2$, 3, 4 …❸ (30%)

(i), (ii)에서 $a=1$일 때 $b=6$, 7, 8, 9, 10, $a=3$, 4일 때 $b=2$, 3, 4이므로 순서쌍 (a, b)의 개수는

$5+3+3=$**11** …❹ (20%)

명제보다 그 대우의 참, 거짓을 판별하면 더 편리한 경우가 있다.

유형 10 명제의 대우를 이용하여 상수 구하기

개념 5

대우 '$x-a=0$이면 $x^2-6x+5=0$이다.'도 참이다.

0602 명제 '$x^2-6x+5\neq 0$이면 $x-a\neq 0$이다.'가 참일 때, 모든 상수 a의 값의 합은?

답 ④

풀이 $x-a=0$, 즉 $x=a$를 $x^2-6x+5=0$에 대입하면

$a^2-6a+5=0$, $(a-1)(a-5)=0$

$\therefore a=1$ 또는 $a=5$

따라서 모든 상수 a의 값의 합은

$1+5=$**6**

진리집합: P 진리집합: Q

0603 두 조건 p: $|x-3|\geq 4$, q: $|x-a|\geq 2$에 대하여 명제 $p\longrightarrow q$가 참이 되도록 하는 정수 a의 개수를 구하시오.

대우 $\sim q\longrightarrow \sim p$가 참 ➡ $Q^C\subset P^C$

답 5

풀이 조건 $\sim p$: $|x-3|<4$에서 $-4<x-3<4$

$\therefore P^C=\{x\,|\,-1<x<7\}$

조건 $\sim q$: $|x-a|<2$에서 $-2<x-a<2$

$\therefore Q^C=\{x\,|\,a-2<x<a+2\}$

$Q^C\subset P^C$이어야 하므로 그림에서

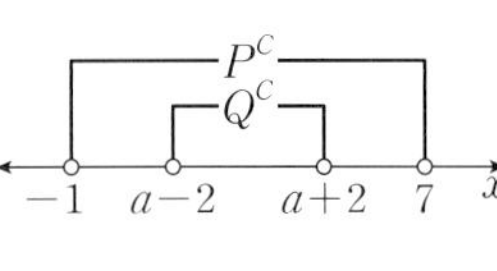

$a-2\geq -1$, $a+2\leq 7$

$\therefore 1\leq a\leq 5$

따라서 정수 a는 1, 2, 3, 4, 5의 **5**개이다.

유형 11 삼단논법 개념 5

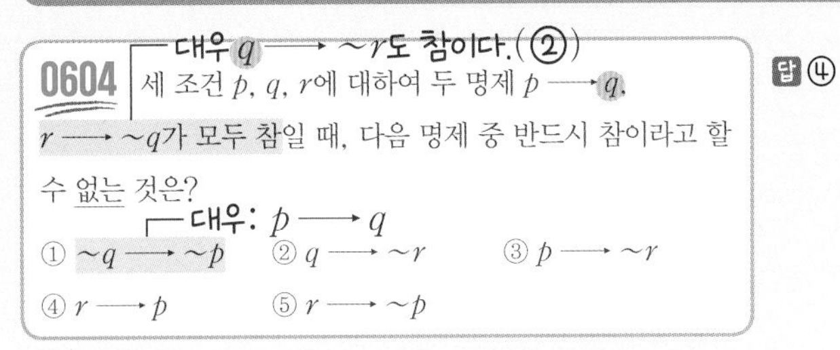
대우 $q \longrightarrow \sim r$도 참이다.(②)

0604 세 조건 p, q, r에 대하여 두 명제 $p \longrightarrow q$, $r \longrightarrow \sim q$가 모두 참일 때, 다음 명제 중 반드시 참이라고 할 수 없는 것은?

대우: $p \longrightarrow q$

① $\sim q \longrightarrow \sim p$ ② $q \longrightarrow \sim r$ ③ $p \longrightarrow \sim r$
④ $r \longrightarrow p$ ⑤ $r \longrightarrow \sim p$

답 ④

풀이 두 명제 $p \longrightarrow q$, $q \longrightarrow \sim r$가 모두 참이므로 명제 $p \longrightarrow \sim r$ (③)와 그 대우 $r \longrightarrow \sim p$ (⑤)도 참이다.
따라서 반드시 참이라고 할 수 없는 명제는 ④이다.

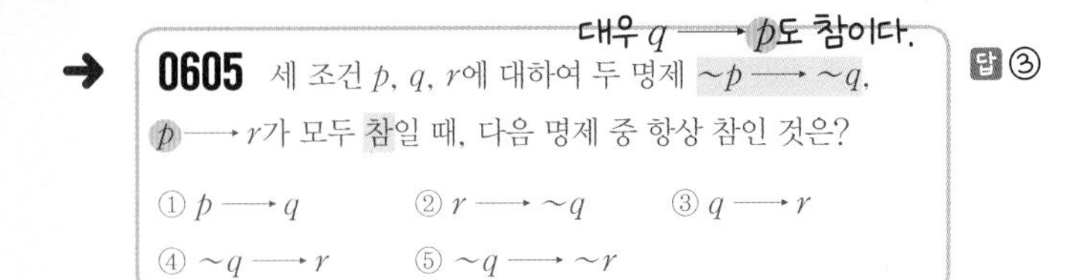
대우 $q \longrightarrow p$도 참이다.

0605 세 조건 p, q, r에 대하여 두 명제 $\sim p \longrightarrow \sim q$, $p \longrightarrow r$가 모두 참일 때, 다음 명제 중 항상 참인 것은?

① $p \longrightarrow q$ ② $r \longrightarrow \sim q$ ③ $q \longrightarrow r$
④ $\sim q \longrightarrow r$ ⑤ $\sim q \longrightarrow \sim r$

답 ③

풀이 두 명제 $q \longrightarrow p$, $p \longrightarrow r$가 모두 참이므로 명제 $q \longrightarrow r$는 참이다.

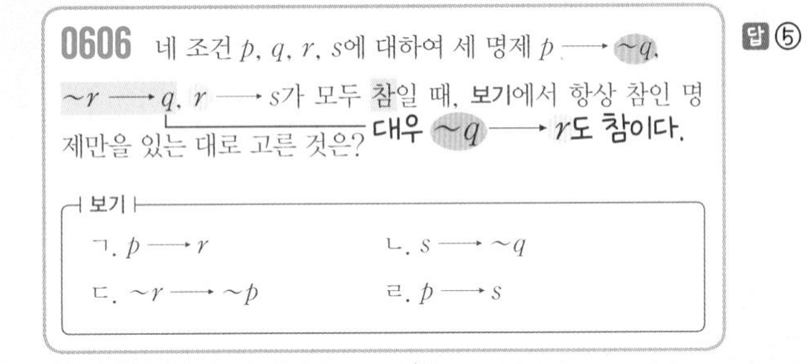
0606 네 조건 p, q, r, s에 대하여 세 명제 $p \longrightarrow \sim q$, $\sim r \longrightarrow q$, $r \longrightarrow s$가 모두 참일 때, 보기에서 항상 참인 명제만을 있는 대로 고른 것은? 대우 $\sim q \longrightarrow r$도 참이다.

보기
ㄱ. $p \longrightarrow r$　　ㄴ. $s \longrightarrow \sim q$
ㄷ. $\sim r \longrightarrow \sim p$　　ㄹ. $p \longrightarrow s$

답 ⑤

풀이 ㄱ, ㄷ. 두 명제 $p \longrightarrow \sim q$, $\sim q \longrightarrow r$가 모두 참이므로 명제 $p \longrightarrow r$와 그 대우 $\sim r \longrightarrow \sim p$도 참이다.
ㄴ. 두 명제 $\sim q \longrightarrow r$, $r \longrightarrow s$가 모두 참이므로 명제 $\sim q \longrightarrow s$는 참이지만 명제 $s \longrightarrow \sim q$의 참, 거짓은 알 수 없다.
ㄹ. 두 명제 $p \longrightarrow r$, $r \longrightarrow s$가 모두 참이므로 명제 $p \longrightarrow s$는 참이다.

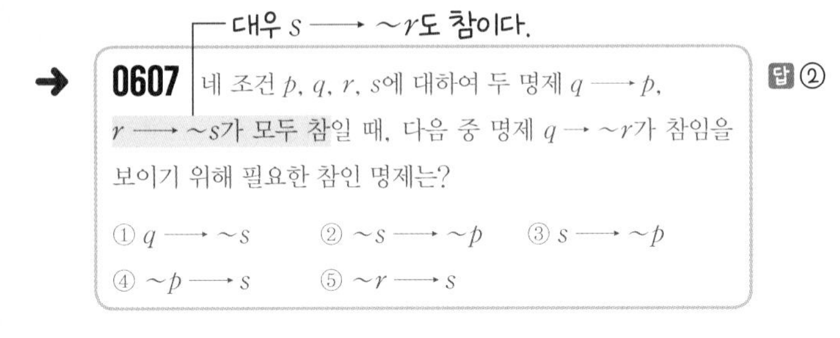
대우 $s \longrightarrow \sim r$도 참이다.

0607 네 조건 p, q, r, s에 대하여 두 명제 $q \longrightarrow p$, $r \longrightarrow \sim s$가 모두 참일 때, 다음 중 명제 $q \longrightarrow \sim r$가 참임을 보이기 위해 필요한 참인 명제는?

① $q \longrightarrow \sim s$ ② $\sim s \longrightarrow \sim p$ ③ $s \longrightarrow \sim p$
④ $\sim p \longrightarrow s$ ⑤ $\sim r \longrightarrow s$

답 ②

풀이 두 명제 $q \longrightarrow p$, $s \longrightarrow \sim r$가 모두 참이므로 명제 $q \longrightarrow \sim r$가 참이려면 명제 $p \longrightarrow s$가 참이어야 한다.
또, 명제 $p \longrightarrow s$가 참이면 그 대우 $\sim s \longrightarrow \sim p$도 참이다.

유형 12 삼단논법과 명제의 추론 개념 5

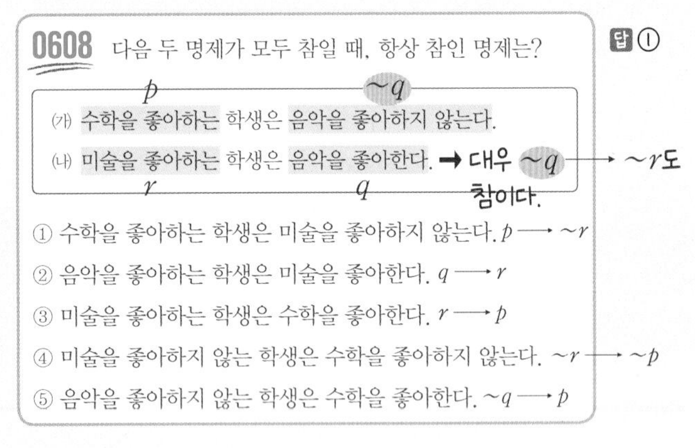
0608 다음 두 명제가 모두 참일 때, 항상 참인 명제는?

(가) 수학을 좋아하는(p) 학생은 음악을 좋아하지 않는다($\sim q$).
(나) 미술을 좋아하는(r) 학생은 음악을 좋아한다(q). ➡ 대우 $\sim q \longrightarrow \sim r$도 참이다.

① 수학을 좋아하는 학생은 미술을 좋아하지 않는다. $p \longrightarrow \sim r$
② 음악을 좋아하는 학생은 미술을 좋아한다. $q \longrightarrow r$
③ 미술을 좋아하는 학생은 수학을 좋아한다. $r \longrightarrow p$
④ 미술을 좋아하지 않는 학생은 수학을 좋아하지 않는다. $\sim r \longrightarrow \sim p$
⑤ 음악을 좋아하지 않는 학생은 수학을 좋아한다. $\sim q \longrightarrow p$

답 ①

풀이 두 명제 $p \longrightarrow \sim q$, $\sim q \longrightarrow \sim r$가 참이므로 명제 $p \longrightarrow \sim r$, 즉 '**수학을 좋아하는 학생은 미술을 좋아하지 않는다.**'는 참이다.

서술형
0609 숫자 1, 2, 3, 4가 하나씩 적혀 있는 4장의 카드에서 다음 조건을 만족시키는 2장의 카드를 선택하려고 한다. 선택한 2장의 카드에 적힌 숫자들의 합의 최댓값을 M, 최솟값을 m이라 할 때, $M+m$의 값을 구하시오.

(가) 2가 적힌 카드를 선택하면(p) 3이 적힌 카드도 선택한다(q).
(나) 4가 적힌 카드를 선택하지 않으면($\sim r$) 3이 적힌 카드도 선택하지 않는다($\sim q$).
➡ 대우 $q \longrightarrow r$도 참이다.

답 12

풀이 (i) 2가 적힌 카드를 선택하는 경우
두 명제 $p \longrightarrow q$, $q \longrightarrow r$가 참이므로 명제 $p \longrightarrow r$도 참이다. …❶ (30%)
즉, 총 3장을 선택하게 되므로 조건을 만족시키지 않는다. …❷ (30%)

(ii) 2가 적힌 카드를 선택하지 않는 경우
3이 적힌 카드를 선택하면 4가 적힌 카드를 선택한다.
또, 3이 적힌 카드를 선택하지 않으면 1이 적힌 카드와 4가 적힌 카드를 선택해야 한다. …❸ (30%)

(i), (ii)에서 $M=3+4=7$, $m=1+4=5$
$\therefore M+m=12$ …❹ (10%)

0610 교내 축구 시합에서 어느 한 반의 네 학생 A, B, C, D 중 한 학생이 골을 넣어 1 : 0으로 승리하였을 때, 네 학생은 다음과 같이 말하였다. 네 학생 중 한 학생만 진실을 말하였다고 할 때, 골을 넣은 학생을 고르시오.

답 D

A: C가 골을 넣었다.
B: A가 골을 넣었다.
C: A는 거짓말을 했다.
D: 나는 골을 넣지 못했다.

풀이 진실: ○ / 거짓: ×

골을 넣은 학생	A	B	C	D
A	×	○	○	○
B	×	×	○	○
C	○	×	×	○
D	×	×	○	×

→ 한 학생만 진실을 말했으므로 골을 넣은 학생은 D이다.

0611 어떤 사건의 범인 한 사람을 찾기 위해 다섯 명의 용의자 A, B, C, D, E의 진술을 확보하였다. 다음은 다섯 명의 용의자들의 진술이다. 다섯 명의 용의자 중 두 사람의 진술만이 거짓일 때, 범인을 고르시오.

답 C

A: D가 범인입니다. 제 눈으로 똑똑히 보았어요!
B: 제가 범인입니다. 미안합니다.
C: B는 범인이 절대 아닙니다.
D: 억울합니다! A는 거짓을 얘기하고 있어요!
E: C의 눈빛이 의심스럽습니다. C가 범인입니다!

풀이 진실: ○ / 거짓: ×

범인	A	B	C	D	E
A	×	×	○	○	×
B	×	○	×	○	×
C	×	×	○	○	○
D	○	×	○	×	×
E	×	×	○	○	×

→ 두 사람의 진술만이 거짓이므로 범인은 C이다.

유형 13 충분조건, 필요조건, 필요충분조건 개념 6

0612 두 조건 p, q에 대하여 다음 중 p가 q이기 위한 필요조건이지만 충분조건이 아닌 것은? (단, x, y는 실수이고 A, B, C는 공집합이 아닌 집합이다.)

답 ②

조건 p의 진리집합: P, 조건 q의 진리집합: Q

① p: $x>1$이고 $y>1$ $\quad q$: $x+y>2$
② p: $xy<1$ $\quad q$: $|x+y|=|x-y|$
③ p: $xy\geq 0$ $\quad q$: $|x+y|=|x|+|y|$
④ p: $A\subset B$ 또는 $A\subset C$ $\quad q$: $A\subset(B\cup C)$
⑤ p: □ABCD는 마름모 $\quad q$: □ABCD는 평행사변형

$x+y=\pm(x-y)$ $\therefore x=0$ 또는 $y=0$

양변을 제곱한 후 정리하면 $xy=|xy|$ $\therefore xy\geq 0$

풀이 ① $P\subset Q$ ② $P\supset Q$, $P\neq Q$ ③ $P=Q$
④ $P\subset Q$ ⑤ $P\subset Q$

0613 두 조건 p, q에 대하여 보기에서 p가 q이기 위한 충분조건이지만 필요조건이 아닌 것만을 있는 대로 고르시오. (단, x, y는 실수이고 A, B, C는 공집합이 아닌 집합이다.)

답 ㄴ, ㄹ

조건 p의 진리집합: P, 조건 q의 진리집합: Q

보기
ㄱ. p: $x^2=1$ ($x=\pm1$) $\quad q$: $x=1$
ㄴ. p: $x=y$ $\quad q$: $x^2=y^2$ ($x=\pm y$)
ㄷ. p: $(A\cap B)\subset C$ $\quad q$: $(A\cup B)\subset C$
ㄹ. p: 9의 배수 ($\cdots, 9, 18, 27, \cdots$) $\quad q$: 3의 배수 ($\cdots, 3, 6, 9, 12, 15, 18, \cdots$)

풀이 ㄱ. $P\supset Q$ ㉡. $P\subset Q$, $P\neq Q$
ㄷ. $P\supset Q$ ㉣. $P\subset Q$, $P\neq Q$

0614 보기에서 $a=0$, $b=0$이기 위한 필요충분조건인 것의 개수를 구하시오. (단, a, b는 실수이다.)

답 5

보기
ㄱ. $a^2+b^2=0$ $\quad$ ㄴ. $a+bi=0$
ㄷ. $\sqrt{a}+\sqrt{b}=0$ $\quad$ ㄹ. $a+b\sqrt{2}=0$
ㅁ. $|a|+|b|=0$ $\quad$ ㅂ. $a^2-2ab+2b^2=0$

풀이 ㉠, ㉡, ㉤. 필요충분조건이다.
㉢. $\sqrt{a}\geq 0$, $\sqrt{b}\geq 0$이므로 $\sqrt{a}+\sqrt{b}=0$이면 $a=0$, $b=0$
ㄹ. $\{(a, b)\mid a+b\sqrt{2}=0\}\not\subset\{(a, b)\mid a=0, b=0\}$
[반례] $a=\sqrt{2}$, $b=-1$
㉥. $a^2-2ab+2b^2=0$에서 $(a-b)^2+b^2=0$
$\therefore a=b=0$

0615 두 조건 p, q에 대하여 다음 중 p가 q이기 위한 필요충분조건인 것은? (단, x, y, z는 실수이다.)

답 ③

조건 p의 진리집합: P, 조건 q의 진리집합: Q

① p: $x^2>0$ ($x<0$ 또는 $x>0$) $\quad q$: $x>0$
② p: $xy>0$ $\quad q$: $xy=|xy|$ ($xy\geq 0$)
③ p: $x-z>y-z$ $\quad q$: $x>y$
④ p: $x+y\geq 4$ $\quad q$: $x\geq 2$이고 $y\geq 2$
⑤ p: $xy>x+y>4$ $\quad q$: $x>2$이고 $y>2$

풀이 ①, ④ $P\supset Q$, $P\neq Q$ ② $P\subset Q$, $P\neq Q$
③ $P=Q$
⑤ $x>2$, $y>2$이면 $x+y>4$이고
$xy-(x+y)=x(y-1)-(y-1)-1$
$=(x-1)(y-1)-1>0$
이므로 $xy>x+y>4$ $\therefore P\supset Q$
또, $P\neq Q$ [반례] $x=3$, $y=2$

유형 14 충분조건, 필요조건과 명제의 참, 거짓 개념 6

0616 네 조건 p, q, r, s에 대하여 q는 p이기 위한 필요조건, q는 r이기 위한 충분조건, s는 r이기 위한 필요조건, s는 q이기 위한 충분조건일 때, 다음 중 옳은 것은?

① r는 p이기 위한 충분조건이다.
② p는 s이기 위한 필요조건이다.
③ p는 r이기 위한 필요충분조건이다.
④ s는 p이기 위한 필요충분조건이다.
⑤ r는 s이기 위한 필요충분조건이다.

답 ⑤

풀이 $p \Longrightarrow q$, $q \Longrightarrow r$, $r \Longrightarrow s$, $s \Longrightarrow q$이므로
세 조건 q, r, s는 서로 필요충분조건이다. (⑤)
①, ③ $p \Longrightarrow r$이므로 r는 p이기 위한 필요조건, p는 r이기 위한 충분조건이다.
②, ④ $p \Longrightarrow s$이므로 p는 s이기 위한 충분조건, s는 p이기 위한 필요조건이다.

0617 세 조건 p, q, r에 대하여 두 명제 $p \longrightarrow q$, $\sim p \longrightarrow \sim r$가 모두 참일 때, 보기에서 옳은 것만을 있는 대로 고른 것은? $r \Longrightarrow p$

보기
ㄱ. q는 p이기 위한 필요조건이다.
ㄴ. r는 p이기 위한 필요조건이다.
ㄷ. q는 r이기 위한 충분조건이다.

답 ①

풀이 $r \Longrightarrow p$, $p \Longrightarrow q$이므로 $r \Longrightarrow q$
ㄱ. $p \Longrightarrow q$이므로 q는 p이기 위한 필요조건이다.
ㄴ. $r \Longrightarrow p$이므로 r는 p이기 위한 충분조건이다.
ㄷ. $r \Longrightarrow q$이므로 q는 r이기 위한 필요조건이다.

유형 15 충분조건, 필요조건, 필요충분조건과 진리집합 개념 6

0618 전체집합 U에 대하여 세 조건 p, q, r의 진리집합을 각각 P, Q, R라 하자. 세 집합 사이의 포함 관계가 그림과 같을 때, 다음 중 옳은 것은?

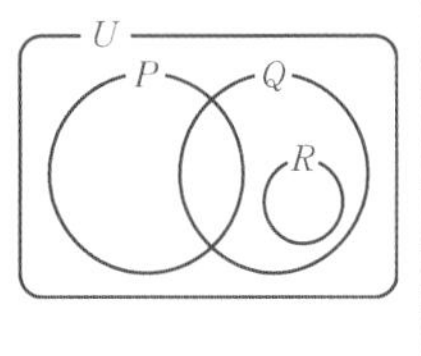

① r는 p이기 위한 충분조건이다.
② r는 $\sim p$이기 위한 필요조건이다.
③ p는 $\sim r$이기 위한 필요조건이다.
④ $\sim q$는 r이기 위한 충분조건이다.
⑤ $\sim r$는 $\sim q$이기 위한 필요조건이다.

답 ⑤

풀이 ① $R \not\subset P$
② $R \subset P^C$이므로 r는 $\sim p$이기 위한 충분조건이다.
③ $P \subset R^C$이므로 p는 $\sim r$이기 위한 충분조건이다.
④ $Q^C \not\subset R$
⑤ $Q^C \subset R^C$이므로 $\sim r$는 $\sim q$이기 위한 필요조건이다.

0619 전체집합 U에 대하여 세 조건 p, q, r의 진리집합을 각각 P, Q, R라 하자. p는 q이기 위한 충분조건이고, $\sim r$는 q이기 위한 필요조건일 때, 보기에서 옳은 것만을 있는 대로 고른 것은? (단, P, Q, R는 공집합이 아닌 집합이다.) $P \subset Q$, $Q \subset R^C$

보기
ㄱ. $P \subset Q$　ㄴ. $P \subset R$　ㄷ. $R \subset P^C$

답 ④

풀이 ㄱ. $P \subset Q$
ㄴ. $P \subset Q$, $Q \subset R^C$이므로 $P \subset R^C$
ㄷ. $P \subset R^C$이므로 $R \subset P^C$

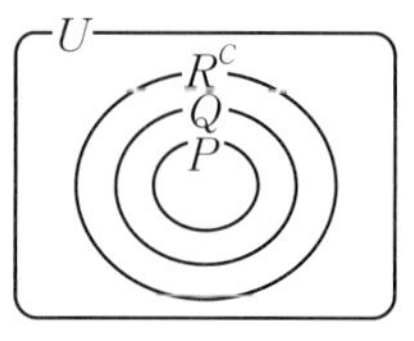

유형 16 충분조건, 필요조건, 필요충분조건이 되도록 하는 상수 구하기 개념 6

0620 두 조건 p: $(x+6)(x-4)<0$, q: $|x|\le|a|$에 대하여 p가 q이기 위한 필요조건이 되도록 하는 정수 a의 개수는? 답 ③

진리집합: P 진리집합: Q $Q\subset P$

풀이 $P=\{x|-6<x<4\}$, $Q=\{x|-|a|\le x\le|a|\}$

$Q\subset P$이어야 하므로 그림에서

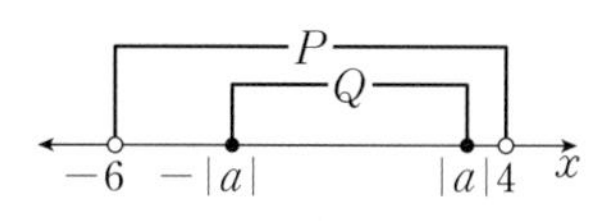

$-|a|>-6$, $|a|<4$

$\therefore |a|<4$ $\therefore -4<a<4$

따라서 정수 a는 $-3, -2, -1, 0, 1, 2, 3$의 7개이다.

0621 서술형 두 조건 p: $(x+2)(x-4)\ne0$, q: $|x-3|\le a$에 대하여 $\sim p$가 q이기 위한 충분조건이 되도록 하는 양수 a의 최솟값을 구하시오. $P^C\subset Q$ 답 5

풀이 두 조건 p, q의 진리집합을 각각 P, Q라 하면

조건 $\sim p$: $(x+2)(x-4)=0$에서

$P^C=\{-2, 4\}$ …❶ (20%)

조건 q: $|x-3|\le a$에서 $-a\le x-3\le a$

$\therefore Q=\{x|-a+3\le x\le a+3\}$ …❷ (20%)

$P^C\subset Q$이어야 하므로 그림에서

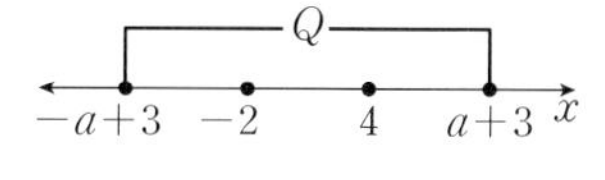

$-a+3\le-2$, $a+3\ge4$

$\therefore a\ge5$

따라서 양수 a의 최솟값은 5이다. …❸ (60%)

0622 다음 네 조건 p, q, r, s에 대하여 p는 q이기 위한 충분조건이고, r는 s이기 위한 필요조건이다. 실수 a의 최댓값을 M, 최솟값을 m이라 할 때, $M+m$의 값을 구하시오. 답 18

$P\subset Q, S\subset R$

> p: $3\le x\le7$ 진리집합: P q: $x\le a$ 진리집합: Q
> r: $x>a$ 진리집합: R s: $11<x\le20$ 진리집합: S

풀이 $P\subset Q$이므로 오른쪽 그림에서

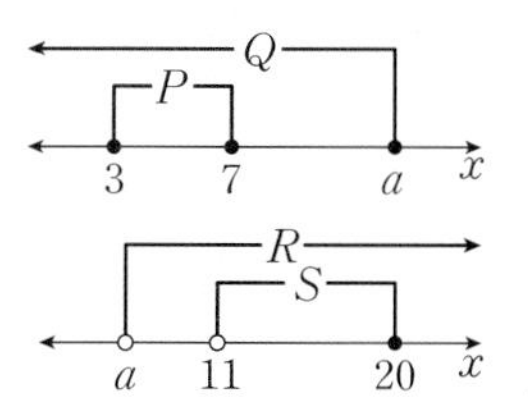

$a\ge7$ …… ㉠

또, $S\subset R$이므로 오른쪽 그림에서

$a\le11$ …… ㉡

㉠, ㉡에 의하여 $7\le a\le11$이므로

$M=11$, $m=7$ $\therefore M+m=18$

0623 네 조건

p: $a\le x\le3$, q: $x\ge-2a-6$,

r: $11<2x-5<15$, s: $x\le b$

에 대하여 q는 p이기 위한 필요조건이고, r는 $\sim s$이기 위한 충분조건일 때, a의 최솟값과 b의 최댓값의 합을 구하시오. (단, $a<3$이고, a, b는 실수이다.) 답 6

$16<2x<20$ $\therefore 8<x<10$ $P\subset Q, R\subset S^C$

풀이 네 조건 p, q, r, s의 진리집합을 각각 P, Q, R, S라 하면

$P=\{x|a\le x\le3\}$, $Q=\{x|x\ge-2a-6\}$,

$R=\{x|8<x<10\}$, $S^C=\{x|x>b\}$

$P\subset Q$이므로 오른쪽 그림에서

$-2a-6\le a$, $-3a\le6$

$\therefore -2\le a<3$ ($\because a<3$)

$R\subset S^C$이므로 오른쪽 그림에서 $b\le8$

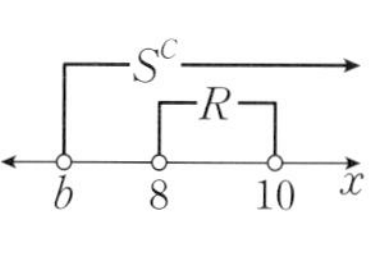

따라서 a의 최솟값은 -2, b의 최댓값은 8이므로 구하는 합은 $-2+8=6$

0624 두 조건

p: $|x-2|+|x-4|\le8$, 진리집합: P

q: $x^2+ax+b\le0$ 진리집합: Q

에 대하여 p는 q이기 위한 필요충분조건일 때, $a+b$의 값은? (단, a, b는 실수이다.) 답 ④

$P=Q$

풀이 $|x-2|+|x-4|\le8$에서

(i) $x<2$일 때, $-(x-2)-(x-4)\le8$

$-2x\le2$ $\therefore -1\le x<2$

(ii) $2\le x<4$일 때, $x-2-(x-4)\le8$

$2\le8$ $\therefore 2\le x<4$

(iii) $x\ge4$일 때, $x-2+x-4\le8$

$2x\le14$ $\therefore 4\le x\le7$

(i), (ii), (iii)에서 $-1\le x\le7$ $\therefore P=\{x|-1\le x\le7\}$

$P=Q$이므로 $x^2+ax+b=0$의 두 근이 -1, 7이어야 한다.

따라서 근과 계수의 관계에 의하여

$a=-6$, $b=-7$ $\therefore a+b=-13$

0625 두 조건 p, q의 진리집합이 각각

$P=\{x||x-4|\ge a\}$, $Q=\{x|x^2-bx-20<0\}$

일 때, $\sim q$가 p이기 위한 필요충분조건이 되도록 하는 실수 a, b에 대하여 $a+b$의 값을 구하시오. (단, $a>0$) 답 14

$x-4\le-a$ 또는 $x-4\ge a$ $P=Q^C$

풀이 $P=\{x|x\le4-a$ 또는 $x\ge4+a\}$,

$Q^C=\{x|x^2-bx-20\ge0\}$

$P=Q^C$이어야 하므로 $x^2-bx-20=0$의 두 근이 $4-a$, $4+a$이어야 한다.

따라서 근과 계수의 관계에 의하여

$b=(4-a)+(4+a)=8$

$-20=(4-a)(4+a)=16-a^2$

$a^2=36$ $\therefore a=6$ ($\because a>0$)

$\therefore a+b=14$

유형 17 대우를 이용한 명제의 증명과 귀류법 개념 7

0626 다음은 명제 '자연수 a, b, c에 대하여 $a^2+b^2=c^2$이면 a, b, c 중 적어도 하나는 짝수이다.'가 참임을 그 대우를 이용하여 증명하는 과정이다. 답 13

증명
주어진 명제의 대우는 '자연수 a, b, c에 대하여 a, b, c가 모두 홀수이면 $a^2+b^2\neq c^2$이다.'이다.
$a=2k-1$ (k는 자연수)이라 하면 $a^2=2($ (가) $)-1$
이때 (가) 는(은) 자연수이므로 a^2은 홀수이고, 같은 방법으로 b^2, c^2도 모두 홀수이다.
즉, a^2+b^2은 짝수이고, c^2은 홀수이므로 $a^2+b^2\neq c^2$이다.
따라서 주어진 명제의 대우가 참이므로 주어진 명제도 참이다.

위의 과정에서 (가)에 알맞은 식을 $f(k)$라 할 때, $f(3)$의 값을 구하시오.

풀이 $a^2=(2k-1)^2=4k^2-4k+1=2($ (가) $\mathbf{2k^2-2k+1}$ $)-1$
따라서 $f(k)=2k^2-2k+1$이므로
$f(3)=2\cdot3^2-2\cdot3+1=\mathbf{13}$

0627 다음은 명제 '자연수 n에 대하여 n^2이 3의 배수이면 n도 3의 배수이다.'가 참임을 그 대우를 이용하여 증명하는 과정이다. 답 풀이 참조

증명
주어진 명제의 대우는 '자연수 n에 대하여 n이 3의 배수가 아니면 n^2도 3의 배수가 아니다.'이다.
$n=3k-2$ 또는 $n=$ (가) (k는 자연수)(이)라 하면
(i) $n=3k-2$일 때, $n^2=3(3k^2-4k+1)+$ (나)
(ii) $n=$ (가) 일 때, $n^2=3($ (다) $)+$ (나)
즉, n^2은 3으로 나누면 나머지가 (나) 인 자연수이므로 n이 3의 배수가 아니면 n^2도 3의 배수가 아니다.
따라서 주어진 명제의 대우가 참이므로 주어진 명제도 참이다.

위의 과정에서 (가), (나), (다)에 알맞은 것을 써넣으시오.

풀이 $n=3k-2$ 또는 $n=$ (가) $\mathbf{3k-1}$ (k는 자연수)이라 하면
(i) $n=3k-2$일 때
$n^2=(3k-2)^2=9k^2-12k+4$
$=3(3k^2-4k+1)+$ (나) $\mathbf{1}$
(ii) $n=$ (가) $\mathbf{3k-1}$일 때
$n^2=(3k-1)^2=9k^2-6k+1$
$=3($ (다) $\mathbf{3k^2-2k}$ $)+$ (나) $\mathbf{1}$

0628 다음은 $n\geq2$인 자연수 n에 대하여 $\sqrt{n^2-1}$이 무리수임을 증명하는 과정이다. 답 풀이 참조

증명
$\sqrt{n^2-1}$이 유리수라고 가정하면
$\sqrt{n^2-1}=\frac{q}{p}$ (p, q는 서로소인 자연수)라 할 수 있다.
이 식의 양변을 제곱하면 $n^2-1=\frac{q^2}{p^2}$ ...... ㉠
㉠의 좌변은 자연수이고, p, q는 서로소이므로
$p^2=$ (가) 1 ...... ㉡
㉡을 ㉠에 대입하여 정리하면 → $n^2-1=q^2$
$n^2-q^2=$ (나) 1, $(n+q)(n-q)=$ (나) 1
따라서 $n+q$, $n-q$의 값은 모두 (다) −1 또는 1이다.
이때 n은 $n\geq2$인 자연수, q는 자연수라는 가정에 모순이므로 $\sqrt{n^2-1}$은 무리수이다.

(i) $n+q=-1$, $n-q=-1$이면 $n=-1$, $q=0$
(ii) $n+q=1$, $n-q=1$이면 $n=1$, $q=0$

위의 과정에서 (가), (나), (다)에 알맞은 것을 써넣으시오.

풀이 (가) **1**
(나) **1**
(다) **−1 또는 1**

0629 다음은 n이 자연수일 때, $\sqrt{3n(3n+2)}$가 무리수임을 증명하는 과정이다. 답 11

증명
$\sqrt{3n(3n+2)}$가 유리수라고 가정하면
$\sqrt{3n(3n+2)}=\frac{b}{a}$ (a, b는 서로소인 자연수)라 할 수 있다.
이 식의 양변을 제곱하면
$3n(3n+2)=\frac{b^2}{a^2}$ ...... ㉠
㉠의 좌변이 자연수이고 a, b는 서로소이므로
$a^2=$ (가) 1 ...... ㉡
㉡을 ㉠에 대입하여 정리하면 → $9n^2+6n=b^2$, $9n^2+6n+1=b^2+1$
$($ (나) $3n+1$ $+b)($ (나) $3n+1$ $-b)=1$ $(3n+1)^2-b^2=1$
따라서 (나) $+b$, (나) $-b$의 값은 모두 -1 또는 1이다.
이때 n, b가 모두 자연수라는 가정에 모순이므로 $\sqrt{3n(3n+2)}$는 무리수이다.

(i) $3n+1+b=-1$, $3n+1-b=-1$이면 $n=-\frac{2}{3}$, $b=0$
(ii) $3n+1+b=1$, $3n+1-b=1$이면 $n=0$, $b=0$

위의 과정에서 (가)에 알맞은 값을 m, (나)에 알맞은 식을 $f(n)$이라 할 때, $m+f(3)$의 값을 구하시오.

풀이 $m=1$, $f(n)=3n+1$이므로
$m+f(3)=1+10=\mathbf{11}$

0630 x, y가 실수일 때, 보기에서 절대부등식인 것만을 있는 대로 고른 것은? 답 ⑤

보기
ㄱ. $x^2+y^2\ge xy$
ㄴ. $x^2-x+1>0$
ㄷ. $(2x+y)^2\ge 4xy$

풀이 ㉠. $x^2+y^2-xy=\left(x-\frac{y}{2}\right)^2+\frac{3}{4}y^2\ge 0$이므로
$x^2+y^2\ge xy$ ← 등호는 $x=y=0$일 때 성립
㉡. $x^2-x+1=\left(x-\frac{1}{2}\right)^2+\frac{3}{4}>0$
㉢. $(2x+y)^2-4xy=4x^2+4xy+y^2-4xy$
$=4x^2+y^2\ge 0$
이므로 $(2x+y)^2\ge 4xy$ ← 등호는 $x=y=0$일 때 성립

Tip ㄴ. 이차방정식 $x^2-x+1=0$에서 (판별식)$=1-4<0$이므로 모든 실수 x에 대하여 $x^2-x+1>0$이다.

→ 서술형 **0631** 두 실수 a, b에 대하여 부등식 $a^2+b^2+9\ge ab+3a+3b$가 성립함을 증명하고, 등호가 성립하는 경우를 구하시오. 답 풀이 참조

풀이 $a^2+b^2+9-ab-3a-3b$
$=\frac{1}{2}(a-b)^2+\frac{1}{2}(a-3)^2+\frac{1}{2}(b-3)^2$
이때 a, b가 실수이므로
$(a-b)^2\ge 0$, $(a-3)^2\ge 0$, $(b-3)^2\ge 0$에서
$a^2+b^2+9-ab-3a-3b\ge 0$
$\therefore a^2+b^2+9\ge ab+3a+3b$ …❶ (70%)
이때 등호는 $a-b=0$, $a-3=0$, $b-3=0$, 즉 $a=b=3$일 때 성립한다. …❷ (30%)

Tip $a^2+b^2+c^2-ab-bc-ca=\frac{1}{2}\{(a-b)^2+(b-c)^2+(c-a)^2\}$

0632 a, b가 실수일 때, 보기에서 옳은 것만을 있는 대로 고른 것은? 답 ①

보기
ㄱ. $|a|+|b|\ge|a+b|$
ㄴ. $|a-b|\le|a|-|b|$
ㄷ. $\sqrt{\frac{a^2+b^2}{2}}\ge\frac{a+b}{2}$
ㄹ. $\sqrt{a+b}>\sqrt{a}+\sqrt{b}$ (단, $a>0$, $b>0$)

풀이 ㉠. $(|a|+|b|)^2-|a+b|^2=2(|ab|-ab)\ge 0$
$\therefore |a|+|b|\ge|a+b|$
ㄴ. (i) $|a|\ge|b|$일 때
$|a-b|^2-(|a|-|b|)^2=2(|ab|-ab)\ge 0$
$\therefore |a-b|\ge|a|-|b|$
(ii) $|a|<|b|$일 때
$|a-b|>0$, $|a|-|b|<0$이므로 $|a-b|>|a|-|b|$
㉢. (i) $\frac{a+b}{2}\ge 0$일 때
$\left(\sqrt{\frac{a^2+b^2}{2}}\right)^2-\left(\frac{a+b}{2}\right)^2=\frac{(a-b)^2}{4}\ge 0$
$\therefore \sqrt{\frac{a^2+b^2}{2}}\ge\frac{a+b}{2}$
(ii) $\frac{a+b}{2}<0$일 때, $\sqrt{\frac{a^2+b^2}{2}}>\frac{a+b}{2}$
ㄹ. $(\sqrt{a+b})^2-(\sqrt{a}+\sqrt{b})^2=-2\sqrt{ab}<0$
$\therefore \sqrt{a+b}<\sqrt{a}+\sqrt{b}$

→ **0633** a, b가 실수일 때, 보기에서 옳은 것만을 있는 대로 고른 것은? 답 ②

보기
ㄱ. $|a+b|\ge|a-b|$
ㄴ. $\sqrt{a^2+b^2}\ge|a|+|b|$
ㄷ. $\sqrt{|a|}+\sqrt{|b|}\ge\sqrt{|a|+|b|}$

풀이 ㄱ. [반례] $a=1$, $b=-1$
ㄴ. $(\sqrt{a^2+b^2})^2-(|a|+|b|)^2=-2|ab|\le 0$
$\therefore \sqrt{a^2+b^2}\le|a|+|b|$
㉢. $(\sqrt{|a|}+\sqrt{|b|})^2-(\sqrt{|a|+|b|})^2=2\sqrt{|ab|}\ge 0$
$\therefore \sqrt{|a|}+\sqrt{|b|}\ge\sqrt{|a|+|b|}$

Tip ㄱ. $|a+b|^2-|a-b|^2=4ab$에서 $4ab\ge 0$을 만족시키지 않는 예를 생각한다.

유형 19 산술평균과 기하평균의 관계 개념 9

0634 두 양수 x, y에 대하여 $\left(x+\frac{4}{y}\right)\left(y+\frac{9}{x}\right)$는 $xy=a$일 때, 최솟값 b를 갖는다. 이때 상수 a에 대하여 $a+b$의 값을 구하시오.

답 31

풀이 $xy>0$, $\frac{36}{xy}>0$이므로

$$\left(x+\frac{4}{y}\right)\left(y+\frac{9}{x}\right)=xy+9+4+\frac{36}{xy}$$
$$\geq 13+2\sqrt{xy\cdot\frac{36}{xy}}=13+2\cdot6=25$$

등호는 $xy=\frac{36}{xy}$일 때 성립하므로 $(xy)^2=36$에서

$xy=6$ ($\because$ $xy>0$)

즉, $a=6$, $b=25$이므로 $a+b=$**31**

0635 $a>0$, $b>0$, $c>0$일 때,

$(a+b+c)\left(\frac{1}{4a+b}+\frac{1}{3b+4c}\right)$

의 최솟값은?

답 ①

풀이 $\underbrace{4a+b}_{x}>0$, $\underbrace{3b+4c}_{y}>0$이므로

$$(a+b+c)\left(\frac{1}{4a+b}+\frac{1}{3b+4c}\right)$$
$$=\frac{1}{4}\{(\underbrace{4a+b}_{x})+(\underbrace{3b+4c}_{y})\}\left(\frac{1}{\underbrace{4a+b}_{x}}+\frac{1}{\underbrace{3b+4c}_{y}}\right)$$
$$=\frac{1}{4}(x+y)\left(\frac{1}{x}+\frac{1}{y}\right)$$
$$=\frac{1}{4}\left(1+\frac{x}{y}+\frac{y}{x}+1\right)$$
$$\geq\frac{1}{4}\left(2+2\sqrt{\frac{x}{y}\cdot\frac{y}{x}}\right)=\frac{1}{4}(2+2)=\mathbf{1}$$

↑ 등호는 $\frac{x}{y}=\frac{y}{x}$일 때 성립

서술형

0636 $x>2$일 때, $3x+2+\frac{3}{x-2}$은 $x=a$에서 최솟값 m을 갖는다. 이때 상수 a에 대하여 $a+m$의 값을 구하시오.

답 17

풀이 $3(x-2)>0$, $\frac{3}{x-2}>0$이므로

$$3x+2+\frac{3}{x-2}=3(x-2)+\frac{3}{x-2}+8$$
$$\geq 2\sqrt{3(x-2)\cdot\frac{3}{x-2}}+8=2\cdot3+8=14$$

$\therefore m=14$ …❶ (60%)

이때 등호는 $3(x-2)=\frac{3}{x-2}$일 때 성립하므로

$(x-2)^2=1$, $x-2=1$ ($\because$ $x-2>0$)

$\therefore x=3$, 즉 $a=3$ …❷ (30%)

$\therefore a+m=$**17** …❸ (10%)

0637 $x>3$일 때, $\frac{x^4-9x^2+49}{x^2-9}$의 최솟값을 α, 그때의 x의 값을 β라 하자. 이때 $\alpha+\beta$의 값을 구하시오.

답 27

풀이 $x^2-9>0$, $\frac{49}{x^2-9}>0$이므로

$$\frac{x^4-9x^2+49}{x^2-9}=\frac{x^2(x^2-9)+49}{x^2-9}=x^2+\frac{49}{x^2-9}$$
$$=x^2-9+\frac{49}{x^2-9}+9$$
$$\geq 2\sqrt{(x^2-9)\cdot\frac{49}{x^2-9}}+9=2\cdot7+9=23$$

$\therefore \alpha=23$

이때 등호는 $x^2-9=\frac{49}{x^2-9}$일 때 성립하므로

$(x^2-9)^2=49$, $x^2-9=7$ ($\because$ $x^2-9>0$)

$x^2=16$ $\quad\therefore x=4$ ($\because$ $x>3$), 즉 $\beta=4$

$\therefore \alpha+\beta=$**27**

0638 x에 대한 이차방정식 $ax^2+8x+b=0$이 중근을 갖도록 하는 실수 a, b에 대하여 a^2+b^2의 최솟값을 구하시오. ($a\neq0$)

답 32

풀이 이차방정식 $ax^2+8x+b=0$이 중근을 가져야 하므로 (판별식: D)

$\frac{D}{4}=4^2-ab=0$ $\quad\therefore ab=16$

$\therefore a\neq0$, $b\neq0$

$a^2>0$, $b^2>0$이므로

$a^2+b^2\geq2\sqrt{a^2b^2}=2\sqrt{16^2}=$**32** ← 등호는 $a^2=b^2$일 때 성립

0639 $a>0$, $b>0$일 때, 직선 $\frac{x}{a}+\frac{y}{b}=1$이 점 $(2, 1)$을 지난다. 이때 상수 a, b에 대하여 ab의 최솟값을 구하시오.

$\frac{2}{a}+\frac{1}{b}=1$ …… ㉠

답 8

풀이 $\frac{2}{a}>0$, $\frac{1}{b}>0$이므로 $\frac{2}{a}+\frac{1}{b}\geq2\sqrt{\frac{2}{ab}}=\frac{2\sqrt{2}}{\sqrt{ab}}$

㉠에 의하여 $1\geq\frac{2\sqrt{2}}{\sqrt{ab}}$, $\sqrt{ab}\geq2\sqrt{2}$

양변을 제곱하면 $ab\geq8$

선분 BD는 원의 지름이다. → $\overline{BD}=8$

0640 그림과 같이 밑면의 가로의 길이가 4이고, 대각선의 길이가 9인 직육면체의 부피의 최댓값을 구하시오. V

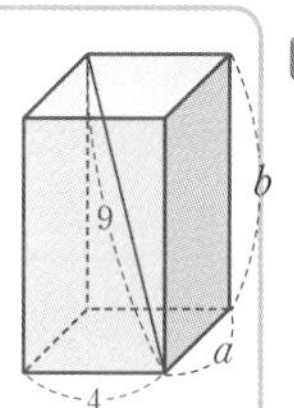

답 130

풀이 $V=4ab$

직육면체의 대각선의 길이가 9이므로

$\sqrt{16+a^2+b^2}=9 \quad \therefore a^2+b^2=65 \quad \cdots\cdots$ ㉠

$a^2>0,\ b^2>0$이므로

$a^2+b^2\ge 2\sqrt{a^2b^2}=2ab$ ($\because a>0, b>0$)

㉠에 의하여 $2ab\le 65$

$\therefore V=4ab\le 2\cdot 65=\mathbf{130}$

→ **0641** 그림과 같이 반지름의 길이가 4인 원에 내접하는 사각형 ABCD가 있다. $\angle BAD=\angle BCD=90^\circ$, $\overline{AB}=\overline{BC}$일 때, 사각형 ABCD의 넓이의 최댓값을 구하시오. S

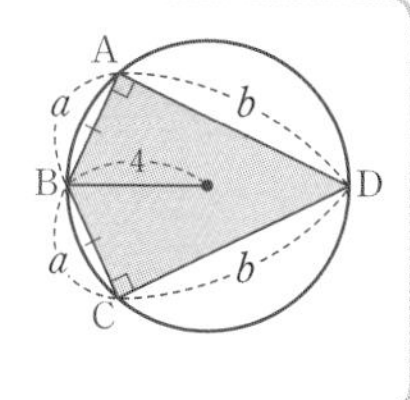

답 32

풀이 $S=2\cdot\frac{1}{2}ab=ab$

$\triangle ABD$에서 $a^2+b^2=8^2 \quad \cdots\cdots$ ㉠

$a^2>0,\ b^2>0$이므로

$a^2+b^2\ge 2\sqrt{a^2b^2}=2ab$ ($\because a>0, b>0$)

이때 ㉠에 의하여 $2ab\le 64$

$\therefore S=ab\le \mathbf{32}$

Tip 지름에 대한 원주각의 크기는 90°이다.

유형 20 코시-슈바르츠 부등식

개념 9

0642 두 실수 x, y에 대하여 $x^2+y^2=3$일 때, $2x+y$의 최댓값을 M, 최솟값을 m이라 하자. 이때 $(M-m)^2$의 값을 구하시오.

답 60

풀이 $(x^2+y^2)(2^2+1^2)\ge(2x+y)^2$

이때 $x^2+y^2=3$이므로 $(2x+y)^2\le 15$

$\therefore \underbrace{-\sqrt{15}}_{=m}\le 2x+y\le\underbrace{\sqrt{15}}_{=M}$ ← 등호는 $\frac{x}{2}=y$일 때 성립

$\therefore (M-m)^2=\{\sqrt{15}-(-\sqrt{15})\}^2=(2\sqrt{15})^2=\mathbf{60}$

Tip $(x^2+y^2)(\square^2+\triangle^2)\ge(2x+y)^2 \quad \therefore \square=2,\ \triangle=1$

→ **0643** $x^2+y^2=a$를 만족시키는 실수 x, y에 대하여 $3x+4y$의 최댓값과 최솟값의 차가 60일 때, 양수 a의 값은?

답 ②

풀이 $(x^2+y^2)(3^2+4^2)\ge(3x+4y)^2$

이때 $x^2+y^2=a$이므로 $(3x+4y)^2\le 25a$

$\therefore \underbrace{-5\sqrt{a}}_{\text{최솟값}}\le 3x+4y\le\underbrace{5\sqrt{a}}_{\text{최댓값}}$ ← 등호는 $\frac{x}{3}=\frac{y}{4}$일 때 성립

$5\sqrt{a}-(-5\sqrt{a})=60$이므로

$10\sqrt{a}=60,\ \sqrt{a}=6 \quad \therefore a=\mathbf{36}$

0644 두 실수 x, y에 대하여 $x+3y=2\sqrt{10}$일 때, x^2+y^2의 최솟값을 k, 그때의 x, y의 값을 각각 α, β라 하자. 이때 $k+\frac{\beta}{\alpha}$의 값은?

답 ④

풀이 $(x^2+y^2)(1^2+3^2)\ge(x+3y)^2$

이때 $x+3y=2\sqrt{10}$이므로 $10(x^2+y^2)\ge 40$

$\therefore x^2+y^2\ge 4 \quad \therefore k=4$

등호는 $x=\frac{y}{3}$일 때 성립하므로 $\alpha=\frac{\beta}{3} \quad \therefore \frac{\beta}{\alpha}=3$

$\therefore k+\frac{\beta}{\alpha}=\mathbf{7}$

→ **0645** 세 실수 a, b, c에 대하여 $a+b+c=9$, $a^2+b^2+c^2=33$을 만족시키는 c의 값의 범위가 $\alpha\le c\le\beta$일 때, $\alpha^2+\beta^2$의 값을 구하시오. → c에 대한 부등식이 필요하다.

답 26

풀이 $a+b+c=9$에서 $a+b=9-c \quad \cdots\cdots$ ㉠

$a^2+b^2+c^2=33$에서 $a^2+b^2=33-c^2 \quad \cdots\cdots$ ㉡

$(a^2+b^2)(1^2+1^2)\ge(a+b)^2 \quad \cdots\cdots$ ㉢

㉢에 ㉠, ㉡을 대입하면

$2(33-c^2)\ge(9-c)^2$

$c^2-6c+5\le 0,\ (c-1)(c-5)\le 0$

$\therefore \underset{\alpha}{1}\le c\le\underset{\beta}{5}$

$\therefore \alpha^2+\beta^2=1^2+5^2=\mathbf{26}$

실력 완성!

0646 다음 중 명제가 아닌 것은? **답** ⑤

① 어떤 소수는 홀수가 아니다. 참인 명제
② $x=0$ 또는 $y=0$이면 $x^2+y^2=0$이다. 거짓인 명제
③ 모든 실수 x에 대하여 $x^2>0$이다. 거짓인 명제
④ 자연수 n에 대하여 n^2이 짝수이면 n도 짝수이다. 참인 명제
⑤ x는 6과 9의 최대공약수이다.

풀이 ② [반례] $x\neq 0$, $y=0$
③ [반례] $x=0$
④ 대우 '자연수 n에 대하여 n이 홀수이면 n^2도 홀수이다.'가 참이므로 참인 명제이다.
⑤ x의 값에 따라 참, 거짓이 달라지므로 명제가 아니다.

0647 전체집합 $U=\{x\,|\,x$는 10 이하의 자연수$\}$에 대하여 조건 p가
p: x는 짝수이고 12의 약수이다.
이고, 이 조건 p의 진리집합을 P라 할 때, 다음 중 옳은 것을 모두 고르면? (정답 2개) **답** ①, ④

① $4\in P$ ② $1\notin P^C$ $\in$ ③ $3\in P$ $\notin$
④ $6\notin P^C$ ⑤ $8\notin P^C$ $\in$

풀이 10 이하의 자연수 중
짝수는 2, 4, 6, 8, 10,
12의 약수는 1, 2, 3, 4, 6
이므로
$P=\{2, 4, 6\}$, $P^C=\{1, 3, 5, 7, 8, 9, 10\}$

0648 두 조건 (진리집합: P)
p: $|x|\geq a$, q: $x<2$ 또는 $x\geq 3$ (진리집합: Q)
에 대하여 명제 $p \longrightarrow q$가 참이 되도록 하는 양수 a의 최솟값을 구하시오. $P\subset Q$ **답** 3

풀이 $|x|\geq a$에서 $x\leq -a$ 또는 $x\geq a$
$\therefore P=\{x\,|\,x\leq -a$ 또는 $x\geq a\}$, $Q=\{x\,|\,x<2$ 또는 $x\geq 3\}$
$P\subset Q$이어야 하므로 그림에서
$a\geq 3$ ($\because -a<0$)

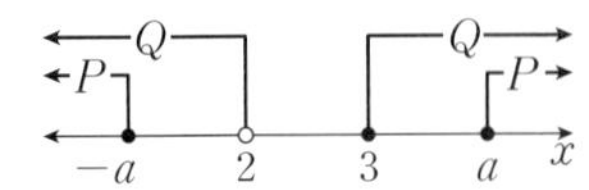

0649 다음 중 참인 명제는? (단, x, y는 실수이다.) **답** ③

① $x\neq 1$이면 $x^2\neq 1$이다.
② $x>y$이면 $x^2>y^2$이다.
③ $|x|<1$이면 $x<1$이다.
④ $x+y$가 무리수이면 x, y는 무리수이다.
⑤ $x\neq 0$ 또는 $y\neq 0$이면 $xy\neq 0$이다.

풀이 ① [반례] $x=-1$ (거짓)
② [반례] $x=0$, $y=-2$ (거짓)
③ $|x|<1$이면 $-1<x<1$이므로 $x<1$이다. (참)
④ [반례] $x=\sqrt{2}$, $y=0$ (거짓)
⑤ [반례] $x=1$, $y=0$ (거짓)

Tip ①, ⑤는 대우로 참, 거짓을 확인해도 좋다.

0650 전체집합 U에 대하여 두 조건 p, q의 진리집합을 각각 P, Q라 할 때, 명제 'p이면 $\sim q$이다.'가 거짓임을 보이는 원소가 반드시 속하는 집합은? **답** ②

풀이 $P\cap(Q^C)^C=P\cap Q$

0651 전체집합 U에 대하여 두 조건 p, q의 진리집합을 각각 P, Q라 할 때, $P\cap Q=\varnothing$, $P\cup Q=U$인 관계가 성립한다. 이때 보기에서 항상 참인 명제만을 있는 대로 고른 것은? **답** ②

보기
ㄱ. $p \longrightarrow q$ ㄴ. $p \longrightarrow \sim q$ ㄷ. $\sim p \longrightarrow \sim q$
대우: $q \longrightarrow p$

Key $P\cap Q=\varnothing$, $P\cup Q=U$이면 그림과 같고
$P^C=Q$, $Q^C=P$이다.

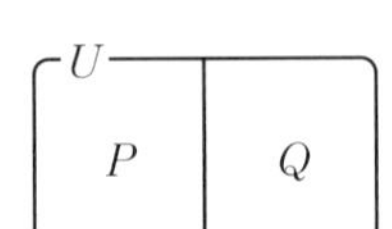

풀이 ㄱ. $P\not\subset Q$ (거짓)
ㄴ. $P\subset Q^C$ (참)
ㄷ. $Q\not\subset P$ (거짓)

0652 실수 x에 대하여 세 조건 p, q, r가 <진리집합 또는 진리집합의 여집합>

p: $x\le 4$, → $P=\{x|x\le 4\}$

q: $|x|>3$, → $Q^C=\{x|-3\le x\le 3\}$

r: $x^2-1<0$ → $R=\{x|-1<x<1\}$

일 때, 보기에서 참인 명제만을 있는 대로 고른 것은?

보기

ㄱ. $p \longrightarrow q$

ㄴ. $\sim p \longrightarrow q$ 대우: $\sim q \longrightarrow p$

ㄷ. $\sim p \longrightarrow \sim r$ 대우: $r \longrightarrow p$

ㄹ. $r \longrightarrow \sim q$

답 ⑤

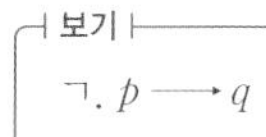

풀이 그림에서

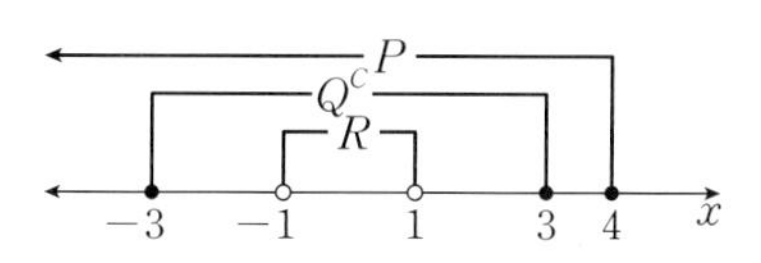

ㄱ. $P\not\subset Q$ (거짓)

ⓛ. $Q^C\subset P$ (참)

ⓒ. $R\subset P$ (참)

ⓔ. $R\subset Q^C$ (참)

0653 명제

'모든 실수 x에 대하여 $x^2-6kx+36>0$이다.'

의 부정이 참이 되도록 하는 양수 k의 최솟값을 구하시오.

답 2

풀이 부정: '어떤 실수 x에 대하여 $x^2-6kx+36\le 0$이다.'

이차방정식 $x^2-6kx+36=0$이 적어도 한 개의 실근을 가져야 하므로 (판별식: D)

$\frac{D}{4}=(-3k)^2-36\ge 0$, $9k^2-36\ge 0$, $k^2-4\ge 0$

$(k+2)(k-2)\ge 0$ $\quad\therefore k\le -2$ 또는 $k\ge 2$

따라서 양수 k의 최솟값은 2이다.

0654 다음 중 그 역과 대우가 모두 참인 명제는? (가정과 결론이 서로의 필요충분조건이다.)

(단, x, y는 실수이고 A, B, C는 공집합이 아닌 집합이다.)

① 마름모는 직사각형이다.

② $x+y>2$이면 $x>1$이고 $y>1$이다.

③ $|x|+|y|=0$이면 $x=0$ 또는 $y=0$이다. ($x=y=0$)

④ $x=2$ 또는 $y=4$이면 $xy=8$이다.

⑤ $A\subset(B\cap C)$이면 $A\subset B$이고 $A\subset C$이다.

답 ⑤

풀이 ① 명제: (거짓), 역: (거짓)

② 명제: [반례] $x=0$, $y=3$ (거짓) / 역: (참)

③ 명제: (참) / 역: [반례] $x=0$, $y\ne 0$ (거짓)

④ 명제: [반례] $x=2$, $y=3$ (거짓)

역: [반례] $x=1$, $y=8$ (거짓)

⑤ 가정과 결론이 서로의 필요충분조건이므로 역과 대우는 모두 참이다.

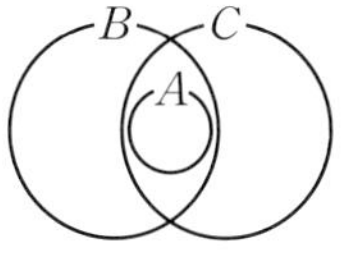

0655 두 조건 p, q가

p: $x\ne a$, q: $x^2-3x-4\ge 0$ → 진리집합: P, Q

일 때, 명제 $p \longrightarrow q$의 역이 참이 되도록 하는 정수 a의 개수는? 명제 $q \longrightarrow p$가 참 → $Q\subset P$

답 ④

풀이 $x^2-3x-4\ge 0$에서 $(x+1)(x-4)\ge 0$

$\therefore x\le -1$ 또는 $x\ge 4$

$\therefore P=\{x|x\ne a\}$, $Q=\{x|x\le -1$ 또는 $x\ge 4\}$

$Q\subset P$이어야 하므로 $-1<a<4$

따라서 정수 a는 0, 1, 2, 3의 4개이다.

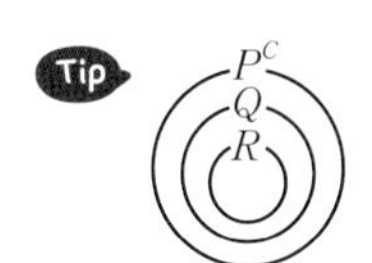

0656 세 조건 p, q, r에 대하여 두 명제 $q \longrightarrow \sim p$, $r \longrightarrow q$가 모두 참일 때, 보기에서 항상 참인 명제만을 있는 대로 고르시오. (진리집합 P, Q, R)

보기

ㄱ. $r \longrightarrow \sim p$ ㄴ. $p \longrightarrow \sim q$

ㄷ. $\sim r \longrightarrow \sim q$ ㄹ. $\sim q \longrightarrow p$

ㅁ. $\sim q \longrightarrow \sim r$ ㅂ. $r \longrightarrow \sim q$

답 ㄱ, ㄴ, ㅁ

풀이 ⓖ. 두 명제 $r \longrightarrow q$, $q \longrightarrow \sim p$가 참이므로 $r \longrightarrow \sim p$도 참이다.

ⓛ, ⓜ. 두 명제 $q \longrightarrow \sim p$, $r \longrightarrow q$가 참이므로 그 대우 $p \longrightarrow \sim q$, $\sim q \longrightarrow \sim r$도 참이다.

ㄷ, ㄹ, ㅂ. 항상 참이라고 볼 수 없다.

Tip (P^C ⊃ Q ⊃ R)

0657 어떤 방 탈출 게임에서 마지막 미션을 통과하기 위해서는 열쇠를 가진 학생을 찾아야 한다. 열쇠는 세 학생 A, B, C 중에서 한 학생이 가지고 있으며, 세 학생은 다음과 같이 말하였다. 거짓을 말하는 학생과 진실을 말하는 학생이 모두 한 명 이상 있다고 할 때, 열쇠를 가지고 있는 학생을 고르시오.

학생 A: 내가 열쇠를 가지고 있어.

학생 B: A가 열쇠를 가지고 있어.

학생 C: 나는 열쇠를 가지고 있지 않아.

답 B

풀이 진실: ○ / 거짓: ×

열쇠를 가진 학생	A	B	C
A	○	○	○
B	×	×	○
C	×	×	×

→ 거짓과 진실을 말하는 학생이 모두 한 명 이상 있으므로 열쇠를 가지고 있는 학생은 B이다.

$Q\subset P,\ Q\subset R^C$

0658 전체집합 U에 대하여 세 조건 p, q, r의 진리집합을 각각 P, Q, R라 할 때, $P\cup Q=P$, $Q\subset R^C$가 성립한다. 보기에서 항상 옳은 것만을 있는 대로 고른 것은?

답 ③

보기
ㄱ. r는 $\sim q$이기 위한 충분조건이다.
ㄴ. $\sim p$는 r이기 위한 필요조건이다.
ㄷ. $\sim p$는 $\sim q$이기 위한 충분조건이다.

풀이 ㉠. $Q\subset R^C$에서 $R\subset Q^C$이므로 r는 $\sim q$이기 위한 충분조건이다.

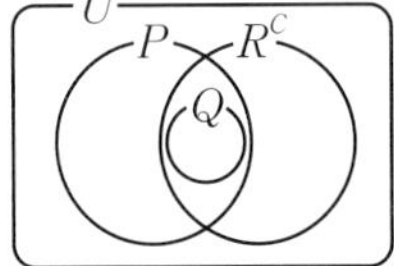

ㄴ. $R\not\subset P^C$이므로 $\sim p$는 r이기 위한 필요조건이 아니다.

㉢. $Q\subset P$에서 $P^C\subset Q^C$이므로 $\sim p$는 $\sim q$이기 위한 충분조건이다.

0659 다음은 명제 '자연수 n에 대하여 n^2+2가 3의 배수가 아니면 n은 3의 배수이다.'가 참임을 그 대우를 이용하여 증명하는 과정이다.

답 ①

증명
주어진 명제의 대우는 '자연수 n에 대하여 n이 3의 배수가 아니면 n^2+2는 3의 배수이다.'이다.
n이 3의 배수가 아니므로
(i) $n=3k+1$ (k는 음이 아닌 정수)일 때
$n^2+2=(3k+1)^2+2=3($ (가) $)$ — $9k^2+6k+3=3($(가) $3k^2+2k+1)$
따라서 n^2+2는 3의 배수이다.
(ii) $n=$ (나) (k는 음이 아닌 정수)일 때
$n^2+2=($ (나) $)^2+2=3($ (다) $)$ — $($(나) $3k+2)^2+2=9k^2+12k+6=3($(다) $3k^2+4k+2)$
따라서 n^2+2는 3의 배수이다.
(i), (ii)에 의하여 주어진 명제의 대우가 참이므로 주어진 명제도 참이다.

위의 과정에서 (가), (나), (다)에 알맞은 식을 각각 $f(k)$, $g(k)$, $h(k)$라 할 때, $f(2)+g(2)+h(2)$의 값은?

풀이 $f(k)=3k^2+2k+1,\ g(k)=3k+2,\ h(k)=3k^2+4k+2$
$\therefore f(2)+g(2)+h(2)=17+8+22=$**47**

0660 그림과 같이 $\overline{AB}=2$, $\overline{BC}=4$, $\angle B=90°$인 직각삼각형 ABC의 내부의 한 점 P에서 세 변 AB, BC, CA에 내린 수선의 길이가 각각 1, x, y일 때, x^2+y^2의 최솟값을 구하시오.

답 1

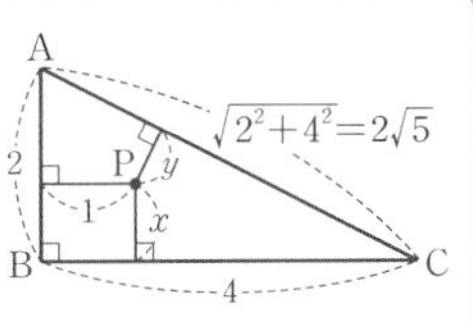

풀이 $\triangle ABC=\frac{1}{2}\times4\times2=4$

이때 $\triangle ABC=\triangle PAB+\triangle PBC+\triangle PCA$이므로

$\frac{1}{2}\cdot2\cdot1+\frac{1}{2}\cdot4\cdot x+\frac{1}{2}\cdot2\sqrt{5}\cdot y=4$

$\therefore 2x+\sqrt{5}y=3$

x, y가 실수이므로 코시-슈바르츠 부등식에 의하여

$\{2^2+(\sqrt{5})^2\}(x^2+y^2)\ge(2x+\sqrt{5}y)^2$

$9(x^2+y^2)\ge3^2$

$\therefore x^2+y^2\ge$ **1** ← 등호는 $\frac{x}{2}=\frac{y}{\sqrt{5}}$일 때 성립

0661 명제 '어떤 실수 x에 대하여 $(x+3)^2=x^2+ax+b$이다.'가 거짓이 되도록 하는 10 이하의 자연수 a, b의 순서쌍 (a, b)의 개수를 구하시오.

답 9

Key 주어진 명제가 거짓이 되려면 그 명제의 부정이 참이면 된다.

풀이 부정: 모든 실수 x에 대하여 $(x+3)^2\ne x^2+ax+b$, 즉 $(a-6)x\ne9-b$이다.
($x^2+6x+9\ne x^2+ax+b$, $6x+9\ne ax+b$)

$\therefore a=6,\ b\ne9$

이를 만족시키는 10 이하의 자연수 a, b의 순서쌍 (a, b)는
$(6, 1), (6, 2), (6, 3), (6, 4), (6, 5), (6, 6), (6, 7), (6, 8), (6, 10)$
의 **9**개이다.

0662 자연수 a, b에 대하여 세 조건 p, q, r가 (진리집합: P, Q, R)

p: ab는 짝수이다. ⇔ a 또는 b가 짝수이다.

q: $a+b$는 홀수이다. ⇔ (a: 짝수, b: 홀수) 또는 (a: 홀수, b: 짝수)

r: $|a^2-b^2|$은 홀수이다. ⇔ $a+b$, $|a-b|$는 홀수이다.

일 때, 보기에서 옳은 것만을 있는 대로 고른 것은? ($|(a+b)(a-b)|$)

답 ⑤

보기

ㄱ. p는 q이기 위한 필요조건이지만 충분조건이 아니다.

ㄴ. r는 q이기 위한 필요충분조건이다.

ㄷ. $\sim r$는 $\sim p$이기 위한 필요조건이지만 충분조건이 아니다.

$P^C \subset R^C$, $P^C \neq R^C \Leftrightarrow P \supset R$, $P \neq R$

풀이 ㉠. $P \supset Q$, $P \neq Q$이므로 p는 q이기 위한 필요조건이지만 충분조건이 아니다.

㉡. '$a+b$는 홀수이다.' ⇔ '$|a-b|$는 홀수이다.'

즉, $Q=R$이므로 r는 q이기 위한 필요충분조건이다.

㉢. $Q=R$이므로 $P \supset R$, $P \neq R$

0663 세 조건 <진리집합의 여집합>

p: $x^2+x-2\neq0$, → $P^C=\{-2, 1\}$

q: $x^2-2x+a\neq0$, → $Q^C=\{x \mid x^2-2x+a=0\}$

r: $2x+b\neq0$ → $R^C=\left\{-\frac{b}{2}\right\}$

에 대하여 p, q가 모두 r이기 위한 충분조건이고 필요조건은 아닐 때, $b-a$의 값을 구하시오. (단, a, b는 실수이다.)

답 12

$P \subset R, Q \subset R \Leftrightarrow P^C \supset R^C, Q^C \supset R^C$

$P \neq R, Q \neq R$

풀이 $P^C \supset R^C$에서 $-\frac{b}{2}=-2$ 또는 $-\frac{b}{2}=1$이므로

$b=-2$ 또는 $b=4$

$Q^C \supset R^C$에서

(i) $b=-2$일 때, $x=-\frac{b}{2}=1$이 $x^2-2x+a=0$의 한 근이어야 하므로 $1-2+a=0$ $\quad\therefore a=1$

이때 $x^2-2x+1=0$, 즉 $(x-1)^2=0$은 $x=1$을 중근으로 가지므로 $R^C=Q^C$, 즉 $R=Q$이다.

(ii) $b=4$일 때, $x=-\frac{b}{2}=-2$가 $x^2-2x+a=0$의 한 근이어야 하므로 $4+4+a=0$ $\quad\therefore a=-8$

이때 $x^2-2x-8=0$, 즉 $(x+2)(x-4)=0$은 두 근 -2, 4를 가지므로 $Q^C\neq R^C$, 즉 $Q \neq R$이다.

(i), (ii)에 의하여 $a=-8$, $b=4$이므로 $b-a=$**12**

서술형

0664 그림과 같이 점 P(3, 7)을 지나는 직선 $\frac{x}{a}+\frac{y}{b}=1$이 x축, y축과 만나는 점을 각각 Q, R라 할 때, 삼각형 OQR의 넓이(S)의 최솟값을 구하시오.
(단, O는 원점이고, $a>0$, $b>0$이다.)

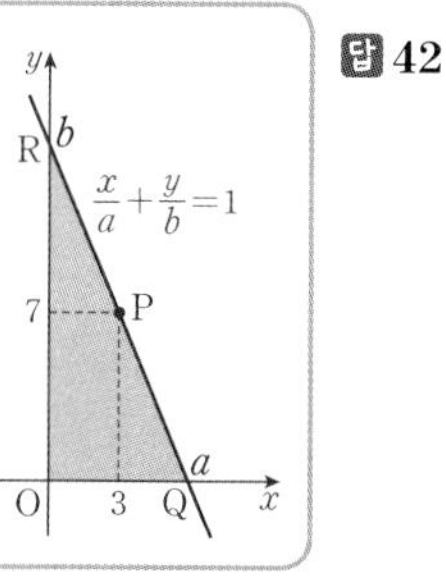

답 42

풀이 $S=\frac{1}{2}ab$ ······ ㉠

점 P(3, 7)이 직선 $\frac{x}{a}+\frac{y}{b}=1$ 위의 점이므로

$\frac{3}{a}+\frac{7}{b}=1$ ···❶ (30%)

$a>0$, $b>0$이므로 $\frac{3}{a}+\frac{7}{b}\geq 2\sqrt{\frac{3}{a}\cdot\frac{7}{b}}=2\sqrt{\frac{21}{ab}}$

$\therefore 1\geq 2\sqrt{\frac{21}{ab}}$

양변을 제곱하면 $1\geq 4\cdot\frac{21}{ab}$ $\quad\therefore ab\geq 84$ ······ ㉡

㉠, ㉡에서 $S=\frac{1}{2}ab\geq\frac{1}{2}\cdot 84=$**42** ···❷ (70%)

0665 두 조건 a, b에 대하여 (a, b)의 값은 다음과 같이 정의한다.

답 30

(가) a가 b이기 위한 필요조건이고 충분조건이 아니면 $(a, b)=0$

(나) a가 b이기 위한 충분조건이고 필요조건이 아니면 $(a, b)=1$

(다) (가)와 (나) 이외의 경우에는 $(a, b)=-1$

자연수 x에 대하여 세 조건 p, q, r가

p: x는 24의 약수이다.

q: x는 12의 약수이다.

r: $(x-m)(x-n)=0$

일 때, $(p, q)+(q, p)+(q, r)+(p, \sim r)=0$을 만족시키는 서로 다른 상수 m, n에 대하여 순서쌍 (m, n)의 개수를 구하시오.

풀이 세 조건 p, q, r의 진리집합을 각각 P, Q, R라 하면

$P=\{1, 2, 3, 4, 6, 8, 12, 24\}$, $Q=\{1, 2, 3, 4, 6, 12\}$,

$R=\{m, n\}$ ···❶ (20%)

$Q\subset P$, $P\not\subset Q$이므로 $(p, q)=0$, $(q, p)=1$ ···❷ (30%)

즉, $(q, r)=0$, $(p, \sim r)=-1$ 또는

$(q, r)=-1$, $(p, \sim r)=0$이 되어야 한다.

(i) $(q, r)=0$, 즉 $R\subset Q$, $Q\not\subset R$인 경우의 수는 $6\cdot5=30$

이때 $P\not\subset R^C$, $R^C\not\subset P$이므로 $(p, \sim r)=-1$

(ii) $(p, \sim r)=0$, 즉 $R^C\subset P$인 경우는 존재하지 않는다.

(i), (ii)에 의하여 구하는 순서쌍의 개수는 **30**이다. ···❸ (50%)

함수와 그래프

08 함수

09 유리식과 유리함수

10 무리식과 무리함수

개념 복습하고,

※ 빈칸에 알맞은 것을 써넣고, 내용을 읽거나 따라 써 보세요.

개념 1 함수

> 유형 01, 02, 16

(1) 공집합이 아닌 두 집합 X, Y에 대하여 X의 원소에 Y의 원소를 짝 짓는 것을 X에서 Y로의 □□이라 한다.

이때 X의 원소 x에 Y의 원소 y가 짝 지어지면 'x에 y가 □□한다'고 하고, 기호 □로 나타낸다.

(2) 두 집합 X, Y에 대하여 X의 각 원소에 Y의 원소가 오직 하나씩 대응할 때, 이 대응을 X에서 Y로의 □□라 하고, 기호 □로 나타낸다.

f, X, Y, x, $f(x)$, 치역, 정의역, 공역

① □□□: 집합 X

② □□: 집합 Y

③ □□: 함숫값 전체의 집합, 즉 $\{f(x) | x \in X\}$

(3) 두 함수 f, g에 대하여

(i) □□□과 □□이 각각 같고,

(ii) 정의역의 모든 원소 x에 대하여 □

일 때, 두 함수 f와 g는 '서로 같다'고 하고, 기호 $f=g$로 나타낸다.

(4) 함수 $f: X \longrightarrow Y$에서 정의역 X의 원소 x와 이에 대응하는 함숫값 $f(x)$의 순서쌍 $(x, f(x))$ 전체의 집합 $\{(x, f(x)) | x \in X\}$를 함수 f의 □□□라 한다.

개념 2 여러 가지 함수

> 유형 03~06

(1) □□□□□: 함수 $f: X \longrightarrow Y$에서 정의역 X의 두 원소 x_1, x_2에 대하여 $x_1 \neq x_2$이면 $f(x_1) \neq f(x_2)$인 함수

(2) □□□□□: 함수 $f: X \longrightarrow Y$가

(i) 일대일함수이고,

(ii) 치역과 공역이 같은 함수

(3) □□□□: 함수 $f: X \longrightarrow X$에서 정의역 X의 각 원소 x에 그 자신 x가 대응하는 함수, 즉 $f(x)=x$인 함수

(4) □□□□: 함수 $f: X \longrightarrow Y$에서 정의역 X의 모든 원소 x에 공역 Y의 오직 하나의 원소 c가 대응하는 함수, 즉 $f(x)=c$인 함수

답 개념 1 (1) 대응, 대응, $x \longrightarrow y$ (2) 함수, $f: X \longrightarrow Y$, 정의역, 공역, 치역 (3) 정의역, 공역, $f(x)=g(x)$ (4) 그래프

개념 2 (1) 일대일함수 (2) 일대일대응 (3) 항등함수 (4) 상수함수

개념 1 함수

0666 다음 대응이 집합 X에서 집합 Y로의 함수인지 아닌지를 조사하고, 함수인 것은 정의역, 공역, 치역을 구하시오.

(1)
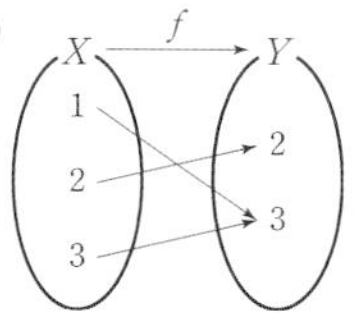

정의역: $\{1, 2, 3\}$,
공역: $\{2, 3\}$, 치역: $\{2, 3\}$

(2)
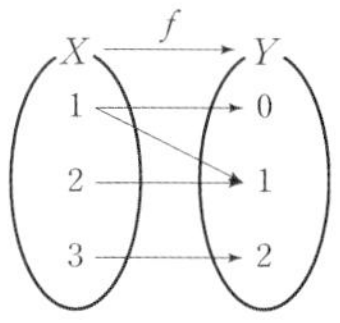

$x=1$일 때 대응하는 원소 2개

함수가 아니다.

(3)
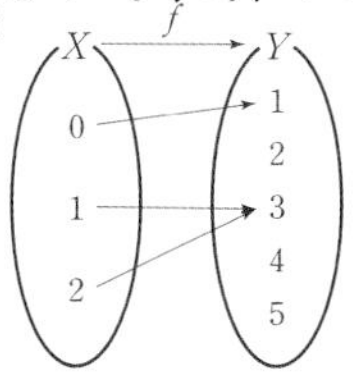

정의역: $\{0, 1, 2\}$,
공역: $\{1, 2, 3, 4, 5\}$, 치역: $\{1, 3\}$

(4)
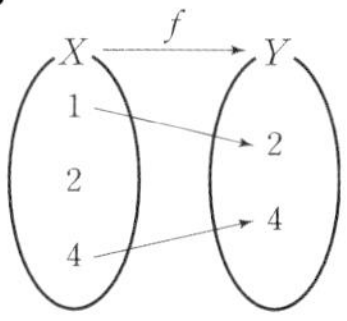

$x=2$일 때 대응하는 원소 없다.

함수가 아니다.

0667 다음 함수의 정의역과 치역을 구하시오.

(1) $y=3x-1$
정의역: 실수 전체의 집합
치역: 실수 전체의 집합

(2) $y=-x^2+9$
정의역: 실수 전체의 집합
치역: $\{y \mid y \le 9\}$

(3) $y=|x|-4$
정의역: 실수 전체의 집합
치역: $\{y \mid y \ge -4\}$

(4) $y=-\dfrac{2}{x}$
정의역: $\{x \mid x \ne 0$인 실수$\}$
치역: $\{y \mid y \ne 0$인 실수$\}$

0668 집합 $X=\{-1, 0, 1\}$을 정의역으로 하고 집합 $Y=\{-1, 0, 1, 2\}$를 공역으로 하는 다음 두 함수 f, g가 서로 같은 함수인지 아닌지를 조사하시오.

(1) $f(x)=x$, $g(x)=x^2+1$ 서로 같은 함수가 아니다.
$f(-1)=-1$, $g(-1)=2$이므로 $f(-1) \ne g(-1)$

(2) $f(x)=x^2$, $g(x)=|x|$ 서로 같은 함수이다.
$f(-1)=g(-1)=1$, $f(0)=g(0)=0$, $f(1)=g(1)=1$

(3) $f(x)=x$, $g(x)=-x$ 서로 같은 함수가 아니다.
$f(-1)=-1$, $g(-1)=1$이므로 $f(-1) \ne g(-1)$

0669 정의역이 다음과 같은 함수 $y=-x+1$의 그래프를 좌표평면 위에 나타내시오.

(1) $\{-1, 0, 1\}$
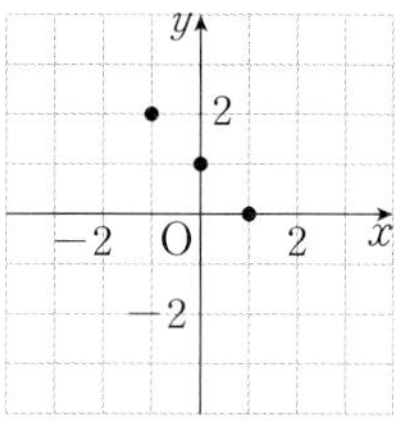

(2) $\{x \mid -2 \le x \le 2\}$
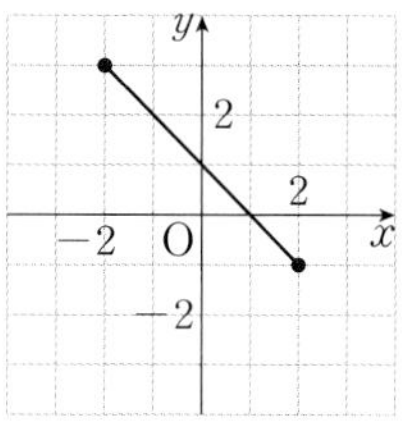

개념 2 여러 가지 함수

0670 정의역이 $\{x \mid 0 \le x \le 2\}$, 공역이 $\{y \mid 0 \le y \le 2\}$인 보기의 함수의 그래프 중에서 다음에 해당하는 것만을 있는 대로 고르시오.

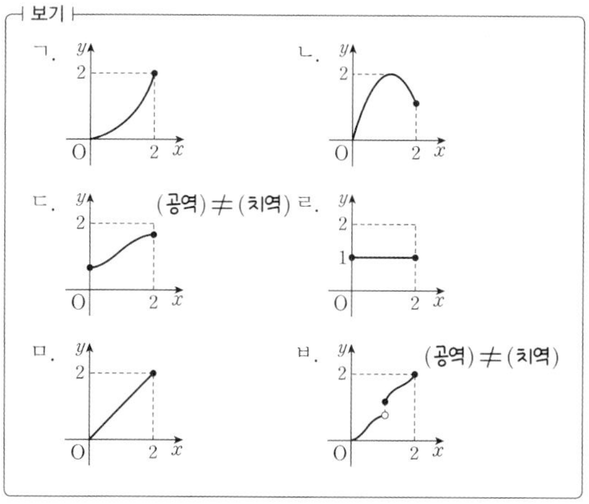

(1) 일대일함수
ㄱ, ㄷ, ㅁ, ㅂ

(2) 일대일대응
ㄱ, ㅁ

(3) 항등함수
ㅁ

(4) 상수함수
ㄹ

0671 보기의 함수 중에서 다음에 해당하는 것만을 있는 대로 고르시오.

보기
ㄱ. $y=3$　　ㄴ. $y=-2x$
ㄷ. $y=x$　　ㄹ. $y=x^2-1$

(1) 일대일함수
ㄴ, ㄷ

(2) 일대일대응
ㄴ, ㄷ

(3) 항등함수
ㄷ

(4) 상수함수
ㄱ

개념 3 합성함수

> 유형 07~10

(1) 두 함수 $f: X \longrightarrow Y$, $g: Y \longrightarrow Z$가 주어질 때, 집합 X의 각 원소 x에 집합 Z의 원소 $g(f(x))$를 대응시키는 함수를 f와 g의 □□□□라 하고, 기호 □로 나타낸다.

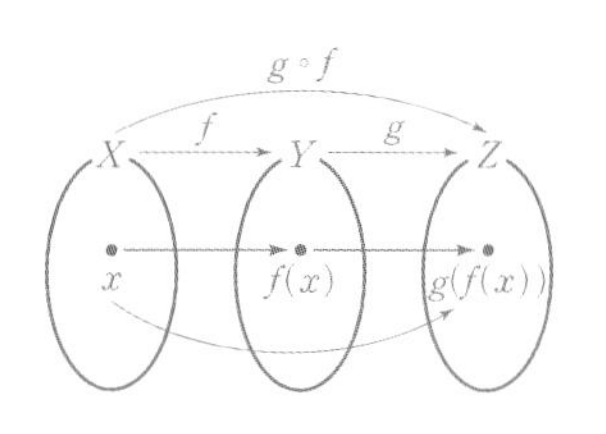

즉, 두 함수 f, g의 합성함수는

$$g \circ f: X \longrightarrow Z,\ (g \circ f)(x) = g(f(x))$$

(2) **합성함수의 성질**

세 함수 f, g, h에 대하여

① $g \circ f \neq f \circ g$

② $(f \circ g) \circ h = f \circ (g \circ h)$

③ $f: X \longrightarrow X$일 때, $f \circ I = I \circ f = f$ (단, I는 X에서의 항등함수이다.)

개념 4 역함수

> 유형 11, 12

(1) 함수 $f: X \longrightarrow Y$가 일대일대응일 때, 집합 Y의 각 원소 y에 대하여 $f(x)=y$인 집합 X의 원소 x를 대응시키는 함수를 f의 □□□라 하고, 기호 □로 나타낸다.

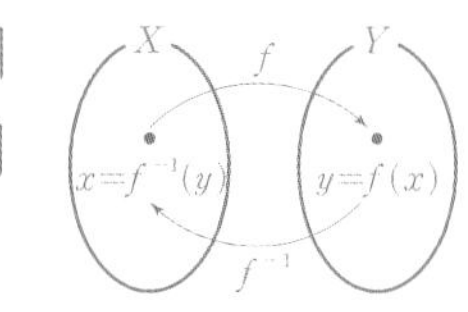

즉, f의 역함수는

$$f^{-1}: Y \longrightarrow X,\ x = f^{-1}(y)$$

(2) □□□□□인 함수 $y=f(x)$의 역함수 $y=f^{-1}(x)$는 다음과 같이 구할 수 있다.

$y=f(x)$ —(x에 대하여 푼다.)→ $x=f^{-1}(y)$ —(x와 y를 서로 바꾼다.)→ $y=f^{-1}(x)$

이때 함수 f의 치역이 역함수 f^{-1}의 □□□이 되고, f의 정의역이 f^{-1}의

□□이 된다.

(3) **역함수의 성질**

함수 $f: X \longrightarrow Y$가 일대일대응일 때, 그 역함수 $f^{-1}: Y \longrightarrow X$에 대하여

① $(f^{-1})^{-1} =$ □

② $(f^{-1} \circ f)(x) = x$ $(x \in X)$

③ $(f \circ f^{-1})(y) = y$ $(y \in Y)$

④ 함수 $g: Y \longrightarrow Z$가 일대일대응이고 그 역함수가 g^{-1}일 때,

$(g \circ f)^{-1} =$ □

답 개념 3 (1) 합성함수, $g \circ f$ 개념 4 (1) 역함수, f^{-1} (2) 일대일대응, 정의역, 치역 (3) f, $f^{-1} \circ g^{-1}$

개념 3 합성함수

0672 두 함수 $f: X \longrightarrow Y$, $g: Y \longrightarrow X$가 그림과 같을 때, 다음을 구하시오.

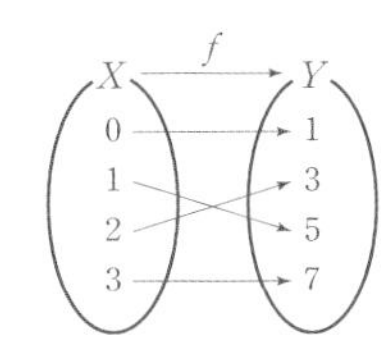
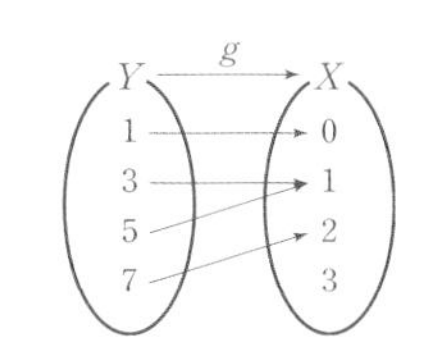

(1) $(g \circ f)(0)$
$=g(f(0))$
$=g(1)$
$=\mathbf{0}$

(2) $(g \circ f)(2)$
$=g(f(2))$
$=g(3)$
$=\mathbf{1}$

(3) $(f \circ g)(3)$
$=f(g(3))$
$=f(1)$
$=\mathbf{5}$

(4) $(f \circ g)(7)$
$=f(g(7))$
$=f(2)$
$=\mathbf{3}$

0673 두 함수 $f(x)=x^2-1$, $g(x)=2x+1$에 대하여 다음을 구하시오.

(1) $(f \circ g)(x)$
$=f(g(x))$
$=f(2x+1)$
$=(2x+1)^2-1$
$=\mathbf{4x^2+4x}$

(2) $(g \circ f)(x)$
$=g(f(x))$
$=g(x^2-1)$
$=2(x^2-1)+1$
$=\mathbf{2x^2-1}$

(3) $(f \circ f)(x)$
$=f(f(x))$
$=f(x^2-1)$
$=(x^2-1)^2-1$
$=\mathbf{x^4-2x^2}$

(4) $(g \circ g)(x)$
$=g(g(x))$
$=g(2x+1)$
$=2(2x+1)+1$
$=\mathbf{4x+3}$

Tip 함수의 합성에서 결합법칙은 항상 성립한다.
그러나 교환법칙은 일반적으로 성립하지 않는다.

0674 세 함수 $f(x)=x-2$, $g(x)=3x+1$, $h(x)=x^2$에 대하여 $(f \circ g) \circ h=f \circ (g \circ h)$가 성립함을 확인하시오.

$(f \circ g)(x)=f(g(x))=f(3x+1)=(3x+1)-2=3x-1$
이므로
$((f \circ g) \circ h)(x)=(f \circ g)(x^2)=3x^2-1$
$(g \circ h)(x)=g(h(x))=g(x^2)=3x^2+1$이므로
$(f \circ (g \circ h))(x)=f(3x^2+1)=(3x^2+1)-2=3x^2-1$
따라서 $(f \circ g) \circ h=f \circ (g \circ h)$가 성립한다.

개념 4 역함수

0675 보기에서 역함수가 존재하는 함수인 것만을 있는 대로 고르시오. ㄱ, ㄹ
(일대일대응)

보기
ㄱ. $y=2x-3$　　ㄴ. $y=x^2$
ㄷ. $y=-4$　　ㄹ. $y=-\frac{3}{2}x$

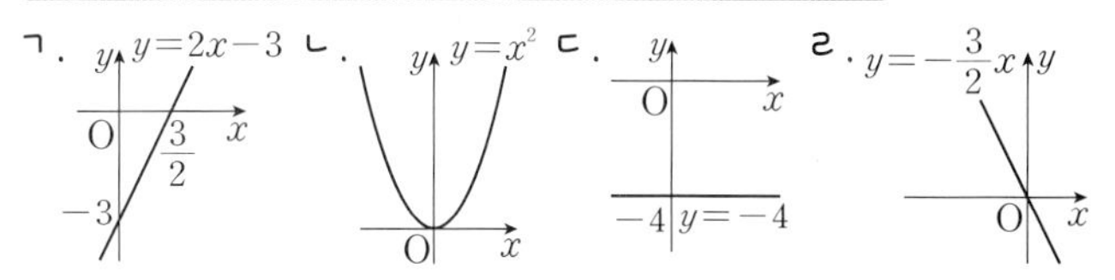

0676 함수 $y=-x+3$에 대하여 다음 등식을 만족시키는 상수 a의 값을 구하시오.

(1) $f^{-1}(2)=a$
$f(a)=2$이므로
$-a+3=2$
$\therefore a=\mathbf{1}$

(2) $f^{-1}(a)=7$
$f(7)=a$이므로
$-7+3=a$
$\therefore a=\mathbf{-4}$

0677 다음 함수의 역함수를 구하시오.

(1) $y=x+4$ ($x \leftrightarrow y$)
$x=y+4$
$\therefore \mathbf{y=x-4}$

(2) $y=-\frac{1}{2}x+2$ ($x \leftrightarrow y$)
$x=-\frac{1}{2}y+2$
$\therefore \mathbf{y=-2x+4}$

Tip x와 y를 서로 바꾼 후 y를 x에 대한 식으로 나타내어 역함수를 구할 수도 있다.

0678 그림과 같은 함수 $f: X \longrightarrow Y$에 대하여 다음을 구하시오.

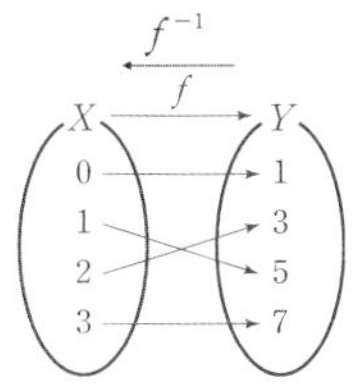

(1) $f^{-1}(1)=\mathbf{0}$

(2) $(f^{-1})^{-1}(2)=f(2)=\mathbf{3}$
($(f^{-1})^{-1}=f$)

(3) $(f \circ f^{-1})(5)=I(5)=\mathbf{5}$
($=I$ (항등함수))

(4) $(f^{-1} \circ f)(3)=I(3)=\mathbf{3}$
($=I$ (항등함수))

Tip $f \circ f^{-1}=f^{-1} \circ f=I$
예외적으로 교환법칙이 성립한다.

개념 5 함수와 그 역함수의 그래프

> 유형 13

함수 $y=f(x)$의 그래프와 그 역함수 $y=f^{-1}(x)$의 그래프는 직선 $y=x$에 대하여 [   ]이다.

➡ 함수 $y=f(x)$의 그래프가 점 (a, b)를 지나면 역함수 $y=f^{-1}(x)$의 그래프는 점 ([ ], [ ])를 지난다.

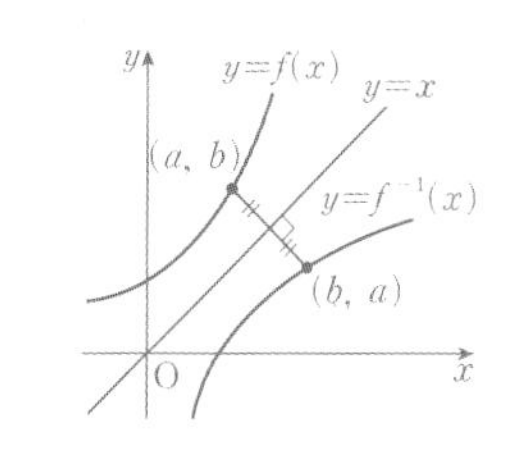

개념 6 절댓값 기호를 포함한 식의 그래프

> 유형 14~16

(1) 구간을 나누어 그리는 경우

[1단계] 절댓값 기호 안의 식의 값이 [ ]이 되는 x 또는 y의 값을 구한다.

[2단계] [1단계]에서 구한 값을 경계로 구간을 나누어 식을 구한다.

[3단계] 각 구간에서 [2단계]의 식의 그래프를 그린다.

(2) 대칭이동을 이용하여 그리는 경우

$y=\|f(x)\|$의 그래프	$y=f(\|x\|)$의 그래프
[1단계] 함수 $y=f(x)$의 그래프를 그린다. [2단계] $y\geq 0$인 부분은 그대로 둔다. [3단계] $y<0$인 부분을 [ ]에 대하여 대칭이동한다.	[1단계] 함수 $y=f(x)$의 그래프를 그린다. [2단계] $x<0$인 부분을 없애고 $x\geq 0$인 부분만 남긴다. [3단계] [2단계]의 그래프를 [ ]에 대하여 대칭이동한다.
$\|y\|=f(x)$의 그래프	$\|y\|=f(\|x\|)$의 그래프
[1단계] 함수 $y=f(x)$의 그래프를 그린다. [2단계] $y<0$인 부분을 없애고 $y\geq 0$인 부분만 남긴다. [3단계] [2단계]의 그래프를 [ ]에 대하여 대칭이동한다.	[1단계] 함수 $y=f(x)$의 그래프를 그린다. [2단계] $x\geq 0$, $y\geq 0$인 부분만 남긴다. [3단계] [2단계]의 그래프를 [ ], [ ], [ ]에 대하여 각각 대칭이동한다.

답 개념 5 대칭, b, a 개념 6 (1) 0 (2) x축, y축, x축, y축, x축, 원점

개념 5 함수와 그 역함수의 그래프

0679 다음 함수의 역함수의 그래프를 직선 $y=x$를 이용하여 그리시오.

(1)

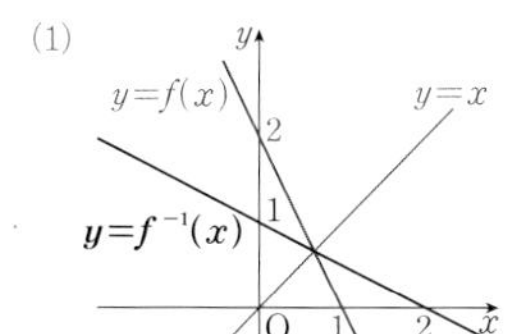

(2)

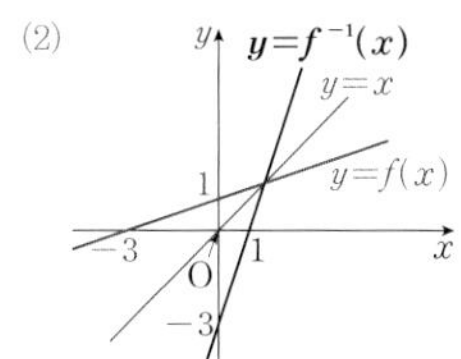

0680 함수 $y=f(x)$의 그래프와 직선 $y=x$가 그림과 같을 때, 다음을 구하시오. (단, 모든 점선은 x축 또는 y축에 평행하다.)

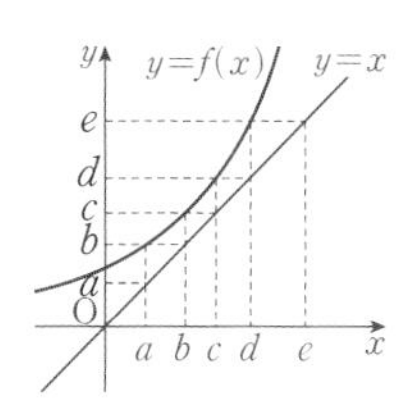

(1) $f(a)=\boldsymbol{b}$

(2) $f^{-1}(c)=\boldsymbol{b}$ ($\because f(b)=c$)

(3) $f^{-1}(e)=\boldsymbol{d}$ ($\because f(d)=e$)

0681 다음 함수 $y=f(x)$의 그래프와 그 역함수 $y=f^{-1}(x)$의 그래프의 교점의 좌표를 구하시오.

함수 $y=f(x)$의 그래프와 직선 $y=x$의 교점의 좌표와 같다.

(1) $f(x)=2x-3$

$2x-3=x$에서 $x=3$

$\therefore (3, 3)$

(2) $f(x)=-\frac{3}{2}x+5$

$-\frac{3}{2}x+5=x$에서 $\frac{5}{2}x=5$

$\therefore x=2$

$\therefore (2, 2)$

개념 6 절댓값 기호를 포함한 식의 그래프

0682 함수 $y=|x|+|x-2|$의 그래프를 x의 값의 범위에 따라 나누어 그리려고 한다. 다음 □ 안에 알맞은 것을 써넣고, 그 래프를 그리시오.

$x=0$, $x=2$를 경계로 범위를 나눈다.

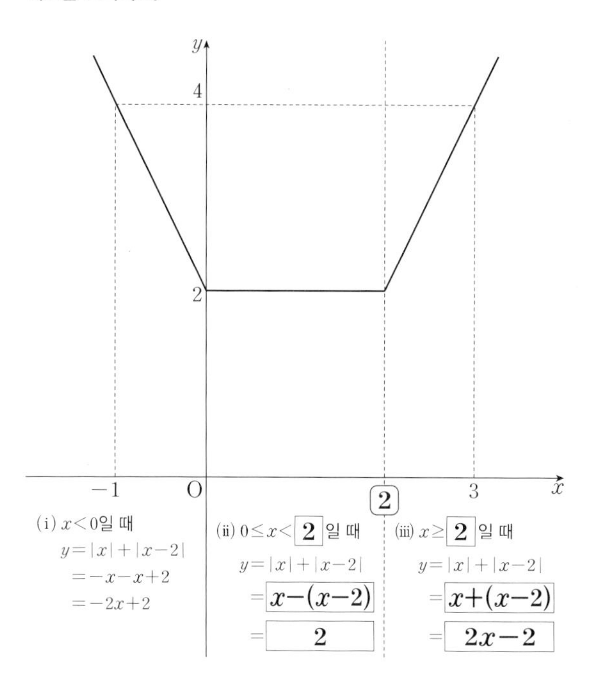

(i) $x<0$일 때
$y=|x|+|x-2|$
$=-x-x+2$
$=-2x+2$

(ii) $0\le x<$ **2** 일 때
$y=|x|+|x-2|$
$=$ **$x-(x-2)$**
$=$ **2**

(iii) $x\ge$ **2** 일 때
$y=|x|+|x-2|$
$=$ **$x+(x-2)$**
$=$ **$2x-2$**

0683 함수 $y=f(x)$의 그래프가 그림과 같을 때, 다음 식의 그래프를 그리시오.

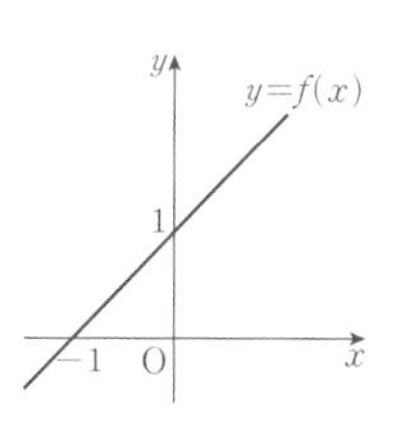

(1) $y=|f(x)|$

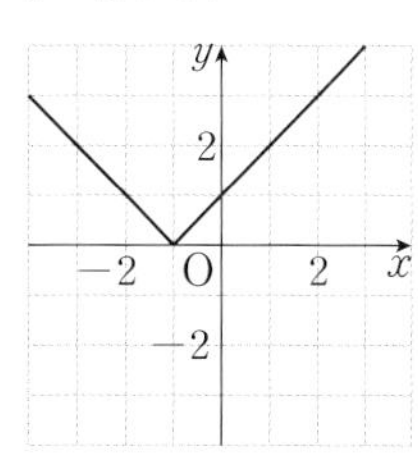

$f(x)<0$인 부분을 접어 올린다.

(2) $y=f(|x|)$

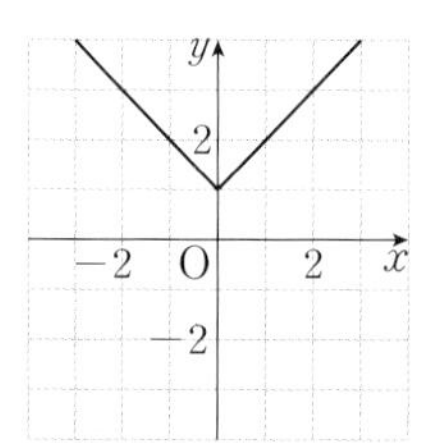

$f(x)$의 $x\ge0$인 부분을 y축 대칭 복사

(3) $|y|=f(x)$

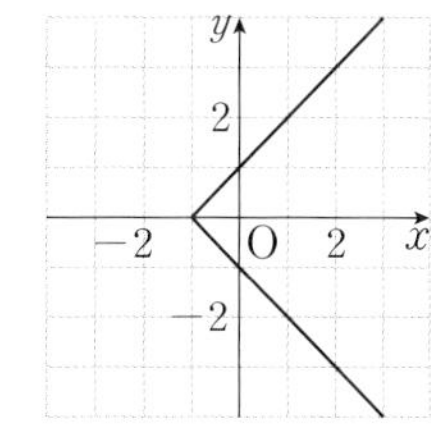

$f(x)$의 $y\ge0$인 부분을 x축 대칭 복사

(4) $|y|=f(|x|)$

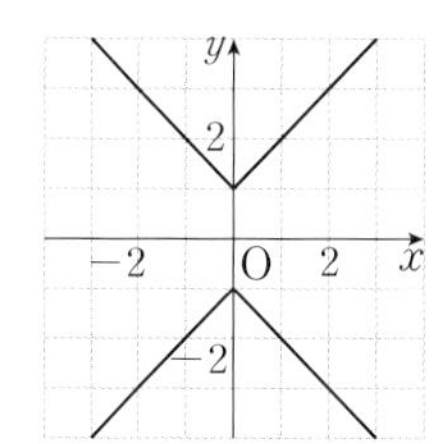

$f(x)$의 $x\ge0$, $y\ge0$인 부분을 x축, y축, 원점 대칭 복사

기출 & 변형하면…

유형 01 함수와 함숫값

개념 1

0684 두 집합 $X=\{-1, 0, 2\}$, $Y=\{-2, 0, 1, 2\}$에 대하여 보기에서 X에서 Y로의 함수인 것만을 있는 대로 고른 것은?

보기

ㄱ. $f(x)=|x|$　　ㄴ. $f(x)=3x+1$

ㄷ. $f(x)=1$　　ㄹ. $f(x)=x^2$

답 ②

풀이 ㉠. $f(-1)=1, f(0)=0, f(2)=2$

ㄴ. $f(2)=7\notin Y$

㉢. $f(-1)=f(0)=f(2)=1$

ㄹ. $f(2)=4\notin Y$

→ **0685** 두 집합 $X=\{x|0\le x\le 3\}$, $Y=\{y|-3\le y\le 6\}$에 대하여 다음 중 X에서 Y로의 함수가 아닌 것은?

① $f(x)=-3x+6$　② $f(x)=-x+3$

③ $f(x)=3x-3$　④ $f(x)=|x|+1$

⑤ $f(x)=x^2-2$

답 ⑤

풀이 ① $-3\le -3x+6\le 6$이므로 $-3\le f(x)\le 6$

② $0\le -x+3\le 3$이므로 $0\le f(x)\le 3$

③ $-3\le 3x-3\le 6$이므로 $-3\le f(x)\le 6$

④ $1\le |x|+1\le 4$이므로 $1\le f(x)\le 4$

⑤ $-2\le x^2-2\le 7$이므로 $-2\le f(x)\le 7$

0686 실수 전체의 집합에서 정의된 함수 f가

$$f(x)=\begin{cases} x+1 & (x\text{는 유리수}) \\ x^2 & (x\text{는 무리수}) \end{cases}$$

일 때, $f(\sqrt{2})+f(3)$의 값은?
(무리수, 유리수)

답 ③

풀이 $f(\sqrt{2})=(\sqrt{2})^2=2$

$f(3)=3+1=4$

$\therefore f(\sqrt{2})+f(3)=\mathbf{6}$

→ **0687** 음이 아닌 정수 전체의 집합에서 정의된 함수 $f(x)$가

$$f(x)=\begin{cases} x-1 & (0\le x\le 2) \\ f(x-2) & (x>2) \end{cases}$$

일 때, $f(1)+f(10)$의 값을 구하시오.

답 1

풀이 $f(1)=1-1=0$

$f(10)=f(8)=f(6)=f(4)=f(2)=2-1=1$

$\therefore f(1)+f(10)=\mathbf{1}$

0688 집합 $A=\{x|a\le x\le b\}$를 정의역으로 하는 함수 $f(x)=\dfrac{x^2+3}{4}$의 치역이 집합 A와 같을 때, $a+b$의 값을 구하시오. (단, $0<a<b$)　$f(a)=a, f(b)=b$

답 4

풀이 $0<a<b$에서 $f(a)=a$이므로

$\dfrac{a^2+3}{4}=a$에서 $a^2-4a+3=0$

$(a-1)(a-3)=0$

$\therefore a=1$ 또는 $a=3$

또한, $f(b)=b$이므로

$b=1$ 또는 $b=3$

따라서 $a=1, b=3$ ($\because 0<a<b$)이므로

$a+b=\mathbf{4}$

→ **0689** 집합 $X=\{-2, -1, 0, 1, 2\}$를 정의역으로 하는 함수

$$f(x)=\begin{cases} ax^2+bx & (x<0) \\ -ax^2+bx & (x\ge 0) \end{cases}$$

$f(0)=0$　함수 $f(x)$의 그래프는 원점 대칭

의 치역이 집합 X와 같다. $f(2)<0$일 때, 자연수 a, b에 대하여 ab의 값은?

답 ③

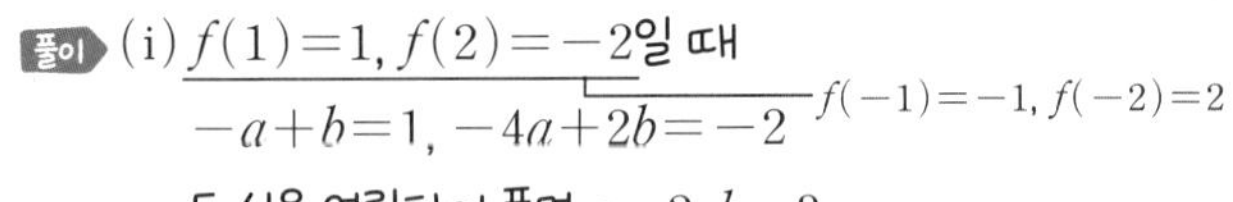

풀이 (i) $f(1)=1, f(2)=-2$일 때

$-a+b=1, -4a+2b=-2$　$f(-1)=-1, f(-2)=2$

두 식을 연립하여 풀면 $a=2, b=3$

(ii) $f(1)=-1, f(2)=-2$일 때

$-a+b=-1, -4a+2b=-2$　$f(-1)=1, f(-2)=2$

두 식을 연립하여 풀면 $a=0, b=-1$

(iii) $f(1)=2, f(2)=-1$일 때

$-a+b=2, -4a+2b=-1$　$f(-1)=-2, f(-2)=1$

두 식을 연립하여 풀면 $a=\dfrac{5}{2}, b=\dfrac{9}{2}$

(iv) $f(1)=-2, f(2)=-1$일 때

$-a+b=-2, -4a+2b=-1$　$f(-1)=2, f(-2)=1$

두 식을 연립하여 풀면 $a=-\dfrac{3}{2}, b=-\dfrac{7}{2}$

(i)~(iv)에 의하여 $a=2, b=3$이므로 $ab=\mathbf{6}$ ($\because a, b$는 자연수)

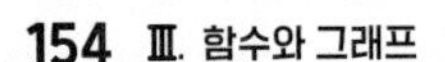

$y=-(x-2)^2+a+4$

0690 함수 $y=-x^2+4x+a$의 정의역이 $\{x|1\le x\le 4\}$이고 치역이 $\{y|1\le y\le b\}$일 때, $a+b$의 값은? (단, a는 상수이다.)

답 ③

풀이 함수 $y=-x^2+4x+a$의 그래프의 개형은 오른쪽 그림과 같으므로

$x=2$일 때, $y=a+4$

$x=4$일 때, $y=a$

즉, 치역은

$\{y|a\le y\le a+4\}$

따라서 $a=1$, $a+4=b$이므로

$a+4=b$에서 $b=5$

$\therefore a+b=\mathbf{6}$

➜ 치역이 아님에 유의! $a\neq 0$

0691 정의역이 $\{x|-1\le x\le 2\}$인 일차함수 $f(x)=ax+1$의 공역이 $\{y|-2\le y\le 7\}$일 때, 정수 a의 개수는?

답 ④

풀이 (i) $a>0$일 때

$f(-1)\ge -2$에서

$-a+1\ge -2$이므로 $a\le 3$

$f(2)\le 7$에서 $2a+1\le 7$

이므로 $a\le 3$

$\therefore 0<a\le 3$ ($\because a>0$)

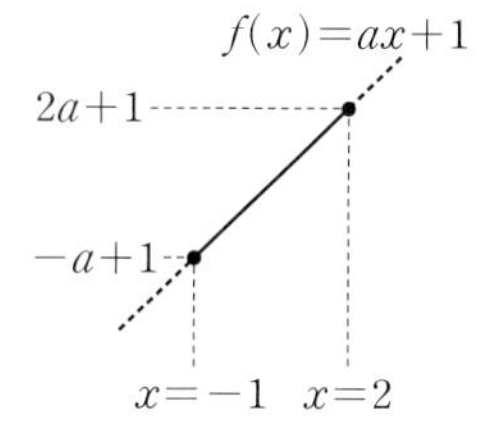

(ii) $a<0$일 때

$f(-1)\le 7$에서 $-a+1\le 7$

이므로 $a\ge -6$

$f(2)\ge -2$에서 $2a+1\ge -2$

이므로 $a\ge -\frac{3}{2}$

$\therefore -\frac{3}{2}\le a<0$ ($\because a<0$)

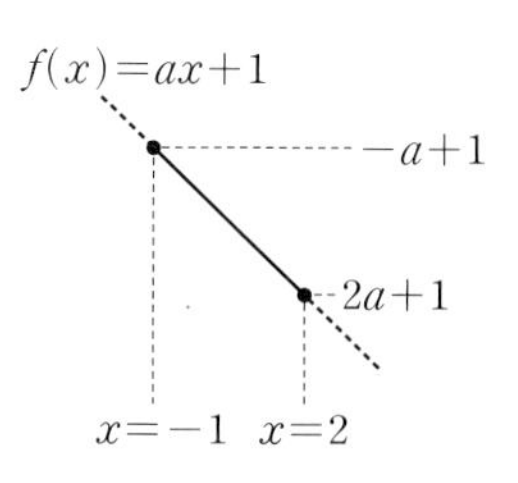

(i), (ii)에 의하여 정수 a는 $-1, 1, 2, 3$의 **4**개이다.

유형 02 서로 같은 함수

개념 1

0692 집합 $X=\{1, 2\}$를 정의역으로 하는 두 함수

$f(x)=ax+b$, $g(x)=x^2-x+3$

에 대하여 $f=g$일 때, $a-b$의 값은? (단, a, b는 상수이다.)

답 ①

풀이 $f(1)=g(1)$에서 $a+b=3$ ...... ㉠

$f(2)=g(2)$에서 $2a+b=5$ ...... ㉡

㉠, ㉡을 연립하여 풀면 $a=2$, $b=1$

$\therefore a-b=\mathbf{1}$

➜ **0693** 집합 $X=\{-1, 1\}$을 정의역으로 하는 두 함수

$f(x)=x^2+ax+1$, $g(x)=x^3+b$

에 대하여 $f=g$일 때, a^2+b^2의 값은? (단, a, b는 상수이다.)

답 ④

풀이 $f(-1)=g(-1)$에서 $-a+2=b-1$

$\therefore a+b=3$ ...... ㉠

$f(1)=g(1)$에서 $a+2=b+1$

$\therefore a-b=-1$ ...... ㉡

㉠, ㉡을 연립하여 풀면 $a=1$, $b=2$

$\therefore a^2+b^2=1+4=\mathbf{5}$

0694 공집합이 아닌 집합 X를 정의역으로 하는 두 함수 $f(x)=2x^3$, $g(x)=2x$에 대하여 $f=g$가 되도록 하는 집합 X의 개수는?

답 ④

풀이 $f(x)=g(x)$, 즉 $2x^3=2x$에서 $2x^3-2x=0$

$2x(x+1)(x-1)=0$ $\therefore x=-1$ 또는 $x=0$ 또는 $x=1$

따라서 정의역 X는 집합 $\{-1, 0, 1\}$의 부분집합 중에서 공집합이 아닌 집합이므로 집합 X의 개수는

$2^3-1=\mathbf{7}$

➜ 서술형 **0695** 집합 $A=\{a, b\}$를 정의역으로 하는 두 함수

$f(x)=x^2-2kx+6$, $g(x)=-2x+2$

가 서로 같을 때, 상수 k에 대하여 $4k^2$의 값을 구하시오. (단, a와 b는 서로 다른 자연수이다.)

답 **49**

풀이 $f(a)=g(a)$, $f(b)=g(b)$이므로 방정식 $f(x)=g(x)$의 두 근이 a, b이다. ...❶ (20%)

$f(x)=g(x)$에서 $x^2-2kx+6=-2x+2$

$\therefore x^2-2(k-1)x+4=0$

이때 이차방정식의 근과 계수의 관계에 의하여

$a+b=2(k-1)$, $ab=4$

a와 b는 서로 다른 자연수이므로

$a=1$, $b=4$ 또는 $a=4$, $b=1$ ...❷ (50%)

따라서 $2(k-1)=a+b=5$이므로 $k=\frac{7}{2}$

$\therefore 4k^2=4\times\left(\frac{7}{2}\right)^2=\mathbf{49}$ ...❸ (30%)

① 일대일함수 $f: X \longrightarrow Y$
정의역 X의 임의의 두 원소 x_1, x_2에 대하여
$x_1 \neq x_2$이면 $f(x_1) \neq f(x_2)$

② 일대일대응 $f: X \longrightarrow Y$
(i) 정의역 X의 임의의 두 원소 x_1, x_2에 대하여
$x_1 \neq x_2$이면 $f(x_1) \neq f(x_2)$
(ii) (치역)=(공역) ← $\{f(x) | x \in X\} = Y$

유형 03 일대일함수와 일대일대응

개념 2

③ 일대일대응이면 일대일함수이지만, 일대일함수가 모두 일대일대응은 아니다.

0696 다음 함수의 그래프 중 일대일함수인 것은?
(단, 정의역과 공역은 모두 실수 전체의 집합이다.)

답 ④

① 함수 ×, 도형 ○
② 함수 ○, 일대일함수 ×
③ 함수 ○, 일대일함수 ×
④
⑤ 함수 ○, 일대일함수 ×

0697 정의역과 공역이 모두 실수 전체의 집합인 보기의 함수의 그래프 중에서 일대일함수이지만 일대일대응이 아닌 것만을 있는 대로 고르시오.

답 ㄹ, ㅁ

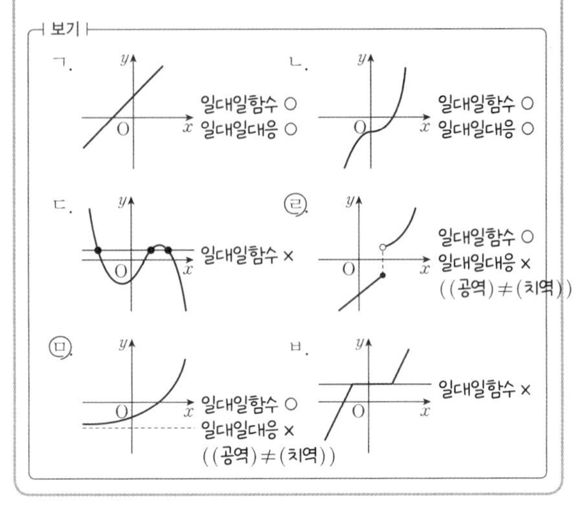

0698 두 집합 $X=\{1, 2\}$, $Y=\{4, 5, 6\}$에 대하여 함수 $f: X \longrightarrow Y$가 일대일함수일 때, $f(1)+f(2)$의 최댓값은? 공역 중 가장 큰 값을 함숫값으로 가질 때이다.

답 ④

풀이 함수 f가 일대일함수이므로 $f(1) \neq f(2)$가 되어야 한다.
따라서 $f(1)+f(2)$의 값은
$f(1)=5, f(2)=6$ 또는 $f(1)=6, f(2)=5$
일 때 최댓값 **11**을 갖는다.

0699 집합 $X=\{1, 2, 3, 4\}$에 대하여 X에서 X로의 일대일함수를 $f(x)$라 하자. $f(1)<f(2)<f(3)$일 때, $3f(2)+f(4)$의 최댓값은?

답 ④

풀이 (i) $f(2)=3$일 때 $f(4)$는 최댓값 2를 가질 수 있으므로
$3f(2)+f(4)=3\times3+2=11$ — $f(1)=1, f(2)=3, f(3)=4, f(4)=2$
(ii) $f(2)=2$일 때 $f(4)$는 최댓값 4를 가질 수 있으므로
$3f(2)+f(4)=3\times2+4=10$ — $f(1)=1, f(2)=2, f(3)=3, f(4)=4$
(i), (ii)에 의하여 $3f(2)+f(4)$의 최댓값은 **11**이다.

일대일함수이고 (공역)=(치역)이다.

유형 04 일대일대응이 되기 위한 조건

개념 2

0700 실수 전체의 집합에서 정의된 함수

$$f(x)=\begin{cases}2x+6 & (x\le 0)\\ x+2a & (x>0)\end{cases}$$

가 일대일대응일 때, 상수 a의 값을 구하시오.

답 3

풀이 치역이 실수 전체의 집합이어야 하므로

$2\times 0+6=0+2a \quad \therefore a=\mathbf{3}$

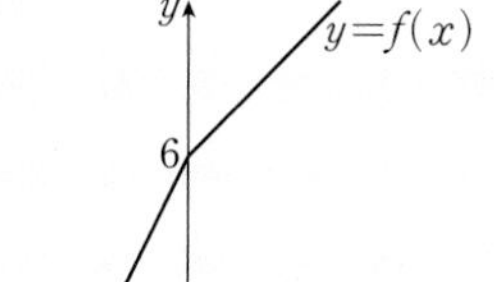

➜ **0701** 실수 전체의 집합에서 정의된 함수

$$f(x)=\begin{cases}(x-3)^2+b & (x\ge 3)\\ 2x+a & (x<3)\end{cases}$$

가 일대일대응이 되도록 하는 실수 a, b에 대하여 $b-a$의 값은?

답 ⑤

풀이 치역이 실수 전체의 집합이어야 하므로

$0^2+b=6+a$

$\therefore b-a=\mathbf{6}$

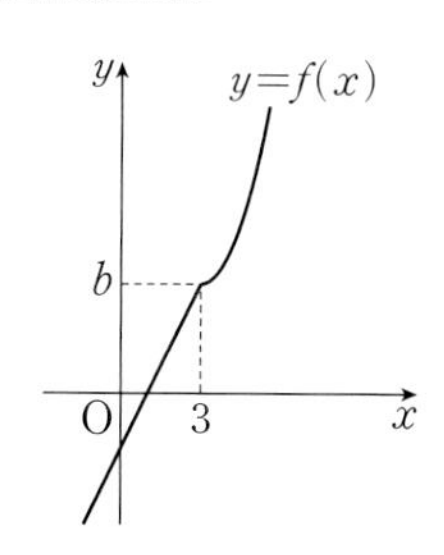

0702 실수 전체의 집합에서 정의된 함수

$$f(x)=\begin{cases}(4-a)x+a & (x\ge 1)\\ (3+a)x-a+1 & (x<1)\end{cases}$$

이 일대일대응이 되도록 하는 정수 a의 개수는?

답 ④

풀이 (i) 치역이 실수 전체의 집합이어야 하므로

$(4-a)+a=(3+a)-a+1 \quad \therefore 4=4$

(ii) 구간별로 기울기의 부호가 같아야 하므로

$(4-a)(3+a)>0$에서 $(a-4)(a+3)<0$

$\therefore -3<a<4$

(i), (ii)에 의하여 정수 a는 $-2, -1, 0, 1, 2, 3$의 **6**개이다.

➜ 서술형 **0703** 실수 전체의 집합에서 정의된 함수

$$f(x)=\begin{cases}(a+3)x+a^2 & (x<0)\\ (3-a)x-2a+8 & (x\ge 0)\end{cases}$$

이 일대일대응이 되도록 하는 상수 a의 값을 구하시오.

답 2

풀이 (i) 치역이 실수 전체의 집합이어야 하므로

$a^2=-2a+8$에서 $a^2+2a-8=0$

$(a+4)(a-2)=0 \quad \therefore a=-4$ 또는 $a=2$ …❶ (40%)

(ii) 구간별로 기울기의 부호가 같아야 하므로

$(a+3)(3-a)>0$에서 $(a+3)(a-3)<0$

$\therefore -3<a<3$ …❷ (40%)

(i), (ii)에 의하여 $a=\mathbf{2}$ …❸ (20%)

0704 두 집합

$X=\{x\,|\,-1\le x\le 3\}$, $Y=\{y\,|\,-1\le y\le 5\}$

에 대하여 함수

$f: X \longrightarrow Y$, $f(x)=ax+b\ (a>0)$

가 일대일대응이다. 이때 상수 a, b에 대하여 $4a+2b$의 값을 구하시오.

답 7

풀이 $a>0$이므로

$f(-1)=-1$, $f(3)=5$

$-a+b=-1$, $3a+b=5$

위의 두 식을 연립하여 풀면

$a=\dfrac{3}{2}$, $b=\dfrac{1}{2}$

$\therefore 4a+2b=4\times\dfrac{3}{2}+2\times\dfrac{1}{2}=\mathbf{7}$

➜ **0705** 집합 $X=\{x\,|\,x\ge k\}$에 대하여 X에서 X로의 함수

$f(x)=x^2-4x-6$

이 일대일대응이 되도록 하는 실수 k의 값을 구하시오.

답 6

풀이 $f(x)=x^2-4x-6=(x-2)^2-10$

함수 f가 일대일대응이 되려면 $x\ge k$일 때 x의 값이 증가하면 $f(x)$의 값도 증가해야 하므로

$k\ge 2$ ⋯⋯ ㉠

또, 치역과 공역도 같아야 하므로 정의역 $\{x\,|\,x\ge k\}$에 대하여

치역은 $\{y\,|\,y\ge k\}$이어야 한다.

즉, $f(k)=k$이어야 하므로

$k^2-4k-6=k$에서 $k^2-5k-6=0$

$(k+1)(k-6)=0$

$\therefore k=-1$ 또는 $k=6$ ⋯⋯ ㉡

㉠, ㉡에 의하여 $k=\mathbf{6}$

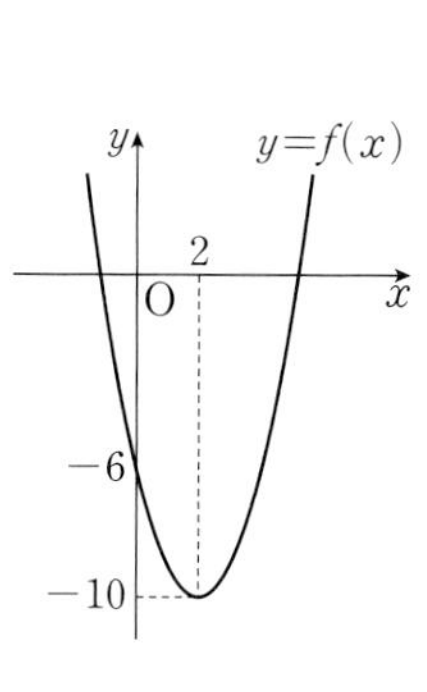

유형 05 항등함수와 상수함수 개념 2

0706 실수 전체의 집합에서 정의된 두 함수 f, g에 대하여 함수 f는 항등함수이고, 함수 g는 상수함수이다. $f(2)=g(2)$일 때, $f(3)+g(4)$의 값을 구하시오.
($f(x)=x$, $g(x)=g(2)$) 답 5

풀이 함수 f는 항등함수이므로 $f(2)=2$, $f(3)=3$
한편, $f(2)=g(2)$이므로 $g(2)=2$
함수 g는 상수함수이므로 $g(x)=2$ $\quad\therefore g(4)=2$
$\therefore f(3)+g(4)=\mathbf{5}$

0707 실수 전체의 집합 X에 대하여 함수 $f: X \longrightarrow X$가 상수함수이고, $f(1)+f(3)+f(5)+f(7)=16$을 만족시킬 때, $f(2)+f(4)$의 값은? 답 ③

풀이 함수 f는 상수함수이므로 $f(x)=a$ (a는 상수)라 하면
$f(1)+f(3)+f(5)+f(7)=4a$, 즉 $4a=16$
$\therefore a=4$
$\therefore f(2)+f(4)=2a=\mathbf{8}$

0708 집합 $X=\{-1, 1, 3\}$을 정의역으로 하는 함수
$$f(x)=\begin{cases} 3x+a & (x<0) \\ x^2-bx+c & (x\ge0) \end{cases}$$
가 항등함수일 때, $a+b+c$의 값은? (단, a, b, c는 상수이다.)
($f(x)=x$) 답 ④

풀이 $f(-1)=-1$에서 $-3+a=-1$
$\therefore a=2$
$f(1)=1$에서 $1-b+c=1$
$\therefore b-c=0 \quad \cdots\cdots$ ㉠
$f(3)=3$에서 $9-3b+c=3$
$\therefore 3b-c=6 \quad \cdots\cdots$ ㉡
㉠, ㉡을 연립하여 풀면 $b=3$, $c=3$
$\therefore a+b+c=\mathbf{8}$

0709 집합 $X=\{a, b, c\}$를 정의역으로 하는 함수
$$f(x)=\begin{cases} \frac{1}{2}x-1 & (x<0) \\ 2x-1 & (0\le x<3) \\ 5 & (x\ge3) \end{cases}$$
가 항등함수일 때, $|f(a)f(b)f(c)|$의 값을 구하시오.
(단, a, b, c는 서로 다른 실수이다.)
($f(x)=x$) 답 10

풀이 (i) $x<0$일 때
$\frac{1}{2}x-1=x$에서 $x=-2$
(ii) $0\le x<3$일 때
$2x-1=x$에서 $x=1$
(iii) $x\ge3$일 때
$5=x$에서 $x=5$
(i), (ii), (iii)에서 $X=\{-2, 1, 5\}$
따라서 $f(-2)=-2$, $f(1)=1$, $f(5)=5$이므로
$|f(a)f(b)f(c)|=|f(-2)f(1)f(5)|=\mathbf{10}$

유형 06 함수의 개수 개념 2

0710 두 집합 $X=\{1, 2, 3\}$, Y에 대하여 X에서 Y로의 함수의 개수가 64일 때, X에서 Y로의 일대일함수의 개수를 a, 상수함수의 개수를 b라 하자. $a+b$의 값을 구하시오. 답 28

풀이 X에서 Y로의 함수를 f, Y의 원소의 개수를 n이라 하면
$f(1)$, $f(2)$, $f(3)$의 값이 될 수 있는 수는 각각 n개이므로
함수 f의 개수는 n^3, 즉 $n^3=64$이므로 $n=4$
X에서 Y로의 일대일함수에서
$f(1)$의 값이 될 수 있는 수는 Y의 모든 원소이므로 4개,
$f(2)$의 값이 될 수 있는 수는 Y의 원소 중 $f(1)$의 값을 제외한 3개,
$f(3)$의 값이 될 수 있는 수는 Y의 원소 중 $f(1)$, $f(2)$의 값을 제외한 2개이다.
즉, X에서 Y로의 일대일함수의 개수는 $4\times3\times2=24$
$\therefore a=24$
X에서 Y로의 상수함수의 개수는 Y의 원소의 개수와 같으므로 4
$\therefore b=4$
$\therefore a+b=\mathbf{28}$

0711 두 집합 $X=\{1, 2, 3, 4, 5, 6\}$, $Y=\{0, 1\}$에 대하여 X에서 Y로의 함수 중 공역과 치역이 같은 함수의 개수를 구하시오. 답 62

풀이 구하는 함수의 개수는 X에서 Y로의 함수의 개수에서 상수함수의 개수를 뺀 것과 같으므로 (치역이 $\{0\}$, $\{1\}$인 경우)
$2^6-2=64-2=\mathbf{62}$

0712 두 집합 $X=\{1, 2, 3, 4\}$, $Y=\{1, 2, 3, 4, 5, 6\}$에 대하여 다음을 만족시키는 함수 $f: X \longrightarrow Y$의 개수를 구하시오.

답 15

> 정의역 X의 두 원소 x_1, x_2에 대하여 $x_1 < x_2$이면 $f(x_1) < f(x_2)$이다.
> 증가하는 함수

풀이 $f(1) < f(2) < f(3) < f(4)$이므로 집합 Y의 원소 6개 중에서 서로 다른 4개를 선택하면 $f(1)$, $f(2)$, $f(3)$, $f(4)$의 값이 크기 순서대로 정해진다.
따라서 구하는 함수 f의 개수는
${}_6C_4 = {}_6C_2 = \mathbf{15}$

Tip 두 집합 X, Y의 원소의 개수가 각각 a, b $(a \le b)$일 때
① 일대일함수 $f: X \longrightarrow Y$의 개수는 ${}_bP_a$
② 일대일대응 $f: X \longrightarrow Y$의 개수는 $b!$
③ $x_1 < x_2$이면 $f(x_1) < f(x_2)$인 함수 $f: X \longrightarrow Y$의 개수는 ${}_bC_a$

서술형 **0713** 집합 $X=\{1, 2, 3, 4, 5, 6\}$에 대하여 다음 조건을 만족시키는 함수 $f: X \longrightarrow X$의 개수를 구하시오.

답 144

> (가) 정의역 X의 두 원소 x_1, x_2에 대하여 $x_1 \ne x_2$이면 $f(x_1) \ne f(x_2)$이다. 일대일함수
> (나) $f(2)f(3)$의 값은 홀수이다. (홀수)×(홀수)

풀이 조건 (가)에서 함수 f는 일대일함수이고
조건 (나)에서 $f(2)f(3)$의 값이 홀수이므로 $f(2)$, $f(3)$의 값이 모두 홀수이다.
이때 $f(2) \ne f(3)$에서 $f(2)$, $f(3)$의 값을 정하는 경우의 수는 집합 X의 원소 1, 3, 5 중에서 2개를 선택하여 $f(2)$, $f(3)$의 값에 대응하는 경우의 수와 같으므로
${}_3P_2 = 3 \times 2 = 6$ …❶ (40%)
$f(1)$, $f(4)$, $f(5)$, $f(6)$의 값을 정하는 경우의 수는 집합 X의 원소 중 $f(2)$, $f(3)$의 값을 제외한 4개의 원소를 나열하는 경우의 수와 같으므로
$4! = 24$ …❷ (40%)
따라서 구하는 함수 f의 개수는
$6 \times 24 = \mathbf{144}$ …❸ (20%)

$f(x)$의 그래프는 원점에 대하여 대칭이다.
즉, $f(0)=0$이고 $f(1)$, $f(2)$, $f(3)$의 값이 정해지면 $f(-1)$, $f(-2)$, $f(-3)$의 값도 정해진다.

0714 집합 $X=\{-3, -2, -1, 0, 1, 2, 3\}$에 대하여 다음 조건을 만족시키는 함수 f의 개수를 구하시오.

답 48

> (가) 함수 f는 X에서 X로의 일대일함수이다.
> (나) 집합 X의 모든 원소 x에 대하여 $f(-x) = -f(x)$이다.

풀이 $f(-x) = -f(x)$이므로 $f(0)=0$의 1개
$f(-3)$의 값이 될 수 있는 수는 X의 원소 중 0을 제외한 6개, 이때 $f(3)$의 값은 $-f(-3)$으로 정해진다.
$f(-2)$의 값이 될 수 있는 수는 X의 원소 중 0, $f(-3)$, $f(3)$의 값을 제외한 4개, 이때 $f(2)$의 값은 $-f(-2)$로 정해진다.
$f(-1)$의 값이 될 수 있는 수는 X의 원소 중 0, $f(-3)$, $f(-2)$, $f(2)$, $f(3)$의 값을 제외한 2개, 이때 $f(1)$의 값은 $-f(-1)$으로 정해진다.
따라서 구하는 함수 f의 개수는
$1 \times 6 \times 4 \times 2 = \mathbf{48}$

0715 집합 $X=\{1, 2, 3, 4, 5, 6\}$에 대하여 다음 조건을 만족시키는 함수 $f: X \longrightarrow X$의 개수는?

답 ①

> (가) 함수 f는 일대일대응이다.
> (나) $k \ge 2$이면 $f(k) \le k$이다. (단, $k \in X$)
> (다) $f(1)=6$

풀이 $f(2)$의 값이 될 수 있는 수는 1, 2의 2개
$f(3)$의 값이 될 수 있는 수는 3 이하의 수 중 $f(2)$의 값을 제외한 2개
$f(4)$의 값이 될 수 있는 수는 4 이하의 수 중 $f(2)$, $f(3)$의 값을 제외한 2개
$f(5)$의 값이 될 수 있는 수는 5 이하의 수 중 $f(2)$, $f(3)$, $f(4)$의 값을 제외한 2개
$f(6)$의 값이 될 수 있는 수는 5 이하의 수 중 $f(2)$, $f(3)$, $f(4)$, $f(5)$의 값을 제외한 1개 ($\because$ 조건 (다))
따라서 구하는 함수 f의 개수는
$2 \times 2 \times 2 \times 2 \times 1 = \mathbf{16}$

유형 07 합성함수

0716 두 함수 $f: X \longrightarrow X$, $g: X \longrightarrow X$가 그림과 같을 때, $(f \circ g)(1)+(g \circ f)(1)+(f \circ f \circ g)(2)$의 값을 구하시오.

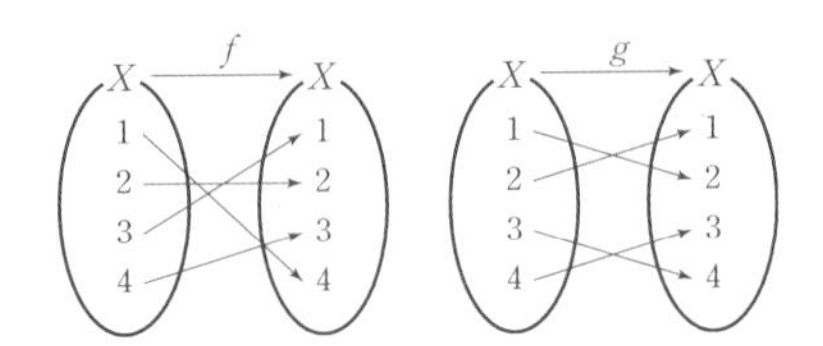

답 8

풀이 $(f \circ g)(1)=f(g(1))=f(2)=2$

$(g \circ f)(1)=g(f(1))=g(4)=3$

$(f \circ f \circ g)(2)=(f \circ f)(g(2))=(f \circ f)(1)$

$=f(f(1))=f(4)=3$

$\therefore (f \circ g)(1)+(g \circ f)(1)+(f \circ f \circ g)(2)$

$=2+3+3=\mathbf{8}$

➜ **0717** 세 함수 f, g, h에 대하여

$f(x)=x^2$, $g(h(x))=2x-1$ ($=(g \circ h)(x)$)

일 때, $((f \circ g) \circ h)(2)$의 값을 구하시오.

답 9

풀이 $(g \circ h)(2)=2\times2-1=3$이므로

$((f \circ g) \circ h)(2)=(f \circ (g \circ h))(2)$

$=f((g \circ h)(2))$

$=f(3)=\mathbf{9}$

0718 두 함수 $f(x)=3x+a$, $g(x)=-x+1$에 대하여 $f \circ g=g \circ f$가 성립할 때, 상수 a의 값은?

답 ①

풀이 $(f \circ g)(x)=f(g(x))=f(-x+1)$

$=3(-x+1)+a=-3x+3+a$

$(g \circ f)(x)=g(f(x))=g(3x+a)$

$=-(3x+a)+1=-3x-a+1$

이때 $f \circ g=g \circ f$이므로

$-3x+3+a=-3x-a+1$

$2a=-2 \quad \therefore a=\mathbf{-1}$

➜ **0719** 집합 $X=\{1, 2, 3, 4, 5\}$에 대하여 함수 $f: X \longrightarrow X$가 그림과 같다. 함수 $g: X \longrightarrow X$가 $g(1)=5$, $f \circ g=g \circ f$를 만족시킬 때, $g(3)$의 값은?

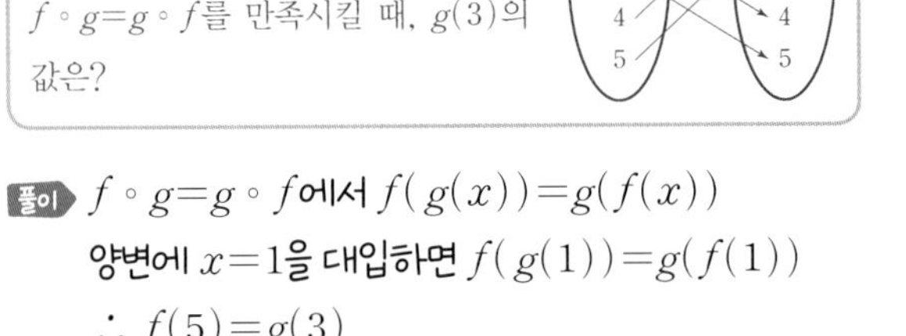

답 ②

풀이 $f \circ g=g \circ f$에서 $f(g(x))=g(f(x))$

양변에 $x=1$을 대입하면 $f(g(1))=g(f(1))$

$\therefore f(5)=g(3)$

이때 $f(5)=2$이므로 $g(3)=\mathbf{2}$

0720 함수 $f(x)=ax+b$ $(a>0)$에 대하여 $(f \circ f)(x)=9x+8$일 때, $f(2)$의 값을 구하시오. (단, a, b는 상수이다.)

답 8

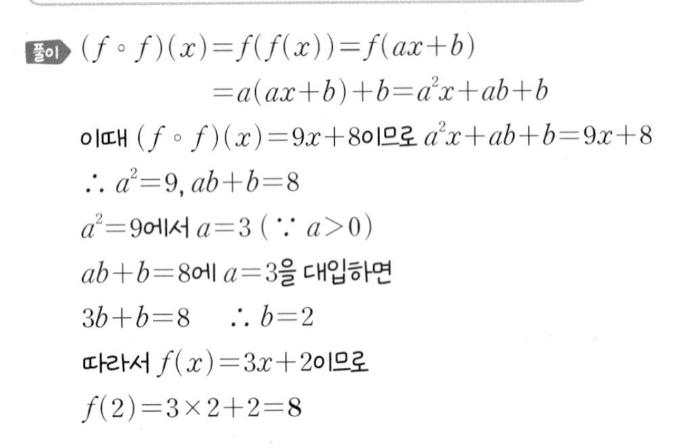

풀이 $(f \circ f)(x)=f(f(x))=f(ax+b)$

$=a(ax+b)+b=a^2x+ab+b$

이때 $(f \circ f)(x)=9x+8$이므로 $a^2x+ab+b=9x+8$

$\therefore a^2=9, ab+b=8$

$a^2=9$에서 $a=3$ ($\because a>0$)

$ab+b=8$에 $a=3$을 대입하면

$3b+b=8 \quad \therefore b=2$

따라서 $f(x)=3x+2$이므로

$f(2)=3\times2+2=\mathbf{8}$

➜ **0721** 세 함수

$f(x)=-x+1$, $g(x)=-3x+a$, $h(x)=bx-2$

가 $h \circ f=g$를 만족시킬 때, 상수 a, b에 대하여 ab의 값은?

답 ⑤

풀이 $(h \circ f)(x)=h(f(x))=h(-x+1)$

$=b(-x+1)-2=-bx+b-2$

이때 $(h \circ f)(x)=g(x)$이므로

$-bx+b-2=-3x+a$

즉, $-b=-3$, $b-2=a$이므로 $a=1$, $b=3$

$\therefore ab=\mathbf{3}$

유형 08 합성함수의 활용 개념 3

0722 집합 X에서 X로의 두 함수 f, g가 다음 조건을 만족시킨다.

> (가) 함수 f는 일대일대응이다.
> (나) $f \circ g = f$

$f(1)=3$일 때, $f(g(1))+g(f(1))$의 값은?

답 ③

풀이 조건 (나)에서 $(f \circ g)(x)=f(x)$이므로
$f(g(x))=f(x)$ ······ ㉠
㉠의 양변에 $x=1$을 대입하면 $f(g(1))=f(1)$
$\therefore g(1)=1$ ($\because$ 조건 (가))
㉠의 양변에 $x=3$을 대입하면 $f(g(3))=f(3)$
$\therefore g(3)=3$ ($\because$ 조건 (가))
$\therefore f(g(1))+g(f(1))=f(1)+g(3)$
$=3+3=\mathbf{6}$

→ 서술형 **0723** 집합 $X=\{1, 2, 3, 4\}$에 대하여 X에서 X로의 함수 f가 다음 조건을 만족시킬 때, $(f \circ f)(3)+(f \circ f)(4)$의 값을 구하시오.

> (가) 함수 f는 일대일대응이다.
> (나) $f(1)=3$
> (다) $f(4)-f(2)=f(1)-f(3)>0$

답 7

풀이 $f(1)-f(3)>0$이고 $f(1)=3$이므로 $f(3)<3$
$\therefore f(3)=1$ 또는 $f(3)=2$ ···❶ (20%)
(i) $f(3)=1$일 때, $f(1)-f(3)=2$
즉, $f(4)-f(2)=2$이므로
$f(4)=4$, $f(2)=2$ ($\because$ 조건 (가)) ···❷ (30%)
(ii) $f(3)=2$일 때, $f(1)-f(3)=1$
즉, $f(4)-f(2)=1$이지만 $f(2)=1$, $f(4)=4$ 또는 $f(2)=4$, $f(4)=1$ ($\because$ 조건 (가))이어야 하므로 조건을 만족시키지 않는다. ···❸ (30%)
(i), (ii)에 의하여 $f(2)=2$, $f(3)=1$, $f(4)=4$
$\therefore (f \circ f)(3)+(f \circ f)(4)=f(f(3))+f(f(4))$
$=f(1)+f(4)=\mathbf{7}$ ···❹ (20%)

유형 09 f^n 꼴의 합성함수 개념 3

직접 수를 차례로 대입하여 추론한다.

0724 함수 $f(x)=x+2$에 대하여
$f^1=f$, $f^{n+1}=f \circ f^n$ (n은 자연수)
으로 정의할 때, $f^8(a)=32$를 만족시키는 실수 a의 값을 구하시오.

답 16

풀이 $f^1(x)=f(x)=x+2$,
$f^2(x)=(f \circ f)(x)=f(f(x))=x+4$,
$f^3(x)=(f \circ f^2)(x)=f(f^2(x))=x+6$, ⋯
$\therefore f^n(x)=x+2n$
따라서 $f^8(x)=x+16$이므로
$f^8(a)=a+16=32$ $\therefore a=\mathbf{16}$

→ **0725** 함수 $f(x)=-x+1$에 대하여
$f^1=f$, $f^{n+1}=f \circ f^n$ (n은 자연수)
으로 정의할 때, $f^n(x)$를 구하시오.

답 풀이 참조

풀이 $f^1(x)=f(x)=-x+1$,
$f^2(x)=(f \circ f)(x)=f(f(x))=x$,
$f^3(x)=(f \circ f^2)(x)=f(f^2(x))=-x+1$, ⋯
즉, $f^1(x)=f^3(x)=\cdots=-x+1$,
$f^2(x)=f^4(x)=\cdots=x$이므로
$$f^n(x)=\begin{cases} -x+1 & (n\text{은 홀수}) \\ x & (n\text{은 짝수}) \end{cases}$$

0726 집합 $A=\{1, 2, 3, 4\}$에 대하여 함수 $f: A \longrightarrow A$가
$$f(x)=\begin{cases} x-1 & (x\ge 2) \\ 4 & (x=1) \end{cases}$$
이다. 합성함수 $f \circ f$를 f^2, $f \circ f^2$를 f^3, ⋯, $f \circ f^n$을 f^{n+1}로 나타낼 때, $f^{1006}(1)-f^{1007}(4)$의 값은? (단, n은 자연수이다.)

답 ④

풀이 $f(1)=4$,
$f^2(1)=(f \circ f)(1)=f(f(1))=f(4)=3$,
$f^3(1)=(f \circ f^2)(1)=f(f^2(1))=f(3)=2$,
$f^4(1)=(f \circ f^3)(1)=f(f^3(1))=f(2)=1$,
$f^5(1)=(f \circ f^4)(1)=f(f^4(1))=f(1)=4$, ⋯
즉, $f^n(1)$은 4, 3, 2, 1이 이 순서대로 반복되므로
$f^{1006}(1)=f^{4\times 251+2}(1)=f^2(1)=3$
같은 방법으로 $f^n(4)$는 3, 2, 1, 4가 이 순서대로 반복되므로
$f^{1007}(4)=f^{4\times 251+3}(4)=f^3(4)=1$
$\therefore f^{1006}(1)-f^{1007}(4)=\mathbf{2}$

→ 서술형 **0727** 양의 실수 전체의 집합에서 정의된 세 함수 f, g, h가
$$f(x)=\begin{cases} x & (x\text{가 유리수}) \\ 1 & (x\text{가 무리수}) \end{cases},$$
$g(x)=\sqrt{x}$,
$h(x)=(f \circ g)(x)$
일 때, $h(1)+h(2)+h(3)+\cdots+h(20)$의 값을 구하시오.

답 26

풀이 $h(x)=(f \circ g)(x)=f(g(x))=f(\sqrt{x})$이고
$1\le x\le 20$인 자연수 x 중에서 $\sqrt{x}$가 유리수가 되는 x의 값은 1, 4, 9, 16이므로
$h(1)=f(\sqrt{1})=1$, $h(4)=f(\sqrt{4})=2$,
$h(9)=f(\sqrt{9})=3$, $h(16)=f(\sqrt{16})=4$ ···❶ (40%)
한편, $x\ne 1$, $x\ne 4$, $x\ne 9$, $x\ne 16$일 때
$f(g(x))=f(\sqrt{x})=1$ ···❷ (40%)
$\therefore h(1)+h(2)+h(3)+\cdots+h(20)$
$=1+2+3+4+16\times 1=\mathbf{26}$ ···❸ (20%)

유형 10 합성함수의 그래프의 해석 개념 3

0728 최댓값이 3보다 큰 이차함수 $y=f(x)$의 그래프가 그림과 같을 때, 방정식 $f(f(x))=0$의 모든 실근의 합을 구하시오.

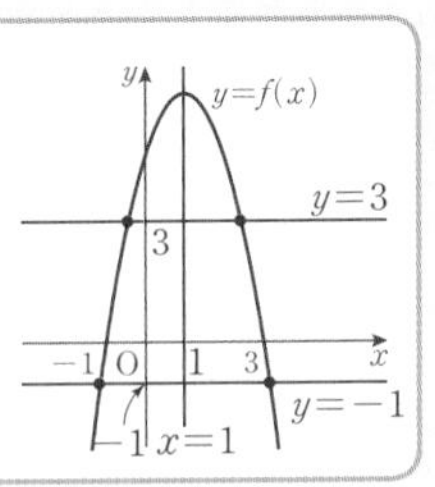

답 4

풀이 $f(-1)=0$, $f(3)=0$이므로 방정식 $f(f(x))=0$을 만족시키는 $f(x)$는

$f(x)=-1$ 또는 $f(x)=3$

이차함수 $y=f(x)$의 그래프와 직선 $y=-1$, $y=3$이 각각 서로 다른 두 점에서 만나고 이차함수 $y=f(x)$의 그래프가 직선 $x=1$에 대하여 대칭이므로 두 점의 x좌표의 합은

$2\times1=2$

즉, 방정식 $f(x)=-1$, $f(x)=3$의 모든 실근의 합은 각각 2이다.

따라서 방정식 $f(f(x))=0$의 모든 실근의 합은

$2+2=\mathbf{4}$

0729 좌표평면 위에 점 $(1,\ -2)$를 꼭짓점으로 하고 원점을 지나는 이차함수 $y=f(x)$의 그래프가 있다. 방정식 $(f\circ f)(x)=k$를 만족시키는 서로 다른 실수 x의 개수가 3일 때, 실수 k의 값은? $f(f(x))=k$

답 ③

풀이 $f(x)=a(x-1)^2-2$ (a는 상수)라 하면 이 그래프가 원점을 지나므로

$0=a-2 \quad \therefore a=2 \quad \therefore f(x)=2(x-1)^2-2$

$f(f(x))=k$에서

$f(x)=\alpha$ 또는 $f(x)=\beta$

이때 방정식 $(f\circ f)(x)=k$를 만족시키는 서로 다른 실수 x의 개수가 3이 되려면 방정식 $f(x)=k$의 한 근이 -2이고, 다른 한 근은 -2보다 커야 한다.

$\therefore k=f(-2)=2\times(-2-1)^2-2=\mathbf{16}$

Tip $\alpha+\beta=2$이므로 $\alpha=-2$, $\beta=4$이다. (단, $\alpha<\beta$)

0730 $0\le x\le2$에서 정의된 두 함수 $y=f(x)$, $y=g(x)$의 그래프가 그림과 같을 때, 함수 $y=(f\circ g)(x)$의 그래프는?

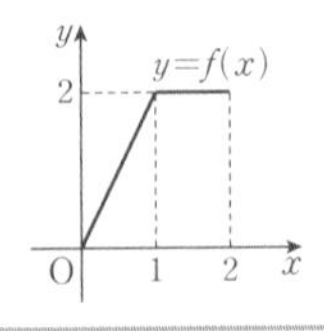

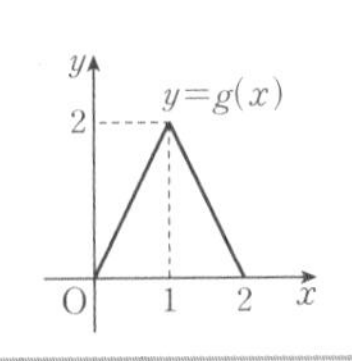

답 ③

풀이 $f(x)=\begin{cases}2x & (0\le x<1)\\ 2 & (1\le x\le2)\end{cases}$, $g(x)=\begin{cases}2x & (0\le x<1)\\ -2x+4 & (1\le x\le2)\end{cases}$

(i) $0\le x<1$일 때, $(f\circ g)(x)=f(2x)$

$0\le x<\frac{1}{2}$일 때 $0\le2x<1$이므로

$(f\circ g)(x)=f(2x)=4x$

$\frac{1}{2}\le x<1$일 때 $1\le2x<2$이므로

$(f\circ g)(x)=f(2x)=2$

(ii) $1\le x\le2$일 때, $(f\circ g)(x)=f(-2x+4)$

$1\le x\le\frac{3}{2}$일 때 $1\le-2x+4\le2$이므로

$(f\circ g)(x)=f(-2x+4)=2$

$\frac{3}{2}<x\le2$일 때 $0\le-2x+4<1$이므로

$(f\circ g)(x)=f(-2x+4)=2(-2x+4)=-4x+8$

(i), (ii)에 의하여

$f(x)=\begin{cases}4x & \left(0\le x<\frac{1}{2}\right)\\ 2 & \left(\frac{1}{2}\le x\le\frac{3}{2}\right)\\ -4x+8 & \left(\frac{3}{2}<x\le2\right)\end{cases}$

서술형 0731 $0\le x\le4$에서 정의된 두 함수 $y=f(x)$, $y=g(x)$의 그래프가 그림과 같을 때, 함수 $y=f(g(x))$의 그래프와 x축 및 y축으로 둘러싸인 도형의 넓이를 구하시오.

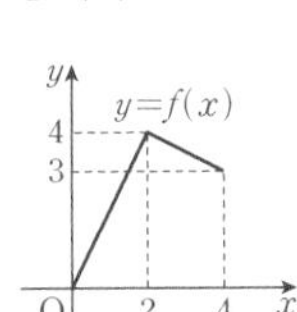

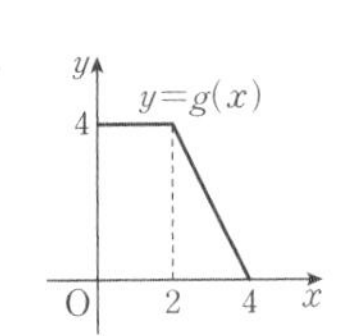

답 $\frac{23}{2}$

풀이 $f(x)=\begin{cases}2x & (0\le x<2)\\ -\frac{1}{2}x+5 & (2\le x\le4)\end{cases}$,

$g(x)=\begin{cases}4 & (0\le x<2)\\ -2x+8 & (2\le x\le4)\end{cases}$ …❶ (20%)

(i) $0\le x<2$일 때, $f(g(x))=f(4)=-\frac{1}{2}\times4+5=3$

(ii) $2\le x\le4$일 때

$f(g(x))=f(-2x+8)$

$=\begin{cases}x+1 & (2\le x\le3)\\ -4x+16 & (3<x\le4)\end{cases}$

(i), (ii)에 의하여

$f(g(x))=\begin{cases}3 & (0\le x<2)\\ x+1 & (2\le x\le3)\\ -4x+16 & (3<x\le4)\end{cases}$ …❷ (50%)

따라서 구하는 넓이는

$2\times3+\frac{1}{2}\times(3+4)\times1+\frac{1}{2}\times1\times4$

$=6+\frac{7}{2}+2=\mathbf{\frac{23}{2}}$ …❸ (30%)

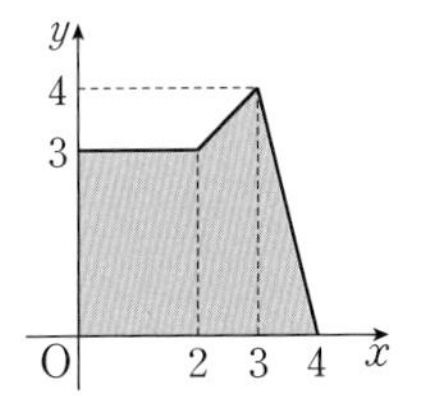

유형 11 역함수

개념 4

0732 함수 $f(x)=ax+b$의 역함수가 $g(x)=2x+6$일 때, 실수 a, b에 대하여 $a+b$의 값은?

답 ③

풀이 1 함수 $f(x)$의 역함수가 $g(x)$이므로 $x=ag(x)+b$

$ag(x)=x-b \quad \therefore g(x)=\frac{1}{a}x-\frac{b}{a}$

이때 $\frac{1}{a}=2$, $-\frac{b}{a}=6$이므로 $a=\frac{1}{2}$, $b=-3$

$\therefore a+b=\mathbf{-\frac{5}{2}}$

풀이 2 함수 $g(x)$의 역함수 $g^{-1}(x)$가 $f(x)$이므로

$y=2x+6$이라 하면

$2x=y-6 \quad \therefore x=\frac{1}{2}y-3$

x와 y를 서로 바꾸면

$y=\frac{1}{2}x-3 \quad \therefore g^{-1}(x)=\frac{1}{2}x-3$

$\therefore f(x)=\frac{1}{2}x-3$

0733 일차함수 $f(x)$의 역함수를 $g(x)$라 할 때, 함수 $f(3x-1)$의 역함수를 $g(x)$로 바르게 나타낸 것은?

답 ④

풀이 1 함수 $f(x)$의 역함수가 $g(x)$이므로

$y=f(3x-1)$이라 하면

$x=f(3y-1)$, $3y-1=g(x)$

$\therefore y=\mathbf{\frac{1}{3}g(x)+\frac{1}{3}}$

풀이 2 함수 $f(3x-1)$의 역함수를 $h(x)$라 하면

$x=f(3h(x)-1)$

$g(x)=3h(x)-1$ ($\because f^{-1}(x)=g(x)$)

$\therefore h(x)=\frac{1}{3}g(x)+\frac{1}{3}$

0734 함수 $f(x)=ax+b$에 대하여 $f(2)=10$, $f^{-1}(4)=-1$일 때, $f(ab)$의 값을 구하시오. (단, a, b는 상수이다.)

$f(-1)=4$

답 30

풀이 $f(2)=10$에서 $2a+b=10$ ...... ㉠

$f(-1)=4$에서 $-a+b=4$ ...... ㉡

㉠, ㉡을 연립하여 풀면 $a=2$, $b=6$

따라서 $f(x)=2x+6$이므로

$f(ab)=f(12)=2\times12+6=\mathbf{30}$

0735 실수 전체의 집합에서 정의된 함수 f에 대하여 $f(4-2x)=6x+k$일 때, 함수 $f(x)$의 역함수를 $g(x)$라 하자. $g(0)=8$일 때, 상수 k의 값을 구하시오.

$f(8)=0$

답 12

풀이 $f(4-2x)=6x+k$의 양변에 $x=-2$를 대입하면

$f(8)=-12+k$, 즉 $-12+k=0$

$\therefore k=\mathbf{12}$

0736 두 집합 $X=\{x|-1\le x\le3\}$, $Y=\{y|a\le y\le b\}$에 대하여 X에서 Y로의 함수 $f(x)=-2x+4$의 역함수가 존재할 때, $a+b$의 값을 구하시오. (단, a, b는 상수이다.)

일대일대응
즉, (치역)=(공역)

답 4

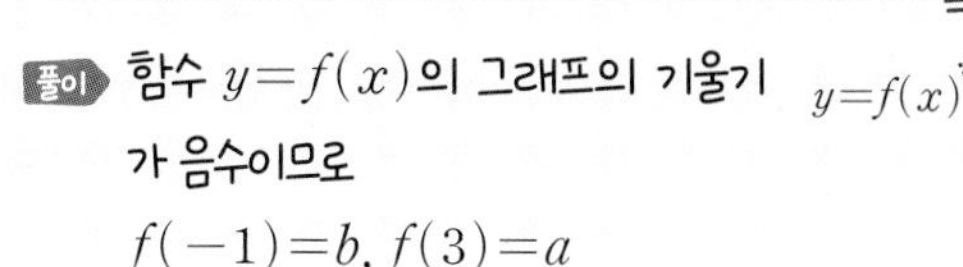
풀이 함수 $y=f(x)$의 그래프의 기울기가 음수이므로

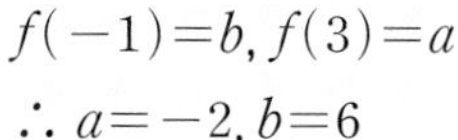
$f(-1)=b$, $f(3)=a$

$\therefore a=-2$, $b=6$

$\therefore a+b=\mathbf{4}$

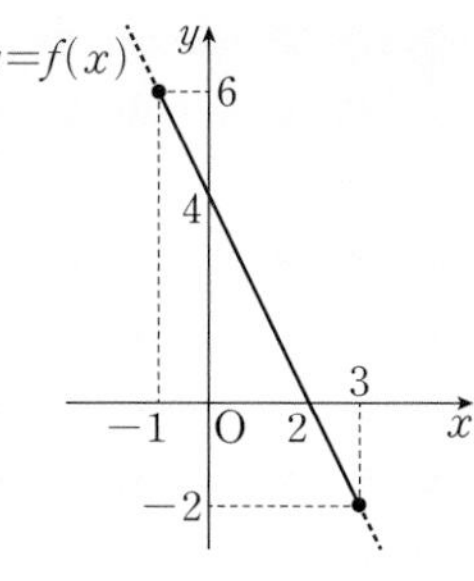

0737 집합 $X=\{x|x\ge a\}$에 대하여 X에서 X로의 함수 $f(x)=x^2-6x+10$이 역함수를 갖도록 하는 상수 a의 값을 구하시오.

일대일대응
즉, 일대일함수이고 (치역)=(공역)이다.

답 5

풀이 $f(x)=x^2-6x+10=(x-3)^2+1$

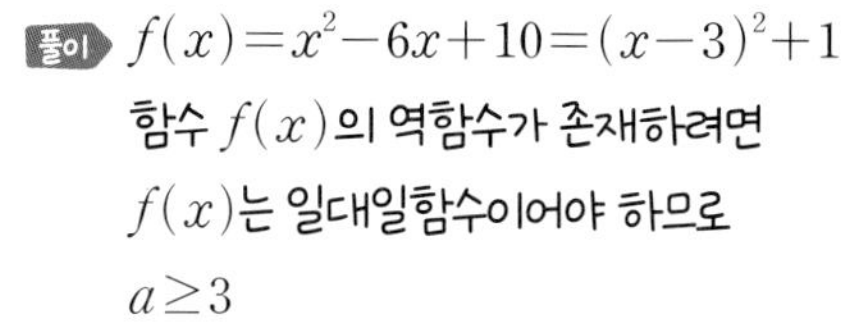
함수 $f(x)$의 역함수가 존재하려면 $f(x)$는 일대일함수이어야 하므로

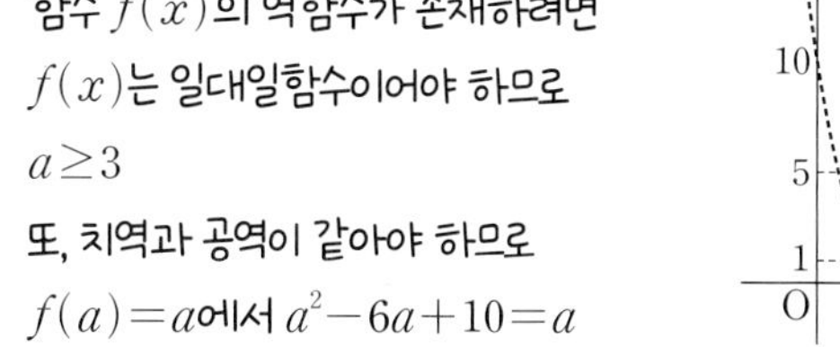
$a\ge3$

또, 치역과 공역이 같아야 하므로

$f(a)=a$에서 $a^2-6a+10=a$

$a^2-7a+10=0$, $(a-2)(a-5)=0$

$\therefore a=\mathbf{5}$ ($\because a\ge3$)

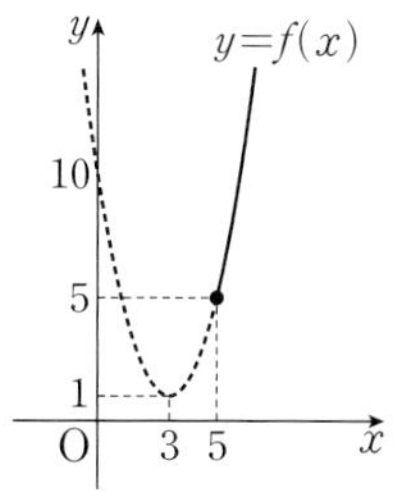

서술형

0738 두 함수 $f(x)=x+a$, $g(x)=bx-4$에 대하여 합성함수 $(f\circ g)(x)=x-3$일 때, $f^{-1}(b)$의 값을 구하시오. (단, a, b는 상수이다.)

답 0

풀이 $(f\circ g)(x)=f(g(x))=f(bx-4)$
$=bx-4+a$
즉, $bx-4+a=x-3$이므로
$b=1$, $-4+a=-3$ $\quad\therefore a=1$
$\therefore f(x)=x+1$ …❶ (50%)
$f^{-1}(b)=k$로 놓으면 $f(k)=b$
$k+1=1$ $\quad\therefore k=0$
$\therefore f^{-1}(b)=\mathbf{0}$ …❷ (50%)

➔ **0739** 두 함수 $f(x)=2x-5$, $g(x)=-x+2$에 대하여 $(f^{-1}\circ g)(a)=4$를 만족시키는 상수 a의 값을 구하시오.

답 -1

풀이 $(f^{-1}\circ g)(a)=f^{-1}(g(a))=4$에서
$f(4)=g(a)$
$3=-a+2$ $\quad\therefore a=\mathbf{-1}$

유형 12 역함수의 성질

개념 4

0740 두 함수 $f: X\longrightarrow X$, $g: X\longrightarrow X$를 그림과 같이 정의할 때, $(g\circ f)(1)+(g\circ f)^{-1}(2)$의 값은?

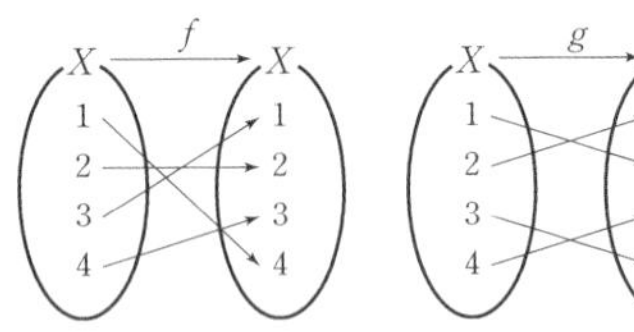

답 ④

풀이 $(g\circ f)(1)=g(f(1))=g(4)=3$
$(g\circ f)^{-1}(2)=(f^{-1}\circ g^{-1})(2)$
$=f^{-1}(g^{-1}(2))$
$=f^{-1}(1)=3$
$\therefore (g\circ f)(1)+(g\circ f)^{-1}(2)=\mathbf{6}$

➔ **0741** 두 함수 $f(x)=x+3$, $g(x)=2x+1$에 대하여 $(f^{-1}\circ(f^{-1}\circ g)^{-1}\circ f^{-1})(k)=4$일 때, 상수 k의 값을 구하시오.

답 15

풀이 $f^{-1}\circ(f^{-1}\circ g)^{-1}\circ f^{-1}=f^{-1}\circ g^{-1}\circ f\circ f^{-1}$
$=f^{-1}\circ g^{-1}\circ(f\circ f^{-1})$
$=f^{-1}\circ g^{-1}\circ I$
$=f^{-1}\circ g^{-1}$
즉, $(f^{-1}\circ g^{-1})(k)=4$이므로 $g^{-1}(k)=f(4)$
$g^{-1}(k)=7$이므로 $g(7)=k$ $\quad\therefore k=\mathbf{15}$

0742 함수 $y=f(x)$의 그래프와 직선 $y=x$가 그림과 같을 때, $(f\circ f)^{-1}(a)=4$이다. 상수 a의 값은? (단, 모든 점선은 x축 또는 y축에 평행하다.)

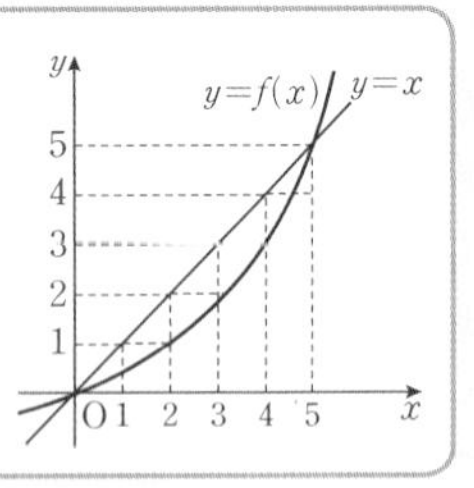

답 ②

풀이 $(f\circ f)^{-1}(a)=4$에서 $(f\circ f)(4)=a$
따라서 $(f\circ f)(4)=f(f(4))=f(3)=2$이므로
$a=\mathbf{2}$

➔ **0743** 함수 $y=f(x)$의 그래프와 직선 $y=x$가 그림과 같을 때, $(f\circ f\circ f)^{-1}(e)$의 값은? (단, 모든 점선은 x축 또는 y축에 평행하다.)

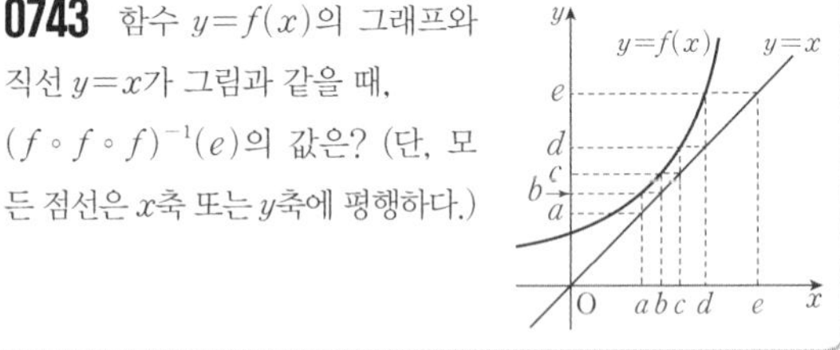

답 ②

풀이1 $(f\circ f\circ f)^{-1}(e)=k$라 하면 $(f\circ f\circ f)(k)=e$
$f((f\circ f)(k))=e$에서 $(f\circ f)(k)=d$
$f(f(k))=d$에서 $f(k)=c$ $\quad\therefore k=\mathbf{b}$

풀이2 $(f\circ f\circ f)^{-1}(e)=(f^{-1}\circ f^{-1}\circ f^{-1})(e)$
$=(f^{-1}\circ f^{-1})(f^{-1}(e))$
$=(f^{-1}\circ f^{-1})(d)$
$=f^{-1}(f^{-1}(d))$
$=f^{-1}(c)=b$

유형 13 역함수의 그래프의 대칭성

개념 5

0744 함수 $f(x)=3x-8$과 그 역함수 $y=f^{-1}(x)$의 그래프는 오직 한 점 P에서 만난다. 원점 O에 대하여 선분 OP의 길이를 l이라 할 때, l^2의 값은?

답 ③

풀이 두 함수 $y=f(x)$, $y=f^{-1}(x)$의 그래프의 교점은 직선 $y=x$ 위에 있으므로 점 P는 함수 $y=f(x)$의 그래프와 직선 $y=x$의 교점과 같다.

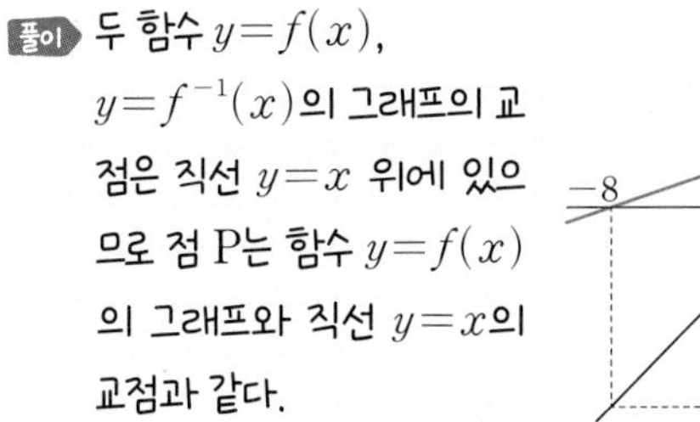

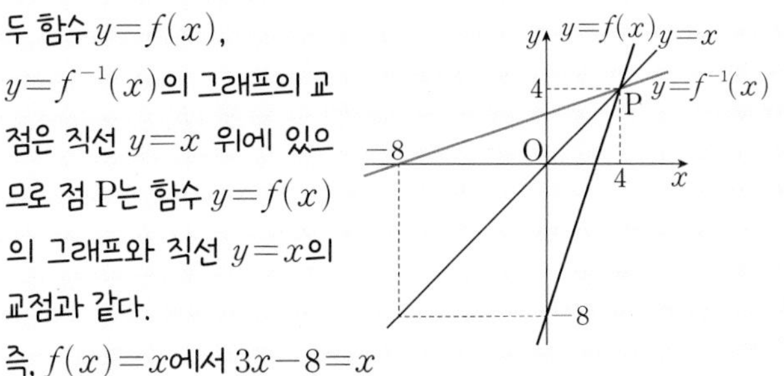

즉, $f(x)=x$에서 $3x-8=x$

$2x=8$ $\quad\therefore x=4$

따라서 $\mathrm{P}(4, 4)$이므로

$l^2=\overline{\mathrm{OP}}^2=4^2+4^2=\mathbf{32}$

0745 함수 $f(x)=\frac{1}{4}x^2+\frac{1}{4}\ (x\geq 0)$에 대하여 $f^{-1}(x)=g(x)$일 때, 두 함수 $y=f(x)$, $y=g(x)$의 그래프는 서로 다른 두 점 A, B에서 만난다. $\overline{\mathrm{AB}}^2$의 값을 구하시오.

답 24

풀이 두 함수 $y=f(x)$, $y=g(x)$의 그래프의 교점은 직선 $y=x$ 위에 있으므로 두 점 A, B는 함수 $y=f(x)$의 그래프와 직선 $y=x$의 교점과 같다.

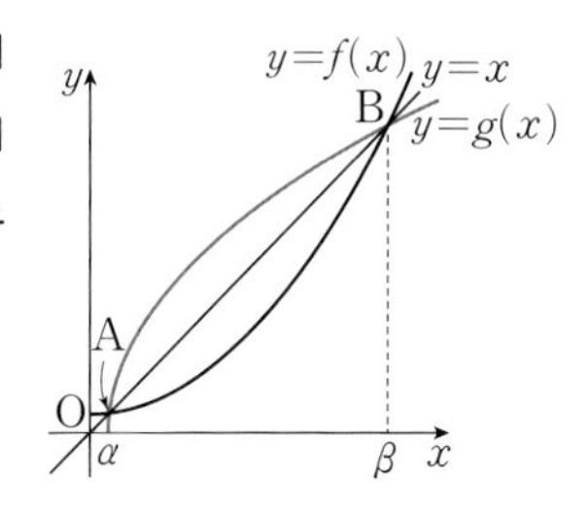

두 점 A, B의 좌표를 (α, α), (β, β)라 하면

$f(x)=x$에서 $\frac{1}{4}x^2+\frac{1}{4}=x$

$x^2-4x+1=0$

이 이차방정식의 두 근이 α, β이므로 이차방정식의 근과 계수의 관계에 의하여

$\alpha+\beta=4$, $\alpha\beta=1$

$\therefore \overline{\mathrm{AB}}^2=(\beta-\alpha)^2+(\beta-\alpha)^2=2(\alpha-\beta)^2$

$=2\{(\alpha+\beta)^2-4\alpha\beta\}=2(16-4)=\mathbf{24}$

0746 함수 $f(x)=ax-2a-1$과 그 역함수 $y=f^{-1}(x)$의 그래프의 교점 P의 x좌표를 p라 할 때, $p\geq 3$이 되도록 하는 1보다 큰 모든 자연수 a의 값의 합을 구하시오.

답 9

풀이1 두 함수 $y=f(x)$, $y=f^{-1}(x)$의 그래프의 교점은 직선 $y=x$ 위에 있으므로 점 P는 함수 $y=f(x)$의 그래프와 직선 $y=x$의 교점과 같다.

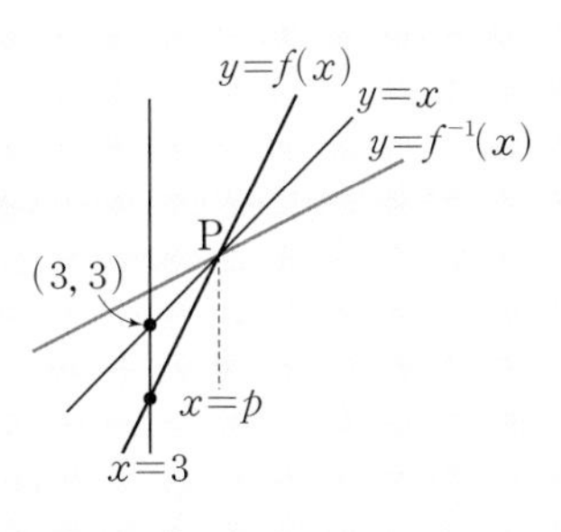

$p\geq 3$이면 $f(3)\leq 3$이어야 한다.

$3a-2a-1\leq 3$ $\quad\therefore 1<a\leq 4\ (\because a>1)$

따라서 자연수 a는 2, 3, 4이므로 모든 a의 값의 합은

$2+3+4=\mathbf{9}$

풀이2 $f(x)=x$에서 $ax-2a-1=x$

$(a-1)x=2a+1$ $\quad\therefore x=\frac{2a+1}{a-1}\ (\because a>1)$

$x=\frac{2a+1}{a-1}$을 만족시키는 x의 값이 교점의 x좌표이므로

$p=\frac{2a+1}{a-1}$

이때 $p\geq 3$이 되어야 하므로 $\frac{2a+1}{a-1}\geq 3$

$2a+1\geq 3a-3$ $\quad\therefore 1<a\leq 4\ (\because a>1)$

0747 함수 $f(x)=\frac{1}{2}x^2-3x+k\ (x\geq 3)$와 그 역함수 $y=f^{-1}(x)$의 그래프의 서로 다른 교점의 개수가 2가 되도록 하는 실수 k의 값의 범위는 $a\leq k<b$이다. ab의 값은?

$f(x)=\frac{1}{2}(x-3)^2+k-\frac{9}{2}$, 꼭짓점 $\left(3, k-\frac{9}{2}\right)$

답 ⑤

풀이 두 함수 $y=f(x)$, $y=f^{-1}(x)$의 그래프의 교점은 직선 $y=x$ 위에 있으므로 교점은 함수 $y=f(x)$의 그래프와 직선 $y=x$의 교점과 같다.

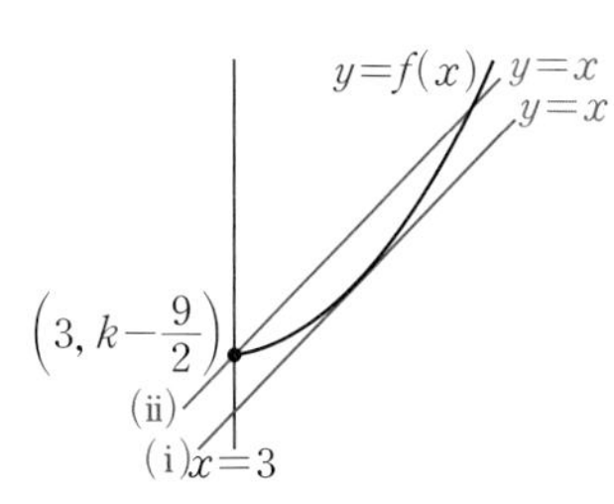

(i) 함수 $y=f(x)$의 그래프와 직선 $y=x$가 접할 때

$f(x)=x$에서 $\frac{1}{2}x^2-3x+k=x$

$\therefore \underline{x^2-8x+2k=0}$ (판별식 D)

$\frac{D}{4}=16-2k=0$ $\quad\therefore k=8$

(ii) 함수 $y=f(x)$의 그래프의 꼭짓점 $\left(3, k-\frac{9}{2}\right)$를 직선 $y=x$가 지날 때

$k-\frac{9}{2}=3$ $\quad\therefore k=\frac{15}{2}$

(i), (ii)에 의하여 $\frac{15}{2}\leq k<8$

따라서 $a=\frac{15}{2}$, $b=8$이므로 $ab=\mathbf{60}$

유형 14 절댓값 기호를 포함한 함수의 그래프; 대칭이동 이용 개념 6

0748 함수 $y=|x^2-4x|$의 그래프와 직선 $y=k$가 서로 다른 세 점에서 만나도록 하는 실수 k의 값을 구하시오. 답 4

풀이 함수 $y=|x^2-4x|$의 그래프는 함수 $y=x^2-4x$의 그래프에서 $y\geq 0$인 부분은 그대로 두고 $y<0$인 부분을 x축에 대하여 대칭이동한 그래프이므로 오른쪽 그림과 같다.

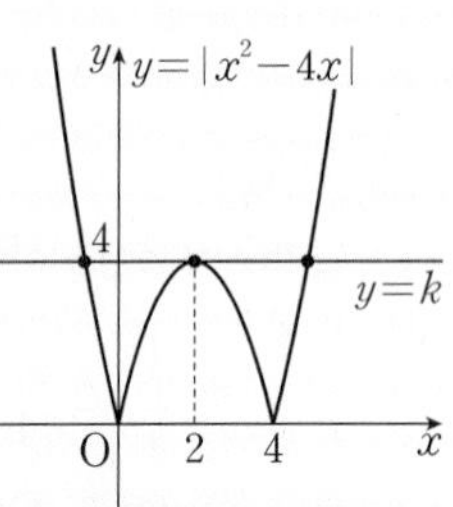

따라서 함수 $y=|x^2-4x|$의 그래프와 직선 $y=k$가 서로 다른 세 점에서 만나려면
$k=4$

0749 함수 $y=f(x)$의 그래프가 그림과 같을 때, 함수 $y=||f(x)|-1|$의 그래프를 바르게 나타낸 것은? 답 ②

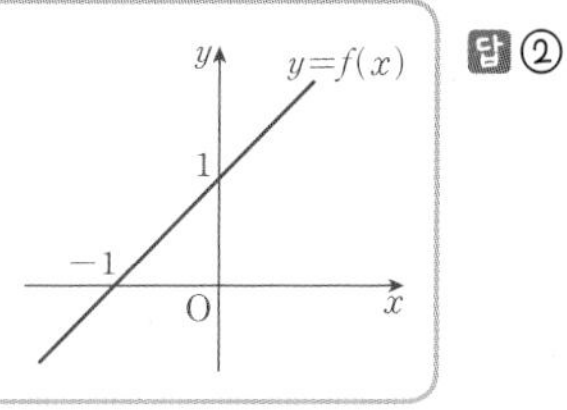

풀이 $y=f(x)$ → $y=|f(x)|$

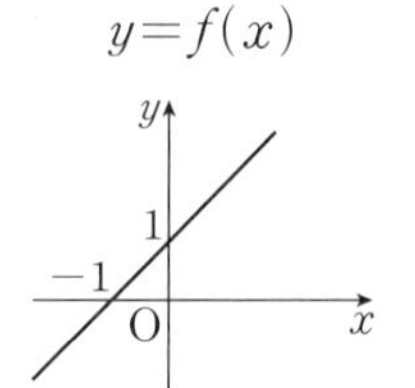

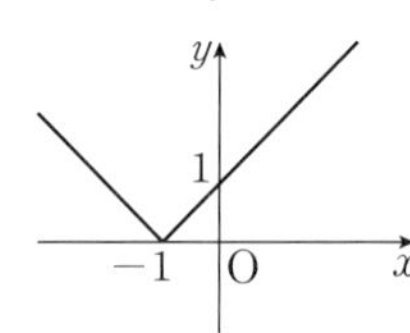

→ $y=|f(x)|-1$ → $y=||f(x)|-1|$

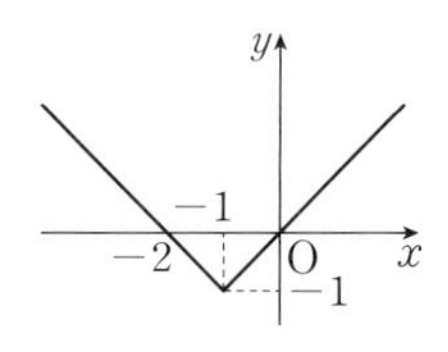

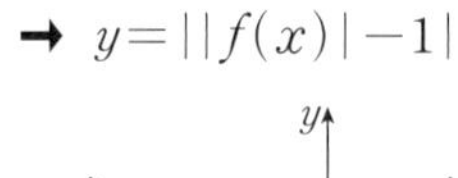

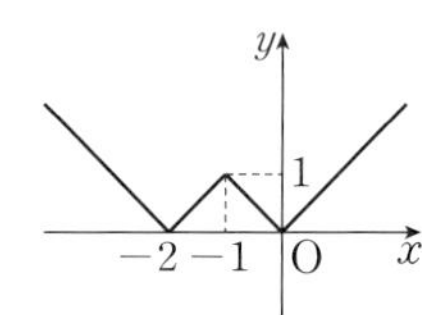

0750 함수 $y=f(x)$의 그래프가 그림과 같을 때, $|y|=f(x)$의 그래프를 바르게 나타낸 것은? 답 ④

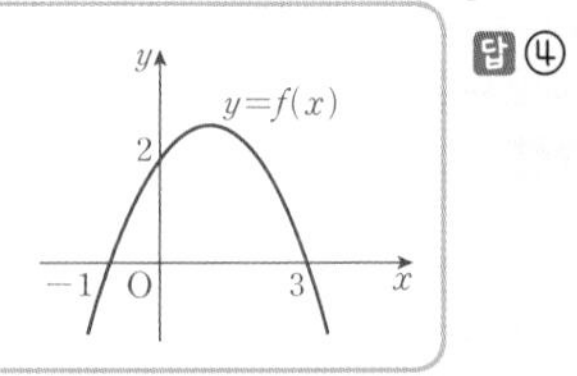

풀이 $|y|=f(x)$의 그래프는 함수 $y=f(x)$의 그래프에서 $y<0$인 부분을 없애고 $y\geq 0$인 부분만 남긴 후 $y\geq 0$인 부분을 x축에 대하여 대칭이동한 그래프이므로 오른쪽 그림과 같다.

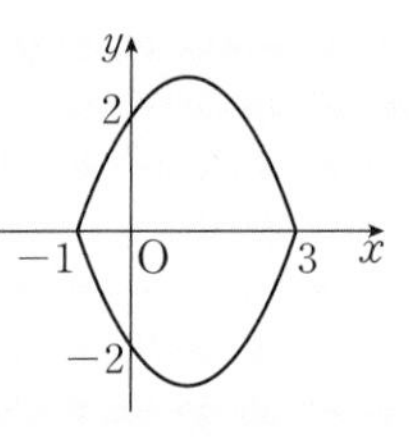

0751 서술형 함수 $f(x)=x^2-6x+8$에 대하여 등식 $g(x)=f(|x|)$가 성립할 때, 정수 n에 대하여 방정식 $g(x)=n$의 서로 다른 실근의 개수를 $h(n)$이라 하자. $h(-1)+h(0)+h(8)+h(10)$의 값을 구하시오. 답 11

$f(x)=(x-3)^2-1$, 꼭짓점 $(3, -1)$

풀이 함수 $y=f(|x|)$의 그래프는 함수 $y=f(x)$의 그래프에서 $x<0$인 부분을 없애고 $x\geq 0$인 부분만 남긴 후 $x\geq 0$인 부분을 y축에 대하여 대칭이동한 그래프이므로 오른쪽 그림과 같다. …❶ (40%)

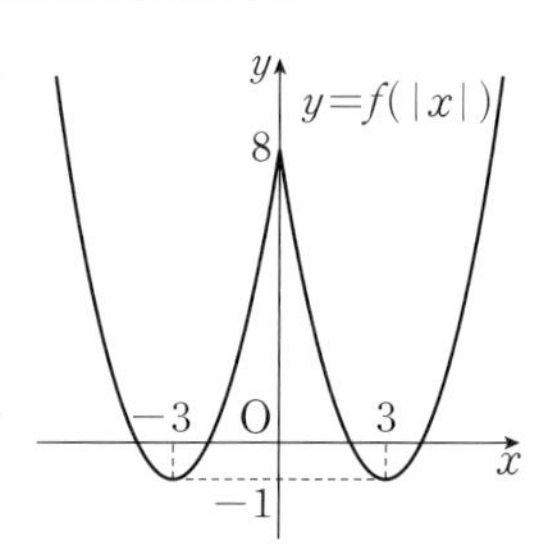

이때 $n<-1$일 때, 방정식 $g(x)=n$, 즉 방정식 $f(|x|)=n$의 근의 개수는 0

$n=-1$일 때, 방정식 $g(x)=n$, 즉 방정식 $f(|x|)=n$의 근의 개수는 2

$-1<n<8$일 때, 방정식 $g(x)=n$, 즉 방정식 $f(|x|)=n$의 근의 개수는 4

$n=8$일 때, 방정식 $g(x)=n$, 즉 방정식 $f(|x|)=n$의 근의 개수는 3

$n>8$일 때, 방정식 $g(x)=n$, 즉 방정식 $f(|x|)=n$의 근의 개수는 2 …❷ (40%)

$\therefore h(-1)+h(0)+h(8)+h(10)=2+4+3+2=\mathbf{11}$ …❸ (20%)

$f(x)=\begin{cases} -x+1 & (x<1) \\ x-1 & (x\geq 1) \end{cases}$

0752 실수 전체의 집합에서 정의된 함수 $f(x)=|x-2|+kx-6$이 일대일대응일 때, 실수 k의 값의 범위는 $k<a$ 또는 $k>b$이다. 상수 a, b에 대하여 ab의 값은?

답 ②

풀이 $f(x)=\begin{cases} (k-1)x-4 & (x<2) \\ (k+1)x-8 & (x\geq 2) \end{cases}$이고 일대일대응이므로

(i) 치역이 실수 전체의 집합이어야 하므로

$2k-6=2k-6 \quad \therefore 0=0$

(ii) 구간별로 기울기의 부호가 같아야 하므로

$(k-1)(k+1)>0$에서 $k<-1$ 또는 $k>1$

(i), (ii)에 의하여 $a=-1$, $b=1$이므로

$ab=(-1)\times 1=\mathbf{-1}$

0753 함수 $f(x)=|x-1|$에 대하여 방정식 $(f\circ f)(x)=\frac{2}{3}$의 모든 실근의 합을 구하시오.

답 4

풀이 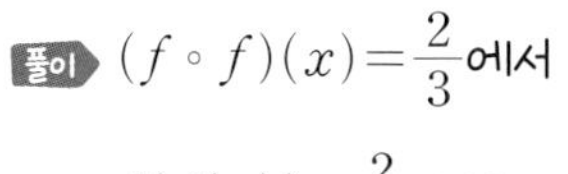 $(f\circ f)(x)=\frac{2}{3}$에서

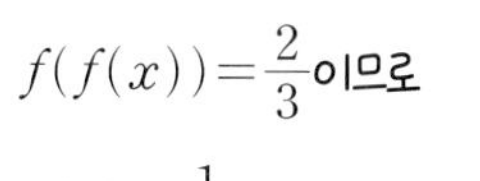 $f(f(x))=\frac{2}{3}$이므로

$f(x)=\frac{1}{3}$ 또는 $f(x)=\frac{5}{3}$

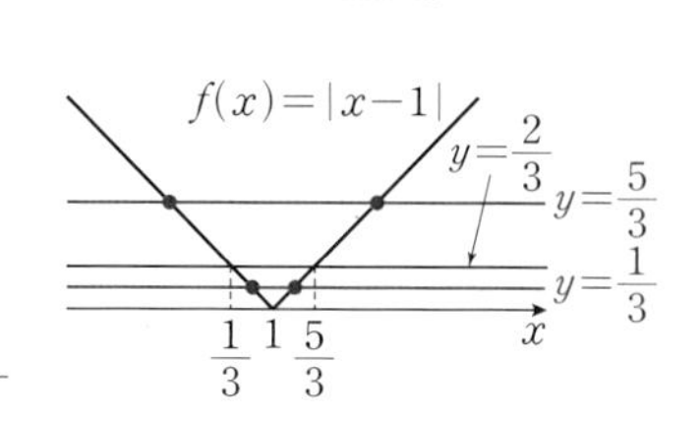

함수 $y=f(x)$의 그래프와 직선 $y=\frac{1}{3}$, $y=\frac{5}{3}$가 각각 서로 다른 두 점에서 만나고 함수 $y=f(x)$의 그래프가 직선 $x=1$에 대하여 대칭이므로 두 점의 x좌표의 합은

$2\times 1=2$

즉, 방정식 $f(x)=\frac{1}{3}$, $f(x)=\frac{5}{3}$의 모든 실근의 합은 각각 2이다.

따라서 방정식 $f(f(x))=0$의 모든 실근의 합은

$2+2=\mathbf{4}$

서술형

0754 함수 $y=6-|x|-|x-2|$의 그래프와 x축으로 둘러싸인 부분의 넓이를 구하시오.

답 16

풀이 $f(x)=6-|x|-|x-2|$라 하면

(i) $x<0$일 때, $f(x)=6+x+(x-2)=2x+4$

(ii) $0\leq x<2$일 때, $f(x)=6-x+(x-2)=4$

(iii) $x\geq 2$일 때, $f(x)=6-x-(x-2)=-2x+8$

(i), (ii), (iii)에 의하여

$f(x)=\begin{cases} 2x+4 & (x<0) \\ 4 & (0\leq x<2) \\ -2x+8 & (x\geq 2) \end{cases}$ …❶ (40%)

이때 함수 $y=f(x)$의 그래프는 오른쪽 그림과 같다. …❷ (30%)

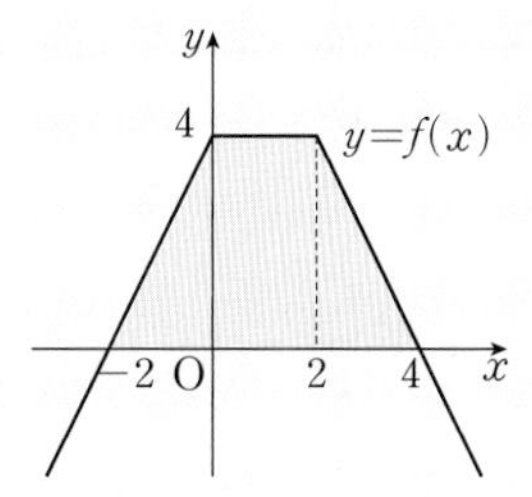

따라서 구하는 넓이는

$\frac{1}{2}\times(2+6)\times 4=\mathbf{16}$ …❸ (30%)

0755 함수 $y=|x|-|x-1|$의 그래프와 직선 $y=m(x+1)-2$가 서로 다른 세 점에서 만날 때, 실수 m의 값의 범위는 $a<m<b$이다. $8(a+b)$의 값은?

답 ④

풀이 $f(x)=|x|-|x-1|$이라 하면

$f(x)=\begin{cases} -1 & (x<0) \\ 2x-1 & (0\leq x<1) \\ 1 & (x\geq 1) \end{cases}$

직선 $y=m(x+1)-2$는 m의 값에 관계없이 항상 점 $(-1, -2)$를 지나고 함수 $y=f(x)$의 그래프와 세 점에서 만나려면 오른쪽 그림과 같이 기울기가 m_1, m_2 사이인 직선이어야 한다.

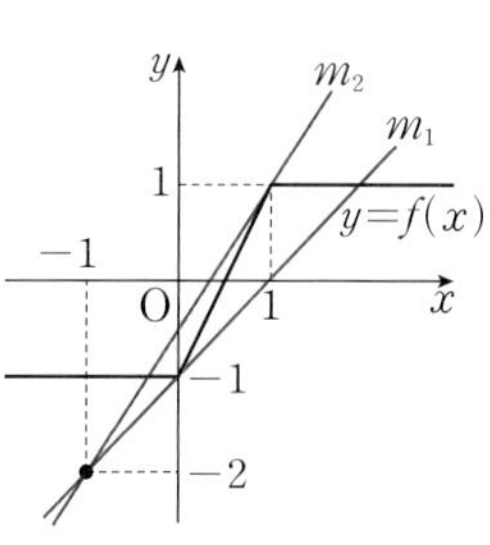

이때 (기울기 m_1)$=\frac{-1-(-2)}{0-(-1)}=1$,

(기울기 m_2)$=\frac{1-(-2)}{1-(-1)}=\frac{3}{2}$이므로

$1<m<\frac{3}{2}$

따라서 $a=1$, $b=\frac{3}{2}$이므로

$8(a+b)=8\times\left(1+\frac{3}{2}\right)=\mathbf{20}$

유형 16 조건을 만족시키는 함수 구하기 개념 1, 6

항등식 → 수치대입법 이용!

0756 임의의 양의 실수 x, y에 대하여 함수 f가
$f(xy)=f(x)+f(y)$ …… ㉠
를 만족시키고 $f(2)=4$일 때, $f(16)$의 값은?

답 ③

풀이 ㉠의 양변에 $x=2$, $y=2$를 대입하면
$f(4)=f(2)+f(2)=4+4=8$
㉠의 양변에 $x=4$, $y=4$를 대입하면
$f(16)=f(4)+f(4)=8+8=\mathbf{16}$

0757 임의의 양의 실수 x, y에 대하여 함수 f가
$f(x+y)=f(x)f(y)$ …… ㉠
를 만족시키고 $f(2)=3$일 때, $f(10)$의 값을 구하시오.

답 243

풀이 ㉠의 양변에 $x=2$, $y=2$를 대입하면
$f(4)=f(2)f(2)=3\times3=9$
㉠의 양변에 $x=2$, $y=4$를 대입하면
$f(6)=f(2)f(4)=3\times9=27$
㉠의 양변에 $x=4$, $y=6$을 대입하면
$f(10)=f(4)f(6)=9\times27=\mathbf{243}$

서술형

0758 모든 실수 x에 대하여 함수 $f(x)$가
$f(x)+f(4-x)=k$
를 만족시키고 $f(0)+f(1)+f(2)+f(3)+f(4)=5$일 때, 상수 k의 값을 구하시오.

답 2

풀이 $f(x)+f(4-x)=k$에서
$x=0$을 대입하면 $f(0)+f(4)=k$ …… ㉠ …❶ (20%)
$x=1$을 대입하면 $f(1)+f(3)=k$ …… ㉡ …❷ (20%)
$x=2$를 대입하면 $f(2)+f(2)=k$
$\therefore f(2)=\frac{k}{2}$ …… ㉢ …❸ (20%)
㉠+㉡+㉢을 하면
$f(0)+f(1)+f(2)+f(3)+f(4)=\frac{5}{2}k$
따라서 $\frac{5}{2}k=5$이므로
$k=\mathbf{2}$ …❹ (40%)

0759 실수 전체의 집합에서 정의된 함수 $f(x)$가 다음 조건을 만족시킨다.

$f(x)=\begin{cases}-x & (0\le x<a)\\ x-2a & (x\ge a)\end{cases}$

(가) $x\ge0$일 때, $f(x)=|x-a|-a$이다.
(나) 모든 실수 x에 대하여 $f(-x)+f(x)=0$이다.

$f(-x)=-f(x)$ → 원점에 대하여 대칭

$f(-5)+f(15)=0$일 때, 상수 a의 값을 구하시오. (단, $5<a<15$)

답 10

풀이 1 $f(-5)=-f(5)$ ($\because$ 조건 (나))이므로
$f(-5)+f(15)=0$에서
$-f(5)+f(15)=0$ $\therefore f(5)=f(15)$
이때 $5<a<15$이므로
$f(5)=-5$, $f(15)=15-2a$ ($\because$ 조건 (가))
즉, $-5=15-2a$에서 $2a=20$ $\therefore a=\mathbf{10}$

풀이 2 함수 $y=f(x)$의 그래프의 개형을 나타내면 다음 그림과 같다.

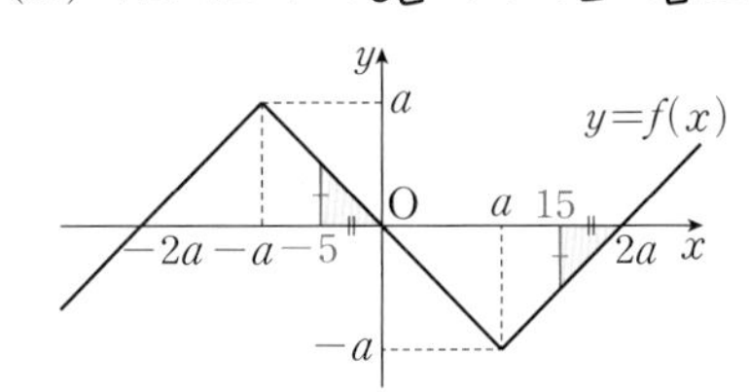

$f(-5)+f(15)=0$이면 $2a-15=5$ $\therefore a=10$

0760 함수 $f(x)$는 모든 실수 x에 대하여 $f(1+x)=f(1-x)$를 만족시킨다. 방정식 $f(x)=0$이 서로 다른 네 실근을 갖는다고 할 때, 이 네 실근의 합은?

답 ⑤

풀이 1 $f(1+x)=f(1-x)$에 x 대신 $x-1$을 대입하면
$f(x)=f(2-x)$
방정식 $f(x)=0$의 한 실근을 α라 하면
$f(2-\alpha)=f(\alpha)=0$이므로 $2-\alpha$도 근이다.
따라서 방정식 $f(x)=0$이 네 실근을 갖는다고 하면
α, $2-\alpha$, β, $2-\beta$ ($\alpha\ne1$, $\beta\ne1$, $|\alpha-1|\ne|\beta-1|$)이고
그 합은
$\alpha+(2-\alpha)+\beta+(2-\beta)=\mathbf{4}$

풀이 2 함수 $f(x)$의 그래프는 직선 $x=1$에 대하여 대칭이므로
네 실근을 α, β, γ, δ ($\alpha<\beta<1<\gamma<\delta$)라 하면
$\alpha+\delta=2$, $\beta+\gamma=2$
$\therefore \alpha+\beta+\gamma+\delta=4$

0761 모든 실수 x에 대하여 $f(x)+2f(1-x)=x^2$을 만족시키는 함수 $f(x)$가 있다. 방정식 $f(x)=0$이 두 근을 α, β라 할 때, $\alpha^2+\beta^2$의 값은?

답 ③

풀이 $f(x)+2f(1-x)=x^2$ …… ㉠
㉠에 x 대신 $1-x$를 대입하면
$f(1-x)+2f(x)=(1-x)^2$ …… ㉡
$2\times$㉡$-$㉠을 하면 $3f(x)=2(1-x)^2-x^2$
$\therefore f(x)=\frac{1}{3}x^2-\frac{4}{3}x+\frac{2}{3}$
따라서 방정식 $f(x)=0$, 즉 이차방정식 $\frac{1}{3}(x^2-4x+2)=0$의 두 근은 α, β이므로 근과 계수의 관계에 의하여
$\alpha+\beta=4$, $\alpha\beta=2$
$\therefore \alpha^2+\beta^2=(\alpha+\beta)^2-2\alpha\beta=16-4=\mathbf{12}$

실력 완성!

0762 두 집합 $X=\{0, 1, 2\}$, $Y=\{1, 2, 3\}$에 대하여 **보기**에서 X에서 Y로의 함수인 것만을 있는 대로 고른 것은? **답** ④

(단, $[x]$는 x보다 크지 않은 최대의 정수이다.)

보기
- ㄱ. $y=x$ $x=0$일 때 대응하는 원소 없다.
- ㄴ. $y=x+1$
- ㄷ. $y=|x|-1$ $x=0$, $x=1$일 때 대응하는 원소 없다.
- ㄹ. $y=\left[x+\frac{3}{2}\right]$

풀이 ㄴ, ㄹ.

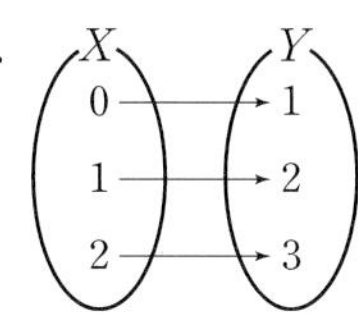

0763 원소의 개수가 2인 집합 X를 정의역으로 하는 두 함수 **답** ⑤

$f(x)=x^2-x$, $g(x)=5x+7$

에 대하여 f, g가 서로 같은 함수가 되도록 하는 집합 X의 모든 원소의 합은?

풀이 방정식 $f(x)=g(x)$에서

$x^2-x=5x+7$, $x^2-6x-7=0$

$(x+1)(x-7)=0$ $\therefore x=-1$ 또는 $x=7$

따라서 $X=\{-1, 7\}$이므로 모든 원소의 합은 $-1+7=\mathbf{6}$

0764 실수 전체의 집합 R에 대하여 **보기**에서 집합 R에서 R로의 일대일함수인 것의 개수를 a, 일대일대응인 것의 개수를 b라 할 때, $a+b$의 값은? **답** ④

보기
- ㄱ. $f(x)=-x$
- ㄴ. $f(x)=x|x|$
- ㄷ. $f(x)=\begin{cases} x-1 & (x<0) \\ x+1 & (x\geq 0) \end{cases}$
- ㄹ. $f(x)=|x-2|+1$

풀이

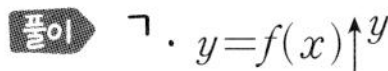

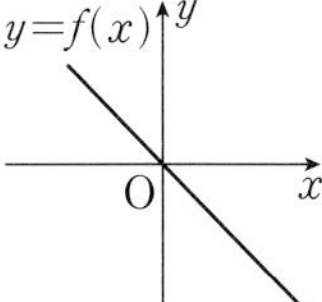

ㄴ.

ㄷ.

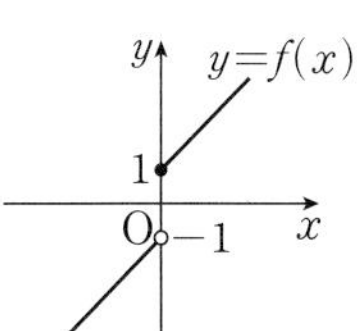

ㄹ.

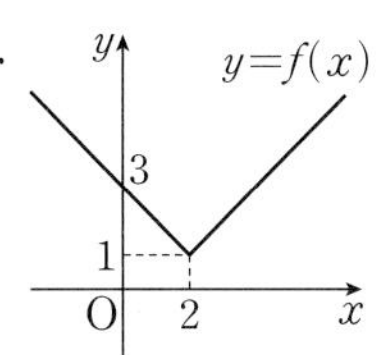

일대일함수: ㄱ, ㄴ, ㄷ, 일대일대응: ㄱ, ㄴ

따라서 $a=3$, $b=2$이므로 $a+b=\mathbf{5}$

0765 두 집합 $X=\{x|x\geq 3\}$, $Y=\{y|y\geq 2\}$에 대하여 X에서 Y로의 함수 $f(x)=x^2-2x+a$가 일대일대응일 때, 상수 a의 값은? $f(x)=(x-1)^2+a-1$, 축의 방정식: $x=1$ **답** ②

풀이 함수 $y=f(x)$가 일대일대응이 되려면 그래프의 개형은 오른쪽 그림과 같아야 하므로

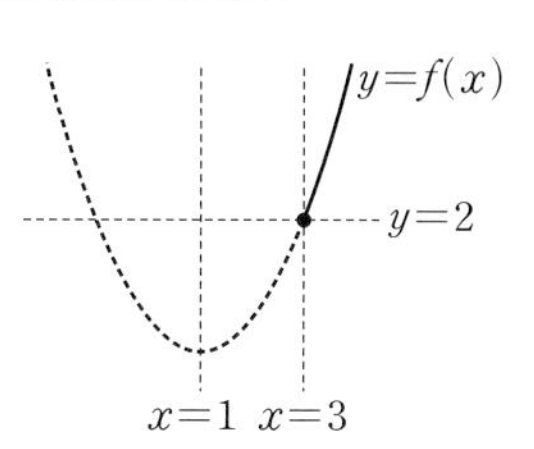

$f(3)=2$, 즉 $9-6+a=2$

$\therefore a=\mathbf{-1}$

0766 세 함수 **답** 12

$f(x)=2x+1$, $g(x)=x-3$, $h(x)=3x-6$

에 대하여 $(f\circ g)(a)=9$일 때, $(g\circ h)(a)$의 값을 구하시오. (단, a는 실수이다.)

풀이 $(f\circ g)(a)=9$에서 $f(g(a))=9$

$f(a-3)=9$, $2(a-3)+1=9$

$2a=14$ $\therefore a=7$

$\therefore (g\circ h)(a)=(g\circ h)(7)=g(h(7))$

$=g(15)=\mathbf{12}$

0767 두 함수 $f(x)=2x+5$, $g(x)=ax-1$에 대하여 $f\circ g=g\circ f$를 만족시키는 상수 a의 값은? **답** ④

풀이 $(f\circ g)(x)=f(g(x))=2(ax-1)+5=2ax+3$

$(g\circ f)(x)=g(f(x))=a(2x+5)-1=2ax+5a-1$

$(f\circ g)(x)=(g\circ f)(x)$이므로

$2ax+3=2ax+5a-1$

이 식이 모든 실수 x에 대하여 성립하므로

$3=5a-1$ $\therefore a=\mathbf{\frac{4}{5}}$

0768 두 함수

$f(x)=\begin{cases} x+4 & (x<0) \\ x^2+4 & (x\ge0) \end{cases}$, $g(x)=x+1$

에 대하여 $(f^{-1}\circ g)(12)$의 값을 구하시오.

답 3

풀이 $(f^{-1}\circ g)(12)=f^{-1}(g(12))=f^{-1}(13)$

이때 $f^{-1}(13)=k$라 하면 $f(k)=13$

(i) $k<0$일 때

$k+4=13$에서 $k=9$이므로 $k<0$인 조건에 모순이다.

(ii) $k\ge0$일 때

$k^2+4=13$에서 $k^2=9$ $\quad\therefore k=3\ (\because k\ge0)$

(i), (ii)에 의하여 $k=3$

$\therefore (f^{-1}\circ g)(12)=f^{-1}(13)=\mathbf{3}$

0769 함수 f가 $f(3x+1)=9x-1$일 때, $f(1)+f^{-1}(1)$의 값은? ㉠

답 ⑤

풀이 $3x+1=1$에서 $x=0$

$x=0$을 ㉠에 대입하면 $f(1)=-1$

$f^{-1}(1)=a$라 하면 $f(a)=1$

$3x+1=a$에서 $x=\dfrac{a-1}{3}$

$x=\dfrac{a-1}{3}$을 ㉠에 대입하면

$f(a)=3a-4$

즉, $3a-4=1$이므로 $a=\dfrac{5}{3}$ $\quad\therefore f^{-1}(1)=\dfrac{5}{3}$

$\therefore f(1)+f^{-1}(1)=\mathbf{\dfrac{2}{3}}$

0770 집합 $X=\{1, 2, 3\}$에 대하여 X에서 X로의 함수 f가 그림과 같다.

$f^1=f$,

$f^{n+1}=f^n\circ f\ (n=1, 2, 3, \cdots)$

로 정의할 때, $f^{99}(1)+f^{100}(2)$의 값은?

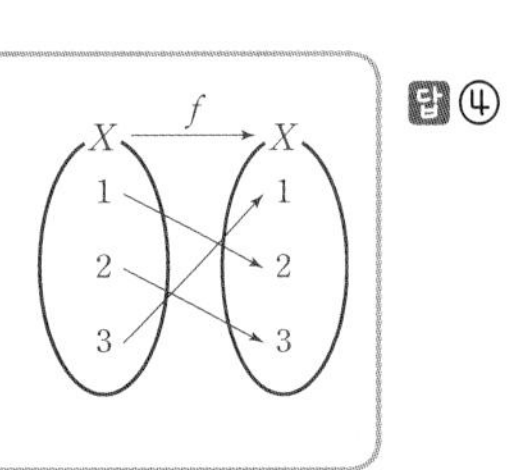

답 ④

풀이 $f^1(1)=f(1)=2$,

$f^2(1)=(f\circ f)(1)=f(f(1))=f(2)=3$,

$f^3(1)=(f\circ f^2)(1)=f(f^2(1))=f(3)=1$,

$f^4(1)=(f\circ f^3)(1)=f(f^3(1))=f(1)=2, \cdots$

즉, $f^n(1)$은 2, 3, 1이 이 순서대로 반복되므로

$f^{99}(1)=f^{3\times33}(1)=f^3(1)=1$

또, $f^1(2)=f(2)=3$,

$f^2(2)=(f\circ f)(2)=f(f(2))=f(3)=1$,

$f^3(2)=(f\circ f^2)(2)=f(f^2(2))=f(1)=2$,

$f^4(2)=(f\circ f^3)(2)=f(f^3(2))=f(2)=3, \cdots$

즉, $f^n(2)$는 3, 1, 2가 이 순서대로 반복되므로

$f^{100}(2)=f^{3\times33+1}(2)=f^1(2)=3$

$\therefore f^{99}(1)+f^{100}(2)=\mathbf{4}$

0771 실수 전체의 집합에서 정의된 두 함수 $f(x)=3x-4$, $g(x)=x+6$에 대하여 함수 $h(x)=(f\circ(g\circ f)^{-1}\circ f)(x)$일 때, $h(3)+h^{-1}(5)$의 값은?

답 ④

풀이 $h(x)=(f\circ f^{-1}\circ g^{-1}\circ f)(x)$

$=(I\circ g^{-1}\circ f)(x)$

$=(g^{-1}\circ f)(x)=g^{-1}(f(x))$

이므로 $h(3)=g^{-1}(f(3))=g^{-1}(5)$에서

$g^{-1}(5)=m$이라 하면 $g(m)=5$

$m+6=5$ $\quad\therefore m=-1$ $\quad\therefore h(3)=-1$

$h^{-1}(x)=(g^{-1}\circ f)^{-1}(x)$

$=(f^{-1}\circ g)(x)=f^{-1}(g(x))$

이므로 $h^{-1}(5)=f^{-1}(g(5))=f^{-1}(11)$에서

$f^{-1}(11)=n$이라 하면 $f(n)=11$

$3n-4=11$ $\quad\therefore n=5$ $\quad\therefore h^{-1}(5)=5$

$\therefore h(3)+h^{-1}(5)=\mathbf{4}$

0772 함수 $f(x)=3x^2+a\ (x\ge0)$의 역함수를 $g(x)$라 하자. 함수 $y=f(x)$와 $y=g(x)$의 그래프의 교점이 2개일 때, 실수 a의 값의 범위는? (꼭짓점 $(0, a)$ / $f(x)=x$의 서로 다른 실근이 2개)

답 ④

풀이 두 함수 $y=f(x)$, $y=g(x)$의 그래프의 교점은 직선 $y=x$ 위에 있으므로 교점은 함수 $y=f(x)$의 그래프와 직선 $y=x$의 교점과 같다.

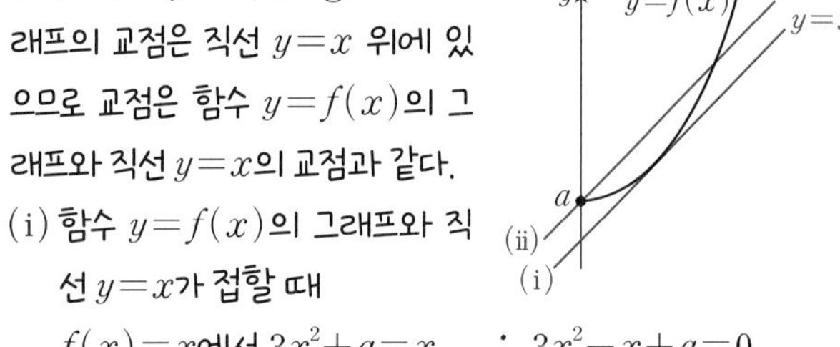

(i) 함수 $y=f(x)$의 그래프와 직선 $y=x$가 접할 때

$f(x)=x$에서 $3x^2+a=x$ $\quad\therefore 3x^2-x+a=0$ (판별식 D)

$D=1-12a=0$ $\quad\therefore a=\dfrac{1}{12}$

(ii) 함수 $y=f(x)$의 그래프의 꼭짓점 $(0, a)$를 직선 $y=x$가 지날 때

$a=0$

(i), (ii)에 의하여 $\mathbf{0\le a<\dfrac{1}{12}}$

0773 집합 $X=\{1, 2, 3, 4, 5\}$에 대하여 X에서 X로의 함수 f는 일대일대응이다. 집합 X에 속하는 모든 원소 x에 대하여 $f(x)+f(6-x)=6$을 만족시키는 함수 f의 개수를 구하시오. 점 $(3, 3)$에 대하여 대칭 $(\because f(3)=3)$

답 8

풀이 $f(x)+f(6-x)=6$의

양변에 $x=1$을 대입하면 $f(1)+f(5)=6$ $\quad\cdots\cdots$ ㉠

양변에 $x=2$를 대입하면 $f(2)+f(4)=6$ $\quad\cdots\cdots$ ㉡

양변에 $x=3$을 대입하면 $2f(3)=6$에서 $f(3)=3$

㉠, ㉡에서 $f(1)$의 함숫값을 3을 제외한 4개의 수 중에서 하나로 정하면 $f(5)$의 값은 $6-f(1)$로 정해지고 $f(2)$의 함숫값을 3, $f(1)$, $f(5)$의 값을 제외한 2개의 수 중에서 하나로 정하면 $f(2)$의 값은 $6-f(2)$로 정해진다.

따라서 함수 f의 개수는 $4\times2=8$

$\frac{1}{2}x-1=0$, 즉 $x=2$

0774 함수 $f(x)=x+1-\left|\frac{1}{2}x-1\right|$의 역함수를 $g(x)$라 할 때, 두 함수 $y=f(x)$, $y=g(x)$의 그래프로 둘러싸인 부분의 넓이는? 함수 $y=f(x)$의 그래프와 직선 $y=x$로 둘러싸인 부분의 넓이의 2배

답 ③

풀이 $f(x)=\begin{cases} \frac{3}{2}x & (x<2) \\ \frac{1}{2}x+2 & (x\ge 2)\end{cases}$

함수 $y=f(x)$의 그래프와 함수 $y=g(x)$의 그래프는 직선 $y=x$에 대하여 대칭이므로 함수 $y=f(x)$의 그래프와 그 역함수 $y=g(x)$의 그래프는 오른쪽 그림과 같다.

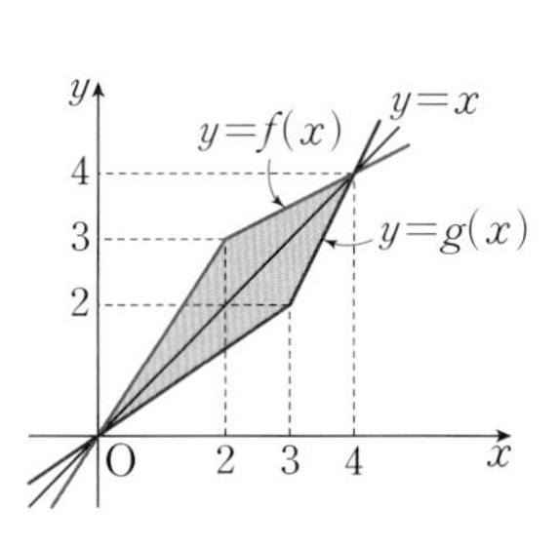

함수 $y=f(x)$의 그래프와 직선 $y=x$로 둘러싸인 부분의 넓이는 세 점 $(0, 0)$, $(2, 2)$, $(2, 3)$을 꼭짓점으로 하는 삼각형의 넓이와 세 점 $(2, 2)$, $(2, 3)$, $(4, 4)$를 꼭짓점으로 하는 삼각형의 넓이의 합이므로

$\frac{1}{2}\times1\times2+\frac{1}{2}\times1\times2=2$

따라서 구하는 넓이는 $2\times 2=\mathbf{4}$ (2배)

0775 집합 $X=\{1, 2, 3\}$에 대하여 X에서 X로의 일대일대응, 항등함수, 상수함수를 각각 $f(x)$, $g(x)$, $h(x)$라 하자. 세 함수 $f(x)$, $g(x)$, $h(x)$가 다음 조건을 만족시킬 때, $(f\circ f)(1)+g^{-1}(2)+h(1)$의 값은?

답 ③

(가) $f(3)=g(3)=h(3)$
(나) $f(2)\times g(1)\times h(2)=3$

풀이 $g(x)$는 항등함수이므로 $g(x)=x$

조건 (가)에 의하여 $f(3)=g(3)=h(3)=3$

또, $h(x)$는 상수함수이므로 $h(x)=3$

조건 (나)에 의하여 $f(2)\times g(1)\times h(2)=f(2)\times1\times3=3$

$\therefore f(2)=1$

이때 $f(x)$가 일대일대응이므로

$f(1)=2$ ($\because f(2)=1, f(3)=3$)

$\therefore (f\circ f)(1)=f(f(1))=f(2)=1$

또한, $g^{-1}(2)=2$, $h(1)=3$이므로

$(f\circ f)(1)+g^{-1}(2)+h(1)=\mathbf{6}$

Tip $f(\square)=f(\triangle)$이면

① $\square=\triangle$ ② $\frac{\square+\triangle}{2}=1$

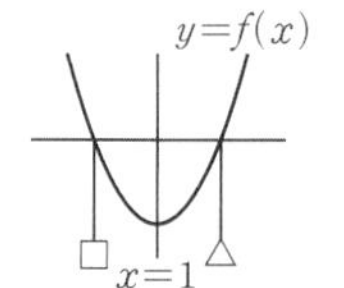

서술형

$f(x)=(x-1)^2+2$, 축의 방정식: $x=1$

0776 함수 $f(x)=x^2-2x+3$에 대하여 방정식

$(f\circ f)(x)=f(6-2f(x))$

를 만족시키는 서로 다른 실근의 개수를 a, 서로 다른 모든 실근의 합을 b라 할 때, a^2+b^2의 값을 구하시오.

답 18

풀이 $(f\circ f)(x)=f(6-2f(x))$에서

$f(f(x))=f(6-2f(x))$이므로

$f(x)=6-2f(x)$ 또는 $f(x)+6-2f(x)=2$ …❶ (30%)

(i) $f(x)=6-2f(x)$일 때

$3f(x)=6$, 즉 $f(x)=2$에서 $(x-1)^2+2=2$

$(x-1)^2=0 \quad \therefore x=1$ …❷ (30%)

(ii) $f(x)+6-2f(x)=2$일 때

$f(x)=4$에서 $(x-1)^2+2=4$

$(x-1)^2=2 \quad \therefore x=1\pm\sqrt{2}$ …❸ (30%)

(i), (ii)에 의하여 $x=1$ 또는 $x=1\pm\sqrt{2}$

따라서 서로 다른 실근의 개수는 3이고 모든 실근의 합은

$1+(1+\sqrt{2})+(1-\sqrt{2})=3$이므로 $a=3$, $b=3$

$\therefore a^2+b^2=9+9=\mathbf{18}$ …❹ (10%)

0777 두 함수 f, g가

$f(x)=\begin{cases} -x-1 & (x<0) \\ 2x-1 & (x\ge0)\end{cases}$, $g(x)=ax^2+ax-2$

$g(x)=a\left(x+\frac{1}{2}\right)^2-\frac{a}{4}-2$

일 때, 모든 실수 x에 대하여 $(f\circ g)(x)\ge0$이 되도록 하는 정수 a의 개수를 구하시오.

답 5

풀이 함수 $f(x)$가 $x<0$에서 $-x-1\ge0$이면 $x\le-1$,

$x\ge0$에서 $2x-1\ge0$이면 $x\ge\frac{1}{2}$이므로

모든 실수 x에 대하여 $(f\circ g)(x)\ge0$, 즉 $f(g(x))\ge0$이면

$g(x)\le-1$ 또는 $g(x)\ge\frac{1}{2}$ …❶ (30%)

(i) $a=0$일 때

$g(x)=-2$이므로 모든 실수 x에 대하여 $g(x)\le-1$

(ii) $a<0$일 때

$g(x)=a\left(x+\frac{1}{2}\right)^2-\frac{a}{4}-2$이므로 $x=-\frac{1}{2}$에서 최댓값 $-\frac{a}{4}-2$를 갖는다.

따라서 $-\frac{a}{4}-2\le-1$이므로 $-4\le a<0$ ($\because a<0$)

(iii) $a>0$일 때

$g(x)=a\left(x+\frac{1}{2}\right)^2-\frac{a}{4}-2$이므로 $x=-\frac{1}{2}$에서 최솟값 $-\frac{a}{4}-2$를 갖는다.

따라서 $-\frac{a}{4}-2\ge\frac{1}{2}$이므로 $a\le-10$

이때 $a>0$이므로 주어진 조건을 만족시키는 a의 값이 존재하지 않는다.

(i), (ii), (iii)에 의하여 $-4\le a\le0$ …❷ (50%)

따라서 정수 a는 $-4, -3, -2, -1, 0$의 **5**개이다. …❸ (20%)

※ 빈칸에 알맞은 것을 써넣고, 내용을 읽거나 따라 써 보세요.

개념 1 유리식의 뜻과 성질

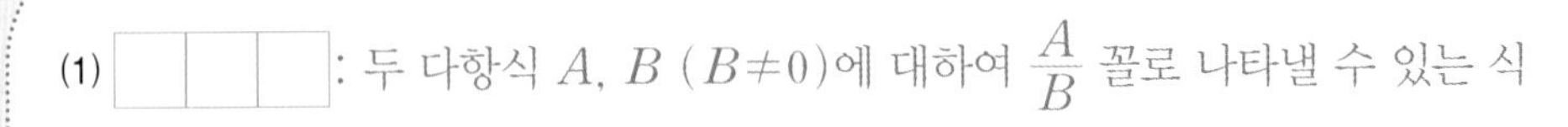

(1) [ ][ ][ ]: 두 다항식 A, B $(B\neq 0)$에 대하여 $\frac{A}{B}$ 꼴로 나타낼 수 있는 식

(2) **유리식의 성질**: 다항식 A, B, C $(B\neq 0,\ C\neq 0)$에 대하여

① $\frac{A}{B}=\frac{A\times\square}{B\times C}$　　② $\frac{A}{B}=\frac{A\div C}{B\div\square}$

개념 2 유리식의 계산

› 유형 01~05

(1) **유리식의 사칙연산**

네 다항식 A, B, C, D $(C\neq 0,\ D\neq 0)$에 대하여

① 덧셈과 뺄셈: $\frac{A}{C}\pm\frac{B}{C}=\frac{\square}{C}$, $\frac{A}{C}\pm\frac{B}{D}=\frac{\square}{CD}$ (복부호 동순)

② 곱셈: $\frac{A}{C}\times\frac{B}{D}=\frac{AB}{\square}$

③ 나눗셈: $\frac{A}{C}\div\frac{B}{D}=\frac{A}{C}\times\square=\square$ (단, $B\neq 0$)

(2) **특수한 형태의 유리식의 계산**

① 부분분수로의 변형

분모가 두 개 이상의 인수의 곱인 경우에는 부분분수로 변형하여 계산한다.

➡ $\frac{1}{AB}=\square$ (단, $A\neq B$)

② 번분수식의 계산

분모, 분자에 적절한 식을 곱하여 계산한다.

개념 3 비례식의 성질

› 유형 06

0이 아닌 실수 k에 대하여

(1) $a:b=c:d \Longleftrightarrow \frac{a}{b}=\square \Longleftrightarrow a=bk,\ c=\square$

$a:b=c:d \Longleftrightarrow \frac{a}{c}=\square \Longleftrightarrow a=ck,\ b=\square$

(2) $a:b:c=d:e:f \Longleftrightarrow \frac{a}{d}=\frac{b}{e}=\square \Longleftrightarrow a=dk,\ b=\square,\ c=\square$

답 **개념 1** (1) 유리식 (2) C, C　**개념 2** (1) $A\pm B$, $AD\pm BC$, CD, $\frac{D}{B}$, $\frac{AD}{BC}$ (2) $\frac{1}{B-A}\left(\frac{1}{A}-\frac{1}{B}\right)$　**개념 3** (1) $\frac{c}{d}$, dk, $\frac{b}{d}$, dk (2) $\frac{c}{f}$, ek, fk

개념 1 유리식의 뜻과 성질

0778 보기에서 다음에 해당하는 것만을 있는 대로 고르시오.

보기
ㄱ. $3x^2+1$　ㄴ. $x+\frac{1}{x}$　ㄷ. $\frac{3}{x+1}$
ㄹ. $1+\frac{1}{x}$　ㅁ. $\frac{2x-1}{3}$　ㅂ. $\frac{2x-1}{x^3+x}$

(1) 다항식

ㄱ, ㅁ

(2) 다항식이 아닌 유리식

ㄴ, ㄷ, ㄹ, ㅂ

0779 다음 두 유리식을 통분하시오.

(1) $\frac{x}{3aby^2}$, $\frac{1}{2a^2xy}$　$\mathbf{\frac{2ax^2}{6a^2bxy^2}, \frac{3by}{6a^2bxy^2}}$

최소공배수: $6a^2bxy^2$

(2) $\frac{2}{x-2}$, $\frac{1}{x^2-2x}$　$\mathbf{\frac{2x}{x(x-2)}, \frac{1}{x^2-2x}}$

$=\frac{1}{x(x-2)}$

(3) $\frac{x}{x^2-3x+2}$, $\frac{x+1}{x^2-4}$　$\mathbf{\frac{x(x+2)}{(x-1)(x-2)(x+2)}, \frac{(x+1)(x-1)}{(x-1)(x-2)(x+2)}}$

$\frac{x}{(x-1)(x-2)}$　$\frac{x+1}{(x-2)(x+2)}$

0780 다음 유리식을 약분하시오.

(1) $\frac{4xy^2z}{2xyz^3}=\mathbf{\frac{2y}{z^2}}$

(2) $\frac{2x}{x^2+3x}=\frac{2x}{x(x+3)}=\mathbf{\frac{2}{x+3}}$

(3) $\frac{x^2-2x}{x^2+4x-12}=\frac{x(x-2)}{(x+6)(x-2)}=\mathbf{\frac{x}{x+6}}$

개념 2 유리식의 계산

0781 다음 식을 계산하시오.

(1) $\frac{1}{x+2}-\frac{1}{x-2}=\frac{x-2-(x+2)}{(x+2)(x-2)}=\mathbf{-\frac{4}{(x+2)(x-2)}}$

(2) $\frac{x-3}{x-1}+\frac{4x+2}{x^2+x-2}=\frac{x-3}{x-1}+\frac{4x+2}{(x+2)(x-1)}$

$=\frac{(x+2)(x-3)+4x+2}{(x+2)(x-1)}=\frac{x^2+3x-4}{(x+2)(x-1)}$

$=\frac{(x+4)(x-1)}{(x+2)(x-1)}=\mathbf{\frac{x+4}{x+2}}$

(3) $\frac{2x-6}{x^2-16}\times\frac{x+4}{x^2-6x+9}=\frac{2(x-3)}{(x+4)(x-4)}\times\frac{x+4}{(x-3)^2}$

$=\mathbf{\frac{2}{(x-3)(x-4)}}$

(4) $\frac{1}{x+1}\div\frac{x-3}{x^2+x}=\frac{1}{x+1}\times\frac{x(x+1)}{x-3}=\mathbf{\frac{x}{x-3}}$

0782 다음 식을 부분분수로 변형하시오.

(1) $\frac{1}{x(x+1)}=\frac{1}{x+1-x}\left(\frac{1}{x}-\frac{1}{x+1}\right)=\mathbf{\frac{1}{x}-\frac{1}{x+1}}$

(2) $\frac{4}{(x-1)(x+1)}=\frac{4}{x+1-(x-1)}\left(\frac{1}{x-1}-\frac{1}{x+1}\right)$

$=\mathbf{\frac{2}{x-1}-\frac{2}{x+1}}$

0783 다음 식을 간단히 하시오.

(1) $\frac{1\times x}{\left(2-\frac{1}{x}\right)\times x}$

$=\mathbf{\frac{x}{2x-1}}$

(2) $\frac{\left(\frac{1}{x+1}\right)\times(x+1)}{\left(2+\frac{x}{x+1}\right)\times(x+1)}$

$=\frac{1}{2x+2+x}=\mathbf{\frac{1}{3x+2}}$

개념 3 비례식의 성질

$a=k$, $b=2k$ $(k\neq0)$로 놓으면 미지수의 개수를 줄일 수 있다.

0784 $a:b=1:2$일 때, $\frac{6a-b}{2a+3b}$의 값을 구하시오.

$\frac{6a-b}{2a+3b}=\frac{6k-2k}{2k+6k}=\frac{4k}{8k}=\mathbf{\frac{1}{2}}$

$=k$ $(k\neq0)$로 놓으면 $x=3k$, $y=2k$이므로 미지수의 개수를 줄일 수 있다.

0785 $\frac{x}{3}=\frac{y}{2}$일 때, $\frac{14xy}{2x^2+xy+y^2}$의 값을 구하시오.

(단, $xy\neq0$)

$\frac{14xy}{2x^2+xy+y^2}=\frac{84k^2}{18k^2+6k^2+4k^2}=\frac{84k^2}{28k^2}=\mathbf{3}$

09 유리식과 유리함수

개념 4 유리함수의 뜻

(1) 유리함수와 다항함수

① □□□□: $y=f(x)$에서 $f(x)$가 x에 대한 유리식인 함수

② □□□□: $y=f(x)$에서 $f(x)$가 x에 대한 다항식인 함수

(2) 유리함수에서 정의역이 주어지지 않을 때는 분모가 □이 되지 않도록 하는 □□ 전체의 집합을 정의역으로 한다.

개념 5 유리함수 $y=\frac{k}{x}\ (k\neq0)$의 그래프

> 유형 19

(1) 곡선 위의 점이 어떤 직선에 한없이 가까워질 때, 이 직선을 그 곡선의 □□□이라 한다.

(2) 유리함수 $y=\frac{k}{x}\ (k\neq0)$의 그래프

① 정의역과 치역은 모두 □이다.

② $k>0$이면 그래프는 제□사분면과 제□사분면에 있고,
$k<0$이면 그래프는 제□사분면과 제□사분면에 있다.

③ 점근선은 x축(□$=0$), y축(□$=0$)이다.

④ 원점 및 두 직선 $y=x$, $y=$□에 대하여 대칭이다.

⑤ □의 값이 커질수록 그래프는 원점에서 멀어진다.

개념 6 유리함수 $y=\frac{k}{x-p}+q\ (k\neq0)$의 그래프

> 유형 07~19

(1) 함수 $y=\frac{k}{x}$의 그래프를 x축의 방향으로 □만큼, y축의 방향으로 □만큼 평행이동한 것이다.

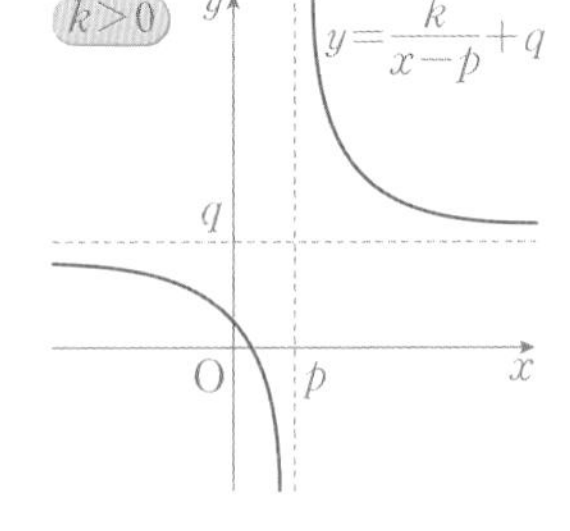

(2) 정의역은 $\{x|$□$\}$, 치역은 $\{y|$□$\}$이다.

(3) 점근선은 두 직선 □이다.

(4) 점 □에 대하여 대칭이다.

(5) 두 점근선의 교점 (p, q)를 지나고 기울기가 □인 직선, 즉 □에 대하여 대칭이다.

답 개념 4 (1) 유리함수, 다항함수 (2) 0, 실수 개념 5 (1) 점근선 (2) ① 0이 아닌 실수 전체의 집합 ② 1, 3, 2, 4 ③ y, x ④ $-x$ ⑤ $|k|$
개념 6 (1) p, q (2) $x\neq p$인 실수, $y\neq q$인 실수 (3) $x=p$, $y=q$ (4) (p, q) (5) ±1, $y=\pm(x-p)+q$

개념 4 유리함수의 뜻

0786 보기에서 다음에 해당하는 것만을 있는 대로 고르시오.

보기

ㄱ. $y=\frac{1}{x}$ ㄴ. $y=\frac{1}{2}x+1$

ㄷ. $y=\frac{2x-5}{x+1}$ ㄹ. $y=\frac{1}{3}x^2+1$

ㅁ. $y=\frac{x^3+1}{x}$ ㅂ. $y=\frac{2x}{x^2+1}$

(1) 다항함수

ㄴ, ㄹ

(2) 다항함수가 아닌 유리함수

ㄱ, ㄷ, ㅁ, ㅂ

0787 다음 함수의 정의역을 구하시오.

(1) $y=\frac{2x-1}{x+2}$ ($x+2\neq0$인 x의 값의 범위를 찾자.)

$\{x|x\neq-2$인 실수$\}$

(2) $y=-\frac{1}{2x-1}+1$ ($2x-1\neq0$)

$\left\{x|x\neq\frac{1}{2}\text{인 실수}\right\}$

(3) $y=\frac{2}{x^2-4}$

$\{x|x\neq\pm2$인 실수$\}$

(4) $y=\frac{2x-1}{x^2-x+1}$ ($x^2-x+1=0$ (판별식: D))

$D=(-1)^2-4<0$이므로

모든 실수 x에 대하여

$x^2-x+1>0$, 즉 $x^2-x+1\neq0$

$\therefore \{x|x$는 실수$\}$

개념 5 유리함수 $y=\frac{k}{x}$ $(k\neq0)$의 그래프

0788 다음 함수의 그래프를 그리시오.

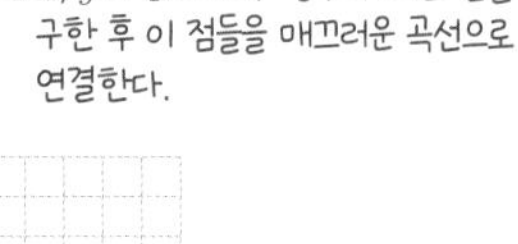
[1단계] 점근선을 표시한다.
[2단계] x, y의 값이 모두 정수가 되는 점을 구한 후 이 점들을 매끄러운 곡선으로 연결한다.

(1) $y=\frac{4}{x}$

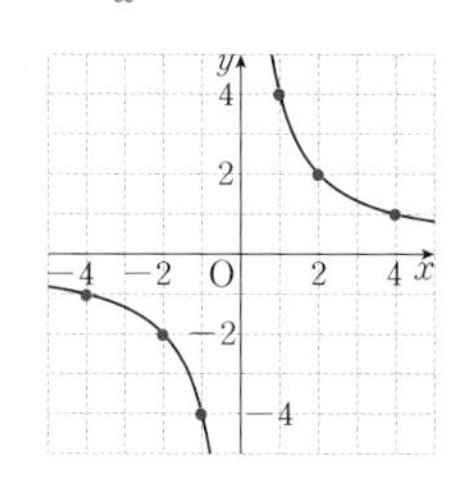

(2) $y=-\frac{2}{x}$

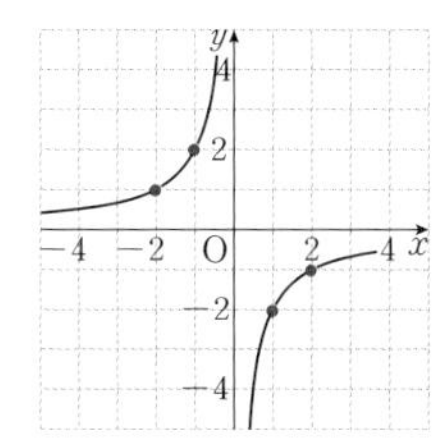

개념 6 유리함수 $y=\frac{k}{x-p}+q$ $(k\neq0)$의 그래프

0789 함수 $y=-\frac{3}{x}$의 그래프를 x축의 방향으로 2만큼, y축의 방향으로 -1만큼 평행이동한 그래프의 방정식을 구하시오.

$$y=-\frac{3}{x-2}-1$$

0790 다음 함수의 점근선의 방정식을 구하시오.

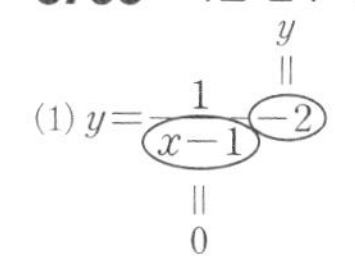

(1) $y=\frac{1}{x-1}-2$

$x=1$, $y=-2$

(2) $y=3-\frac{1}{x+2}$

$x=-2$, $y=3$

(3) $y=\frac{2-x}{x+1}$

$=\frac{-(x+1)+3}{x+1}$

$=\frac{3}{x+1}-1$

$x=-1$, $y=-1$

(4) $y=\frac{4x-6}{2x-1}$

$=\frac{2(2x-1)-4}{2x-1}$

$=-\frac{4}{2x-1}+2$

$x=\frac{1}{2}$, $y=2$

0791 다음 함수의 그래프를 그리고, 정의역과 치역을 구하시오.

(1) $y=\frac{1}{x+2}$

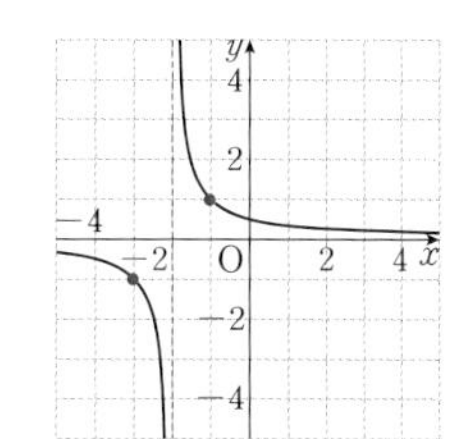

정의역: $\{x|x\neq-2$인 실수$\}$

치역: $\{y|y\neq0$인 실수$\}$

(2) $y=-\frac{2}{x}+1$

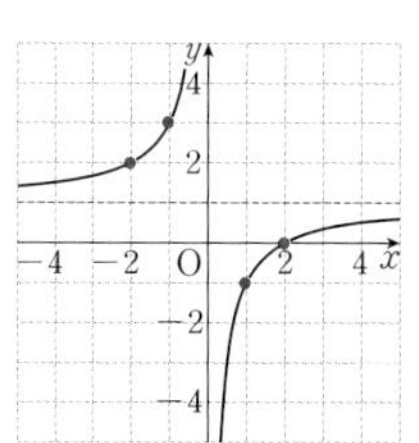

정의역: $\{x|x\neq0$인 실수$\}$

치역: $\{y|y\neq1$인 실수$\}$

(3) $y=\frac{5-2x}{x-1}=\frac{3}{x-1}-2$

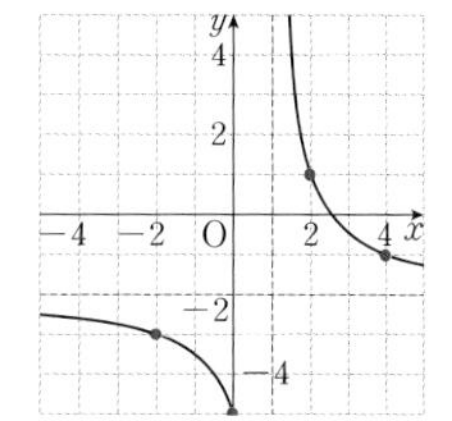

정의역: $\{x|x\neq1$인 실수$\}$

치역: $\{y|y\neq-2$인 실수$\}$

(4) $y=\frac{3x+8}{x+3}=-\frac{1}{x+3}+3$

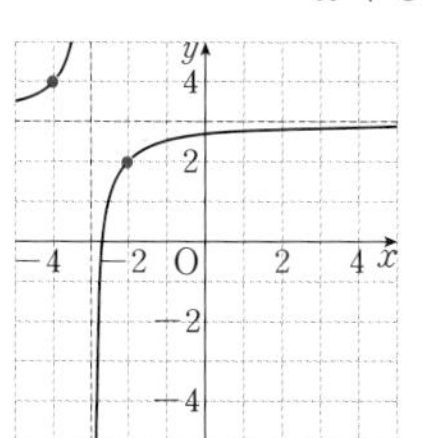

정의역: $\{x|x\neq-3$인 실수$\}$

치역: $\{y|y\neq3$인 실수$\}$

기출 & 변형하면…

유형 01 유리식의 사칙연산 개념 2

분모를 인수분해한 후 통분한다.

0792 $\dfrac{x+1}{x^2+3x}-\dfrac{x-2}{x^2-9}$를 계산한 결과가 $\dfrac{3}{ax^3+bx}$일 때, $a+b$의 값은? (단, a, b는 상수이다.) 답 ④

풀이 $\dfrac{x+1}{x^2+3x}-\dfrac{x-2}{x^2-9}=\dfrac{x+1}{x(x+3)}-\dfrac{x-2}{(x+3)(x-3)}$

$=\dfrac{(x+1)(x-3)-x(x-2)}{x(x+3)(x-3)}$

$=\dfrac{-3}{x(x+3)(x-3)}$

$=\dfrac{3}{-x^3+9x}$

따라서 $a=-1$, $b=9$이므로 $a+b=8$

분모를 인수분해한 후 통분한다.

0793 $\dfrac{3}{x^2-x-2}-\dfrac{2}{x^2-1}+\dfrac{1}{x^2-3x+2}$을 계산하면? 답 ⑤

풀이 $\dfrac{3}{x^2-x-2}-\dfrac{2}{x^2-1}+\dfrac{1}{x^2-3x+2}$

$=\dfrac{3}{(x+1)(x-2)}-\dfrac{2}{(x+1)(x-1)}+\dfrac{1}{(x-1)(x-2)}$

$=\dfrac{3(x-1)-2(x-2)+x+1}{(x+1)(x-1)(x-2)}$

$=\dfrac{2(x+1)}{(x+1)(x-1)(x-2)}=\mathbf{\dfrac{2}{(x-1)(x-2)}}$

적절히 두 항씩 묶어서 통분한다.

0794 $\dfrac{1}{x}-\dfrac{1}{x+1}-\dfrac{1}{x+2}+\dfrac{1}{x+3}$을 계산하면 $\dfrac{f(x)}{x(x+1)(x+2)(x+3)}$일 때, $f(5)$의 값을 구하시오. 답 26

풀이 $\dfrac{1}{x}-\dfrac{1}{x+1}-\dfrac{1}{x+2}+\dfrac{1}{x+3}$

$=\left(\dfrac{1}{x}-\dfrac{1}{x+1}\right)-\left(\dfrac{1}{x+2}-\dfrac{1}{x+3}\right)$

$=\dfrac{1}{x(x+1)}-\dfrac{1}{(x+2)(x+3)}$

$=\dfrac{(x+2)(x+3)-x(x+1)}{x(x+1)(x+2)(x+3)}$

$=\dfrac{4x+6}{x(x+1)(x+2)(x+3)}$

따라서 $f(x)=4x+6$이므로

$f(5)=4\cdot5+6=\mathbf{26}$

서술형

0795 서로 다른 두 실수 a, b에 대하여

$\dfrac{(a-1)^2}{a-b}+\dfrac{(b-1)^2}{b-a}=0$ 계산하기 위하여 좌변을 통분한다.

일 때, $a+b$의 값을 구하시오. 답 2

풀이 $\dfrac{(a-1)^2}{a-b}+\dfrac{(b-1)^2}{b-a}=0$에서

$\dfrac{(a-1)^2-(b-1)^2}{a-b}=0$ …❶ (80%)

$(a-1)^2-(b-1)^2=0$ ($\because a-b\neq0$)

$\therefore a-1=\pm(b-1)$

이때 $a\neq b$이므로 $a-1=-(b-1)$

$\therefore a+b=\mathbf{2}$ …❷ (20%)

나누는 식의 역수를 곱한다.

0796 $\dfrac{x+2}{x^2+2x-3}\div\dfrac{5}{x^2+3x-4}\times\dfrac{x^2+3x}{x^2+6x+8}$를 계산하면? 답 ②

풀이 $\dfrac{x+2}{x^2+2x-3}\div\dfrac{5}{x^2+3x-4}\times\dfrac{x^2+3x}{x^2+6x+8}$

$=\dfrac{x+2}{(x+3)(x-1)}\times\dfrac{(x+4)(x-1)}{5}\times\dfrac{x(x+3)}{(x+2)(x+4)}$

$=\mathbf{\dfrac{x}{5}}$

양변을 $\dfrac{2x+2}{x^2-4x}$로 나누면 A를 구할 수 있다.

0797 $\dfrac{2x+2}{x^2-4x}\times A=\dfrac{x+1}{x^2-2x}$을 만족시키는 유리식 A를 구하시오. 답 풀이 참조

풀이 $A=\dfrac{x+1}{x^2-2x}\div\dfrac{2x+2}{x^2-4x}$

$=\dfrac{x+1}{x(x-2)}\times\dfrac{x(x-4)}{2(x+1)}=\mathbf{\dfrac{x-4}{2(x-2)}}$

적절한 식을 양변에 곱하여 정리한다.

유형 02 유리식과 항등식 개념 2

0798 등식 $\frac{a}{x-1}+\frac{b}{x}=\frac{x-2}{x^2-x}$가 x에 대한 항등식이 되도록 하는 상수 a, b에 대하여 $a+4b$의 값은? (단, $x\neq0$, $x\neq1$)
$=x(x-1)$

답 ②

풀이 주어진 식의 양변에 $x(x-1)$을 곱하여 정리하면

$ax+b(x-1)=x-2 \quad \therefore (a+b)x-b=x-2$

따라서 $a+b=1$, $-b=-2$이므로

$a=-1$, $b=2$

$\therefore a+4b=-1+4\cdot2=\mathbf{7}$

서술형

0799 다음 식의 분모를 0으로 만들지 않는 모든 실수 x에 대하여

$\frac{2x-5}{x^3-1}=\frac{a}{x-1}+\frac{x+b}{x^2+x+1}$ $=(x-1)(x^2+x+1)$

가 성립할 때, a^2+b^2의 값을 구하시오. (단, a, b는 상수이다.)

답 17

풀이 주어진 식의 양변에 x^3-1을 곱하여 정리하면

$2x-5=a(x^2+x+1)+(x+b)(x-1)$

$=(a+1)x^2+(a+b-1)x+a-b$

즉, $0=a+1$, $2=a+b-1$, $-5=a-b$이므로 …❶ (40%)

$a=-1$, $b=4$ …❷ (40%)

$\therefore a^2+b^2=(-1)^2+4^2=\mathbf{17}$ …❸ (20%)

분자의 차수를 낮춘다.

유형 03 (분자의 차수)≥(분모의 차수)인 유리식 개념 2

0800 $\frac{2x-1}{x}+\frac{x^2-3x+3}{x-2}=x+a+\frac{b}{x(x-2)}$일 때, 상수 a, b에 대하여 $a+b$의 값은?

답 ③

풀이 (좌변)$=\frac{2x-1}{x}+\frac{(x-1)(x-2)+1}{x-2}$

$=2-\frac{1}{x}+x-1+\frac{1}{x-2}$

$=x+1+\frac{1}{x-2}-\frac{1}{x}$

$=x+1+\frac{2}{x(x-2)}$

따라서 $a=1$, $b=2$이므로 $a+b=\mathbf{3}$

0801 $\frac{x+1}{x+2}-\frac{x}{x+1}-\frac{x+4}{x+3}+\frac{x+5}{x+4}$
$=\frac{ax+b}{(x+1)(x+2)(x+3)(x+4)}$
일 때, 상수 a, b에 대하여 $b-a$의 값을 구하시오.

답 6

풀이 (좌변)$=\frac{(x+2)-1}{x+2}-\frac{(x+1)-1}{x+1}-\frac{(x+3)+1}{x+3}+\frac{(x+4)+1}{x+4}$

$=1-\frac{1}{x+2}-1+\frac{1}{x+1}-1-\frac{1}{x+3}+1+\frac{1}{x+4}$

$=\frac{1}{x+1}-\frac{1}{x+2}-\frac{1}{x+3}+\frac{1}{x+4}$

$=\frac{1}{(x+1)(x+2)}+\frac{-1}{(x+3)(x+4)}$

$=\frac{4x+10}{(x+1)(x+2)(x+3)(x+4)}$

따라서 $a=4$, $b=10$이므로 $b-a=\mathbf{6}$

0802 $\frac{10x^2+2x+7}{5x^2+x}-\frac{2x^2-2x+1}{x^2-x}$을 계산하시오.

답 풀이 참조

풀이 (주어진 식)$=\frac{2(5x^2+x)+7}{5x^2+x}-\frac{2(x^2-x)+1}{x^2-x}$

$=2+\frac{7}{5x^2+x}-\left(2+\frac{1}{x^2-x}\right)$

$=\frac{7}{x(5x+1)}-\frac{1}{x(x-1)}$

$=\frac{7(x-1)-(5x+1)}{x(5x+1)(x-1)}$

$=\mathbf{\frac{2x-8}{x(5x+1)(x-1)}}$

0803 $\frac{x^3}{x^2-x+1}-\frac{x^3}{x^2+x+1}$을 계산하시오.

답 풀이 참조

풀이 (주어진 식)

$=\frac{x^3+1-1}{x^2-x+1}-\frac{x^3-1+1}{x^2+x+1}$

$=\frac{(x+1)(x^2-x+1)-1}{x^2-x+1}-\frac{(x-1)(x^2+x+1)+1}{x^2+x+1}$

$=x+1-\frac{1}{x^2-x+1}-(x-1)-\frac{1}{x^2+x+1}$

$=2-\frac{x^2+x+1+(x^2-x+1)}{(x^2-x+1)(x^2+x+1)}=2-\frac{2x^2+2}{x^4+x^2+1}$

$=\frac{2x^4+2x^2+2-2x^2-2}{x^4+x^2+1}=\mathbf{\frac{2x^4}{x^4+x^2+1}}$

$$\frac{1}{AB}=\frac{1}{B-A}\left(\frac{1}{A}-\frac{1}{B}\right)$$

유형 04 부분분수로의 변형

개념 2

0804 다음 식의 분모를 0으로 만들지 않는 모든 실수 x에 대하여

$$\frac{1}{(x-3)(x-1)}+\frac{1}{(x-1)(x+1)}+\frac{1}{(x+1)(x+3)}=\frac{c}{(x+a)(x+b)}$$

가 성립할 때, $a+b+c$의 값은? (단, a, b, c는 상수이다.)

답 ①

풀이 $(\text{좌변})=\frac{1}{2}\left\{\left(\frac{1}{x-3}-\frac{1}{x-1}\right)+\left(\frac{1}{x-1}-\frac{1}{x+1}\right)+\left(\frac{1}{x+1}-\frac{1}{x+3}\right)\right\}$

$=\frac{1}{2}\left(\frac{1}{x-3}-\frac{1}{x+3}\right)$

$=\frac{1}{2}\cdot\frac{x+3-(x-3)}{(x-3)(x+3)}$

$=\frac{3}{(x-3)(x+3)}$

따라서 $a=-3$, $b=3$, $c=3$ 또는 $a=3$, $b=-3$, $c=3$이므로

$a+b+c=\mathbf{3}$

0805 다음 식을 만족시키는 모든 실수 x의 값의 합은?

$$\frac{1}{x(x+1)}+\frac{2}{(x+1)(x+3)}+\frac{3}{(x+3)(x+6)}=\frac{3}{8}$$

답 ⑤

풀이 $(\text{좌변})=\left(\frac{1}{x}-\frac{1}{x+1}\right)+\frac{2}{2}\left(\frac{1}{x+1}-\frac{1}{x+3}\right)+\frac{3}{3}\left(\frac{1}{x+3}-\frac{1}{x+6}\right)$

$=\frac{1}{x}-\frac{1}{x+6}=\frac{x+6-x}{x(x+6)}=\frac{6}{x(x+6)}$

이므로 $\frac{6}{x(x+6)}=\frac{3}{8}$

$x(x+6)=16$, $x^2+6x-16=0$

$(x+8)(x-2)=0$

$\therefore x=-8$ 또는 $x=2$

따라서 모든 실수 x의 값의 합은 $\mathbf{-6}$이다.

Tip $x^2+6x-16=0$에서 (판별식)>0이므로 모든 실수 x의 값의 합을 근과 계수의 관계에 의하여 구할 수도 있다.

서술형 **0806** $\frac{1}{1\times2}+\frac{1}{2\times3}+\frac{1}{3\times4}+\cdots+\frac{1}{17\times18}=\frac{q}{p}$일 때, $p+q$의 값을 구하시오. (단, p와 q는 서로소인 자연수이다.)

답 35

풀이 $(\text{좌변})=\left(\frac{1}{1}-\frac{1}{2}\right)+\left(\frac{1}{2}-\frac{1}{3}\right)+\left(\frac{1}{3}-\frac{1}{4}\right)+\cdots+\left(\frac{1}{17}-\frac{1}{18}\right)$

$=1-\frac{1}{18}=\frac{17}{18}$ …❶ (60%)

따라서 $p=18$, $q=17$이므로 …❷ (20%)

$p+q=\mathbf{35}$ …❸ (20%)

0807 $\frac{1}{2^2-1}+\frac{1}{4^2-1}+\frac{1}{6^2-1}+\frac{1}{8^2-1}+\cdots+\frac{1}{20^2-1}$을 계산하면?

답 ①

풀이 $(\text{주어진 식})=\frac{1}{(2-1)(2+1)}+\frac{1}{(4-1)(4+1)}+\frac{1}{(6-1)(6+1)}+\cdots+\frac{1}{(20-1)(20+1)}$

$=\frac{1}{1\cdot3}+\frac{1}{3\cdot5}+\frac{1}{5\cdot7}+\cdots+\frac{1}{19\cdot21}$

$=\frac{1}{2}\left\{\left(\frac{1}{1}-\frac{1}{3}\right)+\left(\frac{1}{3}-\frac{1}{5}\right)+\left(\frac{1}{5}-\frac{1}{7}\right)+\cdots+\left(\frac{1}{19}-\frac{1}{21}\right)\right\}$

$=\frac{1}{2}\left(1-\frac{1}{21}\right)=\frac{1}{2}\cdot\frac{20}{21}=\mathbf{\frac{10}{21}}$

번분수를 사라지게 할 수 있는 적절한 식을 분모, 분자에 곱해 본다.

유형 05 번분수식의 계산 개념 2

0808 $x\neq-1$, $x\neq2$인 모든 실수 x에 대하여 등식

$$\frac{x+1}{1-\frac{3}{x+1}}=ax+b+\frac{c}{x-2}$$

가 성립할 때, 상수 a, b, c에 대하여 $a+b+c$의 값은?

답 ③

풀이 좌변의 분모, 분자에 $x+1$을 곱하면

$$\frac{x^2+2x+1}{x+1-3}=\frac{x^2+2x+1}{x-2}=\frac{(x-2)(x+4)+9}{x-2}$$

$$=x+4+\frac{9}{x-2}$$

따라서 $a=1$, $b=4$, $c=9$이므로

$a+b+c=$**14**

0809 $\dfrac{\frac{1}{n}-\frac{1}{n+3}}{\frac{1}{n+3}-\frac{1}{n+6}}$이 자연수가 되도록 하는 모든 정수 n의 값의 합을 구하시오.

답 12

풀이 분모, 분자에 $n(n+3)(n+6)$을 곱하면

$$\frac{(n+3)(n+6)-n(n+6)}{n(n+6)-n(n+3)}=\frac{n^2+9n+18-n^2-6n}{n^2+6n-n^2-3n}$$

$$=\frac{3n+18}{3n}=1+\frac{6}{n}$$

이것이 자연수가 되려면 n은 6의 양의 약수이어야 하므로

$n=1, 2, 3, 6$

따라서 구하는 합은 **12**이다.

서술형

0810 $x(x-1)\neq0$인 모든 실수 x에 대하여 등식

$$1-\frac{1}{1-\frac{1}{1-x}}=\frac{a}{x-b}$$

가 성립할 때, $a-b$의 값을 구하시오. (단, a, b는 상수이다.)

답 1

풀이 $(좌변)=1-\dfrac{1\times(1-x)}{\left(1-\frac{1}{1-x}\right)(1-x)}$

$$=1-\frac{1-x}{1-x-1}=1+\frac{1-x}{x}=\frac{1}{x}$$ ··· ❶ (60%)

따라서 $a=1$, $b=0$이므로 ··· ❷ (20%)

$a-b=$**1** ··· ❸ (20%)

0811 $1+\dfrac{2}{1+\frac{2\times(1+a)}{\left(1+\frac{2}{1+a}\right)\times(1+a)}}=a$를 만족시키는 실수 a에 대하여 $3a^2$의 값을 구하시오.

답 11

풀이 $(좌변)=1+\dfrac{2}{1+\frac{2+2a}{1+a+2}}=1+\dfrac{2\times(3+a)}{\left(1+\frac{2+2a}{3+a}\right)\times(3+a)}$

$$=1+\frac{6+2a}{3+a+(2+2a)}=1+\frac{6+2a}{5+3a}=\frac{11+5a}{5+3a}$$

이므로 $\dfrac{5a+11}{3a+5}=a$, $5a+11=3a^2+5a$

$\therefore 3a^2=$**11**

유형 06 비례식의 성질 개념 3

0812 세 실수 x, y, z에 대하여 $x:y:z=2:3:4$일 때, $\dfrac{3x-4y+6z}{x+y+z}$의 값을 구하시오. (단, $xyz\neq0$)

$x=2k$, $y=3k$, $z=4k$ $(k\neq0)$로 놓는다.

답 2

풀이 $\dfrac{3x-4y+6z}{x+y+z}=\dfrac{6k-12k+24k}{2k+3k+4k}=\dfrac{18k}{9k}=$**2**

0813 0이 아닌 세 실수 a, b, c가 $\dfrac{a+b}{3}=\dfrac{b+c}{5}=\dfrac{c+a}{6}$를 만족시킬 때, $\dfrac{ab+bc+ca}{a^2+b^2+c^2}$의 값을 구하시오.

$=k$ $(k\neq0)$로 놓는다.

답 $\dfrac{2}{3}$

풀이 $a+b=3k$, $b+c=5k$, $c+a=6k$ ······ ㉠

세 식을 변끼리 더하면

$2(a+b+c)=14k$ $\therefore a+b+c=7k$ ······ ㉡

㉠, ㉡에서 $a=2k$, $b=k$, $c=4k$

$$\therefore \frac{ab+bc+ca}{a^2+b^2+c^2}=\frac{2k^2+4k^2+8k^2}{4k^2+k^2+16k^2}=\frac{14k^2}{21k^2}=\mathbf{\frac{2}{3}}$$

유형 07 유리함수의 정의역과 치역

개념 6

0814 함수 $y=\frac{4x-8}{x-5}$의 정의역이 $\{x|-1<x\le4\}$일 때, 이 함수의 치역은?

답 ②

Key 그래프를 그리면 치역을 구할 수 있다.

풀이 $y=\frac{4x-8}{x-5}=\frac{4(x-5)+12}{x-5}=\frac{12}{x-5}+4$

$-1<x\le4$에서 $y=\frac{4x-8}{x-5}$의 그래프는 오른쪽 그림과 같으므로 치역은

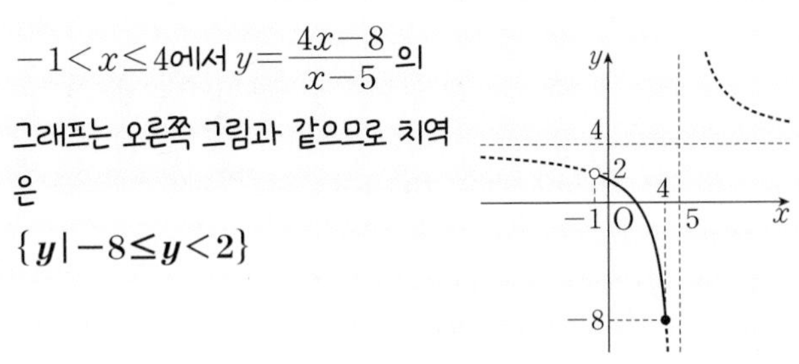

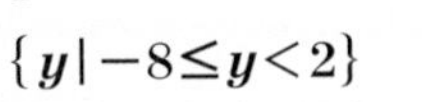

$\{y|-8\le y<2\}$

0815 함수 $y=\frac{2x+2}{x+3}$의 치역이 $\{y|y\le-2$ 또는 $y>3\}$일 때, 이 함수의 정의역에 속하는 모든 정수의 개수는?

답 ③

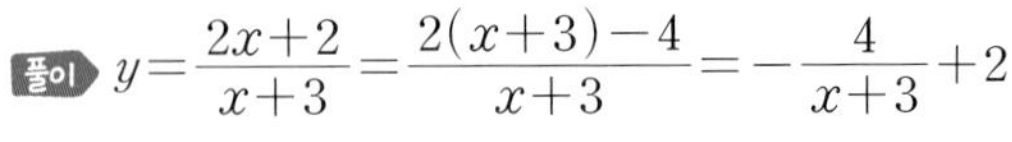

풀이 $y=\frac{2x+2}{x+3}=\frac{2(x+3)-4}{x+3}=-\frac{4}{x+3}+2$

$y\le-2$ 또는 $y>3$에서

$y=\frac{2x+2}{x+3}$의 그래프는 오른쪽 그림과 같으므로 정의역은

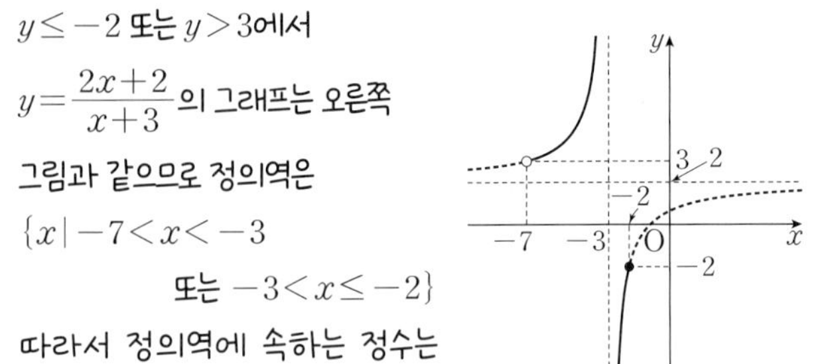

$\{x|-7<x<-3$ 또는 $-3<x\le-2\}$

따라서 정의역에 속하는 정수는 $-6, -5, -4, -2$의 **4**개이다.

유형 08 유리함수의 그래프의 점근선

개념 6

0816 함수 $y=\frac{ax+b}{x+c}$의 그래프가 점 $(0, -2)$를 지나고 점근선의 방정식이 $x=2$, $y=-3$일 때, $a+b+c$의 값은? (단, a, b, c는 상수이다.)

$y=\frac{k}{x-2}-3\ (k\ne0)$

답 ②

풀이1 $y=\frac{k}{x-2}-3$의 그래프가 점 $(0, -2)$를 지나므로

$-2=\frac{k}{-2}-3$ $\quad\therefore k=-2$

$\therefore y=\frac{-2}{x-2}-3=\frac{-3x+4}{x-2}$ ($a=-3$, $b=4$, $c=-2$) $\quad\therefore a+b+c=\mathbf{-1}$

풀이2 $y=\frac{ax+b}{x+c}$의 그래프의 점근선의 방정식은

$x=-c$, $y=a$이므로 $c=-2$, $a=-3$ $\quad\therefore y=\frac{-3x+b}{x-2}$

이 그래프가 점 $(0, -2)$를 지나므로 $-2=\frac{b}{-2}$ $\quad\therefore b=4$

0817 두 함수 $y=\frac{ax+1}{2x-1}$, $y=\frac{2x+1}{x+b}$의 그래프의 점근선이 같을 때, 상수 a, b에 대하여 ab의 값을 구하시오.

답 -2

풀이 $y=\frac{ax+1}{2x-1}$의 점근선의 방정식은 $x=\frac{1}{2}$, $y=\frac{a}{2}$

$y=\frac{2x+1}{x+b}$의 점근선의 방정식은 $x=-b$, $y=2$

즉, $\frac{1}{2}=-b$, $\frac{a}{2}=2$이므로

$a=4$, $b=-\frac{1}{2}$ $\quad\therefore ab=\mathbf{-2}$

Tip $y=\frac{ax+b}{cx+d}$의 그래프의 점근선의 방정식

$x=-\frac{d}{c}$, $y=\frac{a}{c}$

$cx+d=0$ / x의 계수의 비

← $y=\frac{ax+1}{2x-1}=\frac{\frac{a}{2}+1}{2x-1}+\frac{a}{2}$와 같이 변형하지 않아도 점근선의 방정식을 구할 수 있다.

서술형 **0818** 정의역과 치역이 같은 함수 $f(x)=\frac{bx}{ax-1}$의 그래프의 두 점근선의 교점이 직선 $y=7x+6$ 위에 있을 때, 상수 a, b에 대하여 $a+b$의 값을 구하시오. (단, $ab\ne0$)

답 0

풀이 점근선의 방정식은 $x=\frac{1}{a}$, $y=\frac{b}{a}$

이때 정의역과 치역이 같으므로

$\frac{1}{a}=\frac{b}{a}$ $\quad\therefore b=1$ ···❶ (40%)

또, 두 점근선의 교점 $\left(\frac{1}{a}, \frac{1}{a}\right)$이 직선 $y=7x+6$ 위에 있으므로

$\frac{1}{a}=\frac{7}{a}+6$, $\frac{6}{a}=-6$ $\quad\therefore a=-1$ ···❷ (40%)

$\therefore a+b=\mathbf{0}$ ···❸ (20%)

0819 함수 $f(x)=\frac{ax}{x-2a}$의 그래프의 두 점근선과 x축, y축으로 둘러싸인 부분의 넓이가 20일 때, 상수 a에 대하여 a^2의 값을 구하시오. (단, $a>0$)

답 10

풀이 점근선의 방정식은 $x=2a$, $y=a$

따라서 그림에서 색칠한 부분의 넓이가 20이므로

$2a\times a=20$

$\therefore a^2=\mathbf{10}$

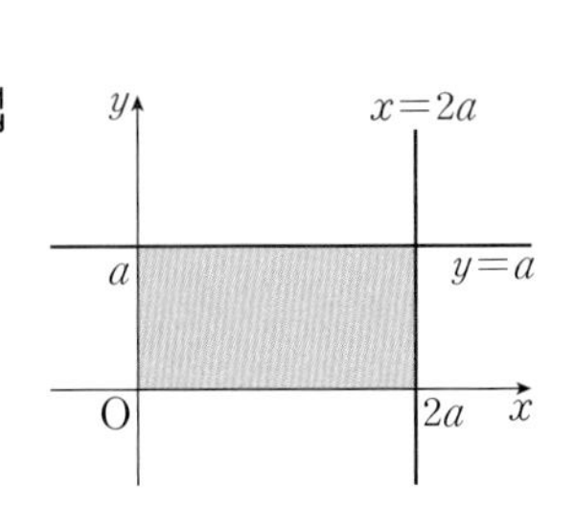

0820 함수 $y=-\frac{1}{x+2}+1$의 그래프를 x축의 방향으로 3만큼, y축의 방향으로 -5만큼 평행이동한 그래프가 점 $(2, k)$를 지날 때, k의 값은? $y=-\frac{1}{(x-3)+2}+1-5$ 답 ①

풀이 $y=-\frac{1}{(x-3)+2}+1-5=-\frac{1}{x-1}-4$

이 함수의 그래프가 점 $(2, k)$를 지나므로

$k=-\frac{1}{2-1}-4=\mathbf{-5}$

→ **0821** 함수 $y=\frac{3}{x-4}-2$의 그래프는 함수 $y=\frac{3}{x}$의 그래프를 x축의 방향으로 m만큼, y축의 방향으로 n만큼 평행이동한 것이다. mn의 값은? 답 ②

풀이 $m=4, n=-2$ $\therefore mn=\mathbf{-8}$

$y=\frac{2(x-m)+5}{(x-m)+2}+n$

0822 함수 $y=\frac{2x+5}{x+2}$의 그래프를 x축의 방향으로 m만큼, y축의 방향으로 n만큼 평행이동하면 함수 $y=\frac{-3x+4}{x-1}$의 그래프와 일치할 때, $m+n$의 값은? 답 ①

풀이 1 $y=\frac{2(x-m)+5}{(x-m)+2}+n$

$=\frac{2x-2m+5+n(x-m+2)}{x-m+2}$

$=\frac{(2+n)x-mn-2m+2n+5}{x-m+2}$

즉, $2+n=-3$, $-mn-2m+2n+5=4$,

$-m+2=-1$이므로

$m=3, n=-5$ $\therefore m+n=\mathbf{-2}$

풀이 2 $y=\frac{2x+5}{x+2}=\frac{1}{x+2}+2$

$\xrightarrow[y\text{축의 방향으로 } n\text{만큼}]{x\text{축의 방향으로 } m\text{만큼}} y=\frac{1}{x-m+2}+2+n$

이때 $y=\frac{-3x+4}{x-1}=\frac{1}{x-1}-3$이므로

$-m+2=-1, 2+n=-3$ $\therefore m=3, n=-5$

→ 서술형 **0823** 함수 $y=\frac{3x+2}{x-1}$의 그래프를 x축의 방향으로 a만큼, y축의 방향으로 3만큼 평행이동한 그래프의 점근선의 방정식이 $x=4$, $y=b$일 때, $a+b$의 값을 구하시오. 답 **9**

Key 평행이동하기 전의 점근선의 방정식을 구한 후 점근선을 평행이동하는 것으로 생각해 본다.

풀이 1 $y=\frac{3x+2}{x-1}$의 그래프의 점근선의 방정식은 $x=1, y=3$

$x=1, y=3 \xrightarrow[y\text{축의 방향으로 } 3\text{만큼}]{x\text{축의 방향으로 } a\text{만큼}} x=1+a, y=3+3=6$

즉, $1+a=4$, $6=b$이므로 $a=3, b=6$ …❶ (80%)

$\therefore a+b=\mathbf{9}$ …❷ (20%)

풀이 2 $y=\frac{3x+2}{x-1}=\frac{5}{x-1}+3$

$\xrightarrow[y\text{축의 방향으로 } 3\text{만큼}]{x\text{축의 방향으로 } a\text{만큼}} y=\frac{5}{x-a-1}+6$

평행이동한 그래프의 점근선의 방정식은 $x=a+1, y=6$이므로

$a+1=4, b=6$ $\therefore a=3, b=6$

Tip $y=\frac{ax+b}{cx+d}$의 그래프의 점근선의 방정식

$x=-\frac{d}{c}, y=\frac{a}{c}$

$cx+d=0$ ← ($x=-\frac{d}{c}$), x의 계수의 비 ← ($y=\frac{a}{c}$)

유형 10 유리함수의 그래프가 서로 겹칠 조건 개념 6

0824 보기의 함수 중에서 그 그래프가 평행이동에 의하여 함수 $y=\frac{1}{x}$의 그래프와 겹쳐지는 것만을 있는 대로 고른 것은? 답 ①

보기

ㄱ. $y=\frac{2x-3}{x-2}$

ㄴ. $y=\frac{-2x-3}{x+3}$

ㄷ. $y=\frac{-3x-4}{x+1}$

Key 두 함수 $y=\frac{b}{x+a}+c$, $y=\frac{b'}{x+a'}+c'$의 그래프가

- 평행이동에 의하여 겹칠 조건: $b=b'$
- 평행이동 또는 대칭이동에 의하여 겹칠 조건: $|b|=|b'|$

풀이 ㉠. $y=\frac{2x-3}{x-2}=\frac{2(x-2)+1}{x-2}=\frac{1}{x-2}+2$

ㄴ. $y=\frac{-2x-3}{x+3}=\frac{-2(x+3)+3}{x+3}=\frac{3}{x+3}-2$

ㄷ. $y=\frac{-3x-4}{x+1}=\frac{-3(x+1)-1}{x+1}=\frac{-1}{x+1}-3$

0825 보기의 함수 중에서 그 그래프가 평행이동에 의하여 함수 $y=-\frac{1}{2x}$의 그래프와 겹쳐지는 것만을 있는 대로 고른 것은? $=-\frac{1}{2}\cdot\frac{1}{x}$ 답 ③

보기

ㄱ. $y=\frac{1}{2x-2}$ ㄴ. $y=\frac{2x}{2x+1}$

ㄷ. $y=\frac{4x-9}{2x-4}$ ㄹ. $y=\frac{-2x-2}{2x+3}$

풀이 ㄱ. $y=\frac{1}{2x-2}=\frac{1}{2(x-1)}=\frac{1}{2}\cdot\frac{1}{x-1}$

㉡. $y=\frac{2x}{2x+1}=\frac{2x+1-1}{2x+1}=-\frac{1}{2\left(x+\frac{1}{2}\right)}+1$

$=-\frac{1}{2}\cdot\frac{1}{(\ \ )}+1$

㉢. $y=\frac{4x-9}{2x-4}=\frac{2(2x-4)-1}{2x-4}=-\frac{1}{2(x-2)}+2$

$=-\frac{1}{2}\cdot\frac{1}{(\ \ )}+2$

ㄹ. $y=\frac{-2x-2}{2x+3}=\frac{-(2x+3)+1}{2x+3}=\frac{1}{2\left(x+\frac{3}{2}\right)}-1$

$=\frac{1}{2}\cdot\frac{1}{(\ \ )}-1$

유형 11 그래프를 이용하여 유리함수의 식 구하기 개념 6

점근선의 방정식: $x=-c$, $y=a$

0826 함수 $y=\frac{ax+b}{x+c}$의 그래프가 그림과 같을 때, 상수 a, b, c에 대하여 abc의 값은? 답 ③

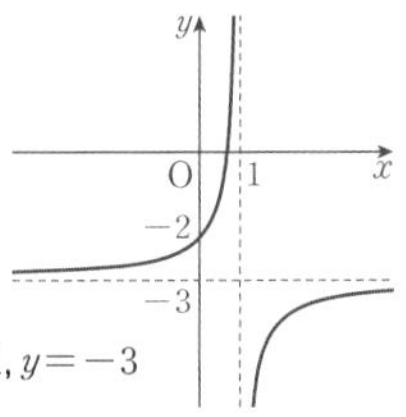

풀이 1 $-c=1$, $a=-3$이므로 $a=-3$, $c=-1$

즉, $y=\frac{-3x+b}{x-1}$의 그래프가 점 $(0, -2)$를 지나므로

$-2=\frac{b}{-1}$ $\therefore b=2$

$\therefore abc=\mathbf{6}$

풀이 2 $y=\frac{k}{x-1}-3$ $(k<0)$으로 놓으면 이 그래프가 점 $(0, -2)$를 지나므로

$-2=-k-3$ $\therefore k=-1$

$\therefore y=-\frac{1}{x-1}-3=\frac{-1-3(x-1)}{x-1}=\frac{-3x+2}{x-1}$

따라서 $a=-3$, $b=2$, $c=-1$이므로 $abc=\mathbf{6}$

0827 유리함수 $y=f(x)$의 그래프가 그림과 같을 때, $f(-1)$의 값은? 답 ③

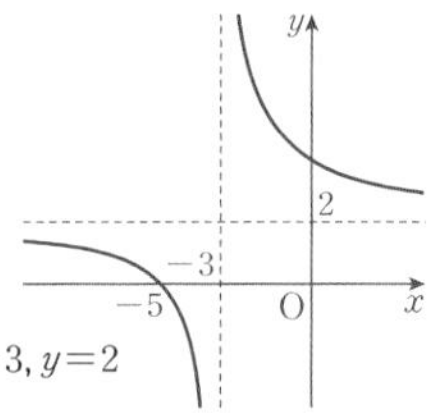

풀이 1 $f(x)=\frac{k}{x+3}+2$ $(k>0)$라 하면

이 그래프가 점 $(-5, 0)$을 지나므로

$0=\frac{k}{-5+3}+2$ $\therefore k=4$

따라서 $f(x)=\frac{4}{x+3}+2$이므로

$f(-1)=\frac{4}{-1+3}+2=\mathbf{4}$

풀이 2 $f(x)=\frac{2x+k}{x+3}$ (k는 상수)로 놓고 풀 수도 있다.

Tip $y=\frac{nx+k}{x-m}$의 점근선의 방정식: $x=m$, $y=n$

유형 12 유리함수의 그래프가 지나는 사분면 개념 6

점근선의 방정식: $x=a, y=-1$

0828 함수 $y=\frac{2}{x-a}-1$의 그래프가 제1사분면을 지나지 않도록 하는 실수 a의 값의 범위는? 답 ②

Key $a\geq0$일 때 그래프를 그려 보면 제1사분면을 지나므로 $a<0$이어야 한다.

풀이 $a<0$이고 그림과 같이 $x=0$에서의 함숫값이 0보다 작거나 같아야 하므로

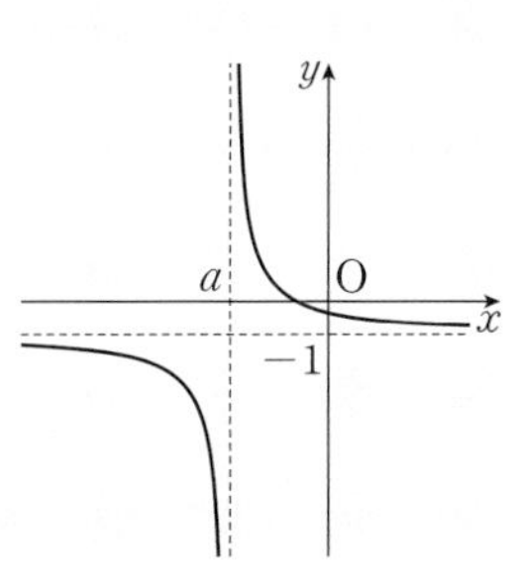

$\frac{2}{-a}-1\leq0$, $-1\leq\frac{2}{a}$

$-a\geq2$ ($\because a<0$)

$\therefore$ $\boldsymbol{a\leq-2}$

점근선의 방정식: $x=-1, y=2$

0829 함수 $y=\frac{2x-k+1}{x+1}$의 그래프가 모든 사분면을 지나도록 하는 실수 k의 값의 범위는? 답 ②

Key $y=\frac{2x-k+1}{x+1}=\frac{2(x+1)-k-1}{x+1}=\frac{-k-1}{x+1}+2$에서

$-k-1\geq0$일 때 그래프를 그려 보면 제4사분면을 지나지 않으므로 $-k-1<0$

풀이 $-k-1<0$에서 $k>-1$ ······ ㉠

또, $x=0$에서의 함숫값이 0보다 작아야 하므로 $-k+1<0$

$\therefore k>1$ ······ ㉡

㉠, ㉡에서 $\boldsymbol{k>1}$

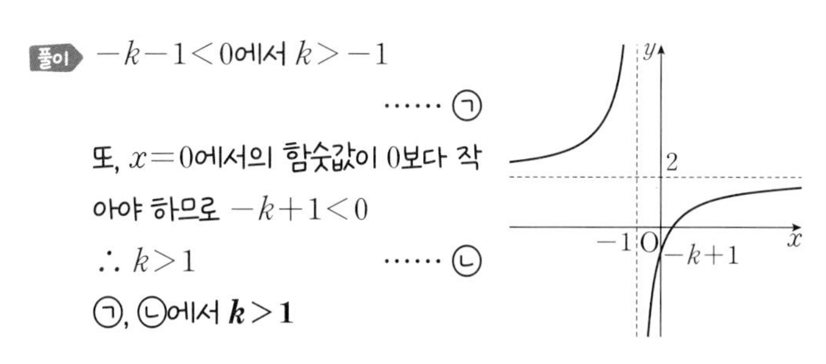

유형 13 유리함수의 그래프의 대칭성 개념 6

0830 함수 $y=\frac{3}{x}$의 그래프를 x축의 방향으로 3만큼, y축의 방향으로 5만큼 평행이동한 그래프는 점 (a, b)에 대하여 대칭일 때, ab의 값은? 답 ⑤

점 (a, b)는 두 점근선의 교점이다.

풀이 $y=\frac{3}{x}$ $\xrightarrow[y\text{축의 방향으로 5만큼}]{x\text{축의 방향으로 3만큼}}$ 점근선의 방정식: $x=3, y=5$

따라서 이 그래프는 점 $(3, 5)$에 대하여 대칭이므로

$a=3, b=5$ $\therefore ab=\mathbf{15}$

0831 함수 $f(x)=\frac{ax+b}{x+c}$의 그래프가 점 $(-8, 8)$에 대하여 대칭이고, $f(-7)=9$일 때, $a+b+c$의 값을 구하시오. (단, a, b, c는 상수이다.) 답 81

점 $(-8, 8)$은 두 점근선의 교점이다.

Key 점 $(-8, 8)$은 두 점근선의 교점이므로 점근선의 방정식은 $x=-8, y=8$

풀이 1 $f(x)=\frac{k}{x+8}+8$ $(k\neq0)$이라 하면 $f(-7)=9$이므로

$9=\frac{k}{-7+8}+8$, $k+8=9$ $\therefore k=1$

따라서 $f(x)=\frac{1}{x+8}+8=\frac{8x+65}{x+8}$이므로

$a=8, b=65, c=8$ $\therefore a+b+c=\mathbf{81}$

풀이 2 $f(x)=\frac{8x+k}{x+8}$ (k는 상수)로 놓고 풀 수도 있다.

0832 함수 $y=\frac{2x-5}{x+1}$의 그래프가 직선 $y=x+a$에 대하여 대칭일 때, 상수 a의 값을 구하시오. 답 3

Key 유리함수의 그래프는 두 점근선의 교점을 지나고 기울기가 -1 또는 1인 직선에 대하여 대칭이다.

→ 두 점근선의 교점은 직선 $y=x+a$ 위의 점이다.

풀이 점근선의 방정식은 $x=-1, y=2$

따라서 점 $(-1, 2)$는 직선 $y=x+a$ 위의 점이므로

$2=-1+a$ $\therefore a=\mathbf{3}$

Tip $y=\frac{ax+b}{cx+d}$의 그래프의 점근선의 방정식

$x=-\frac{d}{c}$, $y=\frac{a}{c}$

$cx+d=0$ ($x=-\frac{d}{c}$), x의 계수의 비 ($y=\frac{a}{c}$)

서술형

0833 함수 $y=\frac{ax+2}{x+b}$의 그래프가 두 직선 $y=x+4$, $y=-x+6$에 대하여 대칭일 때, $2a+b$의 값을 구하시오. (단, a, b는 상수이다.) 답 9

Key 유리함수의 그래프는 두 점근선의 교점을 지나고 기울기가 -1 또는 1인 직선에 대하여 대칭이다.

→ 두 직선 $y=x+4$, $y=-x+6$의 교점은 두 점근선의 교점이다.

풀이 점근선의 방정식은 $x=-b, y=a$ ···❶ (20%)

$y=x+4$, $y=-x+6$을 연립하여 풀면 $x=1, y=5$

즉, $-b=1$, $a=5$이므로 $a=5, b=-1$ ···❷ (60%)

$\therefore 2a+b=\mathbf{9}$ ···❸ (20%)

유형 14 유리함수의 최대·최소 개념 6

0834 $0 \le x \le 2$에서 함수 $y=\frac{3x+1}{x+2}$의 최댓값을 M, 최솟값을 m이라 할 때, $8Mm$의 값은? $=\frac{3(x+2)-5}{x+2}=-\frac{5}{x+2}+3$ 답 ④

풀이 $0 \le x \le 2$에서 $y=-\frac{5}{x+2}+3$의 그래프는 그림과 같으므로

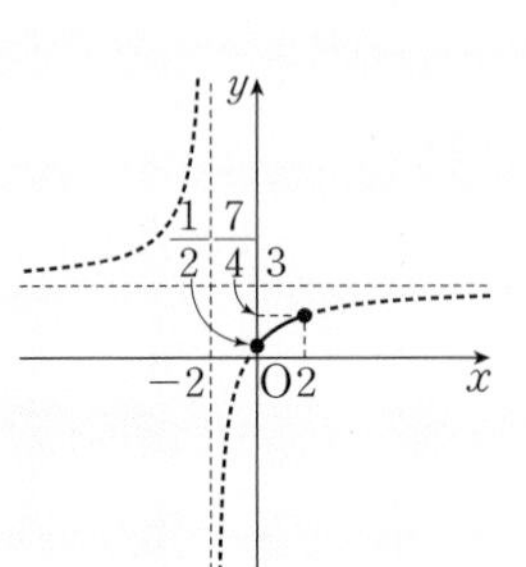

$x=2$일 때, 최댓값 $\frac{7}{4}$, $=M$

$x=0$일 때, 최솟값 $\frac{1}{2}$ $=m$

을 갖는다.

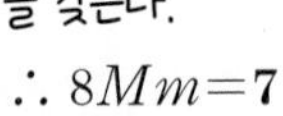

$\therefore 8Mm=\mathbf{7}$

→ **0835** 함수 $f(x)=\frac{2bx-7}{2x+a}$의 그래프가 점 $\left(2, \frac{3}{2}\right)$에 대하여 대칭일 때, $-2 \le x \le 1$에서 함수 $f(x)$의 최솟값은? (단, a, b는 상수이다.) 답 ②

점근선의 방정식: $x=2$, $y=\frac{3}{2}$

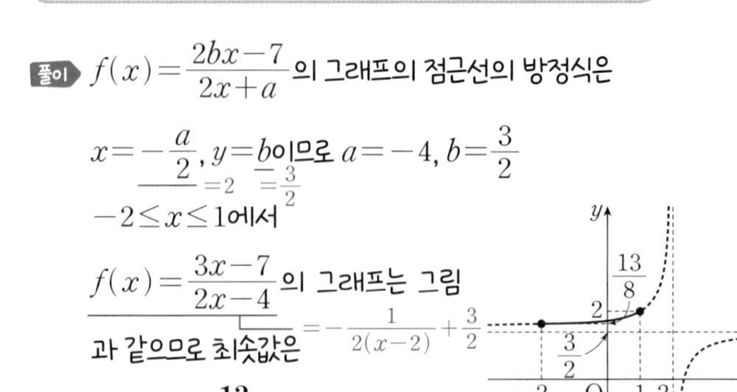

풀이 $f(x)=\frac{2bx-7}{2x+a}$의 그래프의 점근선의 방정식은

$x=-\frac{a}{2}$, $y=b$이므로 $a=-4$, $b=\frac{3}{2}$ ($-\frac{a}{2}=2$, $b=\frac{3}{2}$)

$-2 \le x \le 1$에서

$f(x)=\frac{3x-7}{2x-4}$의 그래프는 그림과 같으므로 최솟값은 $=-\frac{1}{2(x-2)}+\frac{3}{2}$

$f(-2)=\mathbf{\frac{13}{8}}$

0836 $0 \le x \le 2$에서 함수 $y=\frac{-3x+a}{x-4}$의 최댓값이 4일 때, 상수 a의 값을 구하시오. $=\frac{-3(x-4)+a-12}{x-4}=\frac{a-12}{x-4}-3$ 답 -2

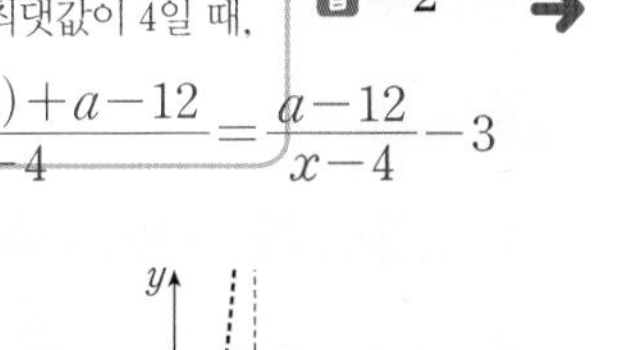

풀이 $0 \le x \le 2$에서 $y=\frac{a-12}{x-4}-3$의 최댓값이 4이려면 그림과 같이 $a-12<0$이어야 한다.

$\therefore a<12$

또, 주어진 함수는 $x=2$일 때, 최댓값 4를 가지므로

$\frac{a-12}{-2}-3=4$, $\frac{a-12}{-2}=7$

$a-12=-14$ $\therefore a=\mathbf{-2}$

→ 서술형 **0837** 정의역이 $\{x \mid -1 \le x \le a\}$인 함수 $y=\frac{k}{x+3}+2\ (k>0)$의 최댓값이 8, 최솟값이 5일 때, 상수 a, k에 대하여 $a+k$의 값을 구하시오. 답 13

풀이 $-1 \le x \le a$에서

$y=\frac{k}{x+3}+2\ (k>0)$의 그래프는 그림과 같으므로

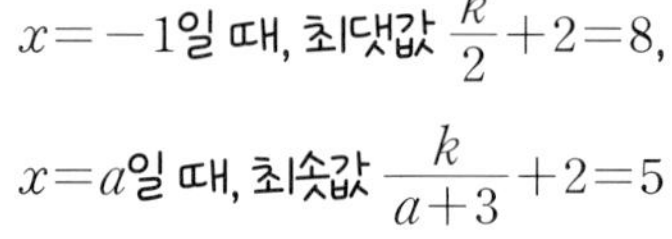

$x=-1$일 때, 최댓값 $\frac{k}{2}+2=8$,

$x=a$일 때, 최솟값 $\frac{k}{a+3}+2=5$

를 갖는다. …❶ (40%)

즉, $k=12$, $a=1$이므로 …❷ (40%)

$a+k=\mathbf{13}$ …❸ (20%)

유형 15 유리함수의 그래프와 직선의 위치 관계 개념 6

0838 함수 $y=\frac{x}{x-2}$의 그래프와 직선 $y=mx+1$이 오직 한 점에서 만나도록 하는 실수 m의 값은? (단, $m \ne 0$) 답 ④

Key 방정식 $\frac{x}{x-2}=mx+1$의 근이 한 개이다.

풀이 $x=(mx+1)(x-2)$, $x=mx^2+(1-2m)x-2$

$\therefore mx^2-2mx-2=0\ (m \ne 0)$ ← 판별식: D

$\frac{D}{4}=(-m)^2-m\cdot(-2)=0$, $m^2+2m=0$

$m(m+2)=0$ $\therefore m=\mathbf{-2}\ (\because m \ne 0)$

→ **0839** 함수 $y=\frac{2x-12}{x-4}$의 그래프와 일차함수 $y=x+k$의 그래프가 만나지 않도록 하는 정수 k의 개수는? 답 ②

Key 방정식 $\frac{2x-12}{x-4}=x+k$의 근이 없다.

풀이 $2x-12=(x+k)(x-4)$, $2x-12=x^2+(k-4)x-4k$

$x^2+(k-6)x+(-4k+12)=0$ ← 판별식: D

$D=(k-6)^2-4(-4k+12)<0$

$k^2+4k-12<0$, $(k+6)(k-2)<0$

$\therefore -6<k<2$

따라서 정수 k는 $-5, -4, -3, -2, -1, 0, 1$의 **7**개이다.

$$=\frac{2(x+1)+2}{x+1}=\frac{2}{x+1}+2$$

0840 $0\le x\le 1$에서 함수 $y=\frac{2x+4}{x+1}$의 그래프와 직선 $y=mx+2m$이 만나도록 하는 실수 m의 최댓값과 최솟값의 합은? $y=m(x+2)$ ➡ m의 값에 관계없이 점 $(-2, 0)$을 지난다.

답 ③

풀이 (i) 직선 $y=mx+2m$이 점 $(0, 4)$를 지날 때

$4=2m \quad \therefore m=2$

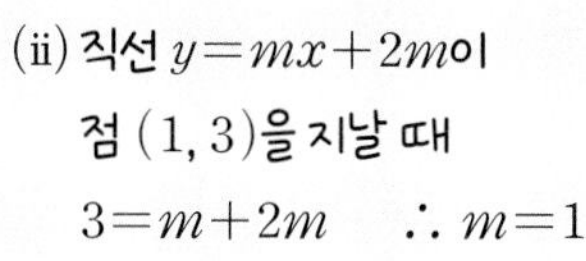

(ii) 직선 $y=mx+2m$이 점 $(1, 3)$을 지날 때

$3=m+2m \quad \therefore m=1$

(i), (ii)에서 $1\le m\le 2$ (최솟값, 최댓값)

따라서 구하는 합은 3이다.

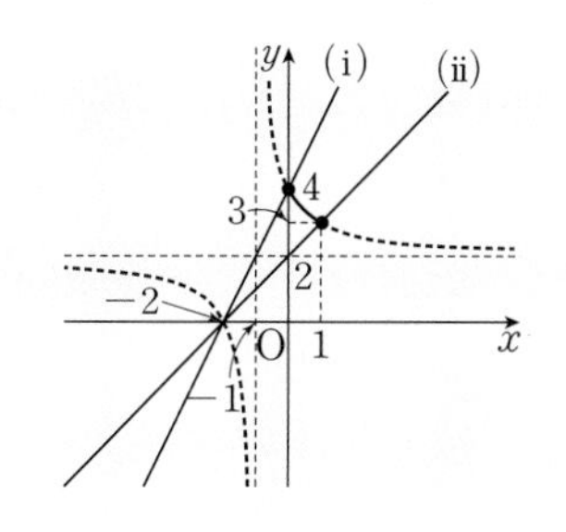

서술형 **0841** $2\le x\le 4$에서 $ax+2\le \frac{2x-1}{x-1}\le bx+2$ 가 항상 성립할 때, 상수 a, b에 대하여 $b-a$의 최솟값을 구하시오.

두 직선 $y=ax+2$, $y=bx+2$는 a, b의 값에 관계없이 모두 점 $(0, 2)$를 지난다.

답 $\frac{5}{12}$

풀이 $y=\frac{2x-1}{x-1}=\frac{2(x-1)+1}{x-1}=\frac{1}{x-1}+2$라 하면

$2\le x\le 4$에서 이 함수의 그래프는 그림과 같다. …❶ (20%)

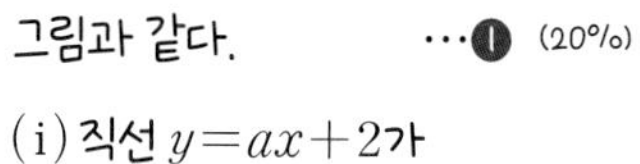

(i) 직선 $y=ax+2$가 점 $\left(4, \frac{7}{3}\right)$을 지날 때

$\frac{7}{3}=4a+2 \quad \therefore a=\frac{1}{12}$

따라서 $ax+2\le\frac{2x-1}{x-1}$이려면 $a\le\frac{1}{12}$ …❷ (30%)

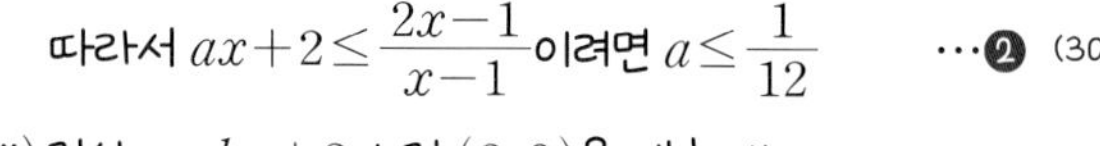

(ii) 직선 $y=bx+2$가 점 $(2, 3)$을 지날 때

$3=2b+2 \quad \therefore b=\frac{1}{2}$

따라서 $\frac{2x-1}{x-1}\le bx+2$이려면 $b\ge\frac{1}{2}$ …❸ (30%)

(i), (ii)에 의하여 $b-a$의 최솟값은 $\frac{1}{2}-\frac{1}{12}=\frac{5}{12}$

…❹ (20%)

유형 16 유리함수의 그래프의 성질 개념 6

0842 함수 $y=\frac{3x-2}{x+1}$의 그래프에 대한 설명으로 옳은 것은? $=\frac{3(x+1)-5}{x+1}=-\frac{5}{x+1}+3$

답 ④

① $y=\frac{5}{x}$의 그래프를 평행이동하면 겹쳐진다.

② 제1, 2, 3사분면만을 지난다.

③ 점 $(-1, -5)$에 대하여 대칭이다.

④ 직선 $y=x+4$에 대하여 대칭이다.

⑤ $0\le x\le 4$에서 주어진 함수의 최댓값은 1이다.

풀이 ① $y=-\frac{5}{x}$의 그래프를 평행이동한 것이다.

② $y=\frac{3x-2}{x+1}$에 $x=0$을 대입하면

$y=-2$

따라서 이 그래프는 그림과 같으므로 모든 사분면을 지난다.

③ 점근선의 방정식은 $x=-1$, $y=3$이므로 그래프는 점 $(-1, 3)$에 대하여 대칭이다.

④ 그래프는 점 $(-1, 3)$을 지나고 기울기가 1인 직선, 즉 $y=(x+1)+3=x+4$에 대하여 대칭이다.

⑤ $0\le x\le 4$에서 주어진 함수의 그래프는 그림과 같으므로 $x=4$일 때 최댓값 2를 갖는다.

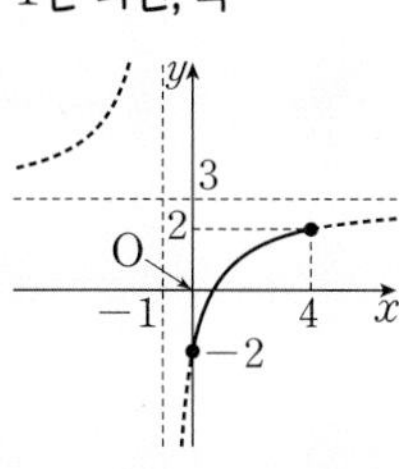

0843 함수 $y=\frac{k}{x-1}+2$에 대하여 보기에서 옳은 것만을 있는 대로 고른 것은? (단, $k<0$)

점근선의 방정식: $x=1$, $y=2$

답 ④

보기

ㄱ. 치역은 $\{y\,|\,y\ne 1$인 실수$\}$이다.

ㄴ. 그래프는 k의 값이 작아질수록 점 $(1, 2)$로부터 멀어진다.

ㄷ. 그래프는 제1, 2, 4사분면만을 지난다.

풀이 ㄱ. 치역은 $\{y\,|\,y\ne 2$인 실수$\}$이다.

ㄴ. 그래프는 점 $(1, 2)$에 대하여 대칭이므로 k의 절댓값이 커질수록 점 $(1, 2)$로부터 멀어진다.

이때 $k<0$이므로 k의 값이 작아질수록 점 $(1, 2)$로부터 멀어진다.

ㄷ. 그래프는 그림과 같으므로 제1, 2, 4사분면만을 지난다.

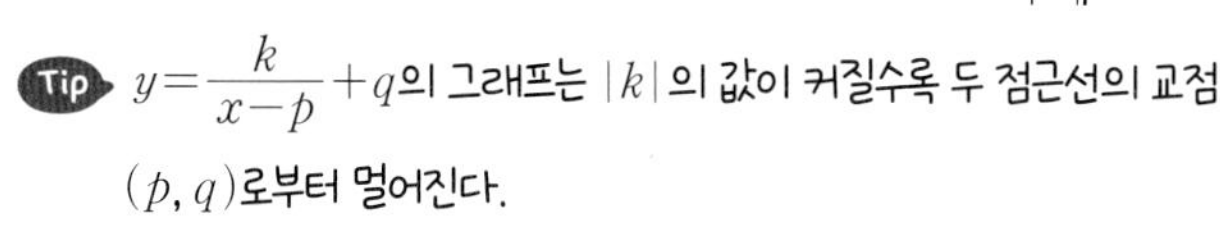

Tip $y=\frac{k}{x-p}+q$의 그래프는 $|k|$의 값이 커질수록 두 점근선의 교점 (p, q)로부터 멀어진다.

$f(x), f^2(x), f^3(x), \cdots$을 구해 보면서 규칙을 찾는다.

유형 17 유리함수의 합성 개념 6

0844 함수 $f(x)=\dfrac{x}{x+1}$에 대하여

$f^1=f,\ f^n=\underbrace{f\circ f\circ f\circ\cdots\circ f}_{n\text{개}}\ (n=2, 3, 4, \cdots)$

로 정의할 때, $f^{20}\left(\dfrac{1}{5}\right)$의 값은?

답 ①

풀이 $f^2(x)=(f\circ f)(x)=f(f(x))$

$$=\frac{\frac{x}{x+1}}{\frac{x}{x+1}+1}=\frac{x}{2x+1}$$

$f^3(x)=(f\circ f\circ f)(x)=f((f\circ f)(x))$

$$=\frac{\frac{x}{2x+1}}{\frac{x}{2x+1}+1}=\frac{x}{3x+1}$$

따라서 $f^{20}(x)=\dfrac{x}{20x+1}$이므로

$$f^{20}\left(\frac{1}{5}\right)=\frac{\frac{1}{5}}{20\cdot\frac{1}{5}+1}=\mathbf{\frac{1}{25}}$$

0845 함수 $f(x)=\dfrac{x}{1-x}$에 대하여

$f^1=f,\ f^{n+1}=f\circ f^n$ (n은 자연수)

로 정의할 때, $f^k\left(-\dfrac{1}{2}\right)=-\dfrac{1}{196}$을 만족시키는 자연수 k의 값을 구하시오.

답 194

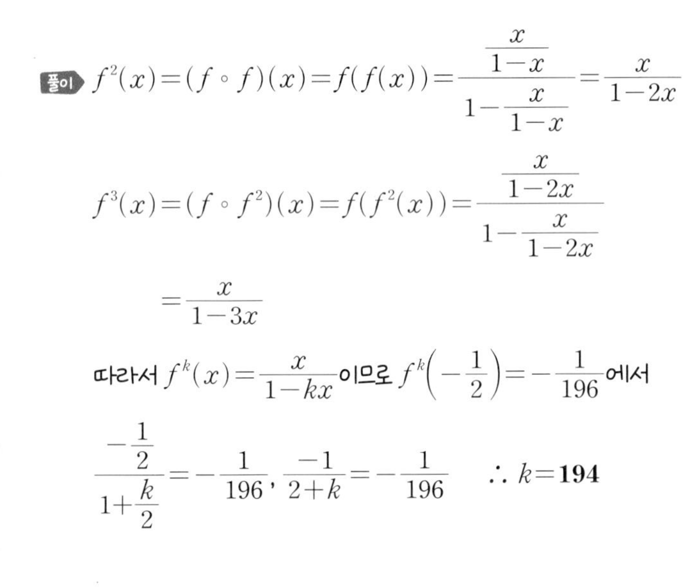

풀이 $f^2(x)=(f\circ f)(x)=f(f(x))=\dfrac{\frac{x}{1-x}}{1-\frac{x}{1-x}}=\dfrac{x}{1-2x}$

$f^3(x)=(f\circ f^2)(x)=f(f^2(x))=\dfrac{\frac{x}{1-2x}}{1-\frac{x}{1-2x}}$

$=\dfrac{x}{1-3x}$

따라서 $f^k(x)=\dfrac{x}{1-kx}$이므로 $f^k\left(-\dfrac{1}{2}\right)=-\dfrac{1}{196}$에서

$\dfrac{-\frac{1}{2}}{1+\frac{k}{2}}=-\dfrac{1}{196},\ \dfrac{-1}{2+k}=-\dfrac{1}{196}\qquad \therefore k=\mathbf{194}$

0846 함수 $y=f(x)$의 그래프가 그림과 같다.

$f^1=f,$

$f^n=f^{n-1}\circ f$

$(n=2, 3, 4, \cdots)$

로 정의할 때, $f^{99}(2)$의 값은?

$f(x)=\dfrac{k}{x}+1\ (k<0)$

답 ⑤

풀이 $f(x)=\dfrac{k}{x}+1\ (k<0)$의 그래프가 점 $(1, 0)$을 지나므로

$0=k+1\quad \therefore k=-1\quad \therefore f(x)=-\dfrac{1}{x}+1=\dfrac{x-1}{x}$

$$f^2(x)=(f\circ f)(x)=f(f(x))=\frac{\frac{x-1}{x}-1}{\frac{x-1}{x}}=\frac{-1}{x-1}$$

$$f^3(x)=(f^2\circ f)(x)=f^2(f(x))=\frac{-1}{\frac{x-1}{x}-1}=x$$

따라서 $f^{3n}(x)$ (n은 자연수)는 항등함수이므로

$f^{99}(x)=f^{3\cdot 33}(x)=x\qquad \therefore f^{99}(2)=\mathbf{2}$

서술형 **0847** 함수 $f(x)=\dfrac{x-2}{x-1}$에 대하여

$f^1(x)=f(x),$

$f^{n+1}(x)=f(f^n(x))\ (n=1, 2, 3, \cdots)$

로 정의한다. $f^{123}(x)=\dfrac{bx-c}{x-a}$일 때, 상수 a, b, c에 대하여 $a+b+c$의 값을 구하시오.

답 4

풀이 $f^2(x)=f(f(x))=\dfrac{\frac{x-2}{x-1}-2}{\frac{x-2}{x-1}-1}=x$ …❶ (30%)

따라서 $f^{2n}(x)$ (n은 자연수)는 항등함수이므로

$f^{123}(x)=f^{2\cdot 61+1}(x)=f(x)=\dfrac{x-2}{x-1}$ …❷ (30%)

따라서 $a=1, b=1, c=2$이므로 $a+b+c=\mathbf{4}$ …❸ (40%)

Tip $f^k(x)=x$ (k는 상수), 즉 $f^k(x)$가 항등함수이면

$f^{k+1}(x)=f(f^k(x))=f(x)$

이므로 $f^{k+1}(x), f^{k+2}(x), f^{k+3}(x), \cdots$는

$f(x), f^2(x), f^3(x), \cdots$로 다시 반복된다.

유형 18 유리함수의 역함수 개념 6

$f^{-1}(x)$가 주어져 있으므로 $f^{-1}(x)$의 역함수는 $f(x)$임을 이용한다.

0848 함수 $f(x)=\frac{ax+b}{x+c}$의 역함수가 $f^{-1}(x)=\frac{4x-3}{-x+2}$일 때, $a+b+c$의 값은? (단, a, b, c는 상수이다.) 답 ⑤

풀이 $y=\frac{4x-3}{-x+2}$이라 하면 $y(-x+2)=4x-3$

$(y+4)x=2y+3 \quad \therefore x=\frac{2y+3}{y+4}$

x와 y를 서로 바꾸면 $y=\frac{2x+3}{x+4} \quad \therefore f(x)=\frac{2x+3}{x+4}$

따라서 $a=2$, $b=3$, $c=4$이므로 $a+b+c=\mathbf{9}$

Tip $f(x)=\frac{ax+b}{cx+d}$의 역함수는 $f^{-1}(x)=\frac{-dx+b}{cx-a}$ 암기

→ 서술형 **0849** 유리함수 $y=f(x)$의 그래프가 점 $(2, 1)$을 지나고 점근선의 방정식이 $x=3$, $y=-2$이다. 함수 $f(x)$의 역함수를 $f^{-1}(x)=\frac{b}{x+a}+c$라 할 때, $a+b+c$의 값을 구하시오. (단, a, b, c는 상수이다.) 답 2

$y=\frac{k}{x-3}-2$ (k는 상수)

풀이 $y=\frac{k}{x-3}-2$ (k는 상수)의 그래프가 점 $(2, 1)$을 지나므로

$1=\frac{k}{-1}-2 \quad \therefore k=-3 \quad \therefore y=-\frac{3}{x-3}-2$ …❶ (30%)

$y+2=\frac{-3}{x-3}$, $\frac{1}{y+2}=\frac{x-3}{-3} \quad \therefore x=-\frac{3}{y+2}+3$

x와 y를 서로 바꾸면 $y=-\frac{3}{x+2}+3$

$\therefore f^{-1}(x)=-\frac{3}{x+2}+3$ …❷ (30%)

따라서 $a=2$, $b=-3$, $c=3$이므로 $a+b+c=\mathbf{2}$ …❸ (40%)

0850 함수 $f(x)=\frac{2x+1}{x+3}$의 역함수를 $f^{-1}(x)$라 할 때, $(f^{-1}\circ f\circ f^{-1})(3)$의 값은? 답 ④

$=f^{-1}(3)$

Key $f^{-1}\circ f=I$ (항등함수)이므로

$(f^{-1}\circ f\circ f^{-1})(3)=(I\circ f^{-1})(3)=f^{-1}(3)$

풀이1 $f^{-1}(3)=k$라 하면 $f(k)=3$이므로

$\frac{2k+1}{k+3}=3$, $2k+1=3k+9$

$\therefore k=-8 \quad \therefore (f^{-1}\circ f\circ f^{-1})(3)=\mathbf{-8}$

풀이2 $f^{-1}(x)=\frac{-3x+1}{x-2}$이므로

$f^{-1}(3)=\frac{-9+1}{3-2}=-8$

→ **0851** 두 함수 $f(x)=\frac{x}{x-2}$, $g(x)=\frac{2x-6}{x+1}$에 대하여 $(g\circ f^{-1})^{-1}(-2)$의 값을 구하시오. 답 -1

$=(f\circ g^{-1})(-2)=f(g^{-1}(-2))$ …… ㉠

풀이1 $g^{-1}(-2)=k$라 하면 $g(k)=-2$

$\frac{2k-6}{k+1}=-2$, $2k-6=-2k-2$

$4k=4 \quad \therefore k=1 \quad \therefore g^{-1}(-2)=1$

㉠에서 $(g\circ f^{-1})^{-1}(-2)=f(1)=\frac{1}{1-2}=\mathbf{-1}$

풀이2 $g^{-1}(x)=\frac{-x-6}{x-2}$이므로 $g^{-1}(-2)=\frac{2-6}{-2-2}=1$

0852 함수 $f(x)=\frac{2x+1}{x+a}$의 정의역의 모든 원소 x에 대하여 $(f\circ f)(x)=x$를 만족시킬 때, 상수 a의 값을 구하시오. 답 -2

$f(x)=f^{-1}(x)$ ($f^{-1}(x)$: 역함수)

풀이1 $y=\frac{2x+1}{x+a}$이라 하면 $y(x+a)=2x+1$

$(y-2)x=-ay+1 \quad \therefore x=\frac{-ay+1}{y-2}$

x와 y를 서로 바꾸면 $y=\frac{-ax+1}{x-2}$

$\therefore f^{-1}(x)=\frac{-ax+1}{x-2}$

이때 $f(x)=f^{-1}(x)$이므로 $\frac{2x+1}{x+a}=\frac{-ax+1}{x-2}$

$\therefore a=\mathbf{-2}$

풀이2 $f(x)=f^{-1}(x)$이므로 점근선의 교점은 $y=x$ 위의 점이다.

따라서 주어진 함수의 점근선의 방정식은 $x=-a$, $y=2$이므로 $-a=2$

→ **0853** 두 함수 $f(x)=\frac{-x+3}{x+a}$, $g(x)=\frac{bx+3}{cx+1}$에 대하여 $g(f(x))=x$가 성립할 때, $a+b+c$의 값은? (단, a, b, c는 상수이다.) 답 ②

$f(x)$와 $g(x)$는 서로 역함수이다.

풀이 $y=\frac{-x+3}{x+a}$이라 하면 $y(x+a)=-x+3$

$(y+1)x=-ay+3 \quad \therefore x=\frac{-ay+3}{y+1}$

x와 y를 서로 바꾸면 $y=\frac{-ax+3}{x+1} \quad \therefore g(x)=\frac{-ax+3}{x+1}$

따라서 $b=-a$, $c=1$이므로 $a+b=0$, $c=1$

$\therefore a+b+c=\mathbf{1}$

유형 19 유리함수의 그래프의 활용

개념 5, 6

0854 그림과 같이 $x>0$에서 정의된 함수 $y=-\frac{4}{x}$의 그래프 위의 점 P에서 x축, y축에 내린 수선의 발을 각각 Q, R라 할 때, 직사각형 ORPQ의 둘레의 길이의 최솟값은?

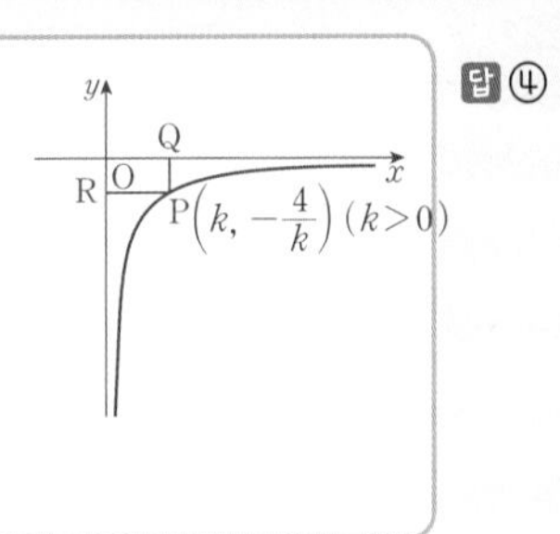

답 ④

풀이 $Q(k, 0)$, $R\left(0, -\frac{4}{k}\right)$

직사각형 ORPQ의 둘레의 길이는

$2\overline{OQ}+2\overline{OR}=2k+\frac{8}{k}$

이때 $k>0$이므로 산술평균과 기하평균의 관계에 의하여

$2k+\frac{8}{k}\geq 2\sqrt{2k\cdot\frac{8}{k}}=2\cdot 4=8$ (단, 등호는 $k=2$일 때 성립)

따라서 직사각형 ORPQ의 둘레의 길이의 최솟값은 8이다.

➜ **0855** 그림과 같이 정의역이 $\{x\,|\,x>1\}$인 함수 $y=\frac{9}{x-1}+2$의 그래프 위의 점 P에서 두 점근선에 내린 수선의 발을 각각 Q, R라 하고, 두 점근선의 교점을 S라 할 때, 직사각형 RSQP의 둘레의 길이의 최솟값을 구하시오.

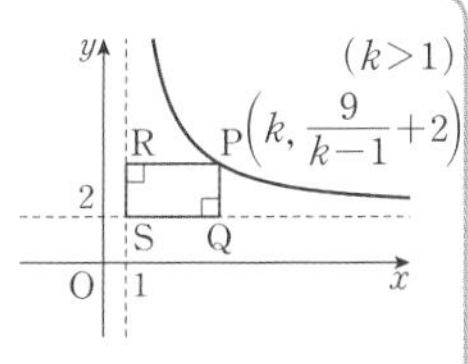

답 12

풀이 $Q(k, 2)$, $R\left(1, \frac{9}{k-1}+2\right)$

$\therefore \overline{RP}=k-1$, $\overline{PQ}=\frac{9}{k-1}+2-2=\frac{9}{k-1}$

즉, 직사각형 RSQP의 둘레의 길이는

$2\overline{RP}+2\overline{PQ}=2(k-1)+\frac{18}{k-1}$

이때 $k>1$이므로 산술평균과 기하평균의 관계에 의하여

$2(k-1)+\frac{18}{k-1}\geq 2\sqrt{2(k-1)\cdot\frac{18}{k-1}}=2\cdot 6=12$

(단, 등호는 $k=4$일 때 성립)

따라서 직사각형 RSQP의 둘레의 길이의 최솟값은 **12**이다.

서술형

0856 그림과 같이 원점을 지나는 직선 l과 함수 $y=\frac{3}{x}$의 그래프가 두 점 P, Q에서 만난다. 점 P를 지나고 x축에 수직인 직선과 점 Q를 지나고 y축에 수직인 직선이 만나는 점을 R이라 할 때, 삼각형 PQR의 넓이를 구하시오.

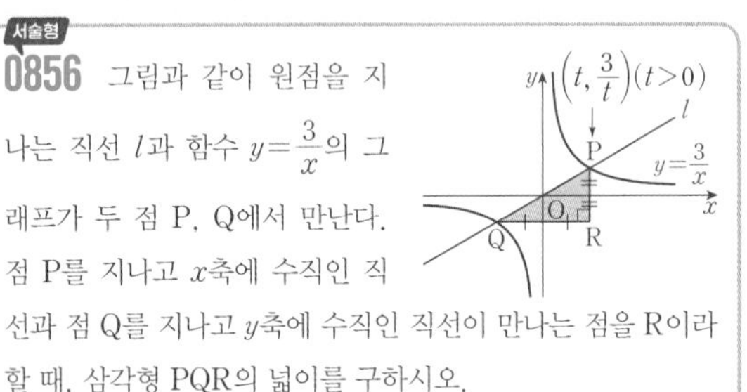

답 6

Key 두 점 P, Q는 $y=\frac{3}{x}$의 그래프와 원점을 지나는 직선의 교점이므로 원점에 대하여 대칭이다.

풀이 $Q\left(-t, -\frac{3}{t}\right)$, $R\left(t, -\frac{3}{t}\right)$ …❶ (30%)

$\overline{QR}=t-(-t)=2t$, $\overline{PR}=\frac{3}{t}-\left(-\frac{3}{t}\right)=\frac{6}{t}$ …❷ (30%)

따라서 삼각형 PQR의 넓이는

$\frac{1}{2}\cdot\overline{QR}\cdot\overline{PR}=\frac{1}{2}\cdot 2t\cdot\frac{6}{t}=$**6** …❸ (40%)

➜ **0857** 그림과 같이 함수 $y=\frac{1}{x}$의 그래프의 제1사분면 위의 점 A에서 x축과 y축에 평행한 직선을 그어 $y=\frac{k}{x}$ $(k>1)$의 그래프와 만나는 점을 각각 B, C라 하자. 삼각형 ABC의 넓이가 32일 때, 상수 k의 값을 구하시오.

답 9

풀이 점 B의 y좌표는 $\frac{1}{a}$이므로 $\frac{1}{a}=\frac{k}{x}$에서

$x=ak$ $\quad\therefore B\left(ak, \frac{1}{a}\right)$

또, 점 C의 x좌표가 a이므로 점 C의 좌표는 $\left(a, \frac{k}{a}\right)$

$\therefore \overline{AB}=ak-a=a(k-1)$, $\overline{AC}=\frac{k}{a}-\frac{1}{a}=\frac{1}{a}(k-1)$

이때 삼각형 ABC의 넓이가 32이므로

$\frac{1}{2}\cdot\overline{AB}\cdot\overline{AC}=32$, $\frac{1}{2}\cdot a(k-1)\cdot\frac{1}{a}(k-1)=32$

$(k-1)^2=64$, $k-1=\pm 8$ $\quad\therefore k=$**9** $(\because k>1)$

실력 완성!

0858 함수 $y=-\frac{2}{x}$의 그래프를 x축의 방향으로 3만큼, y축의 방향으로 -1만큼 평행이동한 그래프가 점 $(2, k)$를 지날 때, k의 값은? $y=-\frac{2}{x-3}-1$

답 ①

풀이 $y=-\frac{2}{x-3}-1$의 그래프가 점 $(2, k)$를 지나므로

$k=-\frac{2}{2-3}-1=\mathbf{1}$

$=\frac{3(x-2)+2}{x-2}=\frac{2}{x-2}+3$

0859 함수 $y=\frac{3x-4}{x-2}$의 그래프가 지나지 않는 사분면은?

답 ③

풀이 $y=\frac{3x-4}{x-2}$에 $x=0$을 대입하면 $y=2$

따라서 이 그래프는 그림과 같으므로 지나지 않는 사분면은 **제3사분면**이다.

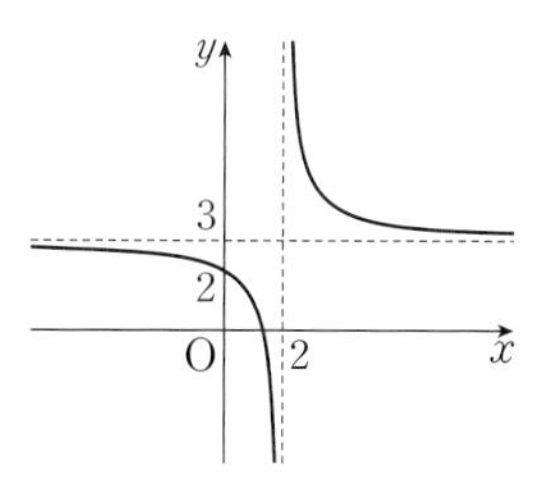

0860 $x\neq-2$, $x\neq3$인 모든 실수 x에 대하여 등식

$\frac{x+2}{x^2-6x+9}\times\frac{3x-9}{x+2}=\frac{a}{x+b}$ 약분을 하기 위해 분자, 분모를 인수분해한다.

가 성립할 때, $a-b$의 값은? (단, a, b는 상수이다.)

답 ⑤

풀이 $\frac{x+2}{x^2-6x+9}\times\frac{3x-9}{x+2}=\frac{x+2}{(x-3)^2}\times\frac{3(x-3)}{x+2}$

$=\frac{3}{x-3}$

따라서 $a=3$, $b=-3$이므로 $a-b=\mathbf{6}$

0861 $\frac{1}{6}+\frac{1}{12}+\frac{1}{20}+\cdots+\frac{1}{72}$의 값은?

답 ③

Key 부분분수를 이용할 수 있도록 식을 변형해 본다.

풀이 $\frac{1}{6}+\frac{1}{12}+\frac{1}{20}+\cdots+\frac{1}{72}$

$=\frac{1}{2\cdot3}+\frac{1}{3\cdot4}+\frac{1}{4\cdot5}+\cdots+\frac{1}{8\cdot9}$

$=\left(\frac{1}{2}-\frac{1}{3}\right)+\left(\frac{1}{3}-\frac{1}{4}\right)+\left(\frac{1}{4}-\frac{1}{5}\right)+\cdots+\left(\frac{1}{8}-\frac{1}{9}\right)$

$=\frac{1}{2}-\frac{1}{9}=\mathbf{\frac{7}{18}}$

두 식을 연립하여 정리하면 x, y, z 중 두 문자를 나머지 한 문자로 나타낼 수 있다.

0862 $\underset{㉠}{2x-y+3z=0}$, $\underset{㉡}{x+2y+z=0}$일 때, $\frac{x+z}{x-y}$의 값을 구하시오. (단, $xyz\neq0$)

답 $\frac{1}{4}$

풀이 ㉠$-2\times$㉡을 하면

$-5y+z=0 \quad \therefore z=5y$

㉡에 $z=5y$를 대입하면

$x+2y+5y=0 \quad \therefore x=-7y$

$\therefore \frac{x+z}{x-y}=\frac{-7y+5y}{-7y-y}=\mathbf{\frac{1}{4}}$

0863 함수 $y=\frac{bx+c}{x+a}$의 그래프가 원점을 지나고, 점근선의 방정식이 $x=-2$, $y=1$일 때, 상수 a, b, c에 대하여 $a+b+c$의 값은? $y=\frac{k}{x+2}+1\ (k\neq0)$

답 ④

풀이1 $y=\frac{k}{x+2}+1\ (k\neq0)$의 그래프가 원점을 지나므로

$0=\frac{k}{2}+1 \quad \therefore k=-2$

$\therefore y=-\frac{2}{x+2}+1=\frac{-2+x+2}{x+2}=\frac{x}{x+2}$

따라서 $a=2$, $b=1$, $c=0$이므로 $a+b+c=\mathbf{3}$

풀이2 $y=\frac{x+c}{x+2}$ (c는 상수)로 놓고 풀 수도 있다.

Tip $y=\frac{nx+k}{x-m}$의 점근선의 방정식: $x=m$, $y=n$

0864 보기의 함수 중에서 그 그래프가 평행이동에 의하여 함수 $y=-\frac{1}{x}$의 그래프와 겹쳐지는 것만을 있는 대로 고르시오. $=\frac{-1}{x}$

답 ㄱ, ㄹ

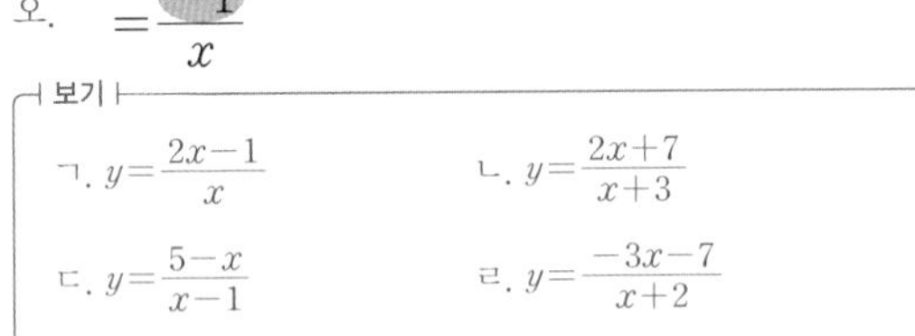

보기

ㄱ. $y=\frac{2x-1}{x}$　　ㄴ. $y=\frac{2x+7}{x+3}$

ㄷ. $y=\frac{5-x}{x-1}$　　ㄹ. $y=\frac{-3x-7}{x+2}$

풀이 ㉠. $y=\frac{2x-1}{x}=\frac{-1}{x}+2$

ㄴ. $y=\frac{2x+7}{x+3}=\frac{2(x+3)+1}{x+3}=\frac{1}{x+3}+2$

ㄷ. $y=\frac{5-x}{x-1}=\frac{-(x-1)+4}{x-1}=\frac{4}{x-1}-1$

㉣. $y=\frac{-3x-7}{x+2}=\frac{-3(x+2)-1}{x+2}=\frac{-1}{x+2}-3$

0865 함수 $f(x)=\frac{4x+2}{x-4}$에 대한 설명으로 옳지 않은 것은? $=\frac{4(x-4)+18}{x-4}=\frac{18}{x-4}+4$

답 ③

① 함수 $y=f(x)$의 치역은 $\{y\,|\,y\neq 4$인 실수$\}$이다.

② 그래프는 점 (4, 4)에 대하여 대칭이다. ― 두 점근선의 교점

③ 그래프는 제1, 2, 4사분면만을 지난다.

④ $-5\le x\le -2$에서 함수 $f(x)$의 최댓값은 2이다.

⑤ $f=f^{-1}$가 성립한다.

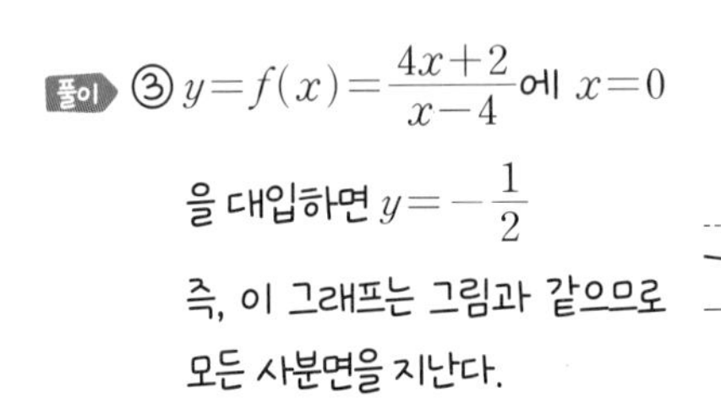

풀이 ③ $y=f(x)=\frac{4x+2}{x-4}$에 $x=0$을 대입하면 $y=-\frac{1}{2}$

즉, 이 그래프는 그림과 같으므로 모든 사분면을 지난다.

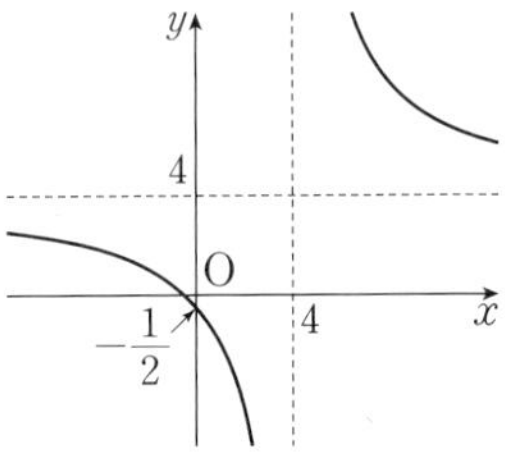

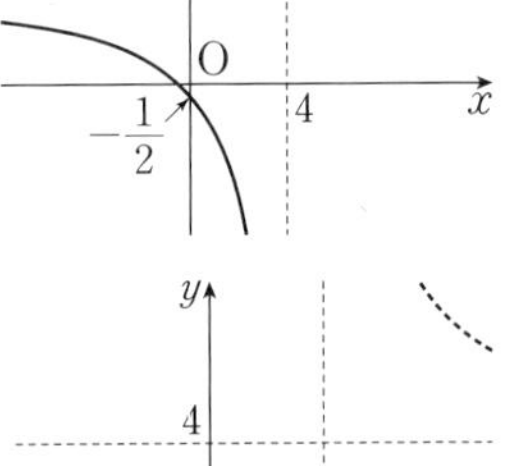

④ $-5\le x\le -2$에서 $y=f(x)$의 그래프는 그림과 같으므로 최댓값 $f(-5)=2$를 갖는다.

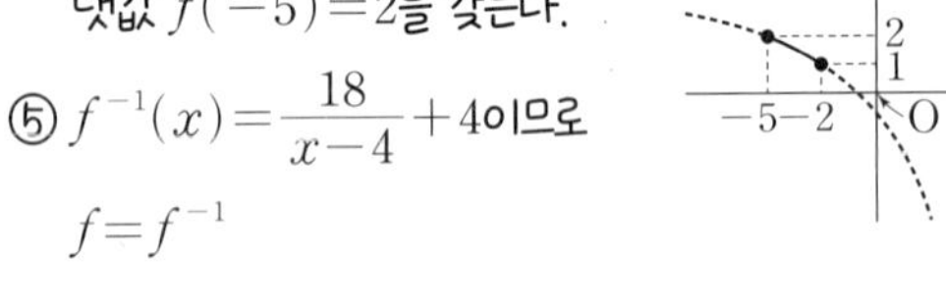

⑤ $f^{-1}(x)=\frac{18}{x-4}+4$이므로

$f=f^{-1}$

0866 두 함수 $f(x)=\frac{x+5}{x+1}$, $g(x)=\frac{-3x+2}{x-4}$에 대하여 $(f\circ(g\circ f)^{-1}\circ f)(3)$의 값을 구하시오.

답 2

$=(f\circ f^{-1}\circ g^{-1}\circ f)(3)=(g^{-1}\circ f)(3)$

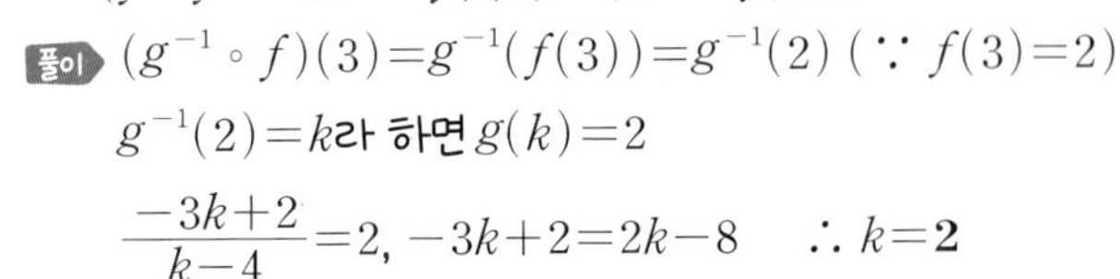

풀이 $(g^{-1}\circ f)(3)=g^{-1}(f(3))=g^{-1}(2)$ ($\because f(3)=2$)

$g^{-1}(2)=k$라 하면 $g(k)=2$

$\frac{-3k+2}{k-4}=2,\ -3k+2=2k-8\quad \therefore k=2$

점근선의 방정식: $x=a,\ y=c$

0867 함수 $y=\frac{b}{x-a}+c$의 그래프가 그림과 같을 때, 보기에서 옳은 것만을 있는 대로 고르시오. (단, a, b, c는 상수이다.)

답 ㄱ, ㄷ

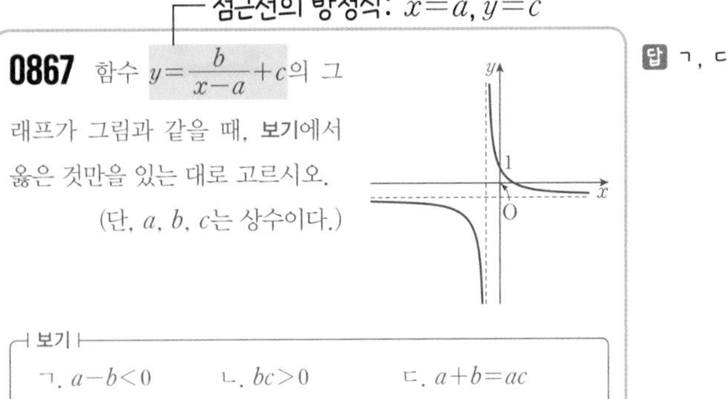

보기

ㄱ. $a-b<0$　　ㄴ. $bc>0$　　ㄷ. $a+b=ac$

풀이 $a<0,\ b>0,\ c<0$

㉠. $\underset{-}{a}-\underset{+}{b}<0$

ㄴ. $\underset{+}{b}\underset{-}{c}<0$

㉢. $y=\frac{b}{x-a}+c$의 그래프가 점 $(0, 1)$을 지나므로

$1=\frac{b}{-a}+c,\ a=-b+ac\quad \therefore a+b=ac$

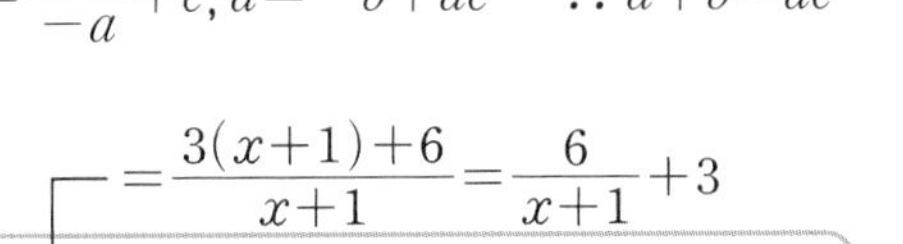

$=\frac{3(x+1)+6}{x+1}=\frac{6}{x+1}+3$

0868 함수 $y=\frac{3x+9}{x+1}$의 그래프 위의 점 중에서 x좌표와 y좌표가 모두 자연수인 점의 개수를 구하시오.

답 3

풀이 $x+1$이 6의 양의 약수이어야 하므로

$x+1=1, 2, 3, 6$

$\therefore x=1, 2, 5$ ($\because x$는 자연수)

따라서 x좌표와 y좌표가 모두 자연수인 점은

$(1, 6), (2, 5), (5, 4)$

의 3개이다.

0869 그림과 같이 $x>2$에서 정의된 함수 $y=-\frac{2}{x-2}-1$의 그래프 위의 점 P에서 x축, y축에 내린 수선의 발을 각각 Q, R이라 할 때, 직사각형 ORPQ의 넓이의 최솟값을 구하시오.

답 8

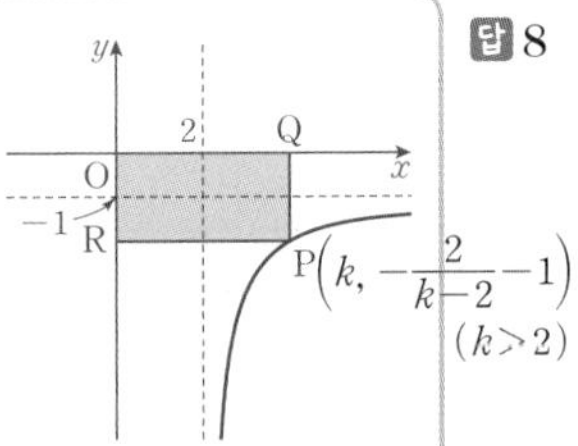

$P\left(k, -\frac{2}{k-2}-1\right)$ $(k>2)$

풀이 □ORPQ의 넓이는

$k\left(\frac{2}{k-2}+1\right)=\frac{2k}{k-2}+k$

$=\frac{2(k-2)+4}{k-2}+k$

$=\frac{4}{k-2}+k+2=\frac{4}{k-2}+k-2+4$

$\ge 2\sqrt{\frac{4}{k-2}\cdot(k-2)}+4=2\cdot 2+4=8$

(단, 등호는 $k=4$일 때 성립)

0870 실수 t에 대하여 함수 $y=\left|\frac{3}{x+1}-3\right|$의 그래프와 직선 $y=t$의 교점의 개수를 $f(t)$라 할 때, $f(1)+f(3)+f(4)$의 값은? **답 ⑤**

Key

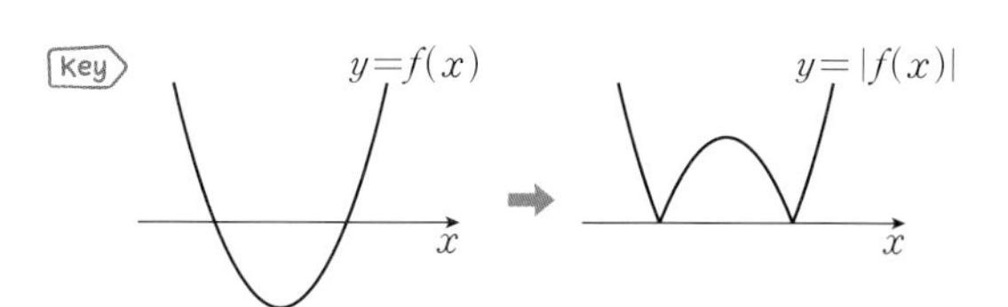

풀이 $y=\left|\frac{3}{x+1}-3\right|$의 그래프는 그림과 같다.

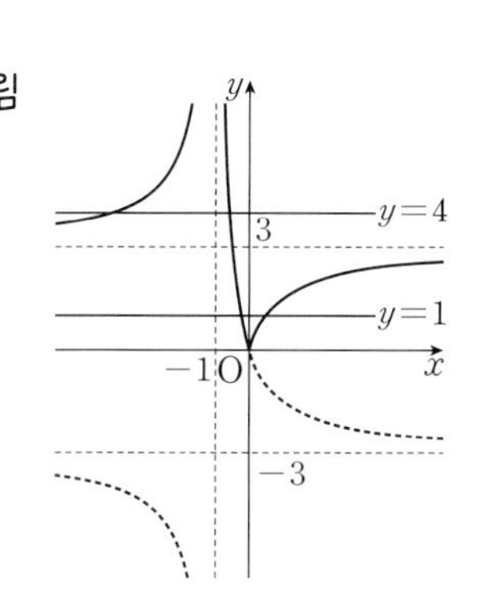

직선 $y=1$과의 교점은 2개이므로

$f(1)=2$

직선 $y=3$과의 교점은 1개이므로

$f(3)=1$

직선 $y=4$와의 교점은 2개이므로

$f(4)=2$

$\therefore f(1)+f(3)+f(4)=\mathbf{5}$

$$=\frac{3(x+a)-3a+b}{x+a}=\frac{-3a+b}{x+a}+3$$

0871 함수 $f(x)=\frac{3x+b}{x+a}$가 다음 조건을 만족시킬 때, $a+b$의 값은? (단, a, b는 상수이다.) **답 ⑤**

> (가) 3이 아닌 모든 실수 x에 대하여 $f^{-1}(x)=f(x-5)-5$이다.
>
> (나) 함수 $y=f(x)$의 그래프를 평행이동하면 함수 $y=\frac{2}{x}$의 그래프와 일치한다.

풀이 (나)에서 $-3a+b=2$ ······ ㉠

$\therefore f(x)=\frac{2}{x+a}+3$

$f^{-1}(x)=\frac{2}{x-3}-a$이고

$f(x-5)-5=\frac{2}{x-5+a}+3-5=\frac{2}{x-5+a}-2$이므로

(가)에서 $\frac{2}{x-3}-a=\frac{2}{x-5+a}-2$ $\quad\therefore a=2$

$a=2$를 ㉠에 대입하면 $-6+b=2$ $\quad\therefore b=8$

$\therefore a+b=\mathbf{10}$

서술형

0872 직선 $y=x$와 한 점에서 만나는 함수 $y=\frac{k}{x-p}+q$ $(k\neq0)$의 그래프가 그림과 같을 때, $k+p+q$의 값을 구하시오. (단, k, p, q는 상수이다.) **답 3**

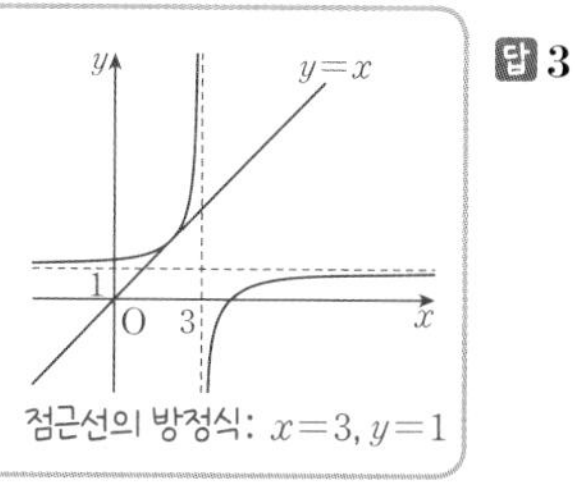

점근선의 방정식: $x=3$, $y=1$

Key 방정식 $x=\frac{k}{x-p}+q$의 근이 한 개이다.

풀이 $p=3$, $q=1$ ···❶ (30%)

$\therefore y=\frac{k}{x-3}+1=\frac{x+k-3}{x-3}$

$\frac{x+k-3}{x-3}=x$에서 $x+k-3=x(x-3)$

$x+k-3=x^2-3x$, $x^2-4x-k+3=0$

이 이차방정식의 판별식을 D라 하면

$\frac{D}{4}=(-2)^2-(-k+3)=0$

$k+1=0$ $\quad\therefore k=-1$ ···❷ (50%)

$\therefore k+p+q=\mathbf{3}$ ···❸ (20%)

$2a-12=0$, 즉 $a=6$을 기준으로 범위를 나누어 생각한다.

0873 함수 $y=\frac{2a-12}{x+2}-1$의 그래프가 제1사분면을 지나지 않도록 하는 모든 자연수 a의 값의 합을 구하시오. **답 28**

풀이 (i) $a<6$일 때, 그림과 같으므로 제1사분면을 지나지 않는다. ···❶ (30%)

(ii) $a=6$일 때, $y=-1$이므로 제1사분면을 지나지 않는다. ···❷ (30%)

(iii) $a>6$일 때, 그림과 같이 $x=0$에서의 함숫값이 0보다 작거나 같아야 하므로

$\frac{2a-12}{2}-1\leq0$

$a-6\leq1$ $\quad\therefore a\leq7$

$\therefore 6<a\leq7$ ···❸ (30%)

(i), (ii), (iii)에 의하여 $a\leq7$

따라서 자연수 a는 $1, 2, 3, \cdots, 7$이므로 구하는 합은 28이다.

···❹ (10%)

※ 빈칸에 알맞은 것을 써넣고, 내용을 읽거나 따라 써 보세요.

개념 1 무리식의 뜻

› 유형 01

(1) □□□: 근호 안에 문자가 포함된 식 중에서 유리식으로 나타낼 수 없는 식

(2) 무리식의 값이 실수가 되기 위한 조건

(근호 안의 식의 값) □ 0, (분모) □ 0

개념 2 무리식의 계산

› 유형 02~04

무리식의 계산은 무리수의 계산과 같은 방법으로 제곱근의 성질이나 분모의 유리화를 이용한다.

(1) 제곱근의 성질

두 실수 a, b에 대하여

① $(\sqrt{a})^2=$ □ $(a\geq 0)$

② $\sqrt{a^2}=|a|=\begin{cases} \square & (a\geq 0) \\ \square & (a<0) \end{cases}$

③ $\sqrt{a}\sqrt{b}=$ □ $(a>0,\ b>0)$

④ $\dfrac{\sqrt{a}}{\sqrt{b}}=$ □ $(a>0,\ b>0)$

(2) 분모의 유리화

$a>0$, $b>0$일 때

① $\dfrac{a}{\sqrt{b}}=\dfrac{a\sqrt{b}}{\sqrt{b}\sqrt{b}}=$ □

② $\dfrac{c}{\sqrt{a}+\sqrt{b}}=\dfrac{c(\sqrt{a}-\sqrt{b})}{(\sqrt{a}+\sqrt{b})(\sqrt{a}-\sqrt{b})}=$ □ (단, $a\neq b$)

③ $\dfrac{c}{\sqrt{a}-\sqrt{b}}=\dfrac{c(\sqrt{a}+\sqrt{b})}{(\sqrt{a}-\sqrt{b})(\sqrt{a}+\sqrt{b})}=\dfrac{c(\sqrt{a}+\sqrt{b})}{a-b}$ (단, $a\neq b$)

답 개념 1 (1) 무리식 (2) $\geq$, $\neq$ 개념 2 (1) a, a, $-a$, $\sqrt{ab}$, $\sqrt{\dfrac{a}{b}}$ (2) $\dfrac{a\sqrt{b}}{b}$, $\dfrac{c(\sqrt{a}-\sqrt{b})}{a-b}$

개념 1 무리식의 뜻

0874 보기에서 무리식인 것만을 있는 대로 고르시오.
√(문자가 포함된 식) 중 유리식으로 나타낼 수 없는 식

보기
ㄱ. $\sqrt{2}x+1$ ← 다항식　　㉡ $\sqrt{x+1}$
㉢ $\dfrac{\sqrt{x+1}}{\sqrt{x-1}}$　　ㄹ. $\sqrt{4x^2}+1=|2x|+1$
㉤ $\sqrt{x^2-1}$　　㉥ $\dfrac{\sqrt{x}}{x}$

0875 다음 무리식의 값이 실수가 되도록 하는 실수 x의 값의 범위를 구하시오.

(1) $\sqrt{x-3}+x$　$\underset{\geq 0}{}$　$\boldsymbol{x\geq 3}$

(2) $\sqrt{4-x}+\sqrt{x+1}$　(≥ 0, ≥ 0)　$x\leq 4,\ x\geq -1$이므로 $\boldsymbol{-1\leq x\leq 4}$

(3) $\dfrac{1}{\sqrt{4-2x}}$　(>0)　$2x<4$이므로 $\boldsymbol{x<2}$

Tip 분모는 0이 아님에 주의한다.

(4) $\dfrac{3-\sqrt{x}}{\sqrt{x+2}}$　(≥ 0, >0)　$x\geq 0,\ x>-2$이므로 $\boldsymbol{x\geq 0}$

개념 2 무리식의 계산

0876 다음 식을 간단히 하시오.　$\sqrt{a^2}=|a|=\begin{cases} a & (a\geq 0) \\ -a & (a<0)\end{cases}$

(1) $\sqrt{(x+1)^2}=|x+1|=\boldsymbol{x+1}$
$(x>-1)$
$x+1>0$

(2) $\sqrt{4x^2}+\sqrt{(x-4)^2}=|2x|+|x-4|$
$(0<x<4)$
$2x>0,\ x-4<0$
$=2x-(x-4)$
$=2x-x+4=\boldsymbol{x+4}$

(3) $\sqrt{(x+3)^2}-\sqrt{(x-2)^2}=|x+3|-|x-2|$
$(-3<x<2)$
$x+3>0,\ x-2<0$
$=x+3+(x-2)$
$=\boldsymbol{2x+1}$

0877 다음 식을 계산하시오.

(1) $(\sqrt{x+3}+2)(\sqrt{x+3}-2)=(\sqrt{x+3})^2-2^2$
$=x+3-4$
$=\boldsymbol{x-1}$

(2) $(\sqrt{x-2}+\sqrt{x})(\sqrt{x-2}-\sqrt{x})=(\sqrt{x-2})^2-(\sqrt{x})^2$
$=x-2-x$
$=\boldsymbol{-2}$

(3) $(\sqrt{2a+1}-\sqrt{2a-1})(\sqrt{2a+1}+\sqrt{2a-1})$
$=(\sqrt{2a+1})^2-(\sqrt{2a-1})^2$
$=2a+1-(2a-1)$
$=\boldsymbol{2}$

0878 다음 식의 분모를 유리화하시오.

(1) $\dfrac{1\times\sqrt{x+2}}{(\sqrt{x+2})^2}=\boldsymbol{\dfrac{\sqrt{x+2}}{x+2}}$

(2) $\dfrac{1\times(\sqrt{x+4}+2)}{(\sqrt{x+4}-2)\times(\sqrt{x+4}+2)}=\dfrac{\sqrt{x+4}+2}{x+4-4}=\boldsymbol{\dfrac{\sqrt{x+4}+2}{x}}$

(3) $\dfrac{1\times(\sqrt{x+1}-\sqrt{x})}{(\sqrt{x+1}+\sqrt{x})\times(\sqrt{x+1}-\sqrt{x})}=\dfrac{\sqrt{x+1}-\sqrt{x}}{x+1-x}=\boldsymbol{\sqrt{x+1}-\sqrt{x}}$

(4) $\dfrac{(\sqrt{x}+\sqrt{y})^2}{(\sqrt{x}-\sqrt{y})\times(\sqrt{x}+\sqrt{y})}=\boldsymbol{\dfrac{x+2\sqrt{xy}+y}{x-y}}$
$(x>0,\ y>0)$

Tip $\sqrt{x}\sqrt{y}=\begin{cases}\sqrt{xy} & (x\geq 0,\ y\geq 0) \\ -\sqrt{xy} & (x<0,\ y<0)\end{cases}$

(5) $\dfrac{(\sqrt{x-1}+1)^2}{(\sqrt{x-1}-1)\times(\sqrt{x-1}+1)}=\dfrac{x-1+2\sqrt{x-1}+1}{x-1-1}$
$=\boldsymbol{\dfrac{x+2\sqrt{x-1}}{x-2}}$

10 무리식과 무리함수

개념 3 무리함수의 뜻

> 유형 05

(1) [ ][ ][ ][ ] : $y=f(x)$에서 $f(x)$가 x에 대한 무리식인 함수

(2) 무리함수에서 정의역이 주어지지 않을 때는 근호 안의 식의 값이 0 [ ][ ]이 되도록 하는 실수 전체의 집합을 정의역으로 한다.

개념 4 무리함수 $y=\pm\sqrt{ax}$ $(a\neq 0)$의 그래프

> 유형 06, 07, 14

(1) **무리함수 $y=\sqrt{ax}$ $(a\neq 0)$의 그래프**

① $a>0$일 때, 정의역: [ ], 치역: [ ]

$a<0$일 때, 정의역: [ ], 치역: [ ]

② 함수 $y=\dfrac{x^2}{a}$ $(x\geq 0)$의 그래프와 직선 [ ]에 대하여 대칭이다.

참고 함수 $y=\sqrt{ax}$ $(a\neq 0)$의 역함수는 $y=$ [ ] $(x\geq 0)$이다.

(2) **무리함수 $y=-\sqrt{ax}$ $(a\neq 0)$의 그래프**

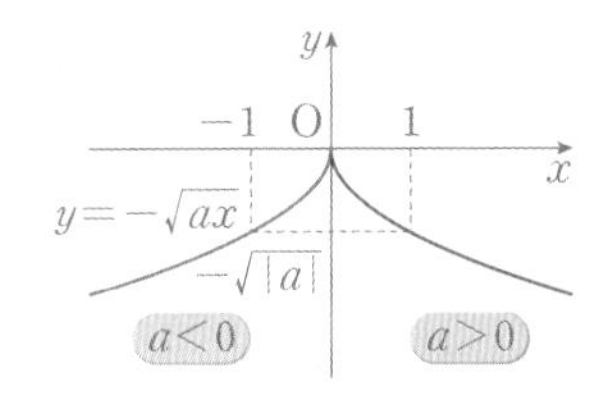

① $a>0$일 때, 정의역: [ ], 치역: [ ]

$a<0$일 때, 정의역: [ ], 치역: [ ]

② 함수 $y=\sqrt{ax}$의 그래프와 [ ]축에 대하여 대칭이다.

개념 5 무리함수 $y=\pm\sqrt{a(x-p)}+q$ $(a\neq 0)$의 그래프

> 유형 05~14

(1) 함수 $y=\pm\sqrt{ax}$의 그래프를 x축의 방향으로 [ ]만큼, y축의 방향으로 [ ]만큼 평행이동한 것이다.

(2) $a>0$일 때, 정의역: [ ], 치역: [ ]

$a<0$일 때, 정의역: [ ], 치역: [ ]

참고 함수 $y=-\sqrt{a(x-p)}+q$ $(a\neq 0)$에서

① $a>0$일 때, 정의역: [ ], 치역: [ ]

② $a<0$일 때, 정의역: [ ], 치역: [ ]

답 개념 3 (1) 무리함수 (2) 이상

개념 4 (1) $\{x|x\geq 0\}$, $\{y|y\geq 0\}$, $\{x|x\leq 0\}$, $\{y|y\geq 0\}$, $y=x$, $\dfrac{x^2}{a}$ (2) $\{x|x\geq 0\}$, $\{y|y\leq 0\}$, $\{x|x\leq 0\}$, $\{y|y\leq 0\}$, x

개념 5 (1) p, q (2) $\{x|x\geq p\}$, $\{y|y\geq q\}$, $\{x|x\leq p\}$, $\{y|y\geq q\}$, $\{x|x\geq p\}$, $\{y|y\leq q\}$, $\{x|x\leq p\}$, $\{y|y\leq q\}$

개념 3 무리함수의 뜻

0879 보기에서 무리함수인 것만을 있는 대로 고르시오.

보기
ㄱ. $y=\sqrt{x+1}$ ㄴ. $y=-\sqrt{3x}+1$
ㄷ. $y=\sqrt{x^2}-2=|x|-2$ ㄹ. $y=\frac{-2x+2}{\sqrt{1-x}}$
ㅁ. $y=-\frac{\sqrt{2}x}{3}$ ← 다항함수 ㅂ. $y=\sqrt{x^2+4x+4}=|x+2|$

0880 다음 함수의 정의역을 구하시오.

(1) $y=\sqrt{x-1}$ ($x-1\geq 0$)
$\{x|x\geq 1\}$

(2) $y=-\sqrt{-2x}-3$ ($-2x\geq 0$)
$\{x|x\leq 0\}$

(3) $y=\sqrt{3-x}+1$ ($3-x\geq 0$)
$\{x|x\leq 3\}$

(4) $y=\sqrt{1-x^2}$ ($1-x^2\geq 0$)
$x^2-1\leq 0$, $(x+1)(x-1)\leq 0$
$\therefore -1\leq x\leq 1$
$\{x|-1\leq x\leq 1\}$

개념 4 무리함수 $y=\pm\sqrt{ax}$ $(a\neq 0)$의 그래프

0881 다음 함수의 그래프를 그리시오.

(1) $y=\sqrt{x}$

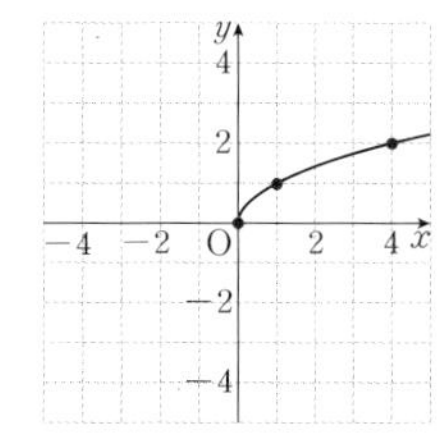

(2) $y=-\sqrt{x}$

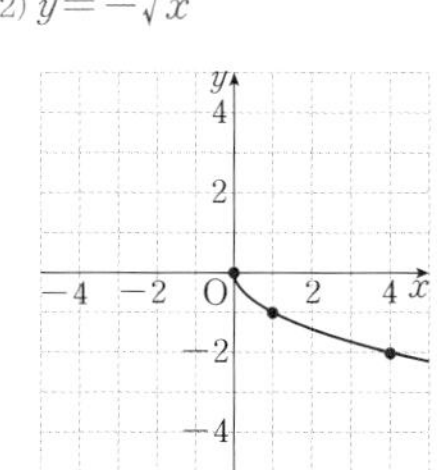

(3) $y=\sqrt{-x}$

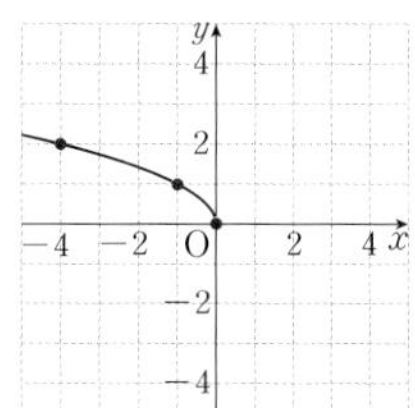

(4) $y=-\sqrt{-x}$

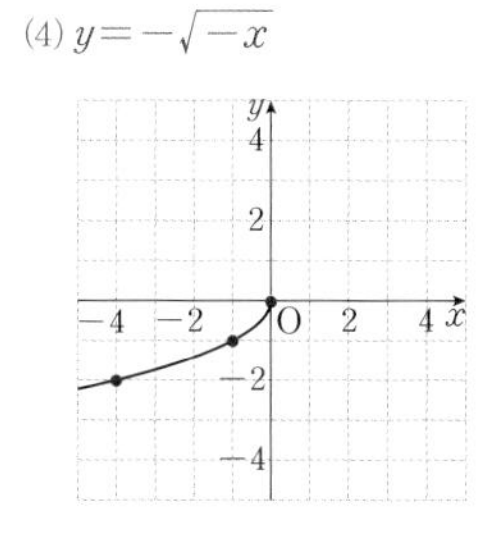

0882 함수 $y=\sqrt{-2x}$의 그래프를 다음과 같이 대칭이동한 그래프의 방정식을 구하시오.

(1) x축에 대하여 대칭이동 (y 대신 $-y$ 대입) $-y=\sqrt{-2x}$ $\therefore$ $y=-\sqrt{-2x}$

(2) y축에 대하여 대칭이동 (x 대신 $-x$ 대입) $y=\sqrt{-2(-x)}$ $\therefore$ $y=\sqrt{2x}$

(3) 원점에 대하여 대칭이동 (x 대신 $-x$ 대입, y 대신 $-y$ 대입) $-y=\sqrt{-2(-x)}$ $\therefore$ $y=-\sqrt{2x}$

개념 5 무리함수 $y=\pm\sqrt{a(x-p)}+q$ $(a\neq 0)$의 그래프

0883 함수 $y=\sqrt{7x}$의 그래프를 x축의 방향으로 2만큼, y축의 방향으로 -5만큼 평행이동한 그래프의 방정식을 구하시오. (x 대신 $x-2$ 대입, y 대신 $y+5$ 대입)

$y+5=\sqrt{7(x-2)}$ $\therefore$ $y=\sqrt{7(x-2)}-5$

0884 다음 함수의 그래프를 그리고, 정의역과 치역을 구하시오.

(1) $y=\sqrt{2x+8}=\sqrt{2(x+4)}$

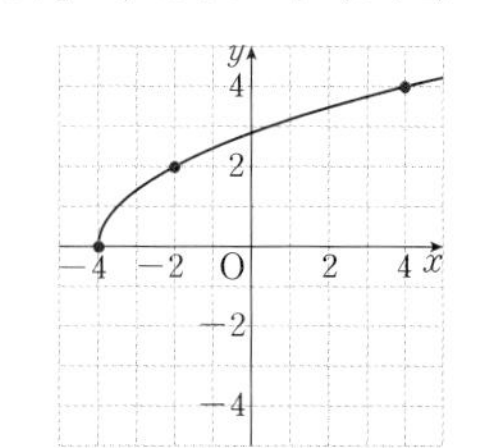

정의역: $\{x|x\geq -4\}$
치역: $\{y|y\geq 0\}$

(2) $y=-2\sqrt{x}+1$

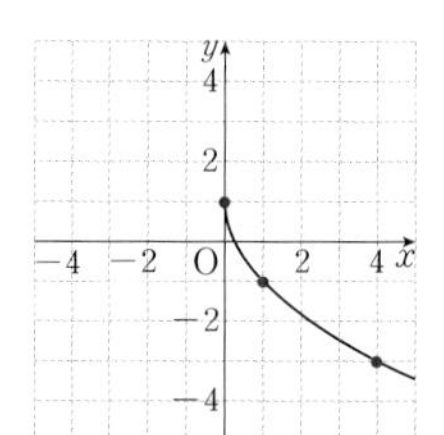

정의역: $\{x|x\geq 0\}$
치역: $\{y|y\leq 1\}$

(3) $y=-\sqrt{1-x}+2$ $=-\sqrt{-(x-1)}+2$

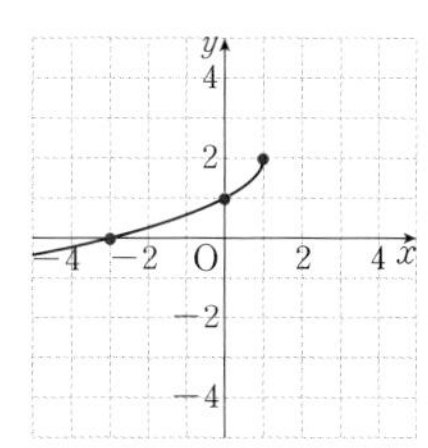

정의역: $\{x|x\leq 1\}$
치역: $\{y|y\leq 2\}$

(4) $y=\sqrt{6-3x}-4=\sqrt{-3(x-2)}-4$

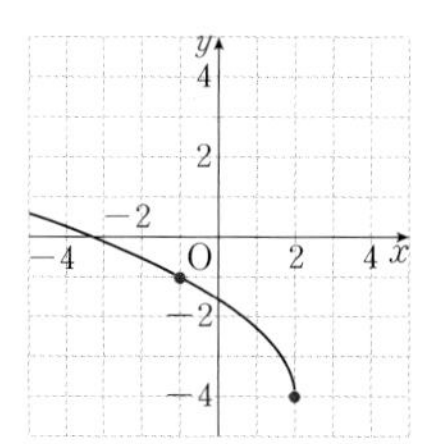

정의역: $\{x|x\leq 2\}$
치역: $\{y|y\geq -4\}$

기출 & 변형하면…

유형 01 무리식의 값이 실수가 되기 위한 조건 개념 1

0885 $\sqrt{x+2}+\sqrt{-x}$의 값이 실수가 되도록 하는 정수 x의 개수는? (≥ 0, ≥ 0) 답 ③

풀이 $x+2\geq 0$에서 $x\geq -2$ …… ㉠
$-x\geq 0$에서 $x\leq 0$ …… ㉡
㉠, ㉡에서 $-2\leq x\leq 0$
따라서 정수 x는 -2, -1, 0의 **3**개이다.

➜ **0886** $\sqrt{-2x^2+6x+8}$의 값이 실수가 되도록 하는 실수 x의 값의 범위를 구하시오. (≥ 0) 답 풀이 참조

풀이 $-2x^2+6x+8\geq 0$에서
$x^2-3x-4\leq 0$, $(x+1)(x-4)\leq 0$
$\therefore$ $\mathbf{-1\leq x\leq 4}$

0887 $\sqrt{2x+6}+\dfrac{2}{\sqrt{2-x}}$의 값이 실수가 되도록 하는 모든 정수 x의 값의 합은? (≥ 0, >0) 답 ①

풀이 $2x+6\geq 0$에서 $x\geq -3$ …… ㉠
$2-x>0$에서 $x<2$ …… ㉡
㉠, ㉡에서 $-3\leq x<2$
따라서 정수 x는 -3, -2, -1, 0, 1이므로 구하는 합은
$-3+(-2)+(-1)+0+1=\mathbf{-5}$

➜ 서술형 **0888** 자연수 n에 대하여 $\sqrt{x-n}+\dfrac{2}{\sqrt{-x^2+2nx+8n^2}}$의 값이 실수가 되도록 하는 자연수 x의 개수를 $f(n)$이라 할 때, $f(f(5))$의 값을 구하시오. (≥ 0, >0) 답 45

풀이 $x-n\geq 0$에서 $x\geq n$ …… ㉠
$-x^2+2nx+8n^2>0$에서
$x^2-2nx-8n^2<0$, $(x+2n)(x-4n)<0$
$\therefore$ $-2n<x<4n$ …… ㉡
㉠, ㉡에서 $n\leq x<4n$ …❶ (40%)
$f(n)=4n-n=3n$이므로 $f(5)=15$ …❷ (30%)
$\therefore$ $f(f(5))=f(15)=\mathbf{45}$ …❸ (30%)

유형 02 제곱근의 성질 개념 2

0889 $-1<x<4$일 때, $\sqrt{x^2+2x+1}+\sqrt{x^2-8x+16}$을 간단히 하면? ($=\sqrt{(x+1)^2}+\sqrt{(x-4)^2}$) 답 ②

풀이 $-1<x<4$에서 $x+1>0$, $x-4<0$이므로
$\sqrt{(x+1)^2}+\sqrt{(x-4)^2}=|x+1|+|x-4|$
$=(x+1)-(x-4)$
$=\mathbf{5}$

➜ **0890** $\sqrt{1-3x}-\sqrt{x+2}$의 값이 실수가 되도록 하는 실수 x에 대하여 $|2x-1|-\sqrt{\dfrac{1}{4}x^2+3x+9}$를 간단히 하면? ($=\sqrt{\left(\dfrac{1}{2}x+3\right)^2}$) 답 ①

풀이 $1-3x\geq 0$, $x+2\geq 0$에서 $-2\leq x\leq \dfrac{1}{3}$
즉, $2x-1<0$, $\dfrac{1}{2}x+3>0$이므로
$|2x-1|-\sqrt{\left(\dfrac{1}{2}x+3\right)^2}=|2x-1|-\left|\dfrac{1}{2}x+3\right|$
$=-(2x-1)-\left(\dfrac{1}{2}x+3\right)$
$=\mathbf{-\dfrac{5}{2}x-2}$

$=|a|+2\sqrt{b^2}-\sqrt{(a-b)^2}$

0891 0이 아닌 두 실수 a, b에 대하여 $\frac{\sqrt{a}}{\sqrt{b}}=-\sqrt{\frac{a}{b}}$일 때, $|a|+2\sqrt{b^2}-\sqrt{a^2-2ab+b^2}$을 간단히 하시오. $a>0, b<0$

답 $-b$

풀이 $|a|+2\sqrt{b^2}-\sqrt{(a-b)^2}$

$=|a|+2|b|-|a-b|$

$=a-2b-(a-b)$ ($\because a-b>0$)

$=-b$

$x-5\le0, 3-x\le0 \quad \therefore 3\le x\le5$

0892 $\sqrt{x-5}\sqrt{3-x}=-\sqrt{(x-5)(3-x)}$를 만족시키는 실수 x에 대하여 $\sqrt{x^2-12x+36}-\sqrt{x^2-4x+4}$를 간단히 하면? $=\sqrt{(x-6)^2}-\sqrt{(x-2)^2}$

답 ③

풀이 $3\le x\le5$에서 $x-6<0$, $x-2>0$이므로

$\sqrt{(x-6)^2}-\sqrt{(x-2)^2}=|x-6|-|x-2|$

$=-(x-6)-(x-2)$

$=-2x+8$

Tip $\sqrt{a}\sqrt{b}=-\sqrt{ab}$이면 $a<0, b<0$ 또는 $a=0$ 또는 $b=0$

분모에 무리식이 있는 두 분수의 덧셈과 뺄셈
① 두 분모의 곱이 합차 공식 $(a+b)(a-b)=a^2-b^2$을 이용할 수 있는 경우에는 통분을 한다.
② 합차 공식을 이용할 수 없는 경우에는 분모를 유리화한다.

유형 03 무리식의 계산

개념 2

0893 $\frac{1}{2+\sqrt{x}}+\frac{1}{2-\sqrt{x}}$을 간단히 하면? 통분한다.

답 ④

풀이 $\frac{1}{2+\sqrt{x}}+\frac{1}{2-\sqrt{x}}=\frac{(2-\sqrt{x})+(2+\sqrt{x})}{(2+\sqrt{x})(2-\sqrt{x})}$

$=\frac{4}{4-x}$

0894 $\frac{\sqrt{x}}{\sqrt{x+2}+\sqrt{x}}-\frac{\sqrt{x+2}}{\sqrt{x+2}-\sqrt{x}}$를 간단히 하면? 통분한다.

답 ②

풀이 $\frac{\sqrt{x}}{\sqrt{x+2}+\sqrt{x}}-\frac{\sqrt{x+2}}{\sqrt{x+2}-\sqrt{x}}$

$=\frac{\sqrt{x}(\sqrt{x+2}-\sqrt{x})-\sqrt{x+2}(\sqrt{x+2}+\sqrt{x})}{(\sqrt{x+2}+\sqrt{x})(\sqrt{x+2}-\sqrt{x})}$

$=\frac{\sqrt{x}\sqrt{x+2}-x-(x+2)-\sqrt{x}\sqrt{x+2}}{x+2-x}$

$=\frac{-2x-2}{2}=-x-1$

0895 무리식 $\frac{4x}{\sqrt{x+2}-\sqrt{x}}$의 분모를 유리화하면 $ax(\sqrt{x+b}+\sqrt{x+c})$일 때, $a+b+c$의 값은? (단, a, b, c는 상수이다.)

답 ⑤

풀이 $\frac{4x\times(\sqrt{x+2}+\sqrt{x})}{(\sqrt{x+2}-\sqrt{x})\times(\sqrt{x+2}+\sqrt{x})}$

$=\frac{4x(\sqrt{x+2}+\sqrt{x})}{x+2-x}$

$=2x(\sqrt{x+2}+\sqrt{x})$

따라서 $a=2, b=2, c=0$ 또는 $a=2, b=0, c=2$이므로

$a+b+c=4$

서술형 **0896** $f(x)=\frac{1}{\sqrt{x}+\sqrt{x-1}}$일 때, 분모를 유리화한다. $f(1)+f(2)+f(3)+\cdots+f(9)$의 값을 구하시오.

답 3

풀이 $f(x)=\frac{1\times(\sqrt{x}-\sqrt{x-1})}{(\sqrt{x}+\sqrt{x-1})\times(\sqrt{x}-\sqrt{x-1})}$

$=\frac{\sqrt{x}-\sqrt{x-1}}{x-(x-1)}$

$=\sqrt{x}-\sqrt{x-1}$ ···❶ (50%)

$\therefore f(1)+f(2)+f(3)+\cdots+f(9)$

$=(\sqrt{1}-\sqrt{0})+(\sqrt{2}-\sqrt{1})+(\sqrt{3}-\sqrt{2})+\cdots+(\sqrt{9}-\sqrt{8})$

$=\sqrt{9}=3$ ···❷ (50%)

통분, 분모의 유리화를 이용하여 식을 간단히 한 후 x의 값을 대입한다.

유형 04 무리식의 값 구하기

개념 2

0897 $x=\sqrt{5}$일 때, $\frac{2}{\sqrt{x}-1}-\frac{2}{\sqrt{x}+1}$의 값은? 통분한다.

답 ⑤

풀이 $\frac{2}{\sqrt{x}-1}-\frac{2}{\sqrt{x}+1}=\frac{2(\sqrt{x}+1)-2(\sqrt{x}-1)}{(\sqrt{x}-1)(\sqrt{x}+1)}$

$=\frac{4}{x-1}$

$=\frac{4\times(\sqrt{5}+1)}{(\sqrt{5}-1)\times(\sqrt{5}+1)}$

$=\sqrt{5}+1$

0898 $f(x)=\frac{2}{\sqrt{x+2}+\sqrt{x}}+\frac{3}{\sqrt{x+5}+\sqrt{x+2}}$에 대하여 $f(4)$의 값은? 분모를 유리화한다.

답 ①

풀이 $f(x)=\frac{2\times(\sqrt{x+2}-\sqrt{x})}{(\sqrt{x+2}+\sqrt{x})\times(\sqrt{x+2}-\sqrt{x})}$

$+\frac{3\times(\sqrt{x+5}-\sqrt{x+2})}{(\sqrt{x+5}+\sqrt{x+2})\times(\sqrt{x+5}-\sqrt{x+2})}$

$=(\sqrt{x+2}-\sqrt{x})+(\sqrt{x+5}-\sqrt{x+2})$

$=-\sqrt{x}+\sqrt{x+5}$

$\therefore f(4)=-\sqrt{4}+\sqrt{9}=1$

0899 $x=\frac{1}{2-\sqrt{3}}$일 때, $\frac{\sqrt{x+1}-\sqrt{x}}{\sqrt{x+1}+\sqrt{x}}+\frac{\sqrt{x+1}+\sqrt{x}}{\sqrt{x+1}-\sqrt{x}}$의 값은? 통분한다.

$=\frac{2+\sqrt{3}}{(2-\sqrt{3})(2+\sqrt{3})}=2+\sqrt{3}$

답 ⑤

풀이 $\frac{\sqrt{x+1}-\sqrt{x}}{\sqrt{x+1}+\sqrt{x}}+\frac{\sqrt{x+1}+\sqrt{x}}{\sqrt{x+1}-\sqrt{x}}$

$=\frac{(\sqrt{x+1}-\sqrt{x})^2+(\sqrt{x+1}+\sqrt{x})^2}{(\sqrt{x+1}+\sqrt{x})(\sqrt{x+1}-\sqrt{x})}$

$=\frac{(x+1+x-2\sqrt{x^2+x})+(x+1+x+2\sqrt{x^2+x})}{x+1-x}$

$=4x+2=4(2+\sqrt{3})+2=10+4\sqrt{3}$

0900 $x=\frac{\sqrt{2}-1}{\sqrt{2}+1}$일 때, $\frac{1+\sqrt{x}}{1-\sqrt{x}}+\frac{1-\sqrt{x}}{1+\sqrt{x}}$의 값을 구하시오. 통분한다.

$=\frac{(\sqrt{2}-1)^2}{(\sqrt{2}+1)(\sqrt{2}-1)}=3-2\sqrt{2}$

답 $2\sqrt{2}$

풀이 $\frac{1+\sqrt{x}}{1-\sqrt{x}}+\frac{1-\sqrt{x}}{1+\sqrt{x}}=\frac{(1+\sqrt{x})^2+(1-\sqrt{x})^2}{(1-\sqrt{x})(1+\sqrt{x})}$

$=\frac{(1+x+2\sqrt{x})+(1+x-2\sqrt{x})}{1-x}$

$=\frac{2x+2}{1-x}$

$=\frac{2(3-2\sqrt{2})+2}{1-(3-2\sqrt{2})}=\frac{8-4\sqrt{2}}{-2+2\sqrt{2}}$

$=\frac{4-2\sqrt{2}}{\sqrt{2}-1}=\frac{2\sqrt{2}(\sqrt{2}-1)}{\sqrt{2}-1}$

$=2\sqrt{2}$

서술형

0901 $x=\frac{2+\sqrt{3}}{2-\sqrt{3}}$, $y=\frac{2-\sqrt{3}}{2+\sqrt{3}}$일 때, x^2-xy+y^2의 값을 구하시오. 각각의 분모를 유리화한다.

답 193

풀이 $x=\frac{2+\sqrt{3}}{2-\sqrt{3}}=\frac{(2+\sqrt{3})^2}{(2-\sqrt{3})(2+\sqrt{3})}=7+4\sqrt{3}$,

$y=\frac{2-\sqrt{3}}{2+\sqrt{3}}=\frac{(2-\sqrt{3})^2}{(2+\sqrt{3})(2-\sqrt{3})}=7-4\sqrt{3}$이므로

…❶ (30%)

$x+y=14$, $xy=1$ …❷ (30%)

$\therefore x^2-xy+y^2=(x+y)^2-3xy$

$=14^2-3\cdot1$

$=193$ …❸ (40%)

0902 $x=3+\sqrt{5}$, $xy=4$일 때, $\frac{\sqrt{2x}+\sqrt{2y}}{\sqrt{x}-\sqrt{y}}$의 값을 구하시오. 분모를 유리화한다.

답 $\sqrt{10}$

풀이 $xy=4$에서

$y=\frac{4}{x}=\frac{4\times(3-\sqrt{5})}{(3+\sqrt{5})\times(3-\sqrt{5})}=3-\sqrt{5}$

$x+y=(3+\sqrt{5})+(3-\sqrt{5})=6$,

$x-y=(3+\sqrt{5})-(3-\sqrt{5})=2\sqrt{5}$이므로

$\frac{\sqrt{2x}+\sqrt{2y}}{\sqrt{x}-\sqrt{y}}=\frac{\sqrt{2}(\sqrt{x}+\sqrt{y})^2}{(\sqrt{x}-\sqrt{y})(\sqrt{x}+\sqrt{y})}$

$=\frac{\sqrt{2}(x+y+2\sqrt{xy})}{x-y}$ ($\because x>0, y>0$)

$=\frac{\sqrt{2}(6+2\sqrt{4})}{2\sqrt{5}}=\frac{10\sqrt{2}}{2\sqrt{5}}=\sqrt{10}$

① $y=\sqrt{\square}+\triangle$에서 정의역은 $\square\geq0$, 치역은 $\sqrt{\square}+\triangle\geq\triangle$를 이용한다.
② $y=-\sqrt{\square}+\triangle$에서 정의역은 $\square\geq0$, 치역은 $-\sqrt{\square}+\triangle\leq\triangle$를 이용한다.

유형 05 무리함수의 정의역과 치역

개념 3, 5

0903 함수 $y=-\sqrt{\underset{\geq0}{2x-2}}+3$의 정의역과 치역은?

답 ③

풀이 $2x-2\geq0$에서 $2x\geq2$ $\therefore x\geq1$

$\therefore$ 정의역: $\{x|x\geq1\}$

또, $-\sqrt{2x-2}\leq0$에서 $-\sqrt{2x-2}+3\leq3$

$\therefore$ 치역: $\{y|y\leq3\}$

0904 함수 $y=\dfrac{ax+3}{x+b}$의 그래프의 점근선의 방정식이 $x=-1$, $y=2$일 때, 함수 $y=\sqrt{ax+b}$의 정의역에 속하는 실수의 최솟값을 구하시오. (단, a, b는 상수이다.)

답 $-\dfrac{1}{2}$

풀이 1 $y=\dfrac{ax+3}{x+b}=\dfrac{a(x+b)-ab+3}{x+b}=\dfrac{3-ab}{x+b}+a$이므로

$a=2$, $b=1$

즉, $y=\sqrt{\underset{\geq0}{2x+1}}$에서

$2x\geq-1$ $\therefore x\geq-\dfrac{1}{2}$

$\therefore$ 정의역: $\left\{x\middle|x\geq-\dfrac{1}{2}\right\}$

따라서 실수의 최솟값은 $-\dfrac{1}{2}$이다.

풀이 2 $y=\dfrac{ax+3}{x+b}$의 식에서 점근선의 방정식 $x=-b$, $y=a$를 바로 구할 수도 있다.

Tip $y=\dfrac{ax+b}{cx+d}$의 그래프의 점근선의 방정식

$x=-\dfrac{d}{c}$, $y=\dfrac{a}{c}$

0905 함수 $y=-\sqrt{\underset{\geq0}{ax+6}}+b$의 정의역이 $\{x|x\leq3\}$이고, 이 그래프가 점 $(1, 2)$를 지날 때, 이 함수의 치역은? (단, a, b는 상수이다.)

답 ③

풀이 $ax+6\geq0$에서 $\underset{x\leq3}{ax\geq-6}$

즉, $a<0$이므로 $x\leq-\dfrac{6}{a}$이고 $-\dfrac{6}{a}=3$ $\therefore a=-2$

$y=-\sqrt{-2x+6}+b$의 그래프가 점 $(1, 2)$를 지나므로

$2=-\sqrt{-2+6}+b$ $\therefore b=4$

$\therefore y=-\sqrt{-2x+6}+4$

이때 $-\sqrt{-2x+6}\leq0$에서 $-\sqrt{-2x+6}+4\leq4$

$\therefore$ 치역: $\{y|y\leq4\}$

서술형

0906 함수 $y=\sqrt{\underset{\geq0}{-2x+a}}+b$의 정의역이 $\{x|x\leq2\}$, 치역이 $\{y|y\geq1\}$일 때, 상수 a, b에 대하여 ab의 값을 구하시오.

답 4

풀이 $-2x+a\geq0$에서 $2x\leq a$ $\therefore \underset{x\leq2}{x\leq\dfrac{a}{2}}$

$\dfrac{a}{2}=2$이므로 $a=4$ …❶ (40%)

$\therefore y=\sqrt{-2x+4}+b$

또, $\sqrt{-2x+4}\geq0$에서 $\sqrt{-2x+4}+b\geq b$이므로

$b=1$ …❷ (40%)

$\therefore ab=4$ …❸ (20%)

유형 06 무리함수의 그래프의 평행이동과 대칭이동 개념 4, 5

$y=\sqrt{a(x+1)}+3$

0907 함수 $y=\sqrt{ax}$의 그래프를 x축의 방향으로 -1만큼, y축의 방향으로 3만큼 평행이동하면 함수 $y=\sqrt{3x+b}+c$의 그래프와 일치할 때, $a+b+c$의 값은? (단, a, b, c는 상수이다.)

답 ⑤

풀이 $y=\sqrt{a(x+1)}+3=\sqrt{ax+a}+3$ $=\sqrt{3x+b}+c$

즉, $a=3$, $b=3$, $c=3$이므로

$a+b+c=\mathbf{9}$

$y=\sqrt{a(x-2-1)}+2-4$

0908 무리함수 $y=\sqrt{a(x-1)}+2$의 그래프를 x축의 방향으로 2만큼, y축의 방향으로 -4만큼 평행이동한 그래프가 점 $(4, -1)$을 지날 때, 상수 a의 값은?

답 ⑤

풀이 $y=\sqrt{a(x-2-1)}+2-4=\sqrt{a(x-3)}-2$

이 함수의 그래프가 점 $(4, -1)$을 지나므로

$-1=\sqrt{a}-2$, $\sqrt{a}=1$ $\therefore a=\mathbf{1}$

$y=\sqrt{2-2(x+3)}-5$

0909 함수 $y=\sqrt{2-2x}$의 그래프를 x축의 방향으로 -3만큼, y축의 방향으로 -5만큼 평행이동한 후 y축에 대하여 대칭이동하였더니 함수 $y=\sqrt{ax+b}+c$의 그래프와 일치하였다. $a+b+c$의 값을 구하시오. (단, a, b, c는 상수이다.)

답 -7

풀이 $y=\sqrt{2-2(x+3)}-5=\sqrt{-2x-4}-5$

$\xrightarrow{y축\ 대칭} y=\sqrt{2x-4}-5$

따라서 $a=2$, $b=-4$, $c=-5$이므로

$a+b+c=\mathbf{-7}$

서술형

0910 두 함수 $y=\sqrt{2x+10}$, $y=\sqrt{-2x+6}+4$의 그래프와 직선 $x=-5$로 둘러싸인 도형의 넓이를 구하시오.

답 32

풀이 $y=\sqrt{2x+10}=\sqrt{2(x+5)}$,

$y=\sqrt{-2x+6}+4$

$=\sqrt{-2(x-3)}+4$

의 그래프는 그림과 같다.

…❶ (60%)

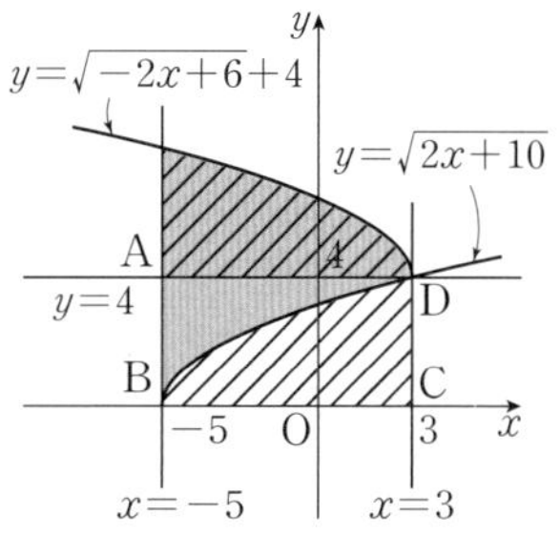

그림에서 빗금 친 부분의 넓이는 서로 같으므로 구하는 넓이는 직사각형 ABCD의 넓이와 같다.

$\therefore \square ABCD=\{3-(-5)\}\cdot 4=\mathbf{32}$ …❷ (40%)

$a>0$일 때, $y=a\sqrt{bx+c}+d$ 또는 $y=-a\sqrt{bx+c}+d$에서 a를 루트 안으로 넣은 후 x에 곱해진 수의 절댓값이 같으면 평행이동과 대칭이동에 의하여 겹쳐지는 그래프이다.

유형 07 무리함수의 그래프가 서로 겹칠 조건 개념 4, 5

0911 보기의 함수 중에서 그 그래프가 평행이동 또는 대칭이동에 의하여 함수 $y=\sqrt{x}$의 그래프와 겹쳐지는 것만을 있는 대로 고른 것은? $=\sqrt{1\cdot x}$

답 ②

보기

ㄱ. $y=-\sqrt{-x}$

ㄴ. $y=2\sqrt{x}-1$

ㄷ. $y=-\frac{1}{2}\sqrt{4x-2}$

ㄹ. $y=2\sqrt{\frac{1}{2}x-2}+1$

풀이 ㉠. $y=-\sqrt{-x}=-\sqrt{-1\cdot x}$

ㄴ. $y=2\sqrt{x}-1=\sqrt{4x}-1$

㉢. $y=-\frac{1}{2}\sqrt{4x-2}=-\sqrt{\frac{1}{4}(4x-2)}=-\sqrt{1\cdot x-\frac{1}{2}}$

ㄹ. $y=2\sqrt{\frac{1}{2}x-2}+1=\sqrt{4\left(\frac{1}{2}x-2\right)}+1$

$=\sqrt{2(x-4)}+1$

0912 다음 무리함수 중 그 그래프가 평행이동에 의하여 무리함수 $y=\sqrt{-3x}$의 그래프와 겹쳐지는 것은? $=+\sqrt{-3\cdot x}$

답 ⑤

① $y=\sqrt{-x}$
② $y=-3\sqrt{x}$
③ $y=-\sqrt{3x}+2$
④ $y=-\sqrt{1+3x}$
⑤ $y=\sqrt{-3x+1}-2$

풀이 ① $y=\sqrt{-x}=+\sqrt{-1\cdot x}$

② $y=-3\sqrt{x}=-\sqrt{9x}$

③ $y=-\sqrt{3x}+2$

④ $y=-\sqrt{1+3x}=-\sqrt{3\left(x+\frac{1}{3}\right)}$

⑤ $y=\sqrt{-3x+1}-2=+\sqrt{-3\left(x-\frac{1}{3}\right)}-2$

시작점의 좌표 (p, q)를 이용하여 $y=a\sqrt{b(x-p)}+q$ 꼴로 나타낸 후, 그래프가 지나는 점의 좌표를 대입한다.

유형 08 그래프를 이용하여 무리함수의 식 구하기

개념 5

0913 함수 $y=-\sqrt{ax+b}+c$의 그래프가 그림과 같을 때, 상수 a, b, c에 대하여 $a+b+c$의 값은?

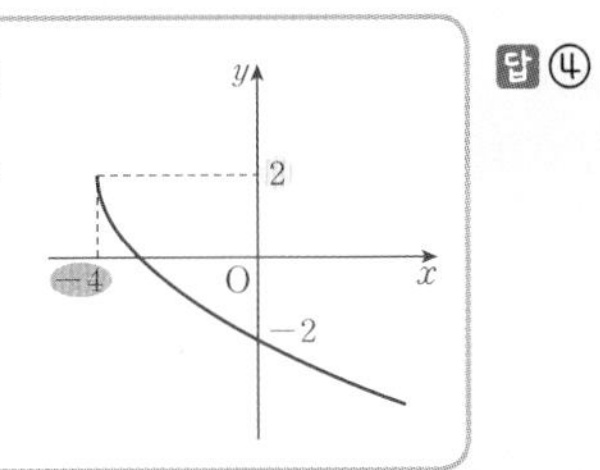

답 ④

풀이 $y=-\sqrt{a\{x-(-4)\}}+2$의 그래프가 점 $(0, -2)$를 지나므로

$-2=-\sqrt{4a}+2$, $\sqrt{4a}=4$ $\quad\therefore a=4$

$\therefore y=-\sqrt{4(x+4)}+2=-\sqrt{4x+16}+2$ $\quad=-\sqrt{ax+b}+c$

따라서 $a=4$, $b=16$, $c=2$이므로 $a+b+c=\mathbf{22}$

0914 함수 $y=\sqrt{ax+b}+c$의 그래프가 그림과 같을 때,

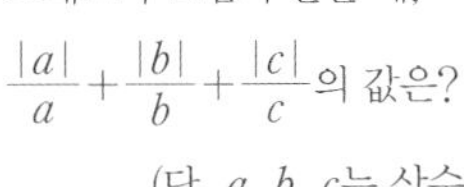

$\dfrac{|a|}{a}+\dfrac{|b|}{b}+\dfrac{|c|}{c}$의 값은?

(단, a, b, c는 상수이다.)

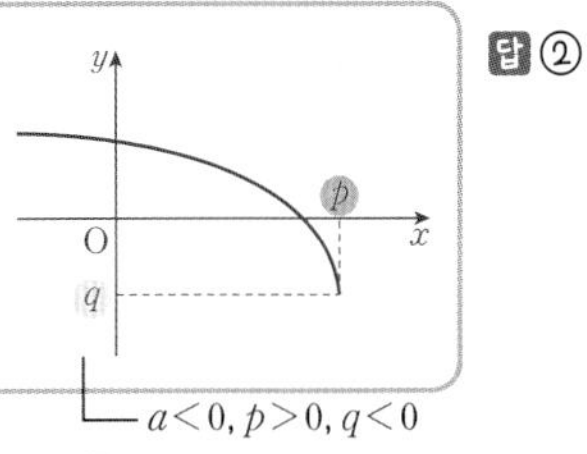

$a<0$, $p>0$, $q<0$

답 ②

풀이 $y=\sqrt{a(x-p)}+q=\sqrt{ax-ap}+q$ $\quad=\sqrt{ax+b}+c$

따라서 $b=-ap$, $c=q$이고 $a<0$, $p>0$, $q<0$이므로

$b>0$, $c<0$

$\therefore \dfrac{|a|}{a}+\dfrac{|b|}{b}+\dfrac{|c|}{c}=\dfrac{-a}{a}+\dfrac{b}{b}+\dfrac{-c}{c}$

$=-1+1+(-1)=\mathbf{-1}$

0915 함수 $y=-\sqrt{ax+b}+c$의 그래프가 그림과 같을 때, 함수 $y=\dfrac{bx+c}{x+a}$의 그래프의 점근선의 방정식은?

(단, a, b, c는 상수이다.)

답 ③

풀이 $y=-\sqrt{a(x-2)}+1$의 그래프가 점 $(0, -1)$을 지나므로

$-1=-\sqrt{-2a}+1$, $\sqrt{-2a}=2$ $\quad\therefore a=-2$

$\therefore y=-\sqrt{-2(x-2)}+1=-\sqrt{-2x+4}+1$ $\quad=-\sqrt{ax+b}+c$

$\therefore a=-2$, $b=4$, $c=1$

즉, $y=\dfrac{4x+1}{x-2}=\dfrac{9}{x-2}+4$의 그래프의 점근선의 방정식은

$\mathbf{x=2,\ y=4}$

0916 함수 $y=\sqrt{ax+b}+c$의 그래프가 그림과 같을 때, 함수 $y=\dfrac{bx+c}{ax+1}$의 그래프가 지나는 사분면만을 모두 고른 것은?

(단, a, b, c는 상수이다.)

답 ③

풀이 $y=\sqrt{a\{x-(-1)\}}+2$의 그래프가 점 $(0, 3)$을 지나므로

$3=\sqrt{a}+2$, $\sqrt{a}=1$ $\quad\therefore a=1$

$y=\sqrt{x+1}+2$이므로

$a=1$, $b=1$, $c=2$

즉, $y=\dfrac{x+2}{x+1}=\dfrac{1}{x+1}+1$의 그래프는 그림과 같으므로 **제1, 2, 3사분면**을 지난다.

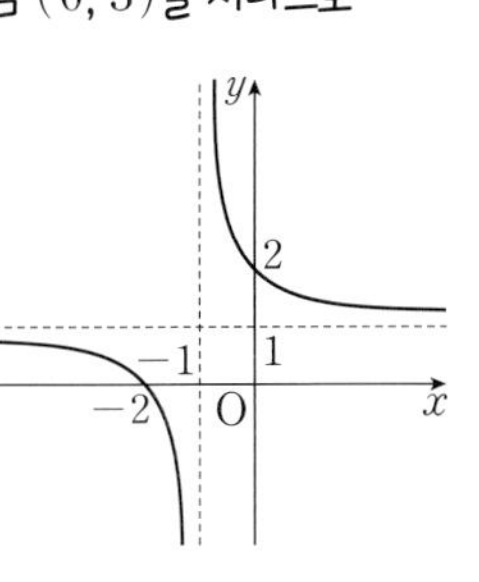

시작점의 x좌표 또는 y좌표가 미지수인 경우, 미지수의 부호에 따라 경우를 나누어 그래프를 그려 본다.

유형 09 무리함수의 그래프가 지나는 사분면

개념 5

0917 함수 $y=\sqrt{x+10}+a$의 그래프가 제1, 2, 3사분면을 지나도록 하는 정수 a의 최솟값을 구하시오.

답 -3

Key $a\ge 0$일 때 그래프를 그려 보면 제1, 2사분면만을 지나므로 $a<0$이어야 한다.

풀이 $a<0$이고 $y=\sqrt{x+10}+a$의 그래프가 제1, 2, 3사분면을 지나려면 그림과 같이 $x=0$일 때 $y>0$이어야 하므로

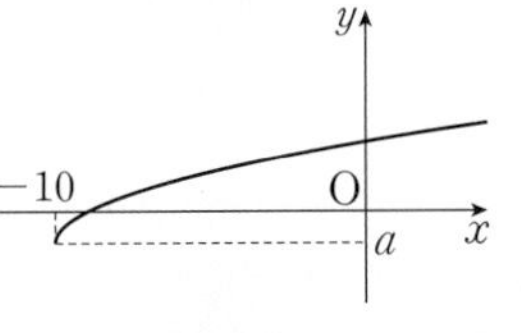

$\sqrt{10}+a>0$ $\quad\therefore -\sqrt{10}<a<0$

따라서 정수 a의 최솟값은 -3이다.

서술형 **0918** 함수 $y=-2\sqrt{4-x}+k$의 그래프가 제1, 3, 4사분면을 지나도록 하는 모든 자연수 k의 값의 합을 구하시오.

답 6

풀이 $y=-2\sqrt{4-x}+k$

$=-2\sqrt{-(x-4)}+k$ $(k>0)$

…❶ (30%)

의 그래프가 제1, 3, 4사분면을 지나려면 그림과 같이 $x=0$일 때 $y<0$이어야 하므로 $-2\sqrt{4}+k<0$

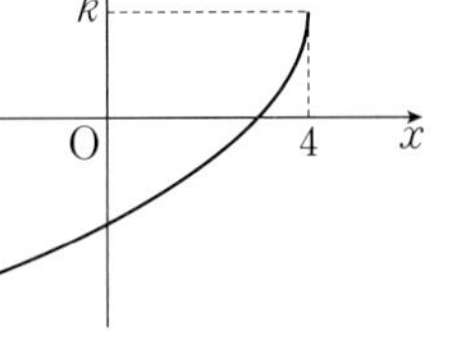

$\therefore 0<k<4$ …❷ (50%)

따라서 자연수 k는 1, 2, 3이므로 구하는 합은 6이다. …❸ (20%)

유형 10 무리함수의 최대·최소 개념 5

$=-\sqrt{3(x+1)}+a$

0919 함수 $y=-\sqrt{3x+3}+a$의 최댓값이 -2이고, 이 함수의 그래프가 점 $(b, -5)$를 지날 때, $a+b$의 값은? (단, a는 상수이다.) **답** ③

풀이 그림에서 $x=-1$일 때 최댓값 a를 가지므로

$(-1, a)$

$a=-2$

따라서 $y=-\sqrt{3(x+1)}-2$의 그래프가 점 $(b, -5)$를 지나므로

$-5=-\sqrt{3(b+1)}-2$, $\sqrt{3(b+1)}=3$

$3b+3=9 \quad \therefore b=2 \quad \therefore a+b=\mathbf{0}$

→ **0920** $-5\le x\le 1$에서 함수 $y=\sqrt{6-2x}+2$의 최댓값과 최솟값의 합은? **답** ④

$=\sqrt{-2(x-3)}+2$

풀이 그림에서 $x=-5$일 때 최댓값 $\sqrt{16}+2=6$,

$x=1$일 때 최솟값 $\sqrt{4}+2=4$

를 가지므로 구하는 합은 **10**이다.

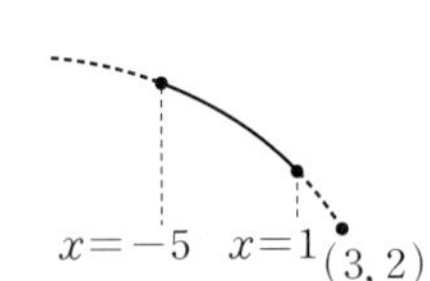

$=\sqrt{4\left(x+\frac{a}{4}\right)}-1$

0921 정의역이 $\{x\mid -1\le x\le 4\}$인 함수 $y=\sqrt{4x+a}-1$의 최솟값이 3, 최댓값이 b일 때, $a+b$의 값은? (단, a는 상수이다.) **답** ④

풀이 그림에서 $x=-1$일 때 최솟값 3을 가지므로

$x=4$, $x=-1$, $\left(-\frac{a}{4}, -1\right)$

$3=\sqrt{-4+a}-1$, $\sqrt{-4+a}=4$

$-4+a=16 \quad \therefore a=20$

즉, $y=\sqrt{4x+20}-1$은 $x=4$일 때 최댓값 $\sqrt{36}-1=5$를 가지므로

$b=5$

$\therefore a+b=\mathbf{25}$

→ 서술형 **0922** $-6\le x\le 2$에서 무리함수 $y=\sqrt{3-x}+a$가 최솟값 4를 가질 때, 최댓값을 구하시오. (단, a는 상수이다.) **답** 6

풀이 $y=\sqrt{3-x}+a=\sqrt{-(x-3)}+a$

그림에서 $x=2$일 때 최솟값 4를 가지므로

$x=-6$, $x=2$, $(3, a)$

$4=\sqrt{1}+a \quad \therefore a=3$ …❶ (50%)

즉, $y=\sqrt{3-x}+3$은 $x=-6$일 때 최댓값 $\sqrt{9}+3=\mathbf{6}$을 갖는다. …❷ (50%)

유형 11 무리함수의 그래프와 직선의 위치 관계 개념 5

$=\sqrt{-(x-2)}+7$

0923 직선 $y=mx$가 무리함수 $y=\sqrt{-x+2}+7$의 그래프와 만나도록 하는 자연수 m의 최솟값은? **답** ④

풀이 직선 $y=mx$는 원점을 지나고 기울기가 m $(m>0)$이다.

그림에서 직선 $y=mx$가 점 $(2, 7)$을 지날 때 m의 값이 최소이다.

즉, $7=2m \quad \therefore m=\frac{7}{2}$

따라서 $m\ge\frac{7}{2}$이어야 하므로 자연수 m의 최솟값은 **4**이다.

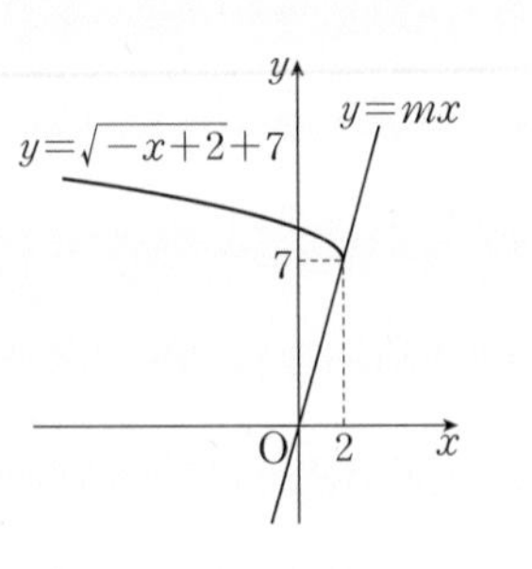

→ **0924** 두 집합

$=-\sqrt{2(x-2)}+3$

$A=\{(x, y)\mid y=-\sqrt{2x-4}+3\}$,

$B=\{(x, y)\mid y=x+k\}$

에 대하여 $n(A\cap B)\ne 0$을 만족시키는 실수 k의 최댓값을 구하시오. **답** 1

$y=-\sqrt{2x-4}+3$의 그래프와 직선 $y=x+k$가 만나야 한다.

풀이 직선 $y=x+k$는 기울기가 1이고 y절편이 k이다.

그림에서 직선 $y=x+k$가 점 $(2, 3)$을 지날 때 k의 값이 최대이다.

즉, $3=2+k \quad \therefore k=1$

따라서 $k\le 1$이어야 하므로 실수 k의 최댓값은 **1**이다.

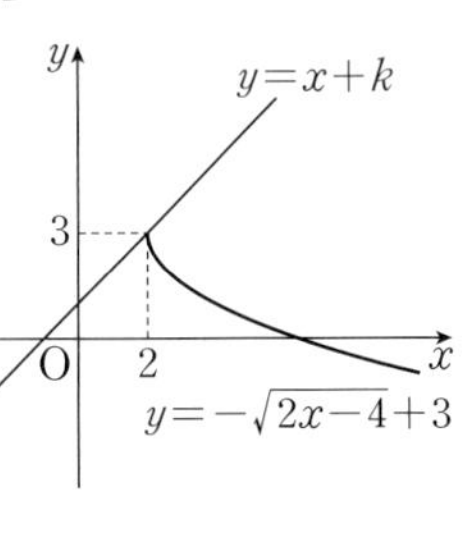

$=\sqrt{-3(x-3)}$ 기울기: -1, y절편: k

0925 함수 $y=\sqrt{9-3x}$의 그래프와 직선 $y=-x+k$가 서로 다른 두 점에서 만나도록 하는 실수 k의 값의 범위는? 답 ④

풀이 (i) 직선 $y=-x+k$가 점 $(3, 0)$을 지날 때

$0=-3+k$ $\quad\therefore k=3$

(ii) $y=\sqrt{9-3x}$의 그래프와 직선 $y=-x+k$가 접할 때

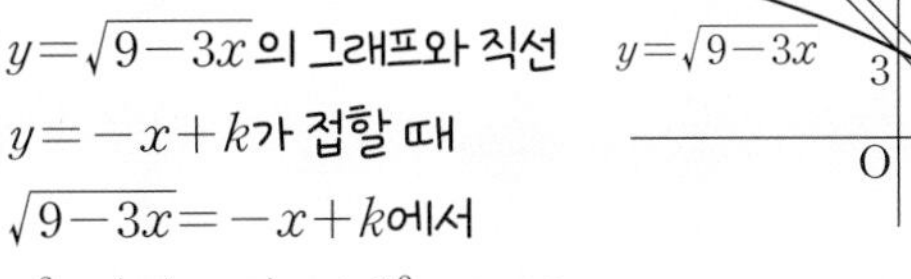

$\sqrt{9-3x}=-x+k$에서

$x^2-(2k-3)x+k^2-9=0$ 판별식: D

$D=\{-(2k-3)\}^2-4(k^2-9)=0$

$-12k+45=0$ $\quad\therefore k=\frac{15}{4}$

(i), (ii)에서 $\mathbf{3\le k<\frac{15}{4}}$

기울기: 1, y절편: k

서술형 **0926** 함수 $y=\sqrt{2x-2}$의 그래프와 직선 $y=x+k$가 오직 한 점에서 만날 때, 실수 k의 값의 범위를 구하시오. 답 풀이 참조

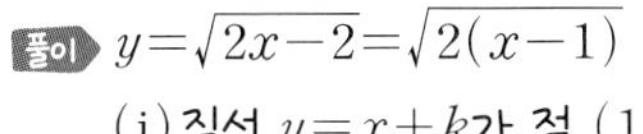

풀이 $y=\sqrt{2x-2}=\sqrt{2(x-1)}$

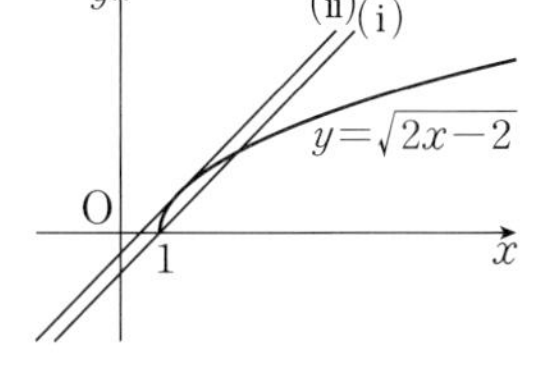

(i) 직선 $y=x+k$가 점 $(1, 0)$을 지날 때

$0=1+k$ $\quad\therefore k=-1$ …❶ (30%)

(ii) $y=\sqrt{2x-2}$의 그래프와 직선 $y=x+k$가 접할 때

$\sqrt{2x-2}=x+k$에서 $x^2+2(k-1)x+k^2+2=0$ 판별식: D

$\frac{D}{4}=(k-1)^2-(k^2+2)=0$

$-2k-1=0$ $\quad\therefore k=-\frac{1}{2}$ …❷ (30%)

(i), (ii)에서 $\mathbf{k=-\frac{1}{2}}$ **또는** $\mathbf{k<-1}$ …❸ (40%)

유형 12 무리함수의 역함수 개념 5

0927 두 함수

$y=5-\sqrt{3x+6}$, $y=a(x+b)^2+c\ (x\le d)$

의 그래프가 직선 $y=x$에 대하여 대칭일 때, 상수 a, b, c, d에 대하여 $\frac{cd}{ab}$의 값은? 두 함수는 서로 역함수 관계이다. 답 ①

풀이 $y=5-\sqrt{3x+6}\ (y\le5)$에서 $y-5=-\sqrt{3x+6}$

양변을 제곱하여 정리하면 $x=\frac{1}{3}(y-5)^2-2$

x와 y를 서로 바꾸면 $y=\frac{1}{3}(x-5)^2-2\ (x\le5)$

따라서 $a=\frac{1}{3}$, $b=-5$, $c=-2$, $d=5$이므로

$\frac{cd}{ab}=\frac{(-2)\cdot5}{\frac{1}{3}\cdot(-5)}=\mathbf{6}$

0928 함수 $f(x)=\sqrt{x-5}+3$의 역함수를 $g(x)$라 할 때, 함수 $y=g(x)$의 그래프를 x축의 방향으로 a만큼, y축의 방향으로 -6만큼 평행이동하면 함수 $y=(x-6)^2+b\ (x\ge6)$의 그래프와 일치한다. 상수 a, b에 대하여 $a+b$의 값은? 답 ②

풀이 $y=\sqrt{x-5}+3\ (y\ge3)$이라 하면 $y-3=\sqrt{x-5}$

양변을 제곱하여 정리하면 $x=(y-3)^2+5$

x와 y를 서로 바꾸면 $y=(x-3)^2+5\ (x\ge3)$

$\therefore g(x)=(x-3)^2+5\ (x\ge3)$

$\xrightarrow[y축의\ 방향으로\ -6만큼]{x축의\ 방향으로\ a만큼}$ $g(x)=(x-a-3)^2-1\ (x\ge3+a)$ $=(x-6)^2+b\ (x\ge6)$

따라서 $a=3$, $b=-1$이므로 $a+b=\mathbf{2}$

$y=\sqrt{6x-2}-1$의 그래프와 직선 $y=x$의 교점과 같다.

0929 함수 $f(x)=\sqrt{6x-2}-1$의 그래프와 그 역함수 $y=f^{-1}(x)$의 그래프의 두 교점 사이의 거리는? 답 ④

풀이 $\sqrt{6x-2}-1=x$에서 $\sqrt{6x-2}=x+1$

양변을 제곱하여 정리하면 $x^2-4x+3=0$

$(x-1)(x-3)=0$ $\quad\therefore x=1$ 또는 $x=3$

따라서 두 교점의 좌표는 $(1, 1)$, $(3, 3)$이므로 (직선 $y=x$ 위의 점)

두 교점 사이의 거리는 $\sqrt{(3-1)^2+(3-1)^2}=\mathbf{2\sqrt{2}}$

Tip x의 값이 증가할 때 y의 값도 증가하는 함수 $y=f(x)$에 대하여 $y=f(x)$, $y=f^{-1}(x)$의 그래프의 교점은 $y=f(x)$와 직선 $y=x$의 교점과 같다.

서술형 **0930** 두 함수

$f(x)=\sqrt{4x-8}+1$, $g(x)=\frac{1}{4}(x-1)^2+2\ (x\ge1)$

에 대하여 방정식 $f(x)-g(x)=0$의 근을 구하시오. 답 $x=3$

풀이 $y=\sqrt{4x-8}+1\ (y\ge1)$이라 하면 $y-1=\sqrt{4x-8}$

양변을 제곱하여 정리하면 $x=\frac{1}{4}(y-1)^2+2$

x와 y를 서로 바꾸면 $y=\frac{1}{4}(x-1)^2+2\ (x\ge1)$

즉, $y=f(x)$와 $y=g(x)$는 서로 역함수 관계이다. …❶ (30%)

따라서 방정식 $f(x)-g(x)=0$, 즉 $f(x)=g(x)$의 근은 $f(x)=x$의 근과 같으므로 $\sqrt{4x-8}+1=x$에서

$\sqrt{4x-8}=x-1$

양변을 제곱하여 정리하면 $x^2-6x+9=0$

$(x-3)^2=0$ $\quad\therefore x=3$ …❷ (70%)

유형 13 무리함수의 합성함수와 역함수

개념 5

0931 $x>2$인 실수 전체의 집합을 정의역으로 하는 두 함수

$f(x)=\frac{x+1}{x-2}$, $g(x)=\sqrt{3x-5}+1$

에 대하여 $(f^{-1}\circ g)(3)+(g^{-1}\circ f)(5)$의 값은?

$=f^{-1}(g(3))+g^{-1}(f(5))$

답 ⑤

풀이 $g(3)=\sqrt{3\cdot3-5}+1=3$, $f(5)=\frac{5+1}{5-2}=2$이므로

$f^{-1}(g(3))+g^{-1}(f(5))=\underset{=a}{f^{-1}(3)}+\underset{=b}{g^{-1}(2)}$

$f(a)=3$, $g(b)=2$이므로

$\frac{a+1}{a-2}=3$, $\sqrt{3b-5}+1=2$에서 $a=\frac{7}{2}$, $b=2$

$\therefore f^{-1}(3)+g^{-1}(2)=\mathbf{\frac{11}{2}}$

0932 1보다 큰 모든 실수의 집합에서 정의된 두 함수

$f(x)=\frac{x+1}{x-1}$, $g(x)=\sqrt{x-1}$

에 대하여 $(f\circ(g\circ f)^{-1}\circ f)(2)$의 값은?

$=(f\circ f^{-1}\circ g^{-1}\circ f)(2)$
$=(g^{-1}\circ f)(2)$
$=g^{-1}(f(2))$

답 ④

풀이 $f(2)=\frac{2+1}{2-1}=3$이므로 $g^{-1}(f(2))=\underset{=a}{g^{-1}(3)}$

$g(a)=3$이므로 $\sqrt{a-1}=3$, $a-1=9$ $\therefore a=10$

$\therefore g^{-1}(f(2))=\mathbf{10}$

Tip $f^{-1}\circ f=I$(항등함수)이다.

0933 함수 $f(x)=\sqrt{ax+b}$ $(a\neq0)$에 대하여 함수 $g(x)$가 $(f\circ g)(x)=x$를 만족시킨다. $f(1)=3$, $g(1)=3$일 때, $2a+b$의 값을 구하시오. (단, a, b는 상수이다.)

— $f(x)$와 $g(x)$는 역함수 관계이다.

답 5

풀이 $f(1)=3$이므로

$\sqrt{a+b}=3$ $\therefore a+b=9$ …… ㉠

또, $g(1)=3$에서 $f(3)=1$이므로

$\sqrt{3a+b}=1$ $\therefore 3a+b=1$ …… ㉡

㉠, ㉡을 연립하여 풀면 $a=-4$, $b=13$

$\therefore 2a+b=2\cdot(-4)+13=\mathbf{5}$

서술형 **0934** 함수 $f(x)=\sqrt{ax+b}$ $(a\neq0)$에 대하여 함수 $g(x)$가 $(f\circ g)(x)=x$를 만족시킨다. 두 함수 $y=f(x)$, $y=g(x)$의 그래프가 점 $(2, 4)$에서 만날 때, $a+b$의 값을 구하시오. (단, a, b는 상수이다.)

— $f(x)$와 $g(x)$는 역함수 관계이다.

답 22

풀이 $f(2)=4$이므로

$4=\sqrt{2a+b}$ $\therefore 2a+b=16$ …… ㉠

또, $g(2)=4$에서 $f(4)=2$이므로

$2=\sqrt{4a+b}$ $\therefore 4a+b=4$ …… ㉡ …❶ (40%)

㉠, ㉡을 연립하여 풀면 $a=-6$, $b=28$ …❷ (40%)

$\therefore a+b=\mathbf{22}$ …❸ (20%)

유형 14 무리함수의 그래프의 성질

개념 4, 5

0935 함수 $y=-\sqrt{3x}-1$에 대한 설명으로 옳은 것은?

① 그래프는 점 $(3, 4)$를 지난다.
② 그래프는 제1, 4사분면만을 지난다.
③ 그래프는 $y=\sqrt{3x}+1$의 그래프와 x축에 대하여 대칭이다. ($-y=\sqrt{3x}+1$)
④ 그래프는 $y=\sqrt{3x}$의 그래프를 평행이동한 것이다.
⑤ 역함수는 $y=-\frac{1}{3}(x+1)^2$ $(x\leq-1)$이다.

답 ③

풀이 ① 점 $(3, -4)$를 지난다.

② 그래프는 그림과 같으므로 제1사분면을 지나지 않는다.

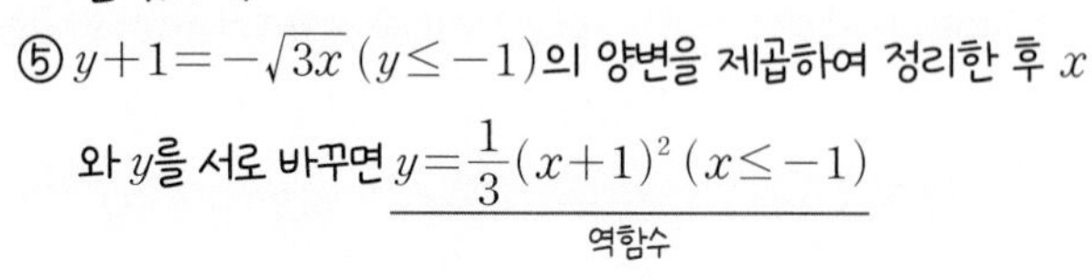

④ $y=-\sqrt{3x}$의 그래프를 평행이동한 것이다.

⑤ $y+1=-\sqrt{3x}$ $(y\leq-1)$의 양변을 제곱하여 정리한 후 x와 y를 서로 바꾸면 $y=\frac{1}{3}(x+1)^2$ $(x\leq-1)$ — 역함수

0936 함수 $y=\sqrt{2-x}-3$의 그래프에 대하여 보기에서 옳은 것만을 있는 대로 고르시오. ($\sqrt{2-x}\geq0$)

보기
ㄱ. 정의역은 $\{x|x\leq2\}$, 치역은 $\{y|y\leq-3\}$이다.
ㄴ. 제1사분면을 지난다.
ㄷ. 함수 $y=-x^2-6x-7$의 그래프를 직선 $y=x$에 대하여 대칭이동한 그래프의 일부와 일치한다. (두 함수는 서로 역함수 관계이다.)

답 ㄷ

풀이 ㄱ. 정의역: $\{x|x\leq2\}$, 치역: $\{y|y\geq-3\}$

ㄴ. $x=0$을 대입하면
$y=\sqrt{2}-3<0$
즉, 그림에서 제2, 3, 4사분면만을 지난다.

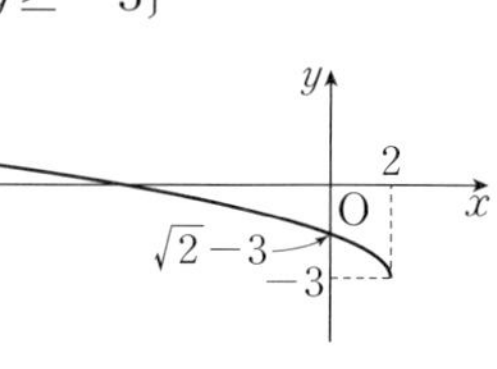

㉢. $y=\sqrt{2-x}-3$ $(y\geq-3)$의 양변을 제곱하여 정리한 후 x와 y를 서로 바꾸면
$y=-x^2-6x-7$ $(x\geq-3)$ — 역함수

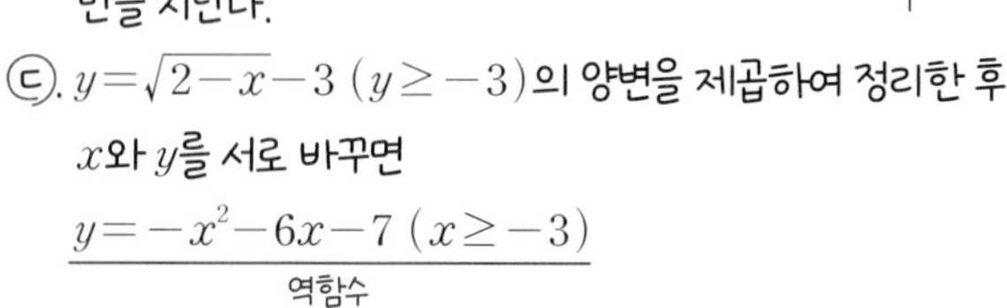

실력 완성!

0937 $\sqrt{2-x}+\dfrac{1}{\sqrt{2+x}}$의 값이 실수가 되도록 하는 정수 x의 개수는? 답 ④

($2-x\geq0$, $2+x>0$)

풀이 $2-x\geq0$에서 $x\leq2$ ······ ㉠

$2+x>0$에서 $x>-2$ ······ ㉡

㉠, ㉡에서 $-2<x\leq2$

따라서 정수 x는 $-1, 0, 1, 2$의 **4개이다.**

인수분해를 이용하여 식을 간단히 한 후 x, y의 값을 대입한다.

0938 $x=\sqrt{5}+2$, $y=\sqrt{5}-2$일 때, $x^2-x^2y-xy^2-y^2$의 값은? 답 ③

풀이 $x^2-x^2y-xy^2-y^2=(x^2-y^2)-(x^2y+xy^2)$

$=(x+y)(x-y)-xy(x+y)$

$=(x+y)(x-y-xy)$

$=2\sqrt{5}(4-1)=\mathbf{6\sqrt{5}}$

($\because x+y=2\sqrt{5}, x-y=4, xy=1$)

0939 함수 $y=\sqrt{-3x+a}+2$의 정의역이 $\{x|x\leq3\}$일 때, 상수 a의 값은? 답 ⑤

($-3x+a\geq0$)

풀이 $-3x+a\geq0$에서

$3x\leq a$ $\quad\therefore x\leq\dfrac{a}{3}$ ($x\leq3$)

즉, $\dfrac{a}{3}=3$이므로 $a=\mathbf{9}$

분모의 곱은 합차 공식을 이용할 수 있으므로 통분한다.

0940 $\dfrac{x}{\sqrt{x+4}+2}+\dfrac{x}{\sqrt{x+4}-2}$를 간단히 하면? (단, $x\neq0$) 답 ⑤

풀이 $\dfrac{x}{\sqrt{x+4}+2}+\dfrac{x}{\sqrt{x+4}-2}$

$=\dfrac{x(\sqrt{x+4}-2)+x(\sqrt{x+4}+2)}{(\sqrt{x+4}+2)(\sqrt{x+4}-2)}$

$=\dfrac{2x\sqrt{x+4}}{x+4-4}$

$=\mathbf{2\sqrt{x+4}}$

0941 함수 $y=\sqrt{a(x+b)}+c$의 그래프가 그림과 같을 때, 함수 $y=\sqrt{c(x+b)}+a$의 그래프가 지나는 사분면만을 모두 고른 것은? (단 a, b, c는 상수이다.) 답 ①

($a<0, p>0, q>0$)

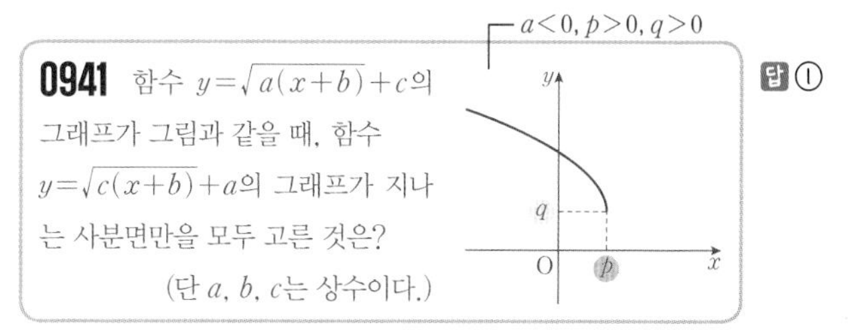

풀이 $y=\sqrt{a(x-p)}+q$ ($=\sqrt{a(x+b)}+c$)

따라서 $b=-p$, $c=q$이고

$a<0, p>0, q>0$이므로

$b<0, c>0$

$\therefore c>0, -b>0, a<0$

따라서 $y=\sqrt{c(x+b)}+a$의 그래프는 그림과 같으므로 **제1, 4사분면**을 지난다.

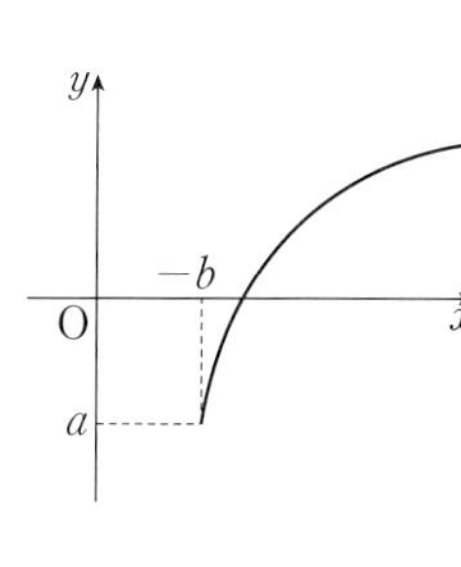

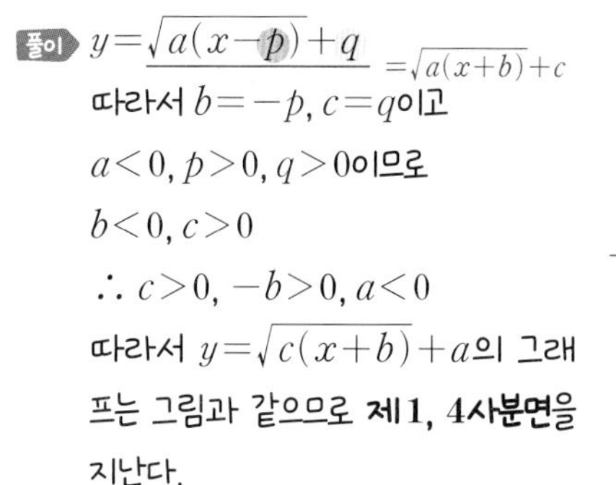

0942 $-4\leq x\leq1$에서 함수 $y=\sqrt{a-x}+2$의 최솟값이 3이다. $-4\leq x\leq1$에서 함수 $y=\dfrac{8}{x-2a}+5$의 최솟값은? (단, a는 상수이다.) 답 ①

($=\sqrt{-(x-a)}+2$)

풀이 그림에서 $y=\sqrt{a-x}+2$는 $x=1$일 때 최솟값 3을 가지므로

$3=\sqrt{a-1}+2$ $\quad\therefore a=2$

즉, $-4\leq x\leq1$에서

$y=\dfrac{8}{x-4}+5$의 그래프는 그림과 같으므로 $x=1$일 때 최솟값

$\dfrac{8}{1-4}+5=\mathbf{\dfrac{7}{3}}$을 갖는다.

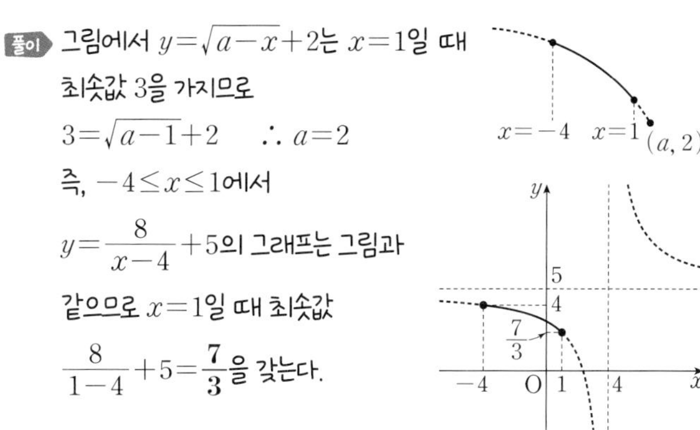

0943 함수 $y=\sqrt{2x+4}+7$의 그래프와 직선 $y=-3x+k$가 제2사분면에서 만나도록 하는 모든 정수 k의 값의 합은? **답** ③

$=\sqrt{2(x+2)}+7$

기울기: -3, y절편: k

풀이 (i) 직선 $y=-3x+k$가 점 $(-2, 7)$을 지날 때

$7=6+k \quad \therefore k=1$

(ii) 직선 $y=-3x+k$가 점 $(0, 9)$를 지날 때

$k=9$

(i), (ii)에서 $1\le k<9$이므로 구하는 합은

$1+2+3+4+5+6+7+8=\mathbf{36}$

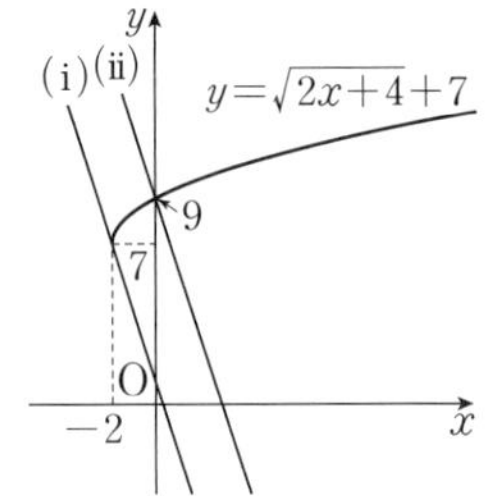

0944 함수 $f(x)=\sqrt{2x-12}$가 있다. 함수 $g(x)$가 2 이상의 모든 실수 x에 대하여 $f^{-1}(g(x))=3x$를 만족시킬 때, $g(3)$의 값은? **답** ③

$f(f^{-1}(g(x)))=f(3x)$

풀이1 $f(f^{-1}(g(x)))=f(3x)$에서 $g(x)=f(3x)$

$\therefore g(3)=f(9)=\sqrt{2\cdot 9-12}=\mathbf{\sqrt{6}}$

풀이2 역함수를 직접 구해서 문제를 해결할 수도 있다.

0945 함수 $f(x)=\begin{cases}\sqrt{x-2}+1 & (x\ge 3)\\ \frac{2}{3}x & (x<3)\end{cases}$에 대하여 $(f\circ f\circ f)(6)+f^{-1}(3)$의 값은? **답** ②

$=a \rightarrow f(a)=3$

풀이 $f(6)=3$, $f(3)=2$, $f(2)=\frac{4}{3}$이므로

$(f\circ f\circ f)(6)=(f\circ f)(f(6))=(f\circ f)(3)$

$=f(f(3))=f(2)=\frac{4}{3}$

$f(a)=3$에서

(i) $a<3$일 때, $\frac{2}{3}a=3 \quad \therefore a=\frac{9}{2}$ — $a<3$을 만족시키지 않는다.

(ii) $a\ge 3$일 때, $\sqrt{a-2}+1=3 \quad \therefore a=6$

(i), (ii)에서 $a=6$이므로 $f^{-1}(3)=6$

$\therefore (f\circ f\circ f)(6)+f^{-1}(3)=\frac{4}{3}+6=\mathbf{\frac{22}{3}}$

0946 함수 $y=\sqrt{2x+8}-3$에 대한 설명으로 옳지 않은 것은? **답** ③

$=\sqrt{2(x+4)}-3$

① 정의역은 $\{x|x\ge -4\}$, 치역은 $\{y|y\ge -3\}$이다.

② 그래프는 $y=\sqrt{2x}$의 그래프를 x축의 방향으로 -4만큼, y축의 방향으로 -3만큼 평행이동한 것이다.

③ 그래프는 제1, 2, 3사분면만을 지난다.

④ 그래프는 $y=\sqrt{-2x+8}-3$의 그래프와 y축에 대하여 대칭이다.

⑤ 그래프는 함수 $y=\frac{1}{2}(x+3)^2-4\ (x\ge -3)$의 그래프를 직선 $y=x$에 대하여 대칭이동한 그래프와 겹쳐진다.

두 함수는 서로 역함수 관계이다.

풀이 ③ $y=\sqrt{2x+8}-3$에 $x=0$을 대입하면 $y=2\sqrt{2}-3<0$이므로 그림에서 그래프는 제1, 3, 4사분면만을 지난다.

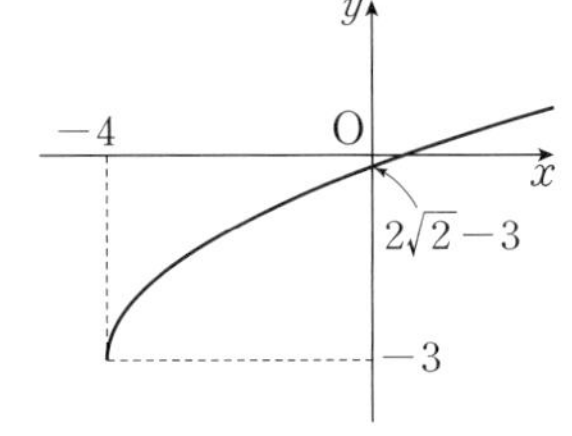

⑤ $y=\sqrt{2x+8}-3\ (y\ge -3)$에서

$y+3=\sqrt{2x+8}$

양변을 제곱하여 정리한 후 x와 y를 서로 바꾸면

$y=\frac{1}{2}(x+3)^2-4\ (x\ge -3)$

역함수

0947 그림과 같이 한 변의 길이가 2인 정사각형 ABCD의 꼭짓점 C는 함수 $y=\sqrt{x}$의 그래프 위를 움직이고 있다. 점 A가 그리는 도형의 방정식이 $y=\sqrt{ax+b}+c$일 때, 상수 a, b, c에 대하여 $a+b+c$의 값을 구하시오.
(단, 정사각형 ABCD의 각 변은 x축 또는 y축에 평행하다.) **답** 5

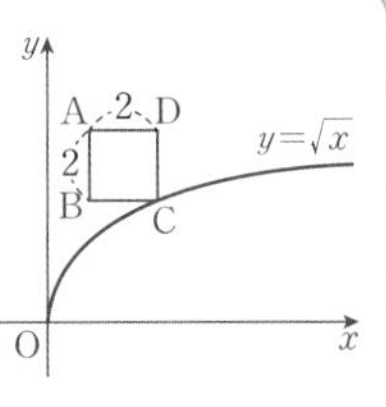

풀이 $C(t, \sqrt{t})$라 하면 $A(t-2, \sqrt{t}+2)$

(점 C가 나타내는 도형) $\xrightarrow[y\text{축의 방향으로 }2\text{만큼}]{x\text{축의 방향으로 }-2\text{만큼}}$ (점 A가 나타내는 도형)

이므로 점 A가 그리는 도형의 방정식은

$y=\sqrt{x+2}+2$

따라서 $a=1$, $b=2$, $c=2$이므로 $a+b+c=\mathbf{5}$

0948 보기의 함수 중에서 그 그래프가 평행이동 또는 대칭이동에 의하여 함수 $y=\sqrt{x}$의 그래프와 겹쳐지는 것만을 있는 대로 고르시오. $=\sqrt{1\cdot x}$

답 ㄱ, ㄴ, ㄹ

보기

ㄱ. $y=x^2\ (x\ge0)$ ㄴ. $y=-\sqrt{-x-3}+4$

ㄷ. $y=-\sqrt{3x-2}$ ㄹ. $y=\frac{1}{3}\sqrt{9x-3}$

풀이 ㉠. $y=\sqrt{x}\ (y\ge0)$의 양변을 제곱한 후 x와 y를 서로 바꾸면

$y=x^2\ (x\ge0)$ 서로 역함수 → 직선 $y=x$ 대칭

㉡. $y=-\sqrt{-x-3}+4=-\sqrt{-1\cdot(x+3)}+4$

ㄷ. $y=-\sqrt{3x-2}=-\sqrt{3\left(x-\frac{2}{3}\right)}$

㉣. $y=\frac{1}{3}\sqrt{9x-3}=\sqrt{\frac{1}{9}(9x-3)}=\sqrt{1\cdot x-\frac{1}{3}}$

0949 함수 $f(x)=\sqrt{x+1}-2$의 그래프가 x축, y축과 만나는 점을 각각 A, B라 하고, 함수 $y=f(x)$의 역함수 $y=f^{-1}(x)$의 그래프가 x축, y축과 만나는 점을 각각 C, D라 할 때, 사각형 ABCD의 넓이는?

답 ②

풀이 $y=\sqrt{x+1}-2$에 $y=0$, $x=0$을 각각 대입하면

$x=3$, $y=-1$

$\therefore$ A$(3, 0)$, B$(0, -1)$

두 점 C, D는 각각 두 점 B, A를 직선 $y=x$에 대하여 대칭이동한 점이므로

C$(-1, 0)$, D$(0, 3)$

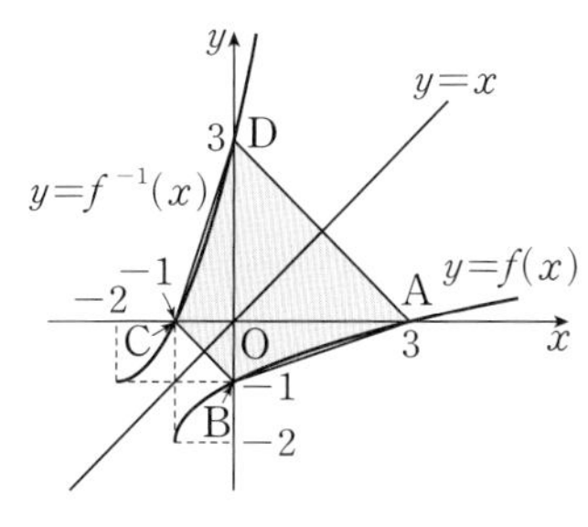

$\therefore \square$ABCD$=\triangle$ABD$+\triangle$BCD

$=\frac{1}{2}\times4\times3+\frac{1}{2}\times4\times1=8$

0950 정의역이 $\{x\,|\,0\le x\le1\}$인 함수 $y=\frac{2x-7}{x-2}$의 그래프와 함수 $y=-\sqrt{4x}+k$의 그래프가 만날 때, 상수 k의 최댓값과 최솟값의 합을 구하시오. $=-\frac{3}{x-2}+2$

답 $\frac{21}{2}$

풀이 $f(x)=-\sqrt{4x}+k$라 하면

$f(1)\le5$, $f(0)\ge\frac{7}{2}$이어야 하므로

$-2+k\le5$, $k\ge\frac{7}{2}$

$\therefore \frac{7}{2}\le k\le7$

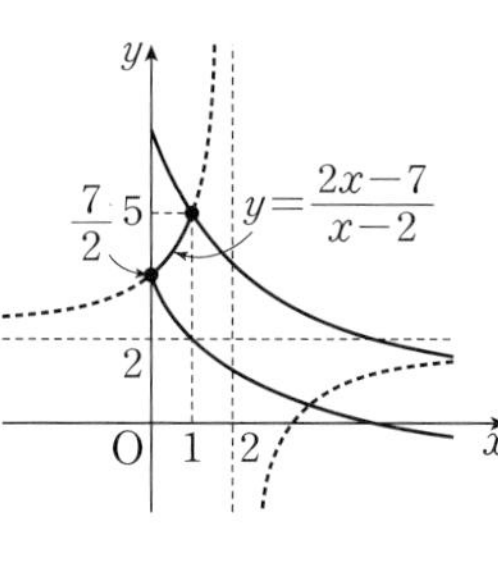

따라서 k의 최댓값은 7, 최솟값은 $\frac{7}{2}$이므로 구하는 합은 $\frac{21}{2}$이다.

서술형

0951 $f(x)=\sqrt{2x+1}+\sqrt{2x-1}$에 대하여

$$\frac{1}{f(1)}+\frac{1}{f(2)}+\frac{1}{f(3)}+\cdots+\frac{1}{f(40)}$$

의 값을 구하시오.

답 4

풀이 $\frac{1}{f(x)}=\frac{1\times(\sqrt{2x+1}-\sqrt{2x-1})}{(\sqrt{2x+1}+\sqrt{2x-1})\times(\sqrt{2x+1}-\sqrt{2x-1})}$

$=\frac{\sqrt{2x+1}-\sqrt{2x-1}}{2}$ …❶ (50%)

$\therefore \frac{1}{f(1)}+\frac{1}{f(2)}+\frac{1}{f(3)}+\cdots+\frac{1}{f(40)}$

$=\frac{1}{2}\{(\sqrt{3}-\sqrt{1})+(\sqrt{5}-\sqrt{3})+(\sqrt{7}-\sqrt{5})+\cdots+(\sqrt{81}-\sqrt{79})\}$

$=\frac{1}{2}(-1+9)=4$ …❷ (50%)

0952 두 함수

$f(x)=\sqrt{x+6}$,

$g(x)=x^2-6\ (x\ge0)$

의 그래프에 대하여 그림과 같이 직선 $y=-x+a\ (-6\le a\le6)$가 곡선 $y=f(x)$와 만나는 점을 A, 곡선 $y=g(x)$와 만나는 점을 B라 하자. 선분 AB의 길이의 최댓값이 $\frac{q}{p}\sqrt{2}$일 때, $p+q$의 값을 구하시오.

(단, p와 q는 서로소인 자연수이다.)

y=−x+a, y=f(x), A, B, −6, O, x, −6, y=g(x)

답 29

풀이 $y=\sqrt{x+6}\ (y\ge0)$이라 하고 양변을 제곱하여 정리한 후 x와 y를 서로 바꾸면 $y=x^2-6\ (x\ge0)$

즉, $y=f(x)$와 $y=g(x)$는 서로 역함수 관계이다.

$y=f(x)$의 그래프와 $y=g(x)$의 그래프의 교점은

$x^2-6=x$에서 $x^2-x-6=0$, $(x+2)(x-3)=0$

$\therefore x=3\ (\because x\ge0)$ $\therefore (3, 3)$ …❶ (30%)

한편, 두 직선 $y=-x+a$, $y=x$는 서로 수직이므로 두 점 A, B는 직선 $y=x$에 대하여 대칭이다. 즉,

B$(t, t^2-6)\ (0\le t\le3)$이라 하면 A(t^2-6, t)이고

$t^2-t-6=(t+2)(t-3)\le0$이므로

$\overline{AB}=\sqrt{\{t-(t^2-6)\}^2+\{(t^2-6)-t\}^2}$

$=\sqrt{2}(-t^2+t+6)=\sqrt{2}\left\{-\left(t-\frac{1}{2}\right)^2+\frac{25}{4}\right\}$ …❷ (40%)

따라서 선분 AB의 길이의 최댓값은 $t=\frac{1}{2}$일 때

$\frac{25\sqrt{2}}{4}$이므로 …❸ (20%)

$p=4$, $q=25$ $\therefore p+q=29$ …❹ (10%)